Werner Freitag, Michael Kißener, Christine Reinle, Sabine Ullmann (Hrsg.)

**Handbuch Landesgeschichte**

# Handbuch Landesgeschichte

Herausgegeben von
Werner Freitag, Michael Kißener, Christine Reinle,
Sabine Ullmann

DE GRUYTER
OLDENBOURG

ISBN 978-3-11-035411-9
e-ISBN (PDF) 978-3-11-035418-8
e-ISBN (EPUB) 978-3-11-039754-3

**Bibliografische Information der Deutschen Nationalbibliothek**
Die Deutsche Nationalbibliothek verzeichnet diese Publikation in der Deutschen Nationalbibliografie; detaillierte bibliografische Daten sind im Internet über http://dnb.dnb.de abrufbar.


Coverabbildung: Tobias Kniep, IStG
Satz: bsix information exchange GmbH, Braunschweig
Druck und Bindung: CPI books GmbH, Leck
Redaktion: Ria Hänisch, Institut für vergleichende Städtegeschichte Münster

www.degruyter.com

# Inhaltsverzeichnis

## Herrschaftsräume in Mittelalter und Neuzeit



## Sozial- und Wirtschaftsräume

## Kirche und Religion: administrative und räumliche Zugriffe



## Diktatur und Identitätskonstruktionen



## Teil III: **Anhang**

Werner Freitag, Michael Kißener, Christine Reinle, Sabine Ullmann

# Einleitung

Die deutsche Geschichte ist aufgrund eines historisch gewachsenen Föderalismus in besonderer Weise von regionaler Vielfalt geprägt. Jedoch sind die einzelnen Bundesländer und die ihnen integrierten, die heutigen Grenzen vielfach überlappenden historischen Regionen und Territorien nicht als „bloße" Untereinheiten und Teilebenen zu fassen; vielmehr ist die räumliche Fragmentierung konstitutiv für die Gesamtgeschichte. Die Landesgeschichte nimmt diesen Umstand und damit den Raum als historische Kategorie ernst. Ihre Forschungspraxis ist daher in erster Linie geprägt von einem produktiv-kritischen Umgang mit dieser Pluralität von Räumen, ihren verschiedenen Zuschnitten und unterschiedlichen methodischen Implikationen. Sie arbeitet mit Räumen in der Geschichte – darauf spielt das Titelbild des Länderpuzzles an.

Aufgabe eines Handbuches ist es, einen Überblick über Untersuchungsgegenstände, Fragestellungen, Erkenntnisinteressen und methodisches Rüstzeug des Faches zu geben. So verhält es sich auch beim Handbuch Landesgeschichte: Die Landesgeschichte als Teildisziplin des Faches Geschichte will sich den Leserinnen und Lesern in ihrer inhaltlich-thematischen, methodischen und regionalen Breite vorstellen. Für ein solches Unterfangen gibt es Vorbilder in den anderen historischen Teilfächern, von denen einige explizit den Namen „Handbuch" aufführen, andere unter ähnlichen Bezeichnungen Überblicke anbieten. Das „Handbuch der deutschen Wirtschafts- und Sozialgeschichte", das epochenspezifische „Oldenbourg Geschichte Lehrbuch" und die „Historischen Einführungen" bei Campus sowie die eher auf Forschungsdebatten abzielenden „Kontroversen um die Geschichte" sind hier beispielhaft zu nennen. Hingegen ist ein Handbuch Landesgeschichte ein Desiderat: Lediglich 1986 hat es einen solchen, von Alois Gerlich verfassten Überblick gegeben, der unter dem Titel „Geschichtliche Landeskunde des Mittelalters" allerdings nur eine bestimmte Variante der Landesgeschichte vorstellte und zudem auf das Mittelalter beschränkt war. Weiterhin liegen zu einzelnen Bundesländern Überblicksdarstellungen vor, wie das Handbuch zur baden-württembergischen, zur bayerischen, zur hessischen oder zur rheinland-pfälzischen Landesgeschichte. All diese Werke verfolgen allerdings keinen länderübergreifenden Ansatz, der die deutsche Landesgeschichte in regional vergleichender Perspektive nachvollzieht. Diese Lücke zu schließen, ist das Anliegen des Handbuches Landesgeschichte.

Idee und Konzeption zu diesem Projekt entstanden im Rahmen der Gründung der Arbeitsgruppe Landesgeschichte beim Verband der Historiker und Historikerinnen Deutschlands auf dem Historikertag in Mainz im Jahre 2012. Aus dem Kreis der Gründungsmitglieder dieser ersten organisatorischen Plattform der universitären Landesgeschichte auf gesamtdeutscher Ebene konnten auch die meisten Autorin-

https://doi.org/10.1515/9783110354188-202

nen und Autoren gewonnen werden. Die Arbeitsgruppe hat es sich zur Aufgabe gesetzt, die Wahrnehmung landesgeschichtlicher Forschung in der wissenschaftlichen Öffentlichkeit sowie den innerfachlichen Austausch zu verbessern. In diesem Sinne versteht sich der Band als eine Bestandsaufnahme, die fachspezifische Themenschwerpunkte und übergreifende Herangehensweisen bündelt, um sie in Diskurse innerhalb und außerhalb des Faches sichtbarer einbringen zu können.

Deutlich soll werden, dass Landesgeschichte im Fach Geschichte ein Alleinstellungsmerkmal aufweist, denn für Landeshistoriker ist neben der Zeit immer auch der Raum von Interesse. Dabei sprechen wir nicht nur von Raum, sondern auch von Land, Region, Landschaft oder von „mental maps". Dies sind keine Synonyme: Land wird oft territorial-administrativ verstanden, bei Raum und den anderen Begriffen sind es entweder Faktoren sozialökonomischer Art oder mentale und relationale Konstruktionen von Räumen, die untersucht werden. Landesgeschichte weist also spezifisch raumbezogene Erkenntnisinteressen und Zugriffe auf, doch werden natürlich auch die Methoden der allgemeinen Geschichtswissenschaft genutzt. Gemeinsames Merkmal landesgeschichtlicher Forschung ist weiterhin, dass die Räume überschaubar sind. Es handelt sich also nicht um eine deutsche oder europäische Geschichtsschreibung, wobei die Wechselbezüge zwischen Makro und Mikro zu den Leitfragen der Landesgeschichte gehören. Zuvörderst aber werden kleinere Einheiten untersucht; diese sollen „dicht" beschrieben werden.

Um einen Einblick in den Stand der derzeitigen Forschung zu geben und die Perspektiven aufzuzeigen, wird in diesem Handbuch in zwei Schritten vorgegangen: Zunächst werden sechs einführende Beiträge präsentiert. Hierbei geht es um die Geschichte des Fachs, um den Umgang mit einer geschichtspolitisch interessierten Öffentlichkeit, um die zentralen Begriffe, Theorien, Meisterbilder und Meistererzählungen, die europäische Vernetzung der Landesgeschichte sowie um das Verhältnis landesgeschichtlicher Forschung zu den Nachbarwissenschaften, aufgezeigt am Beispiel der Archäologie.

Im zweiten Teil des Handbuches, dem Schwerpunkt des Buches, folgen problemorientierte Darstellungen von einzelnen Themenfeldern, welche eine besondere räumliche Affinität aufweisen und daher vielfach im Mittelpunkt landesgeschichtlichen Arbeitens stehen, wie territoriale Herrschaftsbildung, Städtelandschaften oder die Entwicklung föderaler Strukturen in Form der Landstände. Diese Forschungsfelder werden immer an zwei Regionen vorgestellt, um Gemeinsamkeiten und Unterschiede deutlich zu machen sowie den Vergleich zu ermöglichen. So wird beispielsweise der Vorgang der Konfessionalisierung in der Rhein-Maas-Region der Entwicklung in den welfischen Territorien gegenübergestellt. Entweder ist Raumbildung selbst die Frage, sei es das Werden des Territoriums oder die mentale Konstruktion, oder historische Phänomene werden auf einen Raum und damit auf ihre raumprägende Qualität bezogen. Hieran wird, so hoffen die Herausgeber, die Erklärungskraft landesgeschichtlicher Perspektiven besonders deutlich, weil die regionale Ausprägung von Räumen ernst genommen wird und (allzu) pauschale Erklärungsmuster vermieden werden. Aufgrund des beschränkten Darstellungsraumes ist es den vorgelegten Studien nicht möglich, übergeordnete Debatten, die für die landesgeschichtliche Betrachtung selbstverständlich von Belang sind, vollumfänglich aufzugreifen und darzulegen – hier soll es vorrangig um den Erkenntnisgewinn durch die Erforschung räumlicher Gegebenheiten gehen. Der Raum ist in unserer Perspektive also weit mehr als ein Container oder eine Fallstudienregion.

Dieser zweite Teil ist seinerseits in fünf Abschnitte gegliedert, die Zeiträume, Herrschaftsräume, Sozial- und Wirtschaftsräume, kirchlich-religiöse Räume sowie Identitätskonstruktionen im Raum behandeln. Zunächst soll der epochenübergreifende Zugang der Landesgeschichte vorgestellt werden. An zwei Epochengrenzen, der Zeit um 1500 und der Zeit um 1800, wollen die Herausgeber zeigen, dass landesgeschichtliche Forschung der „langen" Dauer verpflichtet ist. Vom Spätmittelalter schauen die Autoren in die Frühe Neuzeit, von der Frühen Neuzeit in die Neuzeit; Kontinuitäten werden so stärker sichtbar gemacht. In den folgenden Abschnitten werden zentrale raumprägende Ereignisse, Transformationsprozesse, Institutionen, Herrschaftsausprägungen und Sozialgruppen jeweils paarweise für längere Zeiträume untersucht.

Unsere Frage nach der Konstituierung und Konstruktion von Räumen nimmt dabei nicht nur Fachdebatten auf, sondern sie reagiert auf Orientierungsbedürfnisse, welche die spezifisch historischen Entwicklungen Deutschlands zur Grundlage haben: vom territorialen Flickenteppich des Alten Reiches zum föderalistischen Bundesstaat heute. Demzufolge spiegelt sich in dem vorliegenden Handbuch die Vielfalt von Herrschafts- und Verwaltungseinheiten und – oft damit verbunden – von historischen Landschaften. Im Hinblick auf die Kontingenz der politischen Raumentwicklung, die nicht linear zur Gestalt der heutigen Bundesländer führt, sowie den höchst variablen und divergenten räumlichen Zuschnitten, in denen sich historischer Wandel vollzieht, kann der Band dabei nicht von klar umgrenzten Untersuchungsräumen ausgehen: Vielmehr sollen die Verschiedenheiten der räumlichen Ausformungen und Konstruktionen in ihrer Komplexität zum Ausdruck kommen.

Gleichwohl haben sich die Herausgeber bemüht, die höchst variablen räumlichen Zuschnitte mit Repräsentativität zu versehen. Zu berücksichtigen war dabei neben dem Forschungsstand u.a. ein ausgewogenes Verhältnis zwischen Ost und West, Nord und Süd, zwischen gewerbereichen und eher ländlichen Gebieten sowie zwischen Räumen kleineren und größeren Zuschnitts. Welche Länder und Räume vorgestellt werden sollten, hing außerdem davon ab, ob sie eine spezifische wirtschaftliche, soziale oder konfessionelle Prägung aufwiesen, die durch den Vergleich mit einer anderen Region noch präziser herausgearbeitet werden kann. Doch auch die Verfügbarkeit möglicher Bearbeiter war letztlich für die Auswahl der Regionen mitentscheidend. Leider konnten dabei nicht alle Pläne verwirklicht werden. Das für die Prüfung der Zäsur von 1945 vorgesehene Autorenpaar konnte seine Beiträge nicht rechtzeitig fertigstellen. Und gerne hätten wir Österreich als Teil des Alten Reiches einbezogen; auch Beiträge zu Schlesien und Ostpreußen standen auf unserer Themenliste, doch fehlten uns dafür Bearbeiter. Nicht alle Autorinnen und Autoren konnten den anvisierten epochenübergreifenden Ansatz in gleicher Weise für ihre Thematik umsetzen. Allerdings hat das Handbuch auch nicht das Ziel, bei jedem Thema alle denkbaren Zugangsweisen und methodischen Ansätze vorzustellen, sondern es will an Beispielfällen die Leistungskraft und den erkenntnisperspektivischen Mehrwert landesgeschichtlicher Arbeitsweise verdeutlichen. Einmal mehr wurde den Herausgebern daher auch im Arbeitsprozess bewusst, dass ein Handbuch im klassischen Stil, d.h. ein verbindliches Kompendium des ‚gesicherten' Wissens, überholt ist und an den praktischen Herausforderungen scheitert. Es konnte folglich auch nicht darum gehen, aus vielen Landes- und Regionalgeschichten eine Gesamtschau der Themen und Inhalte zu entwerfen. Gleichwohl werden hier erstmals einzelne Länder bzw. Regionen unter bestimmten inhaltlichen Leitperspektiven – und nicht wie bisher vielfach Usus in einer komprimierten Darlegung ihrer jeweils einzelnen territorialen, wirtschaftlichen oder gesellschaftlichen Entwicklungsgeschichten – behandelt.

Wenn all dies – mit den skizzierten Einschränkungen – gelungen ist, so liegt dies in erster Linie an den Autorinnen und Autoren, die sich auf unser Konzept eingelassen haben und denen hier an erster Stelle Dank gebührt. Gedankt sei ihnen auch dafür, dass sie sich auf eine oft sehr schmerzliche Reduktion des Anmerkungsapparates und der zitierten Literatur eingelassen haben. Zu vielen der nachfolgend angesprochenen Themen gäbe es selbstverständlich noch weit mehr einschlägige Literatur anzuführen, doch unser Ziel war es, den Handbuchcharakter durch kompakte Beiträge zu gewährleisten. Martin Rethmeier hat sich von unserem Konzept überzeugen lassen und das Projekt in das Verlagsprogramm aufgenommen. Florian Hoppe hat für ein ebenso kritisches wie konstruktives Lektorat gesorgt und Frauke Schafft unsere Korrekturwünsche umgesetzt. Ria Hänisch vom Institut für vergleichende Städtegeschichte in Münster haben wir zu danken für eine sehr umsichtige Redaktionsarbeit. Ebenso gebührt Tobias Kniep, Kartograph des münsterischen Instituts, unser Dank für die Umzeichnung ausgewählter Karten. Die Geschäftsstelle des Historikerverbandes in Frankfurt hat uns mehrfach unkompliziert die Abhaltung von Arbeitstreffen ermöglicht – auch dafür sei insbesondere Frau Nora Hilgert herzlich gedankt. Nicht zuletzt geht unser Dank an Sigrid Hirbodian, die Mitinitiatorin des Handbuch-Projektes war und es in ihrer Zeit als erste Vorsitzende der AG Landesgeschichte stets unterstützt hat.

# Teil I: Das Fach Landesgeschichte: Profile und Kontexte

Matthias Werner

# Zur Geschichte des Faches

Die Anfänge des Fachs „Landesgeschichte“ als wissenschaftliche Disziplin liegen im späten 19. Jahrhundert. Doch reicht die Beschäftigung mit der Geschichte von Ländern und Regionen im deutschsprachigen Raum bis in das Spätmittelalter zurück, in dem in der Nachfolge der hochmittelalterlichen Bistums- und Klosterchronistik zahlreiche Landes- und Stadtchroniken entstanden.[1] Sie gingen bruchlos über in die breite, vorwiegend territorial- und dynastiebezogene frühneuzeitliche Landesgeschichtsschreibung, die seit dem frühen 16. Jahrhundert unter maßgeblicher Mitwirkung gelehrter Humanisten aufblühte und sich in der Folgezeit rasch weiterentwickelte. Vornehmlich von den Höfen, Universitäten und Akademien initiiert und von universitär gebildeten geistlichen und weltlichen Autoren getragen, spiegelte sie im 17./18. Jahrhundert die territoriale Vielfalt des Reiches historiographisch wider und hob sich vor allem durch die – z.T. bereits kritische – Erschließung und Edition der Quellen, insbesondere der urkundlichen Überlieferung, von der spätmittelalterlichen Landeschronistik ab. Im 18. Jahrhundert nahmen Zahl und Umfang dieser territorial- und dynastiegeschichtlichen Darstellungen und Editionen nochmals erheblich zu. Zugleich entstanden unter dem Einfluss der Aufklärung vermehrt übergreifende landesgeschichtliche Werke, die von der engeren dynastisch-territorialen Orientierung abrückten, das „Volkstum“ in den Vordergrund stellten[2] und für die – wie etwa für die Darstellung und Urkundenedition von Helfrich Bernhard Wenck zur Hessischen Geschichte (1775/1803) – erstmals die Bezeichnung „Landesgeschichte“ verwandt wurde.

Zu einer ersten breiten Bewegung landesgeschichtlicher Aktivitäten kam es mit der Gründung der ältesten historischen Vereine in den 1820er/40er Jahren.[3] Von Laienkreisen vorwiegend des nationalen und liberalen Bürgertums getragen, setzten sie sich erstmals umfassend für die Pflege der Altertümer und die Erforschung der Vergangenheit ihrer jeweiligen engeren und weiteren Umgebung ein. 1852 schlossen sie sich in dem „Gesamtverein der deutschen Geschichts- und Altertumsvereine“ als Dachverband zusammen, blieben zunächst aber meist abseits der sich gleichzeitig an den Universitäten entwickelnden kritischen Geschichtswissenschaft. Ein breiterer Professionalisierungs- und Verwissenschaftlichungsschub trat erst ein, als in den – nach 1871 auf über 250 angewachsenen – Vereinen der Mitgliederanteil

1 Ausführlicher Überblick über die deutsche Landesgeschichtsschreibung vom Humanismus bis ins späte 19. Jahrhundert bei: Gerlich, Landeskunde 1986, S. 1–76.

2 Jordan, Entstehung 2011, S. 121.

3 Kunz, Geschichte 2000, S. 55–74.

https://doi.org/10.1515/9783110354188-001

universitär ausgebildeter Fachhistoriker stark anstieg und die Vereinszeitschriften zu den meistverbreiteten Publikationsorganen landesgeschichtlicher Forschung wurden.

Gleichzeitig kam es, beginnend mit der „Historischen Kommission für die Provinz Sachsen" 1876, zur Gründung zahlreicher Historischer Kommissionen, die sich – oft mit staatlicher Unterstützung und im staatlichen Bezugsrahmen – der regionalen Grundlagenforschung, vor allem der Editionstätigkeit und der Erarbeitung historischer Kartenwerke widmeten. Sie stellten durch die Mitwirkung von Universitätsprofessoren und universitär ausgebildeten Archivaren wissenschaftliche Vereinigungen dar, die weit stärker noch als die Geschichtsvereine den Standards der universitären Geschichtswissenschaft verpflichtet waren.[4] Als Reaktion und in Konkurrenz zu dieser Verwissenschaftlichung entstand seit dem späten 19. Jahrhundert im Rahmen der Heimatbewegung eine Vielzahl von Heimatvereinen und Heimatbünden, die sich auf populärwissenschaftlichem Niveau um die Orts-, Heimat- und Ländergeschichte bemühten.[5]

## 1 Die Anfänge der Landesgeschichte als historische Disziplin

Die Entstehung des Faches „Landesgeschichte" als eigene historische Disziplin fiel in diese Blütephase vielfältiger landes-, heimat- und ortsgeschichtlicher Aktivitäten.[6] Sie war allerdings weniger durch die Einrichtung des ersten landesgeschichtlichen Lehrstuhls an einer Universität im Jahre 1898 – der staatsbayerisch-dynastisch ausgerichteten Professur für „Bayerische Landesgeschichte" in München – gekennzeichnet, als vielmehr durch den neuen kulturgeschichtlichen Ansatz des seit 1891 in Leipzig lehrenden, zuvor lange im Rheinland tätigen Historikers Karl Lamprecht (1856–1915).[7] Lamprecht, der in Abkehr von der politisch-nationalgeschichtlich dominierten Geschichtswissenschaft seiner Zeit eine umfassende Kulturgeschichte im Sinne einer Verbindung von Sozial- und Wirtschaftsgeschichte, Kunst- und Literaturgeschichte, Volkskunde, Agrar- und Siedlungsgeschichte sowie Historischer Geographie postulierte, setzte sich für die Erforschung zunächst der Verhältnisse „kleinerer Räume" ein, um im Vergleich und in der Zusammenschau der hier gewonnenen Ergebnisse zu dem angestrebten Bild des Ganzen, der National- oder auch Universalgeschichte zu gelangen.[8] Die derart betriebene kulturgeschichtliche

**4** Ebd., S. 74–77.
**5** Ebd., S. 71f.
**6** Hierzu und zum Folgenden mit Zusammenfassung der bis 2004 erschienenen Literatur der Überblick bei: Werner, Begrenzung 2005, S. 258ff.
**7** Nikolay-Panter, Geschichte 2007, S. 20ff.; Mühle, Volk 2005, S. 465ff.
**8** Dazu jüngst etwa: Bünz, Landeshistoriker 2012, S. 44ff.

Analyse der „heimischen Zustände“ bezeichnete er seit den 1890er Jahren als „Landesgeschichte“, und betonte, „die Erforschung der Zustände“ könne „nur in landesgeschichtlichen Studien eingehend und zuverlässig“ erfolgen.[9] Die so begriffene ‚neue‘ Landesgeschichte hob sich deutlich von der ‚älteren‘ Landesgeschichte im Sinne von Territorial- und Provinzialgeschichte ab.

Zur konkreten Umsetzung seiner neuen Ansätze strebte Lamprecht auf mehrfache Weise eine Institutionalisierung an. Zum einen betrieb er eine enge Kooperation mit den aufblühenden landes- und heimatgeschichtlichen Vereinen und Historischen Kommissionen.[10] In diesem Zusammenhang begann sich der Begriff „Landesgeschichte“ auch zu einem neuen Sammel- und Oberbegriff für die Fülle der Vereins- und Kommissionsaktivitäten sowie für die ältere Provinzial-, Territorial- und Lokalgeschichtsforschung zu entwickeln. Zum anderen suchte er die neue Forschungsrichtung „Landesgeschichte“ als historische Disziplin an der Leipziger Universität zu etablieren, was ihm 1906 mit der Einrichtung eines eigenen „Seminars für Landesgeschichte und Siedelungskunde“ gelang. Dessen Leitung vertraute er seinem Schüler Rudolf Kötzschke (1867–1949) an.[11]

Die Gründung des Leipziger Seminars im Jahre 1906 darf als die Geburtsstunde der Landesgeschichte als universitärer historischer Disziplin gelten. Landesgeschichte, wie sie Lamprecht und Kötzschke konzipierten, galt zunächst ausdrücklich nicht der Geschichte eines konkreten Landes im Sinne einer aktuellen oder historischen politischen Einheit, sondern stellte die von staatlich-territorialen Vorgaben freie, interdisziplinäre Erforschung der „realen Kultur“ von kleineren Räumen dar, die auf diese Weise als „historische Landschaften“ profiliert wurden und exemplarische Funktion für ein größeres Gesamtbild erlangten. Erst 1917 mit der Umbenennung in „Seminar für Sächsische Landesgeschichte und Siedelungskunde“ trat die Pflege sächsischer Geschichte als weitere Aufgabe hinzu. Hingegen sollte die „Siedlungskunde“ weiterhin „in vielseitig kulturgeschichtliche Zusammenhänge“ hineinführen und sich nicht auf bestimmte Regionen und den „engen Zusammenhang zwischen Siedlung und Boden“ beschränken.[12]

Die Ansätze Lamprechts und Kötzschkes blieben zunächst auf Leipzig und Sachsen begrenzt. Erst ihre Übernahme und Umformung 1920 durch Hermann Aubin (1885–1969) in Bonn führten zum Aufstieg der Landesgeschichte zu einer der führenden historischen Disziplinen und bewahrten ihr diese Stellung bis zum Ende der 1960er Jahre. Die Leipziger Konzeption einer weitgefassten Siedlungskunde aufgreifend, entwarf Aubin in enger Verbindung von historischer Kartographie, Archäologie, Sprach- und Ortsnamenforschung sowie Wirtschaftsgeschichte für die

9 Zitiert nach: Werner, Begrenzung 2005, S. 261f., 263f.

10 Vgl. Werner, Begrenzung 2005, S. 261f.

11 Dazu zuletzt: Bünz, Landeshistoriker 2012, S. 48ff.

12 Werner, Begrenzung 2005, S. 267–271.

Rheinlande das umfassende Konzept einer „geschichtlichen Landeskunde“ mit dem Ziel der „Erfassung der kulturellen Zustände aller Art, welche die Rheinlande als geschichtliche Individualität zu fassen versucht“.[13] Der konkreten Umsetzung diente das 1920 gegründete „Institut für geschichtliche Landeskunde der Rheinlande an der Universität Bonn“, das mit seinen drei Abteilungen zur Geschichte, Namenkunde und Volkskunde die angestrebte Interdisziplinarität institutionalisierte.[14] Bereits 1926 legte das Institut das Sammelwerk „Kulturströmungen und Kulturprovinzen in den Rheinlanden. Geschichte – Sprache – Volkskunde“ vor, das als Modellprojekt der als „Kulturraumforschung“ betriebenen geschichtlichen Landeskunde dienen sollte, aber nur wenige Nachfolger fand.[15]

## 2 Aufstieg sowie wissenschaftlicher und politischer Bedeutungszuwachs in den 1920er/30er Jahren

Das Bonner Konzept erwies sich gegenüber den Leipziger Ansätzen sehr rasch als das zukunftsträchtigere Modell. Bereits 1923 trat mit dem „Institut für geschichtliche Siedlungs- und Heimatkunde der Alpenländer“, das unter Bonner Einfluss von dem volks- und später vorwiegend rassenkundlich ausgerichteten Historiker Adolf Helbok (1883–1968) an der Universität Innsbruck gegründet wurde, ein weiteres Institut der neuen landesgeschichtlichen Richtung hinzu.[16] Als Kötzschke, Aubin und Helbok auf dem Frankfurter Historikertag von 1924 mit ihrem gemeinsamen Auftritt die allgemeine Anerkennung der Landesgeschichte als methodenbewusste, innovative und nationale historische Disziplin erlangt hatten,[17] kam es in rascher Folge reichsweit zur Gründung zahlreicher weiterer universitärer und außeruniversitärer landesgeschichtlicher Institute, so in Marburg (1926), Münster (1929), Breslau (1930), Freiburg (1931), Erlangen (1932/33), Kaiserslautern (1936), Jena (1937), Kiel (1938) und Heidelberg (1938). Ihnen diente fast durchweg das Bonner Institut als Vorbild.[18]

---

**13** Janssen, Neuansatz 2011, S. 123–130.

**14** Mühle, Volk 2005, S. 155–165; Nikolay-Panter, Geschichte 2007, S. 12–25.

**15** Nikolay-Panter, Geschichte 2007, S. 26–30; Janssen, Neuansatz 2011, S. 126ff., mit Hinweis auf das in der Nachfolge der „Kulturströmungen“ seit 1931 erschienene, von Aubin mitinitiierte Werk „Der Raum Westfalen“; zu dem 1936 von Wolfgang Ebert, Theodor Frings, Rudolf Kötzschke u.a. als „Leipziger Gegenstück“ herausgegebenen Werk „Kulturräume und Kulturströmungen im mitteldeutschen Osten“ vgl. Bünz, Sachsen 2006, S. 164–173. Das westfälische und das mitteldeutsche Raumwerk blieben die einzigen Projekte in der Nachfolge des Bonner Vorbilds.

**16** Hierzu und zum Folgenden: Werner, Begrenzung 2005, S. 277–280.

**17** Mühle, Volk 2005, S. 167f.

**18** Einzelnachweise bei: Werner, Begrenzung 2005, S. 285–290.

Dieser steile Aufschwung, der zugleich mit einer zunehmenden Vernetzung mit den Historischen Kommissionen und den Geschichtsvereinen als den bisherigen Hauptträgern landesgeschichtlicher Forschung einherging, hatte nicht nur die breite, endgültige Etablierung der Landesgeschichte im universitären Fächerkanon zur Folge, sondern er führte auch zu wachsendem inhaltlichen Einfluss auf zentrale Themen der Geschichtswissenschaft. Hierbei lag der Schwerpunkt deutlich auf dem Mittelalter, dem neben Kötzschke und Aubin auch die Gründerväter der meisten übrigen Institute als Fachvertreter angehörten – darunter so prominente Mediävisten wie Edmund E. Stengel (1879–1968) in Marburg, Theodor Mayer (1883–1972) in Freiburg und Bernhard Schmeidler (1879–1959) in Erlangen. Mit ihren an regionalen Beispielen gewonnenen Befunden zur Erfassung von Räumen durch Siedlung und Herrschaft, zu Landnahmevorgängen, zu Landesausbau und Kolonisation und zur Ausbildung von Landeshoheit und Landesherrschaft leitete die Landesgeschichte einen tiefgreifenden Wandel des vorherrschenden Bildes der deutschen Verfassungsgeschichte des Mittelalters ein. In deutlicher Abkehr von der vorherrschenden, vor allem durch Georg von Below (1858–1927) in Orientierung am bürgerlichen Rechtsstaat des 19. und frühen 20. Jahrhunderts vertretenen Lehre von der Herleitung sämtlicher staatlicher Gewalt von der königlichen Spitze rückten nunmehr neue Sichtweisen in den Vordergrund, die sehr viel stärker die autogenen Rechte und germanischen Wurzeln von Herrschaft, Volk und Staat betonten.[19] Gegenüber dieser Gewichtsverlagerung auf die Verfassungs-, Herrschafts- und Siedlungsgeschichte traten die ursprüngliche Breite und Offenheit des kulturgeschichtlichen Ansatzes von Lamprecht zunehmend zurück. Gleichzeitig wuchs das Interesse an dem Verhältnis von Volk, Boden und Raum und an den Möglichkeiten zur interdisziplinären Ermittlung historischer Räume, die jenseits moderner Grenzen eine historische Eigenart und damit auch für die Gegenwart eine in ihrer Geschichte begründete Berechtigung besaßen.[20]

Der enorme Bedeutungszuwachs der Landesgeschichte in den 1920er/30er Jahren war jedoch nicht nur durch die wissenschaftliche Attraktivität der neuen Forschungsrichtung bedingt. Vielmehr wurde er entscheidend durch die wachsenden nationalistischen und revisionistischen Strömungen in der Weimarer Republik, durch die politisch und ideologisch aufgeladene Frage des Grenzland- und Auslandsdeutschtums und durch die „Blut und Boden"-Ideologie und die Rassen- und Expansionspolitik des Nationalsozialismus nach 1933 begünstigt. Bereits in den 1920er Jahren kam es bei Kötzschke, Aubin und anderen Vertretern des Faches zu einer verstärkten nationalistisch-völkischen Ausrichtung und zu einem zunehmen-

19 Weinfurter, Standorte 2005, S. 12f.; Nagel, Schatten 2005, S. 117–125; Werner, Begrenzung 2005, S. 300ff.
20 Dazu zuletzt: Bünz, Landesgeschichtsforschung 2016, S. 25.

den Wandel von der Landes- zur Volksgeschichte.[21] Damit bot sich das in der „Kulturraum"- und Volkstumsforschung erprobte Fach als besonders geeignet für eine politische Inanspruchnahme an. Dies galt für die Begründung einer „stammesmäßigen" Neugliederung des Reiches im Inneren und für die wissenschaftliche Fundierung des „Grenz- und Volkstumskampfes" in den Grenzregionen und den abgetretenen Gebieten im Westen und Osten in den 1920er Jahren ebenso wie – insbesondere nach der nationalsozialistischen Machtergreifung – für die Legitimation von Gebietsansprüchen auf den germanisch-deutschen „Kultur- und Volksboden" jenseits der aktuellen Reichsgrenzen.[22] In besonderer Weise dienstbar gemacht wurde als Zweig der Landesgeschichte die sogenannte „Ostforschung", aus deren Kreis führende Vertreter – unter ihnen Hermann Aubin – nach Kriegsbeginn im Herbst 1939 wissenschaftliche Zuarbeit für die von der NS-Führung geplanten Umsiedlungs- und Ausrottungsmaßnahmen im besetzten Polen leisteten.[23]

Die politische Involvierung der Landesgeschichte im „Dritten Reich" reichte von partieller weltanschaulicher Affinität über das deutliche Bekenntnis zum Führerstaat und seinen Revisions- und Großreichszielen bis hin zur aktiven Mitträgerschaft seiner Eroberungs-, Umsiedlungs- und Vernichtungspolitik.[24] Gleichzeitig kam es jedoch zu einer Fülle thematisch unbelasteter Einzelforschungen und regionaler Forschungsprojekte, die von den neuen landesgeschichtlichen Instituten und Professuren angestoßen und durchgeführt wurden und reichen wissenschaftlichen Ertrag erbrachten.[25] Die Verbindung von Landes- und Verfassungsgeschichte, die in den 1930er Jahren als ein prägendes Merkmal der damaligen deutschen Mediävistik entstand, beruhte vielfach auf diesen Ergebnissen. Die tieferen Wurzeln dieses Neuansatzes lagen neben seiner innovativen wissenschaftlichen Fundierung vor allem in einem durch die zeitbedingte Sichtweise und Aufwertung der Kategorien „Herrschaft" und „Volk" gewandelten Bild mittelalterlicher „Staatlichkeit", hingegen nur in wenigen Ausnahmen in der konkreten Identifizierung mit der NS-Ideologie.[26]

---

21 Oberkrome, Volksgeschichte 1993, besonders S. 126–154; Mühle, Volk 2005, S. 475–480; Janssen, Neuansatz 2011, S. 124ff.; Bünz, Landesgeschichtsforschung 2016, S. 25.

22 Zusammenfassung der Forschung bei: Werner, Begrenzung 2005, S. 309–314.

23 Haar, Historiker 2000, S. 307–359; Mühle, Volk 2005, S. 358–390.

24 Zu Kötzschkes Haltung zum Nationalsozialismus – gegenüber den z.T. überzogenen Urteilen von u.a. Oberkrome und Haar – vgl. Bünz, Landeshistoriker 2012, S. 55–62, mit den grundsätzlichen Bemerkungen S. 57; zu Aubin zusammenfassend: Mühle, Volk 2005, S. 621–636.

25 Als Beispiel seien hier nur die am „Institut für geschichtliche Landeskunde in Hessen und Nassau" in Marburg unter Leitung von Edmund E. Stengel in den 1930er und frühen 1940er Jahren entstandenen Arbeiten zum „Geschichtlichen Atlas für Hessen und Nassau" genannt: Reuling, „Atlaswerkstatt" 1997, S. 1180f. (Karte), S. 1192ff.

26 Vgl. etwa Weinfurter, Standorte 2005, S. 12f.; Nagel, Schatten 2005, S. 116–126, 172ff. (mit z.T. einseitiger Sicht); zu Theodor Mayer jetzt ausführlich; Heinzel, Mayer 2016, bes. S. 151–154, 207–222.

# 3 Wiederbeginn und Blüte der Landesgeschichte nach 1945 in Westdeutschland

Die Entwicklung des Faches nach 1945 nahm in den beiden Teilen Deutschlands jeweils einen unterschiedlichen Verlauf.[27] In der Bundesrepublik kam es zu einem vielfältigen Neubeginn, bei dem jedoch die Kontinuitäten überwogen.[28] Die Entwicklung in der DDR war hingegen von tiefen Brüchen geprägt, die zunächst fast zum Erliegen der Landesgeschichte führten. Hierauf ist weiter unten einzugehen.

Kontinuität, Neubeginn und Stellenwert der Landesgeschichte in Westdeutschland in den ersten Nachkriegsjahrzehnten wurden am prominentesten sichtbar bei dem einflussreichen „Konstanzer Arbeitskreis für mittelalterliche Geschichte“. Er war aus dem 1951 eröffneten „Institut für Landschaftsgeschichte des Bodenseeraums“ in Konstanz erwachsen und entwickelte sich rasch zu einem der wichtigsten Träger deutscher Nachkriegsmediävistik.[29] Sein Gründer, der wegen seiner NS-Vergangenheit seines Amtes als Präsident der „Monumenta Germaniae Historica“ enthobene österreichische Mediävist Theodor Mayer (1883–1972), versprach sich bei der konzeptionellen Ausrichtung des Arbeitskreises insbesondere von der „Förderung der wissenschaftlichen Landesforschung“ ein „neues Bild der Vergangenheit des deutschen Volkes und Reiches [...], das krisenfest ist und nicht bei jedem politischen Stimmungswechsel umgeschrieben werden muß“.[30] Vertieft wurden diese programmatischen Ansätze vor allem von dem Kötzschke-Schüler und führenden Verfassungs- und Landeshistoriker Walter Schlesinger (1908–1984), der in Fortführung seiner Forschungen der 1930er Jahre das enge, „im Wesen beider Wissenschaften begründete(s) Verhältnis“ von Verfassungs- und Landesgeschichte betonte.[31] Personell wie konzeptionell knüpfte der Arbeitskreis damit an die Vorkriegszeit an, sah sich selbst aber als Träger eines Neubeginns, bei dem der Landesgeschichte neben dem europäischen Vergleich eine zentrale Rolle zugedacht war.[32] Nicht zuletzt hierauf bezog sich der Göttinger Mediävist Hermann Heimpel (1901–1988) in seinem berühmten Dictum von 1956, in dem er auf „die landesgeschichtliche Vertiefung der Verfassungsgeschichte“ und die damit verbundene „Erhebung der Landesgeschichte zu einer hohen Wissenschaft“ verwies.[33]

27 Ausführlichster vergleichender Überblick bei: Buchholz, Landesgeschichte 1998, S. 21–60.
28 Dazu zuletzt ausführlich: Freitag, Matrix 2015, S. 7–26.
29 Weinfurter, Standorte 2005, S. 9f.; Nagel, Schatten 2005, S. 157–187 (mit z.T. einseitiger Sichtweise); Heinzel, Mayer 2016, S. 242–245.
30 Zitatnachweise bei: Werner, Begrenzung 2005, S. 251.
31 Schlesinger, Verfassungsgeschichte 1953/78, S. 132; dazu: Werner, Begrenzung 2005, S. 338 mit Anm. 328.
32 Werner, Begrenzung 2005, S. 336ff.
33 Zitatnachweis bei: Werner, Begrenzung 2005, S. 252.

Dieser ungebrochenen, ja noch gestiegenen Hochschätzung in der westdeutschen Geschichtswissenschaft entsprach der steile Aufstieg, den die Landesgeschichte in den 1950er/60er Jahren in institutioneller Hinsicht nahm.[34] Die bestehenden Historischen Kommissionen, Geschichtsvereine, landesgeschichtlichen Institute und Professuren blieben nicht nur durchweg erhalten, vielmehr stieg ihre Zahl – als sich wachsende staatliche Finanzierungsmöglichkeiten und zunehmendes Identitätsbedürfnis der mit Ausnahme Bayerns neu geschaffenen Bundesländer miteinander verbanden – in einer erneuten Gründungswelle geradezu sprunghaft an.[35] Hierbei kam es neben der Gründung neuer Historischer Kommissionen (Saarland, Baden-Württemberg, Berlin) vor allem zur Schaffung zahlreicher neuer Institute und Lehrstühle. So wurden für Bayern in München (1946), für Rheinland-Pfalz in Mainz (1953/60), für den württembergischen Landesteil Baden-Württembergs in Tübingen (1954), für Niedersachsen in Göttingen (1958), für das Saarland in Saarbrücken (1960) und für den westfälischen Landesteil Nordrhein-Westfalens in Münster (1960) neue landesgeschichtliche Institute und Seminare eingerichtet, die mit Lehrstühlen verbunden waren; zudem traten für Hessen in Gießen (1963) und für Berlin (1964) weitere neue landesgeschichtliche Lehrstühle hinzu. Zugleich wurden mit dem J. G. Herder-Institut in Marburg (1950) und mit den 1950/51 wiederbegründeten Historischen Kommissionen für Schlesien und für Ost- und Westpreußen Forschungsinstitutionen geschaffen, die für die Vertreibungsgebiete östlich von Oder und Neiße die hier vor 1945 betriebene landesgeschichtliche Arbeit wieder aufnahmen und in vieler Hinsicht die „Ostforschung" personell wie inhaltlich fortführten.[36]

Auch wenn letzteres einen – freilich kennzeichnenden – Sonderfall bildete,[37] so fanden trotz des institutionellen Aufschwungs und trotz der Abkehr von den in der Weimarer und NS-Zeit vertretenen völkisch-nationalen-revisionistischen Positionen letztlich kaum tiefergehende konzeptionelle Wechsel in der westdeutschen Landesgeschichtsforschung statt.[38] Dies galt auch für die großen landesgeschichtlichen

---

**34** Knappe Übersicht bei: Janssen, Landesgeschichte 2000, S. 405ff.

**35** Einzelnachweise bei: Werner, Begrenzung 2005, S. 329–332.

**36** Ausführlich hierzu: Mühle, Volk 2005, S. 391–459; Hackmann, Abschied 2010, S. 348–357.

**37** Speitkamp, Universitäten 2007, S. 439. Zu verweisen ist an dieser Stelle auf die scharfe Kritik, die Walter Schlesinger 1963 mit seiner Forderung nach einer Revision der deutschen Ostforschung der Zwischenkriegszeit an der wissenschaftlichen Ausrichtung des J. G. Herder-Forschungsrates und des J. G. Herder-Instituts in Marburg übte, Mühle, Volk 2005, S. 616ff.; Nagel, Schatten 2005, S. 131ff.; Neitmann, Antwort 2012, S. 252ff.

**38** Moraw, Kontinuität 2005, S. 125ff.; Speitkamp, Universitäten 2007, S. 437f.; Freitag, Matrix 2015, S. 7ff., 16f.; für das Bonner Institut vgl. Nikolay-Panter, Geschichte 2007, S. 32f. Die eigenständige Abweichung der bayerischen Landesgeschichte von den Forschungstraditionen der NS-Zeit unter dem 1946 auf den Münchener Lehrstuhl berufenen Max Spindler unterstreicht: Ott, Raumkonzepte 2015, S. 117f. Sie stellte freilich auch eine Rückkehr zu der stark etatistisch ausgerichteten älteren bayerischen Landesgeschichtsforschung dar.

Forschungsprojekte jener Jahrzehnte wie die von Gerd Tellenbach (1903–1999) in Freiburg betriebene Personenforschung oder die von Walter Schlesinger in Göttingen und Marburg angestoßene Pfalzenforschung, die jeweils bereits auf Ansätze der 1930er/40er Jahre zurückgingen.[39] Gleichfalls ihre Wurzeln in den 1930er Jahren besaß als „gewissermaßen die methodische Zwillingsschwester der Landesgeschichte" (Werner Freitag) die Stadtgeschichtsforschung, die mit wichtigen innovatorischen Impulsen bis in die 1970er Jahre im Wesentlichen von mediävistischen Landeshistorikern betrieben wurde und erst dann ihre eigenen Wege ging.[40] Hingegen stellte es eine immer deutlichere Abweichung von den Konzeptionen der Vorkriegszeit dar, dass die Siedlungsforschung mehr und mehr zurücktrat und dass bei allem Festhalten an dem Begriff der „geschichtlichen Landeskunde" – für die der Mainzer Landeshistoriker Ludwig Petry (1908–1991) 1961 die vielzitierte Charakterisierung als „in Grenzen unbegrenzt" prägte[41] – eine allmähliche Abkehr von dem interdisziplinären Ansatz aus der Anfangszeit des Faches, insbesondere der Kulturraumforschung, einsetzte.[42] Dieser Wandel war neben grundsätzlichen methodischen und inhaltlichen Bedenken gegenüber dem Kulturraumbegriff[43] nicht zuletzt auch der wachsenden Fächerspezialisierung geschuldet. Er leitete eine Entwicklung ein, in deren Verlauf der Begriff der „Geschichtlichen Landeskunde" sein ursprüngliches Profil verlor und zunehmend „synonym mit ‚Landesgeschichte' schlechthin verwendet" wurde (Wilhelm Janssen).[44]

Im Rückblick dürfen die 1950er/60er Jahre als die Zeit der größten Blüte und stärksten Expansion der Landesgeschichte gelten. Mit der Fülle ihrer lokalen und regionalen Forschungsergebnisse, mit ihren übergreifenden, vergleichenden Ansätzen, mit ihrer allgemeinhistorisch ertragreichen, als innovative Forschungsrichtung begriffenen Verbindung mit der Verfassungsgeschichte und mit ihrer vielfältigen Vernetzung zwischen Universitäten, Archiven, Historischen Kommissionen und Vereinen bildete die Landesgeschichte damals einen zentralen Teil vor allem der Mittelalterforschung.[45] Eine Bilanz dieser Blütephase stellten die Vorträge dar, die 1969 anlässlich der 50-Jahrfeier des Bonner Instituts für geschichtliche Landeskunde der Rheinlande von prominenten Fachvertretern vorwiegend der älteren

---

**39** Werner, Begrenzung 2005, S. 334f.; Nagel, Schatten 2005, S. 147ff., 202ff.; Rödel, Landesgeschichte 2012, S. 453.

**40** Dazu zuletzt: Freitag, Matrix 2015, S. 24f. (Zitat S. 24).

**41** Petry, Grenzen 1961/1978, S. 288ff., 293ff.; dazu: Schneider, Landesgeschichte 2007, S. 38f.

**42** Hierzu in Fortführung der Kritik von Edith Ennen aus dem Jahre 1970 an dem Begriff „Kulturraum" als dem „problemreichsten Begriff der geschichtlichen Landeskunde überhaupt" grundlegend: Janssen, Neuansatz 2011, S. 125ff. (Zitat S. 127).

**43** Wie Anm. 42.

**44** Janssen, Neuansatz 2011, S. 132.

**45** Moraw, Kontinuität 2005, S. 112; hier auch der ebenso bemerkenswerte wie kennzeichnende Befund, dass von den mediävistischen Dissertationen der Jahre 1946 bis 1972 in Westdeutschland knapp 40 % landesgeschichtliche Themen behandelten.

Generation wie Walter Schlesinger, Franz Petri (1903–1993) oder Karl Bosl (1908–1993) gehalten wurden.[46] Sie waren zugleich die „letzte geschlossene Standortbestimmung, die noch Vertreter der klassischen landesgeschichtlichen Richtung selbst durchführten“ (Joachim Schneider).[47] Die Jubiläumsveranstaltung von 1969 – der 1978 unter dem Titel „Probleme und Methoden der Landesgeschichte“ noch ein Sammelband mit programmatischen Beiträgen der „klassischen Schule“ folgte[48] – fand allerdings bereits zu einem Zeitpunkt statt, an dem das Fach vor seinem bislang tiefsten Umbruch stand.

## 4 Krise und Bedeutungsverlust in den 1970er/80er Jahren

Seit den späten 1960er Jahren veränderte sich die Stellung der Landesgeschichte innerhalb der historischen Disziplinen und das Fach befand sich selbst in einem grundlegenden Wandel. Zum einen setzte mit dem Ausscheiden der bislang das Fach repräsentierenden Gelehrten, die noch von den Gründervätern der 1920er/30er Jahre geprägt worden waren, ein Generationswechsel ein, der die Abkehr von den ursprünglichen interdisziplinären Konzepten der „Kulturraumforschung“ und der „geschichtlichen Landeskunde“ beschleunigte und neue Standortbestimmungen erforderlich machte.[49] Zum anderen kam es gleichzeitig damit zur Einrichtung neuer landesgeschichtlicher Professuren an zahlreichen weiteren Universitäten, die überwiegend den jüngeren Epochen galten und damit die bislang vorherrschende, fast symbiotische Verbindung von Landesgeschichts- und Mittelalterforschung aufhoben.[50] Die hiermit verbundene zeitliche und thematische Ausweitung führte im Selbstverständnis des Faches anstelle seiner bislang tendenziell noch immer bestehenden programmatischen Einheitlichkeit zu einer wachsenden, fast zur Beliebigkeit reichenden Vielfalt landesgeschichtlicher Konzeptionen.[51]

---

46 Buchholz, Landesgeschichte 1998, S. 39f.; Werner, Begrenzung 2005, S. 252f.

47 Schneider, Landesgeschichte 2007, S. 39f.

48 Fried, Probleme 1978; dazu: Schneider, Landesgeschichte 2007, S. 37. Dem Band in vieler Hinsicht zur Seite zu stellen ist der große Überblick von: Patze, Forschungsbericht 2002, über Organisation, Leistungen, Publikationsformen und Tendenzen der deutschen Landesgeschichtsforschung bis 1980.

49 Dazu zuletzt etwa: Rödel, Landesgeschichte 2012, S. 454f.

50 Werner, Begrenzung 2005, S. 342; Rödel, Landesgeschichte 2012, S. 455.

51 Schwer in die Entwicklungslinien des Faches einzuordnen sind die von dem langjährigen Inhaber des Lehrstuhls für Mittelalterliche Geschichte und Deutsche Landesgeschichte an der Universität Gießen Peter Moraw (1935–2013) von den späten 1960er Jahren an betriebenen zahlreichen grundlegenden reichs-, verfassungs-, sozial- und personengeschichtlichen Forschungen vorwiegend zum Spätmittelalter. In diesen strebte Moraw aus der Sicht des Reiches und des Königtums

Folgenreicher aber noch wirkte sich der gleichzeitige, in den späten 1960er Jahren einsetzende zeitweilige Paradigmenwechsel der westdeutschen Geschichtswissenschaft hin zu einer stärker theoriegeleiteten historischen Sozialwissenschaft auf die Landesgeschichte aus. Anstelle ihrer bisherigen Konzeptionen, Methoden und Themen wurden in gezieltem Kontrast neue methodische und thematische Ansätze gefordert und vertreten, die unter der Bezeichnung „Regionalgeschichte" deutlich veränderten inhaltlichen, zeitlichen und räumlichen Schwerpunkten galten.[52] Dem vor allem von der Neuzeit- und Zeitgeschichte entwickelten Konzept einer „modernen Regionalgeschichte", die nach angelsächsisch-französischem Vorbild auf die Anwendung soziologischer, demographischer, alltagsgeschichtlicher und anthropologischer Forschungsansätze auf unterschiedlich definierte Regionen abzielte, hatte die selbst im Umbruch befindliche Landesgeschichte zunächst nur wenig entgegenzusetzen. Umso heftiger führten in der Folgezeit die konträren Standpunkte von Anhängern der sich als „modern" begreifenden Regionalgeschichte und von Vertretern der als „traditionell" geltenden „älteren" Landesgeschichte hinsichtlich der Methoden, Inhalte und Definitionskriterien raumbezogener Forschung zu einer über zwanzigjährigen, teils mit großer Schärfe ausgetragenen Auseinandersetzung, die gelegentlich sogar als „Methodenstreit" bezeichnet wurde.[53] Die Kontroverse schärfte die Reflexion über die 1969 in Bonn noch weitgehend unhinterfragten Positionen, erbrachte aber für die künftige Ausrichtung des Faches wie für die konkrete Forschung letztlich nur einen geringen Ertrag.[54] Im Ergebnis werden heute „Regionalgeschichte" und „Landesgeschichte" häufig synonym verwendet (Volker Rödel),[55] es wird auf ihre gemeinsamen Wurzeln in dem kulturgeschichtlichen Ansatz Karl Lamprechts verwiesen,[56] sie gelten als miteinander „verschmolzen" (Winfried Speitkamp) bzw. als „Komplementärdisziplinen" (Walter Rummel),[57] oder es

eine „Zusammenführung von Reichs- und Landesgeschichte" an, betrachtete vorwiegend die „Landesgeschichte als Beziehungsgeschichte mit dem Königtum" und erhob die Forderung, „Landesgeschichte immer in Verbindung zur Reichsgeschichte zu sehen". Obgleich Moraw selbst keine Landesgeschichtsforschung im eigentlichen Sinne betrieb, gingen von seinen innovativen Arbeiten doch wichtige Impulse für diese aus. Vgl. die ausführliche Würdigung und Einschätzung von: Reinle, Landesgeschichte 2016, passim (Zitate S. 231, 241, 249).

52 Vgl. etwa Buchholz, Landesgeschichte 1998, S. 40ff.; Janssen, Landesgeschichte 2000, S. 419ff.; Speitkamp, Universitäten 2007, S. 440f.; Schneider, Landesgeschichte 2007, S. 41ff.; Rödel, Landesgeschichte 2012, S. 455f.

53 Bünz, Landesgeschichtsforschung 2016, S. 32f.

54 So auch: Rödel, Landesgeschichte 2012, S. 456.

55 Ebd.

56 Buchholz, Landesgeschichte 1998, S. 47ff.

57 Speitkamp, Erfindungen 2016, S. 26; Rummel, Landes- und Regionalgeschichte 2015, S. 30.

wird „Landesgeschichte als Synthese bei gleichzeitiger Integration der Erträge der Regionalgeschichte" begriffen (Werner Freitag).[58]

Wie sehr sich die Landesgeschichte seit ihrer noch weitgehend geschlossenen Präsentation 1969 in Bonn verändert hatte, machte 25 Jahre später (1995) eine Tagung von Landeshistorikern aus fast sämtlichen Bundesländern in Greifswald sichtbar, die einer erneuten Standortbestimmung des Faches diente.[59] Mit ihrer Vorstellung und Bilanz der wichtigsten Forschungsprojekte und Forschungsleistungen der einzelnen Länder und Regionen dokumentierte sie das gegenüber 1969 thematisch, zeitlich und methodisch erheblich erweiterte Forschungsspektrum der Landesgeschichte, zeigte zugleich aber auch auf, dass angesichts der großen Heterogenität der Ansätze und des damals z.T. noch kontroversen Nebeneinanders von „Landesgeschichte" und „Regionalgeschichte" eine Einheit des Faches nur mehr lose bestand. Ihr besonderes Gewicht erhielt die Greifswalder Tagung jedoch vor allem dadurch, dass sich zum ersten Mal auch die „neuen" Bundesländer beteiligten.

## 5 Landesgeschichte in der DDR

Die Entwicklung der Landesgeschichte in der DDR hatte einen gänzlich anderen Verlauf als in der Bundesrepublik genommen.[60] Statt Kontinuitäten und Neuaufbau war es zu tiefgreifenden Veränderungen und Brüchen gekommen. Nach der marxistischen Staatsideologie hatte die Landesgeschichte die Territorien und Länder als Relikte älterer, überwundener Herrschaftsverhältnisse zum Gegenstand und sah sich wegen der ihr unterstellten partikularistischen Tendenzen gegenüber dem sogenannten „demokratischen Zentralismus" massiv in der Kritik. Schon bald nach 1945 wurden sämtliche Geschichtsvereine und wenig später bis auf Sachsen sämtliche Historischen Kommissionen aufgehoben. Mit der Auflösung der 1945 zunächst wieder bzw. neu gegründeten Länder Mecklenburg-Vorpommern, Brandenburg, Sachsen-Anhalt, Sachsen und Thüringen und mit der Schaffung von Bezirken mit dem Ziel der weiteren Zentralisierung der DDR im Jahre 1952 verlor die Landesgeschichte den für sie elementaren Bezugsrahmen. Entsprechend wurde in der Folgezeit an den Universitäten und Archiven landesgeschichtliche Forschung nicht mehr

58 Freitag, Landesgeschichte 2004, S. 303; ähnlich empfiehlt Bünz, Landesgeschichtsforschung 2016, S. 33, „für großräumigere Forschungen [...] an dem Begriff Landesgeschichte festzuhalten, für kleinräumigere Untersuchungsansätze hingegen den Begriff Regionalgeschichte zu gebrauchen".

59 Buchholz, Landesgeschichte 1998, S. 11; Speitkamp, Grenzen 2001, S. 235ff.; Schneider, Landesgeschichte 2007, S. 41f.

60 Hierzu und zum Folgenden: Buchholz, Landesgeschichte 1998, S. 21–25, 27–36, 42–47; Werner, Begrenzung 2005, S. 348–360; Neitmann, Antwort 2012, S. 228ff.

institutionell betrieben, sondern blieb auf Einzelaktivitäten beschränkt. Zu den seltenen Ausnahmen zählten etwa das Brandenburgische Landeshauptarchiv bzw. Staatsarchiv Potsdam, die Historische Kommission der Sächsischen Akademie der Wissenschaften zu Leipzig und das unter großem Bedeutungsverlust in das Historische Institut der Leipziger Universität eingegliederte ehemalige landesgeschichtliche Seminar.[61] Der Großteil landes- und ortsgeschichtlicher Publikationstätigkeit fand auf der Ebene des „Kulturbundes zur demokratischen Erneuerung", der Heimatmuseen und der Denkmalpflege sowie im kirchlichen Bereich statt.

In den frühen 1960er Jahren führten die unübersehbar gewordenen Defizite in dem Zwischenbereich zwischen der politisch propagierten marxistischen „Heimatgeschichte" und der „Nationalgeschichte" unter Federführung des Mittelalter- und Frühneuzeithistorikers Karl Czok (1926–2013) in Leipzig zur Entwicklung des Konzepts einer „marxistischen Regionalgeschichte".[62] Diese sollte sich in programmatischer und begrifflicher Abgrenzung von der westdeutschen Landesgeschichte vor allem der Geschichte der Produktivkräfte, Produktionsverhältnisse, Klassenkämpfe und Arbeiterbewegung unterhalb der nationalstaatlichen Ebene widmen. Faktisch leistete sie, zunächst von staatlicher Seite immer wieder angegriffen und behindert, vorwiegend von Leipzig aus auf marxistischer Grundlage mit dem Schwerpunkt auf Sachsen landesgeschichtliche Forschung insbesondere zur Geschichte des Spätmittelalters, der Frühen Neuzeit, des Bauernkriegs, des Städtewesens und der Industrialisierung, wofür ihr das von Czok 1965 gegründete und herausgegebene „Jahrbuch für Regionalgeschichte" als wichtigstes Publikationsorgan diente.[63]

Eine Verbesserung der politischen Rahmenbedingungen setzte erst mit der „Erbe- und Traditions-Diskussion" der frühen 1980er Jahre ein, die zu einer Rückbesinnung auf die historischen Einheiten der alten Länder führte.[64] Von den in diesem Zusammenhang von führenden Parteivertretern geforderten „historisch-materialistische(n) Landesgeschichten Sachsens, Thüringens und Mecklenburgs" konnte allerdings nur die „Geschichte Sachsens" (1989) unter der Leitung von Czok realisiert werden.[65] Faktisch waren durch die jahrzehntelange Einschränkung und z.T. Unterdrückung der ideologisch unerwünschten Landesgeschichte die Voraussetzungen für derartige Großprojekte wie insgesamt für eine breiter angelegte landes-

---

**61** Bünz, Landeshistoriker 2012, S. 64f.; Müller, Landes- und Regionalgeschichte 2012, S. 363–374, 407–415.

**62** Buchholz, Landesgeschichte 1998, S. 27–34; Müller, Landes- und Regionalgeschichte 2012, S. 374–384.

**63** Müller, Landes- und Regionalgeschichte 2012, S. 384–390; Bünz, Landesgeschichtsforschung 2016, S. 31f.

**64** Buchholz, Landesgeschichte 1998, S. 42–47; Müller, Landes- und Regionalgeschichte 2012, S. 398–407.

**65** Werner, Begrenzung 2005, S. 359; Müller, Landes- und Regionalgeschichte 2012, S. 404–407 (Zitat S. 404).

geschichtliche Arbeit kaum mehr gegeben. Die westdeutsche „Exilforschung", die vor allem in Marburg an der von Walter Schlesinger 1961 gegründeten „Forschungsstelle für geschichtliche Landeskunde Mitteldeutschlands" und in Göttingen mit der von dem Landeshistoriker Hans Patze (1919–1995) herausgegebenen neunbändigen „Geschichte Thüringens" (1967–1984) geleistet wurde, konnte diese Defizite nicht ausgleichen.[66]

Mit der deutschen Wiedervereinigung und der Wiedergründung der Länder Mecklenburg-Vorpommern, Brandenburg, Sachsen-Anhalt, Sachsen und Thüringen im Oktober 1990 setzte umgehend der Wieder- und z.T. auch Neuaufbau der Landesgeschichte ein. In Greifswald, Potsdam, Berlin (Humboldt-Universität), Halle, Leipzig, Dresden, Chemnitz, Erfurt und Jena kam es zur Einrichtung landesgeschichtlicher Professuren.[67] Gleichzeitig wurden die früheren Historischen Kommissionen und die großen übergreifenden Geschichtsvereine wiedergegründet sowie die bereits vor 1945 in ihrem Erscheinen unterbrochenen übergreifenden landesgeschichtlichen Zeitschriften fortgesetzt und wurde das staatliche Archivwesen neu geordnet und von staatlichen Eingriffen befreit. Der Freistaat Sachsen erhielt darüber hinaus mit dem 1997 neu geschaffenen „Institut für Sächsische Geschichte und Volkskunde" als einziges der „neuen" Länder ein eigenes landesgeschichtliches Institut.[68]

## 6 Die Landesgeschichte im wiedervereinigten Deutschland zwischen Historisierung und neuem Aufbruch

Gleichzeitig mit seiner erstmaligen gemeinsamen Standortbestimmung auf der Greifswalder Tagung von 1995 geriet das Fach, nachdem die Kontroverse um die Regionalgeschichte eben weitgehend beigelegt worden war, in den Mittelpunkt erneuter Auseinandersetzung.

Die mit großer Heftigkeit seit den frühen 1990er Jahren aufgebrochene Diskussion über die Rolle der deutschen Geschichtswissenschaften im „Dritten Reich" rückte besonders die Landesgeschichte in den Fokus kritischer Aufarbeitung und Neubewertung. Zeithistoriker wie Willi Oberkrome, Ingo Haar, Peter Schöttler u.a.

---

**66** Neitmann, Landesgeschichtsforschung 2005, S. 236–272; Müller, Landes- und Regionalgeschichte 2012, S. 431–435; zum „Wissenschaftlichen Arbeitskreis für Mitteldeutschland" und zur „Forschungsstelle für geschichtliche Landeskunde Mitteldeutschlands" in Marburg vgl. ebd., S. 238f. bzw. S. 433ff.

**67** Hierzu und zum Folgenden: Werner, Begrenzung 2005, S. 360f; zu Sachsen vgl. Müller, Landes- und Regionalgeschichte 2012, S. 444f.

**68** Müller, Institut 2017, S. 7–25.

verwiesen in zahlreichen Studien auf die völkisch-nationalistische Prägung der von Rudolf Kötzschke, Franz Steinbach (1895–1964) und Hermann Aubin begründeten Landesgeschichte als „Volksboden- und Kulturboden-Forschung" und unterstrichen deren Anteil an der ideologischen Vorbereitung der NS-Bevölkerungs- und Umsiedlungspolitik. Zugleich betonten sie die Nähe führender Repräsentanten wie Kötzschke oder Otto Brunner (1898–1982) zum Nationalsozialismus und stellten die Verstrickung einflussreicher Fachvertreter wie Hermann Aubin, Theodor Mayer oder Franz Petri in das NS-System heraus.

Diese Befunde und Einschätzungen, die noch immer komplementärer Untersuchungen von landesgeschichtlicher Seite bedürfen,[69] wirkten sich auf das Ansehen der Landesgeschichte wegen derer breiten öffentlichen Wahrnehmung und ihres lange bestehenden fachinternen Gewichts weit negativer aus als bei den meisten anderen historischen Disziplinen, die sich gleichfalls ihrer belasteten Vergangenheit durch Jahrzehnte hindurch nicht gestellt hatten. Dennoch nahm das Fach, das diese Thematik bei seiner Standortbestimmung 1995 in Greifswald noch weitgehend ausgeblendet hatte,[70] hierzu erst verspätet Stellung und leistete zunächst nur in Einzelfällen von sich aus eine Aufarbeitung.[71] Wohl aber wandte es sich ganz offensichtlich in Reaktion auf diese von außen herangetragene Auseinandersetzung seit den späten 1990er Jahren verstärkt der Beschäftigung mit der eigenen Geschichte zu. Hierbei lagen die Schwerpunkte neben der Bilanz der Forschungsleistungen besonders auf der jeweiligen Positionierung in dem Spannungsverhältnis von Wissenschaft und Politik, wobei vor allem verstärkt die Rolle während der NS-Herrschaft und in der Nachkriegszeit thematisiert wurde. Sichtbares Zeichen dieser wachsenden Tendenz zur historiographiegeschichtlichen Rückschau sind die zahlreichen wissenschafts-, personen- und institutionengeschichtlichen Sammelbände, die wie etwa für Hessen (2000),[72] Thüringen (2005),[73] die Rheinlande (2007),[74] Sachsen

69 Werner, Begrenzung 2005, S. 327f.; Rödel, Landesgeschichte 2012, S. 459.

70 Speitkamp, Universitäten 2007, S. 438.

71 Ebd., S. 441f. Zu den Ausnahmen zählen etwa die 1994 einsetzenden Untersuchungen von Marlene Nikolay-Panter zur Geschichte des Bonner Instituts und seiner politischen Rolle in der NS-Zeit, vgl. Nikolay-Panter, Geschichte 2007, S. 11ff., Anm. 1, 4 und 8, und die Ausführungen von: Bünz, Landeshistoriker 2012, S. 53ff. zur Nähe Rudolf Kötzschkes zum Nationalsozialismus, die beide die z.T. überzogenen bzw. einseitigen und pauschalisierenden Sichtweisen der rein zeitgeschichtlichen Forschung deutlich modifizierten. Ähnlich führen auch die in die Tiefe gehenden biographischen Untersuchungen von Mühle, Volk 2005, und Heinzel, Mayer 2016, zu einem erheblich differenzierteren Bild.

72 Reuling/Speitkamp, Landesgeschichtsforschung 2000.

73 Vgl. Neitmann, Landesgeschichtsforschung 2005.

74 Groten/Rutz, Landesgeschichte 2007.

(2012),[75] Westfalen (2015)[76] und Mecklenburg (2016)[77] in dichter Folge meist im Zusammenhang von Gründungsjubiläen und Tagungen erschienen.

Auch noch andere Faktoren trugen zu dieser Hinwendung zur eigenen Vergangenheit und der wissenschaftsgeschichtlichen Einordnung der eigenen Leistungen bei. Eine wichtige Rolle spielte zweifellos der allgemeine Bedeutungsrückgang der Landesgeschichte innerhalb der Geschichtswissenschaften, der in den späten 1960er Jahren mit dem Ende der „klassischen Richtung“ bei gleichzeitiger thematischer und zeitlicher Ausweitung und wachsender konzeptioneller Vielfalt eintrat und zu dem die Verunsicherung durch die konkurrierende und zunächst überlegen wirkende „Regionalgeschichte“ wesentlich beitrug. Hinzu trat als weiterer Grund die drohende Profillosigkeit, die in Greifswald 1995 angesichts der kaum mehr überschaubaren inhaltlichen und methodischen Heterogenität der sich hier präsentierenden landesgeschichtlichen Forschung deutlich sichtbar wurde. Hält man sich dies vor Augen und nimmt man die gleichzeitige Kompromittierung durch den Nachweis einer NS-belasteten Vergangenheit hinzu, so überrascht es nicht, dass in den späten 1990er Jahren mit der zunehmenden historiographie- und wissenschaftsgeschichtlichen Selbstverortung des Faches eine Phase einsetzte, die einer erneuten Standortbestimmung und nicht selten auch der eigenen Selbstvergewisserung dienen sollte.

Dieser Selbstvergewisserung bedurfte es umso mehr, als das Fach nicht nur durch die geschilderten Entwicklungen einen deutlichen Ansehensverlust hinnehmen musste, sondern auch im innerakademischen Bereich in die Defensive geriet. Zumindest indirekt eine Folge seines Bedeutungsrückgangs dürfte es gewesen sein, dass nach Jahrzehnten des Aufstiegs erstmals bei wichtigen landesgeschichtlichen Professuren wie in Berlin, Halle, Erfurt, Chemnitz, Greifswald und Bonn keine oder nur noch eine reduzierte Wiederbesetzung oder teilweise Umwidmung erfolgte, und dass das traditionsreiche Bonner „Institut für geschichtliche Landeskunde der Rheinlande“, das durch Jahrzehnte gleichsam das „Flaggschiff“ des Faches gewesen war, im Sommer 2005 aufgelöst wurde.[78] Für die Landesgeschichtsforschung stellte dies einen Einschnitt von fast symbolischer Bedeutung dar, der auch durch eine Neugründung wie die des „Instituts für Braunschweigische Regionalgeschichte“ an der Technischen Universität Braunschweig 2009 nicht aufgewogen werden konnte.

Dennoch wäre es – nicht zuletzt mit Blick auf die imponierende Breite und Vielfalt der von den Archiven, Historischen Kommissionen, Akademien, Vereinen und universitären wie außeruniversitären Instituten geleisteten landesgeschichtlichen

75 Vgl. Bünz, Landeshistoriker 2012.

76 Westfalen: Freitag/Reininghaus, Geschichtsbaumeister 2015.

77 Vgl. Bünz, Landesgeschichtsforschung 2016.

78 Groten/Rutz, Landesgeschichte 2007, S. 7.

Forschungsarbeit[79] – verfehlt, von einer erneuten Krise der Landesgeschichte zu sprechen. Vielmehr mehren sich die Anzeichen, dass das Fach gleichzeitig mit seinen noch anhaltenden „Bemühungen um Historisierung und Ideologiekritik" (Joachim Schneider)[80] in den letzten Jahren in eine Phase des Neuaufbruchs eingetreten ist.

Bereits auf dem Kieler Historikertag 2004 rückten die Landeshistoriker Enno Bünz und Werner Freitag in der von ihnen geleiteten landesgeschichtlichen Sektion „Räume und Grenzen" erstmals wieder den „Raum", der als Begriff durch seinen Missbrauch in der NS-Zeit jahrzehntelang desavouiert war, als forschungsleitende Kategorie in das Zentrum des Faches und thematisierten in erneuter Zurückweisung der Kulturraumforschung der 1920er/30er Jahre die Bedeutung raumkonstituierender und raumkonstruierender Faktoren an den Beispielen Sachsen, Schwaben, Westfalen und Schlesien.[81] In Fortsetzung dieser Ansätze plädierten jüngere Fachvertreter wie Andreas Rutz und Martin Ott für eine Öffnung des Faches für die moderne kulturwissenschaftliche Forschungsrichtung des „spatial turn". In der Umsetzung des Konzepts, den Raum nicht mehr als gegeben vorauszusetzen, sondern „Räume jedweder Art als Konstruktionsleistung unterschiedlicher Akteure zu erkennen und die Dynamik dieses Prozesses zu untersuchen" (Rutz),[82] sahen sie die Möglichkeit eines Neuansatzes für eine kulturwissenschaftlich geprägte Landesgeschichte und die Chance, das Fach durch diese Übernahme aktueller Forschungstrends als „zeitgemäß, ja innovativ zu präsentieren" (Martin Ott) und es von der Peripherie in das Zentrum der Geschichtswissenschaften zu rücken.[83]

Die Realisierung dieses von Fachvertretern positiv aufgenommenen Neuansatzes[84] in der konkreten Forschung wird erweisen, ob die Landesgeschichte von ihm eine Antwort auf die „Frage nach dem abhandengekommenen Thema"

79 Auf sie, die bei den in der wissenschaftlichen Öffentlichkeit vor allem wahrgenommenen Diskussionen über Methoden, Gegenstand und Definition der Landesgeschichte meist außer Acht bleiben, obgleich ihnen der größte Teil landesgeschichtlicher Grundlagenforschung, Editionen, Überblicksdarstellungen und Spezialstudien zu verdanken ist, macht nachdrücklich Bünz, Landesgeschichtsforschung 2016, S. 38, aufmerksam. Er verweist zugleich auf die enge Wechselwirkung mit der universitären Forschung und Diskussion.

80 Schneider, Landesgeschichte 2007, S. 53.

81 Bünz/Freitag, Einleitung (2003/2004) 2006, S. 146ff.; Müller, Landes- und Regionalgeschichte 2012, S. 378f.

82 Rutz, Doing territory 2015, S. 109.

83 Ebd., S. 97f.; Ott, Raumkonzepte 2015, S. 111.

84 So Rolf Kießling und Werner Freitag in ihren Schwaben bzw. Westfalen betreffenden Beiträgen in der landesgeschichtlichen Sektion des Kieler Historikertages 2004: Kießling, Landesgeschichte (2003/2004) 2006, S. 203, 211–221; Freitag, Westfalen (2003/2004) 2006, S. 231f. Zustimmend auch: Schneider, Landesgeschichte 2007, S. 47f.; Speitkamp, Erfindungen 2016, S. 12–18 u.ö. sowie mit Blick auf die landesgeschichtliche Forschung zum Früh- und Hochmittelalter am Oberrhein: Dendorfer, Räume 2015, S. 140–148.

(Schneider)[85] erwarten darf und sich neue Perspektiven künftiger Forschung ergeben,[86] oder ob durch die Öffnung gegenüber „fast allen neuen Trends und ‚turns' in der Geschichtswissenschaft", wie Speitkamp noch 2007 befürchtete, „Gegenstand und Methode der Landesgeschichte [...] fast beliebig geworden" sind und „ein verbindliches Paradigma fehlt".[87] Zweifellos jedoch dürfte die seit der Nachkriegszeit immer wieder geforderte Einbindung der untersuchten Regionen in den europäischen Kontext durch diese Neuansätze ebenso neue Akzentuierungen gewinnen[88] wie das seit den Anfängen der Disziplin zum Grundsatz erhobene Postulat der Exemplarität und des Vergleichs.[89] Dies und das insgesamt wieder erwachte Interesse an neuen methodischen und inhaltlichen Schwerpunkten landesgeschichtlicher Forschung geben begründeten Anlass zu der Hoffnung, dass die Landesgeschichte jene „Unentbehrlichkeit als wichtiger und innovativer Träger der Geschichtswissenschaften" und jene Funktion als „unverzichtbares Korrelat" (Volker Rödel)[90] der allgemeingeschichtlichen Forschung wieder erlangt, die sie nach ihrem bald 120-jährigen Bestehen innerhalb der historischen Disziplinen erneut und verstärkt beanspruchen darf!

## Literatur

Buchholz, Werner: Vergleichende Landesgeschichte und Konzepte der Regionalgeschichte von Karl Lamprecht bis zur Wiedervereinigung im Jahre 1990. In: Buchholz, Werner (Hrsg.): Landesgeschichte in Deutschland. Bestandsaufnahme – Analyse – Perspektiven. Paderborn/München/Wien/Zürich 1998.

Bünz, Enno/Freitag, Werner: Einleitung. In: Bünz, Enno/Freitag, Werner (Hrsg.): Räume und Grenzen. Traditionen und Konzepte der Landesgeschichte. Epochenübergreifende Sektion auf dem 45. Deutschen Historikertag („Kommunikation und Raum"), Kiel 14.–17. September 2004. In: Blätter für deutsche Landesgeschichte 139/140 (2003/2004) [erschienen 2006], S. 146–154.

Bünz, Enno: Deutsche Landesgeschichtsforschung im 19. und 20. Jahrhundert. In: John, Anke (Hrsg.): Köpfe. Institutionen. Bereiche. Mecklenburgische Landes- und Regionalgeschichte seit dem 19. Jahrhundert. Lübeck 2016 (Veröffentlichungen der Historischen Kommission für Mecklenburg. Reihe B, N.F. 5), S. 17–39.

Bünz, Enno: Ein Landeshistoriker im 20. Jahrhundert. Rudolf Kötzschke (1867–1949) zwischen methodischer Innovation und Volksgeschichte. In: Bünz, Enno (Hrsg.): 100 Jahre Landesgeschichte (1906–2006). Leipziger Leistungen, Verwicklungen und Wirkungen. Leipzig 2012 (Schriften zur Sächsischen Geschichte und Volkskunde, 38), S. 43–78.

**85** So: Schneider, Landesgeschichte 2007, S. 57; ähnlich: Speitkamp, Erfindungen 2016, S. 18.

**86** Dendorfer, Räume 2015, S. 148, spricht von einem „neue[n], geradezu faszinierende[n] Forschungsfeld".

**87** Speitkamp, Universitäten 2007, S. 446.

**88** Rutz, Landesgeschichte 2015, S. 3ff.

**89** Schneider, Landesgeschichte 2007, S. 55f.

**90** Rödel, Landesgeschichte 2012, S. 460f. (Zitate). Vgl. auch Bünz/Freitag, Einleitung (2003/2004) 2006, S. 150f.

Bünz, Enno/Freitag, Werner (Hrsg.): Räume und Grenzen. Traditionen und Konzepte der Landesgeschichte. Epochenübergreifende Sektion auf dem 45. Deutschen Historikertag („Kommunikation und Raum"), Kiel 14.–17. September 2004. In: Blätter für deutsche Landesgeschichte 139/140 (2003/2004) [erschienen 2006], S. 145–266.

Bünz, Enno: Sachsen. In: Bünz, Enno/Freitag, Werner (Hrsg.): Räume und Grenzen. Traditionen und Konzepte der Landesgeschichte. Epochenübergreifende Sektion auf dem 45. Deutschen Historikertag („Kommunikation und Raum"), Kiel 14.–17. September 2004. In: Blätter für deutsche Landesgeschichte 139/140 (2003/2004) [erschienen 2006], S. 155–178.

Dendorfer, Jürgen: Politische Räume des Früh- und Hochmittelalters am Oberrhein – Überlegungen zu Landesgeschichte und spatial turn. In: Hirbodian, Sigrid/Jörg, Christian/Klapp, Sabine (Hrsg.): Methoden und Wege der Landesgeschichte. Ostfildern 2015 (Landesgeschichte, 1), S. 127–148.

Freitag, Werner: Landesgeschichte als Synthese – Regionalgeschichte als Methode? In: Westfälische Forschungen 54 (2004), S. 291–305.

Freitag, Werner: Westfalen. In: Bünz, Enno/Freitag, Werner (Hrsg.): Räume und Grenzen. Traditionen und Konzepte der Landesgeschichte. Epochenübergreifende Sektion auf dem 45. Deutschen Historikertag („Kommunikation und Raum"), Kiel 14.–17. September 2004. In: Blätter für deutsche Landesgeschichte 139/140 (2003/2004) [erschienen 2006], S. 223–232.

Freitag, Werner: Die disziplinäre Matrix der Landesgeschichte. Ein Rückblick. In: Hirbodian, Sigrid/Jörg, Christian/Klapp, Sabine (Hrsg.): Methoden und Wege der Landesgeschichte. Ostfildern 2015 (Landesgeschichte, 1), S. 5–27.

Freitag, Werner/Reininghaus, Wilfried: Westfälische Geschichtsbaumeister. Landesgeschichtsforschung und Landesgeschichtsschreibung im 19. und 20. Jahrhundert. Münster 2015.

Fried, Pankraz (Hrsg.): Probleme und Methoden der Landesgeschichte. Darmstadt 1978 (Wege der Forschung, 492).

Gerlich, Alois: Geschichtliche Landeskunde des Mittelalters. Genese und Probleme. Darmstadt 1986.

Groten, Manfred/Rutz, Andreas (Hrsg.): Rheinische Landesgeschichte an der Universität Bonn. Traditionen – Entwicklungen – Perspektiven. Göttingen 2007.

Haar, Ingo: Historiker im Nationalsozialismus. Deutsche Geschichtswissenschaft und der „Volkstumskampf" im Osten. Göttingen 2000 (Kritische Studien zur Geschichtswissenschaft, 143).

Hackmann, Jörg, Der Abschied auf Raten. Ostforschungstraditionen und ihre Nachwirkungen in der bundesdeutschen Ostmitteleuropaforschung. In: Fahlbusch, Michael/Haar, Ingo (Hrsg.): Völkische Wissenschaften und Politikberatung im 20. Jahrhundert. Expertise und „Neuordnung" Europas. Paderborn/München 2010, S. 347–361.

Heinzel, Reto: Theodor Mayer. Ein Mittelalterhistoriker im Banne des „Volkstums" 1920–1960. Paderborn 2016.

Janssen, Wilhelm: Landesgeschichte im Nachkriegsdeutschland. In: Reuling, Ulrich/Speitkamp, Winfried (Hrsg.): Fünfzig Jahre Landesgeschichtsforschung in Hessen. Marburg 2000 (Hessisches Jahrbuch für Landesgeschichte, 50), S. 403–421.

Janssen, Wilhelm: Ein programmatischer Neuansatz im 20. Jahrhundert: Die Geschichtliche Landeskunde. In: Lorenz, Sönke/Holtz, Sabine/Schmidt, Jürgen Michael (Hrsg.): Historiographie – Traditionsbildung, Identitätsstiftung und Raum. Südwestdeutschland als europäische Region. Ostfildern 2011 (Schriften zur südwestdeutschen Landeskunde, 71), S. 123–133.

Jordan, Stefan: Die Entstehung moderner Geschichtswissenschaft im 19. Jahrhundert und ihr Verhältnis zu Land und Region. In: Lorenz, Sönke/Holtz, Sabine/Schmidt, Jürgen Michael (Hrsg.): Historiographie – Traditionsbildung, Identitätsstiftung und Raum. Südwestdeutschland als europäische Region. Ostfildern 2011 (Schriften zur südwestdeutschen Landeskunde, 71), S. 111–122.

Kießling, Rolf: Landesgeschichte in Schwaben – oder: vom Umgang mit einer „offenen Region". In: Bünz, Enno/Freitag, Werner (Hrsg.): Räume und Grenzen. Traditionen und Konzepte der Landesgeschichte. Epochenübergreifende Sektion auf dem 45. Deutschen Historikertag („Kommunikation und Raum"), Kiel 14.–17. September 2004. In: Blätter für deutsche Landesgeschichte 139/140 (2003/2004) [erschienen 2006], S. 199–221.

Kunz, Georg: Verortete Geschichte. Regionales Geschichtsbewußtsein in den deutschen Historischen Vereinen des 19. Jahrhunderts. Göttingen 2000 (Kritische Studien zur Geschichtswissenschaft, 138).

Moraw, Peter: Kontinuität und später Wandel: Bemerkungen zur deutschen und deutschsprachigen Mediävistik 1945–1970/75. In: Moraw, Peter/Schieffer, Rudolf (Hrsg.): Die deutschsprachige Mediävistik im 20. Jahrhundert. Ostfildern 2005 (Vorträge und Forschungen, 62), S. 103–138.

Mühle, Eduard: Für Volk und deutschen Osten. Der Historiker Hermann Aubin und die deutsche Ostforschung. Düsseldorf 2005 (Schriften des Bundesarchivs, 65).

Müller, Winfried: Landes- und Regionalgeschichte in Sachsen 1945–1969. Ein Beitrag zur Geschichte der Geschichtswissenschaften in der DDR. In: Bünz, Enno (Hrsg.): 100 Jahre Landesgeschichte (1906–2006). Leipziger Leistungen, Verwicklungen und Wirkungen. Leipzig 2012 (Schriften zur Sächsischen Geschichte und Volkskunde, 38), S. 345–447.

Müller, Winfried: Das Institut für Sächsische Geschichte und Volkskunde (ISGV) 1997–2017. In: Müller, Winfried/Geissler, Daniel (Red.): Institut für Sächsische Geschichte und Volkskunde 1997–2017. Dresden 2017 (Spurensuche. Geschichte und Kultur Sachsens, 7), S. 7–25.

Nagel, Anne Christine: Im Schatten des Dritten Reiches. Mittelalterforschung in der Bundesrepublik Deutschland 1945–1970. Göttingen 2005 (Formen der Erinnerung, 24).

Neitmann, Klaus: Landesgeschichtsforschung im Exil. Die „Geschichte Thüringens" von Hans Patze und Walter Schlesinger. In: Werner, Matthias (Hrsg.): Im Spannungsfeld von Wissenschaft und Politik. 150 Jahre Landesgeschichtsforschung in Thüringen. Köln/Weimar/Wien 2005 (Veröffentlichungen der Historischen Kommission für Thüringen. Kleine Reihe, 13), S. 235–272.

Neitmann, Klaus: Eine wissenschaftliche Antwort auf die politische Herausforderung des geteilten Deutschlands und Europas. Walter Schlesinger, die ost(mittel)deutsche Landesgeschichte und die deutsche Ostforschung. In: Bünz, Enno (Hrsg.): 100 Jahre Landesgeschichte (1906–2006). Leipziger Leistungen, Verwicklungen und Wirkungen. Leipzig 2012 (Schriften zur Sächsischen Geschichte und Volkskunde, 38), S. 225–283.

Nikolay-Panter, Marlene: Geschichte und methodischer Ansatz des Bonner Instituts. Eine Skizze. In: Groten, Manfred/Rutz, Andreas (Hrsg.): Rheinische Landesgeschichte an der Universität Bonn. Traditionen – Entwicklungen – Perspektiven. Göttingen 2007, S. 11–37.

Oberkrome, Willi: Volksgeschichte. Methodische Innovation und völkische Ideologisierung in der deutschen Geschichtswissenschaft 1918–1945. Göttingen 1993 (Kritische Studien zur Geschichtswissenschaft, 101).

Ott, Martin: Raumkonzepte in der Landesgeschichte nach dem Spatial Turn. In: Hirbodian, Sigrid/Jörg, Christian/Klapp, Sabine (Hrsg.): Methoden und Wege der Landesgeschichte. Ostfildern 2015 (Landesgeschichte, 1), S. 111–125.

Patze, Hans: Forschungsbericht „Landesgeschichte" (1981/82). Zuletzt in: Johanek, Peter/Schubert, Ernst/Werner, Matthias (Hrsg.): Ausgewählte Aufsätze von Hans Patze. Stuttgart 2002 (Vorträge und Forschungen, 50), S. 21–80.

Petry, Ludwig: In Grenzen unbegrenzt. Möglichkeiten und Wege der geschichtlichen Landeskunde (1961). Zuletzt in: Fried, Pankraz (Hrsg.): Probleme und Methoden der Landesgeschichte. Darmstadt 1978 (Wege der Forschung, 492), S. 280–304.

Reinle, Christine: Landesgeschichte und Reichsgeschichte als komplementäre Perspektiven auf die deutsche Geschichte. Peter Moraws Verständnis von Landesgeschichte. In: Reinle, Christine (Hrsg.): Stand und Perspektiven der Sozial- und Verfassungsgeschichte zum römisch-deutschen Reich. Der Forschungseinfluss Peter Moraws auf die deutsche Mediävistik. Affalterbach 2016 (Studien und Texte zur Geistes- und Sozialgeschichte des Mittelalters, 10), S. 221–249.

Reuling, Ulrich: Von der „Atlaswerkstatt" zur Landesbehörde. Das Hessische Landesamt für geschichtliche Landeskunde in Marburg in seiner institutionellen und forschungsgeschichtlichen Entwicklung unter Edmund E. Stengel und Theodor Mayer. In: Walter Heinemeyer (Hrsg.): Hundert Jahre Historische Kommission für Hessen. 1897–1997. Marburg 1997 (Veröffentlichungen der Historischen Kommission für Hessen, 61), S. 1169–1203.

Reuling, Ulrich/Speitkamp, Winfried (Hrsg.): Fünfzig Jahre Landesgeschichtsforschung in Hessen. Marburg 2000 (Hessisches Jahrbuch für Landesgeschichte, 50).

Rödel, Volker: Von der Landesgeschichte zur Geschichtlichen Landeskunde. Herausbildung und Werdegang einer historischen Spezialdisziplin. In: Bünz, Enno (Hrsg.): 100 Jahre Landesgeschichte (1906–2006). Leipziger Leistungen, Verwicklungen und Wirkungen. Leipzig 2012 (Schriften zur Sächsischen Geschichte und Volkskunde, 38), S. 449–461.

Rummel, Walter: Landes- und Regionalgeschichte – Komplementärdisziplinen im gesellschaftlichen Umfeld. In: Hirbodian, Sigrid/Jörg, Christian/Klapp, Sabine (Hrsg.): Methoden und Wege der Landesgeschichte. Ostfildern 2015 (Landesgeschichte, 1), S. 29–40.

Rutz, Andreas: Deutsche Landesgeschichte europäisch. Grenzen – Herausforderungen – Chancen. In: Rheinische Vierteljahrsblätter 79 (2015), S. 1–19.

Rutz, Andreas: Doing territory. Politische Räume als Herausforderung für die Landesgeschichte nach dem ‚spatial turn'. In: Hirbodian, Sigrid/Jörg, Christian/Klapp, Sabine (Hrsg.): Methoden und Wege der Landesgeschichte. Ostfildern 2015 (Landesgeschichte, 1), S. 95–110.

Schlesinger, Walter: Verfassungsgeschichte und Landesgeschichte (1953/1963). Zuletzt in: Fried, Pankraz (Hrsg.): Probleme und Methoden der Landesgeschichte. Darmstadt 1978 (Wege der Forschung, 492), S. 117–172.

Schneider, Joachim: Deutsche Landesgeschichte im Wandel? Programmatik in übergreifenden Bestandsaufnahmen seit etwa 1970 und künftige Entwicklungschancen. In: Zeitschrift für Bayerische Landesgeschichte 70 (2007), S. 35–55.

Schöttler, Peter: Von der rheinischen Landesgeschichte zur nazistischen Volksgeschichte oder „Die unüberhörbare Stimme des Blutes". In: Schulze, Winfried/Oexle, Otto Gerhard (Hrsg.): Deutsche Historiker im Nationalsozialismus. Frankfurt a.M. 1999, S. 89–113.

Speitkamp, Winfried: Die deutschen Universitäten und die Landesgeschichte in der zweiten Hälfte des 20. Jahrhunderts. In: Revue d'Alsace 133 (2007), S. 435–449.

Speitkamp, Winfried: Erfindungen: Raum – Land – Landesgeschichte. In: Gräf, Holger Th./Jendorff, Alexander/Monnet, Pierre (Hrsg.): Land – Geschichte – Identität. Geschichtswahrnehmung und Geschichtskonstruktion im 19. und 20. Jahrhundert – eine historiographiekritische Bestandsaufnahme. Darmstadt/Marburg 2016 (Quellen und Forschungen zur hessischen Geschichte, 174), S. 11–30.

Speitkamp, Winfried: Grenzen der Landesgeschichte. Bemerkungen zu neuen Standortbestimmungen. In: Hessisches Jahrbuch für Landesgeschichte 51 (2001), S. 233–256.

Weinfurter, Stefan: Standorte der Mediävistik. Der Konstanzer Arbeitskreis im Spiegel seiner Tagungen. In: Moraw, Peter/Schieffer, Rudolf (Hrsg.): Die deutschsprachige Mediävistik im 20. Jahrhundert. Ostfildern 2005 (Vorträge und Forschungen, 62), S. 9–38.

Werner, Matthias: Zwischen politischer Begrenzung und methodischer Offenheit. Wege und Stationen deutscher Landesgeschichtsforschung im 20. Jahrhundert. In: Moraw, Peter/Schieffer, Rudolf (Hrsg.): Die deutschsprachige Mediävistik im 20. Jahrhundert. Ostfildern 2005 (Vorträge und Forschungen, 62), S. 251–364.

Bernhard Löffler

# Meisterbilder. Historische Bildforschung und Landesgeschichte

Bilder haben es schwer in der Historikerzunft. Nicht wenige bescheinigen ihr eine Ikonophobie und konstatieren, in kaum einer Sparte der Geschichtswissenschaft klafften „allgemein bestätigter Erkenntnisstand und Umsetzung in die Forschungspraxis" so weit auseinander wie in der Bildforschung. Stets spüre man „tiefe Skepsis gegen die Vieldeutigkeit, Undefinierbarkeit und emotionalisierende Kraft" von Bildern.[1]

Nun hat sich in den letzten 15 Jahren einiges verändert: Der „iconic turn" ist auch bei den Historikern angekommen. Methodisch angeregt von der neueren Kulturgeschichte und beeinflusst von der lebensweltlichen Erfahrung, dass Realität in „zunehmendem Maße visuell erfahren, vermittelt und tradiert wird", hat sich der bildgeschichtliche Diskurs intensiviert, wurde die einschlägige interdisziplinäre Forschung nachhaltiger rezipiert. Was lange auf punktuelle, kurzzeitige Ausnahmen (wie die Historische Bildkunde der 1920er Jahre), auf bestimmte Teildisziplinen (wie die Frühneuzeitforschung) oder auf agilere Nachbarfächer beschränkt war, wurde zuletzt fast zur Modewelle der „visual history", die ansatzweise sogar auf die Landesgeschichte überschwappte.[2] Das Geschäft ist allerdings träge. Ungeachtet der Entwicklungen bleiben immer noch Reserven gegenüber Bildquellen und Unwuchten im Vergleich zur Nutzung schriftlicher Quellen, scheinen Bilder nach wie vor eher Sache von Spezialisten zu sein. Die großen landeshistorischen Handbücher oder Zeitschriften etwa beinhalten keinerlei oder kaum Bilder und Bildanalysen.

Erklären lässt sich die zähe Ikonoskepsis wohl damit, dass das quellenkritische Instrumentarium der Historiker ganz vornehmlich an Texten und deren intentionalen Strukturen entwickelt wurde; dass es philologisch-hermeneutisch orientiert ist oder analytisch-quantifizierend, aber kaum piktorial und ikonographisch; dass es rational-logozentristisch ist und affektiv-emotionale Wirkungen zumeist ausblendet. Und es mag darin begründet liegen, dass die Betrachtung von Bildern in historischen Untersuchungen, also mit der Perspektive auf kausale Verlaufsentwicklungen, tatsächlich mit spezifischen Problemen einhergeht: „Kategorien wie etwa Temporalität, Kausalität und Modalität, die für die Konstruktion historischen Wissens

1 Treml, Schreckensbilder 1997, S. 279f.

2 Zitat: Kittsteiner, Iconic turn 2004, S. 159; zur Forschungsdiskussion stellvertretend und auch die ältere Literatur resümierend: Paul, Zeitalter 2016; Ders., Visual History 2006; für die Landesgeschichte vgl. den 2000 in Mainz organisierten, jedoch seinerzeit wenig rezipierten Tag der Landesgeschichte zum Thema „Bilder und Geschichte – Geschichte in Bildern", dokumentiert in: Blätter für deutsche Landesgeschichte 136 (2000), S. 1–133.

https://doi.org/10.1515/9783110354188-002

von grundlegender Bedeutung sind, sind im grammatikalischen Regelwerk unserer natürlichen Sprachen viel präziser verankert als im visuellen Ausdrucksrepertoire des Bildes." Hinzu kommt, dass Bilder „*prinzipiell* in hohem Maß *bedeutungsoffen*" sind und sich „nicht ohne weiteres in eindeutige sprachliche Aussagen übersetzen" lassen.[3] Auf diese sprachliche Bildübersetzung ist man aber angewiesen; auch dieser Beitrag funktioniert überwiegend als Text.

Dazu verfährt er in zwei Schritten. In einem ersten, forschungsgeschichtlichen Kapitel werden prinzipielle Methodenfragen erörtert, die über die Landesgeschichte hinausgehen. Der zweite Abschnitt erörtert Potenziale der praktischen Umsetzung der Theorien und fragt dabei nach spezifischen Nutzungsmöglichkeiten für die Landesgeschichte.

# 1 Von der Bildquelle zum Bildakt: Wege und Grenzen der allgemeinen Methodendebatten

Selbstverständlich gibt es bei aller methodischen Herausforderung Wege und Theorien, Bilder in die historische Analyse einzubeziehen. Sie stammen weitgehend aus anderen Wissenschaften und erfordern meist ein interdisziplinäres Herangehen. Zwei große Optionen lassen sich unterscheiden.[4]

Ein erster, eher traditioneller Weg versucht, Bilder als historische Quellen in ihrer „repräsentativen" Abbildhaftigkeit auszuwerten und sie überdies als Spiegel zeitgenössischer Mentalitäten zu nutzen. Klassisch erfolgte das etwa für die Gestalt von Städten und Landschaften oder für Kleidungsgewohnheiten. Man kann diese Form der Bild*quellen*forschung greifen in der älteren Kulturgeschichte (Jacob Burckhardt, Jan Huizinga) sowie in der schon erwähnten Historischen Bildkunde der 1920er Jahre, die mit ihrem Faible für anschauliche und identitätsstiftende Landschaftsbilder gerade auch für Landeshistoriker interessant ist.[5] Diese Ansätze weiten sich dann, zumal unter dem Einfluss der Annales-Schule, zu einer umfassenderen historischen Bildforschung, wie sie mit den Namen von Rainer Wohlfeil, Peter Burke oder Bernd Roeck verbunden ist. Tonangebend waren hier vor allem Mediävisten und Frühneuzeithistoriker (mit Fragen nach Herrschaftszeremonien oder Flugschriften in der Reformationszeit) sowie manche Geschichtsdidaktiker und Volkskundler,

3 Hertfelder, Vermittlung 2006, S. 281 (Hervorhebungen im Zitat).

4 Im Überblick etwa: Paul, Visual History 2006, S. 8–18; Jäger/Kauer, Bilder 2009, S. 7–26, 125–147 (Einleitung, Beitrag Paul).

5 Hier besonders: Kötzschke, Bildkunde 1935, mit expliziten Hinweisen auf die „Anschaulichkeit ihrer Darbietungen und damit [...] Wertschätzung in weiten Kreisen", von der die Landesgeschichte in ihrer doppelten Aufgabe akademischer und populärer Geschichtsvermittlung „wesentlich gewinnen" könne (S. 38).

jedoch nicht etwa die Zeithistoriker.[6] Methodisch geht man von der klassischen Quellenkritik aus; der eigentlich interpretative Ansatz aber wird der Kunstgeschichte entlehnt, so wie die untersuchten Bildquellen zunächst auch vornehmlich Gemälde sind. Zentral ist die ikonographisch-ikonologische Methode (Erwin Panofsky, Aby Warburg), der es um die Analyse der Bild-Symboliken und des über die Künstlerabsichten hinausgehenden Bildgehalts („intrinsic meaning") in seinen historischen Bedingtheiten und größeren Rezeptions- und Perzeptionszusammenhängen geht. Erst so könne man den „historischen Dokumentensinn" von Bildern abrufen und ihren „Zeitgeist" erspüren (Rainer Wohlfeil). Bei aller Traditionalität zeigte sich diese Herangehensweise durchaus anschlussfähig für neue Fragestellungen, etwa für die serielle Ikonographie (Filmsequenzen) oder für semiotische, wahrnehmungspsychologische und rezeptionsästhetische Ansätze. Auch die Einsicht, dass Bilder kein einfacher Reflex von Realität, sondern „unreliable sources, distorting mirrors" sind, wurde berücksichtigt.[7] Dennoch hat man an der Grundlesart, Bilder als Dokumentationsinstanz von Vergangenem zu analysieren, fundamentale Kritik geübt.

Mit ihr ist die zweite große Forschungsrichtung verbunden, die man als Bild*akt*forschung fassen kann. Methodisch inspiriert ist sie weniger von der Kunstgeschichte, sondern mehr von Kultur- und Kommunikationswissenschaften, Sprechakttheorie und den konstruktivistischen Überlegungen im Gefolge des „lingustic turn", teilweise auch von der naturwissenschaftlichen Gedächtnisforschung. Die Trennlinie zur traditionellen Variante liegt in zwei Annahmen: Erstens wird Bildlichkeit prinzipiell als *die* „Seinsform unseres Alltags" (Nicolas Mirzoeff) begriffen und Visualität als *das* zentrale Medium, in dem Politik, Identifikation oder soziale Bindung beschrieben würden. Und zweitens wird betont, dass Bilder jenseits ihrer Überlieferungsgeschichte, aber auch ihrer Intentionen, Inhalte und Ikonographien eine eigene Wirkungsdynamik und Gestaltungskraft von Wirklichkeit besitzen, die sich selbst dann nicht erschließen, wenn man die Subtexte oder Symbole der Bilder betrachte. Gottfried Boehm nennt diese Fähigkeit, eo ipso zu überwältigen und „einen Sinn aufscheinen [zu lassen], der zugleich alles Faktische überbietet", die „ikonische Differenz".[8] Beide Prämissen haben ihrerseits weitreichende Folgen. Zum einen billigt man Bildern einen „eigenwilligen Status" zu, eine besondere Evidenz, Authentizitätsvermutung und sinnlich-emotionale Aktivierung („Affektlogik"); erst dadurch würden sie zur „Herrschaftsressource und Waffe". Bilder, zumal farbige

6 Roeck, Auge 2004; Burke, Eyewitnessing 2001; Wohlfeil, Bild 1986; für die Didaktiker etwa: Sauer, Bilder 2000, oder Hamann, History 2007; für die volkskundliche Forschung Überblick bei: Hartinger, Umgang 2007 (auch mit Hinweis auf die klassische Studie von Nils-Arvid Bringéus zur Volkstümlichen Bilderkunde von 1982).

7 Letztes Zitat: Burke, Eyewitnessing 2001, S. 31; davor Wohlfeil, Bild 1986, S. 92, 99, u.ö.

8 Boehm, Bilder 2015, S. 210f.; Belting, Bilderfragen 2007, S. 29f. (Beitrag Boehm); zum „iconic/visual turn" im Überblick: Bachmann-Medick, Turns 2014, S. 330–381.

und bewegte, würden – aller Manipulativität und Ausschnitthaftigkeit zum Trotz – „instinktiv für ‚wahr' genommen [...], weil sie in höherem Maße als andere Zeugnisse den Eindruck vermitteln, an dem dargestellten Geschehen nachträglich teilnehmen zu können". Texte erschienen da viel distanzierter, weniger einprägsam und ansprechend. Horst Bredekamp spricht von der speziellen energetischen Kraft von Bildern mit direkter körperlicher Wirkung und kann sich dabei auch auf neurobiologische und wahrnehmungsphysiologische Untersuchungen stützen, die eine privilegierte Verarbeitung optischer Informationen im menschlichen Gehirn belegen.[9] Zum anderen gelten Bilder nicht weiter als Quellen, die Geschichte spiegeln oder „inhaltistisch" repräsentieren, sondern als Konstruktionen und lebendige Akteure von Geschichte. Es ist hier die Rede vom „Bild*akt*", der allein, indem er „Bilder in die Welt" setze, „Fakten" schaffe, mit derselben „Kraft wie Schwerthiebe oder Faustschläge".[10] In diesem Zusammenhang verschwimmt auch die Unterscheidung von äußeren, physischen Bildern und inneren, mentalen Bildern, mit denen wir unsere Umgebung ordnen und Identität fixieren. Entsprechend generalistisch fallen die bildwissenschaftlichen Ambitionen aus: Sie postulieren den Übergang von der traditionellen Ikonographie zu einer allgemeinen „Bild-Anthropologie" (Hans Belting), die Bilder gleichermaßen als „Resultat einer persönlichen oder kollektiven Symbolisierung" wie einer körperimmanenten „Bildübersetzung" versteht.[11] Und sie fordern, statt zu einzelnen Bildern zur visuellen Kultur als Teil einer umfassenden Kommunikationsgeschichte („visual history") zu forschen. Diese habe den Bildkanon auszuweiten (Fotos, Filme, digitale Bilder), vor allem aber müsse sie die „visuelle Grammatik" der Moderne, die Strategien und Praktiken des Sehens insgesamt erfassen. Statt um „Erkennen *von* Bildern" gehe es um „Erkennen *durch* Bilder und Visualität" und darum, den „Persönlichkeitstypus" des „visual man" unter den Vorzeichen einer „hegemonialen Kultur der Visualität" zu begreifen.[12]

So inspirierend diese Theoriediskussionen sind, so stellt sich doch die Frage nach ihrer Operationalisierbarkeit. Manches erscheint da etwas überzogen, eingeschränkt praktikabel, auch terminologisch unklar: Es bleibt das Problem der reduzierenden „Übersetzung" von Bildern in textliche Darstellungen. Mit „Bildakt" sind oftmals vor allem Bildwirkungen gemeint, abgesehen davon, dass es in Parallelität zum „Sprechakt" wohl eher „Mal-/Fotografier-Akt" heißen müsste und dann doch vornehmlich auf Akteur und Aktion verwiese. Kaum noch ist zu erkennen, wie konkret eine „visuelle Grammatik" aussehen soll. Das handfeste Analyse-Fundament

**9** Bredekamp, Bildakte 2004, S. 29f.; davor die Zitate bei: Kittsteiner, Iconic turn 2004, S. 168ff.; Paul, Zeitalter 2016, S. 11, 729–738.

**10** Bredekamp, Bildakte 2004, S. 30; Ders. im Interview mit Ulrich Raulff (Süddeutsche Zeitung, 28.05.2004).

**11** Belting, Bilderfragen 2007, S. 14–17 (Einleitung Belting); Kittsteiner, Iconic turn 2004, S. 165–178.

**12** Bachmann-Medick, Turns 2014, S. 42 (Hervorhebungen im Zitat); Paul, Zeitalter 2016, S. 14, 102–105, 729; Jäger/Kauer, Bilder 2009, S. 129ff., 134ff. (Beitrag Paul).

bleibt doch in vielerlei Hinsicht, Bilder (wie auch Texte) als jederzeit fragmentarische, subjektive Quellen für historische Phänomene zu interpretieren, sie als Sonde für Zeitgeist und Mentalitäten zu nutzen und ihre aktiven Funktionen und eigendynamischen Wirkungen im Sinne der politischen Ikonographie zu ergründen. Letztlich gilt es, Verständnis für die Existenz mehrerer Bildebenen und für die Pluralität verschiedener Frageperspektiven zu entwickeln. Aufs Ganze legen sie einen pragmatischen Methodenmix nahe, ohne einfache Patentlösungen und ohne die Option, nun plötzlich die Bildlichkeit zum Generalschlüssel für alles zu erklären.

Diese Pluralität zeigt sich auch an der Disparität der Vorschläge, das Bildmaterial zu typologisieren. Manche verfahren eher abstrahierend-theoretisch, andere praktisch-anwendungsbezogen. Alle besitzen je eigene Aussagequalitäten. So gibt es Gliederungsentwürfe, die Inhalte, Herstellungstechniken, Zweck und Funktion der Bilder in den Mittelpunkt rücken, z.B. nach Sujets (Städte, Landschaften, Personen), Materialien/Medien (Denkmal, Malerei, Skulptur, Fotografie, Film), Produktions- und Distributionsmodalitäten (Verlag, Archiv, Fernsehen, Kunstproduktion, politische Publizistik, Internet) oder Entstehungs- und Präsentationskontexten (sakral/profan, öffentlich/privat, museal/administrativ) differenzieren.[13] Andere Typologisierungen unterscheiden nach den hauptsächlichen Perspektiven der Bildinterpretation zwischen realienkundlich-„vorikonographischer Bildbeschreibung" (Inhalt, Semantik, Form), „ikonographisch-historischer Analyse" (Bildkomposition, -symbolik, -metaphorik), „ikonologischer Interpretation" (Kontext, Dokumentensinn, Bildhermeneutik), funktionsanalytischer Betrachtung (Produktions-, Distributions-, Kommunikationsprozesse), semiotischen Ansätzen (das Bild als visuelles Zeichen) und rezeptionsästhetischen Fragen (generationelle oder soziale Bedingungen der Rezeption).[14] Noch stärker abstrahiert ein von der Filmanalyse ausgehendes Modell, das vier Frageebenen kennt: die „Bedingungsrealität" (Entstehungskontext), die „Bezugsrealität" (dargestellte historische Probleme, Verhältnis Darstellung/reale Bedeutung), die „Bildrealität" (visuell-dramaturgische Darstellungsmittel, Materialität) und die „Wirkungsrealität" („diachrone Kanonisierung").[15] Speziell mit Blick auf die öffentlichen Wirkungen der Bilder sowie deren Verankerung in „kollektiven Bildgedächtnissen" wird schließlich ein Katalog „visueller Modellbildungen" vorgeschlagen, der in fünf Bildgruppen untergliedert ist: a) „Medienikonen aus den Bereichen Politik, Kultur, Kunst, Werbung, Wissenschaft [...]"; b) „Schlagbilder, die massenwirksam [...] Feindbilder" etablieren; c) „Schlüsselbilder [...], die im institutionalisierten Erinnerungsprozess in Museen, Fernsehdo-

13 Vgl. etwa Treml, Geschichte 2001, S. 181ff.; Sauer, Bilder 2000, S. 115–119; Jäger, Fotografie 2009, S. 8ff., 74–103.

14 Vgl. Treml, Bildquellen 1999 (unter Berufung auf Rainer Wohlfeil); Hamann, History 2007, S. 24–49, 65–85.

15 Vgl. Korte, Einführung 2010, S. 25ff.

kumentationen, Schulbüchern und [...] Ausstellungen eine bedeutende Rolle bei der Deutung des historischen Prozesses spielen"; d) größere „Bildcluster aus Filmen und Fernsehsendungen"; e) „postmoderne virtuelle Bilderwelten des Internets". Damit verknüpft werden überdies unterschiedliche Formen der Kanonisierung: mediale (überdurchschnittliche Verbreitung), kulturelle (Präsenz in Kunst/Kultur), ökonomische (Konsum, Werbung), politische (Inszenierungen und Identitätsstiftung in politischen Kampagnen mit Feind- bzw. affirmativen Integrationsbildern) sowie kritische Gegendiskurse (in Kunst und Wissenschaft).[16]

# 2 Bilder vom Land, Bilder für das Land: Nutzen und Nutzung der Bildforschung für die Landesgeschichte

Es gibt keine spezifische landeshistorische Methode der Bildforschung. Insofern kann es im Folgenden nur um Akzentuierungen gehen, die sich in die allgemeinen Methodendebatten einfügen, um eine Suche nach Anwendungsbeispielen und Interpretationsschneisen von besonderer Relevanz und Plausibilität für die Landesgeschichte, auch nach speziellen Passförmigkeiten landeshistorischer Sujets für die Bildforschung. Die leitende Fragestellung ist, wie man die Bildforschung nutzen kann, um existierende (visuelle wie mentale) Bilder vom Land und Bilder für das Land analysieren und in ihrem „Dokumentensinn" abfragen, entsprechende Regionalstereotypen erfassen sowie politische oder ökonomische Instrumentalisierungswege identifizieren zu können. Der räumliche Bezugspunkt dieses Aufsatzes ist dabei immer Bayern, ergänzt durch punktuelle Verweise auf andere Regionen; der zeitliche Schwerpunkt liegt vornehmlich auf dem 19./20. Jahrhundert.

## 2.1 Protagonisten, Institutionen, didaktische Anwendungsmöglichkeiten

Bilder werden in bestimmten personell-institutionellen Kontexten produziert, gesammelt, ausgestellt, verbreitet, rezipiert, und sie besitzen eine didaktisch-instrumentelle Seite. Diese Rahmenbedingungen und Anwendungsfunktionen hat sich auch eine Bildforschung mit landeshistorischem Akzent zu vergegenwärtigen.

Das betrifft zunächst die Protagonisten regionalspezifischer Bildarrangements, ihre Trägerorganisationen und Intentionen. Wir gehen nicht ein auf frühe Formen

16 Paul, Gesicht 2009, S. 9f., 12; Jäger/Kauer, Bilder 2009, S. 139–143 (Beitrag Paul).

mittelalterlicher oder frühneuzeitlicher Bildproduktion, ihre Auftraggeber, Mäzene sowie kirchlichen, höfischen oder städtischen Entstehungsorte,[17] sondern konzentrieren uns auf die neueste Zeit. Zu nennen sind da die föderalen Rundfunkinstanzen. Der Bayerische Rundfunk (BR) etwa ist ein sehr aktiver Produzent identitätsstiftender Bilderkampagnen in Dokumentationen, Heimatfilmen oder TV-Serien mit speziellem Regionalbezug. Sie reichen von eher seichten Dailysoaps wie „Dahoam is Dahaom" (seit 2007, um ein fiktives Dorf bei Traunstein) über diverse Bayern-Heimatkrimis (2008–2014, Würzburg-, Allgäu-, Alpen-, Niederbayernkrimi), den Klassiker München-„Tatort" (für dessen Gesamtserienkonzept die Aura von Orten und deren ethnographische Einbettung wichtig sind) und langlebige, teilweise dokumentarische Reihenformate wie „Unter unserem Himmel" oder „Aus Schwaben und Altbayern" bis hin zu filmisch anspruchsvollen Produktionen der Regisseure Rainer Wolffhardt („Löwengrube", 1989–1992), Helmut Dietl („Münchner Geschichten", 1974) oder Franz X. Bogner („Irgendwie und Sowieso", 1986). Hinter all dem steht ein expliziter programmatischer BR-Kodex, der sogenannte „Bayernwert", als dessen zentrale Bausteine „Regionalität" (die angemessene Darstellung der innerbayerischen Regionen), „Identität" (die „zeitgemäße Vermittlung von ‚Heimat'") und „Tradition" (die Bewahrung von „Vielfalt und kulturellem Erbe") definiert sind.[18]

Weitere Instanzen regionaltypischer Bildvermittlung und visueller Selbstvergewisserung sind: das Haus der Bayerischen Geschichte (mit wechselnden Landesausstellungen, einem online-Bildarchiv, künftig einem Museum und einer multimedialen „Bavariathek"); ferner staatliche digitale Plattformen zur Information und föderalen Selbstdarstellung wie „Bavarikon" („Portal zu Kunst, Kultur und Landeskunde des Freistaats Bayern") oder „LeoBW" („Landeskundliches Informationssystem Baden-Württemberg") mit öffentlichkeitswirksamen visuellen Topographien; natürlich das Feld der weiteren geschichtsdidaktischen Vermittlung, Popularisierung und Vermarktung – sei es in staatlicher Kulturhoheit mit Schulbüchern oder Landeszentralen für politische Bildung, sei es im Bereich der nicht-staatlichen Museen, sei es auf dem vielgestaltigen Gebiet des unternehmerisch-touristischen „selling history".[19]

17 Vgl. etwa Burke, Eyewitnessing 2001; Roeck, Auge 2004.

18 Der „Bayernwert" ist Teil des „Wertekodex" des BR und beruht v.a. auf dem Bayerischen Rundfunkgesetz. http://www.br.de/unternehmen/inhalt/organisation/wertekodex-bayerischer-rundfunk100.html [01.06.2016]. – Zu den genannten Serien etwa http://www.br.de/br-fernsehen/sendungen/dahoam-is-dahoam/index.html; http://www.br.de/br-fernsehen/sendungen/heimatkrimi/dvds-heimatkrimi100.html [08.04.2016]; insgesamt Krah, Bayern 2007; zur Methodik der Filmanalyse: Paul, Visual History 2006, S. 96–113 (Beitrag Riederer); Korte, Einführung 2010.

19 Vgl. etwa http://www.hdbg.de/basis/index.php; http://www.bavarikon.de/; http://www.leo-bw.de/ [08.04.2016]; Treml, Geschichte 1998; Hardtwig/Schug, History Sells 2009.

Diese Formen „angewandter Geschichte" verweisen nicht zuletzt auf didaktische Chancen, die keineswegs nur den erlebnisorientierten Geschichts- und Ausstellungstourismus, sondern auch die Wissenschaft betreffen. Die Bild-Angebote digitaler Medien etwa können – kritisch reflektiert – Impulse geben, in Forschung und Lehre stärker mit Bildern zu operieren, Methoden „anschaulichen Denkens" zu etablieren, so die affektlogischen Dimensionen von Geschichte zu erfassen und überhaupt „Bildkompetenz" als Aufgabe des Historikers zu begreifen. Gerhard Paul postuliert daher, „visual history" umschreibe immer thematisch-analytische und didaktisch-anwendungsbezogene Ebenen zugleich: die Erweiterung der Untersuchungsobjekte „in Richtung der Visualität von Geschichte und der Historizität des Visuellen" *und* „die neuen Möglichkeiten der Produktion und Präsentation der Forschungsergebnisse."[20] Für die digitale Bereitstellung historischer Karten wurde dies jüngst konkretisiert.[21] Zumal der Landesgeschichte mag die Nutzung der Bildforschung dabei womöglich auch schon deshalb naheliegen, weil beide ein interdisziplinäres Selbstverständnis verbindet.

Mit dem verstärkten Rückgriff auf Bilder als Vermittlungsinstrumente müssten freilich auch neue Verfahren einhergehen, um deren spezifische Rezeptions- und Perzeptionsdynamiken in den Griff zu bekommen. Zu denken wäre etwa an das „eye tracking", also an Blickbewegungsanalysen, die die Fixationen, Sakkaden und Verweildauer bei der Betrachtung von Bildern messen und die man mit Ansätzen der modernen Besucherforschung im Ausstellungswesen verbinden könnte.[22] Man käme dann auch auf ein grundsätzliches Problemfeld, das natürlich alle Arten historischer Quellen betrifft: auf die Abhängigkeit vom „Sehepunkt" der Betrachter und vom „Ort der Bilder", an dem sie gezeigt, vermittelt und konsumiert werden. Lebensalter oder sozialer Stand beeinflussen die Bildwirkung; die Rezeptionsvorgänge im Museum sind andere als im Internet; eine höfische Bildproduktion schafft andere Bedingungen und Wahrnehmungsmuster als der von ungeheurer Reproduktionsfähigkeit und Alltagspräsenz bestimmte moderne Bild-Massenmarkt mit einem Bildersammeln von „geradezu epidemischen Ausmaßen", beginnend im 19. Jahrhundert und aktuell sichtbar in den unzähligen Facebook-Fotos und You-Tube-Filmchen.[23]

---

**20** Vgl., auch mit den Zitaten, Paul, Visual History 2006, S. 25ff.; Treml, Geschichte 2001, S. 178f., 189; Hamann, History 2007, S. 157ff.

**21** Vgl. Reitemeier/Petersen, Konzeptionen 2010, S. 254ff.; dazu etwa die Digitalisate historischer Kartenwerke seitens der Staatsbibliothek München oder des Hauses der bayerischen Geschichte: https://www.bsb-muenchen.de/benutzung-und-service/virtuelle-angebote-app0/bayern-in-historischen-karten/; https://www.hdbg.eu/karten/ [08.04.2016].

**22** Exemplarisch Duchowski, Eye tracking 2007; Ergebnisse zur Besucherforschung sind etwa seitens des Hauses der bayerischen Geschichte dokumentiert unter: http://www.hdbg.de/basis/03_ausstellungen_besucherforschung.php [08.04.2016].

**23** Paul, Zeitalter 2016, S. 20–25, 48f., 418ff.; Hartinger, Umgang 2007, S. 83ff.; instruktiv ferner Paul, Visual History 2006, S. 184f. (Beitrag Pagenstecher), wo mit Änderung des Rezeptionshorizonts für Reisefotos ein Wandel der Visualität festgestellt wird, der Trend nämlich „vom romanti-

## 2.2 Repräsentation und „Dokumentensinn“: Bilder als alltags-, mikro- und mentalitätshistorische Quellen

Wenn gilt, dass ein Vorteil der Landesgeschichtsschreibung im pointierten Blick auf räumlich begrenzte Tiefen- und Mikrostrukturen liegt, dann kommt Bildern in ihrem „Dokumentensinn“ eine beträchtliche Bedeutung zu. Abgerufen werden hier ihr Quellencharakter und das Potenzial, sozialkulturellen Gepflogenheiten und Habitus einer Epoche/Region auf die Spur zu kommen, v.a. indem man auf die „unabsichtliche“ Übermittlung von Details der materiellen Kultur, von Kleidung, Frisur, Interieurs, achtet. Zu denken ist an Gemälde vom Typus Bruegels mit seinen bäuerlichen Genres oder an klassische Portraits, Städteveduten und Landschaftsbilder (vgl. Bildteil ab S. 40, Abb. 1), ebenso an die moderne Industrie- und Arbeiterfotografie, an Postkarten, Luftbilder, Stadtpläne oder Abbildungen auf Münzen, Geldscheinen und Briefmarken, für die jüngste Zeit auch an Bestände der privaten „Knipserfotografie“ (Urlaubsfotos). Sie alle geben Einblicke in den privaten Alltag, in Arbeiten, Wohnen, Familienleben und Freizeit der „kleinen Leute“ (vgl. Abb. 2).[24]

Hier liegt das Hauptfeld der traditionellen Bildquellenforschung; auch volkskundliche Arbeiten mit ihrem frühen Blick auf den alltäglichen Bildkonsum breiterer Gesellschaftsschichten (Votiv-/Andachtsbilder, Kleidungs-/Möbelforschung) können gute methodische Inspiration bieten. Traktiert werden gängige quellenkritische Fragen (Entstehungskontext, Überlieferung, empirischer Gehalt der Bilder). Im Mittelpunkt aber stehen die ikonographisch-ikonologischen Interpretationen und die Abschätzung dessen, was an den Bildern „Realität“ spiegelt und was metaphorische oder „fremde“ Bildsprache ist, Allegorie, Symbol, Topos, Motivtransfer aus anderen Kulturen und Regionen, auch inwieweit die (stilisierte) Darstellung von Personen oder Landschaften rein instrumentell der politischen oder kommerziellen Werbung dient.[25]

schen zum geselligen Blick“, von traditionellen Landschaftspanoramen hin zum Bild als Gesellschaftsvergnügen mit geposteten Fotos von Essensgerichten.

**24** Burke, Eyewitnessing 2001, S. 81–126, 178ff.; Paul, Zeitalter 2016, S. 24ff., 146; Ders., Visual History 2006, S. 57–75 (Beitrag Krauss); Treml, Geschichte 2001, S. 183ff.

**25** Stellvertretend für die volkskundliche Forschung wieder Hartinger, Umgang 2007; beispielhaft zu Industrie- und Arbeiterfotos als Teil eines bewusst inszenierten „Industrietheaters“: Paul, Zeitalter 2016, S. 26.

## 2.3 Bilder als „Akteure“ und „Ikonen“: visuelle Inszenierung, Konstruktion und Repertoirebildung

### Landkarten und die Konstruktion von Räumen

Die Beschäftigung mit Landkarten ist ein eingeführtes Themenfeld von Landeshistorikern, die ihren Gegenstand ja primär räumlich definieren. Es liegt daher nahe, dieses Material für eine bildvergleichende und interdisziplinär verfahrende Regionalgeschichte zu nutzen, zumal unter den methodischen Vorzeichen des „spatial turn“. Denn Karten oder Stadtpläne sind für alle Regionen und Länder greifbar und für Kunsthistoriker, Geographen, Geologen, Siedlungs- und Ortsnamenforscher oder Allgemeinhistoriker gleichermaßen interessant. Sie visualisieren räumliche Ordnungen von Region(en), zugleich aber prägen sie selbst Geschichtsbilder und konstruieren durch die Techniken, Akzente und Semantiken ihrer bildlichen Darstellung (Schattierung, Farbgebung, Linienführung/-stärke) erst politische, ökonomische, kulturelle Grenzen, Zentren und Peripherien, Regionalität, Territorialität und Staatlichkeit – von alten handgezeichneten Karten bis zu modernen Vermessungsplänen (vgl. Abb. 3). Als „mental maps“ stellen sie mithin ein hervorragendes Untersuchungsfeld für den Konnex innerer und äußerer Bilder dar.[26] Das gilt im Übrigen nicht nur für zeitgenössische Karten, sondern auch für deren historiographische Verwertung. So ist etwa der „Historische Atlas von Bayern“ nicht nur eine deskriptive rechts- und sozialhistorische Landesaufnahme, sondern auch eine bewusste Form retrospektiver Raumkonstruktion des modernen Staatsbayern, ein Akt räumlicher Integration an sich disparater historisch-politischer Traditionen.[27]

### Landschaften und die Konstruktion von Sehnsuchtsorten

Einen neueren Ausgangspunkt regionsvergleichender Bildforschung bietet die Tourismusgeschichte. Tourismus ist ganz wesentlich „visueller Symbolkonsum“, der mit Fremd- und Selbstwahrnehmungen arbeitet. Man kann damit auf visuelle Stereotype und Sehnsuchtsbilder von Regionen kommen, auf Werbestrategien, aber auch auf den Grund tieferer mentaler Schichten der Selbstvergewisserung und Identitätsstiftung. Zumal ein Land wie Bayern ist immer auch sein Klischee-Bild, wie es

26 Reitemeier/Petersen, Konzeptionen 2010, S. 253f., sprechen von „kartographischer Visualisierung von Landesgeschichte“; zum „spatial turn“: Bachmann-Medick, Turns 2014, S. 285–329; zu dessen Relevanz für die Landesgeschichte: Hirbodian/Jörg/Klopp, Methoden 2015.

27 Vgl. Hirbodian/Jörg/Klopp, Methoden 2015, S. 111–125 (Beitrag Ott); für andere Regionen und Atlasprojekte: Reitemeier/Petersen, Konzeptionen 2010, S. 251f. (Geschichtlicher Atlas der Rheinprovinz, Historischer Atlas von Sachsen, Historischer Atlas Schleswig-Holstein, Historischer Atlas westfälischer Städte).

der „touristische Blick“ erfasst.[28] Inhaltlich steht dabei durchgehend ein sehr ausschnitthafter, angeblich typischer Bildkanon im Fokus: das ländliche Bayern mit seiner bevorzugt (vor)alpinen, oberbayerischen Landschaft, mit Seen, Wiesen und Bergen, blauem Himmel darüber und darin schönen Schlössern und barocken Kirchen (vgl. Abb. 4 und Abb. 5). Industrie oder Arbeiter kommen kaum vor, städtische Sujets nur, wenn es um repräsentative Aspekte der Kunstmetropole München oder Welterbe-Highlights wie Regensburg geht; Neubayern ist allenfalls im Bild des „romantischen Franken“ mit mittelalterlichem Nürnberg und Rothenburger Kleinstadtidylle greifbar (diese freilich mehr als nationaldeutsche Sehnsuchtsorte).

All das ist eine Erfindung von Welt, aber eine realitätsprägende. Die Bilder spiegeln nicht Wirklichkeit, sie schaffen eine. Sie sind nicht Repräsentation von Geschichte, sondern deren Akteur. Und sie sind dies nicht vereinzelt oder beschränkt auf den Fremdenverkehr, sondern flächendeckend, massiv und auf verschiedenen Ebenen. Mit zunehmend professionalisiertem Einsatz und dauerhafter Repertoirebildung werden sie transponiert in weitere politische, soziale, ökonomische und kulturelle Kontexte. Erst diese gegenseitigen Referenzoptionen machen ihre Wirksamkeit aus. So sind als Quellen neben Reiseprospekten, Plakaten oder Urlaubsalben zu nennen: der ganze Bereich des kommerziellen Produktmarketings, in dem nicht nur direkt mit Landschaftsbildern, sondern bewusst auch mit entsprechenden Farbsymbolen operiert wird (mit Präferenzen etwa für die Farben Blau, Weiß und Grün als Übersetzungen von Himmel, Berge und Wiesen); die Bildprogramme der bayerischen Landesausstellungen, die bei aller Beachtung des Regionalproporzes doch ein Gravitationszentrum in dem um „Wald, Gebirg und Königstraum“ kreisenden „Mythos Bayern“ haben;[29] die Landschaftsgemälde des 19. Jahrhunderts, über die schon Max Liebermann geätzt hat, „immer wenn man was sehen will, kommt ein Berg“; ebenso die mächtigen Bilderwelten des digitalen 21. Jahrhunderts, die spezielleren von Bavarikon wie die allgemeinen von Google. Gibt man bei der Google-Bildsuche das Stichwort „Bayern Landschaft“ ein, kommen fast ausschließlich Bilder des alpinen Oberbayern. Und beim Suchbegriff „Bayern“ dominieren genau vier Motive: die Karte Bayerns, weiß-blaue Rauten und Löwe, der FC Bayern München und Landschaftsbilder mit Bergen und Seen. Es überrascht nicht, dass diese Images auch politisiert werden. Als der Publizist Wilfried Scharnagl der Welt

**28** Hier und in der Folge Paul, Visual History 2006, S. 169–187, Zitate S. 170 (Beitrag Pagenstecher); Pagenstecher, Tourismus 2012.

**29** So wurde die Landesausstellung in Kloster Ettal 2018 bezeichnend umbenannt von „Mythos Wald“ zu „Wald, Gebirg und Königstraum. Mythos Bayern“, mit der Leitperspektive: „Wie aus dem Naturraum Bayerische Alpen in 1000 Jahren ein Kulturraum und daraus das Idealbild Bayern wurde“. Denn wer sich ein Bild von Bayern mache, denke an Oberbayern, „die Gebirge, die Seen, die Wälder, die Menschen, die Trachten, das gelebte Brauchtum und das Bier.“ Vgl. http://www.landesausstellung-ettal.de/landesausstellung-2018-ettal/ [16.06.2016]. Das folgende Zitat Liebermanns von 1884 bei: Bertuleit, Künstler 2013, hier S. 25.

mitteilte, „Bayern kann es auch allein“, ruhte dieses Seperatismus-Plädoyer auf der „Gewissheit“ des entsprechenden „naturräumlichen Seins“ und der „landschaftlichen Schönheit“ Bayerns – gleichermaßen als Standortfaktor wie Ferment soziopolitischer Selbstfindung. Mit der visuellen Topographie wird also stets eine regionale Ethnographie verhandelt; Landschaftsbilder werden verknüpft mit politisch-ideologischen Leitsemantiken, Klischees des je Eigenen und Anderen, des Wesensmäßigen und Fremden, des Zentralen und Peripheren.[30]

Methodisch sind solche sozio-politisch konnotierten Regionalstereotype in zweifacher Weise komparativ zu nutzen: Zum einen können sie zu einer regionsinternen Differenzierung führen und dabei Alternativen und Brechungen verdeutlichen; so bedeutet die Selektivität des präsentierten Bayernbildes eben auch, dass bestimmte bayerische Regionen (Städte, Franken, Niederbayern) als unpassend-untypisch gelten, in nicht wenigen Bildern/Filmen dementsprechend für Differenz oder Subversion stehen und damit die Ambivalenz der ländlich-alpinen Idylle visualisieren.[31] Zum anderen haben wir Potenziale für länderübergreifende Vergleiche, denn besagte Klischees sind in vielen deutschen Regionen mit einer ähnlichen Verbindung von Landschaftsbildern und politischen, kulturellen, sozialen oder ethnographischen Zuordnungen zu greifen. Neben das Imagegefüge „Bayern, Alpen, Kunst und Folklore“ treten etwa Bildsysteme wie „Rheinland, Weinbau, christliches Westeuropa und Nationalromantik“, „Norden, Meer, Welthandel und Freiheit“, „Niedersachen, Weite und Pferde“ oder „Schwarzwald, Romantik und badische Liberalität“. Mit allen diesen visuellen Clustern sind verschiedene Aussagen kombiniert. Sie reichen wieder von ökonomisch-touristischen Marketingaspekten über die Visualisierung von „Heimatgefühl“ bis hin zur politischen Inszenierung, die die speziellen ‚regionalen‘ Landschaftselemente bewusst nutzt, sei es tagespolitisch zur Systemstabilisierung durch schöne beruhigende Bilder, sei es als Instrument langfristiger Föderalismus- und Geschichtspolitik (vgl. Abb. 6).[32]

## Politische Ikonen und die Konstruktion von landeshistorischen Identitäten

Damit sind wir schon auf dem Feld der „politischen Ikonographie“, also bei der Frage nach „symbolisch aufgeladenen, kanonisierten Kultbildern“. Diese zeichnen sich aus durch hohe emotionale Anziehungskraft und Wiedererkennungswerte, „eine ubiquitäre, ganz auf Wirkung verlegte, eindrückliche Darstellung“; sie haben

30 Scharnagl, Bayern 2012, S. 74–90; zur Politisierung von Landschaftsbildern etwa auch: Decker/Krah, Skandal 2014, S. 9, 13f.; Fleckner/Warnke/Ziegler, Handbuch 2011.

31 Z.B. im „neuen“ Bayernfilm wie „Jagdszenen aus Niederbayern“, Achternbuschs „Das Gespenst“ oder der Serie „Irgendwie und sowieso“. Krah, Bayern 2007, S. 27–58; Decker/Krah, Skandal 2014.

32 Derix, Politik 2009, S. 178–219; Fleckner/Warnke/Ziegler, Handbuch. Bd. 2 2011, S. 87–94.

sich im „visuellen Gedächtnis eines Kollektivs" verfestigt, besitzen mythologische Verweiskraft über Einzelperson oder Einzelereignis hinaus und lassen sich entsprechend öffentlich-politisch verwerten.[33] Für die Landesgeschichte erscheint der Komplex höchst relevant: Zum einen definieren sich wie Nation oder Klasse auch Region oder politische Landschaft nicht zuletzt durch Wahrnehmung und visuelle Konstruktion. Zum anderen hat sich gerade die Disziplin Landesgeschichte – jedenfalls in der (bayerischen) orthodoxen Variante – stets als Instanz regional-föderativer politischer Identitätsstiftung begriffen und ihr damit gar eine entsprechende „staatspolitische Bedeutung" (Andreas Kraus) zugebilligt; die Landesgeschichte wurde zur Gebrauchs- und Legitimationswissenschaft gemacht. Sie ist damit selbst ein Produzent und Konstrukteur von Geschichts-Bildern – und sollte daher, wie alle öffentlichen Geschichtsvermittler, immer Objekt einer selbstkritischen Wissenschaftsgeschichte sein.[34]

Wollte man exemplarisch eine Art Kanon politischer Ikonen für den Fall Bayerns aufstellen, also kollektive Erinnerungsorte der Visualisierung politischer „Bavarität", müssten sicher folgende vier Motivfelder vorkommen:

Erstens die glückliche Symbiose von Tradition und Modernität. Das ist eine rhetorische Grundfigur bayerischer Selbstbeschreibung und -vermarktung. Damit verbunden wird die Erzählung vom bedächtigen, aber entschlossenen Wandel vom Agrar- zum High-Tech-Industriestaat jenseits der schroffen Brüche und Belastungen wie im Ruhrgebiet, ebenso diejenige einer harmonischen Einheit von Natur, Kultur (dies zumeist mit einer religiös-konfessionellen Komponente) und Technik. Diesem Narrativ korrespondieren einige visuelle Klassiker, vielleicht am eindrücklichsten die im oberbayerischen Raisting entstandene Fotografie einer riesigen Satellitenantenne neben Zwiebelturmkapelle und vor Alpen-Panorama. Das Bild wurde zum Symbol für das moderne und zugleich natur- und traditionsverträgliche Bayern und schaffte es 1970 auf ein CSU-Landtagswahlkampfplakat (vgl. Abb. 7).[35] Das Thema kennt weitere wirkungsvolle Bild-Variationen: Eine frühere Fotografie etwa visualisiert Umbruch und Nebeneinander von Tradition und Moderne, indem sie einen mit Pferd ackernden Bauern vor dem Atomreaktor Garching abbildet. Das ist doppelt aufschlussreich: Mit Garching wird das bundesdeutsche „Wirtschaftswunder" wie der spezifisch süddeutsch-bayerisch konnotierte, „saubere" Fortschrittsweg symbolisiert (alternativ zur traditionellen westdeutschen Wirtschaftskraftmetapher der rauchenden, aber „schmutzigen" Ruhrgebietsschlote). Zudem haben wir eines der zentralen Bildsujets, mit denen durchgehend als regionaltypisch wahrgenommene Traditionsbestände für Bayern eingefangen werden, die agrarisch-bäuer-

33 Hertfelder, Vermittlung 2006, S. 290f.; Paul, Visual History 2006, S. 19; Hamann, History 2007, S. 50–54, 86–146; Fleckner/Warnke/Ziegler, Handbuch 2011.

34 Löffler, Landesgeschichtsschreibung 2018, darin S. 208 auch das Zitat von Kraus.

35 Vgl. Höpfinger/Rader/Scheutle, Strauß 2015, S. 34–42.

liche Lebenswelt.[36] Das ist allenfalls noch mit einem zweiten Traditions-Symbol vergleichbar, der Tracht, – jährlich sichtbar beim Großevent Oktoberfest, auf dem regelmäßig auch die Vertreter der erfolgreichsten Werbemarke Bayerns, die Fußballer des FC Bayern München, rituell mit ihren Lederhosen posieren.

Eine zweite Möglichkeit, regionale Eigenheiten ikonisch zu verdichten, sind Visualisierungen bestimmter Personen, vornehmlich starker bzw. markanter Herrscherfiguren, die man als Personifikationen des Landes sieht. Gerade angesichts der seit dem 19. Jahrhundert zunehmenden Präsenz solcher „affirmativer" Portrait-Bilder in Amtsstuben wie Wohnzimmern gewinnt das an Bedeutung. Wir finden darin nicht nur viele klassische Zeichen von Herrschaftssymbolik und können angesichts der langen Tradition von Portraits zeitübergreifende interpiktoriale Zitiermöglichkeiten verdeutlichen: etwa die Herrschaftsmetapher der Levade/Kurbette in Reitergemälden des Feldherren-Kurfürsten Max Emanuel oder das beruhigende Vaterbild des Prinzregenten Luitpold.[37] Interessanter noch erscheinen vermeintlich landesspezifische personale „Bildcodes", motivische Sets an Insignien, Posen und Körpermetaphern, denen Regionalität zugeschrieben wird. Bildelemente bayerischen Eigensinns wären da etwa wieder die Tracht, oft kombiniert mit Jagdinsignien und bayerischer Landschaft, sowie das Image des Kraftvoll-Unangepassten (vgl. Abb. 8a und 8b). Man findet es in Form des unzeitgemäßen, aber faszinierenden und in seinen Bauten zum globalen Markenzeichen für Bayern gewordenen Individualismus wie bei Ludwig II., von betont ziviler, etwas nachlässiger Nonchalance wie bei Ludwig III. (als Gegenbild zur Körpersprache des schneidigen Wilhelm II.) oder in der wuchtig-barocken Körperlichkeit des „bayerischen Mannsbildes" mit fließenden Übergängen zu brutalistischen Zerrbildern wie bei Franz Josef Strauß (vgl. Abb. 9). Gleich welche Variante, stets wird operiert mit Körperstereotypen, die als regionstypisch, originell und nicht-uniform gedeutet und von anderen „Körperbildern" abgesetzt wurden, vornehmlich vom nervösen, hageren, strengen, militärischen „Preußen"/„Norddeutschen" (vgl. Abb. 10).[38]

Visualisiert werden nicht nur Personen, sondern auch bestimmte, für das Land zeitlich als repräsentativ geltende Epochen – der dritte bildmotivische Komplex. Als Beispiel kann hier vor allem die „gute, alte Zeit", die Prinzregentenzeit des 19. Jahrhunderts, als bayerntypisches Zeit-Modell dienen. Sie besitzt vornehmlich jene personalisierte Doppelstruktur, die mit dem patriarchalischen Regenten Luitpold und seinem auf- wie anregenden Vorgänger Ludwig II. soeben angesprochen wurde und

---

36 Das Bild des Bauern vor dem Atomei in: Mitteilungen der Deutschen Landwirtschafts-Gesellschaft 72 (13.6.1957), Heft 24, S. 1; zur Inszenierung Garchings (mit Atomei im Stadtwappen): Heßler, Stadt 2007, S. 69–165; zum „Klassiker" Ruhrgebietsschlote: Paul, Zeitalter 2016, S. 480.

37 Vgl. exemplarisch: Löffler, Boden 2013.

38 Paul, Zeitalter 2016, S. 48f., 72–81, 184; für die Beispiele etwa: Höpfinger/Rader/Scheutle, Strauß 2015, S. 9–23, 66ff., dort S. 14f., 47–63, 101–107 auch zu Strauß-Bildern als Instrumente politischer Diffamierung, v.a. auf den Plakaten im Bundestagswahlkampf 1979/80.

zwei vermeintliche Grundmomente der politischen Kultur Bayerns umschreibt: souveräne Ruhe und Volkstümlichkeit einerseits und das Charisma des Eigenständigen und Besonderen andererseits. Beides ist ökonomisch wie geschichtspolitisch zu vermarkten: in Prinzregententorte und Schlössertourismus, mit Hinweisen auf bayerischen Partikularismus und Autorität (vgl. Abb. 11). Daneben ist es vor allem das „barocke Bayern", das bildprägend geworden ist, im zweifachen Wortsinn: als visueller, in vielem religiös unterlegter Eindruck (mit üppigen Kirchen, Zwiebeltürmen im Landschaftspanorama und Kapellen am Wegrand) und als Vorstellungswelt, die Bayern mit barocker Lebensart identifiziert und visualisiert. Auch das sind Versatzstücke einer lange tradierten Meistererzählung, die durchaus Umdeutungen erfuhr. So war der „Ruf des barocken Bayern" in der Aufklärung ausgesprochen negativ belegt, auf lange Sicht hat er sich jedoch als positive Metapher des Landes etabliert, im Sinne eines gemütlichen und lässigen „Leben und leben Lassens", der Fähigkeit zum Genießen und auch zum liberalen „Fünf gerade sein Lassen", verbunden mit Kraft, Sinnlichkeit und glanzvoller Außendarstellung.[39]

Ein viertes Bildelement sind Symbole bzw. Signets zur Identifizierung von Land, Staat (und Partei). Für Bayern gibt es da zwei maßgebliche Motive, die weiß-blaue Raute und den bayerischen Löwen. Beide finden sich im Staatswappen, das von zwei goldenen Löwen gehalten wird und in dessen Herzschild das Rautenmuster steht. An sich den Wappen der Pfalzgrafen bei Rhein bzw. Grafen von Bogen entstammend (s. Beitrag Kägler), entwickelten sich die Zeichen zu Einheitsmetaphern für ganz Bayern. Das zeigt sich vielfach, von der Google-Bilder-Suche bis zur politischen Vereinnahmung. So bestimmt die Kombination aus Raute und Löwe das Logo der CSU; während des Wahlkampfes 1970 erfunden, gab es der Partei sehr erfolgreich ein „bewusstes Bayern-Image", signalisierte die Symbiose von Land, Staat und Partei (vgl. Abb. 12). Auch in früheren Wahlplakaten der Bayerischen Volkspartei wurde damit bayerische Identität und Abwehr gegen außer-/unbayerische Gefahrenmomente dargestellt (vgl. Abb. 13). Im Simplicissimus von 1928 steht der erlegte Löwe vor Rauten-Trauerfahnen für den „Triumph der Zentralisation" (vgl. Abb. 14). Und 2015/16 wurde der Löwe in einer Ausstellung unter Schirmherrschaft des Bayerischen Heimatministeriums als Symbol für Bayerns Kraft und als starke Alternative zum „preußischen Adler" präsentiert.[40]

Eine bekannte, oftmals komplementär auftretende symbolische Allegorie Bayerns ist schließlich die Figur der „Bavaria". Auch mit ihr ist eine längere ikonographische Linie zu greifen. Man erkennt sie schon in frühneuzeitlichen Kupfersti-

39 Vgl. Löffler, Boden 2013; Spindler, Ruf 1955.

40 Vgl. Wanderausstellung „Gut gebrüllt. Löwen aus Bayerns Schlössern und Burgen", kuratiert von der Bayerischen Schlösserverwaltung, http://www.schloesser.bayern.de/deutsch/aktuell/aktuell/loewen-ausstellung.htm [29.08.2016]; davor zum CSU-Signet: Höpfinger/Rader/Scheutle, Strauß 2015, S. 35f.

chen, als unter den Bedingungen der Konfessionalisierung das Land Bayern bildlich unter den Schutz der Gottesmutter Maria gestellt wurde, der Patrona Bavariae, und dieses Bild in den Dienst der politischen Propaganda trat (vgl. Abb. 15). Seine monumentalste Form findet das Sujet der Geborgenheit gebenden Mutter schließlich im Denkmal der Bavaria (1844–1850), die neben dem bayerischen Löwen oberhalb der Münchner Theresienwiese postiert ist, gleichsam das säkularisierte Gegenstück zur Patrona Bavariae. Sie setzt ihrerseits die Traditionen barocker Statuen fort (wie der im späten 16. Jahrhundert geschaffenen Bronzefigur einer Tellus-Bavaria auf dem Dianatempel des Münchner Hofgartens) und eröffnet zugleich der industrialisierten Massengesellschaft Inszenierungsmöglichkeiten (vom Jubel-Feuerwerk bis zu aktuellen bayerischen Landesausstellungen; vgl. Abb. 16).[41]

Mit der karikaturistischen Darstellung der Bavaria im Simplicissimus von 1913 (vgl. Abb. 17) deutet sich noch einmal eine markante Variationsmöglichkeit (politischer) Ikonographie an – eine eigene Darstellungsform mit spezifischer Logik und Aussagekraft. Es sind die ironischen, subversiven oder zynischen Spiegelungen und Brechungen, die visuelle Gegenwelten und Alternativen eröffnen können, dazu aber immer auch den Referenzpunkt der kanonischen Ausgangsikonen nötig haben.[42]

In allen Fällen indes wird deutlich, dass die empirischen Begriffe von „Bayern“ oder anderen Regionen/Ländern niemals zu denken sind ohne bestimmte Bilder, die einerseits der Affirmation und Formung bestehender Ordnungen dienen und andererseits symbolische Zeichen für Gedachtes und Künftiges sind. In manchem werden die Vorstellungen von Region geradezu von Bildern gekapert und von visuellen Eindrücken überdeckt. Immer sind diese Bilder dabei gemacht, aktiv produziert, in eigendynamischen Rezeptions- und Perzeptionsvorgängen wirksam. Es wäre daher wohl wert, ein langfristiges Forschungsprogramm zu initiierten, um diese Dynamiken und Prägekräfte in einem komparativen landesgeschichtlichen Unternehmen näher zu ergründen und in einem Bildkatalog zur „visuellen Modellbildung“ von Regionalität in Deutschland zu erfassen.[43]

**41** Vgl. etwa Mayerhofer, Kupferstiche 2011; Henker u.a., Bavaria 2000. Die Bayerische Landesausstellung 2016 „Bier in Bayern“ nutzte die Bavaria im Werbeplakat und zeigte sie klischeehaft stilisiert als Kellnerin mit Maßkrügen nebst bayerischem Löwen. http://www.hdbg.de/bier/ [10.08.2016].

**42** Vgl. zum Methodischen: Paul, Zeitalter 2016, S. 45ff.; Ders., Visual History 2006, S. 206–224 (Beitrag Fulda); für den Simplicissimus unter http://www.simplicissimus.info alle Nummern 1896–1944 recherchierbar.

**43** Jäger/Kauer, Bilder 2009, S. 139ff. (Beitrag Paul); als Bezugsgröße vgl. etwa Paul, Gesicht 2009.

**Abb. 1:** Genreszenen mit sozialhistorischem Aussagegehalt

Das Februar-Bild (Öl auf Leinwand, um 1520) eines größeren Monatsbilderzyklus von Hans Wertinger (1465/70–1533) zeigt ein Ritterturnier auf dem Landshuter Stadtmarkt. Die Figur mit dem Rücken zum Betrachter in der Bildmitte wird als Herzog Ludwig X. von Bayern identifiziert. In Nebenszenen sind u.a. eine Prozession, ein Pferdeschlitten und das Treiben um den Marktbrunnen zu sehen. Die Sakralbauten links entsprechen nicht der damaligen Anlage Landshuts. Dies ist bezeichnend für Wertingers Werke, in denen sich öfter Abweichungen von der zeitgenössischen Topographie finden.

**Abb. 2:** Münchner Alltagsszene um 1900

Zu sehen ist die um 1900 enstandene Fotografie des Paulanerplatzes im Münchner Stadtteil Au, einem Überschwemmungsgebiet mit kärglichem Wohnzuschnitt. Entstanden waren die Kleinbehausungen für Unterschichten im Laufe des 17./18. Jahrhunderts. Um die Jahrhundertwende wurden sie partiell „saniert“, d.h. niedergelegt.

**Abb. 3:** Die erste Landkarte Bayerns

Mit dem Blatt „Obern und Nidern Bairn bey den alten im Latein und Kriechischen Vindelicia" brachte Johannes Aventin (1477–1534) die erste Landkarte Bayerns zum Druck, 1523 verlegt in Landshut. Sie bietet keine kartographische Aufnahme des Herzogtums, sondern verzeichnet die damals bekannten Römerorte. Dabei orientiert sie sich vornehmlich an ästhetischen Gesichtspunkten, wofür auch die illustrative Umrandung mit den Wappen der 34 Städte des Herzogtums spricht. Das Original der Karte ist verloren; erhalten ist nur ein Faksimile von 1899.

**Abb. 4:** Der bayerische Bild-Klassiker

Landschaft in den bayerischen Alpen, hier die Ortschaft Ramsau im Berchtesgadener Land. Das Foto illustriert bezeichnenderweise den Wikipedia-Artikel „Bayern“.

**Abb. 5:** Bayern-Klischees

Die verdichtete Visualisierung von Bayern-Klischees findet sich im Spiegel-Titel vom 22.08.2015 anlässlich des 100. Geburtstags von Franz Josef Strauß. Zentral zu sehen ist die Trinität von Alpenlandschaft, Schloss Neuschwanstein und Franz Josef Strauß.

**Abb. 6:** Politische Inszenierung in bayerischer Landschaftsidylle

Ein markantes Beispiel für die politische Nutzung des Landschaftsbildes war die Einbettung des Besuchs Barack Obamas in Elmau (Werdenfelser Land) während des G7-Gipfels 2015. Dabei wurde die ganze Palette klassischer Bayern-Bilder evoziert: die ebenso entschleunigende wie spektakuläre Rückzugsmöglichkeit in den Alpen, die volkskulturellen Traditionen einer naturverbundenen Bevölkerung, die friedliche Provinz (die Protestcamps blieben ausgesperrt). Die archaische Materialität der Holzbank „aus einheimischer Fichte" symbolisierte überdies Bodenhaftung, Beständigkeit und Regionalität. Unterdessen ist „die weltberühmte Obama-Bank" als Fremdenverkehrsattraktion selbst zum Denkmal geworden.

**Abb. 7:** Plakat der CSU zur Landtagswahl 1970

Dem Plakat liegt eine Fotografie der Erdfunkstelle Raisting im oberbayerischen Landkreis Weilheim-Schongau zugrunde. Zu sehen ist das „Radom", eine 1964 von der Deutschen Bundespost in Betrieb genommene und 1985 stillgelegte Satellitenantenne, sowie die Wallfahrtskirche St. Johann vor den Alpen und inmitten einer agrarisch genutzten Grünfläche. Das Bild wurde zur Ikone. Es zierte neben dem Wahlplakat auch eine 50-Pfennig-Briefmarke und besitzt mittlerweile ein eigenes Lemma im Historischen Lexikon Bayerns.

**Abb. 8a u. b:** Bayerische „Herrscher“ als Jäger in Tracht

Die Schützenscheibe zum 80. Geburtstag des Prinzregenten Luitpold von Bayern 1901 (Öl auf Holz, 1901) wurde gefertigt im Auftrag der Feuerschützengesellschaft Ramsau und zeigt Luitpold in Jägertracht vor dem Königssee im Berchtesgadener Land. Darunter ist eine Fotografie des Jägers Strauß mit erlegtem Hirsch zu sehen.

**Abb. 9:** Bilder als Instrumente der politischen Diffamierung

Plakat von Ernst Volland, „Der Kanzlerkandidat", das 1978 als Auftakt zur Bundestagswahlkampagne von 1979/80 angefertigt wurde. Der Kraftmensch Strauß erscheint darauf als Wüterich mit verzerrtem Gesicht.

**Abb. 10:** „Kaisermanöver“

Preußen und Bayern in den „Körperbildern“ einer Karikatur Olaf Gulbranssons unter dem Titel „Kaisermanöver“. Die süffisante Unterschrift lautet: „Seine Majestät erklären dem Prinzen Ludwig von Bayern [Ludwig III.] die feindlichen Stellungen“.

**Abb. 11:** Ludwig II. als Folie und Referenzpunkt bayerisch-staatlichen Eigensinns

Fotografie zur Eröffnung der vom Haus der bayerischen Geschichte gestalteten Wanderausstellung „Götterdämmerung. König Ludwig II. und seine Zeit“ im Bundesrat im Mai 2012. Die Schau war davor im Sommer 2011 auf Schloss Herrenchiemsee zu sehen und mit über einer halben Million Besuchern deutschlandweit eine der erfolgreichsten historischen Ausstellungen. In einer gestrafften Version ging sie danach auf Reisen durch alle bayerischen Regierungsbezirke und eben kurz nach Berlin (anlässlich des turnusgemäß vom Freistaat Bayern ausgerichteten Tags der offenen Tür des Bundesrats).

**Abb. 12:** CSU-Signet

Das angeblich „bekannteste Parteilogo Europas“. Der Originalentwurf des CSU-Signets mit Löwe und Raute stammt von Gerhard M. Hotop aus dem Jahr 1970.

**Abb. 13:** Plakat/Bildpostkarte der Bayerischen Volkspartei 1919

Entstanden ist das Plakat anlässlich der Landtagswahl vom 12.01.1919. Zu sehen sind als Symbole für das traditionelle Bayern die weiß-blauen Rauten hinter den Türmen der Münchner Frauenkirche. Sie werden von einem riesigen Spartakus als Metapher der „roten Gefahr" zum Einsturz gebracht. Dagegen zielt der Plakattext mit dem Wahlaufruf. Urheber ist der Münchner Grafiker Hermann Keimel (1899–1948), der zahlreiche Plakate mit ähnlicher Bildsymbolik gestaltete.

**Abb. 14:** Simplicissimus 1928

Karikatur „Triumph der Zentralisation" von Thomas Theodor Heine, mit der Unterschrift: „– und so kam der Tag, an dem der Doktor Heim in Berlin die Haut des bayerischen Löwen abliefern mußte".

**Abb. 15:** Patrona Bavariae

Bayern unter göttlichem Schutz: Erzengel Michael, flankiert von den Schutzengeln der vier bayerischen Rentämter, präsentiert der Muttergottes und Jesus vor dem Hintergrund der Silhouette Münchens eine Landkarte Bayerns. Diese bekunden dem so anvertrauten Land offensichtlich ihre Zuneigung. Die vom bayerischen Kurfürsten Maximilian besonders verehrte Maria bekommt die vielfach visualisierte Rolle der Patrona Bavariae. Kupferstich von Raphael Sadeler d.Ä. (1560/61–1632) nach Matthias Kager (1575–1634).

**Abb. 16:** Centenarfeier zur Geburt Ludwigs I. v. Bayern

Die Bavaria erstrahlt im Kranz pyrotechnischer Himmelsbilder beim Festfeuerwerk 1888 anlässlich der Centenarfeier zur Geburt Ludwigs I. v. Bayern auf der Münchner Theresienwiese. Zu erkennen ist die allegorische Figur in der Mitte, eingerahmt von den drei Leuchtinszenierungen von Befreiungshalle, Walhalla und der Germania des Niederwalddenkmals.

**Abb. 17:** Simplicissimus 1913

Ironisch-politisches Spiel mit der Bavaria in der Karikatur von Olaf Gulbransson. Unterschrift: „Wem soll das gute Frauenzimmer / Und auch für was soll sie denn immer / Uns einen Kranz von Lorbeer reichen? / Der Schmuck war für vergangne Zeiten, / doch für die Geister, die u n s leiten, / Ist nur ein Pfaff das wahre Zeichen.“

# Literatur

Bachmann-Medick, Doris: Cultural Turns. Neuorientierungen in den Kulturwissenschaften. Reinbek $^{5}$2014.

Belting, Hans (Hrsg.): Bilderfragen. Die Bildwissenschaften im Aufbruch. München 2007.

Bertuleit, Sigrid Sylfide (Hrsg.): Künstler sehen Bayern. Bayern lässt staunen. Schweinfurt 2013.

Boehm, Gottfried: Wie Bilder Sinn erzeugen. Berlin 2015.

Bredekamp, Horst: Bildakte als Zeugnis und Urteil. In: Flacke, Monika (Hrsg.): Mythen der Nationen. 1945 – Arena der Erinnerungen. Bd. 1. Mainz 2004, S. 29–66.

Burke, Peter: Eyewitnessing. The Uses of Images as Historical Evidence. London 2001, dt. Augenzeugenschaft. Bilder als historische Quellen. Berlin 2010.

Decker, Jan-Oliver/Krah, Hans (Hrsg.): Skandal und Tabubruch. Heile Welt und Heimat. Bilder von Bayern in Literatur, Film und anderen Künsten. Passau 2014.

Derix, Simone: Bebilderte Politik. Staatsbesuche in der Bundesrepublik Deutschland 1949–1990. Göttingen 2009.

Duchowski, Andrew T.: Eye Tracking Methodology. Theory and Practice. London 2007.

Fleckner, Uwe/Martin Warnke/Hendrik Ziegler (Hrsg.): Handbuch der politischen Ikonographie. 2 Bde. München $^{2}$2011.

Hamann, Christoph: Visual History und Geschichtsdidaktik. Bildkompetenz in der historisch-politischen Bildung. Herbolzheim 2007.

Hardtwig, Wolfgang/Schug, Alexander (Hrsg.): History Sells! Angewandte Geschichte als Wissenschaft und Markt. Stuttgart 2009.

Hartinger, Walter: Volkskundlicher Umgang mit Bildquellen. In: Göttsch, Silke/Lehmann, Albrecht (Hrsg.): Methoden der Volkskunde. Berlin $^{2}$2007, S. 79–99.

Henker, Michael u.a. (Hrsg.): Bavaria, Germania, Europa. Geschichte auf Bayerisch. Augsburg 2000.

Hertfelder, Thomas: Vermittlung: Die Macht der Bilder. Historische Bildforschung. In: Wirsching, Andreas (Hrsg.): Oldenbourg Geschichte Lehrbuch. Neueste Zeit. München 2006, S. 281–292.

Heßler, Martina: Die kreative Stadt. Zur Neuerfindung eines Topos. Bielefeld 2007.

Hirbodian, Sigrid/Jörg, Christian/Klapp, Sabine (Hrsg.): Methoden und Wege der Landesgeschichte. Ostfildern 2015.

Höpfinger, Renate/Rader, Henning/Scheutle, Rudolf (Hrsg.): Franz Josef Strauß. Die Macht der Bilder. München 2015.

Jäger, Jens: Fotografie und Geschichte. Frankfurt a.M. 2009.

Jäger, Jens/Kauer, Martin (Hrsg.): Bilder als historische Quellen? Dimensionen der Debatte um historische Bildforschung. München 2009.

Kittsteiner, Heinz-Dieter: „Iconic turn" und „innere Bilder" in der Kulturgeschichte. In: Ders. (Hrsg.): Was sind Kulturwissenschaften? 13 Antworten. München 2004, S. 152–182.

Korte, Helmut: Einführung in die systematische Filmanalyse. Berlin $^{4}$2010.

Kötzschke, Rudolf: Bildkunde und Landesgeschichte. Die Aufgaben der landesgeschichtlichen Forschungsstellen. In: Goetz, Walter (Hrsg.), Historische Bildkunde. Bd. 2, Hamburg 1935, S. 33–38.

Krah, Hans (Hrsg.): Bayern und Film. Passau 2007.

Löffler, Bernhard: Dünner Boden, süßer Guß. Überlegungen zum Mythos Prinzregentenzeit. In: Weigand, Katharina/Zedler, Jörg/Schuller, Florian (Hrsg.): Die Prinzregentenzeit. Abenddämmerung der bayerischen Monarchie?. Regensburg 2013, S. 177–198.

Löffler, Bernhard: Historische Staatlichkeit und Landesgeschichtsschreibung in Bayern. In: Blick in die Wissenschaft. Forschungsmagazin der Universität Regensburg 26 (2012), S. 28–34.

Löffler, Bernhard: Landesgeschichtsschreibung und Geschichtspolitik nach 1945. Das bayerische Beispiel. In: Geschichte in Wissenschaft und Unterricht 69 (2018), S. 199–217.

Mayerhofer, Maximilian: Kupferstiche im Dienst politischer Propaganda. Die „Bavaria Sancta et Pia“ des Pater Matthäus Rader SJ. München 2011.
Pagenstecher, Cord: Der bundesdeutsche Tourismus. Ansätze zu einer Visual History: Urlaubsprospekte, Reiseführer, Fotoalben, 1950–1990. Hamburg $^{2}$2012.
Paul, Gerhard (Hrsg.): Das Gesicht der Bilder. Bildatlas zum 20. und 21. Jahrhundert. Göttingen 2009.
Paul, Gerhard (Hrsg.): Visual History. Ein Studienbuch. Göttingen 2006.
Paul, Gerhard: Das visuelle Zeitalter. Punkt und Pixel. Göttingen 2016.
Reitemeier, Arnd/Petersen, Niels: Neue Konzeptionen zur Visualisierung von Landesgeschichte. In: Geschichte in Wissenschaft und Unterricht 61 (2010), S. 249–258.
Roeck, Bernd: Das historische Auge. Kunstwerke als Zeugen ihrer Zeit. Göttingen 2004.
Sauer, Michael: Bilder im Geschichtsunterricht. Typen, Interpretationsmethoden, Unterrichtsverfahren. Seelze 2000.
Scharnagl, Wilfried: Bayern kann es auch allein. Plädoyer für einen eigenen Staat. Köln 2012.
Spindler, Max: Der Ruf des barocken Bayern. In: Historisches Jahrbuch 74 (1955), S. 319–341.
Treml, Manfred: Ausgestellte Geschichte. Überlegungen zum visuellen Lernen in Ausstellungen und Museen. In: Schönemann, Bernd u.a. (Hrsg.): Geschichtsbewußtsein und Methoden historischen Lernens. Weinheim 1998, S. 190–212.
Treml, Manfred: Bildquellen. In: Schreiber, Waltraud (Hrsg.): Erste Begegnungen mit Geschichte. Grundlagen historischen Lernens. Bd. 1. Neuried 1999, S. 415–440.
Treml, Manfred: Geschichte visuell: Über den Umgang des Historikers mit Bildern. In: Bayerische Blätter für Volkskunde N.F. 4 (2001), S. 178–189.
Treml, Manfred: „Schreckensbilder“ – Überlegungen zur Historischen Bildkunde. In: Geschichte in Wissenschaft und Unterricht 48 (1997), S. 279–294.
Wohlfeil, Rainer: Das Bild als Geschichtsquelle. In: Historische Zeitschrift 249 (1986), S. 91–100.

Christine Reinle

# „Meistererzählungen" und Erinnerungsorte zwischen Landes- und Nationalgeschichte. Überlegungen anhand ausgewählter Beispiele

## 1 Begriffsdefinitionen und Fragestellung

Der folgende Beitrag versteht sich als Essay. Er will kein Forschungsüberblick sein, sondern möchte einen Einstieg für die künftige Forschung bieten. Dabei nimmt er seinen Ausgangspunkt von der Beobachtung, dass landesgeschichtliche Forschung unter verstärkten Legitimationsdruck geraten ist. Als Gründe werden gern die Konkurrenz neu aufkommender methodischer Ansätze und Fragestellungen unter Einschluss der Globalgeschichte, strukturelle Veränderungen im Lehr- und Wissenschaftsbetrieb und das Vordringen internationaler „quotation indices", welche regionengebundene Forschung benachteiligen, genannt. Sucht man weiter nach Gründen, weswegen das Fach Landesgeschichte in die Defensive geraten ist, soll – so die These – den genannten eher wissenschaftspolitischen Gedanken das Argument zur Seite gestellt werden, dass die Landesgeschichte zu jenen Zeiten eine Blüte erlebte, als sie zu den „Meistererzählungen" der Historiker und den „Erinnerungsorten" ihrer Bezugsgruppe beitrug. Beides ist derzeit entweder nur bedingt gegeben (so die Zuschreibung von Relevanz für die Diskurse des Faches im Ganzen), teils explizit nicht intendiert (so z.B. das Schaffen einer affirmativen, politisch nutzbaren „Landesidentität"), da die Landeshistoriker – wie Vertreter aller Teildisziplinen der Geschichtswissenschaft – identitätsstiftende erinnerungskulturelle Manifestationen analysieren, aber nicht hervorbringen möchten.

Vor diesem Hintergrund sollen einige ebenso vorläufige wie fallbezogene Überlegungen dazu angestellt werden, in welcher Weise die Landesgeschichte bis in die 1980er Jahre Anteil an den „Meistererzählungen" der Geschichtswissenschaft hatte, welche regionenspezifischen Meistererzählungen sie hervorbrachte und wie sie „Erinnerungsorte" mit konstituierte, die im kulturellen Gedächtnis einer Region, ja gegebenenfalls der „Nation", verankert waren. Gefragt werden soll schließlich, wie sich heutige Landeshistoriker zu den aufgeworfenen Fragen verhalten können.

Unter Meistererzählung werden im Allgemeinen „geschichtliche Großdeutungen" verstanden. Im Speziellen gilt als Meistererzählung „eine kohärente, mit einer eindeutigen Perspektive ausgestattete und in der Regel auf den Nationalstaat ausgerichtete Geschichtsdarstellung, deren Prägekraft nicht nur innerfachlich schulbildend wirkt, sondern öffentliche Dominanz erlangt." Dass Meistererzählungen sich durchsetzen, ohne deswegen jedoch konkurrenzlos zu sein, wird mit ihrer Rückbindung an ohnehin akzeptierte oder sich durchsetzende Deutungsmuster sowie mit der Möglichkeit ihrer Verfechter, inner- und außerfachlich Gehör zu finden, in Ver-

https://doi.org/10.1515/9783110354188-003

bindung gebracht.[1] Sie müssen weiterhin in der Lage sein, isolierte Fakten in ein Geschichtsbild „zu integrieren und einheitlich auszurichten“; daher stiften sie Identität.[2] Nach Jörn Rüsen kann es nicht einmal eine „kulturelle Identität ohne Meistererzählungen geben“.[3] Meistererzählungen manifestieren sich nicht nur in wissenschaftlichen Texten, sondern auch „in kulturellen Gedächtnistraditionen, medialen Vergegenwärtigungen von Bildern und Denkmälern, historischen Dramen und Romanen sowie politischen Inszenierungen“.[4] Unter Erinnerungsorten wiederum seien „langlebige, Generationen überdauernde Kristallisationspunkte kollektiver Erinnerung und Identität“ verstanden.[5] Auch sie beruhen letztlich auf Geschichtserzählungen.

Obwohl beiden Konzepten ein Beitrag zur Identitätsbildung eignet, stehen Meistererzählungen insofern in stärkerem Zusammenhang mit der Geschichtswissenschaft, als sie die strukturierende Matrix bilden, vermittels derer analytisch gewonnene Ergebnisse deutend in eine Geschichtserzählung eingebunden werden, wogegen Erinnerungsorte als Manifestationen der Geschichtskultur und manchmal sogar der „Gebrauchsgeschichte“[6] dem kulturellen Gedächtnis verpflichtet sind. Das kulturelle Gedächtnis steht jedoch zur wissenschaftlichen Analyse in einem produktiv nutzbaren Spannungsfeld. Gemäß der herrschenden Definition werden „Meistererzählungen“ wie „Erinnerungsorte“ außerdem durch einen übergreifenden Geltungsanspruch definiert, der sie als primär auf die Nationalgeschichte ausgerichtet erscheinen lässt. So reklamierten Jarausch und Sabrow, der Begriff „Meistererzählung“ behielte nur dann seine Aussagekraft, wenn er nicht auf „Einzelfragen“ bezogen werde (wie z.B. die „Geschichte des Massenkonsums“), sondern „geschichtlichen Repräsentationen“ vorbehalten bleibe, „die durch ihre epochale Reichweite, ihren [sic!, CR] inhaltliche Darstellungsbreite und ihren integralen Deutungsanspruch aus der historiographischen Produktion herausragen“.[7] Auch die Adaptation des von Pierre Nora herrührenden Konzepts der Erinnerungsorte auf die deutsche Geschichte durch Étienne François und Hagen Schulze war zunächst auf die Nation bezogen – zu Unrecht, wie Winfried Speitkamp historiographiegeschichtlich gezeigt hat. Konkrete Beispiele für landesgeschichtliche, in diesem Fall: hessische Erinnerungsorte führte darüber hinaus Holger Gräf an, der allerdings die seiner Meinung nach unzulässige Vereinnahmung historischer Personen als Anknüpfungspunkte „hessischer“ Identität anprangerte. Ebenso wenig wie das Konzept der

1 Jarausch/Sabrow, „Meistererzählung“ 2002, S. 21.

2 Jarausch/Sabrow, „Meistererzählung“ 2002. Zitate auf S. 9, 16, u. Anm. 26, S. 16; zur Sache außerdem ebd., S. 21.

3 Zit. nach Jarausch/Sabrow, „Meistererzählung“ 2002, S. 10.

4 Görich, Staufer 2006, S. 11.

5 François/Schulze, Einleitung. In: Dies., Erinnerungsorte. Bd. 1 2001, S. 9–24, hier S. 18.

6 Begriffsprägung durch Marchal, Gebrauchsgeschichte 2007.

7 Jarausch/Sabrow, „Meistererzählung“ 2002, S. 20.

Erinnerungsorte schließt das der Meistererzählungen, wie z.B. die Forschungen von Holger Gräf und Bernhard Löffler belegen, die landesgeschichtliche Dimension aus.[8]

Zur Analyse der Erzählschemata entwickelten Jarausch und Sabrow ein viergliedriges Frageraster, das folgende Untersuchungsgegenstände erfasst: 1. „*die stoffliche Seite* geschichtlicher Narrative", bei der zu fragen ist, „welche Ereignisse, Personen und Strukturzusammenhänge" nach einem impliziten Prozess der Selektion „zu einer geschichtlichen Erzählung verbunden" werden. 2. die „*theoretisch-methodische Dimension*", welche die den Anspruch auf Plausibilität erhebende „Argumentationsstruktur" ebenso in den Blick nimmt wie die „unausgesprochenen Voraussetzungen und Rationalitätskriterien, die ihnen die Anerkennung in einem gegebenen Denk- und Zeitstil sichern – oder auch versagen". 3. Semantik und „narratologische[.] Prinzipien" sowie 4. die „diskursive Grundstruktur historischer Texte", welche auf die „kulturelle Sinnordnung" verweist, „in die die Verständigung jeder Gegenwart mit ihrer Vergangenheit eingebettet ist". Außerdem gilt es nach Jarausch und Sabrow, die Wechselwirkung zwischen „fachwissenschaftliche[n] Erkenntnisanteile[n,] [...] kulturellen Gedächtnistraditionen, medialen Vergegenwärtigungen und politischen Inszenierungen" sowie nach ihrem Einfluss auf Meistererzählungen zu untersuchen.[9]

# 2 Zwei landeshistorische Meistererzählungen: Der ‚Ursprung' und die ‚Herausbildung von Staatlichkeit in den Territorien'

## 2.1 Der ‚Ursprung'

Im skizzierten Sinn brachte auch die Landesgeschichte Meistererzählungen hervor. Dies sei an einigen, überwiegend der mittelalterlichen Geschichte entnommenen Beispielen verdeutlicht, welche insbesondere von der Historiographie und der Erinnerungskultur des 19. und 20. Jahrhunderts ausformuliert wurden. Diese Auswahl ist den Forschungsinteressen der Verfasserin geschuldet und reklamiert nicht, repräsentativ zu sein. Umrissen werden hier knapp die stoffliche und argumentative

8 François/Schulze, Einleitung. In: Dies., Erinnerungsorte. Bd. 1 2001, bes. S. 10f., 18f.; kritisch dazu: Speitkamp, Geschichtsvereine 2003, S. 187; Ders., Erinnerungsorte 2004, S. 21; Gräf, Bindestrich 2010, S. 155–163; Löffler, Geschichte 2012 (ohne Verwendung des Begriffs „Meistererzählungen", jedoch mit Bezug auf „Geschichtserzählung[en]", ebd., S. 34).

9 Zitate: Jarausch/Sabrow, „Meistererzählung" 2002, S. 17f. [Hervorhebungen im Original].

Seite der jeweiligen Meistererzählung. Da außerdem nach der Verknüpfung von Meistererzählungen und Erinnerungsorten gefragt wird, werden jene Meistererzählungen nicht thematisiert, die wenig narratives Potenzial hatten, wie z.B. Raum- und Landschaftskonzepte, so wirkmächtig sie zeitweise auch gewesen sein mögen. Damit wird zugleich die besonders einflussreiche, aber auch besonders problematische Phase der Landesgeschichte in den 1920er bis 1940er Jahren in diesem Beitrag kaum thematisiert. Verwiesen sei dafür auf die Beiträge von Werner und Freitag in diesem Band.

In Bezug auf die stoffliche Seite, die Erzählmuster und die argumentativen Plausibilitäten begegnen zwei dominante Motive und ihre Ausfächerungen immer wieder: der ‚Ursprung‘ und die ‚Herausbildung von Staatlichkeit in den Territorien‘. Viele Handbücher zur Geschichte eines „Landes“ nehmen ihren Ausgangspunkt darin, nach den Ethnien zu fragen, die sukzessive den Untersuchungsraum bevölkerten und dabei einen Stamm als den herauszudeuten, der gleichsam am Beginn einer historischen Kontinuitätslinie stehe, die bis in die Gegenwart führe. So spielte z.B. die Bezugnahme auf die Chatten für die hessische Historiographie eine signifikante Rolle. Der Rückbezug auf die Frühgeschichte eines Landes konnte sich auch mit der Geschichte der ‚Landnahme‘ durch einen Stamm oder gar durch Populationen, die noch gar keinen ‚Stamm‘ bildeten, verbinden, wie bei den Bajuwaren, welche sich erst auf dem Boden des späteren Altbayerns zu einem ‚Stamm‘ formierten.[10] Der Rückbezug auf mythische Ursprünge ist nach Jan Assmann charakteristisch für das kulturelle Gedächtnis.[11] Folglich haben Konstruktionen, die die eigene Geschichte auf einen ‚Stamm‘ und gegebenenfalls auch dessen Landnahme zurückführen, eine lange, z.T. bis ins Mittelalter zurückreichende historiographische Tradition, und sie entfalteten in je neuer Nutzbarmachung bis in die Gegenwart hinein eine legitimierende Wirkung. Für den Chattenmythos hat dies Holger Gräf untersucht und auf das identitätsstiftende, konfessionelle Grenzen überwindende Deutungsangebot hingewiesen, das angeblich sogar für eine historische Fundierung und Legitimierung des 1945 künstlich geschaffenen Bundeslandes Hessen funktionalisiert werden konnte. In gleicher Weise hat Bernhard Löffler gezeigt, dass der Stamm der Bayern als ver-

---

**10** Reindel, Zeitalter. In: Spindler (Hrsg.), Handbuch Bd. 1 $^{2}$1981, S. 97–245, hier S. 100, 113–116. Zur Bedeutung des vermeintlich Kontinuität stiftenden, in Wirklichkeit aber durch „Territorialverschiebungen“ veränderlichen Raums, der faktisch eine „Erinnerungslandschaft [.]“ sei, sowie zur Bedeutung der Erforschung der „germanischen oder römischen Frühzeit“ für die ältere Landesgeschichte s. Speitkamp, Geschichtsvereine 2003, S. 196f.; Ders., Erinnerungsorte 2004, S. 30 (dort auch die Zitate). Zur mittelalterlichen bayerischen Stammessage: Schmid, Heilsgeschichte 2008, S. 16–20; zum Chattenmythos: Gräf, Bindestrich 2010, S. 157–160; zur konfessionellen Funktionalisierung des Germanen- und Chattenmythos im Hessen der Reformationszeit: Fuchs, Traditionsstiftung 2002, S. 75, 86–94, 106f., 117f., 125–134; zur Problematik einer gentilen, völkisch aufladbaren Geschichtskonstruktion: Gräf, Stamm. In: Gräf/Jendorff/Monnet (Hrsg.), Land 2016, S. 97–128.

**11** Speitkamp, Geschichtsvereine 2003, S. 197; Ders., Erinnerungsorte 2004, S. 17.

meintlich direkter Vorläufer des mittelalterlichen und damit indirekt auch des neuzeitlichen bayerischen Staates im Rahmen eines Jahrhunderte umspannenden Kontinuitätspostulats seinen argumentativen Stellenwert erhielt.[12]

Für derartige Konstruktionen sind keineswegs nur politisch motivierte Kontinuitätsbehauptungen oder gar das (unreflektierte) Nachwirken ‚völkischen' Gedankenguts bis in jüngere Zeit zu veranschlagen. Sie sind auch nicht hinreichend mit dem siedlungsgeschichtlichen Basisinteresse der Landesgeschichte oder mit dem Zusammendenken von Volk bzw. ‚Stamm' mit dem ‚Raum' in einem Landes- und Landschaftsbegriff zu erklären, wie es besonders seit den 1920er Jahren einem landesgeschichtlichen Paradigma entsprach, das von einer wechselseitigen Prägung von ‚Volk' und ‚Land' ausging.[13] Vielmehr handelt es sich eben auch um ein seit der Antike bekanntes, in Mittelalter und Humanismus weiter gepflegtes Narrativ, das die „Origo gentis" an den Anfang eines Geschichtsmythos stellte. Am Beispiel der „Origo gentis" kann man das Funktionieren von „Meistererzählungen" paradigmatisch beobachten: Ein tradiertes Erzählmuster prägte bereits den Zugriff der Quellen und, die Quellen nutzend und/oder das Konzept neu formierend, der frühneuzeitlichen Historiographie. Erkennbar hatte das Erzählmuster legitimatorische Funktion; es basierte bewusst oder unbewusst auf politischen Vorannahmen und es war für politische Instrumentalisierung offen. Es prägte aber auch die Erwartungshaltung der Rezipienten, die genau zu diesem Thema auch im nächsten Werk, das sie lasen, Informationen zu finden wünschten – weswegen es zu einem verpflichtenden Erzählprinzip wurde. Das Weiterwirken eines erwarteten und daher verpflichtenden Erzählprinzips bis in rezente Zeit erklärt vielleicht auch den logischen Bruch, der immer wieder auftaucht, wo die Konzepte von ‚Land' (in geographischen Grenzen und einer bis in die Steinzeit zurückreichenden Geschichte) und ‚Stamm' bzw. ‚Volk' vermischt werden. Als Beispiel sei auf das Handbuch der bayerischen Geschichte verwiesen, das einerseits die Geschichte des späteren Bundeslandes Bayern bis in die Steinzeit verfolgt, was einen geographischen Bezug voraussetzt, und andererseits die Geschichte des späteren Österreich teilweise mitbehandelt, was nur vom bayerischen ‚Stammes'-Herzogtum her zu erklären ist.[14]

12 Gräf, Bindestrich 2010, S. 159; Gräf/Jendorff, Spiegel 2013, S. 343–346; Löffler, Geschichte 2012, S. 29, 31. Zu weiteren, in Frühzeit bzw. Mittelalter zurückreichenden Kontinuitätskonstruktionen moderner Bundesländer: Mohr, Identität 1990, S. 225, 236f., 239–241.

13 Speitkamp, Geschichtsvereine 2003, S. 193f.; Ders., Erinnerungsorte 2004, S. 24–26; Werner (in diesem Band).

14 Torbrügge, Vorzeit. In: Spindler (Hrsg.), Handbuch Bd. 1 $^{2}$1981, S. 3–96. Das Label „Vor- und Frühzeit", das sonst schriftlosen Kulturen vorbehalten ist, wird hier auch für die Römerzeit verwendet, offenbar, weil es sich um die „Vorgeschichte" des bayerischen ‚Volkes' bzw. ‚Landes' handelt. Reindel, Bayern. In: ebd., S. 247–349, hier S. 305–307. In den weiteren Grenzen des Stammesherzogtums bleibt auch der Artikel von Prinz, Entwicklung. In: ebd., S. 350–518.

Als Aspekt von „Origines gentis" kann das Landnahmemotiv gelten. Es findet sich bereits im Alten Testament und ist auch bei anderen ‚germanischen' oder ‚slawischen' Völkern sowie bei den Ungarn anzutreffen, weswegen es bei Bedarf abgerufen und in eine Meistererzählung integriert werden kann.[15] Auch die Faszination für Gründungsheroen, an deren Wirken sich legendenhafte Überformungen anlagerten, ist als Facette des Ursprungsmythos anzusprechen. Für die Landesgeschichte sei etwa auf Sophie von Brabant, die ‚Stammmutter' der hessischen Landgrafschaft verwiesen. Selbst die Jubiläumsfixiertheit bzw. die enge Beziehung zwischen Landesgeschichte und Jubiläumskultur erklärt sich letztlich aus der verpflichtenden Kraft des Ursprungsnarrativs.

## 2.2 Die ‚Herausbildung von Staatlichkeit in den Territorien'

Auch der Genese von Landesherrschaft gilt seit jeher das Interesse der Landesgeschichte. Lange gingen die Landeshistoriker – wie ihre Kollegen der allgemeinen Geschichte auch – davon aus, dass „die Entwicklung zum modernen Staat und damit das Streben nach flächenhaft geschlossenen, möglichst großen Territorien als unabdingbare Tatsache europäischer Geschichte" betrachtet werden müsse. Für die deutsche Geschichte galt jedoch als Charakteristikum, dass „die nach dem Ende der Staufer eingetretene Ohnmacht des deutschen Königtums" dazu geführt habe, dass das Königtum nicht in der Lage gewesen sei, „eine starke Zentralgewalt aufzubauen und schließlich das deutsche Reich zum Nationalstaat umzugestalten".[16] Staatlichkeit habe sich demnach im römisch-deutschen Reich nicht auf Reichsebene, sondern in den Territorien entwickelt. Diese allgemein akzeptierte Prämisse erhob auch die bayerische Landesgeschichte seit spätwilhelminischer Zeit in Abgrenzung „von allen Versuchen, eine kleindeutsch-preußische Geschichtsauffassung zur Leitlinie für die Sicht der allgemeinen deutschen Geschichte zu machen", zum starken Argument für die Beschäftigung mit der (eigenen) Landesgeschichte.[17]

Etatistische Vorfestlegungen (etwa auf den ‚Staat' der Herzöge von Bayern schon im Frühmittelalter) gelten insbesondere als Markenzeichen der bayerischen Landesgeschichtsforschung, sind aber keineswegs auf diese beschränkt, wie das von Hans Patze entworfene Bild der Landgrafschaft Thüringen „als eines ‚ludowingischen Staates'" belegt.[18] Maßstab für herrscherliches Handeln war demnach die

15 Wolfram, Origo gentis 2003; Schneider, Problematik. In: Müller-Wille u.a. (Hrsg.), Landnahmen. Teil 1 1994, S. 11–57; Johanek, Schlußbetrachtungen. In: ebd., Teil 2, S. 337–346.

16 So noch Blaschke, Auftrag 1997/1998, S. 27.

17 Körner, Staat 1992, S. 553.

18 Spindler, Vorwort. In: Ders. (Hrsg.), Handbuch Bd. 1 [2]1981, S. VI–IX, hier S. VII; Reindel, Grundlegung. In: ebd., S. 238; Löffler, Geschichte 2012, S. 28f., 31; Werner, Thüringen 2005, S. 324 (hier das Zitat).

möglichst frühe Optimierung von „Staatlichkeit"; planendes Handeln wurde, worauf Bernhard Löffler für die bayerische Landesgeschichte hingewiesen hat, als selbstverständlich unterstellt. Doch kam die Widerlegung dieser Annahmen ebenfalls aus den Reihen der späteren Landeshistoriker: Insbesondere an Ernst Schuberts Arbeiten und seinen durchaus wirkmächtigen Beitrag zur „Enzyklopädie deutscher Geschichte" sei hier erinnert.

Bei der Deutung des Territorialisierungsprozesses haben sich die allgemeinhistorische wie die landeshistorische Forschung weiterhin längst von der Meistererzählung gelöst, die Herausbildung von ‚Staatlichkeit' als Dreischritt zu betrachten: beginnend mit einer Epoche ‚starker' Herrschaft (etwa im Früh- oder Hochmittelalter), anschließendem ‚Verfall' (im Spätmittelalter) und dem Aufkommen des modernen bürokratischen Staates (in der Neuzeit). Ja, die Landesgeschichte darf es als ihr besonderes Verdienst betrachten, dieses Paradigma mit dem Hinweis auf die stärkere und frühere herrschaftliche Konzentration in kleineren politischen Einheiten widerlegt zu haben. Auch die Meistererzählung vom dynastischen Egoismus bzw. der „fürstliche[n] Willkür", die sich zum Schaden der Länder und ihrer Bevölkerung in einer dysfunktionalen Teilungspraxis gezeigt und die Herausbildung „umfassender, geschlossener und leistungsfähiger Staaten" verhindert habe,[19] wurde teils durch die moderne, theoriegeleitete Adelsforschung, teils durch quellennahe landesgeschichtliche Arbeiten ad acta gelegt. Gleiches gilt für die die Meistererzählung von Adelskrise und Raubrittertum als letztlich den frühmodernen Staat legitimierenden Faktoren.

Gleichwohl gibt es, wenn man mehr ins Detail gehende Erklärungsmuster betrachtet, nach wie vor fragwürdige Meistererzählungen. Zu diesen kann ein reduktionistisches machtfixiertes Interpretationsmuster gerechnet werden, durch das Klostergründungen in allererster Linie als Instrument des Herrschaftsausbaus gelten. Gleich, ob es um frühmittelalterliche Klostergründungen oder die Förderung der Zisterzienser geht: Um etwas anderes als um Festigung der eigenen herrschaftlichen Stellung, späterhin um den territorialen Ausbau sowie um Agrarinnovation soll es dem Adel nicht gegangen sein. Diese auch von Matthias Werner kritisierte[20] Meistererzählung verweist nicht nur auf eine krasse Unterschätzung genuin religiöser Motivationen, wie sie dem Geist des 19. und 20. Jahrhunderts entspricht, sondern auch auf die Unterstellung, das Streben nach Macht sei das dominante, wenn nicht einzig valide menschliche Handlungsmotiv überhaupt. Eine derartige Einschätzung fällt nur deswegen heute nicht als ahistorisch auf, weil sie, wie es für Meistererzählungen üblich ist, vom aktuell dominanten gesellschaftlichen Konsens getragen wird. Dies ist umso bemerkenswerter, als – wie gerade erwähnt – die An-

---

**19** Blaschke, Geschichte 1990, S. 297. Zur negativen Beurteilung von Landesteilungen in der bayerischen landesgeschichtlichen Tradition äußert sich kritisch: Löffler, Geschichte 2012, S. 31.
**20** Werner, Thüringen 2005, S. 320.

sicht, politisches Handeln habe auf Machtmaximierung hinauslaufen müssen, in Bezug auf die dynastische Handlungsräson ja widerlegt worden ist.

Ein weiterer Punkt, der derzeit kritisiert wird, ist die Unterstellung einer Gerichtetheit historischer Entwicklung bis hin zu einem teleologischen oder „deterministisch[en]“[21] Deutungsmuster. Für die bayerische landesgeschichtliche Tradition hat sich Bernhard Löffler kritisch dazu geäußert; im Fall Hessens wurde eine solche Sichtweise dem hessischen Landeshistoriker par excellence, Karl-E. Demandt, in jüngerer Zeit zur Last gelegt. Diese Kritik wurde bis zur wissenschaftlichen „Polemik“ (so eine Selbstbeschreibung des Anliegens Gräfs) gegen eine Geschichtskonstruktion gesteigert, die vom ‚Werden‘ eines Bundeslandes statt von dessen politischer ‚Gemachtheit‘ ausgehe. Nun gehört aber – erzähltechnisch betrachtet – gerade die Reduktion von Komplexität und das Herstellen von Kohärenz zu dem Kernbestand dessen, was Meistererzählungen ihrer Natur nach leisten und die sie eben zu Meistererzählungen werden lassen. Dies gilt auch für das Motiv einer Aufhebung von Vielheit in einer größeren Einheit (etwa kleinerer territorialer Einheiten in den Staaten des Deutschen Bundes oder eben der Nachkriegsbundesländer), das durch die Landesgeschichtstradition des 19. Jahrhunderts bereits erprobt und auf nationaler Ebene im 19. Jahrhundert zu einer Meistererzählung verwandelt worden ist. Geschichtspolitisch betrachtet, dient das Erzählmuster der Identitätsstiftung.

Trotzdem entstand, soweit der Verfasserin bekannt, in keinem deutschen Bundesland nach 1945 etwas, was auch nur entfernt dem entsprach, was František Graus für die Eidgenossenschaft als „Gebrauchsgeschichte“ anprangerte, denn als Überblickswerke boten die fraglichen Handbücher keinen Raum für Emotionalisierungen (etwa durch Personalisierungen, Dramatisierung und Herstellung von Pseudo-Authentizität)[22] und damit für Identifikationen. Auch enthistorisierende Mythenbildung ist an keinem Punkt zu beobachten. „Gebrauchsgeschichte“ mit scheinbar landeshistorischem Bezug findet sich hingegen insbesondere in einem Bereich, der eher der Event- und Erlebniskultur als der Erinnerungskultur zuzurechnen ist, wie dem der ‚historischen Feste‘. Hier treiben enthistorisierende Aneignungen bisweilen kuriose Blüten.[23] Eine ‚Schuld‘ trifft die Landeshistoriker an solchen Manifestationen der Geschichtskultur wohl kaum – nicht einmal in dem Sinn, dass

**21** Löffler, Geschichte 2012, S. 32; zum Folgenden: Gräf, Bindestrich 2010, S. 163f.; Jendorff/Wunder, Einleitung 2010, S. 13, 40; Jarausch/Sabrow, „Meistererzählung“ 2002, S. 26; Rexroth, Meistererzählungen 2007, S. 5; zur Komplexitäts- und Kontingenzreduktion als charakteristischem Wesensmerkmal des Mythos, der seinerseits Erinnerungsorten zugrunde liegt, s. Speitkamp, Geschichtsvereine 2003, S. 187; Ders., Erinnerungsorte 2004, S. 20, 31.

**22** Zusammenfassend zu diesen Kategorien: Frevert/Schmidt, Geschichte 2011, S. 19f.

**23** So etwa, wenn von den Hussitenkriegen heimgesuchte Städte eine „hussitische [! CR] Tradition im Rahmen von Volksfesten oder Formen der Erinnerungskultur“ pflegen, http://www.hussitenstaedte.net/de/www/clenska-mesta/bernau.htm [21.01.2018].

sie sich einer beratenden Rolle entzogen hätten, denn Geschichtskultur entwickelt sich ja oft unbeeindruckt von der Diskussion mit den Historikern.

Daher liegt das Problem einer teleologischen Geschichtsbetrachtung auf einer anderen Ebene. Es besteht nämlich darin, nicht nur „die Geschichte der Sieger“[24] zu schreiben, sondern die politischen Gebilde implizit zu bevorzugen, die sich historisch durchgesetzt haben, und jene zu vernachlässigen, die keine politische Fortsetzung fanden. Bereits die Meistererzählung, die die Herausbildung von Herrschaft und in der Folge von staatlichen Strukturen in den Mittelpunkt rückt, lenkt den Blick weg von den Grafen- und Herrenfamilien auf die Fürsten. Doch auch die Erforschung jener Staaten, die 1803/1806/1866 oder noch früher zerschlagen wurden, wird durch eine teleologische Sichtweise behindert.

## 2.3 Zum Zusammenspiel landesbezogener und nationaler Meistererzählungen und Erinnerungsorte

Freilich lassen sich landeshistorische Meistererzählungen nicht nur im Verwenden gängiger stofflicher Motive oder Argumentationsstrukturen greifen. Noch wirksamer wurden sie, wenn sie in nationale Meistererzählungen ‚eingeschrieben‘ wurden, und wenn sie in einem weiteren Schritt durch populäre Medien aufgegriffen wurden und ihr Mythospotenzial in Erinnerungsorten entfalteten.[25] Was eingangs als „Wechselwirkung zwischen fachwissenschaftlichen Erkenntnisanteilen“, „kulturellen Gedächtnistraditionen, medialen Vergegenwärtigungen und politischen Inszenierungen“ bezeichnet wurde, lässt sich am konkretesten eben bei der Betrachtung von Erinnerungsorten fassen.

Ein Sich-Einschreiben der eigenen Geschichte in die „vaterländische“ Geschichte gibt es schon im 19. Jahrhundert, wie z.B. Winfried Speitkamp oder Matthias Werner zeigten. Thüringens Landeshistoriker reklamierten 1852/87 etwa Thüringens „Verdienste um die nationale Entwicklung“, die mangels machtpolitischer Gestaltungsmöglichkeiten nicht nur auf „seiner Mitwirkung an der ‚Kolonisierung und Regermanisierung des deutschen Ostens‘“, sondern auch – eine oft genutzte Form des Stigma-Managements – „in seinen Leistungen für die Kultur – ‚Die Wartburg mit Eisenach – [als] ein[em] würdige[n] Vorbild des Weimarer Musenhofes‘ – bestanden“ hätten.[26] „Germanische Zeit, Rittertum, Wartburg, Luther, Universität und Klassik“ wurden, „als Erinnerungsorte des regionalen und nationalen Gedächt-

24 So kritisch: Löffler, Geschichte 2012, S. 32 (Zitat); vgl. auch Werner, Thüringen 2005, S. 318f.
25 Hierzu und zum Folgenden: Speitkamp, Geschichtsvereine 2003, S. 185, 187, 197; Ders., Erinnerungsorte 2004, S. 20, 22. Speitkamp, Raum 2015, S. 90, bezeichnet die Produktion von „Erinnerungsorte[.] und Mythen“ sogar „gewissermaßen“ als „Kerngeschäft“ der „Landesgeschichte.“
26 Werner, Thüringen 2005, S. 279.

nisses“ herausgestellt. Nicht zuletzt war es aber die Reformation, deren Glanz auch auf den „Stamm der Thüringer“, zurückfalle, da Luther aus ihm hervorgegangen sei.[27] Alle genannten Erinnerungsorte waren national anschlussfähig.

Erst recht lässt sich dort, wo popularisierende Medien zum Einsatz kamen, wo Meistererzählungen sich in Erinnerungsorten gleichsam konkretisierten, das Zusammenspiel von landesbezogener und nationaler Referenzebene sehr gut greifen. Weithin bekannt und durch populäre Medien verbreitet war damals etwa die Geschichte der vermeintlichen „Raubritter“ aus dem Geschlecht der Quitzow, die im frühen 15. Jahrhundert die Mark Brandenburg gepeinigt haben sollen. Als Aufrührer verdammten sie einflussreiche Historiker des 19. Jahrhunderts wie Riedel oder Treitschke; als Gewalttäter verherrlichte sie auf krude Weise 2002 Niklas Frank. Letztlich diente die Geschichte ihrer Fehden gegen die Zollern'schen Landesherren aber als Folie, um die Zollern bereits in ihren Anfängen in der Mark Brandenburg als Ordnungsmacht zu inszenieren, deren mittelalterliche Befriedungs- und Einungsleistungen gleichsam Präfigurationen der Rolle waren, die ihnen für das 19. Jahrhundert zugeschrieben wurde. Erst in jüngster Zeit fand Clemens Bergstedt mit der bereits von Teilen der Forschung des 19. Jahrhunderts vertretenen, damals aber nicht etablierten These Gehör, dass die Fehden der Quitzow gegen die Zollern zumindest in deren Anfängen nach den Maßstäben der Zeit durch berechtigte finanzielle Forderungen motiviert und somit legitim gewesen seien.[28]

Boten die Quitzow ein Bild des Aufruhrs samt seiner Niederlage gegen die Obrigkeit, so lieferten die ‚treuen Bauern‘ vom oberbayerischen Peissenberg ein Musterbeispiel für „des Bayernvolkes Treue zum Hause Wittelsbach“. Denn als die Allgäuer Bauern während des Bauernkriegs 1525 gegen ihre Herren aufbegehrten und die oberbayerischen Bauern zu gewinnen suchten, widerstanden diese nach der von Sigmund v. Riezler ausführlich gegen zeitgenössische Widersprüche begründeten These den Werbungen der Aufständischen und brachten die Ausbreitungsdynamik des bäuerlichen Aufstands zum Erliegen. Aus der am Ende einer differenzierten Argumentation postulierten Loyalität bei Riezler wurde in der Erinnerungskultur des frühen 20. Jahrhunderts in Nationalfest, Gedenktafel und Theaterspiel, wie Rolf Kießling gezeigt hat, eine Manifestation der „Identität von Volk und Fürstenhaus“ in Bayern.[29] Auch wenn diese Geschichte in erster Linie ein bayerisches Zusammengehörigkeitsgefühl ausdrückte, das gerade am Ende des 19. Jahrhunderts auch gegenüber den aggressiv-dominanten Borussen kultiviert wurde, waren die formulierten ‚Ideale‘ doch prinzipiell im ganzen Reich konsensfähig. Die Quitzow-Legende

27 Speitkamp, Erinnerungsorte 2004, S. 30.

28 Frank, Raubritter 2002, S. 151–198; Bergstedt, Quitzow 2011.

29 Riezler, Bauern 1892, S. 766; Kießling, Bauernkrieg. In: François/Schulze (Hrsg.), Erinnerungsorte. Bd. 2 2001, S. 137–153, 693f., hier S. 146 (beide Zitate).

legitimierte ihrerseits den historischen Auftrag der Zollern – für Preußen und darüber hinaus für Deutschland.

Neben dem Themenkomplex „Fürst" und Untertan bot sich in protestantischen Territorien, wie bereits angedeutet, auch die Reformation als Erinnerungsort an, dem bereits Protagonisten der mittelalterlichen Geschichte zugeordnet wurden. Für Hessen lassen sich bereits im 18. Jahrhundert Tendenzen erkennen, die Geschichte des Hauses Brabant, zumal die seiner Etablierung gegen Mainzer Widerstände, in einem „protestantisch-säkular bestimmten" Licht zu betrachten.[30] An sie konnte 1823 Christoph Rommel anknüpfen. Zum Jahr 1282 erwähnte Rommel nicht nur, dass Landgraf Heinrich I. von Hessen 1282 den Erzbischof von Mainz besiegte und in die Flucht schlug. Vielmehr malte er mit erkennbarer Anteilnahme aus, wie der Erzbischof bei Fritzlar „plötzlich eine solche Menschenmenge vor sich sah, welche aus Liebe zum Vaterlande die Schrecken des Aberglaubens" [i.e. des Kirchenbannes, CR] „zu bekämpfen wußte". So konnte Rommel Heinrich I. zum Wegbereiter Philipps des Großmütigen und der Reformation erklären, welche „durch Mitwürkung eines Landgrafen von Hessen die Gewissens- und Geistesfreyheit des nördlichen Teutschlands begründete".[31] Vielleicht ist es daher nicht nur der territorialen ‚Siegergeschichtsschreibung' zuzuschreiben, die im hessischen Fall oft genug Mainz nur als Störfaktor der Ausbildung von Staatlichkeit betrachtete, sondern auch als eine Folge des Weiterwirkens konfessioneller Feindbilder selbst bei quellennah arbeitenden Forschern zu sehen, wenn die Mainzer Erzbischöfe negativ konnotiert werden. Walter Heinemeyer beispielsweise titulierte den Erzbischof von Mainz noch 1956 martialisch als den „Erzfeind" Hessens, dem der Landgraf nach dem Erwerb des Katzenelnbogener Erbes „die Hand an die Gurgel zu legen" im Stande war.[32] Auch für Thüringen und Sachsen bildete die Reformation lange Zeit einen zentralen identifikatorischen Erinnerungsort. Noch 2005 forderte daher Karlheinz Blaschke, sächsische Landesgeschichte müsse, wenn sie Kirchengeschichte treibe, in lutherischer Tradition stehen. Die Reformation war demnach, so Blaschke in einem an das 19. Jahrhundert gemahnenden Ton, „eine Leistung Sachsens für Europa. [...]. Wenn vom geschichtlichen Auftrag Sachsens gesprochen wird, dann ist dieser Zusammenhang an vorderster Stelle zu beachten. In der Reformation erlebte Sachsen eine weltgeschichtliche Stunde".[33]

**30** Gräf/Jendorff, Spiegel 2013, S. 314.

**31** Zitate: Rommel, Geschichte. Bd. 2 1823, S. 71 und S. 72.

**32** Heinemeyer, Territorium. ND 1997, S. 20, 22. Schon für die 1840er und 1850er Jahre macht Sommerfeldt eine „Kulturkampftradition" aus, die auch die Diskussion um die 1830 erschienene dreibändige Biographie Philipps I. aus der Feder Christoph Rommels geprägt habe. Dazu Sommerfeldt, Hesse 2007, S. 46.

**33** Speitkamp, Erinnerungsorte 2004, S. 31; Blaschke, Landesgeschichte 2005, S. 128; Ders., Auftrag 1997/1998, S. 43 (hier das Zitat); vgl. auch S. 41.

Gesteigert wurden derartige Geschichtskonstruktionen, wenn sie einen Jahrhunderte umspannenden Erzählzyklus bildeten. Hierzu sei abschließend auf zwei monumentale Manifestationen der Erinnerungskultur verwiesen, die Malereien Peter Janssens für die Marburger Universitätsaula (1895–1903) und die Fresken des Peter von Cornelius (vor 1829) in den Hofgartenarkaden bei der Münchener Residenz. Im Marburger Fall wurden Marburger und hessische Geschichte mit Gemälden zu folgenden Themen repräsentiert: „Die h. Elisabeth und ihr geistlicher Zuchtmeister Konrad von Marburg. 1230“, „Kaiser Friedrich II. entläßt nach Preußen ziehende Deutsch-Ordensritter. 1236“, „Sophie von Brabant läßt die Marburger Heinrich dem Kinde huldigen. 1248“, „Die Reformatoren ziehen zum Religionsgespräch ein, empfangen von Landgraf Philipp dem Großmütigen“, „Die Schlacht bei Lauffen. 1529“, „Die Dominikaner überlassen ihr Kloster der Universität. 1527“ und „Professor Christian Wolff wird von den Marburger Studenten eingeholt. 1723“.[34] Der Dominikaner Konrad von Marburg, der die heilige Elisabeth peinigte und demütigte, bot die passende Folie für ein finsteres Mittelalter und seine katholische Frömmigkeit; das Haus Brabant wie Preußen wurden mit ihren Ursprüngen inszeniert, die Reformation mit der Gloire Landgraf Philipps verbunden, die Universität begründet und der Aufklärung zugeführt. Durch Auswahl und Gestaltung der Bilder wurde demnach „die Marburger Lokal- und Universitätsgeschichte zu einer preußisch-deutschen Bildungsgeschichte transformiert“, einer Geschichte, die „drei Phasen durchlief: Scholastik und Askese des Mittelalters, protestantische Kirchlichkeit, freie Wissenschaft“.[35] Der Mythos von Otto dem Schützen, der als auf die künftige Einheit Deutschlands vorausweisend verwendet wurde, trat als ergänzendes Bildprogramm hinzu.

Auch der von König Ludwig I. vor 1829 in Auftrag gegebenen Freskenzyklus in den Hofgartenarkaden bei der Münchener Residenz verband in legitimatorischer Absicht Landes- und Reichsgeschichte – doch, wie nicht anders zu erwarten, auf ganz andere Weise. Denn die dort dargestellten 16 Szenen – nämlich „die Verleihung der herzoglichen Würde“ an die Wittelsbacher 1180, „die pfälzische Heirat, die Rolle in der spätmittelalterlichen Reichspolitik, der kaiserliche Rang, die Sicherung der staatlichen Einheit, die reichsgeschichtliche Bedeutung der gegenreformatorischen Politik, der Aufstieg in die Reihe der Kurfürsten, der Anteil an den Erfolgen in den Türkenkriegen, die nationale Verlässlichkeit in den Befreiungskriegen, die konstitutionelle Vorbildhaftigkeit“ – thematisierten den „Rang des Hauses

34 Gräf/Tacke, Preußen 2004, Farbtafeln 15–28, S. 218–231.

35 Tacke/Gräf, Janssen. In: Gräf/Tacke, Preußen 2004, S. 56 (hier das Zitat); vgl. außerdem Dies., Hessenvolk 2004, S. 172; Stockhausen, Suche. In: Gräf/Tacke, Preußen 2004, S. 59–65, hier S. 61–63. Vgl. außerdem Scharfe, Elisabeth. In: ebd., S. 67–80, wo die Grenzen des Zeigbaren diskutiert werden. So musste die Geißel aus der Hand Konrads von Marburg, mit der dieser Elisabeth schlug, wegretuschiert werden.

Wittelsbach im Kontext der deutschen Geschichte“[36] und ließen dessen Geschichte nicht in einer deutschen aufgehen.

Weitere Beispiele für ein Sich-Einschreiben landeshistorischer Meistererzählungen in nationalgeschichtliche sowie für die gleichermaßen landesbezogene wie national konnotierte Symbolik eines Erinnerungsortes können unschwer angeführt werden: Verwiesen sei auf die politisch motivierten mehrfachen Umdeutungen der Hansegeschichte, auf die hochpolitische „Meistererzählung der (Deutsch-)Tiroler Landesgeschichte des 20. Jahrhunderts“ über die „Freiheit und Wehrhaftigkeit“ der Tiroler Bauern oder auf die Stilisierung des Tübinger Vertrags von 1514 zur „Magna Carta der Württemberger“.[37] Die Reihe der Beispiele könnte leicht erweitert werden. Sie belegen, dass landeshistorische Meistererzählungen sich immer wieder zusätzliche Plausibilität verschafften, indem sie sich an nationale anlehnten, ja, sich in diese einschrieben.

Die Tatsache aber, dass viele der skizzierten Geschichtskonstruktionen längst relativiert oder gar destruiert sind – und dies oft genug wiederum durch neuere landeshistorische Forschungen – sollte zu Selbstreflexion und methodischer Vorsicht Anlass geben, wenn die Landesgeschichte einen durchaus begründbaren Beitrag zu aktuellen Meistererzählungen leistet. Zu denken ist hier an eine Geschichte Deutschlands unter dem Zeichen von Föderalismus und ständisch-parlamentarischer Partizipation, von mittelalterlicher konsensualer Herrschaft und widerständigem Eigensinn in der Vormoderne, von Multikonfessionalität und -religiosität oder von Migration. Auch zwischen aktueller Denkmalkultur und Landes- bzw. Ortsgeschichte mag es Verbindungen geben. Als Beispiel könnte das verbreitete Phänomen angeführt werden, sogenannte ‚Stolpersteine‘ zu setzen, um an verdrängte Ereignisse am Ort des Geschehens aufmerksam zu machen. Was noch weitergehende politisch korrekte Didaktik – wie die Diskussion um sogenannte Hexenrehabilitationen und mögliche Hexendenkmäler – betrifft, bleibt abzuwarten, ob fachwissenschaftliche Argumente überhaupt gehört werden. In jedem Fall sollte die Landesgeschichte, gerade vor dem Hintergrund ihrer jüngeren Geschichte, methodisch kontrollierte Antworten auf gesellschaftliche Fragen geben, sich aber erkennbaren Vereinnahmungen entziehen, auch dann, wenn diese vermeintlich kurzfristig Aufmerksamkeit sichern. Vielleicht kann die Landesgeschichte dann auch einen Beitrag zu den Meistererzählungen der eigenen Zeit leisten, nämlich den der kritischen Gegenerzählung.[38]

---

**36** Körner, Staat 1992, S. 146.

**37** Dazu: Rexroth, Meistererzählungen 2007, S. 18; Pfeifer, Freisassen 2011, S. 45 (hier das erste Zitat); Langewiesche, Magna Carta 2014. Rezente Beispiele bei: Speitkamp, Raum 2015, S. 90f.

**38** Ironisch brachte dies der unvergessene Ernst Schubert auf den Punkt: Es sei der Zweck der Landesgeschichte, „die Allgemeinhistoriker zu ärgern“. Dazu: Bünz, Landesgeschichte 2010.

# Literatur


Bergstedt, Clemens: Die Quitzow im Bild der märkischen Geschichte. Berlin 2011.

Blaschke, Karlheinz: Geschichte Sachsens im Mittelalter. Berlin 1990.

Blaschke, Karlheinz: Sachsens geschichtlicher Auftrag. Zum 100. Jahrestag der Gründung der Sächsischen Kommission für Geschichte. In: Jahrbuch für Regionalgeschichte und Landeskunde 21 (1997/1998), S. 21–47.

Blaschke, Karlheinz: Sächsische Landesgeschichte und Reformation. In: Bünz, Enno/Rhein, Stefan/Wartenberg, Günther (Hrsg.): Glaube und Macht. Theologie, Politik und Kunst im Jahrhundert der Reformation. Leipzig 2005 (Schriften der Stiftung Luthergedenkstätten in Sachsen-Anhalt, 5), S. 111–132.

Bünz, Enno: Wozu Landesgeschichte? Oder: Warum regionale Perspektiven in der Geschichte unverzichtbar sind. Festvortrag anläßlich des 50jährigen Bestehens des Instituts für Geschichtliche Landeskunde an der Universität Mainz e.V., Landtag Rheinland-Pfalz. Mainz 28. Juni 2010. In: http://www.regionalgeschichte.net/bibliothek/texte/aufsaetze/buenz-wozulandesgeschichte.htm [24.02.2018].

François, Étienne/Schulze, Hagen (Hrsg.): Deutsche Erinnerungsorte. 3 Bde. München 2001.

Frank, Niklas: Die Raubritter. Reichtum aus dem Hinterhalt. Das erschröckliche und geheime Leben der Heckenreiter und Wegelagerer. München 2002.

Frevert, Ute/Schmidt, Anne: Geschichte, Emotionen und die Macht der Bilder. In: Geschichte und Gesellschaft 37 (2011), S. 5–25.

Fuchs, Thomas: Traditionsstiftung und Erinnerungspolitik. Geschichtsschreibung in Hessen in der frühen Neuzeit. Kassel 2002 (Hessische Forschungen zur geschichtlichen Landes- und Volkskunde, 40).

Görich, Knut: Die Staufer. Herrscher und Reich. München 2006.

Gräf, Holger Th.: Der fehlende Bindestrich oder das Leid mit der hessischen Identität – eine historische Polemik aus gegebenem Anlass. In: Hessisches Jahrbuch für Landesgeschichte 60 (2010), S. 149–165.

Gräf, Holger Th./Jendorff, Alexander/Monnet, Pierre (Hrsg.): Land – Geschichte – Identität. Geschichtswahrnehmungen und Geschichtskonstruktion im 19. und 20. Jahrhundert – eine historiographische Bestandsaufnahme. Darmstadt/Marburg 2016 (Quellen und Forschungen zur hessischen Geschichte, 174).

Gräf, Holger Th./Jendorff, Alexander: Spiegel zeitgenössischer Identitätssuche in Hessen: Die Langsdorfer Verträge in der landesgeschichtlichen Historiographie. In: Braasch-Schwersmann, Ursula/Reinle, Christine/Ritzerfeld, Ulrich (Hrsg.): Neugestaltung in der Mitte des Reichs. 750 Jahre Langsdorfer Verträge 1263/2013. Marburg 2013 (Untersuchungen und Materialien zu Verfassungs- und Landesgeschichte, 30), S. 303–347.

Gräf, Holger Th./Tacke, Andreas (Hrsg.): Preußen in Marburg. Peter Janssens historische Gemäldezyklen in der Universitätsaula. Darmstadt/Marburg 2004 (Quellen und Forschungen zur hessischen Geschichte, 140).

Gräf, Holger/Tacke, Andreas: „... dem Hessenvolk seinen Philipp, dem evangelischen Deutschland seinen schwergewaltigen Helden der Reformation“? Ein hessischer Beitrag zur preußisch-deutschen Erinnerungskultur. In: Braasch-Schwersmann, Ursula/Schneider, Hans/Winterhager, Wilhelm Ernst (Hrsg.): Landgraf Philipp der Großmütige 1504–1567. Hessen im Zentrum der Reformation. Begleitband zu einer Ausstellung des Landes Hessen. Marburg/Neustadt a.d. Aisch 2004, S. 169–174.

Heinemeyer, Walter, Territorium und Kirche in Hessen vor der Reformationszeit. In: Hessisches Jahrbuch für Landesgeschichte 6 (1956), S. 138–163. ND in: Lachmann, Hans-Peter/Schneider, Hans/Wolff, Fritz (Hrsg.): Heinemeyer, Walter: Philipp der Großmütige und die Reformation in

Hessen. Gesammelte Aufsätze zur hessischen Reformationsgeschichte, Marburg 1997 (Veröffentlichungen der Historischen Kommission für Hessen, 24/7), S. 17–40.

Jarausch, Konrad H./Sabrow, Martin: „Meistererzählung" – Zur Karriere eines Begriffs. In: Dies. (Hrsg.): Die historische Meistererzählung. Deutungslinien der deutschen Nationalgeschichte nach 1945. Göttingen 2002, S. 9–32.

Jendorff, Alexander/Wunder, Heide: Einleitung: Adel in Hessen vom 15. bis zum 20. Jahrhundert – Probleme und Perspektiven der Forschung. In: Conze, Eckart/Jendorff, Alexander/Wunder, Heide (Hrsg.): Adel in Hessen. Herrschaft, Selbstverständnis und Lebensführung vom 15. bis ins 20. Jahrhundert. Marburg 2010 (Veröffentlichungen der Historischen Kommission für Hessen, 70), S. 13–52.

Körner, Hans-Michael: Staat und Geschichte im Königreich Bayern 1806–1918. München 1992 (Schriftenreihe zur bayerischen Landesgeschichte, 96).

Langewiesche, Dieter: Magna Carta der Württemberger – vom Kampf ums alte gute Recht zur geschichtlichen Erinnerungsformel. In: Adriani, Götz/Schmauder, Andreas (Hrsg.): 1514. Macht. Gewalt. Freiheit. Der Vertrag zu Tübingen in Zeiten des Umbruchs. Tübingen 2014, S. 477–481.

Löffler, Bernhard: Geschichte und Geschichtspolitik. Historische Staatlichkeit und Landesgeschichtsschreibung in Bayern. In: Blick in die Wissenschaft. Forschungsmagazin der Universität Regensburg 21 (2012), S. 28–34.

Marchal, Guy: Schweizer Gebrauchsgeschichte. Geschichtsbilder, Mythisierungen und nationale Identität. Basel $^{2}$2007.

Mohr, Anton: Politische Identität um jeden Preis? Zur Funktion der Landesgeschichtsschreibung in den Bundesländern, in: Neue Politische Literatur 35 (1990), S. 222–274.

Müller-Wille, Michael/Schneider, Reinhard (Hrsg.): Ausgewählte Probleme europäischer Landnahmen des Früh- und Hochmittelalters. Methodische Grundlagendiskussion im Grenzbereich zwischen Archäologie und Geschichte. 2 Teile. Sigmaringen 1994 (Vorträge und Forschungen, 41).

Pfeifer, Gustav: Von Freisassen, Turmhöfen und Burgen. Zur Geschichte der Tiroler Goldecker im Spätmittelalter. In: Mitteilungen des Instituts für österreichische Geschichtsforschung 119 (2011), S. 44–59.

Rexroth, Frank: Meistererzählungen und die Praxis der Geschichtsschreibung. Eine Skizze zur Einführung. In: Ders. (Hrsg.): Meistererzählungen vom Mittelalter. Epochenimaginationen und Verlaufsmuster in der Praxis mediävistischer Disziplinen. München 2007 (Historische Zeitschrift, Beiheft 46), S. 1–22.

Riezler, Sigmund: Die treuen bayerischen Bauern am Peissenberg (Mai 1525). In: Sitzungsberichte der philosophisch-philologischen und historischen Classe der königlich bayerischen Akademie der Wissenschaften (1891), Heft 5, Druck München 1892, S. 701–770.

Rommel, Christoph: Geschichte von Hessen. Bd. 2. Kassel 1823.

Schmid, Alois: Von der Heilsgeschichte zur Landesgeschichte. Ansätze zur Säkularisierung des Geschichtsdenkens in der bayerischen Landeschronistik des 15. Jahrhunderts. In: Ders.: Neue Wege der bayerischen Landesgeschichte. Wiesbaden 2008 (Otto-von-Freising-Vorlesungen der Katholischen Universität Eichstätt-Ingolstadt), S. 11–35.

Schubert, Ernst: Fürstliche Herrschaft und Territorium im späten Mittelalter. München/Wien 1996 (Enzyklopädie deutscher Geschichte, 35).

Sommerfeldt, René: Der grossmütige Hesse. Philipp von Hessen (1504–1567). Historisches Urteil und Erinnerungskultur. Marburg 2007.

Speitkamp, Winfried: Geschichtsvereine – Landesgeschichte – Erinnerungskultur. In: Mitteilungen des Oberhessischen Geschichtsvereins N.F. 88 (2003), S. 181–204.

Speitkamp, Winfried: Erinnerungsorte und Landesgeschichte. In: 150 Jahre Verein für Thüringische Geschichte (und Altertumskunde). Vorträge zum Vereinsjubiläum 2002. Jena 2004 (Zeitschrift des Vereins für Thüringische Geschichte. Beiheft 34) S. 15–38.

Speitkamp, Winfried: Raum und Erinnerungsorte. Das Dilemma der Landesgeschichte. In: Hirbodian, Sigrid/Jörg, Christian/Klapp, Sabine (Hrsg.): Methoden und Wege der Landesgeschichte. Ostfildern 2015 (Landesgeschichte, 1), S. 81–93.

Spindler, Max (Hrsg.): Handbuch der bayerischen Geschichte. Bd. 1. Das alte Bayern. Das Stammesherzogtum bis zum Ausgang des 12. Jahrhunderts. München $^{2}$1981.

Werner, Matthias: Thüringen im Mittelalter. Ergebnisse – Aufgaben – Perspektiven. In: Ders. (Hrsg.): Im Spannungsfeld von Wissenschaft und Politik. 150 Jahre Landesgeschichtsforschung in Thüringen. Köln/Weimar/Wien 2005 (Veröffentlichungen der Historischen Kommission für Thüringen. Kleine Reihe, 13), S. 275–341.

Wolfram, Herwig: Origo gentis § 1. Allgemeines. In: Hoops, Johannes (Begr.)/Beck, Heinrich/Geuenich, Dieter/Steuer, Heiko (Hrsg.): Reallexikon der Germanischen Altertumskunde. Bd. 22. Berlin/New York $^{2}$2003, S. 174–178.

Werner Freitag

# Begriffe, Theorien und Methoden in der Praxis des Landeshistorikers

Für Landeshistorikerinnen und Landeshistoriker ist es nicht einfach, die Propria der Teildisziplin zu bestimmen.[1] Wir betonen zwar gerne das in „Grenzen unbegrenzte Forschen" (Ludwig Petry),[2] doch die Betonung von Vielfalt – neudeutsch: Multiperspektivität – und die postulierte Nähe zum Untersuchungsgegenstand reichen für eine Selbstreflexion nicht aus. Vielmehr bedarf es immer wieder der Diskussion über Begriffe und Theorien, die vergangene Ereignisse und Sachverhalte in einen sinn- und bedeutungsvollen Zusammenhang mit der Gegenwart treten lassen. Theorien und Begriffe der landeshistorischen Forschung sind verwoben mit dem Forschungsgegenstand, nämlich dem Land. Mit ihm sind auch die Methoden verbunden. Diese Zusammenhänge sollen nachfolgend erläutert und diskutiert werden.

## 1 Landesgeschichte: ein Definitionsversuch

Landesgeschichtsforschung ist eine Teildisziplin des Faches Geschichtswissenschaft. Sie nutzte und nutzt dieselben Theorien – d.h. die Interpretation leitende Hinsichten – und Methoden. Gleichzeitig wies und weist die Landesgeschichte aber einen ihr eigenen Gegenstandsbereich, einige spezifisch auf „Land" bezogene Theorien und Meistererzählungen sowie darauf zugeschnittene Methoden auf. Landesgeschichte reagiert auf ein auf das „Land" bezogenes öffentliches Interesse, das unmittelbar oder in Gestalt sich wandelnder Theorien an sie herangetragen wird. „Land" ist also wissenswert, d.h. Explanandum, und vor der Forschung da; es ist aber gleichzeitig ein theoriebehafteter Forschungsbegriff! Das macht die Sache so verwickelt. Land ist keine Fallstudienregion, welche ausschließlich der Forschung pars pro toto Auskünfte zu erteilen hat. Selbstverständlich nutzen Landeshistoriker „ihr" Land und Teile desselben auch für Forschungsprojekte, in denen Fragen der allgemeinen Geschichte anhand geographisch überschaubarer Regionen untersucht werden; auch bringen sie ihre Mitarbeit in den Forschungsverbünden, etwa in SFBs, ein, doch nachfolgend geht es um das Profil der Teildisziplin.

1 Der Titel des Beitrags verweist auf einen Buchtitel aus der Blütezeit „theoriegeleiteter" Geschichtswissenschaft: Kocka, Theorien 1977.
2 Petry, Grenzen 1978.

https://doi.org/10.1515/9783110354188-004

Es ist Konsens, dass es sich bei „Land" um kleinere und „kleinste Einheiten" handelt – so eine Formulierung von Hans Patze aus dem Jahr 1981.[3] Was diese ausmachen, soll im Folgenden geklärt werden. Gehen wir zunächst von den Denominationen der Professuren für Landesgeschichte aus: Die kleineren Einheiten erweisen sich bei genauerer Betrachtung als ganze Bundesländer (Landesgeschichte Niedersachsens, Thüringens) oder Teil derselben (Westfalen), können aber auch, wie im Falle Schwabens, Einheiten sein, die mit den heutigen administrativen Gegebenheiten des Bundeslandes nicht deckungsgleich sind. Dass dieser Zuschnitt der Professuren Probleme bereitet, ist evident, denn Bundesländer sind ein Produkt der Nachkriegszeit und der deutschen Wiedervereinigung. Wie aber mit den vorherigen Zeitabschnitten, in denen es ja andere administrative Einheiten gab, umzugehen ist, bleibt zunächst offen. Zudem ist es ja gerade ein Proprium der Landesgeschichte, sich nicht auf den einen administrativen Bezugsrahmen festzulegen.

Mittels einer Frage können wir uns dem administrativen, aber eben auch den anderen Landesbegriffen weiter annähern: Welche Gegenstände können „im Land" untersuchungswürdig sein? Auch hier erfolgt zunächst eine sehr abstrakte Antwort: Gegenstände von Landesgeschichte können vergangene Handlungen, Erfahrungen und Wahrnehmungen sowie die mit ihnen verwobenen Strukturen, Institutionen und Kulturen sein. Gemeinsam ist diesen Zugriffen, dass im Forschungsprozess all diese individuellen und kollektiven Manifestationen mit einem bestimmbaren Ausschnitt auf der Erdoberfläche gedacht werden. Sie weisen also Merkmale auf, die entweder auf tatsächlichen oder mentalen Karten abgebildet werden können. Neben der Zeit ist also auch der Raum eine zentrale Kategorie. Welcher Landesbegriff bei dieser Kartierung gewählt wird, soll Gegenstand der folgenden Erörterungen sein.

## 2 Land als Grundlage für eine genetische Landesgeschichte: der administrative Zugriff

Einleitend ist bereits darauf hingewiesen worden, dass die Mehrzahl der Denominationen landesgeschichtlicher Lehrstühle auf gegenwärtigen politisch-administrativen Einheiten beruhen. Von daher ist es für Landeshistoriker ein bewährtes Vorgehen, nicht nur der vergleichsweise kurzen Geschichte des Bundeslandes nachzugehen, sondern in einem von der aktuellen Grenzziehung abgesteckten Rahmen zu untersuchen, wie es um die territorialen Vorläufer des Bundeslandes bestellt war.[4] Damit wird eine Besonderheit der Landesgeschichte deutlich: Sie ist gewissermaßen

3 Patze, Forschungsbericht 1981, S. 17.

4 Dass bei der Darstellung die Gefahr besteht, Kontinuitätslinien zu konturieren, sei hier nur angedeutet.

typisch deutsch, denn der föderale Grundzug Deutschlands ist ja kein Produkt der Nachkriegszeit, sondern setzt mit demokratisch-volkssouveränen Akzenten das fort, was der Deutsche Bund und das Kaiserreich der Hohenzollern als Fürstenbund und das Heilige Römische Reich Deutscher Nation als hierarchischer Verband von Herrschaftsträgern und Territorien begonnen hatte. Folglich bietet sich für Landeshistoriker als Zugriff die sogenannte genetische Landesgeschichte an. Die Genese älterer Einheiten, deren Entwicklung, Veränderung, Untergang, aber auch der Übergang in andere Einheiten werden debattiert. Damit geraten auch Dynastien, die Verwaltung, die Residenzen usw. in den Blick. Innerhalb der vorgegebenen Grenzen muss das „Land" keineswegs ausschließlich auf diese Institutionen und die damit in Verbindung stehenden Akteure beschränkt werden. Möglich sind auch Wirtschafts-, Sozial-, Stadt- und Rechtsgeschichte innerhalb der Grenzen der Territorien. Hier dient also das Land im administrativen Sinne als Rahmen und als eine von mehreren Variablen, die in die Betrachtung einfließen.

## 2.1 Theorien und Konzepte

Kommen wir nun zu den Meistererzählungen/Theorien der genetischen Landesgeschichte: Nicht das Alte Reich, sondern die innerhalb des Reichsgefüges stattfindende Territorialisierung und Staatswerdung strukturieren die Darstellung.[5] In den Grenzen vergangener Herrschafts- und Staatsgebilde des Flickenteppichs Altes Reich und des 19. Jahrhunderts wurde und wird unbegrenzt geforscht. Dabei wird den vergangenen Herrschaftsgebilden und Territorien nicht das Verfassungsgefüge des modernen Anstaltsstaates übergestülpt. Allerdings bleiben zentrale Punkte der Verlaufshypothese die Kumulation von Rechten in der Hand eines Herrn, der Ausbau von zentralen Institutionen sowie die Distriktbildung.[6] Leitbegriffe sind nach wie vor Landesherrschaft, Landeshoheit und innere Staatswerdung. Modifiziert wird diese Meistererzählung durch Weiterungen, etwa eine kulturgeschichtliche Sicht auf Dynastie als Konstruktion von Verwandtschaft, Praktiken der Herrschaftsrepräsentation oder eine sozialgeschichtliche Prosopographie der Beamtenschaft,[7] sodann die Erweiterung von Institutionen- und Behördengeschichten durch die Analyse von Personennetzwerken. Ferner ist auf stadtgeschichtliche Zugriffe (Gründungs-,

5 Die Betrachtung erfolgt(e) von den Territorien. Anders verhält es sich bei dem Ansatz von Peter Moraw. Dieser untersuchte die Territorien aus der Perspektive des Reiches. Reichs- und Landesgeschichte sollten zusammengeführt werden. Vgl. kritisch zur Moraw'schen Modellbildung: Reinle, Landesgeschichte 2016.

6 Immer noch zu konsultieren sind: Gerlich, Landeskunde 1986, S. 279–29; Patze, Territorialstaat 1986. Vgl. kritisch hierzu und die Distriktbildung stärker machend: Janssen, Territorialstaat 1974. Vgl. auch Bahlcke, Landesherrschaft 2012.

7 Expl. für beide Aspekte sind die Beiträge in: Rogge/Schirmer, Herrschaft 2003.

Festungs- und Residenzstädte) sowie wirtschaftsgeschichtliche Weiterungen (Merkantilpolitik) zu verweisen. Auch die Stände werden thematisiert. Als Resultat der in der Landesgeschichte intensiv geführten Debatte um die Thesen von v. Below und Brunner ist die Überzeugung erwachsen, dass das Verhältnis zwischen Landesherren und Ständen auf wechselseitigen Rechten und Pflichten fußte; die Stände standen für die Einheit des Landes; der Herrscher bedurfte ihrer Zustimmung und war auf die Steuerbewilligung angewiesen. Erst die Beschlüsse auf den Landtagen machten landesherrliche Vorgaben für alle Einwohner verbindlich. Die wissenschaftliche Herausforderung besteht aber nach wie vor in der Abwägung, ob und für welchen Zeitpunkt ständische Institutionen als Vorläufer des Parlamentarismus konturiert werden können.

## 2.2 Intentionaler Ansatz und Kontextualisierung

Die genetische Landesgeschichtsschreibung war und ist an den Intentionen, Motivationen und dem Selbstverständnis der Landesherren und ihrer ständischen und territorialpolitischen Mit- und Gegenspieler interessiert. So werden die Verdichtung von Herrschaft und die territorialen Auseinandersetzungen als Ausdruck von Machtstreben und dynastischer Interessen interpretiert.[8] Die Erzählungen der Chroniken, die sich in Akten und Rezessen niederschlagenden Landtagsverhandlungen, aber auch die zahlreichen, sich in Urkunden wiederfindenden Rechtsakte lassen sich derart interpretieren. Der hermeneutische Zugriff erlaubt den Blick auf viele Dimensionen; hier ist die kleinere Einheit von Vorteil. Der Kontext wird ausgelotet; die Motive sollen trennscharf herausgearbeitet werden. Doch verzichtet die genetische Landesgeschichte nicht auf analytische Zugriffe. Ihr geht es auf der Basis der Definitionen von Landesherrschaft und Landeshoheit um die jeweilige Akkumulation von Herrschaftsrechten und um konkrete Herrschaftspraxis. Die Verdichtung von Herrschaft wird im Text und in Karten dargestellt. Auch hier kann vergleichend argumentiert werden. Der Bezug zu Kaiser und Reich wird als weitere Variable berücksichtigt. Methodische Innovationen der Sozialgeschichte werden importiert, etwa Prosopographie und Netzwerkforschung, um der Hofgesellschaft und der Beamtenschaft nachzugehen.

Abschließend ist festzuhalten, dass für Landeshistoriker, die qua Denomination ein Bundesland erfassen, das aus mehreren territorialen Vorläufern besteht, eine Kombination genetischer Landesgeschichten denkbar ist. Diese untersucht etwa im Falle Sachsen-Anhalts das Fürstentum Anhalt und die preußische Provinz Sachsen und deren Vorläufer getrennt, aber eben auch gemeinsam. Damit ist bereits die Problematik des administrativen Landesbegriffs angedeutet: Was ist zu tun, wenn

8 Zusammenfassend: Schubert, Herrschaft 1996.

es viele territoriale Vorläufer gibt? In Westfalen, im Rheinland oder in Schwaben befanden sich vor 1803 zahlreiche geistliche und weltliche Territorien in enger Nachbarschaft; man kann von territorialen Flickenteppichen sprechen. Auch die Denomination „Landesgeschichte der Rhein-Maas-Region" der Duisburg-Essener Professur für Landesgeschichte macht deutlich, dass weitere Landesbegriffe zu diskutieren sind.

## 3 Stamm und Land: der vieldimensionale Raumansatz der Geschichtlichen Landeskunde

Der sogenannte Stammesansatz ist inzwischen wissenschaftlich überholt (und zudem wegen der ideologischen Prämissen zu Recht in Verruf geraten). Trotzdem soll der ihm zugrunde liegende Raumbegriff diskutiert werden, weil er als Alternative zur genetischen Landesgeschichte konzipiert war. Es ging mit ihm darum, die Landesgeschichte als Teil der sogenannten Volksgeschichte zu etablieren.[9] Die Verfechter dieses Konzepts lösten sich von der engen Bindung von Land und Territorium. Stattdessen machten sie die deutschen Stämme zum Ausgangspunkt der landesgeschichtlichen Betrachtung. Der charakteristische Zusammenhang von Land und Stamm wurde von den Autoren durch drei Faktoren bestimmt.[10] Im Siedlungsansatz, von dem Leipziger Rudolf Kötzschke propagiert, war der Umgang mit dem Boden entscheidend. Die bodenverhaftete Siedlungsweise der Gemeinschaft habe die Agrar- und Städtelandschaft sowie die territorialen Zustände geprägt. Der Kulturprovinzenansatz, vertreten u.a. von Hermann Aubin im Rahmen der Rheinischen Landesgeschichte, wird als mehrdimensionaler Raumansatz bezeichnet. Hierbei kamen die Stammeseigenschaften nicht nur durch Siedlung und Herrschaft, sondern auch durch eine Vielfalt mentaler Faktoren langer Dauer, etwa „Brauchtum", „Volkskunst" und Sprache (d.h. Mundart), zum Ausdruck. Dieser ältere Raumansatz war also interdisziplinär angelegt.[11] Der dritte Ansatz stellte einen weiten Verfassungsbegriff ins Zentrum; Protagonist war hier der für die hessische und thüringische Landesgeschichte so bedeutsame Walter Schlesinger. Die Stämme entwickelten, so Schlesinger, aus der Gemeinschaft „politische Ordnungen". Diese beschränkte Schlesinger nicht allein auf Staatlichkeit, sondern auf alle Formen von Herrschaft, also auch auf Grundherrschaft und ständische Hierarchien. Im Laufe

9 Vgl. Oberkrome, Volksgeschichte 1993.

10 Die nachfolgenden Ausführungen finden sich bei: Freitag, Matrix 2015, S. 13–17.

11 Gerlich, Landeskunde 1986, nennt als Bereiche der geschichtlichen Landeskunde die Sprachgeschichtsforschung, die Siedlungsgeschichtsforschung, die Wirtschaftsgeschichte sowie eine weit gefasste Rechts- und Verfassungsgeschichte.

der 1960er Jahre schwand der Stammesbezug als Bezugsgröße und Erkenntnisziel; der mehrdimensionale Zugriff blieb, doch war er ‚nur' noch Ergebnis der Forschung. Dabei wurde offengelassen, welche Dimensionen leitend waren. „Kulturräume" seien, so Edith Ennen, „Verdichtungsgebiete zahlreicher Einzelmerkmale, unscharf an den Rändern, mitunter sich überschneidend, mitunter durch breite Grenzsäume getrennt, aus Kernraum und Ausstrahlungsraum bestehend, wobei mit der Weite der Ausstrahlung ihre Intensität abnimmt."[12] Somit war nach wie vor die Vorstellung leitend, dass die Trennschärfe für die Raumbestimmung mit der Zahl der Variablen steigen werde. Doch diese „Totalgeschichte" erwies sich als nicht praktikabel.

## 4 Land als Landschaft und als Raum weniger Dimensionen

Ein dritter möglicher, die Landesgeschichte strukturierender Kern geht ebenfalls von der Verdichtung von Einzelmerkmalen aus. Landschaft und Raum sind vom Forschungszugriff als Synonyme aufzufassen. Wenn von ihnen gesprochen wird, sind die spezifischen Merkmale überschaubar. Es ist somit nicht die Vielzahl derselben, die in ihrer Gesamtheit Land abbilden, sondern einige wenige, die vorab vom Landeshistoriker als charakteristisch angesehen werden. Beide Begriffe eint, dass auch hier davon ausgegangen wird, dass Land „wissenswert" und rekonstruierbar ist. Im Forschungsprozess werden in der Regel keine politisch-herrschaftlichen Kriterien genutzt, es sei denn zur Festlegung der „kleineren Einheit". Postuliert wird, dass der Vergleich von Räumen bzw. Landschaften möglich ist.

### 4.1 Der Landschaftsbegriff

Häufig gebraucht werden Begriffe wie Adels-, Burgen-, Kloster-, Sakral- und Städtelandschaft,[13] denen ein Adjektiv vorangestellt wird (z.B. „fränkisch"), das die Landschaft bzw. den Raum benennt.[14] Dieses Vorgehen bedeutet, dass ein bestimmtes Merkmal oder eine Kulturausprägung als spezifisch gesehen wird; sie konstituiert Land als empirische Tatsache. So heißt es in Bezug auf Städtelandschaft in einem einschlägigen Sammelband, diese sei eine Einheit „mittlerer Größe", denn Städte wiesen „untereinander in synchroner wie diachroner Betrachtung hinlänglich viele

12 Ennen, Aubin 1977, S. 458, Anm. 39a.

13 Vgl. Schneider, Begriff 2012, S. 9–24.

14 Aktuelles Beispiel: Bünz/Höroldt/Volkmar, Adelslandschaft 2016.

Gemeinsamkeiten auf, um sie von benachbarten Räumen zu unterscheiden."[15] Auch in der Wirtschaftsgeschichte kann dieser Begriff im Sinne der Landesgeschichte genutzt werden: Gewerbelandschaften werden nach den hergestellten Gütern und der für Produktion und Vertrieb typischen gewerblichen Betriebsform untergliedert. So spricht Ammann von Tuchlandschaften in Nordfrankreich, den Niederlanden und dem Rheinland, die zu unterschiedlichen Zeiten mit ihren spezifischen Erzeugnissen auf den Märkten vertreten waren. Holbach nutzt ebenso diesen Begriff und nennt als entscheidendes Kriterium das „landschaftsumspannende" Verlagswesen.[16] Zunftlandschaften zeichneten sich, so Reininghaus, durch „Gleichartigkeiten, Ähnlichkeiten oder Gemeinsamkeiten" von Zünften verschiedener Städte in Bezug auf Interaktion, politische Rahmenbedingungen, Filiationen, gleichartige Gewerbestrukturen, technische Gemeinsamkeiten und „kulturelle Praktiken" aus.[17]

Egal, um welche Landschaft es sich handelt: All diese Merkmale werden entweder in Texten oder in thematischen Karten zur „Landschaft" verdichtet. Gerade bei populären Themenfeldern geschieht dieses induktive Vorgehen auch in Überblicken und in enzyklopädischen Sammelwerken (Kloster-, Burgen-, Städtebuch). Mitunter wird postuliert, dass mehrere, mit demselben regionalen Bezug versehene Landschaften bei Addition fast deckungsgleich sein können, was dann die Existenz eines vergangenen Landes noch stärker zu belegen hilft. Zudem stellt sich das Problem der Grenzen, denn diese können dem administrativen Bereich entnommen worden sein und sich nicht auf die Ausdünnung des Untersuchungskriteriums beziehen. Ein solches Vorgehen führt mitunter dazu, dass der Landschaftsbegriff auch Ausdruck aktueller Orientierungsbedürfnisse sein kann; er wird ‚geschichtsbaumeisterisch' verwendet.

## 4.2 Raum und Region als analytische Forschungsbegriffe

Vom Zugriff identisch mit dem Landschaftsbegriff ist der analytische Forschungsbegriff des Raumes. Es wird auch synonym von Region gesprochen; auf die Unterschiede ist noch zurückzukommen. Beiden Begriffen ist gemein, dass hier ebenfalls einige wenige Kriterien, aber eben nicht deren Vielzahl bzw. die Totalität den Charakter des Landes beleuchten sollen. Um eine „Typologie historischer Raumeinheiten" zu erreichen, müsse vorab das der Forschung entnommene „dominante Definitionskriterium" festgelegt werden, so Franz Irsigler 1987. Für ihn ist Zentralität (s.u.) wichtig, und er betont als weitere Kriterien etwa administrative Bezüge so-

15 Escher/Haverkamp/Hirschmann, Städtelandschaft 2000, S. 18.
16 Ammann, Deutschland 1954; Holbach, Frühformen 1994, S. 33, 44f.
17 Reininghaus, Zünfte 2000.

wie kulturelle Merkmale.[18] Damit wird deutlich, dass es zahlreiche Überschneidungen von Räumen gibt. Methodisch wichtig ist zudem, dass von einer Raumtypologie ausgegangen wird, d.h., dass es in der Forschungsarbeit des Landeshistorikers Hypothesen gibt, welche der Abstandsmessung dienen können. Raum ist somit sowohl Idealtypus als auch, wenn er denn empirische Dichte aufweist, Resultat induktiver Forschung. Dieser Raumbegriff ist also tendenziell reflektierter und zugleich forschungsorientierter als der Landschaftsbegriff. Allerdings fällt bei der Betrachtung des analytischen Raumbegriffs auf, dass er konzeptionell nur wenig rezipiert worden ist. Eine gewichtige Ausnahme war der Trierer SFB 235 „Zwischen Maas und Rhein. Beziehungen, Begegnungen und Konflikte in einem europäischen Kernraum von der Spätantike bis zum 19. Jahrhundert" (1987 bis 2002). Die trotz der Trierer Aktivitäten insgesamt geringe Relevanz des analytischen Raumbegriffs hatte ihre Ursache in der historiographischen Großwetterlage der 1970er und 1980er Jahre, in deren Gefolge die Regionalgeschichte ihren Siegeszug antrat. Obwohl sich in Bezug auf die fragegeleitete Konstituierung von Raum bzw. Region beide Ansätze kaum unterschieden – beide legten vorab mehrere forschungsgeleitete Kriterien fest –, galt der Begriff der Region als schicker, d.h. innovativer. Denn er war sozial/-gesellschaftsgeschichtlich unterfüttert und „theoriegeleitet", da er an die großen Fragen rund um das Thema der „Modernisierung" angelehnt war. Demgegenüber galt der „Raumbegriff" als antiquiert und auf das Mittelalter und die Frühe Neuzeit beschränkt. Zudem passten die Fragen nach dem Eigenwert von Raum nicht in die Zeit, wobei auch die Regionalgeschichte durchaus Regionalität zum Forschungsgegenstand erhob. Der Regionalgeschichte gehörte die Zukunft, so die Botschaft der programmatischen Artikel.[19] Es sollte also mit dem Begriff Region und mit der damit verwobenen Fallstudie die Hoheit im wissenschaftlichen Diskurs errungen werden. Die heutzutage betonte Konvergenz von Regionalgeschichte und raumbezogener Landesgeschichte ist also nicht das ‚Zukleistern' von Gegensätzen – über den Eigenwert von Land ist oben bereits gesprochen worden –, sondern das Ergebnis einer Versachlichung der Debatte.[20]

Untrennbar mit dem Raum- und Landschaftsansatz verbunden sind die Theorie der zentralen Orte, das analytisch-induktive Vorgehen sowie die Methode des Vergleichs.

---

**18** Irsigler, Landesgeschichte 1987, S. 49f.

**19** Zugespitzt: Hinrichs, Regionalgeschichte 1987. Vgl. hierzu auch: Freitag, Landesgeschichte 2004.

**20** So argumentierte bereits: Buchholz, Landesgeschichte 1998, S. 47–49. Vgl. aktuell: Rummel, Landes- und Regionalgeschichte 2015.

## 4.3 Die Theorie der zentralen Orte

Die interdisziplinäre Ausrichtung der Landesgeschichte erfährt nach wie vor durch den Zentralitätsansatz der Historischen Geographie wichtige Anregungen. Die Überlegungen von Walter Christaller, erstmals 1933 publiziert,[21] wurden bis weit in die 1980er Jahre intensiv diskutiert. Die Struktur der „Hierarchiestufen" zentraler Orte und vor allem deren raumprägende Bedeutung standen im Mittelpunkt der Debatte; gewichtet wurden diese Orte nach der Rolle von Gütermarkt und Dienstleistungen und von Verkehr und Verwaltung. Zentralitätsbildende Merkmale konnten auch der Ökonomie (Marktbeziehungen), der Bildungsgeschichte (Hochschulstandorte), aber auch der Kirchengeschichte (Wallfahrtsorte und Heiligenkulte) entnommen werden. Geographen wie Peter Schöller, Heinrich Blotevogel und Klaus Fehn[22] waren willkommene Diskussionspartner der Landeshistoriker, insbesondere solcher, die in der Tradition der rheinischen Landeskunde standen. Allerdings muss konstatiert werden, dass heutzutage die Kontakte zwischen Landesgeschichte und Historischer Geographie nur noch wenig gepflegt werden. Dazu tragen sowohl die Enthistorisierung der Geographie als auch die Distanzierung der Geschichtswissenschaft von analytischen Methoden im Zuge der kulturwissenschaftlichen Wende bei. Doch hat es auch in der jüngsten Zeit Studien gegeben, welche die Ertragsfähigkeit der Überlegungen Christallers aufzeigen und Raumbezüge deutlich machen. So ist auf die Stadt-Umland-Debatte und die Debatte um Städtelandschaften zu verweisen.[23] Für beides stehen insbesondere die Arbeiten von Rolf Kießling zur Stadt Augsburg und zur schwäbischen Städtelandschaft.[24] Kießling definiert zusammen mit Helmut Flachenecker Städtelandschaft als heuristischen Begriff, der den „methodischen Zugang über ‚Zentralität' ausbauen" könne, denn er biete die Möglichkeit, „das hierarchische Gefüge" der Städte zu erfassen.[25]

## 4.4 Analytischer Zugriff und Vergleich

Der analytische Raumbegriff, der Begriff der Regionalgeschichte der 1970er und 1980er Jahre wie auch der Landschaftsbegriff bedürfen analytischer Methoden; sie heben auf Kriterien wirtschafts-, sozial-, verwaltungsgeschichtlicher und mentalitätsgeschichtlicher Art ab und eben nicht auf Traditionsqualität und auf in den Quellen aufzuspürende Spuren menschlichen Denkens und Tuns. Vielmehr geht es

**21** Christaller, Orte 1933. Zentrale Passagen finden sich unter: Christaller, Orte 1972.
**22** Fehn, Aufgaben 1998, S. 69f.
**23** Vgl. Gerlich, Landeskunde 1986, S. 380f., Anm. 22.
**24** Kießling, Stadt 1989. Vgl. auch Irsigler, Stadt 1983.
**25** Flachenecker/Kießling, Städtelandschaften 1999, S. 3. Vgl. auch Gräf/Keller, Städtelandschaft 2004.

um handlungsbestimmende Verhältnisse (Strukturen) und Prozesse langer Dauer. Da der Weg in die kleineren und kleinsten Einheiten beschritten wird, ist die Kombination verschiedenster Quellengattungen möglich. Noch vor dem Siegeszug der Sozial- und Gesellschaftsgeschichte in den 1970er und 1980er Jahren gerieten demzufolge in der Landesgeschichte serielle Quellen wie Urbare, Steuerverzeichnisse, Kirchenbücher, Kirchen- und Stadtrechnungen sowie Visitationen in den Blick.[26] Diesem Zugriff auf die vordem vernachlässigten Quellengattungen hatte bereits die „Kulturgeschichte“ Karl Lamprechts den Boden bereitet. Die vielen Informationen flossen und fließen in Karten, Statistiken/Tabellen und Darstellungen ein, wobei erklärend-kausal argumentiert wird. Dabei ist die (Verbreitungs-)Karte als landesgeschichtliches Analyseinstrument hervorzuheben.[27] Der reflektierte Abgleich mit anderen Themenkarten, oft ebenfalls als Verbreitungskarten konzipiert, macht Entwicklungsphasen, Überschneidungszonen, Ausdünnungen und schließlich Grenzen deutlich; „Kulturströmungen“, also Beeinflussungen von außen, werden erkannt. All die Karten, Statistiken und erklärenden Darstellungen sind auf Vergleich angelegt, so zumindest der Anspruch seit den Tagen Hermann Aubins und Rudolf Kötzschkes. Letzterer bezeichnete die „vergleichende Landesgeschichte“ als Ziel der Forschung.[28] Hans Patze sprach 1977 davon, das in den einzelnen „Landschaften erarbeitete Material in thematischen Schichten zu vergleichen und zu einigermaßen geschlossenen ‚Profilen‘ zusammenzufügen“.[29] Auch Irsigler äußerte sich 1987 diesbezüglich.[30] Eine reflektierte Kriteriensuche und vor allem die Nutzung von (Ideal-)Typen zur Abstandsmessung und zur Nutzung als *tertium comparationis* sollten den Vergleich stichhaltig machen. Insbesondere versprach man sich von den Karten, Einheit und Differenz deutlich zu machen. Konkrete Anwendung findet der Vergleich heutzutage bei Räumen und Landschaften, etwa Adels- und Städtelandschaften.[31] Die Forschungswirklichkeit sieht allerdings nicht ganz so rosig aus, wie es die programmatischen Äußerungen vermuten lassen: Die überwiegende Mehrzahl der landesgeschichtlichen Studien hat ihr Sprengel im Blick[32] (und damit genug zu tun). Das in „Grenzen unbegrenzte Forschen“ führt zu einer immer genaueren Auslotung der Kontexte. Damit wird aber selbst für den vergleichsfreudigsten Landeshistoriker die „Krönung“ der Landesgeschichte schwierig. Denn: Kontextualisierung verlangt die „dichte Beschreibung“, der Vergleich hingegen ein überschaubares Kri-

**26** Vgl. den dezidierten Quellenbezug für die Bereiche Sprachgeschichtsforschung und Wirtschaftsgeschichte bei: Gerlich, Landeskunde 1986, S. 99–138, 362–450.

**27** Vgl. hierzu: Ebeling, Kartographie 1999.

**28** Kötzschke, Nationalgeschichte 1923/24, S. 21.

**29** Patze, Probleme 2002, S. 7.

**30** Irsigler, Landesgeschichte 1987.

**31** Mustergültig: Schneider, Niederadel 2003.

**32** So die Kritik von: Dopsch, Landesgeschichte 2000/01. Vgl. auch: Schneider, Landesgeschichte 2007, S. 49f.

terienbündel. Damit steht die Landesgeschichte vor demselben Dilemma wie die gesamte Geschichtswissenschaft: Kontextualisierung und Vergleich sind nur schwer in Einklang zu bringen.

# 5 Land als „mental map" und Kommunikationsraum

## 5.1 Begriffe

Die einleitend genannten Denominationen verweisen nicht nur auf administrative Einheiten, sondern auch auf Identitäten; es wird oft vom Bundeslandbewusstsein – etwa im Sinne: „Wir in Nordrhein-Westfalen" – gesprochen. Identitätskonstruktionen sind also Untersuchungsobjekte landeshistorischer Arbeit. Land war und ist da, wo Menschen Zugehörigkeit empfinden und empfanden. Diese Identifikation bezog sich, das ist die Prämisse, auf die „kleinere Einheit", wobei diese natürlich auch lokale Dimension aufweisen kann. In diesem Zusammenhang ist darauf hinzuweisen, dass Landeshistoriker sich intensiv in die Debatte um „Heimat" eingebracht haben.[33] Als Faktoren der Identitätskonstruktion geraten Konfession, Territorialbewusstsein, Geschichts- und Erinnerungskultur bzw. Erinnerungsorte[34] (Pierre Nora), aber auch alltägliche Selbst- und Fremdzuschreibungen in Gestalt von Stereotypen in den Blick. Man kann auch von Vorstellungsräumen sprechen, wobei dies im Rahmen der relationalen Raumtheorie impliziert, dass dieselbe örtlich-regionale Bezugsgröße – je nach den Deutungen der Akteure – unterschiedliche Räume und deren Grenzen generierte. Auch Kommunikationsakte gehören zum Set der menschlichen Handlungen; man spricht dann vom Kommunikationsraum. Speitkamp hält diese beiden Bereiche für den zentralen Gegenstandsbereich der aktuellen Landesgeschichte: Die ältere Landesgeschichte habe Erinnerungsorte mitgeschaffen, die heutige müsse diese Konstruktionen zu einem Gegenstand ihrer Untersuchung machen: „Von Landesgeschichte sollte man nur dann sprechen, wenn sich Forschung damit beschäftigt, wie Räume in der politischen, sozialen und kulturellen Praxis durch Kommunikation und Interaktion, Wahrnehmung und Deutung gebildet und wieder abgewandelt werden, wie darüber räumlich-regionale Identitätsmodelle entstehen. Landesgeschichte muss dabei in hohem Maße selbstreflexiv sein – und das übrigens umso mehr, als sie in besonderem Maß ideologieanfällig war."[35] Genuin landesgeschichtliche Themenfelder sind vor diesem Hintergrund etwa die Traditionsstiftung seitens der bürgerlichen Eliten im 19. und 20. Jahrhundert, welche et-

33 Vgl. Weigand, Heimat 1997.
34 Vgl. Krull, Erinnerungsorte 2017.
35 Speitkamp, Raum 2015, S. 84.

wa die dynastischen Reichsländer und preußischen Provinzen entweder mit Kontinuitäten bis weit ins Mittelalter versahen oder Stammeslandschaften modellierten sowie für Dörfer und Städte Lokalgeschichte als Erfolgsgeschichten konturierten. Hier ist neben der Forschung der Landeshistoriker auch an das Wirken der Geschichtsvereine,[36] an die omnipräsenten Denkmäler und an die Darstellungen von Land im Rahmen von „Kultur- und Heimatfilmen" („visual turn") zu erinnern. Die Nachzeichnung vergangener Konstruktionen soll aber nicht auf die Eliten beschränkt bleiben; die Wahrnehmungsräume der vielen bleiben ein Desiderat der Forschung.

## 5.2 Theorien und Konzepte

Wahrnehmungs- und Kommunikationsräume gehören zu den Bereichen, die in der Geschichtswissenschaft intensiv diskutiert werden. Hier sind zwei Ansätze zu scheiden: erstens ist der Import von Überlegungen zu „imagined communities", zur „invention of tradition", zu den Erinnerungsorten und zur neueren, sogenannten relationalen Raumsoziologie anzuführen.[37] Es gilt, die konkrete, d.h. auf das Land bezogene Raumerfahrung, die Einheit und Differenz begründenden Stereotypen sowie die der Selbstverortung dienenden Geschichtskonstruktionen in ihrem Geflecht zu untersuchen. Landesgeschichte fragt zudem im Sinne der neueren Kulturgeschichte nach den Wahrnehmungen und Erfahrungen von Grenzen.[38] Wie aber die „Struktur" Land angeeignet und erfahren wird und wie die Strukturen dadurch wieder neu geprägt werden, wie also Strukturen und Handeln zu verbinden sind, diese Gretchenfragen kann die Landesgeschichte nicht beantworten. Immerhin kann durch den multiperspektivischen Zugriff der Landesgeschichte und auch aufgrund des durch die Spezialisierung auf das Land akkumulierten Vorwissens der Kontext genauer ausgelotet werden. Im Übrigen: Auch die neuere Kulturgeschichte arbeitet sich nach wie vor an diesem Problem ab; vor allem praxeologische Ansätze scheinen einen Ausweg zu weisen. Der zweite Zugriff, Kommunikationsräume zu ermitteln, ist diametral anders gelagert, denn er gehört zum Wesen landesgeschichtlicher Arbeit. Kommunikation wird als raumbezogene, kartierbare Handlung verstanden: Typisch sind Analysen, die auf Vernetzung und regionale Orientierungen abzielen. Beispiele für Letzteres sind etwa Handelsräume und Städtebünde.[39] Auch Kirchen- und Konfessionsräume lassen sich so festhalten: Religiöse Praxis, etwa der Gottesdienst oder eine Prozession, konstituiert soziale Räume, etwa in Gestalt des

36 Vgl. Kunz, Geschichte 2000.
37 Vgl. zur Nutzbarmachung der neueren Raumsoziologie: Schwerhoff, Raumpflege 2013.
38 Speitkamp, Raum 2015, S. 84f.
39 Hoffmann/Kießling, Kommunikation 2001.

Kirchengebäudes oder des Pfarrsprengels. Fasst man die Überlegungen zusammen, so ist Speitkamp zuzustimmen, welcher der Landesgeschichte eine Kombination von induktiv-analytischen und auf Wahrnehmung abzielenden Zugriffen empfiehlt. Er nennt vier Kriterien, welche für die „Raumbildung" und damit für die „Konfiguration von Regionen" zu untersuchen sind: Zwei davon sind dezidiert kulturgeschichtlich, nämlich erstens die Grenzentstehung und die Inszenierung des Raums im staatlich-administrativen Sinne, zweitens die regionalen Identitäten. Darüber hinaus spricht Speitkamp drittens die wirtschaftlichen und sozialen „Verdichtungen" und viertens die ökologische Konfiguration an.[40]

## 6 Der Weg in die kleinste Einheit – Mikrogeschichte vor der Mikrogeschichte

Seit ihrer Konstituierung als Teil der Geschichtswissenschaft hat die Landesgeschichte ihren Blick von der kleinen Einheit Land auf noch kleinere Einheiten, etwa Städte, Dörfer, Pfarreien, Verwaltungs- und Grundherrschaftsbezirke, gerichtet. Patze sprach 1977 diesbezüglich von den „kleinsten rechtlichen und sozialen Ordnungen".[41] An diesen Untersuchungsgegenständen können, so der bewährte Ansatz der Landesgeschichte, methodische Vielfalt und Interdisziplinarität praktiziert werden. Fast jeder Landeshistoriker hat zu einem oder mehreren Themen aus der Dorf-/Agrargeschichte, der Pfarrei-/Klostergeschichte und/oder der Burg-, Residenz- und Stadtgeschichte publiziert. Zwar gibt es in der Landesgeschichte keine „Theorie der kleinsten Einheit", doch war es seit den Tagen Lamprechts immer Konsens, dass das Land eben kein Container war, sondern dass auch die kleinste Einheit Auswirkungen auf das Größere – sprich: auf das Land – zeitigte. Sie war in übergreifende räumliche Strukturen eingebunden und prägte diese mit. Wechselwirkungen wurden und werden immer gesehen, egal ob es sich um „Kulturströmungen" oder um soziale, Wirtschafts- und Staatsbildungsprozesse handelt. Sind aber die „kleinsten Einheiten" identisch mit den Untersuchungsobjekten der sogenannten Mikrohistorie Carlo Ginzburgs und Giovanni Levis?[42] Diese Frage muss verneint werden, denn die neueren Mikrostudien schauen ausschließlich auf den Einzelfall, um im Sinne einer „Detailgeschichte des Ganzen" (Hans Medick) bzw. mittels des „außergewöhnlich Normalen" (Edoardo Grendi) Handlungsmuster und Praktiken „im Kleinen" sowie Aneignungen und Erfahrungen der großen Strukturen zu ermitteln.

---

**40** Speitkamp, Raum 2015, S. 84f.

**41** Patze, Forschungsbericht 1981, S. 23.

**42** Ginzburg, Mikro-Historie 1993. Vgl. auch die Beiträge von Carlo Ginzburg, Hans Medick und Giovanni Levi in: Medick, Mikro-Historie 1994.

## 7 Schlussbemerkung: Die Synthese als Ziel landesgeschichtlicher Arbeit

Unabhängig vom Landesbegriff eint die Landesgeschichte der Anspruch, eine aussagefähige Geschichte des Landes, aber auch der kleinsten Einheiten zu erstellen. In Form der Zusammenschau finden sich diejenigen Sachverhalte, Ereignisse und längerfristigen Zustände der Vergangenheit wieder, welche vonseiten des Forschers als so spezifisch und wesentlich angesehen werden, dass sie die Geschichte des Landes abzubilden vermögen. Der Anspruch auf Synthese impliziert in der Praxis des Landeshistorikers Auswahlakte und deren fachwissenschaftliche Begründung, eben den Theorie- und Methodengebrauch. Die Spannbreite solcher Synthesen erstreckt sich von Landesgeschichte als Geschichte von Dynastie und Territorium, welche aber um andere Faktoren (Wirtschaft, Soziales, Kultur usw.) erweitert werden kann, über eine Strukturgeschichte, die lange Linien von Wirtschaft, Kultur und Herrschaft in einem zu spezifizierenden Mischungsverhältnis darstellt, bis hin zur „Totalgeschichte" des älteren Raumansatzes. Ob im Rahmen der neuen Kulturgeschichte, welche ja Kultur nicht als separates gesellschaftliches Feld fasst, eine Landesgeschichte als Synthese möglich ist, wird die Zukunft zeigen.

## Literatur


Ammann, Hektor: Deutschland und die Tuchindustrie Nordwesteuropas im Mittelalter. In: Hansische Geschichtsblätter 72 (1954), S. 1–63.

Bahlcke, Joachim: Landesherrschaft, Territorien und Staat in der Frühen Neuzeit. München 2012 (Enzyklopädie deutscher Geschichte, 91).

Buchholz, Werner: Vergleichende Landesgeschichte und Konzepte der Regionalgeschichte von Karl Lamprecht bis zur Wiedervereinigung im Jahr 1990. In: Ders. (Hrsg.): Landesgeschichte in Deutschland. Bestandsaufnahme – Analyse – Perspektiven. Paderborn u.a. 1998, S. 11–60.

Bünz, Enno/Höroldt, Ulrike/Volkmar, Christoph (Hrsg.): Adelslandschaft Mitteldeutschland. Die Rolle des Adels in der mitteldeutschen Geschichte (15.–18. Jahrhundert). Leipzig 2016 (Schriften zur sächsischen Geschichte und Volkskunde, 49).

Christaller, Walter: Das System der zentralen Orte. In: Schöller, Peter (Hrsg.): Zentralitätsforschung. Darmstadt 1972 (Wege der Forschung, 301), S. 3–22.

Christaller, Walter: Die zentralen Orte in Süddeutschland. Eine ökonomisch-geographische Untersuchung über die Gesetzmäßigkeit der Verbreitung und Entwicklung der Siedlungen mit städtischen Funktionen. Jena 1933/1972.

Dopsch, Heinz: Vergleichende Landesgeschichte in Österreich: Realität, Vision oder Utopie? In: Zeitschrift des Historischen Vereins für Steiermark 91/92 (2000/01), S. 53–92.

Ebeling, Dietrich (Hrsg.): Historisch-thematische Kartographie. Konzepte – Methoden – Anwendungen. Bielefeld 1999.

Ennen, Edith: Hermann Aubin und die geschichtliche Landeskunde der Rheinlande. In: Droege, Georg, u.a. (Hrsg.), Ennen, Edith. Gesammelte Abhandlungen zum europäischen Städtewesen und zur rheinischen Geschichte. Bd. 1. Bonn 1977. S. 444–471.

Escher, Monika/Haverkamp, Alfred/Hirschmann, Frank G.: Städtelandschaft – Städtenetz – zentralörtliches Gefüge. Einleitung. In: Dies. (Hrsg.), Städtelandschaft, Städtenetz, zentralörtliches Gefüge. Ansätze und Befunde zur Geschichte der Städte im hohen und späten Mittelalter. Mainz 2000 (Trierer historische Forschungen, 43), S. 9–54.

Fehn, Klaus: Zentrale Aufgaben der Landesgeschichte aus der Sicht des Nachbarfaches „Historische Geographie" und des interdisziplinären Arbeitsfeldes „Genetische Siedlungsforschung", in: Buchholz, Werner (Hrsg.): Landesgeschichte in Deutschland. Bestandsaufnahme – Analyse – Perspektiven. Paderborn u.a. 1998, S. 61–74.

Flachenecker, Helmut/Kießling, Rolf: Einführung. In: Dies. (Hrsg.), Städtelandschaften in Altbayern, Franken und Schwaben. Studien zum Phänomen der Kleinstädte während des Spätmittelalters und der Frühen Neuzeit. München 1999 (Zeitschrift für bayerische Landesgeschichte. Beiheft 15), S. 1–12.

Freitag, Werner: Die disziplinäre Matrix der Landesgeschichte. Ein Rückblick. In: Hirbodian, Sigrid/Jörg, Christian/Klapp, Sabine (Hrsg.): Methoden und Wege der Landesgeschichte. Ostfildern 2015 (Landesgeschichte, 1), S. 5–27.

Freitag, Werner: Landesgeschichte als Synthese – Regionalgeschichte als Methode? In: Westfälische Forschungen 54 (2004), S. 291–305.

Gerlich, Alois: Geschichtliche Landeskunde des Mittelalters. Genese und Probleme. Darmstadt 1986.

Ginzburg, Carlo: Mikro-Historie. Zwei oder drei Dinge, die ich von ihr weiß. In: Historische Anthropologie 1 (1993), S. 169–192.

Gräf, Holger Th./Keller, Katrin (Hrsg.): Städtelandschaft. Réseau Urbain. Urban Network. Städte im regionalen Kontext in Spätmittelalter und Früher Neuzeit. Köln/Weimar/Wien 2004 (Städteforschung. Reihe A, 62).

Hinrichs, Ernst: Regionalgeschichte. In: Hauptmeyer, Carl-Hans (Hrsg.): Landesgeschichte heute. Göttingen 1987, S. 16–34.

Hoffmann Carl A./Kießling, Rolf (Hrsg.): Kommunikation und Region. Konstanz 2001 (Forum Suevicum, 4).

Holbach, Rudolf: Frühformen von Verlag und Großbetrieb in der gewerblichen Produktion (13.–16. Jahrhundert). Stuttgart 1994 (Vierteljahrschrift für Sozial- und Wirtschaftsgeschichte. Beiheft 110).

Irsigler, Franz: Stadt und Umland in der historischen Forschung. Theorien und Konzepte. In: Ders./Bulst, Neithard/Hoock, Jochen (Hrsg.): Bevölkerung, Wirtschaft und Gesellschaft. Stadt-Land-Beziehungen in Deutschland und Frankreich 14. bis 19. Jahrhundert. Trier 1983, S. 13–38.

Irsigler, Franz: Vergleichende Landesgeschichte. In: Hauptmeyer, Carl-Hans (Hrsg.): Landesgeschichte heute. Göttingen 1987, S. 35–54.

Janssen, Wilhelm: Der deutsche Territorialstaat im 14. Jahrhundert. In: Der Staat 13 (1974), S. 415–426.

Kießling, Rolf: Die Stadt und ihr Land. Umlandpolitik, Bürgerbesitz und Wirtschaftsgefüge in Ostschwaben vom 14. bis ins 16. Jahrhundert. Köln/Weimar/Wien 1989 (Städteforschung. Reihe A, 29).

Kocka, Jürgen (Hrsg.): Theorien in der Praxis des Historikers. Forschungsbeispiele und ihre Diskussion. Göttingen 1977 (Geschichte und Gesellschaft. Sonderheft 3).

Kötzschke, Rudolf: Nationalgeschichte und Landesgeschichte. In: Thüringisch-sächsische Zeitschrift für Geschichte und Kunst 13 (1923/24), S. 2–22.

Krull, Lena (Hrsg.): Westfälische Erinnerungsorte. Beiträge zum kollektiven Gedächtnis einer Region. Paderborn 2017.

Kunz, Georg: Verortete Geschichte. Regionales Geschichtsbewußtsein in den deutschen Historischen Vereinen des 19. Jahrhunderts. Göttingen 2000 (Kritische Studien zur Geschichtswissenschaft, 138).

Medick, Hans (Hrsg.): Mikro-Historie. Neue Pfade in die Sozialgeschichte. Frankfurt a.M. 1994.

Oberkrome, Willi: Volksgeschichte. Methodische Innovation und völkische Ideologisierung in der deutschen Geschichtswissenschaft 1918–1945. Göttingen 1993 (Kritische Studien zur Geschichtswissenschaft, 101).

Patze, Hans (Hrsg.): Der deutsche Territorialstaat im 14. Jahrhundert. 2 Bde., Sigmaringen ²1986 (Vorträge und Forschungen, 13f.).

Patze, Hans: Forschungsbericht „Landesgeschichte“. In: Jahrbuch der historischen Forschung in der Bundesrepublik Deutschland 1980 (1981), S. 15–40.

Patze, Hans: Probleme der Landesgeschichte in Vergangenheit, Gegenwart und Zukunft. In: Johanek, Peter/Schubert, Ernst/Werner, Matthias (Hrsg.): Ausgewählte Aufsätze von Hans Patze. Stuttgart 2002 (Vorträge und Forschungen, 50), S. 1–20.

Petry, Ludwig: In Grenzen unbegrenzt. Möglichkeiten und Wege der geschichtlichen Landeskunde. In: Fried, Pankraz (Hrsg.): Probleme und Methoden der Landesgeschichte. Darmstadt 1978 (Wege der Forschung, 492), S. 280–304.

Reininghaus, Wilfried: Zünfte und Regionen. „Zunftlandschaften“ als Forschungsproblem. In: Ders. (Hrsg.): Zunftlandschaften in Deutschland und den Niederlanden im Vergleich. Kolloquium der Historischen Kommission für Westfalen am 6. und 7. November 1997 auf Haus Welbergen. Münster 2000 (Schriften der Historischen Kommission für Westfalen, 17), S. 3–10.

Reinle, Christine: Landesgeschichte und Reichsgeschichte als komplementäre Perspektiven auf die deutsche Geschichte. Peter Moraws Verständnis von Landesgeschichte. In: Dies. (Hrsg.): Stand und Perspektiven der Sozial- und Verfassungsgeschichte zum römisch-deutschen Reich. Der Forschungseinfluss Peter Moraws auf die deutsche Mediävistik. Affalterbach 2016 (Studien und Texte zur Geistes- und Sozialgeschichte des Mittelalters, 10), S. 221–249.

Rogge, Jörg/Schirmer, Uwe (Hrsg.): Hochadlige Herrschaft im mitteldeutschen Raum (1200 bis 1600). Formen – Legitimation – Repräsentation. Stuttgart 2003 (Quellen und Forschungen zur sächsischen Geschichte, 23).

Rummel, Walter: Landes- und Regionalgeschichte – Komplementärdisziplinen im gesellschaftlichen Umfeld. In: Hirbodian, Sigrid/Jörg, Christian/Klapp, Sabine (Hrsg.): Methoden und Wege der Landesgeschichte. Ostfildern 2015 (Landesgeschichte, 1), S. 29–40.

Schneider, Joachim: Der Begriff der Landschaft in historischer Perspektive. In: Felten, Franz J./ Müller, Harald/Ochs, Heidrun (Hrsg.): Landschaft(en). Begriffe – Formen – Implikationen. Stuttgart 2012 (Geschichtliche Landeskunde, 68), S. 9–24.

Schneider, Joachim: Deutsche Landesgeschichte im Wandel? Programmatik in überregionalen Bestandsaufnahmen seit etwa 1970 und künftige Entwicklungschancen. In: Zeitschrift für Bayerische Landesgeschichte 70 (2007), S. 33–55.

Schneider, Joachim: Spätmittelalterlicher deutscher Niederadel. Ein landschaftlicher Vergleich. Stuttgart 2003 (Monographien zur Geschichte des Mittelalters, 53).

Schubert, Ernst: Fürstliche Herrschaft und Territorium im späten Mittelalter. München 1996 (Enzyklopädie deutscher Geschichte, 35).

Schwerhoff, Gerd: Historische Raumpflege. Der „spatial turn“ und die Praxis der Geschichtswissenschaften. In: Reininghaus, Wilfried/Walter, Bernd (Hrsg.): Räume – Grenzen – Identitäten. Westfalen als Gegenstand landes- und regionalgeschichtlicher Forschung. Paderborn u.a. 2013, S. 11–27.

Speitkamp, Winfried: Raum und Erinnerungsorte. Das Dilemma der Landesgeschichte. In: Hirbodian, Sigrid/Jörg, Christian/Klapp, Sabine (Hrsg.): Methoden und Wege der Landesgeschichte. Sigmaringen 2015, S. 81–93.

Weigand, Katharina (Hrsg.): Heimat. Konstanten und Wandel im 19. Jahrhundert. Vorstellungen und Wirklichkeit. München 1997 (Schriftenreihe Alpines Museum des Deutschen Alpenvereins, 2).

Lukas Clemens

# Landesgeschichte und Archäologie

## 1 Forschungsgeschichtlicher Diskurs

Seit den 1970er Jahren setzte eine verstärkte Diskussion über das Verhältnis von Archäologie zur Mediävistik und hier insbesondere zur vergleichenden Landesgeschichte ein. Diese fand parallel zu einer schrittweise vollzogenen Emanzipation der Mittelalterarchäologie in Deutschland von der Vor- und Frühgeschichte statt, die zur Ausbildung als eigenständigem Fach, ablesbar an der Gründung eines eigenen Periodikums – der Zeitschrift für Archäologie des Mittelalters 1973 –, der Einrichtung eines ersten Lehrstuhls 1981 in Bamberg und der Vorlage von Handbüchern[1] führte.

1970 sah der Archäologe Herbert Jankuhn als wesentliches Forschungsfeld einer aus seiner Sicht bereits damals praktizierten Zusammenarbeit seines Faches mit der Landesgeschichte die auf eine Landschaft bezogene Siedlungsarchäologie in Zusammenarbeit mit naturwissenschaftlichen Disziplinen an, die auch wirtschafts- und sozialgeschichtliche Fragestellungen einbeziehe.[2] Wichtig für eine Auslotung zukünftiger Möglichkeiten der Kooperation waren die berühmten Reichenau-Tagungen des Konstanzer Arbeitskreises von 1974/75 „Von der Spätantike zum frühen Mittelalter. Aktuelle Probleme in historischer und archäologischer Sicht“ sowie „Geschichtswissenschaft und Archäologie. Untersuchungen zur Siedlungs-, Wirtschafts- und Kirchengeschichte“.[3] Skeptiker einer interdisziplinären Vorgehensweise plädierten damals aus geschichtswissenschaftlicher Perspektive für ein Neben- statt Miteinander unter der martialischen Maxime „Getrennt marschieren, vereint schlagen“. In seiner Schlussbetrachtung kritisierte Reinhard Wenskus diese Einstellung zwar „einerseits als zu grob, andererseits als undurchführbar und daher nutzlos“, billigte selbst aber der Archäologie lediglich die Funktion einer Hilfswissenschaft der Geschichte, vergleichbar der Diplomatik zu.[4] Der historischen Forschung nutzbringende Möglichkeiten einer Zulieferung sah er in der Veranschaulichung, also dem illustrativen Charakter archäologischer Befunde und Funde, der Bestätigung oder Negierung aus der schriftlichen Überlieferung bekannter Datierungen oder Lokalisierungen sowie dem Lückenschluss bzw. der Korrektur historischer Quellen. Andere Historiker, wie Walter Schlesinger im zweiten Band

1 Fehring, Einführung 1987 (2000); Felgenhauer-Schmiedt, Sachkultur 1995; Scholkmann, Mittelalter 2009.
2 Jankuhn, Archäologie 1970, S. 377.
3 Jankuhn/Wenskus, Geschichtswissenschaft 1979; Werner/Ewig, Spätantike 1979.
4 Wenksus, Randbemerkungen 1979, S. 638.

https://doi.org/10.1515/9783110354188-005

der „Zeitschrift für Archäologie des Mittelalters“, haben hingegen bereits zur selben Zeit das gleichberechtigte Nebeneinander beider Disziplinen betont, die sich mit jeweils eigener Methodik auf der Grundlage sehr verschiedener Quellengruppen der vergangenen Wirklichkeit annähern.[5]

Mit der Etablierung der Mittelalterarchäologie und ihrer Ausweitung um eine Archäologie der Neuzeit ging in der Folgezeit eine zunehmende Akzeptanz seitens der Geschichtswissenschaft einher. Ihr wurde nun nicht nur die Eigenständigkeit als Fach, sondern – wie 1995 durch den Landeshistoriker Franz Irsigler – eine „Stimmführerschaft“ auf einer ganzen Reihe von Forschungsfeldern wie der Stadtkernforschung, der Geschichte von Handwerk und Handel im Hochmittelalter, der Realien- oder der Alltagsforschung zugebilligt.[6] Heiko Steuer sah nur wenig später – wie der Untertitel eines Beitrags lautete – die Archäologie des Mittelalters „auf dem Weg zu einer eigenständigen Mittelalterkunde“.[7] Jüngst überschrieb er einen Beitrag in der Gedenkschrift „Netzwerk Landesgeschichte“ für Sönke Lorenz provokativ: „Ohne Mittelalterarchäologie keine Landesgeschichte“. Steuer konstatiert als wesentliche Leistung seiner Disziplin für eine interdisziplinär ausgerichtete Landeskunde die archäologische Landesaufnahme mit beispielhaften Ausgrabungen im Detail, welche – und hier geht er über die von Jankuhn 1970 entwickelten Perspektiven hinaus – nicht nur Zustände, sondern durch ihre stratigraphische Rekonstruktion auch Siedlungsprozesse mit ihren Kontinuitäten und Brüchen erkennbar macht.[8]

Welche raumbezogenen Aussagemöglichkeiten archäologische Quellengruppen bereitstellen und welche Erkenntnischancen eine Zusammenschau mit der schriftlichen Überlieferung bietet, soll im Folgenden skizziert werden.

## 2 Die archäologische Landesaufnahme

Für die Landesgeschichte stellt die in den Bundesländern organisierte archäologische Denkmalpflege umfangreiche Quellenbestände bereit, indem sie die erhaltenen Bodendenkmäler jeglicher Zeitstellung inventarisiert sowie gegebenenfalls auch rechtlich schützt und darüber hinaus die dokumentierten und anschließend ausgegrabenen – und damit zerstörten – Befunde sowie das bekannt gewordene Fundmaterial in Ortsakten erfasst. In der Stadtarchäologie geschieht dies im Rahmen sogenannter archäologischer Stadtkataster, die für jede Parzelle Verweise auf die wesentlichen verfügbaren archäologischen Informationen beinhalten und

5 Schlesinger, Archäologie 1974.

6 Irsigler, Mittelalterarchäologie 1995, S. 220.

7 Steuer, Entstehung 1997/98.

8 Steuer, Mittelalterarchäologie 2013.

mithilfe von Geoinformationssystemen topographisch fixieren, indem sie sowohl noch vorhandene historische Bausubstanz, wie Kelleranlagen oder Parzellenmauern, als auch Grabungsunterlagen und erhobene Fundkomplexe verzeichnen. Zudem wird der Grad der Zerstörung archäologischer Substanz festgehalten, um so die Voraussetzungen für eine denkmalpflegerisch verträgliche Stadtplanung zu schaffen bzw. archäologische Schutzzonen zu definieren und auszuweisen. Derartige Kataster sind mittlerweile für zahlreiche Städte – vornehmlich in Baden-Württemberg, Nordrhein-Westfalen und den neuen Bundesländern, aber auch in Frankreich sowie Österreich – erstellt worden oder sie sind in Bearbeitung und umfassen im Idealfall nicht nur Informationen aus den Archiven der Denkmalpflege, sondern auch Hinweise aus den städtischen Bauakten, ferner Erwähnungen aus der schriftlichen Überlieferung (etwa aus Urkunden, Steuerlisten, Stadtrechnungen) und gegebenenfalls Verweise auf historische Bildquellen und Pläne.

Inventare einer archäologischen Landesaufnahme sind auch für den ländlichen Raum erstellt worden und werden ständig aktualisiert. Diese umfassen für den Zeitraum von Mittelalter und Früher Neuzeit nicht nur Hinweise auf Ortswüstungen, Kirchen und Klöster, Siechenhäuser, Bestattungs- und Richtplätze, Burgen und Herrensitze, Landwehren und Schanzen sowie ferner Einzel- und Schatzfunde, sondern können – wie ein exemplarischer Blick in die Ortsakten des Rheinischen Landesmuseums Trier zeigt – auch Hinweise auf Mühlen, historische Teichanlagen, Brücken, Flurrelikte wie Wölbäcker, Ackerterrassen oder Weinbergsmauern, Kelterhäuser und Schafspferche, Zeugnisse historischen Bergbaus, darunter Steinbrüche, Stollen, Pingen und Halden, Relikte von Mühlsteinabbau, Glas-, Töpfer- und Kalköfen, Schlackenplätze, Meilerstandorte, Flachsrösten und Mergelgruben, schließlich auch Grenzsteine, Altstraßen und Hohlwegbündel enthalten.

Dokumentierte Bodenaufschlüsse und dort entnommene Pollenprofile lassen kulturlandschaftliche Prozesse wie Wüstungsvorgänge erkennen, die sich in einer Zunahme an Waldanzeigern manifestieren, aber auch gegenläufige Ausbauphasen und das anschließende Vordringen von Kulturpflanzen. Als nichtintendierte Nebenfolgen von damit verbundenen ausgedehnteren Rodungen und Abholzungen werden Erosionsvorgänge fassbar, die aufgrund datierender Funde auch zeitlich einzuordnen sind. Weitere Bestandteile bodendenkmalpflegerischer Inventare sind häufig Luftbildaufnahmen, die auffällige Bewuchsmerkmale über Bodendenkmälern sichtbar machen und mittlerweile allgemein eingesetzte Airborne Laserscannings, die auch in bewaldeten Regionen zur Anwendung gelangen und nach dem rechnerischen Herausfiltern des Bewuchses selbst unscheinbare archäologische Strukturen zutage fördern.

Neben den Möglichkeiten, die derartige Inventare, aber auch großflächige Prospektionen für die landesgeschichtliche Forschung eröffnen, ist zugleich auf ihre Grenzen hinzuweisen, denn vielerorts kann die archäologische Denkmalpflege nicht forschungsbasiert agieren, sondern muss lediglich auf drohende Bodeneingriffe reagieren. Dadurch bedingte kleinflächige Untersuchungen fördern oftmals nur Ausschnitte von Befunden zutage, deren Interpretation schwierig bzw. manchmal auch gar nicht möglich ist und die viele wünschenswerte Aussagen auf einer derartigen Quellenbasis nicht zulassen; zudem haben jüngere Bodeneingriffe ältere Befunde häufig überprägt oder zerstört und erschweren so ihre Deutung. Festzuhalten ist aber auch, dass viele Bodendenkmäler erst in den letzten Jahrzehnten entdeckt wurden, was nicht zuletzt mit geänderten Strategien in der Bodendenkmalpflege zusammenhängt: Große öffentliche Bauvorhaben wie Straßen- und Eisenbahntrassen oder Ferngasleitungen, aber auch die Ausweisung ausgedehnter Gewerbeparks und Neubaugebiete haben im Vorfeld zum Einsatz verschiedener Prospektionsmethoden und anschließenden Ausgrabungen geführt. Als zerstörungsfreie Untersuchungen werden neben der traditionellen Begehung mit Fundverkartung geophysikalische Messungen zum Nachweis von Siedlungsstrukturen durchgeführt. Mithilfe eines Netzes von Baggerschnitten lassen sich hingegen versiegelte Befunde feststellen, die durch andere Prospektionen nicht erkannt werden können, etwa in Flussniederungen anzutreffende Siedlungsreste, die teilweise von meterhohen Kolluvien versiegelt wurden. Generell gilt die Beobachtung, dass in den Altsiedellanden auf einer mehrere Hektar großen Fläche nahezu immer irgendwelche Hinweise auf anthropogene Eingriffe unterschiedlicher Zeitstellung nachgewiesen werden können und seien es lediglich Drainagegräbchen von Ackerfluren. Auf Grundlage derartiger großflächiger Untersuchungen lassen sich Kulturlandschaften und ihr Wandel im Laufe der Zeit exemplarisch nachvollziehen, wobei eine Auswertung idealerweise unter Hinzuziehung von Schriftzeugnissen bzw. Altkarten und Erkenntnissen anderer Fächer wie der Orts- und Flurnamenforschung oder der historischen Siedlungsgeographie erfolgt.

Ausgrabungen einzelner Bodendenkmäler und ihre Auswertung, aber auch synthesenhafte archäologische Untersuchungen zu einzelnen Denkmälergruppen, Siedlungskammern oder Fundgattungen haben unser Wissen zu raumbezogenen Fragestellungen in zahlreichen Bereichen erweitert: Sie werden seit den Siebzigerjahren zunächst für die Mittelalterarchäologie und nun auch die Archäologie der Neuzeit bis heute vor allem mit den Themenfeldern ländliche und städtische Siedlungen, Burgen und Pfalzen, Bestattungsplätze und geistliche Institutionen, Produktionsstätten und Sachgut umschrieben.[9] Auch wenn sich die Interpretationen womöglich ändern, haben die Befund- und Materialvorlagen dauerhafte Relevanz, weshalb immer deutlich zwischen der Dokumentation und ihrer Auswertung zu trennen ist.

9 Vgl. etwa Jankuhn, Archäologie 1970; Steuer, Mittelalterarchäologie 2013.

# 3 Einzelaspekte landesgeschichtlicher Erkenntnisse durch die Archäologie

## 3.1 Hiatus und Kontinuitäten

Unbestritten sind die enormen Leistungen der Archäologie für das Wissen über die Zeit des Übergangs zwischen Antike und Mittelalter, wobei die Forschung je nach Sichtweise entweder die Brüche oder die Transformation betont. In den nordwestlichen Provinzen des Imperium Romanum hat sie allenthalben für das fortgeschrittene 5. sowie das 6. Jahrhundert den Nachweis deutlicher Einschnitte im Siedlungsgefüge von Stadt und Land erbracht. Als Beispiel sei die Moselregion angeführt: In der ehemaligen Kaiserresidenz Trier etwa blieben nach mehreren fränkischen Plünderungen während der ersten Hälfte des 5. Jahrhunderts nur der Dombereich um die während des 6. Jahrhunderts restaurierte Doppelkirchenanlage und die an der Moselbrücke gelegenen Barbarathermen durchgängig bewohnt. Es hat den Anschein, als ob die übrige Ruinenstadt für mehrere Generationen gemieden wurde und die Bevölkerung stattdessen in der umliegenden Talweite lebte. Auch auf dem Land ist ein deutlicher Rückschritt der Siedlungen im Vergleich zur mittleren römischen Kaiserzeit erkennbar. Pollendiagramme zeigen eine Wiederbewaldung in Teilen von Eifel und Hunsrück zunächst durch das Vordringen der Birke und dann der Buche an. Dennoch werden ebenso Kontinuitäten deutlich, wenn etwa die seit der mittleren Kaiserzeit durchgängig bezeugte *vitis vinifera* auf eine fortdauernde Weinproduktion an der Mosel verweist. Seit der Spätantike weiter genutzte Bestattungsplätze sind auf entsprechende Siedlungskammern zu beziehen. Anders als lange Zeit angenommen, ist es aber kaum möglich, aufgrund archäologischer Funde wie Grabausstattungen und Kleidungsbestandteilen einheimische romanische von neu hinzugezogenen germanischen Bevölkerungsgruppen zu unterscheiden, da es offenbar zu einer vergleichsweise raschen Angleichung im Habitus kam.

## 3.2 Frühdatierungen

Korrekturen geschichtswissenschaftlicher Forschungsmeinungen erfolgten mit der Frühdatierung historischer Phänomene deutlich vor dem Einsetzen einer schriftlichen Überlieferung: Galt die kleinflächige Burganlage lange Zeit als Resultat hochmittelalterlicher Emanzipationsprozesse des Adels, hat die Archäologie den Nachweis erbracht, dass dieser Vorgang schon spätestens mit der Krise karolingischer Herrschaft einsetzt. Die als frühmittelalterliche technische Innovation gefeierte Wassermühle ist, wie mittlerweile zahlreiche Ausgrabungsbefunde zutage gefördert haben, vielmehr bereits seit frührömischer Zeit flächendeckend etabliert worden und somit Ausdruck einer weite Lebensbereiche umfassenden Romanisierung. Und das als Musterfall einer Gründungsstadt angesehene Lübeck konnte den Ergebnissen der Stadtarchäologie zufolge an eine komplexe slawische Vorgängersiedlung anknüpfen. Die Beispiele ließen sich fortführen.[10]

## 3.3 Siedlungsarchäologie

Bedeutende Ergebnisse der Archäologie betreffen die Entwicklung ländlicher Siedlungen und urbaner Zentren: Einige Vertreter der landesgeschichtlichen Forschung sehen die Dorfgenese eng mit der Herausbildung der hochmittelalterlichen Dorfgemeinde verbunden. Hingegen sind eine Reihe frühmittelalterlicher Siedlungen ergraben worden, deren geschlossene Bauweise für zeitgleich bis zu zweihundert und mehr Bewohner – wie Auswertungen etwa des dazugehörigen Reihengräberfeldes im Fall von Rübenach, Kreis Koblenz, ermittelt haben – die Archäologie ebenfalls von Dörfern sprechen lässt. Ihre Bauwerke wurden nun allgemein wie in der für die kaiserzeitliche Germania Magna rechts des Rheins typischen Holzbauweise errichtet. Wesentliche Bestandteile bildeten Pfosten- und Speicherbauten sowie Grubenhäuser und -hütten. Wegeführungen, Einzäunungen und gelegentlich nachgewiesene Brunnen vervollständigen das Siedlungsbild. Zumeist waren die Standorte dieser Dörfer zunächst noch nicht von dauerhafter Natur, sondern wanderten innerhalb einer Gemarkung. Mit der Errichtung von Kirchen und der Herausbildung eines flächendeckenden Netzes von Pfarreien seit karolingischer Zeit blieben die Standorte dann zunehmend stabil und orientierten sich an den Oratorien.[11]

Die seit Wilhelm Abel postulierte spätmittelalterliche Wüstungsphase ländlicher Siedlungen lässt sich mithilfe der schriftlichen Überlieferung allerdings selten einmal so gut fassen wie für die Birkenfelder Besitzungen der Grafen von Sponheim, wo ein Güterverzeichnis von 1438 mit der Erwähnung zahlreicher aufgelassener oder teilweise wüst gefallener Dörfer und Ortschaften im Vergleich mit einer rund sechzig Jahre älteren Einwohnerliste einen Bevölkerungsrückgang um rund die Hälfte anzeigt. Archäologische Untersuchungen an untergegangenen Siedlungen haben indessen gezeigt, dass ihre Auflassung nicht zwingend im 14./15. Jahrhundert – wie man annahm – erfolgt sein muss, sondern auch zu einem früheren oder späteren Zeitpunkt stattgefunden haben konnte. Folglich ist hinsichtlich der generalisierenden Annahme einer unter anderem als Reaktion auf Pestepidemien und Kleine Eiszeit vermuteten Landflucht Vorsicht geboten, da durchaus nach Landschaften differenziert werden muss und zudem die Ursachen für die Aufgabe von Siedlungen häufig sehr komplex sind, da sie sich teilweise über längere Zeiträume erstreckten und zu allen Zeiten stattgefunden haben.

---

**10** Vgl. mit anderen Beispielen Steuer, Archäologie 2009.
**11** Schreg, Dorfgenese 2006.

Zahlreich sind die archäologischen Erkenntnisse zum mittelalterlichen und frühneuzeitlichen Städtewesen. Im Zuge der partiell nach den Zerstörungen des Zweiten Weltkriegs einsetzenden und vielerorts seit den 1980er Jahren intensivierten Stadtkernforschungen standen anfangs das Fortleben urbaner Zentren aus älteren (antiken bzw. slawischen) Wurzeln bzw. ihre Anfänge im Fokus der Ausgräber. Andere Themenfelder der Stadtkernarchäologie bildeten im Folgenden der weitere Ausbau mittels Stadterweiterung und Siedlungsverdichtung und in diesem Kontext die Entwicklung von Parzellenstrukturen, die Phasen und der Verlauf von Stadtbefestigungen, Ausgrabungen von Marktplätzen und Hafenanlagen sowie die Herausarbeitung von Gewerbetopographien. In jüngerer Zeit finden vermehrt archäologische Untersuchungen zu jüdischen Wohnbereichen einschließlich dortiger Kultbauten statt und nehmen das Mit- und Nebeneinander von Christen und Stadtbewohnern mosaischen Glaubens in den Blick. Skeptischer als noch vor wenigen Jahren ist die Archäologie hinsichtlich der Aussagemöglichkeiten von Kleinfunden zur sozialen Schichtung der städtischen Bevölkerung vor dem Hintergrund der Erkenntnis, dass auf einem Grundstück oft unterschiedliche Bevölkerungsgruppen (u.a. zur Miete oder als Knechte und Mägde in anderen Haushalten) lebten und Brunnen und Latrinen häufig gemeinsam bzw. sogar von mehreren angrenzenden Parzellen aus genutzt wurden.

## 3.4 Burgenarchäologie

Bei Wehranlagen gerieten neben ihren jeweiligen Anfängen sowie bauhistorischen Veränderungen und infrastrukturellen Ausstattungen im Laufe der Zeit zunehmend Aspekte ihrer Multifunktionalität in den Blick, darunter die Rolle von Burgen und Pfalzen als Zentren landwirtschaftlicher sowie handwerklich-gewerblicher Produktion sowohl innerhalb der Anlagen, ihren Vorburgen als auch im unmittelbaren Umland. Andere Arbeiten untersuchen auf Grundlage baulicher Befunde und des Fundmaterials das Leben von Frauen und Kindern auf Burgen oder gehen archäologischen Hinweisen von Freizeitaktivitäten und Formen der Repräsentation (Spiel, Fest und Jagd) nach. Entgegen optimistischer Annahmen, im Fundspektrum ließe sich auch eine soziale Differenz von Fürsten, Niederadeligen und Ministerialen nachweisen, ist vielmehr deutlich geworden, dass sich das Erscheinungsbild dieser Gruppe der Reiterkrieger in einer weitgehend einheitlichen Sachkultur spiegelt.

## 3.5 Kirchenarchäologie

Auch in der Kirchenarchäologie interessierten zunächst Fragen nach den Anfängen der Kirchenbauten. Wurden in der Vergangenheit in den Landschaften westlich des Rheins und südlich der Donau frühe Befunde oftmals in die Spätantike datiert, ist die jüngere Forschung hier in vielen Fällen mittlerweile zurückhaltender und plädiert mit guten Gründen für frühmittelalterliche Zeitstellungen. Eine allerdings noch nicht vollständig publizierte berühmte Ausnahme bildet die Kaiserresidenz Trier mit spätantiker Doppelkirchenanlage und früher Vorgängerkirche sowie einer *extra muros* gelegenen Coemeterialbasilika der christlichen Gemeinde. Schwierigkeiten bereitet bei zahlreichen Beispielen, in denen Kirchen antike Baustrukturen vorzugsweise von aufgelassenen Thermenanlagen nutzten, die Datierung des Zeitraums, ab dem ein Hallenbau für liturgische Handlungen verwendet wurde, da hierauf verweisende Einbauten, wie Ambo oder Chorschranken oftmals nicht nachgewiesen werden können oder zeitlich vergleichsweise spät einzuordnen sind. Andernorts waren frühmittelalterliche Kirchen, die (noch) keinen Reflex in der schriftlichen Überlieferung gefunden hatten, oftmals aus Holz gebaut und haben sich archäologisch vielfach unter den jüngeren Steinphasen nachweisen lassen. Beispiele im ländlichen Raum werden mit guten Gründen als Eigenkirchen eines Grundherrn interpretiert, wobei einzelne prominente Grablegen im Kircheninnern als Stiftergräber angesprochen werden. Kirchengrabungen haben – wie im Fall der Stadtkirche St. Dionysius in Esslingen – zur nahezu vollständigen Untersuchung des Kirchenschiffes, aber auch des dieses umgebenden Friedhofs geführt. Klostergrabungen (Reichenau, Frauenchiemsee) haben unsere Kenntnis zur Klausur und den funktionalen Strukturen, etwa hinsichtlich handwerklicher Produktionsstätten und Wasserver- sowie -entsorgung, wesentlich erweitert.[12]

## 3.6 Produktion, Verbreitung, Handel und Mobilität: Aussagemöglichkeiten archäologischer Sachkultur

Zahlreiche archäologische Arbeiten beschäftigen sich mit gewerblichen Produktionsstätten, den Erzeugnissen und ihrer Distribution. Wichtige Erkenntnisse sind in diesem Kontext etwa zur Keramik- und Glasherstellung erzielt worden. Auch die archäologische Untersuchung von mittelalterlichen und frühneuzeitlichen Montanrevieren – etwa im Schwarzwald – hat in den letzten Jahrzehnten große Fortschritte gemacht. Mithilfe der Bodenfunde bleierner Tuchplomben, die von städtischen oder landesherrlichen Behörden an zuvor beschaute Textilballen geschlagen wurden, lassen sich sowohl die in eine Stadt oder Region importierten Tuche als auch die Ausstrahlung einzelner Textilzentren rekonstruieren. Derartige seit dem 13. Jahrhundert verwendete Siegel zeigten mittels Wappen und Umschrift den Herstellungsort an und garantierten dem Käufer eine dem Siegelbild zu entnehmende Qualität.[13] Im Rahmen der Stadtarchäologie sind – vor allem seit dem Einsatz von Metalldetek-

12 Krohn u.a., Kirchenarchäologie 2010.

13 Hittinger, Tuchplomben 2008.

toren – hunderte derartiger Zeugnisse bei Ausgrabungen gefunden worden. Münzfunde wiederum lassen sich in vielerlei Hinsicht landesgeschichtlich auswerten: Schatzfundhorizonte – also das Auftreten mehrerer Schatzfunde mit dem durch ihre Schlussmünzen angezeigten gemeinsamen Verbergungszeitraum – sind auf krisenhafte Ereignisse wie Kriege oder Pogrome und ihre Verbreitung bzw. Auswirkung zu beziehen. Die Auswertung in Kirchen verloren gegangener Kleinmünzen zeigt das Spektrum umgelaufener Währungen an. Die Kartierung von Prägungen einer Münzstätte kann ihre regionale Ausstrahlung, aber auch Fernhandelsbeziehungen spiegeln. Funde von Pilgerabzeichen aus Blei oder der berühmten aus Santiago di Compostela stammenden Jakobsmuscheln, welche die Pilger am Wallfahrtsort erwarben und am Hut oder Mantel befestigten, verweisen auf den Einzugsbereich der jeweiligen Heiligenverehrung. Vielfältig sind schließlich auch immer wieder archäologische Zeugnisse, die auf die Mobilität von Einzelpersonen oder Gruppen verweisen. Hierbei handelt es sich um für den Auffindungsort ungewöhnliche Artefakte, sogenanntes archäologisches Fremdgut, das mit seinen Trägern – etwa als metallener Kleidungsbestandteil – in eine von seinem Herkunftsgebiet entfernte Region mitgebracht wurde und dort verblieb.

## 3.7 Naturwissenschaftliche Erkenntnismöglichkeiten

Bei der Auswertung ihrer Ausgrabungen bedient sich die archäologische Forschung einer ganzen Reihe naturwissenschaftlicher Disziplinen. Paläobotanische Pollenanalysen belegen beispielsweise in einzelnen Landschaften einen deutlichen Rückgang des bei nasskalten Sommern besonders pilzanfälligen Weizens zugunsten robusterer Getreidesorten als Reaktionen auf die klimatischen Veränderungen des Spätmittelalters, aber etwa auch das in den Eifelmaaren nachgewiesene Auftreten des aus der asiatischen Steppe eingeführten Buchweizens als Getreideersatz während des 13. Jahrhunderts. Die Untersuchung pflanzlicher Makroreste aus städtischen Latrinen kann hingegen den Nachweis importierter Obst- und Gewürzsorten wie Feige und Pfeffer zutage fördern. Archäozoologische Auswertungen von mittelalterlichen Tierknochen belegen einen deutlichen Rückgang der Risthöhen von Nutztieren wie Pferden, Rindern, Schweinen und Hühnern seit der Antike, deren Größen erst wieder im Verlauf der Neuzeit erreicht wurde. Dieses allgemeine Phänomen ist mit einem Verlust züchterischen Fachwissens erklärt worden. Aber auch das Auftreten von neuen Tierarten, wie dem aus dem Mittelmeerraum im Hochmittelalter eingeführten Kaninchen oder der Nachweis des domestizierten Karpfens als Hinweis auf eine seit dem 12. Jahrhundert intensivierte Teichwirtschaft, lässt sich anhand von Tierresten aus Siedlungsgrabungen nachweisen. Anthropologische Beobachtungen an Skeletten ergeben nicht nur Aussagen zu Geschlecht, Alter und gegebenenfalls pathologischen Auffälligkeiten, die etwa auf Lepra verweisen können, sondern sie lassen mittlerweile mittels Isotopenanalysen auch Feststellungen über dominante Nahrungsanteile oder mögliche Herkunftsregionen zu, in denen die Verstorbenen aufgewachsen waren.

## 4 Interdisziplinäre Arbeiten von Archäologen und Landeshistorikern

Eine möglichst weitreichende Annäherung an historische Phänomene ist mithilfe der Auswertung jeweils aller aussagekräftigen Quellen gegeben. Nach wie vor sind aber disziplinenübergreifende Untersuchungen mit landesgeschichtlicher Ausrichtung – obwohl immer wieder gefordert – die Ausnahme. Wenn, dann sind es eher Archäologen, welche die publizierte schriftliche Überlieferung einbeziehen. So konnte Verena Kaufmann, die in ihrer Arbeit minutiös mehrere zehntausend Funde einer spätmittelalterlichen Glaswerkstatt in Windsheim auswertete und dabei die Produktpalette und Herstellungsprozesse rekonstruierte, mithilfe der urkundlichen und seriellen städtischen Überlieferung die Inhaberfamilie des Betriebes ausfindig machen und ihre soziale Einordnung rekonstruieren.[14] Matthias Fröhlich gelang die Identifizierung einer von ihm ausgegrabenen kleinen Burganlage in einem Silberbergbaurevier und ihrer Besitzer aus dem Freiburger Bürgertum.[15] In beiden Fällen war es möglich, archäologische Befunde konkreten Personengruppen zuzuweisen. Damit wird die immer wieder formulierte Einschätzung, archäologische Untersuchungen förderten lediglich Erkenntnisse zu anonymen Menschen zutage, positiv relativiert.

Mustergültig im südwestdeutschen Raum war die personalisierte Zusammenarbeit landesgeschichtlicher Forschung mit der Archäologie, die sich etwa in gemeinsam von Sönke Lorenz und Barbara Scholkmann herausgegebenen Sammelbänden spiegelt. Vorbildhaft wirkt aber vor allem der 1984 von den Archäologen Hans Ulrich Nuber und Heiko Steuer sowie den Historikern Karl Schmid und Thomas Zotz gegründete Freiburger Forschungsverbund „Archäologie und Geschichte des ersten Jahrtausends in Südwestdeutschland", der mittlerweile auch hoch- und spätmittelalterliche Arbeitsfelder berücksichtigt.[16] Er ist epochenübergreifend interdisziplinär arbeitend ausgelegt und operiert mit einem bewusst weit gefassten offenen Raumbegriff. Das in zahlreichen Projekten, Tagungen und zwei eigenen Publikationsreihen angegangene Themenspektrum umfasst die Siedlungsgeschichte seit der Antike, darunter den Typus der Höhensiedlungen beiderseits des Rheins im 4. und 5. Jahrhundert, den früh- und hochmittelalterlichen Landes-

14 Kaufmann, Funde 2010, S. 472–474.
15 Fröhlich, Burg 2013, S. 51–111.
16 Schmid, Begründung 1990.

ausbau, den Burgenbau, Herrschaftsformen von Königtum, Episkopat und Adel, das Montanwesen sowie die Stadtforschung. Immer wieder sind die Arbeiten auch einzelner Autoren ausdrücklich als historisch-archäologische bzw. archäologisch-historische Studien gekennzeichnet.

Gelegentlich lassen die Aussagemöglichkeiten archäologischer und schriftlicher Quellen erst in ihrer Zusammenschau allgemeine Phänomene deutlich werden. So ist Ausgrabungsbefunden in den einstigen nordwestlichen Provinzen des Imperium Romanum vielerorts ein Überdauern antiker Baureste noch über ein Jahrtausend nach dem Untergang des Weltreiches, aber auch ihr endgültiger Abriss an der Wende zum Spätmittelalter aufgrund eines allgemeinen demographischen Aufschwungs und einer Versteinerung der Bauweise zu entnehmen. Aus früh- und hochmittelalterlichen Schriftzeugnissen, insbesondere der historiographischen und hagiographischen Überlieferung werden hingegen Formen einer zeitgleichen Wahrnehmung und Auseinandersetzung mit den heidnisch-antiken Relikten erkennbar, die unter anderem als sichtbare Zeugnisse eines ehrwürdigen Alters in Gründungsmythen von Städten und geistlichen Institutionen eingebaut werden, deren Vernichtung aber auch in Form von Ruinenklagen bedauert werden kann.[17] In Einzelfällen finden sich auch einmal konkrete Hinweise aus Überresten beider Disziplinen zu einem Phänomen: So beschreibt ein Wunderbericht der *Miracula sanctae Verenae* aus dem Beginn des 11. Jahrhunderts die Restaurierung der baufälligen Kirche zu Zurzach (im heutigen schweizerischen Kanton Aargau), wobei benötigtes Baumaterial aus dem Rhein geborgen wird, weil die ortsansässige Bevölkerung eine Stelle im Fluss kennt, an der antike, mit figuralen Darstellungen und Inschriften versehene Steinquader liegen. Ansprechend ist die in dem Mirakel geäußerte Vermutung, der Fund stamme von einer untergegangenen Schiffsladung, denn „Inschriften sind im Wasser zu nichts nutze". Dabei handelt es sich wohl um eine spätantike Lieferung aus dem nicht weit entfernten Vindonissa (Windisch) für die Befestigungsmauern des nahe gelegenen römischen Kastells. Die archäologischen Untersuchungen im Münster von Zurzach haben eine weitere Angabe der hagiographischen Quelle bestätigt, die Steine seien in den Fundamenten der Kirche verbaut worden, denn hier fanden sich antike Spolien, deren Kanten durch die lange Lagerung im Fließgewässer deutlich abgerundet waren.[18] So zeigen diese Ausführungen, wie fruchtbar bei entsprechender Überlieferungschance eine interdisziplinäre landesgeschichtliche Arbeit von Historikern und Archäologen sein kann.

**17** Clemens, Tempore 2003.
**18** Clemens, Ruinen 2014, S. 133f.

# Literatur

Clemens, Lukas: Römische Ruinen im Mittelalter. Archäologie und Geschichte. In: Brather, Sebastian/Nuber, Hans Ulrich/Steuer, Heiko/Zotz, Thomas (Hrsg.): Antike im Mittelalter. Fortleben, Nachwirken, Wahrnehmung. 25 Jahre Forschungsverbund „Archäologie und Geschichte des ersten Jahrtausends in Südwestdeutschland". Ostfildern 2014 (Archäologie und Geschichte, 21), S. 123–140.

Clemens, Lukas: Tempore Romanorum constructa. Zur Nutzung und Wahrnehmung antiker Überreste nördlich der Alpen während des Mittelalters. Stuttgart 2003 (Monographien zur Geschichte des Mittelalters, 50).

Fehring, Günter P.: Einführung in die Archäologie des Mittelalters. Darmstadt 1987. Stuttgart ³2000.

Felgenhauer-Schmiedt, Sabine: Die Sachkultur des Mittelalters im Lichte der archäologischen Funde. Frankfurt a.M. u.a. 1995 (Europäische Hochschulschriften. Reihe 38, 42).

Fröhlich, Matthias: Burg und Bergbau im südlichen Schwarzwald. Die Ausgrabungen in der Burg am Bikenberg (Gde. Bollschweil-St. Ulrich). Ostfildern 2013 (Archäologie und Geschichte, 21).

Hittinger, Dieter: Tuchplomben. Warenzeichen des späten Mittelalters und der Neuzeit aus dem norddeutschen Küstengebiet. Aachen 2008 (Berichte aus der Geschichtswissenschaft).

Irsigler, Franz: Mittelalterarchäologie in Zentraleuropa aus der Sicht des Historikers. In: Fehring, Günter P./Sage, Walter (Hrsg.): Mittelalterarchäologie in Zentraleuropa. Zum Wandel der Aufgaben und Zielsetzungen. Köln/Bonn 1995 (Zeitschrift für Archäologie des Mittelalters. Beiheft 9), S. 217–224.

Jankuhn, Herbert: Archäologie und Landesgeschichte. In: Droege, Georg/Schöller, Peter/Schützeichel, Rudolf/Zender, Matthias (Hrsg.): Landschaft und Geschichte. Festschrift für Franz Petri zu seinem 65. Geburtstag am 22. Februar 1968. Bonn 1970, S. 299–311; ND in: Fried, Pankraz (Hrsg.): Probleme und Methoden der Landesgeschichte. Darmstadt 1978 (Wege der Forschung, 492), S. 370–389.

Jankuhn, Herbert/Wenskus, Reinhard (Hrsg.): Geschichtswissenschaft und Archäologie. Untersuchungen zur Siedlungs-, Wirtschafts- und Kirchengeschichte. Sigmaringen 1979 (Vorträge und Forschungen, 22).

Kaufmann, Verena: Archäologische Funde einer spätmittelalterlichen Glaserwerkstatt in Bad Windsheim. Handwerk, Handel und Geschichte. Bad Windsheim 2010 (Quellen und Materialien zur Hausforschung in Bayern, 14).

Krohn, Niklot u. Alemannisches Institut Freiburg i. Br. e.V. (Hrsg.): Kirchenarchäologie heute. Fragestellungen – Methoden – Ergebnisse. Darmstadt 2010 (Veröffentlichungen des Alemannischen Instituts Freiburg i. Br., 76).

Schlesinger, Walter: Archäologie des Mittelalters in der Sicht des Historikers. In: Zeitschrift für Archäologie des Mittelalters 2 (1974), S. 7–31.

Schmid, Karl: Begründung und Zielsetzung des Forschungsvorhabens. In: Nuber, Hans-Ulrich/Schmid, Karl/Steuer, Heiko/Zotz, Thomas (Hrsg.): Archäologie und Geschichte des ersten Jahrtausends in Südwestdeutschland. Sigmaringen 1990 (Archäologie und Geschichte, 1), S. 9–27.

Scholkmann, Barbara: Das Mittelalter im Fokus der Archäologie. Stuttgart 2009 (Sonderheft 2009 PLUS der Zeitschrift „Archäologie in Deutschland").

Schreg, Rainer: Dorfgenese in Südwestdeutschland. Das Renninger Becken im Mittelalter. Stuttgart 2006 (Materialhefte zur Archäologie in Baden-Württemberg, 76).

Steuer, Heiko: Archäologie und Geschichte. Die Suche nach gemeinsam geltenden Benennungen für gesellschaftliche Strukturen im Frühmittelalter. In: Bihrer, Andreas/Kälble, Mathias/Krieg, Heinz (Hrsg.): Adel und Königtum im mittelalterlichen Schwaben. Festschrift für Thomas Zotz zum 65. Geburtstag. Stuttgart 2009, S. 3–27.

Steuer, Heiko: Entstehung und Entwicklung der Archäologie des Mittelalters und der Neuzeit in Mitteleuropa – auf dem Weg zu einer eigenständigen Mittelalterkunde. In: Zeitschrift für Archäologie des Mittelalters 25/26 (1997/98), S. 19–38.
Steuer, Heiko: Ohne Mittelalterarchäologie keine Landesgeschichte. In: Bauer, Dieter R./Mertens, Dieter/Setzler, Wilfried (Hrsg.): Netzwerk Landesgeschichte. Gedenkschrift für Sönke Lorenz. Ostfildern 2013 (Tübinger Bausteine zur Landesgeschichte, 21), S. 193–231.
Wenskus, Reinhard: Randbemerkungen zum Verhältnis von Historie und Archäologie, insbesondere mittelalterlicher Geschichte und Mittelalterarchäologie. In: Jankuhn, Herbert/Wenskus, Reinhard (Hrsg.): Geschichtswissenschaft und Archäologie. Untersuchungen zur Siedlungs-, Wirtschafts- und Kirchengeschichte. Sigmaringen 1979 (Vorträge und Forschungen, 22), S. 637–657.
Werner, Joachim/Ewig, Eugen (Hrsg.): Von der Spätantike zum frühen Mittelalter. Aktuelle Probleme in historischer und archäologischer Sicht. Sigmaringen 1979 (Vorträge und Forschungen, 25).

Andreas Rutz

# Landesgeschichte in Europa. Traditionen – Institutionen – Perspektiven

Die Geschichte von Räumen mittlerer Größe, also von Regionen, Landschaften, Ländern, Territorien, Provinzen, Bezirken usw., wird in allen Teilen Europas in unterschiedlicher Ausformung und Intensität betrieben. Ein gemeinsamer, in die diversen Sprachen zu übersetzender Begriff zur Kennzeichnung dieser Forschungsrichtung fehlt. Jedes europäische Land und viele Regionen in Europa haben diesbezüglich eigene historiographische Traditionen und Institutionen ausgebildet. Gemein ist ihnen die Fokussierung auf einen mehr oder weniger klar begrenzten Raum unterhalb der gesamt- bzw. nationalstaatlichen Ebene, zumeist angelehnt an politische, kirchliche oder verwaltungstechnische Einheiten, geographisch bestimmte Formationen, durch bestimmte Strukturen oder Phänomene geprägte Regionen (Wirtschaft, Sprache, Kultur usw.) oder mental konstruierte Geschichtslandschaften. Eine genaue Abgrenzung zur Geschichte kleiner Räume, etwa der Stadt- und Ortsgeschichte oder der Mikrogeschichte, ist nicht möglich. Vielmehr finden sich in der Forschungspraxis und der methodischen Diskussion vielfältige Überschneidungen und Kongruenzen. Zumindest die Stadt- und Ortsgeschichte wird in der Regel als integrativer Teil der Landesgeschichte verstanden. Ohne die unterschiedlichen Zugriffe bei der Erforschung von Räumen mittlerer Größe in Europa begrifflich in eins setzen und methodische Differenzen überdecken zu wollen, wird im Folgenden der Terminus ‚Landesgeschichte' als Sammelbegriff für die betreffenden Forschungen verwandt. Zunächst sollen in einem Überblick die Traditionen und Institutionen landesgeschichtlicher Forschung in den verschiedenen europäischen Staaten benannt werden (1). Angesichts der Vielfalt der Entwicklungen muss derselbe notwendigerweise kursorisch ausfallen. Anschließend werden Perspektiven für eine europäisch ausgerichtete Landesgeschichte aufgezeigt (2).

## 1 Traditionen und Institutionen

Eine regionale Geschichtsschreibung entwickelte sich in vielen europäischen Ländern bereits in der Vormoderne. Bei allen Unterschieden im Detail lassen sich dabei mehrere vergleichbare Formen mit gemeinsamer historiographischer Tradition identifizieren. Zu nennen sind bereits seit dem Mittelalter Werke der Dynastie- und Territorialgeschichte sowie der Diözesangeschichtsschreibung, die Landesbeschreibungen humanistischer Provenienz und die staatenkundlichen Abhandlungen des 17. und 18. Jahrhunderts. Die jüngeren Ausprägungen der wissenschaftlichen Landes-

https://doi.org/10.1515/9783110354188-006

geschichte seit dem 19. Jahrhundert sind dagegen eher heterogen. Eine gemeinsame Problemstellung der unterschiedlichen Ansätze liegt aber in der notwendigen Bestimmung des Verhältnisses von regionaler und gesamtstaatlicher bzw. nationaler, wenn nicht europäischer und globaler Ebene. Landesgeschichte kann nicht ausschließlich auf die regionale Ebene fokussieren, denn Letztere ist immer eingebunden in übergeordnete Strukturen und Prozesse, zu denen sich die lokalen und regionalen Akteure verhalten müssen, mit denen aber auch die strukturellen Bedingungen vor Ort in Beziehung stehen.

Aus dem je spezifischen Verhältnis von Region und Gesamtstaat ergeben sich in den verschiedenen Ländern Europas unterschiedliche historiographische Traditionen und inhaltliche Akzentuierungen von Landesgeschichte. So lässt sich grob zwischen Staaten mit einer föderalistischen bzw. weitgehend dezentralisierten und solchen mit einer zentralistischen Struktur und Tradition unterscheiden. Erstere weisen in der Regel eine institutionell und vielfach universitär verankerte landesgeschichtliche Forschung von beachtlicher Kontinuität auf, deren Erkenntnisziel die jeweilige Region als solche, ihre spezifische Eigenart und Entwicklung, ist. Einen wichtigen Referenzrahmen bilden dabei die Territorien der Vormoderne und die territorialstaatlichen Gliederungen des 19. und 20. Jahrhunderts. Nationale Gesichtspunkte spielen demgegenüber eine nachgeordnete Rolle. In zentralistisch organisierten Staaten, in denen eine eigenstaatliche Tradition auf regionaler Ebene nicht oder kaum vorhanden ist, weist die Landesgeschichte meist keinen entsprechenden Institutionalisierungsgrad auf, sieht man einmal von den auch dort in großer Vielfalt anzutreffenden lokalen und regionalen Geschichtsvereinen ab. Zugleich ist sie zumindest in ihrer akademischen Variante stärker auf den Gesamtstaat ausgerichtet, dient also eher als Exemplum für das Allgemeine denn als Forschungsobjekt sui generis. Eine dritte Gruppe von Ländern, auf die hier nicht näher eingegangen werden kann, bilden solche, die aufgrund ihrer vergleichsweise geringen Größe unterhalb der gesamtstaatlichen Ebene keine oder kaum nennenswerte Regionen ausgeprägt haben. Landes- und Nationalgeschichte fallen hier in gewisser Weise zusammen. Das historiographische Problem von Gesamtstaat und Region stellt sich dabei in einem umgekehrten Sinne, insofern sich die betreffenden Nationalgeschichten zur Geschichte der sie umgebenden Großregion positionieren müssen. Hierzu gehören etwa Luxemburg[1] oder die baltischen Länder Estland, Lettland und Litauen.[2]

1 Hendrickx, Westen 2000, S. 168–170; Pauly, Muschelkette 2007.

2 Hackmann, Peripherie 2012.

## 1.1 Landesgeschichte in Staaten mit föderalistischer Struktur und Tradition

Zu den Staaten mit einer ausgeprägt föderalistischen Struktur und Tradition zählt Deutschland, das eine alte und vielfältige landesgeschichtliche Forschungslandschaft aufzuweisen hat.[3] Sie setzt sich sowohl aus universitären und außeruniversitären Forschungseinrichtungen als auch einer breiten institutionellen Basis aus Archiven, Bibliotheken und Museen sowie landeshistorischen Kommissionen und regionalen und lokalen Geschichtsvereinen zusammen. Der Stellenwert der Landesgeschichte im Rahmen der allgemeinen Geschichtswissenschaft ist immer noch hoch, auch wenn die Disziplin ihre leitende Funktion, die sie insbesondere in der Mediävistik lange Zeit hatte, eingebüßt hat. Das zeigt sich unter anderem daran, dass aktuelle Fragestellungen der Sozial-, Alltags- und Kulturgeschichte zumeist auf der Grundlage von lokalen und regionalen Quellenbeständen bzw. landesgeschichtlich erarbeiteten Editionen diskutiert werden, ohne dass die betreffenden Wissenschaftlerinnen und Wissenschaftler eine besondere, auch längerfristig tragende Verbindung zu der jeweiligen Landesgeschichte hätten. Wilhelm Janssen hat in diesem Zusammenhang von einem „neuen Typus des Landeshistorikers wider Willen" gesprochen,[4] Miloš Řezník von einer „Regionalgeschichte mit Fragezeichen".[5] Dieses Phänomen ist freilich nicht nur in Deutschland, sondern in ganz Europa zu beobachten. Aufgabe der Landesgeschichte wäre es europaweit, diese Historiker stärker in die eigenen Aktivitäten einzubinden und für gemeinsame Projekte zu gewinnen. Umgekehrt sind Landeshistorikerinnen und -historiker tendenziell seltener an den übergreifenden Debatten der allgemeinen Geschichtswissenschaft beteiligt. Vor diesem Hintergrund ist die gegenwärtige methodische Selbstreflexion der deutschen Landesgeschichte unabdingbar. Hierzu gehört auch die Gründung der AG Landesgeschichte im Verband der Historiker und Historikerinnen Deutschlands 2012.[6]

Das föderal verfasste Österreich verfügt ebenfalls über eine lange, im 19. und weiten Teilen des 20. Jahrhunderts am deutschen Vorbild orientierte landesgeschichtliche Forschungstradition.[7] Die Landesgeschichte ist dort allerdings im Gegensatz zum Nachbarland kaum an den Universitäten institutionalisiert. Das 1923 gegründete Institut für geschichtliche Siedlungs- und Heimatkunde der Alpenländer an der Universität Innsbruck, das drittälteste Institut dieser Art nach Leipzig und Bonn, wurde

3 Buchholz, Landesgeschichte 1998; Historiographie régionale 2007; vgl. außerdem die Beiträge in diesem Band.

4 Janssen, Landesgeschichte 2000, S. 417.

5 Řezník, Überlegungen 2008, S. 94.

6 Hirbodian/Jörg/Klapp, Methoden 2015.

7 Berdah/Eßer/Moll/Pult Quaglia, Regional History 2009; Dopsch, Landes- und Regionalgeschichte 2011; Ammerer, Mikrogeschichte 2012.

nach 1945 nicht wiederbegründet, ein Lehrstuhl für Vergleichende Landesgeschichte bzw. seit 2014 Europäische Regionalgeschichte besteht lediglich in Salzburg. Gleichwohl betreiben zahlreiche Wissenschaftlerinnen und Wissenschaftler an den Universitäten entsprechende Forschungen. Wichtigste Stütze der Landesgeschichte in Österreich sind aber nach wie vor die Archive und Vereine. Als besonders zukunftsweisend dürfte sich eine jüngere Tendenz erweisen, Forschungsprojekte in grenzüberschreitender Zusammenarbeit mit den Nachbarn in Südtirol, Slowenien, Ungarn, Liechtenstein, der Schweiz und Bayern zu konzipieren. Auf diese Weise können die betreffenden historischen Räume jenseits der Nationalismen des 20. Jahrhunderts erforscht und zugleich die europäischen Dimensionen landesgeschichtlicher Forschung deutlich gemacht werden.[8] Eine Institutionalisierung hat die diesbezügliche Zusammenarbeit für den Raum Tirol – Südtirol – Trentino mit der seit 1991 erscheinenden Zeitschrift „Storia e regione / Geschichte und Region" erfahren, die der Landesgeschichte auch über ihren engeren regionalen Fokus hinaus immer wieder inhaltliche und methodische Impulse verleiht. Seit 2012 besteht an der Universität Bozen ein Kompetenzzentrum für Regionalgeschichte, das sich mit dem historischen Tirol und dem Alpenraum in überregional vergleichender Perspektive beschäftigt und die grenzüberschreitende Wissenschaftskooperation in diesem Bereich intensivieren soll.

Während das Bozener Institut einen dezidiert vergleichenden Ansatz verfolgt, beschränkt sich landesgeschichtliche Forschung in Italien ansonsten meist auf ihren jeweiligen Sprengel.[9] Dies gilt auch für die Wissenschaftlerinnen und Wissenschaftler an den italienischen Universitäten, die landesgeschichtlich arbeiten und sich dabei zumeist auf die Stadt- und Landesgeschichte ihrer jeweiligen Region konzentrieren. Obwohl sie sich mit kleinen und kleinsten Räumen befasst, ist die in Italien entwickelte ‚microstoria' hingegen nur bedingt im landesgeschichtlichen Kontext zu verorten. Die auf einer intensiven Auswertung der lokalen Überlieferung beruhenden Mikrogeschichten streben zwar die mehr oder weniger vollständige Rekonstruktion lokaler Lebenswelten an und leisten damit auch einen Beitrag zur Landesgeschichte. Die Analysen zielen aber mit ihrem Fokus auf das „außergewöhnlich Normale" (Edoardo Grendi) vor allem auf weiterführende Erkenntnisse zur allgemeinen Geschichte. Das zeigt nicht zuletzt die jüngste Debatte um den Ort der Mikrogeschichte im Rahmen der Globalgeschichte.[10] Den wichtigsten Beitrag zur landesgeschichtlichen Forschung leisten seit dem 19. Jahrhundert die historischen Vereine, die vor allem in den Städten Ober- und Mittelitaliens angesiedelt sind und tradi-

**8** Heiss, Identität 2011, S. 52–57.

**9** Nicolò, Storie 2006; Berdah/Eßer/Moll/Pult Quaglia, Regional History 2009; Clemens, Regionalgeschichte 2011.

**10** Vgl. Medick, Microhistory 2016.

tionell die Geschichte der jeweiligen Stadt und ihres Umlands (‚contado') in Mittelalter und Früher Neuzeit erforschen. Die Nichtbeachtung der neueren Geschichte seitens der Geschichtsvereine führte bereits im späten 19. Jahrhundert zur Gründung von regionalen Risorgimento-Museen und dann anlässlich des 50-jährigen Jubiläums der Staatsgründung 1911 ebenfalls auf regionaler bzw. kommunaler Ebene zur Schaffung von Instituten zur Erforschung des Risorgimento, also der italienischen Nationalstaatsbildung (1815–1870). Auch hier ist die Zahl der Institute im Norden und in der Mitte aufgrund der größeren Städtedichte höher als im Süden. Thematisch befassen sich die Regionalinstitute mittlerweile mit der ganzen Breite landesgeschichtlicher Themen der neueren Geschichte, insbesondere des 19. Jahrhunderts. Das 20. Jahrhundert wird dagegen von den über 60 Resistenza-Instituten abgedeckt, die nach dem Zweiten Weltkrieg zur Erforschung der kommunalen und regionalen Widerstandsbewegungen gegen den Faschismus gegründet wurden, diese thematische Engführung aber schon seit längerem zugunsten einer breit angelegten regionalen Zeitgeschichtsforschung aufgegeben haben. Laut Enzo Collotti birgt die enorme Zahl von Instituten und ihre jeweilige Konzentration auf den eigenen Sprengel die Gefahr eines übertriebenen Kults des kleinen Vaterlands (‚piccolo patria') und der provinziellen Isolierung.[11] Gleiches gilt für die historischen Vereine und die Risorgimento-Institute; dies ist aber freilich die Gefahr jeglicher landesgeschichtlicher Forschung, die sich ausschließlich auf ihren engeren Arbeitsbereich konzentriert und keinen Austausch mit anderen Landesgeschichten und der allgemeinen Geschichte pflegt.

Überaus vielfältig ist die landesgeschichtliche Forschung auch in der föderal organisierten Schweiz, wo sie ebenfalls vor allem von Vereinen, Archiven und Museen, kaum aber von Universitäten betrieben wird.[12] Neben der traditionell auf einzelne Kantone oder Landschaften orientierten Forschung gibt es in jüngerer Zeit auch in der Schweiz Bestrebungen, Landesgeschichte als Disziplin zu konzipieren, die sowohl Kantons- als auch Landesgrenzen überschreitet, um „Schweizergeschichte nicht, wie so oft getan, von innen, von der Zentralschweiz als vermeintlichem ‚Kern der Eidgenossenschaft', sondern eher von den Rändern her, das heißt von der Grenze zu den Nachbarstaaten zu untersuchen: am Bodensee, Genfersee, Lago Maggiore und am Rhein."[13] Ähnlich wie in Österreich und Südtirol wird also auch in der Schweiz die forschungspraktische Überwindung nationaler Grenzen als eine zentrale Aufgabe der Landesgeschichte angesehen. Ein vergleichbarer Ansatz wurde vor einigen Jahren auch mit dem überaus produktiven Trierer SFB 235 „Zwischen Maas und Rhein. Beziehungen und Konflikte in einem europäischen Kernraum von

11 Zit. nach Clemens, Regionalgeschichte 2011, S. 74.
12 Sonderegger, Regionalgeschichte 2011.
13 Ebd., S. 101.

der Spätantike bis zum 19. Jahrhundert" (1987–2002) verfolgt.[14] Entsprechende grenzüberschreitende Forschungen waren in Deutschland bereits von den Gründervätern der Disziplin im späten 19. und frühen 20. Jahrhundert theoretisch konzipiert und ansatzweise umgesetzt worden. Anstelle der überkommenen Territorialgeschichte wollten sie mit der geschichtlichen Landeskunde eine historische Kulturraumforschung jenseits politischer und administrativer Grenzziehungen betreiben. In der NS-Zeit wurden diese Forschungen sehr bewusst in den Dienst einer zunehmend expansionistischen Außenpolitik des Regimes gestellt.[15] Es ist daher nicht verwunderlich, dass sich die deutsche landesgeschichtliche Forschung nach dem Zweiten Weltkrieg zunehmend auf die aktuellen nationalstaatlichen Grenzen zurückzog und grenzüberschreitende Forschungen tunlichst vermied. Erst der Trierer SFB setzte hier neue Akzente.

Eine besonders hervorgehobene Rolle spielt die Landesgeschichte in Spanien.[16] Aufgrund der starken Stellung der Regionen im politischen System des Landes und der regionalen Autonomiebestrebungen ist die Landesgeschichte nicht nur institutionell etabliert, sondern „die Region stellt sich hier als wichtigster inhaltlicher und organisatorischer Fluchtpunkt der Geschichtsforschung überhaupt dar."[17] Der größere Teil der historischen Forschung ist dementsprechend auf die einzelnen Regionen fokussiert, was durchaus als Problem für eine übergreifende und synthetisierende spanische Historiographie wahrgenommen wird.[18] Der Trend zur Landesgeschichte ist allerdings nicht nur der Verfassung von 1978 geschuldet, die Spanien in Artikel 2 als „Nation von Nationalitäten und Regionen" definiert. Die neu geschaffenen Regionen förderten zwar die Entstehung einer landeshistorischen Infrastruktur (Archive, Universitäten, Publikationsorgane), entsprechende Forschungen hat es aber zumindest ansatzweise bereits vor dem Bürgerkrieg und dann insbesondere während des Franco-Regimes (1936–1975) gegeben. Landesgeschichte besaß hier einen gegen die uniformistische Kulturpolitik der Diktatur gerichteten emanzipatorischen Charakter. In Katalonien, dem Baskenland und Galizien konnte sie teilweise an frühere nationalistische Historiographien anknüpfen. In den übrigen Regionen fehlte eine entsprechende Tradition, aber auch hier konnte Landesgeschichte zur Identitätsstiftung in Abgrenzung zur Zentralmacht dienen. Methodisch waren die Einflüsse der französischen Annales-Schule, insbesondere Pierre Vilars Arbeit zum neuzeitlichen Katalonien (1962) sowie marxistische Interpretationsmuster ent-

14 Irsigler, Maas 2006. Vgl. als jüngere Reflexion und Projektierung einer grenzüberschreitenden landesgeschichtlichen Forschung Reitemeier, Herrschaften 2015.

15 Vgl. den Beitrag von Matthias Werner in diesem Band.

16 Huovinen/Sáez-Arance, Integration 2000; Berdah/Eßer/Moll/Pult Quaglia, Regional History 2009.

17 Huovinen/Sáez-Arance, Integration 2000, S. 45.

18 Forcadell Álvarez, Fragmentación 1995/96.

scheidend, woraus sich eine generelle Bevorzugung der Sozial- und Wirtschaftsgeschichte ergab. Seit den 1990er Jahren hat sich der Fokus hin zu kulturwissenschaftlich inspirierten Forschungsfeldern, etwa die Untersuchung lokaler und regionaler Machtverhältnisse, verschoben. Eine wichtige Bedeutung kommt dabei Netzwerkstudien zu, die zwischen lokaler, regionaler und nationaler Ebene vermitteln, indem sie untersuchen, „wie sich lokale und regionale Gesellschaften [...] in ein Gebilde integrierten, das schließlich als Nation bezeichnet wurde oder umgekehrt: wie sich diese Nation durch die Integration einer Reihe sozialer Körperschaften herausbildete."[19] Solche Netzwerkanalysen können freilich gerade im Falle Spaniens durch die Einbeziehung der kolonialen Besitzungen in Übersee auch in globaler Perspektive erweitert werden, was der Landesgeschichte völlig neue Möglichkeiten eröffnet.

## 1.2 Landesgeschichte in Staaten mit zentralistischer Struktur und Tradition

Zu den Staaten mit einer ausgeprägt zentralistischen Struktur und Tradition gehört – trotz aller Dezentralisierungsbemühungen – Frankreich. Dies gilt insbesondere seit napoleonischer Zeit. Das vormoderne Königreich bewahrte hingegen im Recht, aber auch hinsichtlich der sozialen Praktiken und des Brauchtums sowie der Sprachen und Dialekte viele lokale und regionale Eigenheiten der zu unterschiedlichen Zeiten integrierten Regionen und Territorien.[20] Hier finden sich also durchaus lokale und regionale Spezifika, an die eine landeshistorische Forschung anknüpfen kann.[21] Sie wird vorrangig von den vor Ort ansässigen Archiven, Bibliotheken und historischen Vereinen sowie gegebenenfalls speziellen Universitätsinstituten, etwa dem 1919 gegründeten Institut d'histoire d'Alsace in Straßburg, betrieben und schlägt sich in einer Vielzahl von regional oder lokal zugeschnittenen Zeitschriften, Publikationsreihen, Handbüchern, Atlanten und Lexika sowie zahlreichen Einzelpublikationen nieder.[22] Der Blick der allgemeinen Geschichtswissenschaft ist hingegen vor allem auf die zentralstaatlichen Institutionen und auf Frankreich als Ganzes ausgerichtet. In diesen Zusammenhang lässt sich auch die Landesgeschichte einordnen, die seit den 1960er Jahren von der „Nouvelle histoire" der Annales-Schule bzw. von ihr inspirierten Historikern betrieben wurde. Ihr Ansatz, die strukturellen Bedingungen

19 Huovinen/Sáez-Arance, Integration 2000, S. 65.

20 Vgl. die große Synthese von Le Roy Ladurie, Histoire 2001.

21 Historiographie régionale 2007; Berdah/Eßer/Moll/Pult Quaglia, Regional History 2009; Lebeau, Landesgeschichte 2011; Hartmann, Landes- und Regionalgeschichte 2012.

22 Vgl. die von der Pariser Nationalbibliothek bereitgestellte und kommentierte Linkliste „Bibliographies et ressources régionales françaises", URL: http://signets.bnf.fr/html/categories/c_910biblio_regionale.html [21.06.2016].

und Entwicklungen gesellschaftlichen Lebens in der ‚longue durée' zu erforschen, war am sinnvollsten in räumlich begrenzter Perspektive umzusetzen. Ergebnis dieser Bemühungen waren zahlreiche Regionalmonographien im Anschluss an die exemplarischen Studien von Georges Duby zum Mâconnais (1953) und Pierre Goubert zum Beauvaisis (1960). Sie basieren auf einer umfassenden Auswertung der entsprechenden Archive und zeichnen ein detailliertes Bild der strukturellen Gegebenheiten der jeweiligen Landschaft sowie des Alltags und der Lebensbedingungen der ländlichen bzw. städtischen Bevölkerung. Gleiches gilt für die von Ernest Labrousse angeregten Departementsgeschichten, die vor allem demographische und wirtschaftliche Entwicklungen analysieren. Ein strukturgeschichtlicher Ansatz liegt auch dem seit 1969 publizierten „Atlas historique français" zugrunde, der die französischen Provinzen systematisch nach einheitlichem Schema aufarbeitet, ebenso wie dies bei verschiedenen Projekten zur Zeitgeschichte der Fall ist, die systematisch bestimmte Befunde in den einzelnen Regionen bzw. Provinzen erhoben haben. Bezeichnend für das Verhältnis von Region und Gesamtstaat in Frankreich ist, dass das eigentliche Ziel der genannten Forschungen nicht regionalspezifische Erkenntnisse waren. Vielmehr sollten die Studien zum Verständnis der allgemeinen französischen Geschichte beitragen und sich wie Mosaiksteine zu einem Gesamtbild der Gesellschaft Frankreichs fügen. An dieser Ausrichtung regionaler Befunde auf die gesamtstaatliche Perspektive hat sich auch mit der im Zuge des „cultural turn" erfolgten Abkehr von einer totalisierenden Regionalgeschichte nichts geändert. Ein Beispiel hierfür ist die mittlerweile klassische Studie von Peter Sahlins zur Cerdanya (1989), einer Landschaft in den östlichen Pyrenäen, die seit dem Frieden von 1659 zwischen Frankreich und Spanien geteilt ist. Es handelt sich um eine auf breitem landesgeschichtlichen Quellenbefund aufbauende Studie, die zeigt, wie in den sich bildenden Nationalstaaten Frankreich und Spanien nationale Identität nicht vom Zentrum, sondern von der Peripherie her entwickelt wurde. Allgemeinhistoriker greifen also weiterhin auf regionale und lokale Quellen zurück, tun dies nunmehr aber selektiv und mit Blick auf je nach Fragestellung variierende Räume. Daneben wird in Frankreich weiterhin Landesgeschichte vor Ort betrieben, spielt aber im allgemeinen Fachdiskurs nur eine untergeordnete Rolle. Neue Perspektiven für die Landesgeschichte ergeben sich seit einigen Jahren aus der grenzüberschreitenden Zusammenarbeit mit den europäischen Nachbarn.[23]

Auch die skandinavischen Länder Dänemark und Schweden verfügen über eine ausgeprägt zentralistische Struktur, was entsprechende Konsequenzen für die Landesgeschichte zeitigt.[24] Gebiete, die in der Vergangenheit zu einem der beiden Großreiche gehörten, wie Finnland, Island, Grönland oder die Faröer, sind aus diesen

**23** Joutard, Université 2007, S. 428–431.
**24** Jahnke, Regionalgeschichte 2011.

ausgeschieden oder weitgehend autonom und haben eigene (national-)staatliche Strukturen und historiographische Traditionen ausgebildet. Allein in Norwegen finden sich aufgrund der historischen Teilung in fünf Landschaften gewisse Eigenentwicklungen auf regionaler Ebene. Dies schlägt sich auch in der landesgeschichtlichen Forschung nieder, die in der norwegischen Öffentlichkeit verwurzelt und an den Universitäten sowie am staatlichen „Norsk lokalhistorisk Institut" in Oslo institutionalisiert ist. In Schweden lässt sich dagegen ein ähnlicher Hiatus zwischen einer lokal und regional recht aktiven Geschichtsszene und einer auf die Geschichte des Gesamtstaats fokussierten universitären Geschichtswissenschaft feststellen, wie er auch für Frankreich zu konstatieren ist. In Dänemark scheint das Interesse an regionalhistorischen Fragestellungen insgesamt recht wenig ausgeprägt zu sein und es fehlt die Institutionalisierung. Eine (wenngleich ursprünglich vor allem nationalpolitisch motivierte) Ausnahme stellt die lange zwischen Deutschland und Dänemark strittige Region Sønderjylland/Nordschleswig dar, deren Erforschung gleich von zwei Institutionen vorangetrieben wird, dem „Institut for Grænseregionsforskning" an der Universität Odense und dem „Historisk Samfund for Sønderjylland" in Aabenraa.

Die Historiographie der ebenfalls zentralistisch organisierten Niederlande ist aufgrund des Gründungsmythos der Vereinigten Provinzen im 80-jährigen Krieg traditionell auf den Gesamtstaat ausgerichtet.[25] Auch die in der niederländischen Forschung besonders prominent vertretene Provinz Holland wird vor allem unter nationalstaatlichen Gesichtspunkten untersucht. Immerhin bestehen für zwei Regionen eigene Forschungsinstitutionen: das „Sociaal-Historisch Centrum" der Universität Maastricht für Limburg und die „Fryske Academie" in Leeuwarden für Friesland. Institutionell werden die Forschungen zur Geschichte der einzelnen Provinzen ansonsten von Archiven, Museen und Vereinen getragen. Darüber hinaus betreiben auch Wissenschaftlerinnen und Wissenschaftler verschiedener Universitäten Provinzialgeschichte. Einen klar konturierten methodischen Ansatz verfolgte die sogenannte Wageninger Schule, die sich erstmals systematisch mit der Geschichte der ländlichen Regionen und Provinzen der Niederlande befasste. Wegweisend war hier die Studie zur Geschichte Overijssels von Bernard Slicher van Bath (1957), der etwa zeitgleich mit entsprechenden Arbeiten der Annales-Schule in Frankreich Wirtschaft, Demographie und Sozialstruktur der Provinz und ihrer drei Regionen Twente, Salland und Vollenhove in der ‚longue durée' vom frühen Mittelalter bis in das 19. Jahrhundert untersuchte. In den folgenden Jahrzehnten entstand eine ganze Reihe solcher strukturgeschichtlich angelegter Studien zu einzelnen Regionen und Provinzen. Das eigentliche Interesse dieser Arbeiten ist freilich nicht die jeweilige Landesgeschichte. Vielmehr geht es um wirtschafts- und sozialhistorische Fragen,

25 Hendrickx, Westen 2000; Berdah/Eßer/Moll/Pult Quaglia, Regional History 2009.

die am regionalen Beispiel diskutiert werden und in der Summe ein Bild von der ländlichen Verfassung der Niederlande in ihrer historischen Entwicklung ergeben sollen. Während sich die genannten Forschungen an vorgegebenen administrativen Einheiten orientieren, basierten die seit den 1950er Jahren vorgelegten Forschungen E. W. Hofstees zur historischen Demographie auf einem Modell, das die Niederlande in vier historisch-geographische Regionen gliedert. Die Modernisierung („demographische Transition") erfolgte in den vier Regionen jeweils zeitversetzt, was auf wirtschaftliche, aber auch mentalitätsgeschichtliche Unterschiede zurückzuführen ist, wie nachfolgende Fallstudien in den 1980er und 1990er Jahren belegen konnten. Zwar gingen diese Forschungen ebenfalls nicht von der Landesgeschichte aus, aber sie zeigen das Potenzial einer Geschichte von Räumen mittlerer Größe jenseits politischer oder administrativer Grenzen auch in den Niederlanden. Dieses wäre auch zu nutzen, um im deutsch-niederländischen Grenzraum landesgeschichtlich zu arbeiten und nationalstaatliche Traditionen zu überwinden, wie es etwa das „Institut für niederrheinische Kulturgeschichte und Regionalentwicklung" (InKuR) der Universität Duisburg-Essen mit seiner 2010 begründeten Zeitschrift „Rhein-Maas. Studien zur Geschichte, Sprache und Kultur" anstrebt. Solche grenzüberschreitenden Ansätze bieten sich freilich auch für Belgien an, dessen unterschiedliche Sprachgemeinschaften sehr distinkte Räume mittlerer Größe mit vielfältigen Kontakten in die Nachbarländer bzw. -regionen bilden.

Einen speziellen Fall stellt Großbritannien dar,[26] denn das Vereinigte Königreich bildet traditionell einen Zentralstaat, verfügt aber in seinen Teilen über ausgesprochen lebendige und zunehmend nach nationaler Eigenständigkeit strebende Regionen mit autochthonen Kulturen und Traditionen. In diesen Zusammenhang gehört freilich auch Irland, das bis 1920 Teil der britischen Monarchie war und dann in die Republik und das weiterhin zu Großbritannien gehörige Nordirland geteilt wurde. Ob die Geschichten Englands, Schottlands, Wales' oder Nordirlands überhaupt als Landesgeschichten bezeichnet werden können oder ob sie nicht doch eher – wie die irische – als Nationalgeschichten gelten müssen, ist eine höchst politische Frage, weil sie das gegenwärtige Verhältnis der jeweiligen Region zum Gesamtstaat betrifft. Gleiches gilt freilich für das Baskenland oder Katalonien im oben bereits behandelten Spanien. Unterhalb der genannten Regionen/Nationen gibt es eine institutionalisierte Landesgeschichte in Großbritannien nur in Ansätzen. Für England ist insbesondere auf die 1899 gegründete „Victoria County History" zu verweisen, ein seit 1933 am „Institute of Historical Research" der Universität London angesiedeltes und auf mittlerweile 250 Bände angewachsenes Großprojekt, das systematisch die strukturellen Gegebenheiten jeder Grafschaft nach Kirchspielen geordnet

26 Hudson, Regionalgeschichte 2000; King, England 2000; Ellis/Hoare/Power/Aird/Morgan, Regions 2009.

dokumentiert.[27] Eine solche, an die gegenwärtigen Verwaltungseinheiten angelehnte ‚local history' hat auch in den anderen Landesteilen sowie in Irland eine lange Tradition. Ein vergleichbares Projekt zur historisch-topographischen Landesbeschreibung findet sich in Deutschland lediglich mit dem „Historischen Atlas von Bayern", der sich für Altbayern an der um 1800 geltenden Landgerichtseinteilung und für Schwaben und Franken an der seit 1972 geltenden Landkreisorganisation orientiert. Eine Institutionalisierung findet die ‚local history' in Großbritannien und Irland in Archiven, Museen und historischen Vereinen sowie in England mit dem 1948 gegründeten „Center of English Local History" in Leicester auch universitär. Darüber hinaus wird auch die Erforschung von Räumen mittlerer Größe, die nicht an administrativen Einheiten orientiert sind, betrieben, wenngleich hier durchaus noch vielfältiges Potenzial besteht. Je nach Thema werden dabei unterschiedliche regionale Untersuchungsräume bevorzugt, seien es Superregionen (North West, Central, West, East usw.), die vor allem bei statistischen Analysen eine Rolle spielen, Makroregionen, die mit Blick auf Kultur, Wirtschaft oder Topographie einen gewissen inneren Zusammenhang aufweisen, Mikroregionen, die größer sind als eine einzelne Gemeinde und die durch wirtschaftliche Faktoren, Verwandtschaftsbeziehungen, religiöse Netzwerke usw. eine Einheit bilden, und schließlich die Gemeinden als kleinste Einheit landesgeschichtlicher Forschung. Wichtige Impulse landesgeschichtlicher Forschung auf den britischen Inseln gehen in jüngerer Zeit von Studien zu regionalen Identitäten und Erinnerungskulturen in Grenzregionen aus, etwa der zwischen Irland und Nordirland geteilten Region Ulster, den Regionen an der englisch-schottischen Grenze oder dem English Pale, den vier Shires im Osten Irlands, die schon im späten Mittelalter unter englischer Herrschaft standen.

Eine besondere Bedeutung hat die Landesgeschichte in Ost- und Ostmitteleuropa, wo sich ein diesbezügliches Interesse seit dem 19. Jahrhundert in enger Verbindung zur Entstehung ethnischer bzw. nationaler Identitäten entwickelte. In den Diktaturen des 20. Jahrhunderts wurden dann aber regionale Traditionen und Eigenheiten zugunsten zentralstaatlicher Prinzipien weitgehend unterdrückt.[28] Die Rückbesinnung auf die historischen Räume mittlerer Größe hatte hier häufig emanzipatorischen Charakter. Dies zeigt sich sehr deutlich in Russland, wo es bis in die 1920er Jahre eine historische Landeskunde gab, die sich seit Ende des 19. Jahrhunderts in zahlreichen Vereinen organisiert hatte und seit 1922 sogar über ein Büro bei der Akademie der Wissenschaften in Moskau und St. Petersburg verfügte.[29] Diese institutionelle Basis wurde zwischen 1929 und 1931 zerschlagen und sowjetisiert. Aber

27 Vgl. die Projekthomepage https://www.victoriacountyhistory.ac.uk/ [08.03.2017].

28 Das gilt auch für die deutsche (Landes-)Geschichte in diesen Ländern: Moll, Regional History 2009; Bömelburg, Landesgeschichte 2016, insb. S. 83–89.

29 Hausmann, Frühling 2000.

auch die neuen, parteikonformen Strukturen wurden 1937 aufgelöst. Erst nach Stalins Tod 1953 konnten sich wieder landeskundliche Vereinigungen gründen, freilich nur in einem streng regulierten staatlichen Rahmen. Gleichwohl entwickelte sich seit den 1970er Jahren in diesem Umfeld eine regionale Geschichtsschreibung, die ein deutlich anderes Bild der Vergangenheit zeichnete als die gängige sowjetische Historiographie und damit alternative Identitätsangebote bereitstellte. Bereits 1990 konstituierte sich in Moskau eine „Vereinigung der Landeskundler Russlands“. Der Gründung vorausgegangen waren 1987 und 1989 zwei Konferenzen, auf denen auch die Traditionen der Landesgeschichte in Russland und in der frühen Sowjetunion diskutiert wurden. Deren Aufarbeitung scheint für die methodische Diskussion der Landesgeschichte in Russland von entscheidender Bedeutung, desgleichen der weitere Austausch mit Westeuropa.

Auch in Tschechien existierte bis in die Zwischenkriegszeit eine lebendige Landesgeschichte.[30] Sie war vor allem ortsgeschichtlich und volkskundlich orientiert, arbeitete allerdings weitgehend positivistisch. Nach einer Phase der Unterdrückung landesgeschichtlicher Forschungen während der deutschen Besetzung und im Zuge der Stalinisierung nach dem Zweiten Weltkrieg erfolgte seit den 1950er und insbesondere in den 1960er Jahren eine verstärkte Hinwendung zur regionalen Sozial- und Wirtschaftsgeschichte unter marxistischen Vorzeichen. Eine zweite Generation von Landeshistorikern wandte sich dann seit den 1970er Jahren ideologisch unverdächtigen Themen der vormodernen Geschichte zu und fand hier nicht nur gewisse inhaltliche Freiräume, sondern auch methodischen Anschluss an die westeuropäische Geschichtsschreibung. Zur vollen Entfaltung kamen diese Entwicklungen freilich erst nach 1989. Die Ausweitung der landeshistorischen Forschung wird insbesondere von den nach der Wende gegründeten Universitäten in Ústí nad Labem (Aussig), Liberec (Reichenberg), České Budějovice (Budweis), Hradec Králové (Königgrätz) und Opava (Troppau) vorangetrieben. Eine besondere Bedeutung kommt dabei der Erforschung ethnischer Minderheiten, etwa der deutschen, zu. Außerdem werden Forschungsprojekte zu den ehemaligen Ländern der Böhmischen Krone (Böhmen, Mähren, Schlesien, Glatz, Lausitz) realisiert, die grenzüberschreitend angelegt sind und damit die Fixierung der allgemeinen Geschichte auf die Nation überwinden helfen. Solche Projekte werfen notwendigerweise die Frage nach dem Verhältnis von Region und Gesamtstaat auf, unterstreichen zugleich aber auch die europäische Dimension der ‚tschechischen‘ Landesgeschichte.

Die Entwicklung der Geschichtswissenschaft in der Slowakei war im 19. und frühen 20. Jahrhundert von Bemühungen geprägt, die nationale slowakische von der ungarischen Geschichte abzugrenzen.[31] Landesgeschichte spielte in diesem Zusammen-

**30** Bůžek, Stand 2000.

hang keine Rolle, sie entstand erst in der 1918 gegründeten Tschechoslowakei und hier insbesondere in kommunistischer Zeit, wobei die Entwicklung aufgrund der gesamtstaatlichen Vorgaben ähnlich verlief wie in Tschechien. Nach 1989 erfolgte eine Wiederentdeckung Ungarns als wichtiger Referenzpunkt der slowakischen Geschichte, sodass auch hier grenzüberschreitende landesgeschichtliche Forschungen zunehmen.

Die Arbeiten in Ungarn sind aufgrund des weitgehenden Fehlens territorialer Eigenstaatlichkeit auf regionaler Ebene vor allem lokalgeschichtlich orientiert, wenngleich schon in der Zwischenkriegszeit zentrale methodische Anregungen der deutschen Landesgeschichte aufgenommen wurden.[32] Eine auf Räume mittlerer Größe bezogene Forschung entwickelte sich hingegen in den multiethnischen Landesteilen Banat und Siebenbürgen, die bis in das 18. bzw. 19. Jahrhundert im Königreich Ungarn regionale Selbstverwaltungen besaßen und nach 1918 zu größeren Teilen an Serbien und Rumänien[33] abgetreten wurden. Die Erforschung der betreffenden Landesgeschichten ist aufgrund der multiethnischen Struktur der Bevölkerungen und der wechselnden nationalen Zugehörigkeiten komplex, die ältere Historiographie häufig politisiert und nationalstaatlich orientiert. Neue Wege können hier, wie überhaupt in den Nachfolgestaaten des ehemaligen habsburgischen Vielvölkerreiches, jüngere kulturgeschichtliche Ansätze zur Erforschung von Migration und Kulturtransfer weisen.[34]

Dies gilt auch für die Landesgeschichte in Polen.[35] Die Anfänge der Disziplin liegen auch hier im 19. Jahrhundert, wobei die Teilung des Landes und das Fehlen eines polnischen Nationalstaates für die Konzentration auf die Räume mittlerer Größe eine wichtige Rolle spielten. Nach 1918 wurden Gebiete, die über ein Jahrhundert getrennt gewesen waren, wieder zu einem Staat vereinigt. Landesgeschichte diente nun dazu, die polnischen Traditionen und die gemeinsame Identität der ethnisch und kulturell teilweise recht unterschiedlichen Regionen herauszuarbeiten. Die größte Herausforderung für die Landesgeschichte nach 1945 ergab sich aus den Gebietsveränderungen des polnischen Territoriums. Die Gebietsabtretungen im Osten an die Sowjetunion mussten ebenso legitimiert werden wie der Zugewinn der deutschen Länder im Westen, die nun mit Verweis auf ihre mittelalterliche Vergangenheit zu „wiedergewonnenen Ländern" („ziemie odzyskane") wurden. Für die polni-

31 Řezník/Ciuchea/Mannová/Szpak, Regional History 2009.

32 Fata, Parallelen 1998.

33 Bucur/Costea, Transylvania 2009; Řezník/Ciuchea/Mannová/Szpak, Regional History 2009.

34 Fata, Parallelen 1998, S. 414–420. Vgl. in diesem Zusammenhang auch die Beiträge von Marita Krauss und Ulrich Niggemann in diesem Band.

35 Řezník, Transformations 2009; Řezník/Ciuchea/Mannová/Szpak, Regional History 2009; Bömelburg, Landesgeschichte 2016.

sche Westforschung wurde 1944 ein eigenes Institut, das „Instytut Zachodni" (West-Institut) in Warschau gegründet, das 1945 nach Posen verlegt wurde und zeitweilig mehrere Zweigstellen in anderen polnischen Städten unterhielt. Nach einer kurzen Phase der Unterdrückung landesgeschichtlicher Forschung seit 1949 lebte sie nach 1956 wieder auf, nicht zuletzt durch die Wiederbegründung zahlreicher regionaler Geschichtsvereine und -gesellschaften, aber auch durch die Neueinrichtung von Hochschulen und Universitäten in verschiedenen Regionen des Landes. Insgesamt war die staatliche Lenkung der Geschichtswissenschaft in Polen ohnehin weniger rigide als in anderen Ostblockländern. Dadurch konnte sich die polnische Landesgeschichte allmählich zu einer eigenständigen Disziplin entwickeln, die nicht mehr ausschließlich auf den Nationalstaat bezogen war, sondern methodisch immer stärker auf die regionalen Spezifika fokussierte. In diesen Zusammenhang gehört auch das zunehmende Interesse an der Erforschung regionaler ethnischer Minderheiten, etwa der Kaschuben oder der Masuren, sowie der deutschen Vergangenheit in den betreffenden Regionen. Dieser Trend setzte sich nach der Wende fort. Gleiches gilt für die zunehmende Kooperation mit den Landesgeschichten der Nachbarländer, insbesondere in Deutschland und Tschechien. Die Zusammenarbeit mit Institutionen in der Bundesrepublik war bereits seit dem Warschauer Vertrag von 1970 möglich, während die ostdeutsche Geschichtswissenschaft die ehemaligen deutschen Ostgebiete aus politischen Gründen weitgehend ignorierte. In den 1990er Jahren wurde neben etablierten Institutionen, wie dem Posener West-Institut und den regionalen staatlichen Archiven, eine Reihe regionalhistorischer Forschungsinstitutionen und Gesellschaften gegründet.

Wie die vorangegangenen Ausführungen gezeigt haben, sind – unabhängig von ihrer politischen Verfasstheit und historiographischen Tradition – in allen Ländern Europas die regionalen und lokalen Archive sowie Bibliotheken und Museen mit entsprechenden Sammlungsschwerpunkten eine tragende Säule landesgeschichtlicher Forschung. Das Spektrum diesbezüglicher Institutionen ist breit gefächert und reicht von den großen staatlichen und kirchlichen Archiven einer Region oder eines Landes bis zu kleinen und kleinsten Archiven auf der Ebene der Kommunen und Pfarreien. Gleiches gilt für Bibliotheken und Museen. Häufig fungieren die betreffenden Institutionen nicht nur als Anlaufstelle für die Wissenschaft, sondern betreiben durch ihre Mitarbeiterinnen und Mitarbeiter selbst Forschung, beraten geschichtsinteressierte Laien bei ihren Recherchen und Publikationsvorhaben und leisten wichtige organisatorische Arbeit für die historischen Vereine, Kommissionen und Gesellschaften vor Ort. Letztere bilden die zweite Säule landesgeschichtlicher Forschung in Europa. Aufgrund ihrer Mitgliederstruktur haben sie eine Brückenfunktion zwischen der historisch interessierten Öffentlichkeit, den Archiven, Bibliotheken und Museen sowie den universitären und außeruniversitären Forschungseinrichtungen, die die dritte Säule landesgeschichtlicher Forschung ausmachen. Ihre Verbreitung in den europäischen Staaten ist eng mit den jeweiligen politischen

Strukturen und Traditionen verknüpft und dementsprechend nicht überall im gleichen Maße vorhanden. Gleichwohl arbeiten auch dort, wo Landesgeschichte nicht in besonderen Forschungseinrichtungen oder durch Lehrstühle institutionell abgesichert ist, zahlreiche Wissenschaftlerinnen und Wissenschaftler an lokal- und regionalhistorischen Themen und nutzen entsprechendes Quellenmaterial – unabhängig davon, ob sie sich nun als Landes- oder Allgemeinhistoriker verstehen. Die Ergebnisse der landesgeschichtlichen Forschungen werden in einer nicht zu überblickenden Vielzahl von landes- und stadt- oder ortsgeschichtlichen Zeitschriften und Reihen publiziert. Neben Quelleneditionen wurden für viele, wenn auch bei weitem nicht für alle Landesgeschichten Handbücher und Atlanten erarbeitet. In jüngerer Zeit werden zunehmend auch entsprechende Internetangebote entwickelt.[36]

# 2 Perspektiven

## 2.1 Landesgeschichte und Europäische Geschichte

Als eine jüngere Tendenz der Landesgeschichte in verschiedenen Staaten wurde auf die grenzüberschreitende Zusammenarbeit mit den europäischen Nachbarn hingewiesen. Trotz dieser vielversprechenden Ansätze wird landesgeschichtliche Forschung in Europa häufig noch regional isoliert betrieben. Eine der Besonderheiten der Landesgeschichte, ihre Bindung an eine konkrete Region, führt in der Praxis allzu häufig dazu, dass die Welt außerhalb dieses engeren Sprengels nicht oder nur sehr selektiv wahrgenommen, geschweige denn in eigene Forschungsdesigns integriert wird. Hinzu kommt, dass die unterschiedlichen politischen und historiographischen Traditionen die Verständigung zwischen den verschiedenen europäischen Landesgeschichten erschweren. Hier gilt es zukünftig, strukturelle und methodische Unterschiede sowie die durchaus bestehenden Gemeinsamkeiten noch genauer herauszuarbeiten und auf dieser Grundlage mit Partnern in den jeweiligen Ländern transregionale Vergleiche und Transferstudien zu konzipieren. Auf diese Weise könnte die Landesgeschichte einen wichtigen Beitrag zu der in jüngerer Zeit diskutierten Europäischen Geschichte leisten. In erweiterter Perspektive wäre hier auch die Globalgeschichte einzubeziehen.

36 Vgl. die Hinweise zu den betreffenden Ländern Europas in Abschnitt D (Regionen) bei Busse, Clio Guide 2016; die landesgeschichtlichen Portale für den deutschsprachigen Raum finden sich in Abschnitt A (Digitale Arbeitsformen und -techniken) im Beitrag von Wilfried Enderle zu „Fakten und Informationen im digitalen Raum. Von Lexika, historischen Sachwörterbüchern und biografischen Nachschlagewerken zu historischen Informationssystemen".

Die methodische Diskussion darüber, wie die Landesgeschichte mit diesen neuen historiographischen Herausforderungen umgehen könnte, steht allerdings erst am Anfang. Bereits in den 1970er Jahren forderte Karl Bosl einen größeren Beitrag der Landesgeschichte „zum allgemeinen deutschen und europäischen Strukturbild“.[37] Ihm schwebten strukturelle Vergleiche auf lokaler, regionaler und universaler Ebene vor, um so zu einem Gesamtbild der europäischen Geschichte zu gelangen und die Position der einzelnen Länder (und insbesondere Bayerns) in diesem Rahmen zu bestimmen. Ganz ähnlich äußerte sich 1978 Pankraz Fried, der als neue überregionale Aufgabe der Landesgeschichte „die Erforschung und Darstellung einer ‚Europe régionale‘, der Regionen Europas“ identifizierte – „nicht nur im Rahmen des Nationalstaats, sondern in ihrer Funktion als Träger untergegangener universaler Ordnungen und als Bausteine für ein künftiges Vereinigtes Europa.“[38] Entsprechende Forschungen wurden allerdings nicht systematisch realisiert. Noch 1987 konstatierte dementsprechend Ferdinand Seibt mit Blick auf die regionale Historiographie in Europa: „Eine Übersicht fehlt. Es gibt keine Regionalgeschichte Europas.“[39] Zu fragen wäre freilich, inwieweit eine solche überhaupt sinnvoll ist, wenn man nicht die unterschiedlichsten regionalen Strukturen und Entwicklungen in eine teleologisch auf die Gegenwart ausgerichtete Meistererzählung vom ‚Europa der Regionen‘ zwingen will.

Seit den 1990er Jahren haben verschiedene Tagungen und Sammelbände die Vielfalt landesgeschichtlicher Forschungen in Europa thematisiert. Dabei ging es vor allem um eine Bestandsaufnahme für die einzelnen Länder und weniger um die Frage, wie die verschiedenen Landesgeschichten europäisch gedacht und erforscht werden könnten. Als einer der ersten hat 1998 Wolfgang Schmale über die europageschichtlichen Perspektiven der Landesgeschichte nachgedacht und seine Überlegungen an sächsischen Beispielen näher erläutert. Methodisch bedient er sich dabei des historischen Vergleichs und des Konzepts des Kulturtransfers. Allerdings stehen bei Schmale letztlich die europageschichtlichen Fragen und weniger ein genuin landesgeschichtliches Interesse im Vordergrund. So greift der Autor zur Verdeutlichung des vergleichenden Zugriffs auf seine Habilitationsschrift zur Entstehung der Grund- und Menschenrechte in der Frühen Neuzeit (1997) zurück, in der dem landesgeschichtlichen Vergleich eine zentrale Rolle zukommt. Im Gegensatz zur Landesgeschichte, die von einer bestimmten Region ausgeht bzw. aus institutionellen Gründen von ihr auszugehen hat und anhand des regionalen Befundes Fragen und Forschungsperspektiven entwickelt, geht Schmale von einer allgemeinen Fragestellung der Europäischen Geschichte aus und untersucht sie anhand zweier dafür geeigneter Beispielregionen, dem Kurfürstentum Sachsen und dem Herzogtum Bur-

**37** Bosl, Sinn 1977, S. 12.
**38** Fried, Einleitung 1978, S. 9.
**39** Seibt, Raum 1987, S. 22.

gund.[40] Auch hinsichtlich des Kulturtransfers relativiert Schmale die Bedeutung der einzelnen Landesgeschichten als Forschungsobjekt sui generis, indem er zwar wiederum das Beispiel Sachsen anführt, dieses aber als „eine Option neben anderen wie Bayern, Preußen, spanisches Baskenland, Waadtland usf.", also als ein pragmatisches, mit Blick auf die Beantwortung seiner Fragestellung gewähltes Fallbeispiel qualifiziert.[41] Weiterführend ist gleichwohl die Idee des Autors, künftig Kulturtransferforschung und historische Komparatistik zu verbinden und so etwa das „Labor übernationaler Kulturbeziehungen in Europa", als das Sachsen aufgrund seiner spezifischen Einbindung in vielfältige europäische Kulturtransferbeziehungen bezeichnet werden kann, mit anderen solcher ‚Labore' auf dem gesamten Kontinent zu vergleichen.[42] Schmales Konzept hebt vor allem auf die Teilhabe an kulturellen Transfers ab. Kritisch zu fragen wäre daher, welche Rolle eigentlich Regionen, die an den betreffenden Vernetzungen keinen oder nur geringen Anteil hatten, in einer so verstandenen Europäischen Regionalgeschichte spielen.

Ebenfalls von der europäischen Perspektive gehen die Überlegungen zu einer Europäischen Regionalgeschichte von Miloš Řezník aus. Auch ihm geht es nicht um eine additive Geschichte der europäischen Regionen als vielmehr darum, „solche Regionalgeschichten in Europa miteinander und quasi alle zusammen zu kontextualisieren, zu verbinden und zu europäisieren".[43] Diesbezüglich schlägt er drei mögliche Herangehensweisen vor: Eine Europäische Regionalgeschichte müsse das Potenzial ihres nicht auf den Nationalstaat bezogenen Zugriffs nutzen und grenzüberschreitende Regionen in den Blick nehmen, seien es solche, die durch die politischen Veränderungen des 19. und 20. Jahrhunderts getrennt wurden (Pommern, Ostpreußen, Galizien, Tirol usw.) oder solche, die bereits in der Vormoderne durch politische Grenzen geteilt waren, wie etwa das Erzgebirge. Mit dieser Perspektive bewegt sich Řezník im Rahmen einer thematisch breiten, epochenübergreifenden und gegebenenfalls interdisziplinären Landesgeschichte. Ganz im Sinne der Überlegungen von Schmale könnten dabei auch Kulturtransfers über die Grenzen innerhalb der jeweiligen Region hinaus untersucht werden. Noch wichtiger als diese Konzentration auf spezielle Regionen ist laut Řezník aber eine auf allgemeinhistorische Themen fokussierte Regionalgeschichte, die sich mit der Geschichte von Regionen in ihrer regionalen Qualität, etwa im nationalen Kontext oder mit Blick auf regionalspezifische Ausprägungen von Wirtschaft, Kultur usw., befasst. In diesem Zusammenhang müsse dem Vergleich eine zentrale Rolle zukommen. Schließlich sei das Thema Regionalität(en) zu behandeln, also die Frage nach der Entstehung und Konstruktion von Regionen und regionalbezogenen kollektiven Identitäten. Im Vorder-

40 Schmale, Komparatistik 1998, S. 81–83.
41 Ebd., S. 111.
42 Ebd., S. 114f.
43 Řezník, Überlegungen 2008, S. 94.

grund stehen also auch für Řezník allgemeine Fragestellungen, die dann an Beispielregionen exemplifiziert und vergleichend analysiert werden sollen. Eine Europäische Regionalgeschichte basiert für ihn „nicht auf Exklusivität, Einzigartigkeit und Unverwechselbarkeit einzelner Regionen, sondern sie stellt Gemeinsamkeiten, Unterschiede, Einheit und Vielfalt in den Mittelpunkt."[44]

Aus der Perspektive der Landesgeschichte sind dagegen die Überlegungen zu einer „interterritorialen Landesgeschichte" von Alois Schmid entwickelt . Er sieht in der Internationalisierung die „Hauptbedrohung" für eine Landesgeschichte, die sich traditionell vor allem mit den inneren Verhältnissen ihres jeweiligen Untersuchungsraums befasst. Diese neue Aufmerksamkeit der Geschichtswissenschaft für Europa und die Welt führe nicht nur zu einer Aufwertung der politischen Geschichte und insbesondere der Geschichte der Außenpolitik. Vielmehr würden auch klassische Themen der ‚Innenpolitik' wie Bauern, Städte oder Stände nunmehr in europäischer Dimension erforscht. Schmids Forderung lautet daher, dass sich die Landesgeschichte der „neuen Leitkategorie der Internationalisierung" stellen müsse, indem sie „den Blick verstärkt von der Inneren zur Äußeren Geschichte umpolt."[45] Dabei geht es ihm freilich nicht nur um Außenpolitik im engeren Sinne, sondern um das „Netz vielfältiger Außenverflechtungen", in die alle historischen Landschaften eingebunden seien und die sich neben der Politik auch im Bereich von Gesellschaft, Kirche, Wirtschaft, Recht oder Kultur zeigten.[46] Die Bayerische Landesgeschichte hat diesen Weg der Europäisierung und Internationalisierung ihrer Themen in den vergangenen 15 Jahren unter maßgeblicher Beteiligung Schmids konsequent verfolgt. Neben den Beziehungen zu europäischen Ländern wie Italien, Böhmen bzw. Tschechien sowie Russland wurden dabei auch solche zu Staaten in Übersee und Asien analysiert. In anderen deutschen Landesgeschichten finden sich entsprechende Forschungen erst ansatzweise. Bemerkenswert ist, dass die Untersuchungen in der Regel asymmetrisch angelegt sind, insofern als jeweils ein Reichsstand bzw. eine Region des Reiches oder Deutschlands mit einem (späteren) europäischen Nationalstaat verglichen wird. Hier gilt es in Zukunft, tatsächlich auch landesgeschichtlich zu vergleichen und Räume mittlerer Größe unterhalb der nationalstaatlichen Ebene miteinander in Beziehung zu setzen.

## 2.2 Aufgaben einer europäisch orientierten Landesgeschichte

Für die Landesgeschichte ist es essenziell, ihre Fragen und Projekte aus den jeweiligen Untersuchungsräumen selbst heraus zu entwickeln und nicht – wie bei

44 Ebd., S. 105.
45 Schmid, Landesgeschichte 2008, S. 42f.
46 Ebd., S. 44.

Schmale und Řezník – die Regionen heranzuziehen, die sich für die Beantwortung einer übergeordneten Fragestellung am besten eignen. Auf diese Weise verlöre die Landesgeschichte ihre Spezifik, nämlich die Bindung an einen konkreten, immer wieder mit neuen Fragestellungen bearbeiteten Raum mittlerer Größe, und die Geschichte dieser Räume würde zu bloßen Exempla degradiert. Landesgeschichtliche Forschung sollte weiterhin den ihr zugewiesenen Raum in allen Facetten erforschen, dabei aber verstärkt die überregionalen Bezüge ihres jeweiligen Gegenstands identifizieren und verfolgen. Zur Durchführung entsprechender Studien bieten sich verschiedene Zugänge an, die in den Diskussionsbeiträgen von Schmale, Řezník und Schmid angelegt sind und vom Verfasser kürzlich weiter systematisiert wurden: Zum einen der Vergleich und zum anderen die Erforschung von transregionalen Beziehungen in Form von Kontakten, Transfers und Verflechtungen.[47]

Der Vergleich ist in Theorie und Praxis der Landesgeschichte, nicht nur in Deutschland, seit langem etabliert. Anwendung findet er sowohl bei der Erforschung von Spezialthemen als auch systematisch beim Vergleich einzelner Territorien oder Landschaften. Letzteres ist von einer Bearbeiterin oder einem Bearbeiter allein kaum zu leisten. Es bietet sich daher an, entsprechende Vergleiche gemeinsam mit den Spezialisten der jeweiligen Landesgeschichten zu erarbeiten, was auch im europäischen Maßstab möglich erscheint.[48] Dabei ist es freilich nicht zwingend, jeweils eine Vielzahl von strukturellen und thematischen Aspekten im Sinne eines handbuchartigen Überblicks zu vergleichen. Ebenso sinnvoll sind Vergleiche, die mit Blick auf konkrete Forschungsprobleme konzipiert werden. Solche Vergleiche können regionale Unterschiede herausarbeiten und durch Kontrastierung verstehen helfen. Sie können aber auch regionale Gemeinsamkeiten aufzeigen und damit übergreifende Phänomene der Europäischen Geschichte in der jeweiligen Epoche verdeutlichen.

Prinzipiell sind Vergleiche sowohl zwischen solchen Regionen möglich, die keinerlei Beziehung zueinander aufweisen, als auch zwischen solchen, die im Laufe der Vergangenheit miteinander im Austausch standen. Die Skala der möglichen Beziehungen reicht dabei vom bloßen Kontakt, über kulturelle Transfers bis hin zu institutioneller Verflechtung, wobei die Übergänge fließend sind und die genannten Beziehungsformen auch durchaus parallel auftreten können. Freilich sind derartige Beziehungen nicht immer nur positiv besetzt, sondern sie provozieren auch Abgrenzung und Abwehr (‚othering'). Kontakte lassen sich als die einfachste Form der Beziehung zwischen Personen, Gruppen oder Institutionen in verschiedenen Terri-

47 Vgl. zum Folgenden: Rutz, Landesgeschichte 2015, S. 9–18; außerdem: Kramer, Landesgeschichte 2015, insbesondere S. 216.

48 Vgl. die methodischen Reflexionen zu den verschiedenen Ausprägungen von ‚Region' in Europa und die Beispieluntersuchungen zu Katalonien, dem Baltikum, der Vojvodina, Südtirol und Frankreich von: Jacobsen/Andresen/Bešlin/Göderle/Györe/Muigg, Region 2011; sowie für die deutsche Landesgeschichte die Beiträge im vorliegenden Band.

torien oder Regionen definieren. Sie begegnen auf allen denkbaren Ebenen (Politik, Wirtschaft, Kirche, Gesellschaft), sind aber durch zeitliche Begrenzung und eher geringe Nachhaltigkeit im Sinne einer Anschlusskommunikation gekennzeichnet. Sobald Kontakte häufiger werden oder sogar mit einer gewissen Regelmäßigkeit auftreten, ist davon auszugehen, dass zwischen den betreffenden Räumen kulturelle Transfers stattfinden. Im Mittelpunkt steht dabei nicht der materielle Austausch von Personen und Gütern, wenngleich dieser Austausch durchaus die Basis kultureller Transfers bilden kann. Es geht vielmehr um die Übertragung von Wissen, Denkmustern oder Handlungsweisen und deren Aneignung und Vermischung mit entsprechenden Äußerungen vor Ort, woran sich wiederum Rückübertragungen und damit wechselseitige Kulturtransfers anschließen können. Die benannten Transfers stellen also alles andere als eine Form der kulturellen Hegemonie oder Überformung dar. Entscheidend ist vielmehr der aktive Rezeptionsvorgang, der schließlich in einer Hybridisierung der Kulturen resultiert. Verflechtungen als dritte Form der Beziehung zwischen Regionen sind durch die Institutionalisierung des wechselseitigen Austauschs gekennzeichnet, haben also gegenüber Kontakten und kulturellen Transfers eine andere, nämlich strukturbildende Qualität.[49] Räume mittlerer Größe können in übergeordnete Systeme, etwa politische und kirchliche Strukturen, internationale Vertragswerke oder wirtschaftliche Interessengemeinschaften eingebunden sein. Darüber hinaus existieren Organisationsformen wie Dynastien und (Adels-)Familien, Handelshäuser und Wirtschaftsbetriebe, religiöse Orden oder Vereine, die in unterschiedlichen Regionen ansässig und tätig sind, institutionalisierte Verbindungen pflegen und so zur regionalen Verflechtung beitragen. Vor dem Hintergrund der kulturwissenschaftlichen Theoriebildung, die die vorgestellten Perspektiven für eine Landesgeschichte in europäischen Dimensionen prägt, versteht es sich fast von selbst, dass künftige Forschungen zu Kontakten, Transfers und Verflechtungen zwischen Regionen in Europa vor allem die Orte, Akteure und Medien dieser Beziehungen in den Blick nehmen müssen. Es sind Menschen, die Beziehungen eingehen und pflegen. Sie begegnen sich an konkreten Orten und kommunizieren durch unterschiedlichste Medien. Ihre Wahrnehmungen und Erfahrungen prägen den Austausch zwischen den verschiedenen Regionen Europas.

Die skizzierten Zugänge eignen sich nicht nur für landesgeschichtlich vergleichende Analysen auf europäischer Ebene, sondern im Sinne einer vergleichenden Landesgeschichte auch innerhalb des jeweiligen nationalen Bezugsrahmens. Darüber hinaus sind sie für eine Landesgeschichte in globaler Perspektive fruchtbar zu machen. Denn für die Globalgeschichte spielen neben der vergleichenden Untersuchung von Weltregionen und -systemen auch lokal und regional begrenzte Per-

---

49 Vgl. als einen möglichen methodischen Ansatz: Werner/Zimmermann, Vergleich 2002.

spektiven eine Rolle.[50] Hier ergeben sich für die Landesgeschichte vielfältige Möglichkeiten, die eigenen Befunde in einen übergeordneten Zusammenhang einzubringen und völlig neue Themenfelder zu erschließen.[51]

# Literatur

Ammerer, Gerhard: Mikrogeschichte, Vergleich, Transfer & Co. Neue Forschung(sstrategi)en zur frühneuzeitlichen Landes- und Regionalgeschichte seit den 1970er Jahren am Beispiel des Erzstifts Salzburg. In: Mitteilungen der Gesellschaft für Salzburger Landeskunde 152 (2012), S. 207–252.

Berdah, Jean-François/Eßer, Raingard/Moll, Martin/Pult Quaglia, Anna Maria: Regional History in Austria, France, Italy, the Netherlands and Spain. In: Ellis, Steven/Eßer, Raingard (Hrsg.): Frontiers, Regions and Identities in Europe. Pisa 2009 (Thematic Work Group 5: Frontiers and Identities, 4), S. 37–53.

Bömelburg, Hans-Jürgen: Landesgeschichte im östlichen Europa zwischen Konflikt und Kooperation. Ostdeutsche Landesgeschichte – westpolnische Regionalgeschichte. Das Beispiel des Preußenlandes. In: Gräf, Holger Th./Jendorff, Alexander/Monnet, Pierre (Hrsg.): Land – Geschichte – Identität. Geschichtswahrnehmung und Geschichtskonstruktion im 19. und 20. Jahrhundert – eine historiographiekritische Bestandsaufnahme. Darmstadt/Marburg 2016 (Quellen und Forschungen zur hessischen Geschichte, 174), S. 77–93.

Bosl, Karl: Der deutsche, europäische und globale Sinn einer modernen Regionalgeschichte. In: Zeitschrift für Württembergische Landesgeschichte 36 (1977), S. 1–18.

Brakensiek, Stefan/Flügel, Axel (Hrsg.): Regionalgeschichte in Europa. Methoden und Erträge der Forschung zum 16. bis 19. Jahrhundert. Paderborn 2000 (Forschungen zur Regionalgeschichte, 34).

Buchholz, Werner (Hrsg.): Landesgeschichte in Deutschland. Bestandsaufnahme, Analyse, Perspektiven. Paderborn u.a. 1998.

Bucur, Ioan-Marius/Costea, Ionuţ: Transylvania between two National Historiographies. Historical Consciousness and Political Identity. In: Ellis, Steven/Eßer, Raingard (Hrsg.): Frontiers, Regions and Identities in Europe. Pisa 2009 (Thematic Work Group 5: Frontiers and Identities, 4), S. 271–285.

Busse, Laura u.a. (Hrsg.): Clio Guide. Ein Handbuch zu digitalen Ressourcen für die Geschichtswissenschaften. Berlin 2016 (Historisches Forum, 19), URL: http://guides.clio-online.de/guides [28.06.2016].

Bůžek, Václav: Stand, Tendenzen und Perspektiven der frühneuzeitlichen Regionalforschung in der Tschechischen Republik. In: Brakensiek, Stefan/Flügel, Axel (Hrsg.): Regionalgeschichte in Europa. Methoden und Erträge der Forschung zum 16. bis 19. Jahrhundert. Paderborn 2000 (Forschungen zur Regionalgeschichte, 34), S. 67–94.

Clemens, Gabriele B.: Italienische Regionalgeschichte im 19. und 20. Jahrhundert. Traditionen und neue Wege. In: Blätter für deutsche Landesgeschichte 147 (2011), S. 59–75.

**50** Vgl. exemplarisch für Österreich und seine Regionen bzw. Länder: Komlosy, Globalgeschichte 2011, S. 211–247.

**51** Paulmann, Regionen 2013; Rutz, Landesgeschichte 2015, S. 1–3.

Dopsch, Heinz: Landes- und Regionalgeschichte in Österreich. Entwicklung – Organisation – Perspektiven. In: Blätter für deutsche Landesgeschichte 147 (2011), S. 7–30.
Ellis, Steven/Eßer, Raingard (Hrsg.): Frontiers, Regions and Identities in Europe. Pisa 2009 (Thematic Work Group 5: Frontiers and Identities, 4).
Ellis, Steven G./Hoare, Kieran/Power, Gerald/Aird, William M./Morgan, Rhys: Regions and Frontiers in the British Isles. In: Ellis, Steven/Eßer, Raingard (Hrsg.): Frontiers, Regions and Identities in Europe. Pisa 2009 (Thematic Work Group 5: Frontiers and Identities, 4), 19–36.
Fata, Márta: Parallelen und Unterschiede zwischen der deutschen Landesgeschichte und der ungarischen Lokalgeschichte. Ein Beitrag zur Wissenschaftsgeschichte der ungarischen Lokalgeschichte. In: Buchholz, Werner (Hrsg.): Landesgeschichte in Deutschland. Bestandsaufnahme, Analyse, Perspektiven. Paderborn u.a. 1998, S. 399–420.
Forcadell Álvarez, Carlos: La fragmentación espacial en la historiogafía contemporánea: la historia regional/local y el temor a la síntesis. In: Studia Historica. Historia Contemporánea 13/14 (1995/96), S. 7–27.
Fried, Pankraz: Einleitung. In: Ders. (Hrsg.): Probleme und Methoden der Landesgeschichte. Darmstadt 1978 (Wege der Forschung, 492), S. 1–12.
Hackmann, Jörg: Peripherie oder Mittelpunkt? Die baltische Region in der Geschichte des Ostseeraums. In: Hecker-Stampehl, Jan/Henningsen, Bernd (Hrsg.): Geschichte, Politik und Kultur im Ostseeraum. Berlin 2012 (The Baltic Sea Region: Northern Dimensions – European Perspectives, 12), S. 145–167.
Hartmann, Peter Claus: Landes- und Regionalgeschichte in Europa in Vergangenheit, Gegenwart und Zukunft. In: Blätter für deutsche Landesgeschichte 148 (2012), S. 277–286.
Hausmann, Guido: Der zweite Frühling der Regionalgeschichte in Rußland. Der Wolgaraum in der aktuellen Forschung. In: Brakensiek, Stefan/Flügel, Axel (Hrsg.): Regionalgeschichte in Europa. Methoden und Erträge der Forschung zum 16. bis 19. Jahrhundert. Paderborn 2000 (Forschungen zur Regionalgeschichte, 34), S. 95–122.
Heiss, Hans: Identität und Wissenschaft an der Grenze. Landes- und Regionalgeschichte in Tirol und Südtirol. In: Blätter für deutsche Landesgeschichte 147 (2011), S. 31–57.
Hendrickx, François: „Im Westen nichts Neues?" Die Debatte der Regional- und Sozialgeschichte in den Niederlanden, mit einigen Bemerkungen zur Lage in Luxemburg. In: Brakensiek, Stefan/Flügel, Axel (Hrsg.): Regionalgeschichte in Europa. Methoden und Erträge der Forschung zum 16. bis 19. Jahrhundert. Paderborn 2000 (Forschungen zur Regionalgeschichte, 34), S. 155–170.
Hirbodian, Sigrid/Jörg, Christian (Hrsg.): Zwischen Region, Nation und Europa. Deutsche Landesgeschichte in europäischer Perspektive. Ostfildern 2018 (Landesgeschichte, 2).
Hirbodian, Sigrid/Jörg, Christian/Klapp, Sabine (Hrsg.): Methoden und Wege der deutschen Landesgeschichte. Ostfildern 2015 (Landesgeschichte, 1).
Historiographie régionale – Landesgeschichte en France et en Allemagne et ses vecteurs: Université, revues, collections, sociétés savantes. Bilan critique du second XX$^{e}$ siècle (1950–2000). In: Revue d'Alsace 133 (2007), S. 5–449.
Hoock, Jochen: Regionalgeschichte als Methode. Das französische Beispiel. In: Brakensiek, Stefan u.a. (Hrsg.): Kultur und Staat in der Provinz. Perspektiven und Erträge der Regionalgeschichte. Bielefeld 1992 (Studien zur Regionalgeschichte, 2), S. 29–39.
Hudson, Pat: Regionalgeschichte in Großbritannien. Historiographie und Zukunftsaussichten. In: Brakensiek, Stefan/Flügel, Axel (Hrsg.): Regionalgeschichte in Europa. Methoden und Erträge der Forschung zum 16. bis 19. Jahrhundert. Paderborn 2000, S. 1–16.
Huovinen, Anja/Sáez-Arance, Antonio: Integration der Regionen, Vernetzung der Eliten. Perspektiven der Regionalgeschichte in Spanien (1750–1850). In: Brakensiek, Stefan/Flügel, Axel

(Hrsg.): Regionalgeschichte in Europa. Methoden und Erträge der Forschung zum 16. bis 19. Jahrhundert. Paderborn 2000, S. 45–65.

Irsigler, Franz (Hrsg.): Zwischen Maas und Rhein. Beziehungen, Begegnungen und Konflikte in einem europäischen Kernraum von der Spätantike bis zum 19. Jahrhundert. Versuch einer Bilanz. Trier 2006 (Trierer Historische Forschungen, 61).

Jacobsen, Stephen/Andresen, Andres/Bešlin, Branko/Göderle, Wolfgang/Györe, Zoltán/Muigg, Mario: What is a Region? Regions in European History. In: Ellis, Steven G./Michailidis, Iakovos (Hrsg.): Regional and Transnational History in Europe. Pisa 2011 (Cliohworld Readers, 8), S. 11–66.

Jahnke, Carsten: Regionalgeschichte in Skandinavien. Stand und Zukunftsperspektiven am Beispiel Dänemarks, Schwedens und Norwegens. Eine Skizze. In: Blätter für deutsche Landesgeschichte 147 (2011), S. 115–130.

Janssen, Wilhelm: Landesgeschichte im Nachkriegsdeutschland. In: Hessisches Jahrbuch für Landesgeschichte 50 (2000), S. 403–421.

Joutard, Philippe: L'université française et l'historiographie régionale (1945–2000). In: Revue d'Alsace 133 (2007), S. 415–434.

King, Steve A.: England und seine Regionen. Neue Überlegungen zum Regionbegriff und zur Regionalgeschichte vom 16. bis 19. Jahrhundert. In: Brakensiek, Stefan/Flügel, Axel (Hrsg.): Regionalgeschichte in Europa. Methoden und Erträge der Forschung zum 16. bis 19. Jahrhundert. Paderborn 2000 (Forschungen zur Regionalgeschichte, 34), S. 123–153.

Komlosy, Andrea: Globalgeschichte. Methoden und Theorien. Wien/Köln/Weimar 2011.

Kramer, Ferdinand: Landesgeschichte in europäischer Perspektive. Zusammenfassung und Diskussionsbeitrag. In: Hirbodian, Sigrid/Jörg, Christian/Klapp, Sabine (Hrsg.): Methoden und Wege der deutschen Landesgeschichte. Ostfildern 2015 (Landesgeschichte, 1), S. 209–217.

Landesgeschichte und Regionen in Europa. Ziele – Akteure – Institutionen. In: Blätter für deutsche Landesgeschichte 147 (2011), S. 1–130.

Lebeau, Christine: Was heißt Landesgeschichte in Frankreich? In: Blätter für deutsche Landesgeschichte 147 (2011), S. 103–113.

Le Roy Ladurie, Emmanuel: Histoire de France des régions. La péripherie française des origines à nos jours. Paris 2001.

Medick, Hans: Turning Global? Microhistory in Extension. In: Historische Anthropologie 24 (2016), S. 241–252.

Moll, Martin: Regional History without a Region. The Peculiar Case of post-1945 West German Historical Research into Former German Territories in the East. In: Ellis, Steven/Eßer, Raingard (Hrsg.): Frontiers, Regions and Identities in Europe. Pisa 2009 (Thematic Work Group 5: Frontiers and Identities, 4), S. 245–270.

Nicolò, Marco de: Storie regionali. In: Memoria e Ricerca 22 (2006).

Paulmann, Johannes: Regionen und Welten. Arenen und Akteure regionaler Weltbeziehungen seit dem 19. Jahrhundert. In: Historische Zeitschrift 296 (2013), S. 660–699.

Pauly, Michel: Was unterscheidet die Muschelkette aus Waldbillig von der Igeler Säule? Von der trans- zur metanationalen Perspektive in der Nationalgeschichte am Beispiel Luxemburgs (22.06.2007). In: H-Soz-Kult, URL: http://www.hsozkult.de/debate/id/diskussionen-897 [22.07.2016].

Regione e storia regionale in Europa. Antitesi o metafora della nazione? Discussione con Kathryn Beresford, Lars Elenius, Marijana Jakomova, Matthias Mesenhöller, Michael G. Müller, Xosé M. Nuñez Seixas, Hartmut R. Peter, Thomas Serrier e Anastasia Stouraiti, a cura di Rolf Petri. In: Memoria e Ricerca 22 (2006), S. 107–134.

Reitemeier, Arnd: Zusammengesetzte Herrschaften als Forschungsaufgabe der Landesgeschichte. Das Beispiel der Personalunion zwischen Großbritannien und Hannover 1714–1837. In:

Hirbodian, Sigrid/Jörg, Christian/Klapp, Sabine (Hrsg.): Methoden und Wege der deutschen Landesgeschichte. Ostfildern 2015 (Landesgeschichte, 1), S. 65–79.

Řezník, Miloš: Konzeptionelle Überlegungen zur Europäischen Regionalgeschichte. In: Jurczek, Peter/Niedobitek, Matthias (Hrsg.): Europäische Forschungsperspektiven. Elemente einer Europawissenschaft. Berlin 2008 (Chemnitzer Europastudien, 8), S. 89–106.

Řezník, Miloš: Transformations of Regional History in the Polish „Western Territories" since 1945. Legitimization, Nationalization, Regionalization. In: Ellis, Steven/Eßer, Raingard (Hrsg.): Frontiers, Regions and Identities in Europe. Pisa 2009 (Thematic Work Group 5: Frontiers and Identities, 4), S. 223–244.

Řezník, Miloš/Ciuchea, Mirela/Mannová, Elena/Szpak, Ewelina: Regional History and the Regional Agenda in Romania, the Czech Republic, Poland and Slovakia. In: Ellis, Steven/Eßer, Raingard (Hrsg.): Frontiers, Regions and Identities in Europe. Pisa 2009 (Thematic Work Group 5: Frontiers and Identities, 4), S. 55–75.

Rutz, Andreas: Deutsche Landesgeschichte europäisch. Grenzen – Herausforderungen – Chancen. In: Rheinische Vierteljahrsblätter 79 (2015), S. 1–19.

Schmale, Wolfgang: Historische Komparatistik und Kulturtransfer. Europageschichtliche Perspektiven für die Landesgeschichte. Eine Einführung unter besonderer Berücksichtigung der Sächsischen Landesgeschichte. Bochum 1998 (Herausforderungen. Historisch-politische Analysen, 6).

Schmid, Alois: Interterritoriale Landesgeschichte. Die Beziehungen Bayerns zum Benelux-Raum im Alten Reich. In: Ders.: Neue Wege der bayerischen Landesgeschichte. Wiesbaden 2008 (Otto-von-Freising-Vorlesungen der Katholischen Universität Eichstätt-Ingolstadt), S. 37–76.

Seibt, Ferdinand: Raum – Zeit – Historie (1050–1450). In: Schieder, Theodor (Hrsg.): Handbuch der europäischen Geschichte. Bd. 2. Stuttgart 1987, S. 1–38.

Sonderegger, Stefan: Regionalgeschichte in der Schweiz. In: Blätter für deutsche Landesgeschichte 147 (2011), S. 77–101.

Werner, Michael/Zimmermann, Bénédicte: Vergleich, Transfer, Verflechtung. Der Ansatz der Histoire croisée und die Herausforderung des Transnationalen. In: Geschichte und Gesellschaft 28 (2002), S. 607–636.

# Teil II: **Themenfelder und historische Räume**
Epochenzuschnitte und Transferprozesse

Werner Freitag & Regina Schäfer

# Das „lange" 15. Jahrhundert

## 1 Einleitung

Die nachfolgenden Überblicke konturieren Konstellationen und Entwicklungen Westfalens und von Kurmainz im Spätmittelalter, wobei im Sinne eines „langen" 15. Jahrhunderts auch die erste Hälfte des 16. Jahrhunderts in den Blick genommen wird. Dieses Vorgehen entspricht dem Anliegen des vorliegenden Handbuchs, Landesgeschichte als epochenübergreifende Teildisziplin der Geschichtswissenschaft vorzustellen. Es geht darum, Phänomene langer Dauer aufzuzeigen. Gleichzeitig gehen die Artikel anhand westfälischer und kurmainzischer Gegebenheiten möglichen Zäsuren nach, welche die Geschichtswissenschaft für die erste Hälfte des 16. Jahrhunderts postuliert, etwa die Reformation und die Beschleunigung des Territorialisierungsprozesses. Darüber hinaus wird die Ertragskraft verschiedener Landes- und Raumbegriffe diskutiert. Für ein solches Vorgehen bieten sich Westfalen und Kurmainz an: Es gab kein westfälisches Kern-/Großterritorium, vielmehr stellt sich Westfalen als territorialer Flickenteppich dar. Fürstbistümer, größere und kleinere weltliche Territorien, Autonomiestädte und die Reichsstadt Dortmund waren markante Punkte der Landkarte. Das mit der Kurwürde ausgestattete Mainzer Fürstbistum zeigt sich nicht als geschlossenes Territorium. Vielfach lagen Herrschaftsrechte in Gemengelage. Zudem war Kurmainz eingebunden in das politische System des Mittelrheinraumes und in die dortigen landschaftlichen Gegebenheiten. Wie in Westfalen spielte zudem der landsässige Adel eine wichtige Rolle als Herrschaftsträger, etwa wenn es um die ländliche Gesellschaft geht. Es ist also nötig, für die Territorien Herrschaftsverdichtung und „Flächigkeit" zu untersuchen und auch auf mögliche Brüche diesbezüglicher Entwicklungen einzugehen.

Die skizzierte Heterogenität von Westfalen und Kurmainz erfordert es aber auch, nicht nur die Territorialisierungsprozesse im Sinne der genetischen Landesgeschichte zu fassen, sondern auch auf „mental maps" und Kommunikationsräume einzugehen. Wurde Westfalen gedacht? Gab es ein kurmainzisches Territorialbewusstsein? Welche Rolle spielten regionale Dialekte und Handelsbeziehungen? Darüber hinaus wird ein jeweils aus nur wenigen Variablen bestehender Raumbegriff im Hinblick auf Städte, ländliche Gesellschaft, Frömmigkeit und Reformation geprüft. Synonym wird hierfür auch der Landschaftsbegriff genutzt. Unterschiedliche Städte- und Dorftypen geraten ebenso in den Blick wie „Sakrallandschaften" und verschiedene Reformationsverläufe. Ein derartiges vergleichendes Abprüfen verschiedener Raumkonzepte unterscheidet sich deutlich von der Raumgeschichte der 1920er bis 1950er Jahre, als Historiker den einen Raum durch Addition möglichst vieler Variablen nachzuweisen und zu kartieren suchten.

https://doi.org/10.1515/9783110354188-007

# 2 Westfalen

Werner Freitag

## 2.1 Imaginiertes und kommuniziertes Westfalen

Der Blick in die literarischen Zeugnisse der Zeit zeigt, dass Westfalen im Verständnis der Zeitgenossen größer war als das heutige Westfalen. Der im münsterländischen Laer geborene Kölner Kartäusermönch Werner Rolevinck kann als Kronzeuge angeführt werden. In seinem Westfalenbuch, einem Inkunabeldruck von 1474, betitelt *De laude antiquae Saxoniae nunc westphaliae dictae,*[1] fasst er Westfalen (*westphalia*) als *terra*. Dort leben die *westphali* bzw. der *populus* bzw. die *gens* der Westfalen. Diese *terra* sucht er über die Territorien genauer zu beschreiben: Im Westen betrachtet er den Rhein und die Ijssel als Grenze, doch schränkte er dies ein, da er die Herzogtümer Geldern, Berg und Kleve nicht mehr zu Westfalen zählt. Im Süden führt Rolevinck die Grafschaft Waldeck als Grenzregion zu Hessen auf. Im Norden gehören für Rolevinck das Niederstift Münster, das Hochstift Osnabrück und die Grafschaft Bentheim dazu. Ebenfalls zu Westfalen zählt er die Grafschaften Diepholz, Hoya und Oldenburg im Norden. Im Osten betont er die Wesergrenze, überschreitet diese nur einmal im Falle der Grafschaft Spiegelberg (östlich von Hameln). Somit ist die Rolevinck'sche Landkarte größer als das heutige Westfalen. Sie enthält zudem die Fürstbistümer Minden, Münster und Paderborn, einige größere weltliche Territorien, die aber von auswärtigen Dynasten regiert wurden und zahlreiche kleinere Territorien von Grafen und Edelherren.[2] Mehr als sechzig Jahre später, im Jahre 1536, übernahm der Lünener Vikar Georg Spormecker in seiner Chronik der Stadt Lünen diese Zuordnung und Grenzziehungen.[3]

Mindestens ebenso wichtig war beiden Autoren der innere Zusammenhalt Westfalens. Dieser ergab sich aus der Stammeszugehörigkeit und der damit eng verbundenen gemeinsamen Geschichte. Westfalen um das Jahr 1500 kann somit als „Traditionstatbestand" (Peter Johanek) verstanden werden.[4] Der *populus Westphalorum* habe zunächst zu den Sachsen gehört, doch hätten sie sich durch ihre Bekehrung zum Christentum vom heidnischen Erbe der Sachsen gelöst, ohne sächsische Tugenden (Treue, Charakterstärke, Tapferkeit) verloren zu haben. Die Missionare Liudger, die beiden Ewalde, Lebuin, aber auch Wittekind, der Anführer der Westfalen in den Sachsenkriegen, werden von Rolevinck ob ihrer Bedeutung für Westfalen hervorgehoben. Zu Mut, Beharrlichkeit und Verlässlichkeit sei aufgrund der Bekehrung durch den Kaiser eine besondere Frömmigkeit hinzugekommen. Im Westfalenross

1 Rolevinck/Bücker, Buch 1953.

2 Vgl. ebd., S. 12f. Vgl. auch die Widmung an die Bischöfe und Grafen, ebd., S. 2–5.

3 Spormecker/Lehnemann, Cronica 2010, S. 60f.

4 Johanek, Landesbewusstsein 2005, S. 290.

(silbern auf rotem Grund) wurde von den gelehrten Zeitgenossen des Spätmittelalters der Zusammenhang von heldenhaftem Kampf und Bekehrung in ein einheitsstiftendes Symbol gegossen.[5] Wohl als erster bezeichnete der Bielefelder Stiftsherr Gobelinus Person um 1400 ein weißes Pferd als Kennzeichen Widukinds. Das Westfalenross nutzten in der Folgezeit auch die Erzbischöfe von Köln 1495 für das Herzogtum Westfalen. Die Erinnerung an Wittekind als „Gründerfigur“ für den Stamm der Westfalen blieb auch lebendig, weil das Grab Wittekinds in Enger bei den schreibenden Eliten Erwähnung fand; Kaiser Karl IV. besuchte es beispielsweise 1377. War die historische Erinnerung Bestandteil des Denkens der Bildungseliten, so galt für weitaus mehr Menschen der Kommunikationszusammenhang Westfalen. Wichtig war die Sprache:[6] Die Schreib- und Sprechsprache des Westfälischen wies als Variante des Niederdeutschen Eigenständigkeiten auf und besaß eindeutige Grenzen zum Hessischen und zum Ripuarischen (die „Coelsche spraiche“), während die Übergänge zum nordniederdeutschen Hanseraum, zum Ostfälischen und zum Holländischen fließend waren und keine Verständigungsprobleme auftraten. In Westfalen wusste man um die Eigenständigkeit des westfälischen Dialekts; der Dortmunder Gelehrte Jacob Schöpper kennzeichnete ihn 1550 in seinem Werk „Synonyma“ als „unsere Westphaelische zung“ oder „spraach“.[7]

Die Reformation war aufgrund der Propagierung des neuen Bekenntnisses und radikaler Kritik an der alten Kirche ein „Höhepunkt des Sprachausbaues“ des Westfälischen (Peters), man denke nur an Rothmanns Schriften für Münster (1531–1535) oder Westermanns sogenannten Katechismus für Lippstadt (1524). Doch nur wenige Jahre später gab es in den fürstbischöflichen und städtischen Kanzleien (Fürstbistum Münster 1543–1551) zumindest im auswärtigen Schriftverkehr den Sprachwechsel (nicht den Sprachausgleich) zum Hochdeutschen. Das Westfälische blieb Volkssprache, doch neue Entwicklungen zeichneten sich ab. Das späte 16. Jahrhundert ist in Bezug auf die Sprachlandschaft als Zäsur festzuhalten, nicht aber die Zeit um 1500. Gleiches gilt für das Geschichts- und Landesbewusstsein.

Neben Sprache und Geschichtsmythen können die rechtlich-politischen, wirtschaftlichen und nachbarlichen Bezüge als Argumente für den Kommunikationsraum Westfalen herangezogen werden. Landfriedensbündnisse und ein besonderes Gericht (Veme) sind hier zu nennen.[8] In Bezug auf die wirtschaftlichen Beziehungen ist insbesondere auf die Hanse hinzuweisen; ein Teil der „ghemenen cooplude“ kam „van Westfalen“, so die Statuten der niederdeutschen Kaufleute des Kontors in

5 Veddeler, Westfalenross 1987, S. 24–32, 44–47.

6 Peters, Sprachgeschichte von 1300, 2000; Ders., Sprachgeschichte von 1500, 2000.

7 Zitiert nach: ebd., S. 171.

8 Johanek, Landesbewusstsein 2005, S. 281–283. Die Veme wurde in der Raumdebatte der 1930er und 1950er Jahre zu einem Wesensmoment Westfalens stilisiert.

Brügge aus dem Jahr 1347.[9] In der Reformationszeit zeigen sich diese innerwestfälischen Austauschbeziehungen erneut: Man übernahm die Reformatoren der Nachbarstädte, so Gerd Omeken, der nach vollbrachter Reformation in Lippstadt nach Soest und Lemgo wechselte; der Lippstädter Reformator Westermann ging nach Münster, und Bernd Rothmann rief 1532 die Soester auf, sich nicht zu streiten – dies würde die Münsteraner von der Reformation in Münster abhalten. Die Paderborner beriefen sich 1532 bei ihrem Reformationsversuch auf die Vorbilder Lemgo, Lippstadt, Minden und Soest, und auch die Täufer dachten in westfälischen Bezügen, als sie im September 1534 in Soest, Osnabrück, Coesfeld und Warendorf Anhänger warben.[10]

## 2.2 Die Territorien

### Die Landkarte

Einleitend[11] ist zu bemerken, dass Westfalen in dieser Zeit ein reichsfernes Gebiet war, auch wenn die Soester Fehde (1444–1449), die münsterische Stiftsfehde (1451–1456) und die Herrschaft der Täufer in Münster von 1534 bis 1535 reichsweite Kreise zogen. Nur ein deutscher Kaiser, Karl IV., berührte im Betrachtungszeitraum westfälischen Boden, und zwar im November des Jahres 1377. Auf seiner Reise passierte der Kaiser Minden, Paderborn und Soest und zog am 22. November feierlich in die einzige Reichsstadt Westfalens, Dortmund, ein.[12] Auch der 1512 eingerichtete Niederrheinisch-Westfälische Reichskreis erhöhte die Präsenz des Reiches nur unwesentlich und hatte im Übrigen keine vereinheitlichende Wirkung, wobei ja das kölnische Herzogtum Westfalen und das Vest Recklinghausen dem Reichskreis gar nicht angehörten. Die Benennung bezeugte aber, dass auch auf Reichsebene Westfalen als übergreifendes Gebilde gesehen wurde.

Kann von einem spezifischen Ensemble der Territorien gesprochen werden? Ein Kriterium wäre, wenn ein auswärtiger Hegemon die Geschehnisse entscheidend prägte. Doch der einzige Kandidat, der Kölner Erzbischof, war mit der Schlacht bei Worringen 1288 in seinem Expansionsdrang nach Osten gestoppt worden. Im Betrachtungszeitraum gab es zwar erneute Versuche des Erzbischofs, seinen Einfluss zu sichern bzw. zu erhöhen (Soester Fehde, münsterische Stiftsfehde, s.u.), doch

9 Zitiert nach: Selzer, Hanse 2010, S. 48. Vgl. auch weitere Belege in: Johanek, Landesbewusstsein 2005, S. 281.

10 Freitag, Reformation 2016, S. 83–85, 142, 144, 301.

11 Die folgenden Ausführungen beruhen wesentlich auf: Scholz, Spätmittelalter 1983. Vgl. zu den Begriffen Territorium und „Territorialstaat“: Janssen, Territorialstaat 1974.

12 Der Bericht über den Einzug in Dortmund findet sich in der Dortmunder Chronik des Dietrich Westhoff: Westhoff, Bericht 2005.

scheiterten diese. Erfolgreich war Erzbischof Hermann von Wied 1532, als er als Administrator des Paderborner Stifts die Reformation in der Kathedralstadt verhinderte; 1542/43 versuchte er, in seinen westfälischen Gebieten die Reformation einzuführen, scheiterte aber. In dieser Zeit bestimmte auch Philipp von Hessen die Geschehnisse mit. So stützte er als Vormund des minderjährigen lippischen Grafen die Reformation in der Grafschaft und sicherte die lutherische Reformation in den Städten Höxter, Münster und Soest ab. Diese Einflussnahme blieb aber Episode. Insgesamt ist für das „politische System" (Peter Moraw) eine Dreiteilung festzuhalten, die oben bereits angedeutet worden ist: zahlreiche geistliche Territorien – zu denen das kölnische Herzogtum Westfalen und das Vest Recklinghausen gehörten – und ebenso zahlreiche kleine Graf- und Herrschaften sowie lediglich zwei weltliche, mittlere Territorien (die Grafschaften Mark und Ravensberg). Das diesbezüglich wichtigste territorialgeschichtliche Ereignis ist für das Jahr 1511 zu nennen: In diesem Jahr starb Herzog Wilhelm III. von Jülich-Berg. Dessen Besitz – darunter auch Ravensberg – gelangte an den Ehemann seiner Erbtochter Maria, den Herzog Johann von Kleve, dessen Herrschaft sich auch auf die westfälische Grafschaft Mark erstreckte – seit 1391/98 in Personalunion mit Kleve vereinigt und seit 1461 von Kleve aus verwaltet. Als Johann III., Herzog von Kleve-Jülich-Berg, herrschte er von 1521 bis 1539 über den größten weltlichen Territorienkomplex Nordwestdeutschlands.

Um die Besetzung der vier westfälischen Fürstbistümer wurde im Betrachtungszeitraum heftig gerungen: Nach der Niederlage in der Soester Fehde 1449 versuchte der Kölner Erzbischof Dietrich von Moers, im Rahmen der sogenannten münsterischen Stiftsfehde seinen jüngeren Bruder Walram auf den Bischofsstuhl in Münster zu hieven, scheiterte aber (1451–1456). Sein Konkurrent, Graf Johann von Hoya, wollte seinen als Bischof von Osnabrück nicht zum Zuge gekommenen Bruder Erich durchsetzen. Die Ambitionen von Hoyas wie auch des dritten Bischofsprätendenten, Konrad von Diepholz, zeigen, dass außerhalb Westfalens angesiedelte Familien des Hochadels durch die Besetzung der westfälischen Fürstbistümer ihre Herrschaftsbereiche aufzuwerten suchten. 1508 waren erneut Blicke von außen auf die westfälischen Bistümer gerichtet: Osnabrück und Paderborn fielen an Erich von Braunschweig-Grubenhagen (reg. 1508–1532), Minden an Franz von Braunschweig-Lüneburg (reg. 1508–1529) und Münster an Erich von Sachsen-Lauenburg (reg. 1508–1522). Eine Personalunion zwischen Kurköln und einem westfälischen Fürstbistum kann dreimal belegt werden. Die Kölner Erzbischöfe Dietrich von Moers und Hermann von Hessen waren von 1414 bis 1463 bzw. von 1498 bis 1508 Administratoren des Fürstbistums Paderborn, und von 1532 bis 1547 nahm Erzbischof Hermann von Wied diese Position ein. Die wenigen westfälischen Hochadelsgeschlechter kamen bei der Besetzung der Bischofsstühle im 15. Jahrhundert nur ausnahmsweise zum Zuge: Das Fürstbistum Paderborn war traditionell Interessengebiet der lippischen Edelherren. Weiterhin ist Konrad von Rietberg anzuführen, der in Münster und Osnabrück von 1489 bzw. 1482 bis 1508 Bischof war. Mit Franz von Waldeck († 1553), der drei Fürstbistümer innehatte, geriet erst 1530 (Minden) bzw. 1532 (Münster und

Osnabrück) wieder eine Familie in den Blickpunkt, welche dem westfälischen Dynastenadel angehörte. Demgegenüber war die Zeit des Stiftsadels im 15. und frühen 16. Jahrhundert bei der Besetzung der Bischofsstühle noch nicht wieder angebrochen. Die Wahl des Seniors des Paderborner Domkapitels Rembert von Kerssenbrock (*1474, aus dem Hause Brinke auf Gut Bruch bei Melle) 1547 in Paderborn markierte aber einen Wendepunkt.

Die kleinen weltlichen Territorien wiesen einen geringen Handlungsspielraum auf; sieht man von den Edelherren von Lippe ab, denen es gelang, ihr Kernterritorium Lippe zu festigen. 1512 wurden sie in den Reichsgrafenstand aufgenommen. 1493 führte eine Erbteilung zur Trennung von Tecklenburg-Rheda und Lingen, die unter der Herrschaft Konrads von Tecklenburg wiedervereinigt wurden (1541). Die Bentheimer Grafschaft (1486 Reichsgrafschaft) wurde 1454 geteilt, 1487 kam es aber zur Erbvereinigung. Am Ende des Betrachtungszeitraumes (1557) gelangte die Grafschaft Tecklenburg mit Rheda durch die Heirat der Erbtochter Anna von Tecklenburg mit Everwin III. an Bentheim. Für kurze Zeit – 1606 wurde erneut geteilt – gab es einen größeren Territorienkomplex in der Hand einer westfälischen Hochadelsfamilie. Insgesamt zeichnet sich also das „politische System“ Westfalens durch Konstanz aus; wesentliche Veränderungen sind erst für die Zeit nach 1550 festzuhalten, vor allem im Zuge der Konfessionalisierung.

## Der Territorialisierungsprozess

Die Territorialherren strebten danach, Rechte zu akkumulieren und den Landesausbau voranzutreiben. Doch erst im Zeitalter der Reformation gelang es einigen Territorialherren, den Städten und lokalen Herrschaftsträgern auf dem Land (Klöstern und Grundherren) mehr Rechte abzutrotzen. Zuvor standen Verpfändungen, Territorialkonflikte, Auseinandersetzungen mit dem ebenfalls Herrschaftsrechte beanspruchenden landsässigen Adel und dynastische Zufälle, manifest etwa in Herrschaftsteilungen, dem systematischen Ausbau der Landesherrschaft entgegen.

Der Zug zum Aufbau einer mit ‚Experten‘ besetzten Zentralverwaltung und zur Distriktbildung (Wilhelm Janssen) war in Westfalen bei Weitem nicht so ausgeprägt wie in den rheinischen Territorien. Vorreiter für Westfalen war das rheinische Herzogtum Kleve in Bezug auf die Grafschaft Mark. Zunächst waren Kanzler, ein für die Einnahmen zuständiger Landrentmeister und weitere Räte an der Spitze der Grafschaft tätig. Es waren dann die Stände, welche 1486 den Rat in eine „kollegial strukturierte Zentralbehörde“ (Jürgen Kloosterhuis) überführten. Dieses dann vom landsässigen Adel besetzte Gremium hatte nun einen festen Sitz (nämlich in Kleve), geregelte Kompetenzen und eine Geschäftsordnung (1501). Vier der zwölf Räte stammten aus der Grafschaft Mark. Nach 1521 wurde das landständische Kollegium immer mehr durch bürgerliche Räte ergänzt; ihm wurde 1536 ein aus gelehrten, bürgerlichen Räten bestehender Hofrat vorgelagert.[13] Nach vorne wies auch – und auch hier ist der rheinische Vorsprung zu konstatieren – die Verwaltungsorganisation im kölnischen Herzogtum Westfalen. Nach der von den Ständen erreichten Erblandesvereinigung von 1463 und einer Neuregelung von 1482 gab es für das Herzogtum eine einheitliche Verwaltung (Landdrost und Räte, allesamt vom regionalen Adel gestellt), welche von Arnsberg die Ämter und Wälder erfasste.[14] Letzteres war für den Territorialisierungsprozess im Südwesten Westfalens von zentraler Bedeutung, bedurfte der umfangreiche Waldbesitz doch der Aufsicht. Auch in den geistlichen Territorien löste der von den Ständen bestimmte Rat das ausschließlich persönliche Regiment des Bischofs ab, wobei z.T. ständischer und bischöflicher Rat in Konkurrenz traten. Hier kam es aber erst spät zur Behördenbildung und zu Ansätzen einer Ressorttrennung, so 1574 im Fürstbistum Münster. Intensiviert wurde trotz der skizzierten Mängel in Bezug auf die Behördenbildung die Erfassung der Besitzstände und der Steuerpflichtigen. Auch hier war die Jahrhundertwende keine Zäsur. Zu nennen sind etwa das Schatzbuch der Grafschaft Mark 1486, die münsterischen Willkommschatzungen von 1498/99, die lippischen Landschatzregister von 1533 und 1545 sowie das Ravensberger Urbar von 1556, dem 1535 eine Visitation vorausgegangen war.

Schlechter war es – gemessen am Realtypus Territorialisierung der genetischen Landesgeschichte – um die Distrikte bestellt. Zwar ging der Aufbau der Amtsbezirke voran, doch zwang Geldnot den Landesherrn oft zur Verpfändung. Erst um 1500 scheint das Amt die verschiedenen Rechte des Landesherrn (Gerichtsrechte, Klostervogteien, Landfriedensschutz, landesherrliche und aus dem Allodialbesitz erwachsende Dienste und Abgaben, Forst-, Zoll- und Wegerechte, Marken- und Mühlengerechtigkeit) „flächig“ gebündelt zu haben. Der Sitz von Drost/Amtmann und Rentmeister (Ersterer adlig, Letzterer bürgerlich) war eine Burg des Territorialherrn, einst zur Grenzsicherung oder zum Schutz der Wege erbaut, nun auch Sitz und Wohnung der Amtsträger und des Dienstpersonals.[15] Die älteren Burgen waren umgeben von Burgmannssitzen, wobei viele der Burgmänner sich inzwischen als landsässiger Adel in der Umgebung niedergelassen hatten. In der Grafschaft Mark und im Herzogtum Westfalen befand sich der Amtssitz dagegen in der Stadt.

Doch verliefen diese Prozesse keineswegs stromlinienförmig: Nach innen gab es zahlreiche Fehden mit dem Adel der Region; nach „außen“ sprechen die zahlreichen Territorialkonflikte dafür, dass die territorialen Grenzen noch nicht eindeutig definiert waren. So konnte dieses Konfliktfeld erst im 16. Jahrhundert aufgelöst wer-

**13** Kloosterhuis, Fürsten. Teil 2 1986, S. 78–81.

**14** Janssen, Marschallamt 2009; Storm, Herzogtum 2009, hier bes. S. 356f.

**15** Als Beispiele können die Ämter des Hochstifts Osnabrück, des Herzogtums Westfalen und der Grafschaft Mark angeführt werden. Vgl. Hartmann, Amthaus 1895. Vgl. auch Janssen, Marschallamt 2009, S. 242–251 und die Schilderung der Kompetenzen der märkischen Amtmänner im 15. Jahrhundert und im Rahmen einer Ordnung von 1560 bei: Kloosterhuis, Fürsten. Teil 1 1986, S. 5–7.

den, und zwar derart, dass Grenzen nun exakt anhand naturräumlicher Gegebenheiten oder der alten territorialen Landwehr kartiert und/oder durch Zeugenaussagen ermittelt wurden. Ein frühes Beispiel ist der Grenzvertrag zwischen den Herzögen von Kleve-Jülich-Berg und dem Fürstbischof von Minden von 1542 über die Grenzen zwischen dem Amt Limberg der Grafschaft Ravensberg und dem mindenschen Amt Reinberg. Grenzsteine markierten ab diesem Jahr die Gebietsabtretungen der Mindener.[16]

Die Defizite im Ausbau des Territoriums werden auch an der Residenzenbildung deutlich: Der Bischof kehrte (noch) nicht (militärisch) in seine Kathedralstadt zurück, wie dies etwa in Halle 1478 und Mainz 1462 geschah (siehe Artikel Schäfer). Stattdessen wurden (zögerlich) die Residenzen außerhalb der Städte ausgebaut. Nur die Stadt Arnsberg ist gegen Ende des 15. Jahrhunderts als Verwaltungssitz und zeitweilig genutzte Residenz des Kölner Erzbischofs aufzufassen. Im Fürstbistum Münster wurden Bevergern 1399, sodann Wolbeck (Sitz des Archivs) und Ahaus, im Westen des Fürstbistums gelegen, zu temporären Residenzen ausgebaut. Im Hochstift Paderborn war Neuhaus, vor den Toren der Kathedralstadt gelegen, nach der Vertreibung der Bischöfe aus Paderborn 1277 Hauptresidenz, Sitz einer Amtsverwaltung und militärischer Stützpunkt. Immerhin sind für 1450 ca. 30 Bedienstete belegt. Umfangreiche Ausbauten fanden in mehreren Schritten in der ersten Hälfte des 16. Jahrhunderts statt, sodass sich die Burg zu einer wehrhaften, rechtwinkligen Flügelanlage mit Ansätzen einer repräsentativen Schlossanlage veränderte.[17] Die Residenzen der weltlichen Territorialherren, also der westfälischen Grafen, blieben klein. Die lippischen Edelherren und Grafen nutzten im 14. Jahrhundert die Burg Brakel vor den Toren Lemgos. Für das 15. Jahrhundert ist eine Hofhaltung zu konstatieren; in der Mitte des 15. Jahrhunderts verlegten sie ihren Hauptsitz in die kleine Stadt Blomberg, wo die Burg ebenfalls ausgebaut wurde und ein Stift der Windesheimer Kongregation das sakrale Zentrum für das Territorium abgab.

Hingegen können die Stände (Ritterschaft, Städte, ggf. das Domkapitel) bereits vor 1500 als etabliert gelten. So gab es etwa im Stift Paderborn seit 1479 einen regelmäßig zusammenkommenden Landtag. Der Gemeinplatz der Forschung, dass ständische Interessen und Landesinteresse zusammenhingen, kann auch für Westfalen um 1500 gezeigt werden. In den Nebenländern waren es die Stände, welche die Einheit und Rechte des Landes im Territorialkomplex sicherten, u.a. auch, indem sie beim Aufbau der Zentralverwaltung einbezogen waren (s.o.) Für die Landtage wurde der landsässige Adel in Matrikeln erfasst. Für Paderborn liegt für 1444 ein komplettes Verzeichnis der Ritterschaft vor, das 47 ritterbürtige Geschlechter mit 110 Rittern und Knappen enthält. Die Abgrenzung erfolgte dabei durch eine Aufzählung

16 Besserer, Entwicklung 2007.
17 Becker, Schloss 1970; Börste/Santel, Schloss 2015.

der Rechte und der Anciennität.[18] In den Fürstbistümern nahmen die vermehrt ausschließlich mit dem stiftsfähigen Adel besetzten Domkapitel aufgrund der exklusiven Wahlbefugnis für den Bischof eine Sonderrolle im Ständewesen ein, die man als Mitherrschaft bezeichnen kann. Sie stellten dem neu gewählten Bischof in einer Wahlkapitulation Bedingungen. In Lippe waren es Ritterschaft und Städte, die gemäß dem *Pactum unionis* von 1368 darüber wachten, dass das Territorium durch Erbteilung nicht geschmälert wurde. In der Reformationszeit unterstützten die lippischen Stände der weltlichen Territorien den Weg zum Luthertum, während offensichtlich in den geistlichen Gebieten die Stände den überkommenen Katholizismus bewahrten, nicht zuletzt um die Säkularisation und damit den Verlust der geistlichen Pfründen zu verhindern (Münster 1543, Paderborn 1545, Osnabrück 1548) (s. u.). Insgesamt lässt sich auch für diesen Abschnitt festhalten, dass der Territorialisierungsprozess sich fortsetzte, den Pfad verändernde Entwicklungssprünge aber nicht festzuhalten sind. Man kann daher auch hier vom „langen“ 15. Jahrhundert sprechen.

## 2.3 Die Städtelandschaft

Das Städtenetz Westfalens, das macht ein erster Blick auf die Karte deutlich, war geprägt von einigen wenigen größeren und einem engmaschigen Netz von Klein- und Minderstädten. Letzeres erlebte im langen 15. Jahrhundert – der Städtehistoriker Carl Haase erfasst die Jahre von 1350 bis 1520 – eine nochmalige Verdichtung.[19] Gemeinsam ist aber allen Städtetypen, dass sie im Vergleich zum 14. im „langen“ 15. Jahrhundert an Bevölkerung und an sozialer Differenzierung hinzugewannen; Zäsuren sind nicht festzuhalten. Die vier bedeutendsten Städte blieben Münster und Osnabrück und die beiden Hellwegstädte Dortmund und Soest, wobei sich ganz allmählich Münster und in geringerem Maße Osnabrück in Bezug auf Gewerbe, Bevölkerung (Münster um 1500 wohl mehr als 10.000 Einwohner, zum Vergleich die Weserstadt Höxter mit 2.500 Ew.) und Bildungsanstalten an die Spitze setzten. Der mit dem Ende der Soester Fehde (1449) einhergehende Wechsel der Stadt vom kölnischen Herzogtum Westfalen zum Herrschaftsbereich der Herzöge von Kleve stärkte zwar die politische Autonomie, doch war die Stadt nun von den Kölner Handelswegen abgeschnitten. Dortmund konnte aus seinem Status als Reichsstadt spätestens um 1500 kein Kapital mehr schlagen. Die Stadt wurde vom intensiven märkischen Handel mit Metallwaren kaum noch berührt.

18 Gillner, Stiftsadel 2006, S. 39–41.

19 Vgl. die Karten in Haase, Entstehung 1960, S. 75 („zwischen 1240 und 1290 entstandene Städte in Westfalen“), 107 (1290–1350), 145 (1350–1520). Ein Überblick findet sich bei: Balzer, Grundzüge 1983, S. 262–264.

Charakteristisch für Westfalen sind die zahlreichen Klein- und „Minderstädte". So gab es um 1500 im Hochstift Paderborn neben dem Bischofssitz Paderborn und den drei mittleren Städten Warburg, Borgentreich und Brakel noch 19 weitere Kleinstädte. Auch diese Städte wuchsen an Wirtschaftskraft und Bevölkerung an.[20] Die für die Grafschaft Mark, für das Herzogtum Westfalen und für das Fürstbistum Münster so charakteristischen Minderstädte (Wigbolde, Flecken, Freiheiten) wiesen eine nur rudimentäre Befestigung und ein zahlenmäßig geringes Lokalhandwerk auf. In zahlreichen Lieferungen des Westfälischen Städteatlas und im Historischen Atlas westfälischer Städte sind die Grundrisse dieser kleinen, mit dem Agrarsektor verwobenen Siedlungen erfasst.

In den Mittel- und größeren Städten differenzierten sich hingegen die Gewerbe, was an der Ausweitung der Zünfte – in Westfalen Ämter genannt – deutlich wird. Für Spezialisierung und Exportorientierung stehen die Leinen- und Metallproduktion. Besonders in Lemgo und Münster wurde Leinen en gros für den Exportmarkt hergestellt, doch hatten sich beide Städte seit 1500 der Konkurrenz der ländlichen Heimindustrie zu stellen. In Bezug auf andere Exportgüter ragte zum einen die Metallproduktion im Märkischen hervor. Neben Altena und Lüdenscheid war vor allem Iserlohn eine Stadt des Metallgewerbes. Das Eisen wurde im Umland mithilfe wassergetriebener Hammerwerke erzeugt und in der Stadt zu Drähten und Eisenstäben sowie Fertigprodukten (Panzerhemden, Messer, Nadeln, Ösen) weiter verarbeitet. Massenprodukt war auch das „weiße Gold": In den westfälischen Salzstädten am Hellweg, Werl und Salzuflen, sowie an den Salzproduktionsorten Salzkotten und Sassendorf wurde die Sole aus Brunnen geschöpft und dort versotten. In der Stadt Werl entwickelte sich ein Salzpatriziat, mit z.T. geburtsständischer Grundlage, was auch in den Statuten der Sälzer deutlich wird.[21] Exklusiven Zugriff auf die Sole in Sassendorf hatten Soester Patrizier.

Dieses Patriziat – hier als wissenschaftlicher Begriff verstanden – blieb in den großen Städten an den Schalthebeln der Macht. In exklusiver Geselligkeit – in Soest trafen sich die Männer in der Sterngesellschaft, in Dortmund gab es die Junkergesellschaft – ahmte man den landsässigen Adel nach, mit einem gewichtigen Unterschied: Auch wenn die Patrizier Güter auf dem Land besaßen – ihr Lebensmittelpunkt blieb die Stadt. Nur die Erbmänner in Münster zogen im Verlaufe des 16. Jahrhunderts auf ihre Wasserburgen im Umland der Stadt; aber einige übernahmen unmittelbar nach der Täuferzeit auf Geheiß des Bischofs städtische Ämter. Für Osnabrück macht der soziale Aufstieg des Ertwin Ertmann, Enkel eines Bierbrauers, in

**20** Schoppmeyer, Ursprung 1986, S. 189–203.
**21** Hecht, Patriziatsbildung 2010, S. 47–51, 64–67, 80–83.

das Bürgermeisteramt deutlich, dass das Patriziat in der Generationenfolge durchaus offen war für soziale Aufsteiger.[22] Dies ist ein gewichtiger Unterschied zu Oberdeutschland.

## 2.4 Ländliche Gesellschaft

Die ländliche Siedlungs- und Agrargeschichte kann für Westfalen zweigeteilt werden.[23] Westfalen entzieht sich somit einer einheitlichen Charakterisierung – der Landschaftsbegriff erweist sich als ungeeignet. Im südlichen Westfalen finden wir Haufendörfer/Weiler mit den umliegenden Gemarkungen; im Norden – oberhalb der Lippe – im Nordwesten und Nordosten befanden sich die Höfegruppen in Streusiedlung (Bauerschaften/Drubbel); zudem gab es Einzelhöfe und die Kirchdörfer. Letztere wuchsen allmählich an und erweiterten über die Seelsorge hinaus ihre zentralörtlichen Funktionen: Typisch ist etwa die um 1500 beginnende Aufsiedlung am Kirchhof, der zum Wohnort der Dorfarmut wurde.[24] Im Südosten Westfalens kam es in Umkehrung der Wüstungen der ersten Hälfte des 14. Jahrhunderts zu einer langsamen Rekultivierung und Vermehrung der Stellen. Hinzuweisen ist hier insbesondere auf das südliche Weserbergland, wo Waldflächen gerodet und Dörfer neu gegründet wurden. Im Paderborner Land waren es die Klöster (besonders Böddeken und Dalheim) und der lokale Adel, welche die Wüstungen in ihre Gutswirtschaft integrierten. Von 41 mittelalterlichen Siedlungen auf der Wüstungsfläche des Sintfeldes waren um 1550 wieder elf vorhanden, die zu neuen Haufendörfern anwuchsen. Auch im Sauerland kam es im zweiten Viertel des 16. Jahrhunderts zu neuen Dorfgründungen. Demgegenüber wurde im mittleren, nördlichen und nordöstlichen Westfalen der Siedlungsausbau durch die Klein- und Mittelkötter geprägt, also durch Nachsiedler. Sie sind in der Hellwegregion am Rande der Kirchdörfer und im Münsterland und in der Grafschaft Ravensberg vor allem in der Mark, dem gemeinsam genutzten Weide- und Waldland, nachzuweisen. So waren im Jahre 1537 bereits 20 % aller Stätten in der Grafschaft Ravensberg Markkotten. Im Ostteil Lippes unterstützten die Markkotten den für den Süden Westfalens so typischen Prozess der Verdorfung, im Westteil waren sie „schwarmartig“ (Manfred Balzer) am Rande der Gemeinheiten verstreut. Das Wachstum der Stätten in Lippe (von 1.500 im Jahre 1507 auf 3.000 im Jahre 1590) wird durch diesen Prozess erklärbar.[25]

---

**22** Hoffmann, Grenzen 1996.

**23** Dieser Abschnitt beruht wesentlich auf: Balzer, Grundzüge 1983, S. 238–242, 258–262. Vgl. als Weiterführung für die Grafschaften Lippe und Ravensberg sowie für das Fürstbistum Minden: Angermann, Volksleben 1995, S. 12–28.

**24** Freitag, Dorfkirchhöfe 2013.

**25** Balzer, Grundzüge 1983, S. 266–268.

Die Herrschaft über Land und Leute hatten, sieht man von einigen Patriziern ab, nach wie vor geistliche Institutionen, der Landesherr oder der landsässige Adel inne. Die Abhängigkeitsverhältnisse waren dinglich und/oder persönlich. Hier gab es ebenfalls eine Zweiteilung, die aber nicht völlig deckungsgleich mit der Siedlungsstruktur waren. Die persönliche Abhängigkeit war insbesondere im Institut der Eigenbehörigkeit im Osnabrücker, Ravensberger und Münsterland etabliert. Zu den Abgaben, die aus der dinglich, d.h. grundherrschaftlichen Nutzung der Stelle rührten (Hand- und Spanndienste, Weinkauf bei Neubesetzung der Stelle und Heirat), kamen aufgrund der Eigenbehörigkeit der Sterbfall, die Gesindezwangsdienste der Kinder und der Freikauf. Im Süden gab es demgegenüber rechtlich freie Bauern auf Pachtgrundstücken, während im östlichen Westfalen, vor allem in Lippe und im Paderborner Land mit dem Meierrecht eine Art von Zeitpacht mit Tendenz zum erblichen Besitz existierte. Doch kann grund- und leibherrliche Abhängigkeit nicht mit Armut gleichgesetzt werden. Insbesondere im Norden und Nordwesten entstand mit den Meiern und Schulten ein „Bauernadel“, der es in Bezug auf Wohlstand und Hofausstattung (Gräftenhof) mit dem Niederadel, der um Anerkennung beim ebenfalls landsässigen Stiftsadel rang, aufnehmen konnte.[26] Ja, Werner Rolevinck lässt 1474 Adlige klagen: „Unsere Unfreien steigen auf und wir sinken mit unseren Wappenschildern herab“.[27] Das in allen Regionen vorhandene Anerbenrecht sicherte den Wohlstand ab – Realteilungen waren nicht üblich.

## 2.5 Westfalen als Sakrallandschaft

Ob man den in der Forschung so gerne benutzten Begriff der Sakrallandschaft – ein beliebter Untertypus wäre hier die Klosterlandschaft – für Westfalen nutzt, hängt erneut von den Kriterien ab: Auf spezifische fromme Praktiken und Seelsorgeformen soll geachtet werden. Zudem wird die Institution Kirche betrachtet.

### Die westfälischen Bistümer

Analog zu den Territorien ist auch für die kirchliche Organisation festzuhalten, dass ein auf ganz Westfalen bezogenes westfälisches Bistum nicht existierte. Die oben skizzierten geistlichen Territorien waren, allerdings mit anderer Grenzziehung, gleichzeitig auch kirchliche Sprengel. Der Bischof nahm kaum Einfluss auf die Besetzung der Pfarrstellen. In allen westfälischen Bistümern besaßen andere geistliche Institutionen (Domkapitel, Stifte, Klöster), der landsässige Adel, der weltliche Lan-

26 Mersiowsky, Niederadel 2001, S. 259–272.
27 Ebd., S. 265; Rolevinck/Bücker, Buch 1953, S. 218f.

desherr und mitunter auch Gemeinden die Patronats- bzw. Kollationsrechte. Viele Klöster und Stifte hatten auch Pfarreien inkorporiert. Von den 200 Pfarreien des Bistums Paderborn besaß im Jahre 1530 der Bischof lediglich für 41, das Domkapitel immerhin für 23, die Reichsabtei Corvey 15 Patronats- bzw. Kollationsrechte; an weltlichen, d.h. adligen Patronatsherren werden 43 aufgeführt.[28] Darüber hinaus wurden Pfarreien von 37 weiteren geistlichen Institutionen besetzt bzw. waren inkorporiert. Ob die Archidiakone ihre Sendgerichtsbarkeit regelmäßig und überall ausübten, steht zu bezweifeln – die Visitationen der Reformationszeit in Lippe und Ravensberg jedenfalls zeigen für die 1520er Jahre Defizite auf. Wenn ein Vertreter des Bistums in der Pfarrei erschien, dann war es der Weihbischof, welcher die Weihe von Altären und Glocken oder die Entsühnung des Kirchhofs vornahm.

## Fromme Praxis – Besonderheiten in der Seelsorge

Die dezentrale Kirchenorganisation korrespondierte mit dem Fehlen eines großen Kultzentrums und eines Landespatrons. Es gab zwar Stadtpatrone (Reinold in Dortmund und Patroklus in Soest), aber Westfalen in seiner Gesamtheit konnte nicht auf mächtige Fürbitter zählen. Erwähnenswert ist die Marienverehrung, die insbesondere im Vesperbild ihren bewegenden Ausdruck fand, stand doch die Trauer der Mutter für ihren am Kreuz verstorbenen Sohn für das Leiden in der Welt. Die *compassio Mariae* wurde auch im Rosenkranzgebet zum Ausdruck gebracht, zu welchem der Franziskaner Dietrich Kolde (*1435 in Münster) mit seinem weitverbreiteten Katechismus beisteuerte. Auffallend an der Kreuzverehrung in Westfalen sind die zahlreichen Gabelkreuze, von denen das von Coesfeld und das von Haltern am bekanntesten sind. Kalvarienberge auf den Kirchhöfen standen ebenfalls für die Passionsandacht.[29] In älteren Studien ist darüber nachgedacht worden, ob in den Retabel- und Schnitzwerken des späten 15. und frühen 16. Jahrhunderts westfälische Eigenheiten im Sinne des Stammesansatzes nachzuweisen sind. Paul Pieper machte noch 1964 in Band IV.3 des Raumwerks das Westfälische an gröberen Ausdrucksformen und an einem „fortschrittlichen Konservativismus" fest, der auf einem „zurückhaltenden, gedämpften Menschentum" fuße.[30] So wird heutzutage nicht mehr argumentiert, doch die Erkenntnis Piepers bleibt, dass von Köln entscheidende Impulse ausgingen. Die ältere Landesgeschichte sprach hier von Kulturströmungen; heute macht die Forschung die personalen Netzwerke, d.h. die Ver-

**28** Brandt/Hengst, Geschichte 2002. Im westfälischen Teil des Erzstifts Köln (das waren insbesondere Herzogtum Westfalen, Vest Recklinghausen, Grafschaft Mark) konnte der Erzbischof von 176 Pfarren nur 15 besetzen. Ebd., S. 71, Anm. 56.

**29** Wagner, Kreuzverehrung 1960.

**30** Pieper, Malerei 1964, S. 24, 20.

flechtung der Werkstätten, stark. Ergebnis dieser vielfältigen Beziehungen zur Rheinmetropole war etwa, dass die Kalvarienberge volkreicher dargestellt wurden, wobei der Gute Hauptmann mit seinem Christusbekenntnis noch mehr ins Zentrum rückte. Die Abbildungen Mariens gewinnen in der Tradition des „Weichen Stils" von Stephan Lochner an Ausdruck und Nähe. Hier ist auf Conrad von Soest zu verweisen. Insbesondere sein Dortmunder Marienretabel mit der Schilderung des Marienlebens und ihres Todes ragt hervor. Wenn aber um 1520 eine Kirchengemeinde auf der Höhe der Zeit sein wollte, dann bestellte sie ihr Retabelwerk nicht bei einer westfälischen Werkstatt, sondern in Brabant. Die aufwendigen Flügelaltäre in Bielefeld (St. Nicolai), Dortmund („Das goldene Wunder") und Soest (Klepping-Altar) seien hier stellvertretend für diese Importe genannt.[31]

In der frommen Praxis der Laien spielten Wallfahrten eine große Rolle:[32] Die Wallfahrer entdeckten als Pilger – die Wallfahrtsprozession gehört auch in Westfalen erst der Epoche der Konfessionalisierung an – die Region, aber den einen großen Wallfahrtsort gab es nicht. Als Marienwallfahrten können seit der Mitte des 14. Jahrhunderts Altlünen und Telgte ab ca. 1540, als Kreuzwallfahrten Coesfeld, Stromberg bzw. eingeschränkt Bocholt und Freckenhorst hervorgehoben werden. Die Umtracht mit dem Kreuz oder dem Marienbildnis war zentrales Ereignis der Verehrung. Reliquienkulte blieben in Westfalen Mangelware: Die *virtus* der Gebeine von Pusinna in Herford, Ludgerus in Werden, Liborius in Paderborn und Vitus in Corvey war nicht so außergewöhnlich, dass eine überregionale Wallfahrt entstehen konnte. Aber auch Reliquiensammlungen, die Anlass für eine Heiltumsweisung und eine außerordentliche Ablassgewährung gewesen wäre, sind aus Westfalen nicht zu vermelden. Es fehlte in Westfalen ein Herrscher, der seine Residenz durch einen großartigen Reliquienschatz aufwerten wollte. Im lippischen Blomberg lösten 1460 Hostienraub und Brunnenwunder eine Kultdynamik aus. Die Wallfahrt erlangte überregionale Ausstrahlung, die allerdings nicht mit der Wilsnack-Fahrt zu vergleichen ist.

Die Sakrallandschaft Westfalens hatte in Bezug auf die Seelsorge Spezifika aufzuweisen. Besonders ist auf die *Devotio moderna* hinzuweisen.[33] Die an der Hl. Schrift orientierte, humanistisch inspirierte Frömmigkeit, die in Deventer in den Niederlanden in den 1370er und 1380er Jahren ihren Ausgangspunkt genommen hatte, berührte schnell westfälische Gefilde. Sie sorgte in den Städten für eine Intensivierung der Seelsorge (Niederlassungen der Brüder vom gemeinsamen Leben in Herford 1426 und Münster 1401/22). Die Fraterherren ermunterten in ihren sogenannten *collationes* Laien zum Studium der Hl. Schrift. Um 1500 waren die Brüder im Sinne des Humanismus als Lehrer an den Schulen tätig. Auch Schwesternhäuser

---

**31** Explarisch: Welzel, Gold 2006.

**32** Beßelmann, Stätten 1998.

**33** Schröer, Kirche 1987, S. 277–334.

sind nachzuweisen (Münster, Borken, Coesfeld, Lippstadt, Herford, Bielefeld). Die *Devotio moderna* strahlte mit der Windesheimer Kongregation auch auf das monastische Leben aus. Frenswegen, Böddeken und Dalheim wurden kurz vor 1450 neu bzw. wieder aufgebaut; 1468 folgte mit Blomberg ein neuer Konvent. Keine Unterschiede zu anderen Regionen gab es bzüglich der Bettelorden (Franziskaner, Dominikaner, Augustiner-Eremiten). Sie waren in allen Bischofsstädten vertreten. Auch in Dortmund, Herford, Höxter, Lippstadt, Soest und Warstein gab es Niederlassungen. Als Charakteristikum für Westfalen kann festgehalten werden, dass die Observanzbewegung der Franziskaner keine der westfälischen Niederlassungen der Konventualen in Westfalen reformierte. Stattdessen suchten die Observanten Kontakt zu Städten, welche noch keine Franziskanerniederlassung aufwiesen. So kam es am Ende des 15. Jahrhunderts zu Neugründungen in Bielefeld, Hamm, Lemgo und Dorsten.[34]

Abschließend stellt sich die Frage nach einer abgrenzbaren Sakrallandschaft: Gemeinsame Kulte gibt es ebenso wenig wie ein gemeinsames Bistum. Spezifisch scheinen mir die Schwäche der Bischofskirche und die Rolle der *Devotio moderna* gewesen zu sein. Von einer seelsorglichen Krise kann aber nicht gesprochen werden. Ist vor diesem Hintergrund die Reformation als Einschnitt zu werten oder finden sich Argumente für das „lange“ 15. Jahrhundert? Da das Thema Reformation in diesem Handbuch eigens thematisiert wird, sind nachfolgend nur einige kurze Ausführungen möglich.[35]

**34** Stracke, Reform 2013, S. 149–189.

**35** Statt vieler Einzelbelege wird auf die umfassende Darstellung des Autors verwiesen: Freitag, Reformation 2016, besonders S. 65–70, 81–112, 161–191, 193–211. Ältere Darstellungen: Schröer, Reformation 1979/1983; Stupperich, Reformationsgeschichte 1993.

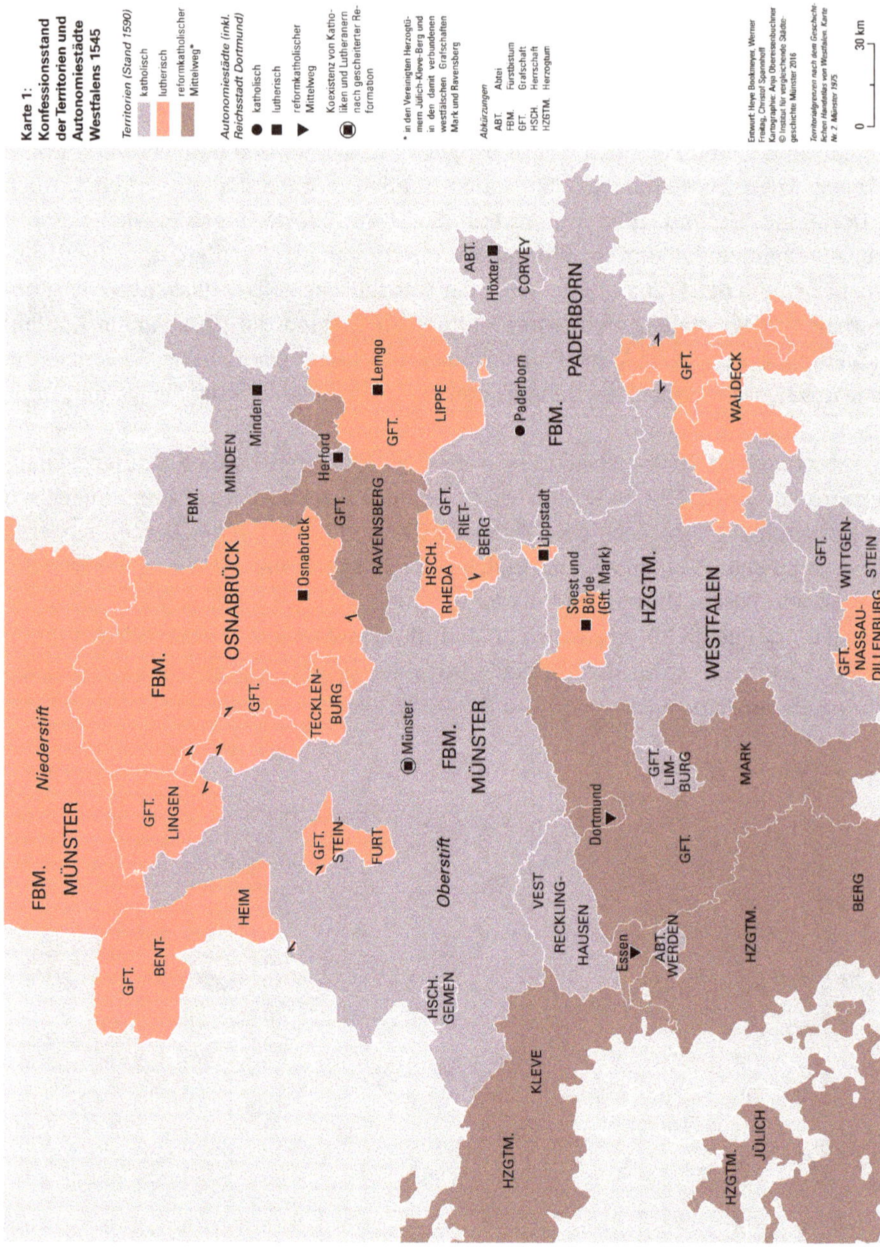


Abb. 18: Konfessionsstand der Territorien und Autonomiestädte Westfalens 1545

### Kontinuität und Zäsur: die Reformation

In den vier Kathedralstädten sowie in Dortmund, Herford, Lippstadt und Soest gab es in der Mitte der 1520er Jahre Konflikte mit kirchlichen Einrichtungen. Handwerker und „Volk“ kritisierten gegenüber dem Rat vermeintliche Missstände der Kirche. Schaut man sich die detaillierten Forderungskataloge von Münster und Osnabrück an, so waren es die überkommenen Problemfelder des 15. Jahrhunderts, die im Zentrum standen: Besteuerung der „toten Hand“, Einschränkung der wirtschaftlichen Tätigkeit des Gesindes der Kleriker sowie der Beginen und Zurückdrängung der „Papenwifer“ (Pfaffenweiber) aus dem öffentlichen Leben. Hingegen spielten Kernbotschaften der Reformation noch keine Rolle. Gefordert wurde lediglich im Sinne der evangelischen Bewegung die Predigt des „reinen Evangeliums“. Ziel der Stadträte war es daraufhin, Kompromisse herzustellen, was auch gelang. Diese Phase kann also noch dem frommen 15. Jahrhundert zugeordnet werden. Die Durchsetzung des lutherischen Bekenntnisses fiel in den größeren Städten in die Zeit von 1529 (Minden) bis 1533 (Lemgo, Münster). Die „Verlaufsformen“ (Wilfried Ehbrecht) folgten der aus der Reformationsforschung bekannten Dramaturgie: „schriftgemäße“ Predigt, Proteste von Zünften und „Volk/Gemeinheit“ gegen die alte Kirche, Spottgedichte, Thesenanschlag seitens der Prädikanten mit Aufforderung an den katholischen Klerus zur Disputation, Aufläufe mit Ausschussbildung und Schwureinung, an den Rat gerichtete Forderung nach dem neuen Bekenntnis. Die Stadträte akzeptierten unter dem Druck der Straße die Forderungen. Die alte Kirche brach hier relativ schnell zusammen. Für Münster ist in diesem Zusammenhang zu vermerken, dass Bischof Franz von Waldeck die Reformation in den Pfarrkirchen im sogenannten Dülmener Vertrag (Februar 1533) akzeptierte, was aber den Weg des münsterischen Reformators Bernd Rothmann hin zum Täufertum nicht aufhalten konnte. In Paderborn hingegen scheiterte die Stadtreformation. Den Abschluss fand die städtische Reformation in Kirchenordnungen, die allesamt die Braunschweiger Kirchenordnung Bugenhagens von 1528 zum Vorbild hatten.

Die Fürsten- und Grafenreformation setzte 1538 ein. Auch hier sind die Einschnitte festzuhalten: In Lippe bestätigten die Stände auf dem Landtag von Cappel die lutherische Kirchenordnung, die auf Initiative der Vormünder des Grafen Bernhard VIII., Jobst von Schaumburg und Philipp von Hessen, erstellt worden war. Die Kirchenordnung legte die Aufteilung des Territoriums in drei Superintendanturen fest und forderte eine Visitation ein, welche dann 1542 erfolgte. Somit markierte sie den Beginn des landesherrlichen Kirchenregiments. Ein wichtiges Stichjahr für die Fürsten- und Grafenreformation ist 1543. In diesem Jahr begann Erzbischof Hermann von Wied einen Reformationsversuch in seinen Gebieten. Ihm folgte Franz von Waldeck für Osnabrück, der allerdings 1548 die Reformation aufgrund einer Intervention der Stände zurücknehmen musste. Für Minden akzeptierte Franz die schon bestehende lutherische Grundorientierung des Stifts. Im Stift Münster hingegen blieb der Katholizismus nach der Niederschlagung der Täufer 1535 die offizielle

Konfession. In Tecklenburg setzte Graf Cord 1543 ebenso wie Graf Arnold 1544 in Bentheim die Reformation durch.

Die humanistische Reform hatte ebenso wie im Rheinland in Westfalen einen schweren Stand – die von den Herzögen von Jülich-Kleve-Berg betriebene *via media* führte nicht zu einer Lösung des Konfessionskonflikts. Die herzogliche Kirchenordnung von 1532 (Präzisierung in der *Declaratio* 1533) zielte auf eine innerkirchliche Reform bei Anerkennung einiger lutherischer Kritikpunkte an der katholischen Kirche. In Form einer Visitation, die 1533 die Grafschaft Ravensberg erreichte, wollten die landesherrlichen Beamten die Reform durchsetzen. In den kleineren Städten und auf dem platten Land in der Mark und in Ravensberg entschieden sich aber die Pfarrer und die Stadt- bzw. Kirchräte ab ca. 1550 allmählich für das Luthertum oder entwickelten liturgische Mischformen, etwa die katholische Opfermesse mit Kommunion unter beiderlei Gestalt. Erfolgreicher war die Reform zunächst in der Reichsstadt Dortmund und in der Stadt Essen, wo ein von einigen „Missbräuchen" geeinigter Katholizismus bis in die 1560er Jahre existierte. Vor allem das 1543 gegründete Dortmunder Gymnasium war ein Hort des Humanismus. Der Katechismus des Lehrers und Seelsorgers Jacob Schöpper ist ein Musterbeispiel für den Versuch einer eigenständigen humanistischen Stadtreformation.[36]

Für das Ende des Betrachtungszeitraumes ist, wenn wir das Interim von 1548 beiseitelassen, die konfessionelle Spaltung Westfalens zu konstatieren: Die Fürstbistümer blieben formal katholisch. Die westfälischen Grafschaften waren auf das Augsburger Bekenntnis festgelegt. In Mark und Ravensberg erscheint die Situation nicht eindeutig. In den katholischen Städten Münster und Paderborn existierte das Luthertum als geduldete Strömung. Fasst man diesen Abschnitt zusammen, so kann die Spaltung Westfalens festgehalten werden: In einigen Gebieten fand durch die Reformation das „lange" 15. Jahrhundert in Fragen des Glaubens ein Ende, in anderen hingegen herrschte weiterhin das Spätmittelalter. Doch die angedeuteten liturgischen Kompromisse, die Koexistenz der Konfessionen und die oft anzutreffende Ambiguität zeigen ebenfalls an, dass sich auch hier Neues anbahnte.

Insgesamt zeigt für Westfalen der Blick auf das „lange" 15. Jahrhundert den Vorteil epochenübergreifender Betrachtung: Territorial-, Stadt- und Agrargeschichte lassen sich durch Strukturen langer Dauer kennzeichnen; die Reformation gab nur in Teilen Westfalens eine Zäsur ab. Der diesem Aufsatz zugrunde liegende Mix an Raumbegriffen macht aber auch deutlich, dass es einen alle Bereiche bündelnden Westfalenbegriff nicht gibt; er stellt sich als Fiktion vergangener Forschergenerationen dar. Es bedarf vielmehr der abwägenden Vorauswahl der Kriterien, welcher Raumzugriff für die Analyse im Hinblick auf die Verdichtung bestimmter Merkmale geeignet ist. Dieses Vorgehen bewährte sich bei der Städte- und Territorial- sowie bei einigen Aspekten der Sakrallandschaft. Zudem zeigt sich, dass, wenn man den

36 Helbich, Pax 2012, S. 95–173.

Zeitgenossen folgt, ein Traditions- und Kommunikationszusammenhang Westfalen nachzuweisen ist („mental map“). Dieser deckte sich aber nicht mit dem heutigen Westfalen, das als Verwaltungseinheit kleiner ist und als Identitätsregion mit zahlreichen Brüchen erscheint (Ruhrgebiet, als Identitätsmarker fungierende Unterregionen, etwa Ostwestfalen-Lippe, Münsterland, Südwestfalen). Abschließend muss festgehalten werden, dass es der vergleichenden Perspektive bedarf, um Spezifisches noch trennschärfer bewerten zu können.

## 3 Kurmainz und der Mittelrheinraum

Regina Schäfer

Kurmainz ist im 15. Jahrhundert (noch) kein Land im Sinne eines flächigen Territoriums, sondern ein Beispiel für eine spätmittelalterliche Herrschaft, die vor allem durch den geistlichen Fürsten bestimmt war. Kurmainz lässt sich für diese Zeit einerseits als Gesamtheit jener lokalen und regionalen Herrschaftsrechte beschreiben, auf welche der Mainzer Erzbischof zugreifen konnte. Es konstituierte sich zudem durch Zuschreibungen in der Auseinandersetzung mit andersherrigen Amtsträgern. Die erzbischöfliche, aber auch die hessische und pfälzische Verwaltung bezeichneten Ortschaften und Funktionsträger als „mainzisch“. Diese Außenperspektive nahm auch die ältere landesgeschichtliche Forschung ein. Das Mainzer Territorium wurde in der Regel in der Konkurrenz mit anderen Herrschaften beschrieben. Kurmainz im Spätmittelalter war dann meist der – in der Regel unterlegene, alte und durch innere Konflikte gelähmte – Gegner der neuen, dynamischen und aggressiven Fürstentümer Hessen und Kurpfalz. Dies greift sicher zu kurz, besonders mit Blick auf die Reformen unter Berthold von Henneberg und Albrecht von Brandenburg. Neuere Ansätze erweitern diese stark politik- und territorialgeschichtliche Sicht und fragen nach Raumwahrnehmung und Selbstzuschreibungen: Empfanden sich Hintersassen in Stadt- und Dorfgemeinden, aber auch Ritter, Grafen und Herren als „mainzisch“? Weiterführend waren und sind in diesem Kontext die aus der Geographie übernommene Sicht auf die Zentralortfunktion von Siedlungen für das Umland und die Debatte um den Landschafts- bzw. Raumbegriff. Solchen komplexen Fragen kann man ebenso wie der nach den Veränderungen im Laufe des „langen“ 15. Jahrhunderts mit besonderem Erkenntnisgewinn in den Regionen nachgehen, in denen herrschaftliche Gemengelagen bestanden und es zu Konflikten kam. Daher soll hier neben Kurmainz auch der Mittelrhein als besonders vielherrige Region mit in den Blick genommen werden, in welcher der Mainzer Erzbischof ein wichtiger Spieler unter mehreren im politischen System war. Die Gemengelage konkurrierender Ansprüche war der Normalfall, nicht die Ausnahme in diesem Teil des Reiches. Das Land Kurmainz ist nicht ohne den Landesherrn zu denken; in der Person des Mainzer Erzbischofs verbanden sich zwangsläufig reichs- und kirchenpolitische Funktionen, geistliche Gewalt, regionale Herrschaft und überregionaler Anspruch. Landes-, Reichs- und Kirchengeschichte müssen folglich zusammengeführt werden. Um die Jahrhundertwende saßen zudem mit Berthold von Henneberg und Albrecht von Brandenburg herausragende Persönlichkeiten auf dem erzbischöflichen Stuhl, welche die Wirkungsmöglichkeiten als Mainzer Erzbischof sehr unterschiedlich nutzten. Der Blick allein auf das Territorium verkürzt also zwangsläufig das komplexe Konstrukt Kurmainz auf geographisch definierbare Herrschaftsrechte.

Gerade im Falle von Kurmainz zeigen sich die Grenzen einer Perspektive, die vor allem die Genese eines als historische Einheit gedachten Landes betrachtet. Der teleologische Ansatz wird weder der Vielfältigkeit der Herrschaftsstrukturen in den Einzelorten noch der Offenheit der Entwicklung gerecht. Regional- und lokalgeschichtliche Detailforschung und ein vergleichender Ansatz sind für die Analyse unverzichtbar. Zudem müssen auch sprachgeschichtliche Aspekte berücksichtigt werden. Die Kulturmorphologie, wie sie insbesondere von Theodor Frings betrieben wurde, ist zu Recht stark kritisiert worden. Sie hatte sich instrumentalisieren lassen und in nationalsozialistischer Zeit Kulturräume konstruiert, welche die hegemoniale deutsche Politik legitimieren sollten. Dabei wurde auch bewusst gefälscht, indem nur sprachliche Verbindungslinien abgebildet wurden, welche die These von urdeutschen Gebieten im Westen und Osten zu belegen schienen.[37] Die Aufarbeitung der nationalsozialistischen Zulieferung der Landes- und Sprachgeschichte hatte aber auch oft zur Folge, dass die Zusammenarbeit von Sprach- und Landeshistorikern beendet wurde. Die Kooperation von Historikern mit Sprachwissenschaftlern (und ebenso mit Geographen und Archäologen) ist aber eine der großen Stärken der Landesgeschichte, denn sie vermag, Thesen wie jene nach der historischen Zäsur um 1500 kritisch zu überprüfen und allgemeine Forschungsfragen mit einer mikrohistorischen Analyse zu verbinden.

## 3.1 Das „Land" Kurmainz im 15. Jahrhundert

Nimmt man Kurmainz in den Blick, stellt sich wie für alle geistlichen Herrschaften das Problem von zwei geographisch definierten Räumen: das Erzstift als Territorium des Mainzer Erzbischofs und die Erzdiözese als der kirchliche Verwaltungsbereich des Erzbischofs. Oft wird in der Forschung implizit die Erzdiözese mit dem Erzstift gleichgesetzt. In der sehr großen Mainzer Erzdiözese verfügte der Erzbischof um 1500 aber nur zu einem geringen Teil (und insbesondere im Süden) über die territorialen Rechte. Die kurmainzischen Besitzungen waren eher Inseln im hessischen und thüringischen Gebiet. Teile des Kurmainzer Territoriums lagen zudem in anderen Diözesen, insbesondere in den Diözesen Würzburg und Worms. Zu einem

37 Frings, Sprachgeschichte 1922. Zur Kritik: Schmid, Sprachgeschichte 2013.

Territorium im Sinne eines zusammenhängenden Komplexes von Herrschaftsrechten wurde das Erzstift nie. Vielmehr setzten sich noch im 15. Jahrhundert die weltlichen Besitzungen des Kurfürsten aus Herrschaftsrechten und Einheiten zusammen, die sehr unterschiedlich verdichtet waren. Erst um 1500 sollten sie den Übergang zur Flächigkeit erleben (siehe Kapitel 3.2). Kurmainz umfasste das Unterstift mit dem Zentrum Mainz, das Oberstift mit Aschaffenburg, Besitzungen an der Bergstraße, das Amt Amöneburg, Fritzlar-Naumburg, das Eichsfeld und Erfurt mit Umland. Die genannten Räume unterschieden sich nicht nur hinsichtlich ihrer Bindung an den Mainzer Erzbischof, sondern ebenso in ihrer inneren Struktur stark voneinander. Es gab Einzel- und Streubesitz am Mittelrhein, locker gefügte regionale Ämter wie an der Bergstraße, aber auch den Rheingau, der eine flächig abgegrenzte und auch politisch handlungsfähige Einheit darstellte, auch wenn im Rheingau Ortsgemeinden, Klöster und Adelige nebeneinander bestanden.[38]

Die Verbindung zwischen diesen Mainzer Landesteilen stellte neben der Person des Erzbischofs insbesondere das Domkapitel her, in dem Stiftsherren vor allem aus dem Niederadel der verschiedenen Landesteile vertreten waren und das auch die Funktion einer landschaftlichen und ständischen Vertretung innehatte. Innerhalb der Diözesangeistlichkeit nahm das Domkapitel ebenfalls eine unangefochtene Führungsrolle ein, hatte aber auch eine verbindende Funktion. Oft waren die Prälaten der Stifte Domherren. Obwohl das Domkapitel nicht die Funktion einer Nebenregierung oder eines zentralen Organs hatte, wurde die Herrschaft und Handlungsfähigkeit der Erzbischöfe nachhaltig durch die Wahlkapitulationen bestimmt.[39] Dagegen waren die Zentralbehörden des Stifts nur sehr gering ausgeprägt; im 15. Jahrhundert kann nur die Kanzlei als Behörde gelten. Ein Hofrat mit geregelter Geschäftsordnung entstand erst unter Albrecht von Brandenburg (1514–1545), unter dem ein ständiges Hofgericht in Mainz eingerichtet wurde.[40] Auch die regionalen Amtsstrukturen unterschieden sich; die Konstruktion einer Kontinuität der im 12. Jahrhundert bezeugten Viztumämter – Mainz/Rheingau, Aschaffenburg, Eichsfeld-Hessen und Erfurt – bis in die Zeit um 1500 verfälscht eher das Bild. Der Viztum für den Rheingau war meist ein adeliger Laie, der den Erzbischof in weltlichen Dingen im Land vertrat und dem der Landschreiber für die Finanzverwaltung zur Seite stand; der Aschaffenburger Viztum verfügte nicht über diese Wirkungsmöglichkeiten.[41] Im Norden sind die Landvögte nach hessischem Vorbild die zentralen Organe der Verwaltung. Insgesamt waren die Amtsstrukturen eher gering ausgeprägt. Zudem dominierten – auch aufgrund der Bedeutung des Domkapitels – Geistliche die Verwaltungstätigkeit.

**38** Jürgensmeier, Kurmainz 1992, S. 60 (Karte). Heinig, Kirche 2000.

**39** Hollmann, Domkapitel 1990.

**40** Christ, Erzstift 1997.

**41** Witte, Herrschaft 1959.

Zentrum von Kurmainz war die Stadt Mainz. Gerade an der Geschichte der Stadt wird das 15. Jahrhundert als Umbruchszeit erkennbar. Mainz wurde von der Freien Stadt zur Residenzstadt, und zwar nicht nur als Sitz des Erzbischofs, der diese Herrschaft durch die befestigte Martinsburg zu Beginn des 16. Jahrhunderts demonstrierte, sondern auch als Kern des neuen frühmodernen Flächenstaates[42] (s.u.). Damit ging zunächst paradoxerweise ein Niedergang der Stadt einher. Die Bedeutung der Bischofsstadt als wirtschaftliches und kulturelles Zentrum um 1400 auch für den Nieder- und Hochadel des Umlandes wird aufgrund der schlechten Quellenlage oft unterschätzt. Um 1500 aber war die Stadt von weit geringerer Attraktivität. Der Niedergang von Mainz hatte bereits deutlich vor der Stadteroberung 1462 eingesetzt. Die heftigen innerstädtischen Kämpfe zwischen Patriziat und Bürgern seit dem späten 14. Jahrhundert hatten zur dauerhaften Vertreibung eines großen Teils der Patrizier aus der Stadt geführt; die Konflikte zwischen Klerikern und Bürgern – insbesondere um den Weinschank, die Beteiligung der Geistlichen an den bürgerlichen Lasten und die Gerichtsbarkeit – gipfelten in wiederkehrenden Auszügen der Geistlichkeit.[43] Die Stadt Mainz lag nach der Stiftsfehde wirtschaftlich am Boden. Die Konfiszierung von mehr als 100 Häusern durch den Erzbischof Adolf von Nassau, welcher seine Gegner aus der Bürgerschaft vertrieb und mit deren Habe seine adelige Anhängerschaft belohnte, schwächte die Stadt weiter. Zudem zeigen die erhaltenen Häuserverzeichnisse, dass zwei Generationen nach der Eroberung zahlreiche dieser Häuser nicht mehr bewohnt waren; die ursprünglich Begünstigten hatten diesen Besitz längst abgestoßen.[44] Die Erfindung des Buchdrucks macht Mainz zum Geburtsort der Medienrevolution. Nach neueren Vermutungen gab es zudem Versuche einer Universitätsgründung noch in den 1460er Jahren, die aber scheiterten.[45] Die Gründung der Universität 1477 führte dann zwar dazu, dass Mainz um die Jahrhundertwende zu einem Schwerpunkt des transalpinen Humanismus wurde, der auch überregional Studenten und Gelehrte anzog. Doch mit dem Ende dieser Blüte in den 1520er Jahren verlor die Universität an Ausstrahlung.[46]

---

**42** Dobras, Herrschaft 2015; Ders., Mainz 2008.

**43** Matheus, Bistumsstreit 1998.

**44** Schäfer, Stadthöfe 2002.

**45** Tagung „Reviewing Gutenberg“ am 23./24.2.2018 in Mainz.

**46** Matheus, Bildung 2015.

**Abb. 19:** Herrschaften im oberen Mittelrheintal

## 3.2 Herrschaftliche Verdichtung um 1500 in Kurmainz und am Mittelrhein

### Territoriale Verluste des Mainzer Erzbistums

Schaut man auf die Kumulation von Herrschaftsrechten, lässt sich festhalten, dass das Erzstift als weltliches Territorium des vornehmsten geistlichen Kurfürsten des Reiches im Spätmittelalter erhebliche Einbußen erlitt. Diese Entwicklung setzte sich im 16. Jahrhundert fort. Die Stiftsfehde von 1461 bis 1463 zwischen dem vom Papst abgesetzten Erzbischof Diether von Isenburg einerseits, der sich mit dem Pfalzgrafen verbündet hatte, sowie Erzbischof Adolf von Nassau andererseits, der die Unterstützung des Domkapitels, des Erzbischofs von Trier und des Markgrafen von Baden hatte, führte zur Eroberung der freien Stadt Mainz. Vor allem aber ruinierte die Stiftsfehde die Kurmainzer Finanzen und brachte zahlreiche territoriale Verluste: Die Besitzungen an der Bergstraße wurden dem Pfalzgrafen verpfändet; die beiden hessischen Linien hatten verschiedene Kandidaten unterstützt und profitierten davon zweifach. Zudem fiel mit dem Aussterben der Grafen von Katzenelnbogen deren reiche Erbschaft an Hessen. Damit verfügte der Landgraf von Hessen über die Niedergrafschaft am oberen Mittelrheintal mit St. Goar und der Burg Rheinfels und auch über die Obergrafschaft mit den Ämtern Darmstadt, Zwingenberg, Dornberg, Lichtenberg und Rüsselsheim. Diese hessischen Besitzungen trennten als Sperrriegel das Mainzer Oberstift um Aschaffenburg vom Unterstift mit Mainz und dem Rheingau.

## Der Adel

Im späten 15. Jahrhundert war die Ausformung der modernen frühneuzeitlichen Territorialstaaten in diesem Großraum Deutschlands noch im Fluss, während sie in Bayern oder Sachsen bereits weitgehend abgeschlossen war. Zum Einflussbereich des Mainzer Erzbischofs gehörten teilweise die Nieder- und Hochadeligen, die in der Wetterau und am Mittelrhein begütert waren und deren Familien auch zahlreiche Stiftsherren stellten.[47] Bei der Einbindung der Herren- und Grafenhäuser in den eigenen Hegemonialbereich konkurrierten die Erzbischöfe mit Kurpfalz und Hessen. Die Grafen, Herren und reichsritterschaftlichen Familien sahen im Erzbischof einen Rückhalt gegen die aggressiv ihr Territorium ausweitenden weltlichen Fürsten Hessens und der Pfalz; zudem schlossen sie sich in den ständischen Einungen, insbesondere dem Wetterauer Grafenverein, zusammen.[48] Die Herrschaften Eppstein und Königstein wurden schließlich nach jahrzehntelangem Ringen zwischen Kurmainz und Hessen aufgeteilt. Vor allem aber die Dominanz des Pfalzgrafen über den Adel am weiteren Mittelrhein nahm im 15. Jahrhundert zu. Die Bistümer Speyer und Worms wurden vom pfälzischen Adel dominiert. Diese Entwicklung gipfelte in der Herrschaft des Wormser Bischofs Johann von Dalberg (1455–1503), der nicht nur Kanzler der Heidelberger Universität war, sondern auch in der pfalzgräflichen Residenzstadt lebte.[49]

---

**47** Schneider, Entfaltung 2012, S. 305–338.

**48** Schmidt, Grafenverein 2014, S. 327–348. Für den Niederadel: Schneider, Kommunikationsnetze 2012; Ders., Entfaltung 2012.

**49** Keilmann, Stadtherr 1998, S. 74–79; Bönnen/Keilmann, Bischof 2005.

## Herrschaftliche Verdichtung nach innen – neue fürstliche Instrumente

Die Zeit um 1500 war eine Umbruchszeit am Mittelrhein. Dies gilt nicht nur für den territorialen Niedergang des Erzstifts nach der Mainzer Stiftsfehde und den Bevölkerungs- und Bedeutungsverlust der eroberten Stadt Mainz. Es veränderte sich auch der Zugriff der Herren, die immer mehr zu Obrigkeiten im modernen Sinn wurden, auf ihre Hintersassen, die zu Untertanen wurden. Die Fürsten nutzten bei der Erweiterung und Durchdringung ihrer Territorien unterschiedliche Ansätze. Hessen versuchte über Regalien, insbesondere über die Hochgerichtsbarkeit und über Zollrechte, eine Suprematie über die Hintersassen anderer Herrschaften zu erlangen und diese fremden Herrschaften so zu mediatisieren. Der Pfalzgraf bediente sich des Geleitsrechts und in einer neuen Weise der Leibeigenschaft zur Herrschaftsausweitung mittels Ausfautei und Wildfangrecht. Er beanspruchte mit dem Wildfang das Recht, Personen ohne Herrn seiner Leibeigenschaft zu unterwerfen, wenn sie sich auf seinem Land aufhielten. Über die Ausfautei wurden die pfälzischen Leibeigenen verwaltet, welche in andersherrigen Ortschaften lebten. So gelang es dem Pfalzgrafen, die adeligen und geistlichen Ortsherrschaften insbesondere in Rheinhessen zu unterhöhlen.[50]

Die Mainzer Erzbischöfe entwickelten ebenfalls neue Instrumente zur Intensivierung und Durchdringung ihrer Territorialherrschaft. Dies lässt sich besonders für Erzbischof Berthold von Henneberg zeigen, der nicht nur eine treibende Kraft in der Reichsreform war; unter seiner Regierung wird auch erkennbar, dass die kurmainzischen Herrschaftsbereiche nun auch tendenziell als Fläche definiert wurden. Das Rheingauer Gebück wurde als Grenze und Landesbefestigung ausgebaut. Dabei wurden Rechte anderer Herrschaften oder Gemeinden missachtet und zum Beispiel Dörfer von ihren Weideflächen am Rheinufer abgeschnitten. Über die Pflicht der anliegenden Dörfer, zur Instandhaltung des Gebücks beizutragen, schuf man zudem eine weitere Einflusszone. Besonders früh lassen sich in Kurmainz auch Polizeiordnungen finden.[51] Mit diesen griffen die erzbischöflichen Verwaltungsträger tief in die Dorf- und Stadtgemeinden ein und regelten Bereiche, die zuvor oft außerhalb des herrschaftlichen Interesses waren. Ebenso versuchten die Erzbischöfe, die Mainzer Stifte enger ihrer Herrschaft zu unterwerfen; sie scheiterten aber, weil sie in hohem Maße finanziell vom Wohlwollen der Stifte abhängig waren. Die Stifte hatten nicht nur sehr großräumige Archidiakonate, sondern zudem auch eigene Ländereien und Herrschaften. Auch das Domkapitel besaß – teils als Gegenleistung für die finanziellen Garantien, welche es für den insolventen Erzbischof übernahm – Herrschaftsrechte an mehreren Orten, insbesondere in Bingen und Hochheim am

**50** Schäfer, Recht 1998, S. 110–117.
**51** Härter, Policey 2005.

Main. Allerdings konnte das Domkapitel die vom Erzbischof zugesagte unmittelbare Herrschaft über die Stadt Mainz nicht durchsetzen.

## 3.3 (K)eine Städtelandschaft – Die Städte und Dörfer in Kurmainz und am Mittelrhein

### Das Problem des Zentrums

Mainz konnte im 15. und zu Beginn des 16. Jahrhunderts nicht mehr alle Funktionen eines Zentralorts für das Umland ausfüllen, wie dies noch um 1400 der Fall gewesen war. Ein Teil insbesondere der Patrizier fand seine Heimat in Frankfurt. Doch obwohl Frankfurt zu Messezeiten und bei der Königswahl zweifelsohne eine hohe Sogwirkung auf das Umland ausübte und Kommunikationsschnittpunkt war, wurde es nicht zum Zentrum des Mittelrheins. Für den Hoch- und Niederadel, der am Mittelrhein und in der Wetterau so zahlreich vorhanden war, war Frankfurt nicht nur Partner in den politischen Auseinandersetzungen der Jahrhundertwende, sondern auch Konkurrent. Auch fehlte Frankfurt die sakrale Ausstrahlung. An geistlichen Einrichtungen stand Frankfurt selbst hinter den kleinen Städten des Mittelrheins zurück, wie der Reichsstadt Oberwesel mit zwei Stiften oder dem pfalzgräflichen Bacharach; stärker gilt dies noch für das kurtrierische Mittelzentrum Koblenz, das zeitweise Residenz des Trierer Erzbischofs war.

### Die Städte im Erzstift und am Mittelrhein

Im Mainzer Erzstift gab es nur wenige Städte, und diese waren oft klein. Im Norden sind die Städte Heiligenstadt, Amöneburg und Fritzlar zu nennen, am Rhein Gau-Algesheim, Bingen, Eltville und Lahnstein, am Untermain Aschaffenburg, Höchst und Steinheim. Die neben Mainz bei Weitem größte und bedeutendste Stadt des Erzstifts war Erfurt, das isoliert lag. Auch wenn es als Studienort von Bedeutung war, gab es kaum Beziehungen zwischen den Orten am Mittelrein und Erfurt. Die kurmainzische Bildungselite studierte überwiegend in Erfurt, doch die Stadt war durchaus auch attraktiv für Studenten aus anderen Territorien. Die Bedeutung der Erfurter Juristenausbildung ist intensiv untersucht; den personalen Netzwerken, welche die Kurmainzer Verwaltung besonders mit jener der benachbarten Grafen verzahnten, wäre noch weiter nachzugehen.[52] Weitaus wichtiger war das pfalzgräfliche Heidelberg als Zentrum. Heidelberg war seit dem späten 14. Jahrhundert mit der Errichtung der Universität, einer teils glänzenden Hofhaltung des Pfalzgrafen und einer Politik der

52 Gramsch, Juristen 2003; Hesse, Universität 2003, S. 269–284.

gezielten Ansiedlung des Adels in städtischen Häusern zur Residenz ausgebaut worden und übte einen beträchtlichen kulturellen Sog aus, nicht nur über das Bindeglied Bacharach als pfalzgräflichen Brückenkopf am Rhein. Am engeren Mittelrhein zwischen Bingen und Koblenz und dann weiter bis Köln reihten sich die Städte. Bedingt durch die naturräumlichen Gegebenheiten im Engtal und durch die Konkurrenz der Herrschaften, die alle die Vorteile einer eigenen Stadt an der Wirtschafts-, Kommunikations- und politischen Achse Mittelrhein nutzen wollten, wechselten die Herrschaftsgebiete auf engem Raum.[53] Die meisten der rund elf vollwertigen Städte – über Stadtrechte verfügten noch weitere Siedlungen – zwischen Bingen und Koblenz wiesen um 1500 bei einer sehr geringen Bevölkerung von maximal 2.000 bis 2.500 Einwohnern nicht nur Markt und Mauer, Stift und Hospital, sondern ebenso Stapelrecht, Tuchhalle/Kaufhaus und einen Kran auf.[54] Es gab folglich eine große Anzahl von kleinen Städten. Ihnen fehlte das verbindende Element einer gemeinsamen Herrschaft oder einer gemeinsamen politischen Organisationsform, sodass in diesem Zusammenhang nicht von einer Städtelandschaft gesprochen werden kann. Hier fand sich einerseits Kurmainzer Kernland mit dem Rheingau auf der einen Rheinseite und den Ämtern Olm und Algesheim in Rheinhessen auf der anderen Seite; andererseits waren im Engtal zwischen Bingen und Koblenz neben Kurmainz noch das Reich, Kurpfalz, Kurtrier und Hessen begütert, darüber hinaus Grafen, Herren und Ritter und auch in geringerem Maße Kurköln. Und doch kann ein Argument für eine mittelrheinische Städtelandschaft angeführt werden: Es bestanden Netzwerke zwischen den Städten; neben den Verflechtungen über das Konnubium und die rege Handelstätigkeit traten städteübergreifende Zunftverbände. Nicht zu unterschätzen für die Vernetzung auch der Städte ist die Rolle des Adels. Die teils stadtsässigen und auch in die städtische Verwaltung eingebundenen Adeligen hatten über die Lehensbindungen, Adelseinungen und Heiratsbeziehungen vielfältige Kontakte in die Nachbarterritorien.[55]

### Winzerdörfer

In Rheinhessen und im Rheingau verfügten Orte wie linksrheinisch Nierstein und Ingelheim – beide an Kurpfalz verpfändetes Reichsgut – oder rechtsrheinisch Geisenheim und Rüdesheim (Kurmainz) zwar nicht über Stadtrechte, wohl aber eine quasi-städtische Infrastruktur. Hierzu gehörte nicht nur eine Ummauerung, die sich auch in kleineren Gemeinden in Rheinhessen häufig findet, sondern ebenso ein Gericht, an das sich auch Auswärtige für Rechtsauskünfte wandten, geistliche Einrich-

53 Schmandt, Städte 2008, S. 27–52; Friedhoff, Burg 2008, S. 181–198.

54 Zum Mittelrhein grundlegend: Volk, Wirtschaft 1998.

55 Vgl. Schneider, Entfaltung 2012; Schneider, Kommunikationsnetze 2012.

tungen wie Hospital und Kloster, eine Schule und wirtschaftliche Infrastruktur wie Wochenmarkt oder Kran. Auch diese Ortschaften wiesen wie die Städte eine differenzierte soziale Schichtung auf, unter Einschluss von Händlern, die überregional tätig waren. Viele der sozial niedrigergestellten Einwohner, ja selbst Knechte, verfügten über kleine Landparzellen und betrieben im Nebenerwerb Weinbau. Die Dörfer waren reich, doch war die Wirtschaftsweise stark durch Kredite geprägt. Die Weinproduktion war arbeitsaufwendig und kostspielig; Einnahmen wurden erst im Herbst mit dem Weinverkauf erzielt.[56] Für diesen Gemeindetyp zwischen Dorf und Stadt, den es nicht nur an Rhein und Mosel, sondern auch in anderen Teilen Europas gab, ist jüngst der Begriff des Winzerdorfs vorgeschlagen worden.[57] In Weinbau und -handel waren auch die Adeligen eingebunden, die in den Dörfern wie den mittelrheinischen Städten Häuser und Höfe besaßen und Mitbürger und Einwohner waren, auch wenn sie ebenso über Dorf- oder Burganteile und Herrschaftsrechte außerhalb der Stadt- und Ortsgemeinden verfügten. Juden gab es in den Dörfern nach den spätmittelalterlichen Pogromen um 1500 nur sehr vereinzelt; in Mainz, Worms und Speyer waren die jüdischen Gemeinden zeitweise ausgelöscht worden.

## Mehrherrige Orte – umstrittene Orte

Die Dörfer, zum Teil auch die Städte am Mittelrhein waren oft mehrherrig. Grundherren und Vögte stritten in den Dörfern miteinander, und der Landesherr stellte hier manchmal die dritte oder vierte Partei, wie sich am Beispiel des Dorfes Kostheim zeigen lässt, das an der Mainmündung unmittelbar gegenüber der Stadt Mainz liegt. Als Grund- und Vogtherr rangen das Stift St. Stephan und die Herren von Eppstein um die Ortsherrschaft; der Landgraf von Hessen und der Mainzer Erzbischof versuchten als Landesherren ebenfalls das auch strategisch wichtige Dorf ihrem Herrschaftsgebiet einzugliedern. Orte und Ämter waren zudem oft verpfändet. Den noch 185 Jahre nach der Verpfändung bestehenden Anspruch Boppards, eine Reichsstadt zu sein, brach der Erzbischof von Trier 1497 mit dem Einsatz von Kanonen.[58] Personale Bindungen spielten am Mittelrhein im 15. Jahrhundert keine Rolle: Die Einwohner des Rheingaus waren dem Mainzer Erzbischof nicht leibeigen. Aber in den Ortschaften, z.B. im kurmainzischen Bingen, saßen auch fremdherrige Leibeigene, faktisch ohne Einschränkung ihrer Teilhabe an den bürgerlichen Rechten und Lasten.[59]

---

56 Fouquet, Kredit 2016, S. 17–39.

57 Matheus, Winzerdörfer 2017.

58 Volk, Krieg 1997, S. 139–256.

59 Hierzu das Dissertationsprojekt von: Raoul Hippchen, Soziale Verflechtung und politische Ordnung in einer kleinen Stadt am Mittelrhein. Vergleichende Studien zu Bingen im Spätmittelalter.

Mit dem Vordringen der Landesherrschaft veränderte sich auch die Struktur innerhalb der Gemeinden am Mittelrhein. Im 15. Jahrhundert lebten noch Adelige als Mitbürger in den Dörfern und Städten: Dem Ingelheimer Gericht gehörten beispielsweise adelige und nichtadelige Schöffen an; in das Generalhaingericht des Rheingaus, das über die Allmende des Niederwaldes wachte und durchaus die Funktion eines Organs der Landschaft übernahm, entsandte jede Dorfgemeinde einen Adeligen und einen Nicht-Adeligen als Schöffen. Den Widerstand Boppards gegen den Erzbischof von Trier organisierte der Ritter Johann von Eltz, und auf der Seite der Stadt kämpften auch der ehemalige kurtrierische Amtmann Siegfried von Schwalbach. Mit der herrschaftlichen Durchdringung aber wurden die Adeligen entweder mediatisiert und der Herrschaft eines Fürsten unterworfen oder sie zogen sich aus dem Mittelrheinraum zurück, wie die Beyer von Boppard. In den Dorfgemeinden schlossen sich die Adeligen zusammen und übten als adelige Genossenschaft Herrschaft im Dorf aus, wie die „Gelübd" in Ingelheim oder das Rittergericht in Nierstein. Auch im Rheingau bildeten die Adeligen am Ende des 16. Jahrhunderts ein eigenes adeliges Generalhaingericht.[60]

Zudem lässt sich verfolgen, dass die herrschaftliche Politik die Spannungen zwischen den räumlich benachbarten, aber verschiedenherrigen Dorf- und Stadtgemeinden verstärkte. Ein Beispiel bietet der Konflikt an der Nahemündung zwischen dem mainzischen Bingen und dem kurpfälzischen Münster auf der anderen Naheseite. Auf 1490 eingeführte Einfuhrzölle in Bingen reagierte der Pfalzgraf mit einem eigenen Wochenmarkt in Münster, dessen Besuch den Bingern verboten war. Die Binger sperrten daraufhin die Nahebrücke; der pfalzgräfliche Amtmann befahl die heimliche Sprengung der Blockaden. Die Feindschaft zwischen den Orten war so groß, dass die Binger im Pfälzer Erbfolgekrieg 1504 den Landgrafen von Hessen aufforderten, Münster niederzubrennen.[61]

## 3.4 Das religiöse Leben – die Reformation als Zäsur?

Die hohe Dichte an Städten führte auch zu einer differenzierten Sakrallandschaft. In den reichen nicht-städtischen Gemeinden in Rheinhessen und im Rheingau war die Gemeinde oft für die Ausstattung und den Unterhalt der Pfarrkirche zuständig. Den Bruderschaften gehörten adelige und nichtadelige Einwohner, Laien und Kleriker gemeinsam an.[62] Unter den Mainzer Dompredigern, welche teils vorreformatorisches Gedankengut vermittelten, ragten besonders Ruchart von Wesel[63] und Gabriel

**60** Schäfer, Recht 2015, S. 110–117.

**61** Hippchen/Ochs/Schäfer, Mittelrhein 2015; Rothmann, Wirtschaft 2015, S. 272–279.

**62** Oberweis, Laienfrömmigkeit 2015, S. 136–143; Oberweis, Leben 2015, S. 122–131.

**63** Dobras, Kirchenkritiker 2015, S. 132–135.

Biel heraus. Letzterer gewann hier unter den Grafen Anhänger für die Ideen der *Devotio moderna*, was zur Gründung von Kugelherrenhäusern führte.[64] Dazu zählte auch Marienthal im Rheingau, das als frühe Druckwerkstätte diente. Mit den Klöstern Jakobsberg bei Mainz und Johannisberg im Rheingau bestanden zudem wichtige Zentren des Klosterhumanismus.[65]

Die Auswirkungen der Reformation auf Kurmainz und den Mittelrhein sind jenseits der grundsätzlichen Bedrohung der geistlichen Fürstentümer sehr unterschiedlich. Betrachtet man allein die Größenentwicklung des Territoriums, war die Reformation nicht die Zäsur, die man ihr bisweilen zumisst. Für einzelne Städte war sie bekanntlich von sehr großer Bedeutung, wie insbesondere für Erfurt. Hier verbanden sich Bestrebungen nach einer reichsfreien Stellung mit religiösen Interessen. Die Mainzer Orte am Mittelrhein aber blieben katholisch, auch wenn hier sehr früh und vielfältig reformatorische Ideen verbreitet wurden.[66] Die Reformation wirkte aber auch in anderer Weise: Zum einen verstärkte sie den Prozess hin zur Entwicklung eines Obrigkeits-Untertanen-Verhältnisses, indem der Landesherr zum Kirchenherrn wurde. Am Mittelrhein mit seinen vielen verschiedenen Herrschaften ist zu beobachten, dass die Trennung zwischen den mainzischen und den pfälzischen Gemeinden sich deutlich vertiefte. Für die gerade in Rheinhessen typischen mehrherrigen und geteilten Gemeinden führte die nun auch konfessionelle Trennung zu einem innerörtlichen Dauerkonflikt, der die Orte in ihrer Entwicklung lähmte.

Die Kurmainzer Gemeinden beteiligten sich bekanntlich 1525 am Bauernkrieg, obwohl in Kurmainz und am Mittelrhein die Leibeigenschaft keine Rolle spielte. Die Bürger und Bauern fühlten sich aber in ihren hergebrachten Freiheiten bedroht, wie gerade der Forderungskatalog der Rheingauer zeigt. Diese übernahmen von den Paragraphen aus anderen Bauernkriegsmanifesten allein die Forderungen nach freier Pfarrerwahl, der Auflösung von Klöstern und der rechtmäßigen Verwendung des Zehnten. Vor allem wandte man sich im Rheingau gegen Eingriffe in die Gerichtsrechte und gegen Sonderrechte des Adels an der Allmende. Die im Weinbau tätige Bevölkerung forderte eine Minderung der Teilpacht.[67] Der Mainzer Erzbischof Albrecht von Brandenburg nutzte die Niederschlagung des Bauernkrieges, um mittels Polizeiordnungen die lokalen Freiheiten zu begrenzen und zu vereinheitlichen. Reformation und Bauernkrieg verursachten die oben skizzierte Entwicklung zur herrschaftlichen Durchdringung nicht, aber sie verstärkten sie noch einmal. Im Rückblick ist die Zeit um 1500 folglich durchaus als Zäsur anzusprechen, doch droht

64 Metz, Theologe 2015, S. 118–121; Crusius, Biel 1995, S. 298–322.

65 Goerlitz, Humanismus 1999; Müller, Habit 2006.

66 Nebgen, Tendenzen 2015, S. 406–413.

67 Struck, Reformation 1983, S. 101–144.

dieser Blick aus der Neuzeit zurück, die spätmittelalterliche Vielfalt und Offenheit gerade in der Durchgangslandschaft Mittelrhein zu verkürzen.

## 3.5 Der Handels-, Kommunikations- und Sprachraum Mittelrhein

Die Mobilität von Waren wie Menschen am Rhein war hoch. Besondere Zeugnisse des regen Handels sind die Kräne in mehreren Städten, aber auch in den nicht-städtischen Orten, wie Geisenheim und Ingelheim/Frei-Weinheim. Kaufhäuser, Markt- und Tuchhallen fanden sich auch in den kleinen Städten, wobei hier oft Rathaus und Kaufhaus vereint waren. Die Ingelheimer Gerichtsprotokolle bezeugen für die nicht-städtische Bevölkerung Handels- und Verwandtschaftsbeziehungen nicht nur über den Rhein hinweg, sondern ebenso bis nach Mainz und Frankfurt, aber auch nach Köln, wo die Ortsgemeinden den Wein auch direkt verhandelten, sowie in den hessischen, thüringischen und fränkischen Raum, aus dem Menschen an den Rhein zogen.[68] Städteübergreifende Zunftverbünde bestanden sowohl für die typischen Zünfte der Schneider und Bäcker als auch für die Wanderhandwerker, z.B. die Kessler. Zuzugs- und Abzugsbeschränkungen gab es offenbar nicht; eine Abzugssteuer wurde auch im frühen 16. Jahrhundert nicht gefordert.

Wählt man einen sprachgeschichtlichen Zugriff, kann der Mittelrhein als Durchgangslandschaft gefasst werden. Dies gilt auch für das Mainzer Erzbistum. Kurmainz bestand nicht nur wie erwähnt aus mehreren Einheiten, sondern die Mainzer Ländereien gehörten ganz verschiedenen Regionen an. Insbesondere lässt sich ein Unterschied zwischen den südlichen (Ober- und Unterstift) und den nördlichen Mainzer Besitzungen festmachen. Die Verschiedenheit ist sprachlich-kulturell zu greifen. Sprachgeschichtliche Karten zeigen, dass das Mittelrheingebiet eine Kontaktzone darstellt – nicht nur in der West–Ost-Richtung mit der Rezeption romanischer Wörter und Strukturen, sondern ebenso zwischen niederdeutschem und oberdeutschem Gebiet. So können hier spezifische Sprachformen beobachtet werden, die sich im 15. Jahrhundert verfestigten und bis heute im Dialekt verankert sind. Als Beispiel für eine Synthese von nord- und süddeutschen Sprachformen sei hier nur die Bezeichnung von Frauen einer Familie durch das Suffix -sen genannt: Die nieder- und westdeutschen -issa-Endung verbindet sich mit der oberdeutschen -in-Endung (aus Anna Becker wird im regionalen Sprachgebrauch „die Beckersen“) – eine Form, die sich nur im Rheinfränkischen, nicht mehr im Pfälzischen findet.[69]

**68** Marzi/Sprenger, Hader 2015, S. 85–101. Hinzuweisen ist darauf, dass sich die Herkunft der Ingelheimer Einwohner über die Register der Ingelheimer Haderbücher erschließen lässt.
**69** Steffens, Sexusmarkierung 2014, S. 55–84.

Der Einfluss des Romanischen auf Sprache und Kultur reicht am Mittelrhein über den Rhein, der (noch) keine Grenze war, hinaus und ist besonders gut an der Weinbauterminologie zu fassen. Doch zeigt sich in diesem Bereich der Mittelrhein ebenfalls als Schnittpunkt von Nord und Süd; hier finden sich die verschiedenen Bezeichnungen nebeneinander, zum Beispiel Kelter/Trotte für eine Weinpresse oder Straußwirtschaft/Heckenwirtschaft für ein Haus, in dem nur zeitweise Wein ausgeschenkt werden darf. Das Kurmainzer Gebiet gehörte folglich sprachlich, aber auch kulturell zwei verschiedenen Räumen an, die sich am Mittelrhein überschnitten und überlagerten.[70]

## 3.6 Schlussbemerkung

Für das „lange" 15. Jahrhunderts lässt sich vielleicht am ehesten sagen: Kurmainzer Land war das Land, dessen Einwohner sich dem Mainzer Erzbischof zugehörig fühlten. So wird der Mainzer Erzbischof um 1500 immer wieder auch als „lantsfurste" betitelt: vom Domkapitel, von Stadträten, aber auch von Grafen, die durchaus über eigene reichsunmittelbare Herrschaften verfügten, sich aber mit dieser Anrede seiner Hegemonie unterstellten. Hinzu kam der gelehrte, humanistische Diskurs, der sich der Geschichte von Stadt und Stift widmete, aber wohl – anders als in Westfalen oder auch in Hessen – kein Landesbewusstsein im Sinne einer räumlichen Zuschreibung entwickelte. Dabei hatten nicht nur die benachbarten Fürsten andere Ansichten, was Mainzer Land sei, sondern auch Grafen, Stiftsherren und Stadträte unterschiedliche Vorstellungen, welche Rechte der Erzbischof in seinem Land ausüben sollte. Bleibt man nicht bei der Beschreibung eines Raumes Kurmainz stehen, sondern betrachtet dieses Spannungsverhältnis konkurrierender Vorstellungen auf allen Verwaltungseinheiten, vor allem aber bei den verschiedenen Gesellschaftsgruppen vor Ort, kann die Landesgeschichte – insbesondere mit ihrem vergleichenden und interdisziplinären Ansatz – einen wichtigen Beitrag zum Verständnis nicht nur des „Landes" Kurmainz leisten.

# Literatur

Angermann, Gertrud: Volksleben im Nordosten Westfalens zu Beginn der Neuzeit. Eine wachsende Bevölkerung im Kräftefeld von Reformation und Renaissance, Obrigkeit und Wirtschaft (Minden – Herford – Ravensberg – Lippe). Münster/New York 1995 (Beiträge zur Volkskultur in Nordwestdeutschland, 89).

70 Kleiber, Wortatlas 1990–1996; Ders./Kunze/Löffler, Sprachatlas 1979.

Balzer, Manfred: Grundzüge der Siedlungsgeschichte (800–1800). In: Kohl, Wilhelm (Hrsg.): Westfälische Geschichte. Von den Anfängen bis zum Ende des Alten Reiches. Bd. 1. Düsseldorf 1983, S. 231–272.

Becker, Walter: Schloss Neuhaus. Das ehemalige Wohngebäude der Paderborner Fürstbischöfe. Paderborn 1970.

Besserer, Dieter: Die Entwicklung der ravensbergischen Landesherrschaft im Amt Limberg. In: Verein zur Erhaltung der Burgruine Limberg e.V. (Hrsg.): Die Burg Limberg. Mittelpunkt einer Region. Beiträge zur Geschichte und Gegenwart. Preußisch Oldendorf 2007, S. 262–291.

Bönnen, Gerold/Keilmann, Burkard (Hrsg.): Der Wormser Bischof Johann von Dalberg (1482–1503) und seine Zeit. Mainz 2005.

Beßelmann, Karl-Ferdinand: Stätten des Heils. Westfälische Wallfahrtsorte des Mittelalters. Münster 1998 (Schriftenreihe zur religiösen Kultur, 6).

Börste, Norbert/Santel, Gregor G.: Schloss Neuhaus bei Paderborn. Berlin u.a. 2015.

Brandt, Hans-Jürgen/Hengst, Karl: Geschichte des Erzbistums Paderborn. Das Bistum Paderborn im Mittelalter. Bd. 1. Paderborn 2002 (Veröffentlichungen zur Geschichte der Mitteldeutschen Kirchenprovinz, 12).

Christ, Günter: Erzstift und Territorium Mainz. In: Ders./Jürgensmeier, Friedhelm (Hrsg.): Handbuch der Mainzer Kirchengeschichte. Erzstift und Erzbistum Mainz. Territoriale und kirchliche Strukturen. Bd. 2. Würzburg 1997, S. 17–444.

Crusius, Irene: Gabriel Biel und die oberdeutschen Stifte der devotio moderna. In: Dies. (Hrsg.): Studien zum weltlichen Kollegiatstift in Deutschland. Göttingen 1995, S. 298–322.

Dobras, Wolfgang: Die Herrschaft des Mainzer Kurfürsten über seine Hauptstadt von der Stiftsfehde 1462 bis zum Bauernkrieg 1525. In: Wilhelmy, Winfried (Hrsg.): Schrei nach Gerechtigkeit. Leben am Mittelrhein am Vorabend der Reformation. Regensburg 2015 (Publikationen des Bischöflichen Dom- und Diözesanmuseums Mainz, 6), S. 38–45.

Dobras, Wolfgang: Der Kirchenkritiker. Dompfarrer Johann Rucherat von Wesel (um 1420–um 1480). In: Wilhelmy, Winfried (Hrsg.): Schrei nach Gerechtigkeit. Leben am Mittelrhein am Vorabend der Reformation. Regensburg 2015, S. 132–135.

Dobras, Wolfgang: Mainz um 1500 – Der Wandel von der Freien zur Residenz- und Universitätsstadt. In: Rogge, Jörg (Hrsg.): Tradieren – Vermitteln – Anwenden: zum Umgang mit Wissensbeständen in spätmittelalterlichen und frühneuzeitlichen Städten. Berlin 2008 (Beiträge zu den historischen Kulturwissenschaften, 6), S. 21–44.

Fouquet, Gerhard: Kredit in der ländlichen Gesellschaft und Wirtschaft im späten Mittelalter. Das Beispiel Ober-Ingelheim. In: Andermann, Kurt/Fouquet, Gerhard (Hrsg.): Zins und Gült. Strukturen des ländlichen Kreditwesens in Spätmittelalter und Frühneuzeit. Epfendorf 2016, S. 17–39.

Freitag, Werner: Dorfkirchhöfe in Westfalen im Spätmittelalter: Polyfunktionalität und Gemeindebildung. In: Bünz, Enno/Fouquet, Gerhard: Die Pfarrei im späten Mittelalter. Ostfildern 2013 (Konstanzer Arbeitskreis für Mittelalterliche Geschichte, 77), S. 377–400.

Freitag, Werner: Die Reformation in Westfalen. Regionale Vielfalt, Bekenntniskonflikt und Koexistenz. Münster 2016.

Friedhoff, Jens: Burg, Territorium und Stadt am Mittelrhein – Ein Überblick. In: Dorfey, Beate (Hrsg.): Burg und Stadt am Mittelrhein (100–1600). Regensburg 2008, S. 181–198.

Frings, Theodor: Rheinische Sprachgeschichte. In: Ders./Aubin, Hermann (Hrsg.): Geschichte des Rheinlandes von der ältesten Zeit bis zur Gegenwart. 2 Bde. Essen 1922, S. 251–298.

Gillner, Bastian: Unkatholischer Stiftsadel. Konfession und Politik des Adels im Fürstbistum Paderborn (1555–1618). Münster 2006 (Forum Regionalgeschichte, 13).

Goerlitz, Uta: Humanismus und Geschichtsschreibung am Mittelrhein. Das „Chronicon urbis et ecclesiae Maguntinensis“ des Hermannus Piscator OSB. Tübingen 1999.

Gramsch, Robert: Erfurter Juristen im Spätmittelalter: die Karrieremuster und Tätigkeitsfelder einer gelehrten Elite des 14. und 15. Jahrhunderts. Leiden 2003.

Haase, Carl: Die Entstehung der westfälischen Städte. Münster 1960 (Veröffentlichungen des Provinzialinstituts für Westfälische Landes- und Volkskunde. Reihe 1, 11).

Härter, Karl: Policey und Strafjustiz in Kurmainz. Gesetzgebung, Normdurchsetzung und Sozialkontrolle im frühneuzeitlichen Territorialstaat. Frankfurt a.M. 2005.

Hartmann, Hermann: Das fürstbischöfliche Amtshaus Wittlage. In: Osnabrücker Mitteilungen 20 (1895), S. 143–207.

Hecht, Michael: Patriziatsbildung als kommunikativer Prozess. Die Salzstädte Lüneburg, Halle und Werl in Spätmittelalter und Früher Neuzeit. Köln/Weimar/Wien 2010 (Städteforschung. Reihe A, 79).

Heinig, Paul-Joachim: Die Mainzer Kirche im Spätmittelalter (1305–1484). In: Jürgensmeier, Friedhelm (Hrsg.): Handbuch der Mainzer Kirchengeschichte. Christliche Antike und Mittelalter. Bd. 1. Würzburg 2000, S. 416–554.

Helbich, Christian: Pax et Concordia. Erasmische Reformkonzepte, humanistisches Bildungsideal und städtische Kirchenpolitik in Dortmund, Essen und Bielefeld im 16. Jahrhundert. Münster 2012 (Westfalen in der Vormoderne, 13).

Hesse, Christian: Die Universität Erfurt und die Verwaltung der Landgrafschaft Hessen im Spätmittelalter. In: Ders./Immenhauser, Beat/Landolt, Oliver/Studer, Barbara (Hrsg.): Personen der Geschichte – Geschichte der Personen: Studien zur Kreuzzugs-, Sozial- und Bildungsgeschichte. Festschrift für Rainer Christoph Schwinges zum 60. Geburtstag. Basel 2003, S. 269–284.

Hoffmann, Christian: Grenzen von Aufstieg und Etablierung in der altständischen Gesellschaft: Die Familie Ertmann in Osnabrück. In: Osnabrücker Mitteilungen 101 (1996), S. 11–63.

Hippchen, Raoul/Ochs, Heidrun/Schäfer, Regina: Der Mittelrhein. Konkurrenz der Herrschaften und Motor des Handels. In: Wilhelmy, Winfried (Hrsg.): Schrei nach Gerechtigkeit. Leben am Mittelrhein am Vorabend der Reformation. Regensburg 2015, S. 17–32.

Hollmann, Michael: Das Mainzer Domkapitel im späten Mittelalter (1306–1476). Mainz 1990 (Quellen und Abhandlungen zur mittelrheinischen Kirchengeschichte, 64).

Janssen, Wilhelm: Der deutsche Territorialstaat im 14. Jahrhundert. Zu einer Veröffentlichung des Konstanzer Arbeitskreises für mittelalterliche Geschichte. In: Der Staat 13 (1974), S. 415–426.

Janssen, Wilhelm: Marschallamt Westfalen – Amt Waldenburg – Grafschaft Arnsberg – Herrschaft Bilstein-Fredeburg: Die Entstehung des Territoriums „Herzogtum Westfalen“. In: Klueting, Harm (Hrsg.): Das Herzogtum Westfalen. Das kurkölnische Herzogtum Westfalen von den Anfängen der kölnischen Herrschaft im südlichen Westfalen bis zur Säkularisation 1803. Bd. 1. Münster 2009, S. 235–267.

Johanek, Peter: Landesbewusstsein in Westfalen im Mittelalter. In: Werner, Matthias (Hrsg.): Spätmittelalterliches Landesbewusstsein in Deutschland. Ostfildern 2005 (Konstanzer Arbeitskreis für Mittelalterliche Geschichte, 61), S. 265–292.

Jürgensmeier, Friedhelm: Kurmainz. In: Schindling, Anton/Ziegler, Walter (Hrsg.): Die Territorien des Reiches im Zeitalter der Reformation und Konfessionalisierung. Land und Konfession 1500–1650. Mittleres Deutschland. Bd. 4. Münster 1992, S. 60–97.

Keilmann, Burkhard: Der verhasste Stadtherr. Bischof Johann von Dalberg. In: Wilhelmy, Winfried: Schrei nach Gerechtigkeit. Leben am Mittelrhein am Vorabend der Reformation. Regensburg 2015, S. 74–79.

Kleiber, Wolfgang (Hrsg.): Wortatlas der kontinentalgermanischen Winzerterminologie. 3 Bde. Tübingen 1990–1996.

Kleiber, Wolfgang/Kunze, Heinrich/Löffler, Heinrich (Hrsg.): Historischer südwestdeutscher Sprachatlas. München 1979.

Kloosterhuis, Jürgen: Fürsten, Räte, Untertanen. Die Grafschaft Mark, ihre lokalen Verwaltungsorgane und die Regierung zu Kleve. In: Der Märker 35 (1986), S. 3–25 (Teil 1) u. S. 76–87 (Teil 2).

Marzi, Werner/Sprenger, Kai-Michael (Hrsg.): Hader und Streit in Ingelheim. Edition ausgewählter Gerichtsfälle aus dem Ober-Ingelheimer Haderbuch 1518–1529. Neu-Bamberg 2015 (Ingelheimer Haderbücher, 4), S. 85–101.

Matheus, Michael: Bildung am Mittelrhein um 1500. Schulen und Alphabetisierung. In: Wilhelmy, Winfried (Hrsg.): Schrei nach Gerechtigkeit. Leben am Mittelrhein am Vorabend der Reformation. Regensburg 2015, S. 148–161.

Matheus, Michael: Vom Bistumsstreit bis zur Mainzer Stiftsfehde. Zur Geschichte der Stadt Mainz 1328–1459. In: Dumont, Franz/Scherf, Ferdinand/Schütz, Friedrich (Hrsg.): Mainz. Die Geschichte der Stadt. Mainz 1998, S. 171–204.

Matheus, Michael: Winzerdörfer. Wirtschafts- und Lebensformen zwischen Stadt und Land. In: Bünz, Enno (Hrsg.): Landwirtschaft und Dorfgesellschaft im ausgehenden Mittelalter. Sigmaringen 2017 [im Druck].

Mersiowsky, Mark: Niederadel, Großbauern und Patriziat. Soziale Dynamik im spätmittelalterlichen Westfalen. In: Andermann, Kurt/Johanek, Peter (Hrsg.): Zwischen Nicht-Adel und Adel. Stuttgart 2001, S. 239–284.

Metz, Detlef: Theologe mit sozialem Impetus. Domprediger Gabriel Biel (um 1410–1495). In: Wilhelmy, Winfried (Hrsg.): Schrei nach Gerechtigkeit. Leben am Mittelrhein am Vorabend der Reformation. Regensburg 2015, S. 118–121.

Müller, Harald: Habit und Habitus. Mönche und Humanisten im Dialog. Tübingen 2006.

Nebgen, Christoph: Reformatorische Tendenzen in Mainz und Umgebung. In: Wilhelmy, Winfried (Hrsg.): Schrei nach Gerechtigkeit. Leben am Mittelrhein am Vorabend der Reformation. Regensburg 2015, S. 406–413.

Oberweis, Michael: Laienfrömmigkeit und Laienbildung im ausgehenden Mittelalter. In: Wilhelmy, Winfried (Hrsg.): Schrei nach Gerechtigkeit. Leben am Mittelrhein am Vorabend der Reformation. Regensburg 2015, S. 136–143.

Oberweis, Michael: Religiöses Leben im Rheingau um 1500. In: Wilhelmy, Winfried (Hrsg.): Schrei nach Gerechtigkeit. Leben am Mittelrhein am Vorabend der Reformation. Regensburg 2015, S. 122–131.

Peters, Robert: Westfälische Sprachgeschichte von 1300 bis 1500. In: Macha, Jürgen (Hrsg.): Rheinisch-Westfälische Sprachgeschichte. Köln u.a. 2000 (Niederdeutsche Studien, 46), S. 101–122.

Peters, Robert: Westfälische Sprachgeschichte von 1500 bis 1625. In: Macha, Jürgen (Hrsg.): Rheinisch-Westfälische Sprachgeschichte. Köln u.a. 2000 (Niederdeutsche Studien, 46), S. 165–179.

Pieper, Paul: Das Westfälische in Malerei und Plastik. Münster 1964 (Der Raum Westfalen, 4/3).

Rolevinck, Werner/Bücker, Hermann (Hrsg.): Ein Buch zum Lobe Westfalens, des alten Sachsenlandes. De laude antiquae Saxoniae nunc Westfaliae dictae. Der Text der lateinischen Erstausgabe vom Jahre 1474 mit deutscher Übersetzung von Hermann Bücker. Münster 1953.

Rothmann, Michael: Wirtschaft am Mittelrhein um 1500. In: Wilhelmy, Winfried (Hrsg.): Schrei nach Gerechtigkeit. Leben am Mittelrhein am Vorabend der Reformation. Regensburg 2015, S. 272–279.

Schäfer, Regina: Recht und Gericht. Die Gemeinden um 1500 am Mittelrhein. In: Wilhelmy, Winfried (Hrsg.): Schrei nach Gerechtigkeit. Leben am Mittelrhein am Vorabend der Reformation. Regensburg 2015, S. 110–117.

Schäfer, Regina: Stadthöfe des ritterschaftlichen Adels. In: Andermann, Kurt (Hrsg.): Rittersitze. Facetten adligen Lebens im alten Reich. Tübingen 2002 (Kraichtaler Kolloquien, 3), S. 45–70.

Schmandt, Matthias: Die mittelalterlichen Städte im Rheintal von Bingen bis Koblenz. In: Dorfey, Beate (Hrsg.): Burg und Stadt am Mittelrhein (100–1600). Regensburg 2008, S. 27–52.

Schmid, Hans Ulrich: Sprachgeschichte und Kulturmorphologie: Theodor Frings. In: Öhlschläger, Günther u.a. (Hrsg.): Leipziger Germanistik. Beiträge zur Fachgeschichte im 19. und 20. Jahrhundert. Berlin 2013, S. 180–192.

Schmidt, Georg: Der Wetterauer Grafenverein. In: Speitkamp, Winfried (Hrsg.): Handbuch der hessischen Geschichte. Bd. 3: Ritter, Grafen und Fürsten: weltliche Herrschaften im hessischen Raum ca. 900–1806. Marburg 2014, S. 327–348

Schneider, Joachim: Entfaltung regionaler Ordnungen im späten Mittelalter. In: Clemens, Lukas/Felten, Franz J./Schnettger, Matthias (Hrsg.): Kreuz – Rad – Löwe. Rheinland-Pfalz. Ein Land und seine Geschichte. Bd. 1: Von den Anfängen der Erdgeschichte bis zum Ende des Alten Reiches. Darmstadt 2012, S. 305–338.

Schneider, Joachim (Hrsg.): Kommunikationsnetze des Ritteradels im Reich um 1500. Stuttgart 2012.

Scholz, Klaus: Das Spätmittelalter. In: Kohl, Wilhelm (Hrsg.): Westfälische Geschichte. Von den Anfängen bis zum Ende des Alten Reiches. Bd. 1. Düsseldorf 1983, S. 403–468.

Schoppmeyer, Heinrich: Der Ursprung der Landstände im Hochstift Paderborn. Paderborn 1986 (Heimatkundliche Schriftenreihe, 17).

Schröer, Alois: Die Kirche in Westfalen vor der Reformation. Verfassung und geistliche Kultur. Mißstände und Reformen. Bd. 2. Münster [2]1987.

Schröer, Alois: Die Reformation in Westfalen. Der Glaubenskampf einer Landschaft. 2 Bde., Münster 1979/1983.

Selzer, Stephan: Die mittelalterliche Hanse. Darmstadt 2010.

Spormecker, Georg/Lehnemann, Wingolf (Hrsg.): Cronica Lunensis civitatis Markanae. Aufzeichnungen eines westfälischen Geistlichen aus dem 16. Jahrhundert. Bielefeld 2010 (Quellen und Forschungen zur Kirchen- und Religionsgeschichte, 8; Veröffentlichungen der Historischen Kommission für Westfalen, 44).

Steffens, Rudolf: Nese Seylersen prondenersen in dem Spidal. Sexusmarkierung bei rheinfränkischen Familiennamen (spätes Mittelalter/frühe Neuzeit). In: Debus, Friedhelm/Heuser, Rita/Nübling, Damaris (Hrsg.): Linguistik der Familiennamen. Hildesheim u.a. 2014, S. 55–84.

Storm, Monika: Das Herzogtum Westfalen, das Vest Recklinghausen und das rheinische Erzstift Köln: Kurköln in seinen Teilen. In: Klueting, Harm (Hrsg.): Das Herzogtum Westfalen. Das kurkölnische Herzogtum Westfalen von den Anfängen der kölnischen Herrschaft im südlichen Westfalen bis zur Säkularisation 1803. Bd. 1. Münster 2009, S. 343–362.

Stracke, Daniel: Monastische Reform und spätmittelalterliche Stadt. Die Bewegung der Franziskaner-Observanten in Nordwestdeutschland. Münster 2013 (Westfalen in der Vormoderne, 14).

Struck, Wolf-Heino: Reformation und Bauernkrieg aus der Sicht des Rheingaus. In: Hessisches Jahrbuch für Landesgeschichte 33 (1983), S. 101–144.

Stupperich, Robert: Westfälische Reformationsgeschichte. Historischer Überblick und theologische Einordnung. Bielefeld 1993 (Beiträge zur westfälischen Kirchengeschichte, 9).

Veddeler, Peter: Das Westfalenross. Geschichte des westfälischen Wappens. Münster 1987 (Veröffentlichungen der staatlichen Archive des Landes Nordrhein-Westfalen. Reihe C, 26).

Volk, Otto: „Nit klein aufruor in dem Heiligen Reiche ...“. Der Bopparder Krieg von 1497. In: Jahrbuch für westdeutsche Landesgeschichte 23 (1997), S. 139–256.

Volk, Otto: Wirtschaft und Gesellschaft am Mittelrhein vom 12. bis zum 16. Jahrhundert. Wiesbaden 1998.

Wagner, Georg: Volksfromme Kreuzverehrung in Westfalen. Von den Anfängen bis zum Bruch der mittelalterlichen Glaubenseinheit. Münster 1960 (Schriften der Volkskundlichen Kommission des Landschaftsverbandes Westfalen-Lippe, 11).

Welzel, Barbara (Hrsg.): Altes Gold in neuer Pracht. Das „Goldene Wunder“ in der Dortmunder St. Petri-Kirche. Bielefeld 2006 (Dortmunder Mittelalter-Forschungen, 9).
Westhoff, Dietrich: Bericht der Chronik des Dietrich Westhoff über den Besuch Kaiser Karls IV. 1377 und Kaiserin Elisabeth 1378 in Dortmund. Übersetzt von Martina Klug. In: Büttner, Nils/Schilp, Thomas/Welzel, Barbara (Hrsg.): Städtische Repräsentation. St. Reinoldi und das Rathaus als Schauplätze des Dortmunder Mittelalters. Bielefeld 2005 (Dortmunder Mittelalter-Forschungen, 5), S. 155–166.
Witte, Barthold C.: Herrschaft und Land im Rheingau. Meisenheim 1959 (Mainzer Abhandlungen zur mittleren und neueren Geschichte, 3).

Stefan Gerber & Walter Rummel

# Das Napoleonische Jahrzehnt

## 1 Einleitung

Die beiden im Folgenden untersuchten Räume – das linksrheinische Deutschland und das mitteldeutsche Staatenareal – unterschieden sich zu Beginn des 19. Jahrhunderts in vielfacher Hinsicht. Wurden die bestehenden politisch-territorialen Strukturen im linken Rheinland schon seit 1792 durch die französische Besetzung und die ab 1798 erfolgende Integration der Region in die Französische Republik nachhaltig verändert, bestimmte in Mitteldeutschland – trotz einer regionalen Ausdehnung Preußens durch territoriale Entschädigungen nach dem Frieden von Lunéville (1801) – Kontinuität das Bild. Sowohl das Kurfürstentum Sachsen als bislang dominierende Territorialmacht des Raumes als auch die thüringischen und anhaltischen Kleinstaaten bestanden in ihren dynastisch definierten Grenzen der Frühen Neuzeit fort. Während so das linksrheinische Deutschland als Grenzregion schnell und unmittelbar mit den Auswirkungen der Französischen Revolution konfrontiert war, konkretisierte sich die epochemachende französische Staatsumwälzung für den mitteldeutschen Raum erst in der Gestalt Napoleons.

Und auch in der nachnapoleonischen Zeit unterschieden sich beide Regionen unter dem Blickwinkel der politischen und territorialen Strukturgeschichte weiterhin erheblich voneinander. Dabei nahm das linke Rheinland, das zu einem Teil innerhalb der preußischen Rheinprovinz und zu anderen Teilen in neuen Provinzen des Königreichs Bayern (Rheinkreis bzw. Pfalz) bzw. des Großherzogtums Hessen-Darmstadt (Rheinhessen) aufging, in diesen Staaten eine besondere, durch den Fortbestand des französischen Rechts und französischer Verwaltungsstrukturen abgehobene Stellung ein, die bis in das 20. Jahrhundert hinein Spuren hinterließ. Andererseits dauerten in Mitteldeutschland die mit dem Rheinbundbeitritt erworbenen „Souveränitäten" fort. Sachsen schloss sich als zwar dezimiertes, aber weiterhin lebensfähiges Staatsgebilde der Phalanx der souveränitätsbewussten Mittelstaaten des Deutschen Bundes an, während die kleinstaatlichen Monarchien in Mitteldeutschland – nach der Bildung des Gesamtherzogtums Anhalt 1863 noch immer neun an der Zahl – ihren Weg als politisch „mindermächtige", aber nach wie vor mit innenpolitischen Gestaltungsspielräumen ausgestattete Gemeinwesen fortsetzten. Daran sollte sich bis zur deutschen Revolution von 1918/19 nichts mehr ändern.

Waren Ausmaß und Formen der revolutionären Herausforderung bestehender Strukturen in beiden Räumen damit auch von weitreichenden Divergenzen gekennzeichnet, verband sie doch (wie alle anderen deutschen Regionen) die Tatsache, dass das militärische Ausgreifen des revolutionären und napoleonischen Frankreich im Übergang vom 18. zum 19. Jahrhundert eine grundlegende und nachhaltige Transformation der bestehenden Strukturen auslöste. Die Zusammenschau der Ent-

https://doi.org/10.1515/9783110354188-008

wicklung im linken Rheinland und in Mitteldeutschland zeigt, dass sich in dieser Phase der herrschaftlich-staatliche Zugriff auf die Gesellschaft in beiden Regionen verstärkte: Administrative Verdichtung, Gebietsreformen und neue Kommunalordnungen, die Umgestaltung des Steuer-, Finanz- und Justizwesens sorgten für eine stärkere, auf den modernen „Anstaltsstaat" zielende Durchdringung der Gesellschaften. Waren der Reformtätigkeit nach direktem französischen Vorbild in Mitteldeutschland auch enge Grenzen gesetzt und erwies sich eher das konsensuale Reformmodell Sachsen-Weimar-Eisenachs als erfolgreich, darf doch auch für das linke Rheinland trotz direkten Anschlusses an die „fränkische Republik" nicht idealtypisch von einer völligen Beseitigung älterer Rechtszustände und Gebietsgrenzen ausgegangen werden. Vielfach trat der französische Staat zur Enttäuschung der Betroffenen nur in bestehende Rechte ein und nutzte sie zur Ressourcenabschöpfung. Gerade der von Elisabeth Fehrenbach konstatierte „Primat der französischen Machtinteressen" in der revolutionären bzw. rheinbündischen Modernisierungspolitik tritt in beiden Regionen unter unterschiedlichen Begleitumständen unübersehbar hervor.

Freilich dürfen – auch das offenbart der Vergleich – andererseits auch die tiefgreifenden ökonomischen und sozialen Folgen des direkten französischen Zugriffs im linken Rheinland nicht unterschätzt werden. Säkularisation, ein entstehender Agrarkapitalismus, Gewerbefreiheit und Personenfreizügigkeit, Zivilehe und Eingriffe in kirchliche Organisationsstrukturen bewirkten einen Liberalisierungsschub, dem in den rheinbündischen Kleinstaaten Mitteldeutschlands und erst recht in dem auch während der Rheinbundzeit trotz Reformansätzen in altständischen Verhältnissen verharrenden Königreich Sachsen nichts Vergleichbares gegenüberstand. Der Vergleich verweist aber auch darauf, dass, solcher Unterschiede ungeachtet, in Mitteldeutschland, besonders in Kleinstaaten wie Sachsen-Weimar-Eisenach und Sachsen-Coburg-Saalfeld kein ‚Stillstand' herrschte, sondern eigenständige Reformwege erprobt und auch beschritten wurden.

Die folgenden Darstellungen zur Struktur-, Rechts- und Verfassungsgeschichte des linksrheinischen Deutschland unter französischer Herrschaft und Mitteldeutschlands im Zeitalter der Französischen Revolution und Napoleonischer Herrschaft (1789/1792–1814) bzw. im „Napoleonischen Jahrzehnt" (1806–1816) machen eindrücklich deutlich, wie notwendig vergleichende landes- und regionalgeschichtliche Untersuchungen sind, um die facettenreichen Veränderungs- und Anpassungsprozesse differenziert erfassen zu können, die sich in den deutschen Regionen zu Beginn des „langen" 19. Jahrhunderts zu vollziehen begannen. Herrschaftlich-politische wie regionalkulturelle Vielgestaltigkeit blieb, auch wenn die Strukturen des Alten Reiches verschwunden waren, ein deutsches Erbe, das in den Jahrzehnten um 1800 nicht nivelliert wurde und noch im kleindeutschen Nationalstaat des Kaiserreichs virulent war. Erst diese vergleichende Strukturanalyse ermöglicht den Schritt in eine vergleichende politische Kulturgeschichte von Räumen, Regionen und Ländern, die vielfach noch zu leisten ist. Strukturell verschiedene, in ihren

Reaktionen auf die französisch-napoleonische Herausforderung aber dennoch konvergierende Regionen wie das linksrheinische Deutschland und Mitteldeutschland bieten dafür einen vielversprechenden Ausgangspunkt. Fragen nach der Ausprägung regionaler bzw. einzelstaatlicher Identitäten und unterscheidbarer politischer Kulturen lassen sich dabei in Auseinandersetzung mit dem jeweils anderen Fallbeispiel schärfen und präzisieren. Das zeigen in den vorliegenden Beispielen etwa das ursprünglich französische, dann „rheinische Recht" als Identitätsanker, das Selbstbewusstsein des rheinischen Liberalismus im 19. Jahrhundert, der napoleonische Veteranenkult in den linken Rheinlanden oder Goethes Weimarer Visionen des Rheinbundes als einer französisch-deutschen Kulturallianz ebenso wie die in beiden Räumen anzutreffende Herausstellung deutscher Rechts- und Verfassungstraditionen als ‚organischer' Reform mit gleichzeitiger Kritik an der aus französischer Staatstradition erwachsenen Bürokratie und hegemonialen Kulturpolitik.

# 2 Das linksrheinische Deutschland

Walter Rummel

## 2.1 Zeitlicher Verlauf und Raumgestaltung

Der linksrheinische Raum des Alten Reiches war den Auswirkungen der Französischen Revolution direkt ausgesetzt. So kam es unter dem Eindruck der Pariser Ereignisse schon im Sommer 1789 in den grenznahen Gebieten zu Unruhen, die sich im ländlichen Raum um die klassischen Konfliktfelder der Abgaben und Fronden, der Wald- und Weiderechte drehten. Aber auch unter den Stadtbewohnern breitete sich die Erwartung aus, dass die Herrschaften unter dem Druck der revolutionären Ereignisse zu Zugeständnissen bereit sein würden.[1] Gleichzeitig förderte die Ankunft einer großen Zahl adliger und klerikaler Emigranten aus Frankreich die politischen Gegensätze in den Residenzstädten wie Trier, Bonn, Koblenz und Mainz.

Der Einmarsch französischer Truppen ab 1792 installierte zwar einen neuen Machthaber, bedeutete aber für die Bevölkerung noch nicht den endgültigen Abtritt der alten Autoritäten. Dagegen verstanden sich die Eroberer als Befreier und erwarteten entsprechenden Zuspruch. Doch militärische Niederlagen und Enttäuschung über die Haltung der Bevölkerung gegenüber Maßnahmen der neuen Machthaber („Munizipalisierung") veranlassten den Pariser Wohlfahrtsausschuss im September 1793 dazu, auf eine klassische Besatzungspolitik mit Ausplünderung zurückzufallen. Versorgungsdefizite, mangelnde Disziplin der revolutionären Armeen und die Überforderung neu eingesetzter Amtsinhaber führten bis 1797 ein völliges adminis-

1 Berding, Unruhen 1988; Fehrenbach, Widerstand 1989; Rödel, Revolution 1991.

tratives Chaos herbei – gefördert von der Einrichtung von Militärverwaltungsbezirken über bestehende Territorialgrenzen hinweg. Daher ordnete die Pariser Regierung am 18. März 1797 die Wiederherstellung der traditionellen Verwaltungsstrukturen mit Wiedereinsetzung aller alten Amtsinhaber an.[2]

Das kurzzeitige Bestehen einer „Mainzer Republik" 1793 und das Projekt einer „Cisrhenanischen Republik" 1797 markierten zwar Versuche eines Exports revolutionärer Errungenschaften, die auf deutscher Seite zumindest teilweise (Jakobiner) auf positive Resonanz stießen. Im Gedächtnis der breiten Bevölkerung blieben jedoch vor allem die harten Requisitionen, Übergriffe des Militärs und Ereignisse wie die Verbrennung der Stadt Kusel am 25. Juli 1794 haften. Hatte insbesondere die ländliche Bevölkerung die französische Herrschaft anfänglich in der Hoffnung auf ein Ende feudaler Lasten begrüßt, so wandte man sich endgültig ab, als am 17. Mai 1796 die Verordnung erging, dass alle bisherigen Feudalabgaben nun an die Besatzungsmacht zu entrichten seien.[3]

Mit dem Friedensschluss von Campo Formio (17. Oktober 1797) und der Rückeroberung von Mainz (30. Dezember 1797) endete die Besatzungspolitik zugunsten einer „Eingliederungspolitik". Aufgrund eines Befehls des Pariser Direktoriums vom November 1797 verfügte der neu berufene Generalkommissar Franz-Joseph Rudler am 23. Januar 1798 für das gesamte linksrheinische Gebiet die Abschaffung aller vormaligen Herrschaften und den Anschluss an Frankreich. So wurde der linksrheinische Raum mit einem gänzlich neuen Typus von Verwaltungsbezirken organisiert: den „départements" – Territorialbezirken mit rein geographisch gewählten Bezeichnungen, die wie im übrigen Frankreich die historischen Landschaften überschreiben sollten. Sie waren „bewusst als Kunstprodukt ohne Tradition angelegt."[4]

Insgesamt wurden damals im deutschen Sprachraum vier Departements eingerichtet: Roer (Rur) mit Aachen als Verwaltungszentrum, Rhin-Moselle (Rhein-Mosel) mit Koblenz, Sarre (Saar) mit Trier und Mont-Tonnerre (Donnersberg) mit Mainz; dazu kamen die gemischtsprachigen Departements Ourthe (Urt) und Forêts (Wälder), die man bereits 1795 eingerichtet hatte. Ersteres sollte ab 1831 einen Teil des neuen Staates Belgien bilden, Letzteres zum größten Teil in das Großherzogtum Luxemburg eingehen, 1815 aber einen in der Westeifel (östlich der Flüsse Sauer und Our) gelegenen Teil an die neue preußische Rheinprovinz abgeben. Weitere in den deutschen Sprachraum hineinreichende Bezirke waren die heute noch existierenden Departements Bas-Rhin mit Straßburg, das bei seiner Gründung südliche Teile der spä-

---

**2** Dufraisse, Révolution 1992, S. 46f., 61; Blanning, Revolution 1983, S. 78, 169–174, 304–309; Kell Bilanz 1991; Dumont, Befreiung 1989; König, Hunsrück 1995, S. 36–38, 50–64; Andrae, Rheinländer 1994.

**3** Dumont, Republik 1982; Ders., Befreiung 1989, S. 100; Blanning, Revolution 1983, S. 78f., 88f., 170, 305–309; Dufraisse, Révolution 1992, S. 61f.; Andrae, Rheinländer 1994, S. 232.

**4** Dumont, Befreiung 1989, S. 104; Wallburger, Raumordnung 2015, S. 87–94.

teren Pfalz mit der ehemaligen Reichsstadt Landau mit einschloss, und das lothringische Departement Moselle mit der ehemaligen Reichsstadt Metz.

**Abb. 20:** Die französischen Departements an Rhein und Mosel. Reliefartig das heutige Bundesland Rheinland-Pfalz

Doch gerade im Grenzraum des vormaligen Königreichs Frankreich und des Heiligen Römischen Reichs Deutscher Nation war die Einführung der Departements von Widersprüchen gegenüber der ursprünglichen Absicht einer administrativen Neubeschreibung des Raumes geprägt. Als 1790 zunächst Bas-Rhin und Moselle in den schon länger zum Königreich Frankreich gehörenden Gebieten des Elsass und Lothringens gebildet wurden, musste man zwangsläufig an der historischen Grenze zu den damaligen Territorien des Alten Reiches festhalten. Als 1795 in den eroberten spanisch-habsburgischen Gebieten der späteren Staaten Belgien und Luxemburg ebenfalls Departements eingerichtet wurden (Ourthe und Forêts), behielt man auch deren östliche Grenzen entsprechend dem bisherigen Grenzverlauf zum Alten Reich bei. Doch selbst bei der Angliederung des linksrheinischen Reichsgebiets im Januar 1798 beließ man die alten Grenzverläufe mit dem Ergebnis, dass zwischen den Departements Bas Rhin, Moselle und Forêts auf der einen und den neuen Departements Rur, Rhein-Mosel, Saar und Donnersberg auf der anderen Seite weiterhin der Grenzverlauf des Alten Reiches mit allen historisch gewachsenen Eigenheiten wie etwa geteilten Ortschaften beibehalten wurde. Obwohl der revolutionäre französische Staat also prinzipiell die Neueinrichtung von Verwaltungsräumen nach funktionalen Gesichtspunkten betrieb, verzichtete er hier darauf. Stattdessen konservierte er in der Binnengliederung des zum Rhein hin vergrößerten Staatsgebietes einen historischen Grenzverlauf, dessen Dysfunktionalitäten unübersehbar waren. Daher wurden diese Zustände schon damals als „irregularités" angesehen und ihre Abschaffung gefordert.[5] Dieses Phänomen sollte sich bei der administrativen Ausgestaltung des Binnenraumes zum Teil wiederholen.

Weitere Strukturen im Raum waren zunächst die Kantone, die als Bezirke der Friedensrichter für die revolutionäre Trennung von Verwaltung und Justiz standen. Eine neue Kommunalverfassung gab städtischen und ländlichen Gemeinden ab einer Größe von 5.000 Einwohnern erstmals die gleiche Verwaltungsform, während sich kleinere Gemeinden zu Gebietsgemeinden zusammenschließen mussten, die von einem Präsidenten und seinen Adjunkten („adjoint") geleitet wurden. Sie waren nun ebenso wie die Bürgermeister der größeren ländlichen und städtischen Gemeinden staatliche Beamte und damit der Aufsicht der Departements unterstellt. Während diese zunächst unter der Leitung kollegialisch organisierter Zentralverwaltungen standen, wurden schon bald nach Napoleons Machtübernahme (Pluviôse-Gesetz vom 17. Februar 1800) nach militärischem Vorbild Präfekte an die Spitze der Departements gestellt. Über ihnen wachte bis 1801 ein in Mainz stationierter Generalkommissar, der zugleich das zugehörige Departement leitete.[6]

Eine weitere Maßnahme der napoleonischen Verwaltungsreform war die Zuweisung von Verwaltungsaufgaben an die Zuchtpolizeigerichtsbezirke („Arrondissements") unter der Leitung von Unterpräfekten, welche insbesondere die Kommunen kontrollieren sollten. Die kantonalen Gebietsgemeinden wurden aufgelöst (die Kantone selbst blieben als Friedensgerichts-, Wahl- und Aushebungsbezirke für Rekruten bestehen) und jede Gemeinde sollte nun von einem hauptamtlichen Bürgermeister, dem „maire", oder zumindest von einem Adjunkten geführt werden.

5 Ausführlich dazu: Schieder, Säkularisation. Teil I 1991, S. 1–12.
6 Stein, Verwaltungspartizipation. Teil I 2000; Graumann, Verwaltung 1990, S. 73–88.

## 2.2 Strukturen

### Herrschaft durch Verwaltung, Polizei und Militär

Bei der Einrichtung von neuen Verwaltungsbezirken während der eigentlichen Besatzungszeit behielt man zwar die traditionellen Hauptorte, ging aber ansonsten über frühere Territorialgrenzen hinweg.[7] Anders verfuhr man bei der Einrichtung der Departements im Januar 1798: Nun verschwanden zwar die Ämter der vormaligen Herrschaften, nicht aber unbedingt die Grenzen der alten Amtsbezirke und Territorien. So orientierte man sich jetzt z.B. im Hunsrück im Bereich der ehemaligen pfälzischen, badischen und kurtrierischen Ämter bei der Einrichtung der Kantone und der Bildung von Gemeindebezirken an den territorialstaatlichen Grenzen. Kam es zu Abweichungen davon bei der Zuteilung der Gemeinden, erhob sich hartnäckige Kritik aus der Bevölkerung bzw. der alten Eliten, welche verschiedene Aspekte einer historischen Prägung geltend machten wie schuldenrechtliche Verflechtungen, Marktbeziehungen, die Entfernung zum neuen Hauptort und die Aufteilung von Steuern, ja selbst „alte Vorurteile“ bzw. ‚Ausländerfeindschaft‘ der Einwohner der einen Gemeinde gegen einen benachbarten Ort. Alle diese Argumente wurden in die Waagschale geworfen, um bereits beschlossene Zuteilungen von Gemeinden zu Mairien und Kantonen wieder rückgängig zu machen.

Hintergrund solcher Animositäten war nicht allein die traditionelle Rivalität von Dörfern; vielmehr gab es zwischen diesen auch lang zurückreichende Streitigkeiten um Grenzen und Nutzungen. Verblieb es dennoch bei einer ungeliebten Grenzziehung, konnte es sein, dass die widerspenstigen Gemeinden keine Abgeordneten zu der Vertreterversammlung des von ihnen abgelehnten Kantons entsendeten. Als mit dem Pluviôse-Gesetz vom 17. Februar 1800 die kantonalen Gebietsgemeinden aufgelöst und unter dem Etikett „mairie“ kleinere Gebietsgemeinden eingerichtet wurden, orientierte man sich teilweise an kantonalen Grenzen, ansonsten pragmatisch an Verkehrsanbindung und der Wohnsituation für das Personal. Im Hunsrück wurden geographische Gegebenheiten und frühere Schultheißerei-Grenzen völlig, Pfarreigrenzen weitgehend ignoriert. In beiden Phasen, 1798 und 1800, kämpften dort zudem frühere Hauptorte der alten Territorialverwaltung hartnäckig und rücksichtslos darum, zum Sitz der neuen Verwaltungen und Gerichte zu werden.

Mit dem Pluviôse-Gesetz trieb das napoleonische Regime die weitere Verstaatlichung der Gemeinden voran. Deren Leiter, die „maires“, bildeten nun die unterste Instanz einer streng bürokratisch organisierten Hierarchie. Städtische wie ländliche Gemeinden verloren alle traditionellen Selbstverwaltungsrechte und die

7 Zum Folgenden: König, Hunsrück 1995, S. 52, 64–77, 91–101, 104f., 108–111; Andrae, Rheinländer 1994, S. 78–86.

nun Aufsicht führende staatliche Verwaltung sollte nach dem Willen des napoleonischen Staates „bis in den letzten Wohnplatz jeder Mairie getragen werden [...].“ So begann die Entwicklung der modernen Kommunalverfassung hier im französisch eroberten Westen Deutschlands um 1800 „mit der völligen Vernichtung jeder Selbstverwaltung“.[8]

Speziell in den ländlichen Gemeinden der neuen rheinischen Departements wurde dieser Effekt dadurch verstärkt, dass sich hier nach Auflösung der kantonalen Gebietsgemeinden die neue Mairie eben nicht wie in Frankreich als Einzelgemeinde ausprägte, sondern mangels Personal wiederum als Gebietsgemeinde. Zwischen zwei und acht Gemeinden gehörten im Regelfall zu einer Mairie, im saarländischen Teil des Saar-Departements umfassten Mairien sogar bis zu 16 Gemeinden. Die Kehrseite dieser Entwicklung war, dass die Größe dieser Gemeindeverbände letztlich doch die Kontrolle durch den Staat insbesondere bei der Verwendung der Gemeindefinanzen erschwerte. Dabei konzentrierte sich der französische Staat ohnehin in seinem Durchsetzungsanspruch auf die Leistung der Steuern und – nach Einführung der Wehrpflicht bzw. Konskription (Gesetz vom 18. Mai 1802) – auf die Stellung der Rekruten. Beides waren Aufgaben, welche die Gemeindeverwaltungen zu leisten hatten, wobei die Wehrpflicht wesentlich durch die Standesregisterführung gestützt wurde, die 1798 den Pfarrgemeinden genommen und den Zivilgemeinden zugewiesen worden war. Zu diesen neuen kommunalen Aufgabenkomplexen kam die Verpflichtung, dass die Zivilgemeinden mit für den Unterhalt von Kirchen- und Pfarrgebäuden aufkommen mussten, wenn das Vermögen der Pfarrei (Kirchenfabriken) nicht ausreichen sollte (Gesetz vom 14. Februar 1810).[9]

Eine weitere Säule der Einbindung der Gemeinden in den Staatsaufbau war die Budgetpflicht. Seit Erlass des Finanzgesetzes vom 5. Dezember 1797 (im besetzten Gebiet erlassen am 21. April 1798), mussten Gemeinden ihre Einnahmen und Ausgaben im Vorhinein für ein Haushaltsjahr planen und die Planung der vorgesetzten Behörde zur Genehmigung vorlegen. Mit der „Selbstständigkeit der Finanzgebarung“ wurde allen Gemeinden, im französischen Mutterland ebenso wie in den linksrheinischen Departements, ein „zentrales Element ihrer traditionellen Selbstbestimmung“ genommen.[10]

Ein großes Aktionsfeld staatlicher Politik mit weitreichenden Auswirkungen auf die Gemeinden war die Forstverwaltung und Waldnutzung. Der napoleonische Staat setzte hier in Fortsetzung der Forstpolitik des Ancien Régime auf strikte Reglementierung der Nutzung mit zwei Zielen: Befriedigung eigener Ansprüche und gewinn-

8 Faber, Entstehung 1960, S. 278; Ders., Selbstverwaltung 1965, S. 135; König, Hunsrück 1995, S. 82f.; Blanning, Revolution 1983, S. 171.

9 König, Hunsrück 1995, S. 50–70; Hegel, Geschichte 1979, S. 522.

10 Massmann, Verfassung 1963, S. 201, 213–215. – Hintergrund des Finanzgesetzes vom 5. Dezember 1797 wie auch des darauffolgenden Finanzgesetzes vom 1. Dezember 1798 war der faktische Staatsbankrott Frankreichs um 1797/98.

orientierte Versorgung eines wachsenden gewerblichen Holzmarktes. Dagegen benötigten die Gemeinden den Wald nach wie vor für alltägliche Bedürfnisse wie Brenn- und Bauholzversorgung sowie als Weide- und Düngerressourcen, für deren Nutzung sie auf das rechtliche Herkommen pochten. Konflikte darüber konnten bis zum massiven Einsatz von Polizei und Militär führen.[11]

Insgesamt ist die französische Epoche im Linksrheinischen durch eine deutliche Intensivierung von Herrschaft gekennzeichnet. Dies war zwar anfänglich Folge einer klassischen Besatzungsherrschaft, setzte sich aber nach der Angliederung durch den Einsatz von Gendarmerie und Militär zur Ahndung von Zuwiderhandlungen gegen die Ausweitung von Staatshandlungen fort. So gehörten zu den „politischen" Delikten zum einen Symbolfrevel wie Verunglimpfung der Trikolore, Beschädigung von Freiheitsbäumen und Missachtung der Feste des revolutionären Kalenders, zum anderen Unbotmäßigkeiten insbesondere gegen Verbote der Waldnutzung sowie Steuer- und Wegezollforderungen, wie überhaupt gegen das beträchtlich ausgeweitete Spektrum von Amtshandlungen.[12] Letzteres wiederum war zum einen die Folge der Übertragung eines großen Teiles der im Absolutismus entstandenen Normen des französischen Staates, zum anderen eine Begleiterscheinung erst des revolutionären Anspruchs auf die Neugestaltung von Staat und Gesellschaft, sodann des napoleonischen Herrschaftswillens. Die Durchsetzung der zahllosen Vorschriften – allein 1798 wurden an einem Tag 600 davon in den neuen Departements erlassen – verschaffte der staatlichen Verwaltung einen Herrschaftsauftrag, der viel weiter reichte, als dies in den vorrevolutionären Territorial- und Kommunalverwaltungen der Fall gewesen war.[13] Ein zweibändiges „Handbuch für Maire und Adjunkten, für Polizey-Commissare, Gemeinderäthe, Steuer-Empfänger und Vertheiler, Spital- und Armen-Verwalter, Pfarrer, Kirchen-Räthe und Kirchenmeister, Feld- und Forsthüther und Geschäftsmänner" (1801/02) mit über 1.200 Seiten informierte Beamte und Privatiers über das gewaltig angewachsene Aufgabenspektrum der kommunalen Verwaltung.

## Herrschaft durch Recht

Ebenso wie die französische Herrschaft im Rheinland mit einer Erneuerung und Intensivierung der administrativen Herrschaft einherging, war sie durch eine Umwälzung und Verdichtung der rechtlichen Verhältnisse bestimmt. An die Stelle aller vormals mit gerichtlichen Aufgaben betrauten herrschaftlichen Ämter und Gerichte traten in den Kantonen Friedensgerichte und in den Arrondissements Zuchtpolizei-

11 Dufraisse, Révolution 1992, S. 58; Grewe, Wald 2004, S. 62–67, 74f., 112.

12 Stein, Polizeiüberwachung 2000; Molitor, Untertan 1980.

13 J. Müller, Jahr 1998.

gerichte bzw. „Gerichte in Zivil- und Strafsachen erster Instanz". An den Hauptorten der Departements urteilten Peinliche Gerichtshöfe über schwerere Strafsachen und zugleich als Berufungsgerichte für die Zuchtpolizeiurteile mit Beteiligung von Geschworenen. Handelsgerichte befassten sich speziell mit gewerblichen Streitigkeiten, Zollgerichte mit Zollvergehen. Ein in Trier angesiedelter Revisionsgerichtshof bzw. (ab 1802) Appellationsgerichtshof konnte gegen Urteile der zivilgerichtlichen Erstinstanzen und der Handelsgerichte angerufen werden. Bei allen Gerichten fungierte ein „öffentliches Ministerium" bzw. ein „Staatsprokurator" als Vertreter des Staates; auch hier waren durch Los bestimmte Bürger als Geschworene bei der Entscheidung über die Erhebung von Anklagen beteiligt. Gerichtsverhandlungen waren grundsätzlich öffentlich und mündlich; das Prinzip einer freien Verteidigung war gewährleistet.[14]

Mit den feudalen Herrschaften wurden alle personenbezogenen Feudalrechte aufgehoben. In allen rechtlichen Handlungen wurde erstmals das Prinzip der bürgerlichen Gleichheit aller vollmündigen Einwohner unabhängig von Beruf, Einkommen und Geschlecht realisiert. Hervorstechender Ausdruck dieses Prinzips war das von Napoleon eingeführte Zivilrecht (Code Napoléon), das in 2.281 Artikeln das bürgerliche Recht, das Personenrecht und das Sachenrecht regelte und damit grundlegend für das neue Prinzip einer Gesellschaft freier und gleichberechtigter Subjekte wurde. Zusammen mit den materiellen Bestimmungen des Handelsrechts und des Strafrechts existierte somit für die linksrheinischen Departements auch zum ersten Mal seit dem Römischen Reich ein einheitliches Recht, das an die Stelle eines territorial zersplitterten und in Ansehung der Person höchst unterschiedlichen Rechts getreten war. Zentrale Bedeutung im Alltag gewann vor diesem Hintergrund das staatliche Notariatswesen, das in festen Bezirken mit jeweils einem Beamten an die Stelle des kaiserlichen Notariats des Alten Reiches trat und im ländlichen Raum die Dorfgerichte ersetzte.

Die vormaligen Rechtsverhältnisse wurden allerdings keineswegs völlig aufgelöst. So waren mit dem Wegfall aller feudalen Bindungen zwar die entsprechenden Lasten inklusive des Zehnten weggefallen, aber an die Stelle des feudalen Besitzverhältnisses war das bürgerliche Eigentumsprinzip getreten. Der französische Staat war nun Rechtsnachfolger aller vormals landes- und grundherrlichen Güter und Rechte, und soweit sich diese auf den Grund und Boden bezogen, mussten die bisherigen Pächter bzw. Nutzer entweder weiterhin Pacht oder eine andere Gebühr bezahlen oder eine Ablösung leisten. Gegenüber den geistlichen Institutionen machte der Staat rigoros von seinem Eigentumsrecht Gebrauch. Durch Aufhebungserlass der Konsularregierung vom 9. Juni 1802 leitete er die sogenannte Gütersäkularisation ein, in deren Folge Tausende von vormals kirchlichen Gebäuden und Grundstücken als „Nationalgüter" zunächst in seinen Besitz übergingen und dann größ-

14 Strauch, Gerichte 2007.

tenteils versteigert wurden. Es war eine epochale Vermögensumschichtung, welche die Besitz- und Wirtschaftsverhältnisse insbesondere im ländlichen Raum langfristig prägte. Zunächst schlug dabei die Stunde der Großkäufer, Immobilienhändler und Spekulanten. Wer jetzt oder in der Folge eine der ca. 14.000 Immobilien erwerben konnte, erweiterte seine wirtschaftliche Grundlage; vormalige Pächter, die dies nicht vermochten, sahen sich neuen Besitzern gegenüber, die dezidiert kapitalistische Interessen verfolgten. Vielfach kam es zu Interessenkonflikten zwischen überwiegend städtischen Investoren und einer Landbevölkerung, welche auf der Fortsetzung traditioneller Nutzungsformen beharrte. Ebenso weitreichend für die wirtschaftlichen und sozialen Verhältnisse waren die Aufhebung des Zunftzwanges und die Einführung der Gewerbefreiheit mit der uneingeschränkten Freiheit des Güterverkehrs innerhalb des Staatsgebietes.[15]

Analog dazu erfuhren die gesellschaftlichen Verhältnisse eine durchgreifende Liberalisierung durch die Entkirchlichung der persönlichen Verhältnisse. Mit der am 1. Mai 1798 erfolgten Verkündigung der Gesetze über den Zivilstand war nicht nur die Zivilehe eingeführt und den Pfarrern die Führung der Kirchenbücher entzogen, sondern auch die Ehegerichtsbarkeit und damit jeglicher rechtlicher Einfluss der Geistlichkeit auf Eheschließungen abgeschafft worden. Rechtliche Wirksamkeit hatten ab jetzt nur noch die Eheschließung vor dem staatlichen Standesbeamten und die entsprechenden Eintragungen, ebenso zu Geburt und Tod, im Zivilstandsregister. Eine kirchliche Eheschließung durfte erst auf Grundlage einer zivilrechtlichen Ehe erfolgen. Auch durch das revolutionäre Scheidungsrecht erfuhr die Ehe als zentrale gesellschaftlich-kulturelle Institution eine neue Ausrichtung als individuell gestaltungsfähiger bürgerlicher Rechtsakt.

Die Entkirchlichung bürgerlicher Rechtsverhältnisse verweist auf eine zentrale Folge der Revolution, die auch unter Napoleon nicht rückgängig gemacht, vielmehr in den staatlichen Gesamtaufbau und das Konzept einer rechtlich gleichen Bürgergesellschaft eingeschlossen wurde. Dennoch: Nach der gesetzlich 1795 beschlossenen Trennung von Staat und Kirche wurde mit dem am 15. Juli 1801 zwischen Napoleon und Papst Pius VII. abgeschlossenen Konkordat und der Verkündigung des entsprechenden Gesetzes am 8. April 1802 („Organische Artikel") ein wichtiger Baustein zu dem vom damaligen Ersten Konsul angestrebten „Versöhnungswerk" bereitgestellt. Dies bedeutete die Integration einer zentralen Institution des Alten Reiches in die neue staatliche Ordnung des Kaiserreiches. Die alten Bistümer Köln, Trier und Mainz wurden neu zugeschnitten, nach den Vorschlägen Napoleons ein neuer Episkopat eingesetzt und das Recht der Bischöfe zur Einsetzung des Gemeindeklerus bestätigt. Im Gegenzug leistete die Geistlichkeit den Treueeid auf den republikanischen Staat bzw. (ab 1804) auf den Kaiser. Zugleich bildeten die „Organi-

15 Dufraisse, Les „oubliés" 1992; Rowe, Reich 2003, S. 193f.; Schieder, Säkularisation. Teil I 1991, S. 26; Clemens, Immobilienhändler 1995; Dies., Diener 2006, S. 80.

schen Artikel“ auch den Rahmen für die Einpassung der Lutheraner und Reformierten in ganz Frankreich. Damit wurde der Staat Rechtsnachfolger der zahlreichen lutherischen und reformierten Landesherren bzw. Landeskirchen. Bemerkenswert ist dabei, dass die in den Wirren der Besatzungszeit ausgeprägte Autonomie der evangelischen Kirchengemeinden in der Frage der Pfarrerbestellung weitgehend erhalten blieb, freilich eingerahmt in neue konsistoriale und synodale Strukturen und einen einheitlichen staatsrechtlichen Rahmen, der die vormalige landeskirchliche Zersplitterung überwand.[16]

Staats- und Bürgerrecht wurden auf diese Weise zum Fundament einer trotz autoritärer Staatsform liberal und individualistisch ausgerichteten Gesellschaft. Die Kehrseite der uneingeschränkten Freizügigkeit bestand darin, dass jeder zugleich verpflichtet war, sich jederzeit legitimieren zu können. Kommunale Meldepflicht und der Erwerb eines Reisepasses bildeten das Pendant für die neue Freizügigkeit.[17] Auch bestanden weiterhin traditionale Grenzen. So stand zwar der Zuzug in Gemeinden nun grundsätzlich jeder Person offen, aber dafür beinhaltete er nicht unbedingt mehr das Recht zur Inanspruchnahme der gemeindlichen Nutzungen. Gemeinde als staatlicher Bürgerverband und Gemeinde als rechtlich-wirtschaftliche Genossenschaft fielen langfristig auseinander.

## Herrschaft durch Personen

Je nach Region blieben beim Vorrücken der Revolutionstruppen die Amtsinhaber der mittleren und unteren Verwaltungsinstanzen der Territorialstaaten zunächst auf ihren Posten, wie etwa im Kurkölnischen, bzw. kehrten nach einer ersten Fluchtreaktion ganz überwiegend zurück, wie z.B. im Hunsrück, darunter auch der spätere Unterpräfekt von Simmern, Andreas van Recum. Gerade er steht für eine bemerkenswerte Kontinuität, denn seine Karriere im französischen Dienst speiste sich aus Kompetenzen, die er im Dienste der vormaligen Territorialverwaltungen erworben hatte. Allerdings ist hierbei nach der hierarchischen Ebene und den jeweiligen Verwaltungszweigen zu unterscheiden. So waren die Präfekten durchweg Franzosen, desgleichen die Leiter der regionalen Finanzverwaltung. Doch schon auf der mittleren Ebene und erst recht auf den unteren Ebenen waren die Amtsträger mehrheitlich Deutsche, freilich anfänglich überwiegend Personen, die, wie aus Frankreich kommende Beamte, ihre Kompetenzen in den Herrschaften des Ancien Régime erworben hatten. Im Justizbereich waren die hochwertigen Stellungen immerhin noch zu ca. 50 % von Franzosen besetzt, aber ansonsten tendierte der Personalbestand der Justiz bis über 80 % zu Personen deutscher Herkunft, von denen einige sogar

16 Schunk, Revolution 1992, S. 305–308, 320–344; Buchholz, Staatskult 1997, S. 263–265.
17 Klinkhammer, Zivilisierung 1998.

sehr erfolgreiche Karrieren in Frankreich machen konnten. Insgesamt waren die Beamten, insbesondere diejenigen deutscher Herkunft, trotz aller Mängel, die auch der neuen Verwaltung anhafteten, „die eigentlichen Träger der Integration des Rheinlandes in das französische Kaiserreich"; als dessen Repräsentanten bildeten sie die Machtelite an der Spitze des neuen Staates.[18]

Erweitert man diese Gruppe unter Berücksichtigung der wirtschaftlichen Tätigkeiten, so stellt sich die Zusammensetzung der Führungsgruppen etwas anders dar. Zwar verdankte ungefähr die Hälfte der politisch-wirtschaftlich führenden Personen ihre Position ihren im Alten Reich erworbenen Kenntnissen und Besitzungen, daneben aber gelangte eine ungefähr ebenso große Gruppe erst auf der Grundlage der neuen Besitz- und Wirtschaftsverhältnisse in führende Positionen, während das klassische Zunftbürgertum, also die aus Handwerkern und Gewerbetreibenden stammenden Eliten, durch den Wegfall der zünftischen Ordnung praktisch verschwand. In traditionell vom Zunftbürgertum dominierten Städten wie Speyer kam es nach 1801 sogar zum nahezu vollständigen Austausch der Führungsschicht. Die von der napoleonischen Politik betriebene Förderung eines prosperierenden Bürgertums machte sich auch durch die neue Verfassung der Konsistorial- und Synodalgremien von Lutheranern und Reformierten bemerkbar, in denen entsprechend staatlichen Vorgaben ausreichend begüterte Laien eine wichtige Rolle spielen sollten. In der späteren Pfalz förderte dies die Entstehung einer neuen bürgerlich geprägten kirchlichen Führungsschicht, die zugleich Träger eines kirchlichen Liberalismus wurde.[19]

## Herrschaft durch Kultur, Symbole und Wissen

Mit der Abschaffung der Monarchie (1792) und der Trennung von Staat und Kirche (1795) war dem revolutionären Staat ein gänzlich neues Legitimationsbedürfnis zugewachsen. Die Eroberung der linksrheinischen Gebiete verschärfte dieses Bedürfnis in dem Maße, wie man eine Bevölkerung, die man aufgrund ihrer kirchlichen und politischen Anhänglichkeit für unreif und rückständig hielt, kontrollieren, aber auch für den neuen Staat gewinnen wollte. So erklären sich im Zeitraum der Besatzungszeit (bis 1798) überzogene kirchenfeindliche Aktionen insbesondere lokaler Befehlshaber und die Bedeutung des den Pfarrern abverlangten Eides auf die Republik, der 1797 bis hin zu der Formel vom „Hass auf die Monarchie" verschärft wurde. Die Errichtung von „Freiheitsbäumen", die Einführung eines pseudo-religiösen Kultes der „Vernunft" und des revolutionären Kalenders, der mit den Dekadentagen und -festen die christlichen Heiligentage überschreiben sollte, sowie die Ausrich-

18 Clemens, Diener 2006, S. 79–98; Stein, Verwaltungspartizipation. Teil II 2001.
19 J. Müller, Stadt 1990; Schunk, Revolution 1992, S. 320–333, 344–363.

tung ‚republikanischer' bzw. ‚nationaler' Feste, gehört ebenso in diesen Zusammenhang wie das Bemühen, die Bevölkerung zur Abgabe von „Adressen" zugunsten eines Anschlusses an die „Republik der freien Franken" zu bewegen.[20]

Nach Entmachtung und Enteignung der vormaligen Landesherren verblieb die katholische Kirche als einzige potenzielle Gegenmacht zur Revolution. Doch eine systematisch kirchenfeindliche Politik der Eroberungs- und Besatzungsphase wird im Unterschied zu älteren Arbeiten neuerdings nicht mehr gesehen. Stattdessen wird im Vorgehen staatlicher Behörden gegen geistliche Orden, einzelne Pfarrer oder das Prozessionswesen das Bemühen um „Ordnung und Disziplin" sowie um öffentliche bzw. staatliche Sicherheit betont. Auch der napoleonische Staat blieb der Geistlichkeit gegenüber misstrauisch, weil man ihr nach wie vor die Fähigkeit zum politischen Aufruhr unterstellte. So ging die napoleonische Aussöhnung gegenüber den Kirchen im Konkordat von 1801 mit einer strengen Bindung auch der katholischen Geistlichen an den Staat einher, die durch kontrollierte Ausbildung und Priesterweihe zu einem „staatstragenden Stand" formiert werden sollten. Zugleich wurden schon mit Einführung der Konsulatsverfassung 1799 Bestimmungen über die Beachtung des Revolutionskalenders gelockert, die meisten Nationalfeste aufgehoben und den traditionellen Festtagen wieder Raum gegeben.[21]

Spätestens mit der Machtübernahme Napoleons 1799 sollten die Kirchen im Rahmen der staatlichen Neuorganisation in ganz Frankreich zu einem Herrschaftsinstrument werden. Es würde dann, so der Mainzer Präfekt Jeanbon St. André später, „eine zuverlässige Disziplin entstehen, die sich zum Vorteil der Gesellschaft allgemein wenden werde". Mit dem Konkordat und der Inthronisation Napoleons als Kaiser wurde dieser Kurs insbesondere gegenüber der katholischen Kirche dahingehend zugespitzt, dass nicht nur von den Geistlichen der Eid auf den Kaiser zu leisten war, sondern die Gläubigen im Rahmen eines vereinheitlichten Katechismus für den Kaiser beten mussten. Auch Feiern zu militärischen Siegen des Imperators sollten in die Kirchen Einzug halten, und mit der kirchlichen Feier des Geburtstages des Kaisers am 15. August, dem vormaligen Mariä-Himmelfahrts-Feiertag, der nun zum Feiertag des heiligen Märtyrers Napoleon wurde, wurde ein politisches Heiligenfest eingeführt.[22]

Das im späten 18. Jahrhundert auch im Rheinland entstandene Pressewesen war trotz der freiheitlichen Prinzipien der Französischen Revolution schon im Gefolge der revolutionären Kämpfe der Zensur unterworfen worden, was sich unter der Besatzungsherrschaft nach einer kurzen Zeit des Aufblühens fortsetzte.[23] Insbe-

20 Blanning, Revolution 1983, S. 170, 305; Dumont, Republik 1982; Andrae, Rheinländer 1994; Buchholz, Staatskult 1997.

21 Wagner, Revolution 1989, S. 270, 273–277.

22 Buchholz, Staatskult 1997, S. 265, 267–275, 280–288.

23 Hierzu und zum Folgenden: Ebd., S. 308–374.

sondere Publizistik, welche im Verdacht der Loyalität zugunsten der alten Landesherrschaften stand, fiel der Zensur zum Opfer. Zugelassen und gefördert wurden hingegen Veröffentlichungen, welche die französische Politik und ihre Prinzipien unterstützten. So wurden auch Reden zu den Dekadenfesten, Beiträge mit religionskritischen Inhalten und Debatten zur revolutionären Schul- und Erziehungspolitik abgedruckt. Schon wenige Wochen nach der Machtübernahme Napoleons kam es zu einem breiten Verbot von Zeitungen, dem nur solche entgingen, die sich ausschließlich mit Themen aus Wissenschaft, Kunst, Literatur und Handel sowie mit Anzeigen befassten. Doch erwies es sich als unmöglich, die Zensur in der von der Regierung gewünschten Weise durchzusetzen. Gleiches galt für den Buchdruck und -handel, der 1810 für ganz Frankreich einer neuen Ordnung unterworfen wurde. Nicht allein das Bemühen um Unterdrückung staatskritischer Äußerungen stand dahinter, sondern zugleich die Vision einer „Einheitskultur", die sich in Wissenschaft und Gesellschaft bis in die mit Napoleonbüsten geschmückten bürgerlichen Salons ausbreiten sollte. Doch mit seiner dezidierten Förderung von Bildung und Wissenschaft im politisch erwünschten Sinne erreichte der napoleonische Staat nur das gehobene Bürgertum. Die breitere Bevölkerung konnte von diesem Bildungsangebot weniger profitieren, wie sich an der Vernachlässigung der Primärschulen zeigt. Traditionale Einstellungen wie Anhänglichkeit an die Kirchen und vormalige Territorialherrschaften konnten somit fortbestehen. Geschickt und in gewissem Umfang von Erfolg gekrönt war dagegen die Einbeziehung breiterer Schichten in die politische Festkultur, indem z.B. die Teilnahme am Napoleonsfest mit Impfen der Kinder und der Verteilung von Geschenken verbunden wurde.[24]

## 2.3 Nachwirkungen

Die französische Herrschaft stieß gerade wegen ihrer weitreichenden Ansprüche auf zahlreiche Widerstände, die aber nicht nationalpatriotisch motiviert waren, sondern als Aufbegehren gegen alte und neue Lasten. Dennoch konnte sie in den 16 Jahren im Rheinland den Bruch mit einem großen Teil der vormaligen Verhältnisse herbeiführen und neue Strukturen schaffen, die weit über ihr Ende 1813/14 fortwirkten. Am deutlichsten ist dies im Bereich der rechtlichen Institutionen ersichtlich, die nun als „rheinische Institutionen" von den bürgerlichen Schichten gegen die Nachfolgestaaten verteidigt wurden. Im Justizbereich, aber auch in der Verwaltung gingen damit deutliche personelle Kontinuitäten einher, wofür als prominentes Beispiel der erste Präsident des bayerischen Appellationsgerichts Zweibrücken Andreas Georg Friedrich Rebmann (1769–1824) steht. Im politischen Denken hat die französische Herrschaft – gerade auch in ihrer autoritären napoleonischen Ausprägung –

24 Buchholz, Staatskult 1997, S. 286.

die weitere Entwicklung des rheinischen Liberalismus gefördert. Dabei fungierte insbesondere die freiheitliche Gerichtsverfassung als eine Art parlamentarischer Bühne.[25]

Unter den Verwaltungsstrukturen hat sich zum einen der Kommunalaufsichtsbezirk des Arrondissements in Gestalt des preußischen Landkreises bzw. des bayerischen Bezirkskommissariats erhalten, zum anderen die Gebietsgemeinde der Mairie, welche in den Verwaltungsreformen der späten 1960er Jahre als Blaupause für die Zusammenfassung weiterer Ortsgemeinden entweder zu Gemeindeverbänden (Rheinland-Pfalz) oder zur Einheitsgemeinde (Nordrhein-Westfalen) diente. Die Herabstufung der ehemaligen Reichsstädte zu bloßen „municipalités“ bzw. zu Mairien hat wohl einen irreparablen Bruch vormoderner Autonomietraditionen herbeigeführt, aber die Einordnung aller Gemeinden – gleich welcher Größenordnung und Tradition – in den Staatsverband ist bis heute ein Kernstück staatlicher Ordnung. Zudem ist darauf verwiesen worden, dass der Autonomieverlust der Kommunen zumindest in den Städten zum Ausgangspunkt eines deutlichen Modernisierungsschubes geworden sei.[26] Letzteres gilt mit Sicherheit für die Umwandlung des bislang gebundenen klösterlichen Besitzes in gewerblich genutztes Privateigentum.

**Abb. 21, 22:** Johann Peter Göddertz – Bäuerliche Arbeiten bei Plaidt in der Voreifel

Aus Untertanen wurden freie Bürger, aber zugleich wurden alle Bürger nun „administrés“ – Verwaltete, die sich einer ausgeprägten Bürokratie gegenübersahen. Möglichkeiten eines förmlichen Widerspruchs gegen Entscheidungen der Verwaltung gab es in der französischen Epoche nicht wirklich. Allenfalls erste Ansätze dazu boten die Präfekturräte, d.h. Versammlungen von Juristen bei den jeweiligen Präfekten, so wie auch die Versammlung von Vertretern der Departements der erste Ansatz zu dem später in der bayerischen Pfalz eingeführten „Landrat“ wurde, der Vorläufer des heutigen Bezirkstages der Pfalz und der gleichnamigen Einrichtung in al-

25 Dufraisse, Révolution 1992, S. 51, 58; Rummel, Lasten 2015.
26 Engelbrecht, Grundzüge 1995, S. 87f.

len bayerischen Regierungsbezirken war. Das französische Recht wurde trotz seiner Beibehaltung in den Folgejahren immer wieder als zu kostspielig und kompliziert kritisiert, doch lag gerade in der starken Verrechtlichung die Modernität dieses Rechts, das eine komplexer gewordene Realität abzubilden bzw. zukunftsweisend zu formen versuchte.[27] Gleiches gilt für die Klage über die zahlreichen Gebühren, welche der französische Staat für eine stark gewachsene Zahl von Amtshandlungen eingeführt hatte.[28]

Die Integration in die französische Nation als Sprach-, Rechts- und Wertegemeinschaft konnte in der kurzen Zeit der Zugehörigkeit des linken Rheinlandes zu Frankreich nicht erreicht werden. Ein anfängliches Gefühl der Zugehörigkeit beruhte bei den einen auf Zustimmung zu den Idealen der Revolution, bei anderen auf der schlichten Hoffnung auf Befreiung von feudalen Lasten. Ebenso beruhten Hoffnungen auf einer Trennung von Frankreich auf bestimmten Interessen.[29] Dass die Lasten der französischen Herrschaft mit ihrer zunehmenden Dauer in diese Richtung wirkten, erscheint plausibel, begründet aber nicht die Annahme, ein nun entstandenes Nationalgefühl habe gegen die vermeintliche „Fremdherrschaft“ aufbegehrt. Vielmehr entzündeten sich Kritik und partieller Widerstand daran, was hier erstmals als Merkmale moderner Staatlichkeit erfahren wurde: Steuerlast, Wehrpflicht und bürokratische Bevormundung. So dürften die damals in den rheinischen Departements entstandenen Gemeinsamkeiten, positive wie negative, die Entstehung einer rheinischen Identität beflügelt haben, wie der 1815/16 einsetzende Kampf um die Beibehaltung speziell des französischen Rechts zeigt.[30] Bemerkenswert ist ferner, dass gerade in der Gruppe der Soldaten, welche die größten Opfer unter Napoleon zu bringen hatte, die am längsten nachweisbare Anhänglichkeit an den Imperator in Gestalt von Veteranenvereinen und Denkmälern festzustellen ist.

**Abb. 23:** Johann Peter Göddertz – Bäuerliche Arbeiten bei Plaidt in der Voreifel

27 Haan, Hauptstaat 1977, S. 202f.
28 Clemens, Diener 2006, S. 79f.
29 Dufraisse, Révolution 1992, S. 54–59, 61–63; Dumont, Befreiung 1989, S. 107.
30 Dufraisse, Révolution 1992, S. 69f.

Die Nachfolgestaaten wiederum lernten trotz ihrer revolutions- und frankreichfeindlichen Rhetorik schnell die Vorzüge speziell der administrativen Hinterlassenschaft der französischen Herrschaft zu schätzen, so besonders in Preußen. Hoffnungen auf weniger Steuerlast und weniger Bürokratie insbesondere bei der ländlichen Bevölkerung blieben daher unerfüllt. So spiegeln die Aufzeichnungen des in der östlichen Voreifel lebenden Landwirtes Johann Peter Gödderz (um 1820) genau diese Erfahrung in Bildern wider, die ihn bei typisch ländlichen Arbeiten mal mit Jakobinermütze, mal mit Dreispitz, mal mit dem Zylinder zeigen. Ihre Botschaft: Das Los des ‚einfachen Mannes' blieb auch über den Herrschaftswechsel von 1814/15 dasselbe.

# 3 Mitteldeutschland

Stefan Gerber

## 3.1 Zeitlicher Verlauf und Raumgestaltung

Als im Ergebnis des napoleonischen Sieges über die Habsburgermonarchie während des Dritten Koalitionskrieges im Sommer 1806 der Rheinbund gebildet wurde und das Alte Reich damit auch sein formelles Ende fand, ging für den mitteldeutschen Raum – hier verstanden als das Kürfürstentum/Königreich Sachsen, die thüringischen und die anhaltischen Staaten – eine Periode des Friedens zu Ende.[31] Die durch den Baseler Frieden von 1795 erkaufte „Ruhe des Nordens" (Leopold von

---

31 Die Verwendung des Begriffs „mitteldeutsch" knüpft hier an die pragmatische Handhabung an, die sich in der politischen Geographie seit der deutschen Wiedervereinigung 1990 zunehmend durchsetzt und – unbeschadet der dominierenden Zusammenfassung der „neuen" Bundesländer durch den (nun nicht mehr auf die ehemals deutschen Territorien östlich der Oder-Neiße-Linie bezogenen) Begriff „Ostdeutschland" – unter der „mitteldeutschen" Region das Gebiet der Bundesländer Sachsen, Thüringen und Sachsen-Anhalt versteht (manifest etwa in der Bezeichnung der öffentlich-rechtlichen Drei-Länder-Rundfunkanstalt „Mitteldeutscher Rundfunk"). Diese Pragmatik verbindet zwei unterschiedliche Perspektiven auf das regionale Konstrukt „Mitteldeutschland": Zum ersten einen engeren Mitteldeutschland-Begriff, der sich an dynastischer Kontinuität (wettinischer Herrschaftsraum) und den Institutionen und Prozessen festmacht, die dem Raum Kohärenz, Kongruenz und Komplexität verleihen (z.B. der wettinisch-mitteldeutschen Universitäts- und Bildungslandschaft). Und zum zweiten einen weiteren Mitteldeutschland-Begriff, der auf die seit dem 19. Jahrhundert einsetzenden wirtschaftlichen bzw. wirtschaftsorganisatorischen, infrastrukturell-planerischen, aber auch kulturell-geschichtspolitischen Konstruktionsprozesse abhebt, die „Mitteldeutschland" als Region konturierten und mit historischer Bedeutung aufluden. Vor allem von letzterem führt die Spur zur heute gebräuchlichen Kennzeichnung der „östlichen Mitte" der Bundesrepublik als „mitteldeutsch". Unmittelbarer topographischer Zusammenhang, dynastische Bindungen sowie politische Wechselwirkungen und Konvergenzen machen „mitteldeutsch" auch für das Jahrzehnt zwischen 1806 und 1816 als „länderübergreifende, regional vergleichende Forschungsperspektive" sinnvoll. Vgl.: John, Gestalt 2001, S. 67. Zur verzweigten Diskussion um den

Ranke) und der Mitte war – ohne den Verklärungstendenzen gerade der mitteldeutschen Historiographie des „langen“ 19. Jahrhunderts folgen zu wollen – nicht nur „behagliche[s] Stilleben“,[32] sondern sicher eine der wesentlichen Voraussetzungen für die weitere Entfaltung des „Ereignisses Weimar-Jena“ als Kernraum von Klassik und Idealismus.[33] Zwar hatte sich das neue Zeitalter in diesem Raum schon 1802 durch den Beginn der Territorialrevolution bemerkbar gemacht, als Preußen zur Entschädigung für die abgetretenen linksrheinischen Gebiete den ehemals kurmainzischen Länderkomplex in Thüringen (im wesentlichen Erfurt, die Grafschaft Untergleichen mit Blankenhain, das Eichsfeld und das Gebiet um Sömmerda) sowie die Reichsstädte Mühlhausen und Nordhausen erhielt. Dieser massive Ausbau seiner frühneuzeitlichen Erwerbungen machte Preußen zum mitteldeutschen Gewinner des territorialen Umbruchs im Gefolge des Friedens von Lunéville bzw. des Reichsdeputationshauptschlusses und ließ es stärker als je zuvor auch in diese Region hineinwachsen.[34] Die Aufhebung der Reichsritterschaften betraf das sächsisch-thüringisch-anhaltische Mitteldeutschland – im Gegensatz etwa zum benachbarten Franken – dagegen kaum. Lediglich durch die Mediatisierung der Boyneburgischen Herrschaft Lengsfeld in der Rhön – die nach mehrfachem Herrschaftswechsel ab 1816 zum Großherzogtum Sachsen-Weimar-Eisenach gehören sollte – und das Ende der säkularisierten Komtureien des Deutschen Ordens in Thüringen machte sie sich bemerkbar.

Dennoch wurden die Ereignisse seit Beginn des 19. Jahrhunderts und das Ende des Alten Reiches von den Monarchen besonders der vielgestaltigen mitteldeutschen Kleinstaatenwelt als existenzielle Krise erlebt: Des Schutzes der Reichsverfassung beraubt, entwickelten sie jenes Trauma, das bis 1866 ein bestimmendes Element kleinstaatlicher Politik in Deutschland bleiben sollte: die Angst vor einer Mediatisierung. Dynastische Strategien, wie Heiratspolitik oder die noch kurz vor Ende des Alten Reiches erlangten Standeserhöhungen aller Linien der Grafen Reuß (Reichsfürsten) im Südosten Thüringens und des Fürsten von Anhalt-Bernburg (Herzog) verbanden sich mit außenpolitischen Versuchen der Statuswahrung und innerstaatlicher Reformpolitik. Sie gaben so der regionalen Antwort auf die napoleonische Herausforderung, die im Folgenden im Mittelpunkt stehen soll, ihr Gepräge.

Die machtpolitischen Entscheidungen von 1806 rückten die Region plötzlich in den Brennpunkt der Ereignisse und machten sie zum Kriegsschauplatz. Sachsen, das nach seiner verheerenden Besetzung und Niederlage im Siebenjährigen Krieg

„Mitteldeutschland“-Begriff insgesamt die Beiträge des Bandes: John, „Mitteldeutschland“ 2001, dort insbesondere: John, Geschichtslandschaft.

32 Hartung, Großherzogtum 1923, S. 211.

33 Ein durch den 1998–2010 arbeitenden DFG-Sonderforschungsbereich „Ereignis Weimar-Jena. Kultur um 1800“ geprägter Begriff für die kulturelle Verdichtung in Weimar und Jena um 1800.

34 Grundlegend dazu: Boblenz, Abriß 2001.

seit 1762/63 eine von den Konzepten des „aufgeklärten Absolutismus" getragene, recht erfolgreiche Staatsreformpolitik, das sogenannte „Retablissement", betrieben hatte,[35] versuchte 1805/06 zunächst im Fahrwasser Preußens Neutralitätspolitik zu betreiben.[36] Sie schien sich, wie für Preußen nach der Schlacht von Austerlitz, auch für Kursachsen zunächst auszuzahlen, führte aber im Verlauf des Jahres 1806 dann doch in die preußisch-sächsische Koalition, die am 14. Oktober 1806 in der Doppelschlacht bei Jena und Auerstedt von Napoleon zerschlagen wurde. Der Zusammenbruch des friderizianischen Preußen führte zur schnellen und bedingungslosen Eingliederung Kursachsens in das napoleonische System in Deutschland. Es musste dem Rheinbund beitreten.[37] Kurfürst Friedrich August III. nahm den Königstitel an und firmierte fortan als Friedrich August I. Napoleon und die französische Rheinbundpolitik, die im neuen Königreich – nach einer kurzen pro-napoleonischen Euphoriephase 1807 – bis 1813 vor allem aus Loyalität gegenüber dem sächsischen Monarchen akzeptiert wurden,[38] banden Friedrich August I. fest in das rheinbündische System ein, indem sie ihn 1807 zum Monarchen des Herzogtums Warschau machten. Dieses war aus den polnischen Teilungsanteilen Preußens von 1793 und 1795 errichtet worden. Mit der sächsischen Regierung über diesen französischen Satellitenstaat war nicht nur eine symbolpolitische Anknüpfung an die Zeit der sächsisch-polnischen Personalunion zwischen 1697 und 1763 verbunden,[39] sondern für Sachsen vor allem ein stets virulentes Konfliktpotenzial zum einstigen Verbündeten Preußen geschaffen. Trotz Absetzungsversuchen nach dem Russlandfeldzug 1812 war der sächsische König bis zur französischen Niederlage in der Völkerschlacht bei Leipzig, der eine Erosion des sächsischen Militärs folgte, letztlich nicht in der Lage, das napoleonische Bündnis abzustreifen und sich der preußisch-russischen Koalition anzuschließen. Er wurde deshalb Ende Oktober 1813 als Kriegsgefangener nach Preußen gebracht, und in Sachsen wurde eine russisch-preußische Besatzungsverwaltung eingesetzt. Preußen konnte sein altes macht- und territorialpolitisches Ziel, sich ganz Sachsen einzuverleiben, auf dem Wiener Kongress trotz dieser für Sachsen ungünstigen Ausgangslage nicht erreichen. Der Widerstand Großbritanniens, Österreichs und schließlich auch Frankreichs gegen diese, mit den russischen Forderungen auf das gesamte ehemalige Herzogtum Warschau verknüpften

**35** U.a. Matzerath, Pflicht 1995 sowie die Beiträge in: Schirmer, Sachsen 2000.

**36** Petschel, Außenpolitik 2000.

**37** Es erfolgten zudem geringfügige Gebiets- und Rechteabtretungen zugunsten des neuen napoleonischen Königreichs Westphalen, für die Sachsen mit dem bisher preußischen Cottbuser Kreis entschädigt wurde; Friedrich August I. hatte auf Erfurt gehofft.

**38** Töppel, Sachsen 2008.

**39** Mit Ausnahme der Jahre 1704–1709, als König August II. (Kurfürst Friedrich August I. von Sachsen) nach der Besetzung des Kurfürstentums im Nordischen Krieg durch den schwedischen König Karl XII. dem von diesem unterstützten Stanislaus I. Leszczyński die Krone überlassen musste. 1733/34 kehrte Leszczyński nach dem Tod Augusts II. noch einmal kurzzeitig nach Polen zurück.

preußischen Ambitionen, führte zur Teilung Sachsens, die den Staat zwar erhielt, aus sächsischer Perspektive aber dennoch eine Katastrophe war. Das im Wesentlichen noch in den Grenzen des im gesamten mitteldeutschen Raum weit ausgedehnten Kurstaates bestehende Königreich verlor ca. 60 % seines bisherigen Territoriums und ungefähr 40 % seiner Bevölkerung an Preußen, das daraus 1815 in Zusammenführung mit altpreußischen Gebieten die preußische Provinz Sachsen bildete.[40] Der 1816 offiziell ins Leben getretene Regierungsbezirk Erfurt dieser Provinz, zu dem auch das Obereichsfeld gehörte, aber auch Teile des Regierungsbezirkes Merseburg galten fortan als „preußisches Thüringen" neben der thüringischen Kleinstaatenwelt.

Unter den mitteldeutschen Kleinstaaten war nur das Herzogtum Sachsen-Weimar und Eisenach Teil der preußisch-sächsischen Koalition gegen Napoleon. Weimar und sein Herzog Carl August, die mit Sachsen-Gotha und Altenburg unter Herzog August um die Vormachtstellung unter den sächsisch-ernestinischen Herzogtümern in Thüringen konkurrierten, hatten sich nach dem Ende des Alten Reiches zunächst bemüht, einen regionalen Staatenbund unter kursächsischer Führung zu schaffen.[41] Dieser sollte auch die anderen 1806 bestehenden ernestinischen Herzogtümer Sachsen-Meiningen, Sachsen-Hildburghausen und Sachsen-Coburg-Saalfeld umfassen sowie die übrigen thüringischen Kleinstaaten Schwarzburg-Rudolstadt, Schwarzburg-Sondershausen, Reuß-Greiz (ältere Linie), Reuß-Schleiz, Reuß-Lobenstein, Reuß-Ebersdorf (jüngere Linie) und ferner das von den drei jüngeren Linien des Hauses Reuß seit 1802 gemeinsam verwaltete Reuß-Gera. Alle diese Kleinstaaten hatten mit dem Reichsende die formelle Souveränität erlangt. Der Anschluss an die norddeutschen Bundespläne Preußens, die Carl August als eine Fortsetzung des von ihm mitbetriebenen Fürstenbundes der 1790er Jahre erschienen, war dazu eine Alternative. Auch die anhaltischen Staaten, die schon im 18. Jahrhundert zur preußischen Klientel im Reich gehört hatten, sollten hier einbezogen werden. Carl August suchte sich darüber mit Fürst Leopold III. Friedrich Franz von Anhalt-Dessau zu verständigen, der entschiedener Anhänger eines „Nordbundes" unter preußischer Führung war.[42] Nach dem Scheitern all dieser Pläne ging schließlich nur Sachsen-Weimar ein formelles Bündnis mit Preußen ein. Obwohl nach der preußisch-sächsischen Niederlage vom Oktober 1806 auch die neutral gebliebenen thüringischen Staaten als besetztes Gebiet behandelt wurden, stürzte diese Entscheidung doch besonders Sachsen-Weimar in eine Existenzkrise. Für Herzog Carl August, der im Chaos nach dem Zusammenbruch Preußens zunächst nicht aufzufinden war, mussten in der Weimarer Residenz die zurückgebliebene Herzogin Luise und das Geheime Conseil unter dramatischen Umständen weitreichende Entscheidungen treffen. Es war dem Geschick des Regierungsrates und Gesandten Friedrich

**40** Jenak, Teilung 2007.

**41** Bessenrodt, Politik 1925, S. 12–26.

**42** Ebd., S. 19; Tullner, Erhebung 2007, S. 69–71.

von Müller – danach eine treibende Kraft der unten zu betrachtenden rheinbündischen Reformen in Sachsen-Weimar-Eisenach –, den französischen Verbindungen des (zunächst zurückhaltenden) zentralen Weimarer Akteurs und Geheimrates Goethe und nicht zuletzt den russischen Beziehungen Sachsen-Weimars zu verdanken, dass das Herzogtum bestehen blieb. Erbgroßherzog Carl Friedrich war seit 1804 mit Großfürstin Maria Pawlowna, der Schwester des seit 1801 regierenden russischen Zaren Alexander I., verheiratet.[43] Vor allem aber erwies sich „Kultur als Politik“ für Sachsen-Weimar-Eisenach als eine „erstaunlich erfolgreiche Strategie“[44] des Überlebens. Hatte schon Goethes enge Bekanntschaft mit dem Generaldirektor der kaiserlichen Museen in Paris, Dominique Vivant Denon, in der Krise unmittelbar nach der Schlacht bei Jena den Weg zum Kaiser gebahnt, so blieb Weimars Rolle als „virtuelle Geistes- und Kulturmetropole Deutschlands“[45] für die französische Rheinbundpolitik ein Faktor, der dem Herzogtum in der mitteldeutschen Staatenwelt eine Sonderstellung zuwies. Napoleon brachte das öffentlich zum Ausdruck, als er Goethe und Wieland am Rande des Erfurter Fürstenkongresses 1808 in Weimar und Erfurt zu längeren Gesprächen empfing und beiden den Orden der Ehrenlegion verlieh. Goethe trug das Ordenszeichen, zum Missfallen der napoleonkritischen Öffentlichkeit, auch noch 1813, konnte dann aber auf den russischen St.-Annen-Orden zurückgreifen, den ihm Zar Alexander I. ebenfalls 1808 als „Gegengewicht“ zur Ehrenlegion verliehen hatte.

Auch die drei anhaltischen Staaten Anhalt-Dessau, Anhalt-Köthen und Anhalt-Bernburg, unter denen Fürst Leopold Friedrich Franz von Dessau ein hausrechtliches „Seniorat“ ausübte, sahen sich mit der Existenzfrage konfrontiert. Nach der preußischen Niederlage ebenfalls französisch besetzt, suchte der Dessauer Fürst der Sorge vor einer Einverleibung durch das neue Rheinbundkönigreich Sachsen mit dem Offensivplan einer Vereinigung aller anhaltischen Staaten unter der Dessauer Linie entgegenzutreten. Leopold Friedrich Franz hatte nach einer Begegnung mit Napoleon ein positives Verhältnis zum Kaiser entwickelt, wollte aber den Rheinbundbeitritt der anhaltischen Fürstentümer nach Möglichkeit hinauszögern. Fürst August von Anhalt-Köthen dagegen war ein geradezu begeisterter Anhänger Napoleons, was Anhalt-Köthen zu einem noch näher zu betrachtenden Sonderfall unter den mitteldeutschen Kleinstaaten machte. Im April 1807 traten schließlich alle anhaltischen Staaten dem Rheinbund bei. Leopold Friedrich Franz von Dessau und August von Köthen nahmen bei dieser Gelegenheit den Herzogstitel an; Alexius von Bernburg hatte ihn, wie bereits erwähnt, noch in den letzten Tagen des Alten Reiches durch Kaiser Franz II. erhalten.[46]

43 Zu dieser Übergangsphase: G. Müller, Friedrich von Müller 2009.
44 G. Müller, Kultur 2008, S. 83.
45 Ebd., S. 82. Zum Gesamtzusammenhang auch: Schmidt, Prestige 2005/06.
46 Tullner, Erhebung 2007.

## 3.2 Strukturen

Im Königreich Sachsen, dem bedeutendsten mitteldeutschen Rheinbundstaat, gab es keine „rheinbündischen Reformen“, obgleich schon auf dem Landtag von 1793 Kritik an der altständischen Staatsverfassung und -verwaltung aufgekommen und im sogenannten „Broschürenstreit“ auch öffentlich ausgetragen worden war. Zwar wurde 1808 eine „Kommission zur Wiederaufhelfung des Landes nach wiederhergestelltem Frieden“ eingesetzt. Sie sollte Staats- und Verwaltungsreformen, insbesondere eine Vereinheitlichung der Verwaltungsgliederung des – aus historisch gewachsenen Korporationen und Territorien mit gesonderten Ständevertretungen zusammengesetzten – Staates und eine damit verbundene Reform des Steuerwesens einleiten. Die Kommissionsvorschläge blieben, obgleich König, Geheimrat und Kabinett zugestimmt hatten, letztlich aber unerledigt, weil der schleppende ständische Bewilligungsprozess überholt wurde, als sich nach der Niederlage Napoleons in Russland 1812 die Ereignisse überstürzten.[47]

Dieser weitgehend blockierte sächsische Reformprozess hat in der historischen Forschung zu Reformen im rheinbündischen Deutschland lange dazu geführt, die mitteldeutsche Region an der Peripherie des napoleonischen Staatenbundes als einen in Stagnation verharrenden Raum beiseite zu lassen, in dem sich Modernisierungsunwilligkeit und -unfähigkeit gepaart hätten. Diese Perspektive war sicher auch von den Nachwirkungen des Negativurteils mitbestimmt, das die kleindeutsch-borussische, nationalliberale Historiographie der zweiten Hälfte des 19. Jahrhunderts von den deutschen Kleinstaaten entworfen hatte. Besonders die Polemiken Heinrich von Treitschkes, der sich – selbst aus sächsischer Offiziersfamilie stammend – als scharfer Mittel- und Kleinstaatenkritiker profilierte, haben sich hier als wirkmächtig erwiesen. Hinzu trat eine doppelt ungünstige Lage während der deutschen Teilung. In der Bundesrepublik (nicht zuletzt im Rahmen des Ausbaus der deutsch-französischen Beziehungen) rückten die seit den 1970er Jahren zunehmend erforschten und positiv bewerteten süd- und südwestdeutschen Rheinbundreformen sowie die napoleonischen Modellstaaten als Kernräume des rheinbündischen Deutschland in den Mittelpunkt. Die marxistische Historiographie der DDR hingegen betrachtete die Mittel- und Kleinstaaten – oftmals durchaus in den Spuren der borussischen Geschichtsschreibung – als Räume mit zurückgebliebenen sozialen und politischen Strukturen und damit letztlich als „Fortschrittshindernisse“. Schwierigkeiten beim Quellenzugang für die bundesdeutsche Forschung in der DDR taten ein Übriges. Erst seit 1990 hat sich diese Blickrichtung sukzessive gewandelt: Der letzte Band der von der Historischen Kommission bei der Bayerischen Akademie der Wissenschaften herausgegebenen „Quellen zu den Reformen in den Rheinbundstaaten“, die als Quellenedition stets ein Spiegel der Rheinbundfor-

47 Dazu: Schmidt, Staatsreform 1966, S. 58–77.

schung gewesen sind, dokumentiert nun mit dem Großherzogtum Sachsen-Weimar-Eisenach mitteldeutsche Reformwege angesichts der napoleonischen Herausforderung. Diese Reformwege in Verfassung, Verwaltung sowie Kultur- und Bildungspolitik sollen im Folgenden anhand dreier Beispiele näher betrachtet werden, die für charakteristische Verläufe zwischen dem Willen zur vollständigen Angleichung an das französische Vorbild, einer rheinbündisch inspirierten etatistischen und einer konsensualen, auf vorsichtige Weiterentwicklung des Bestehenden setzenden Reformpolitik stehen können: Anhalt-Köthen, Sachsen-Coburg-Saalfeld und Sachsen-Weimar-Eisenach.

## Rechts- und Verwaltungsreformen

Im kleinsten der genannten Beispielstaaten, dem Fürstentum (ab 1807 Herzogtum) Anhalt-Köthen bestand insofern eine besondere Situation, als Herzog August Christian Friedrich bei seiner schnellen Rezeption napoleonischer Institutionen und Rechtszustände sicher ein ‚Überzeugungstäter' war: Ihm schwebte sein Territorium als Musterstaat napoleonischer Herrschaft und Verwaltung in einem deutschen Kleinstaat vor, wobei die Aporien dieser Kombination zunächst außer Acht gelassen wurden.[48] Ursprünglich wollte August bereits zum 1. Januar 1809 die übergangslose Einführung des Code Napoléon im Herzogtum verfügen und dem Staat damit auch eine neue, die altständischen Verhältnisse beseitigende Verfassung geben. Die Einwände einer nach Widerständen von Landständen und Verwaltung eingesetzten Kommission ignorierte er, sodass der Code in Anhalt-Köthen zum 1. März 1811 eingeführt wurde. Damit war ein fundamentaler Umbau von Staat und Verwaltung verbunden, der sich am Vorbild der Verfassung des Königreichs Westphalen von 1807 orientierte: Patrimonialgerichte und alle Adelsprivilegien wurden aufgehoben, die Ablösung grundherrlicher Lasten ermöglicht, die Judenemanzipation verfügt. Das kleine Herzogtum sollte in zwei Departements mit Distrikten unterteilt werden, was sich aber bei der beschränkten Fläche als undurchführbar erwies, sodass bald eine Einteilung lediglich in Distrikte, Kantone und Munizipalitäten erfolgte. An die Stelle der bisherigen Regierungsbehörden trat ein Staatsrat, an dessen Spitze der Herzog den Juristen Christian Christoph Dabelow berief, der als Rechtsprofessor an der Universität Halle einen 1810 erschienenen „theoretisch-praktischen" Kommentar zum Code Napoléon erarbeitet hatte. Obwohl sich Dabelow um einen Neuaufbau der Gerichtsbarkeit unter dem französischen Recht bemühte – 1811 waren in Anhalt-Köthen auch die napoleonische Zivilprozessordnung, das Strafgesetzbuch, die Strafprozessordnung und das Handelsgesetzbuch eingeführt worden –, fehlten im Klein-

48 Zum Folgenden: Liebmann, Verfassung 2007.

staat zu einer Rechtspraxis im Sinne dieser Gesetzbücher natürlich alle gesellschaftlichen und personellen Voraussetzungen.

Im Bereich der sächsisch-ernestinischen Herzogtümer in Thüringen schien zunächst Sachsen-Coburg-Saalfeld unter Herzog Franz Friedrich Anton einen ähnlichen Weg einzuschlagen.[49] Der seit 1801 als etatistischer, von den Ideen eines aufgeklärten Staatsabsolutismus geleiteter Reformminister amtierende Theodor Konrad von Kretschmann wollte eine Verfassungsreform (vgl. den folgenden Abschnitt) durch die Einführung des Code Napoléon in Sachsen-Coburg-Saalfeld begleiten und „krönen“. Kretschmann wollte diese Veränderungen, die den im Rheinbund formal souveränen Staat auf vollkommen neue Grundlagen gestellt hätten, seinem aufgeklärt-despotischen Reformkonzept folgend, ohne ständische Mitwirkung oktroyieren. Wie auch der anhalt-köthensche Herzog betrachtete er die vollständig fehlenden Voraussetzungen für eine Zivilrechtspflege nach dem Code Napoléon als nachgeordnetes Problem. Er suchte im Herbst 1807 die direkte Rückendeckung der französischen Protektoratsmacht für sein Projekt, ohne sich mit dem Herzog darüber verständigt zu haben. Dies und der heftige, direkt in Paris vorgebrachte Widerstand Kursachsens und der übrigen sächsischen Herzogtümer gegen die Einführung des französischen Gesetzbuchs führte 1808 zum Sturz Kretschmanns und zum Ende der coburg-saalfeldischen Reformphase.

Im Herzogtum Sachsen-Weimar und Eisenach stand die sich um Herzog Carl August gruppierende Reformpartei, die sich auf eine gemäßigte, den Erfordernissen der alternativlosen Rheinbundmitgliedschaft flexibel und möglichst eigenständig begegnende Reformpolitik orientierte, 1807 der Forderung ihres am stärksten rheinbündisch-napoleonisch ausgerichteten Mitgliedes, des schon genannten nachmaligen Staatskanzlers Friedrich von Müller, skeptisch gegenüber, in Sachsen-Weimar-Eisenach umgehend den Code Napoléon einzuführen. Eine solche unvorbereitete Veränderung der gesamten bisher geltenden Rechtsverhältnisse, die sich nicht auf eine im französischen Zivilrecht geschulte juristische Elite stützen könne, müsse „die bedenklichsten Verwirrungen“ hervorrufen.[50] Dass diese Haltung keine prinzipielle Gegnerschaft gegenüber dem revolutionären französischen Recht kaschieren sollte, zeigt die Tatsache, dass Vorlesungen zum Code Napoléon zum Wintersemester 1807/08 in das Lehrprogramm der Jenaer Universität aufgenommen und bis zum Wintersemester 1812/13 weitergeführt wurden.[51] Damit sollte sowohl die Anziehungskraft der Universität Jena für Studenten aus den Staaten erhalten werden, in denen der Code bereits galt, als auch eine eigene, französisch geschulte Juristen-

---

**49** Dazu: Bohley, Verfassungsfrage 2003 (besonders die ausführliche historiographiegeschichtliche und biographische Nachbemerkung von Gerhard Müller); Dressel, Entwicklung 2007.

**50** Schreiben des Geheimen Rats Christian Gottlob von Voigt an den Gesandten Friedrich von Müller über die vorgeschlagene Einführung des Code Napoléon, in: G. Müller, Quellen 2015, S. 307f., hier S. 307.

**51** G. Müller, Vom Regieren 2006, S. 547–550.

und Verwaltungsbeamtenschaft herangebildet werden. Zudem hoffte Goethe als entscheidender Protagonist der sachsen-weimarischen Kulturpolitik, Weimar und Jena würden zum geistigen Mittelpunkt einer französisch-deutschen Kultursymbiose im Zeichen des Rheinbundes, zum Ausgangspunkt einer „Vereinigung deutscher und französischer Vorstellungsarten" werden.[52] Diese Erwartung wurde angesichts der ab 1809 überdeutlich hervortretenden imperial-militärstrategischen, auf Ressourcenabschöpfung zielenden Grundausrichtung des Rheinbundes schnell ernüchtert. Schon im Einsatz gegen den Tiroler Aufstand und in Spanien 1809/10 erlitt das Rheinbundregiment der Herzöge von Sachsen, das 1807 nach seiner eiligen Aufstellung im Zuge des Rheinbundbeitritts der sächsischen Herzogtümer bereits bei der Besetzung des besiegten Preußen eingesetzt wurde, schwerste Verluste. Als nach dem gescheiterten napoleonischen Russlandfeldzug die Reste des Regiments, das eine Sollstärke von 2.800 Mann hatte, im Januar 1813 in Danzig eintrafen, war es auf 400 Soldaten zusammengeschmolzen.

## Verfassungspolitik

Der von Hans-Peter Ullmann für Bayern und Baden 1986 in einer Pionierstudie untersuchte Zusammenhang von „Staatsschulden und Reformpolitik"[53] bildet auch für die mitteldeutschen Kleinstaaten in der Rheinbundzeit ein verfassungsgeschichtliches Grundfaktum. Kreditaufnahme, Schuldendienst und Schuldentilgung, die aus den im Verlauf des 18. Jahrhunderts durch die kleinstaatliche Hofhaltung aufgehäuften Verbindlichkeiten und den finanziellen Belastungen resultierten, denen die Kleinstaaten als Mitglieder des Rheinbundes ausgesetzt waren, bedurften einer möglichst starken institutionellen Rückbindung und Absicherung durch ständische bzw. frühparlamentarische Vertretungsorgane und eine geregelte, modernisierte Finanzverwaltung.

Eine Neufassung der Ständeverfassung wurde in Sachsen-Weimar-Eisenach schon 1809 ins Werk gesetzt. Entscheidend war dabei – und das machte das weimarische Herzogtum zum „Gegenmodell" zu Anhalt-Köthen und dem coburgischen Staatsreformprojekt Kretschmanns –, dass Herzog und Regierung in Weimar auf einen konsensualen Reformweg setzten. Die „Konstitution der Vereinigten Landschaft" von 1809 kam auf dem Vereinbarungsweg mit den alten Ständen unter dem Druck der finanziellen Forderungen zustande, die Napoleon und der Rheinbund an das Herzogtum richteten: Neben den regulären Verpflichtungen im napoleonischen System hatte Sachsen-Weimar-Eisenach auch eine hohe Kriegsentschädigung an Frankreich zu zahlen. Um die staatliche Zahlungsfähigkeit zu sichern, wurden die

52 G. Müller, „... eine wunderbare Aussicht" 2008.
53 Ullmann, Staatsschulden 1986.

getrennten Ständevertretungen der drei bisherigen Landesteile (der Fürstentümer Weimar und Eisenach sowie der „Jenaischen Landesportion") zu einer gemeinsamen „Landschaftsdeputation" vereinigt. Diese Ständevertretung besaß ein obligatorisches Beratungsrecht des Landeshaushalts und der Gesetze. Zugleich wurden die Landschaftskassen zu einer gesamtstaatlichen Finanz- und Steuerbehörde, dem Landschaftskollegium zusammengelegt. Die Weimarer „Reformpartei" realisierte dabei durchaus, dass diese landständische Reform angesichts der zeitgenössischen Veränderungsdynamik nur ein erster Schritt sein konnte, wollte aber durch konsensual-sukzessives Vorgehen, das etatistischen Rigorismus vermied, die Initiative in der Hand behalten. Deutlich zeichnete sich dieser spezifische Reformweg ab, wenn Carl Wilhelm von Fritsch, einer der Weimarer Reformpromotoren, Ende 1807 in einer Denkschrift für den Herzog formulierte, einer „Revolution" solle man „durch Annäherung an die neuen Grundsätze almählich begegnen und ohne gewaltsame Zerrüttung die Veränderung herbeyführen [...]. Die fast algemeine Stimme fordert Gleichheit der Rechte, Gleichheit der Abgaben und es erfordert selbst der Vortheil der bisher privilegierten Stände, in Ruhe diese Fragen zu erörtern und zu beschließen."[54]

Ungeachtet der Grenzen, die der Charakter des Rheinbundes als napoleonisches Hegemonialsystem, der beschränkte Umfang des Territoriums und die knappen finanziellen Ressourcen den sachsen-weimarischen Rheinbundreformen setzten, entfaltete sich im Herzogtum ab 1807 eine breite Gesetzgebungstätigkeit. Sie umfasste u.a. eine Reorganisation des Militärwesens nach französischem Vorbild, die Schaffung von Kriminalgerichten und die Aufhebung der Zuständigkeit von lokalen Patrimonialgerichten, Verwaltungsreformen, zunächst auf örtlicher Ebene, und die Reform der Kommunalverfassung. Letztere wurde im Juli 1810 durch eine neue Stadtordnung für Jena eingeleitet und setzte sich im Dezember desselben Jahres mit der Stadtordnung für die Residenzstadt Weimar fort. Sie wurde bis 1813 auch auf eine Reihe Landstädte des Herzogtums ausgedehnt.

Auch in Sachsen-Coburg-Saalfeld spielte das Staatsschuldenwesen eine entscheidende Rolle beim Streben nach Konstitutionalisierung in der Rheinbundära: Das Herzogtum hatte bereits seit 1772 wegen Überschuldung unter der Zwangsverwaltung einer kaiserlichen Debitkommission gestanden, die erst 1802 aufgehoben worden war. Bereits dieser Sanierungserfolg ging auf die Tätigkeit des schon genannten Ministers Kretschmann zurück, der das Kleinterritorium und das in prekären Verhältnissen lebende Herzogshaus – das durch seine Heiratsverbindungen im weiteren 19. Jahrhundert europäische Bedeutung erlangen sollte – damit wieder politisch handlungsfähig machte. Teil der rigorosen finanziellen Neuordnung war

54 Denkschrift des Präsidenten des Landespolizeikollegiums zu Weimar, Carl Wilhelm Freiherr von Fritsch, über einige Veränderungen der bisherigen Verfassung, in: G. Müller, Quellen 2015, S. 108–110, hier S. 108.

schon 1802 bis 1804 der Versuch Kretschmanns, die altständischen Beteiligungsrechte der Ständevertretungen des Herzogtums zurückzudrängen, der zu heftigen Konflikten führte: 1803 klagten die coburgischen Stände beim Reichshofrat gegen die Beschneidung ihrer Rechte. Herzog Franz Friedrich Anton starb im Dezember 1806 während der auch für Coburg-Saalfeld existenzbedrohenden Unsicherheit nach der preußischen Niederlage, und der neue Herzog Ernst I., der in russischen Diensten stand, zögerte, den in seiner Vertretung vollzogenen Rheinbundbeitritt von Sachsen-Coburg-Saalfeld zu ratifizieren. Das führte dazu, dass das Herzogtum in der ersten Jahreshälfte 1807 unter direkte französische Militärverwaltung gestellt wurde. Kretschmann begriff das als Chance: Dem nach Coburg zurückgekehrten Herzog präsentierte er im Sommer 1807 einen Verfassungsentwurf, der – nach dem dann auch in der westphälischen Verfassung vom November 1807 verwirklichten Muster – zwar eine gewählte Volksvertretung vorsah, diese aber wie in Anhalt-Köthen zum reinen Beratungsorgan herabstufte. Weder das Gesetzesinitiativrecht noch die Befassung mit selbstgewählten Materien wurden diesem Repräsentationsorgan zugestanden.[55] Der Versuch einer Neufassung der landständischen Konstitution scheiterte in der Folge; erst 1821 sollte das Herzogtum eine Verfassung erhalten. Der „radikalste Versuch, das politische System Westphalens innerhalb der thüringischen Staatenwelt zu kopieren“,[56] war von der Orientierung am napoleonischen Modellstaat, ungeachtet der Einbindung aller Staaten in den Rheinbund, vorerst in konstitutionellen Immobilismus gemündet.

Anhalt-Köthen wollte – auch hier ganz am modellstaatlichen Vorbild orientiert – zunächst nur eine äußerst beschränkte landständische Mitsprache einführen: Den neu zu organisierenden Ständen war lediglich ein Begutachtungsrecht über die vom Staatsrat zu verabschiedenden Gesetze zugedacht; sie hatten also noch weniger institutionelle Einflussmöglichkeiten als die Ständeversammlung des Königreichs Westphalen. Diese Machtlosigkeit wurde allerdings durch die Finanzschwäche konterkariert. Der landständische Kredit war für den Herzog nur dadurch zu erreichen, dass er den Ständen schon im Mai 1811 die vollständige Kontrolle über das reformierte Steuer- und Finanzwesen in Anhalt-Köthen zugestand. Der frühe Tod von Herzog August am 5. Mai 1812 und die Übernahme der Regentschaft durch den Dessauer Herzog für den noch nicht volljährigen Herzog Ludwig beendeten das anhaltköthensche Verfassungs- und Rechtsexperiment, das in seiner Radikalität in der mitteldeutschen Region beispiellos blieb. Die Aufhebung der Patrimonialgerichte, die Steuerreform und die (zumindest formalrechtlich fixierte) staatsbürgerliche Gleichstellung der Juden blieben allerdings erhalten.

---

55 Lediglich bei verfassungsändernden Gesetzen und grundlegenden Änderungen des Steuersystems war eine Abstimmung in den Ständen vorgesehen.

56 G. Müller, Kleinstaaten 2008, S. 267.

## 3.3 Nachwirkungen?

Während das Königreich Sachsen, das zu den Gewinnern des napoleonischen Systems in Deutschland zu gehören schien und erst mit dem Verfall dieses Systems und der nachnapoleonischen Neuordnung in eine existenzielle Krise geriet, keine rheinbündischen Reformen erlebte, zeichneten sich in der mitteldeutschen Kleinstaatenwelt Thüringens und Anhalts facettenreiche Reformaktivitäten ab. Weil diese Kleinstaaten zwar durchaus im Blickfeld der napoleonischen Herrschaft standen, aber – anders als die Mittel- und Modellstaaten – keine entscheidenden Elemente der rheinbündischen Ordnung darstellten, fehlten in ihnen für eine durchgreifende, staatlich gesteuerte und von der Grundtendenz auf „Planbarkeit, Allgemeingültigkeit, Gleichförmigkeit, Regelhaftigkeit und Kontrollierbarkeit“[57] bestimmte Reformpolitik nach modellstaatlichem Vorbild die politisch-sozialen Grundlagen und der gesellschaftliche Rückhalt. Gerade dort, wo, wie in Anhalt-Köthen, ein radikaler Staats- und Rechtsumbau nach französischem Vorbild versucht wurde, blieb in der Folge die Konstitutionalisierung aus. Erst 1848 erhielten die Herzogtümer Anhalt-Dessau und Anhalt-Köthen moderne Repräsentativverfassungen – die dann allerdings, aufgrund einer dominierenden Rolle der gemäßigten Demokraten im anhaltischen Verfassungslandtag, bereits in Richtung parlamentarischer Monarchie wiesen. Nach ihrer Aufhebung 1851 wurden sie wiederum durch ein (neu-)ständisches Organisationsstatut von 1859 ersetzt, das die in Extremen verlaufende anhaltische Verfassungs- und Rechtspolitik erneut zurückwarf. Nachhaltiger war das in Sachsen-Weimar-Eisenach entwickelte Konzept einer aus den tradierten Rechts- und Verfassungszuständen entwickelten, nach Möglichkeit im Konsens mit den relevanten politischen Akteuren vollzogenen frühkonstitutionellen Überformung des Staates – „einer Staats Verbeßerung nicht Staats-Umwälzung“, wie der Architekt der landständischen Verfassung Sachsen-Weimar-Eisenachs von 1809, Carl Wilhelm von Fritsch, im März 1808 schrieb.[58] Kennzeichnend für die sachsen-weimarische Reformpolitik ist es daher, dass sie ab 1813 keinen Bruch erfuhr, sondern sich auch in der reformorientierten Frühphase des Deutschen Bundes bis 1819/20 fortsetzte und so eine Kontinuität zwischen der rheinbündischen Zeit und den Jahren nach 1815 herstellte. Das galt z.B. für das schon 1808 projektierte gemeinsame Oberappellationsgericht der sächsisch-ernestinischen Herzogtümer, das 1817 gebildet wurde, aber auch für die Landespolizei- und Steuerreformen im Herzogtum. Prominentester Ausdruck dieser Reformkontinuität aber, die vom Rheinbundbeitritt Sachsen-Weimar-Eisenachs bis an die Schwelle der 1820er Jahre reichte und damit die stärkste

---

57 So zuspitzend über die Grundtendenzen der rheinbündischen Reformen: Berding/Ullmann, Einleitung 1981, S. 19.

58 Schreiben Fritschs an den Geheimen Rat Christian Gottlob von Voigt, Weimar, 1. März 1808, in: G. Müller, Quellen 2015, S. 111–112, hier S. 111.

Nachwirkung der Umbrüche im Zeichen der napoleonischen Herausforderung in Mitteldeutschland blieb, war der Eintritt des 1815 zum Großherzogtum erhobenen und territorial erweiterten Staates in den deutschen Frühkonstitutionalismus mit der Verfassung vom 5. Mai 1816, die ihrerseits auf der Konstitution von 1809 aufbaute. Der aufgrund dieser Verfassung im Herbst 1816 von allen männlichen Einwohnern mit Bürgerrecht und Haus- oder Grundbesitz gewählte Landtag war das erste nach der Bildung des Deutschen Bundes zusammentretende konstitutionelle Parlament in Deutschland.

## Literatur

Andrae, Uwe: Die Rheinländer, die Revolution und der Krieg 1794–1798. Studie über das rheinische Erzstift Köln unter der Besatzung durch die französischen Revolutionsgruppen 1794–1798 im Spiegel der Petitionen. Essen 1994 (Düsseldorfer Schriften zur neueren Landesgeschichte und zur Landesgeschichte Nordrhein-Westfalens, 37).

Berding, Helmut/Ullmann, Hans-Peter: Einleitung. Veränderungen in Deutschland an der Wende vom 18. zum 19. Jahrhundert. In: Dies. (Hrsg.): Deutschland zwischen Revolution und Restauration. Königstein 1981, S. 11–40.

Berding, Helmut (Hrsg.): Soziale Unruhen in Deutschland während der Französischen Revolution. Göttingen 1988 (Geschichte und Gesellschaft. Sonderheft, 12).

Bessenrodt, Otto: Die äußere Politik der thüringischen Staaten von 1806–1815. Mühlhausen $^{2}$1925.

Blanning, Timothy W. C.: The French Revolution in Germany. Occupation and Resistance in the Rhineland 1792–1802. Oxford 1983.

Boblenz, Frank: Abriß der Territorialgeschichte des preußischen Thüringen. In: Thüringer Landtag (Hrsg.): Das preußische Thüringen. Abhandlungen zur Geschichte seiner Volksvertretungen. Rudolstadt/Jena 2001, S. 9–45.

Bohley, Karl: Die Entwicklung der Verfassungsfrage in Sachsen-Coburg-Saalfeld von 1800 bis 1821. Mit einer Nachbemerkung von Gerhard Müller. Weimar/Jena 2003 (Reprint der Erstausgabe Erlangen 1933).

Buchholz, Christopher: Französischer Staatskult 1792–1813 im linksrheinischen Deutschland. Mit Vergleichen zu den Nachbardepartements der habsburgischen Niederlande. Frankfurt a.M. 1997.

Burg, Peter: Verwaltung in der Modernisierung. Französische und preußische Regionalverwaltung vom Ancien Régime zum Revolutionszeitalter. Paderborn 1994 (Forschungen zur Regionalgeschichte, 15).

Clemens, Gabriele: Diener dreier Herren. Die Beamtenschaft in den linksrheinischen Gebieten vom ‚Ancien Régime' bis zur Restauration. In: Helga Schnabel-Schüle/Andreas Gestrich (Hrsg.): Fremde Herrscher – fremdes Volk. Inklusions- und Exklusionsfiguren bei Herrschaftswechseln in Europa. Frankfurt a.M. 2006, S. 73–102.

Clemens, Gabriele B.: Immobilienhändler und Spekulanten. Die sozial- und wirtschaftsgeschichtliche Bedeutung der Großkäufer bei den Nationalgüterversteigerungen in den rheinischen Departements (1803–1813). Boppard 1995 (Forschungen zur deutschen Sozialgeschichte, 8).

Dressel, Carl-Christian: Die Entwicklung von Verfassung und Verwaltung in Sachsen-Coburg 1800–1826 im Vergleich. Berlin 2007.

Dufraisse, Roger: De la révolution à la patrie. La rive gauche du Rhin à l'époque française (1792–1814). In: Ders. (Hrsg.): L'Allemagne à l'époque napoléonienne. Questions d'histoire politique, économique et sociale. Bonn 1992 (Pariser Historische Studien, 34), S. 37–75.

Dufraisse, Roger: Les „oubliés" de la révolution en pays annexés. L'exemple des campagnes du Palatinat à l'époque napoléonienne. In: Ders. (Hrsg.): L'Allemagne à l'époque napoléonienne. Questions d'histoire politique, économique et sociale. Bonn 1992 (Pariser Historische Studien, 34), S. 295–351.

Dumont, Franz: Befreiung oder Fremdherrschaft? Zur französischen Besatzungspolitik am Rhein im Zeitalter der Revolution. In: Hüttenberger, Peter/Molitor, Hansgeorg (Hrsg.): Franzosen und Deutsche am Rhein 1798 – 1918 – 1945. Essen 1989 (Düsseldorfer Schriften zur neueren Landesgeschichte und zur Geschichte von Nordrhein-Westfalen, 23), S. 91–112.

Dumont, Franz, Die Mainzer Republik von 1792/93. Studien zur Revolutionierung in Rheinhessen und der Pfalz. Alzey 1982.

Engelbrecht, Jörg: Grundzüge der französischen Verwaltungspolitik auf dem linken Rheinufer 1794–1814. In: Dipper, Christof/Schieder, Wolfgang/Schulze, Reiner (Hrsg.): Napoleonische Herrschaft in Deutschland und Italien – Verwaltung und Justiz. Berlin 1995 (Schriften zur Europäischen Rechts- und Verfassungsgeschichte, 16), S. 79–91.

Faber, Karl-Georg: Die Entstehung der Großgemeinden im Oberbergischen Kreis. In: Rheinische Vierteljahrsblätter 25 (1960), 253–299.

Faber, Karl-Georg: Die kommunale Selbstverwaltung in der Rheinprovinz im 19. Jahrhundert. In: Rheinische Vierteljahrsblätter 30 (1965), S. 131–151.

Fehrenbach, Elisabeth: Bäuerlicher Widerstand und ländliche Gesellschaft zur Zeit der französischen Revolution. In: Hüttenberger, Peter/Molitor, Hansgeorg (Hrsg.): Franzosen und Deutsche am Rhein. 1789 – 1918 – 1945. Essen 1989 (Düsseldorfer Schriften zur neueren Landesgeschichte und zur Geschichte Nordrhein-Westfalens, 23), S. 83–89.

Graumann, Sabine: Französische Verwaltung am Niederrhein. Das Roer-Departement 1798–1814. Essen 1990 (Düsseldorfer Schriften zur neueren Landesgeschichte und zur Landesgeschichte Nordrhein-Westfalens, 27).

Grewe, Bernd-Stefan: Der versperrte Wald. Ressourcenmangel in der bayerischen Pfalz (1814–1870). Köln 2004 (Umwelthistorische Forschungen, 1).

Haan, Heiner (Bearb.): Hauptstaat, Nebenstaat. Briefe und Akten zum Anschluss der Pfalz an Bayern 1815/17. Koblenz 1977 (Veröffentlichungen der Landesarchivverwaltung Rheinland-Pfalz, 29).

Hartung, Fritz: Das Großherzogtum Sachsen unter der Regierung Carl Augusts 1775–1828. Weimar 1923.

Hegel, Eduard: Geschichte des Erzbistums Köln. Bd. 4. Köln 1979.

Jenak, Rudolf: Die Teilung Sachsens. Zur Geschichte der Teilung des Königreichs Sachsen auf der Grundlage der Entscheidungen des Wiener Kongresses 1814–1815. Dresden 2007.

John, Jürgen: Gestalt und Wandel der „Mitteldeutschland"-Bilder. In: John, Jürgen (Hrsg.): „Mitteldeutschland". Begriff – Geschichte – Konstrukt. Rudolstadt/Jena 2001, S. 17–68.

John, Jürgen (Hrsg.): „Mitteldeutschland". Begriff – Geschichte – Konstrukt. Rudolstadt/Jena 2001.

John, Jürgen: Die politisch-administrative Geschichtslandschaft „Mitteldeutschland". In: John, Jürgen (Hrsg.), „Mitteldeutschland". Begriff – Geschichte – Konstrukt. Rudolstadt/Jena 2001, S. 229–267.

Kell, Eva: Die Bilanz der Munizipalisierung im Fürstentum Leiningen 1792/93. In: Rödel, Volker (Hrsg.): Die Französische Revolution und die Oberrheinlande (1789–1798). Sigmaringen 1991 (Oberrheinische Studien, 9), S. 97–118.

Klinkhammer, Lutz: Die Zivilisierung der Affekte. Kriminalitätsbekämpfung im Rheinland und in Piemont unter französischer Herrschaft 1798–1814. In: Jahrbuch des Historischen Kollegs 1998, S. 119–161.

König, Jürgen: Der Hunsrück in der französischen Zeit (1789/94–1814). Unter besonderer Berücksichtigung der drei Kantone Simmern – Kirchberg – Kastellaun. Mainz 1995.

Liebmann, Edgar: Die Verfassung des Herzogtums Anhalt-Köthen. In: Brandt, Hartwig/Grothe, Ewald (Hrsg.): Rheinbündischer Konstitutionalismus. Frankfurt a.M. 2007, S. 105–116.

Massmann, Gerd: Die Verfassung der Stadt Kreuznach unter der französischen Herrschaft von 1798 bis 1814. Boppard o.J. [1963].

Matzerath, Josef: „Pflicht ohne Eigennutz" – Das kursächsische Rétablissement. Restauration einer Ständegesellschaft. In: Neues Archiv für sächsische Geschichte 66 (1995), S. 157–182.

Molitor, Hansgeorg: Vom Untertan zum Administré. Studien zur französischen Herrschaft und zum Verhalten der Bevölkerung im Rhein-Mosel-Raum von den Revolutionskriegen bis zum Ende der napoleonischen Zeit. Wiesbaden 1980 (Veröffentlichungen des Instituts für Europäische Geschichte Mainz, 99).

Müller, Gerhard: „...eine wunderbare Aussicht zur Vereinigung deutscher und französischer Vorstellungsarten." Goethe und Weimar im Rheinbund. In: Seemann, Hellmut Th. (Hrsg.): Europa in Weimar. Visionen eines Kontinents. Göttingen 2008 (Klassik Stiftung Weimar. Jahrbuch 2008), S. 256–278.

Müller, Gerhard: Friedrich von Müller, Goethe und der Rheinbund. In: Ignasiak, Detlef/Lindner, Frank (Hrsg.): Goethe-Spuren in Literatur, Kunst, Philosophie, Politik, Pädagogik und Übersetzung. Bucha 2009, S. 70–83.

Müller, Gerhard: Kultur als Politik in Sachsen-Weimar-Eisenach. In: Ehrlich, Lothar/Schmidt, Georg (Hrsg.): Ereignis Weimar-Jena. Gesellschaft und Kultur um 1800 im internationalen Kontext. Köln/Weimar/Wien 2008, S. 67–83.

Müller, Gerhard (Bearb.): Quellen zu den Reformen in den Rheinbundstaaten. Bd. 9: Thüringische Staaten. Sachsen-Weimar-Eisenach 1806–1813. Hrsg. von der Historischen Kommission bei der Bayerischen Akademie der Wissenschaften durch Hans-Werner Hahn. Berlin/München/Boston 2015.

Müller, Gerhard: Thüringische Kleinstaaten und rheinbündischer Reformimpuls. Zu den Auswirkungen der Zäsur 1806 im „Ereignisraum". In: Klinger, Andreas/Hahn, Hans-Werner/Schmidt, Georg (Hrsg.), Das Jahr 1806 im europäischen Kontext. Balance, Hegemonie und politische Kulturen. Köln/Weimar/Wien 2008, S. 265–274.

Müller, Gerhard: Vom Regieren zum Gestalten. Goethe und die Universität Jena. Heidelberg 2006.

Müller, Jürgen: 1798. Das Jahr des Umbruchs im Rheinland. In: Rheinische Vierteljahrsblätter 62 (1998), S. 205–237.

Müller, Jürgen: Von der alten Stadt zur neuen Munizipalität. Die Auswirkungen der Französischen Revolution in den linksrheinischen Städten Speyer und Koblenz. Koblenz 1990.

Petschel, Dorit: Sächsische Außenpolitik unter Friedrich August I. Zwischen Rétablissement, Rheinbund und Restauration. Köln/Weimar/Wien 2000.

Rödel, Volker (Hrsg.): Die Französische Revolution und die Oberrheinlande (1789–1798). Sigmaringen 1991 (Oberrheinische Studien, 9).

Rowe, Michael: From Reich to State. The Rhineland in the Revolutionary Age. 1780–1830. Cambridge 2003.

Rummel, Walter: „... Bloß alle Lasten und noch keine Wohlthaten". Wirken und Nachwirken der französischen Herrschaft der Jahre 1798–1814 im Rheinland. In: Jahrbuch der Hambach-Gesellschaft (2015), S. 53–68.

Schieder, Wolfgang (Hrsg.): Säkularisation und Mediatisierung in den vier rheinischen Departements 1803–1813. Edition des Datenmaterials der zu veräußernden Nationalgüter. Fünf Teile. Boppard 1991.
Schirmer, Uwe (Hrsg.): Sachsen 1763–1832. Zwischen Rétablissement und bürgerlichen Reformen. Beucha ²2000.
Schmidt, Alexander: Prestige, Kultur und Außendarstellung. Überlegungen zur Politik Sachsen-Weimar-Eisenachs im Rheinbund (1806–1813). In: Zeitschrift des Vereins für Thüringische Geschichte 59/60 (2005/06), S. 153–192.
Schmidt, Gerhard: Die Staatsreform in Sachsen in der ersten Hälfte des 19. Jahrhunderts. Eine Parallele zu den Steinschen Reformen in Preußen. Weimar 1966.
Schunk, Erich: Französische Revolution und pfälzischer Protestantismus. St. Ingbert 1992.
Stein, Wolfgang Hans: Polizeiüberwachung und politische Opposition im Saar-Departement unter dem Direktorium 1798–1800. In: Rheinische Vierteljahrsblätter 64 (2000), S. 208–265.
Stein, Wolfgang Hans: Verwaltungspartizipation, Denunziation und Öffentlichkeit im Saar-Departement unter dem Direktorium 1798–1800. Teil I: Die Departementalverwaltungen. In: Jahrbuch für westdeutsche Landesgeschichte 26 (2000), S. 179–214; Teil II: Die Kantonsmunizipalitäten. In: Ebd. 27 (2001), S. 109–180.
Strauch, Dieter: Rheinische Gerichte in zwei Jahrhunderten. Die Entwicklung der ordentlichen Gerichtsbarkeit in der Rheinprovinz und ihren Nachfolgestaaten von 1798 bis 2005. Düsseldorf 2007 (Publikationen der Gesellschaft für Rheinische Geschichtskunde, 76).
Töppel, Roman: Die Sachsen und Napoleon. Ein Stimmungsbild 1806–1813. Köln/Weimar/Wien 2008.
Tullner, Mathias: Die Erhebung der anhaltischen Fürsten zu Herzögen zwischen dem Ende des alten Reiches und der Neuordnung der deutschen Staatenwelt. In: Mitteilungen des Vereins für Anhaltische Landeskunde 16 (2007), S. 68–81.
Ullmann, Hans-Peter: Staatsschulden und Reformpolitik. Die Entstehung moderner öffentlicher Schulden in Bayern und Baden 1780–1820. 2 Bde. Göttingen 1986.
Wagner, Elisabeth: Revolution, Religiosität und Kirchen im Rheinland um 1800. In: Hüttenberger, Peter/Molitor, Hansgeorg (Hrsg.): Franzosen und Deutsche am Rhein 1798 – 1918 – 1945. Essen 1989, S. 267–288 (Düsseldorfer Schriften zur neueren Landesgeschichte und zur Geschichte von Nordrhein-Westfalen, 23).
Wallburger, Nikos: Raumordnung und Raumbegründung in politischen Umbruchszeiten. Das Département Mont Tonnerre unter französischer Verwaltung (1792–1815). Frankfurt a.M. 2015 (Konsulat und Kaiserreich. Studien und Quellen zum Napoleonischen Zeitalter, 3).

# Teil II: **Themenfelder und historische Räume**

Herrschaftsräume in Mittelalter und Neuzeit

Kurt Andermann & Dieter J. Weiß

# Territoriale Herrschaftsbildung und ihre Grenzen

## 1 Einleitung

Der Beitrag über „Territoriale Herrschaftsbildung und ihre Grenzen“ erfasst zwei hinsichtlich ihrer Entstehung, territorialen Verdichtung und staatlichen Existenz völlig verschiedene Räume oder Länder. Während sich aufgrund älterer Traditionen in Bayern frühzeitig eine weitgehend geschlossene Herrschaft in der Fläche entfaltete und „staatliche“ Strukturen herausbildeten, blieb das erst spät formierte Pfälzer Territorium bis zum Schluss stark zersplittert und auch in seiner „Staatlichkeit“ vielfach mittelalterlich geprägt. An dieser Verschiedenartigkeit ändert auch die Tatsache nichts, dass Bayern und die Kurpfalz von 1214 bis 1801/03 von der Dynastie der Wittelsbacher, zeitweise sogar in Personalunion, regiert wurden.

Ein mit seinen Herzögen fassbares Herzogtum Bayern, das seinen Namen von dem in dieser Zeit gebildeten Stamm erhielt, entstand bereits im 6. Jahrhundert. Es war konzentriert in dem Raum zwischen der Donau und den Alpen, dem Lech und der Enns, sein Einfluss reichte aber auch im Norden und im Südosten darüber hinaus. Trotz aller politischen Umbrüche während der Herrschaft der Karolinger, Ottonen und Salier blieben die Kontinuität des Namens, der politischen Einheit und des Kernraums gewahrt. Die Verlehnung des Landes an die Wittelsbacher 1180 markiert zwar auch die Verselbständigung der Herzogtümer Österreich und Steiermark, doch nahmen die Wittelsbacher die Traditionen des Stammesherzogtums auf und intensivierten zugleich ihre Herrschaft, indem sie den Kernraum zu einem Territorialfürstentum ausbauten. Über die spätmittelalterlichen Teilungen hinweg wahrte die Dynastie die Einheit des Landes, die auch von Landständen mitgetragen wurde. Die territoriale Geschlossenheit des Herzogtums war nur von Hochstiften, der freien Stadt Regensburg und zeitweise kleineren Adelsherrschaften durchbrochen. Die Grundlagen für einen dreistufigen Verwaltungsaufbau waren bereits im Spätmittelalter gelegt und wurden vor allem im 16. und 17. Jahrhundert ausgebaut. Der Regierungsantritt der Pfälzer Wittelsbacher in Kurbayern 1778 änderte an Bayerns räumlicher Ausdehnung wenig. Einschneidende Veränderungen brachten erst die Folgen der Französischen Revolution mit der Erhebung Bayerns zum Königreich, dem Aufbau eines modernen Staates sowie der räumlichen Erweiterung um Franken und Teile Schwabens.

Anders als im bayerischen Osten gab es im rheinfränkischen Westen seit Mitte des 9. Jahrhunderts kein Herzogtum mehr, und mit den Dynastien der Salier und Staufer fielen im 12. und 13. Jahrhundert auch die bis dahin raumgestaltenden Kräfte aus. Deshalb konnten sich in den Landschaften um den nördlichen Oberrhein

https://doi.org/10.1515/9783110354188-009

spätestens seit dem Interregnum viele größere und kleinere Herrschaftsträger sowohl weltlichen als auch geistlichen Standes weitgehend frei entfalten, Bischöfe und Prälaten, Grafen und Herren sowie nicht zuletzt zahlreicher Ritteradel, der sich im 16. Jahrhundert in der freien Reichsritterschaft organisierte. Unter all den regionalen und lokalen Gewalten gelang es der Pfalzgrafschaft respektive Kurpfalz, die am Oberrhein nicht bodenständig war, erst im Laufe des 14. Jahrhunderts, sich zur Vormacht aufzuschwingen; geholfen hat ihr dabei nicht zuletzt ihre mit allerlei Prärogativen verbundene reichsrechtliche Stellung, namentlich die Kurwürde und das Reichsvikariat. Gleichwohl vermochten die Kurfürsten von der Pfalz, die territoriale Zersplitterung in ihrer Nachbarschaft trotz intensiven Bemühens bis zum Ende des Alten Reiches nicht zu überwinden. Dies gelang umso weniger, als infolge seiner verspäteten Genese das eigene Territorium allzeit stark zerrissen blieb und nicht einmal annähernd eine Geschlossenheit erreichte, wie man sie von Bayern, Württemberg oder Sachsen kennt. So versuchten die Pfälzer bis zum Schluss, ihren hegemonialen Anspruch vor allem mit dem Instrumentarium einer aus dem Mittelalter überkommenen, personenbezogenen Herrschaft sowie durch das Reklamieren supraterritorialer Rechte (z.B. supraterritoriales Geleit) über ihre Landesgrenzen hinauszutragen, was aber nur teilweise gelang. Nach dem Verlust ihrer linksrheinischen Gebiete an das revolutionäre Frankreich ging die Kurpfalz bereits mit dem Reichsdeputationshauptschluss 1802/03, das heißt vor dem Ende des Alten Reiches, unter.

## 2 Kurpfalz

### Kurt Andermann

Im Unterschied zu anderen großen Territorien des Alten Reiches war die Pfalzgrafschaft bei Rhein respektive Kurpfalz[1] in dem Raum, in dem sie sich seit der Mitte des 12. Jahrhunderts entfaltete, nicht bodenständig, vielmehr ist ihr Ursprung in der Kölner Bucht und am nördlichen Rand der Eifel zu suchen. Bis in die Zeit der Ottonen oblag den Pfalzgrafen in ihrer Funktion als Vorsteher der Königspfalz in Aachen die Stellvertretung des Königs im Gericht sowie der Vorsitz im Hofgericht. Ihren derart begründeten Vorrang vermochten die Amtsinhaber, die sich seit dem ausgehenden 11. Jahrhundert als *comites Palatinus Rheni* titulierten, mit königlicher Gunst über zahlreiche Dynastiewechsel hinweg zu bewahren. Von Anfang an gehörten sie unbestritten zum Kreis der Königswähler, waren später Reichserztruchsessen und beanspruchten unter Berufung auf uralte Traditionen über das Mittelalter hi-

1 Schaab, Geschichte der Kurpfalz 1988–1992; Schaab, Kurpfalz 1995, S. 247–333; Peltzer u.a., Wittelsbacher 2013; Kreutz u.a., Wittelsbacher 2013.

naus eine Vielzahl von „sondern hohen keyserlichen und königlichen freyheiten“,[2] die sich gegenüber der Nachbarschaft zum Nutzen einer hegemonialen Politik instrumentalisieren ließen; hinzu kamen spätestens im 12. Jahrhundert die Funktionen als Reichsvikar in den Ländern fränkischen Rechts sowie als Richter über den König und schließlich der – allerdings nur zum geringsten Teil durchsetzbare – Anspruch auf die Herrschaft über den Rhein von Basel bis zur Mündung.

Trotz dieser exponierten Stellung konnten im hohen Mittelalter die Pfalzgrafen der Expansion der Kölner und dann auch der Konkurrenz der Trierer Erzbischöfe nicht standhalten und wurden sukzessive vom Niederrhein über den Mittelrhein an den nördlichen Oberrhein abgedrängt. Erst dort wandelte sich seit der Stauferzeit die Pfalzgrafschaft vom Amt zum Territorium. Nicht zuletzt infolge dieser Verspätung blieb das Herrschaftsgebiet des im Mittelalter ranghöchsten und vornehmsten unter den deutschen Reichsfürsten[3] allzeit geprägt von starker Zerrissenheit und kann so als Musterbeispiel eines *territorium non clausum* gelten.[4] Hinzu kommt, dass der territoriale Expansions- und Konsolidierungsprozess durch drei tiefgreifende Brüche gestört wurde – 1504/05, 1620/23 und 1688/97 –, die mit mehr oder minder großen Substanzverlusten einhergingen. Aus der mangelnden Geschlossenheit des Territoriums erklärt sich auch, dass Elemente einer typisch mittelalterlichen, anderwärts längst überwundenen, personenbezogenen Herrschaft für die Kurpfalz bis zum Schluss von Bedeutung blieben. Vielleicht war daher ihr Untergang infolge des Friedens von Lunéville und des Reichsdeputationshauptschlusses 1801/03, noch vor dem Ende des Alten Reiches, nicht nur im Verlust von zwei Dritteln ihres Territoriums an das revolutionäre Frankreich, sondern auch in solch partieller Altertümlichkeit ihrer Herrschaftsstrukturen begründet.

## 2.1 Entwicklung des Territoriums

Als 1156 Kaiser Friedrich Barbarossa die Würde des Pfalzgrafen seinem Halbbruder Konrad von Staufen übertrug, gehörten dazu an althergebrachten pfalzgräflichen Besitzungen allein noch kirchenvogteiliche Rechte in und um Bacharach, die freilich erst im 14. Jahrhundert für die Pfalz endgültig gesichert werden konnten, sowie Positionen um die untere Mosel, die bis zur Mitte des 13. Jahrhunderts mit der Trierer Hochstiftsvogtei vollends verlorengegeben werden mussten. Als zukunftsträchtig erwies sich hingegen die nunmehrige Verknüpfung der Pfalzgrafschaft mit Teilen des salischen Erbes, darunter der Wormser Dukat und der Fiskus Alzey, zu dem neben anderem die Lehnshoheit über vierzehneinhalb Grafschaften beiderseits des

2 Generallandesarchiv Karlsruhe 77 Nr. 4563.

3 Peltzer, Rang 2013.

4 Schaab/Moraw, Entwicklung 1970, Karte 62–65 und Textbd. 1, S. 393–428.

Rheins zwischen Speyerbach und Sieg gehörten sowie Vogteirechte über den Außenbesitz mehrerer großer Kirchen. Aus dem Erbe seiner Mutter, einer Gräfin von Saarbrücken, fiel Konrad die Vogtei über das Hochstift Worms zu, die ihm die Gründung von Burg und Stadt Heidelberg ermöglichte, und aus dem Erbe seiner Ehefrau, einer Gräfin von Henneberg, die Vogtei über die Reichsabtei Lorsch. Linksrheinisch erlangte er aus bischöflich speyrischen Kontexten überdies Rechte an der Burg Winzingen samt Zugehörungen, Voraussetzung für die spätere Gründung von Neustadt an der Haardt. Damit hatte sich die Pfalzgrafschaft beiderseits des nördlichen Oberrheins etabliert und für ihre weitere Entwicklung maßgebliche Perspektiven gewonnen.[5]

Freilich stand zunächst die Konsolidierung des Erreichten im Vordergrund. Nachdem nämlich über die Welfen die Pfalzgrafschaft 1214 an die Wittelsbacher gekommen war, spielte sie neben deren Stammland Bayern fürs erste eine nachgeordnete Rolle, wiewohl die neuen Regenten die pfalzgräfliche Würde wegen des damit verbundenen Rechts zur Teilnahme an der Königswahl und der anderen Prärogativen sehr wohl zu schätzen wussten. Im Vordergrund der Territorialpolitik stand – und das noch auf lange Sicht – die Auseinandersetzung mit dem Erzstift Mainz um das Lorscher Erbe an der Bergstraße und im Odenwald.[6] Eine besonders wertvolle Neuerwerbung gelang 1277/84 mit Burg und Stadt Kaub, der bedeutendsten und einträglichsten Zollstätte am Rhein.

Erst als durch den Hausvertrag von Pavia 1329 die Pfalz zusammen mit einem Teil des bayerischen Nordgaus, der fortan so genannten Oberpfalz, von Bayern abgeteilt wurde und Kaiser Ludwig der Bayer in Verfolgung seiner Hausmachtinteressen auf die Unterstützung seiner Pfälzer Vettern angewiesen war, gelangen 1330 mit dem Erwerb zahlreicher Reichspfandschaften weitere bedeutende Zugewinne, darunter Neckargemünd, die Meckesheimer Zent, Eberbach, Mosbach, Sinsheim, Germersheim, Annweiler mit dem Trifels und die Landvogtei im Speyergau. Unter Kaiser Karl IV. kamen überdies Kaiserslautern, Oppenheim und Ingelheim samt den dazugehörigen Reichsgutkomplexen (1375) sowie der Schirmherrschaft über die Zisterze Maulbronn (um 1362) hinzu. Ankäufe aus Adelsbesitz und der Heimfall von Lehen – Bretten, Wildberg, Zweibrücken, Simmern, Lauda und halb Ladenburg – ergänzten das derart gewachsene Territorium einmal mehr und bildeten Kristallisationskerne für künftige Arrondierungen. Damit hatte die Kurpfalz im Lauf des 14. Jahrhunderts unter der langen Regierung Pfalzgraf Ruprechts I. nicht allein einen über viele Generationen bewahrten Territorialbestand erreicht, sondern war auch im Inneren gefestigt.[7]

5 Schaab, Grundlagen 1974, S. 1–21.
6 Schaab, Bergstraße 1975, S. 237–266.
7 Schaab, Festigung 1971, S. 171–197.

Indem Kurfürst Ruprecht III. während seines Königtums (1400–1410) die Pfandsummen für die Reichspfandschaften noch einmal erhöhte, sicherte er diese der Pfalz auf Dauer; außerdem verpfändete er Pfalzgraf Ludwig III., seinem Sohn und Nachfolger in der Hausmacht, die Reichslandvogteien in der Ortenau und im Elsass. Zwar gingen aus der Landesteilung nach des Königs Tod neben dem Kurfürstentum mit den Linien Pfalz-Neumarkt, Pfalz-Mosbach und Pfalz-Simmern (Zweibrücken) noch drei weitere selbständige Fürstentümer hervor, allerdings bewirkte dies keine längerfristige Schmälerung des Ganzen, weil Neumarkt und Mosbach mit dem Erlöschen beider Zweige bis 1499 wieder an die Kurlinie zurückfielen; allein die Linie Pfalz-Simmern-Zweibrücken hatte auf Dauer Bestand. Da nach dem Aussterben der Kurlinie 1559 in der Kurwürde die Linie Simmern folgte und 1685, 1742 bzw. 1799 die Linien Zweibrücken-Neuburg, Pfalz-Sulzbach und Zweibrücken-Birkenfeld nacheinander die Erbfolge im Kurfürstentum antraten, wurden schließlich alle Landesteile zumindest dem Anspruch nach wieder unter dem Kurhut zusammengeführt, sogar vermehrt um allerlei inzwischen gelungene Zugewinne (Jülich und Berg, Veldenz etc.). Die im 16. und 17. Jahrhundert abgeteilten Herzogtümer Pfalz-Lautern und Pfalz-Simmern waren nur kurzlebig.

Ungeachtet der 1410 vorgenommenen Teilung erreichte die Kurpfalz im 15. Jahrhundert ihre größte räumliche Ausdehnung und den Zenit ihrer Macht. Um Kreuznach und auf dem Hunsrück kam ein Teil der Vorderen Grafschaft Sponheim hinzu, im Worms- und Nahegau, vordem leiningischer und raugräflichen Besitz, im Odenwald und an der Bergstraße die Herrschaften Otzberg ganz und Umstadt teilweise, dazu das Amt Starkenburg, im Elsass die Grafschaft Lützelstein, am Neckar die Grafschaft Löwenstein und das Amt Besigheim, in der Region um Kocher und Jagst die Ämter Weinsberg, Neuenstadt und Möckmühl sowie in der Ortenau die Reste der Herrschaft Geroldseck. Zum größeren Teil handelte es sich dabei um käufliche Erwerbungen, zum kleineren Teil um Kriegsgewinne der Kurfürsten Friedrich I. und Philipp.

Die im Lauf des 15. Jahrhunderts gemachten Zugewinne an der östlichen und südlichen Peripherie gingen infolge der Pfälzer Niederlage im Landshuter Krieg bereits 1504/05 wieder verloren, ebenso die rund hundert Jahre zuvor erworbenen Landvogteien in der Ortenau und im Elsass sowie die Schirmherrschaft über das Kloster Maulbronn und seinen ausgedehnten Besitz. Ganz neu entstand aus der Landshuter Erbmasse zur Abfindung berechtigter pfälzischer Ansprüche das Fürstentum Pfalz-Neuburg an der Donau, die sogenannte Junge Pfalz, mit Streubesitz in der Oberpfalz; 1556 gelangte Neuburg an die Linie Zweibrücken und wurde, als seine Inhaber 1685 in der Kurpfalz zur Regierung kamen, mit dieser vereinigt. Das nach dem Landshuter Krieg um rund ein Drittel seines Territorialbestands am Oberrhein reduzierte und mit hohen Schulden belastete Kurfürstentum konnte sich im Lauf des 16. Jahrhunderts neuerlich konsolidieren; als Zuerwerb jener Zeit ist freilich allein die kleine, ehedem ritteradlige Herrschaft Boxberg im Bauland zu verzeichnen (1561).

Neuerliche Substanzverluste verursachte im 17. Jahrhundert das böhmische Abenteuer Kurfürst Friedrichs V. Zwar wurde, nachdem das Land während des Dreißigjährigen Kriegs schwer gelitten hatte, mit dem Westfälischen Frieden 1648 der Sohn des „Winterkönigs“ als Kurfürst restituiert, jedoch musste die Oberpfalz, die bis dahin knapp 40 % des gesamten Pfälzer Territorialbestands ausgemacht hatte, an Bayern abgetreten werden, und die Bergstraße nördlich von Weinheim fiel an Kurmainz zurück. Damit hatte die Kurpfalz ihre beherrschende Rolle unter den Territorien des Reiches definitiv eingebüßt. Der Orléans'sche Krieg 1688/97 verwüstete das Land einmal mehr weit über die Pfälzer Grenzen hinaus, hatte aber keine Gebietsverluste zur Folge. Während des späteren 17. und des 18. Jahrhunderts kam es dann noch zu mancherlei Verschiebungen und Tauschgeschäften, die allerdings am großen Ganzen des Pfälzer Territoriums beiderseits des nördlichen Oberrheins nicht mehr viel änderten.

Als Fügung ganz eigener Art erscheint, dass 1685 mit der Nachfolge der Linie Pfalz-Neuburg aufgrund von deren jülich-bergischem Erbe die Pfalzgrafschaft in Gestalt der Kurpfalz auch wieder an den Niederrhein zurückkehrte. Die Wiedervereinigung der seit 1329 voneinander getrennten wittelsbachischen Länder Pfalz und Bayern ergab sich schließlich mit dem Erlöschen der bayerischen Kurlinie 1777. Die weitreichenden territorialen Tauschprojekte, die in den 1780er Jahren Kurfürst Karl Theodor gemeinsam mit Kaiser Joseph II. ersonnen hatte und die ein wittelsbachisches Königreich Burgund intendierten, hätten unter Verzicht auf große Teile Bayerns den Schwerpunkt der Pfalzgrafschaft wieder an den Niederrhein zurückgeführt und die kurpfälzischen Territorien am Oberrhein zum Nebenland gemacht, zerschlugen sich jedoch am Widerstand aus dem Reich und aus der eigenen Dynastie.

## 2.2 Haus-, Reichs- und Kirchenpolitik

Über das Mittelalter hinaus war die Politik der Pfälzer Kurfürsten ganz entschieden auf Expansion und Arrondierung ihrer Territorien gerichtet. Freilich stand deren Gelingen in der Frühen Neuzeit nicht allein die zunehmend gefestigte Friedensordnung des Reiches entgegen, sondern auch die mitunter desaströsen Folgen eben dieser Politik.

Aufgrund der Rivalität um die Kurwürde war das Verhältnis zwischen pfälzischen und bayerischen Wittelsbachern jahrhundertelang belastet.[8] Die diesbezüglichen Querelen begannen mit der ersten Teilung zwischen Nieder- und Oberbayern im Jahr 1255; die Pfalz fiel damals an Oberbayern. Im ersten Drittel des 14. Jahrhunderts suchte man erfolglos, des Konflikts mittels gemeinsamer Regierung und alter-

8 Heimann, Hausordnung 1993.

nierender Kurstimme Herr zu werden. Schließlich wurde die Kurwürde, da sie von alters her Pertinenz der rheinischen Pfalzgrafschaft war, mit der Goldenen Bulle Kaiser Karls IV. 1356 deren Inhabern allein zuerkannt. Im 15. Jahrhundert trafen sich Kurpfalz und Bayern vorübergehend in der gemeinsamen Abwehr expansiver Bestrebungen der fränkischen Hohenzollern, verfeindeten sich aber erneut – bis zum Krieg – über der Erbfolge in Bayern-Landshut. Wiederholte Anläufe zu Hausverträgen und Erbeinungen, vom ausgehenden 15. bis ins späte 17. Jahrhundert, dokumentieren zwar die Fortdauer eines wittelsbachischen Gesamthausbewusstseins, blieben aber ohne greifbares Ergebnis. Als schließlich mit dem Westfälischen Frieden die erste weltliche Kur und das Erztruchsessenamt an Bayern gefallen und die Pfalz mit einer neugeschaffenen achten Kur und einem Erzschatzmeisteramt abgefunden waren, dauerte der Streit weiter fort – nunmehr wegen des bei Kurpfalz verbliebenen Reichsvikariats.[9]

Erst als mit dem Nachrücken der katholischen Linie Pfalz-Zweibrücken-Neuburg in Heidelberg respektive Mannheim der konfessionelle Gegensatz überwunden war und das bevorstehende Aussterben der Habsburger eine neue Interessengemeinschaft zwischen den wittelsbachischen Vettern in Bayern und am Rhein hatte entstehen lassen, kam es 1724 zu einer Hausunion. Dabei wurde die Frage des Reichsvikariats zur beiderseitigen Zufriedenheit geklärt sowie ein einvernehmliches Vorgehen auf Reichs- und Kreistagen und in Angelegenheiten des Gesamthauses vereinbart. Ein wechselseitiges Erbrecht beider Linien blieb allerdings noch ausgeklammert. In diesem Punkt einigte man sich erst 1766, elf Jahre bevor der abzusehende Erbfall tatsächlich eintrat und die Pfälzer Sukzession in Bayern die Pfalz und das Stammland der Wittelsbacher nach einer Trennung von viereinhalb Jahrhunderten wieder zusammenführte.

In die Reichspolitik waren die Pfalzgrafen als Königswähler und aufgrund ihrer althergebrachten Stellung und Prärogativen, nicht zuletzt aufgrund des Reichsvikariats, stets in besonderem Maße eingebunden; überdies waren sie seit Rudolf von Habsburg das ganze 14. Jahrhundert hindurch mit der jeweiligen Königsdynastie verschwägert. Phasen der Königsnähe wechselten – je nach Interessenlage – mit solchen der Königsferne. Ihrem Vetter Kaiser Ludwig dem Bayern hielten Pfalzgraf Ruprecht I. und sein Bruder bis zum Schluss die Treue. Später schloss Ruprecht sich Kaiser Karl IV. an, der seinen Parteigänger 1356 in der Goldenen Bulle und 1375 mit Reichspfandschaften reich belohnte. Im päpstlichen Schisma hielt die Pfalz strikt an der römischen Obödienz fest. 1385/86 gründete der Kurfürst in diesem Zusammenhang die Universität in Heidelberg, verfolgte damit aber nicht allein kirchen-, sondern auch territorialpolitische Ziele.

9 Krieger, Unionsbestrebungen 1977, S. 385–413.

Das Königtum Pfalzgraf Ruprechts III.[10] scheiterte zwar reichspolitisch, erwies sich aber von großem Nutzen für die Konsolidierung und Expansion des Pfälzer Territoriums und bereitete die Basis für den quasiköniglichen Hof der Pfälzer Kurfürsten im 15. Jahrhundert. Pfalzgraf Friedrich I. stand während seiner ganzen Regierungszeit in unversöhnlicher Gegnerschaft zu Kaiser Friedrich III., der die sogenannte Arrogation (1452), die Überführung seiner vormundschaftlichen Regierung in eine eigenberechtigte, nie akzeptierte; die Folge war eine zeitweilige Pfälzer Annäherung an Burgund. In der Frage des Schwäbischen Bundes blieb wegen dessen offensichtlich antiwittelsbachischer Intention das Verhältnis zum König auch unter Friedrichs Nachfolger Philipp angespannt und isolierte damit die Pfalz in der Landshuter Erbfolgefrage, weshalb man in Heidelberg versuchte, die französische Karte zu spielen. Danach erwiesen sich die Kurfürsten Ludwig V. und namentlich Friedrich II. wieder als treue Parteigänger der Habsburger, was die neuerliche Konsolidierung des 1504/05 in seiner Substanz stark dezimierten Territoriums begünstigte; 1518 erreichte die Pfalz eine umfassende kaiserliche Bestätigung ihrer mit der Pfalzgrafschaft und dem Kurfürstentum verbundenen Prärogativen, die bis zum Ende des Alten Reiches immer von neuem zum Nutzen der Pfälzer Hegemonialpolitik gegenüber benachbarten Herrschaftsträgern aller Ränge instrumentalisiert wurden.

Bald darauf führte die Reformation zu einer erneuten, zunehmenden und lang anhaltenden Entfremdung der Pfalz gegenüber dem Kaiser.[11] Zunächst verhielten sich die Kurfürsten zu der neuen Lehre aus dynastischen Rücksichten zwiespältig und hinhaltend, bis endlich Friedrich II. 1553, wenige Jahre vor seinem Tod, auf die Seite der Reformationsfürsten trat. Die eigentliche Wende zum lutherischen Bekenntnis vollzog indes erst 1556 sein Nachfolger Ottheinrich aus Neuburg, noch ohne eine generelle Aufhebung der Klöster. Diese erfolgte, nachdem Friedrich III. aus der 1559 zur Regierung gelangten Linie Simmern das Land binnen weniger Jahre dem reformierten Glauben zugeführt und mit dem Heidelberger Katechismus eine weit über die Pfälzer Landesgrenzen hinaus maßgebliche reformierte Bekenntnisschrift veranlasst hatte. Die Kurpfalz entwickelte sich fortan zur Vormacht des deutschen Protestantismus. In den 1570er Jahren war die kurfürstliche Politik geprägt von einem entschiedenen Eintreten für die verfolgten Glaubensgenossen in Frankreich und in den Niederlanden; evangelische Glaubensflüchtlinge wurden in mehreren aufgehobenen Klöstern angesiedelt, so namentlich in Schönau, Frankenthal und Otterberg. Bevor aber in der Pfalz das reformierte Bekenntnis seit 1583 endgültig die Oberhand gewann, veranlasste Kurfürst Ludwig VI. 1576 noch einmal eine Wende zum Luthertum. Lutherisch blieb freilich am Ende aufgrund des Beharrungsvermögens ihrer Landstände allein die Oberpfalz.

**10** Rödel, Griff 2002.

**11** Schindling/Ziegler, Kurpfalz 1993, S. 9–49; Wolgast, Bewegung 2009, S. 25–44.

Mit ihrem militanten Calvinismus manövrierte die Kurpfalz sich bald immer tiefer in die politische Isolierung. Am Pfälzer Hof und in der Landesverwaltung vollzog sich ein umfassender Elitenwandel.[12] Statt des dort traditionell tonangebenden regionalen Adels vom unteren Neckar und aus dem Kraichgau kamen nun vor allem die reformierten Grafen aus der Wetterau zum Zug, und unter dem ehrgeizigen, aber persönlich schwachen Kurfürsten Friedrich V. gewann Fürst Christian von Anhalt-Bernburg, nominell Statthalter in der Oberpfalz, maßgeblichen Einfluss auf die Pfälzer Politik, die damit eine dezidiert antihabsburgische Ausrichtung erhielt. Die in diesen Kontext gehörige böhmische Thronkandidatur des Pfälzer Kurfürsten führte binnen Kurzem in die Katastrophe. Nach seiner Niederlage am Weißen Berg bei Prag (1620) fand Friedrich in den Niederlanden Zuflucht; die rechtsrheinische Pfalz kam 1622/23 unter bayerische Verwaltung, die linksrheinische teils unter spanische, teils unter österreichische, die Kurwürde und ihre Pertinenzen sowie die Oberpfalz fielen 1623 den bayerischen Vettern zu.[13]

Nach der Restitution der pfälzischen Wittelsbacher im Westfälischen Frieden war der Wiederaufbau der ruinierten und großenteils entvölkerten Rheinpfalz nur möglich mit einer Peuplierungspolitik, die sich einer pragmatischen konfessionellen Toleranz befleißigte; aber vielleicht verbarg sich dahinter auch nur Indifferenz. Wegen der desolaten Finanzen seines Landes war Kurfürst Karl Ludwig überdies auf habsburgische Zuwendungen einerseits und französische Subsidien andererseits angewiesen, was ihn einmal mehr in Zwangslagen versetzte und schließlich in Abhängigkeit von dem auf rücksichtslose Expansion bedachten König von Frankreich brachte. Die Heirat seiner Tochter Elisabeth Charlotte mit Philipp von Orléans, dem Bruder des Königs, sollte der damit verbundenen Gefahr die Spitze nehmen, führte das Land aber, nachdem 1685 mit Elisabeth Charlottes Bruder Karl die reformierte Kurlinie Pfalz-Simmern erloschen war, gerade erneut in einen verheerenden Krieg (1688/97).[14]

Philipp Wilhelm und Johann Wilhelm, die beiden ersten Kurfürsten aus der 1685 zur Regierung gelangten katholischen Linie Pfalz-Zweibrücken-Neuburg, waren unter dem Eindruck der aggressiven französischen Politik unerschütterlich kaisertreu. Da aufgrund der Bestimmungen des Westfälischen Friedens dem Land ein genereller Konfessionswechsel nicht mehr zugemutet werden konnte, bewerkstelligten sie die Wiederherstellung des Katholizismus schleichend mittels Ansiedlung von Jesuiten und anderen Ordensgemeinschaften.[15] Unterstützung fand diese Rekatholisierung nicht allein seitens des Wiener Kaiserhofs, sondern auch Frankreichs, das im Friedensvertrag von Rijswijk 1697 eine Klausel durchsetzte zum

12 Press, Calvinismus 1970.

13 Egler, Spanier 1971; Maier, Unterpfalz 1990.

14 Von Raumer, Zerstörung 1930.

15 Schaab, Wiederherstellung 1966, S. 147–205; Hans, Religionsdeklaration 1973.

Schutz der während seiner Besatzung in der Pfalz entstandenen katholischen Gemeinden. Schließlich wurde 1705 in einer Religionsdeklaration die Teilung von Kirchen und Kirchenvermögen zwischen Reformierten und Katholiken im Verhältnis 5:2 verfügt; die Lutheraner gingen dabei leer aus.

Kurfürst Karl Philipp, der wegen eines Religionskonflikts in Heidelberg die Residenz 1720 nach Mannheim verlegte, suchte aus familienpolitischen Erwägungen erneut die Nähe zu Frankreich; und auch sein Nachfolger Karl Theodor aus der Linie Pfalz-Sulzbach hielt aus gleichen Gründen an der französischen Orientierung fest. 1777 trat er die Erbfolge in Bayern an und residierte fortan im Einklang mit den Bestimmungen des bayerisch-pfälzischen Erbvertrags in München. 1792 gingen große Teile des rheinpfälzischen Territoriums, die ganzen linksrheinischen Gebiete, an das revolutionäre Frankreich verloren.[16] Als 1802/03 die Kurpfalz unterging, war bereits seit 1799 die Linie Pfalz-Zweibrücken an der Regierung, die nun ganz auf Bayern zurückgeworfen war und erst 1816 einen kleinen Teil des einstigen linksrheinischen Territoriums zurückerhielt.

## 2.3 Gestaltung der Außenbeziehungen

Das Verhältnis der Kurpfalz zu ihren Nachbarn war in der Phase der Territorialisierung während des späten Mittelalters geprägt von Konkurrenz, danach von Hegemoniestreben. Zu wiederholten Konflikten, auch kriegerischen Auseinandersetzungen, kam es vor allem mit dem Erzstift Mainz, der Markgrafschaft Baden sowie den Grafschaften Württemberg und Leiningen, im späteren 15. Jahrhundert auch mit den Vettern von Pfalz-Veldenz. Mittels Schirmverträgen entfaltete die Pfalz am Ende des Mittelalters ein Satelliten- und Hegemonialsystem, zu dessen engerem Kreis die Hochstifte Worms und Speyer, der Deutschmeister mit seinen Territorien am unteren Neckar, die Frei- und Reichsstädte Speyer, Worms, Heilbronn, Wimpfen, Weil der Stadt und Gelnhausen sowie die Grafen von Eberstein und von Hohenlohe, die Schenken von Erbach, die Wild- und Rheingrafen sowie zahlreiche Ritter im Kraichgau und darüber hinaus gehörten. Mit der Pfälzer Katastrophe im Landshuter Krieg brach dieses Hegemonialsystem 1504/05 zusammen.

Im 16. Jahrhundert, namentlich im Zeichen des Calvinismus, kehrte die Pfalz zu ihrer Hegemonialpolitik zurück und trachtete insbesondere danach, die seit 1542 konstituierte Reichsritterschaft im Kraichgau sowie jene links des Rheins ihrer Botmäßigkeit zu unterwerfen, jedoch machte die neuerliche Katastrophe der Pfalz im Dreißigjährigen Krieg alle diesbezüglichen Bestrebungen wiederum zunichte. Zum Krieg, dem sogenannten Wildfangstreit,[17] kam es 1664/67 mit den Hoch- und Erzstif-

**16** Voss, Kurpfalz 1991, S. 9–31.
**17** Dotzauer, Wildfangstreit 1984, S. 81–105.

ten entlang des Rheins und dem Herzogtum Lothringen, weil Kurfürst Karl Ludwig im Rahmen der ihm als Pfalzgraf zustehenden Prärogativen nicht darauf verzichten wollte, über die Grenzen seines Territoriums hinaus Fremdlinge und Bastarde als pfälzische Leibeigene zu reklamieren, und mit Unterstützung Schwedens und Frankreichs wurden ihm diese Rechte ebenso wie ältere Geleits- und Zollgerechtsame im sogenannten „Heilbronner Laudum" 1667 noch einmal bestätigt. Nach der dritten Pfälzer Katastrophe im Orléans'schen Krieg verzichtete die Kurpfalz zwar nicht auf ihre althergebrachten Sonderrechte, aber die inzwischen konsolidierte Reichsverfassung verhinderte, dass der Nachbarschaft daraus im 18. Jahrhundert noch größerer Schaden erwuchs.

## 2.4 Herrschaftliche Verdichtung und Staatsaufbau

Im Lauf des 14. Jahrhunderts erfuhr die Kurpfalz nicht allein ihren größten und dauerhaftesten räumlichen Zuwachs, sondern darüber hinaus eine nachhaltige Festigung ihrer territorialen und administrativen Strukturen. Das Territorium untergliederte sich in zahlreiche kleinere und größere Ämter, die freilich in ihrer Umschreibung nicht einem ordnenden Willen entsprangen, sondern zumeist die älteren, sukzessive erworbenen herrschaftlichen Einheiten widerspiegeln. Dementsprechend sind auch frühe Ansätze zu einer lokalen Verwaltung zu erkennen. In der kurfürstlichen Kanzlei zu Heidelberg kamen um die Mitte des 14. Jahrhunderts die ersten Amtsbücher in Gebrauch; deren Ausdifferenzierung nach Materien begann ein Menschenalter später. Desgleichen erfolgten damals maßgebliche Weichenstellungen für die Landesverwaltung; deren entscheidender Ausbau geschah aber erst ein Jahrhundert später unter Kurfürst Friedrich I. und seinem energischen Kanzler, dem Speyrer Bischof Matthias Ramung. Nun entstanden erste Zentralbehörden, ein zentraler Haushalt und 1462 ein Hofgericht, das seine Wirkung über die Grenzen des Pfälzer Territoriums hinaus entfaltete.[18] Ihrerseits freilich hatte die Pfalz schon seit 1330 ein *Privilegium de non evocando*, seit der Goldenen Bulle 1356 auch ein *Privilegium de non appellando.*

Landstände gab es – wohl nicht zuletzt infolge der ertragreichen Rheinzölle – in der rheinischen Pfalz nicht, nur gelegentliche Notabelnversammlungen, gewöhnlich aus Anlass von Regierungswechseln, bestehend aus der Spitzengruppe des am Pfälzer Hof verkehrenden Adels; Städte waren dabei gar nicht vertreten, die Geistlichkeit allein durch die Bischöfe von Worms und Speyer und gelegentlich durch einzelne Stiftsherren. Die Oberpfalz hingegen hatte Landstände im klassischen Sinn, denen auch ein erheblicher Einfluss zukam.

18 Cohn, Government 1962.

Das Satellitenverhältnis, in dem die Bischöfe von Speyer und Worms zur Pfalz standen, ermöglichte es dieser im 15. Jahrhundert, ein straffes landesherrliches Kirchenregiment durchzusetzen.[19] Die beiden Domkapitel waren bis in die Zeit der Reformation integraler Teil des Pfälzer Klientelsystems. Bezüglich der Klöster, die generell zu Leistungen an das Land herangezogen wurden, verlangten die Kurfürsten von den Benediktinern die Annahme der Bursfelder Reform, von den Augustiner-Chorherren jene der Windesheimer Reform und von den Augustiner-Eremiten die der sächsischen Provinz. Der zeitweise hart bedrängten Abtei Weißenburg im Elsass gelang es nach dem Landshuter Krieg, sich dem Pfälzer Zugriff zu entziehen. Mit der Aufhebung der Klöster in der Reformation wurden deren Vermögen zum kleineren Teil der Universität Heidelberg zugeschlagen, dem Sapienzkolleg der Artistenfakultät und der kurfürstlichen Hofkapelle; zum größeren Teil wurden die vormals geistlichen Güter mit Rücksicht auf den Willen der einstigen Stifter weiterhin zu wohltätigen Zwecken verwendet und waren seit 1576 in der Geistlichen Güteradministration und deren nachgeordneten Kollekturen organisiert.

Seit der Mitte des 16. Jahrhunderts vollzog sich ein weiterer Ausbau der Zentralverwaltung. 1557 wurde als zentrales Regierungsorgan der Oberrat geschaffen, an dessen Spitze der Großhofmeister stand. Daneben gab es das Hofgericht und die Rechenkammer sowie den Kirchenrat als mit Theologen und weltlichen Beamten paritätisch besetzte oberste Instanz der reformierten pfälzischen Landeskirche. Die Geistliche Güteradministration war nicht dem Kirchenrat unterstellt, sondern gemeinsam mit diesem unmittelbar dem Kurfürsten bzw. dessen Oberrat nachgeordnet. 1582 erfolgte die Kodifizierung des kurpfälzischen Landrechts, womit erstmals für das ganze Land einheitliches Recht galt.

Nach den Katastrophen des 17. Jahrhunderts entstand schließlich unter den Kurfürsten aus dem Hause Pfalz-Neuburg eine einheitliche Zentralverwaltung für alle ihre ober- und niederrheinischen Herrschaftsgebiete. An der Spitze stand das kurfürstliche Kabinett, in dem die wichtigsten Entscheidungen fielen. Zentrales Regierungsorgan war die 1704 nach Wiener Vorbild eingerichtete Geheime Konferenz, in der mehrere Staats- und Konferenzminister zusammenwirkten. In der Pfalz selbst wurde der bisherige Oberrat 1686 durch eine von einem Präsidenten geleitete Regierung ersetzt; daneben bestanden die Hofkammer als Finanzbehörde, ein Oberjäger- und Oberforstmeisteramt und das Hofgericht sowie seit 1729 ein Oberappellationsgericht. Der Reformierte Kirchenrat und die Geistliche Güteradministration waren jetzt der pfälzischen Regierung nachgeordnet. In Kaiserslautern entstand 1774/77 die „Kameral Hohe Schule", die erste Verwaltungshochschule überhaupt. 1778 übersiedelten der Hof und die Zentralbehörden nach München. Der Präsident der pfälzischen Regierung in Mannheim fungierte fortan als Statthalter.

**19** Lossen, Staat 1907; Schaab, Klöster 1973, S. 253–258.

Als Instrumentarium ihrer schon in der bloßen Größe des Territoriums begründeten Hegemonialpolitik stand der Kurpfalz von alters her ein breites Arsenal supraterritorialer Befugnisse zu Gebote, die teils auf das Pfalzgrafenamt zurückgeführt wurden, teils auf königlicher Privilegierung beruhten, teils aber auch nur schleichend usurpiert waren. Sie ermöglichten es den Pfälzer Kurfürsten, in die Länder ihrer Nachbarschaft hineinzuregieren. Im Einzelnen gehörten dazu Geleitsrechte auf zahlreichen Straßen weit über pfälzisches Gebiet hinaus sowie ein weitgespanntes Netz von Öffnungsrechten in Burgen und schier zahllose Schirmverträge. An der Bergstraße, im Odenwald und im nördlichen Kraichgau gelang es, mindermächtige Herrschaftsträger mittels der Zenthoheit zu dominieren, die das militärische Aufgebot und die Blutgerichtsbarkeit umfasste; so sah sich die Kraichgauer Ritterschaft 1560 gezwungen, die zentliche Obrigkeit als Landesherrschaft zu akzeptieren. Am wirkungsvollsten, weil von dynamischem Charakter, erwies sich jedoch ein Konglomerat von personenbezogenen Gerechtsamen, zu denen neben der Leibherrschaft und dem Recht an Königsleuten auch der grenzenlose Anspruch auf Wildfänge, Bastardfälle und alle Arten von herren- und heimatlosen Leuten gehörte. Das Beharren auf diesen in der Frühen Neuzeit längst anachronistischen Herrschaftsrechten machte es bis zum Ende des Alten Reiches in einem weiten Umkreis auch anderen Landesherren unmöglich, auf die aus dem Mittelalter überkommenen Elemente personenbezogener Herrschaft zu verzichten.[20] Sinnfällig wird solche Pfälzer Hegemonialpolitik noch heute in der rund 50 km langen Achse zwischen dem Königstuhl über Heidelberg und der Kalmit über Neustadt an der Haardt, die zwischen Heidelberg und Schwetzingen ausschließlich kurpfälzisches Territorium durchschneidet, in ihrer Fortsetzung westlich des Schwetzinger Schlossgartens und links des Rheins aber vor allem fremdes Gebiet durchmisst.

## 2.5 Nachklang

Das rechtsrheinische Erbe der untergegangenen Kurpfalz teilten sich im Wesentlichen die Großherzöge von Baden und von Hessen-Darmstadt sowie der im Reichsdeputationshauptschluss unter anderem mit vormals pfälzischen Gerechtsamen in Odenwald, Bauland und Kraichgau entschädigte Fürst zu Leiningen in Amorbach; sie alle titulierten sich nicht zuletzt und mit unverkennbarem Stolz als Pfalzgrafen bei Rhein. Die südlichen Teile der einstigen Kurpfalz links des Stroms wurden 1816 dem König von Bayern aus dem Hause Pfalz-Zweibrücken zugeschlagen, in dessen großer Titulatur der Pfalzgraf selbstverständlich ebenfalls nicht fehlen durfte. Zunächst als Rheinkreis bezeichnet, führt dieses exklavierte Gebiet seit 1835 den Namen Pfalz; seine Zugehörigkeit zu Bayern währte bis zur Gründung des Landes Rheinland-Pfalz im Jahr

20 Andermann, Leibeigenschaft 2003.

1946. Bis ans Ende der Monarchie bemühte sich Bayern wiederholt, aber vergeblich um eine Landbrücke vom Main bei Miltenberg über Mosbach, Heidelberg und Mannheim an den Rhein bei Speyer und Ludwigshafen. In den ersten Jahren der Bundesrepublik gab es noch manche, schließlich gescheiterte Anläufe, die Pfalz wieder mit Bayern zu vereinigen. Heute hat der länderübergreifende Begriff „Kurpfalz" in vielerlei Kontexten derart Konjunktur, dass im historisch wenig differenzierenden Bewusstsein der Öffentlichkeit inzwischen sogar die Hegemonialvorstellungen der einstigen Pfälzer Kurfürsten sich friedlich haben durchsetzen können.

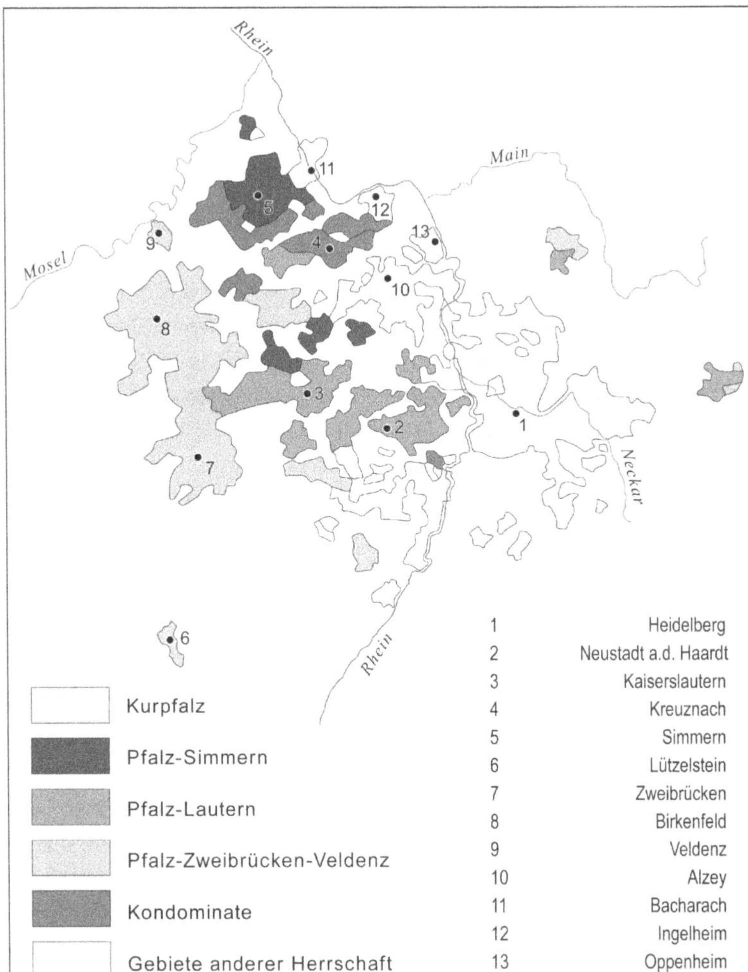


*Quelle: A. Schindling, W. Ziegler (Hg.), Die Territorien des Reichs im Zeitalter der Reformation und Konfessionalisierung, Bd. 5, Münster 1993, S. 8; Nachzeichnung durch IStG Münster (2017)*

**Abb. 24:** Kurpfalz zur Reformationszeit

# 3 Bayern

Dieter J. Weiß

## 3.1 Die Anfänge

Das Herzogtum Bayern entstand im Spannungsfeld zwischen ostgotischem und fränkischem Reich unter dem Einfluss des merowingischen Königtums und reicht in das 6. Jahrhundert zurück.[21] Nach den Bestimmungen der vor der Mitte des 8. Jahrhunderts entstandenen *Lex Baioariorum* stand der Stamm unter der Führung des Herzogs aus dem Geschlecht der Agilolfinger, der seine Herrschaft durch den Oberbefehl über das Heer und den Vorsitz im Gericht legitimierte.[22] Er herrschte über einen Personenverband, seine Regierungstätigkeit manifestierte sich durch das Umherreisen im Land, die Abhaltung von Synoden und die Stiftungstätigkeit für die Kirche. Neben den herzoglichen Pfalzen werden Besitzschwerpunkte besonders östlich des Inn bei Schenkungen an kirchliche Institutionen fassbar.[23] Der Kernraum des Herzogtums erstreckte sich zwischen der Donau im Norden, der Enns im Osten und dem Alpenhauptkamm im Süden, griff aber auch darüber hinaus aus. Über die Grenzen erfahren wir nichts; lediglich der Lech ist seit der Mitte des 6. Jahrhunderts als Westgrenze Bayerns belegt. Nach der Absetzung Herzog Tassilos III. und der Einordnung des Herzogtums in das Frankenreich Karls des Großen im Jahr 788 blieb eine gewisse Eigenständigkeit Bayerns gewahrt, das in der Karolingerzeit zeitweilig den Rang eines Teilkönigreichs (*regnum*) erhielt.

Neben der Nennung von Grafen mit militärischer Funktion und Aufgaben in der Gerichtsbarkeit und der damit anzunehmenden Existenz von Grafschaften bereits in der Agilolfingerzeit dürften in weiten Teilen des Herzogtums Gaue (*pagi*) existiert haben, die mit den Grafschaften nicht identisch waren. Unter der karolingischen Herrschaft bestanden nach 788 wahrscheinlich in Kontinuität Grafschaften als Gerichts- und Verwaltungsbezirke für den gesamten Raum des Herzogtums fort.[24]

Als im frühen 10. Jahrhundert das ostfränkische Königtum als Machtfaktor versagte, bildete sich in Bayern aus dem karolingischen *regnum* ein neues Herzogtum,[25] das sich militärisch legitimierte. Die zeitweilig königsgleiche Stellung der Herzöge aus der Familie der Luitpoldinger wurde durch die Herrschaft über die

---

**21** Grundlegend für den Beitrag ist das Handbuch der bayerischen Geschichte, begr. u. hrsg. v. Max Spindler, in 2. Auflage v. Andreas Kraus u. Alois Schmid. 6 Bde. München 1981–2007. Auf den Nachweis der einzelnen Beiträge wird verzichtet.

**22** Deutinger, Lex 2017.

**23** Heitmeier, Wurzeln 2014.

**24** Störmer, Adel. Bd. 2 1973, S. 382–414; Schmid, Untersuchungen 1992; Holzfurtner, Grafschaft 1994, besonders S. 17–76.

**25** Becher, Rex 1996, S. 221–224.

Kirche, eine eigenständige Außenpolitik, den Befehl über den Heerbann, die Friedenswahrung und die selbständige Nachfolgeregelung unterstrichen. Die meisten Landtage der Großen und Bischöfe des Landes fanden unter dem Vorsitz des Herzogs in Regensburg statt.

## 3.2 Bayern im Brennpunkt der königlichen Politik

Sobald das ostfränkisch-deutsche Königtum gefestigt war, beendete es die Sonderrolle Bayerns, trat in verwandtschaftliche Beziehungen mit den Luitpoldingern und vergab das Herzogtum zeitweilig an Angehörige des ottonischen und salischen Königshauses. Daneben bestand aber, fassbar seit 995, ein Herzogswahlrecht der Großen des Landes. Bayern war dabei territorialen Veränderungen unterworfen. Im Jahr 976 wurden Kärnten und die zugehörigen Marken Aquileja und Verona abgetrennt und als eigenes Herzogtum organisiert, doch die Landeseinheit, die sich auf den Landtagen manifestierte, blieb weiterhin gewahrt. Gegen Ende des 10. Jahrhunderts erließ der Ottone Herzog Heinrich II. der Zänker ohne Mitwirkung des Königs auf einem Landtag die Ranshofener Gesetze.[26] Die Teilnahme der anwesenden Großen, Bischöfe und Grafen machte die Rechtseinheit Bayerns greifbar, in dem bereits eine Art Verwaltungssystem mit herzoglichen, bischöflichen und sonstigen Vögten existierte.

Im Herzogtum Bayern regierten von 1070 bis 1180 mit Unterbrechungen die Welfen. Um den Verzicht der Babenberger, die zeitweilig mit dem Herzogtum belehnt waren, zu erreichen, erhob Kaiser Friedrich I. Barbarossa die Markgrafschaft Österreich im Juni 1156 mit dem *privilegium minus* zum Herzogtum, das durch die volle Gerichtsbarkeit und Erblichkeit ausgezeichnet wurde. Für das Herzogtum Bayern bedeutete dies die Abtrennung Österreichs, dessen Westgrenze zunächst nicht exakt bestimmbar ist. Im 12. Jahrhundert scheint sich ein neuer Typ von hochmittelalterlichen Grafschaften auf der Grundlage von Allodialbesitz ausgebildet zu haben, die durch Vogteirechte über Kirchengut gestärkt werden konnten.[27] Ihr namengebendes Zentrum bildete meist eine Burg.

Heinrich der Löwe nutzte als Herzog von Bayern die Landtage, um sich als Richter und Friedenswahrer darzustellen. Ein Mittel seiner Herrschaftspraxis war in großem Stil die Ausstellung von Urkunden. Das bayerische Herzogsgut war nur noch sehr gering und bestand aus um Regensburg, im Salzkammergut und im Innviertel konzentrierten Komplexen, den Grafschaften Burghausen und im Unterinn-

26 Die meisten im Beitrag erwähnten Quellen sind ediert in der Reihe der Dokumente zur Geschichte von Staat und Gesellschaft in Bayern, hier Abteilung I. Bde. 1–3. Auf Einzelnachweise wird verzichtet.
27 Holzfurtner, Grafschaft 1994, S. 289–312.

tal, ergänzt um einige Klostervogteien.[28] Dabei hatte der Herzog die wichtigsten Verkehrslinien in seiner Hand, die er durch Ministeriale sicherte, und beanspruchte die Zollhoheit.

## 3.3 Die Territorialisierung des Herzogtums – Der Weg zum Landesfürstentum

Im Jahr 1180 belehnte Kaiser Friedrich I. Barbarossa den bisherigen Pfalzgrafen Otto von Wittelsbach mit dem Herzogtum Bayern, das die Traditionen des Stammes und seines Namens wahrte. Andere Bezeichnungen empfingen die jüngeren Herzogtümer Österreich, Kärnten, Steiermark, die Gebiete der Grafen von Tirol und Görz sowie die Markgrafschaften Krain und Istrien, die sich von Bayern lösten. Die Grafen von Scheyern, seit 1116 als Wittelsbacher bezeichnet, hatten durch die konsequente Nutzung der Herrschaftselemente Burg, Vogtei und Vasallität sowie gestützt auf die Nähe zum salischen und staufischen Königshaus umfangreiche Herrschaftskomplexe in Bayern aufgebaut.[29] Nun sahen sie sich selbst in der Traditionsfolge der bayerischen Stammesherzöge und bemühten sich freilich weitgehend erfolglos um die Rückgewinnung der im Laufe des 12. Jahrhunderts im Osten und Südosten verlorengegangenen Gebiete.[30] Dieser Vorgang brachte eine erhebliche Reduzierung des Herzogtums, aber auch eine Intensivierung der territorialen Herrschaftsrechte mit sich.

Der Herzog von Bayern war Lehensmann des Kaisers, dem erst die Belehnung die Vollmacht zur Wahrnehmung seiner Befugnisse verlieh. Die Erblichkeit des Herzogtums in der Dynastie der Wittelsbacher war seit 1208 gesichert, die 1214 außerdem mit der Rheinpfalz belehnt wurden. Seit 1362 besaß das Herzogtum das *privilegium de non evocando*, womit der König darauf verzichtete, Prozesse aus Bayern vor sein Gericht zu ziehen. Die umfassenden Ansprüche der kaiserlichen Landgerichte in Franken und Schwaben konnten die bayerischen Herzöge abwehren. Mehrere Regalien waren in die Hand des Herzogs übergegangen, darunter das Berg-, Markt-, Zoll- und Münzrecht. Außerdem verfügte der Herzog über das Geleitrecht und den Wildbann. Die Grafschaften waren wohl Afterlehen des Herzogs und entwickelten sich spätestens durch die Eigendynamik des Lehenswesens ausschließlich zu Lehen des Herzogs, die dieser auch einbehalten konnte.[31]

Die entscheidende Aufgabe des Herzogtums bildete die Landfriedenswahrung. Dazu kamen die Einberufung und Abhaltung von Landtagen sowie das Entschei-

---

**28** Kraus, Geschichte 2013, S. 107f.
**29** Seibert, Ordnung 2002.
**30** Zum Selbstverständnis als Dynastie: Moeglin, ancêtres 1985.
**31** Holzfurtner, Herzog 2005.

dungsrecht bei Streitigkeiten. Herzog Otto I. saß auch in den Grafschaften zu Gericht, die nicht zu seinem unmittelbaren Besitz rechneten. An der Zugehörigkeit der Bischöfe zum Land Bayern hielten die Herzöge bis ins 14. Jahrhundert fest, weil der Kirchenschutz ein altes Herzogsrecht bildete. Die Kontinuitäten in der Herzogsherrschaft waren einzigartig im römisch-deutschen Reich und verliehen den Wittelsbachern besonderes Gewicht gegenüber jüngeren Territorialfürstentümern.

Der Übergang von personenbezogener Herrschaft zum modernen Territorialfürstentum vollzog sich in einem längeren Prozess. Der Herzog war der reichste Grundherr im Land, Vogt über das Kirchengut und auch über einen Teil der adeligen Güter. Unmittelbar konnte er über das Kammergut verfügen, das die Güter und Personen umfasste, welche unter seiner Schirmgewalt standen. Zur Organisation und Kontrolle der Einnahmen wurden Urbare angelegt, deren Überlieferung mit dem ältesten erhaltenen bayerischen Herzogsurbar von ca. 1231/34 einsetzt.[32] Der in unterschiedlicher Dichte über das Land verteilte Besitz war in der Regel um Burgen angeordnet, wo die Einkünfte durch einen herzoglichen Kastner eingezogen und verwaltet wurden. Das Territorium setzte sich aus Grafschaften, Vogteien und Kleinherrschaften zusammen. Der Herzog besaß nur einige Grafschaften unmittelbar, einige gingen vom Reich, andere von Bischöfen zu Lehen, mehrere waren in der Hand der Dynasten zu Allodialbesitz geworden. Von wohl gleicher Bedeutung für den Aufbau des Territoriums war die Vogtei über Teile von Hochstiften und Klöster, in der ein Ansatz zur Gewinnung der gesamten Herrschaftsrechte lag. Der kirchliche Grundbesitzer musste dabei nicht beeinträchtigt werden; ihm blieben der wirtschaftliche Ertrag, Boden und Zinse. Besitz und Herrschaft traten allmählich auseinander. Die Haupteinnahmequellen des Herzogs bildeten Grundzinse, Gebühren aus der Wahrnehmung von Herrschaftsrechten und der Gewinn aus nutzbaren Hoheitsrechten. Der Großteil des Territoriums unterstand damit der direkten Herrschaft des Herzogs. Detailstudien über diese Vorgänge sind in den einzelnen Bänden des Historischen Atlasses von Bayern enthalten.[33] Dabei bildete sich die Landesherrschaft aus der Kumulation von Rechten, aber auch, wie die jüngere Forschung betont, durch die Wahrnehmung von Aufgaben für das Königtum, die Vergabe von Ämtern an den Adel, den Abschluss von Schutz- und Schirmverträgen mit kirchlichen Institutionen und den Ausbau der Hofhaltung.[34]

Beim Tode Herzog Ottos II. 1253 war das sich bildende wittelsbachische Territorialfürstentum in Grundzügen erkennbar. Es umfasste in etwa die heutigen Regierungsbezirke Ober- und Niederbayern einschließlich des Innviertels und das Gebiet um Kufstein sowie Teile des bayerischen Nordgaus. Aus dem Stauferererbe konnten

---

**32** Heeg-Engelhart, Herzogsurbar 1990.

**33** Historischer Atlas von Bayern, München 1950ff. – Vorläufige Zusammenfassung: Fried, Entstehung 1984.

**34** Merz, Landesherrschaft 2015.

die Herzöge ihre Herrschaft besonders auf dem Nordgau und am Lechrain ausbauen. Der Hauptzuwachs zum Wittelsbacher Hausbesitz war durch das Aussterben der bayerischen Dynastenfamilien angefallen. Letztlich bedeutete der biologische Zufall ein entscheidendes Moment für die Bildung eines Fürstentums.[35] Ein wesentliches Instrument bildete das Erbrecht. Dazu kamen das herzogliche Heimfallrecht von erloschenen Lehen und die Mittel des Kaufs, der Pfandschaft, der Lehensnahme sowie der Schenkung. Da die bayerischen Städte im Zuge der Ausbildung der Hochstifte dem Herzogtum verloren gingen, betrieben die Wittelsbacher besonders im 13. Jahrhundert eine gegen die Bischöfe gerichtete Städtepolitik. Als Ersatz für die alte Hauptstadt Regensburg wurden Landshut und München zu herzoglichen Sitzen ausgebaut. Die Außengrenzen Bayerns waren durch die Nachbarterritorien im Wesentlichen vorgegeben: offen nach Schwaben und Franken, territorial abgegrenzt gegen Böhmen und Österreich, gegen das Erzstift Salzburg und Tirol.

Da der Herzog nicht alle Herrschaftsrechte persönlich ausüben konnte, begegnen seit dem 13. Jahrhundert Viztume (*Vicedominus*), die ihn bei Gerichtsverhandlungen und der Friedenswahrung vertraten.[36] Die Fülle unterschiedlicher Besitzungen und Rechte erforderte eine Einteilung des Landes, im ältesten Herzogsurbar sind bereits Ämter und Schergämter verzeichnet. Die Herzöge schufen zur Wahrnehmung der Gerichtshoheit wie der Verwaltung Sprengel, die als Landgericht bezeichnet wurden. In diesen gingen die herzoglichen Güter und Herrschaftsrechte, Grafschaften und Vogteien auf. An der Spitze eines solchen Bezirks stand der vom Herzog eingesetzte Landrichter, der für Gericht und Verwaltung zuständig war, bei größeren Einheiten noch ein Landpfleger, dem die Verwaltung und das Landesaufgebot unterstanden. Auch die mit Niedergerichtsbarkeit begabten Hofmarken wurden in diese Organisation einbezogen. Das bayerische Landgericht war für die gesamte Bevölkerung Hoch- und Blutgerichtssprengel sowie für Teile auch Niedergerichts- und Verwaltungssprengel. Mithilfe der vom Reich rührenden Blutgerichtsbarkeit konnte der Herzog den Frieden und die öffentliche Ordnung wahren. Die weitgehende Vereinigung der Herrschaftsrechte in einer Hand und damit der Ausbau der Landesherrschaft bedeuteten einen wichtigen Schritt auf dem Weg zum modernen Territorialstaat.

## 3.4 Autonome Herrschaften im Herzogtum und Landstände

Seit dem ausgehenden 13. Jahrhundert verstand man unter der *terra Bavariae* nur noch den Herrschaftsbereich des Herzogs, nicht mehr den Umfang des alten Stam-

35 Schubert, Einführung 1998, S. 199f.
36 Kraus, Geschichte 2013, S. 126–133.

mesherzogtums.[37] Auf seinem Boden hatten sich die Hochstifte Salzburg, Regensburg, Freising, Passau, Brixen und Trient gebildet, deren Bischöfe bis 1240 die Landtage besucht hatten. Die Voraussetzung für den Aufbau eigener Herrschaften bildete die Verdrängung der Vögte und die Belehnung mit Regalien. Während es den Bischöfen in Randlage zum Herzogtum, zu denen auch Augsburg, Eichstätt und Bamberg zu zählen sind, gelang, teils umfangreiche Territorien aufzubauen, unterlagen die kleineren Hochstifte Freising und Regensburg weitgehend dem Wittelsbacher Einfluss. Außerdem konnten, ebenfalls in Grenzlage, das Stift Berchtesgaden und zeitweilig das Kloster Waldsassen die Reichsunmittelbarkeit behaupten.

Die Edel- und Hochfreien (*principes Bavariae*) neben den Wittelsbachern bemühten sich ebenfalls, durch die Kumulation von Grundherrschaften, Gerichtsrechten, Lehen und Vogteien eigene Herrschaften aufzubauen. Allerdings starben die Dynasten wie die 1180 mit dem Herzogstitel für Meranien ausgezeichneten Grafen von Andechs im Verlauf des 13. Jahrhunderts großteils aus. Nur wenigen gelang die Behauptung reichsunmittelbarer Herrschaften im Umfeld des bayerischen Herzogtums. Die Reichsgrafschaft der Herren von Ortenburg bildete bis zum Ende des Alten Reiches eine Enklave im Westen von Passau. Im Spätmittelalter versuchten einige Adelsfamilien, das Herzogtum durch eigene Herrschaften zu durchbrechen. Am Schliersee entstand wohl auf der Basis einer Freisinger Immunität die Herrschaft Hohenwaldeck der Herren von Waldeck, für die 1453 eine Reichsbelehnung nachweisbar ist. Ihre Nachfolger bewahrten den Reichslehencharakter bis ins 18. Jahrhundert. Im Jahr 1434 erhielten die Herren von Fraunberg die Reichsbelehnung, erkannten dann aber die Landesherrschaft des Herzogs an. Für die Grafschaft Haag konnte die Reichsunmittelbarkeit bis in das 16. Jahrhundert behauptet werden.

Die Bildung der Landstände als Vertretung des Landes gegenüber dem Herzog vollzog sich in einem über zweihundertjährigen Prozess. Den historischen Anknüpfungspunkt bot die Stellung der bayerischen Großen als Repräsentanten des Stammes. Der letzte Landtag alter Ordnung hatte 1244 in Regensburg stattgefunden. Um 1300 begegnen in den Quellen Grafen, Freie, Dienstleute, Ritter und Knechte, aus denen sich der differenzierte Adelsstand bilden sollte. In dieser Zeit nahm die Geldnot der Herzöge zu, die Einkünfte wie Zehnte, Vogteien und Zölle versetzen mussten. Deshalb schrieben die niederbayerischen Herzöge 1295, Herzog Rudolf von Oberbayern 1298 neue Steuern aus. Darauf begann der Adel, sich zu ständischen Zusammenschlüssen zu formieren. Erstmals trat der oberbayerische Adel 1302 auf einem Rittertag den Herzögen als geschlossene, politisch handelnde Körperschaft gegenüber. In Niederbayern schloss Herzog Otto III. 1311 mit seinem Adel die Ottonische Handfeste. Lediglich die drei Blutfälle sowie das Gericht um Eigen und Lehen behielt der Herzog seiner eigenen Gerichtsbarkeit vor. Außerdem billigte

37 Ebd., S. 100–115.

er den Herrschaftsinhabern im Lande zu, gegenüber dem Fürsten das Land in seiner Gesamtheit zu vertreten.

Das Kriterium für die Zugehörigkeit zu den Ständen bildete der Besitz von Herrschaften und Herrschaftsrechten, deren abgeleiteter Charakter in der Steuer- und Abgabenpflicht gegenüber dem Herzog zum Ausdruck kam. Die Prälaten, die Äbte und Pröpste der Klöster und Stifte, erhielten 1311 in Niederbayern, 1330 in Oberbayern die Niedergerichtsbarkeit für ihre Hofmarken. Sie schlossen sich mit der Ritterkorporation und auf dem Landtag von 1341 mit den Städten und Märkten zusammen. Die Herzöge beurkundeten 1394 in Landshut und Straubing, 1395 in München die Einung von Ritterschaft, Prälaten, Städten und Märkten. In Bayern gab es damit drei Stände. Ihre Anzahl nach der Vereinigung Ober- und Niederbayerns hielt die Landtafel unter Herzog Albrecht V. fest: den Adel in 554 Familien, die Prälaten von 88 landsässigen Klöstern und Stiften und die 124 gefreiten Städte und Märkte.

Die landständischen Privilegien wurden in 64 Freiheitsbriefen von 1311 bis 1565 niedergelegt. Zum Höhepunkt ständischer Macht 1508 wurden sie mit anderen Materien zur Landesfreiheit zusammengefasst, welche der Herzog vor der Entgegennahme der Huldigung durch die Landstände beschwören musste. Im Jahr 1557 schließlich gewährte Albrecht V. die Edelmannsfreiheit, mit der er dem Adel die Verwaltungs- und Gerichtsrechte auf Gütern auch außerhalb geschlossener Hofmarken übertrug. Neben dem Recht der Steuerbewilligung konnten die Stände an den großen Rechtskodifikationen, bei Landesveräußerungen und Teilungen, der Landesverteidigung, der Beamtenbestellung und der Regentschaft mitwirken. Die Steuern wurden von einer eigenen landständischen Verwaltung in den Rentämtern von allen Hintersassen eingehoben und in die Landschaftskasse abgeführt. Letztmals traten die Landstände 1669 zusammen, danach wurden ihre Aufgaben durch den Landtagsausschuss wahrgenommen.

## 3.5 Die Landesteilungen

Seit 1255 waren das Herzogtum Bayern und die Pfalzgrafschaft bei Rhein mannigfachen Teilungen in bis zu acht wittelsbachische Linien unterworfen, in deren Zuge die Rheinpfalz und die Kurwürde der von Ludwig dem Bayern begründeten Linie verloren gingen. Die Einheit der Dynastie und die wechselseitige Erbfolge wurden aber 1329 mit dem Hausvertrag von Pavia zunächst gewahrt.[38] Die Landesteilungen erfolgten nicht nach rationalen Verwaltungsgesichtspunkten, sondern nach der vergleichbaren Höhe der Einkünfte. Die tiefsten Spuren bis in die Gegenwart hinterließ die Teilung in die Herzogtümer Ober- und Niederbayern mit den Residenzen Mün-

38 Rall, Hausverträge 1987, S. 41–174; Krieger, Unionsbestrebungen 1977; Heimann, Hausordnung 1993.

chen und Landshut. Zeitweise existierten weitere Linien mit Residenzen in Ingolstadt und Straubing. Die Teilungen hatten auch für die Rechtsentwicklung Bedeutung. So galt das 1346 unter Ludwig dem Bayern erlassene Oberbayerische Landrecht nur im Herzogtum Bayern-München, enthielt aber bereits „alle wesentlichen Bausteine einer staatlichen Rechtsordnung".[39] Es basierte auf der Zusammenfassung älterer Rechtsordnungen; im Zentrum stand die dem Herzog obliegende Landfriedenswahrung.

Trotz der Teilungen behielt die Vorstellung vom Land zu Bayern Gewicht, die sich mit der Idee einer einheitlichen Herrschaft verband.[40] Auch die Teilherzöge argumentierten nach Bedarf mit dem Wohl des Landes zu Bayern. Das Haus zu Bayern, also die Wittelsbacher Dynastie, galt als Klammer der Einheit. Trotzdem befanden sich die Teilherzogtümer auf dem Weg zu getrennten Territorialstaaten, was nur durch dynastische Zufälle verhindert wurde. Mit dem Erlöschen zunächst der Straubinger (1425) und der Ingolstädter Linie (1447) setzte ein neuer Konzentrationsprozess ein.

Der Teilungsvertrag von 1392 und der Erdinger Vertrag von 1450 garantierten beim Aussterben eines Zweiges im männlichen Stamme die Erbfolge der anderen bayerisch-wittelsbachischen Linie. Herzog Albrecht IV. der Weise von Bayern-München konzentrierte sich darauf, seine Herrschaftsrechte auszubauen und die Teilherzogtümer zu vereinen.[41] 1503 starb mit Herzog Georg dem Reichen die Linie Bayern-Landshut aus. Nach dem Sieg der Koalition um Bayern-München im Landshuter Erbfolgekrieg wurde für die Kinder von Herzog Georgs Tochter mit Pfalz-Neuburg ein neues Fürstentum geschaffen, andere Gebietsteile mussten für die Waffenhilfe an König Maximilian I., an Württemberg und an die Reichsstadt Nürnberg abgetreten werden. Mit diesen Ausnahmen umfasste die Herrschaft Albrechts IV. nun das gesamte Herzogtum Bayern. Weiterhin galt in Oberbayern das Landrecht Ludwigs des Bayern, während in Niederbayern die Landesordnung Herzog Georgs 1501 ältere Bestimmungen verdrängt hatte.

Zum Landesbewusstsein hat auch die Geschichtsschreibung beigetragen. Im Spätmittelalter rückte die Geschichte Bayerns, des Landes wie seines Herzogshauses, in den Mittelpunkt des Interesses der Chronisten. Als herausragende Historiographen sind Andreas von Regensburg, Hans Ebran von Wildenberg, Ulrich Fuetrer und der vom Frühhumanismus geprägte Veit Arnpeck zu nennen. Die Begriffe Land und Haus Bayern bestimmten die Chronistik stärker als reine Fürsten- oder Dynastiegeschichte.[42]

39 Volkert, Rechtsbuch 2010; Zitat: Kraus, Geschichte 2013, S. 160.

40 Dicker, Landesbewusstsein 2009, S. 237–275.

41 Paulus, Machtfelder 2016.

42 Dicker, Landesbewusstsein 2009, S. 275–323.

## 3.6 Die Behördenorganisation

Die Grundlagen der Landesverwaltung mit der Ausbildung von Zentral-, Mittel- und Unterbehörden wurden im Spätmittelalter gelegt. Bayern zeichnete sich durch einen hohen Standard seiner Verwaltung aus, welche die effektive Politik der Herzöge ermöglichte. Ansätze zu einem Ratsgremium, dem bereits Gelehrte angehörten, lassen sich im 13. Jahrhundert mit einzelnen Nennungen nachweisen.[43] Die Aufgaben der Räte werden 1293 in einer niederbayerischen Hofordnung fassbar; im folgenden Jahr wird ein Kämmerer genannt. In dieser Zeit entwickelte sich auch das Hofgericht, das sich aus den ständig am Hofe anwesenden Räten zusammensetzte.

Als erste Zentralbehörden entstanden in Landshut und München gegen Ende des 15. Jahrhunderts jeweils ein Hofrat, zu dessen Sitzungen neben den Inhabern der höchsten Hofämter und speziell berufenen Adeligen und Geistlichen auch dauernd bei Hofe anwesende gelehrte Räte herangezogen wurden. Sie konstituierten sich als ortsfestes Gremium mit einer Ritter- und einer Gelehrtenbank und waren zunächst mit allen Angelegenheiten von Fürst und Staat befasst. Dies ging einher mit einer verstärkten Rezeption des römischen Rechts. Wohl nach dem Muster der Reformmaßnahmen der Kaiser Maximilian I. und Ferdinand I., die sich ihrerseits an französisch-burgundischen Vorbildern orientierten, wurde die Behördenorganisation um die Mitte des 16. Jahrhunderts auch in Bayern weiter differenziert. Die für die Landesverwaltung maßgeblichen Behörden lösten sich allmählich von der Hofhaltung. Der Hofrat fungierte als oberste Instanz der Rechtsprechung: Im Bereich der Verwaltung oblag ihm die Exekution der Polizei- und Landgebote; für das Rentamt München war er gleichzeitig Mittelbehörde. Herzog Wilhelm V. errichtete nach Anfängen unter Albrecht V. einen Geheimen Rat nicht als feste Behörde, aber als Institution mit großem Aufgabenkreis.[44] Er diente als Gutachter- und Beratungsgremium in allen Landesangelegenheiten und Fürstensachen. Auch Hofrat und Hofkammer mussten an ihn berichten. Die Entscheidungen behielt sich der Herzog selbst vor.

Der 1550 für die Finanzverwaltung geschaffene Hofkammerrat wurde 1572 zu einer Kollegialbehörde ausgebaut. Sie wurde von qualifizierten Beamten meist bürgerlicher Herkunft dominiert. Ihre Hauptaufgabe bildete neben der Verwaltung und Kontrolle der Einnahmen und Ausgaben die Steigerung und Erschließung neuer Einkünfte. Dazu gehörten seit den Reformen Herzog Maximilians I. die Verstaatlichung des Salzhandels und die Einführung des landesherrlichen Weißbiermonopols. Der Herzog griff nicht zum Mittel weiterer Schuldenabwälzung auf die Stände, sondern bemühte sich um Rationalisierung und Kontrolle der Verwaltung. Träger der Finanzreform war das Beamtentum, das in einer Behördenreform ge-

**43** Heydenreuter, Hofrat 1981, S. 5f.
**44** Ebd., S. 23–34.

schaffen wurde. Bürgerliche Juristen ersetzten in den Schlüsselpositionen die adeligen Räte.

Das Herzogtum war in die Viztum- oder Rentämter München, Landshut, Straubing und Burghausen unterteilt; dazu kam später die Regierung in Amberg für die Oberpfalz. Sie bildeten die Mittelbehörden für Justiz und Polizei. Der Rentmeister hatte ausgedehnte Befugnisse als Kontrolleur des Finanzwesens, der Verwaltung und der Justiz bei den jährlichen Visitationen. Herzog Maximilian intensivierte die Rentmeisterumritte und nutzte sie nicht nur zur Rechnungslegung, sondern auch für die innere Polizeiverwaltung.

Ein differenzierteres Bild boten die Strukturen auf der untersten Ebene staatlicher Gewalt. Die herzoglichen Land- und Pfleggerichte waren von weltlichen und geistlichen Immunitäten, den mit dem Blutbann begabten Städten, Märkten und Herrschaften und den Hofmarken von Adel und Prälaten, welche die Niedergerichtsbarkeit ausübten, durchbrochen. Auch die über die Niedergerichtsbarkeit hinausgehenden Adelsherrschaften wurden für die Blutgerichtsbarkeit den Landgerichten zugeordnet.

## 3.7 Das Ringen um die Kirchenhoheit

Der überwiegende Teil des Herzogtums Bayerns gehörte zur Kirchenprovinz Salzburg, zu der die Bischöfe von Freising, Passau und Regensburg rechneten. Größere Anteile an Bayern hatten außerdem die zur Mainzer Metropolie gehörenden Diözesen Augsburg und Eichstätt sowie das exemte Bamberg. Das landesherrliche Kirchenregiment führte Elemente des Eigenkirchenwesens fort. Es zielte darauf, die äußere Verwaltung der Kirche dem Herzogtum zu unterwerfen, das Kirchengut zu kontrollieren und Visitationsrechte zu gewinnen. Dabei stützten sich die Herzöge auf die enge Zusammenarbeit mit dem Papsttum und den Reformkonzilien. So verfügten sie über Rechte wie fallweise die Dezimation – die Einziehung eines Zehntels der geistlichen Einkünfte –, die Visitation der Klöster und die Besetzung zahlreicher geistlicher Stellen. Bereits im 15. Jahrhundert hatten sie Teile der Gerichtsbarkeit über den Klerus an sich gezogen, seine Steuerfreiheit beseitigt und die Oberaufsicht über das Ortskirchenvermögen beansprucht. Diese Elemente wurden zu einem förmlichen System (*praxis Bavariae*) ausgebaut.

Die Entscheidung über die konfessionelle Orientierung des Herzogtums traf das Landesfürstentum. Das energische Auftreten gegen das sich auch in Bayern formierende Luthertum wird bei der Konferenz der Herzöge Wilhelm IV. und Ludwig X. im Februar 1522 in Grünwald bei München erstmals greifbar. Bereits hier wurde das Programm der bayerischen Religionspolitik deutlich, wie es die folgenden Jahrhunderte bis zum Ausgang des konfessionellen Zeitalters bestimmen sollte. Es bedeutete das strikte Festhalten an der katholischen Kirchlichkeit, das mit vom Staat kontrollierten Reformmaßnahmen verknüpft wurde. Zur Straffung der Kirchenpolitik wurde 1556/57 der Geistliche Rat ins Leben gerufen. Herzog Albrecht V. unterdrückte Bestrebungen von Teilen der Landstände nach einer konfessionellen Öffnung, die er als Beeinträchtigung seiner Kirchenhoheit empfand. Durch sein Testament von 1578 wurde das römisch-katholische Glaubensbekenntnis zur Bedingung für die Sukzessionsfähigkeit erhoben.

Das Konkordat von 1583 zwischen dem Herzog von Bayern und dem Erzbischof von Salzburg mit seinen Suffraganen legalisierte die bisherigen staatskirchlichen Befugnisse, darunter die Besteuerung des Klerus und die Aufsicht über die kirchliche Vermögensverwaltung. Die Politik der Herzöge Wilhelm V. und Maximilian I. verlieh der konfessionellen Entscheidung der Wittelsbacher mit dem Kölner Krieg 1583 wie während des Dreißigjährigen Krieges über den engeren Rahmen des Herzogtums hinaus Gewicht für weite Teile des Reiches. In der Oberpfalz setzte unter Maximilian I. 1623 die Rekatholisierung ein und wurde 1628 vollendet, wobei gleichzeitig die Landstände entmachtet wurden.

Im 18. Jahrhundert wurde die Staatskirchenpolitik unter den Kurfürsten Maximilian III. Joseph und Karl Theodor mit Dezimationen der geistlichen Einkünfte, Beschränkungen des kirchlichen Grunderwerbs, Aufsicht über den kirchlichen Grundbesitz, Zensurmaßnahmen und ersten Säkularisationen intensiviert. Das treibende Motiv bildete der Finanzbedarf des Staates.

## 3.8 Landeseinheit und Kurwürde

Herzog Albrecht IV. sicherte durch die Primogeniturordnung vom 8. Juli 1506 die Landeseinheit über seinen Tod hinaus. Danach sollten die im Herzogtum Bayern vereinigten Fürstentümer unteilbar sein, vererbbar nach dem Recht der Erstgeburt in männlicher Linie. Die arrondierte Einheit des Landes aus Ober- und Niederbayern bildete die Voraussetzung für die führende Rolle Bayerns in der Politik der kommenden Jahrhunderte. Während des Dreißigjährigen Krieges hatte Bayern die Oberpfalz mit der Hauptstadt Amberg besetzt und die Reichsbelehnung erhalten. Mit dem Erlöschen mehrerer Pfälzer Linien und der bayerischen Linie der Wittelsbacher 1777 wurden unter Kurfürst Karl Theodor das Kurfürstentum Bayern, die Kurpfalz, die Herzogtümer Pfalz-Neuburg und Sulzbach in Personalunion regiert. Am Ende des Bayerischen Erbfolgekrieges musste Kurbayern 1779 das Innviertel an Österreich abtreten. Obwohl Bayern einen weitgehend geschlossenen Territorialstaat bildete, waren einige reichsständische Einsprengsel, Überschneidungen und Verzahnungen besonders mit reichskirchlichen Territorien geblieben.

Das vereinigte Land fand seinen Historiographen zunächst in Johann Turmair, genannt Aventinus, der im Auftrag der Herzöge ab 1517 die *Annales ducum Boiariae* und später eine volkssprachige Bearbeitung publizierte. Über den äußeren und inneren Aufbau des Herzogtums berichtet die Landesbeschreibung mit der Großen Karte und den Bairischen Landtafeln von Philipp Apian, der selbst eine Landvermessung in Bayern durchgeführt hatte. Die Kartographie diente als Instrument für die Administration, Repräsentation, Diplomatie und das Kriegswesen.

In dem Maße, in dem die Fürsten sich zunächst unter humanistischem, dann auch unter konfessionellem Einfluss ihrer Verantwortung gegenüber den Untertanen bewusst wurden, wuchs ihr Anspruch auf Herrschaft unter Zurückdrängung ständischer Sonderrechte. Gestützt auf Interpretationen des römischen Rechts versuchten die Herzöge und ihre gelehrten Räte wie Leonhard von Eck, autogene Herrschaftsrechte des Adels und der übrigen Stände zurückzudrängen, welche Frontstellung sich teilweise mit konfessionellen Gegensätzen überschnitt. Mit der Unterwerfung der sogenannten Adelsfronde 1564 war die eigenständige politische Rolle der Landstände in Bayern gebrochen.

Die rechtliche Vollendung der Landeseinheit gelang Herzog Maximilian I. 1616 mit dem *Codex Maximilianeus*, der gleichermaßen für Ober- und Niederbayern Geltung besaß. Er umfasste Land- und Prozessrecht, Gerichtsordnung, Erklärung der Landesfreiheiten, Land- und Polizeiordnung, Jagdordnung und Strafprozessordnung. Kaiser Ferdinand II. gewährte Bayern 1620 das *privilegium de non appellando illimitatum*, womit Appellationen gegen im Namen der Herzöge von Bayern gefällte Urteile an die obersten Reichsgerichte verboten wurden. Deshalb wurde 1625 in München als oberste Revisionsinstanz ein eigenes „Revisorium“ eingerichtet. Schließlich übertrug der Kaiser 1621/1623/1628 Maximilian I. und seinen Nachfahren die mit dem Erztruchsessenamt verbundene ursprüngliche Pfälzer Kurwürde, welche die Position Bayerns in der Reichspolitik erheblich stärkte.

Die gesteigerte Stellung des Fürsten und sein gehobenes Selbstbewusstsein fanden ihren Ausdruck im Ausbau der Münchner Residenz mit weiter kultureller Ausstrahlung und der Ausweitung der Hofhaltung. Der frühmoderne Staat stärkte durch Ausschöpfung der bestehenden und die Erschließung neuer Finanzquellen, durch Rationalisierung der Verwaltung und den Ausbau der Zentralverwaltung die Stellung des Fürsten. Die Westfälischen Friedensinstrumente übertrugen den Fürsten das *ius territorii et superioritatis*, das dem Landesherrn in seinem Territorium die Gewalt in geistlichen und weltlichen Dingen zusprach. Die irreführende französische Übersetzung „droit de souveraineté“ darf aber nicht als Souveränität verstanden werden. Die Reichsstände mussten weiter die Belehnung vom Kaiser empfangen.

Seit dem späten 17. Jahrhundert floss mit der Teilnahme des Kurfürsten Max Emanuel an den Türkenkriegen ein Großteil der bayerischen Einkünfte in den Militärsektor, weitere schwere Belastungen brachte seine Übernahme der Statthalterschaft in den Spanischen Niederlanden. Der Schaden für das Land kulminierte in dem von Max Emanuel mitverschuldeten Spanischen Erbfolgekrieg, der die Reichsacht für den Kurfürsten und die zeitweilige Unterstellung Kurbayerns unter eine kaiserliche Statthalterschaft und die Abtrennung von Landesteilen einbrachte. In diesem Zusammenhang übernahmen die Stände die Interessenvertretung des Landes, während der Kurfürst bereit war, Bayern gegen eine Königskrone zu vertauschen.

Im weiteren Verlauf des 18. Jahrhunderts wurden Reformmaßnahmen vor allem auf der Ebene der Zentralverwaltung vorgenommen. 1726 wurde die „Geheime Konferenz“ eingerichtet. Die Entscheidungen in den Ressorts für Inneres, Wirtschaft, Finanzen und Auswärtige Angelegenheiten liefen in der Hand von Kabinettssekretären zusammen. Innerhalb der Hofkammer entstanden Spezialbehörden wie die Manufakturdeputation, die Generalstraßenbaukommission oder das oberste Münz- und Bergamt. Aloys Wiguläus Xaver Freiherr von Kreittmayr schuf in den Jahren 1751 bis 1771 eine neue Rechtskodifikation, um das römische Recht zurückzudrängen und dem Naturrecht seinen Platz einzuräumen. Sein Gesetzeswerk wirkte prägend noch auf das bayerische Rechtswesen des 19. Jahrhunderts. Kurfürst Karl Theodor nahm 1779 eine radikale Behördenreform vor, indem er die Oberste Landesregierung einrichtete und ihr die wichtigsten Kompetenzen von Hofrat und Hofkammer übertrug. Die Rentämter wurden in „Kameralrentdeputationen“ umbenannt und kollegialisch organisiert.

Das beherrschende Problem des 18. Jahrhunderts bildete das Ringen zunächst um die österreichische und dann um die bayerische Erbfolge. Bereits 1746 hatten die Kurfürsten Max III. Joseph von Bayern und Karl Theodor von der Pfalz das wittelsbachische Schutz- und Trutzbündnis von 1724 erneuert. Um einem Verlust von Territorien für das Gesamthaus zu begegnen, schlossen sie 1766 eine „Erbverbrüderungs-Erneuerung“, die Kurbayern und Kurpfalz zum Gesamtbesitz des Hauses erklärte. Weitere Hausunionen von 1771, 1774 und 1777 sicherten die Einheit zwischen den beiden Kurlinien und erkannten die Anwartschaft der Nebenlinie Pfalz-Zweibrücken an. Dies war wichtig, weil damit beim drohenden Erlöschen der Hauptlinien Erbfolger zur Verfügung standen. Das bei den Landständen und Beamten vorhandene bayerische Landesbewusstsein war mittlerweile soweit gewachsen, dass es sich von der Person des Regenten lösen konnte. Als Pläne bekannt wurden, Kurfürst Karl Theodor – der 1778 Bayern und Pfalz vereinigt hatte – wolle Bayern gegen ein mögliches Königreich Burgund oder andere Länder an Österreich unter Kaiser Joseph II. eintauschen, bildete sich die „Patriotenbewegung“, die solche Projekte vereitelte.

## 3.9 Die Ausbildung des modernen Bayern

Am 1. Januar 1806 erfolgte die Proklamation Bayerns zum Königreich.[45] Damit war ein lange zurückreichendes Ziel der bayerischen Politik in Erfüllung gegangen. Das Jahr 1806 markiert dabei nur den Höhepunkt der tiefgreifenden territorialen, verfas-

45 Die meisten in diesem Abschnitt erwähnten Quellen sind ediert in der Reihe der Dokumente zur Geschichte von Staat und Gesellschaft in Bayern, hier Abteilung III. Bd. 2. Auf Einzelnachweise wird verzichtet.

sungsmäßigen, konfessionellen und sozialgeschichtlichen Veränderungen der Jahre zwischen der Französischen Revolution und dem Wiener Kongress. Mit französischer Unterstützung konnte Kurbayern bei der Säkularisation und Mediatisierung in den Jahren 1802 und 1803 den Erwerb zahlreicher Territorien durchsetzen: die Hochstifte Würzburg, Bamberg, Augsburg und Freising, Teile von Eichstätt und Passau, zahlreiche Reichsabteien und Reichsstädte in Franken und Schwaben. Neben den linksrheinischen Besitzungen musste auch die rechtsrheinische Kurpfalz um Heidelberg und Mannheim abgetreten werden. Durch die Säkularisation der landsässigen Klöster und Stifte konnte Bayern nicht nur deren Herrschafts- und Besitzrechte übernehmen, sondern auch den Prälatenstand und in der Folge 1807/08 die Landstände überhaupt aufheben.

Bayern hatte 1806 nach außen zwar die Souveränität erhalten, nach innen blieb es aber ein Konglomerat von Gebieten mit verschiedenen Verwaltungs- und Rechtssystemen, die sich im folgenden Jahrzehnt außerdem mehrfach veränderten. Die Territorien des Bayerischen, die meisten des Fränkischen und die östlichen des Schwäbischen Reichskreises sowie Tirol waren als Entschädigung für linksrheinische Verluste, als Tauschobjekte oder durch Kauf an das Königreich gefallen. Nach dem Sieg über Napoleon musste Bayern Tirol und Salzburg wieder abtreten, bekam aber das Großherzogtum Würzburg sowie Aschaffenburg und den Spessart aus dem Dalberg-Staat. Unter Verlust der alten Kurpfalz erhielt es den neugeschaffenen linksrheinischen Rheinkreis mit der Hauptstadt Speyer.

Minister Maximilian Joseph Graf von Montgelas, gestützt auf das Vertrauen von König Max I. Joseph, schuf aus den disparaten Territorien einen zentralistischen Staat. Seine Politik war bestimmt von aufgeklärt-josephinischem Gedankengut; sein Grundsatz war die Staatsräson, das Ziel bildete ein moderner Staat mit einem einheitlichen Untertanenverband ohne ständische Privilegien oder konfessionelle Schranken.[46] Die Instrumente für die Durchführung der Reformmaßnahmen bildeten die weitgehend neu geschaffene Verwaltung und das Beamtentum. Der Umbau begann bei den Zentralbehörden, die nach dem Ressortprinzip gegliedert wurden. Zur Verwaltung der neuen Gebiete wurden zunächst Landesdirektionen und Hofgerichte als Oberbehörden eingerichtet. Darunter wurde das gesamte Gebiet nach kurbayerischem Muster mit einem Netz von Landgerichten als Unterbehörden für Justiz und Verwaltung überzogen. Anstelle des bisherigen Territorialgewirrs traten damit klare Zuständigkeiten. Schließlich wurde Bayern nach dem Vorbild der französischen Departements 1808 in annähernd gleichgroße, nach Flussnamen benannte Kreise unter Verwendung natürlicher Grenzen eingeteilt. Im Bereich der Mittelbehörden wurden Justiz und Verwaltung getrennt. Auf der untersten Ebene, bei den Landgerichten, wurde diese Unterscheidung erst 1862 durchgeführt.

46 Demel, Staatsabsolutismus 1983.

Die Konstitution vom 25. Mai 1808 bildete die Zusammenfassung der bisher durchgeführten Reformen und machte den König zum Organ des Staates. Sie sollte dem Lande eine einheitliche Organisation geben, die Gleichheit der Rechte und Pflichten aller Staatsbürger schaffen, die Person und das Eigentum, die Toleranz und die Unabhängigkeit der Richter sichern. Die gedankliche Trennung von Staat und Dynastie bedeutete das Ende der Vorstellung des Staates als Fideikommiss des Fürstenhauses. Am 26. Mai 1818 wurde eine weitere Verfassung erlassen.[47] Danach vereinigte der Monarch alle Rechte der Staatsgewalt in sich, war aber durch sie gebunden. Nach dem Wegfall des Reichslehensrechts wurde in den Staaten des Deutschen Bundes die Lehre vom Monarchischen Prinzip als Legitimationsmodell entwickelt, das den ungeteilten Besitz der Staatsgewalt durch den Fürsten und seine freiwillige Selbstbindung an eine Verfassung umschreibt. Eine Sonderrolle kam dem Rheinkreis (Speyer) zu, der 20 Jahre unter französischer Herrschaft gestanden hatte und in dem die Einrichtungen aus dieser Zeit, das Recht (Code Napoléon für das Zivilrecht) und die Finanzverwaltung, die Abschaffung von Patrimonialgerichtsbarkeit und Grundherrschaft belassen wurden, wodurch eine auch wirtschaftlich fortschrittliche Entwicklung ermöglicht wurde.

König Ludwig I. wirkte entscheidend für die Aussöhnung der Neubayern mit dem Königreich und damit für die Staatsintegration. Er prägte das Konstrukt vom Königreich als Stämmestaat der Altbayern, Franken, Schwaben und Pfälzer, indem er Symbole für diese in das Wappen aufnahm und die Kreise nach historisierenden Bezeichnungen umbenannte.

## 3.10 Bayern im Deutschen Reich

Das Königreich Bayern trat am 23. November 1870 einem Deutschen Bund bei, den die Staaten des Norddeutschen Bundes mit Baden und Hessen geschlossen hatten; Württemberg folgte. Am 10. Dezember wurde dieser Bund zum Deutschen Reich erklärt, das am 16. April 1871 eine Verfassung erhielt. Das Königreich war nun nur noch Gliedstaat eines Bundesstaates, das Bündnisrecht und die Entscheidung über Krieg und Frieden war den einzelnen Monarchen genommen. An der Bildung des Reichswillens war es freilich durch Sitz und Stimme im Bundesrat als verfassungsrechtlich oberstem Organ des Reiches beteiligt.

Der preußische Ministerpräsident Otto von Bismarck hatte Bayern den Anschluss an das kleindeutsche Kaiserreich durch Einräumung von Reservatrechten erleichtert. Sie garantierten den Fortbestand der eigenständigen Bayerischen Armee, die in Friedenszeiten unter dem Oberbefehl des Königs stand. Außerdem blieben dem Königreich Hoheitsrechte wie das Recht auf eigene Verfassung, die Zustän-

47 Möckl, Verfassungsgeschichte 1979.

digkeiten im Bereich von Gesetzgebung, Gerichtsbarkeit und Verwaltung und das Gesandtschaftsrecht sowie Reservatrechte bei der Eisenbahn, im Post- und Telegraphenwesen und bei einigen Verbrauchssteuern. Bayern konnte zudem die Zuständigkeit des Bayerischen Obersten Landesgerichtes vor der Revisionszuständigkeit der Reichsgerichte behaupten.

Nach der Novemberrevolution 1918 und der Verabschiedung der republikanischen Verfassungen des Deutschen Reiches und des Freistaates Bayern im August 1919 fand noch eine Gebietserweiterung statt, als sich im Februar 1920 der Freistaat Coburg mit einem Staatsvertrag Bayern anschloss. Am 9. März 1933 wurde die bayerische Regierung durch die nationalsozialistisch dominierte Reichsregierung entmachtet und Bayern damit faktisch „gleichgeschaltet“. Während der nationalsozialistischen Diktatur wurde der Staatscharakter Bayerns in mehreren Schritten von den zwei Gesetzen „zur Gleichschaltung der Länder mit dem Reich“ vom 31. März und 7. April 1933 bis zum „Gesetz über den Neuaufbau des Reiches“ vom 30. Januar 1934 ausgehöhlt, die reduzierte Staatsregierung und der Verwaltungsaufbau blieben aber in Grundzügen erhalten.

Nach dem Zusammenbruch des nationalsozialistischen Regimes erhielt Bayern seinen Staatscharakter innerhalb der Amerikanischen Besatzungszone zurück. Mit der Abstimmung vom 1. Dezember 1946 gab sich „das bayerische Volk“ eine „demokratische Verfassung“ als Freistaat. Durch die Zuordnung der Rheinpfalz zur Französischen Besatzungszone und aufgrund der Einrichtung des neuen Landes Rheinland-Pfalz 1946 verlor Bayern aber diesen Regierungsbezirk. Am 20. Mai 1949 lehnte der bayerische Landtag das Grundgesetz wegen seines zentralistischen Charakters zwar ab, erkannte aber seine Rechtsverbindlichkeit an, sodass sich Bayern der Bundesrepublik Deutschland anschloss. Allerdings hatte sich mittlerweile eine Bevölkerungsverschiebung vollzogen, doch gelang nach anfänglichen Schwierigkeiten die Integration der Flüchtlinge und Vertriebenen aus den Ostgebieten. Dabei wurde der Stammesgedanke neu interpretiert, sodass sich die Vertriebenen aus dem Sudetenland als vierter bayerischer Stamm konstituieren konnten.[48] Seitdem blieb das Staatsgebiet Bayerns nach außen unverändert, mit der Gebietsreform von 1972 fanden aber einschneidende Territorialveränderungen zwischen den Regierungsbezirken und Zusammenlegungen von Landkreisen und Gemeinden statt.

**48** Endres, Stamm 1998.

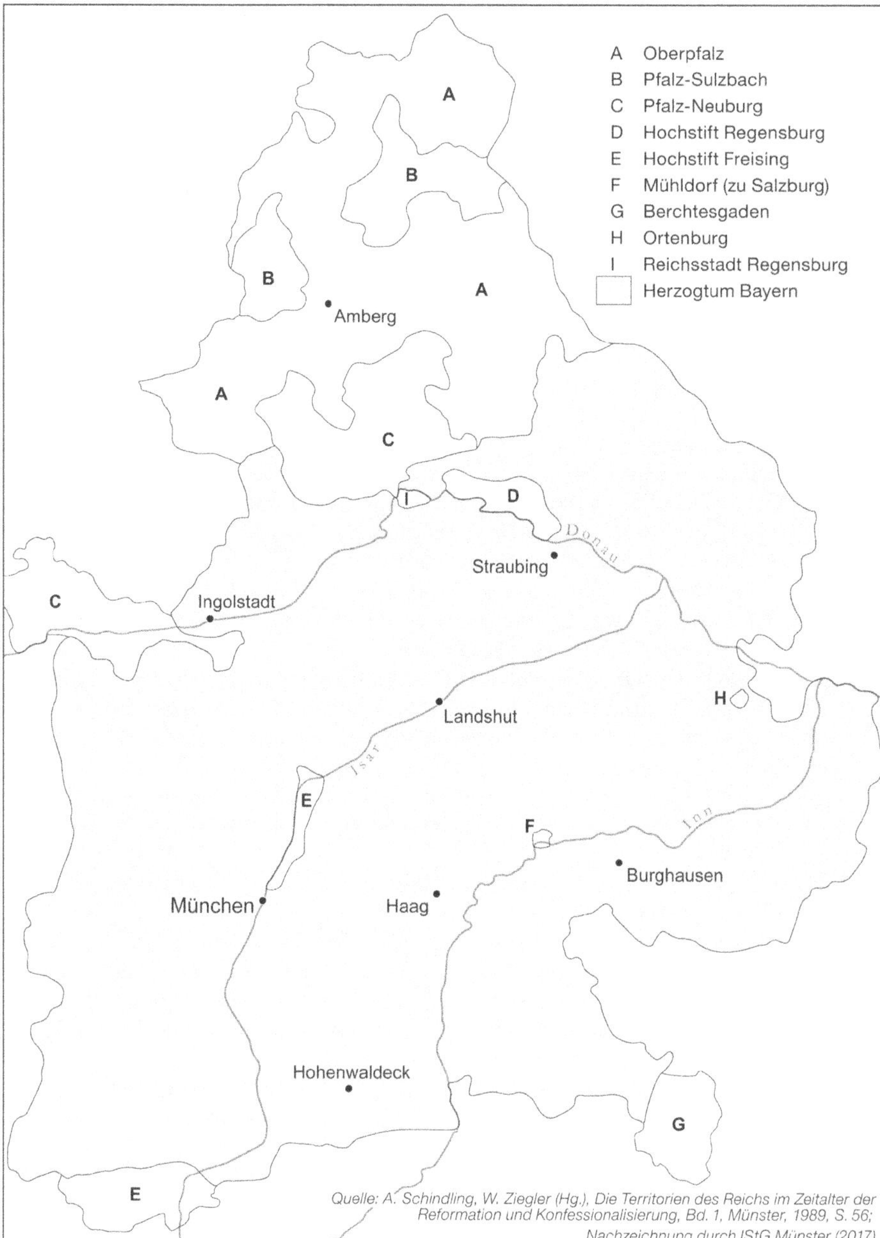


**Abb. 25:** Bayern zur Reformationszeit

# Literatur

Andermann, Kurt: Leibeigenschaft am mittleren und nördlichen Oberrhein in der frühen Neuzeit. In: Klussmann, Jan (Hrsg.): Leibeigenschaft. Bäuerliche Unfreiheit in der frühen Neuzeit. Köln u.a. 2003 (Potsdamer Studien zur Geschichte der ländlichen Gesellschaft, 3), S. 63–76.

Becher, Matthias: Rex, Dux, Gens. Untersuchungen zur Entstehung des sächsischen Herzogtums im 9. und 10. Jahrhundert. Husum 1996.

Cohn, Henry J.: The Government of the Palatinate 1449 to 1508. Oxford 1962.

Demel, Walter: Der bayerische Staatsabsolutismus 1806/08–1817. Staats- und gesellschaftspolitische Motivationen und Hintergründe der Reformära in der ersten Phase des Königreichs Bayern. München 1983 (Schriftenreihe zur bayerischen Landesgeschichte, 76).

Deutinger, Roman: Lex Baioariorum. Das Recht der Bayern. Regensburg 2017.

Dicker, Stefan: Landesbewusstsein und Zeitgeschehen. Studien zur bayerischen Chronistik des 15. Jahrhunderts. Köln u.a. 2009 (Norm und Struktur. Studien zum sozialen Wandel in Mittelalter und Früher Neuzeit, 30).

Dokumente zur Geschichte von Staat und Gesellschaft in Bayern I. Altbayern vom Frühmittelalter bis 1800. Bd. 1: Altbayern bis 1180. Bearb. v. Karl-Ludwig Ay. München 1974. Bd. 2: Altbayern von 1180 bis 1550. Bearb. v. Karl-Ludwig Ay. München 1977. Bd. 3: in 2 Teilen. Altbayern von 1550–1651. Bearb. v. Walter Ziegler. München 1992.

Dokumente zur Geschichte von Staat und Gesellschaft in Bayern III. Bayern im 19. und 20. Jahrhundert. Bd. 2: Die bayerische Staatlichkeit. Unter Mitwirkung von Werner K. Blessing bearb. v. Rolf Kießling u. Anton Schmid. München 1976.

Dotzauer, Winfried: Der kurpfälzische Wildfangstreit und seine Auswirkungen im rheinhessisch-pfälzischen Raum. In: Gerlich, Alois (Hrsg.): Regionale Amts- und Verwaltungsstrukturen im rheinhessisch-pfälzischen Raum (14. bis 18. Jahrhundert). Stuttgart 1984 (Geschichtliche Landeskunde, 25), S. 81–105.

Egler, Anna: Die Spanier in der linsksrheinischen Pfalz 1620 bis 1632. Invasion, Verwaltung, Rekatholisierung. Mainz 1971 (Quellen und Abhandlungen zur mittelrheinischen Kirchengeschichte, 13).

Endres, Rudolf (Hrsg.): Bayerns vierter Stamm. Die Integration der Flüchtlinge und Heimatvertriebenen nach 1945. Köln u.a. 1998.

Fried, Pankraz: Die Entstehung der Landesherrschaft in Altbayern, Franken und Schwaben im Lichte der Historischen Atlasforschung. Ein vorläufiger Überblick. In: Kraus, Andreas (Hrsg.): Land und Reich – Stamm und Nation. Probleme und Perspektiven bayerischer Geschichte. Festgabe für Max Spindler zum 90. Geburtstag. Bd. I. München 1984 (Schriftenreihe zur bayerischen Landesgeschichte, 78), S. 1–13.

Hans, Alfred: Die Kurpfälzische Religionsdeklaration von 1705. Ihre Entstehung und Bedeutung für das Zusammenleben der drei im Reich tolerierten Konfessionen. Mainz 1973 (Quellen und Abhandlungen zur mittelrheinischen Kirchengeschichte, 18).

Heeg-Engelhart, Ingrid: Das älteste bayerische Herzogsurbar. Analyse und Edition. München 1990 (Quellen und Erörterungen zur bayerischen Geschichte, N.F. 37).

Heimann, Heinz-Dieter: Hausordnung und Staatsbildung. Innerdynastische Konflikte als Wirkungsfaktoren der Herrschaftsverfestigung bei den wittelsbachischen Rheinpfalzgrafen und den Herzögen von Bayern. Ein Beitrag zum Normenwandel in der Krise des Spätmittelalters. Paderborn u.a. 1993 (Quellen und Forschungen aus dem Gebiet der Geschichte, N.F. 16).

Heitmeier, Irmtraut: Die spätantiken Wurzeln der bairischen Noricum-Tradition. Überlegungen zur Genese des Herzogtums. In: Fehr, Hubert/Heitmeier, Irmtraut (Hrsg): Die Anfänge Bayerns. Von Raetien und Noricum zur frühmittelalterlichen Baiovaria. St. Ottilien $^{2}$2014 (Bayerische Landesgeschichte und europäische Regionalgeschichte, 1), S. 463–550.

Heydenreuter, Reinhard: Der landesherrliche Hofrat unter Herzog und Kurfürst Maximilian I. von Bayern (1598–1651). München 1981 (Schriftenreihe zur bayerischen Landesgeschichte, 72).
Historischer Atlas von Bayern: http://geschichte.digitale-sammlungen.de/hab/online/angebot [17.11.2017]
Holzfurtner, Ludwig: Die Grafschaft der Andechser. Comitatus und Grafschaft in Bayern 1000–1180. München 1994 (Historischer Atlas von Bayern, II/2).
Holzfurtner, Ludwig: Herzog oder König. Königliche Eingriffe in bayerische Grafschaften während des hohen Mittelalters. In: Ackermann, Konrad/Rumschöttel, Hermann (Hrsg.): Bayerische Geschichte. Landesgeschichte in Bayern. Festgabe für Alois Schmid zum 60. Geburtstag. Bd. 1. München 2005 (Zeitschrift für bayerische Landesgeschichte, 68/1), S. 289–304.
Kraus, Andreas: Geschichte Bayerns von den Anfängen bis zur Gegenwart. München [4]2013.
Kreutz, Wilhelm/Kühlmann, Wilhelm/Hermann, Wiegand (Hrsg.): Die Wittelsbacher und die Kurpfalz in der Neuzeit. Zwischen Reformation und Revolution. Regensburg 2013.
Krieger, Karl Friedrich: Bayerisch-pfälzische Unionsbestrebungen vom Hausvertrag von Pavia (1329) bis zur Wittelsbacher Hausunion vom Jahre 1724. In: Zeitschrift für historische Forschung 4 (1977), S. 385–413.
Lanzinner, Maximilian: Fürst, Räte und Landstände. Die Entstehung der Zentralbehörden in Bayern 1511–1598. Göttingen 1980 (Veröffentlichungen des Max-Planck-Instituts für Geschichte, 61).
Lieberich, Heinz: Die bayerischen Landstände 1313/40–1807. München 1990 (Materialien zur bayerischen Landesgeschichte, 7).
Lossen, Richard: Staat und Kirche in der Pfalz im Ausgang des Mittelalters. Münster i.W. 1907 (Vorreformatorische Forschungen, 3).
Maier, Franz: Die bayerische Unterpfalz im Dreißigjährigen Krieg. Besetzung, Verwaltung und Rekatholisierung der rechtsrheinischen Pfalz durch Bayern 1621 bis 1649. Frankfurt a.M. u.a. 1990 (Europäische Hochschulschriften, 3/428).
Merz, Johannes: Landesherrschaft/Landeshoheit. In: Historisches Lexikon Bayerns, URL: <http://www.historisches-lexikon-bayerns.de/Lexikon/Landesherrschaft/Landeshoheit> [30.12.2015].
Möckl, Karl: Der moderne bayerische Staat. Eine Verfassungsgeschichte vom aufgeklärten Absolutismus bis zum Ende der Reformepoche. München 1979 (Dokumente zur Geschichte von Staat und Gesellschaft in Bayern, III/1).
Moeglin, Jean-Marie: Les ancêtres du Prince. Propagande politique et naissance d'une histoire nationale en Bavière au Moyen Âge (1180–1500). Genf 1985 (Haute études médiévales et modernes, 54).
Paulus, Christof: Machtfelder. Herzog Albrecht IV. von Bayern (1447/1465–1508) zwischen Dynastie, Territorium und Reich. Wien u.a. 2015 (Forschungen zur Kaiser- und Papstgeschichte des Mittelalters. Beihefte zu J. F. Böhmer, Regesta Imperii, 39).
Peltzer, Jörg/Schneidmüller, Bernd/Weinfurter, Stefan/Wieczorek, Alfried (Hrsg.): Die Wittelsbacher und die Kurpfalz im Mittelalter. Eine Erfolgsgeschichte? Regensburg 2013.
Peltzer, Jörg: Der Rang der Pfalzgrafen bei Rhein. Die Gestaltung der politisch-sozialen Ordnung des Reichs im 13. und 14. Jahrhundert. Ostfildern 2013 (RANK. Politisch-soziale Ordnungen im mittelalterlichen Europ, 2).
Press, Volker: Calvinismus und Territorialstaat. Regierung und Zentralbehörden der Kurpfalz 1559 bis 1619. Stuttgart 1970 (Kieler Historische Studien, 7).
Rall, Hans (Hrsg.): Wittelsbacher Hausverträge des späten Mittelalters. Die Haus- und staatsrechtlichen Urkunden der Wittelsbacher von 1310, 1329, 1392/93, 1410 und 1472. München 1987 (Schriftenreihe zur bayerischen Landesgeschichte, 71).
Rankl, Helmut: Das vorreformatorische landesherrliche Kirchenregiment in Bayern (1378–1526). München 1971 (Miscellanea Bavarica Monacensia, 34).

Raumer, Kurt von: Die Zerstörung der Pfalz 1689 im Zusammenhang der französischen Rheinpolitik. München 1930.

Rödel, Volker (Hrsg.): Griff nach der Krone. Die Pfalzgrafschaft bei Rhein im Mittelalter. Begleitpublikation zur Ausstellung der Staatlichen Schlösser und Gärten Baden-Württemberg und des Generallandesarchivs Karlsruhe. Regensburg 2000/[2]2002 (Schätze aus unseren Schlössern, 4).

Schaab, Meinrad: Bergstraße und Odenwald. 500 Jahre Zankapfel zwischen Kurmainz und Kurpfalz. In: Schäfer, Alfons (Hrsg.): Festschrift für Günther Haselier. Karlsruhe 1975 (Oberrheinische Studien, 3), S. 237–266.

Schaab, Meinrad: Die Festigung der pfälzischen Territorialmacht im 14. Jahrhundert. In: Patze, Hans (Hrsg.): Der deutsche Territorialstaat im 14. Jahrhundert. Bd. 2. Sigmaringen 1971 (Vorträge und Forschungen, 14), S. 171–197.

Schaab, Meinrad: Geschichte der Kurpfalz. 2 Bde., Stuttgart 1988–1992 (Bd. 1 [2]1999).

Schaab, Meinrad: Grundlagen und Grundzüge der pfälzischen Territorialentwicklung 1156 bis 1410. In: Bärmann, Johannes/Gerlich, Alois/Petry, Ludwig (Hrsg.): Alzeyer Kolloquium 1970. Wiesbaden 1974 (Geschichtliche Landeskunde, 10), S. 1–21.

Schaab, Meinrad: Kurpfalz. In: Schaab, Meinrad/Schwarzmaier, Hansmartin (Hrsg.): Handbuch der baden-württembergischen Geschichte. Bd. 2: Die Territorien im Alten Reich. Stuttgart 1995, S. 247–333.

Schaab, Meinrad: Pfälzische Klöster vor und nach der Reformation. In: Blätter für deutsche Landesgeschichte 109 (1973), S. 253–258.

Schaab, Meinrad: Die Wiederherstellung des Katholizismus in der Kurpfalz im 17. und 18. Jahrhundert. In: Zeitschrift für die Geschichte des Oberrheins 114 (1966), S. 147–205.

Schaab, Meinrad/Moraw, Peter: Territoriale Entwicklung der Kurpfalz (von 1156 bis 1792). In: Alter, Willi (Hrsg.): Pfalzatlas. Speyer 1963–1980, hier Karte 62–65 (1969) und Textbd. 1, S. 393–428 (1970).

Schindling, Anton/Ziegler, Walter: Kurpfalz, Rheinische Pfalz und Oberpfalz. In: Schindling, Anton/Ziegler, Walter (Hrsg.): Die Territorien des Reichs im Zeitalter der Reformation und Konfessionalisierung. Land und Konfession 1500 bis 1650. Bd. 5: Der Südwesten. Münster i.W. 1993 (Katholisches Leben und Kirchenreform im Zeitalter der Glaubensspaltung, 58), S. 9–49.

Schmid, Alois: Untersuchungen zu Gau, Grafschaft und Vogtei im Vorderen Bayerischen Wald. In: Egon Johannes Greipl u.a. (Hrsg.): Aus Bayerns Geschichte. Forschungen als Festgabe zum 70. Geburtstag von Andreas Kraus. St. Ottilien 1992, S. 117–177.

Schubert, Ernst: Einführung in die deutsche Geschichte im Spätmittelalter. Darmstadt [2]1998.

Seibert, Hubertus: Die entstehende „territoriale Ordnung" am Beispiel Bayerns (1115–1198). In: Weinfurter, Stefan (Hrsg.): Stauferreich im Wandel. Ordnungsvorstellungen und Politik in der Zeit Friedrich Barbarossas. Stuttgart 2002 (Mittelalter-Forschungen, 9), S. 254–287.

Spindler, Max (Hrsg.): Handbuch der bayerischen Geschichte. Bd. I. München [2]1981; Kraus, Andreas (Hrsg.): Handbuch der bayerischen Geschichte. Bd. II. München [2]1988; Kraus, Andreas (Hrsg.): Handbuch der bayerischen Geschichte. Bd. III/3: Geschichte der Oberpfalz und des bayerischen Reichskreises bis zum Ausgang des 18. Jahrhunderts. München [3]1995; Schmid, Alois (Hrsg.): Handbuch der bayerischen Geschichte. Bd. IV in 2 Teilen. München [2]2003/07.

Störmer, Wilhelm: Früher Adel. Studien zur politischen Führungsschicht im Fränkisch-Deutschen Reich vom 8. bis 11. Jahrhundert. 2 Bde. Stuttgart 1973 (Monographien zur Geschichte des Mittelalters, 6).

Volkert, Wilhelm (Hrsg.): Das Rechtsbuch Kaiser Ludwigs des Bayern von 1346. München 2010 (Bayerische Rechtsquellen, 4).

Voss, Jürgen: Die Kurpfalz im Zeichen der Französischen Revolution. In: Rödel, Volker (Hrsg.): Die Französische Revolution und die Oberrheinlande (1789–1798). Sigmaringen 1991 (Oberrheinische Studien, 9), S. 9–31.

Wolgast, Eike: Die reformatorische Bewegung in der Kurpfalz bis zum Regierungsantritt Ottheinrichs 1556. In: Wennemuth, Udo (Hrsg.): 450 Jahre Reformation in Baden und Kurpfalz. Stuttgart 2009 (Veröffentlichungen zur badischen Kirchen- und Religionsgeschichte, 1), S. 25–44.

Monika Storm & Sabine Ullmann

# Das Land in seinen Beziehungen zu Reich und Nation

## 1 Einleitung

Der in den vergangenen Jahren in und außerhalb der Landesgeschichte breit geführte Diskurs über die Bedeutung von Räumen in den Geschichtswissenschaften hat neben einem konstruktivistischen Raumverständnis das Bewusstsein für räumliche Relationalitäten geschärft. Die Fragen danach, wie sich große und kleine Räume in ihren Ausformungen und ihren Entwicklungen wechselseitig bedingten, rückte das Gegenüber von Reich bzw. Nation und Region in den Fokus. Für die Verfassungsentwicklung sowie die politische Geschichte Deutschlands ist damit ein zentrales Moment berührt: das Verhältnis regionaler politischer Strukturen zu imperialen bzw. nationalen Strukturen. So waren unter dem Dach des Reiches nicht nur Reichsstände mit verschiedenem sozialem Stand und politischem Rang versammelt, sondern diese waren auch jeweils unterschiedlich eng an das Reichssystem angebunden. Kennzeichnend für die hohe strukturelle Komplexität des Reichsverbandes waren folglich erhebliche regionale Unterschiede. Eine Reichs- und Landesgeschichte verbindende Sichtweise, die besonders von Peter Moraw für das Spätmittelalter und von Volker Press für die Frühe Neuzeit programmatisch ausgestaltet wurde, hat dem Rechnung getragen und zwischen sogenannten reichsnahen und reichsfernen Zonen unterschieden.[1] Dieser Ansatz birgt die Chance in sich, das stark vereinfachende Modell eines verfassungsgeschichtlichen Dualismus zwischen Reich und Territorien um eine räumliche Dimension zu erweitern und bietet Forschungsperspektiven, die noch keineswegs erschöpft sind – worauf Gabriele Haug-Moritz jüngst hingewiesen hat.[2] So eröffnen sich über einen regional fokussierten Blickwinkel vertiefte Einsichten in die Funktionsweisen der Reichsverfassung im Sinne eines politischen Handlungs-, Kommunikations- und Erfahrungsraumes, der einerseits eine hohe regionale Diversität aufwies, dessen verschiedene Wirkungsebenen andererseits von regionalen Kohärenzen getragen und gestaltet wurden.[3]

Diesen Überlegungen folgen die beiden Beiträge, welche die Beziehungen von Schwaben und dem Rheinland zum Reich sowie zur Nation vergleichend thematisieren. Beide hier behandelten Räume sind nur über einen offenen Regionenbegriff zu fassen, da sie in keiner Phase ihrer Geschichte einen kohärenten politischen Raum

1 Moraw/Press, Probleme 1975; zur Interpretation des Moraw'schen Ansatzes vgl. jetzt: Reinle, Landesgeschichte 2016.

2 Haug-Moritz, Reichs- und Landesgeschichte 2013.

3 Kießling/Ullmann, Reich 2005.

https://doi.org/10.1515/9783110354188-010

mit eindeutigen Grenzen abbildeten. Als politische Landschaft lässt sich das Rheinland erst in der ersten Hälfte des 19. Jahrhunderts ausmachen[4] und wurde seither zumeist mit dem Gebiet der preußischen Rheinprovinz gleichgesetzt, also auf den geographischen Raum des nördlichen Mittelrheingebiets und des Niederrheins eingeengt.[5] Dabei verbindet der Rhein in seiner Gänze als natürliche Verkehrsader den Alpenraum mit der Nordsee.[6] Die wirtschaftliche[7] und strategische Bedeutung des Rheins erklärt auch, weshalb sich entlang des Flusses seit der Antike mehrere geistliche und weltliche Gravitationszentren etablieren konnten.[8] Zugleich war dieser Raum fast ununterbrochen Grenzregion. Erst die Entscheidungen der 1920er Jahre besiegelten die dauerhafte Zugehörigkeit des Rhein-Mosel-Raums zum deutschen Reich. In den strategischen Überlegungen der mittelalterlichen Herrscher kam diesem Raum eine übergeordnete Bedeutung zu. Neben der Grenzlage lässt sich eine auffällige Häufung von Königs- und Reichsgut konstatieren. Dessen Vergabe oder Verpfändung an die in der Region ansässigen Großen begünstigte zusammen mit der Vergabe sonstiger Hoheitsrechte die Herausbildung von Herrschaftsordnungen unterhalb der Reichsebene. Gleichzeitig verhinderten die räumliche Nähe und die Vielzahl der so bedachten Großen die Herausbildung eines geschlossenen Herrschaftsraumes. Seit dem 17. Jahrhundert wurde die Zugehörigkeit der linksrheinischen Gebiete zum deutschen Reich von französischer Seite wiederholt hinterfragt. Diese Bedrohung von außen, die zeitweilige Zugehörigkeit zu Frankreich bzw. die Phasen französischer Besatzung ließen allmählich eine regionale Identität entstehen, die im 19. und 20. Jahrhundert immer stärker durch eine nationale Sichtweise überformt wurde. Dabei wurde oft vergessen, dass die Regelungen des Wiener Kongresses ohne Rücksichtnahme auf gewachsene historische Strukturen zustande gekommen waren. Gleiches lässt sich auch für die Länderneugründungen entlang des Rheins nach dem Zweiten Weltkrieg konstatieren. Rheinland-Pfalz, zu dem der größte Teil des Mittelrheingebiets heute gehört, wurde gleichsam als ein „Land aus der Retorte“ errichtet. Der südliche Teil der preußischen Rheinprovinz, Rheinhessen und die vormals bayerische Rheinpfalz fanden sich nun unter den an vormoderne Raumordnungen anknüpfenden Wappensymbolen von Kreuz, Rad und Löwe in einem Bundesland vereint.

Die Region Schwaben ist in ganz ähnlicher Weise durch Fluktuationen sowie Segmentierungen gekennzeichnet und in vielerlei Hinsicht mehr ein narratives Konstrukt als ein faktisch fixierbarer politisch-historischer Raum. Das Schwaben des Mittelalters ist weitaus größer, wenn es mit dem angenommenen ‚Stammessied-

4 Vgl. Jansen, Geschichte 1997, Einleitung, S. 11–13 sowie S. 409 auch im Folgenden.
5 Vgl. etwa Groten, Rheinlande 2007.
6 Vgl. zuletzt von Plessen, Rhein 2016.
7 Vgl. dazu etwa Febvre, Rhein 1994, S. 208ff.
8 Clemens/Franz, Geschichte 2010, Einleitung, S. 7.

lungsgebiet' des frühmittelalterlichen alemannischen Herzogtums oder dem hochmittelalterlichen Herzogtum Schwaben gleichgesetzt wird, als der gegenwärtige bayerische Regierungsbezirk Schwaben oder die im heutigen Württemberg angesiedelte historische Landschaft Oberschwaben. In nachstaufischer Zeit war dieser Raum, der in etwa vom Schwarzwald bis an den Lech und vom Bodensee bis über die Donau reichte, mit dem Erlöschen der schwäbischen Herzogswürde dann durch eine territoriale Kleingliederung gekennzeichnet. Während der Auflösung des Alten Reiches seit 1802/03 erfolgte die Aufteilung zwischen den neu geschaffenen Königreichen Württemberg und Bayern sowie dem Großherzogtum Baden und den Kleinstaaten Hohenzollern-Sigmaringen und Hohenzollern-Hechingen. Dabei wurde vom vormodernen Schwaben der östliche Randstreifen bayerisch, während die Mehrheit der anderen Gebiete an Württemberg bzw. Baden fiel. Ungeachtet dieser variierenden Landkarte lässt sich aber ein kontinuierlicher Diskurs über das ‚Land Schwaben' seit dem Spätmittelalter bis in die Gegenwart fassen, der die Wahrnehmung und gesellschaftlich-politische Inanspruchnahme des Raumes als „mental map" verdeutlicht. Erst die Staatsbildungen nach dem Wiener Kongress spalteten diese regionalen Zusammenhänge auf. Der Schwabendiskurs erhielt so eine württembergische und eine bayerische Variante: einmal im Gegenüber von ‚Oberschwaben' und ‚Innerschwaben', einmal in der Spannung zwischen ‚Bayerisch-Schwaben' und ‚Altbayern'.[9]

Wie das Mittelrheingebiet gehörte Schwaben zu den Kernlandschaften des Reiches. Der Reichsbezug wird durch eine starke Präsenz des mittelalterlichen Königtums, das regionale Wirken der frühneuzeitlichen Reichsinstitutionen sowie eine ausdifferenzierte reichsständisch-territoriale Landschaft manifest. Es zeigen sich aber auch Unterschiede in der konkreten Ausgestaltung: Während in Schwaben zum Beispiel insbesondere die mindermächtigen Reichsstände die historische Landkarte bestimmten, waren es am Rhein die Kurfürsten. Die politischen Umwälzungen nach 1800 führten in beiden Fällen zu weitreichenden Neugliederungen und bedeuteten den Bruch mit den vormodernen regionalen Zusammenhängen, hier wohl stärker als in anderen deutschen Regionen. In der Folge entwickelte die nationale Bewegung mit liberalen Freiheitsbestrebungen in den Rheinlanden eine größere Wirkungskraft, während in Schwaben die Zuordnung zum österreichisch-habsburgischen Herrschaftsverband und damit zum Alten Reich noch länger das politische Bewusstsein prägte. Dahingegen blieb das mittelalterliche Reich vor allem im kulturellen Bewusstsein der Rheinländer präsent, wovon etwa der Weiterbau des gleichsam zum Nationaldenkmal stilisierten Kölner Doms oder die Vielzahl der Kirchenbauten im neogotischen Stil zeugen. Nicht zuletzt entwickelten sich in beiden Regionen in der ersten Hälfte des 20. Jahrhunderts separatistische Projekte und Visionen für regionale Staatsgründungen (Reichsland Schwaben, Rheinstaat), die

9 Graf, Land 1992; Kießling/Schiersner, Erinnerungsorte 2009; Steber, Gewissheiten 2010.

nochmals an die vormodernen räumlichen Zusammenhänge anzuknüpfen suchten, aber keine Mehrheit mehr fanden.

# 2 Der Mittelrhein

Monika Storm

Mit den „Jahrtausendfeiern" wurde 1925 an vielen Orten entlang des Rheins mit einem ganzen Reigen von Feierlichkeiten, Veranstaltungen und Ausstellungen an die Unterwerfung Herzog Giselberts unter König Heinrich I. 925 erinnert. Dies geschah nicht von ungefähr – wollte man doch mit dieser für das Mittelalter unhistorischen Gleichsetzung von Reich und Nation eine kollektive Identität vor dem Hintergrund der Besetzung der Rheinlande durch Franzosen, Briten und Belgier konstruieren.[10]

## 2.1 Entstehung und Entfaltung regionaler Ordnungen mit überregionalen Bezügen im Mittelalter

In der Antike war das römische Großreich die vorherrschende Ordnungsmacht entlang des Rheins gewesen. Doch mit dem Ausgreifen der Burgunder, Alemannen und Franken brach das römische Herrschaftssystem im 5. Jahrhundert im Rhein-Mosel-Raum zusammen. Erst unter den Merowingerkönigen Childerich und Chlodwig konnte der fortschreitenden Destabilisierung Einhalt geboten werden. Allerdings lag der Schwerpunkt des nun entstandenen fränkischen Großreiches weiter westlich. Anders als über die kirchliche Organisation gibt es über die herrschaftliche Durchdringung der Rheinlande unter den Merowingern nur vereinzelte Quellenbelege. Dies ändert sich unter den Karolingern: Das Rheinland galt nicht mehr länger als peripherer Grenzraum, sondern wurde zu einer Kernlandschaft des Reiches. Die Pfalzen zwischen Aachen und Worms gehörten zu den bevorzugten Aufenthaltsorten der Herrscher und waren des Öfteren Schauplatz bedeutsamer Reichsversammlungen oder Reichssynoden, wie das Beispiel von Ingelheim zeigt. Die Konzilsakten und Kapitularien erlauben wichtige Rückschlüsse auf das karolingische „Regierungssystem". An der Spitze dieses „Systems" standen der König und sein Hof, zu dem neben der Königsfamilie Berater, die Angehörigen der Hofkanzlei und Inhaber der Hofämter sowie sonstige Gefolgsleute zählten. Die politische Entscheidungsfindung erfolgte sowohl bei Hofe als auch auf den erwähnten Reichsversammlungen. Die Umsetzung der dort getroffenen Entscheidungen lag auf regionaler Ebene in den Händen der Grafen. Deren Erfolg hing nicht zuletzt davon ab, wie gut sie sich

10 Cepl-Kaufmann, Jahrtausendfeiern 2009; Haude, „Jahrtausendausstellungen" 2013.

in den Strukturen vor Ort behaupten konnten. Ein weiteres Bindeglied zwischen dem Herrscher und den regionalen bzw. lokalen Kräften waren die als *missi* bezeichneten Boten, die im Auftrag des Königs konkrete Aufgaben wahrzunehmen und die königlichen Amtsträger zu kontrollieren hatten. Die Wirkmächtigkeit dieser „Institutionen“ hing indes sehr stark von der Persönlichkeit und der Machtposition dieser „Amtspersonen“ ab, weshalb die Herrscher in der Regel Mächtige aus der Region mit diesen Aufgaben betrauten. Umgekehrt bot ihr Einsatz für den Herrscher diesen wiederum die Möglichkeit zur Festigung und zum Ausbau ihrer eigenen Machtposition und ihres Sozialprestiges. Eines der prominentesten Beispiele hierfür sind im linksrheinischen Raum die lothringischen Pfalzgrafen. Da der Schutz der Aachener Pfalz ihre originäre Aufgabe gewesen war, bauten sie zunächst ihre Herrschaftsposition am Niederrhein und im Aachener Raum aus. Seit dem ausgehenden 11. Jahrhundert verlagerten sie ihren Einflussbereich jedoch immer mehr gen Süden bis in den Raum, der bis heute ihren Namen führt.[11]

Der Zerfall des Frankenreiches unter den Nachfahren Karls des Großen (843 Vertrag von Verdun) und die Abwehrmaßnahmen gegen die Normannen erweiterten den machtpolitischen Spielraum der regionalen Kräfte. So versagten die linksrheinischen Großen dem ersten Nichtkarolinger an der Spitze des Ostfränkischen Reiches, Konrad I. (911–918), ihre Anerkennung und schlossen sich dem Ostfränkischen Karolingerherrscher Karl III. (dem Einfältigen) an – mit der Folge, dass der Rhein die Einflusssphäre Karls III. vom ostfränkischen Herrschaftsraum abgrenzte. Erst die bereits erwähnte Anerkennung der Herrschaft König Heinrichs I. durch die lothringischen Großen band den Raum links des Rheins auf Dauer an das im Entstehen begriffene deutsche Reich.

Im Gegensatz zu anderen Regionen des Reiches hatte sich im Mittelrheingebiet kein Herzogtum etablieren können. Vielmehr gelang es besonders den Erzbischöfen, den Raum entlang des Flusses nicht nur in seiner geistlichen Dimension zu durchdringen, sondern ihn mittels Besitz- und Hoheitsrechten zu strukturieren. So übertrug z.B. Kaiser Heinrich II. 1018 dem Trierer Erzbischof Poppo von Babenberg den Koblenzer Königshof. Auch der weltliche Adel profitierte von dieser Entwicklung. Zum einen wurden viele Leitungsfunktionen in Hochstiften oder Klöstern mit Abkömmlingen lokal oder regional vernetzter Familien besetzt, zum anderen musste sich die geistliche Herrschaft für die weltliche Gerichtsbarkeit und für militärische Aufgaben eines Vogtes bedienen.

Den rheinischen Erzbischöfen kam innerhalb des Reichsepiskopats eine herausgehobene Stellung zu, wobei sich der Einfluss von Trier – obgleich das älteste Erzstift im Reich – nicht mit dem von Köln oder Mainz messen konnte. Die Mainzer Erzbischöfe fungierten seit 965 als Erzkanzler für den nordalpinen Reichsteil, während

11 Clemens/Felten/Schnettger, Kreuz. Bd. 1 2012, hier bes. die Beiträge von Franz J. Felten, Ernst-Dieter Hehl, Joachim Schneider und Gerold Bönnen.

die Kölner Erzbischöfe 1031 diese Würde für Reichsitalien erlangten. Ab 1308 war mit der Trierer Erzbischofswürde auch das Erzkanzleramt für Burgund verknüpft. Als Erzkanzler gehörten die Erzbischöfe damit zum engeren Umfeld des Herrschers. In den meisten Fällen war dies aber keine neue Erfahrung für sie, da viele von ihnen, wie etwa Willigis von Mainz, vor ihrer Bischofserhebung der Hofkapelle angehört hatten und ihre kirchliche Leitungsfunktion zumeist der Förderung durch den König verdankten. Der königliche Einfluss auf die Besetzung kirchlicher Würden ist ein konstitutives Element der Reichskirche unter den ottonischen und salischen Herrschern. Doch nicht nur die Mitglieder des Episkopats suchten die Nähe zum Herrscher, auch der Adel war daran interessiert, seinen sozialen und politischen Status durch Kontakte zum Hof zu behaupten. Die Herrscher wiederum waren zur Stabilisierung ihrer Ansprüche auf den Konsens mit den Großen des Reiches angewiesen. Dies erklärt auch, weshalb sie regelmäßig die Zentralregionen des Reiches aufsuchten, zu denen das Rheinland zweifelsohne gehörte.

Dieses genauestens austarierte Zusammenspiel von Zentralgewalt und den geistlichen und weltlichen Führungsschichten trat bei Wahl und Weihe eines neuen Königs besonders deutlich zutage. Nicht ohne Grund rivalisierten die Erzbischöfe von Mainz und Köln um das Krönungsrecht. Sah es zunächst so aus, als könne sich – ausgehend von der Königserhebung Ottos des Großen 936 – der Mainzer Erzbischof auf Dauer als Koronator behaupten, etablierte sich unter den Saliern Aachen dauerhaft als Krönungsort, wo der Kölner Erzbischof als zuständiger Metropolit die Leitung der liturgischen Handlungen für sich beanspruchen konnte. Als Frankfurt ab 1562 Schauplatz der Königserhebung wurde, machte sich der Mainzer Erzbischof diese Argumentation zunutze und reklamierte das Weiherecht für seinen Erzstuhl.

Die Zeitspanne zwischen dem ausgehenden 11. und dem Beginn des 14. Jahrhunderts lässt sich im Rheinland mit den Begriffen Urbanisierung, Verdichtung und Wachstum umschreiben.[12] An dieser Entwicklung hatte gerade auch das Königtum Anteil – allen voran die aus der Gegend um Worms stammenden Salier, die Speyer zum Zentrum ihrer Familienmemorie ausbauten. Königliche Privilegien etwa für die Stadtgemeinden von Worms und Speyer oder die jüdischen Gemeinden entlang des Rheins setzten wichtige Impulse im Prozess der Urbanisierung. Stadtgründungen auf Königsgut bzw. die nachhaltige Stärkung bereits bestehender kommunaler Strukturen z.B. in Kaiserslautern oder Oppenheim, blieben – anders als etwa im Elsass oder in Schwaben – aber auch unter den Staufern eine Ausnahme. Dieser scheinbare Widerspruch erklärt sich aus der Notwendigkeit, den Konsens mit den anderen Leistungsträgern für das Königtum, allen voran den geistlichen Kurfürsten und dem Pfalzgrafen, nicht zu gefährden.[13] Schließlich bildeten diese die „Kern-

**12** Bönnen, Handel 2012, S. 430, 433 u.ö.
**13** Vgl. u.a. Bönnen, Region 2010.

gruppe“[14] unter den Kurfürsten und trugen maßgeblich dazu bei, dass sich das Reich unter den späten Staufern in Richtung eines Wahlreiches entwickelte. Gerade die Erzbischöfe von Mainz und Köln taten sich dabei als Königsmacher hervor. So verhalf 1212 Erzbischof Siegfried II. von Eppstein Friedrich II. zum Königtum, während sein Nachfolger Siegfried III. sich vom Stauferkaiser abwandte und 1246 Heinrich Raspe die Königsweihe erteilte. Allerdings votierten die rheinischen Kurfürsten oft für unterschiedliche Kandidaten, wie etwa bei den Königswahlen von 1257 oder 1310. Im Umkehrschluss waren die Könige darauf bedacht, Einfluss auf die Besetzung der Erzstühle zu nehmen, wie das Beispiel der Mainzer Doppelwahlen im 14. Jahrhundert belegt. Die Verlagerung des königlichen Machtzentrums unter den Luxemburgern und den Habsburgern in den Osten des Reiches und die Überschreibung oder Verpfändung an Reichs- oder Hausgut festigte die Position der Kurfürsten entlang des Rheins.

Bei aller „traditionelle[r] Königsnähe der Region“[15] schritt auch in den mittleren Rheinlanden der Prozess der Territorialisierung im ausgehenden Mittelalter weiter voran. Die geistlichen Kurfürsten waren sicherlich die mächtigsten Fürsten in diesem Raum, aber blockierten sich zum Teil gegenseitig bei der Ausbildung ihrer Landesherrschaften. So verhinderte etwa das Kölner Erzstift ein weiteres Ausgreifen der Trierer Machtsphäre nach Norden. Diese Rivalität zwischen den Fürsten schuf wiederum Spielräume für die Grafen und Herren, weshalb die „politische Kleinräumigkeit“[16] für lange Zeit ein Kennzeichen dieses Raumes blieb.

## 2.2 Manifestation der überregionalen Ordnung bis zum Ausgang des Alten Reiches

Trotz des Übergangs des Kaisertums an das Haus Habsburg blieb das Reich weiterhin der Bezugsrahmen für die Verfassungsordnung am Mittelrhein. Auch wenn die Inhaber der Kaiserwürde in der Frühen Neuzeit seltener als ihre mittelalterlichen Vorgänger im Raum zwischen Köln und Mainz anzutreffen waren, war das Reich durch seine Stände weiterhin vor Ort präsent. Der politische Einfluss der Reichsstände manifestierte sich insbesondere in ihrer Teilhabe an den Verfassungsorganen des Alten Reiches, wie dem Kurkolleg, dem Reichstag oder den Reichskreisen.[17]

Den Kurfürsten kam innerhalb des Reichsgefüges eine besondere Stellung zu – galten sie doch zusammen mit dem Kaiser als die Repräsentanten des Reiches. Ihre Sonderrolle leitete sich vom exklusiven Recht des Kurkollegs zur Wahl des Reichs-

14 Schneider, Entfaltung 2012, S. 307.
15 Ebd.
16 Ebd., S. 322.
17 Clemens/Felten/Schnettger, Kreuz. Bd. 1 2012, dort die Beiträge von Matthias Schnettger.

oberhaupts und vornehmsten weltlichen Herrschers der Christenheit ab. Im Kreis der Wähler, der 1356 in der Goldenen Bulle festgeschrieben worden war, kam den rheinischen Kurfürsten besonderes Gewicht zu, denn die territoriale Machtbasis von gleich vier der sieben dort genannten Kurfürstenwürden lag ganz oder zumindest teilweise am Rhein. Im Wissen um ihre besondere Stellung im Reichsgefüge versuchte das Kurfürstenkollegium als Ganzes, aber die rheinischen Kurfürsten im Besonderen im Rahmen des Kurvereins zu einem gemeinsamen Vorgehen auf Reichsebene zu finden und sich so auch von den anderen Fürsten des Reiches abzusetzen. Zur Beratung anstehender Königswahlen und anderer Reichsangelegenheiten kamen die Kurfürsten seit dem Spätmittelalter wiederholt zu Kurfürstentagen zusammen. Die Einladung zu diesen Treffen ging entweder vom Kaiser oder im Regelfall vom Mainzer Erzbischof aus. Dies erklärt auch, weshalb die Mehrzahl dieser Treffen im Mittelrhein- oder im Rhein-Main-Gebiet stattfand. Besonders die rheinischen Kurfürsten pflegten dieses Instrument einer gemeinsamen Reichspolitik. Die wachsenden Spannungen zwischen den rheinischen Erzbischöfen und den sich zum Calvinismus bekennenden pfälzischen Kurfürsten führten jedoch zum Ende der rheinischen Kurfürstentage. Auch der allgemeine Kurfürstentag wurde immer mehr zu einem Ort, an dem konfessionspolitische Gegensätze ausgetragen wurden. Die Verstetigung des Reichstages in Regensburg seit 1663 bedeutete dann das faktische Ende der allgemeinen Kurfürstentage.

Bei den Königs- und Kaiserwahlen traten die Kurfürsten aber weiterhin in Erscheinung. Wie in der Goldenen Bulle festgelegt, fanden Wahl und Krönung zumeist in Frankfurt statt. Die räumliche Nähe brachte es mit sich, dass die rheinischen Kurfürsten bei diesen Wahltagen häufiger als die Kurfürsten aus weiter entfernten Regionen des Reiches auftraten. Eine herausgehobene Rolle kam dabei dem Mainzer Erzbischof zu: War er doch derjenige, der nicht nur zum Wahltag lud, sondern auch die Wahlhandlung leitete und als letzter Wähler bei strittigen Wahlen den Ausschlag gab. Zudem fungierte er, seitdem die Krönungen nicht mehr in Aachen, sondern in Frankfurt stattfanden, als Koronator. Die besondere staatsrechtliche Stellung des Mainzer Kurfürsten hatte sich bereits im Mittelalter abgezeichnet. Doch vor allem in der Frühen Neuzeit konnte der Mainzer Kurerzbischof als Reichserzkanzler und somit ‚zweiter Mann im Reich' eine Reihe von Vorrechten und Funktionen für sich beanspruchen, zu denen u.a. das Reichsdirektorium auf dem Immerwährenden Reichstag oder die Einflussnahme auf die Besetzung und Amtsführung der Reichshofkanzlei sowie die Aufsicht über die Kanzlei des Reichskammergerichts gehörten.[18]

Aus ihrer exponierten Rolle bei der Königswahl zogen die rheinischen Kurfürsten gleich in doppelter Hinsicht Profit: Einerseits konnten sie trotz einer vergleichsweise begrenzten materiellen Herrschaftsgrundlage eine exponierte Stellung im

**18** Hartmann, Kurfürst 1996.

Reichsgefüge für sich beanspruchen, anderseits erlangten sie von den neuen Herrschern konkrete Zugeständnisse bei der Fixierung der sogenannten Wahlkapitulation, wie etwa das Verbot eigenmächtiger kaiserlicher Zölle, womit sich u.a. die rheinischen Kurfürsten die Einnahmen aus den Rheinzöllen sicherten.

Die besondere Reputation der Kurstaaten darf aber nicht dazu verleiten, die anderen Reichsglieder der stark ausdifferenzierten rheinischen Territoriallandschaft aus dem Blick zu verlieren. Die drei rheinischen Erzbistümer waren nicht die einzigen geistlichen Fürstentümer am Rhein: Mit den Hochstiften Worms und Speyer lagen noch zwei weitere, allerdings deutlich kleinere geistliche Fürstentümer entlang des Stroms. Als Reichsstände gehörten sie der Fürstenbank bzw. dem Reichsfürstenrat an. Anders als die Fürstabtei Prüm und die Reichsabtei St. Maximin in Trier, die 1576 bzw. 1669 an das Erzbistum Trier fielen, oder die Abtei Siegburg, welche 1676 ihre Reichsunmittelbarkeit verlor, haben die Deutschordensballei Koblenz und die Abtei Kornelimünster bei Aachen ihren Platz im Rheinischen Reichsprälatenkollegium bis zum Ende des Alten Reiches behaupten können. Der Streit um die Reichsunmittelbarkeit von St. Maximin dominierte das Verhältnis von Abtei und Kurfürst, obwohl es bereits 1570 ein Urteil des Reichskammergerichts zugunsten des Trierer Erzstuhls gab. Doch die Äbte beugten sich keineswegs diesem Urteilsspruch, sondern suchten ihrerseits Rückhalt bei auswärtigen Mächten, wie etwa dem spanischen König und den Herzögen von Luxemburg. Kaiser Friedrich III. zog 1652 schließlich das kaiserliche Hofratsurteil von 1626, das die Position der Reichsabtei anerkannt hatte, wieder ein.[19]

Von den weltlichen Repräsentanten aus dem Rheinland konnten nur die wenigsten ein eigenes Votum im Reichstag abgeben, zumeist partizipierten sie an einer der Kuriatstimmen. So gehörten etwa die Wild- und Rheingrafen sowie das Haus Nassau der Wetterauischen Grafenbank an, während die Häuser Wied, Sayn-Altenkirchen und Sayn-Hachenburg ihren Platz auf der Westfälischen Grafenbank fanden. Vergleichbares galt auch für die geistlichen Stände; so hatte z.B. die Deutschordensballei Koblenz Anteil an der Stimme der rheinischen Prälaten. Diese Zuordnungen waren aber keineswegs bis zum Ende des Alten Reiches festgeschrieben: So erlangten einige Linien des Hauses Nassau dank einer kaiserlichen Standeserhebung eine Virilstimme im Fürstenrat, während Landau und Straßburg, die unter französische Herrschaft gelangt waren, ihren Platz im Städterat 1679 verloren, sodass ab diesem Zeitpunkt von den am Rhein gelegenen Städten nur noch Speyer, Worms und Köln auf dem Reichstag vertreten waren.

Bevor sich ab 1663 Regensburg als ständiger Tagungsort des Reichstages zu etablieren begann, fanden Reichsversammlungen an verschiedenen Orten im Reich statt. Lange Zeit konnten der Ober- und Mittelrhein ihre Bedeutung als Kernlandschaften des Reiches auch im 15. und 16. Jahrhundert behaupten, ehe sich die

**19** Käufer, Maximin 2003.

Gravitationszentren des Reiches unter den Kaisern aus dem Hause Habsburg immer mehr gen Osten verlagerten. Zu den bedeutendsten frühneuzeitlichen Reichsversammlungen zählt der Wormser Reichstag von 1495, auf dem mit der Verkündung des Ewigen Landfriedens und der Errichtung des Reichskammergerichts für das Reichsregiment wegweisende Beschlüsse getroffen worden sind. In den auf der Versammlung des Jahres 1521 verabschiedeten Wormser Reichsmatrikeln wurde festgehalten, wie viele Soldaten die einzelnen Reichsstände zu stellen hatten bzw. welche Geldsumme als Kompensation zu leisten sei. Wichtige Etappen in der Geschichte der Reformation waren neben dem „Lutherreichstag" von 1521 auch die Versammlungen in Speyer in den Jahren 1526 und 1529, auf denen um die reichsrechtliche Zulassung der Reformation gerungen wurde. Der Protest der Reformationsanhänger unter den Reichsständen gegen die Annullierung der Zugeständnisse des Jahres 1526 wurde namensgebend für die gesamte reformatorische Bewegung im Reich. Der letzte Reichstag, der im Rheinland tagte, fand 1570 statt, als sich der ungarische Herrscher Johann Sigismund Zápolya in Speyer Kaiser Maximilan II. unterwarf.

Obwohl sie zu den reichsunmittelbaren Herrschaftsträgern gehörten, waren die Reichsritter weder auf den Reichstagen noch in den Reichskreisen vertreten. Stattdessen organisierten sich die Ritter seit der Mitte des 16. Jahrhunderts in fünfzehn Ritterorten, die in drei Ritterkreisen zusammengefasst wurden. Diese Ritterkreise kamen ihrerseits zu eigenen Rittertagen zusammen. Den rheinischen Ritterkreis bildeten die Kantone Oberrhein, Mittelrhein und Niederrhein, deren Vertreter erstmals 1542 in Worms zu einem Rheinischen Rittertag zusammenkamen.

Zu den Reichsinstitutionen, die im Rheinland besonders stark präsent waren, gehört das Reichskammergericht. Während das andere oberste Reichsgericht – der Reichshofrat – seinen Sitz in der kaiserlichen Residenz hatte, blieb das 1495 installierte Reichskammergericht nach den ersten unruhigen Anfangsjahrzehnten ab 1527 in Speyer ansässig. Diese Ära endete erst mit dem Pfälzischen Erbfolgekrieg (1688–1697), der das Gericht zum Umzug nach Wetzlar zwang.

In den Kontext der sogenannten Reichsreform am Ende des 15. Jahrhunderts gehört auch die Errichtung der Reichskreise. Die rheinischen Territorien wurden verschiedenen Kreisen zugeschlagen. Der Oberrheinische Reichskreis umfasste, anders als sein Name vermuten lässt, auch weite Teile des Mittelrheins, der Wetterau und Hessens. Der erst 1512 entstandene Kurrheinische Reichskreis vereinte primär die Territorien der rheinischen Kurfürsten, doch es wurden auch einige kleinere Herrschaften, wie etwa das Herzogtum Arenberg oder die Koblenzer Deutschordensballei, diesem Kreis zugeordnet. Die nördlichen Rheinlande gehörten zum überwiegenden Teil dem Niederrheinisch-Westfälischen Reichskreis an. Allerdings führte die konfessionelle Spaltung im Reich dazu, dass die Reichskreise ebenso wie alle anderen Reichsinstitutionen ihre vermittelnde und einende Funktion immer mehr einbüßten.

Nach dem Ende des Dreißigjährigen Krieges, an dessen Beendigung der Mainzer Kurfürst Johann Philipp Schönborn als der ranghöchste unter den Geistlichen Fürsten maßgeblichen Anteil gehabt hatte,[20] lässt sich eine immer intensiver werdende Verflechtung des Oberrheinischen und des Kurrheinischen Kreises beobachten.[21] Die lange währende Personalunion zwischen dem Mainzer Kurfürstentum und dem Wormser Bischofssitz brachte es mit sich, dass das Kreisdirektorium beider Kreise in einer Hand vereint war. Die territoriale Verflechtung ließ eine institutionelle Verknüpfung immer mehr geboten erscheinen, weshalb z.B. die Kreistage im Allgemeinen parallel zueinander in Frankfurt stattfanden. Frankfurt war wiederholt auch Schauplatz von militärischen Zusammenschlüssen mehrerer Kreise, den sogenannten Kreisassoziationen, mit denen die beteiligten Mächte danach trachteten, sich auf Reichsebene Gehör zu verschaffen – ein Instrument, das nicht zuletzt die Mainzer Kurfürsten seit dem ausgehenden 17. Jahrhundert intensiv nutzten. Die Politik der Mainzer Kurfürsten war geleitet von dem Bestreben, die Rolle der Mittelmächte zu stärken, die Reichsverfassung zu schützen und den Frieden im Reich und in Europa zu wahren, was sowohl den Beitritt von Kurmainz in den 1650er Jahren zum Ersten Rheinbund als auch 1785 zum preußisch dominierten Fürstenbund erklärt, obwohl Kurmainz und Kurtrier gemeinhin zu den wichtigsten Partnern des Kaisers im Westen des Reiches zählten.

## 2.3 Vom Alten Reich in die neue Zeit: Die Rheinlande auf dem Weg zum föderativen Bundesstaat

Wie labil die Kräfteverhältnisse zwischen Deutschland und Frankreich waren, bekamen die linksrheinischen Gebiete in den Jahrzehnten der Französischen Revolution und des Napoleonischen Regimes zu spüren. Doch anders als in früheren Jahrhunderten war das linksrheinische Deutschland nicht nur Schauplatz der militärischen Auseinandersetzung, sondern der „Rheinisch-Deutsche Nationalkonvent", der im März 1793 im Mainzer Deutschhaus zusammenkam, erklärte das Gebiet zwischen Landau und Bingen zum Freistaat und vollzog den Bruch mit dem Kaiserreich. Damit nicht genug: Der Vizepräsident des Konvents, Georg Friedrich Forster, reiste nach Paris mit dem Antrag auf Anschluss des Rheinisch-Deutschen Freistaates an Frankreich. Das Vordringen der preußischen und österreichischen Koalitionstruppen läutete bereits im Sommer 1793 das Ende der Mainzer Republik ein. Allerdings war damit der rheinische Grenzraum zwischen Frankreich und Deutschland keineswegs befriedet. Schon bald waren die Franzosen wieder an den Rhein vorgerückt. Dabei trat die Verbreitung des revolutionären Gedankenguts allmählich in den Hintergrund, stattdessen wurde die Forderung nach dem Rhein als der Grenze Frankreichs immer lauter. 1797 erfolgte im Frieden von Campo Formio die Abtretung der

**20** Brendle, Rolle 2002.
**21** Müller, Entwicklung 2008.

linksrheinischen Gebiete an Frankreich; die Fixierung der Rheingrenze war 1801 Bestandteil des Friedens von Lunéville. An die Stelle der Verfassungsordnung des Alten Reiches trat im linksrheinischen Raum zunächst die französische Departementalverfassung, später das napoleonische Präfektursystem, wobei auf angestammte Landesgrenzen keine Rücksicht genommen wurde. So wurden etwa die Städte Koblenz und Trier, die beide zuvor dem Kurfürstentum Trier angehört hatten, jeweils Hauptstadt eines Departements (Rhin et Moselle/Rhein und Mosel bzw. Sarre/Saar). Nicht nur für Verwaltung und Justiz, sondern auch für viele andere Gesellschaftsbereiche erwies sich die neue französische Ordnung als ein wichtiger Modernisierungsimpuls, der noch lange nachwirken sollte. Dagegen wurden die Säkularisierung der geistlichen Territorien und Mediatisierungen im Gefolge des Reichsdeputationshauptschlusses von 1803 insbesondere dazu genutzt, die Territorialherren für ihre Verluste im Linksrheinischen zu entschädigen. Allerdings sah sich auch eine Reihe dieser Fürsten genötigt, dem von Napoleon initiierten Zweiten Rheinbund beizutreten.[22]

Mit dem Scheitern des Russlandfeldzuges 1812 begann die Erosion der napoleonischen Herrschaft. In der Neujahrsnacht 1814 setzte Feldmarschall Gebhard Lebrecht v. Blücher bei Kaub über den Rhein. Der Fluss war unterdessen von der politischen Publizistik längst zum nationalen Symbol verklärt worden. So trug etwa die aus der Feder von Ernst Moritz Arndt stammende Flugschrift, die wenige Tage vor Blüchers Rheinübergang erschienen war, den Titel: „Der Rhein, Teutschlands Strom, nicht Teutschlands Gränze".

Die Hoffnungen, die viele Rheinländer in die staatliche Neuordnung nach dem Ende der napoleonischen Ära gesetzt hatten, verflogen rasch. Statt eines eigenen rheinischen Staatswesens oder eines gemeinsamen Nationalstaates teilte der Wiener Kongress die Rheinlande gleich unter einer Reihe von Territorien auf, die allesamt ihren Herrschaftsschwerpunkt östlich des Rheins hatten.[23] So erhielt etwa Bayern die zunächst als „Rheinkreis" bezeichnete Pfalz, Preußen das in die Regierungsbezirke Koblenz, Trier und Aachen unterteilte „Großherzogtum Niederrhein" (ab 1830 Teil der Preußischen Rheinprovinz). Als Kompensation für die westfälischen Besitzungen des hessischen Großherzogs, die an Preußen übergingen, fiel der später als Rheinhessen bezeichnete Raum zwischen Alzey, Worms und Mainz an das hessische Fürstenhaus. Zudem wurden aus dem preußischen Teil eine ganze Reihe von Kleinherrschaften herausgelöst, als deren langlebigste sich die dem Großherzog von Oldenburg unterstehende Herrschaft Birkenfeld erwies, die bis 1937 Bestand haben sollte. Nicht nur die territoriale Neuordnung an sich, die, wie das Beispiel Birkenfeld belegt, wenig Rücksicht auf gewachsene Strukturen nahm, barg Konflikt-

**22** Kahlenberg/Kißener, Kreuz. Bd. 2 2012, hier insbes. die Beiträge von Michael Kißener, Andreas Linsenmann, Walter Rummel mit Franz Maier und Joachim Hennig.
**23** Engehausen, Länderschacher 2013.

stoff in sich, sondern auch das Streben des rheinischen Bürgertums nach Wahrung der „rheinischen Institutionen", insbesondere des französischen Rechtssystems, und nach politischer Repräsentanz. Nicht von ungefähr wurde als Folge der Karlsbader Beschlüsse die mit der „Demagogenverfolgung" beauftragte Zentraluntersuchungskommission, deren Mitglieder aus den verschiedensten Teilen des Reiches entsandt wurden, im Schutze der Mainzer Bundesfestung angesiedelt.

Gleichwohl wuchs die Zahl der Anhänger der Idee eines freien und geeinten Deutschlands besonders im Rheinland weiter an. Gerade die Entwicklung in den Nachbarländern, wie etwa die Julirevolution in Frankreich 1830 oder die belgische Unabhängigkeitserklärung, verstärkte dieses Ideal noch. Das pfälzische Hambach wurde Schauplatz der ersten politischen Großdemonstration in Deutschland.[24] Die restaurativen Staatsführungen setzten alles daran, diese nationale Bewegung nicht wirkmächtig werden zu lassen. Allerdings konnten sie nicht verhindern, dass die schwarz-rot-goldenen Fahnen, die auf dem Zug zum Schloss mitgeführt wurden und deren Hauptfahne das Motto „Deutschlands Wiedergeburt" trug, zu einem nationalen Symbol wurden. Wie stark der nationale Impetus gerade im Rheinland geworden war, erwies sich in der Rheinkrise von 1840, als Frankreich eine Revision der auf dem Wiener Kongress geschaffenen territorialen Ordnung und den Rhein als Grenze forderte. Entgegen den französischen Erwartungen dominierte auch in den preußischen Gebieten entlang des Rheins die deutsch-nationale Gesinnung. Gleichwohl schritt die Politisierung des öffentlichen Lebens in den Rheinlanden in den 1840er Jahren immer mehr voran, wofür es ein ganzes Ursachenbündel gab. Konfessionelle Gegensätze, liberale Freiheitsbestrebungen, das Entstehen einer Arbeiterschaft im Sinne einer sozialen Klasse, aber auch Modernisierungsängste, Missernten und eine Teuerungswelle boten im Rheinland den idealen Nährboden für revolutionäre Aktionen in verschiedenen rheinischen Territorien, wie etwa im Fürstentum Birkenfeld oder im Herzogtum Nassau. Dieses skizzierte Ursachenbündel erklärt auch, weshalb die linksrheinischen Vertreter in der Frankfurter Nationalversammlung kein geschlossenes politisches Lager bildeten. Während die Mehrheit der rheinpfälzischen und rheinhessischen Abgeordneten eher der demokratischen Linken zuzurechnen war, entsandten die preußischen Rheinlande vornehmlich Katholiken und Demokraten an den Main.[25] Als die Verfassungsberatungen in Frankfurt nach der Ablehnung der Kaiserkrone durch den preußischen König in eine Sackgasse geraten waren, kam es in der Pfalz, in Hessen und in Baden zu einer revolutionären Erhebung, die aber von den Kräften der Reaktion schnell und entschlossen niedergeschlagen wurde. Die konservativen Kräfte gewannen die Oberhand und die während der Revolution gewährten Freiheiten wurden vielerorts, wie

**24** Schiffmann, Fest 2006.
**25** Für die nördlichen Rheinlande vgl. z.B. Dascher/Kleinertz, Petitionen 1998.

etwa im Herzogtum Nassau, wieder kassiert. Manch ein Anhänger der Revolution hatte sich der drohenden Strafverfolgung durch die Flucht ins Ausland entzogen.

Nachdem der Freiheitsgedanke nach den Ereignissen von 1849 zunächst in Misskredit geraten war, rückte das Ziel eines geeinten deutschen Nationalstaats in den Fokus. Allerdings gab es im Rheinland ebenso wie im gesamten Reich sowohl Befürworter einer kleindeutschen – also propreußischen – als auch einer großdeutschen/proösterreichischen Lösung. Selbst nach der Niederlage Österreichs im österreichisch-preußischen Krieg von 1866 bezogen die rheinischen Delegierten im preußischen Landtag gegen die preußische Dominanz im Reich Stellung, wohingegen etwa die liberalen bürgerlichen Kreise im Herzogtum Nassau den Übergang an Preußen begrüßten. Zudem hatte Frankreich 1866 ein weiteres Mal die Abtretung des linken Rheinufers gefordert. Eine Reichseinigung unter preußischer Führung versprach deshalb einen wirksamen Schutz gegenüber Frankreich und bot zudem gerade den kleineren Herrschaften im Westen des Reiches neue zukunftsweisende Perspektiven in einem größeren Gesamtstaat, wie das Beispiel Nassau belegt. Das Selbstverständnis der gesamten Region veränderte sich. Ungeachtet der Randlage im Reich erfüllte das Rheinland mit der „Wacht am Rhein“ einen Auftrag von nationaler Bedeutung. Dieses Sendungsbewusstsein sollte das Verhältnis zu Frankreich nachhaltig belasten, förderte aber andererseits die Bereitschaft, ihre bis dato zumeist ungeliebten Landesherren zu akzeptieren. Befördert wurde diese Entwicklung durch den Umstand, dass nun auch in Rheinhessen, in Nassau und in der Rheinprovinz auf regionaler Ebene Ordnungen erlassen wurden, die eine politische Repräsentanz in Form von Provinzial- oder Kommunallandtagen vorsahen.

Diese neu geschaffene politische Ordnung auf regionaler Ebene hatte auch über den Ausgang des Ersten Weltkriegs hinaus Bestand und fand Eingang in die neuen demokratisch legitimierten Verfassungen der Jahre 1919/1920. Der Versailler Vertrag schrieb dann für eine Dauer von 15 Jahren eine Besatzung der linksrheinischen Gebiete fest. Die Pfalz und Rheinhessen unterstanden Frankreich, während für die ehemalige preußische Rheinprovinz verschiedene Besatzungsmächte verantwortlich waren: Im Südteil der Provinz waren bis 1923 amerikanische Truppen stationiert, der Norden unterstand Briten und Belgiern. Koblenz wurde zum Sitz der Interalliierten Rheinlandkommission, die mit der Aufsicht und Verwaltung der besetzten Gebiete betraut war. Die Berliner Reichsregierung ernannte zunächst einen Reichskommissar, später dann einen Minister für die besetzten Gebiete – gleichsam als Gegengewicht zur französischen Besatzungspolitik, die mittelfristig auf eine Herauslösung des Rheinlands aus dem Reich setzte, da es im Rheinland durchaus Kräfte gab, die auf eine rheinische Republik hinarbeiteten. Allerdings herrschte zwischen den Anhängern des Rheinstaatsgedankens keine Einigkeit darüber, auf welchem Wege dieses Ziel erreicht und wie das Verhältnis einer solchen Republik zum Reichsverband gestaltet werden sollte. Während die einen eine solche rheinische Republik im Reich verankert sahen, wollten andere ein vom Reichsverband losgelöstes Staatsgebilde schaffen, das als eine Art Puffer zwischen Deutschland und

Frankreich fungieren sollte. Trotz einer Reihe von separatistischen Aktionen links des Rheins teilte die Mehrheitsgesellschaft dieses Streben nach einer wie auch immer gearteten Autonomie der Rheinlande nicht. Im Gegenteil: Bei den Landtags- wie auch bei den Reichstagswahlen wuchs die Zustimmung für rechts stehende politische Bewegungen stetig. Diese Entwicklung kehrte sich auch nach dem vorzeitigen Ende der französischen Besatzung im Rheinland (1929/30) nicht mehr um. Im nationalsozialistischen Herrschaftssystem war kein Platz für Formen der regionalen Selbstbestimmung, vielmehr mussten im Zuge der Umsetzung der Gesetze zur „Gleichschaltung der Länder mit dem Reich" die demokratisch legitimierten Regierungen von der Reichsregierung installierten „Reichsstatthaltern" weichen, während die regionalen Vertretungskörperschaften nicht mehr zusammentraten.

Im Sommer 1945 hielten abermals französische Besatzungstruppen Einzug in die südlichen Rheinlande, während der nördliche Teil der ehemals preußischen Rheinprovinz den Briten unterstellt wurde. Anders als nach dem Ersten Weltkrieg konnten separatistische Kräfte nicht auf das Wohlwollen der Franzosen rechnen. Nachdem das nördliche Rheinland von den Briten im Juli 1946 zum Teil des neu geschaffenen Landes Nordrhein-Westfalen gemacht worden war, entschied sich die französische Führung im August 1946 zur Gründung eines „rhein-pfälzischen" Landes.[26] Diese Länderneubildungen entlang des Rheins geschahen durchaus in bewusster Abkehr vom früheren preußischen Hegemonieanspruch, was z.B. in der Rede des späteren rheinland-pfälzischen Ministerpräsidenten Peter Altmeier vor der mit der Erarbeitung der Verfassung beauftragten Beratenden Landesversammlung in Koblenz am 6. Dezember 1946 anklang.[27] Beide Länder waren dann 1948/1949 aktiv an der Gründung eines westdeutschen Teilstaates beteiligt. Der Koblenzer Rittersturz war 1948 und 1949 jeweils Schauplatz der Treffen der westdeutschen Ministerpräsidenten, auf denen wichtige Schritte auf dem Weg zur Gründung und Ausgestaltung dieses Teilstaats vollzogen wurden. Im Laufe der folgenden Jahrzehnte lässt sich eine immer stärkere Verflechtung zwischen den Ländern und dem Bund beobachten. Nicht zuletzt die rheinland-pfälzische Regierung unter Ministerpräsident Altmeier hatte maßgeblichen Anteil an dieser Entwicklung.[28] Allerdings war der Preis für die Aufwertung des Bundesrats die Übertragung von Kompetenzen an den Bund, die finanzielle Abhängigkeit vom Bund und damit eine Schwächung der Länderautonomie, insbesondere ein Kompetenzverlust der Landesparlamente. Zu den Politikfeldern, in denen die Gestaltungsmöglichkeiten der Länder besonders groß sind, gehören jedoch nach wie vor Bildungs- und Medienpolitik. Zu den Erfolgen dieser Politik gehört indes, dass die über viele Jahre hinweg geführte Diskussion über eine Länderneugliederung und damit eine Auflösung von Rheinland-

26 Rödel, Rheinland-Pfalz 2013.

27 Kißener, Hasslieben 2014, S. 58–60.

28 Ucharim, Föderalismus 2013.

Pfalz nach dem Volksbegehren im Jahr 1975 verstummte. Offensichtlich war die föderale Ordnung der Bundesrepublik wirkmächtiger als die Erinnerung an alte territoriale Zugehörigkeiten. Eine wichtige Aufgabe im europäischen Kontext war nicht mehr die „Wacht am Rhein", sondern Aussöhnung und Zusammenarbeit mit den europäischen Nachbarn, allen voran Frankreich. So schloss Rheinland-Pfalz 1950 als erstes Bundesland einen Staatsvertrag mit einem auswärtigen Staat, in diesem Falle Luxemburg, ab. Die sich bereits 1953 anbahnende Regionalpartnerschaft Rheinland-Pfalz/Burgund war ein wichtiger Meilenstein auf dem Weg zum „Élysée-Vertrag" von 1963. Nach dem NATO-Beitritt Deutschlands wurde Rheinland-Pfalz zunächst zum „Flugzeugträger der NATO", ehe diese Truppenkontingente nach dem Ende des „Kalten Krieges" in den 1990er Jahren wieder abgezogen wurden. Die Erforschung der Veränderungsprozesse, die diese militärpolitische Kehrtwende in der Region ausgelöst hat, steht erst am Anfang.

### 2.4 Zusammenschau

Die Lage an einer der längsten und wichtigsten natürlichen Verkehrsadern in Deutschland respektive in Europa erklärt die besondere Bedeutung der mittleren Rheinlande im überregionalen Kontext. Schon seit der Antike war dieses Gebiet ein Grenz-, ein Übergangsraum, dem in den Planungen übergeordneter Herrschaftssysteme eine besondere, meist strategisch definierte Position zukam. Im Umkehrschluss war es für die regionalen Herrschaftsträger ebenso wie für das Bürgertum oft von essenzieller Bedeutung zu verstehen, welche Rolle dieser Region in übergeordneten Herrschaftskonzeptionen zugedacht war. Dieser Konnex zwischen Region und Reich bzw. Nation erklärt die wechselseitige Durchdringung beider Ebenen, was sich exemplarisch an der Stellung der rheinischen Erzbischöfe zeigen lässt. Der europäische Einigungsprozess und die damit verbundene Entstehung eines Mehrebenensystems haben eine Neubewertung des Verhältnisses zwischen übergeordneter und regionaler Ebene eingeleitet. Damit einhergehend wandelte sich das Selbstverständnis des Mittelrheingebiets von einer Grenzregion hin zu einer europäischen Kernregion.

## 3 Schwaben

Sabine Ullmann

Schwaben gehörte neben Franken und dem Mittelrheingebiet zu den Kernlandschaften des Reiches, in denen sich Lehensbeziehungen, Schutz- und Dienstverhältnisse, aber auch Territorialbeziehungen gegenüber Kaiser und Reich sowie aktive politische Teilnahme an den Verfassungsorganen in besonderer Weise verdichteten.

In kaum einer anderen Region waren die personellen Verflechtungen, die Kommunikationsbedingungen sowie die Partizipationsmöglichkeiten günstiger und damit die Austauschprozesse intensiver. In der Vormoderne war Schwaben daher von einer besonderen strukturellen, personellen wie ideellen Nähe zum Reich bestimmt, die im Folgenden beschrieben und erklärt werden soll.

## 3.1 Die Entstehungsbedingungen im Mittelalter

Die Ursprünge der Reichslandschaft Schwaben reichen in das Hoch- und Spätmittelalter zurück, wobei insbesondere das Herzogtum Schwaben unter den Staufern sowie der Untergang dieser Dynastie 1268 eine prägende Wirkung entfalteten. Nach einem frühmittelalterlichen alemannischen Herzogtum konstituierte sich Anfang des 10. Jahrhunderts ein schwäbisches Herzogtum, um dessen Vorherrschaft die Hochadelsgeschlechter der Staufer, Welfen und Zähringer rangen. Mit der staufischen Ära vollzog sich dann eine räumliche Begrenzung sowie eine zunehmende Verdichtung der Herrschaft im 12. und 13. Jahrhundert. Durch einen systematischen Landesausbau in Form von Burgen-, Kloster- und Städtegründungen, durch Binnenkolonisation über Rodungen und den Erwerb von grundherrlichen und hoheitsrechtlichen Titeln entstand eine flächenmäßig zusammenhängende Besitzlandschaft in Schwaben unter den Staufern. Die Errichtung des Klosters Lorch 1102, das als Hauskloster und durch seine strategisch günstige Lage an der Reichsstraße von Schwäbisch Gmünd nach Nördlingen eine zentrale Bedeutung gewann, oder der Erwerb der Vogtei über das unmittelbar vor den Toren von Konstanz gelegene Benediktinerkloster Petershausen sind dafür markante Beispiele. Bezeichnend war dann in spätstaufischer Zeit die Aneignung ursprünglich herzoglicher Titel durch den König und deren Aufnahme in den Schutz des Reiches, wie im Falle Petershausen durch König Friedrich II. 1214. Klostervogteien als ursprüngliche Bestandteile der staufischen Herzogsherrschaft wurden zu einem Instrument staufischer Reichslandpolitik. Die Personalunion von Herzogsamt und Königswürde seit Philipp von Schwaben 1198 beschleunigte den Aufstieg der Herzogsministerialen in die Reichsministerialität und damit die Etablierung einer neuen, in Schwaben ansässigen Gruppe an Funktionsträgern. In der Folge ging das staufische Herzogtum sukzessive im staufischen Königtum auf, was zu einer nicht wieder lösbaren Vermischung von herzoglichem Hausgut und staufischem Königsgut führte. Hinzu kam eine enge Verschränkung zwischen dem regionalen Adel und den Klöstern, von denen viele durch königlich-staufische Privilegierungen später zu Reichsabteien aufstiegen.[29]

Damit wurden die Grundlagen für drei wesentliche Bausteine der späteren Reichslandschaft gelegt: der urbane Faktor (Reichsstädte), die starke Stellung des

29 Maurer, Herzog 1978.

regionalen Adels (Reichsadel) und die hohen Konzentrationen an staufischen Besitztümern (Reichsbesitz).

Nach dem Ende der Staufer mit dem Tod Konradins in Neapel 1268 und dem anschließenden Interregnum nutzten die Reichsministerialen wie die Städte und Klöster mit großem Erfolg den Wegfall des königlichen Herrschaftsverbandes, um eigene Machtansprüche zu entfalten. Das ehemalige Herzogs- und Königsgut wurde von denjenigen, die es bisher im Auftrag der Staufer verwaltet hatten, zur eigenen Herrschaftsbildung genutzt. Die erlangten Rechte und Befugnisse konnten die nachfolgenden Habsburger nicht mehr entziehen. Ebenso scheiterten die Versuche zur Wiederbelebung des Herzogtums, die sich noch bis in das Jahr 1477 verfolgen lassen, als z.B. mit diesem Titel eine fürstengleiche Stellung der ehemaligen Grafschaft Württemberg reichsrechtlich legitimiert werden sollte. Ein schwäbisches Herzogtum gab es fortan nur noch als Anspruchstitel, eine territoriale politische Größe war es nicht mehr.

König Rudolf von Habsburg (1273–1291) suchte allerdings über eine Revindikationspolitik den verbliebenen Reichsbesitz in Form von später sogenannten (Reichs-) Landvogteien zu reorganisieren. In den seit 1378 zur Reichslandvogtei Ober- und Niederschwaben zusammengefassten Bezirken sollten Landvögte die Rechte und Güter des Reiches verwalten, Landfriedensaufgaben wahrnehmen, die hohe Gerichtsbarkeit ausüben sowie die Abgaben und Schirmgelder der zugeordneten Städte und Klöster einziehen. Dieser später kurz als ‚Reichslandvogtei Schwaben' betitelte Rechts- und Hoheitsbezirk war alles andere als ein geschlossener territorialer Komplex. Am frühesten lösten sich die Städte, die mit Satzungsrechten und Finanzhoheiten ausgestattet wurden, aus der Abhängigkeit, und über die meisten Klöster konnte nur eine Schirmvogtei behauptet werden. Die Reichslandvogtei wurde schließlich mit der Verpfändung durch König Friedrich III. an Erzherzog Albrecht von Habsburg im Jahre 1452 zu einem Teil der vorderösterreichischen Besitzungen und damit zu einem Instrument der Hausmachtpolitik in Schwaben.[30]

Die Dynamik der Urbanisierung sowie das Mit- und Gegeneinander zahlreicher Adelsherrschaften mit dem Selbstverständnis gleichgewichtiger Machtansprüche provozierten ständige Auseinandersetzungen zwischen den regionalen Herrschaftsträgern. Im gleichen Maße lockte dieser Raum die benachbarten Territorialfürsten zu Expansionsbestrebungen. Schwaben war daher auch eine Region, in der immer wieder über Landfriedensbündnisse nach Lösungen gesucht wurde. Verfahrensformen und institutionalisierte Friedensmechanismen, die sich später auf Reichsebene wiederfanden, wurden hier in quasi regionalen Vorstufen erprobt. Diese Bündnispolitik, getragen vom Bedürfnis nach Frieden und Rechtssicherheit unter Wahrung der eigenen Herrschaftsrechte, war zunächst noch ständisch organisiert: 1376 wurde der Schwäbische Städtebund gegründet, 1406 schloss sich der niedere Adel in der

**30** Hofacker, Reichslandvogteien 1980, S. 309.

Gesellschaft mit St. Jörgenschild zusammen. Mit der Gründung des Schwäbischen Bundes 1488 folgten die Stände dann einer allgemeinen Tendenz zur Regionalisierung der Politik unter den Vorzeichen überständischer, nachbarschaftlicher Kooperation. Der u.a. zur Abwehr der Expansionspolitik Bayerns und nach einem Mandat Kaiser Friedrichs III. von 1487 erfolgte Zusammenschluss fungierte als Fehdegenossenschaft und als Landfriedenseinung, deren konkrete Zielsetzungen in der Zeit seines Bestehens bis 1534 freilich einem Wandel unterlagen. Im Vordergrund blieben die gegenseitige Hilfspflicht der Bundesmitglieder und die Friedenssicherung im Inneren, für die das Bundesgericht zuständig war. Seit 1488 wurde mit der Einrichtung der Fürstenbank der Einfluss der Fürsten spürbar. Mit der Organisation der Bundesgenossen in Bänke, der Periodizität der Bundesversammlungen oder dem Aufgabengebiet der Landfriedenswahrung, zu dessen Zweck bereits seit 1512 berittene Streifen eingerichtet wurden, nahm er viele Elemente des Schwäbischen Kreises vorweg.[31] Auch andere Formen ständisch-korporativer Politik, wie die der reichsritterschaftlichen Kantone, gehen auf zunächst in Schwaben angesiedelte Adelszusammenschlüsse zurück. Im Hinblick auf die kleinteilige polyzentrale Struktur war man hier an alternativen Modellen zum Fürstenstaat interessiert und suchte nach Lösungsansätzen für offene dezentrale Strukturen. Auf Reichsebene hatte man im Zuge der Reichsreform um 1500 und der dort ausgebildeten ständischen Gliederung den passenden Rahmen dafür gefunden – Reichsstrukturen und die regionalen politischen Strukturen in Schwaben fügten sich in den folgenden drei Jahrhunderten so vielfach ineinander.

## 3.2 Territoriale Vielfalt und Reichsbindung

Ein zentrales Indiz für die Reichsnähe sind die territorialen Strukturen Schwabens, die diesen Raum als einen geradezu musterhaften Ausschnitt des Reichsverbandes erscheinen lassen. Hier konzentrierten sich in großer Anzahl kleinteilige Herrschaftsgebiete, deren Bezeichnungen schon ihre besondere Affinität gegenüber dem Reich zum Ausdruck bringen: die Reichsstädte, die Reichsklöster, die Reichsritter, die Reichsgrafen sowie die Reichskirche und nicht zuletzt die Reichsbauern. Um 1700 befanden sich 36 der insgesamt 52 Reichsstädte in Schwaben, und von den etwa 1.400 bis 1.500 reichsritterschaftlichen Gütern waren rund die Hälfte in dieser Region zu verorten.[32] In gleicher Weise gehörten die Klöster und Stifte, welche die Reichsunmittelbarkeit erlangen konnten, wie die Benediktiner in Ottobeuren, die Prämonstratenser in Ursberg oder die Zisterzienser in Salem, zu den herrschaftsgeschichtlichen Charakteristika. Auf der weltlichen Seite hatten sich die Reichsgrafen

31 Carl, Bund 2000.
32 Quarthal, Verankerung 2000, S. 10.

von den Reichsrittern abgegrenzt und im Gegensatz zu diesen auch reichsständische (und nicht nur reichsunmittelbare) Merkmale erworben. Im Ries konnten etwa die Grafen von Oettingen kleinräumige, aber selbstständige Herrschaften aufbauen, im mittleren Schwaben die Fugger, im westlichen Allgäu die Grafen von Montfort. Über einen großen territorialen Komplex verfügten in dieser politischen Landschaft auf weltlicher Seite die Grafen und späteren Herzöge von Württemberg. Obwohl das größte weltliche Territorium Schwabens aus diesen Klientelgruppen herausfällt, nahm der Kaiser auch hier wiederholt politischen Einfluss. Dieser reichte von der kaiserlich privilegierten Herzogserhebung 1495, über den Tübinger Vertrag 1514, in dem sich der Kaiser als Schiedsrichter etablierte, und die habsburgische Zeit Württembergs (1520–1524) sowie die Afterlehenschaft 1534 bis hin zum Eingreifen in den württembergischen Ständekonflikt in den Jahren 1763 bis 1770. Während die Hochstifte Augsburg und Konstanz zu den größten geistlichen Territorialherren zählten, bildeten die genossenschaftlich organisierten bäuerlichen Freienverbände, wie die Eglofser Freien oder die Freien auf der Leutkircher Heide, die kleinsten Einheiten.

Sie alle waren mehr oder weniger stark auf den Schutz von Kaiser und Reich zur Integrität ihrer Herrschaft angewiesen. Ein funktionsfähiges Friedens- und Rechtssystem auf Reichsebene, das sie vor den Zugriffen einer expandierenden fürstlichen Territorialpolitik bewahrte, lag daher in ihrem besonderen Interesse. Zugleich war ihnen effektives politisches Handeln meist nur in kollektiver und korporativer Form, wie sie das Reichsrecht vorgab, möglich. Folglich bildeten die mindermächtigen Reichsglieder hier besonders handlungsfähige und differenzierte Organisationsformen aus. So übertraf das seit 1575 bestehende Kollegium der Schwäbischen Reichsprälaten das der rheinischen nicht nur an Größe, sondern auch an regionaler Kohärenz. Ihre gemeinsamen Interessen koordinierten sie auf regelmäßigen Prälatentagen, die sie über einen Vertreter in den interständischen Reichstagsausschüssen dann auch entsprechend artikulieren konnten. Die Reichsritterschaft Schwabens war in insgesamt fünf Kantone unterteilt, während die rheinische sich lediglich in drei Kantonen ausdifferenzierte. Die Arbeits- und Funktionsweisen der Ritterkantone sind zwar nach wie vor ein Forschungsdesiderat, aber die bisher vorliegenden Arbeiten zeigen doch, wie aktiv die Adelsverbände bei Rittertagen, in Führungsämtern und Verwaltungsinstitutionen agierten. Im 16. Jahrhundert waren auch die Reichsgrafen aus Schwaben neben denen der Wetterau die zahlenmäßig größte und eine geographisch geschlossene Gruppe, unter deren Dach sich seit ca. 1540 bis zur Erringung einer eigenen Kuriatstimme 1640/41 bzw. 1653/54 zunächst auch die niederrheinisch-westfälischen sowie die fränkischen Grafen organisierten. Gemeinsam war diesen Gruppen eine reichsunmittelbare Stellung, die verschiedene Handlungsoptionen und Kommunikationswege gegenüber Kaiser und Reich eröffnete. Kaiserliche Privilegien boten mehr oder weniger erfolgreich Schutz vor der expansiven Territorialpolitik der Nachbarn, sprachen herrschaftliche wie kooperative Rechte zu und sicherten insgesamt den verfassungsrechtlichen Status. Wichtige Stationen waren z.B. die kaiserliche Bestätigung der Ritterordnung Schwabens durch Ferdinand I. 1561, die einen Vorbildcharakter für den fränkischen (Ritterordnung 1590) sowie den rheinischen Adel (Ritterordnung 1651) hatte.

Dem standen die Interessen auf kaiserlicher Seite gegenüber: Als Gegengewicht zur Position der Landesfürsten konnte das Reichsoberhaupt mit der Loyalität dieser Reichsstände rechnen. Sich den Einfluss in Schwaben zu sichern, lag nicht zuletzt im Hinblick auf die Steuerleistungen nahe, die aus diesem Raum an das Reich flossen. Rund ein Drittel der in den Reichsmatrikeln von 1521 aufgelisteten Stände waren Mitglieder des Schwäbischen Kreises, und unter allen Reichskreisen hatte der Schwäbische das höchste Steueraufkommen.[33] Die von gegenseitiger Abhängigkeit geprägten Beziehungen erhielten durch den Territorialbesitz der Habsburger eine weitere Komponente. Mit den vorderösterreichischen Besitzungen, die sich vom Elsass über den Bodenseeraum bis nach Ostschwaben erstreckten, traten die Habsburger in Konkurrenz mit anderen Fürsten, insbesondere mit den Herzogtümern Württemberg und Bayern, aber auch mit kleineren Reichsständen, die sich ansonsten an das Reich anzulehnen suchten. Aus der Verbindung von kaiserlicher und erbländischer Herrschaft – bedingt durch das Auseinandertreten der habsburgischen Linie in eine Sekundogenitur in Innsbruck bis 1490 sowie zwischen 1564 und 1665 – entwickelten sich variantenreiche, z.T. auch gegenläufige Strategien zwischen Hausmacht- und Reichspolitik.[34] Während die Habsburger als Landesfürsten einzelne schwäbische Stände unter ihre Landeshoheit zwangen, wie z.B. Konstanz 1548 oder, weniger erfolgreich, die adeligen und geistlichen Stände der Markgrafschaft Burgau im 17. und 18. Jahrhundert, nahm der Kaiser die gleiche Ständegruppe unter seinen Schutz und sicherte so schließlich ihr Überleben. Die Quantität und Vielfalt herrschaftlicher Einheiten sowie eine stabilisierende wie destabilisierende Politik der Habsburger sorgten schließlich dafür, dass Schwaben bis zum Ende des Alten Reiches eine politische Landschaft mit nur geringer territorialer Integrität blieb.

## 3.3 Die Kaiser- und Reichsklientel

Das reichspolitische Gewicht der schwäbischen Reichsstände variierte, wie sich auch die Beziehungen zu Kaiser und Reich über verschiedene Personenkreise und ständische Gruppen realisierten. So stellten für die Reichsritterschaft die seit 1542 direkt an den Kaiser jenseits von Reichskreis und Territorialorganisationen geleisteten Charitativsubsidien einen wichtigen Bezugspunkt dar. Hinzu kam die Besetzung der Domherrenpfründen bis hin zu den Bischofsstühlen im regionalen Kontext

33 Blickle, Schwaben 1979, S. 267, Nr. 71: Die steuerliche Belastung der einzelnen Reichskreise nach der Kreismatrikel von 1521.

34 Quarthal, Verankerung 2000.

durch Angehörige des niederen Reichsadels. Da das Reichsoberhaupt über kaiserliche Wahlkommissare bis ins späte 18. Jahrhundert hinein regelmäßig Einfluss auf die Bischofs- bzw. Abtswahlen in den geistlichen Staaten nahm, z.B. noch bei der Neuwahl des letzten Fürstabtes von Kempten 1793, spannte sich hier ein Beziehungsgefüge zwischen Reichskirche, Reichsritterschaft und dem Kaiser bzw. seinen Kommissaren. Eine weitere strukturelle Bindung ergab sich in den Reichsklöstern über das Institut der vom Kaiser zu besetzenden Laienpfründen, das zur Intensivierung personeller Kontakte von beiden Seiten genutzt wurde und noch bis zur Regierungszeit Leopolds I. in der politischen Praxis relevant war.[35] Auch die freien Bauernschaften profitierten von der Präsenz des Kaisers und des Reiches. Gleichwohl es zu keinen weitergreifenden organisatorischen Ansätzen, wie bei den wesentlich erfolgreicheren Verbänden der Innerschweizer Talgemeinden, kam und diese Gruppe im Verlauf der Frühen Neuzeit immer mehr an Relevanz verlor, spielte doch die kaiserliche Privilegienpolitik gerade hier eine zentrale Rolle. Seit dem 14. Jahrhundert wurden sie, wie andere Besitzungen der schwäbischen Reichslandvogteien, vielfach verpfändet. Der daraus folgenden Aushöhlung ihrer Rechte suchten sie einerseits durch Privilegienbestätigungen, wie z.B. die Eglofser Freien auf dem Wormser Reichstag 1521, andererseits durch eine Anlehnung an die Reichsstädte und die Erlangung von Bürgerrechten entgegenzuwirken.[36]

Welchen Konjunkturen das Verhältnis zwischen den mindermächtigen Reichsständen und dem Kaiser in Schwaben unterlag, zeigt das Beispiel der Reichsstädte. In der ersten Hälfte des 16. Jahrhunderts hatten sie parallel zu ihrer wirtschaftlichen Blütezeit den Höhepunkt ihrer reichspolitischen Bedeutung erlangt. Seit 1471 formierte sich der Städtetag, über den korporative Politik im Reichsverband möglich wurde, und auf den Reichstagen waren die Städte neben den Kurfürsten und Fürsten die einzige reichsständische Gruppe, die eine eigene Kurie ausbildete (Reichsstädterat). Die schwäbischen Reichsstädte hatten sich auch im regionalen Verband konstituiert. Das Beziehungsgeflecht reichte von Überlingen und Ravensburg bis Kempten und Kaufbeuren, dazu in einem weiteren Kreis bis Biberach, Ulm und Augsburg sowie nördlich der Donau bis Nördlingen und Schwäbisch Gmünd. Diese Bindung der Reichsstädte untereinander ist u.a. greifbar am Phänomen der ‚Stadtrechtsfamilien', an den wirtschaftlichen Kooperationen im Rahmen der Textilproduktion sowie an einem regen politischen Austausch. Nach der Zäsur von 1548 mit den Eingriffen Kaiser Karls V. in die reichsstädtischen Verfassungen zugunsten der oligarchischen Räte ging ihr Einfluss immer mehr zurück. Gleichwohl mussten die Städte weiter auf ihre unmittelbare Zugehörigkeit zu Kaiser und Reich bauen und blieben in das Kommunikationsnetz des Reiches, insbesondere mit der Reichsspitze, eingebunden. Der Kaiser war bis zur Mediatisierung 1803 die entscheidende Instanz

35 Reden-Dohna, Reichsprälaten 1980.
36 Kegel-Schorer, Freien 1998; Kissling, Eglofser Freien 1998.

für die Legitimierung eines jeden Rechts, das die Stadt ausübte. Umgekehrt blieb die finanzielle Leistungsfähigkeit der Reichsstädte und ihrer Bürger weiterhin durchaus relevant. Konkrete, sich wiederholende Bezugspunkte waren die Bestätigungen der reichsstädtischen Privilegien bei Thronwechseln sowie die Huldigungsakte, die allerdings seit der Regierungszeit Kaiser Rudolfs II. nicht mehr als feierliche Schwurakte vor Ort gegenüber dem persönlich anwesenden Reichsoberhaupt, sondern von Bevollmächtigten der Stadt am Kaiserhof oder vor dem Reichshofrat abgeleistet wurden.

Die wichtigste Scharnierfunktion zwischen Reich und Region bildeten aber wohl die Reichsdienste des Adels und des reichsstädtischen Bürgertums. Die Eintritte in kaiserliche Hof- und Verwaltungsdienste, oftmals aus wirtschaftlichen Gründen oder persönlichen Karrierestrategien motiviert, waren Ausgangspunkt für die Entwicklung von Klientelbeziehungen und profilierten zugleich diese Personengruppen als Kommunikationsträger. Das juristisch gebildete Personal am kaiserlichen Hof und in der Reichsverwaltung stammte vielfach aus der reichsstädtischen Elite Schwabens, wie Georg Ilsung (gest. 1580) und später Johann Achilles Ilsung (gest. 1609) aus Augsburg, die beide u.a. das Amt des Reichspfennigmeisters innehatten. Bürgerliche Juristen aus den schwäbischen Reichsstädten besetzten mehrfach das Amt des Reichsvizekanzlers und leiteten damit faktisch die Reichshofkanzlei, wie Johann Baptist Weber (1563–1584) aus Memmingen nach Georg Sigismund Seld (1547–1563) aus Augsburg oder Hans Ludwig Ulm aus Wangen (1612–1627). Auf der Herrenbank des kaiserlichen Reichshofrats bildeten nach 1600 die Mitglieder der reichsgräflichen Häuser von Waldburg-Zeil, von Oettingen und von Montfort eine wiederkehrende Gruppe. Insgesamt wurde die Verdichtung der politischen Kommunikation im Reich im 16. Jahrhundert, die auf der vielfachen kommissarischen Entsendung von Räten und Amtleuten basierte, zu einem wesentlichen Teil von den habsburgischen Klientelgruppen in Schwaben getragen. Sie verfügten nicht nur über ausgezeichnete Kontakte am Kaiserhof, sondern auch über die nötigen regionalen Netzwerke, um ihre Aufträge, wie z.B. die Kreditwerbung für die Türkenfeldzüge, erfolgreich auszuführen. Dieses Netz aus Agenten und Akteuren aus Schwaben blieb auch in den folgenden Jahrhunderten ein wichtiges Element der Reichspolitik.

## 3.4 Die Wirksamkeit der Reichsinstitutionen und des kaiserlichen Amtes

Die personelle und institutionelle Nähe der Stände Schwabens zu Kaiser und Reich hatte ein Pendant in der Präsenz der Reichsinstitutionen in dieser Region. Bevor sich der Immerwährende Reichstag in Regensburg etablierte, fanden im 16. Jahrhundert von den insgesamt 35 Reichstagen 12 in Augsburg statt, darunter die reformationsgeschichtlich bedeutsamen Reichstage von 1530 und 1555 sowie die sogenannten Türkenreichstage von 1566 und 1582. Ausschlaggebend für die häufige Wahl Augsburgs als Tagungsort war nicht nur die besondere Verbundenheit einzelner Kaiser, wie die Maximilians I. zu Stadt und Bürgertum, sondern auch die geeignete Infrastruktur mit einer ausreichenden Anzahl an repräsentativen Beratungsräumen und Herbergen. Das größte und durch den Fernhandel prosperierende urbane Zentrum Schwabens wurde damit zur informellen ‚Hauptstadt' des Reiches im 16. Jahrhundert.

Von der Rechtspraxis der beiden obersten Reichsgerichte profitierten dagegen nicht nur einzelne Städte und Bürger, sondern auch Adel und Klöster sowie deren Untertanen, indem sie dort Recht suchten und ihre Konflikte zum Austrag brachten. Die quantitativen Analysen der Reichsgerichtsforschung haben den hohen Anteil an Klägern und Beklagten aus Schwaben am Reichshofrat sowie am Reichskammergericht (hier insbesondere im 16. Jahrhundert) offengelegt.[37] Am Wiener Gericht etablierte sich zudem eine Form der delegierten Gerichtsbarkeit, die in Schwaben besonders häufig genutzt wurde und nochmals auf die regionale Verankerung der Reichsverfassung verweist. Über den Einsatz von kaiserlichen Kommissaren, die als Herrschaftsträger im regionalen Umfeld der Streitparteien die Verhandlungen führten, wurden verschiedenste Konfliktfelder, wie konfessionell überformte Hoheitskonflikte, Erbstreitigkeiten im Adel oder Schuldsachen, geschlichtet. Im Zuge der Verfahren kam es zu intensiven Austauschprozessen zwischen den regional tätigen Kommissaren und dem Gericht in Prag bzw. Wien – reichsrechtliche und regionale Handlungsebenen ergänzten sich gegenseitig.[38]

Auch die Reichskreisverfassung gewann in Schwaben einen besonderen Stellenwert. Innerhalb der zehn Reichskreise gehörte der Schwäbische Kreis mit ca. 100 Mitgliedern zu denjenigen Zirkeln, in denen sich eine rege politische Aktivität entfaltete. Wie die kaiserlichen Kommissionen wurde der Schwäbische Kreis von kongruenten (oder konkurrierenden) Interessen des Reiches wie der schwäbischen Stände getragen. Die Herrschaftsträger Schwabens waren zu einer regionalen Politik vor allem in denjenigen Belangen motiviert, die sie aufgrund ihrer beschränkten finanziellen und administrativen Mittel sowie angesichts der Kleinräumigkeit ihrer Gebiete selbst nicht ausüben konnten. Hierzu zählten etwa die Eindämmung des Bettlerwesens, ein überterritorialer Straßenbau oder die Münzpolitik. Dagegen konnte das Reich an die Kreisstände Aufgaben übertragen, die im regionalen Verband am effektivsten zu lösen waren, wie die Landfriedenswahrung und die Heeresorganisation. In der Folge wurden innovative, durchaus funktionsfähige Organisationsstrukturen errichtet, wie die Einteilung in Kreisviertel, der Einsatz von Ausschüssen, die durch Gutachten die Tätigkeit der Kreisversammlungen unterstützten,

**37** Ranieri, Recht. Bd. 1 1985, S. 162f.

**38** Ortlieb, Auftrag 2001, S. 68f; Ullmann, Geschichte 2006, S. 54f.

sowie eine in sich differenzierte Administration bestehend aus Kreisbeamten, Kreiskanzlei und Kreisarchiv.[39]

Neben den Reichsinstitutionen entfalteten Amt und Person des Kaisers einen Wirkungskreis, der sich in erster Linie in der besonderen Qualität der Beziehungen gegenüber den schwäbischen Reichsstädten zeigte. Prägnant ist hierfür die häufige Präsenz Kaiser Maximilians I. in Augsburg, der aber auch über diese Stadt hinaus das wohlhabende schwäbische Bürgertum als Finanziers, Heereslieferanten oder politische Berater nutzte und sich damit ein loyales Netz an urbanen Stützpunkten aufbaute. Karl V. knüpfte daran an, und die folgenden Kaiser, die ihre Reisetätigkeit zunehmend auf die Reichs-, Wahl- und Krönungstage konzentrierten, wählten bei ihren damit verbundenen Einzügen weiterhin oftmals die schwäbischen Reichsstädte.[40] Schwaben blieb so ein wichtiger Präsenzraum des Kaisers im Reich. Die Aufenthalte motivierten auch zahlreiche Untertanen zu Bittgesuchen an den Kaiser, mit denen sie sich auf die kaiserlichen Reservatsrechte und das Bild eines mildtätigen wie machtvollen Kaisers, der als oberster Gerichtsherr über der eigenen Obrigkeit stand, beriefen. Sie supplizierten um Strafnachlass nach einer Verurteilung vor den territorialen bzw. städtischen Gerichten, baten um Patente und Druckprivilegien oder um die Ausstellung von Schutz- und Geleitbriefen. Eine quantitative Analyse der Untertanensuppliken in der Regierungszeit Rudolfs II. dokumentierte auch für diesen Bereich einen Schwerpunkt der regionalen Herkunft der Bittsteller aus dem Schwäbischen Kreis.[41]

## 3.5 Die Auflösung der Reichslandschaft nach 1800

Mit dem Reich verschwand auch die Reichslandschaft Schwaben von der politischen Landkarte. Die Aufgabe der Reichsintegrität – ausgelöst durch das Machtstreben Frankreichs, aber auch die neue Denkrichtung der Aufklärung – veränderte im Gefolge der Französischen Revolution die regionale territoriale Welt Schwabens grundlegend. Nach der Besetzung Schwabens 1796 folgten Waffenstillstandsabkommen sowie Sonderfriedensverträge des Schwäbischen Kreises, Badens und Württembergs. Bayern hatte bereits seit 1801 als Bündnispartner Napoleons das Ziel der Königswürde und der territorialen Vergrößerung verfolgt. Auf dem nach dem Frieden von Campo Formio nach Rastatt einberufenen Friedenskongress im Frühjahr 1798 stimmte die Reichsdeputation der Säkularisierung der geistlichen Staaten zu. Die Deputation von 1802/03 beinhaltete dann neben der Auflösung der geistlichen Staaten auch die Beseitigung der reichsstädtischen Autonomien, während die

39 Wunder, Kreis 1994.
40 Rudolph, Reich 2011, S. 77.
41 Haug-Moritz/Ullmann, Supplikationspraxis 2015.

kleinen weltlichen Reichsstände zunächst noch ihren Status erhalten konnten. Die im schwäbischen Kreis gelegenen Hochstifte Augsburg und Konstanz, die rechtsrheinisch angesiedelten Teile der Hochstifte Basel und Straßburg, die Fürstabtei Kempten, die Fürstprobstei Ellwangen sowie die über 20 inkorporierten Reichsstifte wurden säkularisiert. All dies wurde in Schwaben, einem Kerngebiet der deutschen Klosterlandschaft, von einem kritisch-aufgeklärten Diskurs vorbereitet, der sich in einer reichen Streitschriftenliteratur niedergeschlagen hatte.[42] Auch die Einbeziehung der Reichsstädte in territorialpolitische Strategien der Fürstenstaaten wurde seit dem späteren 17. Jahrhundert immer wieder artikuliert. Seit Beginn der Rastatter Verhandlungen stand die Mediatisierung der Reichsstädte endgültig auf der Tagesordnung und konnte auch durch die vom Ulmer Städtetag 1798 zusammengestellte Delegation zum Friedenskongress nicht mehr aufgehalten werden. Die neuen Munizipalverfassungen beschnitten zunächst für die an Bayern gefallenen Städte die 1803 noch zugestandene Verwaltungskompetenz, und erst mit dem Gemeindeedikt von 1818 waren wieder im Rahmen der Staatsverfassungen Selbstverwaltungen möglich. Nachdem es zwischen 1802 und 1810 noch zu vielfachen Wechseln in der Zuordnung der schwäbischen Reichsstädte zwischen Bayern und Württemberg gekommen war, brachte der Wiener Kongress 1815 dauerhafte Strukturen. Von den insgesamt 15 Reichsstädten kamen zwei an das Großherzogtum Baden, fünf an das Königreich Bayern und acht an das Königreich Württemberg.[43] Gemeinsam war dem Vorgehen der drei Mittelstaaten Baden, Württemberg und Bayern, dass sie sich für die linksrheinischen Verluste durch die Säkularisationen der Klöster bzw. die Mediatisierungen der Reichsstädte entschädigen ließen. Nach der Niederlage Österreichs im Dritten Koalitionskrieg erfolgte die Abtretung der Gebietsteile Schwäbisch-Österreichs in den Brünner Verträgen und im Frieden von Pressburg 1805. Bayern übernahm die Markgrafschaft Burgau, Baden und Württemberg die im Westen gelegenen ehemals vorderösterreichischen Besitzungen. Das Recht zur Mediatisierung aller noch in Schwaben verbliebenen weltlichen Grafschaften und Fürstentümer sowie nun auch der reichsritterschaftlichen Güter erwarben Bayern, Baden und Württemberg mit der Rheinbundakte vom Juli 1806, wobei Württemberg die größte Zahl an schwäbischen Adelsfamilien mediatisierte. Damit verlor auch der Adel einen Großteil seiner Herrschaftsrechte an die neuen Staaten, wobei sich die Standesherren, ehemalige Reichsfürsten und Reichsgrafen, eine Sonderstellung sichern konnten, welche ihnen nicht zuletzt neue Karrierewege in den konstitutionellen Monarchien eröffnete. In Bayern wie in Württemberg behielten sie ihre Domänen sowie die nicht zur staatlichen Souveränität gerechneten Herrschaftsrechte in Form von Patrimonial- und Privatrechten, wie die niedere Gerichtsbarkeit, das Polizeiwesen oder die Jagd- und Fischereirechte.

**42** Rudolf, Klöster 2003.
**43** Hohrath, Ende 2002.

Der Pariser Vertrag von 1810 brachte nochmals eine Grenzbereinigung zwischen Württemberg und Bayern, die der Illergrenze folgte und die historischen Landschaften des Allgäus sowie des Rieses auf die zwei neuen Königreiche aufteilte. Aus dem östlichen Teil Schwabens wurde eine bayerische Provinz, die 1808 noch aus drei, seit 1817 nur noch aus dem Oberdonaukreis bestand und unter ein Generalkommissariat mit Sitz in Augsburg gestellt wurde. Als König Ludwig I. 1837 die zunächst nach französischem Vorbild nach Flüssen bezeichneten Kreise nach Stämmen umbenannte, wurde diese neu geschaffene politische Einheit unter den Titel „Schwaben und Neuburg" gestellt. Auch im jungen Königreich Württemberg erfolgte eine einheitliche bürokratische Neuorganisation mit dem sogenannten Organisationsmanifest vom März 1806, das auf der Ebene der Mittelinstanz zunächst zwölf Kreise, die 1817 auf vier reduziert wurden, etablierte. Da die Vereinheitlichung zwischen alten und neuerworbenen Gebieten im Mittelpunkt stand, spielten historisch-landschaftliche Zusammenhänge auch hier keine Rolle. Der König von Württemberg nannte sich nun im Nebentitel „Herzog in Schwaben" und nahm die drei Stauferlöwen in sein Wappen auf. Diesem Vorbild folgte auf bayerischer Seite König Ludwig I., der sich ebenso mit dem Titel eines Herzogs in Schwaben schmückte und ab 1835 in seinem Königswappen auch den Stamm Schwaben darstellte. Damit waren nicht nur die spezifischen Herrschaftsverhältnisse Schwabens unter dem Dach des Reiches grundlegend gewandelt, sondern die Region auch in einen östlichen bayerischen Raum sowie einen westlichen württembergischen bzw. badischen Raum aufgeteilt. Diese räumlichen Strukturen hatten bis nach dem Zweiten Weltkrieg Bestand. Die Verfassung des Freistaates Bayern 1919 wertete zwar die Kreise zu Selbstverwaltungskörperschaften auf, veränderte aber nicht mehr ihre räumlichen Zuschnitte. Weitere regionale Neuordnungen brachten dann erst die Bildung des neuen Bundesstaates Baden-Württemberg 1951/52 sowie die Gebietsreform 1972.

## 3.6 Widerstand und Reichsbewusstsein

Gegen die Umbrüche zu Anfang des 19. Jahrhunderts formierte sich vielfacher Widerstand, getragen von Forderungen nach dem Fortbestand der vorherigen räumlich-herrschaftlichen Zusammenhänge sowie der alten Privilegien und Reichsfreiheiten. Während sich die städtische Kaufmannschaft ökonomische Vorteile und der Adel neue administrative Perspektiven erhoffte, standen viele Bürger, nicht zuletzt die Mitglieder des alten reichsstädtischen Patriziats, den Zugriffen einer modernen Staatlichkeit und deren administrativen Vereinheitlichungen kritisch gegenüber. In Bayern gelang es allerdings der Monarchie in den neubayerischen Gebieten, politische Loyalitäten zu begründen. Insbesondere der bayerische König Ludwig I. wurde mit seiner Integrationspolitik, die gezielt an regionale Traditionen im Sinne der bayerischen Stämme anknüpfte und eine geschickte Erinnerungs- und Geschichtspolitik inszenierte, zu einer populären Integrationsfigur. In der Folge entwickelten sich im 19. Jahrhundert verschiedene Identifikationsangebote zwischen der Wittelsbacher bzw. Hohenzollernschen Dynastie und einem auch weiterhin zumindest partiell wirksamen Reichsmythos, der in eine Neuorientierung am Bismarck'schen Kaiserreich seit 1871 mündete. Insbesondere in Schwaben konnte die Entwicklung nationaler Identitäten an Bilder des frühneuzeitlichen Reiches anknüpfen, da in der Erinnerung an die Reichsnähe der Region eine damit verbundene vermeintliche ‚Freiheit' bzw. Autonomie lebendig geblieben war. Die Form des ‚Reichsnationalismus', die für diese Region wie für weite Teile Südwestdeutschlands charakteristisch war, fungierte aber insbesondere als ein positives, stark idealisiertes Gegenbild zu den jeweiligen zeitgenössischen Missständen – der Reichsbezug wurde daher vielfach im Widerstand oppositioneller Bewegungen greifbar.[44]

Dort, wo man versucht hatte, sich gegen die Umbrüche um 1800 aufzulehnen, knüpfte man immer wieder an die Bezüge zum Alten Reich und seiner politischen Ordnung an, die nach wie vor Identitäten stiften konnte. Die Erinnerungen an die Reichszugehörigkeit, an das habsburgische Kaisertum und damit an Österreich als deutscher Ordnungsmacht waren in dieser Region folglich präsent.[45] Reagiert wurde dabei auf die neuen staatlichen Anforderungen sowie insbesondere auf die aus den Koalitionskriegen resultierenden Belastungen. Ziel war eine Wiedereingliederung in den österreich-habsburgischen Herrschaftsverband als Gegenpool zu den Eigenstaatlichkeitsansprüchen der neuen Königreiche. Auch die regionalen Akteure der Revolution 1848/49 aktualisierten bürgerliche wie bäuerliche Traditionen über die Erinnerung an Konstitutionsprinzipien der Reichsverfassung: Das Schwaben des Alten Reiches war der Bezugspunkt für freiheitliche Traditionen und Forderungen – sowohl in den neubayerischen wie in den neuwürttembergischen Gebieten.[46] Und als sich in der Revolution 1918/19 eine liberale antirevolutionäre Bürgerbewegung in den Reichsstädten formierte, stand nochmals die Gründung eines ‚Reichslandes Schwaben' zur Diskussion. Grundlage für dieses Großschwaben bildete die Konstruktion einer ethnischen Einheit der schwäbischen Stammesgenossen, die an den Raumbezug des mittelalterlichen Herzogtums Schwaben anknüpfte und damit die territoriale Aufteilung Südwestdeutschlands auf der Grundlage einer Einigung des schwäbisch-alemannischen Siedlungsraumes zu überwinden suchte. Dabei lässt sich immer wieder ein Deutungszusammenhang zwischen Reichstraditionen und schwäbischem Freiheitsmythos beobachten, der offensichtlich über lange Erinnerungstraditionen zu verschiedenen Zeiten abrufbar blieb. Modelle eines schwäbisch-alemannischen Staates kursierten daher auch noch nach 1945. Nun waren sie verbunden mit Forderungen nach einer Dezentralisierung Bayerns und legitimierten partikulare Interessen im Sinne des Föderalismus. In der Neugliederungsdiskussion

44 Steber, Gewissheiten 2010.
45 Kießling, Weg 2006, S. 150.
46 Nickel, Revolution 1965.

der unmittelbaren Nachkriegszeit spielte freilich die Reichstradition keine Rolle mehr, im Vordergrund stand vielmehr eine schwäbisch-alemannische Autonomie.[47]

Dieser Rückgriff auf den frühneuzeitlichen Reichsverband, der sich im 19. Jahrhundert insbesondere auf einer symbolisch-rituellen Ebene vollzog, war nicht zuletzt deswegen möglich, weil das Reichsbewusstsein in der Region in den Jahrhunderten zuvor eine besondere Wirkung entfaltet hatte. Vergleichsweise gut erforscht ist dazu die Reichsikonographie in den Reichsstädten und Reichsklöstern Schwabens, mit der die enge Beziehung zu Kaiser und Reich ins Bild gesetzt wurde. Für den Umbau des Augsburger Rathauses 1515/17 entwarf zum Beispiel der Humanist und Stadtschreiber Conrad Peutinger eine Kaiserreihe als Bildprogramm, und in Ulm ist für 1540 eine wohl vergleichbare figürliche Bemalung mit den Habsburger Kaisern belegt. Das Bildprogramm der Festsäle in oberschwäbischen Klöstern thematisierte den Reichsbezug ebenfalls über Kaiserdarstellungen als symbolischen Ausdruck des reichsunmittelbaren Standes. Intendiert war damit zweierlei: zum einen die enge Schutzbeziehung gegenüber dem Kaiser zum Ausdruck zu bringen, zum anderen die eigene herausgehobene verfassungsrechtliche Stellung als Reichsstand zu dokumentieren. Neben den Kaiserbildern war es dann vor allem der doppelköpfige Reichsadler, der als Hoheitszeichen benutzt wurde, z.B. im Buchhorner Stadtwappen, das man 1619 am reichsstädtischen Amtshaus in Eriskirch anbrachte. Ein besonders komplexes Bildsystem findet sich in der Reichsstadt Überlingen, wo der Rathaussaal am Ende des 15. Jahrhunderts mit Figurengruppen verschiedener Reichsstände geschmückt wurde. Diese ikonographischen Bezüge überdauerten auch den Umbruch um 1800. Als die Fassade des Lindauer Rathauses 1885/86 restauriert wurde, dominierten erneut die Motive der reichsstädtischen Vergangenheit, und der bereits entfernte Reichsadler wurde wieder angebracht.[48] Nicht zuletzt sei auf die erinnerungskulturelle Präsenz des Alten Reiches im gegenwärtigen Bewusstsein verwiesen, das sich bei historischen Ortsjubiläen oder bei Festen zeigt und auf das so auch das städtische Marketing bei der Tourismuswerbung erfolgreich setzt.

# Literatur

Blickle, Renate und Peter (Bearb.): Schwaben von 1268 bis 1803. München 1979 (Dokumente zur Geschichte von Staat und Gesellschaft in Bayern, II/4).

Bönnen, Gerold: Handel und Gewerbe, Städtewesen und jüdische Gemeinden. In: Clemens, Lukas/Felten, Franz J./Schnettger, Matthias (Hrsg.): Kreuz – Rad – Löwe. Rheinland-Pfalz. Ein Land

47 Klöckler, Abendland 1998.
48 Müller, Bilder 1997.

und seine Geschichte. Bd. 1.: Von den Anfängen der Erdgeschichte bis zum Ende des Alten Reiches. Mainz 2012, S. 419–464.

Bönnen, Gerold: Rhein-Main-Neckar-Region: Herrschaftsorganisation nach konsensualem Muster. In: Schneidmüller, Bernd/Weinfurter, Stefan/Wieczorek, Alfried (Hrsg.): Verwandlungen des Stauferreichs. Drei Innovationsregionen im mittelalterlichen Europa. Darmstadt 2010, S. 94–112.

Brendle, Franz: Die Rolle Johann Philipps von Schönborn (1605–1673) bei der Umsetzung des Westfälischen Friedens, dem Jüngsten Reichsabschied und der Einrichtung des Immerwährenden Reichstages. Ein Beitrag zur Reichspolitik des Mainzer Kurfürsten. In: Hartmann, Peter Claus (Hrsg.): Die Mainzer Kurfürsten des Hauses Schönborn als Reichserzkanzler und Landesherren. Frankfurt a.M. u.a. 2002 (Mainzer Studien zur neueren Geschichte, 10), S. 65–82.

Carl, Horst: Der Schwäbische Bund 1488–1534. Landfrieden und Genossenschaft im Übergang vom Spätmittelalter zur Reformation. Leinfelden-Echterdingen 2000.

Cepl-Kaufmann, Gertrude (Hrsg.): Jahrtausendfeiern und Befreiungsfeiern im Rheinland. Zur politischen Festkultur 1925 und 1930. Essen 2009.

Clemens, Lukas/Franz, Norbert: Geschichte von Rheinland-Pfalz. München 2010.

Clemens, Lukas/Felten, Franz J./Schnettger, Matthias (Hrsg.): Kreuz – Rad – Löwe. Rheinland-Pfalz. Ein Land und seine Geschichte. Bd. 1.: Von den Anfängen der Erdgeschichte bis zum Ende des Alten Reiches. Mainz 2012.

Dascher, Ottfried/Kleinertz, Everhard (Hrsg.): Petitionen und Barrikaden. Rheinische Revolutionen 1848/49, bearb. von Schnelling-Reinicke, Ingeborg. Münster 1998.

Engehausen, Frank: Länderschacher nach Napoleon: die Neuverteilung der linksrheinischen Gebiete und die preußische Provinz Sachsen 1813 bis 1815. In: Kretzschmar, Robert/ Schindling, Anton/Wolgast, Eike (Hrsg.): Zusammenschlüsse und Neubildungen deutscher Länder im 19. und 20. Jahrhundert. Stuttgart 2013, S. 51–74.

Febvre, Lucien: Der Rhein und seine Geschichte. Herausgegeben, übersetzt und mit einem Nachwort von Peter Schöttler. Frankfurt a.M./New York/Paris 1994.

Graf, Klaus: Das ‚Land' Schwaben im späten Mittelalter. In: Moraw, Peter (Hrsg.): Regionale Identität und soziale Gruppen im deutschen Mittelalter. Berlin 1992 (Zeitschrift für Historische Forschung. Beiheft 14), S. 127–164.

Groten, Manfred (Hrsg.): Die Rheinlande und das Reich. Vorträge, gehalten auf dem Symposium anlässlich des 125-jährigen Bestehens der Gesellschaft für Rheinische Geschichtskunde am 12. und 13. Mai 2006 im Universitätsclub in Bonn, veranstaltet von der Gesellschaft für Rheinische Geschichtskunde in Verbindung mit dem Landschaftsverband Rheinland. Düsseldorf 2007 (Publikationen der Gesellschaft für Rheinische Geschichtskunde Vorträge, 34).

Hartmann, Peter Claus: Der Mainzer Kurfürst als Reichskanzler. Funktionen, Aktivitäten, Ansprüche und Bedeutung des zweiten Mannes im Alten Reich. Stuttgart 1996.

Haude, Rüdiger: Die „Jahrtausendausstellungen" in Köln und Aachen 1925. Aachen 2013, http:// www.rheinische-geschichte.lvr.de/Epochen-und-Themen/Themen/die-%E2%80%-9Ejahrtausendausstellungen%E2%80%9C-in-koeln-und-aachen-1925/DE-2086/lido/ 57d1357ad31239.21169195 [11.04.2018].

Haug-Moritz, Gabriele: Was heißt „Reichs- und Landesgeschichte verbinden"? Zur fortdauernden Aktualität eines alten Forschungspostulats. In: Bauer, Dieter R./Mertens, Dieter/Setzler, Wilfried (Hrsg.): Netzwerk Landesgeschichte. Gedenkschrift für Sönke Lorenz. Ostfildern 2013 (Tübinger Bausteine zur Landesgeschichte, 21), S. 17–31.

Haug-Moritz, Gabriele/Ullmann, Sabine (Hrsg.): Frühneuzeitliche Supplikationspraxis und monarchische Herrschaft in europäischer Perspektive. Wien 2015 (Beiträge zur Rechtsgeschichte Österreichs, 5).

Hofacker, Hans-Georg: Die schwäbischen Reichslandvogteien im späten Mittelalter. Stuttgart 1980 (Spätmittelalter und Frühe Neuzeit, 8).

Hohrath, Daniel/Weig, Gebhard/Wettengel, Michael (Hrsg.): Das Ende reichsstädtischer Freiheit 1802. Zum Übergang schwäbischer Reichsstädte vom Kaiser zum Landesherrn. Begleitband zur Ausstellung „Kronenwechsel". Stuttgart 2002 (Forschungen zur Geschichte der Stadt Ulm, 12).

Jansen, Wilhelm: Kleine Rheinische Geschichte. Düsseldorf 1997.

Kahlenberg, Friedrich P./Kißener, Michael (Hrsg.), Kreuz – Rad – Löwe. Rheinland-Pfalz. Ein Land und seine Geschichte. Bd. 2: Vom ausgehenden 18. bis zum 21. Jahrhundert. Mainz 2012.

Käufer, Michael: Sankt Maximin zwischen Kurfürst und Reich. Der Kampf der Benediktinerabtei Sankt Maximin bei Trier um die Reichsunmittelbarkeit in den Jahren 1548–1670. Trier 2003.

Kegel-Schorer, Catharina de: Die Freien auf Leutkircher Heide. Zum Scheitern der Kommunalisierung einer freibäuerlichen Genossenschaft. In: Blickle, Peter (Hrsg.): Verborgene republikanische Traditionen in Oberschwaben. Tübingen 1998 (Oberschwaben – Geschichte und Kultur, 4), S. 145–158.

Kießling, Rolf: Schwabens Weg in das Königreich Bayern. Zwischen Integrationsbereitschaft und Traditionsbewusstsein. In: Alois Schmid (Hrsg.): 1806. Bayern wird Königreich. Vorgeschichte, Inszenierung, Europäischer Rahmen. Regenburg 2006.

Kießling, Rolf/Schiersner, Dietmar (Hrsg.): Erinnerungsorte in Oberschwaben. Regionale Identität im kulturellen Gedächtnis. Konstanz 2009 (Forum Suevicum. Beiträge zur Geschichte Ostschwabens und der benachbarten Regionen, 8).

Kießling, Rolf/Ullmann, Sabine (Hrsg): Das Reich in der Region während des Spätmittelalters und der Frühen Neuzeit. Konstanz 2005 (Forum Suevicum. Beiträge zur Geschichte Ostschwabens und der benachbarten Regionen, 6).

Kißener, Michael: Hasslieben am Rhein. Vergleichende Beobachtungen zur bayerischen und preußischen Präsenz am Rhein im 19. und 20. Jahrhundert. In: Felten, Franz J. (Hrsg.), Preußen und Bayern am Rhein. Stuttgart 2014 (Mainzer Vorträge, 17), S. 47–62.

Kissling, Peter: Die Eglofser Freien – eine verhinderte spätmittelalterliche Republik? In: Blickle, Peter (Hrsg.): Verborgene republikanische Traditionen in Oberschwaben. Tübingen 1998 (Oberschwaben – Geschichte und Kultur, 4), S. 159–176.

Klöckler, Jürgen: Abendland – Alpenland – Alemannien. Frankreich und die Neugliederungsdiskussion in Südwestdeutschland 1945–1947. München 1998 (Studien zur Zeitgeschichte, 55).

Maurer, Helmut: Der Herzog von Schwaben. Grundlagen, Wirkungen und Wesen seiner Herrschaft in ottonischer, salischer und staufischer Zeit. Sigmaringen 1978.

Moraw, Peter/Press, Volker: Probleme der Sozial- und Verfassungsgeschichte des Heiligen Römischen Reiches im späten Mittelalter und in der Frühen Neuzeit (13.–18. Jahrhunderts). In: Zeitschrift für Historische Forschung (2) 1975, S. 95–108.

Müller, Michael: Die Entwicklung des Kurrheinischen Kreises in seiner Verbindung mit dem Oberrheinischen Kreis im 18. Jahrhundert. Frankfurt a.M. u.a. 2008 (Mainzer Studien zur Neueren Geschichte, 24).

Müller, Rainer (Hrsg.): Bilder des Reiches. Sigmaringen 1997 (Irseer Schriften, 4).

Nickel, Dietmar: Die Revolution 1848/49 in Augsburg und Bayerisch-Schwaben. Augsburg 1965 (Schwäbische Geschichtsquellen und Forschungen, 8).

Ortlieb, Eva: Im Auftrag des Kaisers. Die kaiserlichen Kommissionen des Reichshofrats und die Regelung von Konflikten im Alten Reich (1637–1657). Köln u.a. 2001.

Plessen, Marie-Louise von (Hrsg.): Der Rhein. Eine europäische Flussbiographie. München 2016.

Quarthal, Franz: Österreichs Verankerung im Heiligen Römischen Reich deutscher Nation. Die historische Bedeutung der österreichischen Vorlande. In: Quarthal, Franz/Faix, Gerhard (Hrsg.): Die

Habsburger im deutschen Südwesten. Neue Forschungen zur Geschichte Vorderösterreichs. Stuttgart 2000, S. 9–26.

Ranieri, Filippo: Recht und Gesellschaft im Zeitalter der Rezeption. Eine rechts- und sozialgeschichtliche Analyse der Tätigkeit des Reichskammergerichts im 16. Jahrhundert. Bde. 1–2. Köln u.a. 1985.

Reden-Dohna, Armgard von: Die schwäbischen Reichsprälaten und der Kaiser. Das Beispiel der Laienpfründen. In: Weber, Hermann (Hrsg.): Politische Ordnungen und soziale Kräfte im Alten Reich. Wiesbaden 1980, S. 155–167.

Reinle, Christine: Landesgeschichte und Reichsgeschichte als komplementäre Perspektiven auf die deutsche Geschichte. Peter Moraws Verständnis von Landesgeschichte. In: Christine Reinle (Hg.): Stand und Perspektiven der Sozial- und Verfassungsgeschichte zum römisch-deutschen Reich. Der Forschungseinfluss Peter Moraws auf die deutsche Mediävistik. Affalterbach 2016 (Studien und Texte zur Geistes- und Sozialgeschichte des Mittelalters, 10), S. 221–249.

Rödel, Volker: Rheinland-Pfalz. Verordnete Landesgründung in einem historischen Kernraum ohne Staatstradition. In: Kretzschmar, Robert/Schindling, Anton/Wolgast, Eike (Hrsg.): Zusammenschlüsse und Neubildungen deutscher Länder im 19. und 20. Jahrhundert. Stuttgart 2013, S. 271–297.

Rudolf, Hans Ulrich (Bearb.): Alte Klöster – Neue Herren. Die Säkularisation im deutschen Südwesten 1803. Bd. 2,1: Aufsätze. Ostfildern 2003.

Rudolph, Harrieth: Das Reich als Ereignis. Formen und Funktionen der Herrschaftsinszenierung bei Kaisereinzügen (1558–1618). Köln u.a. 2011 (Norm und Struktur, 38).

Schiffmann, Dieter: Das Hambacher Fest – Ein deutscher Erinnerungsort. Die Nachgeschichte des Hambacher Festes im Spannungsfeld von kollektivem Gedächtnis und Geschichtspolitik. In: Kermann, Joachim/Nestler, Gerhard/Schiffmann, Dieter (Hrsg.): Freiheit, Einheit und Europa. Das Hambacher Fest von 1832 – Ursachen, Ziele, Wirkungen. Ludwigshafen 2006, S. 333–386.

Schneider, Joachim, Entfaltung regionaler Ordnungen im späten Mittelalter. In: Clemens, Lukas/Felten, Franz J./Schnettger, Matthias (Hrsg.): Kreuz – Rad – Löwe. Rheinland-Pfalz. Ein Land und seine Geschichte. Bd. 1. Von den Anfängen der Erdgeschichte bis zum Ende des Alten Reiches. Mainz 2012, S. 305–338.

Steber, Martina: Ethnische Gewissheiten. Die Ordnung des Regionalen im bayerischen Schwaben vom Kaiserreich bis zum NS-Regime. Göttingen 2010 (Bürgertum. N.F., 9).

Ucharim, Michael: Rheinland-Pfalz, der Föderalismus und der unitarische Bundesstaat. Die Bund-Länder-Politik der Kabinette Altmeier 1947–1969. Diss. Mainz 2013 [im Druck].

Ullmann, Sabine: Geschichte auf der langen Bank. Die Kommissionen des Reichshofrats unter Kaiser Maximilian II. (1564–1576). Mainz 2006 (Veröffentlichungen des Instituts für Europäische Geschichte Mainz, 214).

Wunder, Bernd: Der Schwäbische Kreis. In: Hartmann, Peter-Claus (Hrsg.): Regionen in der Frühen Neuzeit. Reichskreise im deutschen Raum, Provinzen in Frankreich, Regionen unter polnischer Oberhoheit. Ein Vergleich ihrer Strukturen, Funktionen und ihrer Bedeutung. Berlin 1994 (Zeitschrift für Historische Forschung. Beiheft 17), S. 23–39.

Michael Hecht & Britta Kägler

# Dynastien und Hochadel

## 1 Einleitung

Die Beschäftigung mit dem hohen, das heißt reichsständischen Adel und den von ihm ausgebildeten Herrscherdynastien besitzt in der landeshistorischen Forschung traditionell einen großen Stellenwert. Dies hat sowohl mit der Genese der Disziplin als auch mit den methodischen und thematischen Schwerpunktsetzungen von Landesgeschichte zu tun: Bereits die höfische Historiographie des ausgehenden Mittelalters und der Frühen Neuzeit verschränkte die Konzeption von „Land" mit der Behandlung dynastischer Genealogie, um fürstliche Herrschaft im Territorium zu legitimieren. Die oftmals von den Fürstenhäusern in Auftrag gegebenen und finanzierten Landeschroniken der Vormoderne etablierten mit dieser Verbindung ein Narrativ, das auch langfristig eine große Wirkkraft entfaltete.[1]

Die in der wissenschaftlichen Landesgeschichte des 19. und 20. Jahrhunderts vielfach dominante Orientierung an den Bereichen Politik und Herrschaft kam ebenfalls nicht ohne große Fürstengestalten und die Dynastien als kollektive Akteure aus. Zwar wurde seit dem 18. Jahrhunderts wiederholt der Anspruch formuliert, unter Landesgeschichte „nicht blos Regentengeschichte"[2] zu begreifen, gleichwohl blieben Themen wie Erbteilungen, fürstliche Heiratsverbindungen und andere dynastische Praktiken für die Beschreibung der Entstehung, Konsolidierung und Entwicklung von Territorien essenziell. Gerade in „Ländern" mit kontinuierlich agierenden dynastischen Hegemonen (wie etwa Bayern, Hessen und Sachsen) fielen Landesgeschichte und Dynastiegeschichte oft in großen Teilen weiterhin zusammen.[3] Erst die Orientierung der Landesgeschichte an der Kulturraumforschung und die strukturhistorischen Zugänge der „Geschichtlichen Landeskunde" ließen seit der Mitte des 20. Jahrhunderts die Beschäftigung mit hochadligen Dynastien etwas in den Hintergrund treten, ohne sie gänzlich zu verdrängen.

Die in den letzten zwei Jahrzehnten in der allgemeinen Geschichte zu verzeichnende Wiederentdeckung der Untersuchungsgegenstände „Adel" und „Fürstenhof" gab auch der landesgeschichtlichen Dynastieforschung neue Impulse. Gewandelte theoretisch-methodische Grundannahmen infolge des „cultural turn" sorgen indes gleichsam für neue Herausforderungen. Dies betrifft zum einen den Dynastiebegriff: Statt darunter wie bisher in einem essenzialistischen Verständnis einen quasi natürlich-genealogischen Verwandtschaftsverband zu verstehen, der als geschichtlicher

1 Vgl. Johanek, Schreiber 1992; Moeglin, Bewußtsein 1993; Fuchs, Traditionsstiftung 2002.
2 Das Zitat bei: Wenck, Landesgeschichte 1783, Vorrede (ohne Seitenangabe).
3 Vgl. exemplarisch: Holzfurtner, Wittelsbacher 2005.

https://doi.org/10.1515/9783110354188-011

Akteur Politik betreibt, gerät Dynastie zunehmend als soziale Konstruktionsleistung und symbolische Ordnung in den Blick, die als Phänomen selbst erst einmal erklärungsbedürftig ist. Zu fragen ist dann etwa nach der Entstehung und Veränderung dynastischer Wissensordnungen und der Stiftung dynastischen Selbstverständnisses, aber auch nach der Verbindung von dynastischen Identitäten und Konzepten von „Land" als Herrschaftsraum.[4] Zum anderen erweist sich der Zugriff auf Dynastien als geeignet, um beziehungs- und transfergeschichtliche Ansätze in der Landesgeschichte zu implementieren, sind doch dynastische Ordnung und Kommunikation in der Regel nur mit dem Blick über den territorialen Tellerrand (und zuweilen auch nicht ohne europäisch-transnationale Perspektiven) zu verstehen.[5] Wichtige Impulse für die Dynastieforschung gingen in diesem Sinne auch von der frauen- und geschlechtergeschichtlichen Frühneuzeitforschung aus, die nach den Netzwerken fragte, die jede Braut durch ihre bereits bestehenden familiären und politischen Verbindungen an ihrem neuen Hof etablierte. Zudem ist es der Geschlechtergeschichte zu verdanken, dass die Herrschaftsbeteiligung von Frauen in der Vormoderne auch strukturell wieder stärker ins Blickfeld der Forschung gerückt ist.[6]

Im Folgenden sollen klassische und neue Zugriffe landesgeschichtlicher Dynastiegeschichte an zwei Fällen veranschaulicht werden: den „Askaniern" (vornehmlich in Anhalt) und den bayerischen „Wittelsbachern". Die Pfälzer Linie der Wittelsbacher wird wegen der unterschiedlichen Interessenzonen und wegen des starken Eigenlebens beider Linien nur dann berücksichtigt, wenn es um die Abgrenzung der Linien und die mögliche Wiedervereinigung geht. Durch die Betrachtung der beiden Fälle geraten nicht nur Unterschiede in Bezug auf räumliche Verortung, politische Bedeutung, imaginierte Größe, konfessionelle Prägung und länderbildende Kraft, sondern auch unterschiedliche historiographiegeschichtliche Grundkonstellationen in den Fokus. Der in beiden Texten verwendete Raumbegriff orientiert sich vorwiegend an den – für die einzelnen Epochen unterschiedlich zu bestimmenden – territorialen Zuordnungen (Herrschaftsraum), berücksichtigt bei Bedarf aber auch den über Landesgrenzen reichenden dynastischen Kommunikations- und Handlungsraum.

4 Zu entsprechenden Perspektiven vgl. Hecht, Landesgeschichte 2015, S. 182–189. Zu den geschichtswissenschaftlichen Konzeptionen der Begriffe „Dynastie" und „Fürstenhaus" vgl. auch: Weber, Dynamiken 2010; Hecht, Adels-Haus 2017.

5 Vgl. Auge, Dynastiegeschichte 2010; Reitemeier, Herrschaften 2015.

6 Freilich haben klassische dynastie- und herrschaftsgeschichtliche Zugriffe die Rolle von Frauen auch nicht marginalisiert, sondern stets zu integrieren gewusst, vgl. Wunder, Dynastie 2002, S. 11.

# 2 Die anhaltischen Askanier

Michael Hecht

## 2.1 Zum Begriff und zu den dynastischen Anfängen

Die „Askanier" gelten heute gemeinhin als eine der „führenden deutschen Herrscherfamilien", die zu den „ältesten europäischen Hochadelsgeschlechtern" zählt.[7] Insbesondere in der anhaltischen Landesgeschichte nehmen sie einen zentralen Platz ein, übten die Angehörigen dieses Fürstenhauses doch von der Zeit der Entstehung einer Grafschaft bzw. eines Fürstentums Anhalt bis zur Abdankung des Prinzregenten Aribert von Anhalt im November 1918 Herrschaft in diesem Raum aus. Doch auch für die Geschichte Brandenburgs, wo die „Askanier" bis 1320 die Markgrafenwürde innehatten, sowie für die Geschichte Sachsens, wo bis 1422 „askanische" Herzöge herrschten, ist das Geschlecht von Bedeutung. Das kleine Herzogtum Sachsen-Lauenburg, dessen einstiges Territorium heute zum Bundesland Schleswig-Holstein gehört, wurde bis 1689 von „Askaniern" regiert. Als Protagonisten von Landesentstehung, Territorialentwicklung und (vormoderner) Herrschaft haben die „Askanier" daher in verschiedenen mittel- und norddeutschen Landesgeschichten eine zentrale Stellung inne.

Die Bezeichnung dieser weitverzweigten „Herrscherfamilie" als „Askanier" verkennt indes, dass es einen solchen Begriff in diesem oder einem ähnlichen Sinn im Mittelalter nie gegeben hat. Die Idee eines „askanischen" Geschlechts wurde erst seit dem 16. Jahrhundert in der historiographischen Rückschau entwickelt (dazu weiter unten) und konnte sich mit dem genealogischen Positivismus der Geschichtswissenschaft des 19. Jahrhunderts endgültig durchsetzen. So, wie man in dieser Zeit aus der eigenen Gegenwartserfahrung heraus die mittelalterliche Herrschaft meist als „staatliche", das heißt flächig organisierte Machtausübung charakterisierte, so beschrieb man auch die Verwandtschaftsverbände des Adels als klar patrilinear strukturierte und mit agnatischem Bewusstsein ausgestattete „Geschlechter" oder „Familien", die nicht selten mit der Verleihung eines anachronistischen Namens (neben „Askanier" vgl. u.a. auch „Wettiner" und „Greifen") als überzeitliche Phänomene behandelt wurden. Erst seit der zweiten Hälfte des 20. Jahrhunderts setzte sich, wie einleitend beschrieben, in der Geschichtswissenschaft die Erkenntnis durch, Strukturen und Praktiken von Verwandtschaft im mittelalterlichen Adel zu historisieren, das heißt nach den für jede Zeit charakteristischen Spezifika und Logiken sowie nach dem jeweiligen verwandtschaftlichen Selbstverständnis der Akteure zu fragen.[8] In den landesgeschichtlichen Darstellungen hielt man jedoch vielfach

7 Die Zitate bei: Opitz, Einleitung 2010, S. 9 und Partenheimer, Albrecht 2010, S. 21.

8 Wichtig sind vor allem: Schmid, Problematik 1957; Schmid, Geblüt 1998. Zu aktuellen Zugängen der Verwandtschaftsforschung vgl. Lubich, Verwandtsein 2008; Spieß, Familie 2009.

an Bezeichnungen wie „Askanier" als genealogischen Ordnungsbegriffen fest – nicht zuletzt, weil sie für die Kontinuitätserzählung mittelalterlicher und neuzeitlicher Herrschaft eine hohe Attraktivität besaßen.[9]

Blickt man nun auf jene historischen Protagonisten, die noch heute meist als „frühe Askanier" in geschichtlichen Darstellungen firmieren, so lassen sich diese als Angehörige einer gehobenen Schicht des sächsischen Adels im 11. und 12. Jahrhundert beschreiben, die infolge des Besitzes von Gütern und Rechten sowie der Übernahme von Ämtern (etwa das eines Grafen, Markgrafen oder Herzogs) als handelnde Personen in der Quellenüberlieferung erscheinen. Sie waren eingebunden in soziale Beziehungsnetze, die über Verwandtschaft, Freundschaft und Gefolgschaft strukturiert waren. Dies führte zur Verwicklung der „frühen Askanier" in die politischen und militärischen Geschehnisse der Salier- und Stauferzeit. Als „Stammvater" gilt gewöhnlich ein 1036 erstmals urkundlich genannter Esico, der Grafenrechte in ostsächsischen Gauen ausübte und laut späterer chronikalischer Überlieferung über seine Mutter ein Nachkomme des Markgrafen Hodo, eines Vertrauten der ottonischen Kaiser, war. Esicos Enkel Otto wurde als Graf erstmals zeitgenössisch nach der Burg Ballenstedt im Ostharz genannt; er war zudem mit einer Tochter des Sachsenherzogs Magnus verheiratet und hatte 1112 kurzzeitig selbst die sächsische Herzogswürde inne. Spätestens mit Ottos Sohn Albrecht (Adalbert), der schon zeitgenössisch den Beinamen „der Bär" erhielt und in Urkunden zunächst als Graf von Ballenstedt und von Aschersleben tituliert wurde, gelangte die Verwandtschaftsgruppe auf den Höhepunkt ihrer Bedeutsamkeit innerhalb der Reichspolitik. Albrecht, der auch einige Jahre als Herzog von Sachsen amtierte, wurde Markgraf der Nordmark und von Brandenburg. Seine langanhaltenden Auseinandersetzungen mit Heinrich dem Löwen um Macht und Einfluss sowie seine Rolle im Rahmen der später sogenannten „deutschen Ostexpansion" hatten weitreichende Auswirkungen auf künftige Herrschaftsstrukturen im heute als Mitteldeutschland bezeichneten Raum.[10]

Albrecht besaß ein Konglomerat an Allodialbesitz, Lehngütern, Klostervogteien und Gerichtsrechten, das heute nicht mehr in allen Einzelheiten rekonstruierbar ist, aber verschiedene Kristallisationspunkte für sich später ausbildende Territorialherrschaften umfasste. Während nach Albrechts Tod 1170 sein Sohn Otto als Markgraf von Brandenburg folgte und die dort herrschende Nachkommenlinie begründete, ging die thüringische Grafschaft Weimar-Orlamünde an den Sohn Hermann. Die Besitzungen Albrechts im Gebiet von Saale, Mulde und Elbe sowie am Harz, darunter die Burgen Ballenstedt, Aschersleben und Anhalt, erbte sein Sohn Bernhard, der nach dem Sturz Heinrichs des Löwen 1180 zum Herzog von Sachsen erhoben wurde. Nach Bernhards Tod 1212 fand eine abermalige Aufteilung des Erbes statt, wobei der

**9** Vgl. Marcus, Herzog 1993.
**10** Ausführlich zu Albrecht und seinen Verwandten vgl. Partenheimer, Albrecht 2016.

jüngere Sohn Albrecht im sächsischen Dukat folgte (und die später in Wittenberg und Lauenburg herrschenden Herzogslinien begründete), während der ältere Sohn Heinrich die Stammgüter zwischen Harz und Elbe übernahm.[11] Auf ihn und seine Nachkommen – als die „askanische" Herrschaftslinie mit der größten Kontinuität – soll die folgende Darstellung beschränkt bleiben.

## 2.2 Konsolidierung und Krisen anhaltischer Herrschaft im Spätmittelalter

Die Herrschaftsübernahme Heinrichs in den am Harz und östlich davon gelegenen „Stammlanden" nach Herzog Bernhards Tod 1212 gilt als Geburtsstunde eines eigenständigen Landes Anhalt, denn aus diesem Komplex an Gütern und Rechten entwickelte sich allmählich das später in dieser Weise benannte Fürstentum.[12] Heinrich wurde in einer Urkunde des Jahres 1215 erstmals als „Graf von Aschersleben und Fürst von Anhalt" (*comes Ascharie et princeps in Anahalt*) bezeichnet, nachdem sich bereits sein Vater und sein Großvater in einigen Situationen nach der Burg Anhalt über dem Selketal – in Verbindung mit einem Grafen-, Markgrafen- oder Herzogstitel – benannt hatten. Die Verknüpfung des Fürstentitels (*princeps*), der in dieser Zeit keinen fest abgegrenzten Rang innerhalb einer klaren ständischen Hierarchie bedeutete, mit der vor 1140 entstandenen Burg Anhalt war im 13. Jahrhundert allerdings noch nicht sehr fest. Die Benennung nach den verschiedenen Burgen und Herrschaftsmittelpunkten wechselte in den Urkunden noch häufig, auch unter Heinrichs Nachkommen. Von einem institutionalisierten „Fürstentum" Anhalt kann jedenfalls noch keine Rede sein.

Erst ab dem frühen 14. Jahrhundert lässt sich erkennen, dass die Deszendenten Heinrichs den verbindenden Titel *comes de Anhalt* bzw. kurze Zeit später *princeps de Anhalt* in der Selbstbeschreibung benutzten, auch wenn sie gar keinen Anteil an der namengebenden Burg besaßen. Denn der Verwandtschaftsverband herrschte dezentral in verschiedenen „Linien" über die einzelnen Burgen, Güter und Machtzentren. Durch die Verwendung der allen gemeinsamen Titulatur lässt sich erschließen, dass sich ein neues Verwandtschaftsverständnis etablierte. Auch die Idee eines Fürstentums (*principatus*) Anhalt, das als Ausdruck eines konkreten Herrschaftsanspruchs vom Reich übertragen wurde und an dem alle männlichen Angehörigen des „Geschlechts" Anteil hatten, fand seit dieser Zeit immer mehr Niederschlag in

---

11 Zu den „askanischen" Linien vgl. Schmidt, Mark 1973; Meyn, Gebietsherzogtum 1995; Beck, Herrschaft 2000.

12 Hierzu und für das Folgende sei auf einige grundlegende Arbeiten (mit ausführlichen Nachweisen der umfangreichen Forschungsliteratur) verwiesen: Assing/Hecht, Anhalt 2003; Brademann/Hecht, Anhalt 2005/06; Freitag, Fürsten 2009; Brademann, Weg 2012.

den Quellen. Ein Fürstentum Anhalt entstand somit allmählich, auch wenn die frühneuzeitliche Geschichtsschreibung den Akt einer konkreten „Fürstung" der Anhaltiner durch Kaiser Friedrich Barbarossa imaginierte. Die schrittweise Herausbildung Anhalts als Territorium war mit dem Werden und Wirken der Herrschaftsdynastie auf das Engste verbunden.

Gleichwohl lässt sich unter Anhalt auch im 14. Jahrhundert noch kein klar eingegrenztes, flächig zu denkendes Herrschaftsgebiet verstehen. Die den einzelnen Fürsten zugehörigen Rechte und Herrschaftsteile waren durchaus noch fluide. Neben einigen wichtigen Zugewinnen – darunter die rechtselbische Herrschaft Zerbst (1307) sowie die Grafschaften Plötzkau (1423) und Lindau (1457) – standen herbe Verluste. Als besonders katastrophal erwies sich, dass 1315 die Grafschaft Aschersleben nach dem Aussterben der dort residierenden Linie an das Hochstift Halberstadt abgetreten werden musste, da Bischof Albrecht, selbst ein gebürtiger Anhaltiner, lehnsrechtliche Ansprüche geltend machen konnte. Die Versuche auch der nachfolgenden Generationen bis in die Frühe Neuzeit, Aschersleben für Anhalt zurückzugewinnen, waren nicht von Erfolg gekrönt.

Wenig erfolgreich waren die anhaltischen Fürsten auch bei der Durchsetzung von Erbansprüchen. Sowohl beim Aussterben der Nachkommen Albrechts des Bären in der Mark Brandenburg 1320 als auch beim Aussterben der Nachkommen Herzogs Bernhard von Sachsen in Sachsen-Wittenberg 1422 gingen die unzweifelhaft zu den „Stammverwandten" zu zählenden Anhaltiner leer aus. Dieser Misserfolg kann durchaus als Indiz für eine allgemeine machtpolitische Schwäche der anhaltischen Fürsten im Spätmittelalter gewertet werden. Gehörten die frühen Generationen des 13. Jahrhunderts noch zur Spitze des Adels in der Region, sanken bei den Anhaltinern des 14. und 15. Jahrhunderts die überterritoriale Bedeutung und die Ausstrahlungskraft der Hofhaltungen spürbar ab, was Auswirkungen auf die rangmäßige Verortung hatte. Deutlich wird der Prestigeverlust etwa an den Heiratsverbindungen, die nun fast nur noch mit Grafen- und Herrenfamilien der Umgebung statt mit bedeutenden fürstlichen Häusern geknüpft werden konnten. Auch auf den Reichstagen und anderen Foren der adligen Interaktion rangierten die Anhaltiner eher bei den Grafen und Herren als bei den Fürsten.[13]

Dieser von der Forschung meist als Abstieg oder Niedergang gefasste Prozess war ein Resultat bestimmter verwandtschaftlich-herrschaftlicher Praktiken. Dazu zählen vor allem die zahlreichen Teilungen, die gewöhnlich nach dem Tod eines Fürsten unter den Söhnen vorgenommen wurden. Hierdurch verringerten sich die individuellen Machtgrundlagen in den ohnehin kleinen Herrschaftsräumen sowie die damit verbundenen Handlungsspielräume der Fürsten. Wachsender Finanzbedarf und eine zum Teil extreme Verschuldung führten dazu, dass Güter und Rechte, mitunter beträchtlichen Umfangs, an andere Herrschaftsträger verpfändet wur-

**13** Vgl. Freitag, Reichsfürsten 2001.

den. Bei Nichteinlösung der Pfandschaften drohte der dauerhafte Verlust. Auch die Umwandlung von Eigengütern in Lehen benachbarter Hegemonialmächte, die mit Zusicherungen von Schutz verbunden waren, sowie die Ausstattung der Ehefrauen mit Wittumsgütern (Leibgedingen) brachten die Gefahr mit sich, dass Herrschaftsteile dem Fürstenhaus verloren gingen, wie mehrere Beispiele des 14. und 15. Jahrhunderts zeigen. Um 1500 geriet die Herrschaft der anhaltischen Fürsten auf diese Weise in eine existenzielle Krise. Der Magdeburger Erzbischof versuchte, auch unter Ausnutzung inneranhaltischer Streitigkeiten, die Zahlungsunfähigkeit der Fürsten zum Anlass zu nehmen, große Teile des Fürstentums seiner eigenen Herrschaft unterzuordnen und damit die reichsunmittelbare Stellung der Anhaltiner zu beenden. Nur mit Mühe konnte dies verhindert werden.[14]

Die anhaltischen Fürsten entwickelten vor dem Hintergrund dieser Bedrohungen seit der zweiten Hälfte des 15. Jahrhunderts bestimmte Handlungsstrategien, mit denen die Integrität der eigenen Herrschaft und der damit verbundene fürstliche Rang geschützt und stabilisiert werden konnten. So suchten einige Anhaltiner die Nähe zum Kaiser, der als Haupt des Reiches und oberster Lehnsherr zugunsten der Fürsten intervenieren konnte. Insbesondere der um 1466 geborene Fürst Rudolf von Anhalt, der zu einem engen Vertrauten Kaiser Maximilians I. wurde und 1510 als kaiserlicher Feldhauptmann in Italien starb, spielte dabei eine wichtige Rolle. Auch lässt sich nun in zahlreichen Schriftzeugnissen ein wachsendes Verständnis von der Bedeutung überindividuellen dynastischen Handelns entdecken. In Briefen und Verträgen wurde die Norm formuliert, dass Teilungen vermieden oder nur in solchen Formen ausgeführt werden sollten, die keine „Uneinickeit“ im Verwandtschaftsverband produzierten.[15] Angehörige des Fürstenhauses, die in den geistlichen Stand getreten waren (und damit auch bewusst einer Erweiterung des „Personalbestandes“ entgegenwirkten), agierten nun mehr als früher zugunsten der Interessen ihres Herkunftshauses als Vermittler und Diplomaten; zu nennen wären hier der Merseburger Bischof Adolf von Anhalt (1458–1526) und der Magdeburger Dompropst Magnus von Anhalt (1455–1524).[16]

## 2.3 Herrschaftsstabilisierung und dynastisches Bewusstsein im Reformationsjahrhundert

Ein deutlicher „Modernisierungsschub“ sowohl hinsichtlich des verwandtschaftlichen Selbstverständnisses der Anhaltiner als auch in Bezug auf ihre Herrschafts-

14 Vgl. Jablonowski, Krise 2004.

15 Vgl. Wäschke, Regesten 1909, exemplarisch die Nummern 734, 1149 und 1154; das Zitat nach: Jablonowski, Krise 2004, S. 22.

16 Zu beiden vgl. Thomas, Fürsten 2009; Deutschländer, Dienen 2012, S. 221–238.

praktiken lässt sich für die zwei folgenden, vornehmlich in den beiden mittleren Vierteln des 16. Jahrhunderts regierenden Fürstengenerationen beobachten. Die fürstliche Herrschaft in Anhalt, die im Vergleich mit den größeren Nachbarn bis dahin als rückschrittlich und zeitweise instabil charakterisiert werden muss, erreichte eine neue Qualität. Dies zeigen der Ausbau der Hofhaltungen und der Verwaltungsstrukturen, der Erlass zahlreicher Gesetzestexte (u.a. Kirchenordnung 1545, Regimentsordnung 1546, Hofordnung 1548, Landesordnung 1572) sowie die Inszenierung eines neuen Herrschaftsbewusstseins.[17]

Wichtig war in diesem Zusammenhang, dass sich infolge des Aussterbens einiger Linien sowie der bewusst gewählten Ehelosigkeit mehrerer Fürsten die Tendenz zur Vereinigung des fragmentierten Herrschaftsraumes einstellte. Während um 1500 noch sechs Fürsten das kleine Land unter sich geteilt hatten, herrschten um 1550 nur noch vier Anhaltiner: Fürst Wolfgang (1492–1566) in Köthen und Bernburg sowie die Brüder Johann (1504–1551), Georg III. (1507–1553) und Joachim (1509–1561) in Dessau, Zerbst und Warmsdorf. Da von diesen nur Johann legitime Kinder hinterließ, von denen zwei Söhne in jungem Alter starben, konnte der einzig überlebende Fürst Joachim Ernst (1536–1586) ab 1570 ganz Anhalt unter seiner Herrschaft vereinigen. Der Zwang zur innerdynastischen Ressourcenteilung, der immer wieder Anlass zu Konflikten gegeben hatte, fiel damit vorerst weg.

Auch von den Folgen der Reformation profitierte die Herrschaft der Anhaltiner. Die Nähe zu Wittenberg war mitverantwortlich dafür, dass der reformatorische Funke schon früh auf Anhalt übersprang. Mit Fürst Wolfgang, der zu den „protestierenden“ Ständen auf dem Speyerer Reichstag 1529, den Unterzeichnern der Confessio Augustana 1530 und den Initiatoren des Schmalkaldischen Bundes 1531 gehörte, sowie mit Fürst Georg III., der als humanistisch und theologisch gebildeter Herrscher einen engen Kontakt zu Luther pflegte und von diesem 1544 als evangelischer Bischof („Koadjutor in geistlichen Dingen“) in Merseburg eingeführt wurde, besaß das Fürstenhaus zwei auch überregional anerkannte Promotoren der neuen Lehre. Mithilfe von Säkularisationsgewinnen und gestützt auf das landesherrliche Kirchenregiment konnte die fürstliche Stellung gegenüber den Untertanen gestärkt werden. Die Parteinahme für die Reformation ermöglichte den Anhaltinern aber auch, ihre Rangposition innerhalb des Reichsfürstenstandes zu verbessern: Sie wurden nun überwiegend als ebenbürtige Akteure akzeptiert, was auch in mehreren prestigeträchtigen Eheverbindungen (u.a. mit Kursachsen, Kurbrandenburg und Württemberg) zum Ausdruck kam. Symbolisch wurde dieser Anspruch von den Fürsten selbst sehr prägnant am Bernburger Schloss formuliert, indem Reliefporträts der Anhaltiner gemeinsam mit solchen der wettinischen, welfischen und hohenzollernschen Nachbarn sowie einem Bild des Kaisers den Erker eines Turms schmückten. Auch die aus der Cranachwerkstatt stammenden Epitaphbilder der An-

17 Vgl. Brademann/Hecht, Anhalt 2006, S. 539–547.

haltiner dokumentieren ein neuartiges Selbstbewusstsein, das seine Dignität aus dem hochadligen Rang, der binnenfürstlichen Vernetzung sowie der reformatorischen Botschaft bezog.[18] Am eindrücklichsten lässt sich der Wandel des fürstlich-herrschaftlichen Selbstverständnisses der Anhaltiner anhand der zeitgenössischen Geschichtsschreibung sowie weiterer Medien der Erinnerungskultur beobachten. Im Auftrag der Fürsten beschäftigten sich Historiografen mit der Abstammung und Vergangenheit des Verwandtschaftsverbandes und schufen mit der besonderen Betonung von Anciennität und jahrhundertelanger Herrschaftskontinuität ein Modell „dynastischer" Zusammengehörigkeit, das in Teilen bis heute weiterwirkt. Wichtig in diesem Zusammenhang war vor allem die 1556 erstmals gedruckte „Genealogia und Chronica des Durchlauchten Hochgebornen Königlichen und Fürstlichen Hauses der Fürsten zu Anhalt" aus der Feder von Ernst Brotuff. Hierin wurde die Ahnenreihe der Fürsten in ununterbrochener Folge bis auf ein Geschlecht germanisch-sächsischer Kriegskönige des 6. Jahrhunderts, die sogenannten Beringer, zurückgeführt, und die Einheit aller von Albrecht dem Bären ausgehenden Herrschaftslinien betont. Auf diese Weise erschienen die Anhaltiner als ehemals königliche und kurfürstliche Dynastie, die mit Blick auf die historische Größe den bedeutenden Nachbarn mindestens ebenbürtig war. Dieses so imaginierte Fürstenhaus bekam nun den Namen „Askanien" (*domus Ascaniae*) zugewiesen, womit einerseits auf eine latinisierte Namensvariante der von den Fürsten beanspruchten Grafschaft Aschersleben (*Aschania*), andererseits auf den biblischen Stammvater Askenas (Aschkenaz), Urenkel Noahs, angespielt wurde, der in der zeitgenössischen Völkergenealogie als „Stammvater der Deutschen" galt und als vermeintlicher Namensgeber des Fürstenhauses das Prestige der Anhaltiner mehrte.[19]

Das neue Dynastie- und Erinnerungskonzept fand seinen Niederschlag auch im fürstlichen Wappen, das um 1535 erweitert wurde auf neun Einzelfelder, die in elaborierter Weise genealogische Vorstellungen und Herrschaftsansprüche symbolisierten. Das Titelblatt der eben genannten „Genealogia" von 1556 (s. S. 277) wurde von diesem neuen Wappen dominiert.

**18** Vgl. mit weiteren Verweisen auf die umfangreiche Literatur: Brademann, Potentiale 2015; Slenczka, Herrschaft 2015.
**19** Hierzu ausführlicher: Hecht, Erfindung 2006.

GENEALOGIA
Vnd Chronica/des Durchlauchten
Hochgebornen/Königlichen vnd Fürstlichen Hauses/der
Fürsten zu Anhalt/Graffen zu Ballenstedt vnd Ascanie/Herrn zu Bernburgk
vnd Zerbst/auff 1055. Jar/in sechs Büchern/mit viel schönen alten Hi-
storien/Geschichten/Königlichen vnd Fürstlichen Wopen
gezieret/vnd beschrieben.

Mit einer Vorrede Herrn Philippi
Melanthon.

1556.

**Abb. 26:** Titelblatt der „Genealogia des Hauses Anhalt“ mit dem neunfeldigen Fürstenwappen, Ernst Brotuff, 1556

Auch die Schlossarchitektur erwies sich als geeignetes Medium, das jetzt vorherrschende Modell des fürstlichen Hauses zu propagieren. Die gerade zwischen 1530 und 1560 zahlreich im Land neu- oder umgebauten Schlösser orientierten sich an kurfürstlichen Vorbildern und integrierten vielfältige Verweise auf das dynastische Alter. Dass an und in den Schlössern auch heraldische Ahnenproben gezeigt wurden, macht deutlich, dass den Anhaltinern neben den patrilinearen Ursprungsmythen auch die verwandtschaftlichen Verflechtungen mit anderen reichsfürstlichen und königlichen Familien hervorhebenswert erschienen.[20]

**20** Vgl. zu diesen Themen: Hecht, Hofordnungen 2009; Müller, Residenzschloss 2009.

## 2.4 Kleine Fürsten und Kleinstaatlichkeit im 17. und 18. Jahrhundert

Die Erfordernisse fürstlicher Repräsentation waren kostspielig und trugen zur extremen Verschuldung des Fürstenhauses nicht unmaßgeblich bei. Die Situation spitzte sich zu, als Fürst Joachim Ernst 1586 starb und dabei zahlreiche Kinder hinterließ, die standesgemäß versorgt werden wollten. Die überlebenden fünf Söhne verabredeten 1603 eine erneute Landesteilung, die 1606/11 zur Ausführung kam. Dabei entstanden vier Teilfürstentümer (der fünfte Bruder wurde finanziell abgefunden), die der Struktur des Landes in den folgenden zwei Jahrhunderten ihr Gepräge verleihen sollten: Anhalt-Bernburg, Anhalt-Dessau, Anhalt-Köthen und Anhalt-Zerbst. Auch die so begründete Einteilung des Fürstenhauses in vier „Linien" erwies sich für die Organisation des Verwandtschaftsverbandes als folgenreich. Das Spannungsfeld von Gemeinschaftlichkeit und Einheitsstiftung auf der einen Seite und von gegenseitiger Abgrenzung und Konfliktführung auf der anderen Seite kann als konstitutiv für die weitere Geschichte der Dynastie angesehen werden.[21]

Desintegrativ erwies sich nicht nur die Konkurrenz um die begrenzten Ressourcen des kleinen Herrschaftsraumes, sondern bald auch die konfessionelle Orientierung. Während die Söhne Joachim Ernsts um 1600 die endgültige Hinwendung zum reformierten Bekenntnis vollzogen hatten, was neue Perspektiven für Allianzen und Vernetzungen eröffnete, rekonvertierte die Zerbster Linie nach 1640 zum Luthertum. Auch auf andere Ursachen zurückführbare Rivalitäten zwischen den fürstlichen Akteuren führten dazu, dass sich im späteren 17. und im 18. Jahrhundert die einzelnen Linien immer stärker als eigene Fürstenhäuser empfanden (z.B. „Haus Anhalt-Bernburg") und die Betonung gesamtdynastischer Zusammengehörigkeit schwand.

Auf der anderen Seite gab es Erfordernisse für gemeinsames Handeln und damit in Zusammenhang stehende Praktiken dynastischer Einheitsstiftung. Nicht nur die gemeinsam imaginierte Abstammung und historische Größe sowie die den Fürsten gemeinsame Titulatur verbanden die Glieder des Hauses, sondern auch kollektiv wahrzunehmende Rechte und gemeinsamer Besitz. Denn von der Landesteilung 1603 waren u.a. die Burg Anhalt, die Bergwerke am Harz und das Archiv ausgenommen worden und sollten als „Gesamtung" gemeinschaftlich genutzt werden. Der jeweils älteste lebende Fürst – so bestimmten es mehrere Verträge – hatte als „Senior" die innerdynastische Kommunikation zu befördern und die Gesamtinteressen des Hauses Anhalt gegenüber Kaiser und Reich zu vertreten; das Senioratsamt wechselte folglich zwischen den Linien. Da das Fürstentum auf den Kreis- und Reichstagen nur über eine Stimme verfügte, waren Absprachen vonnöten. Die Regenten der einzelnen Linien waren daher in regelmäßigen Abständen immer wieder damit konfrontiert, partikulare Interessen und das Wohl des Gesamthauses gegen-

21 Vgl. Hecht, Anhalt 2012.

einander abzuwägen und entsprechende Positionen zu entwickeln, zu formulieren und zu vertreten – die Dynastie musste sich auch als Entscheidungsgemeinschaft beweisen. Verschiedene Foren und Formen der Entscheidungsfindung (gemeinsame Konvente, schriftliche Umfragen nach Ordnung der Anciennität) kamen zur Anwendung und entfalteten zumindest zeitweise eine integrative Wirkung.[22]

Um der Schmälerung der Herrschaftsgrundlagen durch weitere Landesteilungen vorzubeugen, lassen sich auf der Ebene der einzelnen Teilfürstentümer seit der Mitte des 17. Jahrhunderts Versuche nachweisen, das Erstgeburtsrecht als Grundsatz der Herrschaftssukzession einzuführen. In allen Linien wurden zwischen 1676 und 1742 Primogeniturordnungen erlassen, aber auch immer wieder angefochten, revidiert, aufgehoben und neu verkündet. In der Praxis bedachte man jüngere Söhne mit Herrschaften ohne volle Landeshoheit („Paragien"), aber mit mehr oder weniger weitreichenden autonomen Rechten, über deren Umfang oft zwischen den Brüdern mit großer Vehemenz gestritten wurde. Diese Herrschaftsbildungen mit kontrovers interpretierten Rechtsqualitäten machen es auch noch für die Zeit um 1700 schwierig, fürstliche Landesherrschaft adäquat zu kartieren.

22 Vgl. Hecht, Dynastie 2016, S. 128f.

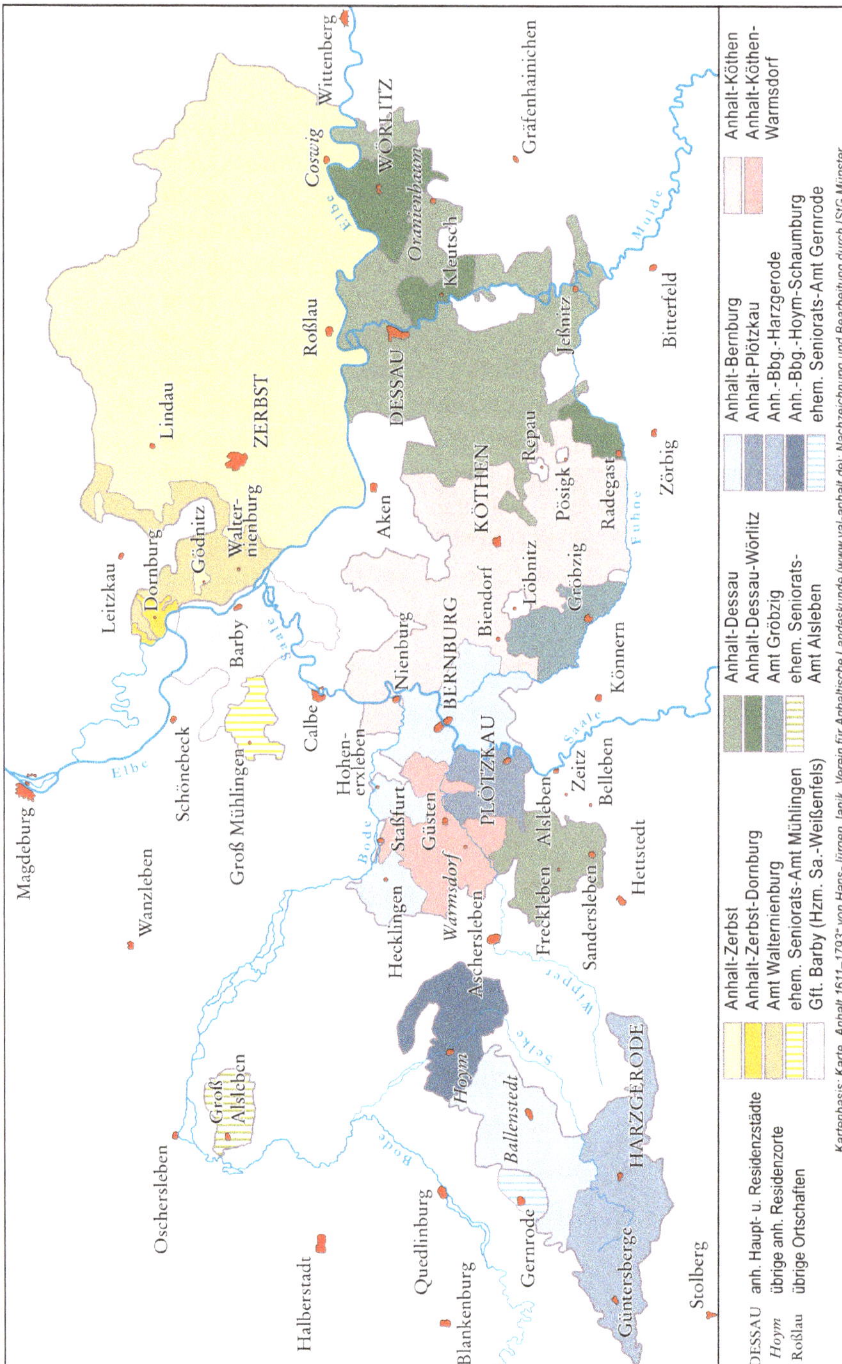


**Abb. 27:** Die herrschaftlich-territoriale Gliederung der anhaltischen Fürstentümer im 17. und 18. Jahrhundert

Erst im 18. Jahrhundert wurde es üblicher, jüngere Söhne gar nicht mehr mit Land, sondern lediglich mit jährlichen Zahlungen („Apanagen“) zu alimentieren.[23]

Der Weg zur Primogenitur war mit einer zunehmenden Hierarchisierung der Mitglieder des Fürstenhauses in Bezug auf ihre Rollen und Handlungsspielräume verbunden. In wachsendem Maße bestimmte nicht mehr nur die Zugehörigkeit zur Dynastie, sondern auch die Verortung innerhalb des Fürstenhauses (Linie) sowie die Stellung innerhalb der Geburtenfolge einer Generation darüber, welche politischen, finanziellen und sozialen Ressourcen einem Fürsten zur Verfügung standen. Alternative Karrieremuster und Lebensentwürfe für die nicht zur Thronfolge vorgesehenen Söhne wurden immer wichtiger. Da die Karriere in der Kirche durch die Reformation nicht mehr möglich war, erwies sich der Übertritt in den Militär- oder Hofdienst eines anderen Fürsten bzw. Monarchen als besonders attraktiv. Die geringen Herrschaftsgrundlagen der Askanier in Anhalt führten allerdings dazu, dass selbst regierende Fürsten mitunter ein fremdes Dienstverhältnis eingingen. Schon Christian I. von Anhalt-Bernburg (1568–1630) war als Statthalter in der Oberpfalz in den Dienst Kurfürst Friedrichs IV. von der Pfalz getreten und hatte sich um den Aufbau der protestantischen „Union“ verdient gemacht. Sein Halbbruder Ludwig von Anhalt-Köthen (1579–1650) wirkte in den 1630er Jahren als schwedischer Statthalter der Stifte Magdeburg und Halberstadt.[24] Seit der zweiten Hälfte des 17. Jahrhunderts entwickelte sich der Dienst für die brandenburgisch-preußischen Herrscher zur bevorzugten Option für die Askanier. Vor allem Johann Georg II. von Anhalt-Dessau (1627–1693) und sein Sohn Leopold (1676–1747) wirkten lange Jahre als Generalfeldmarschälle und Gouverneure der Hohenzollern. Zwischen den preußischen Monarchen und allen Linien des Hauses Anhalt entstand schließlich eine Patronagebeziehung, die für beide Seiten Vorteile verhieß, zuweilen aber auch zu transdynastischen Spannungen führte.[25]

Innerdynastische Hierarchisierung und prekäre Ressourcen hatten auch Auswirkungen auf das Heiratsverhalten, das nach wie vor zu den wichtigen Praktiken der hochadligen Standespolitik gehörte. Zwar gelang es den Askaniern zuweilen, prestigeträchtige Ehen zu schließen, etwa bei der Heirat Johann Georgs II. von Anhalt-Dessau mit Henriette Katharina von Nassau-Oranien (1659) oder der Heirat der Sophie von Anhalt-Zerbst (spätere Zarin Katharina II.) mit dem russischen Thronfolger Peter (1745), doch fand die Mehrzahl der Hochzeiten im regionalen Rahmen mit Angehörigen anderer kleiner Fürsten- oder Grafengeschlechter statt. Eine gewisse „Berühmtheit“ erlangten die Askanier schon in der Frühen Neuzeit aufgrund ihrer zahlreichen „Missheiraten“, also unstandesgemäßer Ehen mit bürgerlichen oder

---

**23** Zu den genealogischen Grundlagen der Linienbildungen vgl. Wäschke, Askanier 1904; zu den Sukzessionsformen zusammenfassend: Hecht, Anhalt 2012, S. 95–97.

**24** Vgl. Press, Fürst 2003; Erb, Sorge 2016.

**25** Vgl. Rohrschneider, Johann Georg 1998; Winkel, Netz 2013, S. 201–206.

niederadligen Partnerinnen. Solche Mesalliancen waren nicht nur Indiz für die Schwierigkeiten kleiner Fürsten, auf dem hochadligen Heiratsmarkt zu reüssieren, sondern sie führten in der Mehrzahl der Fälle auch zu innerdynastischen Verwerfungen, da sie die Frage der Legitimität der Verbindung und die der Sukzessionsfähigkeit der in ihr erzeugten Kinder aufwarfen und damit das Modell des Fürstenhauses einer Belastungsprobe unterzogen.[26]

## 2.5 Ausblick: Die Herrschaft der anhaltischen Askanier im 19. und 20. Jahrhundert

Am Ausgang des 18. Jahrhunderts galten im Gegensatz zu vorherigen Zeiten die geringen Machtressourcen des kleinen Fürstentums Anhalt und seiner Herrscherdynastie nicht mehr als Beschränkung; stattdessen wurde die „Kleinheit" immer öfter als positiver Wert entdeckt. Im Musterstaat des Fürsten Franz von Anhalt-Dessau (1740–1817), der schon den Zeitgenossen als „Zierde und Inbegriff" des Jahrhunderts galt, fand eine aufgeklärte Reformbewegung ihr Betätigungsfeld; Fürstenherrschaft wurde hier bewusst „bürgerlich" und volksnah inszeniert, Bildungsförderung und Mäzenatentum anstelle von Großmachtpolitik propagiert.[27] Dem Ansehen des Fürsten Franz war es sicherlich mit zu verdanken, dass den Askaniern und ihren Territorien in der Umbruchszeit nach 1800 die Mediatisierung erspart blieb, sodass sie – 1806/07 in den Herzogsrang erhoben – 1815 Mitglieder des Deutschen Bundes wurden.

Dynastisch und territorial war das 19. Jahrhundert für Anhalt von einer erneuten Tendenz zur Einheitsbildung geprägt. Nachdem bereits 1793 die Zerbster Linie im Mannesstamm erloschen und ihr Territorium unter die anderen Fürsten verteilt worden war, starb 1847 auch der letzte Herzog von Anhalt-Köthen. Mit dem Tod des kinderlosen Bernburger Herzogs Alexander Karl (1805–1863) wurde ganz Anhalt unter dem Dessauer Regenten vereinigt, was mit dem Bemühen um forcierte dynastische Traditionsstiftung einherging.[28] Außenpolitische Größe konnte damit jedoch kaum gewonnen werden, denn das nun fast vollständig von Preußen umschlossene Herzogtum konnte der Hegemonie des Hohenzollernstaates wenig entgegensetzen.

Wie auch in anderen kleinen Staaten des Deutschen Bundes bzw. später des Deutschen Kaiserreichs schränkten die (zeitweilig geltende) Verfassung, die bürokratische Herrschaftsorganisation sowie die Einbindung des Landes in übergeordnete politische Strukturen die persönliche Handlungsmacht der Herzöge in Anhalt ein, auch wenn sie in der Herrschaftsinszenierung und als Identifikationsfiguren

26 Vgl. Sikora, Umgang 2007.
27 Vgl. Hirsch, Reformbewegung 2003; Zaunstöck, Leben 2008.
28 Vgl. Erb, Wiedervereinigungen 2013.

des Landes weiterhin eine wichtige Rolle spielten. Eheverbindungen mit anderen regierenden deutschen Fürstenhäusern sicherten die hochadlige Stellung ab. In den 1870er Jahren wurde die Trennung zwischen öffentlichem und dynastisch-patrimonialem Eigentum endgültig vollzogen, wobei die Dynastie einen Teil der Domanialgüter im Wert von 1,3 Millionen Mark behielt. Unter dem Eindruck der Revolutionsereignisse dankte das Herzogshaus im November 1918 ab; Anhalt ging als Freistaat in die Weimarer Republik ein. Die ehemals landesfürstliche Familie blieb als Besitzerin des Schlosses Ballenstedt und anderer Immobilien vorerst weiterhin Bewohnerin des Landes, dessen Entstehung und Entwicklung so eng mit der dynastischen Geschichte verknüpft war.[29]

# 3 Die bayerischen Wittelsbacher

Britta Kägler

## 3.1 Die Anfänge – Dynastiebildung

Die Wittelsbacher gehören zu den ältesten europäischen Adelsfamilien. Seinen Namen führt das Geschlecht auf die Burg Wittelsbach bei Aichach zurück. Allerdings war diese Burg nicht der erste nachweisbare Familienstammsitz; vielmehr sind die Grafen von Scheyern die Ahnherren der Wittelsbacher. Denn der erste urkundlich gesicherte Name verweist auf einen Otto von Scheyern († 1078), der um 1030/40 als Vogt der Bischöfe von Freising belegt ist. Dieser Otto, der seit etwa 1070 den Grafentitel führte, gilt als Urahn der Wittelsbacher. Die Burg Scheyern bei Pfaffenhofen an der Ilm wird sowohl in den Freisinger Traditionen als auch in der Chronik des Abtes Konrad von Scheyern als Stammsitz der Familie genannt. Darüber hinaus verfügte Otto über weiteren Eigenbesitz, der sich wahrscheinlich südlich von Kelheim erstreckte. Diesen Besitz konnte er durch eine Heirat mit Haziga entscheidend erweitern. Der frühe Herrschaftsraum der Wittelsbacher, der sich aus Grafschaften und Vogteien zusammensetzte, konzentrierte sich auf Gebiete im Raum von Donau, Ilm und Lech. Damit hatte die Adelsfamilie ihre Machtbasis mitten im Herzogtum Bayern. Hinzu kamen weitere Sitze in Dachau, Valley und Wartenberg, nach denen sich weitere Familienlinien benannten, Vogteirechte (über Besitz des Bistums Freising und einiger Klöster) sowie die um 1115 neu erbaute Burg Wittelsbach bei Aichach, die namensgebend für die Dynastie werden sollte, nachdem Scheyern als Stammsitz aufgegeben und in ein Familienkloster umgewandelt worden war.[30]

**29** Vgl. Brademann/Hecht, Anhalt 2005/06, S. 567–575; Regener, Anhalt 2013.
**30** Holzfurtner, Wittelsbacher 2005, S. 15.

Nach der Absetzung Heinrichs des Löwen belehnte Kaiser Friedrich Barbarossa seinen Vasallen Pfalzgraf Otto von Wittelsbach am 16. September 1180 mit dem bayerischen Herzogtum und ebnete damit den Weg zum wittelsbachischen Landesfürstentum. Die Entwicklung zur Landesherrschaft gelang den Wittelsbachern durch den weiteren Ausbau von Territorialbesitz und Herrschaftsrechten, vor allem auch durch den Erwerb verschiedener Grafschaften, wie das Erbe der Andechser oder das Erbe der Grafen von Bogen. Der Enkel Pfalzgraf Ottos, Otto II., hielt mehrere Landtage, versicherte sich der Gefolgschaft konkurrierender Adelsfamilien und begründete durch eine zielgerichtete Heiratspolitik weitere Erbansprüche für seine Nachkommen. So belehnte Kaiser Friedrich II. Ludwig den Kelheimer im Jahr 1214 mit der Pfalzgrafschaft bei Rhein, nachdem der bisherige Pfalzgraf, Heinrich der Jüngere von Braunschweig, ohne Erben verstorben war. Ludwig hatte seinen Sohn Otto bereits 1206 mit Agnes, der jüngeren Schwester Heinrichs und Erbin der prestigeträchtigen Pfalzgrafschaft, verlobt. Die Wittelsbacher bauten die Stellung der Pfalzgrafschaft bei Rhein innerhalb des Reichs weiter aus. Als Pfalzgrafen übten sie seit der Mitte des 13. Jahrhunderts das Reichsvikariat aus und sicherten die pfalzgräfliche Herrschaft um Heidelberg, Neustadt, Alzey und Bacharach. Außerdem spielten die Pfalzgrafen bei Rhein gemeinsam mit den Erzbischöfen von Mainz, Köln und Trier bei der Herausbildung des Kurfürstenkollegs eine wichtige Rolle als Vorwähler (*laudatores*) bei der Königswahl.[31] Die reichspolitisch angesehene, aber an Einkünften ärmere Rheinpfalz sollte sich auf lange Sicht allerdings als Belastung für die Dynastie erweisen. Durch weiteren Erwerb von Grund- und Herrschaftsbesitz konnten die Wittelsbacher ihren Einflussbereich über Bayern jedoch erst einmal in rheinische Gebiete ausdehnen, sodass der Herzog von Bayern und Pfalzgraf bei Rhein seine Stellung als einflussreicher Reichsfürst festigte.

Anhand des bayerischen Herzogswappens lassen sich die Phasen der Wittelsbachischen Herrschaftsbildung vom frühen bis zum späten Mittelalter nachvollziehen. Das Stammwappen, das auf Reitersiegeln der Herzöge überliefert ist, bestand aus dem sogenannten Zickzackbalken, einem waagerecht durch den Schild laufenden mehrfach gebrochenen Balken. Bereits seit 1166 führten die Wittelsbacher als bayerische Pfalzgrafen einen heraldisch stilisierten Adler als Symbol für das Reich. Der goldene Pfälzer Löwe mit roter Krone erschien dann 1229 erstmals im Wittelsbacher Wappen.[32] Die weiß-blauen Rauten wurden im Jahr 1242 aus dem Erbe der Grafen von Bogen übernommen. Löwe und Rauten sollten dauerhaft im bayerischen Wap-

---

**31** Die Ausübung des Erztruchsessenamts wird mit dem Wahlrecht bzw. der notwendigen Anwesenheit der Pfalzgrafen bei Rhein bei der Königswahl in Zusammenhang gebracht. Vgl. Peltzer, Institutionalisierung 2013, S. 90–93.

**32** Der gekrönte Löwe im Wappen „signalisiert die Hinwendung des Hauses Scheyern-Wittelsbach-Bayern zum rheinisch-moselfränkischen Raum und zu jener großen mittel- und niederrheinischen Hochadelsgesellschaft, deren Mitglieder Löwenwappen führten." Die Wappen unterschieden sich oft nur durch ihre Farbgebung. Vgl. Volkert, Bayerisches Wappen 2012.

pen bleiben. Insbesondere die Rauten wiesen im Verlauf der Jahrhunderte eine weit über das Dynastische hinausgehende Symbolik auf, die auch darin sichtbar wurde, dass in vielen Stadt- und Marktwappen, aber auch in Amts- und Gerichtssiegeln bayerischer Kommunen und Ämter sowie im Wappen der bayerischen Landstände die Zugehörigkeit zur Dynastie und zum Land durch Elemente der Familienheraldik dargestellt wurde.[33] Die enge Verbindung zwischen Herzogtum und Dynastie belegt außerdem, dass sich die Wittelsbacher seit 1180 als Herzöge von Bayern benannten.[34] Die gemeinsame Herkunft des weitverzweigten Geschlechts drückte sich auch nach den Landesteilungen im Gebrauch der Titulatur „Herzog von Bayern und Pfalzgraf bei Rhein" aus. Alle Mitglieder der Familie, unabhängig, welcher Linie sie entstammten, ob sie regierten oder nicht, führten diesen Titel.[35] Die Bezeichnung „Haus Wittelsbach" wurde ähnlich wie bei anderen Dynastien – beispielsweise den Askaniern[36] – erst im Zuge späterer historiographischer Bemühungen reaktiviert, in diesem Fall im 18. Jahrhundert.[37]

## 3.2 Landesteilungen als Herausforderungen für die Dynastie

Da altes Herzogsgut und ererbter Hausbesitz der wittelsbachischen Dynastie untrennbar miteinander vermischt wurden, stellten im Laufe des 13. Jahrhunderts auch jüngere Söhne Ansprüche auf einen Anteil des väterlichen Erbes. Herzog Otto II. hinterließ nach seinem Tod 1253 zwei Söhne als gleichberechtigte Erben. Der Versuch einer gemeinsamen Regierung der Brüder Ludwig und Heinrich scheiterte jedoch. Im Jahr 1255 kam es zur ersten Teilung des Herzogtums. Diese brachte zum Ausdruck, dass die Vorstellung eines unteilbaren königlichen Lehens inzwischen an Bedeutung verloren hatte. Größeres Gewicht kam nun den privaten Rechts- und Besitztiteln der Fürsten zu. Das Herzogtum wurde als Besitz des Hauses und damit als dynastische Verfügungsmasse betrachtet, sodass Teilungen der Herrschaft einer innerfamiliären erbrechtlichen Logik folgten.

Die Teilung des Herzogtums legte eine sogenannte Nutzteilung bei gleichzeitiger Beibehaltung der ideellen Einheit zugrunde. Die neuere Forschung bewertet dieses Geschehen jedoch inzwischen als Realteilung.[38] Die Größe der Teilherzogtümer

---

33 Ebd.

34 Den Namen Wittelsbach führte lediglich noch die pfalz-gräfliche Linie bis zum Jahr 1208. Vgl. Holzfurtner, Wittelsbacher 2005, S. 15.

35 Dass alle Vertreter der Familie die volle Titulatur trugen, ist wohlbemerkt kein Spezifikum der Wittelsbacher, sondern betraf alle Dynastien im Reich. Vgl. Stauber, Herrschaftsrepräsentation 2002, S. 46.

36 Vgl. die obigen Ausführungen von Hecht.

37 Ziegler, Wittelsbach 2003, S. 219.

38 Vgl. Stauber, Herzog 1993, S. 43–54, 720; Krieger, Lehnshoheit 1979, S. 75–77.

spiegelte die Höhe der erwartbaren Einkünfte wider und legte damit ein fiskalisches Grundprinzip für künftige Teilungen fest. Der ältere Bruder, Ludwig II. (Münchener Linie), erhielt die Rheinpfalz sowie Oberbayern westlich des Inns und die Gerichte Kufstein, Kitzbühel und Rattenberg; der jüngere Bruder, Heinrich XIII. (Landshuter Linie), Niederbayern und Oberbayern östlich des Inns. Unter den Söhnen Ludwigs kam es 1310 und 1313 erneut zu vorübergehenden Teilungen, bis im Münchener Frieden vom Juni 1313 eine gemeinsame Regierung vereinbart werden konnte. Abgesehen von den Jahren 1340 bis 1349 blieb das Herzogtum Bayern im Mittelalter in mehrere Landesteile und unter bis zu acht Linien geteilt. Allerdings stellten die wittelsbachischen Hausverträge einen gemeinsamen Rahmen sicher. Der grundlegende Hausvertrag, der zwischen Kaiser Ludwig IV. dem Bayern und seinen Pfälzer Neffen am 4. August 1329 in Pavia geschlossen wurde, führte zu einer Teilung in die ludovizianische bayerische und die rudolfinische pfälzische Linie, die bis 1777 Bestand haben sollten. Gebiete aus dem Nordgau des Herzogtums um die Hauptstadt Amberg erhielten die Bezeichnung „Pfalz in Bayern“ bzw. „Obere Pfalz“; erst infolge des Dreißigjährigen Krieges gelangten diese Gebiete wieder in den Verbund des Herzogtums Bayern zurück.[39] Nachdem Ludwig jedoch bereits 1314 zum König des Heiligen Römischen Reichs gewählt worden war, konzentrierte er sich darauf, seine Hausmacht mit anderen Mitteln auszubauen. Als Reichsoberhaupt verfügte Ludwig über nicht unerhebliche Einkünfte aus schwäbischen Reichspfandschaften. Durch gezielte Belehnungen erwarb er die Markgrafschaft Brandenburg; außerdem fielen seiner Linie die Grafschaften Holland, Seeland und Hennegau zu.[40] Obwohl der Papst den Kirchenbann über Ludwig verhängt hatte, gelang es diesem, sein Haus als ernstzunehmenden Anwärter auf die Kaiserkrone zu etablieren und zum „Angelpunkt des spätmittelalterlichen Ansehens der Dynastie“[41] zu werden. Diesen Anspruch des Hauses Bayern untermauerte zusätzlich das Königtum Ruprechts von der Pfalz, der im Jahr 1400 als zweiter Wittelsbacher zum König gewählt wurde. Ludwig dem Bayern fiel auf dem Höhepunkt seiner Macht auch das Teilherzogtum Niederbayern zu. Allerdings schwächte die erneute Erbteilung unter seinen sechs Söhnen die bayerische Linie der Wittelsbacher und führte zur Entwicklung der Teilherzogtümer Bayern-Ingolstadt, Bayern-Landshut, Bayern-München und Bayern-Straubing-Holland. In der Pfalzgrafschaft hatte Kurfürst Ruprecht I. mit seinem Neffen Ruprecht II. zwar bereits 1357 die Primogenitur eingeführt und unveräußerliche Bestandteile der Kurpfalz (*Kurpräcipuum*) festgelegt. Trotz dieser Regelungen kam es jedoch auch dort nach dem Tod des Königs im Jahr 1410 zu einer Landesteilung

**39** Die Kurwürde wurde in der Goldenen Bulle (1356) jedoch der Pfälzer Linie zugesprochen.

**40** Ludwig belehnte seine Ehefrau. Zur Einordnung dieser territorialen Zugewinne in ein System fürstlicher Konsensbildung vgl. Schneidmüller, Ludwig IV. 2013, S. 386.

**41** Ziegler, Wittelsbach 2003, S. 219.

und der Aufspaltung der Pfälzer Linie in die Kurpfalz, Pfalz-Neumarkt, Pfalz-Mosbach und Pfalz-Simmern.[42]

**Abb. 28:** Stifterrelief Ludwigs IV. mit Margarethe v. Holland, Münchener Lorenzkapelle. Die Züge des Kaisers wirken erstaunlich porträthaft, sind aber streng festgelegten Vorstellungen vom Aussehen eines mittelalterlichen Herrschers unterworfen.

Im 15. Jahrhundert setzte sich die Idee der zu erhaltenden ungeteilten Macht durch, die in der Regel mit Teilungsverboten und Primogeniturgesetzen einherging. Die Linie Bayern-München überwand das Prinzip der Erbteilung erstmals unter den Brüdern Ernst und Wilhelm III., die sich die Regierung nach dem Tod ihres Vaters teilten. Ernst war verantwortlich für die innere Verwaltung des Landes, Wilhelm engagierte sich in reichspolitischen Fragen und stieg bis zum Vertrauten des Kaisers auf. Erst unter Albrecht IV. von Bayern-München gelang es nach dem Landshuter Erbfolgekrieg mit militärischer Unterstützung durch König Maximilian, die Einheit des Herzogtums wiederherzustellen. Als Dank für diese Waffenhilfe mussten freilich Tiroler Gebiete an den Habsburger abgetreten werden; zudem erhielten die Enkel Herzog Georgs von Bayern-Landshut ein neues Fürstentum an bzw. nördlich der Donau um Neuburg und Lauingen, aus dem sich später das Fürstentum „Pfalz-Neuburg" entwickeln sollte.[43]

---

**42** Zur Entwicklung des Herrschaftsverhältnisses in der Kurpfalz vgl. Reinhardt, Autorität 2012, S. 409–429.

**43** Kraus, Andreas: Sammlung der Kräfte und Aufschwung (1450–1508). In: Kraus (Hrsg.), Handbuch. Bd. 2 1988, S. 289–321.

Zur Konsolidierung der wiederhergestellten Einheit des Herzogtums verankerte Albrecht IV. gemeinsam mit seinem jüngeren Bruder Wolfgang am 8. Juli 1506 die Erbfolge nach dem Erstgeburtsprinzip. Die bayerische Primogeniturordnung wird in der Forschung seit dem 19. Jahrhundert als Beginn der politischen Geschichte der Neuzeit betrachtet.[44] Von Herzog Albrecht IV. kam die Grundsatzentscheidung für eine verbindliche Regelung der dynastischen Erbnachfolge, die nur den ältesten Sohn berücksichtigte und den nachgeborenen Söhnen lediglich eine jährliche Apanage und den Rang eines Grafen zugestand. Die ältere Forschung hat darauf hingewiesen, dass vielfältige innere und äußere Faktoren einen Prozess auslösten, der zu Ausbau und Konsolidierung neuzeitlicher Territorialherrschaften beitrug. Jüngere Studien rücken jedoch wieder die singuläre Bedeutung der Primogeniturordnung und des Testaments von Herzog Albrecht IV. in den Vordergrund, ohne dabei freilich in die Perspektive klassischer historischer Biographiegeschichte zurückzufallen. Vielmehr verorten sie das Wirken der Einzelperson – hier Herzog Albrechts IV. – in strukturelle Gegebenheiten.[45] Im vorliegenden Fall tritt das (dynastische) Bewusstsein von der unverbrüchlichen Einheit des „Hauses Bayern" zutage, das Albrecht IV. dazu veranlasste, seine Vorstellung von einem wittelsbachischen Gesamthaus, das auch die Pfälzer einschloss, mit allen Mitteln und unter der Hoheit seiner Linie zu verwirklichen.[46] Eine Schlüsselrolle spielt hierbei eine Quellenpassage aus dem Jahr 1480, in der Albrechts außenpolitische Ziele skizziert werden, die er „mit hilff annderer fursten zu Beyrn vnd sunderlich mit dem hochgebornnen [...] phaltzgrauen bey Reine, hertzogen in nidern vnd obern Beirn"[47] erreichen wollte.

## 3.3 Historiographie und Herrschaftsverständnis

Nach der wiederhergestellten Landeseinheit wurden im Herzogtum Bayern zahlreiche historiographische Werke vom Landesherrn in Auftrag gegeben, die auf älteren dynastisch gegliederten Landeschroniken wie der *Chronica de principibus terrae Bavarorum* (1425–1428) des Augustiner-Chorherrn Andreas von Regensburg sowie den Werken von Ulrich Fuetrer, Hans Ebran von Wildenberg und Veit Arnpeck aufbauen

44 Vgl. Holzfurtner, Wittelsbacher 2005, S. 130.

45 Vgl. Rutz, Möglichkeiten 2018, S. 98f.

46 Vgl. Gebert, Primogeniturordnung 2002, S. 90. Die Begrifflichkeit, die im vorliegenden Fall als „Haus Bayern" in den Quellen zu fassen ist, kann als Terminologie natürlich auch für andere Dynastien belegt werden. Sie lässt sich beispielsweise für Württemberg, Österreich oder Sachsen nachweisen.

47 Bayerisches Hauptstaatsarchiv München, Fürstensachen 268, fol. 10r, 11v. Zitiert nach Paulus, Machtfelder 2015, S. 86. Allerdings sollte diese Aussage neueren Studien zufolge nicht als programmatisches Ziel eines wieder zu errichtenden alten „Stammesherzogtums" gedeutet werden, es muss vielmehr im Kontext der Tiroler Verschreibungen gelesen werden.

konnten. Johann Georg Turmair, genannt Aventinus, etablierte schließlich die Landeseinheit unter einem einzigen Herrscher als Zielpunkt der bayerischen Geschichte. Das Urteil über die vorangegangenen Landesteilungen blieb ausgehend von der Geschichtsschreibung des 16. Jahrhunderts über Jahrhunderte hinweg durchgängig negativ. So hielten Vertreter der bayerischen Landesgeschichte an dieser Deutung auch noch im frühen 20. Jahrhundert fest. Erst die neuere landesgeschichtliche Forschung hat die Teilherzogtümer nicht nur als unvollkommene Teile eines organischen Ganzen, sondern als proto-staatliche Gebilde eigenen Rechts untersucht und dabei zeigen können, dass sich die kleineren Territorien der Teilherzogtümer als besonders geeignet erwiesen, um den Adel der Landesherrschaft unterzuordnen. Außerdem ermöglichten die kleineren Herrschaftseinheiten durch leichtere administrative Durchdringung eine optimierte Rechtsentwicklung sowie kulturelle und wirtschaftliche Verdichtung vor allem in den Haupt- und Residenzstädten Amberg, Burghausen, Ingolstadt, Landshut, München und Straubing. Diese Modernisierungsschübe wirkten sich positiv auf Kultur, Verwaltung und Wirtschaft in den einzelnen Teilherzogtümern aus.[48]

Gleichwohl verbesserten erst das Ende der Landesteilungen und die Primogeniturordnung von 1506 die Voraussetzungen für den weiteren Aufstieg der bayerischen Wittelsbacher, die nach dem Tod Kaiser Maximilians I. im Jahr 1519 erstmals wieder Ansprüche auf die Reichskrone anmeldeten.[49] Die Bezugnahme auf Kaiser Ludwig den Bayern spielte hierbei eine entscheidende Rolle. So erinnerte bereits Herzog Albrecht IV. bewusst an seinen kaiserlichen Vorfahren, um die Bedeutung der wittelsbachischen Dynastie und die Konsolidierung seiner Ansprüche auf alleinige Landeshoheit im Herzogtum Bayern zu unterstreichen. Im Neubau der Münchener Frauenkirche ließ Albrecht für Ludwig den Bayern die Grablege mit einer Tumba errichten, welche die dynastische Einheit des Hauses Bayern sowie dessen Kaiserwürdigkeit verdeutlichte. Es ist nicht verwunderlich, dass schließlich Kurfürst Maximilian I. diese dynastische Erinnerungskultur nach seinem Erfolg bei der Schlacht am Weißen Berg wieder aufgriff und 1622 demonstrativ ein Bronzekenotaph über dem mittelalterlichen Kaisergrab errichten ließ.[50]

48 Landesteilungen und Besitzverteilung des Herzogshauses wirkten langfristig strukturgebend auf die einzelnen Landesteile, was Gertrud Diepolder etwa an der Rechtsentwicklung (Ottonische Handveste von 1311 gegenüber dem Oberbayerischen Landrecht Ludwigs des Bayern) oder der Zahl von Adelsherrschaften (Hofmarken) sowie von Städten und Märkten herausarbeitet. Das Phänomen des Landesausbaus manifestierte sich auch in den Universitätsgründungen in Heidelberg (1386) und Ingolstadt (1472). Vgl. Diepolder, Adelsherrschaften 1962, S. 33–70. Vgl. Weiß, Bayern, in diesem Band.

49 Herzog Wilhelm IV. und sein jüngerer Bruder Ludwig X. betrieben in den 1520er Jahren den Aufbau einer antihabsburgischen Partei, die Kaiser Karl V. in der Frage der Königswahl weiter in die Defensive drängen sollte. Stauber, Herzog 1993, S. 434. 539f., 618, 626f.

50 Murr, Mittelalter 2008, S. 29–32, 37–65.

## 3.4 Konsolidierung herzoglicher Macht und der Aufstieg in den Kurfürstenrang (Bayern)

Die bayerische Primogeniturordnung musste sich bereits zwei Jahre nach ihrer rechtlichen Fixierung bewähren. Als Albrecht IV. im März 1508 verstarb, war sein ältester Sohn Wilhelm IV. der designierte Nachfolger. Weil er erst 15 Jahre alt war, musste jedoch ein Vormundschaftsrat unter Wilhelms Onkel Herzog Wolfgang die Regierungsgeschäfte für drei Jahre übernehmen. Allerdings bestärkte die verwitwete Herzogin Kunigunde, eine habsburgische Kaisertochter, ihren jüngeren Sohn Ludwig darin, sich nicht mit der vorgesehenen Apanage und einem Titel als Graf von Vohburg abspeisen zu lassen. So angespornt machte Ludwig 1514 Ansprüche auf Mitregierung geltend und bat Kaiser Maximilian I. um Hilfe. Die Landstände, die einen erneuten Erbfolgekrieg befürchteten, intervenierten auf den beiden Landtagen des Jahres 1514. Unter ihrem Druck musste Wilhelm eine ständische Mitregierung zugestehen und einigte sich mit seinem Bruder im Vertrag von Rattenberg schließlich auf eine gemeinsame Herrschaft, die vorsah, dass Wilhelm IV. von München aus regieren sollte. Die Rentämter Landshut und Straubing sollten hingegen von seinem Bruder befehligt werden, der als Ludwig X. in Landshut eine eigene Hofhaltung beibehielt. In Fragen der Außen- und Reichspolitik traten die Brüder fortan gemeinsam auf, positionierten sich früh und entschieden gegen die Anhänger Luthers und schufen in enger Anlehnung an die päpstliche Kurie die Voraussetzungen für eine katholische Reform.[51] Ludwig starb 1545 unverheiratet und ohne legitime Erben. In den unruhigen Zeiten des konfessionellen Zeitalters war die Unteilbarkeit des Herzogtums Bayern damit gesichert.

Über die Beweggründe der bayerischen Wittelsbacher, sich konsequent im Bündnis mit dem Papst für die alte Lehre einzusetzen, ist in der Forschung viel diskutiert worden.[52] Letztlich wird jedoch immer auf die persönliche Frömmigkeit und die religiöse Gewissensfrage der Herzöge verwiesen. Auch brachte das Bündnis mit dem Papst zweifelsfrei günstige Auswirkungen mit sich, weil ein Fortbestand der Reichskirche nachgeborenen Söhnen die Chance auf eine Sekundogenitur eröffnete. Zudem konnte die Kirche stärker in den frühneuzeitlichen Fürstenstaat eingebunden werden.[53] Die Herzöge Wilhelm IV. und Albrecht V. hatten in ihrer Regierungszeit die Voraussetzungen dafür geschaffen, dass Bayern im katholischen Reich eine Führungsposition übernehmen konnte. Da die Habsburger durch Auseinandersetzungen mit mächtigen Landständen, die Türkengefahr und Erbteilungen innenpolitisch gebunden waren, übernahmen die bayerischen Wittelsbacher die Rolle der

51 Immler, Wittelsbacher 2013, S. 48.

52 Albrecht, Dieter: Das konfessionelle Zeitalter. Zweiter Teil: Die Herzöge Wilhelm V. und Maximilian I. In: Kraus (Hrsg.), Handbuch. Bd. 2 1988, S. 393–457.

53 Vgl. Körner, Wittelsbacher 2009, S. 42.

katholischen Vormacht. Gleichzeitig zog die Konfessionspolitik der bayerischen Herzöge einen Ausbau internationaler Kooperationen nach sich: Beziehungen zum Heiligen Stuhl, zu Spanien, teilweise zu Frankreich standen nun vor allem auch im Zeichen einer konfessionspolitischen Solidarität. In den 1580er Jahren entschieden katholische Truppen unter bayerischer Beteiligung den Kölner Krieg für sich, was langfristig für das Haus Wittelsbach den Gewinn einer geistlichen Sekundogenitur bedeutete. Nachdem das Kölner Domkapitel 1583 Ernst von Bayern, einen jüngeren Bruder des bayerischen Herzogs, zum Erzbischof gewählt hatte, gelang es den Wittelsbachern mit einer geschickten Personalpolitik und in enger Absprache mit der Kurie, das Kurfürstentum bis zum Jahr 1761 als zweite wittelsbachische Kurwürde zu halten. Die erste weltliche Kurstimme hielt zunächst freilich immer noch die inzwischen zum reformierten Glauben übergetretene Pfälzer Linie des Hauses Bayern.

Das Verhältnis zwischen den beiden wittelsbachischen Hauptlinien sollte sich jedoch im Verlauf der ersten Hälfte des 17. Jahrhunderts umkehren. Die Dramatik der konfessionellen Gegensätze innerhalb der wittelsbachischen Dynastie wird bei den beiden Protagonisten der ersten Phase des Dreißigjährigen Krieges gegenwärtig: Auf der einen Seite Kurfürst Friedrich V. von der Pfalz an der Spitze der Protestantischen Union, der sich 1618 vom protestantischen böhmischen Adel zum König von Böhmen wählen ließ, auf der anderen Seite Herzog Maximilian von Bayern, der auf der gegnerischen Seite das Heer der Katholischen Liga leitete. Um den böhmischen Aufstand niederzuschlagen, verbündete sich Kaiser Ferdinand II. mit seinem Vetter, dem bayerischen Herzog, der mit dem Kaiser schon vor der siegreichen Schlacht am Weißen Berg im Münchener Vertrag vom 8. Oktober 1619 die Belehnung mit der Kurwürde der pfalzgräflichen Linie vereinbarte. Deutlich wird an dieser Stelle das dynastisch-territoriale Interesse Maximilians, der die Rangerhöhung seines Fürstentums im Westfälischen Friedensschluss behauptete und als europäische Mittelmacht mit Kurwürde und Gebietsgewinnen aus dem Krieg hervorging. Mit dem Friedensvertrag von 1649 erhielten die Pfälzer Wittelsbacher hingegen die neugeschaffene 8. Kurwürde.

Historiographisch ließ Maximilian I. seine politischen Grundziele als Landesherr und katholische Führungsmacht auf Reichsebene stützen. Als eines der bedeutendsten historiographischen Werke des frühen 17. Jahrhunderts gilt das mehrbändige Kompendium *Bavaria sancta et pia* des Jesuitenpaters Matthäus Rader.[54] Für seinen ältesten Sohn hinterließ Maximilian I. zusätzlich die *Monita Paterna* (1639), die Ferdinand Maria als Richtschnur für sein politisches Handeln dienen sollten. Die lange Friedenszeit, die Ferdinand Marias Regierung auszeichnete, war tatsächlich geprägt von den väterlichen Weisungen, die ihn vor unangemessener Machtpolitik bewahren wollten, gleichzeitig aber dazu rieten, die Entmachtung der Landstände weiter voranzutreiben.

54 Vgl. Schmid, Bavaria 1998, S. 499–522.

## 3.5 Europäische Ambitionen und Königspolitik

Ein wichtiges Mittel dynastischer Politik waren Eheschließungen, die politische Konstellationen bekräftigen sollten. Der vergleichsweise enge, phasenweise immer wieder auf den Süden des Alten Reichs konzentrierte Heiratskreis der Münchner Linie der Wittelsbacher öffnete sich Ende des 16. Jahrhunderts, als die konfessionellen Netzwerke stärker in den Vordergrund rückten.[55] Potenzielle Eheschließungen blieben auf katholische Dynastien beschränkt. Die Heiratsverbindungen zwischen den Häusern Österreich und Bayern blieben vom 15. bis ins 18. Jahrhundert stark. Innerhalb des Reichs positionierte sich außerdem das Haus Lothringen entschieden katholisch, was sich infolgedessen auch an den Heiratsverbindungen der bayerischen Wittelsbacher ablesen lässt: Wilhelm V. heiratete Renata von Lothringen; sein Sohn Maximilian ging die erste Ehe mit Elisabeth von Lothringen ein. Die Heiratspläne für den Sohn Kurfürst Maximilians I. ergänzten diese dynastischen Verflechtungen. Ferdinand Maria wurde mit der Turinerin Henriette Adelaide verheiratet. Als Cousine des französischen Sonnenkönigs stand sie paradigmatisch für die Ausrichtung der bayerischen Außenpolitik, in der die Annäherung an die westeuropäische Großmacht eine immer wichtigere Rolle spielen sollte. Schon die Kinder aus dieser Ehe wurden nun mit dem Dauphin von Frankreich und dem Großherzog von Toskana verheiratet.

Fortan griff Bayern mithilfe der Heiratspolitik in die ersten europäischen Familien aus. Dass dies in gewisser Weise ein bewährtes Mittel dynastischer Politik war, zeigt sich daran, dass schon die ersten bayerischen Herzöge eine dynastische Heiratspolitik betrieben hatten, mit der sie ihren Besitz entscheidend erweitern konnten. Auch im Spätmittelalter hatte das Haus Bayern durch europaweite Heiraten seine familiären Verbindungen nach Böhmen, Ungarn, Frankreich und in verschiedene italienische Herzogtümer intensiviert.

Als der Sohn Kurfürst Ferdinand Marias, Maximilian Emanuel, nach einer kurzen Vormundschaftsregierung 1680 mit 18 Jahren den bayerischen Thron bestieg, bemühten sich sowohl kaiserliche als auch französische Diplomaten um die Gunst des jungen Herrschers, der – zunächst – dem habsburgischen Drängen nachgab und auch eine Erzherzogin heiratete, was für den weiteren Verlauf der bayerischen Geschichte noch wichtig werden sollte. Mit Max Emanuel erhielt die wittelsbachische Königspolitik neuen Antrieb. Im Zuge seines dynastischen Anspruchs entstand nicht nur in und um die Residenzstadt München ein Ensemble von Barockschlössern und Parklandschaften, vielmehr prägte eine barocke Prachtentfaltung das gesamte Fürstentum.

55 Dies gilt nicht in gleicher Weise für die Landshuter Linie. Auch gab es im Mittelalter stets europäische Heiratsverbindungen ersten Ranges wie z.B. Isabeau de Bavière als Gemahlin Karls VI. von Frankreich.

Max Emanuel setzte sich für die Verwirklichung dieses Zieles ein, indem er sich auf den Erwerb eines auswärtigen Königreiches konzentrierte. Im Gegensatz zum Haus Wettin, das 1697 die Königskrone in Polen erlangte, dem Haus Hannover, das 1714 zu Königen von England aufstieg oder den Pfälzern aus der Linie Pfalz-Kleeburg, die seit 1654 mit Karl X., Karl XI. und Karl XII. drei schwedische Könige gestellt hatten, waren die Versuche Max Emanuels nicht erfolgreich. Mit Ludwig XIV. führten bayerische Gesandte Verhandlungen über den Erwerb einer Krone in der Lombardei oder im Königreich Neapel-Sizilien. Als Max Emanuel nach dem Tod seines Schwiegervaters Johann III. Sobieski die polnische Königskrone angeboten wurde, die durch seine zweite Ehe mit der polnischen Prinzessin Therese Kunigunde gut begründet gewesen wäre, lehnte er jedoch ab.[56] Seine dynastischen Hoffnungen konzentrierten sich inzwischen gänzlich auf Spanien. Die Ernennung zum Statthalter der Spanischen Niederlande 1691 und die Einsetzung seines Sohns aus erster Ehe zum Universalerben des Königreiches Spanien durch das Testament Karls II. von 1698 eröffneten ungeahnte Perspektiven. Max Emanuel und sein Haus schienen am Ziel ihrer Wünsche angekommen, bis der Tod des Erbprinzen im Februar 1699 alles zunichte machte.

Der Spanische Erbfolgekrieg wurde zu einem Desaster für das Haus Bayern, das darin gipfelte, dass der Kaiser nach der Schlacht von Ramillies die Reichsacht über Max Emanuel und dessen Bruder, den Kölner Kurfürsten Joseph Clemens, verhängte. Geächtet hielt sich Max Emanuel in den Jahren 1704/05 bis 1715 in den Spanischen Niederlanden und in Frankreich auf. Seinen Traum von einem Königtum für sich und seine Familie musste er aufgeben, wenngleich er sie seinem Sohn Karl Albrecht als Maxime des Hauses Wittelsbach mit auf den Weg gab.

56 In einem Brief an seine Schwiegermutter begründete Max Emanuel seine ablehnende Haltung damit, dass seine augenblickliche finanzielle Situation eine Bewerbung um die Wahl in Polen nicht zulasse. In Wirklichkeit dürfte vor allem die Aussicht auf das Erbe der Spanischen Krone ausschlaggebend gewesen sein. Kägler, Frauen 2011, S. 201.

**Abb. 29:** Die Ehrentafel des Hauses Wittelsbach (1726) sollte ähnlich wie eine neu errichtete Ahnengalerie den Anspruch Kurfürst Karl Albrechts auf die Kaiserwürde unterstreichen.

Karl Albrecht beendete zu Beginn der 1730er Jahre den am Ende habsburgfreundlichen Kurs seines Vaters und legte – unter anderem mit Unterstützung der Kurpfälzer Linie – Protest gegen die Pragmatische Sanktion Kaiser Karls VI. ein. Nach dessen Tod wurde Karl Albrecht infolge des Österreichischen Erbfolgekrieges dann tatsächlich einstimmig zum Kaiser gewählt. Als drittem Wittelsbacher gelang es ihm nach Ludwig dem Bayern und Ruprecht von der Pfalz, als Karl VII. zum Reichsoberhaupt gekrönt zu werden. Gleichwohl blieb es ein kurzes und vom Einmarsch der Truppen Maria Theresias in München überschattetes Kaisertum. Bereits zu Beginn des Jahres 1745 verstarb Karl VII. Lediglich durch seine Witwe Maria Amalia, die letzte gekrönte Kaiserin des Heiligen Römischen Reichs, blieb der Traum eines Wittelsbachischen Kaisertums in München lebendig. Dort führte sie bis zu ihrem Tod im Jahr 1756 den Titel als Kaiserinwitwe weiter und hielt auch den Umfang eines kaiserlichen Hofstaates aufrecht.

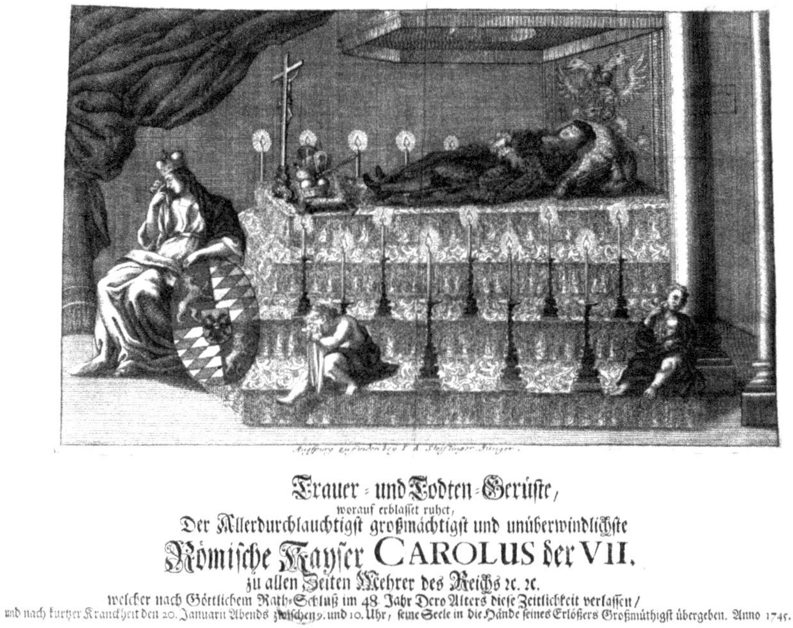


**Abb. 30:** „Trauer- und Todten-Gerüste" (1745), Kupferstich von J. A. Steßlinger zur Aufbahrung Kaiser Karls VII. Öffentliche Aufbahrung und Totenfeiern waren Mittel dynastischer Repräsentation und sollten durch die zusätzliche mediale Verbreitung in Form von Kupferstichen und gedruckten Trauerpredigten die Machtfülle des Verstorbenen versinnbildlichen.

In der zweiten Hälfte des 18. Jahrhunderts entwickelte sich die bayerische Erbfolge allmählich zum Grundproblem des Dynastieerhalts. Die Linien Pfalz-Simmern (1685) und Pfalz-Neuburg (1742) waren bereits erloschen. Als Kurfürst Clemens August von Köln 1761 verstarb, endete auch die wittelsbachische „Sekundogenitur" am Niederrhein, weil das Adelsgeschlecht keinen Prinzen als Nachfolgekandidaten vorweisen konnte. Weil sich abzeichnete, dass auch Max III. Joseph aus der ludovizianischen Linie der Wittelsbacher ohne Nachfolger sterben würde, intensivierten die wittelsbachischen Hauptlinien mit einer Reihe von Verträgen bereits 1724, 1766, 1771 und 1774 die Hausunion zwischen Bayern und der Pfalz. Die Erbfolge der pfälzischen Wittelsbacher stellte dann 1777 auch keinen Bruch in den Grundlinien der kurbayerischen Politik dar. Kurfürst Karl Theodor vereinte in seiner Hand die Herrschaft über Bayern, die Pfalz, die vereinigten Herzogtümer Jülich und Berg sowie die Fürstentümer Neuburg und Sulzbach, womit er als „Herr der fünf Länder" der drittmächtigste Mann im Reich wurde. Selbstbewusst knüpfte er an die Königspläne seiner bayerischen Vorgänger an und richtete seinen Blick dabei ähnlich wie Max Emanuel wieder verstärkt nach außen. Ländertauschprojekte sollten das Streben nach einer Königskrone erfüllen. Das zeigt, dass es Ausnahmesituationen geben konnte, in denen die aufgezeigte Verbindung von Dynastie und Land ihre Bedeutung verlor. Gegen diese Pläne formierte sich eine bayerische „patriotische" Bewegung, die sich auf ein Landesbewusstsein auch unabhängig von der Dynastie berief. Doch Karl Theodor starb 1799 ohne Krone und ohne legitime Nachkommen, sodass Herzog Max Joseph aus der Linie Birkenfeld-Zweibrücken, einer Nebenlinie der pfälzischen Wittelsbacher, das Erbe antrat. Seit dem 14. Jahrhundert gab es erstmals wieder eine allein regierende Linie des Hauses Bayern.

## 3.6 Konstitutionelle Monarchie und Machtverlust

Maximilian Joseph war bereits als junger Mann in französische Militärdienste eingetreten. Das Bündnis Bayerns mit dem napoleonischen Frankreich führte schließlich auch zum Aufstieg der Wittelsbacher in den königlichen Rang. Erhebliche Besitzgewinne und das bevorstehende Ende des Alten Reiches rechtfertigten die Rangerhöhung am 1. Januar 1806.[57] Durch Gebietszuwachs in Franken und Schwaben erreichte Bayern im Jahr 1810 seine flächenmäßig größte Ausdehnung. König Max I. Joseph erließ im Jahr 1818 eine nach damaligen Maßstäben moderne Verfassung, in der eine Ständeversammlung garantiert wurde, die sich aus zwei gleichberechtigten Kammern zusammensetzte. Als Bayerns erster König 1825 verstarb, war der Thronfolger Ludwig bereits 39 Jahre alt und übernahm die Herrschaft mit einem festen Programm,[58] das auf die Integration der Bevölkerung der neu erworbenen Gebiete in den bayerischen Staat hinwirkte und durch das es gelang, das Haus Wittelsbach auch in Schwaben und Franken populär zu machen. Als Mittel diente Ludwig hierbei eine gezielte Denkmalpolitik, die auch die neuen Landesteile einbezog.[59] Im Kern seiner Politik stand stets die Wahrung der Eigenständigkeit des Königreichs Bayern. Unter Ludwigs Enkel, der 1864 mit nur 18 Jahren als König Ludwig II. den Thron bestieg, fand diese Eigenständigkeit allerdings ein Ende. Im November 1870 trat Bayern dem Deutschen Reich unter Führung Preußens bei. Mit dem Kaiserbrief gab der bayerische König schließlich den Anstoß zur Kaiserproklamation Wilhelms I.

Nach 1870 verstärkte sich die Menschenscheu Ludwigs II., sodass die Führung des Landes im weiteren Verlauf seiner Regierungszeit und der anschließenden Regentschaft seines Onkels Prinz Luitpold faktisch an den Ministerrat überging. Die geheimnisvolle Aura des bayerischen Königs, seine prächtigen Bauten und sein tragischer Tod sowie die so ganz anders geartete leutselige und volksnahe Persönlich-

57 Immler, Wittelsbacher 2013, S. 84.
58 Gollwitzer, Ludwig I. 1986, S. 265, 276f.
59 Six, Denkmal 2012, S. 86f.

keit des Prinzregenten trugen jedoch auf ihre Weise dazu bei, dem Haus Bayern die Sympathien einer großen Mehrzahl der Untertanen zu sichern.[60]

Luitpolds ältester Sohn Ludwig konnte in dieser Hinsicht wenig hinzusetzen. So ließ sich König Ludwig III., der aufgrund einer Kriegsverletzung hinkte und militäruntauglich war, im Ersten Weltkrieg von zivilen und militärischen Reichsstellen überspielen. Einer Gruppe von Linksoppositionellen um den Begründer der bayerischen USPD Kurt Eisner gelang es am 7./8. November 1918 durch die Ausrufung der Republik schließlich, den König zu stürzen, der ohne Widerstand aus München flüchtete. Am 12. November verzichtete er in der Anifer Erklärung auf die Regierung und entband die bayerischen Beamten und Soldaten von ihrem Treueeid. Größere Widerstände rief das abrupte und überraschend geräuschlose Ende der mehr als 700 Jahre andauernden Wittelsbacher-Herrschaft in Bayern nicht hervor. Eine formelle Abdankung vermied Ludwig III. Als er im Oktober 1921 verstarb, geriet sein Trauerzug durch München zur letzten großen Bekundung monarchischer Gesinnungen in der Bevölkerung. Kronprinz Rupprecht trat die Nachfolge seines Vaters als Oberhaupt des Hauses Wittelsbach an. Durch die Gründung des Wittelsbacher Ausgleichsfonds, der bis heute einen Vermögensausgleich zwischen dem Haus Wittelsbach und dem Freistaat Bayern regelt, sicherte er die wirtschaftliche Grundlage der Familie. Bis in die 1930er Jahre kamen verschiedentlich Überlegungen, mit Kronprinz Rupprecht eine Restitution der Wittelsbacher Monarchie zu erwirken, nicht über erste Ideenskizzen hinaus.[61]

## 3.7 Schlussbemerkung

Dynastien waren Fundament, Ziel und Instrument fürstlicher Herrschaft. Die Wittelsbacher stiegen in den Rang einer europäischen Dynastie auf, bewiesen gleichzeitig allerdings eine erstaunliche Kontinuität in der Landesherrschaft, indem sie stets Bayern und der Pfalz am Rhein verbunden blieben. Die Wittelsbacher prägten die beiden Länder über die Epochengrenzen hinweg. Diese Voraussetzung dafür, dass „Haus Wittelsbach" und „Haus Bayern" von Anfang an und bis heute als Synonyme gebraucht werden können, wird in der Forschung immer wieder als Spezifikum der Geschichte der Wittelsbacher aufgegriffen.[62] Landesgeschichte der Vormoderne ist ohne diesen dynastischen Bezug nicht denkbar.

---

**60** Möckl, Prinzregentenzeit 1972.

**61** Weiß, Kronprinz 2007, S. 263–272; Wegmaier, Schwend 2013, S. 572.

**62** Immler, Wittelsbacher 2013, S. 6; Holzfurtner, Wittelsbacher 2005, S. 13f. Max Spindler verweist auf die glückliche Fügung, dass die Dynastie der Wittelsbacher, „die über 700 Jahre die Geschicke des Landes leitete, nicht aus der Fremde kam und erst im Stammesboden einwurzeln mußte, sondern seit alters her mit dem bayerischen Boden verwachsen war. [...] In der Dynastie der Wittelsbacher war dieselbe Neigung zur Kunst sichtbar wie im bayerischen Volk und so ging der Kulturwille des Fürsten und des Volkes in derselben Richtung." Spindler, Grundlagen 1966, S. 18.

# Literatur


Assing, Helmut/Hecht, Michael, Anhalt. In: Paravicini, Werner (Hrsg.): Höfe und Residenzen im spätmittelalterlichen Reich. Ein dynastisch-topographisches Handbuch. Teilbd. 1. Ostfildern 2003 (Residenzenforschung, 15/1), S. 742–748.

Auge, Oliver: Dynastiegeschichte als Perspektive vergleichender Regionalgeschichte. Das Beispiel der Herzöge und Grafen von Schleswig und Holstein (Anfang 13. bis Ende 17. Jh.). In: Zeitschrift der Gesellschaft für Schleswig-Holsteinische Geschichte 135 (2010), S. 23–46.

Beck, Lorenz Friedrich: Herrschaft und Territorium der Herzöge von Sachsen-Wittenberg (1212–1422). Potsdam 2000 (Bibliothek der Brandenburgischen und Preußischen Geschichte, 6).

Brademann, Jan/Hecht, Michael: Anhalt vom Mittelalter bis 1918 – Eine integrative Dynastie- und Herrschaftsgeschichte. In: Blätter für deutsche Landesgeschichte 141/142 (2005/06), S. 531–575.

Brademann, Jan: Der lange Weg nach Anhalt. Zur Genese eines Fürstentums Anhalt vom 13. bis 16. Jahrhundert. In: Anhaltischer Heimatbund (Hrsg.): 800 Jahre Anhalt. Geschichte, Kultur, Perspektiven. Wettin/Löbejün 2012, S. 211–223.

Brademann, Jan: Potenziale der Herrschaft. Die Fürsten von Anhalt und die späte Reformation. In: Michels, Norbert (Hrsg.): Cranach in Anhalt. Vom Alten zum Neuen Glauben. Petersberg 2015 (Kataloge der Anhaltischen Gemäldegalerie, 19), S. 51–64.

Deutschländer, Gerrit: Dienen lernen, um zu herrschen. Höfische Erziehung im ausgehenden Mittelalter (1450–1550). Berlin 2012 (Hallische Beiträge zur Geschichte des Mittelalters und der Frühen Neuzeit, 6).

Dicker, Stefan: Landesbewusstsein und Zeitgeschehen. Studien zur bayerischen Chronistik des 15. Jahrhunderts. Köln 2009 (Norm und Struktur. Studien zum sozialen Wandel in Mittelalter und Früher Neuzeit, 30).

Diepolder, Gertrud: Oberbayerische und niederbayerische Adelsherrschaften im wittelsbachischen Territorialstaat des 13. bis 15. Jahrhunderts. In: Zeitschrift für bayerische Landesgeschichte 25 (1962), S. 33–70.

Erb, Andreas: „nicht ohne geringe Sorge, Gefahr und Widerwertigkeit treulich fürgestanden“ – Fürst Ludwig von Anhalt-Köthen als schwedischer Statthalter der Länder Magdeburg und Halberstadt. In: Schmidt-Voges, Inken/Jörn, Nils (Hrsg.): Mit Schweden verbündet – von Schweden besetzt. Akteure, Praktiken und Wahrnehmungen schwedischer Herrschaft im Alten Reich während des Dreißigjährigen Krieges. Hamburg 2016, S. 167–194.

Erb, Andreas: Wiedervereinigungen? Die Anfälle der Linien Zerbst, Köthen und Bernburg an Anhalt-Dessau 1793 bis 1863. In: Kretzschmar, Robert/Schindling, Anton/Wolgast, Eike (Hrsg.): Zusammenschlüsse und Neubildungen deutscher Länder im 19. und 20. Jahrhundert. Stuttgart 2013, S. 101–124.

Freitag, Werner: Anhalt und die Askanier im Spätmittelalter. Familienbewußtsein, dynastische Vernunft und Herrschaftskonzeptionen. In: Rogge, Jörg/Schirmer, Uwe (Hrsg.): Hochadelige Herrschaft im mitteldeutschen Raum (1200 bis 1600). Formen – Legitimation – Repräsentation. Stuttgart 2003, S. 195–226.

Freitag, Werner: Die Fürsten von Anhalt in Spätmittelalter und Früher Neuzeit. Eine Einführung. In: Freitag, Werner/Hecht, Michael (Hrsg.): Die Fürsten von Anhalt. Herrschaftssymbolik, dynastische Vernunft und politische Konzepte in Spätmittelalter und Früher Neuzeit. Halle $^{2}$2009 (Studien zur Landesgeschichte, 9), S. 9–31.

Freitag, Werner: Kleine Reichsfürsten im 15. Jahrhundert – das Beispiel Anhalt. In: Sachsen und Anhalt 23 (2001), S. 142–160.

Fuchs, Franz: Das „Haus Bayern" im 15. Jahrhundert. Formen und Strategien einer dynastischen „Integration". In: Maleczek, Werner (Hrsg.): Fragen der politischen Integration im mittelalterlichen Europa. Ostfildern 2005 (Vorträge und Forschungen, 63), S. 302–324.

Fuchs, Thomas: Traditionsstiftung und Erinnerungspolitik. Geschichtsschreibung in Hessen in der frühen Neuzeit. Kassel 2002.

Gebert, Barbara: Die bayerische Primogeniturordnung von 1506. München 2002 (Quellentexte zur bayerischen Geschichte, 2).

Glaser, Hubert (Hrsg.): Wittelsbach und Bayern. 3 Bde. München 1980.

Gollwitzer, Heinz: Ludwig I. von Bayern. Königtum im Vormärz. Eine politische Biographie. München 1986.

Hecht, Michael: Anhalt und die Dynastie der Askanier in der Frühen Neuzeit. In: Auf dem Weg zu einer Geschichte Anhalts. Wissenschaftliches Kolloquium zur 800-Jahr-Feier des Landes Anhalt. Köthen 2012 (Mitteilungen des Vereins für Anhaltische Landeskunde. Sonderheft), S. 91–106.

Hecht, Michael: Das Adels-Haus in der Frühen Neuzeit. Genealogisches Konzept, verwandtschaftliche Ordnung, architektonische Gestalt. In: Zeitschrift für Kulturwissenschaften (2017), Heft 1, S. 31–49.

Hecht, Michael: ‚Dynastie' als Norm und Praxis: Verwandtschaftliche und herrschaftliche Ordnung am Beispiel der Fürsten von Anhalt in der Frühen Neuzeit. In: Mitteilungen der Residenzen-Kommission N.F. 5 (2016), S. 121–129.

Hecht, Michael: Die Erfindung der Askanier. Dynastische Erinnerungsstiftung der Fürsten von Anhalt an der Wende vom Mittelalter zur Neuzeit. In: Zeitschrift für Historische Forschung 33 (2006), S. 1–31.

Hecht, Michael: Hofordnungen, Wappen und Geschichtsschreibung: Fürstliches Rangbewusstsein und dynastische Repräsentation in Anhalt im 15. und 16. Jahrhundert. In: Freitag, Werner/ Hecht, Michael (Hrsg.): Die Fürsten von Anhalt. Herrschaftssymbolik, dynastische Vernunft und politische Konzepte in Spätmittelalter und Früher Neuzeit. Halle ²2009 (Studien zur Landesgeschichte, 9), S. 98–122.

Hecht, Michael: Landesgeschichte und die Kulturgeschichte des Politischen. In: Hirbodian, Sigrid/ Jörg, Christian/Klapp, Sabine (Hrsg.): Methoden und Wege der Landesgeschichte, Ostfildern 2015 (Landesgeschichte, 1), S. 165–190.

Heimann, Heinz-Dieter: Hausordnung und Staatsbildung. Innerdynastische Konflikte als Wirkungsfaktoren der Herrschaftsverfestigung bei den wittelsbachischen Pfalzgrafen und den Herzögen von Bayern. Paderborn/München 1993 (Quellen und Forschungen aus dem Gebiet der Geschichte, N.F. 16).

Hirsch, Erhard: Die Dessau-Wörlitzer Reformbewegung im Zeitalter der Aufklärung. Personen – Strukturen – Wirkungen. Tübingen 2003.

Holzfurtner, Ludwig: Die Wittelsbacher. Staat und Dynastie in acht Jahrhunderten. Stuttgart 2005.

Immler, Gerhard: Die Wittelsbacher. Darmstadt 2013.

Jablonowski, Ulla: Die Krise der Herrschaft Anhalt um 1500. In: Mitteilungen des Vereins für Anhaltische Landeskunde 13 (2004), S. 11–40.

Johanek, Peter: Die Schreiber und die Vergangenheit. Zur Entfaltung einer dynastischen Geschichtsschreibung an den Fürstenhöfen des 15. Jahrhunderts. In: Keller, Hagen u.a. (Hrsg.): Pragmatische Schriftlichkeit im Mittelalter. Erscheinungsformen und Entwicklungsstufen. München 1992, S. 195–209.

Kägler, Britta: Dynastische Ehen in der Frühen Neuzeit. Partnerwahl zwischen Sozialprestige und Außenpolitik. In: Geschichte in Wissenschaft und Unterricht 64 (2014), S. 5–20.

Kägler, Britta: Frauen am Münchener Hof (1651–1756). Kallmünz/Oberpfalz 2011 (Münchener Historische Studien: Abteilung Bayerische Geschichte, 18).

Körner, Hans-Michael: Die Wittelsbacher. Vom Mittelalter bis zur Gegenwart. München 2009.
Kraus, Andreas (Hrsg.): Handbuch der Bayerischen Geschichte. Bd. 2: Das alte Bayern. Der Territorialstaat vom Ausgang des 12. Jahrhunderts bis zum Ausgang des 18. Jahrhunderts. München ²1988.
Krieger, Karl-Friedrich: Bayerisch-pfälzische Unionsbestrebungen vom Hausvertrag von Pavia (1329) bis zur Wittelsbachischen Hausunion vom Jahre 1724. In: Zeitschrift für Historische Forschung 4 (1977), S. 385–413.
Krieger, Karl-Friedrich: Die Lehnshoheit der deutschen Könige im Spätmittelalter (ca. 1200–1437). Aalen 1979 (Untersuchungen zur deutschen Staats- und Rechtsgeschichte. N.F., 23).
Lubich, Gerhard: Verwandtsein. Lesarten einer politisch-sozialen Beziehung im Frühmittelalter (6.–11. Jahrhundert). Köln 2008.
Marcus, Paul: Herzog Bernhard von Anhalt (um 1140 bis 1212) und die frühen Askanier in Sachsen und im Reich. Frankfurt a.M. 1993.
Marth, Katrin Nina: „Dem löblichen Hawss Beirn zu pesserung, aufnemung vnd erweiterung ...". Die dynastische Politik des Hauses Bayern an der Wende vom Spätmittelalter zur Neuzeit. München 2011 (Forum deutsche Geschichte, 25).
Meyn, Jörg: Vom spätmittelalterlichen Gebietsherzogtum zum frühneuzeitlichen „Territorialstaat": Das askanische Herzogtum Sachsen 1180–1543. Hamburg 1995.
Möckl, Karl: Die Prinzregentenzeit. Gesellschaft und Politik während der Ära des Prinzregenten Luitpold in Bayern. München u.a. 1972.
Moeglin, Jean-Marie: Dynastisches Bewußtsein und Geschichtsschreibung. Zum Selbstverständnis der Wittelsbacher, Habsburger und Hohenzollern im Spätmittelalter. In: Historische Zeitschrift 256 (1993), S. 593–635.
Müller, Matthias: Das Residenzschloss als Haupt des Fürsten. Zur Bedeutung von Corpus und Caput im frühneuzeitlichen Schlossbau der Anhaltiner. In: Freitag, Werner/Hecht, Michael (Hrsg.): Die Fürsten von Anhalt. Herrschaftssymbolik, dynastische Vernunft und politische Konzepte in Spätmittelalter und Früher Neuzeit. Halle ²2009 (Studien zur Landesgeschichte, 9), S. 123–143.
Murr, Karl B.: Das Mittelalter in der Moderne. Die öffentliche Erinnerung an Kaiser Ludwig den Bayern im Königreich Bayern. München 2008 (Schriftenreihe zur bayerischen Landesgeschichte, 156).
Opitz, Eckardt: Einleitung des Herausgebers. In: Opitz, Eckardt (Hrsg.): Askanier-Studien der Lauenburgischen Akademie. Bochum 2010 (Lauenburgische Akademie für Wissenschaft und Kultur. Kolloquium, 16), S. 9–18.
Partenheimer, Lutz: Albrecht der Bär. Gründer der Mark Brandenburg und des Fürstentums Anhalt. Potsdam ²2016.
Paulus, Christof: Machtfelder. Die Politik Herzog Albrechts IV. von Bayern (1447/1465–1508) zwischen Territorium, Dynastie und Reich. Köln/Weimar/Wien 2015 (Forschungen zur Kaiser- und Papstgeschichte des Mittelalters, 39).
Peltzer, Jörg: Die Institutionalisierung des Rangs der Pfalzgrafen bei Rhein im 13. und 14. Jahrhundert. In: Ders. u.a. (Hrsg.): Die Wittelsbacher und die Kurpfalz im Mittelalter. Eine Erfolgsgeschichte? Regensburg 2013, S. 89–107.
Press, Volker: Fürst Christian I. von Anhalt-Bernburg, Statthalter der Oberpfalz, Haupt der evangelischen Bewegungspartei vor dem Dreißigjährigen Krieg (1568–1630). In: Ackermann, Konrad/Schmid, Alois (Hrsg.): Staat und Verwaltung in Bayern. Festschrift für Wilhelm Volkert zum 75. Geburtstag. München 2003, S. 193–216.
Rall, Hans/Rall, Marga: Die Wittelsbacher in Lebensbildern, München 2005.

Regener, Ralf: Anhalt ohne Herzog – Anhalt ohne Zukunft? Zum Verhältnis von Monarchie und Kleinstaatlichkeit im 19. und 20. Jahrhundert. In: Blätter für deutsche Landesgeschichte 149 (2013), S. 287–309.

Reinhardt, Christian: Fürstliche Autorität versus städtische Autonomie. Die Pfalzgrafen bei Rhein und ihre Städte 1449 bis 1618. Amberg, Mosbach, Nabburg und Neustadt an der Haardt. Stuttgart 2012 (Veröffentlichungen der Kommission für Geschichtliche Landeskunde in Baden-Württemberg, B 186).

Reitemeier, Arnd: Zusammengesetzte Herrschaften als Forschungsaufgabe der Landesgeschichte. Das Beispiel der Personalunion zwischen Großbritannien und Hannover 1714–1837. In: Hirbodian, Sigrid/Jörg, Christian/Klapp, Sabine (Hrsg.): Methoden und Wege der Landesgeschichte. Ostfildern 2015 (Landesgeschichte, 1), S. 65–79.

Rohrschneider, Michael: Johann Georg II. von Anhalt-Dessau (1627–1693). Eine politische Biographie. Berlin 1998.

Ruppert, Karsten: Wittelsbach, Bayern und die Pfalz. Grundlinien der Herrschaft eines Jahrhunderts. In: Ders. (Hrsg.): Wittelsbach, Bayern und die Pfalz: das letzte Jahrhundert. Berlin 2017 (Historische Forschungen, 115), S. 11–31.

Rutz, Andreas: Möglichkeiten und Grenzen fürstlicher Herrschaft im spätmittelalterlich-frühneuzeitlichen Reich. In: Fuchs, Ralf-Peter/Mölich, Georg/Büren, Guido von (Hrsg.): Herrschaft, Hof und Humanismus. Wilhelm V. von Jülich-Kleve-Berg und seine Zeit. Gütersloh 2018 (Schriftenreihe der Niederrhein-Akademie, 11), S. 96–125.

Schmid, Alois: Die „Bavaria Sancta et pia" des P. Matthäus Rader SJ. In: Grell, Chantal u.a. (Hrsg.): Les princes et l'histoire du XIV$^{e}$–XVIII$^{e}$ siècle. Bonn 1998 (Pariser Historische Studien, 47), S. 499–522.

Schmid, Karl: Geblüt – Herrschaft – Geschlechterbewußtsein. Grundfragen zum Verständnis des Adels im Mittelalter. Sigmaringen 1998 (Vorträge und Forschungen, 44).

Schmid, Karl: Zur Problematik von Familie, Sippe und Geschlecht, Haus und Dynastie beim mittelalterlichen Adel. Vorfragen zum Thema „Adel und Herrschaft im Mittelalter". In: Zeitschrift für die Geschichte des Oberrheins 105 (1957), S. 1–62.

Schmidt, Eberhard: Die Mark Brandenburg unter den Askaniern (1134–1320). Köln 1973 (Mitteldeutsche Forschungen, 71).

Schneidmüller, Bernd: Kaiser Ludwig IV. Imperiale Herrschaft und reichsfürstlicher Konsens. In: Zeitschrift für Historische Forschung 40 (2013), S. 369–392.

Sikora, Michael: Über den Umgang mit Ungleichheit. Bewältigungsstrategien für Mesalliancen im deutschen Hochadel der Frühen Neuzeit – das Haus Anhalt als Beispiel. In: Wrede, Martin/Carl, Horst (Hrsg.): Zwischen Schande und Ehre. Erinnerungsbrüche und die Kontinuität des Hauses. Legitimationsmuster und Traditionsverständnis des frühneuzeitlichen Adels in Umbruch und Krise. Mainz 2007, S. 97–124.

Six, Barbara: Denkmal und Dynastie. König Maximilian II. auf dem Weg zu einem Bayerischen Nationalmuseum. München 2012 (Miscellanea Bavarica Monacensia, 185).

Slenczka, Ruth: Herrschaft und Bekenntnis. Cranachs Epitaphien für die evangelischen Askanier. In: Michels, Norbert (Hrsg.): Cranach in Anhalt. Vom Alten zum Neuen Glauben. Petersberg 2015 (Kataloge der Anhaltischen Gemäldegalerie, 19), S. 65–75.

Spieß, Karl-Heinz (Hrsg.): Die Familie in der Gesellschaft des Mittelalters. Ostfildern 2009 (Vorträge und Forschungen, 71).

Spindler, Max: Die Grundlagen der Kulturentwicklung in Bayern. Vortrag im Herbst 1946, gehalten vor dem Bayerischen Landesverein für Heimatpflege. In: Kraus, Andreas (Hrsg.): Max Spindler. Erbe und Verpflichtung. Aufsätze und Vorträge zur bayerischen Geschichte. München 1966, S. 4–23.

Stauber, Reinhard: Herrschaftsrepräsentation und dynastische Propaganda bei den Wittelsbachern und Habsburgern um 1500. In: Nolte, Claudia/Spieß, Karl-Heinz/Werlich, Ralf-Gunnar (Hrsg.): Principes. Dynastien und Höfe im späten Mittelalter. Interdisziplinäre Tagung. Stuttgart 2002 (Residenzenforschung, 14), S. 45–90.

Stauber, Reinhard: Herzog Georg der Reiche von Bayern-Landshut und seine Reichspolitik. Möglichkeiten und Grenzen reichsfürstlicher Politik im wittelsbachisch-habsburgischen Spannungsfeld zwischen 1470 und 1505. Kallmünz/Oberpfalz 1993 (Münchener Historische Studien, 15).

Stauber, Reinhard: Staat und Dynastie. Herzog Albrecht IV. und die Einheit des „Hauses Bayern" um 1500. In: Zeitschrift für bayerische Landesgeschichte 60 (1997), S. 530–565.

Thomas, Michael: Fürsten neuen Typs: Woldemar VI. (gest. 1508) und Magnus (gest. 1524) von Anhalt. In: Freitag, Werner/Hecht, Michael (Hrsg.): Die Fürsten von Anhalt. Herrschaftssymbolik, dynastische Vernunft und politische Konzepte in Spätmittelalter und Früher Neuzeit. Halle $^{2}$2009 (Studien zur Landesgeschichte, 9), S. 80–97.

Volkert, Wilhelm: Bayerisches Wappen. In: Historisches Lexikon Bayerns, publiziert am 22.05.2012. In: URL: www.historisches-lexikon-bayerns.de/Lexikon/Bayerisches Wappen [02.04.2017].

Wäschke, Hermann: Die Askanier in Anhalt. Genealogisches Handbuch. Dessau 1904.

Wäschke, Hermann (Hrsg.): Regesten der Urkunden des Herzoglichen Haus- und Staatsarchivs zu Zerbst aus den Jahren 1401–1500. Dessau 1909.

Weber, Wolfgang E. J.: Interne und externe Dynamiken der frühneuzeitlichen Herrscherdynastie: Ein Aufriss. In: Babel, Rainer/Braun, Guido/Nicklas, Thomas (Hrsg.): Bourbon und Wittelsbach. Neuere Forschungen zur Dynastiegeschichte. Münster 2010, S. 61–74.

Wegmaier, Alexander: Karl Schwend und Ernst Deuerlein. Steuermänner im Schatten Hans Ehards. In: Zeitschrift für bayerische Landesgeschichte 76 (2013), S. 563–602.

Weiß, Dieter J.: Kronprinz Rupprecht von Bayern (1869–1955). Eine politische Biografie. Regensburg 2007.

Wenck, Helfrich Bernhard: Hessische Landesgeschichte. Darmstadt/Gießen 1783.

Winkel, Carmen: Im Netz des Königs. Netzwerke und Patronage in der preußischen Armee 1713–1786. Paderborn 2013.

Wunder, Heide (Hrsg.): Dynastie und Herrschaftssicherung. Berlin 2002 (Zeitschrift für Historische Forschung. Beiheft 28).

Zaunstöck, Holger (Hrsg.): Das Leben des Fürsten. Studien zur Biografie von Leopold III. Friedrich Franz von Anhalt-Dessau (1740–1817). Halle 2008.

Ziegler, Walter: Wittelsbach. In: Paravicini, Werner (Hrsg.): Höfe und Residenzen im Spätmittelalterlichen Reich. Ein dynastisch-topographisches Handbuch. Ostfildern 2003 (Residenzenforschung, 15/1), S. 218–225.

Oliver Auge & Joachim Schneider

# Der Niederadel

## 1 Einleitung

Den Niederadel in Franken mit demjenigen in Schleswig-Holstein zu vergleichen, erscheint auf den ersten Blick weit hergeholt und kaum ergiebig zu sein. Schließlich bildeten Franken und Schleswig-Holstein in der historischen Vergangenheit ganz unterschiedliche soziopolitische Räume, die zudem keine oder nur marginale Verbindungen zueinander aufwiesen. Doch entstammte einmal ein dänisch-schwedisch-norwegischer König – Christoph III. (1416–1448) – der bayerischen Oberpfalz, mithin einem Raum, der Franken zumindest nahe lag, was auch Adelige aus dieser Region in den Norden führte. Verlässt man zur Veranschaulichung die Adelsgeschichte, so kann man außerdem auf Hansekaufleute verweisen, zu deren Einzugsbereich die Region Schleswig-Holsteins zu zählen ist. Sie unterhielten immer wieder Kontakte zu fränkischen Kaufleuten, insbesondere zu denjenigen Nürnbergs. Insgesamt aber spielte sich die historische Entwicklung Frankens und Schleswig-Holsteins in unterschiedlichen Sphären ab, zumal der Schleswiger Teil gar nicht zum Heiligen Römischen Reich gehörte. Umso spannender ist es freilich, einmal näher auf die Gemeinsamkeiten und Unterschiede in der jeweiligen Adelsgeschichte zu schauen, was in der Zusammenschau der Befunde beider getrennt voneinander betrachteter Regionen geschehen kann. Auffallend ist in jedem Fall, dass sich Niederadel bzw. Ritterschaft hier wie dort im 13. und 14. Jahrhundert zu formieren begannen und im 15. und. 16. Jahrhundert zu einer korporativen Organisation fanden. Auch gleichen sich ab dieser Zeit die allgemeinen Kriterien der Zugehörigkeit zum Niederadel bzw. zur Ritterschaft. Hier wie dort gelang es außerdem dem Niederadel, den jeweiligen Landesherren wichtige Privilegien abzuringen, die in ihrem Ausmaß und ihren Konsequenzen eine gesellschaftliche Führungsposition manifestierten und zementierten. Auch sind regionale Adelsnetzwerke, die über die konkreten Grenzen von Fürstentümern hinweg integrativ wirken konnten, eine markante Gemeinsamkeit. Der ritterschaftliche Adel machte an keiner Landesgrenze halt.

Im Detail offenbaren sich freilich ebenso markante Differenzen: So existierte in Schleswig-Holstein, einem zentralen Übergangsraum nach Skandinavien, augenscheinlich kein älterer Adel nach klassisch west- und mitteleuropäischem Muster, den es dagegen in Franken in Form der Grafen und der sozial oberhalb des Ritteradels angesiedelten Edelherren sehr wohl noch gab. Die Spielräume für eigenständige politische Aktivitäten fernab vom Fürstenhof waren in Franken und Schleswig-Holstein offenbar unterschiedlich groß. Die Chancen hierfür gestalteten sich mit den politischen Einungen bis hin zur späteren Reichsritterschaft in Franken wohl deshalb günstiger, weil in diesem multipolaren Raum zwischen den verschiedenen Fürsten Bewegungsspielraum für den Adel entstand, während dieser im zumindest

https://doi.org/10.1515/9783110354188-012

phasenweise unter einer einheitlichen oder wenigstens nur bipolaren Fürsten- bzw. Königsherrschaft stehenden Norden weitaus geringer war. Auch sind die Chancen und Möglichkeiten, die personellen und ökonomischen Ressourcen der Kirche für eigene Interessen und Ziele zu nutzen, verschieden stark wahrgenommen worden; diese Ressourcen waren außerdem im Süden in weit größerem Maße vorhanden als im Norden.

Dass es kaum Berührungen zwischen den Adelspopulationen im Norden und Süden gab, wurde bereits eingangs erwähnt. Der Kaiserhof wirkte in Schleswig-Holstein anscheinend bis weit in die Frühe Neuzeit hinein nicht als Integrationsfaktor, weil der Adel teilweise in ganz andere, nordische Herrschaftsbezüge eingebunden war und blieb. Bei allen Unterschieden sind gleichwohl die hier beschriebenen Gemeinsamkeiten des kleineren Adels vor dem 19. Jahrhundert auch über große Entfernungen hinweg bemerkenswert und belegen die relative Einheitlichkeit dieser sozialen Formation im weit gedehnten Reich.

# 2 Franken

Joachim Schneider

## 2.1 Verbreitungsraum des fränkischen Niederadels

Als räumlicher Bezugsrahmen für den fränkischen Niederadel im Mittelalter und in der Frühen Neuzeit dient im Folgenden der Organisationsraum der fränkischen Reichsritterschaft, in dem sich diese im Verlauf des 16. Jahrhunderts als politische Korporation konsolidierte und bis zum frühen 19. Jahrhundert als solche fortbestand. Dieser vom fränkischen Adel geprägte Raum umgriff im Osten und Nordosten den Fränkischen Jura, das Fichtelgebirge und den Frankenwald, reichte im Norden bis an den südlichen Hang des Thüringer Waldes, griff im Nordwesten über die Rhön bis in den Raum Fulda aus und überspannte im Westen den Spessart und den Odenwald bis fast zum Rhein und vor die Tore Frankfurts. Im Südwesten bildete der Oberlauf der Jagst ungefähr die Grenze, im Süden die Fränkische Alb und im Südosten die untere Altmühl.[1]

## 2.2 Ministerialitäten und die Entstehung des Niederadels

Im 11. und 12. Jahrhundert werden in Zeugnissen aus Franken sogenannte *ministeriales*, *servientes* oder auch *clientes* genannt, die für die Bischöfe von Würzburg und

1 Endres, Staat 1997, S. 730–750; Bauer, Reichsritterschaft 1992, mit Karte S. 182.

Bamberg gehobene Verwaltungs- und Hofdienste versahen. Diese Dienstleute, die zunächst noch persönlich unfrei waren, werden von der Forschung allgemein als Ministeriale bezeichnet. Fürsten und Königtum griffen damals auf diese Helfer zurück, weil sie zuverlässiger als die nach Unabhängigkeit strebenden Angehörigen des älteren Adels waren. Die fränkischen Ministerialen, die hier vornehmlich den Personenverbänden der Bischöfe von Würzburg und Bamberg entstammten, suchten und fanden rasch Anschluss an adlige Lebensformen. Denn bei ihren Tätigkeiten im Kriegsdienst, bei der Burghut, in der Verwaltung und bei Hofe unterschieden sie sich nicht vom alten, freien Adel. Lehen von Dienstmannen wurden bald nicht mehr anders behandelt als jene Lehen, die im Rahmen des adligen Lehnswesens vergeben wurden. Die Verwendung adliger Standessymbole bei Kleidung, Waffen, Wappen und Namen durch die Ministerialen war die Folge dieser sozialen Annäherung und lässt auf deren Aufstiegsambitionen schließen. Hinweise auf einen unfreien Status der Ministerialen wie Kauf und Tausch durch ihre Herren oder deren Mitsprache bei Eheschließungen verschwinden spätestens bis zum Beginn des 14. Jahrhunderts. Die Nachkommen der Ministerialen bildeten seither die meist gehobene Kerngruppe des Niederadels.[2]

## 2.3 Was ist der fränkische Niederadel? – Die Terminologie

In Zeugnissen des 14. und 15. Jahrhunderts, in denen die verschiedenen Adelsgruppen in ständischer Gruppierung erscheinen, wurden Niederadlige in Franken nach den Fürsten, Grafen und den (freien) Herren, wie in anderen Regionen des Reiches auch, als „Ritter und (edle / feste) Knechte" an letzter Stelle genannt. Die Ritter aus dem Niederadel hatten in einem besonderen Ritual, zum Beispiel vor oder nach Schlachten oder während einer Pilgerreise, die persönliche Ritterwürde erworben, während dies bei den sogenannten Edelknechten nicht der Fall war. Der Erwerb der Ritterwürde wurde sichtbar in der Bezeichnung des Betreffenden mit dem Ehrentitel „Herr" sowie zum Beispiel in Adelsgesellschaften durch das Recht, goldene Abzeichen zu tragen, aber auch durch die Verpflichtung, dort höhere Mitgliedsbeiträge als der Edelknecht zu leisten. Ein ständischer, vererbbarer Unterschied zwischen Rittern und Nicht-Rittern bestand dagegen nicht. Aufschlussreich für den Anschluss von Rittern und Knechten an den Adel ist, dass im Verlauf des 14. und 15. Jahrhunderts die persönliche Bezeichnung als „edel" von den Grafen und Herren auf den Niederadel überging. Die Bezeichnung einzelner Niederadliger als (edler) Knecht hingegen verschwindet im 15. Jahrhundert aus den Zeugnissen.

Kollektivbegriffe für den Adel kamen in Franken erst um die Mitte des 15. Jahrhunderts auf. Denn der Begriff „Adel" („vom Adel" u.ä.) hatte früher ausschließlich

---

2 Gerlich/Machilek, Staat 1997, S. 628–639, hier S. 628f.

eine soziale Qualität bzw. ein Ideal bezeichnet. Erst seit der zweiten Hälfte des 15. Jahrhunderts wurde er zu einer Kollektivbezeichnung des gesamten Adels unter Einbeziehung des Niederadels. Das Wort „Ritterschaft" als Kollektivbezeichnung wurde, in seltenen Belegen, in der ersten Hälfte des 15. Jahrhunderts noch für den gesamten Adel einschließlich der Grafen und Herren verwendet. Ab etwa 1450 jedoch bezeichnete es in Franken zunehmend nur noch den Niederadel. Neben „Ritterschaft" erscheint ab ca. 1500 dann auch der Begriff „gemeiner Adel" – im Sinne von „allgemeiner Adel" als der Bezeichnung für die große Mehrheit des Adels, die mit dem Niederadel gleichgesetzt wurde. Das Aufkommen von sozialen Kollektivbegriffen für den Adel insgesamt wie auch für den Niederadel im Besonderen seit der Mitte des 15. Jahrhunderts wird von der Forschung als Zeichen für einen Formationsprozess, eine Identitätsbildung des Adels und für dessen Politisierung und soziale Abgrenzung nach außen interpretiert.[3]

## 2.4 Abgrenzung und Öffnung des Niederadels im 15./16. Jahrhundert in Franken

Im Spätmittelalter und in der Frühen Neuzeit standen dem fränkischen Niederadel ungefähr ein halbes Dutzend an Grafen- und Herrengeschlechtern gegenüber. Diese waren damit in Franken schwächer vertreten als etwa am Mittelrhein oder in Schwaben, aber stärker präsent als im Norden, Osten und Südosten des Reiches. Zwar war das Konnubium zwischen beiden Gruppen selten, doch übernahmen etwa die Grafen von Henneberg oder von Wertheim noch im 15. Jahrhundert mehrfach die Führung der regionalen Adelseinungen. Erst im 16. Jahrhundert kam es, wie in anderen Regionen mit einer Reichsritterschaft, zu einer Distanzierung auch im politischen Raum zwischen beiden Gruppen, weil die Grafen und Herren im Grafenkollegium eine eigene ständische Vertretung im Reichstag gewannen, andererseits aber von einer Mitgliedschaft in der Reichsritterschaft ausgeschlossen blieben.

Forschungen zum Lehnswesen in Franken haben dessen Signifikanz für den materiellen und sozialen Status, die Abgrenzung des Adels nach außen und für Aufstiegs- und Abstiegsprozesse im Spätmittelalter herausgearbeitet. Wichtig ist in diesem Zusammenhang, dass seit der Wende vom 14. zum 15. Jahrhundert in der Lehensverwaltung mehrerer Fürstentümer (Hochstifte Würzburg, Bamberg und Mainz, Markgrafschaft Kulmbach) eine Unterscheidung zwischen adligen und nicht-adligen Vasallen eingeführt wurde. Wie die Untersuchung der Würzburger Lehenbücher[4] ergeben hat, lässt sich dort im 15. Jahrhundert nur sehr selten ein Wechsel von Vasallen zwischen den Gruppen der adligen bzw. der nichtadligen

3 Morsel, Noblesse 2000, S. 285–293 mit Tableau 27.
4 Quellenkorpus abrufbar unter: Internetportal Historisches Unterfranken.

Lehensnehmer beobachten. Am ehesten noch gelangten in der zweiten Hälfte des 15. Jahrhunderts einige Vasallen aufgrund ihrer Fürstendienste in den Würzburger Lehenhof hinein und gewannen Anschluss an den Niederadel. Das 15. Jahrhundert war also im Umkreis des wichtigsten Lehenhofes in Franken eine Zeit der Abgrenzung des Niederadels nach außen und einer Stärkung der etablierten Familien, was durch die bischöfliche Landesherrschaft wesentlich gestützt wurde. Größer war die Mobilität dagegen wohl im Ansbacher Lehenhof der Hohenzollern, wo es keine soziale Markierung in der Lehensverwaltung gab und der Lehenhof im 15. Jahrhundert stark ausgeweitet wurde. Wenngleich manche prominenten Niederadligen Stadthöfe besaßen, wenn es auch in der Kategorie der nichtadligen Vasallen der Lehenbücher eine gewisse Grauzone zwischen Adel und Nicht-Adel gegeben hat und obschon Nürnberger Patrizier mit ihren Herrschaftssitzen auf dem Lande adlige Lebensformen demonstrierten, war um 1500 in Franken die Grenze zwischen Niederadel und Nicht-Adel deutlich schärfer markiert als zuvor und danach.[5]

## 2.5 Größe der Vasallenverbände und deren innere Differenzierung

Innerhalb des fränkischen Niederadels bildete sich keine ständisch-soziale Grenze aus, wie sie zum Beispiel in unterschiedlicher Weise in Sachsen, Brandenburg, Österreich sowie in abgeschwächter Form auch in Altbayern entstand. Dennoch waren die Unterschiede zwischen einzelnen Rittern bzw. verschiedenen Adelsgeschlechtern hinsichtlich ihrer Kopfzahl, des jeweiligen materiellen Vermögens und des sozialen Status groß. So kam es im Würzburger Lehenadel zu einer markanten Vermehrung und Konzentration von wertvollen Lehen wie Burgen bei einer Gruppe kopfstarker Kerngeschlechter des Lehenhofes. Aus der Gruppe der kopf- und besitzschwachen Geschlechter verschwanden hingegen viele aus der Überlieferung, ohne dass sie durch andere ersetzt wurden. Damit war die Gesamtzahl der würzburgischen Niederadelsfamilien wie auch der einzelnen Vasallen im 14. und 15. Jahrhundert zunächst stark rückläufig, bevor dieser Trend gegen 1450 zum Stillstand kam. Anders gestalteten sich die Dinge hingegen unter den Hohenzollern, die erst im späten 14. Jahrhundert zu Fürsten geworden waren und nun besonders von ihrem Ansbacher Fürstentum aus zunehmend mehr Vasallen an sich zu binden suchten, um im Wettbewerb mit den etablierten Hochstiften Bamberg und vor allem Würzburg aufzuholen. Ob damit dort auch der Aufstieg in den Adel leichter möglich war, bleibt weiter zu erforschen.[6]

5 Ulrichs, Lehnhof 1997, S. 39–48, 70–81; Schneider, Niederadel 2003, S. 325–329.

6 Schneider, Niederadel 2003, Kap. V, S. 179–271, zur inneren Differenzierung des Adels in anderen Regionen; Baum/Sprandel, Forschungen 1990; Ulrichs, Lehnhof 1997, S. 44–48; siehe auch die neue

## 2.6 Die Oberschicht des Niederadels auf den süddeutschen Reichsturnieren

Nimmt man die Anwesenheit bei den großen Vierlandeturnieren des Adels am Ende des 15. Jahrhunderts als wichtiges Kriterium für die soziale Lage eines Geschlechts, so bestätigt sich die informelle Dominanz der Oberschicht-Geschlechter in Franken: Es waren die kopfstarken, kontinuierlich in den adligen Vasallitäten vertretenen und dort mit wertvollen Lehen ausgestatteten Geschlechter, die auch an den Turnieren teilnahmen. Dabei waren diese Turniergeschlechter zum Beispiel im Würzburger Lehenhof mit einem Anteil von 42 % aller Geschlechter in weit stärkerem Maße für den fränkischen Niederadel insgesamt typisch, als dies zum Beispiel beim bayerischen Turnieradel der Fall war, wo nur knapp 20 % des Niederadels zu den Turnierern gehörten. Auch einzelne materiell schwächergestellte Ritter in Franken profitierten hinsichtlich ihres Sozialprestiges von ihrer Zugehörigkeit zu einem prominenten Großgeschlecht.[7]

## 2.7 Das föderative Gefüge niederadliger Gruppenbildung in Franken

Bereits lange vor der Entstehung der Reichsritterschaft waren die meisten Niederadligen in Franken in ein vielschichtiges föderatives Gefüge einbezogen, das sich im 15. Jahrhundert noch weiter verdichtete. Dazu gehörten auf unterster Ebene Familienverträge zur Regelung von Erbfragen und zur gegenseitigen Unterstützung und Wahrnehmung gemeinsamer Interessen der Familienmitglieder. Wappengemeinschaften von Angehörigen mehrerer, oft miteinander verwandter Geschlechter dienten insbesondere der gegenseitigen Hilfe in der Fehde. Burgfriedensverträge regelten das gemeinsame Leben auf Burgen, an denen die Mitglieder dieser Schwureinungen eigene Teilanrechte hatten. Adelsgesellschaften und Bruderschaften dienten der Pflege von religiöser Memoria ihrer Mitglieder und gemeinsamer Geselligkeit. Andere Gesellschaften hatten ihr hauptsächliches Ziel in der gegenseitigen Unterstützung bei Turnieren und deren Ausrichtung. Schließlich wurden seit dem Anfang des 15. Jahrhunderts in Franken wiederholt zahlenstarke Rittereinungen gegründet, die dem gemeinsamen Widerstand gegen fürstliche Politik, dem friedlichen Austrag von Rechtsstreitigkeiten und notfalls auch der militärischen Unterstützung gegen Rechtsbrecher und Fehdegegner dienten und damit an die Stelle

Studie von Huggenberger, Niederadel 2015, zur der Überschneidungszone im Spessart zwischen dem Mainzer und dem Würzburger Lehenhof.

7 Schneider, Niederadel 2003, S. 423–444.

von fürstlich dominierten Landfriedensbünden und Gerichten treten sollten, denen man sich vonseiten der Adligen zu entziehen suchte.[8]

## 2.8 Grenzüberschreitende Beziehungen des Niederadels vor der Gründung der Reichsritterschaft

Politisch bedeutsame Kontakte des fränkischen Niederadels zu Standesgenossen aus anderen Regionen sind erstmals aus der Zeit der Hussitenkriege überliefert. So trafen sich 1431 Ritter aus elf deutschen Regionen im fränkischen Windsheim, um über einen eigenständigen militärischen Beitrag der Ritterschaft im Krieg gegen die Hussiten zu beraten. Die süddeutschen Gesandten vertraten in der Regel regionale Adelsgesellschaften, während aus dem Norden und Osten des Reiches nur wenig Zuzug kam. Beim Neußer Reichskrieg von 1475 rivalisierten die fränkische und die schwäbische Ritterschaft um den ersten Rang im Reichsheer. Weitere überregionale Kontakte ergaben sich im 15. Jahrhundert durch das Turnierwesen. Bei den großen Turnieren der Vier Lande trafen fränkische Ritter auf solche aus Schwaben, Bayern und vom Rhein. Besonderen Nachhall in der ritterschaftlichen Traditionspflege hat die Turnierserie der Vier Lande zwischen 1479 und 1487 hinterlassen. Die Vorstellung, herkömmlicherweise persönliche Dienste für das Reich geleistet zu haben, einte den süddeutschen Turnier- und Ritteradel und gewann ab 1495 auch politische Relevanz, als man begann, sich nach ersten Anfängen im früheren 15. Jahrhundert nun häufiger auch überregional miteinander abzustimmen.[9]

## 2.9 Die Entstehung der Reichsritterschaft in Franken und die Zugehörigkeit zum Niederadel

Die Anfänge einer gesamtfränkischen Organisation der Ritterschaft sind, ähnlich wie auch in den anderen südwestdeutschen Regionen, mit dem Widerstand gegen den durch den Wormser Reichstag von 1495 beschlossenen Gemeinen Pfennig verbunden. Die Ritter beharrten demgegenüber auf ihrer herkömmlichen Steuerfreiheit und der Leistung von ausschließlich persönlichen Kriegsdiensten für das Reich. Die zur Umsetzung der Wormser Beschlüsse von den Fürsten einberufene Versammlung von Rittern aus ganz Franken in Schweinfurt war der Beginn einer gesamtfränkischen Adelspolitik. Auch erscheint bei dieser Gelegenheit erstmals die Einteilung der Ritterschaft in sechs sogenannte Orte (Rhön-Werra, Odenwald, Altmühl, Steigerwald, Baunach, Gebirge), die zum Teil an ältere kleinräumige Organisations-

8 Sprandel, Ritterschaft 1976, S. 121–137.
9 Schneider, Niederadel 2003, S. 451–456, 477f.; Ranft, Turniere 1994.

strukturen des Adels anschloss. Sonderfälle waren die Vogtländische und die Fuldische Ritterschaft: Nach jeweils längeren Auseinandersetzungen bildete Erstere einen eigenen, privilegierten Personenverband innerhalb des Fürstentums Bayreuth; Letztere schloss sich 1656 endgültig dem Kanton Rhön-Werra an.[10]

Auch in den Jahrzehnten nach 1495 lehnten die Ritter alle Forderungen ab, sich an einer Reichshilfe finanziell zu beteiligen. Daneben erforderten weitere Themen, wie der Widerstand gegen das Reichskammergericht, eine politische Abstimmung der Ritterschaft, deren führende und aktive Vertreter sich abwechselnd innerhalb der Ortskantone und in übergreifenden Versammlungen berieten. Ein Umschwung in der Steuerfrage setzte 1529 ein, als die fränkische Ritterschaft dem Kaiser auf seine Bitten hin erstmals die Übernahme der Kosten einer Reitertruppe zusagte. Seitdem ab 1542 die akute Bedrohung des Reiches durch die Türken wieder zunahm, erklärte sich die fränkische Ritterschaft bereit, in relativ kurzer Folge dem Kaiser finanzielle Hilfen zu gewähren. Im Gegenzug erhielten die Ritter eine Reihe von Privilegien, die vor allem die ritterschaftliche Obrigkeit in ihren Herrschaften gegen die benachbarten Fürsten schützten. Da spätestens 1565 die Kaiser bei den Kriegshilfen feste Gesamtbeträge von der Ritterschaft forderten, kam es für deren führende Kräfte darauf an, alle Standesgenossen zur Beteiligung an der Besteuerung zu mobilisieren. Die ursprünglich lockere, auf personalen Bindungen und Interessen beruhende politische Selbstorganisation der Ritterschaft der älteren Einungen des 15. Jahrhunderts sowie der Rittertage seit 1495 bildete sich auf diese Weise zu einer in sogenannten Orten bzw. Kantonen organisierten Zwangskorporation in einem definierten territorialen Raum für alle Ritter weiter. So meldeten 1576 die Ritter jene Standesgenossen, die ihrer Zahlungsverpflichtung nicht nachgekommen waren, dem Kaiser, worauf dieser die Ungehorsamen vor das Reichskammergericht lud. So wurde im 16. Jahrhundert in Franken die Zugehörigkeit zur Reichsritterschaft zum alles entscheidenden Kriterium der Zugehörigkeit zum Adel. Aus finanziellen Gründen drängte die Führung der Ritterschaft darauf, dass alle Ritterfamilien sich anschlossen. Dies führte dazu, dass auch einige kleinere Geschlechter, die zuvor in den Lehenhöfen, im Turnierwesen und bei den fränkischen Einungen nicht präsent gewesen waren, nun in die Ritterschaft hineingelangten.[11]

Voraussetzung für die Zugehörigkeit zur Reichsritterschaft war grundsätzlich der Besitz einer ritterlichen Herrschaft mit Eigengut und abhängigen Dörfern im Wert von 6.000 Gulden, die in die ritterschaftliche Matrikel eingetragen war und zum Kanton steuerte. Zudem war zum Nachweis der persönlichen Adelsqualität der

---

**10** Ulrichs, Entstehung 2016, S. 250f.; Endres, Staat 1997, S. 748–750; Jäger, Fürstentum 1986, S. 9–118.

**11** Ulrichs, Entstehung 2016, S. 408–417; Rupprecht, Herrschaftswahrung 1994, S. 424–427; Ulrichs, Lehnhof 1997, S. 33–38, 81–88; einzige moderne Monographie zur Verfassung eines fränkischen Kantons: Neumaier, Haupt 2005.

Nachweis einer Ahnenprobe über acht adlige Vorfahren notwendig, mit deren Anerkennung die Standesgenossen die Qualifikation eines Bewerbers bestätigten. Das heißt jedoch nicht, dass sich die Reichsritterschaft damit hermetisch gegen Aufsteiger abschloss. Denn für sogenannte Personalisten ohne Ritterherrschaft bestand die Möglichkeit, zunächst ein bestimmtes Kapital zu versteuern, bis sie ein Rittergut erworben hatten. Neu nobilitierte Ritter wurden zunächst zu minderem Recht und Rang aufgenommen, bis sie sich als Angehörige des Adels bewährten. Sogenannte Güterbesitzer, meistens Bürgerliche oder Personen, deren Beruf nicht den adligen Forderungen entsprach, steuerten von ihrem Grundbesitz, wenn dieser herkömmlich in der Rittermatrikel verzeichnet war, an die Ritterkasse, gehörten aber persönlich nicht dem Adelsverband an. Eine Ausnahme bildeten die Nürnberger Patrizier, die sehr häufig ritterschaftliche Güter besaßen und dann auch trotz Bürgerrecht und städtischem Ratsamt als ebenbürtige Reichsritter aufgenommen wurden.[12]

## 2.10 Das regionale Bezugssystem der Ritter: Zwischen eigener Adelsherrschaft und Fürstenhof

Der aus dem fränkischen Niederadel stammende Rat der Markgrafen von Ansbach, Ludwig von Eyb der Ältere, schrieb im Jahr 1490 die Bemerkung nieder, „dass die Ritter unter dem Gebirge [...] mit vielen Fürsten und Herren versehen sind. Wenn einem Ritter bei einem Fürsten oder Herren die Rechtsprechung nicht behagt, so rückt er zu einem anderen Fürsten oder Herren".[13] Die Taktik der fränkischen Ritter bestand also der Beobachtung Eybs zufolge darin, einseitige Bindungen zu vermeiden, sondern je nach Bedarf die Nähe des einen oder des anderen Fürsten zu suchen. Indem man diese gegeneinander ausspielte, konnte man sich Urteilen eines Gerichts, die zum eigenen Nachteil auszugehen drohten, rechtzeitig durch Anrufung eines anderen Fürsten entziehen.

Franken erweist sich auch im Spiegel dieses zeitgenössischen Zeugnisses als multipolares politisch-soziales System, das der Niederadel entscheidend mitgeprägt hat. Denn das von Ludwig von Eyb angesprochene „Spiel" der Ritter mit den Fürsten konnte deshalb funktionieren, weil die Bischöfe von Würzburg und Bamberg, die Markgrafen von Ansbach und Kulmbach sowie, eher am Rande, auch die Pfalzgrafen bei Rhein und die Erzbischöfe von Mainz allesamt in Franken miteinander um Macht und Einfluss konkurrierten. Die Niederadligen waren ein wichtiger Faktor in diesem Spiel. Hintergrund dieser Situation war, dass besonders noch bis ins 16. Jahrhundert die Grenzen der Fürstentümer in Franken kaum zu bestimmen waren. Typisch für die fränkischen Verhältnisse waren Zonen der Überlagerung von

12 Riedenauer, Kontinuität 1969, S. 89–108.
13 Thumser, Eyb 2002, S. 334 (hier in moderner Übersetzung).

Herrschaftsrechten zwischen den verschiedenen Fürstentümern, wodurch die Konflikte zwischen ihnen immer wieder befeuert wurden. Solche Zonen lagen insbesondere im Steigerwald zwischen Würzburg, Ansbach und Bamberg sowie in Spessart und Odenwald zwischen Würzburg und der Kurpfalz bzw. Kurmainz. Gerade in diesen Überlagerungszonen, in denen zum Teil auch noch die verbliebenen Grafen und Herren eine Rolle spielten, gelang es den Ritteradligen, selbst eigenständige Herrschaften aufzubauen, in denen die benachbarten Fürsten nur wenig Eingriffsrechte hatten.

Allein der Aufbau einer Adelsherrschaft mit einer Burg, eigenen Grundherrschaften und abhängigen Dörfern oder gar einer kleinen Stadt genügte jedoch in aller Regel nicht, um sich in der Spitzenschicht des Adels zu behaupten. Vielmehr waren die Kooperation mit den Fürsten der Region und die Präsenz an deren Höfen von größter Bedeutung für den Niederadel während der gesamten Epoche bis zum Ende des Alten Reiches. Denn die Fürstenhöfe waren derjenige Ort, an dem sich adliges Leben in erster Linie manifestierte: Sie waren Nachrichtenmarkt und Treffpunkt der Adelsgesellschaft im Alltag und zu Festen; dort war es möglich, als Rat bei Hofe oder als Rat von Hause aus, als diplomatischer Gesandter oder als Verwalter eines der territorialen Ämter, aus denen die Fürstentümer sich zusammensetzten, lukrative Dienstgelder zu gewinnen. Schon seit dem 15. Jahrhundert spielten zudem Solddienste auch bei Rittern eine zunehmend wichtigere Rolle, da die Berufung auf die Lehensfolgepflicht der Vasallen allein nicht ausreichte, um die Adligen angesichts ihrer fürstlichen Mehrfachbindungen für einen Krieg zu mobilisieren. Im weiteren Verlauf waren die Offiziersstellen bei fürstlichen Herren eine wichtige Einkommensgrundlage des Adels. So bestand auch in der Zeit der Reichsritterschaft seit dem 16. Jahrhundert ein enges Beziehungsgeflecht zwischen den in Franken ansässigen einflussreichen und wohlhabenden Niederadligen und den Fürstenhöfen der Region.[14]

In der Beziehung zwischen Adel und Fürsten flossen die Mittel aber auch in die andere Richtung. So haben Ritter den Fürsten immer wieder erstaunlich hohe Kredite gewährt. Als Sicherheit dafür verpfändeten Letztere noch im 14. und 15. Jahrhundert auch zentrale territoriale Ämter an ihre ritterlichen Gläubiger, die dann während der Zeit der Verpfändung als die eigentlichen Herren dieser Ämter auftraten und alle Einnahmen daraus nutzen konnten. Seit dem späten 15. Jahrhundert ging diese Phase der Verpfändungen der Ämter allgemein zu Ende. Seither behielten die Fürsten ihre Ämter in unmittelbarem Besitz und setzten Adlige nur noch als bestallte Verwalter ein.[15]

Für das Ansbacher Fürstentum konnte gezeigt werden, dass noch bis in das frühere 16. Jahrhundert hinein diejenigen Adligen, die den Fürsten Kredite zur Ver-

---

**14** Dazu für den Fall Bamberg: Ninness, Opposition 2011; Flurschütz da Cruz, Konfession 2014.
**15** Sprandel, Ritterschaft 1976, S. 131–133.

fügung stellten bzw. die als Bürgen für solche Kredite auftraten und als Diener der Fürsten bezeugt sind, gleichzeitig auch als besonders aktive Fehdeführer hervortraten. Dieser Befund zeigt, dass in Franken die Kooperation mit den Fürsten einerseits, die selbständige Wahrnehmung des Rechts auf Fehdeführung andererseits zunächst nicht im Widerspruch miteinander standen. Es sieht vielmehr sogar danach aus, dass in manchen Fällen die Ritter, die finanziell besonders eng mit den Hohenzollern verflochten waren, gleichzeitig auch von diesen tolerierte oder gar geförderte Stellvertreterkriege führten.[16] Die Fehdeführung des Niederadels war damit im Spätmittelalter keineswegs nur die Sache von verarmten „Strauchrittern", wie man früher meinte, sondern auch von sehr gut integrierten, wohlhabenden und besonders ambitionierten Adligen.

Seit dem ausgehenden 15. Jahrhundert erhielt der Niederadel allerdings auch in den fränkischen Fürstentümern zunehmend Konkurrenz durch gelehrte Juristen aus dem Bürgertum. Das Amt des Kanzlers, ein frühes Einfallstor in dieser Richtung, wurde mehr und mehr zur Schlüsselstellung in den fürstlichen Regierungen. Unabhängig von ihrer Herkunft waren Doktoren im Sozialprestige und hinsichtlich der ständisch relevanten Privilegien dem Adel annähernd gleichgestellt. 1526 gehörten der Würzburger Regierung nach dem adligen Hofmeister und Marschall sowie dem bürgerlichen Kanzler fünf weitere Doktoren bzw. Lizentiaten sowie 31 Räte aus dem einheimischen Niederadel – darunter vier geistliche Räte – an.[17] Bis zum Ende des 16. Jahrhunderts sank der Einfluss des fränkischen Niederadels unter dem Bischof Julius Echter, einem strengen Verfechter der Gegenreformation, auf einen Tiefpunkt, da dieser verstärkt katholische Ritter aus dem Rheinland sowie gelehrte Bürgerliche bevorzugte. Die fränkischen Ritter antworteten auf diese Herausforderung, indem auch solche Söhne, die für eine weltliche Laufbahn vorgesehen waren, nun ein volles Jurastudium absolvierten. So konnte die Ritterschaft im 17. Jahrhundert hier wieder Boden gutmachen.[18]

## 2.11 Niederadel in oder neben den Fürstentümern? Einungen und Landtage

Die spätmittelalterlichen Adelseinungen in Franken, Schwurbündnisse des Adels zur Sicherung seiner Interessen und Privilegien, wurden früher zu Unrecht als Vorgeschichte oder gar als Teil der Geschichte der Reichsritterschaft angesehen. Die moderne landesgeschichtliche Forschung hat sich von dieser teleologischen Betrachtungsweise gelöst. Denn unmittelbare Lehensbeziehungen des fränkischen

16 Zmora, State 1997.
17 Staatsarchiv Würzburg, Hist. Saal VII, fasc. 21, Nr. 297, S. 32f.
18 Reuschling, Regierung 1984, S. 396–410.

Niederadels zum Reich waren in Franken zunächst selten.[19] Und auch die ersten Einungen im früheren 15. Jahrhundert in Mainfranken waren keine Zeugnisse des Freiheitswillens von Reichsrittern, sondern richteten sich gegen Steuerforderungen des Würzburger Bischofs und gegen die Einordnung unter eine von den fränkischen Fürsten dominierte Gerichtsbarkeit. Dagegen setzte der Adel in seinen Einungen ein eigenständiges Gericht, das über Konflikte zwischen Mitgliedern entscheiden sollte. Die Einungen des späteren 15. Jahrhunderts zeigen die enge Verbindung des würzburgischen Adels mit dem Hochstift. Im Kern handelte es sich hier um das Ringen um die Macht im Würzburger Fürstentum zwischen Adel, Domkapitel und Bischof. Ein wichtiges Thema war dabei die Herstellung einer funktionierenden Gerichtsverfassung, die auch den Interessen des Adels entgegenkam. Als 1461 zwischen Bischof Johann von Grumbach und dem Ansbacher Hohenzollern-Markgrafen Albrecht Achilles ein Krieg drohte, schloss der Würzburger Adel zunächst eine große Einung zum Schutz seiner Interessen. Daraufhin sah sich der Bischof gezwungen, dem Stiftsadel seine herkömmlichen Privilegien zu bestätigen – Voraussetzung wiederum dafür, dass ihm dann zumindest die Mehrzahl dieser Einungsvasallen im Krieg Folge leistete. Mit der Privilegienbestätigung scheint im Rückblick eine landständische Entwicklung im Hochstift Würzburg wie in anderen geistlichen und weltlichen Territorien möglich gewesen zu sein.[20]

In seinen Einungen vermied der Adel allerdings eine direkte begriffliche Verbindung mit dem Würzburger Hochstift und bezeichnete sich stattdessen wiederholt als Ritterschaft oder Adel „im Land zu Franken". Doch muss man sich klarmachen, dass hier von einem „gesamtfränkischen Bewusstsein" des Adels in den Grenzen der späteren Reichsritterschaft im 15. Jahrhundert noch nicht die Rede sein kann. Vielmehr stellte sich der Adel, der Konflikte mit dem Hochstift auszufechten hatte, weil er eng mit ihm verbunden war, zur Demonstration seiner Eigenständigkeit in einen sozialräumlichen Bezugsrahmen, der nicht mit dem Hochstift Würzburg allein zur Deckung kam.[21] Die Gegenprobe hinsichtlich eines „fränkischen Selbstverständnisses" des Adels im Bamberger Hochstift oder bei den fränkischen Hohenzollern ist nicht möglich, da es dort im 15. Jahrhundert zu keiner Einungsbewegung gekommen ist. Die ersten, die dort die Franken-Vorstellung aufgriffen, waren die auf Expansion ausgerichteten Hohenzollern-Fürsten. Sie inszenierten sich propagandistisch als die ersten Adligen im Lande aller „freien Franken" und als die Förderer des fränkischen Adels schlechthin, an deren Hof ein jeder Ritter willkommen sei.[22]

---

**19** Ulrichs, Lehnhof 1997, S. 24–26; Rupprecht, Herrschaftswahrung 1994, S. 316–347 (Untersuchung für den oberfränkischen Niederadel).

**20** Schubert, Verfassung 1967, S. 43–102; Ulrich, Lehnhof 1997, S. 153–173; Schneider, Niederadel 2003, S. 485–501.

**21** Schubert, Verfassung 1967, S. 101; anders Petersohn, Franken 2008, S. 289–300.

**22** Zeugnisse bei: Petersohn, Franken 2008, S. 296f.; Rupprecht, Herrschaftswahrung 1994, S. 366f., zu den möglichen Gründen für das Fehlen von Einungen beim oberfränkischen Niederadel.

Seit der Wende zum 16. Jahrhundert beriefen die fränkischen Fürsten, ähnlich wie in anderen Regionen des Reiches auch, Ritter, Klerus und Städte häufiger als zuvor zu Landtagen ein. Themen dieser Landtage waren vor allem die Erhebung von Steuern sowie die Landesgesetzgebung. Da aber die Ritter in den fränkischen Fürstentümern entweder bisher nie veranlagt worden oder sich nur punktuell und freiwillig zu Steuerzahlungen bereit erklärt hatten, zeigten sie gegenüber Versammlungen, bei denen es um das Steuer-Thema ging, große Reserven. So verzichteten die Hohenzollern von vornherein darauf, den gesamten Ritteradel einzuladen, sondern beschränkten sich bei den Ladungen meist auf jene Adligen, die ihnen ohnehin besonders nahestanden. 1539 erschienen letztmals markgräfliche Ritter zu einem Landtag. Länger dauerten dagegen im Hochstift Würzburg die Versuche, den Niederadel zu den Landtagen hinzuzuziehen. Nachdem einige Ritter noch in den 1550er Jahren einer Besteuerung ihrer Hintersassen zugunsten des Hochstifts zumindest formell zugestimmt hatten, ging der Besuch der Landtage durch die Ritter in den 1560er Jahren weiter zurück und man gab ihre Einladung 1570 schließlich auf. Im Hochstift Bamberg erging letztmals im Jahre 1596 eine Landtagsladung an die Ritterschaft. So korrelierte der Rückzug der Ritterschaft von den fürstlichen Landtagen in der Mitte des 16. Jahrhunderts mit der gleichzeitigen Entstehung einer eigenständigen Organisation des Niederadels in der fränkischen Reichsritterschaft, in der die Steuerpflicht der Mitglieder eine zentrale Bedeutung hatte.[23]

## 2.12 Niederadel und Kirche: Die fränkischen Domkapitel und die Frage der Konfession

Die regionale Machtstellung des fränkischen Niederadels beruhte, ähnlich wie bei der Ritterschaft am Mittelrhein, seit dem 14. bis zum Ende des 18. Jahrhunderts in starkem Maße auf dem Zugriff auf die Domkapitelstellen der fränkischen Bistümer. Denn es handelte sich hier nicht nur um die wertvollsten Kirchenpfründen, die den Niederadelsfamilien zur Versorgung ihrer nachgeborenen Söhne exklusiv zur Verfügung standen. Vielmehr wählten die Domkapitel aus ihrer Mitte auch den Bischof und bestimmten darüber hinaus die Politik der Fürstbistümer entscheidend mit. Nicht nur die große Mehrheit der Domkapitulare, sondern auch die meisten Bischöfe in Franken entstammten zwischen dem 14. und 18. Jahrhundert dem Niederadel, während Fürstensöhne im 18. Jahrhundert sogar ausdrücklich von der Bischofswahl ausgeschlossen wurden. Einmal verhinderte man so eine eventuell drohende

23 Zur Entwicklung in den Fürstentümern Ansbach, Würzburg und Bamberg: Schaupp, Landstände 2004, S. 76–83; Schubert, Landstände 1967, S. 123–141; Bachmann, Landstände 1962, S. 101–105; Rupprecht, Herrschaftswahrung 1994, S. 146–148, 150–154; Monographie zur Gesamtentwicklung: Ulrichs, Entstehung 2016; siehe auch noch: Rupprecht, Herrschaftswahrung 1994, S. 382–430.

Mediatisierung durch benachbarte Fürsten, zum anderen waren die aus dem Niederadel stammenden Fürstbischöfe neben dem Kaiser die wichtigsten Stützen der Interessen der Reichsritterschaft.[24]

Das exklusive Zugriffsrecht des Adels auf die Domkapitel war in den Bistümern Würzburg und Bamberg jeweils seit dem Anfang des 14. Jahrhunderts durch entsprechende Statuten abgesichert. In Eichstätt erfolgte die formelle Abgrenzung gegen nichtadlige Bewerber dagegen erst 1477. In Würzburg standen insgesamt 54, in Bamberg 34 und in Eichstätt 30 Kanonikate zur Verfügung. Die Zugangsberechtigung zu den Domkapitelsstellen hatte ein Anwärter durch Ahnenproben nachzuweisen, die bis zum 18. Jahrhundert auf bis zu acht adlige Vorfahren hinaufgeschraubt wurden. Die Chance auf ein Kanonikat hing von der Nähe zum jeweiligen Bischof sowie von der Zugehörigkeit zu jenen Netzwerken des Ritteradels ab, die im Bistum jeweils den Ton angaben. Die Lebensweise der Domkanoniker und anderer Stiftsherren war adlig-weltlich geprägt. Ein Theologie- sowie ein Jurastudium, seit dem 15. Jahrhundert vermehrt auch an italienischen Universitäten wie Padua oder Bologna, verbesserte die Karrierechancen solcher Adelssöhne, die für den geistlichen Stand vorgesehen waren.[25]

Statistische Untersuchungen der Vergabe der Domkapitelstellen in den beiden Bistümern Würzburg und Bamberg haben für den Zeitraum von 1300 bis 1500 eine starke Monopolisierung der Pfründen durch den fränkischen Adel gezeigt. Während auswärtige Anwärter anfangs bis zu 50 % der Domkapitulare gestellt hatten, hatten sie um 1500 mit einem Anteil von unter 5 bzw. 13 % nur noch geringe Chancen auf ein Kanonikat in einem der beiden Bistümer. In der Neuzeit wurde der Zugang dann sogar ausdrücklich auf Kanoniker mit einer Herkunft aus einem der drei Ritterkreise der Reichsritterschaft beschränkt. Bewerber aus dem katholischen Westfalen oder vom Niederrhein verloren damit ihre Stiftsfähigkeit in Franken.[26]

Mit dem Übergang zum Luthertum sowie der Einführung der Reformation in ihren Adelsherrschaften, wie dies der Augsburger Religionsfrieden von 1555 den Reichsrittern zubilligte, demonstrierten diese ihre Unabhängigkeit gegenüber den umliegenden Fürstentümern. Das Verhältnis zum katholischen Kaiser und zu den fränkischen Domstiftern war dadurch aber im 16. Jahrhundert noch nicht grundsätzlich berührt. Protestantische Adlige besetzten weiterhin wichtige Ämter in Rat und Verwaltung der Hochstifte, wenngleich Bischöfe wie Julius Echter von Würzburg oder Ernst von Mengersdorf von Bamberg bereits katholische Bewerber zu bevorzugen begannen. Erst der Westfälische Frieden von 1648 bestimmte definitiv, dass ausschließlich katholische Bewerber ein Domkanonikat in einem fränkischen Bistum bekleiden durften. Da damit eine entscheidende Machtgrundlage für den Nie-

24 Endres, Adel 1993, S. 14–16, 74–76.

25 Bauer, Universität 2012, S. 86–88, 263.

26 Ulrichs, Lehnhof 1997, S. 89–116; Endres, Adel 1993, S. 15.

deradel wegzubrechen drohte, kehrten spätestens jetzt viele fränkische Ritter zur katholischen Kirche zurück. Damit stiegen in dieser Zeit auch ihre Chancen, als weltliche Räte oder Militärs an den fürstbischöflichen Höfen oder am katholischen Kaiserhof Karriere zu machen.[27]

## 2.13 Mediatisierung der Ritter und Ende der fränkischen Reichsritterschaft

Ein erster Schlag gegen die organisierte fränkische Reichsritterschaft war die Mediatisierung durch die neue preußische Verwaltung in Ansbach-Bayreuth zwischen 1792 und 1798 mit dem Ziel einer territorialen Arrondierung des Fürstentums und der Durchsetzung „moderner" Staatlichkeit im Sinne der Vorstellungen des Statthalters Graf Hardenberg. Dieser Vorgang im Umfeld der preußischen Fürstentümer führte zum Verlust von einem Viertel bis zu einem Drittel der Besitzungen des fränkischen Ritterkreises. Das definitive Ende des eigenständigen Herrschaftsverbands der südwestdeutschen Reichsritterschaft erfolgte wenig später. So wurden nach dem Reichsdeputationshauptschluss von 1803 im Zuge der Entschädigungen der Reichsfürsten für Verluste linksrheinischer Gebiete, die an Frankreich gefallen waren, ähnlich wie schon im Falle der Arrondierungen durch Preußen ab 1792, die den jeweiligen Fürstentümern benachbarten Gebiete bzw. Inklaven der Reichsritterschaft besetzt. Endgültig besiegelt wurde das Ende der Reichsritterschaft durch die Niederlagen Österreichs 1805. Es folgte die Beschlagnahme der Ritterkassen durch die süddeutschen Verbündeten Napoleons und die formelle Bestätigung der Unterwerfung der Ritter in der Rheinbundakte vom 12. Juni 1806, während Kaiser Franz II. im Rahmen seiner Abdankung am 6. August 1806 seinerseits die Reichsritter von ihrem Treueeid entband. Der Großteil der fränkischen Reichsritter kam schließlich unter bayerische Herrschaft. Die hergebrachten grundherrlichen Einkünfte und Vorrechte, das Kirchenpatronat und die Wahrnehmung ihrer Patrimonialgerichtsbarkeit, nunmehr unter staatlicher Aufsicht, verblieben den fränkischen Rittern im Königreich Bayern – und damit deutlich mehr Rechte als ihren Standesgenossen in Baden oder Württemberg. Doch wurden die Insassen der ritterschaftlichen Dörfer künftig zu Steuer und Militär des bayerischen Staates herangezogen und die ritterschaftliche Organisation als eigenständiger Teil des Staatswesens hatte aufgehört zu existieren.[28]

**27** Für den Fall Bamberg: Ninness, Opposition 2011; Flurschütz da Cruz, Konfession 2014, S. 58–69, 75–82, zusammenfassend S. 377–384; für Würzburg: Reuschling, Regierung 1984; zu Karrieren am Kaiserhof und in Reichsdiensten: Neuhaus, Franken 2003.

**28** Puchta, Mediatisierung 2012, hier S. 689–716 (Resümee und Ausblick).

Mit der Auflösung der fränkischen Reichsritterschaft und der Mediatisierung ihrer Mitglieder im bayerischen Staat war eine seit dem Hochmittelalter zusammenhängende Geschichte einer adligen Standesgruppe in Franken zu Ende gegangen. Denn die Geschichte des Adels im Verfassungsstaat des 19. und über die historischen Brüche des 20. Jahrhunderts hinweg bewegte sich in anderen Bahnen und unter ganz anderen Voraussetzungen und lässt sich keinesfalls mehr unter dem Begriff des Niederadels subsumieren. Auch fehlt es bisher an Literatur für Franken, die das ‚Adligsein' im 19. und 20. Jahrhundert unter aktuellen Fragestellungen untersucht.[29]

Wenn die Nachfahren der fränkischen Ritterfamilien aber bis heute im Wesentlichen den Kreis der fördernden Mitglieder („Patrone") der 1904 gegründeten „Gesellschaft für fränkische Geschichte" stellen, die sich die „Erforschung der Geschichte im Bereich des ehemaligen fränkischen Reichskreises, seiner Territorien und angrenzenden Gebiete" zum Ziel gesetzt hat, so spiegelt sich darin nur noch von Ferne ein Fortleben früherer Standesprivilegien und sozialer Distinktion. Vielmehr wird hier vor allem die Identifikation mit der Geschichte der Vorfahren und mit dem Raum, in dem diese lebten und wirkten, sichtbar, die den aktuellen Zusammenhalt derjenigen festigt, die sich bis heute als Nachfahren des fränkischen Adels im Alten Reich verstehen. In welcher Richtung sich der im Jahr 2013 unter dem Namen „Fränkische Ritterschaft" neu gegründete Verein von Repräsentanten aus etwa 40 noch blühenden Rittergeschlechtern des einstigen fränkischen Ritterkreises entwickeln wird, wird sich in der Zukunft zeigen. [30]

# 3 Schleswig-Holstein

Oliver Auge

## 3.1 Zwischen Meeren und Flüssen: Der politisch geteilte Raum

Der Raum, für den im Folgenden die Geschichte des Niederadels vom Mittelalter bis in die Moderne in den Blick genommen werden soll, wird im Westen durch die Nord- und im Osten durch die Ostsee begrenzt, während im Süden die Elbe und im Norden die Königsau die wichtigsten Grenzflüsse bildeten. In dieser Region reichte vom Norden bis zur Eider der Bereich, zu dem sich im 12./13. Jahrhundert das Herzogtum Schleswig entwickeln sollte, wohingegen sich im Süden die drei sächsischen Gaue Dithmarschen, Holstein und Stormarn befanden, aus denen sich – Dith-

29 Vgl. z.B. für die aktuelle Forschung: Conze u.a. (Hrsg.), Aristokratismus 2013.

30 Zitat siehe Internetportal: Satzung: Gesellschaft für fränkische Geschichte; dazu Wendehorst, Hundert Jahre; zur Neugründung von 2013 die Notiz: Fränkischer Kreis (2013).

marschen ausgenommen – die erst für das 12. Jahrhundert eindeutig belegte Grafschaft Holstein (mit Stormarn) zusammensetzte. Ab 811, als es an der Eider zu einer karolingisch-dänischen Grenzfestlegung kam, verfestigte sich allmählich, politisch betrachtet, die dann nahezu dauerhafte Zugehörigkeit des späteren Schleswigs und des südlich davon situierten Bereichs Holstein-Stormarn zu unterschiedlichen Großräumen, was nicht ohne Folgen für die sozialgeschichtliche Entwicklung gerade auch des Adels blieb. Wenn die entsprechenden Vorgänge nun hier sowohl für Schleswig als auch Holstein in den Blick genommen werden sollen, so geschieht das deswegen, weil sich Schleswig und Holstein unabhängig von der langen, letztlich bis 1864 reichenden Zugehörigkeit zu verschiedenen staatlich-rechtlichen Systemen politisch, wirtschaftlich und sozial seit dem Spätmittelalter mehr und mehr aufeinander zubewegten, sodass im 19./20. Jahrhundert schließlich das „Bindestrichland" Schleswig-Holstein daraus hervorgehen konnte. An diesem keineswegs konfliktfreien oder zwangsläufigen Prozess hatte wiederum der Adel über einen beträchtlichen Zeitraum in beiden Landen einen hervorragenden Anteil, sodass die gemeinsame Betrachtung von Schleswig und Holstein noch mehr Sinn ergibt.

## 3.2 Volksadel? Verschwommene Anfänge

Nach wie vor wird diskutiert, wie man sich die Anfänge des Sozialphänomens „Adel" im Raum nördlich der Elbe überhaupt vorzustellen hat. Dies liegt einerseits in der schwerwiegenden Tatsache begründet, dass die Region bis zum 13. Jahrhundert durch eine umfassende Armut an schriftlichen und auch dinglichen Quellen gekennzeichnet ist, sodass sich jedwedes soziale Phänomen für die Zeit davor nur schwer oder gar nicht aus der schütteren Überlieferung ablesen lässt. Zum anderen hängt das Problem mit der Adelsdefinition als solcher zusammen, wie es André R. Köller für den in mancherlei Hinsicht nicht unähnlichen Nordwesten des Reiches richtig ausgeführt hat.[31] Überhaupt wird am Adelsthema deutlich, wie sehr sich die Thesenbildung dem (national-)politischen und kulturellen Kontext ihres jeweiligen Schöpfers verdankt, was zu kritischen Nachfragen veranlassen muss. Zu solchen Thesen gehört, dass für den Raum nördlich der Elbe eine historische Sonderrolle postuliert wurde, weil hier die altgermanischen und altsächsischen Strukturen unversehrt erhalten geblieben seien. Nordelbingen wurde zu einer von fremder Überformung verschont gebliebenen, charmant rückständigen bzw. ganz ursprünglichen *Germania germanicissima* stilisiert, in der sich die Führungsschicht als „Volksadel" aus freien Bauern entwickelt habe.[32] „Die Volksgemeinschaft wurde

31 Zum Quellenproblem: Kraack, Herren 2012, S. 112–116, 128f.; Köller, Agonalität 2015, S. 56.
32 Reincke, Frühgeschichte 1938, S. 155; Aubin, Umrisse 1952; Hoffmann, Beiträge 1976; so fortgeschrieben in: Bünz, Volksadel 2006.

noch nicht durch die Standesbildung gesprengt", ist eine für die NS-Zeit geradezu mustergültige Forschungssaussage, welche aber in älteren Ansichten gleichen Musters wurzelt.[33] Solche Thesen wirken bis heute nach: etwa wenn „die ausbleibende ständische Differenzierung" als „der auffälligste Zug" der Gesellschaftsgeschichte erkannt wird oder wenn zu Holstein und Stormarn, die „auf der Stufe der altsächsischen Volksgaue" stehengeblieben seien, für die Zeit vor dem 13. Jahrhundert das Fehlen von Grundherrschaft, Ministerialität oder Lehnswesen konstatiert wird. Die allgemeine Forschung weiß mittlerweile, dass es Letzteres vorher auch anderenorts kaum gab.[34] Erst seit kurzem regt sich Kritik an solchen Kontinuitätsvorstellungen, ohne dass regionsspezifische Eigenmerkmale der Adelsgenese, womöglich aufgrund der Grenzlage zu den Slawen, komplett negiert werden könnten. Denn schon zeitgenössische Quellen wie der „Godeschalcus" (um 1190) oder der „Sachsenspiegel" (zwischen 1220 und 1235) sprechen die eigentümliche Charakteristik des Adels nördlich der Elbe an.[35] Jüngere Arbeiten verweisen indes ganz zu Recht darauf, dass die Elbe keine gegenseitig abschottende Grenze war, sondern eine vielfältige Kontaktzone, in der sich das Villikationswesen schon vergleichsweise früh auch nördlich der Unterelbe belegen lässt oder adelige Geschlechter Besitz beiderseits der Elbe hatten und ein flussübergreifendes Konnubium aufwiesen.[36] In Nordelbingen, das sozialgeschichtlich gewiss noch weiter in nord-südlicher und in ost-westlicher Richtung zu differenzieren wäre, existierte somit seit dem Hochmittelalter eine in Quantität und Qualität freilich nach wie vor mehr als undeutliche adelige Führungsgruppe, die sich aus uneinheitlichen Wurzeln zusammensetzte und in der Chronistik des 12. Jahrhunderts als *maiores terrae* klassifiziert wird. Für diese wird ein größerer Besitz, als ihn die Masse der freien Bauern hatte, vermutet. Den *maiores terrae*, die offenbar seit der Billungerzeit mit Herrschaftsaufgaben betraut waren, sich aber dann weitgehend von der herzoglichen Herrschaft emanzipiert hatten, sodass sie sich den im 12. Jahrhundert neu ins Land kommenden Schauenburger Grafen widersetzen konnten, rechnet man die in Mittelholstein um Faldera begüterte sogenannte *virtus Holzatorum* zu. Dahinter könnten sich, so die These, Reiterkrieger zum Kampf gegen die benachbarten Slawen verborgen haben. An der Spitze der *maiores* stand sowohl für Stormarn als auch Holstein, ursprünglich wohl auch Dithmarschen, ein sogenannter Overbode, der in den lateinischen Quellen als *prefectus*, *iudex*, *signifer provincie* oder *senior terrae* begegnet und militärische und richterliche Aufgaben hatte.[37] Zur Zeit der Schauenburger war der Overbode der zweite Mann nach dem Grafen, wie Helmold ausführt. Als Overboden für Stormarn wurde

33 Carstens, Untersuchungen 1935, S. 79; Ders., Standesgliederung 1940; Bobé, Ritterschaft 1918, S. 20.

34 Unverhau, Stormarn 1994, S. 13; Rüdiger, Holstein 2008, S. 78.

35 So auch: Schürrer, Schauenburger 2016, S. 54, 56.

36 Bock, Holstein 2011; Ders., Unterelbe 2013.

37 Bünz, Volksadel 2006; Ders., Overbode 2006; Bock, Overboden 2002.

die Familie der Stormarii namhaft gemacht. Für Holstein lassen sich im 12. Jahrhundert Marcrad I. und Marcrad II. aus dem Geschlecht der Ammoniden benennen, die im Raum von Neumünster begütert waren.[38] Letzterer war im Kampf Heinrichs des Löwen um das Herzogtum Sachsen Gegner des Schauenburger Grafen. Überhaupt scheint er an der Spitze einer Adelsopposition gegen die Grafenherrschaft gestanden zu haben. Nach 1180 großenteils ins Exil an den Schleswiger Herzogs- bzw. dänischen Königshof gedrängt, machte sich dieselbe für ein Eingreifen der Dänen in Holstein stark. Nach Knuts VI. Sieg über Graf Adolf III. kehrte dann zumindest ein Teil der Exilierten, darunter die Ammoniden und ihre Verwandten, nach Holstein zurück, um in den Diensten und am Hof des dänischen Satelliten Albrecht von Orlamünde Karriere zu machen. Als freilich die Unzufriedenheit mit dessen Herrschaft unter anderem wegen seiner eindeutigen Bevorzugung des Adels aus Ratzeburg und Lauenburg um sich griff, riefen die Großen mit Adolf IV. die Schauenburger 1224 zurück ins Land. Im 13. Jahrhundert folgte, sicher als Reaktion auf die oppositionelle Vorgeschichte, die Entmachtung der Overboden, deren Funktion auf die Leitung des Gaugerichts bzw. Godings beschränkt wurde. Ein Overbode kommt letztmalig 1419 vor. Für den Bereich Schleswigs soll sich indes spätestens im 12. Jahrhundert aus der königlichen Gefolgschaft ein eigener Adel, die sogenannten Heermannen bzw. „herremænd", mit Aufgaben in der Lokalverwaltung und militärischen Funktionen bei gleichzeitiger Steuerbefreiung herausgebildet haben, während zuvor die Kriegerhäuptlinge der Wikingerzeit eine Art Aristokratie ausmachten. Zu Beginn soll der Status der Heermannen ein persönlicher gewesen sein, an dessen Stelle freilich im 13. Jahrhundert die Erblichkeit trat.[39]

## 3.3 Fehdeclans, Netzwerke und Gefolgschaftsverbände – Konturen werden deutlich

Erst ab dem 13. Jahrhundert, als die Macht der Grafen aus dem Hause Schauenburg in Holstein nachhaltig gefestigt war und die Ostsiedlung den Raum Ostholsteins – zugunsten besonders des Adels, der sich gerade hier auf Dauer festzusetzen wusste – grundlegend umstrukturiert hatte, lässt sich ein holsteinischer Adel genauer konturieren. Er nahm nun und teilweise in räumlicher Nähe zu vormaligen slawischen Herrschaftsmittelpunkten auf dem in der Region prinzipiell neuen, da erst jetzt in räumlicher Breite vertretenen Burgentyp der sogenannten Turmhügelburg seinen Wohnsitz und begann sich feste Familiennamen zu geben, die sich teilweise von Grundherrschaftsmittelpunkten herleiteten. Erstaunlicherweise begegnen viele Adelsnamen allerdings erstmals in städtischen Zusammenhängen und Überlieferun-

38 Bock, Overboden 2002; Kraack, Herren 2012, S. 120–122. Auch zum Folgenden.
39 Bobé, Ritterschaft 1918, S. 31, 62; Porskrog Rasmussen, Adel 2006, S. 18.

gen.[40] Die aktuelle Forschung hat herausgearbeitet, dass es sich keinesfalls um eine geschlossene Adelsschicht handelte. Vielmehr waren – im Umfeld der Landesherrschaft – der Aufstieg in den Adel oder der Seiteneinstieg aus dem Adel südlich der Elbe und sogar der Abstieg aus dem Adel bis ins 15. Jahrhundert sehr gut möglich. Ob sich auch Angehörige einer Ministerialität darunter befanden, ist nach wie vor ungeklärt, aber nicht auszuschließen. Weiter gedacht heißt das, dass man nicht von einer im Innern homogenen Adelsschicht ausgehen darf, sondern dass es sich um eine hinsichtlich der wirtschaftlichen Bedeutung, politischen Rolle und gesellschaftlichen Stellung stark differenzierte adelige Führungsgruppe handelte, was es genaugenommen verbietet, überhaupt von „dem" Adel Holsteins zu sprechen.[41] Um 1340 lassen sich ca. 150 adelige Familien für Holstein ausfindig machen, wobei trotz verschiedener Namen wegen Wappengleichheit oder -ähnlichkeit davon auszugehen ist, dass es sich zum Teil um Geschlechter handelte, die miteinander verwandt waren. Darunter kristallisierte sich eine adelige Spitzengruppe als zunehmend dominant heraus. Schätzungen zufolge betrug ihre Größenordnung etwas über 20 % der gesamten als *milites/domini* und *famuli/armigeri/iurati* bezeichneten Adeligen. Zur Spitzengruppe zählten im 13./14. Jahrhundert eindeutig die Krummediek, Scharpenberg und Hummersbüttel, deren räumlicher Schwerpunkt sich in Stormarn befand und deren Namen immer wieder im Kontext interdynastischer Gruppenbildungen und von Adelsbündnissen im Rahmen der üblichen Fehdepraxis auftauchen. Diese Bündnisse richteten sich gegen die Städte wie Hamburg und Lübeck ebenso wie gegen die gräflichen Landesherren; und sie griffen, was nicht verwundert, wie im Fall des Lüneburger Satekriegs vom Ende des 14. Jahrhunderts, regional weit über die eigentlichen Landesgrenzen hinaus. Erstmalig wird wieder 1285 eine größere Adelsopposition gegen die Schauenburger Grafenherrschaft im Bündnis mit Hamburg, Lübeck und dem Bremer Erzbischof erkennbar. Die oppositionelle Rolle des Adels gipfelte 1323 in einem groß dimensionierten Adelsbündnis gegen Graf Johann III. von Holstein-Plön, an dem 61 Ritter und Knappen beteiligt waren. Zehn Adelsfamilien stellten 36 Besiegler der betreffenden Urkunde, die Familie Buchwald allein sieben.[42] Es folgten 1327 und 1346 zwei weitere größere Konflikte zwischen Landesherrschaft und Landesadel, in die zum einen die Brockdorfs, zum anderen die Hummersbüttel prominent involviert waren und die beide Male zur zeitweiligen Vertreibung oder zumindest Verdrängung der adeligen Anführer aus Holstein führten. Jan Habermann spricht anschaulich von Domestizierungsfehden der Grafen, an deren Ende die Wiedereingliederung der Fehdeführer und ihrer Familien in den engeren gräflichen Gefolgschaftsverband gestanden habe. Die landesherrliche

40 Kraack, Herren 2012, S. 112, 128–130. Auch zum Folgenden.

41 Risch, Grafen 2015; Ders., Adel 2010.

42 Bobé, Ritterschaft 1918, S. 22f.; Habermann, Niederadel 2015, S. 79–104; Risch, Grafen 2015, S. 313–323. Auch zum Folgenden.

Strategie, wenn man denn von einer solchen sprechen kann, ging jedenfalls auf: Nach 1350 sind keinerlei Adelsbündnisse gegen die Grafen oder umgekehrt Auseinandersetzungen der Grafen mit dem Landesadel nachweisbar.

## 3.4 Konzentrierung und Hierarchisierung: Handlungsspielräume eines Dienstadels

Ungefähr zeitgleich war durch die Ermordung Graf Gerhards I. ‚des Großen' im dänischen Randers 1340 die expansive Politik der Schauenburger gegenüber Dänemark ins Stocken geraten, die durch das militärische und finanzielle Engagement von Teilen des Adels mitgetragen worden war. Die Beherrschung und Verwaltung der im Königreich Dänemark eroberten Burgen und Gebiete war mithilfe holsteinischer Adeliger erfolgt. Fortan konzentrierte sich der holsteinische Adel auf die Sicherung und Ausweitung seines eigenen Einflusses und Besitzes im immer stärker in die Politik der Schauenburger Grafen einbezogenen Herzogtum Schleswig, das kurzzeitig in der zweiten Hälfte der 1320er Jahre und dann ab 1386 mehr oder minder dauerhaft an die Letzteren fallen sollte. Im Zuge dessen kam es zu einer zunehmenden sozialen Verdrängung des in Schleswig bislang ansässigen Heermannen-Adels, was sich baulich in der erst ab jetzt auch hier stärkeren Verbreitung von Turmhügelburgen im Gegensatz zu den bislang dort dominant vorkommenden Herrenhöfen niederschlug.[43] Interessanterweise mangelt es im 14. Jahrhundert nahezu vollkommen an Belegen für Neubelehnungen oder Dienstanweisungen mit konkreter lehnrechtlicher Komponente, was zu dem Schluss führt, dass nicht etwa ein Lehnswesen für die entsprechenden Vorgänge verantwortlich gemacht werden kann, sondern dass diese durch Interaktion und gegenseitige finanzielle und machtpolitische Abhängigkeit von Landesherrschaft und Adel erfolgten. Offenbar war im Gegenzug für Dienste zugunsten der Grafen eine mit deren Bewilligung und Unterstützung – also Privilegierung – vollzogene Ausdehnung holsteinisch-adeligen Einflusses und Besitzes in Schleswig verbunden. Dasselbe gilt für die Ausweitung und Verstetigung des Rätegremiums, die erkennbar von einer Hierarchisierung und Zentralisierung des engeren adeligen Gefolges am Grafenhof begleitet war. Die Charakterisierung als Dienstadel erscheint vor diesem Hintergrund sinnvoller als die eines vasallitisch aufgestellten Lehnsadels. Freilich begegnen holsteinische Adelige nun nicht allein in Rat und Gefolge der Grafen von Holstein. Als Teil der vielfältigen europäischen Adelswelt sind sie auch als Söldner in Italien, als Teilnehmer der spätmittelalterlichen Preußenreisen und als Gäste bzw. Mitglieder anderer Höfe bezeugt. Immer wieder kommen sie – zumindest vereinzelt – auch im Dienst anderer Fürsten oder des Kaisers vor, wobei die Verharrung der Mehrheit in der eigenen Region und an

43 Auge, Kleinburgen 2015, S. 36f.; Habermann, Niederadel 2015, S. 341. Auch zum Folgenden.

den angestammten Höfen und Residenzen, nicht zuletzt des dänischen Königs, doch auffällt. Die zunehmende politische und wirtschaftlich-finanzielle Bedeutung des Adels wirkte sich wiederum auf seine Einflussmöglichkeiten auf die Grafenherrschaft positiv und nachhaltig aus.[44] So hatte der holsteinische Adel im letzten Viertel des 14. Jahrhunderts nicht allein die politischen Ämter in beiden Herrschaftsbereichen, der Grafschaft Holstein sowie dem Herzogtum Schleswig, praktisch für sich monopolisiert. Er verfügte auf dem Wege der Pfandnahme auch über ein erhebliches Druckmittel gegenüber der finanziell immer angeschlageneren Landesherrschaft. Lediglich jeweils zwei Burgen und Vogteien sollen sich zur Regierungszeit des letzten Schauenburgers Adolf VIII. in Schleswig und Holstein noch in unmittelbarer gräflicher Hand befunden haben. Von der Geldnot der Grafen wie von der Schwäche der wirtschaftlich schlechtergestellten, auch durch militärische Katastrophen gegen das bäuerliche Dithmarschen (1319, 1404 und dann 1500) ruinierten Adelsfamilien profitierten vor allem die Rantzau, Ahlefeldt, von der Wisch, Lembeck und Blome.[45]

## 3.5 Führungsanspruch im Territorium: Die Ritterschaft entsteht

Es zeugt von dem enormen Machtpotenzial und dem damit verbundenen Selbstverständnis, dass sich diese adelige Spitzengruppe oder Ratsaristokratie nach dem söhnelosen Tod Adolfs VIII. über Absprachen und verfassungsrechtliche Normen hinwegsetzte und in einem Coup d'Etat am 5. März 1460 Christian I. von Dänemark zum Herzog von Schleswig und Grafen von Holstein wählte.[46] Im Zuge dessen bedang sich der Spitzenadel nicht allein die Zusicherung der Schuldenrückzahlung vonseiten des neuen Landesherrn aus, sondern erhielt auch weitreichende Privilegien zugesichert, die ihm die politische Partizipation, steuerliche Mitbestimmung, ein Indigenat bei der Ämtervergabe sowie die Unteilbarkeit als in beiden Landen besitzmäßig verankerter Stand zusicherten und der Landesherrschaft denkbar enge Fesseln bei künftiger Kriegsführung oder Steuereinziehung anlegten. Nicht zuletzt wurde wenig später das Versprechen jährlich tagender Landtage erwirkt, auf denen der Adel fortan bis zur Aufhebung der Landtagsordnung 1675 die dominante Rolle spielte. In dynastischen Krisensituationen zum Ausgang des 14. und Beginn des 15. Jahrhunderts war der korporative Charakter dieses Adels zunehmend deutlich geworden, wobei seine Angehörigen entweder noch einzeln aufgezählt oder unter dem Sammelbegriff der Mannschaft (*manschup/mannen*) subsummiert wurden. So machte der Adel 1397 gemeinschaftlich gegen die Teilungspolitik des Grafenhauses

---

**44** Zangel, Landesherr 2011, S. 43; Koppe, Lage 1960.
**45** Kraack, Herren 2012, S. 129.
**46** Von Rumohr, Festschrift 1960.

Front, indem er auf seiner Unteilbarkeit beharrte, und bedang sich 1415 und 1422 bereits das Indigenatsrecht bzw. die Bedefreiheit sowie Privilegien bezüglich der landesherrlichen Kriegsführung aus. Damit waren schon wesentliche Bestimmungen der Ripener Vereinbarung von 1460 vorweggenommen. Man hat speziell in den Vorgängen von 1397 schon die „Geburtsstunde“ der schleswig-holsteinischen Ritterschaft erkennen wollen.[47] Doch war der Adel damals noch alles andere als eine einheitliche Korporation mit durchgehend festen Beziehungen zur Landesherrschaft, ganz zu schweigen davon, dass er wirklich schleswig-holsteinisch war. Erst 1523 tauchen auch Schleswiger Adelsfamilien innerhalb der Ritterschaft auf. Vielmehr konfigurierte sich die Ritterschaft mit fortlaufender Zeit im 15. Jahrhundert als Adelskorporation, als die sie im Vertrag von Ripen von 1460 auch angesprochen ist (*ridderschop*). Allerdings nahm dieselbe dann erst gegen Ende des 15. Jahrhunderts eine wirklich festgefügte Gestalt an, nachdem durch einen Bundesbrief von 1469 eine zweimal jährlich stattfindende Adelsversammlung bei Kiel zur Abstimmung gemeinsamen Handelns vereinbart und damit eine weitere, sicher entscheidendere „Geburtsstunde“ der Ritterschaft eingeläutet worden war.[48] 1504 ließ sie sich eine eigene Privilegienlade mit 24 Wappen der damals etwa 60 zur Ritterschaft gezählten Familien anfertigen.[49] Darin wurden fortan alle relevanten Privilegien aufbewahrt, wie z.B. das „Große Privileg“ von 1524, als der Ritterschaft zusätzlich noch die volle Rechtsprechung auf ihren Grundherrschaften, Befreiung von den gemeinen Kirchspiel- oder Hardesgerichten sowie Zollfreiheit für ihren Handel zugebilligt wurden. Die beurkundeten Vorrechte zementierten die herausgehobene Stellung des Adels, dessen Güter dem landesherrlichen Zugriff nun auf Dauer weitgehend entzogen blieben. Diese konzentrierten sich auf Ostholstein, den „Dänischen Wohld“ und „Schwansen“ sowie auf Teile Stormarns – immerhin bald ein Drittel der Gesamtfläche der Lande (ohne Dithmarschen) und noch dazu die ertragreicheren Flächen.

Im Zuge der Reformation sicherte sich die Ritterschaft zumal den Erhalt und eine maßgebliche Einflussnahme auf die vier Frauenklöster in Itzehoe, Preetz, Uetersen und Schleswig, die nicht wie die sonstigen Stifte und Klöster in den Landen aufgelöst, sondern in Evangelische Adelige Damenstifte umgewandelt wurden.[50] Zuvor schon hatten sich die Konvente zumindest in Preetz und Itzehoe mehrheitlich aus Adelstöchtern zusammengesetzt und waren die Klöster zur adeligen Repräsentation und Memoria herangezogen worden. Doch erst 1636/37 gelang der Ritterschaft tatsächlich die Durchsetzung eines adeligen Klosterrechts gegenüber der Landesherrschaft. Fortan war der Zugriff der Ritterschaft auf die Stellen und Ressourcen in den

47 Bobé, Ritterschaft 1918, S. 41–43. Zur „Geburtsstunde“ siehe: Carstens, Wahl 1931, S. 233.
48 Zangel, Landesherr 2011, S. 43; Jespersen, Partizipation 2012, S. 143f.; Lorenzen-Schmidt, Ritterschaft 2006, S. 440.
49 Paravicini, Gegenstand 2012.
50 Auge, Frauenklöster 2014; Ders., Begegnungsstätten 2013, S. 112, 115f. Auch zum Folgenden.

Damenstiften weitgehend exklusiv. Im Schleswiger Stift blieb die Dominanz der Ritterschaft aber weiterhin umstritten. Die Damenstifte wirkten durch ihr Personal und dessen gemeinschaftliche Aktivitäten sowie durch die Klosteranlagen mit ihren repräsentativen Möglichkeiten als wichtige identitätsstiftende Momente für das ritterschaftliche Selbstverständnis. Sie stellten den integrativen Nukleus der Ritterschaft dar.

## 3.6 *Originarii* und *Recepti*, Barone und Grafen: Das Bedürfnis nach Exklusivität

Entscheidend wurde die Reformationszeit auch für die Abschließung der Ritterschaft nach außen und ihre innere Strukturierung. Die Landesherren bremsten sich zunehmend, ihre verdienten Getreuen mit Adelswürden zu belohnen. Die Ritterschaft wurde mehr und mehr mit dem Adel der Lande identisch, bis um 1600 faktisch Konformität hergestellt war. Gleichzeitig bemühten sich die Angehörigen der Ritterschaft selbst um eine offizielle Bestätigung ihres adeligen Status inklusive Wappen. Überhaupt wurde das 16. Jahrhundert durch die erlangten Privilegien und günstige konjunkturelle Voraussetzungen zu einem „Goldenen Zeitalter“ der Ritterschaft.[51] Sie bestimmte Politik, Wirtschaft und Kultur in den Landen maßgeblich. Ausdruck des dadurch gewonnenen Selbstbewusstseins ist die Äußerung Heinrich Rantzaus von 1597, dass die Edelleute in den Landen den Grafen im übrigen Deutschland vergleichbar seien, was ihre Herrschaftsrechte anbelange.[52] Über 70 Gutshäuser nannte das Geschlecht der Rantzau damals sein Eigen. Heinrich selbst fungierte als königlicher Statthalter (*vicerex et produx Cimbriae*) und verfügte als solcher über weitreichende Beziehungen, einen enormen Reichtum und großen, auch überregionalen Einfluss.[53] Er war damit aber nur die Spitze des ritterschaftlichen Eisbergs. Wie Rantzaus Engagement für die fürstliche Landesherrschaft indes andeutet, war das Verhältnis der Ritterschaft zur selbigen keineswegs von fast ständiger Konfrontation gekennzeichnet, wie noch in jüngeren Darstellungen nachzulesen ist, sondern es bestand eine grundlegende Interessensgemeinschaft zwischen beiden Seiten.[54] Die Ritterschaft eignete sich denn auch hervorragend für die Zurschaustellung der herzoglichen Macht, wie es z.B. die Belehnungszeremonie in Odense im Jahre 1580 als glanzvolles Hoffest eindrucksvoll vor Augen führte. Gleiches geschah bei Fürstenhochzeiten oder -beisetzungen und ähnlichen Feierlichkei-

51 Jespersen, Partizipation 2012, S. 145; Kraack, Herren 2012, S. 116.

52 Bobé, Ritterschaft 1918, S. 64.

53 Lohmeier, Rantzau 2000.

54 Für die ältere Sicht: Fuhrmann, Ritterschaft 2002, Vorwort. – Diese korrigierend: Jespersen, Partizipation 2012.

ten bei Hofe. In seinen Lebens- und Wohnverhältnissen grenzte sich der Adel indes zunehmend von seiner nichtritterschaftlichen Umgebung ab.[55] Allerdings war die Abgrenzung in dieser Hinsicht zu keiner Zeit eine vollständige, pflegten die Angehörigen der Ritterschaft doch gerade in den Wintermonaten ihre repräsentativen Landsitze zu verlassen und in ihre baulich und rechtlich gleichsam hervorgehobenen Stadthöfe zu ziehen. Kiel entwickelte sich in diesem Kontext zur saisonalen Haupt- und Residenzstadt der schleswig-holsteinischen Ritterschaft, gerade zurzeit des sogenannten Kieler Umschlags – mit den damit verbundenen Vor- und Nachteilen für die übrige Stadtbevölkerung und die Stadtkommune als solche.[56] Zur wachsenden Distinktion gehörte es, dass die Ritterschaft – parallel zum exklusiven Zugriff auf die Damenstifte – 1641 für sich reklamierte, nur alteingesessene Familien, die sogenannten *Equites Originarii*, hinzuzuzählen.[57] Neben diesen anscheinend mehr und mehr zusammengeschmolzenen „Uradel", der letztlich als Konstrukt eines zeitgenössischen Bedürfnisses nach Exklusivität erscheint, traten seit 1635 die sogenannten *Recepti*, deren Aufnahme in die Ritterschaft dann mit Dekret von 1809 der königlichen Bewilligung bedurfte. Seither setzte sich die schleswig-holsteinische Ritterschaft aus *Originarii* und *Recepti* zusammen, wobei das Verhältnis der beiden Gruppen im 19. Jahrhundert bereits 1:3 betrug. Die Rezeptionen hatten immer dann Konjunktur, wenn sich die Ritterschaft unter Druck befand. Sie dienten nicht allein dem Auffüllen durch Aussterben alter Geschlechter entstandener Lücken. Sie konzentrierten sich vielmehr auf Personenkreise, die wirtschaftlich potent waren und aus deren Zugehörigkeit die Ritterschaft als Korporation eigene Vorteile ziehen konnte. Ab der zweiten Hälfte des 17. Jahrhunderts konnten Angehörige der Ritterschaft auch eine formelle Standeserhöhung erfahren, indem sie in den damals neuen dänischen Herrenstand aus Grafen und Baronen Aufnahme fanden. Ihnen ging gewissermaßen Christian Rantzau voran, dem der Kaiser 1650 die Würde eines Reichsgrafen und Hofpfalzgrafen verliehen hatte. Damit verbunden war die Erhebung seines Kleinterritoriums zur reichsunmittelbaren Grafschaft, die bis 1726 Bestand haben sollte.[58] Dies ist der einzige Fall einer reichsunmittelbaren Adelsherrschaft nördlich der Elbe.

55 Fuhrmann, Ritterschaft 2002, S. 251–296.

56 Auge, Kiel 2017, S. 68–75.

57 Bobé, Ritterschaft 1918, S. 100; von Rumohr, Uradel 1960; Lorenzen-Schmidt, Ritterschaft 2000, S. 440. Auch zum Folgenden.

58 Bobé, Ritterschaft 1918, S. 96. – Zu Christian Rantzau und der Reichsgrafschaft vgl. Lorenzen-Schmidt, Reichsgrafen 2008.

## 3.7 Krisenzeiten: Die Ritterschaft auf dem Rückzug

Damals befand sich die Ritterschaft freilich schon längst auf dem „Rückzug“, da ihre privilegierte Stellung bei Hofe und in der Politik und Verwaltung der Lande allenthalben angefochten wurde. Es gelang immer weniger die Durchsetzung der zugesicherten Privilegien, etwa des Indigenats oder des Wahl- und Steuerbewilligungsrechts, auch der exklusiven Besetzung der Damenstifte, die durch Erste Bitten des Landesherrn unterlaufen wurde. Der adelige Gerichtsstand wurde seitens der Landesherrschaft infrage gestellt. Bürgerliche Räte und Beamte wurden zur ernst zu nehmenden Konkurrenz im Fürstendienst. Insbesondere der gottorfische Rat Andreas Cramer riet seinem Herzog Christian Albrecht zu einer dezidierten Antiadelspolitik. Kriege und konjunkturelle Entwicklungen wirkten sich zudem negativ auf die Situation der Ritterschaft aus.[59] Güterkonkurse waren die Folge; die Zahl der Adelsgeschlechter verringerte sich weiter. Nach dem letzten allgemeinen Landtag 1675 fand letztmalig 1711/12 ein Landtag als gewohnte Bühne der ständischen Macht der Ritterschaft statt.

## 3.8 Reorganisation und Ausklang

Gesellschaftlich blieb der Adel lange Zeit – bis zur offiziellen Aufhebung des Adels als privilegiertem Geburtsstand in der Weimarer Republik und darüber hinaus – abgeschlossen und pflegte diese Separation durch eine abgesonderte Lebensführung auf seinen Herrenhäusern auch ganz bewusst zu leben. Dies reichte soweit, dass die Heiratskreise der betreffenden Familien bis weit in das 19. Jahrhundert hinein auf Schleswig-Holstein bezogen blieben. Die Herrenhäuser, die teilweise architektonisch sehr prächtig ausgeführt und in ihrem Innern mit enormem Kulturgut, etwa auch Bibliotheken, versehen waren, sind nach Peter Wulf als Ausdruck der „Kulturbereitschaft und Kulturfähigkeit“ der Ritterschaft zu begreifen.[60] Mit der Vereinigung ganz Schleswigs und Holsteins unter dänischer Führung im sogenannten Dänischen Gesamtstaat 1773 stellte sich auch die Frage einer Neuaufstellung der schleswig-holsteinischen Ritterschaft. Denn diese wurde von dänischer Seite mehrheitlich als unzuverlässig angesehen, wiewohl etliche ihrer Angehörigen in führender Position in Diensten des Königs standen. Auf Ersuchen der Ritterschaft kam es daher 1775 zur Bildung der Fortwährenden Deputation der Ritterschaft, die seither eine Art geschäftsführenden Ausschuss darstellt. Seit 1778 hatte die Fortwährende

59 Auge, Christian Albrecht 2016, S. 83f.; Bobé, Ritterschaft 1918, S. 89–104; Fuhrmann, Ritterschaft 2002, S. 297–404.

60 Wulf, Sozialgeschichte 2016, S. 136, 105–108; Heisch, Privilegien 1966, S. 58–60, 44–48. Auch zum Folgenden.

Deputation einen eigenen Sekretär angestellt, der dem spätestens seit 1702 von der Ritterschaft engagierten und von der gemeinschaftlichen Kasse der Klöster und Gutsbesitzer bezahlten Syndikus zur Seite trat. Zu Beginn des 20. Jahrhunderts wurden beide Ämter miteinander vereint. Ab 1776 kommt auch ein Buchhalter und Rechnungsführer vor.

Die Ritterschaft setzte sich, nicht zuletzt über ihre neuen Organe, vehement für eine Wiederherstellung der alten Landesrechte, was vor allem die Rückkehr zu ihrer im Absolutismus beseitigten privilegierten Position beinhaltete, und damit verbunden für die Einheit der beiden Lande Schleswig und Holstein ein. Ihr Wortführer wurde Friedrich Christoph Dahlmann, der kurz nach der Übernahme seiner Kieler Geschichtsprofessur 1815 auch zum Sekretär der Fortwährenden Deputation gewählt worden war. Nicht aus nationalen Motiven, sondern wegen ihres postulierten *nexus socialis* machte sich die Ritterschaft für die dauerhafte Zusammengehörigkeit Schleswigs und Holsteins in der umstrittenen Verfassungsfrage stark. Bekanntlich waren 1815 Schleswig zu Dänemark und Holstein zum Deutschen Bund geschlagen worden. Die dänische Krone anerkannte zwar die Gültigkeit des *nexus socialis*, war aber nicht zum Erlass einer für beide Lande gemeinsamen Verfassung bereit. In der bald immer stärker von liberalen und nationalen Tönen geprägten Debatte wurde der Einfluss der Ritterschaft indes stets stärker zurückgedrängt, obwohl die Ritterschaft in den in Holstein wie in Schleswig neu geschaffenen Ständeversammlungen eine starke, privilegierte Position einnahm. Nach der sogenannten Schleswig-Holsteinischen Erhebung 1848–1851, an der sich zwar vereinzelte Angehörige der Ritterschaft, nicht aber die Korporation als solche beteiligte, und vollends mit dem Übergang Schleswigs und Holsteins an Preußen, den die Ritterschaft auf Initiative Carl Baron von Scheel-Plessens begrüßte und mit dem die letzten adeligen Vorrechte bezüglich Zöllen, Steuern, Gerichtsstand und Militärdienst beseitigt wurden, verlor die Ritterschaft als Korporation jedwede politische Bedeutung. Lediglich bei der Besetzung der neu geschaffenen Kreistage wurden die Besitzer adeliger Güter und die Klosterprälaten durch die Verleihung wahlunabhängiger Virilstimmen weiterhin bevorzugt.[61] Das Aufsichtsrecht über die vier adeligen Damenstifte hat sich die nach wie vor durch die Fortwährende Deputation vertretene Ritterschaft, trotz schwerer Anfeindungen während der NS-Diktatur, bis zum heutigen Tag bewahrt, um auf diese Weise unverheiratete Adelstöchter finanziell zu unterstützen. Die adelige Gutswirtschaft mit zugehörigem großagrarischen Grundbesitz blieb auch nach dem Wegfall der Leibeigenschaft zum 1. Januar 1805 erhalten, wobei der ökonomische Druck anscheinend rapide zunahm und die adeligen Gutsbesitzer offenkundig immer stärkeren Modernisierungsbedürfnissen ausgesetzt waren.[62] Der Anteil bürgerlicher Besitzer ursprünglich adeliger Güter stieg stetig: 1799 waren nur

**61** Auge, 150 Jahre 2017, S. 22f.

**62** Wulf, Sozialgeschichte 2016, S. 121–129. Auch zum Folgenden.

noch 94 der 215 adeligen Güter im Land auch tatsächlich in Adelshand. Indes war noch zu Anfang des Jahrhunderts trotz vorangehender Konjunkturschwankungen eine Reihe schleswig-holsteinischer Adeliger außerordentlich vermögend. Allerdings bestand das jeweilige Millionenvermögen hauptsächlich aus Grundbesitz. Nach dem Zweiten Weltkrieg boten die Großgrundbesitzer angesichts weiter reichender Bodenreformpläne freiwillig 30.000 Hektar für Siedlungsmaßnahmen an. 56 Güter wurden bis zum 1. April 1950 tatsächlich zur Verfügung gestellt. Zwar wurde der Gesamtbestand an Gütern damit erheblich verringert. Doch konnten andererseits dadurch viele Güter in Adelshand als Wirtschaftsbetriebe in Privateigentum weitergeführt werden – bis zum heutigen Tag.

## Literatur

Aubin, Hermann: Gemeinsam Erstrebtes. Umrisse eines Rechenschaftsberichtes. Festschrift Theodor Frings. In: Rheinische Vierteljahrsblätter 17 (1952), S. 305–331.

Auge, Oliver: 150 Jahre Kreise in Schleswig-Holstein: Versuch einer historischen Bilanz. In: Ders. (Hrsg.): Vom preußischen Erlass zum kommunalpolitischen Zukunftsprojekt. 150 Jahre Kreise in Schleswig-Holstein. Festgabe zum Jubiläum am 22. September 2017. Kiel 2017, S. 14–64.

Auge, Oliver: Begegnungsstätten von Kirche und Welt. Monastische und klerikale Einrichtungen in Schleswig-Holstein im Wirkungsfeld territorialer oder städtischer Herrschaft. In: Ders./Hillebrand, Katja (Hrsg.): Klöster, Stifte und Konvente nördlich der Elbe. Zum gegenwärtigen Stand der Klosterforschung in Schleswig-Holstein, Nordschleswig und den Hansestädten Lübeck und Hamburg. Neumünster 2013 (Quellen und Forschungen zur Geschichte Schleswig-Holsteins, 120), S. 101–146.

Auge, Oliver: Christian Albrecht. Herzog – Stifter – Mensch. Kiel/Hamburg 2016.

Auge, Oliver: Frauenklöster als konstitutive Bestandteile der Adelskultur des 17. und 18. Jahrhunderts im nordelbischen Bereich. In: Beuckers, Klaus Gereon/Falk, Birgitta (Hrsg.): Neue Räume – neue Strukturen. Barockisierung mittelalterlicher Frauenstifte. Essen 2014 (Essener Forschungen zum Frauenstift, 12), S. 317–346.

Auge, Oliver: Kiel in der Geschichte. Facetten einer Stadtbiografie (Sonderveröffentlichungen der Gesellschaft für Kieler Stadtgeschichte, 86). Kiel/Hamburg 2017.

Auge, Oliver: Spätmittelalterliche Kleinburgen in Schleswig-Holstein: Geschichtswissenschaftliche Forschungsbilanz und Forschungsperspektiven. In: Ders. (Hrsg.): Vergessenes Burgenland Schleswig-Holstein. Die Burgenlandschaft zwischen Elbe und Königsau im Hoch- und Spätmittelalter. Frankfurt a.M. u.a. 2015 (Kieler Werkstücke. Reihe A, 42), S. 17–50.

Bachmann, Siegfried: Die Landstände des Bamberger Hochstifts. Bamberg 1962.

Bauer, Christoph: Reichsritterschaft in Franken. In: Schindling, Anton/Ziegler, Walter (Hrsg.): Die Territorien des Reichs im Zeitalter der Reformation und Konfessionalisierung. Land und Konfession 1500–1650. Bd. 4: Mittleres Deutschland. Münster 1992, S. 182–213.

Bauer, Melanie: Die Universität Padua und ihre fränkischen Besucher im 15. Jahrhundert. Eine prosopographisch-personengeschichtliche Untersuchung. Nürnberg 2012 (Nürnberger Werkstücke, 70).

Baum, Hans-Peter/Sprandel, Rolf: Statistische Forschungen an den spätmittelalterlichen Lehenbüchern von Würzburg. In: Zeitschrift für Historische Forschung 17 (1990), S. 85–91.

Bobé, Louis: Die Ritterschaft in Schleswig und Holstein von der ältesten Zeit bis zum Ausgange des Römischen Reiches 1806. Geschichtliche Darstellung in Umrissen, Glückstadt 1918.
Bock, Günther: Holstein oder Absurdistan? Gedanken zu Jan Rüdigers Artikel Holstein als ‚Frontier'. In: Rundbrief des Arbeitskreises für Wirtschafts- und Sozialgeschichte Schleswig-Holsteins 105 (2011), S. 31–37.
Bock, Günther: Die Stormarner Overboden und der Beginn der mittelalterlichen Ostsiedlung. In: Zeitschrift der Gesellschaft für Schleswig-Holsteinische Geschichte 127 (2002), S. 35–74.
Bock, Günther: Die Unterelbe. Hochmittelalterliche Grenzzone oder Kontaktraum? In: Fischer, Norbert/Pelc, Ortwin (Hrsg.): Flüsse in Norddeutschland. Zu ihrer Geschichte vom Mittelalter bis in die Gegenwart. Neumünster 2013 (Schriftenreihe des Landschaftsverbandes der ehem. Herzogtümer Bremen und Verden, 41; Studien zur Wirtschafts- und Sozialgeschichte Schleswig-Holsteins, 50), S. 271–303.
Bünz, Enno: Art. Overbode. In: Lorenzen-Schmidt, Klaus-Joachim/Pelc, Ortwin (Hrsg.): Das neue Schleswig-Holstein Lexikon. Kiel/Hamburg $^{2}$2006, S. 457.
Bünz, Enno: Art. Volksadel. In: Lorenzen-Schmidt, Klaus-Joachim/Pelc, Ortwin (Hrsg.): Das neue Schleswig-Holstein Lexikon. Kiel/Hamburg $^{2}$2006, S. 599f.
Carstens, Werner: Die altholsteinische Standesgliederung. In: Zeitschrift der Gesellschaft für Schleswig-Holsteinische Geschichte 68 (1940), S. 279–301.
Carstens, Werner: Untersuchungen zur Geschichte des Adels und des adligen Gutes in Holstein im Mittelalter. In: Zeitschrift der Gesellschaft für Schleswig-Holsteinische Geschichte 63 (1935), S. 66–103.
Carstens, Werner: Die Wahl König Christians I. von Dänemark zum Herzog von Schleswig und Grafen von Holstein im Jahre 1460, in: Zeitschrift der Gesellschaft für Schleswig-Holsteinische Geschichte 60 (1931), S. 231–264.
Conze, Eckart/Meteling, Wencke/Schuster, Jörg/Strobel, Jochen (Hrsg.): Aristokratismus und Moderne. Adel als politisches und kulturelles Konzept 1890–1945. Köln/Weimar/Wien 2013 (Adelswelten, 1).
Endres, Rudolf: Adel in der Frühen Neuzeit. München 1993 (Enzyklopädie Deutscher Geschichte, 18).
Endres, Rudolf: Staat und Gesellschaft. Zweiter Teil: 1500–1800. In: Spindler, Max (Begr.)/ Kraus, Andreas (Hrsg.): Handbuch der bayerischen Geschichte. Bd. 3, München $^{3}$1997, S. 702–782.
Flurschütz da Cruz, Andreas: Zwischen Füchsen und Wölfen. Konfession, Klientel und Konflikte in der fränkischen Reichsritterschaft nach dem Westfälischen Frieden. Konstanz/München 2014 (Konflikte und Kultur – Historische Perspektiven, 29).
Fränkischer Kreis wiedererstanden, in: Deutsches Adelsblatt. Mitteilungsblatt der Vereinigung der deutschen Adelsverbände 32 (2013), Heft 12, S. 34f.
Fuhrmann, Kai: Die Ritterschaft als politische Korporation in den Herzogtümern Schleswig und Holstein von 1460 bis 1721. Kiel 2002 (Geschichte der schleswig-holsteinischen Ritterschaft, 2).
Gerlich, Alois/Machilek, Franz: Staat und Gesellschaft. Erster Teil: Bis 1500. In: Spindler, Max (Begr.)/Kraus, Andreas (Hrsg.): Handbuch der bayerischen Geschichte. Bd. 3, München $^{3}$1997, S. 537–701.
Habermann, Jan: Spätmittelalterlicher Niederadel im Raum nördlich der Elbe. Soziale Verflechtung, Fehdepraxis und Führungsanspruch regionaler Machtgruppen in Südholstein und Stormarn (1259 bis 1421). Norderstedt 2015 (Verherrschaftungen in Reich, Raum und Regionen, 1).
Harding, Elizabeth/Hecht, Michael (Hrsg.): Die Ahnenprobe in der Vormoderne. Selektion – Initiation – Repräsentation. Münster 2011 (Symbolische Kommunikation und gesellschaftliche Wertesysteme. Schriftenreihe des Sonderforschungsbereichs 496, 37).
Heisch, Günter: Privilegien und Recht von 1775 bis zur Gegenwart. Neumünster 1966 (Geschichte der schleswig-holsteinischen Ritterschaft, 4).

Hoffmann, Erich: Beiträge zum Problem des „Volksadels“ in Nordelbingen und Dänemark. In: Zeitschrift der Gesellschaft für Schleswig-Holsteinische Geschichte 100 (1976), S. 25–81.
Huggenberger, Florian: Niederadel im Spessart. Adelsgeschichte im Spiegel des spätmittelalterlichen Lehnswesens. München 2015 (Studien zur bayerischen Verfassungs- und Sozialgeschichte, 31).
Jäger, Berthold: Das geistliche Fürstentum Fulda in der frühen Neuzeit: Landesherrschaft, Landstände und fürstliche Verwaltung. Marburg 1986 (Schriften des Hessischen Landesamtes für geschichtliche Landeskunde, 39).
Jespersen, Mikkel Leth: Die politische Partizipation der Ritterschaft im frühneuzeitlichen Schleswig-Holstein. In: Auge, Oliver/Büsing, Burkhard (Hrsg.): Der Vertrag von Ripen 1460 und die Anfänge der politischen Partizipation in Schleswig-Holstein, im Reich und in Nordeuropa. Ostfildern 2012 (Kieler Historische Studien, 43; Zeit + Geschichte, 24), S. 141–154.
Köller, André R.: Agonalität und Kooperation. Führungsgruppen im Nordwesten des Reiches 1250–1550. Göttingen 2015 (Veröffentlichungen der Historischen Kommission für Niedersachsen und Bremen, 279).
Koppe, Wilhelm: Die wirtschaftliche Lage des holsteinischen Adels im 15. Jahrhundert. In: Rumohr, Henning von (Hrsg.): Dat se bliven ewich tosamende ungedelt. Festschrift der Schleswig-Holsteinischen Ritterschaft zur 500. Wiederkehr des Tages von Ripen am 5. März 1960, Neumünster 1960, S. 153–178.
Kraack, Detlev: Von ‚kleinen Krautern‘ und großen Herren. Der nordelbische Adel vor 1460. In: Auge, Oliver/Büsing, Burkhard (Hrsg.): Der Vertrag von Ripen 1460 und die Anfänge der politischen Partizipation in Schleswig-Holstein, im Reich und in Nordeuropa. Ostfildern 2012 (Kieler Historische Studien, 43; Zeit + Geschichte, 24), S. 101–140.
Lohmeier, Dieter: Heinrich Rantzau. Humanismus und Renaissance in Schleswig-Holstein. Heide 2000 (Kleine Schleswig-Holstein-Bücher, 50).
Lorenzen-Schmidt, Klaus-Joachim: Art. Ritterschaft. In: Ders./Pelc, Ortwin (Hrsg.): Das neue Schleswig-Holstein Lexikon. Kiel/Hamburg $^{2}$2006, S. 508f.
Lorenzen-Schmidt, Klaus-Joachim: Die Reichsgrafen von Rantzau. In: Porskrog Rasmussen, Carsten/Imberger, Elke/Lohmeier, Dieter/Momsen, Ingwer (Hrsg.): Die Fürsten des Landes. Herzöge und Grafen von Schleswig, Holstein und Lauenburg. Neumünster 2008, S. 404–417.
Morsel, Joseph: La noblesse contre le prince. L'espace social des Thüngen à la fin du Moyen Âge (Franconie, v. 1250–1525). Stuttgart 2000 (Beihefte der Francia, 49).
Neuhaus, Helmut: Franken und das Reich. Fränkischer Adel im Reichsdienst während der frühen Neuzeit. In: Blessing, Werner K./Weiss, Dieter J. (Hrsg.): Franken. Vorstellung und Wirklichkeit in der Geschichte. Neustadt a.d. Aisch 2003 (Franconia. Beihefte zum Jahrbuch für fränkische Landesforschung, 1), S. 193–209.
Neumaier, Helmut: „Daß wir kein anderes Haupt oder von Gott eingesetzte zeitliche Obrigkeit haben“. Ort Odenwald der fränkischen Reichsritterschaft von den Anfängen bis zum Dreißigjährigen Krieg. Stuttgart 2005 (Veröffentlichungen der Kommission für Geschichtliche Landeskunde in Baden-Württemberg. Reihe B, 161).
Ninness, Richard J.: Between Opposition and Collaboration. Nobles, Bishops, and the German Reformations in the Prince-Bishopric of Bamberg, 1555–1619. Leiden/Boston 2011 (Studies in Central European Histories, 53).
Paravicini, Werner: Ein Gegenstand beginnt zu sprechen: Die Privilegienlade der schleswig-holsteinischen Ritterschaft vom Anfang des 16. Jahrhunderts. In: Auge, Oliver/Büsing, Burkhard (Hrsg.): Der Vertrag von Ripen 1460 und die Anfänge der politischen Partizipation in Schleswig-Holstein, im Reich und in Nordeuropa. Ostfildern 2012 (Kieler Historische Studien, 43; Zeit + Geschichte, 24), S. 465–507.

Petersohn, Jürgen: Franken im Mittelalter. Identität und Profil im Spiegel von Bewußtsein und Vorstellung. Ostfildern 2008 (Vorträge und Forschungen. Sonderbände, 51).

Porskrog Rasmussen, Carsten: Art. Adel. In: Lorenzen-Schmidt, Klaus-Joachim/Pelc, Ortwin (Hrsg.): Das neue Schleswig-Holstein Lexikon. Kiel/Hamburg $^{2}$2006, S. 17–19.

Puchta, Michael: Mediatisierung „mit Haut und Haar, Leib und Leben". Die Unterwerfung der Reichsritter durch Ansbach-Bayreuth (1792–1798). Göttingen 2012 (Schriftenreihe der Historischen Kommission bei der Bayerischen Akademie der Wissenschaften, 85).

Ranft, Andreas: Die Turniere der vier Lande: Genossenschaftlicher Hof und Selbstbehauptung des niederen Adels. In: Zeitschrift für die Geschichte des Oberrheins 142 (1994), S. 83–102.

Reincke, Heinrich: Frühgeschichte des Gaues Stormarn. In: Wülfingen, Constantin Bock von/Frahm, Walther (Hrsg.): Stormarn. Der Lebensraum zwischen Hamburg und Lübeck. Hamburg 1938, S. 145–170.

Reuschling, Heinzjürgen N.: Die Regierung des Hochstifts Würzburg 1495–1642. Zentralbehörden und führende Gruppen eines geistlichen Staates. Würzburg 1984 (Forschungen zur fränkischen Kirchen- und Theologiegeschichte, 10).

Riedenauer, Erwin: Kontinuität und Fluktuation in der fränkischen Reichsritterschaft. In: Dülmen, Richard van (Hrsg.): Gesellschaft und Herrschaft. Festschrift Karl Bosl zum 60. Geburtstag. München 1969, S. 87–152.

Risch, Hans Gerhard: Der holsteinische Adel im Hochmittelalter. Frankfurt a.M. u.a. 2010 (Kieler Werkstücke. Reihe A, 30).

Risch, Hans Gerhard: Die schauenburgischen Grafen und der holsteinische Adel im 13. und 14. Jahrhundert, in: Auge, Oliver/Kraack, Detlev (Hrsg.): 900 Jahre Schauenburger im Norden. Eine Bestandsaufnahme. Kiel/Hamburg 2015 (Quellen und Forschungen zur Geschichte Schleswig-Holsteins, 121), S. 301–334.

Rüdiger, Jan: Holstein als ‚Frontier'. Zur Europageschichte einer Landschaft. In: Huschner, Wolfgang/Rexroth, Frank (Hrsg.): Gestiftete Zukunft im mittelalterlichen Europa. Festschrift für Michael Borgolte zum 60. Geburtstag. Berlin 2008, S. 63–88.

Rumohr, Henning von (Hrsg.): Dat se bliven ewich tosamende ungedelt. Festschrift der Schleswig-Holsteinischen Ritterschaft zur 500. Wiederkehr des Tages von Ripen am 5. März 1960. Neumünster 1960.

Rumohr, Henning von: Über den holsteinischen Uradel. Die sogenannten Originarii. In: Ders. (Hrsg.), Dat se bliven ewich tosamende ungedelt. Festschrift der Schleswig-Holsteinischen Ritterschaft zur 500. Wiederkehr des Tages von Ripen am 5. März 1960, Neumünster 1960 S. 101–152.

Rupprecht, Klaus: Ritterschaftliche Herrschaftswahrung in Franken. Neustadt a.d. Aisch 1994 (Veröffentlichungen der Gesellschaft für fränkische Geschichte. Reihe IX, 42).

Schaupp, Monika: Die Landstände in den zollerischen Fürstentümern Ansbach und Kulmbach im 16. Jahrhundert. München 2004 (Studien zur bayerischen Verfassungs- und Sozialgeschichte, 21).

Schneider, Joachim: Spätmittelalterlicher deutscher Niederadel. Ein landschaftlicher Vergleich. Stuttgart 2003 (Monographien zur Geschichte des Mittelalters, 52).

Schubert, Ernst: Die Landstände des Hochstifts Würzburg. Würzburg 1967 (Veröffentlichungen der Gesellschaft für fränkische Geschichte. Reihe IX, 22).

Schürrer, Martin: Die Schauenburger in Nordelbien. Die Entwicklung gräflicher Handlungsspielräume im 12. Jahrhundert. Frankfurt a.M. u.a. 2017 (Kieler Werkstücke. Reihe A, 50).

Spieß, Karl-Heinz: Aufstieg in den Adel und Kriterien der Adelszugehörigkeit im Spätmittelalter. In: Andermann, Kurt/Johanek, Peter (Hrsg.): Zwischen Nicht-Adel und Adel. Stuttgart 2001 (Vorträge und Forschungen, 53), S. 1–26.

Sprandel, Rolf: Die Ritterschaft und das Hochstift Würzburg im Spätmittelalter. In: Jahrbuch für fränkische Landesforschung 36 (1976), S. 117–143.
Thumser, Matthias (Hrsg.): Ludwig von Eyb der Ältere (1417–1502): Schriften. Neustadt a.d. Aisch 2002 (Veröffentlichungen der Gesellschaft für fränkische Geschichte. Reihe I, 6).
Ulrichs, Cord: Die Entstehung der fränkischen Reichsritterschaft. Entwicklungslinien von 1370 bis 1590. Köln/Weimar/Wien 2016 (Forschungen zur deutschen Rechtsgeschichte, 31).
Ulrichs, Cord: Vom Lehnhof zur Reichsritterschaft. Strukturen des fränkischen Niederadels am Übergang vom späten Mittelalter zur frühen Neuzeit. Stuttgart 1997 (Vierteljahrschrift für Sozial- und Wirtschaftsgeschichte. Beiheft 134).
Unverhau, Dagmar: Stormarn in alten Karten und Beschreibungen. Ein Beitrag zur „Newen Landesbeschreibung der Zwey Hertzogthümer Schleswich und Holstein" (1652) von Caspar Danckwerth und Johannes Mejer. Neumünster 1994.
Wendehorst, Alfred: Hundert Jahre Gesellschaft für fränkische Geschichte. In: Schneider, Erich (Hrsg.): Nachdenken über fränkische Geschichte. Vorträge aus Anlass des 100. Gründungsjubiläums der Gesellschaft für fränkische Geschichte vom 16.–19. September 2004. Neustadt a.d. Aisch 2005 (Veröffentlichungen der Gesellschaft für fränkische Geschichte. Reihe IX, 50), S. 11–37.
Wulf, Peter: Zur Sozialgeschichte des schleswig-holsteinischen Adels. In: Zeitschrift der Gesellschaft für Schleswig-Holsteinische Geschichte 141 (2016), S. 93–139.
Zangel, Frederic: Landesherr und Ritterschaft während des Konflikts um Schleswig (1410–1435). In: Zeitschrift der Gesellschaft für Schleswig-Holsteinische Geschichte 136 (2011), S. 39–66.
Zmora, Hillay: State and Nobility in Early Modern Germany. The Knightly Feud in Franconia, 1440–1567. Cambridge 1997.

## Online-Ressourcen

Historisches Unterfranken: Hochstift Würzburg im Spätmittelalter. Datenbank zur Sozial- und Wirtschaftsgeschichte des Mittelalters. http://www.historisches-unterfranken.uni-wuerzburg.de/db_swu.php [11.10.2017].
Satzung: Gesellschaft für fränkische Geschichte e.V. http://www.fraenkischegeschichte.de/rs_satz.html [11.10.2017].

Sabine Holtz & Uwe Schirmer

# Landstände und Parlamentarismus

## 1 Einleitung

Wer ‚das Land', verstanden im Sinne einer genetischen Landesgeschichte als Territorium oder später als administrative Einheit, repräsentiert, ist eine Grundfrage landesgeschichtlicher Forschung. Die regionalen Differenzierungen zwischen Ständemacht und „absolutistischem" Streben von Landesherren dominieren dabei das Forschungsfeld. Eng verbunden damit ist die weitergehende Frage nach der Identifikation von Ständen und Einwohnern mit diesen geographischen Einheiten, nimmt man ‚Land' zugleich auch als einen Kommunikationsraum wahr. Über die Region hinaus werden diese Perspektiven im allgemeinen geschichtswissenschaftlichen Diskurs wichtig, wenn das Problem der über die Vormoderne hinausweisenden Verbindungslinien diskutiert wird: Sind die Landstände der alteuropäischen Ordnung Vorläufer der seit der Französischen Revolution entstehenden Repräsentativorgane oder bezeichnet die „Sattelzeit" um 1800 hier einen radikalen Bruch?

Im Folgenden wird an den beiden Fallbeispielen Sachsen/Thüringen und Württemberg diese regionale Differenzierung und deren Bedeutung für übergreifende Diskurse deutlich gemacht. Dabei ist von den Anfängen landständischer Organisation in den Territorien des nordalpinen Reiches seit dem 13. Jahrhundert auszugehen, die erst im späten 14. sowie dann im 15. Jahrhundert zunehmend fassbarer werden. In Sachsen und Thüringen erreichten die Landstände aufgrund landesfürstlicher Liquiditäts- und Finanzkrisen bereits in der ersten Hälfte des 15. Jahrhunderts einen Höhepunkt ihres politischen Einflusses und ihrer Macht. In Württemberg traten infolge von Problemen um Nachfolgeregelungen zu Beginn der zweiten Jahrhunderthälfte erstmalig Landtage zusammen. Mit der Absetzung des Landesherrn und der Bildung eines interimistischen Regimentsrates am Ende des Jahrhunderts erzielten die Landstände hier einen besonderen Erfolg angesichts ihres noch jungen politischen Einflusses. Gemeinsam ist beiden Untersuchungsräumen, dass die landesherrlichen Finanzkrisen zu Beginn des 16. Jahrhunderts die politische Partizipation förderten. Die Stände erlangten die Steuerhoheit und instrumentalisierten sie als Hebel zur Korrektur fürstlicher Politik.

Die Jahrzehnte zwischen dem Ausgang des 15. Jahrhunderts und dem Beginn des Dreißigjährigen Krieges werden als die Blütezeit landständischer Mitsprache angesehen. Die landständische Verfassung wurde zunehmend formalisiert. Es bildete sich eine relativ stabile soziale bzw. institutionelle Zusammensetzung heraus. Die Stände organisierten sich in eigenen Körperschaften (Kammern, Kurien): Prälaten; Grafen und Herren (teilweise auch mit den Prälaten in einer Kurie); Ritterschaft; Vertreter der landesherrlichen Ämter (teilweise auch mit der Ritterschaft in einer Kurie); Städte; Landgemeinden (teilweise auch mit der Ritterschaft sowie mit den

https://doi.org/10.1515/9783110354188-013

Vertretern der landesherrlichen Ämter in einer Kurie). Kennzeichnend für das Gros aller Territorien ist das Drei-Kurien-Modell – Prälaten (Grafen und Herren); Ritterschaft; Städte.

Da sich die Territorien der beiden hier untersuchten Räume letztlich der Reformation anschlossen, veränderten sich die jeweiligen Prälatenkurien, sie blieben aber bestehen. In Sachsen büßte die Prälatenkurie massiv an Einfluss ein. Hier dominierte künftig die Ritterschaft die Verhandlungen des Landtags. Das Drei-Kammer-System blieb über die Reformation hinweg bestehen, anders hingegen in Württemberg. Wohl blieb auch hier die Prälatenkurie existent. Da sich aber der schwäbische Adel der Landsässigkeit entzog und letztlich der Reichsritterschaft anschloss, entfiel dieser Landstand. Mithin saßen nach der Reformation Württembergs in der Prälatenkurie wie in der Landschaft ausschließlich Vertreter der bürgerlichen Oberschicht. Entsprechend stark war ihr politischer Einfluss. Zentrale Themen in den Landtagen beider Untersuchungsräume waren die Steuer- und Finanzpolitik.

Einen tiefen Einschnitt brachten die Hyperinflation (1618–1622) und der Dreißigjährige Krieg, da sie fast allerorts die landständischen Kreditwerke in den Ruin trieben. Die Folge war ein unübersehbarer politischer Machtverlust der Stände. Die Landesfürsten waren bestrebt, die ständische Macht mittels alternativer Finanzierungsmodelle (Staatskredite über Bankiers, Hof- bzw. Kammerjuden, Akzise, Steuerpacht) zurückzudrängen oder gar zu brechen. In Württemberg kam es im 18. Jahrhundert sogar zu einem Justizskandal um den jüdischen Hoffaktor Joseph Süß Oppenheimer. In anderen Fällen scheuten die württembergischen Landstände bei landesherrlichen Eingriffen in ihre Rechte den Gang vor den Wiener Reichshofrat nicht und verhinderten so eine Zurückdrängung ihres Einflusses.

An der Wende vom 18. zum 19. Jahrhundert erlebten die landständischen Versammlungen einen Bedeutungszuwachs, der durch den Reichsdeputationshauptschluss 1803 und die Wiener Schlussakte 1815 bedingt war. In deren Art. 13 war festgelegt, dass in den Staaten des Deutschen Bundes eine „landständische Verfassung stattfinden" solle. Schon dieser Begriff wie der juristische Streit um seine Auslegung deutet an, dass neben allem Neuen, das nun den Frühkonstitutionalismus der Länder auszeichnete, Kontinuitätslinien bis in die Zeit der Vormoderne bestehen blieben. Über diese frühen Entwicklungen, dann die „zweite Verfassungswelle" in den 1830er Jahren und schließlich die Revolutionszeit von 1848/49 hinweg legitimierten immer mehr Verfassungsverträge das Verhältnis zwischen Fürst und Ständevertretern/Untertanen/Bürgern. Dabei bildeten sich Ein- oder Zweikammersysteme heraus, in denen größtenteils die alten landständischen Eliten den Ton angaben. Charakteristisch für alle deutschen Staaten war von Beginn an ein Zensus- bzw. Klassenwahlrecht zum Landtag bzw. zur II. Kammer.

Die thüringischen Territorien entwickelten sich in einem großen Zeitfenster (1809–1876) zu konstitutionellen Monarchien. In den Landtagen waren – zu je einem Drittel – Rittergutsbesitzer, Abgeordnete der Städte und der Landgemeinden vertreten. Im Königreich Sachsen wurde die Verfassung 1831 angenommen. Die Zugehörigkeit zur I. Kammer bestimmte sich über Privilegien und entsprach dem alten Ständemodell; die Abgeordneten der II. Kammer waren gewählte Vertreter. Auch in Württemberg sah der 1819 aus einem Verfassungskampf zwischen dem König und Vertretern des Landes hervorgegangene Verfassungsvertrag ein Zwei-Kammern-System vor. Allerdings setzte sich hier die I. Kammer aus den Standesherren und vom König auf Lebenszeit ernannten Vertretern zusammen, und auch in der II. Kammer fanden sich neben den gewählten Volksvertretern noch Privilegierte. In beiden Untersuchungsräumen wurde zunächst nach einem Zensus- bzw. Klassenwahlrecht gewählt. Die entstandenen Landtage der konstitutionellen Monarchien vereinten altständische und frühparlamentarische Elemente. In Württemberg gab es nun erstmals wieder adlige Vertreter im Landtag. Die II. Kammern waren auf dem Weg, sich zu modernen Repräsentativorganen zu wandeln.

In Sachsen und Württemberg leiteten die Wahlrechtsveränderungen 1868 die Entwicklung der II. Kammer zur demokratisch legitimierten Volksvertretung ein. Weitere Wahlrechtsmodifikationen erfolgten 1906 (Württemberg) und 1909 (Sachsen). Das wichtigste machtpolitische Instrument der Landtagsabgeordneten war das Budgetrecht.

Infolge der Revolution von 1918/19 wurden alle Reste altständischer Repräsentation beseitigt. Insofern erscheinen nicht die Reformen und Verfassungskämpfe des 19. Jahrhunderts als einschneidende Zäsur, sondern die Revolution. Das allgemeine, gleiche, direkte und geheime Wahlrecht wurde eingeführt – endlich auch für Frauen. Während der NS-Herrschaft wurden alle demokratischen Errungenschaften vollständig zunichte gemacht.

Nach dem Ende des Zweiten Weltkrieges erfolgte in den westlichen Besatzungszonen ein grundsätzlicher demokratischer Neuanfang, wobei von Beginn an die Gründung einer föderalistischen Republik anvisiert wurde. Die durch die alliierte Besatzung vielfach definierten Ländergrenzen erfuhren nur in wenigen Fällen eine Veränderung; die folgenreichste war wohl die Schaffung des Bundeslandes Baden-Württemberg.

In der SBZ bzw. DDR wurde zwischen 1945 und 1949/52 ein kommunistisches System etabliert. Die im Jahr 1945 in der SBZ neu gegründeten Länder wurden 1952 aufgelöst. Erst im Zuge der friedlichen Revolution von 1989/90 kam es im Osten abermals zu einer Länderneubildung. Allgemeine, gleiche und geheime Wahlen fanden 1990 statt, so auch Volksabstimmungen. Sie ermöglichten es einzelnen Gemeinden, Städten und Landkreisen ebenfalls, über die Zugehörigkeit zu einzelnen Bundesländern abzustimmen. Durchaus berechtigte Einwände, die DDR möge als ein einziges Bundesland der Bundesrepublik Deutschland nach Artikel 23 des Grundgesetzes beitreten, wurden fast ausschließlich mit landeskundlich-historischen Argumenten, die ein tiefverwurzeltes regionales „Wir-Gefühl" offenbarten, zurückgewiesen.

# 2 Württemberg

Sabine Holtz

## 2.1 Die Formierungsphase der württembergischen Landstände

Im 14. Jahrhundert konnte Württemberg im Südwesten des Reiches neben der Kurpfalz und den habsburgischen Gebieten Erfolge in seiner territorialen Entwicklung aufweisen. Zu Beginn des 15. Jahrhunderts hatte das gräfliche Haus Württemberg eine fürstenähnliche Stellung errungen. Seit dieser Zeit nutzten die württembergischen Landesherren das Instrument des Rats verstärkt zum Ausbau ihrer Herrschaft.[1] Adlige Räte und Prälaten, häufig ebenfalls adeliger Herkunft, dienten bereits vor Beginn der landständischen Teilhabe als Berater der Grafen. In der zweiten Jahrhunderthälfte kam, befördert durch eine Zweiteilung des Territoriums (Württemberg-Stuttgart; Württemberg-Urach) und den damit verbundenen Problemen um Nachfolgeregelungen und Vormundschaftsfragen, den Vertretern der Städte und Ämter Württembergs, der sogenannten Landschaft, immer stärkeres Gewicht zu. Im Juli 1457 kam auf Einladung des Grafen Ulrich V. von Württemberg-Stuttgart eine Versammlung der Ritterschaft und der Landschaft in Stuttgart zusammen. Dort versicherte der Graf, künftig mit dem Rat der Ritterschaft, der Prälaten und der Landschaft regieren zu wollen. Im Anschluss wandte sich die Stadt Stuttgart namens aller Städte Württemberg-Stuttgarts im Auftrag des Landtags an die Uracher Landschaft mit der Aufforderung, Ulrich ebenfalls Beistand zu gewähren. Dieses Eintreten macht deutlich, wie stark die Führungsschichten aller württembergischen Städte – über die Grafschaftsteilung hinweg – das Land als Ganzes im Blick hatten. In Württemberg-Urach fand dann im November 1457 ebenfalls ein erster Landtag (Leonberg) statt. Die wachsende Bedeutung der städtischen Vertreter zeigte sich auch bei der Wiedervereinigung der geteilten Grafschaft (1482). Den Münsinger Vertrag siegelten neben den beiden Grafen neun Städte (Stuttgart, Tübingen, Urach, Mömpelgard, Nürtingen, Kirchheim, Markgröningen, Schorndorf und Rosenfeld). Das machte die Vertreter der Städte zum Mitgaranten der Wiedervereinigung Württembergs (1482), spiegelt aber auch bestehende hierarchische Struktur innerhalb der württembergischen Städtelandschaft und ihrer führenden Schichten.[2]

Auf dem Wormser Reichstag 1495 wurde Eberhard im Bart zum ersten Herzog von Württemberg erhoben. Als der Herzog 1496 starb, übernahm Eberhard VI., trotz einer im Esslinger Vertrag anders geregelten Erbfolge, die alleinige Herrschaft im

1 Mertens, Württemberg 1995, S. 1–163, hier S. 91; Lorenz, Rat 2010, S. 1–27. Einen Gesamtüberblick über die Thematik gibt der Ausstellungskatalog: Rückert (Bearb.), Landschaft 2007 (vgl. besonders auch die Verfassungsgraphiken).

2 Maurer, Landesteilung 1984, S. 89–132; Stievermann, Landesherrschaft 1989, S. 243–260.

Herzogtum.[3] Als es zum Konflikt zwischen dem Herzog und seinen Räten kam, stellte sich König Maximilian hinter die Räte. Im Zusammenwirken mit dem König setzten Räte und Landschaft den Herzog auf einem Landtag 1498 ab und installierten an dessen Stelle das im Esslinger Vertrag festgeschriebene Regiment. Für die Dauer von fünf Jahren wurde Württemberg nun von einem ständischen Ausschuss, gebildet aus je vier Vertretern der Prälaten, der Ritter und der Landschaft, regiert. In dieser Krisenzeit wurden die drei Landstände zu Teilhabern an der Herrschaft.[4]

Die Prälaten vertraten die 15 Männerklöster, über die Württemberg die Schutzvogtei besaß; die Landschaft wurde von der sogenannten Ehrbarkeit[5] vertreten, von häufig miteinander verwandten Familien, die durch Weinbau und -handel vermögend und einflussreich geworden waren. Die Familien der Ehrbarkeit stellten in den Städten das Gericht, ein sich selbst ergänzendes Gremium von zumeist zwölf auf Lebenszeit amtierenden Richtern. Der gegen Ende des 15. Jahrhunderts aufkommende städtische Rat stellte ein Gremium dar, dessen Mitglieder vom Gericht gewählt wurden; gemeinsam bildeten die beiden Gremien den städtischen Magistrat. Die Amtsstadt war zugleich Mittelpunkt des Verwaltungs- und Gerichtsbezirks eines Amts, zu dem neben der Amtsstadt auch die dazugehörenden Dörfer zählten (1441/42: 38 Ämter; um 1520: 45 Ämter).

Mit dem Herrschaftsantritt Herzog Ulrichs 1503 war zwar das Ende des Regimentsrats erreicht, nicht jedoch der politische Einfluss der Landstände. Die Landschaft verdrängte die übrigen Landstände von den Spitzenpositionen am herzoglichen Hof und in der Regierung. In den ländlichen Gemeinden gerieten die herzoglichen Amtsträger, deren Kompetenzen ständig ausgeweitet wurden, immer häufiger in Konflikt mit den Dörflern. Als Herzog Ulrich im Mai 1514 versuchte, die hohe Schuldenlast mittels der Erhebung einer Verbrauchssteuer abzutragen, kam es zum Aufstand des sogenannten Armen Konrad.[6] Angesichts eines drohenden Staatsbankrotts und des Aufstands berief Herzog Ulrich nach sechzehn Jahren, 1514, Prälaten, Ritter und die Vertreter der Landschaft wieder zu einem Landtag zusammen; bäuerliche Vertreter waren nicht zugelassen. Die Ergebnisse der Verhandlungen wurden am 8. Juli 1514 im Vertrag zu Tübingen festgehalten. In diesem Vertrag verpflichteten sich die Landstände über einen Zeitraum von fast 40 Jahren für die Schulden des Herzogs in Höhe von 800.000 Gulden aufzukommen.[7] Im Gegenzug gestand der Herzog den Ständen 1.) Mitspracherechte bei der Steuererhebung des Landes und 2.) beim Kriegswesen, bei der Landesverteidigung sowie bei der Veräußerung von Landesteilen zu. Außerdem wurde 3.) der „freie Zug", die freie Auswanderung, zu-

3 Metz, Stände 2009, S. 357–363.
4 Mertens, Württemberg 1995, S. 56.
5 Zur Terminologie vgl. Haug-Moritz, Ehrbarkeit 2009, S. 1–8; Kühnle, Vogt 2017.
6 Schmauder, Württemberg 1998.
7 Schmauder, Württemberg 1998, S. 41–43; Schmauder, Vertrag 2008, S. 187–208.

gesichert. Allen Untertanen wurde 4.) für „peinliche Verfahren" ein ordentlicher Prozess zugesagt. Ein erneutes Aufflammen des Aufstands brach angesichts der militärischen Überlegenheit des Herzogs und seiner Verbündeten zusammen.

Der Vertrag zu Tübingen[8] bildete eine Art Verfassungsgrundlage für eine Teilung staatlicher Gewalt. Trotz vieler politischer Veränderungen blieb der Vertrag bis 1805 in Kraft und erhielt deshalb besondere Bedeutung. Entscheidend hierfür war der fünfte und letzte Artikel des Tübinger Vertrags. Er schrieb vor, dass künftig keinem württembergischen Landesherrn gehuldigt werden musste, wenn er den Tübinger Vertrag nicht bestätigte. 1515 vereinbarten Landesherr und Ehrbarkeit ausdrücklich die Landtagsfähigkeit der Amtleute. Da die Amtleute im Verlauf des 16. Jahrhunderts immer stärker zu herrschaftlichen Beamten wurden, konnten sie im Sinne der Herrschaft politischen Einfluss auf die Wahl der Vertreter aus Gericht und Rat der Amtsstadt für den Landtag nehmen.

Profiteur dieses Konflikts am Übergang vom Mittelalter zur Neuzeit war mithin die bürgerliche Ehrbarkeit. Sie hatte ihre Position gegenüber der Dynastie deutlich stärken können. Der Adel hatte aus freien Stücken auf die Teilnahme am Tübinger Landtag 1514 verzichtet. 1519 rief der Versuch Herzog Ulrichs, die Reichsstadt Reutlingen zu annektieren, den Schwäbischen Bund auf den Plan. In der Folge wurde Ulrich als Landfriedensbrecher aus seinem Herzogtum verbannt, Württemberg wurde unter habsburgische Herrschaft gestellt. In der Zeit der österreichischen Herrschaft Württembergs lud die neue Landesherrschaft verstärkt zu Versammlungen, bei denen jedoch die Zusammensetzung der einberufenen Stände stark differierte.[9] Zwischen den Versammlungen führten zwei ständige Ausschüsse der Landschaft die Geschäfte. Dies wurde nach der Restitution der württembergischen Herrschaft beibehalten. Gemeinsam mit Philipp von Hessen war Ulrich 1534 die Rückeroberung seines Herzogtums gelungen; die Reformation spielte dabei eine zentrale Rolle. Etliche Mitglieder der bürgerlichen Ehrbarkeit, die eng mit der habsburgischen Landesverwaltung zusammengearbeitet hatten, gingen ins Exil. Die mit der Reformation verbundene Säkularisation der Klöster vergrößerte das württembergische Territorium nicht nur um rund ein Drittel, sie machte die Vorsteher der nun in den Klöstern eingerichteten evangelischen Klosterschulen, die weiterhin den Titel Prälaten führten, zu fürstlichen Funktionsträgern.

## 2.2 Die Institutionalisierung der württembergischen Landstände

In einem Landtagsabschied 1551 wurden die Voraussetzungen für die politische Partizipation im Herzogtum festgeschrieben: Prälaten und Landschaft versammelten

8 Adriani/Schmauder, Macht 2014.

9 Haug-Moritz, Genese 2010, S. 121–136, hier S. 125f.

sich künftig auf den Landtagen, weil sie „den herausgehobenen Teil eines größeren Ganzen repräsentierten [...].“[10] Die Beschlüsse, die die Landstände, künftig bestehend aus den 14 evangelischen Prälaten (die Vorsteher der Klosterschulen) und den rund 50 Vertretern der Städte fassten, waren für alle Untertanen verbindlich. Auf dem württembergischen Landtag waren de iure nunmehr noch zwei Stände (Prälaten, Landschaft) vertreten. De facto stammten die Vertreter beider Stände aus der bürgerlichen Ehrbarkeit; sie hatten nur je nach Funktion unterschiedliche Positionen. Dies gab den bürgerlichen Ständen ein starkes Gewicht. Zwischen beiden Ständen evangelischen Bekenntnisses bestand die Möglichkeit des Konnubiums. Die Ausschussverfassung (1554) bildete den Abschluss der frühen landständischen Entwicklung, sie sah folgende Zusammensetzung vor: Der Engere Ausschuss bestand aus sechs Vertretern der Landschaft und zwei Prälaten. Seine Aufgabe war vor allem, namens des Landtags die Schulden- und Steuerverwaltung zu verantworten. Landständische Partizipation war mithin dauerhaft verstetigt. Der Große Ausschuss wurde zur Erörterung wichtiger Angelegenheiten einberufen. Das ausschließlich dem Engeren Ausschuss eingeräumte Recht zur Selbstergänzung eröffnete der Ehrbarkeit die Chance, über Generationen hinweg in diesen Gremien bürgerliche Familiendynastien zu etablieren. Die förmliche Bekanntmachung eines 1559 der Ritterschaft erteilten kaiserlichen Privilegs 1562 belegt zum einen die Anbindung des Adels an Kaiser und Reich, zum anderen dessen Interesse, keinesfalls landsässig zu werden. Bereits 1561 hatten sich die schwäbischen Ritter eine eigene Verfassung gegeben; 1577 erfolgte der Zusammenschluss mit dem fränkischen und rheinischen Ritterkreis zur Reichsritterschaft.

Im Jahr 1565 vereinbarten Landstände und Herzog auf landständische Forderung die dauerhafte Festschreibung der evangelischen Konfession für das Land. Dies kam einer Aufhebung des landesherrlichen Reformationsrechts (1555) gleich. Der Landtag konnte sich durchsetzen, weil der Herzog wieder einmal auf die Übernahme der herzoglichen Schulden – mittlerweile waren erneut 1,2 Millionen Gulden aufgelaufen – durch den Landtag angewiesen war.[11] Bei der Übernahme der Regierung durch Carl Alexander 1733 mussten deshalb die sogenannten Religionsreversalien vereinbart werden, die den Übergang der landesbischöflichen Rechte vom erstmals wieder katholischen Landesherrn auf den evangelischen Geheimen Rat festschrieb, die Rechte der Landeskirche garantierte und die Besetzung aller Beamtenstellen mit evangelischen Landeskindern zusicherte.

Nach 1565 war somit die Grundstruktur landständischer Verfassung für das frühneuzeitliche Herzogtum Württemberg gelegt. Das Einberufungs- und Auflösungsrecht des Landtags lag in den Händen des Landesherrn; die Landstände besaßen vor allem mit der Kontrolle der Finanzverwaltung ein starkes Element politi-

**10** Ebd., S. 132–135.
**11** Mertens, Württemberg 1995, S. 117.

scher Einflussnahme. Eine besondere Bedeutung kam den drei Landschaftskonsulenten zu. Als studierte Juristen führten sie die laufenden Geschäfte des Engeren Ausschusses. Sie waren die einflussreichsten Wortführer der Ehrbarkeit im Land.

Als 1629 der Geheime Regimentsrat zwischen die drei obersten Landesbehörden und den Fürsten trat, setzte die Landschaft durch, dass diese neue herzogliche Oberbehörde ebenfalls auf die Landesverfassung verpflichtet wurde. Im selben Landtagsabschied wurde überdies festgehalten, künftig die herrschaftlichen Amtsträger (Amtleute, Vögte) von den Landtagen auszuschließen. Im Gegenzug erklärte sich der Landtag – wieder einmal – bereit, eine hohe Schuldensumme zu übernehmen. Durch den Ausschluss der Vögte wurde die Landschaft exklusiv zu einer Vertretung des Landes, genauer seiner Städte.

## 2.3 Konflikte zwischen Landesherrn und Landständen

Landständische Politik im 18. Jahrhundert war vor allem Politik des Engeren Ausschusses; der Landtag selbst wurde nur drei Mal einberufen (1737–1739, 1763–1770, 1797–1799). De facto besaßen die Mitglieder des Größeren Ausschusses eine Art Anwartschaft auf freiwerdende Ämter im Engeren Ausschuss, wobei die Vertreter der drei Hauptstädte (Stuttgart, Ludwigsburg, Tübingen) gesetzt waren.[12] Dauerhafte Konfliktherde im 18. Jahrhundert waren die Militär- und die Finanzpolitik. Grundsätzlich ging es dabei um die Abgrenzung unterschiedlicher Interessenslagen des Herzogs und der Landstände. Wiederholt kam es seit dem späten 17. Jahrhundert zu Klagen der Landschaft vor dem Reichshofrat. Die württembergische Politik geriet überdies immer stärker in außenpolitische Abhängigkeiten, eine Lösung des Konflikts war folglich auch nur im Rahmen der außen- und reichspolitischen Bedingungen möglich. Innenpolitisch wurde die dauerhafte Finanzierung eines stehenden Heeres über Verhandlungen mit den Ausschüssen erzielt. Um dies zu erreichen, hatte der Herzog – letztendlich erfolgreich – eine Veränderung der Amtsversammlungen vorgenommen. Dies stärkte die Dörfler, denen nun erstmals die Teilnahme an den Amtsversammlungen eingeräumt wurde. Die Politik Herzog Carl Alexanders zur Erschließung neuer Finanzquellen, die sein Geheimer Finanzrat Joseph Süß Oppenheimer leitete, führte zu heftigen Konflikten im Land. Der plötzliche Tod des Landesherrn 1737 machte Herzogadministratoren (bis 1744) erforderlich. Die Landstände nutzten die Schwächeperiode der Dynastie, um ihre Position zu stärken. Die Stärke der Landstände zeigte sich in einem Schauprozess, der gegen Joseph Süß Oppenheimer geführt wurde.[13] Dass Oppenheimer Jude war und der Herzog Katholik, verschärfte die Situation, war aber keinesfalls Ursache des Prozesses. Oppenheimer

12 Haug-Moritz, Ehrbarkeit 2009, S. 17–19.
13 Emberger/Kretzschmar, Quellen 2013.

hatte es nur verstanden, dem Herzog neue Geldquellen zu erschließen, die ihm die Möglichkeit gaben, am Landtag vorbei an Finanzmittel zu gelangen. Dies hatte das starke Instrument des Landtags, die Mitsprache bei den Finanzen, untergraben. Die Militärpolitik Herzog Carl Eugens und eine mit Gewalt eingetriebene Umsatzsteuer führten erneut zu heftigem Widerspruch. 1764 entschied die Landschaft, wiederum Klage vor dem Reichshofrat in Wien zu führen und den Landesherrn wegen seiner despotischen Tendenzen und der Verletzung von Landesfreiheiten anzuklagen. Im Erbvergleich von 1770, der nach langwierigen Verhandlungen und unter Vermittlung europäischer Mächte zwischen Herzog Carl Eugen und den Landständen geschlossen werden konnte, musste der Herzog die alten Rechte der Landstände neu bestätigen und den Landtag und die Ausschüsse als Repräsentationsorgan des Landes anerkennen. Damit kanonisierte der Reichshofrat die vielgestaltigen Landesgrundgesetze und „legitimierte die ständische, von den Ausschüssen gehandhabte Verfassungsinterpretation.“[14] Die Verfassungsgarantie war zugleich eine soziale Garantie: Prälaten und Landschaft gingen gestärkt aus dieser Auseinandersetzung hervor.[15] Der Vorstoß Herzog Carl Eugens zum Absolutismus „endete in der spektakulären Niederlage einer Quasi-Konstitution.“[16]

Den Landesherren gelang es nicht, den Einfluss der bürgerlichen Ehrbarkeit zurückzudrängen, weil sie angesichts wachsender Aufgaben in Administration und Justiz auf die Kompetenzen der Ehrbarkeit angewiesen waren.[17] Die Verwandtschafts- und Heiratsbeziehungen dieser Schicht bildeten ein soziales Netz aus rund 200 Familien (1650–1800), das sowohl die städtischen Oberschichten als auch das ganze Land zusammenhielt.

Als sich nach den napoleonischen Umwälzungen die Möglichkeit bot, sich der Abhängigkeit von den Landständen zu entziehen, nutzte dies Herzog Friedrich II. Er ließ die durch Säkularisation und Mediatisierung neu an Württemberg gekommenen Landesteile zunächst unabhängig vom ehemaligen Herzogtum verwalten; ständische Vertretungen in den neuen Territorien wurden gegebenenfalls aufgelöst. Nur in der Person des Herrschers waren beide Landesteile verbunden. Als die württembergischen Landstände 1805 Truppen für das Bündnis mit Napoleon verweigerten, bot dies Kurfürst Friedrich den Anlass für diese Verfassungsänderung. Nach dem Pressburger Frieden im Dezember 1805 hob der von Napoleons Gnaden zum König erhobene Kurfürst alle Landesgrundgesetze auf. Mit Rückendeckung Frankreichs wurden die Landstände am 30. Dezember 1805 aufgehoben, einen Tag später wurden ihnen alle politischen Rechte aberkannt. König Friedrich konnte absolutistisch regieren.

14 Mertens, Württemberg 1995, S. 158.
15 Press, Landtag 1983, S. 256–258.
16 Mertens, Württemberg 1995, S. 158f.
17 Haug-Moritz, Ehrbarkeit 2009, S. 48–63, 17–19; Holtz, Bildung 2002, S. 379–388.

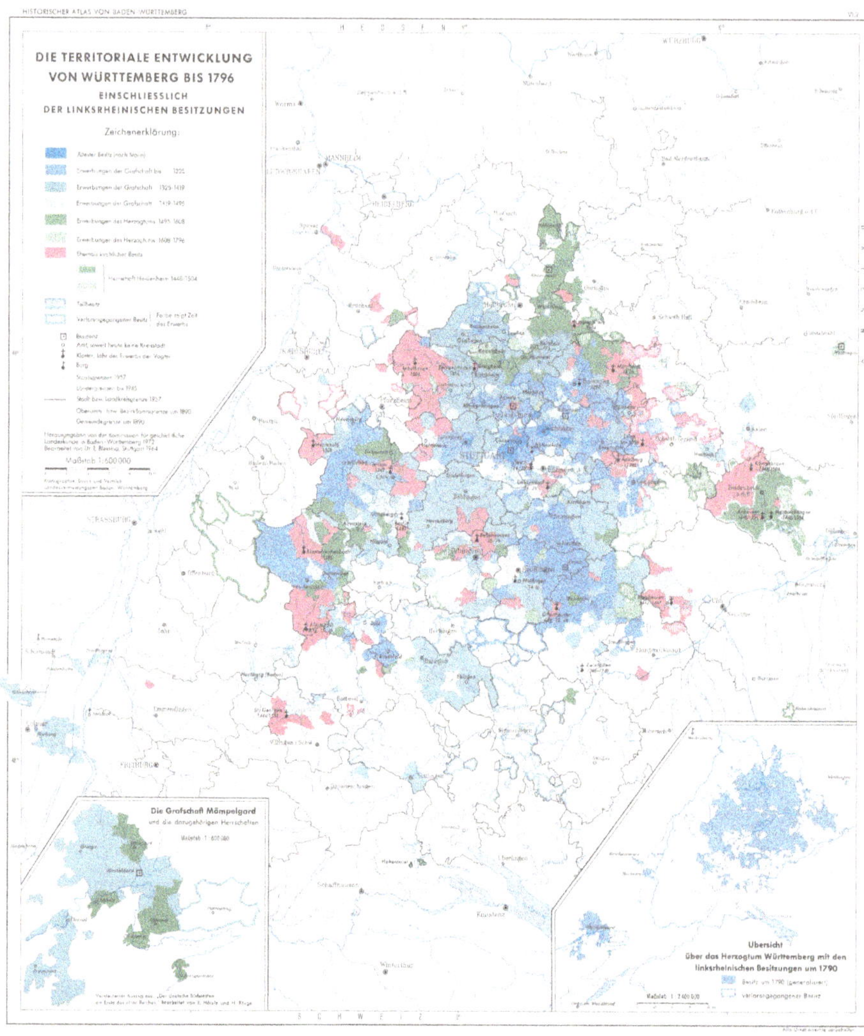


**Abb. 31:** Die territoriale Entwicklung von Württemberg bis 1796 einschließlich linksrheinischer Besitzungen

Im Rückblick wird Folgendes deutlich: Die Landstände, die aus einer politisch wie dynastisch bedrohlichen Situation um die Mitte des 15. Jahrhunderts hervorgegangen waren und zwei Generationen später bereits im Regimentsrat politische Verantwortung trugen, wurden zu Trägern einer Landesidentität. Dies gilt im Besonderen für ihre bürgerlichen Vertreter, da nach der Reformation mit der Säkularisation der Klöster und der Errichtung der evangelischen Klosterschulen im württembergischen Landtag faktisch nur noch ein Stand, die Ehrbarkeit, vertreten war. Die Identität war eng mit dem evangelischen Bekenntnis verknüpft, das mit dem Landtagsabschied 1565, reichsrechtlich abgesichert, zu einer Sache des Landtags geworden war. Die Religionsreversalien (1733) bestätigten die Bedeutung der Konfession. Die politische Bedeutung der Landstände leitet sich letztendlich aus dem Tübinger Vertrag ab, der den Landständen politische Mitsprache bei der Steuererhebung des Landes, beim Kriegswesen, bei der Landesverteidigung sowie bei der Veräußerung von Landesteilen eingeräumt hatte. Besonders das Instrument der Mitsprache bei der Steuererhebung nutzten die Landstände. Zur Durchsetzung ihrer legitimen Rechte gingen die Stände gegebenenfalls bis vor den Reichshofrat. Die landständische Verfassungsinterpretation diente dem gemeinsamen Zusammenhalt von Land und Herrschaft und beförderte eine Identifikation der Untertanen mit ihrem Land. Diese Haltung unterstützte den Territorialisierungsprozess und schuf ein gemeinsames Landesbewusstsein. Das landständische Beharren auf Wahrung der Landesgrundgesetze erteilte absolutistischen Tendenzen eine klare Absage. Ein absolutistischer Obrigkeitsstaat konnte sich deshalb im Herzogtum Württemberg nicht durchsetzen. Erst dem König gelang in der Umbruchsphase 1806 bis 1819 die kurzzeitige Ausschaltung ständischer Partizipation.

## 2.4 Die konstitutionelle Monarchie Württembergs

Durch Säkularisation und Mediatisierung war das neue Königreich Württemberg, verglichen mit dem Württemberg vor 1803, auf ungefähr die doppelte territoriale Größe und die doppelte Bevölkerungszahl angewachsen. Es war nun einer von vier Staaten des deutschen Südwestens, neben dem Großherzogtum Baden und den beiden Fürstentümern Hohenzollern-Hechingen und Hohenzollern-Sigmaringen. Noch vor der Unterzeichnung der Bundesakte des Deutschen Bundes, die für alle Mitgliedsstaaten eine landständische Verfassung vorschrieb, hatte König Friedrich auf den 15. März 1815 eine Ständeversammlung einberufen.[18] Der neue Wahlmodus sah eine direkte Wahl vor; die vermögenderen Männer wählten die Vertreter der Ständeversammlung. König Friedrich legte den Deputierten eine relativ moderne Verfassung vor, die er für verbindlich erklärte. Neben den Vertretern der standesherrlichen Familien, vom König benannten Vertretern des Adels und den Vertretern der Universität und der Kirchen waren 71 gewählte Abgeordnete vorgesehen. Hier war ein Zensuswahlrecht festgelegt, das die alten Privilegien der Ehrbarkeit ausgehebelt hätte.

Der Vorschlag löste heftigen Widerspruch aus. Die Deputierten protestierten gegen eine vom König oktroyierte Verfassung und forderten die Wiedereinführung der von oben einseitig aufgehobenen alten Ordnung. Erst am 25. September 1819 konnte die Verfassung des Königreichs Württemberg unterschrieben werden. Aus

**18** Mann, Württemberg 1992, S. 235–331, hier S. 263–291.

Sicht der Stände war der viereinhalbjährige Kampf um das sogenannte gute alte Recht erfolgreich gewesen: Die Landesverfassung war keine aus fürstlicher Machtvollkommenheit aufgezwungene Verfassung, sondern ein zwischen König Wilhelm und Ständen geschlossener Vertrag. Diese Verfassung war die einzige in dieser Zeit, die auf einem gegenseitigen Vertrag gegründet war.

Der Verfassungsvertrag regelte in umfassender Weise sowohl die Funktionen des Staates als auch die Partizipationsmöglichkeiten des einzelnen Staatsbürgers.[19] Die Religionsverfassung schrieb ein konfessionell gemischtes und paritätisches Staatswesen vor, in dem die drei reichsgesetzlich anerkannten Konfessionen volle Gleichberechtigung besaßen. Juden erhielten erst 1864 die vollen staatsbürgerlichen Rechte. Die Verfassung von 1819 bedeutete mithin das Ende der kurzen Phase absolutistischer Herrschaft (1806–1819) in Württemberg. Die Wahl der Abgeordneten erfolgte nach einem Zensus- und Klassenwahlrecht: jeder männliche Gemeindebürger über 25 Jahre, der einer christlichen Konfession angehörte und direkte Steuern zahlte, konnte Wahlmänner wählen, die dann Abgeordnete zu bestimmen hatten. Der Wählerkreis war, verglichen mit der Vormoderne, erheblich erweitert worden.

Die württembergische Verfassung sah nun ein Zwei-Kammern-System vor. Damit waren die Standesherren in den württembergischen Landtag zurückgekehrt. Die Regierungsbildung blieb allein dem Monarchen vorbehalten. Rechte der Stände waren die Zustimmung zu allen Gesetzen, zur Erhebung neuer Steuern und zur Aufnahme von Staatsschulden sowie die Beratung des Staatshaushalts. Das stärkste Instrument der Abgeordneten gegen die Dominanz der Regierung war das Recht auf Steuerbewilligung und die Kontrolle des Haushalts.

In der I. Kammer, der Kammer der Standesherren, waren die volljährigen Prinzen des königlichen Hauses, die Häupter des mediatisierten (Hoch-)Adels sowie vom König auf Lebenszeit ernannte Mitglieder vertreten (§ 129 der Verfassung). Die II. Kammer, die Abgeordnetenkammer (§ 133), bestand aus 93 Mitgliedern, darunter 23 Privilegierte (13 Mitglieder der Ritterschaft, 6 evangelische Prälaten, der Bischof von Rottenburg, 2 weitere Vertreter der katholischen Kirche und der Kanzler der Universität Tübingen) und 70 gewählte Volksvertreter. Letztere setzten sich aus den 7 Abgeordneten der sogenannten guten Städte (Stuttgart, Tübingen, Ludwigsburg, Ulm, Heilbronn, Reutlingen und Ellwangen) sowie den 63 Vertretern aus den Oberamtsstädten zusammen. Die sogenannten Altrechtler, die den Verfassungsentwurf des Königs (1815) abgelehnt und eine modifizierte altwürttembergische Verfassung gefordert hatten, sahen die nun eingerichtete II. Kammer als Anknüpfung an die Tradition des altwürttembergischen Landtags.

Mit der Verabschiedung der Verfassung 1819 und der ihr vorausgegangenen Verwaltungsneuordnung erhielt Württemberg die politischen und administrativen Strukturen, die bis 1918 weitgehend das staatliche Leben des Königreichs prägten.

---

19 Press, Landtag 1983, S. 277–281.

Der württembergische Landtag der Königszeit war kein demokratisches Parlament. Die Beteiligung der württembergischen Bevölkerung lag dennoch bei einem vergleichsweise hohen Anteil von 15 % der Gesamtbevölkerung.

Im Kontext der Revolution 1848[20] wurde das erste parlamentarische Ministerium des Landes gebildet, das unter der Führung des Juristen Friedrich Römer (1794–1864) stand. Die schnelle Bildung des liberalen Ministeriums und die Wiedereinsetzung eines liberalen Pressegesetzes verhinderten in Württemberg größere revolutionäre Erhebungen. Überall entstanden Vaterländische Vereine und Volksvereine, die Foren für Diskussions- und Abstimmungsprozesse boten und die Keimzellen der künftigen Parteien bildeten.[21] König Wilhelm I. von Württemberg verweigerte zunächst die Anerkennung der auf der Nationalversammlung in Frankfurt verabschiedeten Reichsverfassung. Auf Druck der Bevölkerung nahm Wilhelm I. am 25. April 1849 die Reichsverfassung an. Drei Tage später lehnte der preußische König Friedrich Wilhelm IV. die ihm von der Nationalversammlung angetragene Krone ab. Die Nationalversammlung brach auseinander. Das sogenannte Rumpfparlament verlegte sich nach Stuttgart. Nach zwei Sitzungen ließ die württembergische Regierung die Versammlung gewaltsam auflösen. Nach politisch turbulenten Zeiten, in denen drei Landesversammlungen durch den württembergischen König aufgelöst worden waren, fand im März 1851 wieder eine Landtagswahl statt, und zwar auf der Grundlage der Verfassung von 1819.

Die Veränderungen des Wahlrechts 1868 und 1906 führten dazu, dass sich die II. Kammer von einer Honoratiorenversammlung hin zu einer demokratisch legitimierten Volksvertretung entwickelte. 1868 war für die männliche Bevölkerung das allgemeine, gleiche, direkte und geheime Wahlrecht eingeführt worden. Mit Gotthilf Eduard Pfeiffer (1835–1921) war nun auch der erste jüdische Abgeordnete im württembergischen Landtag vertreten. 1906 war die Zusammensetzung der beiden Kammern des Landtags grundlegend verändert worden.[22] Künftig bestand die II. Kammer ausschließlich aus per Mehrheitswahlrecht gewählten Abgeordneten der 63 Oberämter sowie der 6 sogenannten guten Städte (Tübingen, Ludwigsburg, Ulm, Heilbronn, Reutlingen, Ellwangen). Hinzu kamen die künftig per Verhältniswahlrecht gewählten 6 Abgeordneten aus Stuttgart sowie die 17 in den beiden Landeswahlkreisen (Neckar- und Jagstkreis: 9; Schwarzwald- und Donaukreis: 8) gewählten Abgeordneten. Die ausgeschiedenen privilegierten Mitglieder der II. Kammer wurden in die I. Kammer integriert; neu aufgenommen wurden hier ein Vertreter der Technischen Hochschule Stuttgart sowie 5 berufsständische Mitglieder. Nach der Reichsgründung 1871 wurden wesentliche Rechte auf die Organe des Reichs übertragen.

**20** Back, Revolution 2010.

**21** Cordes, Landtag 1982, S. 123–152.

**22** Naujoks, Württemberg 1992, S. 333–432.

## 2.5 Die politische Teilhabe im Volksstaat Württemberg

Die Berufung eines parlamentarischen Ministeriums am 8. November 1918 konnte das Ende der Monarchie in Württemberg nicht mehr aufhalten.[23] Unabhängige Sozialdemokraten, Mehrheitssozialdemokraten und Gewerkschaften bildeten am 9. November eine Provisorische Regierung und riefen die Republik aus. Am 30. November dankte Wilhelm II. ab. Unter Ministerpräsident Wilhelm Blos (SPD) nahm sie am 11. November drei bürgerliche Minister in die Regierung auf. Die Wahlen zur Verfassungsgebenden Versammlung fanden am 12. Januar 1919 statt. Wählen durften alle in Württemberg wohnhaften Deutschen ab Vollendung des 20. Lebensjahrs; erstmals durften auch Frauen wählen. Die Wahlen bestätigten die Provisorische Regierung unter Ministerpräsident Blos, die sie tragenden Parteien (MSPD, DDP und Zentrum) erhielten zwei Drittel aller Sitze. Der Frauenanteil im Parlament lag bei 8,7 % (13 weibliche Abgeordnete). Am 26. April 1919 wurde die Verfassung mit überwältigender Mehrheit angenommen. Nachdem die Reichsverfassung in Kraft getreten war, erfolgte die Anpassung des württembergischen Staatsgrundgesetzes an die einschlägigen Bestimmungen der Reichsverfassung. Am 25. September 1919 trat – 100 Jahre nach Abschluss des württembergischen Verfassungsvertrags – die erste demokratische Verfassung Württembergs in Kraft. In ihren Grundbestimmungen entsprach das württembergische Staatsgrundgesetz den anderen Landesverfassungen der Weimarer Zeit. Der Landtag, der nur aus einer Kammer bestand, wurde alle vier Jahre gewählt. Das allgemeine, gleiche, unmittelbare und geheime Wahlrecht wurde von Männern und Frauen (Wahlalter: 20 Jahre) ausgeübt. Neben der Aufgabe der Gesetzgebung hatte der Landtag den Auftrag, die Regierung, die ihm verantwortlich war, zu bestellen und zu kontrollieren. Der vom Landtag gewählte Ministerpräsident führte die Amtsbezeichnung Staatspräsident, er berief die Minister. Vor Ablauf der Legislaturperiode konnte der Landtag per Volksentscheid aufgelöst werden. In der Weimarer Zeit konnten in Württemberg die politischen Verhältnisse nach dem revolutionären Umsturz rasch konsolidiert werden und blieben bis zum Ende der vierten Legislaturperiode (1932) stabil. Zum einzigen Regierungsrücktritt kam es, als Staatspräsident Johannes (von) Hieber (DDP) für seine unpopulären Verwaltungsreformen 1924 keine Mehrheit fand.

Die Landtagswahl am 24. April 1932 veränderte die Zusammensetzung des Parlaments nachhaltig; die NSDAP erreichte landesweit 26,4 % (1928: 1,8 %). Die Wähler der NSDAP stammten auffällig häufig aus den ländlich strukturierten evangelischen Regionen. In etlichen Oberämtern in Württembergisch Franken sowie im östlichen Schwarzwald erhielt die NSDAP zwischen 40 und über 50 %. In den ebenfalls ländlichen Gebieten Oberschwabens konnte hingegen das Zentrum seine starke Stellung behaupten. Christian Mergenthaler (NSDAP) wurde neuer Landtagspräsi-

---

23 Sauer, Württemberg 2003, S. 73–149, hier S. 73–84.

dent. Eine verfassungsmäßige Regierung kam nicht zustande, weil sich keine Mehrheit für die Wahl eines Staatspräsidenten fand. Das Kabinett von Eugen Bolz blieb geschäftsführend im Amt und regierte vor allem mit Notverordnungen.

## 2.6 Das Ende des demokratischen Volksstaats und die Machtübernahme der Nationalsozialisten

Die sechs Wochen nach der Machtübernahme der Nationalsozialisten im Reich durchgeführte Reichstagswahl am 5. März 1933 zerstörte den demokratischen Volksstaat Württemberg.[24] Die NSDAP holte in Württemberg zwar nur 42,9 %, aber mit Unterstützung der Bürgerpartei (Deutsch-Nationale Volkspartei, 4,3 %) und des Bauern- und Weingärtnerbundes (10,7 %) schuf die NSDAP die Ausgangsbasis für die absolute Macht in Württemberg. Am 15. März 1933 trat der Landtag zusammen und wählte mit 36 Stimmen NS-Gauleiter Wilhelm Murr zum Staatspräsidenten. Die Abgeordneten der inzwischen verbotenen KPD waren nicht mehr dabei, die SPD (13 Stimmen) stimmte dagegen, Zentrum und DDP (19 Stimmen) enthielten sich.

Das von der Reichsregierung beschlossene Gleichschaltungsgesetz (31. März 1933) schrieb die Auflösung der Landtage vor. Ihre Neuordnung bis 15. April sollte auf der Basis der Reichstagswahlergebnisse erfolgen, selbstverständlich ohne die Stimmen der verbotenen KPD. Das württembergische Staatsministerium wurde eine Mittelbehörde des Reichs.

## 2.7 Demokratischer Neubeginn und die Entstehung des Landes Baden-Württemberg

Am 30. April 1945 war der Zweite Weltkrieg im Südwesten zu Ende.[25] Am 8. Mai folgte die Kapitulation des Deutschen Reiches. Die Planungen der Alliierten sahen die Besetzung des deutschen Südwestens durch die Amerikaner vor. Die historischen Länder Baden und Württemberg sollten erhalten bleiben; Hohenzollern, also der preußische Regierungsbezirk Sigmaringen sollte – wie ganz Preußen – aufgelöst werden. Durch den französischen Sieg an Rhein und Donau und die Einnahme der beiden Landeshauptstädte Stuttgart und Karlsruhe kam es zur Spaltung der historischen Länder Baden und Württemberg. Die Amerikaner vereinigten ihre Gebiete (Nordbaden und Nordwürttemberg) im September 1945 zum Land Württemberg-

**24** Ebd., S. 329–332.
**25** Zum Folgenden: Matz, Baden-Württemberg 1986.

Baden.[26] Die Franzosen ließen den südbadischen Landesteil bestehen (Baden)[27] und vereinigten Hohenzollern mit dem südlichen Teil Württembergs (Württemberg-Hohenzollern).[28] Bereits im Sommer 1945 begann der Neuaufbau des politischen Lebens. Die Alliierten ließen politische Parteien (zunächst: KPD, SPD, CDU, DVP) zu, bildeten provisorische Landesregierungen und ordneten Wahlen auf kommunaler und auf Landesebene an. In allen drei neuen Ländern entstanden Landtage, deren Aufgabe es war, Verfassungen nach demokratischen Prinzipien auszuarbeiten. Die Wahlen zu den verfassunggebenden Landesversammlungen 1946 sowie die mit einer Volksabstimmung über die jeweilige Verfassung verbundenen ersten Landtagswahlen 1946/47 bildeten eine weitere Etappe auf dem Weg zur Demokratisierung. Die Bildung eines gemeinsamen Südweststaats stellte für viele eine wichtige Voraussetzung für wirtschaftlichen Fortschritt dar.[29] Die politische Debatte begann, als die Alliierten im Juli 1948 in den sogenannten Frankfurter Dokumenten die Landesregierungen aufforderten, Vorschläge zur Neugliederung der Länder zu machen.

Die drei südwestdeutschen Regierungschefs konnten bis 1950 keine Einigung erzielen, deshalb sollte die Neugliederung gemäß Artikel 118 des Grundgesetzes (Volksbefragung) geregelt werden. Mit Billigung des neu konstituierten Bundesverfassungsgerichts wurde eine Abstimmung in vier Abstimmungsbezirken durchgeführt und nicht, wie die Gegner des Südweststaats gewünscht hatten, eine Abstimmung nach den alten Ländern. Bei der am 9. Dezember 1951 durchgeführten Abstimmung ergab sich in drei von vier Abstimmungszonen eine Mehrheit für die Bildung des Südweststaates. Nordwürttemberg (93,5 %), Südwürttemberg (91,4 %) und Nordbaden (57,1 %) stimmten für den Südweststaat, in Südbaden (62,2 %) stimmte die Mehrheit der Wähler für die Wiederherstellung der alten Länder. Das Gesamtergebnis schuf die rechtlichen Grundlagen für die Landesgründung. Die Wahl zu einer verfassunggebenden Versammlung wurde am 9. März 1952 durchgeführt; sie wählte am 25. April 1952 Reinhold Maier (FDP/DVP) zum ersten Ministerpräsidenten. Die verfassunggebende Versammlung gab 1953 dem Südweststaat den Namen Baden-Württemberg. Im November 1953 trat die neue Verfassung in Kraft. Im Grundgesetz der Bundesrepublik Deutschland wurde das allgemeine, freie, gleiche, geheime und unmittelbare Wahlrecht für Frauen und Männer verankert. Der 1950 gegründete Bund der Heimatvertriebenen und Entrechteten setzte in der baden-württembergischen Verfassung die Aufnahme des Menschenrechts auf Heimat – eine Besonderheit der baden-württembergischen Verfassung – durch. Die Gegner des Südweststaats setzten 1956 beim Bundesverfassungsgericht eine erneute Volksabstimmung durch. Als am 7. Juni 1970 im badischen Landesteil endlich die Volks-

**26** Sauer, Württemberg-Baden 2003, S. 321–342.

**27** Matz, Baden 2003, S. 477–517.

**28** Schöntag, Land 2003, S. 441–476.

**29** Matz, Grundlagen 2003, S. 519–590.

abstimmung durchgeführt wurde, fiel die Zustimmung für die Restitution gering aus (Nordbaden 15,3 %; Südbaden 20,9 %, gesamt 18,1 %). Fast 82 % votierten für den Verbleib Badens bei Baden-Württemberg.

Nach der Bundestagswahl 1953, bei der sich im Südwesten über 52 % für die CDU entschieden hatten, trat Reinhold Maier (FDP/DVP) zurück; der Landtag wählte Gebhard Müller (CDU) zum neuen Ministerpräsidenten. Bis zur Wahl Winfried Kretschmanns (Bündnis 90/Die Grünen) in der 15. Landtagswahl 2011 stellte die CDU ohne Unterbrechung den baden-württembergischen Ministerpräsidenten. Seit 2016 bildet die CDU eine Koalitionsregierung unter der Führung von Ministerpräsident Kretschmann. Bei den fünf Landtagswahlen zwischen 1972 und 1988 holte die CDU die absolute Mehrheit; bei den anderen Landtagswahlen bildete die CDU Koalitionsregierungen.[30]

# 3 Sachsen und Thüringen (13.–20. Jahrhundert)

Uwe Schirmer

Die landständische Mitsprache in den Territorien des Reiches wird in einer Königsurkunde vom 1. Mai 1231 sowie im etwa zeitgleich entstandenen Sachsenspiegel unspektakulär vorausgesetzt. Beide Quellen geben indes keine Auskunft über die soziale Zusammensetzung der Stände – es ist einzig von den *meliorum et maiorum terre* bzw. von der „lant gemeine" die Rede. Unter die „Vornehmen und Großen" sind diejenigen zu zählen, die sich in der allmählich verfestigenden Ständehierarchie unterhalb des Reichsfürstenstandes befanden – mithin die Grafen und Herren sowie der Nieder- bzw. Landadel. Für die soziale und regionale Zugehörigkeit zu den Ständen – also zur Genossenschaft von Freien – war ein gemeinsames Rechtsverständnis konstituierend. Die Landstände sind „eine Rechts- und Friedensgemeinschaft, die durch ein bestimmtes Landrecht geeint ist. Träger [...] sind die Landleute."[31] Die soziale Herkunft dieser „Landleute", ihre identitätsstiftende Herrschaftspraxis im Regionalen, der Formationsprozess landständischer Verfassung sowie nicht zuletzt die zentrale Frage, ob sie – ganz nach dem mittelalterlichen Verständnis von Herrschaft und Genossenschaft – als Korrektiv fürstlicher Herrschaft agierten, soll nachfolgend am Beispiel Thüringens und Sachsens (Markgrafschaft Meißen) erörtert werden.

30 Sepaintner, Baden-Württemberg 2003, S. 591–895, hier S. 591–719.

31 Brunner, Land 1990, S. 234.

## 3.1 Die Formierungsphase der Landstände und die Rolle von Landdingen, Landfriedensgerichten und Steuerwesen

Der Ort, wo sich die Vornehmen und Großen im 13. und 14. Jahrhundert versammelten, waren die Landdinge. Deren Hege und Pflege oblag den Landesfürsten. Dies waren im Untersuchungsgebiet seit der Mitte des 13. Jahrhunderts vorrangig die Markgrafen von Meißen, Landgrafen von Thüringen und Pfalzgrafen von Sachsen aus dem Hause Wettin. Als konkurrierende Gewalten traten ihnen die Mainzer Erzbischöfe im Erfurter Raum und im Eichsfeld, die Erzbischöfe von Magdeburg in Alt-Sachsen, die Markgrafen von Brandenburg in der Niederlausitz und im mittleren Elbegebiet sowie die Könige von Böhmen in der Oberlausitz, an der oberen Elbe ab Pirna, auf dem Erzgebirgskamm und im Vogtland entgegen. Die Herzöge von Sachsen, die gefürsteten Grafen von Anhalt (beide askanisch) und die gefürsteten Grafen von Henneberg spielten als ernsthafte Konkurrenten nur eine untergeordnete Rolle. Entscheidend während des Formationsprozesses landständischer Entwicklung war, dass es den Wettinern gelang, die Gerichtshoheit über die zentralen Landgerichtsstätten an sich zu ziehen, ohne dass sie vor Ort auch tatsächlich Herrschaft ausgeübt haben. Beispielhaft sei die zentrale Gerichtsstätte des spätmittelalterlichen Thüringens, das nördlich von Erfurt gelegene Mittelhausen, angeführt. Mittelhausen stieg seit Ende des 12. Jahrhunderts zu einem der wichtigsten Versammlungsorte in Thüringen auf. Dorf und Gemarkung waren Mainzer Lehen. Jedoch hegten spätestens seit dem 13. Jahrhundert die Landgrafen von Thüringen das Gericht.[32] Seine herausragende Stellung wird dadurch unterstrichen, dass der Abt des Benediktinerklosters St. Peter zu Erfurt ins Gericht nach Mittelhausen – zumindest nach Ausweis des *Registrum Dominorum* aus dem Jahr 1378 – einen Teppich für den Richterstuhl sowie ein Paar Schuhe liefern musste, so es vonnöten sei.[33] Der nach Mittelhausen zu liefernde Teppich- und Schuhzins aus dem wohlgemerkt ältesten Kloster Thüringens ist als ein anerkennender Akt der Zugehörigkeit bzw. der Unterwerfung gegenüber diesem Gericht zu werten. Neben Mittelhausen befanden sich weitere Gerichtsplätze auf dem Collm bei Oschatz, vor der Burg in Meißen (beide für das Land Meißen), in Schkölen (bei Naumburg, für das nördliche Osterland), in Altenburg für das Pleißenland sowie in Weida unterhalb der Osterburg für das Vogtland bzw. südliche Osterland. Nachdrücklich belegen rechtshistorische spätmittelalterliche Quellen die einstmals bedeutsame Stellung der Landgerichtsstätten.[34]

Die Landdinge wurden nicht zuletzt von den Bischöfen zu Meißen, Merseburg und Naumburg, von einzelnen Domkapitularen sowie den Pröpsten und Äbten der großen geistlichen Institutionen besucht. Im Wesentlichen rekrutierte sich das

32 Eberhardt, Gerichtsorganisation 1958, S. 115–119.

33 Beschorner, Registrum 1933, S. 23.

34 Lück, Gerichtsverfassung 1997.

Landding jedoch aus der landesherrlichen Ministerialität. Vereinzelt sind Bauern nachweisbar; kaum jedoch Vertreter der Städte. Die auf den Gerichtstagen anwesenden Bauern waren wahrscheinlich die Inhaber der Saupen-, Erb- oder Schöffengerichte, die zur Haltung von Lehnpferden verpflichtet waren. Das Verbindende zwischen dem Fürsten und den Ständen war das gemeinsame Landrecht, wobei unklar bleibt, ob hinsichtlich der Präsenz und Frequentierung der Gerichtstage noch andere Beziehungen – vorrangig ist an das Lehnrecht zu denken – gewirkt haben. Das Landgericht erscheint als die Stätte, auf der Konflikte des Landes geschlichtet werden sollten.

In Thüringen gewannen zwischen 1262/89 und 1338 Landfriedensgerichte als Instrumente der Konfliktlösung an Wirkmacht. Funktion dieser Gerichte war die Erhaltung bzw. Wiederherstellung des Landesfriedens. Bemerkenswert ist ihre soziale Zusammensetzung, denn sie spiegelt die spätere ständische Gliederung wider. Im Schöffenkollegium saßen 12 Personen. Es waren freie Herren, Niederadlige und Vertreter der Städte Erfurt, Mühlhausen und Nordhausen. Nicht nachweisbar sind jedoch Pröpste und Äbte, die später mit den Grafen und Herren in der ersten Landtagskurie saßen. Auch die Städtekurie veränderte sich noch grundlegend. Im 15. Jahrhundert und danach saßen die landesherrlichen Städte auf der Städtebank. Bis 1338 fungierte im Landfriedensgericht durchweg ein Graf oder Burggraf als Richter – zumeist war es ein Graf von Schwarzburg. Er führte ein eigenes Siegel, das ihn als Landrichter auswies. Das Siegel hatte ihm der Landgraf verliehen.[35] Die Tatsache, dass der Fürst dem Landrichter ein eigenes Siegel zustand, weist ihn abermals als Heger des Gerichts aus. Nach Ende der Thüringer Grafenfehde (1342–1346) verschwinden nicht nur die Landfriedensgerichte, sondern es verlieren auch die Landdinge an Bedeutung. Dies sollte mit der Festigung landesfürstlicher Macht erklärt werden; ferner gewann seit der Mitte des 14. Jahrhunderts die fürstliche Hofgerichtsbarkeit beständig an Wirkmacht, sodass nun nicht mehr die alten Landdinge Stätten der Schlichtung und Appellation waren, sondern die Gerichte am Hof des Fürsten. Es ist kein Zufall, dass seit 1344 ein *iudex curiae* im Umfeld des Land- und Markgrafen Friedrich II. nachweisbar ist; also zu der Zeit, als das Landfriedensgericht zu Mittelhausen zum Erliegen kam. Und schließlich stiegen seit der Mitte des 14. Jahrhunderts die Vogteigerichte in den regionalen Verwaltungsbezirken bzw. in den Ämtern, als lokal bedeutsame Gerichte empor.

Die Entwicklung landständischer Verfassung ist eng mit der Etablierung des territorialen Steuerwesens verbunden, haben doch alle Landesherren seit dem Spätmittelalter Sonderabgaben von ihren Untertanen erbeten. Derartige Abgaben erhoben die wettinischen Landesfürsten seit Beginn des 14. Jahrhunderts. Versuche der Landesherren, sämtliche fiskalischen Ressourcen des Territoriums zu mobilisieren, abzuschöpfen und für ihre Zwecke zu nutzen, führten zur Stärkung des landständi-

35 Leist, Landesherr 1975, S. 29–49; Posse, Siegel. Bd. I 1903, Tafel 7, Nr. 3 u. 4; Tafel 8, Nr. 1–5.

schen Bewusstseins, waren doch die Stände als lokale und regionale Herrschaftsträger der Auffassung, dass alle Sonderabgaben dem „Land“ und nicht den Fürsten zustünden. Folglich begann in der zweiten Hälfte des 14. Jahrhunderts das Ringen zwischen Landesherrschaft und Ständen um die territoriale Steuerhoheit. Konkret: Wem gehören die Steuern? Wer darf sie bewilligen, erheben und verwalten? Sowie: Für welche Zwecke sind sie zu nutzen? Den Landesherren war bewusst, dass Sonderabgaben nur mit und nicht gegen die Stände erhoben werden konnten. Die ersten Steuern wurden sodann nur im lokalen Bereich gefordert. Nicht zufällig geschah das in der Region, in der die wettinische Hausmacht am stärksten war: in und um Meißen. So forderten Landgraf Balthasar und die Markgrafen Friedrich III. und Wilhelm I. von den Untertanen ihrer Stände („unsre man, hern, rittere, knechte, phaffen, clostere und burgere“) im Jahr 1376 einen halben Jahreszins als Bete. Betroffen waren all jene, die im Gericht zu Meißen begütert waren.[36]

## 3.2 Schwankende Institutionalisierung der Landstände: Land- und Ausschusstage

Infolge landesfürstlicher Liquiditäts- und Finanzkrisen sowie aufgrund der militärischen Bedrohung durch die Hussiten gewannen die Landstände in dem – seit 1382 in drei bzw. seit 1407/10 in zwei Landesteile separierten – Territorium an politischem Einfluss. Die Jahre zwischen 1410 und 1445 führten zum ersten großen Höhepunkt landständischer Macht. Marksteine dieser Entwicklung sind die Einungen des thüringischen Hoch- und Niederadels (1417, 1419, 1423, 1445); die Einung der Landstände aus Meißen sowie dem Oster- und Pleißenland (1445); die Landtage zu Gotha (1428), Leipzig (1438) und Weißensee (1446); die Naumburger (1410), Altenburger (1436) und Coburger (1439) Örterung; die Verträge zu Jena (1437) und Weißenfels (1444) sowie schließlich und endlich die berühmte Landesordnung für Thüringen vom Januar 1446, die jedoch nie ratifiziert wurde. Eine „einheitliche“ und „geeinte“ Landschaft, in der die Herrschaftsträger aus Franken, Thüringen, Meißen, dem seit 1423 den Wettinern gehörenden Herzogtum Sachsen, sowie dem Oster-, Pleißen- und Vogtland vereint gewesen wären, existierte jedoch zu keiner Zeit. Die weit ausgreifenden wettinischen Territorien standen ohnehin nur von 1307/19 bis 1382 sowie kurzzeitig zwischen 1482 und 1485 unter der Herrschaft eines einzelnen Fürsten. Zur Vereinigung der Stände aus Sachsen, Meißen sowie dem Oster- und Vogtland kam es 1438 auf dem Landtag zu Leipzig.

Nach dem Bruderkrieg (1446–1451) und der Landesteilung von 1445/51 entwickelte sich der landständische Formationsprozess in Thüringen und in den östlichen Landesteilen unterschiedlich. Im Herrschaftsbereich Kurfürst Friedrichs II.

36 Helbig, Ständestaat 1980, S. 394–400.

und seiner Nachfolger, die in Sachsen und Meißen regierten, fanden Landtage in Leipzig (1446, 1454 und vermutlich 1481), Grimma (1451, 1458), Oschatz (1466) und Dresden (1470) statt. In Thüringen, in dem von 1445/51 bis zu seinem Tod 1482 Herzog Wilhelm III. regierte, wurden die Stände nach Weißensee (1462, 1472), Coburg (1472) und Weimar (1481) eingeladen. Im Jahr 1471 fand in Roßla/Helme ein Städtetag statt. Obgleich sich die Stände sowohl in Thüringen als auch in Sachsen und Meißen seit den ersten Landtagen von Gotha (1428) und Leipzig (1438) etabliert hatten, so darf ihre Wirkmacht als Korrektiv fürstlicher Politik nach der Jahrhundertmitte nicht überschätzt werden, da vor allem die kurfürstliche Hauptlinie der Wettiner seit 1470 den reich sprudelnden Silberbergbau nutzen konnte. Infolgedessen lösten sich die Fürsten aus der fiskalischen Abhängigkeit der Stände. Diese Unabhängigkeit dokumentiert die Leipziger Teilung von 1485, die ohne Mitwirkung der Stände zustande kam. Landständische Interessen blieben bei der Teilung unberücksichtigt – im Gegensatz zu den Landesteilungen von 1382 und 1445. Mehr noch: Infolge der Teilung von 1485 – dies belegt die territoriale Gliederung – wurde der mächtige Thüringische Hoch- und Niederadel seiner Einheit und Geschlossenheit beraubt. Er wurde sowohl der ernestinischen Landschaft des Kurfürsten, als auch der des albertinischen Herzogs zugewiesen.[37]

Im ernestinischen Kurfürstentum wurden von 1485 bis 1547 insgesamt 37 Land- und Ausschusstage abgehalten, die in Altenburg (10), Naumburg/Saale (8), Torgau (4), Jena und Weimar (jeweils 3), Gotha (2) sowie je einmal in Weida, Wittenberg, auf der Fahner Höhe bei Erfurt, in Zeitz, Zwickau, Grimma und in Berka an der Werra stattfanden. Ein Landtag zog sich über drei bis sechs Tage hin.[38] Im albertinischen Herzogtum Sachsen fanden zwischen 1485 und einschließlich des Jahres 1547 insgesamt 30 Land- und Ausschusstage statt: Leipzig (14), Dresden (8), Chemnitz und Freiberg (je 2) sowie jeweils einmal in Döbeln, Meißen, Naumburg und Zeitz.[39] Die Ständetage zu Naumburg (1498) und Zeitz (1525) waren Zusammenkünfte der Stände aus beiden Territorien. Wichtigster Grund für die gemeinsamen Landtage war die Münzpolitik, die gemäß dem Leipziger Teilungsvertrag zwischen beiden Territorien abgestimmt sein musste. Nach 1485 formierte sich zögerlich die soziale und institutionelle Zusammensetzung der beiden Landschaften (vgl. die folgende Übersicht).

37 Blaschke, Länder 2010, S. 8f.

38 Müller, Landtage 1958, S. 188–228; Burkhardt, Landtagsakten 1902.

39 Goerlitz, Staat 1928.

| | ernestinisches Kurfürstentum | albertinisches Herzogtum |
|---|---|---|
| I. Kammer (Kurie): Grafen, Herren, Prälaten | 16 bis 18 Grafen und Herren; ca. 35 Pröpste, Äbte, Priore, Komture und Prokuratoren | ca. 12 Grafen und Herren; ca. 40 Pröpste, Äbte, Komture, Priore, Spital- und Brückenmeister |
| II. Kammer (Kurie): schriftsässige Ritterschaft | ca. 165 bis 180 Adlige | ca. 195 Adlige |
| III. Kammer (Kurie): schriftsässige Städte | ca. 75 Städte | ca. 50 Städte |

Das endgültige Gefüge landständischer Struktur setzte sich, nicht zuletzt aufgrund der Reformation sowie vielfältiger territorialer Veränderungen, erst während des 16. und 17. Jahrhunderts durch. Welche Probleme wurden auf den Landtagen seit ca. 1485 erörtert? Münzwesen und Steuern besaßen uneingeschränkte Bedeutung. Nicht zuletzt hing dies mit der Verschuldung der Landesfürsten zusammen, die ihre Verbindlichkeiten mittels Steuern verzinst und getilgt sehen wollten. Die Steuerhoheit lag jedoch bei den Ständen, die obendrein fast komplett als Gläubiger der Landesfürsten auftraten. Folglich besaßen sowohl die Fürsten als auch die Stände ein Interesse an einem ungebrochenen Steuerfluss, um die Schuldenbedienung abzusichern. Die Stände forderten immer, den Feinsilbergehalt der Landeswährung stabil zu halten, wollten sie doch keinen realen Wertverlust ihres Münzgeldes, das sie den Fürsten geborgt hatten, erleiden. Die Geldwertstabilität im wettinischen Herrschaftsbereich bis 1615/18 sowie nach dem Ende des Dreißigjährigen Krieges ist somit nicht nur auf den Silbersegen im Erzgebirge zurückzuführen, sondern auch auf das Wirken der Stände.

Neben der Steuer-, Finanz- und Münzpolitik wurden alle innenpolitischen Probleme auf den Ständetagen diskutiert und beschieden. Am Ende eines Landtages stand mit dem Abschied eine Gesetzesvorlage, aus der schließlich landesfürstliche Mandate erwuchsen. Kleinster gemeinsamer Nenner waren die Landeswohlfahrt und der Gemeine Nutzen. Bis zur Säkularisation der Kirchengüter, die in beiden wettinischen Territorien zeitgleich 1543 einsetze, waren die Sequestration der geistlichen Güter sowie die Frage ihrer Nutzung ebenfalls Diskussionsgegenstand auf den Landtagen. Späterhin betraf es auch das Schulwesen und die Universitäten. Die Universitäten Leipzig und Wittenberg sowie die 1548/58 gegründete Universität Jena waren nach der Mitte des 16. Jahrhunderts ebenfalls landständisch.[40]

Infolge der Wittenberger Kapitulation vom Mai 1547 verlor Kurfürst Johann Friedrich nicht nur die Kurwürde, sondern er erlitt auch drastische territoriale Verluste. Das verkleinerte ernestinische Territorium konzentrierte sich fortan auf Thüringen und die Coburger Pflege. Die Zahl der Ständevertreter war zusammengeschrumpft. Das Drei-Kammer-System blieb erhalten, doch hatte die erste Kurie durch die Reformation an Bedeutung verloren. Die wichtigste politische Kraft in der

**40** Walther, Universität 2018.

ersten Kurie war nun die Universität Jena. Den Gang der Landtagsverhandlungen bestimmte die Ritterschaft. Noch schwerwiegender als die Wittenberger Kapitulation waren jedoch die territorialen Veränderungen, welche die ernestinischen Herzöge nach 1572 fortlaufend vornahmen. Das berührte stets die innere Zusammensetzung der Stände, da sie sich infolge veränderter landesfürstlicher Grenzziehungen immer wieder neu formieren mussten. Trotzdem entfalteten die Landstände eine rege politische Tätigkeit, obgleich sie in den verkleinerten Territorien – beispielsweise im Vergleich zu den überaus mächtigen kursächsisch-albertinischen Ständen – nur eingeschränkt wirken konnten. Steuern, Finanzen und Landeswohlfahrt blieben die wichtigsten Themen der Landtage.

Grob vereinfacht bestanden zwischen 1572 und 1815/26 sechs bis sieben ernestinische Landschaften. Nach 1680 waren es sogar zeitweise zehn. In der Frühen Neuzeit treten als landständische Versammlungsorte Altenburg, Gotha, Weimar, Eisenach, mit Abstrichen Jena sowie schließlich Meiningen für Sachsen-Meiningen und Eisfeld bzw. Hildburghausen für die Stände von Sachsen-Hildburghausen hervor.[41] Neben den ernestinischen Ständen formierten sich landständische Körperschaften auch in den Schwarzburgischen und Reußischen Territorien, auf dem zu Kurmainz gehörenden Eichsfeld sowie kurzzeitig in der Grafschaft Hohnstein, wobei die Schwarzburgischen Stände in die zu Rudolstadt und Sondershausen und die der Reußen in die ältere und jüngere Linie separiert waren. Die Kleinheit der Territorien korrespondierte mit begrenzten fiskalischen Möglichkeiten der Stände. Daneben offenbaren aber auch die zahlenmäßige Zusammensetzung der einzelnen landständischen Körperschaften, die Frequenzen der stattgefundenen Land- und Ausschusstage oder die nicht unbedingt repräsentativen landständischen Tagungsorte die den Verhältnissen entsprechende politische Bedeutung. Eine gewisse Ausnahme stellten die Landstände von Sachsen-Gotha nach 1640 unter Herzog Ernst dem Frommen dar. Herzog Ernst gestand seinen Ständen seit 1641 sogar ein eigenes Ständehaus als landständisches Verwaltungs- und Herrschaftszentrum in Gotha unterhalb des Schlosses zu.

Das Landschaftshaus in Gotha sowie späterhin das prächtige Landtagsgebäude in Weimar sind Signaturen eines aktiven politischen landständischen Mitwirkens.[42] Zweifellos waren die Stände in Sachsen-Weimar-Eisenach und in Sachsen-Gotha-Altenburg am aktivsten. Im Allgemeinen fanden in diesen Territorien regelmäßig alle vier bis sechs Jahre Landtage und alle zwei bis drei Jahre Ausschusstage statt; gelegentlich kamen ständische Deputierte auch jährlich zusammen. Die Zahl der Landtagsteilnehmer in den thüringischen Territorien war von der Größe des Territoriums abhängig. Sie schwankte zwischen einem Dutzend und knapp 100 Personen. Überschaut man alle ernestinischen Landschaften, so blieb formal das

41 Mittelsdorf, Landstände 2008.
42 Winkler, Tagungsstätten 1994.

Drei-Kammer-System erhalten. Die Universität Jena als ernestinische Gesamtuniversität war zumindest auf den Landtagen in Altenburg, Gotha, Weimar und Eisenach als Prälat vertreten. Im Prinzip gehörten auch die katholisch gebliebenen Erfurter Stifte St. Marien und St. Severi und das Stift zum Heiligen Kreuz in Nordhausen zu den Ständen in Weimar und Altenburg, aber sie leisteten den Einladungen keine Folge. Ansonsten dominierte eindeutig die Ritterschaft. Sehr selbstbewusst verstanden sich die ernestinischen Stände als „Berufene Wahrer der evangelisch-lutherischen Landeskonfession".

Durch den Übergang der Kurwürde auf die Albertiner und die damit verbundenen territorialen Veränderungen war 1547 das albertinische Kurfürstentum Sachsen entstanden. Nunmehr wurden ca. 350 bis knapp 400 landständische Personen bzw. Institutionen zu den kursächsischen Landtagen eingeladen. Das Drei-Kammer-System war trotz der Säkularisation der Kirchengüter erhalten geblieben. Zweifellos war der schriftsässige Landadel (Ritterschaft) die stärkste politische Kraft. Zwischen 1547 und 1628 tagten die Stände größtenteils in Torgau. Nach dem Dreißigjährigen Krieg wurde Dresden alleiniger Tagungsort. Zwischen 1547 und dem Jahr 1831 kamen die Landstände zu 121 Land-, Ausschuss- bzw. Deputationstagen zusammen.[43] Nicht wenige Beratungen haben sich über Monate hingezogen. Die häufig einberufenen Land- oder Ausschusstage kennzeichnen die beachtliche Mitsprache der Stände. Ihr Mitwirken gründete sich uneingeschränkt auf die Steuerhoheit und die damit verbundene fiskalische Macht. Beispielsweise hatten die kursächsischen Stände im Jahr 1552 rund 600.000 Gulden an landesfürstlichen Schulden übernommen, wofür ihnen der Kurfürst die indirekte Steuer (Tranksteuer) zur Verwaltung übertragen hatte. 1570 wiederholte sich dieses Procedere. Nunmehr übertrug der Kurfürst seinen Ständen über drei Millionen Gulden an landesfürstlichen Schulden. Im Gegenzug überließ er ihnen die direkte Steuer (Landsteuer). Zugleich wurde das Obersteuerkollegium eingerichtet, das eine landständisch dominierte Finanzbehörde war. Um die fiskalische Macht der Stände zu illustrieren, sei darauf verwiesen, dass im langjährigen Durchschnitt zwischen 1550 und 1650 jährlich ca. 350.000 bis über 900.000 Gulden an Land- und Tranksteuern einkamen; in Bezug auf den gesamten landesfürstlichen und landständischen Haushalt waren das ca. 25 bis 75 % aller Einnahmen.[44] Diese Tatsache erklärt, warum die Stände über den Dreißigjährigen Krieg hinaus eine derartige innen- und finanzpolitische Macht erlangen konnten.

Das ständische Steuer- und Kreditwerk mit dem Obersteuerkollegium an der Spitze sicherte den Ständen nach 1648 eine fast einmalige finanzpolitische Machtstellung zu. Beispielsweise verhinderten sie 1656/57 die Teilung des Territoriums und damit ihrer Körperschaft. Es entstanden zwar 1657 neben der kursächsischen Hauptlinie drei Sekundogenituren, aber die Landstände blieben geeint. Unzweifel-

**43** Günther/Krüger, Landtage 2000, S. 86–91; Krüger, Landesherr 2007.
**44** Schirmer, Staatsfinanzen 2006, S. 606–611, 922.

haft hatte die ständische Macht in der zweiten Hälfte des 17. Jahrhunderts abermals einen Höhepunkt erreicht. Ausdrücklich belegt es die „willkürliche Zusammenkunft“ der Stände im Jahr 1697 in Dresden, als sich die Nachricht von der Krönung des Kurfürsten (Augusts des Starken) zum polnischen König und damit die Meldung von seinem Konfessionswechsel verbreitet hatte. Die Stände vertraten die Meinung, dass ihnen im Falle des Verfassungsnotstandes ein Widerstandsrecht bzw. Selbstversammlungsrecht zustünde. Ausdrücklich hatten sie dies in den Ausschussabschieden von 1663 und 1683 fixieren lassen. Dieses Recht wurde nach dem Konfessionswechsel des Kurfürsten aktiviert, obgleich die Zusammenkunft vom Sommer 1697 streng betrachtet eher ein Ausschusstag als ein Landtag war.[45] Zwar konnten sich August der Starke und sein ihm nachfolgender Sohn teilweise aus der landständischen Umklammerung befreien, aber die Ständemacht blieb in Kursachsen unangetastet. Sichtbares Zeichen ihres politischen Einflusses war der Bau des Landhauses in Dresden von 1770 bis 1775, das in den zeitgenössischen Quellen bezeichnenderweise als „Land- und Steuerhaus“ benannt wurde. 1775 nahmen das Obersteuerkollegium und die Landstände dieses repräsentative Gebäude in Besitz.[46]

## 3.3 Die Entwicklung der konstitutionellen Monarchien im 19. Jahrhundert

In den thüringischen Territorien erwuchsen aus den altlandständischen Verfassungsmodellen zwischen 1809 und 1867 konstitutionelle Monarchien. Der Übergang zeichnete sich allerorts durch Kontinuität aus. So waren die nach Ende des Alten Reiches erlassenen ständischen Konstitutionen der Rheinbundzeit im Fürstentum Reuß älterer Linie (15. März 1809) und Sachsen-Weimar-Eisenach (20. Sept. 1809) die frühesten Verfassungsgesetze, in denen die ständischen Rechte (im Sinne einer dauerhaften Rechtsbindung durch die Landesfürsten) verankert worden waren. Allerdings war die im Fürstentum Reuß älterer Linie publizierte Konstitution nur ein altständisches Verfassungsgesetz, wonach die Stände rechtsverbindlich als Teil des politischen Systems definiert worden sind. Demgegenüber hat die Konstitution der vereinigten Landschaft von Sachsen-Weimar und Eisenach die alten Ständevertretungen durch eine „parlamentarische Vertretungskörperschaft“ (Gerhard Müller) ersetzt. Völlig neu war, dass sich diese Vertretungskörperschaft bereits teilweise aus gewählten Abgeordneten zusammensetzte. Die „September-Konstitution“ von 1809 eröffnete in Sachsen-Weimar-Eisenach den Weg zum frühparlamentarischen Repräsentationssystem.

45 Matzerath, Aspekte 2013, S. 36f.
46 Denk/Matzerath, Parlamente 2000, S. 52–73.

Die liberalen Reformwerke sowie die Revolution von 1848/49 verfestigten hinsichtlich der landständischen Partizipation die bestehenden Verfassungsverhältnisse in Thüringen, die als ein Mittelweg zwischen altständisch und frühparlamentarisch zu charakterisieren sind. Als letztes Territorium Thüringens wurde im Fürstentum Reuß älterer Linie im März 1867 eine Verfassung samt dazugehörigem Wahlgesetz erlassen. Die Wahlbestimmungen basierten jedoch auf altständischen Vorstellungen. Es war wie in den anderen deutschen Staaten ein Klassenwahlrecht. Die in Thüringen gewählten Landtage setzten sich aus Rittergutsbesitzern sowie aus Deputierten der Städte und Landgemeinden zusammen. Jede Gruppe stellte jeweils ein Drittel der Abgeordneten. Bezüglich des Wahlrechts bestanden in den meisten thüringischen Territorien Bestimmungen, wonach nur die Standesprivilegierten direkt wählen durften. Für den anderen (männlichen) Teil der Wähler galt nur ein indirektes Wahlrecht. Das Festhalten an den alten verfassungsrechtlichen Gepflogenheiten hing nicht zuletzt mit dem Selbstverständnis der Parlamentarier zusammen, die sich bis 1919 in allen thüringischen Staaten nach wie vor aus dem adligen Großgrundbesitz und den städtischen Höchstbesteuerten zusammensetzten. Letztlich war beispielsweise das Wahlrecht in Sachsen-Weimar-Eisenach des Jahres 1906 immer noch altständisch, wobei es vor allem um die Rücksetzung der Sozialdemokratie ging. Selbst das 1919 erlassene allgemeine, freie und gleiche Wahlrecht war noch ständisch überformt, denn es sicherte der Universität Jena *ex officio* noch ein Landtagsmandat zu.[47]

Im Königreich Sachsen eröffneten am 1. März 1831 der König und der Prinzregent den letzten altständischen Landtag. Er endete am 4. September 1831 mit der Annahme der ersten Verfassung. Ungefähr die Hälfte der Artikel des neuen Staatsgrundgesetzes befasste sich mit der Einrichtung eines konstitutionellen Zweikammerparlaments. Die I. Kammer rekrutierte sich aus 42 Mitgliedern, die ihr aufgrund ständischer Privilegien (Herkunft, Rittergutsbesitz, Staatsämter) angehörten. In dieser Kammer waren auch acht Städte durch je ein Stadtratsmitglied vertreten. Insofern verkörperte die I. Kammer das alte Ständemodell. Der II. Kammer gehörten 75 Parlamentarier an. Die Rechte beider Kammern entsprachen in etwa denen anderer deutscher Länder. Ohne ihre Zustimmung konnten weder Gesetze noch der Haushalt verabschiedet werden. Die Gesetzesinitiative stand indes allein dem König zu. Er entschied auch über die Ein- und Absetzung der Regierungsmitglieder. Das für die II. Kammer zugrundeliegende Wahlrecht war ein Klassenwahlrecht.[48] Von den 75 Mandaten, die in der II. Kammer zu besetzen waren, wurden 20 direkt aus den Reihen der Rittergutsbesitzer bestimmt. Die anderen Abgeordneten wurden indirekt gewählt, wobei jeweils 25 Mandate den vermögenden Stadtbürgern und den grundbesitzenden Bauern zustehen sollten. Außerdem konnte das Handels- und Fabrik-

47 Gerber, Kleinstaaten 2018; Müller, Universität 2002, S. 33–59.
48 Schröder, Landtagswahlen 2004, S. 5–7.

bürgertum fünf Abgeordnete entsenden. Die jüdische Minderheit wie auch Frauen waren von der Wahl ausgeschlossen. Dieses Wahlrecht blieb (außer von 1848 bis 1850) bis zum Beitritt Sachsens zum Norddeutschen Bund gültig.

In Sachsen stützte sich die konstitutionelle Monarchie auf eine konservative parlamentarische Mehrheit, die sich bis 1909 auf das Zensuswahlrecht gründete. Zwar wurde nach 1866/67 ein gemäßigt-liberales Reformwerk in Gang gesetzt, aber das novellierte Wahlgesetz für die II. Kammer von 1868 blieb ein typisches Dreiklassenrecht, das die Sozialdemokratie benachteiligte. Die erste Landtagswahl nach dem 1868 gesetzlich eingeführten Zensuswahlrecht für die II. Kammer fand am 4. Juni 1869 für alle 80 Landtagswahlkreise statt. Einmalig seit 1848 und bis 1909 standen sämtliche Sitze der II. Kammer zur Neuwahl an. Aus dieser Wahl gingen die Liberalen (43 Mandate) als Sieger hervor. Die Konservativen erhielten 37 Sitze. Völlig anders sah es im Königreich Sachsen bei den Reichstagswahlen aus, wo die Sozialdemokratie – aufgrund des liberalen Wahlgesetzes – beachtliche Erfolge erzielte. Auf Landesebene blieb die politische Macht der Liberalen und Konservativen bis zur Einführung des Pluralwahlrechts (nach belgischem Vorbild) bis 1909 ungebrochen.[49] Das neue Wahlrecht war im Wesentlichen immer noch ein Zensuswahlrecht, aber nunmehr konnte ein Stimmberechtigter aus der höchsten Klasse nur noch das Vierfache Stimmgewicht im Gegensatz zum alten Wahlrecht (mit dem bis zu 25-fachen Stimmgewicht) erlangen. Im Herbst 1909 fand die Landtagswahl statt. Durch das neue Pluralwahlrecht schnellte die Wahlbeteiligung in die Höhe (82 %). Für die Sozialdemokratie stimmten im „roten Sachsen“ knapp 54 % der Wähler; jedoch errang sie nur 39 % aller Stimmen. Wahlgewinner waren 1909 die Nationalliberalen.

## 3.4 Politische Teilhabe während der Weimarer Republik

Nach der Revolution von 1918 dankten in Sachsen der König und in Thüringen die Fürsten ab. Aufgrund der territorialen Vielfalt wurde in Thüringen unmittelbar nach dem Ende der konstitutionellen Monarchien über die Bildung eines Landes Thüringen diskutiert. Dies intendierte die Schaffung eines gesamtthüringischen Parlaments und damit die Beseitigung des altlandständischen Systems. Allerdings kam es nicht zur Vereinigung aller thüringischen Territorialstaaten. 1920 schlossen sich allein Sachsen-Altenburg, Sachsen-Gotha (ohne Coburg), Sachsen-Meiningen, Sachsen-Weimar-Eisenach, die einstigen Fürstentümer Schwarzburg-Rudolstadt und Schwarzburg-Sondershausen sowie das inzwischen vereinigte Reuß zum Land Thüringen zusammen. Die Pflege Coburg wurde nach einem Volksentscheid an Bayern angegliedert. Ebenfalls nicht zum neugebildeten Land Thüringen gehörten der

49 Lässig, Wahlrechtskampf 1996.

preußische Regierungsbezirk Erfurt und der zum preußischen Regierungsbezirk Kassel gehörende Kreis Schmalkalden, die bei Preußen verbleiben mussten. Insofern war es 1920 zu keiner gesamtthüringischen Lösung gekommen. Am 20. Juni 1920 wurde der erste Thüringer Landtag gewählt, der am 11. März 1921 zur verfassungsgebenden Sitzung zusammenkam. Im Artikel 1 der Verfassung wurde Thüringen als „Freistaat und Glied des Deutschen Reiches" bestimmt. Landeshauptstadt wurde Weimar, wo auch das Parlament tagte. Aus der Landtagswahl des Jahres 1920 gingen die USPD mit 15, die SPD und der konservative „Thüringer Landbund" mit je 11 Mandaten als die stärksten politischen Kräfte hervor. Weitere Mandate gewannen die DVP (8) sowie jeweils 4 die DDP und DNVP.[50]

In Dresden hatte im Zuge der Novemberrevolution ein Arbeiter- und Soldatenrat am 10. November 1918 die Macht ergriffen. Das Zweikammerparlament der untergegangenen konstitutionellen Monarchie wurde aufgelöst. Wahlen für eine „vorläufige Volksvertretung" fanden im Februar 1919 statt. Es galt ein allgemeines, unmittelbares und geheimes Wahlrecht nach Grundsätzen des Verhältniswahlrechts. Endlich waren auch Frauen wahlberechtigt. Das zu wählende Landesparlament besaß 96 Abgeordnete und sollte über die Bestätigung oder Neubildung des Gesamtministeriums befinden. Die Legislaturperiode sollte ursprünglich zwei Jahre betragen. Die SPD ging aus diesen Wahlen als Sieger hervor (42 Mandate). Es folgten DDP (22), USPD (15), DNVP (13) und DVP (4 Mandate). Rund ein Drittel der Parlamentarier gehörte bereits der II. Kammer des ehemaligen Landtages an. Das neu gewählte Parlament verabschiedete am 28. Februar 1919 das „Vorläufige Grundgesetz für den Freistaat Sachsen". Der Begriff „Freistaat" verwies – wohlgemerkt vor (!) Inkrafttreten der Weimarer Reichsverfassung mit seinem Artikel 17 – auf das Ende der konstitutionellen Monarchie. Da die USPD in Sachsen das Rätesystem bevorzugte, bildete die SPD eine Minderheitsregierung. Das „vorläufige Grundgesetz" wurde durch die sächsische Verfassung vom 26. Oktober 1919 ersetzt.[51] Auf Grundlage dieser Verfassung fanden Wahlen zum Landtag im November 1920 statt. Das Wahlergebnis dokumentierte die sich zunehmend verschärfende soziale und politische Spaltung: SPD (28 %), DNVP (21 %), DVP (19 %), USPD (17 %), DDP (8 %), KPD (6 %), Zentrum (1 %). Politische Instabilität und weitere Neuwahlen führten im März 1923 zu einer linkssozialistischen Minderheitsregierung unter Führung von Erich Zeigner, die sich politische Zugeständnisse von der KPD erkaufen musste. Diese Regierung stand im unüberwindbaren Zwiespalt zwischen der KPD-Tolerierung, der linksfundamentalistischen SPD-Basis und der pragmatisch orientierten Parteispitze auf Reichsebene. Die politisch angespannte Gemengelage entlud sich im Oktober 1923, als drei KPD-Funktionäre, die dem Gesamtministerium der Regierung angehör-

**50** Post/Wahl/Marek, Thüringen-Handbuch 1999, S. 239f.; Herz, Thüringen 2003, Textteil: S. 38f., Kartenteil: Karte 8.
**51** Matzerath, Aspekte 2003, S. 57.

ten und die zuvor wochenlang in Moskau von der Komintern instruiert worden waren, einen kommunistischen Umsturz in Sachsen und im Reich vorbereiteten. Am 29. Oktober ordnete Reichspräsident Ebert auf Grundlage des Artikels 48 der Reichsverfassung die Amtsenthebung der sächsischen Regierung an. Die politischen, verfassungsrechtlichen und sozialen Turbulenzen in Sachsen standen im Schatten von Hyperinflation und Hitlers Putschversuch in München. Seit 1924 stabilisierte sich in Sachsen die politische Lage; bis zum Juni 1929 hatte Max Wilhelm August Heldt (SPD) das Ministerpräsidentenamt inne. Heldt stand zumeist einer sozialliberalen Regierung vor.[52]

## 3.5 Aufstieg und Machtübernahme der Nationalsozialisten

In Thüringen kamen die Landesregierungen der 1920er Jahre, die mehrheitlich durch bürgerliche Parlamentarier unterstützt wurden, bis 1927 nicht ohne Notverordnungen aus. Der 1924 gewählte Thüringische Landtag war der einzige, der bis zur nationalsozialistischen Machtübernahme eine volle Legislaturperiode überstand. Im Sommer 1932 wurde der Landtag vorzeitig aufgelöst und die Landtagswahl an die Reichstagswahl gekoppelt (31. Juli 1932). Aus dieser Wahl ging die NSDAP als Sieger hervor, obgleich sie im Land die absolute Mehrheit verfehlt hatte. Der konservative Landbund fand sich bereit, eine Koalitionsregierung mit den Nationalsozialisten einzugehen. Regierungschef und Innenminister wurde der seit 1927 in Thüringen amtierende Gauleiter der NSDAP, Fritz Sauckel. Die Amtsübernahme der Sauckel-Regierung am 26. August 1932 wurde in den nächsten Jahren stets als die „Machtergreifung" in Thüringen begangen.[53]

In Sachsen hatte die NSDAP seit der Wahl vom Mai 1929 zugesagt, das bürgerliche Kabinett zu tolerieren. Allerdings boykottierten nationalsozialistische Abgeordnete von Anbeginn an diese Regierung, sodass sie im Februar 1930 zurücktrat. Damit endete die Zeit der halbwegs geordneten demokratischen Parlamentsregierungen in Sachsen. Seit Februar 1930 wurde der Freistaat von einem Geschäftsministerium regiert, das von radikalen und demokratiefeindlichen Kräften bekämpft wurde. Am 10. März 1933 zwang der von Hitler ernannte Reichsbeauftragte Manfred von Killinger das Geschäftsministerium zurückzutreten. Wie in Thüringen und in den anderen Ländern so wurde auch in Sachsen nach dem Gleichschaltungsgesetz vom 31. März 1933 der sächsische Landtag entsprechend der Reichstagswahl vom 5. März 1933 umgebildet. Durch den Wegfall der KPD-Mandate und vor allem wegen des schwachen Abschneidens der SPD und der bürgerlichen Parteien erlangte die NSDAP mit 38 Mandaten in diesem Scheinparlament die absolute Mehrheit. In die-

52 Rudolph, Sozialdemokratie 1995; Schmeitzner, Fellisch 2000.
53 Marek/Schilling, Thüringen 1999, S. 32–38.

ses „Parlament“ brachte die NSDAP am 27. Mai 1933 das sächsische Ermächtigungsgesetz ein, das faktisch das Ende der parlamentarischen Demokratie in Sachsen herbeiführte.

## 3.6 Der Weg zur Auflösung der Länder in der DDR

Im Frühjahr 1945 wurden Thüringen und Sachsen von alliierten Truppen befreit und besetzt. In Thüringen setzten die Amerikaner im Juni 1945 einen Regierungspräsidenten ein. Der Regierungsbezirk Erfurt und der Kreis Schmalkalden wurden – da gemäß dem Beschluss der Siegermächte Preußen als Staat aufgelöst worden war – dem Land Thüringen nunmehr endgültig angegliedert. Die Exklaven Ostheim vor der Rhön und Allstedt kamen an Bayern bzw. an Sachsen-Anhalt. Gemäß dem Abkommen von Jalta wurde Thüringen im Juli von der Roten Armee besetzt. Die neuen Machthaber setzten zugleich eine Landesregierung ein, die völlig von der Sowjetischen Militäradministration (SMAD) abhängig war. SMAD und Landesregierung hatten ihren Sitz in Weimar. Vorerst blieb Weimar Landeshauptstadt; 1951 wurde der Regierungssitz nach Erfurt verlegt. Die SMAD berief in Thüringen eine erste beratende Landesversammlung im Juni 1946 nach Weimar ein. Scheindemokratische Wahlen zum Landtag und zu den Kreistagen fanden im Oktober 1946 statt. Der erste Thüringer Landtag konstituierte sich am 21. November und verabschiedete am 20. Dezember 1946 die Verfassung des Landes Thüringen. Formal war zwar die SED mit 21 Abgeordneten (von insgesamt 100) in der Minderheit, jedoch besaßen die CDU und LDPD (je 15 Abgeordnete) sowie NDPD und Bauernpartei (je 6) keine Majorität, da im Landtag auch Massenorganisationen vertreten waren (FDJ, FDGB, DFD u.a.), welche von der SED kontrolliert worden sind.

In Sachsen konstituierte sich mit der „Beratenden Versammlung des Landes Sachsen“ am 25. Juni 1946 eine gesetzgebende Versammlung, die den Weg für die ersten Landtagswahlen nach Kriegsende ebnete. Die Wahlen fanden im Oktober 1946 statt. Aus den massiv manipulierten Wahlen ging die SED als Sieger hervor. Das bürgerliche Lager – bestehend aus LDP und CDU – errang 25 % bzw. 23 % der Stimmen.[54] Im sächsischen Landtag herrschte von Beginn eine „antifaschistische Blockpolitik“ vor, die sich jedoch nicht in der sächsischen Verfassung vom 28. Februar 1947 niederschlug. Vielmehr orientierte sich die sächsische Nachkriegsverfassung deutlich an der aus dem Jahre 1920. Die Realität sah freilich anders aus. In beiden Ländern – wie in der SBZ bzw. DDR generell – war Verfassungsbruch die politische Realität geworden. In den Landtagen selbst protokollierten SMAD-Offiziere die Plenardebatten, sie nahmen an Fraktionssitzungen teil und wirkten auf oppositionelle Parlamentarier ein. Kritische Stimmen wurden systematisch unter-

54 Matzerath, Aspekte 2003, S. 83.

drückt. Die beiden Scheinparlamente lösten sich am 25. Juli 1952 nicht nur selbst auf, sie liquidierten zugleich auch die Länder Thüringen und Sachsen. In Thüringen wurden die Bezirke Gera, Erfurt und Suhl begründet. In Sachsen erfolgte auf die erzwungene Liquidierung die Einrichtung der Bezirke Dresden, Chemnitz (von 1953 bis 1990 Karl-Marx-Stadt) und Leipzig. In den Bezirken wurden Bezirkstage eingerichtet. Die Bezirke waren in Kreise gegliedert, auf Kreisebene existierten Kreistage. Die von der SED beherrschten Bezirks- und Kreistage besaßen keine Legitimation durch das Volk.

## 3.7 Gründung der Freistaaten Thüringen und Sachsen

Die friedliche Revolution in Ostdeutschland, die ihren Anfang in Sachsen nahm und die vor allem durch die Ausreisewelle sowie die Massenproteste und Großdemonstrationen in Dresden, Leipzig und Plauen forciert wurde, bereitete den Weg für die Einheit Deutschlands und damit letztlich für die Wiedereinrichtung der 1952 aufgelösten Länder. Bereits am 8. Oktober 1989, also vor der ersten großen Leipziger Massendemonstration bildete sich in Dresden die „Gruppe der 20", die auf einen Dialog auf Augenhöhe mit der Staatsmacht drängte.[55] Bereits vor der Einrichtung des Zentralen Runden Tischs in Ost-Berlin wurden in Sachsen und Thüringen Runde Tische als quasilegitime Volksvertretungen eingerichtet. Die Runden Tische bereiteten, neben den nach wie vor halbwegs intakten Zentral-, Bezirks-, Kreis- und Kommunalverwaltungen, die Wahlen zur DDR-Volkskammer am 18. März 1990 vor. Diese Wahl bahnte den Beitritt der DDR zur Bundesrepublik Deutschland gemäß dem Artikel 23 des Grundgesetzes am 3. Oktober 1990 an. Die revolutionären Ereignisse eröffneten indes zugleich freie, demokratische und geheime Wahlen auf kommunaler Ebene (6. Mai 1990). Der auf demokratischem Wege herbeigeführte Beitritt ermöglichte die Wiederbegründung der 1952 abgeschafften Länder.

Die Wiederbegründung des Landes Thüringen vollzog sich am 14. Oktober 1990 durch Landtagswahlen. Das freigewählte Parlament tagte erstmals am 25. Oktober 1990 im Deutschen Nationaltheater Weimar. Es setzte sich aus 89 Abgeordneten zusammen, denen 44 der CDU, 21 der SPD, jeweils 9 der PDS und FDP sowie 6 den Bündnisgrünen angehörten. In der ersten Sitzung wurde Josef Duchač zum Ministerpräsidenten gewählt – er stand einer CDU-FDP-Regierung vor. Das Parlament gab sich am 7. November 1990 eine Vorläufige Landessatzung, die schließlich von der „Verfassung des Freistaates Thüringen" vom 25. Oktober 1993 abgelöst wurde.[56] In Sachsen hatte bereits Ende März 1990 die Dresdner „Gruppe der 20" den Entwurf einer Verfassung vorgelegt. Dieser Verfassungsentwurf wurde von einer Arbeits-

55 Richter, Bildung 2004.
56 Marek/Schilling, Thüringen 1999, S. 62–68.

gruppe im April 1990 überarbeitet, der nach der Konstituierung des sächsischen Landtages von der CDU und FDP schließlich im Oktober 1990 in den Landtag eingebracht wurde. Die Landtagswahl in Sachsen fand am 18. Oktober 1990 statt. Der neue Landtag bestand aus 160 Abgeordneten. Wahlsieger war die CDU, die mit 92 Mandaten eine absolute Mehrheit errang. Es folgte die SPD mit 32 Mandaten, gefolgt von PDS (17), Bündnisgrünen (10) und FDP. Zum Ministerpräsidenten wurde Kurt Biedenkopf am 8. November 1990 gewählt. Der im freigewählten Parlament tätige Verfassungs- und Rechtsausschuss novellierte den eingebrachten Verfassungsentwurf, sodass ein konsensfähiger Verfassungstext vorlag, der schließlich mit großer Mehrheit vom Parlament am 26. Mai 1992 als Verfassung des Freistaates Sachsen angenommen wurde.[57] In beiden Ländern griffen die verfassungsgebenden Versammlungen auf die nach den revolutionären Veränderungen von 1918/19 erwählte – staatsrechtlich jedoch unverbindliche – Selbstbezeichnung „Freistaat" zurück.

# Literatur

Adriani, Götz/Schmauder, Andreas (Hrsg.): 1514. Macht, Gewalt, Freiheit. Der Vertrag zu Tübingen in Zeiten des Umbruchs. Ostfildern 2014.

Back, Nikolaus: Dorf und Revolution. Die Ereignisse von 1848/49 im ländlichen Württemberg. Ostfildern 2010 (Schriften zur südwestdeutschen Landeskunde, 70).

Beschorner, Hans (Hrsg.), Registrum dominorum marchionum Missnensium. Verzeichnis der den Landgrafen in Thüringen und Markgrafen zu Meißen jährlich in den Wettinischen Landen zustehenden Einkünfte 1378. Leipzig 1933 (Aus den Schriften der Sächsischen Kommission für Geschichte, 37).

Blaschke, Karlheinz (Hrsg.): 700 Jahre politische Mitbestimmung in Sachsen (Ausstellungskatalog). Dresden 1994.

Blaschke, Karlheinz: Die wettinischen Länder von der Leipziger Teilung 1485 bis zum Naumburger Vertrag 1554 (Beiheft und Kartenblatt im Maßstab 1:650.000). In: Sächsische Akademie der Wissenschaften Leipzig (Hrsg.): Atlas zur Geschichte und Landeskunde von Sachsen. Leipzig/Dresden 2010.

Brunner, Otto: Land und Herrschaft. Grundfragen der territorialen Verfassungsgeschichte Österreichs im Mittelalter. Darmstadt $^{5}$1990.

Burkhardt, Carl August Hugo (Hrsg.): Ernestinische Landtagsakten. Die Landtage von 1487–1532. Jena 1902 (Thüringische Geschichtsquellen. N.F., 5).

Cordes, Günter: Württembergischer Landtag bis 1918. In: Landeszentrale für politische Bildung (Hrsg.): Von der Ständeversammlung zum demokratischen Parlament. Die Geschichte der Volksvertretungen in Baden-Württemberg. Stuttgart 1982 (Landeszentrale für politische Bildung Baden-Württemberg), S. 123–152.

Denk, Andreas/Matzerath, Josef: Die drei Dresdner Parlamente. Die sächsischen Landtage und ihre Bauten: Indikatoren für die Entwicklung von der ständischen zur pluralisierten Gesellschaft. Wolfratshausen 2000.

57 Stober, Quellen 2011; Blaschke, 700 Jahre 1994, Anhang S. 85.

Eberhardt, Hans: Die Gerichtsorganisation der Landgrafschaft Thüringen im Mittelalter. In: Zeitschrift für Rechtsgeschichte. Germanistische Abteilung 75 (1958), S. 108–180.
Emberger, Gudrun/Kretzschmar, Robert: Die Quellen sprechen lassen. Der Kriminalprozess gegen Joseph Süß Oppenheimer 1737/38. Stuttgart ²2013.
Gerber, Stefan: Deutsche Kleinstaaten 1848–1870. In: Daum, Werner u.a. (Hrsg.): Handbuch der Europäischen Verfassungsgeschichte im 19. Jahrhundert. Institutionen und Rechtspraxis im gesellschaftlichen Wandel. Bd. 3: 1848–1870. Bonn 2018 (im Druck).
Goerlitz, Woldemar: Staat und Stände unter den Herzögen Albrecht und Georg 1485–1539. Leipzig 1928 (Aus den Schriften der Sächsischen Kommission für Geschichte, 32).
Günther, Britta/Krüger, Nina: Landtage, Ausschusstage und freiwillige Zusammenkünfte in Sachsen 1438–1831. In: Gross, Reiner u.a. (Red.), Landtage in Sachsen 1438–1831. Chemnitz 2000, S. 85–111.
Haug-Moritz, Gabriele: Die württembergische Ehrbarkeit. Annäherung an eine bürgerliche Machtelite der Frühen Neuzeit. Ostfildern 2009 (Tübinger Bausteine zur Landesgeschichte, 13).
Haug-Moritz, Gabriele: Zur Genese des württembergischen Landtags in der ersten Hälfte des 16. Jahrhunderts. Eine Annäherung in institutionentheoretischer Perspektive. In: Lorenz, Sönke/Rückert, Peter (Hrsg.): Auf dem Weg zur politischen Partizipation? Landstände und Herrschaft im deutschen Südwesten. Stuttgart 2010 (Veröffentlichungen der Kommission für geschichtliche Landeskunde in Baden-Württemberg, 182), S. 121–136.
Haug-Moritz, Gabriele: Württembergischer Ständekonflikt und deutscher Dualismus. Ein Beitrag zur Geschichte des Reichsverbands in der Mitte des 18. Jahrhunderts. Stuttgart 1992 (Veröffentlichungen der Kommission für geschichtliche Landeskunde in Baden-Württemberg, 122).
Helbig, Herbert: Der wettinische Ständestaat. Untersuchungen zur Geschichte des Ständewesens und der landständischen Verfassung in Mitteldeutschland bis 1485. Köln/Wien ²1980 (Mitteldeutsche Forschungen, 4).
Herz, Hans (Hrsg.): Land- und Ausschusstage in Schwarzburg-Rudolstadt 1531–1736. Quellenpublikation. Jena 1997 (Veröffentlichung der Historischen Kommission für Thüringen. Große Reihe, 4).
Herz, Hans: Thüringen. Zwölf Karten zur Geschichte 1485–1995. Erfurt 2003.
Holtz, Sabine: Bildung und Herrschaft. Zur Verwissenschaftlichung politischer Führungsschichten im 17. Jahrhundert. Leinfelden-Echterdingen 2002 (Schriften zur südwestdeutschen Landeskunde, 32).
Krüger, Nina: Landesherr und Landstände in Kursachsen auf den Ständeversammlungen der zweiten Hälfte des 17. Jahrhunderts. Frankfurt a.M. 2007 (Europäische Hochschulschriften. Reihe 3, 1034).
Kuhn, Frieder: Der Landtag von (Süd-)Baden. In: Landeszentrale für politische Bildung (Hrsg.): Von der Ständeversammlung zum demokratischen Parlament. Die Geschichte der Volksvertretungen in Baden-Württemberg. Stuttgart 1982 (Landeszentrale für politische Bildung Baden-Württemberg), S. 285–295.
Kühnle, Nina: Wir, Vogt, Richter und Gemeinde. Städtewesen, städtische Führungsgruppen und Landesherrschaft im spätmittelalterlichen Württemberg (1250–1534). Ostfildern 2017 (Schriften zur südwestdeutschen Landeskunde, 78).
Lässig, Simone: Wahlrechtskampf und Wahlreform in Sachsen (1895–1909). Weimar/Köln/Wien 1996 (Demokratische Bewegungen in Mitteldeutschland, 4).
Leist, Winfried: Landesherr und Landfrieden in Thüringen im Spätmittelalter. Köln/Wien 1975 (Mitteldeutsche Forschungen, 77).
Lorenz, Sönke: Vom herrschaftlichen Rat zu den Landständen in Württemberg. Die Entwicklung vom 13. bis zum 16. Jahrhundert. In: Lorenz, Sönke/Rückert, Peter (Hrsg.): Auf dem Weg zur politischen Partizipation? Landstände und Herrschaft im deutschen Südwesten. Stuttgart 2010

(Veröffentlichungen der Kommission für geschichtliche Landeskunde in Baden-Württemberg, 182), S. 1–27.

Lück, Heiner: Die kursächsische Gerichtsverfassung 1423–1550. Köln 1997 (Forschungen zur Deutschen Rechtsgeschichte, 17).

Marek, Dieter/Schilling, Doris: Thüringen 1920 bis 1995. Von der Gründung des Landes bis zum Freistaat. In: Post, Bernhard/Wahl, Volker/Marek, Dieter (Hrsg.): Thüringen-Handbuch. Territorium, Verfassung, Parlament, Regierung und Verwaltung in Thüringen 1920 bis 1995. Weimar 1999 (Veröffentlichungen aus Thüringischen Staatsarchiven, 1), S. 21–68.

Mann, Bernhard: Württemberg von 1800–1866. In: Schaab, Meinrad/Schwarzmaier, Hansmartin (Hrsg.): Handbuch der baden-württembergischen Geschichte. Bd. 3. Stuttgart 1992, S. 235–331.

Matz, Klaus-Jürgen: Baden-Württemberg – Ein Bundesland entsteht. In: Rinker, Reiner/Setzler, Wilfried (Hrsg.): Die Geschichte Baden-Württembergs. Stuttgart 1986, S. 290–301.

Matz, Klaus-Jürgen: Das Land Baden 1945–1952. In: Schaab, Meinrad/Schwarzmaier, Hansmartin (Hrsg.): Handbuch der baden-württembergischen Geschichte. Bd. 4. Stuttgart 2003, S. 477–517.

Matz, Klaus-Jürgen: Grundlagen und Anfänge von Baden-Württemberg. In: Schaab, Meinrad/ Schwarzmaier, Hansmartin (Hrsg.): Handbuch der baden-württembergischen Geschichte. Bd. 4. Stuttgart 2003, S. 519–590.

Matzerath, Josef: Aspekte sächsischer Landtagsgeschichte. Die Ständeversammlungen des 17. und frühen 18. Jahrhunderts. Dresden 2013.

Matzerath, Josef: Aspekte sächsischer Landtagsgeschichte. Varianten der Moderne 1868 bis 1952. Mit Beiträgen von Andreas Denk, Silke Marburg und Mike Schmeitzner. Dresden 2003.

Maurer, Hans-Martin: Von der Landesteilung zur Wiedervereinigung. Der Münsinger Vertrag als ein Markstein württembergischer Geschichte. In: Zeitschrift für württembergische Landesgeschichte 43 (1984), S. 89–132.

Mertens, Dieter: Württemberg [1100–1800]. In: Schaab, Meinrad/Schwarzmaier, Hansmartin (Hrsg.): Handbuch der baden-württembergischen Geschichte. Bd. 2. Stuttgart 1995, S. 1–163.

Metz, Axel: Der Stände oberster Herr. Königtum und Landstände im süddeutschen Raum zur Zeit Maximilians I. Stuttgart 2009 (Veröffentlichungen der Kommission für geschichtliche Landeskunde in Baden-Württemberg, 174).

Mittelsdorf, Harald (Red.): Landstände in Thüringen – Vorparlamentarische Strukturen und politische Kultur im Alten Reich, Erfurt 2008 (Schriften zur Geschichte des Parlamentarismus in Thüringen, 27).

Müller, Ernst: Die Ernestinischen Landtage in der Zeit von 1485 bis 1572 unter besonderer Berücksichtigung des Steuerwesens. In: Eberhardt, Hans (Hrsg.): Forschungen zur Thüringischen Landesgeschichte. Festschrift für Friedrich Schneider zum 70. Geburtstag. Weimar 1958 (Veröffentlichungen des Thüringischen Landeshauptarchivs Weimar, 1).

Müller, Gerhard: Universität und Landtag. Zur Geschichte des Landtagsmandats der Universität Jena (1567–1918). In: Greiling, Werner/Hahn, Hans Werner (Hrsg.): Tradition und Umbruch. Geschichte zwischen Wissenschaft, Kultur und Politik. Rudolstadt u.a. 2002, S. 33–59.

Naujoks, Eberhard: Württemberg 1864–1918. In: Schaab, Meinrad/Schwarzmaier, Hansmartin (Hrsg.): Handbuch der baden-württembergischen Geschichte. Bd. 3. Stuttgart 1992, S. 333–432.

Posse, Otto: Die Siegel des Adels der Wettiner Lande bis zum Jahre 1500. Bde. I–V. Dresden 1903–1917.

Post, Bernhard/Wahl, Volker/Marek, Dieter (Hrsg.): Thüringen-Handbuch. Territorium, Verfassung, Parlament, Regierung und Verwaltung in Thüringen 1920 bis 1995. Weimar 1999 (Veröffentlichungen aus Thüringischen Staatsarchiven, 1).

Press, Volker: Der württembergische Landtag im Zeitalter des Umbruchs 1770–1830. In: Zeitschrift für württembergische Landesgeschichte 42 (1983), S. 255–281.
Richter, Michael: Die Bildung des Freistaates Sachsen. Friedliche Revolution, Förderalisierung, deutsche Einheit 1989/90. Göttingen 2004.
Rückert, Peter (Bearb.): Landschaft, Land und Leute. Politische Partizipation in Württemberg 1457 bis 2007. Begleitbuch und Katalog zur Ausstellung des Landesarchivs Baden-Württemberg, Hauptstaatsarchiv Stuttgart und des Landtags von Baden-Württemberg. Stuttgart 2007.
Rudolph, Karsten: Die sächsische Sozialdemokratie vom Kaiserreich zur Republik (1871–1923). Weimar u.a. 1995.
Sauer, Paul: Das Land Württemberg-Baden 1945–1952. In: Schaab, Meinrad/Schwarzmaier, Hansmartin (Hrsg.): Handbuch der baden-württembergischen Geschichte. Bd. 4. Stuttgart 2003, S. 321–342.
Sauer, Paul: Württemberg in der Weimarer Republik. In: Schaab, Meinrad/Schwarzmaier, Hansmartin (Hrsg.): Handbuch der baden-württembergischen Geschichte. Bd. 4. Stuttgart 2003, S. 73–149.
Schirmer, Uwe: Kursächsische Staatsfinanzen (1456–1656). Strukturen – Verfassung – Funktionseliten, Stuttgart 2006 (Quellen und Forschungen zur sächsischen Geschichte, 28).
Schmauder, Andreas: Der Tübinger Vertrag und die Rolle Tübingens beim Aufstand des Armen Konrad 1514. In: Lorenz, Sönke/Schäfer, Volker (Hrsg.): Tubingensia. Impulse zur Stadt- und Universitätsgeschichte. Festschrift für Wilfried Setzler. Ostfildern 2008, S. 187–208.
Schmauder, Andreas: Württemberg im Aufstand. Der Arme Konrad 1514. Ein Beitrag zum bäuerlichen und städtischen Widerstand im Alten Reich und zum Territorialisierungsprozess im Herzogtum Württemberg an der Wende zur frühen Neuzeit. Leinfelden-Echterdingen 1998 (Schriften zur südwestdeutschen Landeskunde, 21).
Schmeitzner, Mike: Alfred Fellisch 1884–1973. Eine politische Biographie. Weimar u.a. 2000.
Schöntag, Wilfried: Das Land Württemberg-Hohenzollern. In: Schaab, Meinrad/Schwarzmaier, Hansmartin (Hrsg.): Handbuch der baden-württembergischen Geschichte. Bd. 4. Stuttgart 2003, S. 441–476.
Schröder, Wolfgang: Landtagswahlen im Königreich Sachsen 1869 bis 1895/96. Mit einem Exkurs zum Dreiklassen- und Pluralwahlrecht 1896/1897 bis 1909/1918. In: Sächsische Akademie der Wissenschaften Leipzig (Hrsg.): Atlas zur Geschichte und Landeskunde von Sachsen. Beiheft und Karte D IV 3. Leipzig/Dresden 2004.
Sepaintner, Fred: Baden-Württemberg 1960–1992. In: Schaab, Meinrad/Schwarzmaier, Hansmartin (Hrsg.): Handbuch der baden-württembergischen Geschichte. Bd. 4. Stuttgart 2003, S. 591–895.
Stievermann, Dieter: Landesherrschaft und Klosterwesen im spätmittelalterlichen Württemberg. Sigmaringen 1989.
Stober, Rolf (Hrsg.): Quellen zur Entstehungsgeschichte der sächsischen Verfassung. Dokumentation. Berlin 2011.
Walther, Philipp: Universität und Landtag. Akademische Landstandschaft im Spannungsfeld von reformatorischer Lehre, landesherrlicher Instrumentalisierung und ständischer Solidarität. Phil.-Dissertation Jena 2018.
Winkler, Klaus-Jürgen: Die Tagungsstätten der Landtage in Thüringen. Jena 1994.

# Teil II: **Themenfelder und historische Räume**

## Sozial- und Wirtschaftsräume

Rolf Kießling & Wilfried Reininghaus

# Wirtschaftslandschaften und (De)Industrialisierung

## 1 Einleitung

Unter Wirtschaftslandschaften werden im Folgenden Räume verstanden, die durch eine besonders intensive Produktion geprägt sind – sei es als Verdichtung von Gewerbe in der Vormoderne, sei es als Industriegebiete im 19./20. Jahrhundert –, aber auch ihre Gegenpole in Form von Agrarlandschaften. Ihre Entstehung und Entwicklung entzieht sich über lange historische Zeiträume einer territorialen Zuordnung und damit auch einem räumlichen Zugriff, der sich an politischen Grenzen orientiert. Auch wenn die Förderung und Regelung durch die verschiedenen Herrschaftsträger schon im Hochmittelalter einsetzte, so waren doch umfassende Maßnahmen selten. Erst im Zeitalter des Merkantilismus wurde die Wirtschaftspolitik zu einem Instrument der Staatsbildung aufgewertet. Die Akteure der Wirtschaft richteten sich primär nach Faktoren, die auf einer anderen Ebene lagen: Rohstoffe, Arbeitskräfte, Konsumenten und deren Verbindung über den Markt als Ort der Interaktion. Freilich stifteten diese Faktoren raumwirksame Beziehungen, zu deren Analyse die Anwendung eines funktionalen Raumbegriffs notwendig ist. Dieser hebt sich von einem genetischen ab, der auf die Entwicklung eines Landes bezogen ist.

Vorindustrielle Gewerbelandschaften waren über den Export der Waren besonders stark in ein überlokales Geschehen eingebunden, das nicht zuletzt von außen bestimmt wurde. Sie unterlagen deshalb längerfristigen Schwankungen bzw. Konjunkturen, die sich auf die innere Struktur ebenso auswirkten wie auf ihre Ausdehnung. Insofern markieren Gewerbe- bzw. Industrielandschaften offene Räume für die (Landes-)Geschichtsschreibung. Die Ausformung verschiedener Intensitätsstufen im Innern wie die Abgrenzung nach außen bleiben unscharf. Die prägende Kraft gehört jedoch zu den Phänomenen der langen Dauer, die epochenübergreifend zu untersuchen sind und damit die Frage nach Kontinuitäten und Diskontinuitäten aufwerfen.

Schon die Gewerbelandschaften der Vormoderne, in denen der Anteil der gewerblichen Produzenten an der Gesamtbevölkerung besonders hoch ausfiel, waren flächig angelegt und zudem mit einem tieferreichenden Urbanisierungsprozess aufgrund enger Stadt-Land-Beziehungen verbunden.[1] Im Unterschied dazu löste die Industrialisierung, begriffen als regionales Phänomen,[2] vor allem in der Montan-

1 Kaufhold, Gewerbelandschaften 1986, S. 114.
2 Kiesewetter, Region 2000; Pollard, Peaceful 1981.

https://doi.org/10.1515/9783110354188-014

industrie eine Ballung von Unternehmen auf engem Raum aus. Es bildeten sich Industriereviere wie das Ruhrgebiet. Der Versuch, Übergänge durch eine Phase der Proto-Industrialisierung generell zu erklären, in der nicht zuletzt die strukturellen Veränderungen auf dem Land zum Motor wurden,[3] ist freilich inzwischen einer differenzierten Sicht gewichen. Zur Landschaft als bewusst erlebtem Raum aber werden Gewerbe- und Industriereviere durch die vielfältigen Formen intensiver Kommunikation der beteiligten Akteure auf allen Ebenen (Kaufleute/Unternehmer, Handwerker/Arbeiter, Korporationen/Politiker).

Die Weichenstellungen für die Ausformung von Gewerbelandschaften mit Langzeitwirkung – und parallel dazu der Agrarlandschaften – erfolgten vor allem im Spätmittelalter, vielfach ausgelöst durch die demographische Entwicklung.[4] Um nur wenige Beispiele zu nennen: Besonders markant ist etwa das Oberpfälzer Montanrevier samt der Nürnberger Eisenverarbeitung, das nicht umsonst den Beinamen „Ruhrgebiet des Mittelalters" erhielt, der die Tiroler und die sächsisch-thüringischen Bergbauregionen folgten. Ähnlich schlugen die mit Schwaben vergleichbaren Strukturen der Textilreviere Sachsen und des nördlichen Westfalen erst im 16. Jahrhundert voll durch. Derartigen, durch spezifische Leitprodukte bestimmten Regionen stehen solche mit einer stärkeren Diversifikation gegenüber: der Niederrhein und das südliche Westfalen mit Köln als Metropole. In diesem Gebiet mischte sich das Eisengewerbe mit der Textilherstellung und einer landwirtschaftlichen Intensivwirtschaft.[5] Deren Ausformung am Oberrhein wies kein derart dominantes Zentrum auf, reichte aber ebenfalls von der Montanwirtschaft der Randhöhen bis zur Intensivlandwirtschaft im Rheingraben.[6]

Die beiden folgenden Fallbeispiele verstehen sich als repräsentativ und weisen neben Gemeinsamkeiten auch recht unterschiedliche Merkmale auf: Das Textilrevier Oberschwaben hatte bereits im Hochmittelalter einen hohen Standard erreicht und ist über verschiedene Wandlungen der vormodernen Produktion über die Industrialisierung bis in die jüngste Zeit zu verfolgen. Dagegen erlebte das Ruhrgebiet – wie Oberschlesien und das Saarland – nach einem längeren Vorlauf erst zur Mitte des 19. Jahrhunderts seinen fulminanten Aufschwung. Zu Beginn des 20. Jahrhunderts bildete das Ruhrgebiet das industrielle Herz Deutschlands. Die Globalisierung leitete in der zweiten Hälfte des 20. Jahrhunderts in Oberschwaben und im Ruhrgebiet einen Strukturwandel ein und führte – wie in anderen Teilen Europas – zu Krisen und partiell zur Deindustrialisierung.[7] Unterschiedlich erscheinen die inneren Strukturen beider Gebiete: Die Standortgebundenheit der Kohleförde-

**3** Kriedte/Medick/Schlumbohm, Industrialisierung 1978.
**4** Kießling/Konersmann/Troßbach, Grundzüge 2016, S. 260–262.
**5** Irsigler, Stellung 1979.
**6** Scott, Identity 1997.
**7** Schulze, Industrieregionen 1993.

rung, die zusammen mit der sekundären Eisenverhüttung die Verdichtung zum montanindustriellen Revier auslöste, findet in dem Textilgewerbe keine Entsprechung. Vielmehr wurde hier der Urbanisierungsprozess in der Fläche zum Motor. Ebenso erscheinen die sozialen Faktoren nur bedingt vergleichbar, auch wenn in beiden Fällen von klaren Merkmalen einer „Sozialregion“[8] gesprochen werden kann: Die Proletarisierung der abhängigen Arbeitskräfte erhielt in der Textillandschaft erst mit der Industrialisierung Einzug, während die prekäre Lage der Weber in der Vormoderne durch ihre Einbindung in die Zünfte zumindest partiell aufgefangen werden konnte. Das Ruhrgebiet war seit dem 19. Jahrhundert durch autoritäre Herrschaft in den Unternehmen geprägt, die erst nach 1945 aus politischen Gründen durch Elemente der Sozialpartnerschaft abgelöst wurde. Aus der Perspektive der Gegenwart besitzen beide Räume einen unterschiedlichen Stellenwert. Das Ruhrgebiet ist bis heute ein stabiler Erinnerungsort geblieben, während die Textilherstellung für die Identität der Region Schwaben keinen vergleichbaren Wert mehr aufweist.

## 2 Oberschwaben

Rolf Kießling

### 2.1 Der Raum: Phasenbildung, Merkmale und Abgrenzung

Entstanden im Hochmittelalter, durchlief Oberschwaben zunächst in der Vormoderne drei produktorientierte Entwicklungsphasen, die jeweils durch grundlegende Innovationen abgelöst wurden: Das handwerklich hergestellte Leinen wurde seit dem 14. Jahrhundert durch den Barchent und der wiederum seit dem ausgehenden 17. Jahrhundert durch bedruckte Kattune substituiert. Ab 1830 wandelte Schwaben sich zu einer Industrielandschaft, die nach verschiedenen konjunkturell bestimmten Phasen im ausgehenden 20. Jahrhundert ihr Ende fand.

Dabei erfuhr die Region sehr unterschiedliche Raumbildungen: Das Gewerberevier konstituierte sich in einem Gebiet, das vom Bodensee bis an den Lech bzw. vom Allgäu bis zur Donau reichte – einer Region, die in der Vormoderne als ‚Oberschwaben‘ bezeichnet wurde –, schloss zudem anfangs das Nördlinger Ries ein und vollzog im Laufe der Zeit eine Ausweitung in die Nordschweiz und nach Nordwesten in Richtung Württemberg. Gleichzeitig fand eine Binnendifferenzierung statt, deren Schwerpunktbildungen vor allem in der Ausrichtung auf verschiedene Gewebesorten lagen, die nicht zuletzt durch Destabilisierungen aufgrund externer Faktoren wie Kriegsereignissen oder Veränderungen auf den interregionalen bzw. internationalen Absatzmärkten ausgelöst wurden. Eine Abgrenzung dieser Gewerbeland-

8 Westermann, Montanregion 2012.

schaft ist schwierig, da neben einer Kernregion auslaufende Randgebiete existierten. Dabei prägten nicht so sehr die bodenständigen Rohstoffressourcen ihre Entwicklung, sondern vor allem Initiativen, die auf die Produktion und den Absatz verschiedener Textilien orientiert waren; sie bewirkten eine Strukturierung der Region bis hin zu ihrer Wahrnehmung von außen. Insofern bedarf es einer immer neuen Verifizierung ihrer Ausdehnung. Kriterien für eine Zugehörigkeit stellen dabei zum einen die flächige Einbindung von Arbeitskräften dar, aus der eine hohe Gewerbedichte resultierte, aber auch strukturelle Maßnahmen der Markterschließung und Kontrolle, die auf kaufmännische bzw. unternehmerische Aktivitäten zurückgingen, um den Zugriff auf die vorhandenen Potenziale zu sichern. In der Langzeitperspektive findet sich somit eine gleichsam pulsierende Rhythmisierung des Raumbezugs, bei der sich Zeiten des Wachstums und des Schrumpfens abwechselten. Grundsätzlich ist also die prinzipielle Offenheit des Raumes in diesem Fall festzuhalten; territoriale Grenzziehungen spielten für ihre Bestimmung keine wesentliche Rolle.

Schon früh flächig angelegt, wobei ausgehend von den städtischen Zentren das Land einbezogen war, wurde die Arbeitswelt seit dem Spätmittelalter mehr oder weniger stark, aber doch durchgängig auf diese Produktion ausgerichtet und bot zugleich für eine wachsende städtische wie ländliche Bevölkerung vielfältige Arbeits- und damit Ernährungsmöglichkeiten. Ihre Einbindung in Form eines breitgefächerten Verlagssystems, später verknüpft mit Großbetrieben der Manufaktur und schließlich punktuell konzentrierter Fabrikarbeit schuf allerdings Abhängigkeiten, die sich immer wieder in Unruhen und Aufständen Luft verschafften. Die vergleichsweise dichte Besiedlung zog darüber hinaus die Notwendigkeit nach sich, die Versorgung mit Lebensmitteln zu sichern. Daraus entstanden bereits in der Vormoderne Verflechtungen mit Ergänzungsräumen, je nachdem, wie stark die Defizite der eigenen Agrarwirtschaft ausfielen.

## 2.2 Die Anfänge im Hochmittelalter

Sehr unvermittelt tauchen um und nach 1200 in Notariatsregistern von Genua zahlreiche Fälle auf, die den Export von *tele de Alamania*, schwäbischer Leinwand, in verschiedene Regionen des Mittelmeerraums festhalten.[9] Genauere Verortungen zeigen, dass es sich vor allem um Leinwand aus dem Bodenseeraum handelte, die entweder über die Messen der Champagne oder von Kaufleuten aus Konstanz und Basel, aus St. Gallen, Lindau, Ravensburg und Schaffhausen über die Alpen gebracht und von einer Reihe von Mittelmeerhäfen aus verschifft wurden – die Liste der Zielorte reicht von Ceuta in Marokko bis Jaffa auf der Krim. Kurz darauf, 1237, findet sich in einem Bozener Notariatsregister auch Augsburger Leinen auf dem Weg nach

9 Ammann, Anfänge 1953.

Italien. Erst seit der Mitte des 13. Jahrhunderts belegen erste spärliche Nachweise in diversen Städten im östlichen Schwaben vom Bodensee bis nach Ulm und Augsburg selbst ein einheimisches Weberhandwerk, um dann in der ersten Hälfte des 14. Jahrhunderts in großer Breite auf ein voll entwickeltes Textilgewerbe in den Städten zu verweisen.

Die These Hektor Ammanns, dass die Stadtentwicklung in diesem „Bodenseegebiet" mit der Leinwandproduktion ursächlich zusammenhing, wird durch die jüngere Forschung insofern bestätigt, als sie für die Staufer und Welfen nicht zuletzt in Süddeutschland eine Wirtschaftspolitik konstatiert, in der die Förderung von regionalen Schwerpunkten in der Rekonstruktion eines „Messesystems" um 1200 im schwäbisch-fränkischen Grenzraum und im Ausbau der alten Via Claudia nach Tirol und Oberitalien sichtbar wird. Die Urbanisierung in diesem Raum dürfte tatsächlich von den Staufern mit einer gewissen Systematik im Rahmen der Reichsterritorialpolitik betrieben worden sein, während die Welfen immerhin präurbane Strukturen initiierten.

Die Rohstoffbasis für die Leinenweberei bot der einheimische Anbau von Flachs, der in den frühen Aufzeichnungen der großen kirchlichen Grundherrschaften des Klosters St. Gallen oder des Hochstifts Augsburg aufscheint.[10] Seit dem frühen Mittelalter war zudem die Herstellung von Leinentextilien im Verband der Fronhöfe üblich. Grundständiger Anbau von Flachs und seine Verarbeitung dürften also weitverbreitet gewesen sein – und blieben es über die Jahrhunderte hinweg. Der Sprung zur Fertigung von normierter Exportware ist freilich erst mit der frühesten Leinwandordnung von Konstanz 1283 bzw. dem Augsburger Stadtrecht von 1276 greifbar, in denen die Sorten bestimmt und sowohl die Abmessungen als auch die Qualitätsprüfung der Fertigware festgelegt wurden, nach der sie in den Handel gelangte.[11] Zudem wird über Indizien fassbar, dass das Land nicht nur über die Rohstofflieferung mit der städtischen Fertigung verbunden war, sondern auch über eigenständige Weber, die rohe Ware lieferten, welche nur noch gebleicht werden musste. Die Landweber waren damit umfassend in die Produktionsprozesse der Textilien eingebunden. Auch wenn sich noch keine klare räumliche Zuordnung bzw. Abgrenzung bestimmen lässt, so waren doch um 1300 die strukturellen Voraussetzungen für den Ausbau zur Gewerbelandschaft gegeben.

**10** Dazu detailliert: Kießling, Stadt 1989, passim.

**11** Zu Konstanz: Wieland, Konstanz 1950, S. 21f., 1953, S. 2f.; zu Augsburg: Kießling, Stadt 1989, S. 722f.

## 2.3 Die Innovation des Barchent im ausgehenden 14. Jahrhundert

Die aufsteigende Tendenz, die sich in der Formierung von Weberzünften wie im Ausbau der Infrastruktur in den Städten – Bleichen, Walken, Geschau – spiegelt, erfuhr durch die Einführung des Barchent einen ganz wesentlichen neuen Impuls. Dieses Mischgewebe aus leinener Kette und baumwollenem Durchschuss, das aus dem arabischen Raum stammend in Oberitalien aufgegriffen worden war, gelangte im 14. Jahrhundert nach Süddeutschland und eroberte von dort aus die europäischen Märkte. Auch wenn die Datierung dieses Vorgangs und seine Wege noch nicht restlos geklärt sind,[12] so spricht doch vieles dafür, dass nach einer Phase des breitgefächerten Experimentierens vom Oberrhein über den Bodenseeraum, Ostschwaben und Altbayern bis nach Nürnberg, Wien und Breslau der entscheidende Durchbruch in die Zeit der 1370er Jahre fiel und in einen rasanten Boom um die Wende zum 15. Jahrhundert mündete.[13]

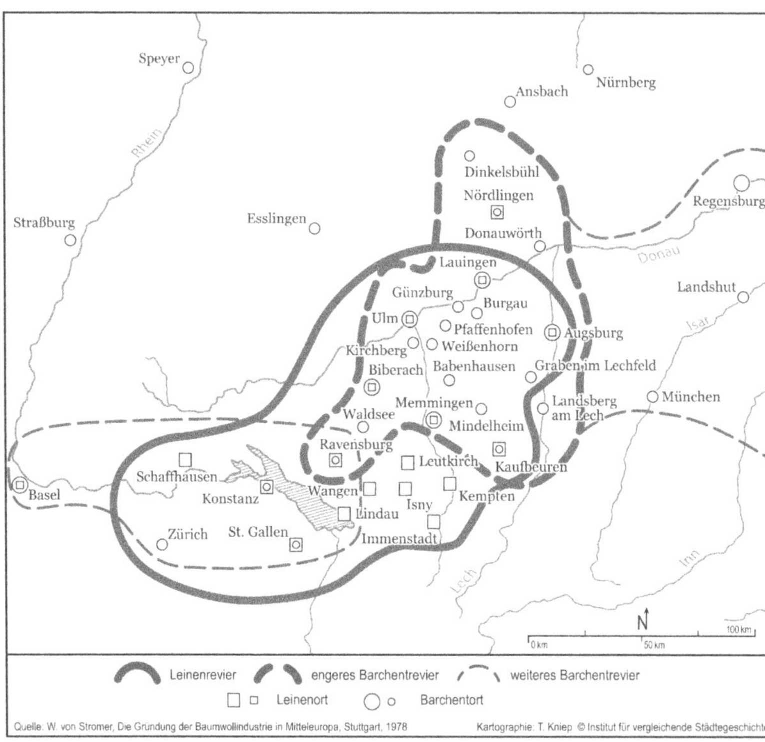


**Abb. 32:** Die Entstehung des Leinen- und Barchentgewerbes in Süddeutschland im Mittelalter

12 Stromer, Gründung 1978.

13 Kießling, Stadt 1989.

Die Gründe dafür sind vielfältig: So sorgte die Präsenz süddeutscher Kaufleute auf den Märkten von Venedig über die Lombardei bis nach Genua für eine entsprechende Rezeption der dafür nötigen technischen Neuerungen, und die dynastischen Verbindungen zwischen den Wittelsbachern bzw. Württembergern und den Visconti könnten das möglicherweise befördert haben. Der Ausbau der Pass-Straßen über den Brenner sowohl auf der nördlichen wie der südlichen Trasse durch den Innsbrucker und Bozener Kaufmann Heinrich Kunter um 1314 schuf weitere Voraussetzungen für einen größeren Massenverkehr; von Ulm aus gelangte man über die Illerschiene und die Bündnerpässe nach Mailand – während der Weg über die zentralen Schweizer Pässe noch nicht in gleichem Maße begangen wurde und die Anwesenheit der Oberdeutschen in Genua nach dem großen Boom des 12. Jahrhunderts einen erheblichen Einbruch erlebte. Als entscheidend aber dürfte der exogene Faktor einzuschätzen sein, der in der demographischen Entwicklung lag. Während der ‚Schwarze Tod' in Oberitalien verheerende Wirkungen hatte, in deren Folge auch die Produktion des Barchent einen Einbruch erlebte, sodass dort eine Umstellung auf lukrativer erscheinende wertvollere Stoffe wie Seide erfolgte, blieben weite Teile Süddeutschlands zwischen Oberschwaben und Altbayern bis nach Franken von der Seuche verschont.[14] In diesen weißen Flecken herrschte somit ein relativ hohes Angebot an Arbeitskräften, das auf der Basis der seit langem eingeführten Leinenweberei für die Innovation des Barchent als Massenware gewonnen werden konnte. Insofern sorgte sie für zusätzliche Erwerbsmöglichkeiten für eine wachsende Landbevölkerung, die auf den Kleinbauernstellen nicht mehr das nötige Auskommen fand, wie die einschlägigen Studien zur agrarischen Entwicklung schon vor den Seuchenzügen in der ersten Hälfte des 14. Jahrhunderts einhellig festgestellt haben.

Nachdem sich der Barchent um 1400 vor allem in Ostschwaben etabliert hatte, erfolgte im 15. Jahrhundert allerdings ein massiver Einbruch. Auch dafür lassen sich mehrere Gründe benennen: Zum einen verursachte die Boykottpolitik Kaiser Sigismunds gegenüber Venedig seit 1417 ein längeres Stocken der Baumwollzufuhr, zum anderen zogen der wieder aufflammende Städtekrieg mit seinem Höhepunkt 1449/50 und der Reichskrieg gegen Herzog Ludwig von Bayern-Landshut 1463 eine gesamtwirtschaftliche Depression nach sich. Dies schlug sich letztlich in einem Strukturwandel des Textilsektors nieder: Die Mittelstädte, deren Handelsgesellschaften nicht über die erforderliche Kapitaldecke verfügten, stiegen aus dem Barchentgeschäft aus. Konstanz verlor sogar seine bis dahin starke Weberei, und das Erbe trat St. Gallen samt seinem Hinterlande an. Andere Städte wandten sich Textilien zu, deren Herstellung auf einheimischen Rohstoffen basierte: Lauingen setzte auf den Golschen (eine grobe Leinwandsorte), Nördlingen auf den Loden aus Wolle der Schafzucht, v.a. der Schwäbischen und Fränkischen Alb. Als die Barchentproduk-

14 Kießling, Entstehung 2010, S. 31–42.

tion seit den 1480er Jahren wieder anzog, hatte sich das Revier grundlegend verändert: Es konzentrierte sich nun weitgehend auf das Städtefünfeck Augsburg – Ulm – Biberach – Memmingen – Kaufbeuren mit dem jeweiligen Hinterland. Die übrigen oberschwäbischen und Allgäuer Städte von Isny bis Kempten sowie die Nordschweiz mit dem Zentrum St. Gallen, die sich ohnehin kaum auf den Barchent eingelassen hatten, blieben beim Leinen. Diese Struktur hielt das ganze „lange" 16. Jahrhundert im Wesentlichen an; daran änderte sich auch in den weiteren kurzfristigeren Schwankungen im Venedigkrieg Maximilians I. um 1512 – mit erneut stockender Baumwollzufuhr – wenig, ebenso wie im Schmalkaldischen Krieg von 1546/47 sowie in der Hungerkrise nach 1570. Inzwischen hatte sich die Dominanz des Augsburger Kapitals im ganzen ostschwäbischen Revier – mit partieller Ausnahme Ulms – bereits durchgesetzt. Herstellung und Vertrieb der Memminger und Biberacher Barchente vollzogen sich vielfach in enger Verflechtung mit den großen Augsburger Firmen. Auf diese Weise stellte sich eine Hierarchie in der Städtelandschaft ein, die über die folgenden Jahrhunderte hinweg Bestand hatte. Gegen Ende des 16. Jahrhunderts zeigten sich allerdings Anzeichen einer tiefergehenden Krise: Nachdem schon vorher immer wieder Klagen der Weber über die Einfuhr von Rohleinwand aus Sachsen, Schlesien und Westfalen geführt worden waren, kulminierten sie in den Allgäuer Städten zu einer Serie von massiven Unruhen, beginnend in Isny 1580 und erneut 1597/98 über Memmingen 1607, Kempten 1614/15 bis Leutkirch 1618/20.

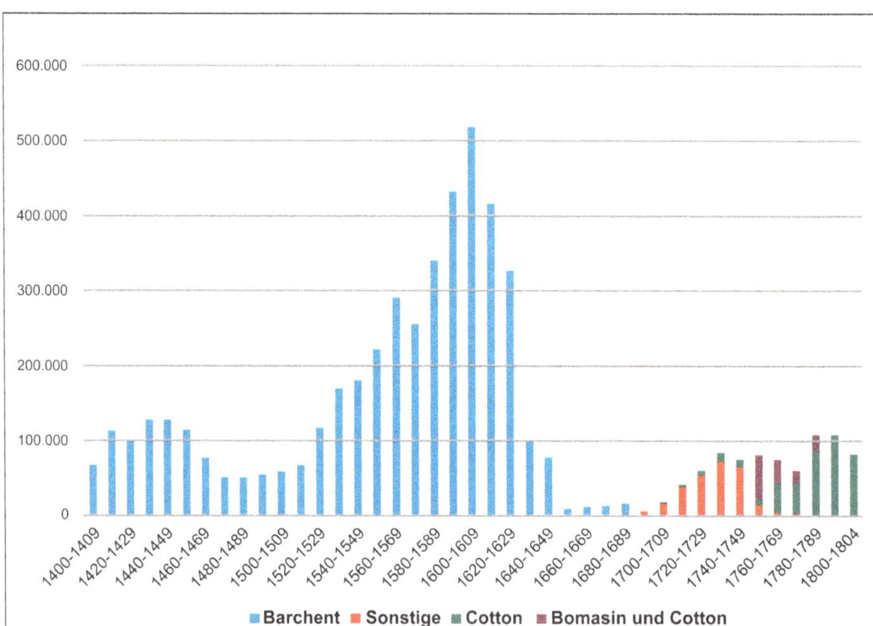


**Abb. 33:** Die Anzahl der gewebten Tuche in Augsburg 1400–1804

## 2.4 Die Strukturen des 15. und 16. Jahrhunderts

Aus der Innovation des Barchent resultierte die Verdichtung zur Gewerbelandschaft mit deutlich protoindustriellem Charakter. Der Einkauf der Baumwolle v.a. in Venedig und der Transport über die Alpen wurde von den potenten Unternehmerfamilien getragen, die zudem den Vertrieb der Fertigware auf den europäischen Märkten von den Niederlanden bis London, in Osteuropa von Danzig bis auf den Balkan und sogar den Reimport nach Italien und Spanien betrieben. In ihre Regie geriet aber auch zunehmend die Verarbeitung, angefangen vom Verspinnen der Baumwolle – weniger des Flachses – über die Fertigung der normierten Rohware bis zur Veredelung durch Bleiche und Appretur bzw. Färberei. Dabei passte sich die Produktion immer wieder den Trends der Verbrauchermärkte an, indem sie zum einen eine Vielzahl von Gewebesorten kreierte, zum anderen mit verschiedenen Farben der Mode Rechnung trug.

Als organisatorisches Grundmuster kristallisierte sich spätestens um 1400 sowohl im städtischen wie im ländlichen Bereich der Verlag heraus.[15] Zwar wurden verschiedene Maßnahmen ergriffen, um die damit verbundenen Abhängigkeiten der Weber einzudämmen, doch blieb er in der gesamten Phase erhalten. Die Ansatzpunkte lagen dabei vor allem im Baumwollhandel, freilich auch beim Leinengarn, das zunächst aus dem Umland der Städte stammte, seit der Wende zum 16. Jahrhundert aber wegen der eminenten Produktionssteigerung aus Mitteldeutschland, Preußen und dem Baltikum importiert werden musste. Dies wurde nach längeren Auseinandersetzungen von den Weberzünften akzeptiert. Die kaufmännischen Interessen machten dabei keinen Unterschied zwischen Stadtwebern und ländlichen Zulieferern. Die städtischen Zünfte dagegen suchten die Landweber auf die Zulieferung von Halbfertigprodukten zurückzudrängen, auf das versponnene Garn oder die bereits nach den Normen gezettelten Kettgarne, die „Wepfen" bzw. „Schneller". In langwierigen und z.T. erbittert geführten Auseinandersetzungen seit dem 15. Jahrhundert kamen die verschiedenen Städte zu unterschiedlichen Lösungsmodellen: Entweder setzten die von Kaufleuten beherrschten Magistrate die unbeschränkte Zulassung der „Gäuweber" durch, wie in Ulm; häufiger, wie in den übrigen Reichsstädten, handelte man mit den Zünften jedoch Arbeitsteilungen aus, die im engeren Umland die Produktion der Rohtextilien verboten, während sie aus dem weiteren Einzugsbereich zugelassen wurden, um die städtische Zentralität nicht zu schwächen. In jedem Fall aber folgte die Produktion den Normvorgaben der Stadt, in die geliefert wurde.[16]

---

**15** Kießling, Kommerzialisierung 2011, S. 29–31; Nutz, Unternehmensplanung 1996, S. 193–242; Clasen, Textilherstellung 1995, S. 386–390.
**16** Kießling, Stadt 1989, S. 481–504, 721–741.

Die städtischen Maßnahmen zur Sicherung der Rohstoffzufuhr ließen sich nur in Ausnahmefällen über die Landeshoheit in größeren eigenen Territorien umsetzen, aus denen die Zulieferung erfolgen konnte; ansonsten war man auf die Kooperation mit den umliegenden adeligen und kirchlichen Herrschaftsträgern angewiesen. Mithilfe von differenzierten Marktregelungen suchten deshalb die Magistrate, in der Regel im Einklang mit den Zünften, die Versorgung aufrechtzuerhalten. Einen besonderen Stellenwert erhielten dabei die sogenannten Bannmeilen: konstruierte Räume, aus denen die Marktbelieferung ohne Für- oder Vorkauf erfolgen sollte. Seltener wie in den Allgäuer Leinwandbünden von 1476 bis 1532 – diesmal initiiert von den Zünften der Reichsstädte und der Territorialstädte – stellten sich auch herrschaftsübergreifende Lösungen ein. Ganz Ostschwaben war zu einer von den Reichsstädten dominierten Wirtschaftslandschaft geworden, in der die übrigen Kleinherrschaften integriert wurden. Die gesellschaftliche Basis dafür war eine enge Vernetzung der patrizischen und städtischen Familien, die sich in den Handelsgesellschaften formierten und in Bündnissystemen ihren politischen Niederschlag fanden.

Die ‚ländliche' Interessenlage schlug sich demgegenüber in der Verbesserung der ökonomischen Infrastruktur nieder: Parallel zur Gesamtentwicklung ließen zahlreiche Kleinherrschaften – Adel und Klöster – ihre zentralen Verwaltungs- und Herrschaftsmittelpunkte mit königlichen Privilegien zu gebannten Märkten aufwerten, die zwar einerseits für die ökonomische Erschließung des flachen Landes gedacht waren, aber auch und nicht zuletzt als Sammelmärkte für die Zulieferung an die großen Zentren fungierten. Diese Ergebnisse der Siedlungs- und Stadtgeschichtsforschung lassen die Marktsiedlungen in dieser Region als unterste Schicht der Urbanisierung erscheinen; dass sie ein Faktor für die Konstituierung der Gewerbelandschaft waren, ergibt sich aus ihrer identischen räumlichen Verteilung mit den Einflusszonen der städtischen Produktionszentren. Die steigende Nachfrage im Export setzte sich so in der Produktion auf dem flachen Land fort, sodass zahlreiche ausgesprochene Weberdörfer entstanden, in denen die handwerklich tätigen Inhaber von Selden (Kleinbauernstellen) bereits im 16. Jahrhundert in der Überzahl waren.

Die mehr oder weniger ausgeprägte Orientierung auf die gewerbliche Erzeugung hatte in den Dörfern allerdings noch eine andere Konsequenz: Da das Wachstum der Bevölkerung – das schon vor der Mitte des 15. Jahrhunderts wieder einsetzte – mit diesen Arbeitsmöglichkeiten aufgefangen werden konnte, musste sich die Landwirtschaft auf den Anbau von Getreide als unelastisch nachgefragtem Grundnahrungsmittel konzentrieren. Der Rückgang der Viehwirtschaft dagegen konnte durch Fernimporte von ungarischen und böhmischen Rindern kompensiert werden. Wenn sie bereits seit der ersten Hälfte des 15. Jahrhunderts auf den schwäbischen Viehmärkten auftauchen, dann dürfte das als ein Anzeichen dafür gewertet werden, dass sich Wirkungen der Gewerbeverdichtung bereits eingestellt hatten. Es ist wohl kein Zufall, dass im 16. Jahrhundert der Höhepunkt lag, in dem schätzungsweise 40.000 Rinder pro Jahr nach Schwaben importiert wurden.

Diese Verdichtung zur Gewerbelandschaft setzte sich freilich nicht überall in gleichem Maße durch. Die mittelschwäbische Barchentlandschaft war in besonders hohem Maße von diesem Strukturwandel betroffen, und sie zog auch das westliche Oberbayern mit in ihren Bann – so gehörte der Lechrain von Schongau über Landsberg am Lech und Friedberg bis Aichach eindeutig dazu. Ähnlich sind auch das Ries mit Nördlingen und seinen Randhöhen sowie die Donauniederung einzuschätzen. Im Allgäu und im Bodenseegebiet bzw. der Nordschweiz, wo inzwischen wieder die Leinenherstellung überwog, setzte sich diese Struktur in ‚verdünnter' Form fort, während sie im westlichen Oberschwaben jenseits der Iller auslief und in eine Region überging, in der die Weberei nur mehr als grundständiges Gewerbe anzusprechen war. Bezeichnenderweise war auch das Herzogtum Württemberg von dieser Entwicklung tangiert: Da das gewerbliche Hinterland von Ulm sich nicht auf das Gebiet südlich der Donau beschränkte, sondern über den Flachsanbau auf der Alb über das eigene Territorium – bekannt ist dafür Langenau – hinaus nach Westen ausgriff, entwickelte Herzog Friedrich I. gegen Ende des 16. Jahrhunderts eine Initiative, um mit der Gründung eines eigenen Weberwerks mit Zentrum Urach daran zu partizipieren.[17] Der Umfang der geschauten Ware mit hochgerechnet knapp 3.000 Stück Leinen an der Uracher Schau im Jahr 1607/08 blieb freilich bescheiden gegenüber den etwa 500.000 Stück Barchent, die allein in Augsburg im ausgehenden 16. Jahrhundert über die Schau liefen.

## 2.5 Wiederaufbau nach dem Dreißigjährigen Krieg 1648–1830

Der massive Einbruch des Großen Krieges, der in Schwaben in den Jahren zwischen 1630 und 1634 und erneut zwischen 1645 und 1648 durch die ständige Truppenpräsenz, Belagerungen und die dadurch ausgelösten Seuchenzüge und Hungerkrisen zu einer Bevölkerungsdezimierung um ein Drittel bis zur Hälfte führte, zog einen Produktionseinbruch nach sich, der erst langsam aufgefangen werden konnte. Hatte sich der Barchentboom Anfang des 17. Jahrhunderts ohnehin bereits abgeschwächt, so verlief die Konsolidierung in der zweiten Hälfte des 17. Jahrhunderts mit einem neuen Verteilungsmuster.[18] Ulm und sein Umland kehrten nun wieder komplett zu Leinwand zurück. Das Allgäu und das gesamte Bodenseegebiet setzte seine bisherige Leinentradition fort, doch geriet diese Teilregion immer mehr in den Sog des Zentrums St. Gallen. Der mittelschwäbische Raum zwischen Augsburg und Memmingen, Kempten, Kaufbeuren setzte demgegenüber seit dem ausgehenden

**17** Scheck, Interessen 2015, S. 82–101.
**18** Kaufhold, Gewerbelandschaften 1986, S. 143–146; detailliert: Kießling, Gewerbe 1998.

17. Jahrhundert in einem erneuten Innovationsschub auf reine Baumwollstoffe und die Kattundruckerei (vgl. Abb. 2). Diese 1678/79 aus den Niederlanden übernommene neue Technik konnte sich schnell etablieren und wurde in den folgenden Jahrzehnten in den Reichsstädten Kaufbeuren und Kempten, etwas zögerlicher in Memmingen, übernommen; das Hochstift Augsburg und das Reichsstift Kempten folgten mit mehreren eigenen Standorten nach. Damit verbunden war die neue Organisationsform des Großbetriebes der Manufaktur, die aber als Zentrum nach wie vor mit im Verlag handwerklich produzierenden Webern verbunden wurde und insbesondere über die Spinnarbeiten, aber auch mit der Herstellung der rohen Gewebe das Land weiter einbezog. Dies zeigt nicht zuletzt eine zeitgenössische detaillierte Aufnahme der Markgrafschaft Burgau um die Mitte des 18. Jahrhunderts. Die Produktion erreichte in Augsburg jedoch mit 100.000 bis 120.000 Stück gegen Ende des 18. Jahrhunderts bei weitem nicht mehr die Mengen des ausgehenden 16. Jahrhunderts. In Ulm sank sie sogar von ca. 100.000 Barchenten im Jahre 1587 über 21.000 Leinwandstücke in den 1780er Jahren auf schließlich nur noch 5.581 im Jahre 1800.

Eine deutliche Verschiebung in der inneren Struktur stellte sich in dieser Phase insofern ein, als die lokalen adeligen und kirchlichen Herrschaftsträger danach strebten, zu den Reichsstädten aufzuschließen: So sah sich Ulm mit einer neuen Konkurrenz im benachbarten vorderösterreichischen Burgau konfrontiert, wo schon um 1610 und verstärkt seit 1704 in merkantilistischer Manier italienische Firmen gefördert wurden. Im Allgäu setzte die Grafschaft Königsegg-Rothenfels mit Immenstadt ihre bereits länger florierende Produktion fort. Das westliche Oberschwaben jenseits der Iller blieb freilich an die alten reichsstädtischen Zentren von Ulm bis Ravensburg gebunden. St. Gallen wiederum konnte seine zentrale Rolle in Inner- und Außerrhoden und im Thurgau festigen und seine Sogwirkung auf die Belieferung mit Flachs bzw. Schnellern über das Allgäu bis zur Donau ausdehnen, sodass im 18. Jahrhundert neue übergreifende Initiativen zur Absicherung der Rohstoffzufuhr über den Schwäbischen Kreis erfolgten.

Auch organisatorisch ergab sich eine Akzentverschiebung, denn die ländliche Weberschaft konnte in dieser Phase eine Verbesserung ihrer Position durch die systematische Gründung von Landzünften erreichen – sie lagen zeitlich an der Spitze einer allgemeinen Verzunftung ländlicher Handwerker.[19]

19 Vgl. Sczesny, Zünfte 2005.

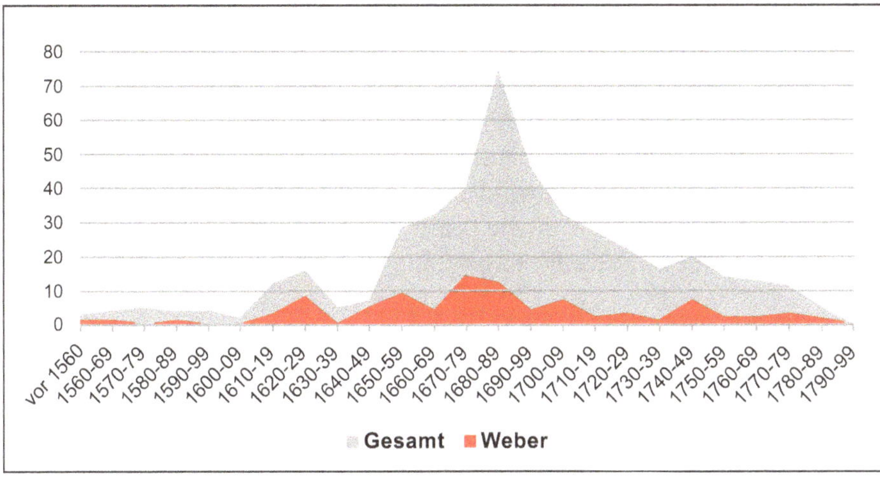


**Abb. 34:** Die Entstehung der Landzünfte in Ostschwaben

Setzte diese Entwicklung schon vereinzelt in der zweiten Hälfte des 16. Jahrhunderts ein, so erreichte sie im Laufe des 17. Jahrhunderts einen flächenübergreifenden Charakter, in dem zunächst vor allem die mittelschwäbischen adligen und ritterschaftlichen Klein- und Kleinstterritorien, dann aber auch die Teilgrafschaften Oettingen im Ries und seinen Randhöhen sowie das Allgäu erfasst wurden. Die Zielvorstellungen, damit die „Passierlichkeit" auf den gebannten Märkten zu erreichen und die „Unehrlichkeit" als „Pfuscher" abzuwehren, stießen zwar auf den Widerstand der städtischen Vorbilder, wurden letztlich aber durchgesetzt, weil die Zunftordnungen alle notwendigen Elemente eines ‚gerechten' Handwerks beinhalteten. Das spätmittelalterliche Gefälle zwischen Stadt und Land wurde damit erheblich reduziert und die Abhängigkeiten im Verlagssystem konnten zumindest eingedämmt werden. Wie an Mikrostudien zu einzelnen Weberdörfern nachgewiesen wurde, entwickelte sich im 18. Jahrhundert damit neben der agrarischen eine eigenständige und vielfach sogar gleichwertige handwerkliche Lebensform, die auch zu gesellschaftlichem Aufstieg, insbesondere als „Webermarchands", bis in die dörfliche Oberschicht führen konnte.[20]

Doch erst die detaillierte Landesaufnahme des neuen Bayern – die sogenannte Montgelas-Statistik von 1809/10 bzw. 1811/12 – zeigt die inzwischen erworbene Intensität der Gewerbelandschaft.[21] Ihre stärkste Ausprägung erhielt sie im mittelschwäbischen Raum zwischen Ulm, Augsburg und Memmingen bzw. Mindelheim, wobei sie eine Gewerbedichte von über 9 % erreichte – und damit die höchsten Werte im mitteleuropäischen Vergleich. Dort saßen die meisten Weber auf dem

**20** Sczesny, Kontinuität 2002, S. 221–356.

**21** Dazu die Karte: Kießling/Sczesny, Ostschwabens Gewerbe 2010.

Land: Von insgesamt 3.149 Webern arbeiteten 694 in den Städten, 292 in den Marktorten, aber 2.163 in den Dörfern. Die auffallende Abstufung von dieser Kernregion zu den Randbereichen ist eindeutig durch die jeweilige Partizipation an der Textilproduktion erklärbar. Dieser Befund setzte sich im Westen über Ulm und die Iller hinaus ins heute württembergische Oberschwaben, die sogenannten Donaustädte und in das Textilrevier auf der Alb fort, aber auch im Osten reichte der Einfluss in das immer noch stark handwerklich strukturierte Gebiet des westlichen Oberbayern, übergriff also nach wie vor die herrschaftlichen bzw. nun modernstaatlichen Grenzen.

## 2.6 Die Industrialisierung im 19. Jahrhundert

Begreift man Proto-Industrialisierung im strengen Sinne als umfassenden Strukturwandel, angefangen von der Produktionsorganisation bis hin zu einer ersten Proletarisierung, so trifft diese Einordnung auf den vorliegenden Fall Schwaben nicht in vollem Sinne zu: Einerseits muss die zeitliche Dimension ausgeweitet werden, denn wichtige Faktoren wie die Arbeitsteilung samt Einbindung von ländlichen Arbeitskräften über den Verlag oder über die Marktgegebenheiten waren seit dem Spätmittelalter weitverbreitet; andererseits blieb die agrarisch-handwerkliche Mischökonomie auch im 18. Jahrhundert noch die maßgebliche Wirtschaftsform auf dem Land – bis in die Alltagsebene und die Familienstrukturen hinein. Damit wurde aber auch der Übergang zur Industrie komplexer, weil er von strukturellen und sozialen Brüchen begleitet war. Die These vom regionalen Übergang zur Industrialisierung kann jedoch gerade in Schwaben verifiziert werden.

Die Gründungswelle von Textilfabriken mit Massenproduktion setzte in Schwaben in den 1830er Jahren ein.[22] Aber der Wandel kündigte sich schon lange vorher an: In den Weberaufständen Augsburgs 1766, 1784/85 und v.a. 1794 kreiste der Konflikt um die Importe von rohen Baumwollstoffen aus Ostindien, der Schweiz und Mitteldeutschland durch die Kattun-Unternehmer, was den einheimischen Webern als Gefährdung von Arbeit und Brot erschien. Zum anderen wurden seit den 1780er Jahren die ersten Spinnmaschinen eingesetzt, und im Kattundruck zeichnete sich nach der Kontinentalsperre ab, dass man der Konkurrenz der englischen Massenware mit der Rezeption technischer Neuerungen einigermaßen begegnen konnte. Mit der Gründung von Großfabriken erfolgte dann der Durchbruch: 1836 mit der Augsburger Kammgarnspinnerei für die Wollverarbeitung, 1837 mit der Großen Fabrik, der „(Baumwoll-)Spinnerei und Weberei Augsburg“ als Aktiengesellschaft, bei der allein etwa 750 Arbeiter/innen beschäftigt wurden. Bis zum Ende der 1840er Jahre gab es in Augsburg bereits 14 Spinnereien und Webereien mit 4.545 Beschäftigten. Kaufbeuren folgte dem Augsburger Entwicklungsgang fast gleichzeitig,

22 Zorn, Handels- und Industriegeschichte 1961, S. 119–204; Murr, Entwicklung 2010.

Kempten seit 1847; und nicht zuletzt stellte sich die Breitenwirkung mit zahlreichen ländlichen Standorten in den folgenden beiden Jahrzehnten vom Allgäu – etwa in Fischen, Waltenhofen und Sonthofen – bis zur Donauniederung – z.B. Zöschlingsweiler bei Dillingen – ein und zog von Ulm aus illeraufwärts. Die Gesamtzahl von 17.417 Menschen, die 1848 in der Textilindustrie im bayerischen Schwaben beschäftigt waren, belegt eindringlich den hohen Grad, den die Industrialisierung hier erreicht hatte.

Westlich der Iller im neuen württembergischen Oberschwaben ergibt sich ein ähnliches, wenn auch bescheideneres Bild:[23] Die fließenden Übergänge über die Manufaktur zur Fabrik sind erst seit etwa 1830 erkennbar, 1832 gab es neun Textilfabriken mit 160 bis 180 Beschäftigten und um die 500 Heimarbeiter/innen. Seit Ende der 1830er Jahre folgte auch hier die Mechanisierung, vor allem in Baumwollspinnereien und -webereien im Raum Isny und Ravensburg, ergänzt von Standorten wie Buchau am Federsee und Dietenheim an der Iller bis Tettnang und Waldsee, aber auch an der Donau in Riedlingen. Hier setzte man zunächst gleichfalls auf die Baumwollverarbeitung – v.a. feine Musseline im Auftrag von St. Gallen –, stellte daneben aber eine beachtliche Produktpalette von Bändern über Seide bis zur Zwirnerei her, etablierte die Veredelung in Form von Bleiche, Färberei und Appretur und ging erst seit den 1860er Jahren wieder auf die Hanf- und Flachsverarbeitung über. Das Ergebnis waren 1861 immerhin 33 Betriebe mit etwa 1.450 Beschäftigten – d.h. weit weniger als im nun bayerischen Ostschwaben. Beide zusammen spiegeln aber die Kontinuität zur Vormoderne, in der bereits der Schwerpunkt in Ostschwaben gelegen hatte; sie wird ebenso in der flächigen Struktur sichtbar – freilich mit Ausnahme des Ries, denn in Nördlingen entstanden die ersten Fabriken erst um 1900.

Die neue staatliche Zuordnung in der napoleonischen Ära zwischen 1803 und 1815 zu den (seit 1806) Königreichen Bayern bzw. Württemberg hatte zunächst eher bremsende Wirkung, weil nun durch die sehr strikte Grenzziehung an der Iller und auf der Alb viele Städte von Teilen ihres Umlandes abgeschnitten wurden. Erst der Zollverein von 1828 zwischen Bayern und Württemberg und dann der Deutsche Zollverein von 1834 milderten das ab. Auch die politischen Rahmenbedingungen ließen noch auf sich warten: Nach der schrittweise vollzogenen Lockerung des Zunftzwangs in Bayern bei der Vergabe der Gewerbekonzessionen seit 1804, bei der sich jedoch der Staat die Gründung der größeren Fabriken vorbehielt, verfolgte man auf Drängen des Bürgertums eine restriktive Politik, die erst mit der Wende von 1859 bis zu den Gesetzen von 1868/69 zu Ende ging. Ähnlich brachte in Württemberg das Jahr 1862 – nach der revidierten Gewerbeordnung von 1836 mit ihren ersten Erleichterungen – die vollständige Gewerbefreiheit mit der Auflösung der Zünfte.

Als wegweisende Faktoren sind zum einen die ortsgebundenen Voraussetzungen zu nennen: das hohe Potenzial an Unternehmerpersönlichkeiten – bei dem

23 Eitel, Oberschwaben 2010, S. 153–156.

auch einzelne Schweizer und Elsässer eine Rolle spielten – sowie das Kapital, das vor allem von den Augsburger Bankhäusern zur Verfügung stand. Günstig erwies sich zudem, dass die seit langem genutzte Wasserkraft als Energielieferant weiterhin im östlichen Schwaben mit Lech, Wertach und Iller ausgebaut werden konnte, während im westlichen Teil gerade diese Möglichkeiten begrenzt blieben. Dazu gehörte zweifellos auch die Infrastruktur der Verkehrserschließung. Boten die Chausseen des 18. Jahrhunderts bereits solide Grundlagen, so entstanden mit den ersten Strecken des Eisenbahnbaus München–Augsburg 1838/40, dann der bayerischen Ludwigs-Nord-Südbahn 1844/53 und der – in dieser Zeit noch konkurrierenden – württembergischen Südbahn Friedrichshafen–Ulm 1847/50 weitere Möglichkeiten für den Ausbau.

Freilich war der Bruch im protoindustriellen Handwerk bis zur Jahrhundertmitte noch keineswegs voll zum Tragen gekommen. Immerhin zeigte er sich im bayerischen Allgäu, denn dort war die an die Exportproduktion angeschlossene Landweberei bis 1830 bereits eingebrochen. Für das traditionell starke „Mittelschwaben" wird man die Fortsetzung der älteren Strukturen jedoch stärker betonen dürfen. Für den württembergischen Teil Oberschwabens geben differenziertere Zahlen ein noch genaueres Bild: 1830 stellten die Textilgewerbe mit 3.416 Meistern immer noch 28,5 % des gesamten Handwerks, darunter 2.314 Leinenweber, 1861 waren es in Oberschwaben und im Allgäu dagegen nur noch 1.832 Handweber, darunter 1.155 Leinenweber. Dazu kam aber die große Zahl der nicht registrierten Heimarbeiterinnen, die vor allem als Spinnerinnen und Stickerinnen für die Schweizer Betriebe in St. Gallen arbeiteten. Woher die neuen Fabriken ihre Arbeitskräfte – mit einem hohen Frauenanteil – rekrutierten, ist bislang für die frühe Phase nicht genauer erforscht. Erst in der Hochindustrialisierung seit 1870/71 zeigen exaktere Zahlen zumindest für die Augsburger Betriebe einen relativ konstanten Wert von 43 % des Zuzugs aus der Region (Schwaben samt den Regierungsbezirken Oberbayern und Mittelfranken), während der Anteil aus der Fernwanderung 17 bis 20 % betrug. Doch auch dieser Zuzug aus dem schwäbischen Umland und einem breiten süddeutschen Feld vom Elsass bis Böhmen setzte in gewisser Weise die alten Raumbeziehungen fort.

Diese Phase der Hochindustrialisierung zwischen Reichsgründung und Erstem Weltkrieg war durch Ausbau und Konzentration, jedoch kaum durch die Erschließung neuer Standorte bestimmt. Während im bayerischen Teil „die Zahl der Kleinbetriebe von 3.365 im Jahr 1875 auf 942 im Jahr 1895 [sank]", konnten andererseits die Großbetriebe, allen voran in Augsburg, ihre Beschäftigtenzahlen im gleichen Zeitraum von 15.509 auf 22.628 steigern.[24] Vielfach ging dies Hand in Hand mit technischer Modernisierung – etwa durch Dampfmaschinen als Energielieferanten oder Automatenwebstühle in der Fertigung – und mit Spezialisierung – etwa wertvolle

24 Murr, Entwicklung 2010, S. 59–62, Zitat S. 59.

Damaststoffe oder Kunstseide statt Baumwollmassenware. Im württembergischen Teil, mit einer nach wie vor deutlichen Schwerpunktbildung im Raum Ravensburg, war der Anstieg der Beschäftigten von ca. 2.450 im Jahr 1870 auf ca. 2.650 im Jahr 1907 dagegen weiterhin sehr moderat.[25] Aber auch hier führte der Konkurrenzdruck des Weltmarktes zu Veränderungen: zum Rückgang der Leinwandindustrie zugunsten von weißen Baumwollwaren, Gardinen und Maschinenstickereien.

Am Ende dieser Epoche stand der grundlegende Wandel in der Struktur der Gewerbelandschaft, bezogen auf die Arbeitsteilung von Stadt und Land: Einerseits hatten die Fabriken den Verstädterungsgrad in einer neuen stürmischen Phase der Urbanisierung erheblich nach oben getrieben. Das Wachstum mit der Bildung von Industriestandorten und sozial segregierten Arbeitervierteln ist in Augsburg besonders deutlich erkennbar, wo sich ein entsprechender Gürtel um die Altstadt bildete.

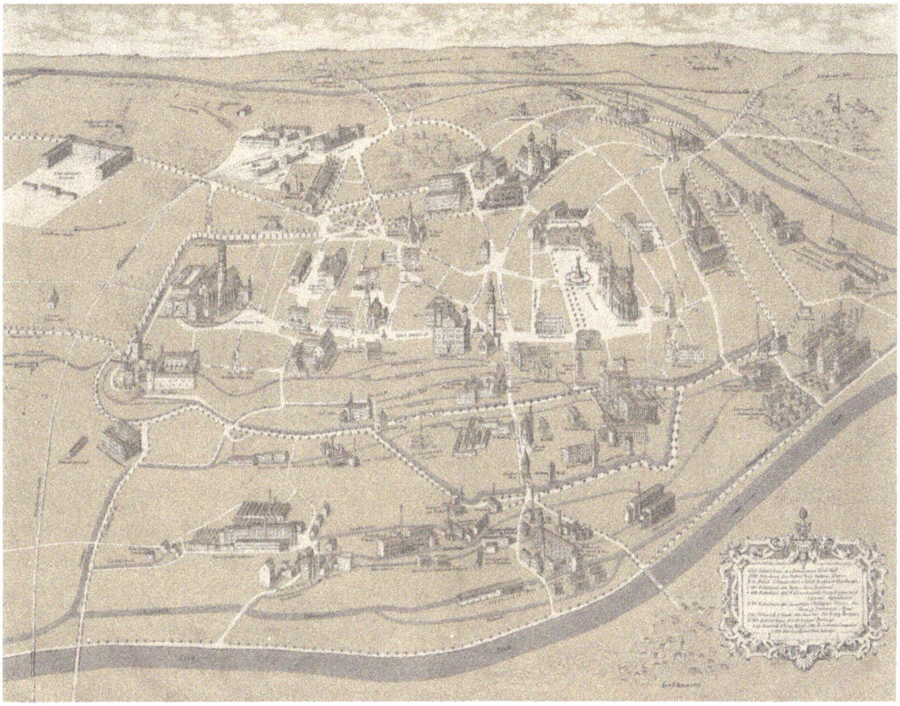

**Abb. 35:** Gebäudeplan der Stadt Augsburg von 1873

In der Region führte das allerdings noch nicht zu neuen Verteilungsmustern der zentralen Orte. Andererseits stand der Rückgang des ländlichen Textilgewerbes im Zusammenhang mit einer Reagrarisierung – verstanden als ‚Verbäuerlichung' durch

25 Eitel, Oberschwaben 2015, S. 118–122.

die Aufgabe des Gewerbes oder durch Abwanderung, möglicherweise aber auch durch „‚Industriebauern', d.h. Fabrikarbeitern, die nebenberuflich eine Kleinstlandwirtschaft" betrieben.[26] Allerdings ist dieser Ansatz bislang nur sporadisch verfolgt worden. Zu berücksichtigen ist dabei sicher auch die Vereinödung im Allgäu, die sich – schon langfristig angelegt – im 19. Jahrhundert mit der ‚Vergrünlandung' verband, also der Umstellung auf Viehwirtschaft und Milchverarbeitung, womit das Absinken des Weberhandwerks in gewisser Weise kompensiert werden konnte. Generell wird man davon ausgehen dürfen, dass Inhabern kleiner Hofstellen – den klassischen Seldnern der Frühneuzeit – aufgrund der langsamen Verbesserungen im agrarwirtschaftlichen Sektor mitunter die soziale Konsolidierung gelingen konnte. Nach der Jahrhundertmitte ist dann eine stärkere innerörtliche Trennung von Landhandwerk und Landwirtschaft festzustellen. So brachte das 19. Jahrhundert in der Industrialisierung zwar ein hohes Maß an räumlicher Kontinuität, aber auch eine Auflösung der alten Organisations- und Erwerbsstrukturen, die sich seit dem spätmittelalterlichen Ausbau zur Textilgewerbelandschaft ergeben hatten.

## 2.7 Das Ende im 20. Jahrhundert

Schon in der Zeit des Kaiserreichs hatte sich die Verflechtung mit der Weltwirtschaft, vor allem die Abhängigkeit vom Baumwollmarkt als besonders schwierige Rahmenbedingung herausgestellt, wobei sich die Ferne Schwabens von den großen Importhäfen als erheblicher Nachteil erwies. Die regionale Textilwirtschaft war endgültig in der nationalen aufgegangen; die regionalen Bedingungsfaktoren büßten an Bedeutung ein. Theodor Haßler, Direktor eines Augsburger Werkes, suchte dies zum einen in der Mitwirkung an der Bremer Baumwollbörse zu kompensieren, zum anderen als Vorsitzender des „Vereins süddeutscher Baumwollindustrieller" durch die Forderung nach Schutzzöllen, um die eigene Produktion zu stärken – was 1879 auch gelang. In der Zwischenkriegszeit setzte sich der betriebliche Konzentrationsprozess weiter fort; so kaufte sich beispielsweise der schlesische Baumwollindustrielle Christian Dierig 1929/30 auch in die Augsburger Industrie ein. Nachdem die Weltwirtschaftskrise relativ gut bewältigt werden konnte, zeigte sich die Rüstungspolitik des nationalsozialistischen Deutschlands für den Sektor Textilindustrie als nicht unbedingt förderlich, da sich die massiven Eingriffe in die Betriebsführung und die sich verschärfenden Rohstoffprobleme – die mit der Einführung der sogenannten Zellwolle aufgefangen werden sollten – zuspitzten und die Notwendigkeit einer Rationalisierung vor Augen führten.

Nach dem Ende des Zweiten Weltkrieges bestimmte die Internationalität immer stärker die Entwicklung: zunächst in der Europäischen Wirtschaftsgemeinschaft,

26 Fried, Reagrarisierung 1975, S. 246.

dann in der Globalisierung. Insofern ist die Analyse mit regionalhistorischen Methoden nicht mehr adäquat zu leisten. Nur so viel sei noch angedeutet: Die Nachkriegszeit war zunächst durch einen starken Aufschwung gekennzeichnet, der sich aus dem hohen Nachfragestau ergab; die Zuwanderung von Betrieben aus Schlesien und der Sowjetischen Besatzungszone bot zahlreiche und relativ billige Arbeitskräfte an, die die Produktionskosten gering hielten. Die Spitzenstellung der bayerischen Textilindustrie blieb zunächst noch erhalten, doch bald machten sich der alte Maschinenpark und das Festhalten an überkommenen Produktionsstrukturen negativ bemerkbar, sodass die Konkurrenzfähigkeit auf dem internationalen Markt gefährdet war. Trotz Modernisierung – neue Maschinengenerationen und Einbeziehung der Kunststoffgarne – sowie Rationalisierung war seit der weltweiten Wirtschaftskrise 1973/74 langfristig der Schrumpfungsprozess nicht mehr aufzuhalten: Die steigenden Importe von Stoffen und die Verlagerung der eigenen Produktion in das kostengünstigere Ausland mündeten in den flächigen Abbau der Firmen. Das gilt auch für den württembergischen Teil – der ohnehin keine tragende Rolle mehr spielte, da sich dort die Schwerpunkte nach Innerschwaben und an den Oberrhein verlagert hatten. Insgesamt aber war nicht mehr zu übersehen: Die Textilindustrie hatte buchstäblich „den Faden verloren“. Übrig blieben „einige hochmodische Artikel und vor allem technische Textilien, bei denen sie [die Unternehmen, R.K.] den Innovationsprozeß einigermaßen zu kontrollieren vermochten“.[27]

Das Bewusstsein, einer ganz eigenständigen Wirtschaftslandschaft, der herrschafts- bzw. länderübergreifenden Textilregion Oberschwaben anzugehören, war schon seit der Grenzziehung am Anfang des 19. Jahrhunderts im Schwinden – und wird heute nur noch als Reminiszenz im kulturellen Rahmen gepflegt.

# 3 Das Ruhrgebiet

Wilfried Reininghaus

## 3.1 Definition

Geographisch lässt sich das Ruhrgebiet nicht überzeugend definieren. Die im heutigen Bundesland Nordrhein-Westfalen zwischen Rhein, Lippe und Ruhr gelegene Region wurde seit dem frühen 19. Jahrhundert zuerst durch die Montanwirtschaft geprägt und entwickelte sich auf deren Grundlage zu einer sozial und kulturell wahrnehmbaren Einheit. Seit den 1920er Jahren wurde sie immer öfter nach der ursprünglichen Entstehungszone an der Ruhr benannt. Daneben blieben „Revier“, „Ruhrkohlenrevier“ oder „rheinisch-westfälischer Industriebezirk“ z.T. bis heute Be-

27 Zum gesamten Vorgang: Lindner, Faden 2001, S. 83–174, Zitat S. 174.

zeichnungen für das Ruhrgebiet. Verwaltungsmäßig verteilte es sich zwischen 1815 und 1946 in die beiden preußischen Provinzen Rheinland und Westfalen sowie nach 1953 auf die Landschaftsverbände Rheinland und Westfalen-Lippe. „Eine stärkere administrative Durchgliederung" blieb dem Ruhrgebiet versagt.[28] Der 1920 gebildete „Siedlungsverband Ruhrkohlenbezirk" (SVR) umfasste ein größeres Gebiet als die industrielle Kernzone, um die umliegenden ländlichen Räume einzuschließen, die für deren Versorgung wichtig waren. Die Umgestaltung des SVR zum „Kommunalverband Ruhrgebiet" (KVR, 1979) bzw. zum „Regionalverband Ruhr" (RVR, 2004) war begleitet von anhaltenden politischen Diskussionen über Änderungen der Verwaltungsgliederung. Wegen der Rückwirkung auf die politische Struktur des gesamten Bundeslandes kamen sie zu keinem Ergebnis. Zum Gebiet des RVR gehören auf 4.435 km$^2$ elf kreisfreie Städte und vier Landkreise mit insgesamt 53 Gemeinden, in denen 2015 5,1 Millionen Menschen lebten.

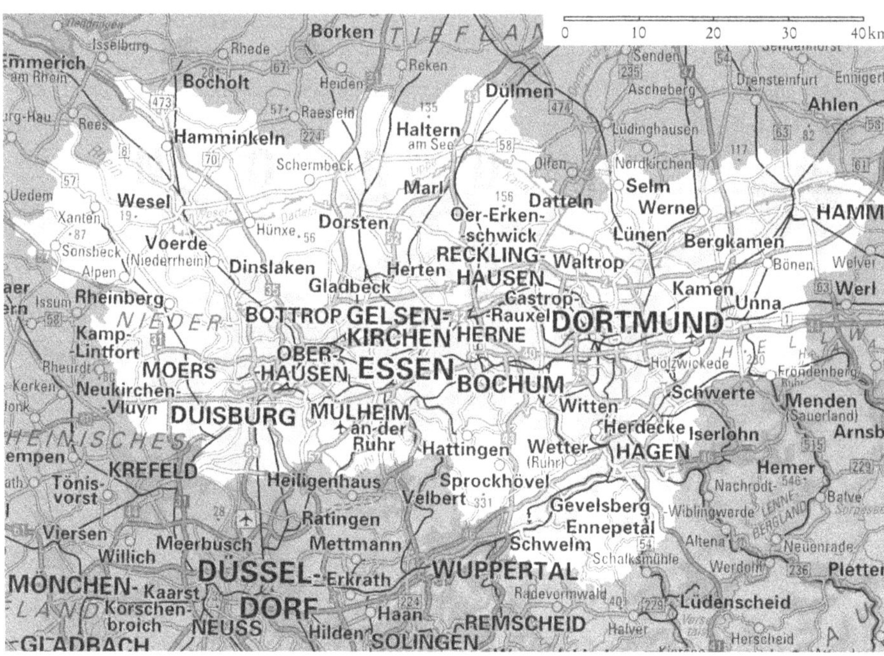


**Abb. 36:** Der Regionalverband Ruhrgebiet

28 Tenfelde/Urban, Ruhrgebiet. Bd. 1 2010.

## 3.2 Wirtschaftliche Entwicklung

Die Lagerstätten des Ruhrgebiets gehören zum nordwesteuropäischen Kohlengürtel; er entstand im Karbonzeitalter vor 300 Millionen Jahren. Die Förderung der Steinkohle begann dort, wo das Flöz führende Karbon nah an der Oberfläche abzubauen war.[29] Zwischen dem heutigen Dortmunder Süden und Mülheim a. d. Ruhr grub man im 13./14. Jahrhundert längs der Ruhr im Tagebau. Die Bergwerke waren als Kleinbetriebe organisiert, die Bergleute wenig spezialisiert und oft als Bauern tätig. Als Eigentümer der Gruben lassen sich im 16. Jahrhundert Adlige und Großbauern fassen. Der allmähliche Übergang zum Stollenbau am Beginn der Neuzeit erschloss tiefere Schichten. Sogenannte „Erbstollen", die das Grubenwasser ableiteten, ermöglichten bereits 1744 Förderhöhen von 100 Metern unter der Oberfläche. Seit 1730 unterstanden die Zechen in der Grafschaft Mark der Aufsicht des preußischen Staates. Er griff mit mehreren Bergordnungen (1737, 1767) in die Förderung ein, um Raubbau zu verhindern. Das dadurch begründete Direktionsprinzip ermöglichte eine direkte Kontrolle durch staatliche Beamte. Zugleich wurden die Bergleute in Knappschaften zusammengefasst. Zwischen 1764 und 1791 verdreifachte sich die Fördermenge. Steinkohle wurde zu einer gefragten Energiequelle für Salinen, Metallgewerbe und Bleichereien. Sie deckte auch den Brennstoffbedarf des weiteren Umlandes bis in die Niederlande ab und ersetzte mittelfristig das immer knapper werdende Holz.[30]

Zwischen 1790 und 1830 kam es zu wichtigen technischen Neuerungen, die die industrielle Zukunft des Ruhrgebietes vorbereiteten. 1801 wurde auf Zeche Vollmond (Bochum) die erste Dampfmaschine eingesetzt. Sie war in Oberschlesien hergestellt worden und diente der Entwässerung der Gruben. Trotz der Innovationen wuchs bis 1825 die Förderung nur bescheiden, dann aber rasch und stetig. 1830 förderten im Bezirk des 1816 in Dortmund errichteten Oberbergamts 172 Zechen mit einer Belegschaft von 4.457 Bergleuten. Das Oberbergamt fasste nach Gründung der beiden preußischen Westprovinzen Rheinland und Westfalen die staatlichen Bergverwaltungen zusammen und war von den Provinzialverwaltungen unabhängig. Es umschloss – die Provinzgrenzen übergreifend – das gesamte Ruhrgebiet.

Als Folge des Kohlenbergbaus entstanden seit 1800 Maschinenbauunternehmen. Als Pionier gilt Franz Dinnendahl. Er entwickelte eine Dampfmaschine, die Wasserhaltung und Förderung miteinander verband. 1819 gründete Friedrich Harkort in Wetter seine „Mechanische Werkstätte", die binnen kurzer Zeit zum größten Betrieb Westfalens avancierte. Harkort übernahm aus England das Puddelverfahren. Beim Puddeln wurde Roheisen in Schmiedeeisen bzw. -stahl umgewandelt. Da-

29 Huske, Steinkohlenzechen 2006.

30 Köllmann, Ruhrgebiet. Bd. 1 1990/92.

bei konnte man Steinkohle einsetzen. Seit 1820 begann auch die „Gute-Hoffnungs-Hütte" in Oberhausen-Sterkrade mit der Produktion von Dampfmaschinen.

**Abb. 37:** Gutehoffnungshütte Oberhausen, ca. 1930

Wichtiger noch als der Maschinenbau sollte die Entwicklung der Stahlindustrie werden. Sie ist eng mit dem Namen Krupp und der Herstellung von hochwertigem Tiegelstahl verbunden. Die 1811 gegründete Essener Gussstahlfabrik von Friedrich Krupp hatte in ihren ersten beiden Jahrzehnten mit vielen Schwierigkeiten zu kämpfen und florierte erst unter dessen Sohn Alfred (1812–1887) seit 1830.[31]

Die 1830er Jahre bedeuteten eine Zäsur in der Geschichte des Ruhrgebiets. Mehrere Faktoren kamen zusammen. Die Zecheneigner des Raums Essen-Mülheim unternahmen erfolgreiche Versuche, die unterhalb der Mergeldecke liegende Kohle unter der Oberfläche abzubauen. Mit dem 1837 erschlossenen Flöz auf Schacht Kronprinz (Essen-Schönebeck) von Franz Haniel begann die Ära der Tiefbauzechen. Die seit 1817 auf der Essener Zeche Sälzer und Neuack durchgeführten Experimente mit der Verkokung von Steinkohle führten 1848 zur Anlage eines ersten Kokshochofens in der Friedrich-Wilhelms-Hütte in Mülheim. Künftig konnte Roheisen aus

31 Gall, Krupp 2000.

entschwefelter Steinkohle gewonnen werden.[32] Sowohl für die Hüttenindustrie als auch für die bei der Koksproduktion anfallenden Wertstoffe bedeutete dies einen Meilenstein. Die Expansion der Kohle verarbeitenden Industrien ließ seit 1830 die Kohlenförderung ständig wachsen und überschritt 1841 erstmals die Marge von einer Million Tonnen pro Jahr. In den 1840er Jahren profitierte sie vom einsetzenden Eisenbahnbau. Bereits seit den 1820er Jahren gab es Pläne für eine Verbindung zwischen Köln, Minden und Berlin, die Friedrich Harkort schon 1823 publiziert hatte. Streit über die Streckenführung und fehlendes Kapital verzögerten jedoch die Eröffnung der Köln-Mindener Eisenbahn bis 1847. Ein Jahr später nahm die Bergisch-Märkische Eisenbahn den Betrieb auf. Dortmund, wo beide Linien zusammentrafen, wurde zu einem zentralen Knotenpunkt im östlichen Revier. Hier eröffneten sich nun neue Potenziale, während noch bis 1850 das westliche Revier einen Vorsprung besaß. Wegen der Streckenführung durch das Emschertal erschloss die Köln-Mindener Linie zudem eine bisher eher abgelegene Region verkehrsmäßig und ermöglichte so die Nordwanderung des Bergbaus.

Je mehr die Produktionskräfte entfesselt wurden, umso weniger ließ sich die Kohleförderung nach dem Direktionsprinzip gestalten, denn der Staat besaß die Kontrolle über die Bergwerke. Trotz dieser Behinderung unternehmerischer Initiativen entstanden Großzechen im Raum Essen. Anhaltender Protest der Bergwerkseigner führte seit 1851 zu insgesamt 14 Novellen des Bergrechts, die 1865 im „Allgemeinen Bergrecht“ zusammengefasst wurden, das für Gesamtpreußen galt. Die Unternehmer erhielten die Verfügungsgewalt über die Produktionsmittel, über Förderung und Absatz der Kohle. Die Rolle des Staates wurde auf bergpolizeiliche Aufgaben im Inspektionsprinzip, vor allem die technische Aufsicht, beschränkt. Es veränderte sich auch die Lage der Bergarbeiter. Das sogenannte Freizügigkeitsgesetz stellte sie den Industriearbeitern gleich. Die Liberalisierung des Bergrechts hatte weitreichende Folgen für die wirtschaftliche Entwicklung des Ruhrgebiets. Es zog in- und ausländisches Kapital an, das sowohl in Industrieanlagen wie in die Verkehrsinfrastruktur investiert wurde. Nicht zufällig tauchte 1860 erstmals der Begriff „Ruhrgebiet“ auf, weil die Vielzahl der industriellen Anlagen und der dazugehörigen Siedlungen als Ensemble wahrgenommen wurden.

Die konjunkturelle Entwicklung verlief im Steinkohlenbergbau nach 1850 steil aufwärts, da immer größere Teile der Volkswirtschaft ihren wachsenden Energiebedarf an der Ruhr deckten. Die Gesamtförderung im Oberbergamtsbezirk Dortmund stieg im Halbjahrhundert bis 1900 von 1,7 Mio. t auf 59,6 Mio. t (1913: 114,2 Mio. t). Die Spitzen des Wachstums lagen in den Jahren 1857, 1864/65, 1871/73, 1882/83 und 1889/90. 1857/59 und 1873/79 stagnierte die Förderung und führte zu „Gründerkrisen“, doch sank der Produktionsindex im Ruhrgebiet weniger stark als auf gesamtdeutscher Ebene. Das anhaltend große Wachstum fußte auf technischem

**32** Farrenkopf, Koks 2003.

und organisatorischem Wandel. Vor allem massive Fördertürme, Seilfahrten und Sprengstoffe, der Anschluss der Zechen an das Eisenbahnnetz und noch vor 1913 die Elektrifizierung der Schachtförderung verursachten die steigende Produktivität im Bergbau. Die Arbeit unter Tage blieb aber beschwerlich und lebensgefährlich. Schlagwetterexplosionen und Steinschlag sorgten für hohe Unfallziffern. Die Konsolidierung von alten und neuen Zechen durch Zusammenlegung von Grubenfeldern leitete nach 1880 den Übergang zum Großbetrieb ein. Arbeiteten 1894 im Schnitt 980 Bergleute pro Zeche, waren es 1914 2.300. Im gleichen Zeitraum stieg die durchschnittliche Förderung pro Zeche von 260.000 t auf 653.000 t/Jahr. Großunternehmen wie die Gelsenkirchener Bergbau-AG oder die Harpener Bergbau-AG entstanden, die durch Kartelle das Geschäft mit der Kohle kontrollierten. Die Bildung des Rheinisch-Westfälischen Kohlensyndikats (RWKS) bedeutete 1893 einen vorläufigen Höhepunkt in der Marktregulierung. Das Wachstum der Kohleförderung begleitete ein Ausbau der Veredelung und Gewinnung von Nebenprodukten. Zum Koks kamen Gas und chemische Produkte wie Ammoniak und Teer hinzu; Kartelle wie das RWKS regelten auch deren Verkauf.

Die Kohlevorkommen gaben auf Dauer der Eisen erzeugenden Industrie die Standorte vor. So wurden Puddelwerke aus den nahen Mittelgebirgen in die Hellwegzone verlagert. Prominentestes Beispiel ist die 1841 errichtete Hermannshütte, die der Iserlohner Unternehmer Hermann Diedrich Piepenstock in Dortmund-Hörde errichtete.[33] 1852 wurden hier Hochöfen im Dortmund-Hörder Hüttenverein vorgeschaltet. Kombinierte Werke, die Puddel- und Walzwerk sowie Hochöfen vereinigten, setzten sich als Standard durch. Sie gingen vom arbeitsaufwendigen Puddeln seit den 1860er Jahren auf das nach einem englischen Ingenieur benannte Bessemer-Verfahren über. Die Bessemerwerke lösten eine erhöhte Nachfrage nach Roheisen aus. Zugleich sollten sie in der Nähe von nachfragenden Unternehmen (Maschinenbau, Walzwerke) liegen. Aus dieser Konstellation erwuchs im Ruhrgebiet eine neue Branche, ein zweites industrielles Standbein neben der Kohle.[34] Die neu angeblasenen Hochöfen produzierten bereits 1866 ein Drittel der deutschen Roheisenindustrie. Sie konzentrierten sich wegen der Anlieferung der Erze auf dem Rhein bei Duisburg sowie wegen des zwischenzeitlich geförderten Kohleneisensteins bei Dortmund und Hagen. Organisiert in Aktiengesellschaften, reagierte die Eisenindustrie empfindlicher auf Konjunkturkrisen. Die Gründerkrise traf sie nach 1873 schwer, sie erzwang aber eine Rationalisierung. Der 1879 zur Krisenabwehr eingeführte Schutzzoll auf Eisen ließ erstmals die nationale Bedeutung des Ruhrgebiets erkennen. Im gleichen Jahr wurde beim Hörder Verein und bei den Rheinischen Stahlwerken in Duisburg-Meiderich erstmals Thomasstahl erzeugt. Die technischen Verbesserungen führten zu einer enormen Steigerung der Produktivität. Je Hochofen und Jahr wuchs

**33** Dascher/Kleinschmidt, Eisen- und Stahlindustrie 1992.
**34** Feldenkirchen, Eisen- und Stahlindustrie 1982.

die Roheisenproduktion von 5.300 t (1870) auf 69.200 t (1913). Verbunden war diese Entwicklung mit der Tendenz zu immer größeren Unternehmen, die eigene Erzgruben und Zechen erwarben. Hüttenwerke und Zechen verbanden sich an der Ruhr zur Montanindustrie, die in Deutschland und Europa führend war. 1907 war fast die Hälfte aller Beschäftigten in Berg- und Stahlwerken des Deutschen Reiches hier tätig (307.000 von 646.000). Im Gefolge der Montanindustrie siedelten sich auch zahlreiche Unternehmen der Metallindustrie mit 57.000 Beschäftigten (1907) an; sie verteilten sich über das gesamte Ruhrgebiet. Hier arbeiteten vor 1914 zwei Drittel aller Erwerbstätigen in der Industrie, im gesamten Deutschen Reich nur 36,1 %.

Das industrielle Zentrum des Reiches wurde im Ersten Weltkrieg und in den unruhigen Anfangsjahren der Weimarer Republik tief erschüttert.[35] Nach 1918 stieg seine Bedeutung noch wegen des Verlustes von Lothringen und Ost-Oberschlesien. Umso mehr richtete sich das politische Interesse im Reich auf das Ruhrgebiet während der Streikwellen 1918/19, des Ruhrkampfs 1920 und der Ruhrbesetzung 1923. Die Rationalisierungswelle der Jahre 1924 bis 1928 ist als Antwort auf die vielfältigen Krisen jener Zeit zu sehen. Überkapazitäten sollten nicht nur durch weitere Kartelle und Syndikate abgebaut werden, sondern auch durch die Gründung der Vereinigten Stahlwerke AG 1925.[36] Unrentable Zechen, vor allem am Südrand des Reviers, wurden geschlossen, 10 % aller Bergleute verloren dabei ihren Arbeitsplatz. Die Monostruktur des Ruhrgebiets machte es während der Weltwirtschaftkrise besonders krisenanfällig. Zwischen 1928 und 1932 sank die Zahl der Bergleute von 359.250 auf 190.009, die Stahlproduktion von 9,1 Mio. t auf 3,4 Mio. t. Der Tiefpunkt wurde im Sommer 1932 erreicht. Die Rüstungspolitik der Nationalsozialisten erreichte das Ruhrgebiet mit Verspätung, hatte aber weitreichende Folgen über 1945 hinaus: Die montanindustrielle Monostruktur wurde über den Zweiten Weltkrieg hinaus festgeschrieben. Trotz der 1940 einsetzenden, immer heftigeren Bombenangriffe war – im Gegensatz zu den Wohngebieten – die Wirtschaft im Ruhrgebiet bis 1943 nicht grundlegend geschädigt. Erst seit dem Sommer 1944 lähmten Luftangriffe der Alliierten die Produktion der großen Industriewerke und zerstörten die Reste der Städte mitsamt deren Transportwegen.

Dass aus der Trümmerlandschaft bei Kriegsende binnen weniger Jahre die alte, dominante Montanindustrie an der Ruhr wieder auferstehen sollte, ließ sich 1945 nicht voraussehen. Trotz aller materiellen Existenznöte stieg bereits im Herbst 1945 die Kohleförderung wieder an. Bremsend wirkten Engpässe im Transport und bei der Versorgung mit Lebensmitteln, doch zog die Ankurbelung der Kohleförderung neue Arbeitskräfte an. Ende 1951 gab es 417.000 Bergleute. Das Ruhrgebiet bildete das schwerindustrielle Herz des jungen westdeutschen Staates; hier wurden 90 % seiner Kohle gefördert und 80 % des Eisens und Stahls produziert. Das Land Nord-

35 Weisbrod, Schwerindustrie 1978.
36 Reekendrees, Stahltrust 2000.

rhein-Westfalen verdankt seine Entstehung 1946 der Bündelung seiner industriellen Ressourcen unter der Aufsicht der Briten. Der Wiederaufbau war begleitet von einer Neuordnung der Montanindustrie. Die Beschlagnahmung von Stahlwerken und Zechen sowie Demontagen behinderten letztlich nicht den Wiederaufbau, der 1951/53 im gemeinsamen Markt der Montanunion mit Frankreich und den Beneluxstaaten mündete.

Diese Erfolgsstory verdeckte die Schwächen des Ruhrgebiets in der Rekonstruktionsära durch die einseitige Abhängigkeit vom Montansektor.[37] Seit Mitte der 1950er Jahre drängten Erdöl und Importkohle die einheimische Kohle auf dem Energiemarkt zurück und lösten 1957 die erste und 1966/67 die zweite Kohlekrise aus, die permanent wurde. Der Ruhrbergbau schrumpfte und wird 2018 vollständig aufgegeben. Allein zwischen 1955 und 2005 verlor er mehr als 360.000 Arbeitsplätze. Die zunächst nicht betroffene Eisen- und Stahlindustrie geriet trotz Modernisierung durch Druck der internationalen Märkte 1974/75 gleichfalls in eine Krise, die seither fast ununterbrochen andauerte und zur sukzessiven Schließung der Standorte führte. Als einziges Unternehmen überlebte nach mehreren Fusionen als Nachfolgerin mehrerer Konzerne die 1999 entstandene ThyssenKrupp AG.

Aufseiten der Politik löste dieser Strukturwandel ein Krisenmanagement aus, das sich um Ersatzarbeitsplätze und eine soziale Abfederung bemühte. Im Bereich der Kohle gelang seit 1968 die Bewältigung der Folgen von Zechenschließungen durch die Einheitsgesellschaft Ruhrkohle AG.[38] Sie stand in der Tradition der Abstimmung von Arbeitgebern und -nehmern an der Ruhr. Die Ansiedlung neuer Industrie begann bereits in der Zwischenkriegszeit aus der Weiterverarbeitung der Kohle in der Energiewirtschaft und in der chemischen Industrie, vor allem im nördlichen Revier. Schwerer fiel die Ansiedlung anderer Branchen. So wurde Bochum Standort der Konzerne Graetz bzw. Nokia (1956) und Opel (1959); inzwischen haben deren Werke dort 2008 bzw. 2014 die Produktion eingestellt. Erfolgreicher war die Gründung der Ruhr-Universität in Bochum, die 1965 als erste Universität im Ruhrgebiet den Lehrbetrieb aufnahm. Sie setzte ein Zeichen, weil ihr weitere Hochschulen folgten. Vielerorts knüpfte die regionale Wirtschaftsförderung an sie durch Technologiezentren an. Seit Ausgang der 1960er Jahre legte die Politik in Europa, Bund, Ländern und Gemeinden zahlreiche Programme auf, um dem strukturschwachen Ruhrgebiet zu helfen. Besonders ehrgeizig war das Projekt IBA Emscher Park (1989–1999), das städtebauliche, ökologische und kulturelle Impulse für den Strukturwandel gab. Erfolge dieser Programme sind nicht zu verkennen. Die Arbeitslosigkeit im Ruhrgebiet, die von 0,6 % 1970 auf 15,1 % 1988 anstieg, hat abgenommen,

**37** Goch, Region 2002.
**38** Nonn, Ruhrbergbaukrise 2001.

liegt aber 2015 mit 10,5 % immer noch deutlich über der in anderen westdeutschen Bundesländern (6,2 %).[39]

## 3.3 Bevölkerung, Siedlung, Infrastruktur

Die Bevölkerung in der Kernzone des späteren Ruhrgebiets umfasste 1816 rund 220.000 und 1852 374.000 Menschen. 1885 überstieg sie erstmals die Millionengrenze (1.086.000), am Vorabend des Zweiten Weltkrieges lebten hier 3,9 Millionen Menschen. Das rapide Wachstum vor allem in der zweiten Hälfte des 19. Jahrhunderts beruhte auf Migrationen.[40] Die neuen Arbeitsplätze und die relativ hohen Löhne mobilisierten zunächst Zuwanderer aus dem agrarischen Umland. Zwischen 1870 und 1914, in der Phase des größten Zuwachses, kamen weiterhin die meisten Zuwanderer aus den preußischen Provinzen Rheinland und Westfalen. Eine Sonderstellung nahmen die Bergarbeiter aus Polen und Masuren ein. Die Zahl der Polen wird 1914 mit 325.000 geschätzt, die der Masuren auf 180.000. Während die Masuren evangelischer Konfession waren und seit Jahrhunderten unter preußischer Herrschaft lebten, bewahrten die katholischen Polen ihre Sprache und mit ihr die polnische Identität, die sich in der Gründung eigener Vereine ausdrückte. Rund die Hälfte der Ruhrpolen wanderte nach 1918 zurück. Eine letzte Phase des Bevölkerungszuwachses fiel in die Jahre zwischen 1945 und 1961, als Vertriebene und Flüchtlinge Aufnahme an der Ruhr fanden. Mit 5,7 Millionen erreichte die Bevölkerungszahl 1961 ihr Maximum. Wegen des Verlustes an Arbeitsplätzen und des demographischen Wandels sank danach die Bevölkerung trotz eines wachsenden Anteils an sogenannten Gastarbeitern (Türken, Italiener, Griechen). Die Dichte beträgt heute 1.140 Einwohner pro Quadratkilometer und liegt damit immer noch um ein Vielfaches über dem Bundesdurchschnitt (230 Einwohner).

Da das Ruhrgebiet in Etappen wuchs, verteilte sich die Bevölkerung auf mehrere Zonen. In der Ruhrzone lagen im ländlichen Raum die ältesten Zechen. Die alten Städte der Hellwegzone zwischen Duisburg und Dortmund gewannen seit 1850 wieder an Bedeutung und entfalteten urbanes Leben. Dortmund überschritt in den 1890er Jahren die Marke von 100.000 Einwohnern. Die Emscherzone um Gelsenkirchen profitierte nach 1847 vom Eisenbahnanschluss und von der Anlage der Tiefbauzechen. Von der Emscher stieß der Bergbau in Richtung Lippe vor, die er 1898 nördlich von Dorsten überschritt. Mit dem rasanten Wachstum der Industrie und der Zuwanderung von Arbeitskräften hielt die Ausbildung urbaner Strukturen außerhalb der Hellwegstädte nicht Schritt. Charakteristisch für das Ruhrgebiet waren

39 Zahlen nach http://www.metropoleruhr.de/regionalverband-ruhr/statistik-analysen/statistik-trends/arbeitsmarkt/arbeitsmarkt-jaehrlich.html [08.11.2015].
40 Tenfelde, Sozialgeschichte 1981; Brüggemeyer, Leben 1984; Vonde, Revier 1989.

Kolonien in der Nähe von Industrie- und Verkehrsanlagen. (Duisburg-)Hamborn musste bis 1911 warten, ehe es mit 102.000 Einwohnern Stadtrechte erhielt. Dies war symptomatisch für die defizitäre Urbanisierung. In der Weimarer Republik wurden einige Versäumnisse beseitigt und städtische Infrastrukturen aufgebaut. Die 1929 abgeschlossene kommunale Neuordnung schuf durch Eingemeindungen größere Städte, beließ es aber bei der administrativen Zersplitterung des Reviers ebenso wie der zweiten Kommunalreform 1964/75, in der Mittelstädte wie Wattenscheid und Wanne-Eickel ihre Selbständigkeit einbüßten.

Vorreiter bei der Schaffung von überlokaler Infrastruktur im Ruhrgebiet waren die Wasserwirtschaftsverbände. Ziel der Emschergenossenschaft (gegründet 1899) war es, den Fluss zu kanalisieren, Abwässer zu beseitigen und die Region mit Trinkwasser zu versorgen. In der Gegenwart wird die Emscher renaturiert. Der Ruhrtalsperrenverein von 1899 erhielt 1913 öffentlich-rechtlichen Status. Das Rheinisch-Westfälische Elektrizitätswerk (RWE) wurde 1898 als kommunales Kraftwerk in Essen gegründet und expandierte als Verbund von Großkraftwerken. Nach 1945 wurde RWE größter deutscher Energieversorger.

Die Notwendigkeit, Siedlungen und Wohnungsbau abgestimmt zu planen, führten 1912 zu Überlegungen, die Regionalplanung über Verwaltungsgrenzen hinweg abzustimmen. Der aktuelle Bedarf an neuen Wohnungen für Bergleute veranlasste 1920 die Gründung des SVR als Zusammenschluss der Gebietskörperschaften des Ruhrgebiets. Er übernahm Planungsaufgaben und entwickelte die Infrastruktur fort, u.a. durch den Bau von Schnellstraßen. Das heutige Netz von Autobahnen im Ruhrgebiet geht größerenteils auf Pläne des Jahres 1924 zurück. Zuerst verwirklicht wurde bis 1935 (und dann mehrfach erweitert) der Ruhrschnellweg zwischen Duisburg und Dortmund (heute A 40).

## 3.4 Die Organisation von Unternehmen und Arbeitern, soziale Konflikte

Der Aufbau der Montanindustrie hing vom Zufluss auswärtigen Kapitals ab, zumeist gebündelt in Aktiengesellschaften. Bereits in der Zeit der Hochindustrialisierung setzte bis 1873 ein Prozess der Konzentration ein. Schon 1882 befand sich die Hälfte aller deutschen Großunternehmen mit mehr als 1.000 Beschäftigten an Rhein und Ruhr. Durch Kartelle, Syndikate und Verbände entstand eine ‚industrielle Megastruktur', „die nur wenig mit dem Prinzip des Marktmechanismus zu tun hatte".[41] Konzentrierten sich die Bergbauunternehmer auf das Ruhrgebiet, so bezog die Eisen- und Stahlindustrie weitere Räume bis auf die gesamtdeutsche Ebene ein. In jedem Fall übersprangen die Verbände, Kartelle und Syndikate die vorhandenen

41 Goch, Region 2002, S. 75; Przigoda, Unternehmensverbände 2001.

Grenzen der Verwaltungsbezirke und leisteten so einen wichtigen Beitrag, um das rheinisch-westfälische Industriegebiet als Einheit zu begreifen.

Die Montanindustrie kooperierte eng mit den führenden Gruppen des wilhelminischen Obrigkeitsstaates, auch bei der Bekämpfung der organisierten Arbeiterschaft. Deren Anfänge gingen auf die Knappenvereine – Nachfolger der Knappschaften – zurück, die noch beim großen Streik der Bergleute 1889 Pate standen.[42] Im April und Mai 1889 traten 90.000 Bergleute in den Ausstand. Dieser Streik schuf das Bewusstsein für eine effiziente Vertretung der bergmännischen Interessen. Noch im gleichen Jahr entstand die Gewerkschaft der Bergarbeiter. Während die Hüttenarbeiter weiterhin kaum für Gewerkschaften zu begeistern waren, mobilisierten gleich mehrere Richtungsgewerkschaften die Bergleute. Von der Gründung des Jahres 1889 spaltete sich bereits ein Jahr später die Bewegung der christlichen Bergarbeiter ab. In ihr waren vor allem die zugewanderten katholischen Bergarbeiter vereinigt. Während die Ursprungsgewerkschaft unter sozialistischem Einfluss als „Alter Verband" zum Kampf gegen das Grubenkapital aufrief, warb der christliche Gewerkverein für ein besseres Einvernehmen zwischen Bergarbeitern und Unternehmen. Hinzu kamen liberale Hirsch-Dunckersche und polnische Gewerkschaften sowie evangelische Arbeitervereine. Nur partiell, etwa beim Bergarbeiterstreik 1905, operierten die verschiedenen Richtungsgewerkschaften gemeinsam.

In der letzten Phase des Ersten Weltkriegs setzte die allmähliche Abkehr der Montanunternehmer vom patriarchalistischen ‚Herr-im-Haus'-Standpunkt ein. Das Stinnes-Legien-Abkommen vom 15. November 1918 und die Gründung der Zentralarbeitsgemeinschaft von Arbeitgebern und -nehmern auf Reichsebene kamen unter maßgeblicher Beteiligung von Vertretern des Ruhrgebiets zustande. Es war jedoch von Anfang an brüchig und zerfiel endgültig schon 1924. Zwar enthielt die Weimarer Verfassung Elemente einer Sozialpartnerschaft, doch brachen bald krisenbedingt heftige Konflikte aus. Der „Ruhreisenstreit", bei dem 1928 wochenlang 240.000 Metallarbeiter ausgesperrt wurden, bedeutete einen Generalangriff der Unternehmer auf die Gewerkschaften.[43] Nach deren Zerschlagung durch die Nationalsozialisten am 2. Mai 1933 erhielten Betriebsräte und neu entstehende Einheitsgewerkschaften beim Wiederaufbau nach 1945 erhebliche Möglichkeiten, mit breitem gesellschaftlichem Konsens auf die Wirtschaft einzuwirken. Das Gesetz zur Montanmitbestimmung von 1951, mehrfach verändert bis 1988, ermöglichte dem Ruhrgebiet, den Strukturwandel zu bewältigen und sozialverträglich abzufedern. Dennoch wehten bei Zechenschließungen schwarze Fahnen an der Ruhr. Im Winter 1987/88 kam es zu Aufsehen erregenden Protesten gegen die Schließung des Hüttenwerks in Duisburg-Rheinhausen, die die endgültige Stilllegung 1993 nicht verhinderten. Politisch war diese Zeit so sehr bestimmt von der Durchsetzung der SPD als stärkster politi-

**42** Tenfelde, Sozialgeschichte 1981.
**43** Weisbrod, Schwerindustrie 1978.

scher Kraft, dass von einer ‚Sozialdemokratisierung' des Ruhrgebiets in den späten 1950er und 1960er Jahren gesprochen werden kann.[44]

## 3.5 Kultur und regionale Identität

Eine eigenständige Ruhrgebietsstruktur, die über den lokalen Bereich hinausging, bildete sich erst spät aus. Lange blieb die Arbeiterschaft dem Milieu in der Nähe ihres Arbeitsplatzes verhaftet. Es war geprägt von Vereinen, „die mit Abstand wesentlichste Ausdrucksformen einer eigenständigen Arbeiterkultur der Montanregion".[45] Erst im Zuge der nachholenden Urbanisierung der 1920er Jahre standen in den Städten durchgängig Bildungs- und Kultureinrichtungen wie Theater, Museen und Bibliotheken ebenso zur Verfügung wie Sportstätten und Volksparks. Die Stadien des neuen Massenzuschauersports Fußball wurden in dieser Zeit errichtet, aber auch die Westfalenhalle in Dortmund. Überlokales Interesse beanspruchten das Ruhrland- und Folkwangmuseum in Essen (1922) oder das 1930 in Bochum gegründete Bergbaumuseum, das die Geschichte der Region thematisierte. Dennoch blieb die kleinräumige Orientierung auf Stadtteile und Kolonien erhalten, zu der erst nach 1945 flächendeckend ein Bezug auf das gesamte Ruhrgebiet hinzutrat. Die Bedeutung von Kohle und Stahl für den Wiederaufbau der Bundesrepublik beflügelte ein wachsendes Selbstbewusstsein der Region. Materielle Grundlage boten die gegenüber anderen Regionen schnell steigenden Löhne, die den Lebensstandard verbesserten und die Not der vergangenen Jahrzehnte überwanden. Das Ende der früheren Zersplitterung auf Richtungsgewerkschaften und die Sozialdemokratisierung zunächst der Kommunal- und dann seit 1966 der Landespolitik flankierten einen Prozess, in dem das Ruhrgebiet die eigenen Potenziale erkannte und mit der es lernte, mit den Krisen des Bergbaus und der Stahlindustrie umzugehen. Gerade der Strukturwandel in Permanenz ließ die Gemeinsamkeiten des Ruhrgebiets hervortreten, obwohl es keine geschlossene Einheit war.

44 Bovermann/Goch/Priamus, Ruhrgebiet 1996; Stremmel, Geschichtslandschaft 2006.
45 Tenfelde/Urban, Ruhrgebiet. Bd. 1 2010, S. 402.

**Abb. 38:** Gemüsegarten hinter Zeche Victor Ickern, Castrop-Rauxel, ca. 1970

Freilich hatte das Ruhrgebiet mit seinem Selbstwertgefühl anzukämpfen gegen ein schlechtes Image in der Wahrnehmung von außen. Stereotypen und Klischees herrschten vor. Eine Werbekampagne des KVR, die große überregionale Aufmerksamkeit fand, stand zwischen 1985 und 1993 unter dem Motto „Das Ruhrgebiet. Ein starkes Stück Deutschland“.[46] Zu diesem Zeitpunkt hatte ein Prozess der Verständigung darüber eingesetzt, wie mit dem Erbe der Industriekultur umzugehen sei. 1969 hatte die Landesregierung von Nordrhein-Westfalen mit der Maschinenhalle der Zeche Zollern II/IV in Dortmund erstmals einen großen Industriebau unter Denkmalschutz gestellt. 1979 gründete der Landschaftsverband Westfalen-Lippe hier sein Industriemuseum, dem das im Rheinland 1984 in der Zinkfabrik Altenberg in Oberhausen folgte. Innerhalb der IBA-Emscher Park verkörperte das Projekt „Landschaftspark Duisburg-Nord“ (1986) auf dem Gelände eines stillgelegten Hochofens exemplarisch den Prozess der Umnutzung von Industrieanlagen für museale und künstlerische Zwecke. Markant geworden sind künstlerische Landmarken auf ehemaligen Halden. Seit 2002 findet in alten Industrieanlagen das Festival „Ruhr Triennale“ statt. Seit 2001 ist die ehemalige Zeche Zollverein in Essen Weltkulturerbe der UNESCO. Sie war zwischen 1927 und 1932 vom Architektenbüro Schupp/Kremmer im Stil der Neuen Sachlichkeit errichtet und 1986 stillgelegt worden. Hier wurde 2010 das Jahr der europäischen Kulturhauptstadt eröffnet, das im gesamten Ruhrgebiet stattfand und unter dem Motto „Wandel durch Kultur – Kultur durch

46 Bovermann/Goch/Priamus, Ruhrgebiet 1996.

Wandel“ stand. Es symbolisiert die jüngste Entwicklung eines Wirtschaftsraums, der sich selbst als „Metropole Ruhr“ auf dem Weg in eine postindustrielle Identität sieht.

## Literatur


Ammann, Hektor: Die Anfänge der Leinenindustrie im Bodensee. In: Alemannisches Jahrbuch 1 (1953), S. 251–313.

Bovermann, Rainer/Goch, Stefan/Priamus, Heinz-Jürgen (Hrsg.): Das Ruhrgebiet – ein starkes Stück Nordrhein-Westfalen. Politik in der Region 1946–1996. Essen 1996.

Brüggemeier, Franz-Josef: Leben vor Ort. Ruhrbergleute und Ruhrbergbau 1889–1919. München 1984.

Clasen, Claus-Peter: Textilherstellung in Augsburg in der Frühen Neuzeit. 2 Bde. Augsburg 1995.

Dascher, Ottfried/Kleinschmidt, Christian (Hrsg.): Die Eisen- und Stahlindustrie im Dortmunder Raum. Wirtschaftliche Entwicklung, soziale Strukturen und technologischer Wandel im 19. und 20. Jahrhundert. Dortmund 1992.

Ditt, Karl/Tenfelde, Klaus (Hrsg.): Das Ruhrgebiet in Rheinland und Westfalen während des 19. und 20. Jahrhunderts. Selbstverständnis und Fremdwahrnehmung im Raumverbund. Paderborn 2008.

Eitel, Peter: Geschichte Oberschwabens im 19. und 20. Jahrhundert. Bd. 1: Der Weg ins Königreich Württemberg (1800–1870). Ostfildern 2010; Bd. 2: Oberschwaben im Kaiserreich (1870–1918). Ostfildern 2015.

Farrenkopf, Michael (Hrsg.): Koks. Die Geschichte eines Wertstoffes. 2 Bde. Bochum 2003.

Feldenkirchen, Wilfried: Die Eisen- und Stahlindustrie des Ruhrgebiets 1879–1914. Stuttgart 1982.

Fried, Pankraz: Reagrarisierung in Südbayern seit dem 19. Jahrhundert. In: Kellenbenz, Hermann (Hrsg.): Agrarisches Nebengewerbe und Formen der Reagrarisierung im Spätmittelalter und 19./20. Jahrhundert. Stuttgart 1975 (Forschungen zur Sozial- und Wirtschaftsgeschichte, 21), S. 177–194.

Gall, Lothar: Krupp. Der Aufstieg eines Industrieimperiums. Berlin 2000.

Goch, Stefan: Eine Region im Kampf mit dem Strukturwandel. Bewältigung von Strukturwandel und Strukturpolitik im Ruhrgebiet. Essen 2002.

Huske, Joachim: Die Steinkohlenzechen im Ruhrrevier. Daten und Fakten von den Anfängen bis 2005. Bochum $^{3}$2006.

Irsigler, Franz: Die wirtschaftliche Stellung der Stadt Köln im 14. und 15. Jahrhundert. Strukturanalyse einer spätmittelalterlichen Exportgewerbe- und Fernhandelsstadt. Wiesbaden 1979 (Vierteljahrschrift für Sozial- und Wirtschaftsgeschichte. Beiheft 65).

Kaufhold, Karl-Heinrich: Gewerbelandschaften in der Frühen Neuzeit (1650–1280). In: Pohl, Hans (Hrsg.): Gewerbe- und Industrielandschaften vom Spätmittelalter bis ins 20. Jahrhundert. Wiesbaden 1986 (Vierteljahrschrift für Sozial- und Wirtschaftsgeschichte. Beiheft 37), S. 112–202.

Kiesewetter, Hubert: Region und Industrie in Europa 1815–1995. Stuttgart 2000 (Grundzüge der modernen Wirtschaftsgeschichte, 2).

Kießling, Rolf: Zur Kommerzialisierung ländlicher Regionen im 15./16. Jahrhundert. Das Beispiel Ostschwaben. In: Zeitschrift für Agrargeschichte und Agrarsoziologie 59 (2011), Heft 2, S. 14–36.

Kießling, Rolf: Zur Entstehung von Wirtschaftslandschaften im Spätmittelalter. In: Flachenecker, Helmut/Kießling, Rolf (Hrsg.): Wirtschaftslandschaften in Bayern. Studien zur Entstehung und Entwicklung ökonomischer Raumstrukturen vom Mittelalter bis ins 19. Jahrhundert. München 2010 (Zeitschrift für Bayerische Landesgeschichte. Beiheft 39), S. 15–54.

Kießling, Rolf: Ländliches Gewerbe im Sog der Proto-Industrialisierung? Ostschwaben als Textillandschaft zwischen Spätmittelalter und Moderne. In: Jahrbuch für Wirtschaftsgeschichte 2 (1998), S. 49–78.

Kießling, Rolf: Die Stadt und ihr Land. Umlandpolitik, Bürgerbesitz und Wirtschaftsgefüge in Ostschwaben vom 14. bis ins 16. Jahrhundert. Köln/Wien 1989 (Städteforschung. Reihe A, 29).

Kießling, Rolf/Konersmann, Frank/Troßbach, Werner: Grundzüge der Agrargeschichte. Vom Spätmittelalter bis zum Dreißigjährigen Krieg (1350–1650). Köln/Weimar/Wien 2016.

Kießling Rolf/Anke Sczesny: Ostschwabens Gewerbe um 1810: die Montgelas-Statistik. In: Frei, Hans u.a. (Hrsg.): Historischer Atlas von Bayerisch-Schwaben, 5. Lieferung Augsburg $^{2}$2010, Karte XI, 8.

Köllmann, Wolfgang u.a. (Hrsg.): Das Ruhrgebiet im Industriezeitalter. Geschichte und Entwicklung. 2 Bde. Düsseldorf 1990/1992.

Kriedte, Peter/Medick, Hans/Schlumbohm, Jürgen: Industrialisierung vor der Industrialisierung. Gewerbliche Warenproduktion auf dem Land in der Formationsperiode des Kapitalismus. Göttingen 1978.

Lindner, Stephan H.: Den Faden verloren. Die westdeutsche und die französische Textilindustrie auf dem Rückzug (1930/45–1990). München 2001 (Schriftenreihe zur Zeitschrift für Unternehmensgeschichte, 7).

Murr, Karl Borromäus: Die Entwicklung der bayerisch-schwäbischen Textilindustrie im „langen" 19. Jahrhundert. In: Ders. u.a. (Hrsg.): Die süddeutsche Textillandschaft. Geschichte und Erinnerung von der Frühen Neuzeit bis in die Gegenwart. Augsburg 2010, S. 39–66.

Nonn, Christoph: Die Ruhrbergbaukrise. Entindustrialisierung und Politik 1958–1969. Göttingen 2001.

Nutz, Andreas: Unternehmensplanung und Geschäftspraxis im 16. Jahrhundert. Die Handelsgesellschaft Felix und Jakob Grimmel zwischen 1550 und 1560. St. Katharinen 1996 (Beiträge zur südwestdeutschen Wirtschafts- und Sozialgeschichte, 20).

Pohl, Hans (Hrsg.): Gewerbe- und Industrielandschaften vom Spätmittelalter bis ins 20. Jahrhundert. Stuttgart 1986 (Vierteljahrschrift für Sozial- und Wirtschaftsgeschichte. Beiheft 78).

Pollard, Sidney: Peaceful Conquest. The Industrialization of Europe 1760–1970. Oxford 1981.

Przigoda, Stefan: Unternehmensverbände im Ruhrbergbau. Zur Geschichte von Bergbauverein und Zechenverband 1858–1933. Essen 2001.

Reckendrees, Alfred: Das „Stahltrust"-Projekt. Die Gründung der Vereinigten Stahlwerke A. G. und ihre Unternehmensentwicklung 1926–1933/34. München 2000.

Scheck, Friedemann Walter: Interessen im Konflikt. Eine Untersuchung zur politischen Praxis im frühneuzeitlichen Württemberg am Beispiel von Herzog Friedrichs Weberwerk (1598–1608). Diss. Tübingen 2015 (masch.).

Schulze, Rainer (Hrsg.): Industrieregionen im Umbruch. Historische Voraussetzungen und Verlaufsmuster des regionalen Strukturwandels im europäischen Vergleich. Essen 1993.

Scott, Tom: Regional Identity and Economic Change. The Upper Rhine 1450–1600. Oxford 1997.

Sczesny, Anke: Die ländlichen Zünfte Ostschwabens und ihre wirtschaftliche, gesellschaftliche und kulturgeschichtliche Bedeutung – Eine Projektskizze. In: Kießling, Rolf (Hrsg.): Stadt und Land in der Geschichte Ostschwabens. Augsburg 2005 (Augsburger Beiträge zur Landesgeschichte Bayerisch-Schwabens, 10), S. 325–350.

Sczesny, Anke: Zwischen Kontinuität und Wandel. Ländliches Gewerbe und ländliche Gesellschaft im Ostschwaben des 17. und 18. Jahrhunderts. Tübingen 2002 (Oberschwaben – Geschichte und Kultur, 7).

Stremmel, Ralf: Geschichtslandschaft Ruhrgebiet. Versuch eines Überblicks. In: Jahrbuch für Regionalgeschichte 24 (2006), S. 15–48.

Stromer, Wolfgang von: Die Gründung der Baumwollindustrie in Mitteleuropa. Wirtschaftspolitik im Spätmittelalter. Stuttgart 1978 (Monographien zur Geschichte des Mittelalters, 17).

Tenfelde, Klaus/Urban, Thomas (Hrsg.): Das Ruhrgebiet. Ein historisches Lesebuch. 2 Bde. Essen 2010.

Tenfelde, Klaus: Sozialgeschichte der Bergarbeiterschaft an der Ruhr im 19. Jahrhundert. Bonn-Bad Godesberg $^{2}$1981.

Vonde, Detlev: Revier der großen Dörfer. Industrialisierung und Stadtentwicklung im Ruhrgebiet. Essen 1989.

Weisbrod, Bernd: Schwerindustrie in der Weimarer Republik. Interessenpolitik zwischen Stabilisierung und Krise. Wuppertal 1978.

Westermann, Angelika (Hrsg.): Montanregion als Sozialregion. Zur gesellschaftlichen Dimension von „Region" in der Montanwirtschaft. Husum 2012.

Wiel, Paul: Wirtschaftsgeschichte des Ruhrgebietes. Tatsachen und Zahlen, Essen 1970.

Wieland, Friedrich: Das Konstanzer Leinengewerbe. 2 Bde. Konstanz 1950/53 (Konstanzer Stadtrechtsquellen, 2/3).

Wisotzky, Klaus: Der Ruhrbergbau im Dritten Reich. Studien zur Sozialpolitik im Ruhrbergbau und zum sozialen Verhalten der Bergleute in den Jahren 1933 bis 1939. Düsseldorf 1983.

Zorn, Wolfgang: Handels- und Industriegeschichte Bayerisch-Schwabens 1648–1870. Augsburg 1961 (Studien zur Geschichte des Bayerischen Schwabens, 6).

Marita Krauss & Ulrich Niggemann

# Migration und Minderheiten in Mittelalter und Neuzeit

## 1 Einleitung

Migrationsgeschichte, in Deutschland vornehmlich im Sinne Klaus J. Bades als „sozialhistorische Migrationsforschung“ verstanden,[1] ist zunächst nicht als Thema der landesgeschichtlichen Forschung konzipiert; im Mittelpunkt steht vielmehr das Anliegen, großräumige, oft sogar globale Zusammenhänge zu erfassen. Themen der Migrationsgeschichte lassen sich dennoch vielfach landeshistorisch fruchtbar machen.

Migration stellt als Bewegung von Menschen im Raum in der Regel einen lebenslangen, oft sogar generationenübergreifenden Prozess dar und ist, anders als Mobilität, meist mit dem Überschreiten von politischen oder kulturellen Grenzen verbunden sowie mit der Absicht eines längeren, wenn auch nicht zwingend permanenten Verbleibs am Zielort.[2] Die Gründe waren schon immer vielfältig: Hunger, Krieg, politische und religiöse Verfolgung konnten wie auch Kriegszüge mit Landnahme, Kolonisierung, Arbeitssuche oder die Suche nach besseren Lebensbedingungen Migrationen auslösen. Migranten brachten ihre Kenntnisse und Fähigkeiten in die neue Heimat mit und trugen zu Kulturtransfer und Verflechtung bei. Zuwanderung wurde oft zum Motor für die Entwicklung der Städte und des Landes; vielfach wurde sie auch mit der Erwartung einer solchen Entwicklung verbunden und daher obrigkeitlich gefördert. Migration und ihre Rahmenbedingungen waren somit immer auch geprägt von den jeweils vorherrschenden Migrationsregimen, also der Gesamtheit der Einstellungen, Haltungen und Regulierungsmechanismen in Bezug auf Migration:[3] Diese waren restriktiv oder liberal, sie hemmten oder förderten Migration, ohne dass sie freilich je ganz von obrigkeitlichen Normsetzungen kontrolliert werden konnten.

Migranten sind nicht automatisch Angehörige von Minderheiten, doch sie werden oft marginalisiert und bekommen einen Minderheitenstatus zugeschrieben. Umgekehrt waren Minderheiten – oft religiöse Minderheiten wie die Juden oder ethnische bzw. als ethnisch empfundene Minderheiten wie die Sinti und Roma – immer wieder auf Migration als Überlebensnische angewiesen oder wurden durch Vertreibungen zu Migranten. In der Frühen Neuzeit spielte zudem die staatliche Förderung von Migration aufgrund utilitaristischer Motive eine wichtige Rolle. Durch entspre-

1 Bade, Migrationsforschung 2004.
2 Gestrich/Krauss, Migration 1998.
3 Oltmer, Einführung 2009.

https://doi.org/10.1515/9783110354188-015

chende Privilegien konnten Migranten hier sogar als wirtschaftliche, geistig und politische Eliten fungieren.

Im Rahmen von Traditionsbildungsprozessen in den Ländern und Regionen haben Migranten – mit wenigen Ausnahmen wie etwa den Hugenotten – allerdings oft noch keinen Platz. Bis heute gelten sie eher als Gefahr für die bestehende Ordnung, stehen sie doch im Gegensatz zu einer Norm, für die Sesshaftigkeit den Normalfall, Bewegung im Raum indes eine Irregularität darstellt. Insbesondere in den Städten wurden und werden Migranten vielfach als Problemgruppe wahrgenommen und beschrieben, obwohl Städte Zeit ihres Bestehens von und mit ihnen lebten.

Das Interesse an Migrationen lag im 19. Jahrhundert bei der Nationalökonomie, die später mit der „Bevölkerungsforschung“ eine enge Verbindung einging. Ziel war die Kenntnis über aktuelle Wanderungsbewegungen, die auch vor dem Hintergrund von Bevölkerung und Arbeitsmarkt als politisch und gesellschaftlich relevant galten. Ab dem 20. Jahrhundert interessierten sich Soziologie und Geschichtswissenschaft für Migrationsthemen, in den letzten Jahrzehnten ergänzt durch Ethnologie, Sozialpsychologie, Pädagogik, Literaturwissenschaft und Religionswissenschaft. Historische Migrationsforschung ist demnach heute prinzipiell interdisziplinär ausgerichtet. Hier lässt sich ein Bogen schlagen zur Landesgeschichte, die ja ebenfalls genuin interdisziplinär angelegt ist und aus der Methodenvielfalt ihren besonderen Zugriff auf lokale und regionale Entwicklungen ableitet.

Durch einen lokal-regional fokussierten Blickwinkel kann die Landesgeschichte Bewegungen und ihre Auswirkungen ‚vor Ort‘ untersuchen. Der Fokus liegt dann eher auf den Migrationsregimen, die den Wandel mitbestimmten, sowie auf den konkreten Auswirkungen in der Stadt oder im ländlichen Raum. Gegenstand landesgeschichtlicher Untersuchungen sind weiterhin die Lebensbedingungen von zugewanderten Minderheiten in lokalen und regionalen Zusammenhängen sowie die Haltung der jeweiligen Mehrheitsgesellschaft zu diesen Gruppen. Gerade hier – im Blick auf die lokale Situation – bietet sich auch die Chance der differenzierenden Betrachtung, die traditionelle Narrative hinterfragt.

Die folgenden Ausführungen können hier nur exemplarisch vorgehen. Anhand der mehr oder weniger den heutigen Bundesländergrenzen entsprechenden Großräume Bayern und Brandenburg werden Migrationen und Minderheiten thematisiert, mit unterschiedlichen Zugriffen und unterschiedlichen Schwerpunktsetzungen. Aus einer vergleichenden Perspektive lässt sich konstatieren, dass das Migrationsgeschehen in beiden Großregionen zumindest bis ins 20. Jahrhundert hinein sehr stark von ähnlichen Faktoren geprägt wurde, die sich aber sowohl regional als auch zeitlich unterschiedlich auswirkten. Erschwert wird ein solcher Vergleich über einen längeren Zeitraum natürlich durch die Tatsache, dass diese Regionen historisch territorial vielfältig waren und über die Jahrhunderte wechselnde Zugehörigkeiten aufwiesen.

An den großen, konfessionell induzierten Migrationsbewegungen hatte Brandenburg sicher mit Blick auf eine gezielte Aufnahmepolitik einen weitaus größeren

Anteil als Bayern, während die hohenzollernschen Territorien in Franken, in denen die Aufnahme vergleichbar war, damals eben nicht zu Bayern gehörten. In Franken lassen sich auch erinnerungskulturell – etwa in Bezug auf die Hugenottenansiedlung – durchaus Ähnlichkeiten mit Brandenburg feststellen, die im historischen Bayern in dieser Form fehlen. Im Zuge der frühmodernen Staatsbildungsprozesse kam es in Bayern wie in Brandenburg zur Ausweisung von Minderheiten. Der Umgang etwa mit Angehörigen der jüdischen Religion zeigt im regionalen Vergleich aber die Variationsbreite der obrigkeitlichen Verhaltensweisen: Während Kurbayern, mit Ausnahme einer kleinen Hofjudengemeinde in München, am restriktiven Kurs festhielt, verfolgte Kurbrandenburg nach der Mitte des 17. Jahrhunderts in ähnlicher Weise wie die hohenzollernsche Linie in Franken eine Judenschutzpolitik.

Für das 20. Jahrhundert und hier besonders für die Zeit nach dem Zweiten Weltkrieg zeigt sich bei der Aufnahme von Heimatvertriebenen ein deutlicher Systemunterschied: Die erzwungene Aufnahme und Eingliederung der Zwangsmigranten aus den ehemals deutschen Ostgebieten und dem östlichen Europa spielte zweifellos in beiden Regionen eine enorme Rolle; doch während im Westen und damit auch in Bayern die Vertriebenen ihre eigene Kultur weiterhin pflegen und sich seit der Gründung der Bundesrepublik auch landsmannschaftlich organisieren konnten, war dies in der SBZ/DDR nicht der Fall. Unter der offiziellen Decke der Assimilation fand dort jedoch eine erinnerungskulturelle Weitergabe statt, die sich bereits vor dem Mauerfall in einer umfänglichen literarischen Verarbeitung niederschlug und sich nach der Wiedervereinigung wieder deutlich Raum schuf. Mindestens ebenso stark wie die Systemunterschiede prägten jedoch, wie Studien für Sachsen und Mecklenburg-Vorpommern wie für Niedersachsen und Hamburg zeigen, Stadt-Land-Unterschiede den Integrationsprozess. Im Systemvergleich werden erneut die Paradigmen „Arbeit", „Chancen" und „Kultur" als wichtige Elemente auf dem Weg des Ankommens und Sesshaft-Werdens erkennbar.

## 2 Bayern, Franken und Schwaben

Marita Krauss

Migration war bisher eher ein Stiefkind der Bayerischen Landesgeschichte. Sesshaftigkeit und Stabilität politischer wie gesellschaftlicher Strukturen werden meist selbstverständlich als das „Normale" angenommen, Migration und ihre Folgen als der Sonderfall. Die Frage nach Migrationen richtet sich jedoch auf gesellschaftlichen Wandel und tritt an die Sesshaften gewissermaßen von der Seite heran; sozial- und kulturgeschichtliche Migrationsgeschichte untersucht eine Gesellschaft auch und gerade in ihrem Umgang mit dem Fremden, dem sozial nicht Konformen. Das gilt auch für die Geschichte von Minderheiten, die wie „die Fremden" oft Ablehnung und Hass der Ansässigen auf sich zogen. Auswanderung, Zuwanderung und

Binnenmigration brachten zu allen Zeiten die Gesellschaft in Bewegung und veränderten die Wahrnehmung der umgebenden Welt. Migration ist daher gerade für die Landesgeschichte ein wichtiges Untersuchungsfeld, lassen sich doch etliche dieser Themen nur am lokalen und regionalen Beispiel fundiert bearbeiten.

Im Folgenden sollen einige wichtige Linien des Themas am Beispiel Bayerns gezeigt werden. Das heutige Bundesland Bayern, dessen Grenzen hier maßgeblich sein werden, umfasst neben den altbayerischen Territorien die Teile der historischen Regionen Schwaben und Franken, die zu Beginn des 19. Jahrhunderts an das Königreich Bayern fielen. Die bayerische Rheinpfalz, ein wichtiges Emigrationsland, nahm wegen der besonderen politischen und geographischen Lage vielfach eine ganz eigene Entwicklung und soll daher hier nicht berücksichtigt werden.

## 2.1 Das *ius emigrandi* und die Folgen

Bereits die Eroberung, Besiedelung und Erschließung des Landes im Mittelalter ist nicht ohne Migration denkbar. Das spätere Bayern war immer wieder Schmelztiegel und Durchzugsgebiet verschiedenster Völker.[4] Migrationen prägten in unterschiedlichem Maße Kriegszüge und Eroberungen, Missionsaktivitäten und Klostergründungen, Rodungen und Landesausbau. Städte waren bis ins 18. Jahrhundert in der Regel auf demographische Ergänzungen angewiesen, die Entwicklung von Handwerk, Kunst und Wissenschaft wurde stark von Migrationen geprägt und vorangetrieben. Mit der zunehmenden Territorialisierung von Herrschaft seit dem Spätmittelalter ging vielfach der Versuch einher, Mobilität zu kontrollieren und sie zumindest für produktive und erst recht für hoch qualifizierte Personengruppen (etwa Studenten und Gesellen) einzuschränken. Auf der anderen Seite ist auch die zunehmende Kriminalisierung von Vaganten im Rahmen der „guten Policey“ in diesem Zusammenhang zu sehen. Die Entwicklung verfestigter territorialer Grenzen gehört fraglos zu den Fundamentalvorgängen der Frühneuzeit.

Reformation und Konfessionalisierung akzentuierten die Bedeutung der territorialen Grenzen und bedingten andererseits neue Formen der Migration. Sie hatten zur Folge, dass nicht wenige territoriale Grenzen als Konfessionsgrenzen mit neuer Bedeutung aufgeladen wurden; sie begünstigten die Herausbildung „staatlicher“ Steuerungsinstrumente, die im Sinne einer konfessionellen Homogenisierung des Herrschaftsverbandes genutzt wurden – und sie hatten zur Folge, dass sich mit der Konfessionsmigration ein neuer Migrationstypus entwickelte. Diese Ambivalenz wird nicht zuletzt am *ius emigrandi* des Augsburger Religionsfriedens von 1555 deutlich. Dies schrieb zwar eine Schutzklausel vor religiös bestimmter Verfolgung fest, sie korrespondierte jedoch mit dem landesherrlichen Recht, die Religion der Unter-

4 Prinz, Geschichte 1997.

tanen zu bestimmen und anderskonfessionelle Untertanen zur Auswanderung zu zwingen.[5]

Auf das Recht zur Auswanderung beriefen sich die evangelischen Glaubensflüchtlinge, die seit den 1590er Jahren nach Entrichtung einer zehnprozentigen Nachsteuer auf ihren Besitz aus den österreichischen Erblanden flohen, um sich vor allem im süddeutschen Raum wieder anzusiedeln. Der Einwanderungsprozess vollzog sich in mehreren Wellen und die Aufnahmebedingungen blieben keineswegs konstant.[6] Entscheidend für die Integration dieser Glaubensflüchtlinge waren deren ökonomische Verhältnisse: Wirtschaftlich potente Zuwanderer mit guten geschäftlichen Verbindungen fanden, vor allem in Friedenszeiten, deutlich schneller Aufnahme als arme Migranten, die bei den Ansässigen die Sorge auslösten, sie könnten der finanziellen Unterstützung bedürfen. Die rechtliche Integration dieser wohlhabenden Immigranten wurde meist in kurzer Zeit vollzogen. Die gemeinsame Konfession und die gemeinsame Sprache waren dafür von großer Bedeutung, senkten sie doch auch die Bedenken gegenüber einer möglichen Einheirat, dem Konnubium, das bis heute als zentrales Integrationskriterium gilt. Von Bedeutung war überdies das bewegende Schicksal der Glaubensflüchtlinge, das bei den Ansässigen eine emotionale Integrationsbereitschaft schuf.[7] Auf positive Aufnahme konnten Flüchtlinge auch rechnen, wenn sie als Arbeitskräfte gebraucht wurden. So ging es den Immigranten der 1650er Jahre, als in den ländlichen Gemeinden Westmittelfrankens deutlich über 100.000 Menschen Aufnahme fanden; sie machten mehr als ein Drittel der Bevölkerung aus.[8] Die Kriegsverluste des Dreißigjährigen Krieges waren sehr hoch gewesen und die nun einwandernde bäuerliche Bevölkerung wurde dringend gebraucht, um die oft seit Jahren nicht mehr kultivierten Höfe wieder zu bewirtschaften. Die Einwanderer nach Franken kamen dabei oftmals aus den Böhmischen Ländern; Schwaben wurde von Tirol aus neu besiedelt. Die Grund- und Territorialherren rissen sich um die Neuankömmlinge und stellten ihnen zu günstigsten Bedingungen Land zur Verfügung. Krieg und Not senkten jedoch deutlich die Bereitschaft, Fremde aufzunehmen. Als während des Dreißigjährigen Krieges Flüchtlinge aus dem mittleren und einfachen Bürgertum hofften, in Reichsstädten wie Nürnberg aufgenommen zu werden, stießen sie auf Ablehnung. Die Städte erhöhten die finanziellen Hürden des Zuzugs drastisch. Die Aufnahmegesellschaft, so ist das zu resümieren, bestimmte die Bedingungen. Soziale und wirtschaftliche Integration der Immigranten hing maßgeblich von diesen Vorgaben ab.

Doch die Aufnahmegesellschaft profitierte, entgegen anfänglicher Befürchtungen, am meisten von Zuwanderung. Dies zeigt sich auch am Beispiel der zentralen

---

**5** Gotthard, Religionsfrieden 2004, S. 119.
**6** Schnabel, Exulanten 1992.
**7** Schnabel, Glaubensflüchtlinge 2003, S. 163.
**8** Ebd., S. 168.

Glaubensmigration der Folgezeit.[9] Die Zuwanderung von Hugenotten nach der Aufhebung des Edikts von Nantes durch Ludwig XIV. im Jahr 1685 legte durch die Gründung von „Christian-Erlang" den Grundstein für die wirtschaftliche Prosperität des Ortes Erlangen. Bald folgten auch Kurpfälzer Exulanten, die vor den Raubzügen Ludwigs XIV. geflohen waren. Über viele Jahre war Erlangen zweisprachig.

Auch Arbeitsmigration mit temporärer Ortsverlagerung gab es bereits im 17. Jahrhundert. Dazu gehörten die „Schwabenkinder", deren jährliche Züge in den oberschwäbischen Bereich seit 1625 nachgewiesen sind. So berichtete Johann Conrad Kostner, Verwalter auf Schloss Bludenz, an die Regierung in Innsbruck: „wol ziehen alle Jahr zu Frühlingszeiten viel Kinder auf die Hüt nacher Ravensburg, Überlingen und ins Reich hin und wieder, welche aber vor und nach Martini zu Hause kommen."[10] Höhepunkte dieser Wanderbewegungen lagen im 19. Jahrhundert: Schätzungen gehen von 4.000 Kindern jährlich aus, die als Hütekinder nach Oberschwaben zogen und sich dort den Sommer über verdingten, um ihre armen Eltern in Graubünden, im Montafon, in Tirol zu entlasten. Die 5- bis 14-jährigen Schwabenkinder kamen aus Realteilungsgebieten; sie stammten aus kinderreichen Familien, die an der Armutsgrenze lebten. Auch die katholischen Gegenden des Allgäus waren Wanderziele der Schwabenkinder, die selbst aus einem katholischen Umfeld stammten.

## 2.2 Die jüdische Minderheit

Minderheiten, die der Verfolgung ausgesetzt waren und daher mehrfach den Ort wechseln mussten, gehörten zwangsweise meist zu den mobilen Bevölkerungsgruppen. Die bedeutendste dieser Minderheiten waren die Juden. In Altbayern entstanden zunächst in Regensburg, im 13. Jahrhundert auch in Städten wie München erste jüdische Gemeinden, deren Mitglieder im Fernhandel und im Geldverleih tätig waren. Nach Pogromen, erneuter Ansiedlung und Vertreibung erließen die bayerischen Herzöge strenge Aufenthalts- und Durchreiseverbote für Juden. Erst in der zweiten Hälfte des 17. Jahrhunderts gab es wieder eine jüdische Gemeinde in Regensburg. Als Bankiers der Kurfürsten und des ersten bayerischen Königs erhielten Hoffaktorenfamilien im 18. und noch im beginnenden 19. Jahrhundert eine wichtige Stellung.[11] Dazu gehörte die Familie Seligmann; Aaron Elias Seligmann wurde als erster Jude von König Max I. Joseph als Freiherr von Eichthal in den Adelsstand erhoben. Er konvertierte erst auf dem Totenbett. Die international tätige Familie Eichthal spielte im 19. Jahrhundert noch eine zentrale Rolle bei der Gründung der Baye-

9 Kluxen/Krieger/May, Fremde 2016; Friederich, Hugenottenstadt 1986.

10 Uhlig, Schwabenkinder $^{4}$2003.

11 Treml/Kirmeier, Geschichte 1988.

rischen Hypotheken- und Wechselbank, der wichtigsten Bank zur Finanzierung des Agrarkredits in Bayern.

Auch im heutigen bayerischen Schwaben entstanden im 13. Jahrhundert die ersten jüdischen Gemeinden in den Städten, vor allem in der Reichsstadt Augsburg.[12] Ihre Lebensumstände wurden weitgehend vom städtischen Rat bestimmt, obwohl sie formal Kaiser und Reich unterstanden. Wie anderswo ernährten sie sich überwiegend durch Warenhandel und Geldverleih. Die Verfolgungen im Zuge der „Rintfleischpogrome" des späten 13. Jahrhunderts und der großen Pest von 1348 bis 1351 bedeuteten einen tiefen Einschnitt. Obwohl es unter Karl IV. zu einer schnellen Wiederansiedlung kam, verschlechterte sich ihre rechtliche und ökonomische Situation. Vorwürfe von Brunnenvergiftung und Hostienschändung sowie Ritualmordverdächtigungen gehörten zu den antijüdischen Stereotypen der Zeit. Immer wieder kam es zu Vertreibungen. Im Laufe des 15. und 16. Jahrhunderts entstanden als Folge mehrerer Migrationsschübe jüdische Gemeinden im ländlichen Gebiet rund um Augsburg sowie im 17. Jahrhundert in großer Verdichtung in der Grafschaft Oettingen und der Markgrafschaft Burgau. Während des 18. Jahrhunderts stieg der jüdische Anteil in einigen dieser Dörfer auf 30 bis 40 %. Obwohl das „Judenedikt" von 1813 die weitgehende rechtliche Gleichstellung der Juden in Bayern brachte, wurde erst 1871 mit dem Eintritt in das Deutsche Reich die vollständige Emanzipation erreicht.

## 2.3 Die große Auswanderung

Im 18. und 19. Jahrhundert wurde die Auswanderung zu einem wichtigen Thema. Greifbar ist vor allem die Entwicklung im Kurfürstentum und im späteren Königreich Bayern, da sich die Vorgänge in den zahlreichen kleinen und kleinsten Territorien Frankens und Schwabens vor der Zugehörigkeit zu Bayern schwer fassen lassen. In Bayern wurde in einem langsamen Prozess das Abwandern der Landeskinder akzeptiert, das – von wenigen staatlich abgesegneten Auswanderungsunternehmungen abgesehen – bis ins 19. Jahrhundert unter Strafe stand. Entlang dieser Haltung zur Mobilität lässt sich im ersten Drittel des 19. Jahrhunderts eine Schnittstelle zwischen der alten und der neuen Zeit erkennen: Zunächst galten die Untertanen noch als Besitz des Grundherrn und in erweitertem Sinne des Landesherrn, als Abhängige, die ohne Erlaubnis und Abstandszahlung ihren Ort nicht verlassen durften. Die Mobilisierung der Gesellschaft in der Folge der Französischen Revolution, der Napoleonischen Kriege und der Montgelas'schen Reformen begann diese Auffassung langsam aufzuweichen.[13]

---

12 Ullmann, Nachbarschaft 1999; Fassl, Geschichte 1994–2007.

13 Raithel, Auswanderung 2004.

Auswanderung, legale und illegale, hatte es jedoch in Bayern bereits vorher häufig gegeben:[14] Die erste Verordnung dazu stammt aus dem Jahr 1644, als es galt, die konfessionell motivierte Auswanderung nach dem Dreißigjährigen Krieg zu steuern. Kolonisten wurden für Russland angeworben und per Schiff zog es Ende des 18. Jahrhunderts viele Bayern über die Donau nach Ungarn – eine der wenigen Auswanderungen, die von den bayerischen Behörden geduldet wurde. Südosteuropa zog viele Siedler an, es bestand jedoch auch bereits über den Rhein, über Antwerpen und Rotterdam eine etablierte Auswanderungsroute nach Amerika. Doch Untertanen waren nach den großen Verlusten des Dreißigjährigen Krieges in erster Linie eine fiskalische Ressource. Noch wichtiger war ihr Geld und Gut, das sie durch eine Auswanderung dem Heimatland zu entziehen drohten, weshalb Auswanderungswillige auch mit einer beträchtlichen Steuer, einem „Abzugsgeld", belegt wurden. Wer ohne Erlaubnis des Landesherrn auswanderte, musste mit schärfsten Strafen rechnen, wenn er gefasst wurde oder später wieder einreiste: Es drohten Vermögenskonfiszierung und Arbeitshaus. Gegen Ende des 18. Jahrhunderts gab es zunächst für Andersgläubige, Juden und Bettler eine Lockerung des Verbots. In der bayerischen Verfassung von 1818 wurde dann ein beschränkter Auswanderungsanspruch zumindest in andere deutsche Staaten festgeschrieben.[15] Erst ab 1871 gab es ein Recht auf Auswanderung.[16]

Die Gründe, das Land zu verlassen, waren vielfältig und blieben bis weit in die zweite Hälfte des 19. Jahrhunderts hinein ähnlich. Anfangs dominierte die religiöse Motivation, diese nahm aber immer mehr ab. Doch gerade für Mitglieder protestantischer Sekten blieb die Auswanderung attraktiv, ebenso für Juden vor allem aus Schwaben, der Pfalz und Franken: Immerhin wird die Zahl der jüdischen Auswanderer aus dem bayerischen Gebiet bis 1871 auf 20.000 bis 25.000 geschätzt.[17] Aber auch Hunger oder kriegerische Ereignisse, hohe Steuern, wachsender Bevölkerungsdruck, eine sich grundlegend wandelnde Arbeitswelt und die zunehmende Mobilität infolge der Bauernbefreiung gehörten zu den Motiven und damit die Suche nach Arbeit und besserem Verdienst, nach einer Umgehung des Wehrdienstes, aber auch nach der Chance, zu heiraten und auf eigenem Grund und Boden sesshaft zu werden – was in Bayern bis 1868 für wenig Bemittelte strengsten Vorschriften unterlag. Hinzu kam aber vor allem die Attraktivität der Alternativen im Auswanderungsland. Auch Abenteuerlust spielte eine nicht zu unterschätzende Rolle.

Einen ersten Schub erfuhr die Auswanderung aus dem südlichen Deutschland in den Jahren 1816/17, als auf Missernten eine große Hungersnot folgte. Dies betraf

**14** Bade/Oltmer, Deutschland 2007, S. 143.

**15** Verfassungsurkunde des Königreichs Bayern 1818, Tit. IV § 14, zit. nach URL: http://www.verfassungen.de/de/by/bayern18-index.htm [15.02.2017].

**16** Rottmann, Lehre 1862.

**17** Brinkmann, Gemeinde 2002, S. 49–59.

vor allem Südwestdeutschland; aber auch die Auswanderung aus Armutsgebieten des neuen Bayern stieg an. Zu weit größeren Auswanderungswellen kam es in der Jahrhundertmitte und noch einmal im letzten Drittel; danach wurde die Auswanderung immer mehr von der Binnenmigration in die heimischen Industrieregionen abgelöst. Der technische Fortschritt hatte in vieler Hinsicht unmittelbaren Einfluss auf die Wanderbewegungen: Mit der Geschwindigkeit und geringeren Gefährlichkeit des internationalen und transatlantischen Reisens durch die Erfindung des Dampfschiffs nahm auch die Zahl der Migranten erheblich zu. Es wuchs überdies die Zahl der Menschen aus Bayern, die den Radius ihrer früher interregionalen Arbeitswanderung oder ihrer Handelsreisen immer weiter ausdehnten. Auch die große Menge an Briefen, die allein zwischen den USA und Deutschland hin- und hergingen – man schätzt sie auf 280 Millionen zwischen 1820 und 1914 –, ist ein Beleg dafür, dass die Verbesserung der Verkehrswege für den individuellen Kontakt zwischen dem Lokalen und der Welt von größter Bedeutung war.[18] Alle Adressaten und ihre Verwandten oder Freunde, die in Bayern solche Briefe zu lesen bekamen, machten sich so ein Bild aus erster Hand über die USA, über die Lebensbedingungen, die Verdienstmöglichkeiten, die Preise.[19] Die Bedeutung dieses veränderten Blicks der Daheimgebliebenen auf die Welt ist nicht hoch genug einzuschätzen: Hier löste die Migration der anderen bei den Zurückbleibenden und in ihrer Umgebung in Bayern Entwicklungen aus, die noch viel genauer untersucht werden müssten.[20] Oft kam es infolge dieser Informationen aus der „Neuen Welt" zu Kettenmigrationen ganzer Dörfer.

Die großen Auswanderungen des 19. Jahrhunderts führten auch aus Bayern zu 90 % in die USA.[21] Zwischen 1835/36 und 1890 verließen über 600.000 Auswanderer Bayern,[22] über fünf Millionen das Gebiet des Deutschen Bundes und später des Deutschen Reichs. Zwischen 1846 und 1857 wanderten allein aus Bayern 140.000 Menschen in die USA aus, davon rund 45 % aus der Pfalz, die bis weit ins 19. Jahrhundert jeweils den größten Anteil stellte.[23] 17 % stammten aus Unterfranken, 15 % aus Oberfranken, 9 % aus Mittelfranken, 5 % aus der Oberpfalz und nur 4 % aus Schwaben, 3 % aus Niederbayern und 2 % aus Oberbayern.[24] Neben dem Bevölkerungswachstum und den Hungerkrisen der vorangegangenen Jahre war es der Mangel an industriellen Arbeitsplätzen, der die Auswanderung antrieb. Für die deutlichen innerbayerischen Unterschiede sind die jeweilige Bevölkerungsdichte,

**18** Helbich, Briefe 1988.
**19** Fegert, Auswanderung $^{2}$2014.
**20** Gestrich/Krauss, Zurückbleiben 2006.
**21** Hamm/Henker/Brockhoff, Good Bye Bayern 2004; Bade/Oltmer, Deutschland 2007, S. 147; Hartmann/Schmid, Bayern 2011.
**22** Statistisches Landesamt (Hrsg.), Bayern 1912.
**23** Faltin, Auswanderung 1987.
**24** Raithel, Auswanderung 2004, S. 26f., 34, Anm. 9.

das Erbrecht sowie die frühere oder spätere Liberalisierung der ländlichen Welt zu nennen. Nach dem Ende des amerikanischen Bürgerkriegs zog es in der zweiten Hälfte der 1860er Jahre wieder viele Bayern in die USA, ebenso in dem Jahrzehnt nach 1880; die 170.000 Migranten und Migrantinnen aus Bayern dieser Welle stellten rund 10 % der deutschen Amerikawanderer. Die politische Lage nach dem Hambacher Fest von 1832 und nach der gescheiterten Revolution von 1848 spielte, entgegen früheren Annahmen, keine quantitative Rolle bei der Auswanderung.

Für rund 5.000 Auswanderer aus Bayerisch-Schwaben ließ sich das Sozialprofil näher untersuchen:[25] Sie stammten keineswegs aus übervölkerten, sondern eher aus den weniger industrialisierten Gegenden. Die Auswanderer, ob weiblich oder männlich, nahmen ein Durchschnittsvermögen von 200 bis 350 Gulden mit, waren also relativ wohlhabend; dies widerspricht der These, die Auswanderung habe vor allem als soziales Ventil gewirkt. Die Abschiebung von Besitzlosen kam zwar vor, fiel aber quantitativ kaum ins Gewicht. Bis 1860 wanderten fast zwei Drittel der bayerischen Schwaben im Familienverbund aus; erst danach gab es mehr junge und ledige Wanderer. Diese Auswanderer, so das Resümee, stammten aus einer liquiden Schicht, deren Mobilität möglicherweise darauf zurückzuführen ist, dass sie am Ende der Wanderung ein Leben in hergebrachten Wirtschaftsformen erhofften: mit einem eigenen Hof auf eigenem Grund und Boden. Auch für Oberfranken gilt, dass bis 1870 über 40 % der erfassbaren männlichen Auswanderer aus dem landwirtschaftlichen Bereich kamen.[26] Ein Großteil der Wandernden, für Oberfranken 64 %, war zwischen 16 und 40 Jahre alt; anfangs überwogen die Männer, zunehmend wanderten aber auch Frauen. Eine hohe vertikale, horizontale und schließlich geographische Mobilität war für die ländliche Gesellschaft Bayerns im 19. Jahrhundert nicht die Ausnahme, sondern die Norm. Die Auswanderung der nachgeborenen Söhne und Töchter nach Amerika erweist sich dabei vielfach als eine Frage des erweiterten Radius, nicht des grundsätzlichen Wandels von unterschichtlicher Migration. Im letzten Jahrhundertdrittel wuchs dann der Anteil der Auswandernden aus Handwerkerfamilien und der Fabrikarbeiter, die sich bessere Arbeitsbedingungen erhofften.

Wie viele solcher Auswanderer zurückkehrten oder, mit der zunehmenden Verbesserung der Verkehrsverbindungen, eine transatlantische Arbeitsmigration mit zwischenzeitlicher Rückkehr praktizierten, ist noch nicht erforscht. Für Deutschland insgesamt werden Rückwandererzahlen von etwa einem Viertel genannt – alles Menschen, die mit neuen Kenntnissen und Gewohnheiten, aber auch mit neuem technologischem Know-How in die alte Heimat zurückkehrten.[27] Über ihre Geschäftsbeziehungen mit der alten Heimat, ihre Bedeutung für die Verbreitung aus-

25 Maidl, Auswanderung 1993; Knabe, Aufbruch 1992.
26 Schaub, Auswanderung 1989.
27 Vagts, Rückwanderung 1960.

ländischer Patente, für Modernisierung und Mechanisierung weiß man wenig. Der lineare Blick auf Wanderungsprozesse versperrt den Blick auf solche Rückwanderungen: In der Vorstellung verlaufen diese immer von der alten in die neue Welt, vom Land in die Stadt, von der Tradition in die Moderne. Doch Migranten mussten sich mit den Regeln beider Systeme auskennen. Bei einer Rückkehr nach Bayern nahmen sie diese Kenntnisse wieder in die Ausgangsgesellschaft mit – oft ein wichtiger Faktor für Wissens- und Technologietransfer.

Die Migrationsforschung befasst sich vielfach mit „Migrationssystemen" wie dem Sklavenhandel von (West-)Afrika nach Nordamerika oder eben der großen Auswanderung von Europa in die Vereinigten Staaten.[28] Diese Migrationssysteme lassen sich auf der Weltkarte darstellen und zeigen die Bewegung von Menschen im geographischen Raum. Es gibt aber auch „kleine" Wanderungssysteme, die für die Landesgeschichte von Bedeutung sind, wie die langen Traditionslinien saisonaler Arbeitswanderungen aus Norditalien und Tirol nach Bayern oder aus Polen ins Ruhrgebiet. Die Folgen der großen wie der kleinräumigen Wanderungen am regionalen oder lokalen Beispiel zu untersuchen, ist die Aufgabe der Landesgeschichte: Wie das Beispiel aus Bayerisch-Schwaben zeigt, sind auf diesem Wege manche Annahmen zu spezifizieren oder zu korrigieren.

## 2.4 Binnenmigrationen und Arbeitszuwanderung

Die große Auswanderung zog sich durch das gesamte 19. Jahrhundert, mit Höhepunkten Anfang der 1850er- und in den 1890er Jahren. Sie wurde jedoch zunehmend abgelöst durch die Wanderung der Arbeitsuchenden in die industrialisierten Regionen. Mit der Urbanisierung verlagerte sich das wirtschaftliche Schwergewicht vom agrarischen auf den gewerblichen und auf den Dienstleistungssektor mit neuen Sozialstrukturen und verstärkter sozialer und räumlicher Mobilität. Die Städte wandelten sich. Sie wuchsen um ein Vielfaches an, so Nürnberg von 91.000 Einwohnern 1875 auf 333.000 im Jahr 1910, München von 193.000 auf 596.000 Einwohner. Die entstehende kommunale Leistungsverwaltung musste die Folgen der Zuwanderung bewältigen.[29] Dabei ging es um Infrastruktur, um Trinkwasserversorgung, Abwasserentsorgung und Abfallbeseitigung, Energieversorgung, um Wohnungsbau, um neue öffentliche Gebäude, um Verkehr und Infrastruktur mit dem Bau von Bahn und Straßenbahn, um Kirchenbau, Versorgungseinrichtungen sowie um soziale Maßnahmen wie Armenpflege, Wohltätigkeit, Arbeitervereine oder die Einrichtung von Volksbädern. Nürnberg wurde früh zum Zentrum der bayerischen Industrialisierung; die erste deutsche Eisenbahn zwischen Nürnberg und Fürth war

**28** Düwell, Migration 2006, S. 95–99.
**29** Prinz/Krauss, München 1988, hier Glossar S. 378.

hierfür Symbol und Startschuss. Das Verkehrswesen wurde Leitsektor der Industrie. Die Klett'sche Maschinenfabrik, von Theodor von Cramer-Klett zu einem Industrieimperium ausgebaut und später Grundlage der mächtigen MAN, soll dafür als Beispiel stehen. Aber auch die Elektroindustrie boomte. Im letzten Jahrhundertdrittel löste München zunehmend Nürnberg als wichtigstes bayerisches Industriezentrum ab.[30] Augsburg und Schwaben blieben bis weit ins 20. Jahrhundert Zentren der Textilindustrie.

Es wanderten vor allem die mobilen und unternehmungslustigen jungen Menschen vom Land in die Stadt. Noch entstanden deshalb auf dem Land keine größeren Probleme, da der Geburtenüberschuss, auf Erfolge im Kampf gegen Hunger und Seuchen zurückzuführen, zu groß war. Es kam jedoch in manchen Gegenden bereits zu Entvölkerung und die Gewichte begannen sich zugunsten des urbanen Raumes zu verschieben. Dieser Prozess setzte sich mit Unterbrechungen und mit einer vehementen Beschleunigung in den 1950er Jahren fort: Mit der Mechanisierung und Technisierung der Landwirtschaft erlebte Bayern den endgültigen Wandel von einem Agrarstaat zu einer modernen Dienstleistungsgesellschaft. Gemessen wird diese Veränderung an der Landflucht und damit an der Zahl der in den Städten lebenden Menschen.

Bereits um 1900 reichten jedoch die Arbeitskräfte, die das eigene Land hervorbrachte, nicht aus: Seit dieser Zeit wandelte sich Bayern von einem Arbeitskräfteausfuhrland zu einem Arbeitskräfteeinfuhrland. Um die Jahrhundertwende arbeiteten im gesamten Deutschen Reich rund 70.000 Italiener und Italienerinnen, dies vor allem in Bayern, Baden und Württemberg. In Bayern kamen die ausländischen Arbeitswilligen häufig aus Norditalien – als Erntehelfer, Bahnbauarbeiter, Ziegeleiarbeiter; Frauen arbeiteten auch in der Textilindustrie.[31] Vielfach handelte es sich um Saisonarbeiter. So fuhren aus Bayern 60 % der dort arbeitenden Italiener im Winter nach Hause, aus Baden nur 33 %.

Man brauchte viele Kräfte: In Münchner Vororten mit Ziegelindustrie, wie in Berg am Laim, lebten in den Sommermonaten oft 900 italienische Ziegelarbeiter neben 1350 Einheimischen, in Oberföhring waren es um 1900 rund 900 Einwohner und im Sommer zusätzlich 600 bis 800 Gastarbeiter.[32] Im Ersten Weltkrieg siedelten sich dann große Rüstungsunternehmen in Bayern an, was zu einer Zuwanderung tausender Industriearbeiter in das Umfeld der großen Städte führte.

Im Zweiten Weltkrieg warb man erst italienische Gastarbeiter an, deren Arbeitsbedingungen anfangs von der „Deutschen Arbeitsfront" mit der faschistischen Schwesterorganisation in Italien ausgehandelt wurden. Bald hörte man jedoch in Bayern alle Sprachen Europas: Aus besetzten Ländern wurden Arbeiter rekrutiert,

30 Krauss, Kommerzienräte 2016.
31 Fabbro, Transalpini 1996.
32 Kasberger, Lehm 2007.

die man zunächst mit Versprechungen, später immer mehr mit Gewalt ins Reich holte. Auch kriegsgefangene Franzosen wurden zur Arbeit eingesetzt. Als Arbeitgeber fungierten Rüstungsbetriebe, aber auch die Reichsbahn, Familien, die Landwirtschaft, der Straßenbau. Die Bayerischen Motorenwerke und vergleichbare Betriebe profitierten besonders von der Arbeit ausländischer Zwangsarbeiter.[33] Die sogenannten Ostarbeiter, also Russen, Ukrainer etc., standen am untersten Ende der Hierarchie, sie wurden schlecht bezahlt, kaserniert, mit einem „O" oder „SU" (für Sowjetunion) auf der Kleidung gekennzeichnet, von der Gestapo überwacht und bei kleinsten Vergehen streng bestraft. Ende September 1944 waren allein im Arbeitsamtsbezirk München und Oberbayern rund 80.000 Männer und knapp 42.000 Frauen als ausländische Zivilarbeiter beschäftigt, 37 % stammten aus der Sowjetunion, 18,2 % aus Polen, 17,2 % aus Frankreich.

Als diese Arbeiter bei Kriegsende wegfielen, deckten zunächst die Vertriebenen und Flüchtlinge den Bedarf an Arbeitskraft. Spätestens seit Beginn der 1960er Jahre, nachdem 1961 der Mauerbau den weiteren Zustrom von Menschen aus der DDR abgeschnitten hatte, beschleunigte sich die Anwerbung von „Gastarbeitern" aus Italien und anderen europäischen Ländern: Bereits 1955 wurde das deutsch-italienische Anwerbeabkommen unterschrieben, nur zehn Jahre nach dem Ende italienischer Zwangsarbeit in Deutschland. Mit Beginn der 1960er Jahre stieg der Bedarf an Arbeitskräften weiter an; arbeiteten 1961 noch 1,5 % Ausländer in Schwaben, so waren es 1970 schon 5,9 %. 1960 wurden Anwerbeabkommen mit Spanien und Griechenland abgeschlossen, 1961 mit der Türkei, 1963 mit Marokko und Südkorea, 1964 mit Portugal, 1965 mit Tunesien, 1968 mit Jugoslawien. Der Anteil der Italiener an den ausländischen Arbeitskräften lag in Bayern anfangs hoch, 1960 waren es 14.000 Italiener und Italienerinnen sowie 300 Türken; 1971 standen 51.000 Italienern bereits 71.000 Türken und 88.000 Jugoslawen gegenüber.[34]

Die ausländischen Arbeitnehmer arbeiteten zu Beginn oft in der Baubranche oder in der Industrie zu Dumping-Löhnen. Italiener und andere Angeworbene aus EG-Ländern hatten eine unbeschränkte Arbeitserlaubnis; sonst gab es nur Ein-Jahres-Verträge. Die Niederlassung der Arbeiter in Deutschland war nicht geplant, „Deutschland ist kein Einwanderungsland", lautete die Parole. Doch es holten immer mehr Arbeiter ihre Familien nach. Seit 1971 gab es die Möglichkeit von Fünf-Jahres-Verträgen. Nach der „Ölkrise" und einer Rezession folgte 1973 der Anwerbestopp. 1974 lebten in Bayern 653.000 Ausländer, das waren 6 % der Bevölkerung. Nun bemühte man sich mehr um ihre Integration. Es kam zu neuen sozialen Hierarchien: Mit der Ankunft einer neuen Gruppe stiegen jeweils die anderen auf; als Beispiel für den Aufstieg gelten Restauranteröffnungen.

---

**33** Grossmann, Zwangsarbeiter 1986; Bösl/Kramer/Linsinger, Gesichter 2005.
**34** Krauss, Arbeitswanderer 2010.

Industrialisierung und Urbanisierung – so lässt sich resümieren – waren eng mit Migration verbunden. Die Migranten kamen zunächst noch aus dem engeren Umland, im Zuge der Hochindustrialisierung wuchs der Radius dieser Arbeitswanderung jedoch immer mehr. Man rief Arbeitskräfte, doch es kamen Menschen, deren Anwesenheit die Aufnahmegesellschaft veränderte, sie durchmischte und die Einheimischen dazu veranlasste, sich immer wieder neu ihrer selbst zu versichern. Jede neue Zuwanderergruppe unterschichtete die vorhergehende und trug zu ihrem sozialen Aufstieg bei. Die Kinder und Kindeskinder der Zuwanderer waren dann bereits selbst Einheimische.

## 2.5 Migrationen nach 1933 und nach dem Zweiten Weltkrieg: Exil, Flucht und Vertreibung

Mit der Machtübernahme der Nationalsozialisten begann auch in Bayern der Exodus der Menschen, die aus politischen, religiösen oder rassistischen Gründen verfolgt wurden. Bereits nach dem Reichstagsbrand im Februar 1933 verließen besonders gefährdete Sozialdemokraten, Kommunisten und andere politische Gegner der Nationalsozialisten Bayern; weitere folgten im Laufe des Jahres. Zunächst flohen die politisch Verfolgten vornehmlich in die Nachbarländer Österreich, Schweiz, Tschechoslowakei, Italien, die Niederlande, Skandinavien oder über das Saargebiet nach Frankreich. Einige, wie der SPD-Abgeordnete Waldemar von Knoeringen, versuchten vom Exil aus den Widerstand in Bayern zu organisieren. Im Laufe der 1930er Jahre emigrierten immer mehr Juden oder Menschen mit jüdischer Abstammung, die letztlich weit über 90 % der Emigration ausmachten.[35] Viele zögerten die Auswanderung zu lange hinaus, hofften sie doch, dass sich die antisemitischen Attacken des Regimes legen würden. Doch nach den „Nürnberger Rassegesetzen" von 1935 und der Reichspogromnacht von 1938 wurde die Bedrohung auch für diejenigen zunehmend deutlicher, die bisher noch auf ein Abflauen der Verfolgung gehofft hatten. Die zunehmende Ausraubung der jüdischen Minderheit durch „Arisierung" des Besitzes, durch „Reichsfluchtsteuer" und andere Abgaben ließ den Verfolgten immer weniger Spielräume. Außerdem schlossen die meisten Zielländer unter Verweis auf eigene wirtschaftliche Probleme und Arbeitslosigkeit, aus Furcht vor Überfremdung oder wegen antisemitischer Positionen ihre Grenzen. Aus dem deutschsprachigen Raum flohen insgesamt rund 500.000 Menschen, davon etwa 30.000 wegen ihrer politischen Haltung, alle anderen wurden aus rassistischen Gründen verfolgt; etwa 360.000 kamen aus dem Deutschen Reich, 140.000 aus Österreich. Genauere Zahlen sind schwer zu finden. Aus München emigrierten zwischen 1933 und 1938 bereits 3.574 Personen, davon 701 nach Palästina und 627 in die USA. Wer

35 Krauss, Heimkehr 2001.

es nicht mehr schaffte, das Land zu verlassen, erlitt Entrechtung und Verfolgung, oft auch Deportation und Tod. Nur wenige der Emigrierten kehrten nach 1945 in die alte Heimat zurück. Darunter stellen die politischen Emigranten die größte Gruppe.

In der Nachkriegszeit des Zweiten Weltkriegs vergrößerte sich Bayerns Einwohnerzahl durch den Zustrom von Heimatvertriebenen aus den ehemals deutschen Ostgebieten und aus dem Sudetenland sowie später von Flüchtlingen aus der SBZ/DDR um ein Fünftel bis ein Viertel – das waren rund 1,8 Millionen Menschen, darunter fast eine Million aus den ehemaligen Sudetengebieten.[36] Die Vertriebenen kamen nicht freiwillig: Es handelte sich um eine politisch bedingte Zwangsmigration. Ihre Aufnahme und Eingliederung stellte eine der größten Herausforderungen dieser Jahre dar.

Während des Krieges waren wegen der Bombengefahr viele Menschen aus den großen Städten des Deutschen Reiches aufs Land evakuiert worden. 1946 lebten allein in Bayern über 410.000 außerbayerische Evakuierte, Ende 1948 immer noch 268.000. Mit Kriegsende waren auch Zwangsarbeiter, Kriegsgefangene und Insassen von Konzentrationslagern befreit worden. Ein Großteil der „displaced persons" strebte die Auswanderung an; allein Oberbayern wurde zwischen 1945 und 1951 zur Durchgangsstation für 120.000 auswandernde Juden. Bayern war gewissermaßen „Wartesaal" auf dem Weg in die Auswanderung, die größtenteils nach Palästina führte.[37]

Zunächst sahen die amerikanischen Besatzer die Aussiedlung und Vertreibung Deutscher aus dem Osten als Transportproblem an. Dies hielten sie für lösbar; es sollte nur die „humane Durchführung" gewährleistet sein. Offiziell galt das Flüchtlingsproblem als „rein deutsche Frage", doch die Besatzer waren von Beginn an eng in die Bewältigung des Zuzugs eingebunden und bestimmten die Grundlinien mit. Im Juli 1945 erfuhren die deutschen Stellen, dass eine solche Abschiebung geplant sei. Anfangs glaubte man, das Rote Kreuz werde die Erstbetreuung übernehmen können. Seit dem Sommer 1945 etablierten sich dann in den wieder entstehenden Ländern bis hinunter auf die Ebene der Landkreise mit speziellen Vollmachten ausgestattete Flüchtlings-Sonderverwaltungen, die Flüchtlinge auch in Privatquartiere einweisen konnten. Daneben wurden auch bestehende oder schnell neu errichtete Lager und Massenquartiere zur Unterbringung herangezogen. Selbsthilfeorganisationen ließen die Besatzer nicht zu, da sie fürchteten, es könnte so ein Minderheitenproblem entstehen. Daher wollten sie auch die geschlossene Ansiedlung von Dorfgemeinschaften unterbinden.

Bei den ersten demokratischen Wahlen auf Kreis- und Länderebene konnten die Vertriebenen meist noch nicht mitwählen. An der Beratung des Flüchtlingsgesetzes wurden die Neuankömmlinge jedoch in Bayern auf ausdrücklichen Wunsch des aus

36 Krauss, Integrationen 2008.
37 Wetzel/Königseder, Lebensmut 1994.

dem Exil zurückgekehrten Ministerpräsidenten Wilhelm Hoegner (SPD) beteiligt. Das im Februar 1947 in Bayern erlassene „Gesetz über die Aufnahme und Eingliederung deutscher Flüchtlinge vom 19.2.1947" legte die demokratische Mitwirkung der Vertriebenen und Flüchtlinge sowie eine Beschäftigungsquote im öffentlichen Dienst fest. Nach der Aufhebung des Verbotes, sich in Parteien zusammenzuschließen, entstand 1950 mit dem „Bund der Heimatvertriebenen und Entrechteten" (BHE) eine Flüchtlingspartei, die beträchtliche Wahlerfolge verbuchen konnte.

Zunächst stand die wirtschaftliche Integration im Mittelpunkt der Bemühungen. Da die Freizügigkeit aufgehoben war, mussten die Vertriebenen häufig auf dem Land ausharren und sich um Arbeit in der Landwirtschaft bemühen. Erst nach der Gründung der beiden deutschen Staaten gab es eine Möglichkeit der legalen Umsiedlung. Auf der Suche nach Arbeit und Verdienst zog es über eine Million Flüchtlinge und Vertriebene, darunter viele aus Bayern, in die Industriereviere Nordrhein-Westfalens. Ein weiteres wichtiges Anliegen war es, Familie, Freunde und Nachbarn wiederzufinden.

Besonders schwierig war der Neuanfang für diejenigen, die aus den arbeitsteilig organisierten Spezialindustrien des Sudetenlandes stammten;[38] dazu gehörten u.a. die Gablonzer Glas- und Schmuckindustrie, die Haida-Steinschönauer Glasindustrie, die Schönbacher und Graslitzer Musikinstrumentenherstellung. Die Gablonzer schafften eine zumindest in Teilen gemeinsame Neuansiedlung bei Kaufbeuren und Marktoberdorf im Allgäu und konnten umfängliche Kreditmittel einwerben. Neben dem Hauptansiedlungsgebiet mit über 520 Betrieben gab es aber auch Unternehmen der Gablonzer Industrie u.a. in den bayerischen Landkreisen Bayreuth, Oberallgäu, Günzburg, Augsburg, Mühldorf am Inn und Ansbach. Andere Industrien waren nicht so erfolgreich wie die Gablonzer, aber immerhin erreichten einige der Spezialindustrien zumindest eine teilweise Neuansiedlung. Die Firmengründungen trugen zur Industrialisierung des bayerischen Landes bei. Sie waren jedoch den Krisen der 1970er Jahre und der Billigkonkurrenz aus Asien kaum gewachsen.

Es gab vier Schritte der Integration: Notdürftige Aufnahme – vorläufige Unterbringung – endgültige Sesshaftmachung mit wirtschaftlicher Integration. Als vierter Schritt folgte seit Ende der 1940er Jahre die kulturelle Integration. Diese bezog gleichermaßen die Erinnerung an die alte Heimat und die Aneignung der neuen mit ein. Die Vertriebenen brachten großen Bildungshunger und hohe Aufstiegsmotivation mit, ebenso die Erfahrung gut ausgestatteter Volksbibliotheken und funktionierender Volksbildungseinrichtungen. Aus landsmannschaftlichen Zusammenschlüssen erwuchs dann neues Selbstbewusstsein.

Die bayerische Aufnahmegesellschaft, auf die diese Migranten stießen, war keineswegs homogen. Gerade in dieser Situation schlossen sich Einheimische dann oft zu „Wir-Gruppen" zusammen, um sich gegen „die Fremden" zur Wehr zu setzen.

---

**38** Prinz, Integration 1984.

Man wolle „Herr im eigenen Haus bleiben“, schrieb ein Flüchtlingskommissar. Es ging dabei nicht zuletzt um einen Machtkampf zwischen den Alteingesessenen und den Hinzukommenden, einen Kampf um die knappen Ressourcen, um Einfluss und Deutungshoheit. Stand zunächst noch unmittelbar der sehr materielle Streit um Essen und Unterbringung im Mittelpunkt, so bezog sich das bald auch auf andere Lebensbereiche: So reaktivierten die Einheimischen in den Dörfern angeblich „althergebrachte“ Traditionen, um sich gegen die Wünsche der aus industrialisierten Gebieten stammenden Vertriebenen zur Wehr zu setzen. Obwohl sich die Konflikte der unmittelbaren Nachkriegszeit auch dank des wirtschaftlichen Aufschwungs abschwächten, blieben Exklusionsmechanismen und Vorurteile lange bestehen.

Es gab nicht nur die Zuwanderung von Vertriebenen. Nach 1945 profitierte Bayern auch von der deutschen Teilung, so durch den Zuzug von Großforschungseinrichtungen wie der Max-Planck- oder der Fraunhofer-Gesellschaft. Einzelne Max-Planck-Institute, wie das Institut für Silikatforschung in Würzburg, konnten dank kommunaler Bemühungen in Franken angesiedelt werden.[39] Es verlegten aber auch bedeutende Wirtschaftsunternehmen, wie die Allianz, ihren Sitz nach Bayern, ebenso große Leipziger Verlage.[40] Erlangen profitierte in besonderem Maße von dieser Bewegung: Die Verlegung der Zentrale des Konzerns Siemens von Berlin nach Erlangen war für die Stadt ein zentraler Wachstumsfaktor. Die Zuwanderungen legten die Grundlagen für die innovative technologische Forschungslandschaft in Bayern. Im Wirtschaftsbereich war Migration, so ist dies zu resümieren, für Bayern sowohl mit Blick auf qualifizierte Arbeitskräfte wie auf Unternehmer und Unternehmen eine zentrale Voraussetzung des späteren wirtschaftlichen Erfolgs.

Die Zuwanderung unterschiedlicher Gruppen politisch und wirtschaftlich in ihren Heimatländern bedrängter Personen hat das Thema Migration wieder auf die zentrale Agenda gesetzt. Kamen die russlanddeutschen Zuwanderer in den 1990er Jahren noch zumindest mit der Fiktion deutscher Abstammung, so galt und gilt dies nicht für Bürgerkriegsflüchtlinge und Asylsuchende. Längst ist Migration zu einem hochpolitisierten Thema geworden und die Fragen der Zuwanderung spalten die Gesellschaft. Die Angst vor Migration tritt dabei deutlich zutage: Es ist die Angst vor vermuteter Konkurrenz und Überfremdung, die in Bayern durch die Politik besonders bedient wird. Dies macht erneut deutlich, wie sehr die scheinbare Homogenität der längst vielfach durchmischten Gesellschaft in Bayern gegen jedes bessere Wissen behauptet wird.

---

**39** Deutinger, Agrarland 2001.
**40** Krauss, Nachkriegskultur 1985.

## 2.6 Resümee

Die Erforschung von Migrationen erfordert per se einen regionalen Zugriff, sei es auf die Ausgangs- oder die Aufnahmegesellschaft; dies zeigen auch die Beiträge in der „Enzyklopädie Migration in Europa seit dem 17. Jahrhundert", die einen Großteil der bisher im europäischen Raum untersuchten Migrationsbewegungen in knappen Überblicksdarstellungen bündelt.[41] Die betrachteten Räume und Gruppen sind dabei von unterschiedlicher Größe. Doch die dahinterstehenden Forschungsarbeiten beziehen sich oft auf Regionalstudien.

Der regional- und landesgeschichtliche Zugriff auf das Thema Migration lässt sich besonders fruchtbar machen, wenn er unter vergleichendem Blickwinkel geschieht: Erst hier zeigen sich Unterschiede und Gemeinsamkeiten. Ein Beispiel dafür ist der Band „Integrationen. Vertriebene in den deutschen Ländern nach 1945", der sich eben diesem Ansatz verpflichtet sieht.[42] Diachron vergleichende Arbeiten zur Migration, wie sie im Rahmen des „Stuttgarter Arbeitskreises für Historische Migrationsforschung" entstanden sind,[43] machen ebenfalls deutlich, wie sehr Migrationsstudien von regionalen Zugängen leben. Für die Bayerische Landesgeschichte sieht man am Beispiel des sicherlich am intensivsten auf lokaler Ebene erforschten Themas der Integration von Vertriebenen und Flüchtlingen die Bedeutung der vergleichenden regionalen Einordnung solcher Studien für einen weiterreichenden Erkenntnisgewinn.

# 3 Brandenburg

Ulrich Niggemann

Die Mark Brandenburg – bestehend aus der Altmark, der Mittelmark, aber auch der Uckermark und der Neumark – war seit dem Mittelalter von Migrationsvorgängen geprägt. Im Gegensatz zu manch anderer Region spielt Migration bzw. Kolonisation hier in der Traditionsbildung und im kollektiven Gedächtnis eine wichtige Rolle, sei es im Gründungsmythos einer „Landnahme" oder sei es im Rahmen des Erfolgsnarrativs der „Hohenzollernschen Kolonisationen" des 17. und 18. Jahrhunderts. Beide Narrative können mit guten Gründen problematisiert werden, ohne damit die Bedeutung von Migration für die Ausformung der Region in politischer, ökonomischer und kultureller Hinsicht zu relativieren. Der folgende Beitrag kann dies größ-

41 Bade, Enzyklopädie 2007.

42 Krauss, Integrationen 2008.

43 Gestrich/Krauss, Zurückbleiben 2006; Gestrich/Krauss, Migration 1998; Krauss/Sonnabend, Frauen 2001.

tenteils nur andeuten, will aber in einem an der Chronologie orientierten Zugriff zumindest einige der grundlegenden Entwicklungen knapp skizzieren.

## 3.1 Siedlungsmigration in der Mark Brandenburg bis zum Beginn der Neuzeit

Die Besiedlung und Erschließung von Landschaften und Räumen steht immer in Zusammenhang mit Migrationsprozessen. Dementsprechend lassen sich die frühesten Siedlungsspuren in dem Gebiet zwischen Elbe und Oder entlang der Havel und der Spree als Spuren von Wanderungsbewegungen lesen. Wohl etwa seit dem 7. Jahrhundert ist von einer Besiedlung durch slawisch sprechende Verbände auszugehen. Im 10. Jahrhundert drangen vom Westen her verstärkt Sachsen militärisch in den Raum bis zur Oder vor. Sie gründeten die Bistümer Brandenburg und Havelberg und bemühten sich um die Christianisierung der slawischen Bevölkerung. Die damit einhergehenden Siedlungsversuche vonseiten des Ostfränkischen Reiches waren zunächst nicht von Dauer. Erst seit dem 12. Jahrhundert begann mit der Etablierung der Markgrafschaft Brandenburg die intensivere herrschaftliche Durchdringung. Man sollte sich freilich davor hüten, das Land vor der ‚Landnahme' durch sächsische oder ostfränkische Christen als weitgehend unbewohnt darzustellen. Selbst vor der slawischen Besiedlung dürften hier bereits Menschen gelebt haben. Der Mythos von einem leeren und wilden Land, das gewissermaßen bereitlag für die ‚Landnahme', ist eine Vorstellung, die mit vielen Siedlungs- und Kolonisationsvorgängen verbunden ist und die vielfach auf spezifischen Wahrnehmungsmustern, aber auch intentionalen Ausblendungen bereits vorhandener Bevölkerungsgruppen beruht. Dennoch ist es sicher richtig, wenn man konstatiert, dass die Mark Brandenburg (mit Ausnahme der Altmark) jenseits des deutschsprachigen Altsiedellandes lag und dass sie in ihrer historischen Entwicklung wesentlich von den Siedlungsbewegungen des Mittelalters geprägt war. Damit steckt per se ein migratorisches Moment in der Geschichte dieser Landschaft.[44]

Mit der Etablierung der Askanier in der Mark Brandenburg seit 1134 begann eine auch obrigkeitlich gelenkte Immigration, die insbesondere der Herrschaftssicherung diente. Nachdem Albrecht von Ballenstedt („Albrecht der Bär", 1134–1170) mit der sächsischen Nordmark (der späteren Altmark) belehnt worden war, griff er bald in die Gebiete östlich der Elbe aus und setzte sich dort fest. Als zentrale Burganlagen errichtete er die Brandenburg und Spandau. Offenbar wurden zur Herrschaftssicherung und zur Erschließung des Landes bereits in dieser Phase gezielt Siedler aus dem Rhein- und Maasgebiet angeworben. Auch Holländer, Seeländer und Flamen

44 Hahn, Geschichte 2009, S. 11–13; Heinrich, Geschichte 1981, S. 27f.; Asche/Niggemann, Land 2015.

ließen sich in der Mark Brandenburg nieder, die als neue, loyale Untertanen die Herrschaftsbildung des Markgrafen unterstützten. Klostergründungen, die ebenfalls gezielt von den Askaniern gefördert wurden, bildeten zugleich Zentren der fortschreitenden Christianisierung. Um sie herum entstanden Rodungen und Niederlassungen, die das Land strukturierten und administrativ durchdrangen. Ähnliches gilt für Adelssitze, die ebenfalls Siedler anzogen.[45]

Mit dem Aussterben der männlichen Linie der brandenburgischen Askanier 1320 endete zunächst die Phase der territorialen Durchdringung und der aktiven Besiedlungspolitik. Unter den Wittelsbachern und den Luxemburgern, die zeitweise die Markgrafschaft regierten, fehlte es vielfach an herrschaftlicher Präsenz vor Ort, sodass adelige Grundherren und die Städte ihre eigene Machtbasis ausdehnen konnten. Als 1411 der Burggraf von Nürnberg, Friedrich VI. von Hohenzollern (1415–1471), mit der Mark belehnt wurde, mussten er und seine Nachkommen zunächst ihre Ansprüche gegen den Adel und gegen die Städte durchsetzen. Um dies zu erreichen, brachten sie auch Gefolgsleute aus dem fränkischen Raum mit in die Mark.[46] Hier kam es also in quantitativ sehr geringem Umfang zu einer Elitenmigration, zur Niederlassung von Adeligen und Heeresangehörigen in der Mark.

## 3.2 Ausweisung, Vertreibung, Krieg: Emigration aus Brandenburg

Die beginnende Neuzeit war indes zunächst auch eine Phase der Bevölkerungsverluste. In diesen Zusammenhang gehören etwa die gezielten Vertreibungen und Ausweisungen nicht erwünschter Minderheiten im Zuge frühmoderner Staatsbildungsprozesse. Betroffen waren davon einerseits „Zigeuner" (d.h. Sinti und Roma, aber auch andere mobile Minderheiten) sowie andererseits die Juden. Roma-Gruppen tauchten wohl bereits zu Anfang des 15. Jahrhunderts in der Mark Brandenburg auf. Obwohl sie von Beginn an Stigmatisierungsprozessen ausgesetzt waren, wurden sie erst allmählich zu Opfern einer immer rigoroseren Ausweisungspolitik, die sich vom beginnenden 16. bis ins 18. Jahrhundert hinein massiv steigerte. Das ist nicht typisch für Brandenburg, sondern eine Entwicklung, die fast überall im werdenden frühmodernen Flächenstaat beobachtet werden kann. Mit der Verfestigung von Grenzen und territorialer Hoheit wurde zunehmend versucht, bestimmten Formen grenzüberschreitender Mobilität einen Riegel vorzuschieben und eine Norm der Sesshaftigkeit durchzusetzen. Die Einreiseverbote, oft verbunden mit drakonischen Strafandrohungen, hatten jedoch zur Folge, dass ein legaler Aufenthalt

---

45 Hahn, Geschichte 2009, S. 15; Assing, Landesherrschaft 1995, S. 102–109; Partenheimer, Albrecht 2011, S. 143–145.

46 Assing, Landesherrschaft 1995, S. 132–168; Böcker, Festigung 1995; Hahn, Geschichte 2009, S. 34–36.

von Roma-Gruppen fast nirgendwo mehr möglich war. Umherziehen wurde somit auch zu einer Überlebensnische, die zum Teil gerade erst durch die massiven Verbote erzwungen wurde, wodurch sich erst eine spezifische Kultur der permanenten Mobilität herausbildete, die aber eben auch erneute und verstärkte Diskriminierung zur Folge hatte.[47]

Etwas anders sah es bei der religiösen Minderheit der Juden aus. Jüdische Gemeinden gab es in der Mark schon seit dem Mittelalter. Vermutlich kamen sie bereits mit den Kolonisationen der Askanier, nachweisbar sind sie – etwa in Berlin – seit dem späten 13. Jahrhundert. Schon unter Kurfürst Friedrich II. kam es 1446 zu einer ersten Vertreibung, deren genaue Ursachen unbekannt sind, die aber bereits ein Jahr später, 1447, in eine Wiederaufnahme mündete. Jüdisches Leben in Brandenburg blieb aber – wie fast überall – prekär und von Diskriminierung, Ausgrenzung und Anfeindung geprägt. Bis auf eine dünne jüdische Oberschicht, die vor allem im Handel und Finanzwesen tätig war, blieb die größere Zahl der Juden auf Klein- und Hausierhandel beschränkt. Im 16. Jahrhundert setzten dann mehrere Wellen der Verfolgung und Ausweisung ein. Die erste stand im Zusammenhang mit einem Hostienschändungsprozess, im Zuge dessen im Jahr 1510 etwa 60 Juden ausgewiesen wurden und zahlreiche weitere außer Landes flüchteten. Eine umfassende Ausweisung – auf „ewige Zeiten", wie es im Ausweisungsedikt hieß – fand 1571 statt, und zwar erneut als Folge eines Prozesses, dieses Mal gegen den Münzmeister Lippold Ben Chluchim, dem vorgeworfen worden war, sich unrechtmäßig bereichert zu haben. Hintergrund waren anscheinend die Schulden, die Kurfürst Joachim II. Hektor bei ihm hatte und die sein Sohn, Kurfürst Johann Georg, bei seinem Regierungsantritt 1571 nicht übernehmen wollte.[48] Für hundert Jahre endete damit die legale Existenz des Judentums in der Mark Brandenburg.

Es war indes erst der Dreißigjährige Krieg, der eine tiefe Zäsur in der Demographiegeschichte darstellte. Die Auswertung der Landreiterberichte, die ab 1652 in verschiedenen Landesteilen erstellt wurden, zeigt, dass die ländlichen Gebiete der Kurmark Brandenburg zu den am stärksten kriegszerstörten Regionen des Reiches gehörten. Hunger, Seuchen und – in geringerem Ausmaß – die Kriegshandlungen selbst führten zu hohen Sterblichkeitsraten. Darüber hinaus war es aber auch die Emigration, die wesentlichen Anteil an den Bevölkerungsverlusten hatte. Wiederholte Truppendurchzüge und hohe Kontributionsforderungen der durchmarschierenden Heere hatten zum Niedergang zahlreicher Höfe und Dörfer geführt. Tausende von Menschen flohen vor den heranrückenden Soldaten oder verließen nach den Durchzügen ihre ruinierten Hofstellen. Insgesamt dürfte die Mark Brandenburg bis zur Hälfte ihrer Bevölkerung verloren haben, in einigen Gebieten – etwa der

47 Härter, Grenzen 2016; Hehemann, Sinti 1992.
48 Scheiger, Juden 1990, S. 159–164.

Uckermark – ist gar von 90 % Bevölkerungsverlusten die Rede.[49] Somit sind auch die demographischen Auswirkungen des Krieges Untersuchungsgegenstand einer regionalhistorisch orientierten Migrationsforschung, die sich nicht nur mit Einwanderungsbewegungen, sondern auch mit der Abwanderung aus der Region und ihren Folgen zu beschäftigen hat.

## 3.3 Landesausbau und merkantilistische Bevölkerungspolitik

Parallel zu den Emigrationen des 16. Jahrhunderts gab es indes auch Einwanderungsbewegungen. Bereits unter Kurfürst Joachim II. (1535–1571) siedelten sich erstmals kleinere Gruppen reformierter Niederländer in der Prignitz und in der Stadt Stendal an, wo sie insbesondere in der Textilverarbeitung tätig wurden. Doch vor allem nach den verheerenden Zerstörungen und Bevölkerungsverlusten durch den Dreißigjährigen Krieg setzten verstärkt Wanderungsbewegungen aus den kriegsverschonten Gebieten mit Bevölkerungsüberschuss ein. Dabei ist zu bedenken, dass es sich nicht um einen simplen Einwanderungsvorgang handelte, sondern um ein sehr komplexes Migrationsgeschehen. Auf der Suche nach Chancen, nach Hofstellen und besseren rechtlichen Bedingungen zogen Menschen aus den weniger verwüsteten Gebieten Holsteins, Lüneburgs, Braunschweigs und Mecklenburgs in die Mark Brandenburg. Zugleich hielten aber auch Abwanderungen noch lange nach dem Krieg an, und auch manch eine Neuansiedlung war keineswegs von Dauer. Gründe dafür waren die schwierige Ausgangslage nach dem Krieg, aber auch die Tendenz insbesondere der Gutsbesitzer, durch ‚Bauernlegen', also den Einzug von bäuerlichen Stellen, die Eigenwirtschaft zu vergrößern. Hinzu kam die Verschärfung der personenrechtlichen Bindungen nach dem Krieg. Um die Menschen auf den Hofstellen zu halten, führten die adeligen Gutsherren eine strikte Erbuntertänigkeit ein und führten geflohene Leibeigene zum Teil mit Gewalt auf ihre Stellen zurück. Nur auf den Domänen sah die Situation für die Bauern etwas besser aus.[50]

Die Regierung unter Kurfürst Friedrich Wilhelm (1640–1688) versuchte, diese kontinuierliche Abwanderung durch Abwerbungsverbote zu unterbinden und zugleich den Zuzug zu forcieren, indem sie verschiedene Anreize für die Niederlassung bot. Den Hintergrund dieser gezielten Bevölkerungspolitik bildete der kameralistische Diskurs, der keineswegs nur das gelehrte Denken prägte, sondern auch die praktische Politik. Unter dem Begriff des ‚Kameralismus' sind zahlreiche Maßnahmen der ‚guten Policey' zu verstehen, zu denen neben Aspekten der Staatsverwaltung insbesondere auch die Steuerpolitik, die umfassende (zumeist stark dirigistische) Förderung von Handel und Gewerbe, der Landesausbau sowie die Bevölke-

49 Asche, Neusiedler 2006, S. 40–54.

50 Ebd. S. 115–128, 143–375; Niggemann, Peuplierung 2016, S. 176–182.

rungspolitik gehörten. Es ist ein typisches Merkmal kameralistischer Politik, dass sich Regierungsmaßnahmen erstmals in größerem Umfang und in systematischer Weise auf die Ökonomie als ein Feld der praktischen Politik bezogen. Im Rahmen einer umfassenden Wirtschaftspolitik kam dem Faktor Bevölkerung durchaus einige Bedeutung zu. Von der Bevölkerungsvermehrung versprachen sich die Obrigkeiten eine Erhöhung der Produktion und des Konsums, was die Hebung des allgemeinen Wohlstands und damit auch der Steuerleistung zur Folge haben sollte. Neusiedler und Kolonisten zu gewinnen, wurde als Mittel zur Verbesserung der wirtschaftlichen Verhältnisse wie auch der Staatseinnahmen daher von einigen Kameralisten explizit empfohlen. Der Mensch wurde somit zu einer wirtschaftlichen Ressource, die staatlicher Planung unterworfen wurde.[51]

Nach dem Dreißigjährigen Krieg spielten kameralistische Doktrinen auch in Brandenburg eine erhebliche Rolle. Dies schlug sich in allgemeinen Einwanderungsaufforderungen nieder, und darüber hinaus bemühte sich der Kurfürst auch direkt um die Anwerbung besonders erwünschter Gruppen. Seit 1646 wurden mithilfe niederländischer Siedler ländliche Kolonien angelegt und wüst gefallene Dörfer wiederbesiedelt. Insbesondere im havelländischen Kreis sowie ab 1649 und 1652 in den Ämtern Zehdenick, Liebenwalde, Fehrbellin, Chorin, Tangermünde und Gramzow entstanden auf diese Weise Niederlassungen. Verschiedentlich gingen diese Wiederbesiedlungsversuche mit der Erprobung neuer Anbaumethoden und der Urbarmachung bis dahin ungenutzten Landes einher. Im Amt Oranienburg, das der aus den Niederlanden stammenden Kurfürstin Louise Henriette gehörte, bauten niederländische Kolonisten bereits seit 1651 eine Musterwirtschaft auf. Mit einigen friesischen bzw. nordniederländischen Siedlern wurden zur gleichen Zeit Verträge zur Anlage von Dörfern sowie zur Trockenlegung von Land in der Altmark und andernorts abgeschlossen. Die größtenteils reformierten Siedler erhielten zudem konfessionelle Zugeständnisse, etwa das Recht der reformierten Religionsausübung und der Pfarrerwahl, was freilich auch Konflikte mit der größtenteils lutherischen Landbevölkerung provozierte.[52]

Matthias Asche hat in seiner umfassenden Untersuchung zeigen können, dass auf diese Weise bis zum Beginn der 1680er Jahre die meisten Bauernstellen in der Prignitz wiederbesetzt werden konnten, dass aber durch erneute Kriegsereignisse in der Uckermark und im Land Ruppin die auch dort vorhandenen Ansätze mehrfach wieder zunichte gemacht wurden, sodass hier erst mit der Hugenotten- und Schweizerkolonisation ab 1685 die Mehrzahl der ländlichen Stellen wieder bewirtschaftet werden konnte.[53] In den folgenden Jahrzehnten setzte eine umfangreiche ländliche Siedlungspolitik ein, wobei die Übergänge von einer Repeuplierungspolitik nach

51 Niggemann, Peuplierung 2016, S. 171–176.

52 Asche, Neusiedler 2006, S. 261–285, 351–360, 431–434.

53 Ebd., S. 173–175, 195–205, 290–302.

den Kriegsverlusten und einem forcierten und systematischen Landesausbau fließend sind. Dahinter stand der Wunsch sowohl nach Bevölkerungsvermehrung als auch nach der Nutzung brachliegender Ressourcen zwecks Erhöhung der Staatseinnahmen. So bemühte sich die Regierung, in der Milchwirtschaft und Viehzucht erfahrene Schweizer Bauern für die Mark Brandenburg anzuwerben. 1685 konnten 14 Familien aus dem Berner Land in neu errichteten Dörfern bei Potsdam angesiedelt werden, und seit 1690 ließen sich Kolonisten aus den Kantonen Bern und Zürich schwerpunktmäßig im Land Ruppin und bei Potsdam nieder. Es handelte sich überwiegend um sehr kinderreiche Familien, die aufgrund ihrer Armut und der Landknappheit im Alpenraum aus der Schweiz auswanderten oder gar von den dortigen Almosenkammern zur Auswanderung gedrängt wurden.[54]

Von einer planmäßigen und auch quantitativ großangelegten Einwanderungspolitik kann dann aber erst im Kontext der Anwerbung von ‚Glaubensflüchtlingen' die Rede sein. 1686 begann in der Folge des Potsdamer Edikts die Wiederbesiedlung zahlreicher wüstgefallener Dörfer in der Uckermark und im Land Ruppin mit Hugenotten. Nach dem verschärften konfessionspolitischen Vorgehen der französischen Regierung seit 1681 und insbesondere nach der Aufhebung des Edikts von Nantes im Oktober 1685 wanderten sie in verschiedene europäische Länder aus. 16.000 bis 20.000 von ihnen erreichten in der Regierungszeit der Kurfürsten Friedrich Wilhelm und Friedrich III./I. (1688–1713) Brandenburg-Preußen.[55] Hinzu kamen noch wallonisch-stämmige Pfälzer, die im Zuge der französischen Besetzung der linksrheinischen Pfalz ab 1689 nach Brandenburg kamen.[56]

Die Ausweisung der Protestanten aus dem Fürstbistum Salzburg hingegen tangierte die Kurmark Brandenburg nur in sehr geringem Maße. Das am 2. Februar 1732 erlassene preußische Einladungspatent bezog sich vor allem auf das Herzogtum Preußen. Etwa 12.000 bis 15.000 Salzburger gelangten wahrscheinlich dorthin, nur einige wenige zogen in andere Gebiete der Monarchie.[57] Noch unter König Friedrich Wilhelm I. (1713–1740) begann auch die Ansiedlung böhmischer Emigranten in Brandenburg und besonders in Berlin. Unter Friedrich II. wuchs die böhmische Kolonie in Berlin weiter an, und es wurden zusätzliche Ansiedlungen in Rixdorf, Nowawes bei Potsdam und in einigen anderen Orten geschaffen.[58]

Zu Peuplierungszwecken angeworben wurden auch kleinere Minderheitengruppen wie die Mennoniten, die schon erwähnte Herrnhuter Brüdergemeine oder sogenannte ‚Inspirierte', die – oft nur temporär geduldet – von Ausweisungen bedroht und auf der Suche nach neuen Heimstätten waren. Insbesondere nach dem Dreißig-

54 Ebd., S. 218–221, 434f., 462–484.

55 Niggemann, Immigrationspolitik 2008, S. 54; Asche, Neusiedler 2006, S. 302–347.

56 Asche, Neusiedler 2006, S. 503f.

57 Walker, Handel 1997, S. 71–102.

58 Neugebauer, Zentralprovinz 2001, S. 129f.; Graffigna, Böhmen 1990, S. 506, 532–536; Jung, Weberkolonie 1997, S. 11–62.

jährigen Krieg kamen zusammen mit reformierten Niederländern auch einige aus Polen einwandernde Mennoniten.[59]

Ländliche Kolonisationsbemühungen prägten die Regierungszeit Friedrichs II. (1740–1786). In der Kurmark wurden schwerpunktmäßig deutsche Siedler aus preußischen oder benachbarten Territorien, jedoch auch aus Süddeutschland zur Urbarmachung eingesetzt. Im stark kriegszerstörten Schlesien und anderen östlichen Landesteilen waren es vor allem polnische Kolonisten, daneben aber auch Österreicher, Böhmen und sogar Griechen, die gezielt angesiedelt wurden. Insgesamt gründete die preußische Regierung mithilfe systematischer Werbungen wohl etwa 900 Kolonistendörfer. Dabei wurden nicht nur bäuerliche und kleinbäuerliche Hofstellen angelegt; zusätzlich entstanden auch ländliche Gewerbeansiedlungen, so etwa die Spinner- und Weberdörfer, in denen das Material für die Textilmanufakturen vorbereitet werden sollte.[60]

Im 18. Jahrhundert stand zudem die Neulandgewinnung im Zentrum der Bemühungen. Seit 1718 nahm Brandenburg-Preußen unter König Friedrich Wilhelm I. umfangreiche Meliorationsarbeiten in den Bruchgebieten an Havel und Rhin in Angriff. Überdies wurden die bereits zu Anfang des 17. Jahrhunderts in ersten Ansätzen begonnenen Arbeiten am Netze- und Dragebruch unter Friedrich Wilhelm I. wieder aufgegriffen. Mit Beginn der Meliorationen wurden Siedlungswillige durch öffentliche Ausschreibungen angeworben. Etwa tausend Arbeiter, darunter zahlreiche Soldaten, konnten zu diesem Zweck gewonnen und nach erfolgter Neulandgewinnung mit Kolonistenstellen versorgt werden. Während der Regierungszeit Friedrichs II. wurde insbesondere im ländlichen Bereich systematisch kolonisiert. Schon 1746 richtete sich das Interesse vor allem auf die noch unkultivierten, allerdings extensiv durchaus bewirtschafteten Bruchlandschaften an der Oder. Mit der Trockenlegung dieser Flusslandschaften wurde in großem Umfang neues Siedelland gewonnen, das an Pächter gegen die Verpflichtung vergeben wurde, Kolonisten anzusetzen. 1.200 Familien konnten auf diesem Wege in 43 neuen Dörfern angesiedelt werden, was allerdings von der in den Feuchtgebieten ansässigen Bevölkerung nicht ohne Widerstand hingenommen wurde. Nach dem Siebenjährigen Krieg wurden die Meliorations- und Drainagearbeiten in den Bruchgebieten an Rhin und Dosse sowie an Netze und Drage fortgesetzt. Mit dem Erwerb Westpreußens und des Netzedistrikts (1772) kamen die Trockenlegungen und Kolonisationen in den Warthebrüchen hinzu. Allein für die Kurmark Brandenburg warb die Regierung Friedrichs II. 100.000 neue Siedler an, die vor allem aus dem Südwesten Deutschlands, aber auch aus der Schweiz, aus Österreich, Böhmen, Polen und anderen Gegenden stammten.[61]

---

59 Niggemann, Peuplierung 2016, S. 191; Asche, Neusiedler 2006, S. 433.
60 Niggemann, Peuplierung 2016, 200f.
61 Asche, Neusiedler 2006, S. 377–402; Liesenberg, Kolonisation 2003, S. 35–102.

Üblicherweise erhielten die hier genannten Einwanderergruppen Privilegien, die ihren kirchlichen, rechtlichen und wirtschaftlichen Status festlegten und zugleich als Anreiz für eine Ansiedlung konzipiert waren. Dementsprechend mussten sie so gefasst werden, dass sie auf potenzielle Einwanderer attraktiv wirkten. Ein typisches Element solcher Privilegien war die Steuerfreiheit für eine festgelegte Anzahl von Jahren. Darüber hinaus wurden die kostenlose Zuteilung von Bauland und Baumaterialien sowie freie Unterbringung für eine Übergangszeit zugesagt. Im kirchlichen Bereich erhielten viele der Siedler das Recht auf freie Religionsausübung sowie auf eigene Geistliche. Eine Besonderheit der brandenburgischen Hugenotten- und Pfälzeraufnahme war die Zusage einer eigenen Gerichtsbarkeit. Hier wie auch in einigen anderen Territorien entstand im Laufe der Zeit eine staatliche Sonderverwaltung für die französischen Kolonien. Unter Friedrich II. wurden den Siedlern ebenfalls weitreichende Privilegien zugestanden, so etwa die ‚Enrollierungsfreiheit', das heißt die Befreiung vom Kriegsdienst bis in die dritte Generation der Siedler. Hinzu kamen Bekenntnisfreiheit und die Freiheit von der Leibeigenschaft.[62]

Trotz der massiven obrigkeitlichen Förderung waren Konflikte und Schwierigkeiten gerade in den Anfangsphasen dieser Kolonisationsprozesse an der Tagesordnung. Die einheimische Bevölkerung, die in den wenig erschlossenen – aus Sicht der Regierung nicht effizient bewirtschafteten – Regionen durchaus extensive Wirtschaft betrieben, sahen ihre hergebrachte Lebensweise durch Eindeichungen, Trockenlegungen und Anlage von Kolonistendörfern gefährdet. Im Zuge von Protesten zerstörten sie Deiche, rissen Zäune ein und vernichteten Feldfrüchte. Selbst da, wo Kolonisten und Einheimische, wie etwa bei der Hugenottenansiedlung im ländlichen Brandenburg in gemeinsamen Dörfern lebten, blieben die Gemeinden teilweise lange unter sich. So lassen sich bei den Hugenotten noch bis in die dritte Generation hinein relativ endogame Heiratsmuster feststellen, ebenso wie Versuche, zumindest formal an der französischen Sprache als Gottesdienst- und Verwaltungssprache festzuhalten. Es war also nicht nur Exklusion durch die einheimische Bevölkerung, sondern auch das Festhalten an einer eigenen Gruppenidentität wie auch an den obrigkeitlich zugesagten Privilegien, die ein gewisses Maß an Abschließung hervorbrachten. Und schließlich blieb auch die französisch-reformierte Konfession ein trennendes Element, das freilich weniger konfliktträchtig war, als man lange annahm.[63]

Hinzuweisen ist natürlich auch auf die Tatsache, dass viele der ländlichen Kolonien von den Obrigkeiten zunehmend kritisch gesehen wurden. Derselbe König Friedrich Wilhelm I., der sich so intensiv um die Repeuplierung der ländlichen Ge-

---

62 Asche, Neusiedler 2006, S. 510–513; Niggemann, Immigrationspolitik 2008, S. 101–106, 369–372; Ders., Peuplierung 2016, S. 174f., 192–196, 200f.

63 Niggemann, Immigrationspolitik 2008, S. 448–453.

genden Ostpreußens bemühte, hatte für ländliche Hugenottensiedlungen nichts übrig. Und auch den Schweizer Kolonisten wurde vorgehalten, sie seien zu faul, um sich aus eigener Kraft zu ernähren.[64] Geradezu paradox mutet zudem die unter Friedrich Wilhelm I. durchgeführte Ausweisung der Mennoniten an, die zeitgleich mit der Salzburger Ansiedlung stattfand. Begründet wurde diese Maßnahme vor allem mit der Verweigerung des Militärdienstes durch diese dem strikten Pazifismus verpflichtete Gruppe.[65] Solche Vorgänge waren insgesamt keine Seltenheit und verweisen auf den Utilitarismus der Einwanderungspolitik, in deren Logik es lag, Bevölkerungsgruppen in nützliche und weniger nützliche zu kategorisieren.

## 3.4 Städtische Neusiedler, Neustädte und Residenzausbau

Besondere Aufmerksamkeit richteten die Merkantilisten stets auf das städtische Umfeld, insbesondere auf Handel und Gewerbe. ‚Peuplierung' und Gewerbeförderung waren in der Regel eng miteinander verflochten. Die Ansiedlung von Menschen diente der Bevölkerungsvermehrung, war aber gleichzeitig auch eine Maßnahme zur Förderung der Wirtschaft, insbesondere zur Weiterentwicklung neuer Betriebsformen und zur Herstellung bislang nur im Ausland produzierter Güter. Besonders interessiert waren die von merkantilistischen Theorien beeinflussten Landesherren an der Niederlassung von Manufakturen. Abgesehen von der Möglichkeit, hier sowohl Massenwaren – etwa für den Militärbedarf – als auch Luxusgüter für den Hof produzieren zu lassen, konnten in den Manufakturen ebenso zahlreiche Arbeiter beschäftigt werden.[66] Dabei spielte die großangelegte Aufnahme religiös Verfolgter eine wichtige Rolle.

In diesem Zusammenhang bildete das 1671 durch Kurfürst Friedrich Wilhelm erfolgte Aufnahmeangebot für 50 aus Wien und Niederösterreich vertriebene jüdische Familien gewissermaßen den Auftakt für großangelegte planmäßige Wiederaufsiedlungsversuche in den kriegszerstörten Städten. Allerdings konnten die Juden nur bedingt von den Einwandererprivilegien, die für christliche Gruppen galten, profitieren, enthielt das Aufnahmeangebot doch erhebliche Restriktionen. Es wurden ihnen zwar eine gewisse Eigenständigkeit in der Gerichtsbarkeit sowie das Recht zur privaten Religionsausübung zugesagt, doch durften sie keine Synagogen errichten. Überhaupt blieb ihre Rechtsstellung bis zum preußischen Emanzipationsedikt von 1812 prekär. Noch unter Friedrich II. wurden im Generalreglement von 1750 zahlreiche rechtliche Einschränkungen und Diskriminierungen verankert.[67]

64 Asche, Neusiedler 2006, S. 241 mit Anm. 882 sowie S. 340f., 529–552.
65 Walker, Handel 1997, S. 85f.
66 Niggemann, Immigrationspolitik 2008, S. 289f.
67 Jersch-Wenzel, Juden 1978, S. 26–39; Scheiger, Juden 1990, S. 158, 164–171, 181.

Große Manufakturen, insbesondere im Bereich der Textilherstellung, entstanden im Zuge der Hugenotteneinwanderung in Berlin, Magdeburg und Halle. Auch unter den Schweizer Einwanderern befanden sich Handwerker und Manufakturisten, die in Berlin-Cölln, Potsdam, Neustadt-Eberswalde und Prenzlau angesiedelt wurden.[68] Bei der Anlage dieser Großbetriebe spielten landesherrliche Zuschüsse und Kredite eine zentrale Rolle. Über die finanziellen Zuwendungen hinaus erhielten die Manufakturisten in der Regel auch Gebäude oder zumindest Baumaterial. Vielfach wurden ihnen sogar Produktionsanlagen, wie Lohmühlen, aus landesherrlichen Mitteln erbaut.[69] Hinzu kamen umfangreiche, oft über die allgemeinen Einwandererprivilegien hinausgehende Steuer- und Zollvergünstigungen. Dennoch erwiesen sich viele dieser Betriebe als unwirtschaftlich, was auch an den unterentwickelten Absatzstrukturen lag. Streitigkeiten und langwierige Prozesse der Manufakturisten untereinander waren – besonders auffällig im Falle der Hugenotten – die Folge.[70]

In der Praxis blieben größere Manufakturbetriebe in Brandenburg die Ausnahme. Auch unter den Hugenotten, die in die Territorien der Kurfürsten kamen, befanden sich nur wenige, die solche Betriebe eröffneten. Die Mehrzahl der in den Städten angesiedelten Hugenotten betätigte sich im Rahmen des traditionellen Kleinhandwerks, wo sie sich spätestens nach Ablauf der in den Einwandererprivilegien festgelegten Freijahren in aller Regel den ortsüblichen zünftigen Strukturen anpassen mussten. Diese Anpassung verlief nicht immer konfliktfrei, zumal sich die eingesessenen Zünfte auf ihre korporativen Privilegien berufen konnten und den Anspruch erhoben, den Zugang zum Handwerk ohne obrigkeitliche Einmischung selbst zu regulieren.[71]

Auch städtische Einwanderergruppen behielten zumeist noch lange eine spezifische Gruppenidentität bei, besonders wenn sie, wie etwa die Hugenotten oder die Pfälzer, Privilegiengemeinschaften bildeten oder gar ein ausgesprochen elitäres Bewusstsein entwickelten, wie das etwa bei den Berliner Hugenotten der Fall war, die über eigene Schulen sowie intellektuelle Zirkel verfügten und eine besondere Nähe zum Hof pflegten. Die Kirchengemeinden bildeten Zentren der eigenen kulturellen Identität, und entsprechend lange dauerte es, bis exogam geheiratet wurde und der Übergang in die einheimischen Kirchengemeinden vollzogen wurde. Freilich ist bei diesen Vorgängen zu bedenken, dass Integration in einem modernen Sinne zu keinem Zeitpunkt im 16., 17. und 18. Jahrhundert als politisches oder gesellschaftliches Ziel auch nur denkbar war. Vielmehr dachte die vormoderne Gesellschaft in korpo-

**68** Asche, Neusiedler 2006, S. 245f.

**69** Beispiele bei: Jersch-Wenzel, Juden 1978, S. 79f.; Niggemann, Immigrationspolitik 2008, S. 290–294.

**70** Niggemann, Immigrationspolitik 2008, S. 304–308, 315–318.

**71** Ebd., S. 320–354.

rativen Strukturen. Die französische oder Pfälzer Kolonie waren Rechtsgebilde, die neben anderen rechtlich definierten und korporativ strukturierten gesellschaftlichen Formationen standen, während die Idee einer homogenen Untertanengesellschaft erst im 19. Jahrhundert wirklich vorherrschend wurde.[72]

Der Regelfall der städtischen Kolonisation war die Zusiedlung der Einwanderer in den bestehenden Städten. Insbesondere in den stark kriegsverwüsteten Städten wurden den Einwanderern wüste Hausstellen oder instand zu setzende Häuser eingeräumt. Zum Teil erfolgte die Ansiedlung allerdings auch innerhalb planmäßig ausgebauter Vorstädte, insbesondere bei den Residenzen. Ab 1660 begann der Ausbau Potsdams als Zweitresidenz des Kurfürsten Friedrich Wilhelm von Brandenburg. Unter König Friedrich II. folgte dann die weitere Ausgestaltung durch den Bau des Schlosses Sanssouci und des Neuen Palais. Zuvor schon war Potsdam unter Friedrich Wilhelm I. zu einem wichtigen Garnisonsstandort geworden. Auch mit dem Ausbau Berlins wurde in der Zeit Kurfürst Friedrich Wilhelms begonnen, zuerst mit der Befestigung und Privilegierung des Friedrichswerders (1662), dann mit dem Bau der Dorotheenstadt (seit 1673) und der Friedrichsstadt (seit 1688). Hier wurden einerseits ‚Glaubensflüchtlinge' wie die Hugenotten angesiedelt, es wurden andererseits aber auch durch Privilegien neue Einwohner aus dem Reich angeworben.[73]

Berlin wurde Ende des 18. Jahrhunderts neben Koblenz darüber hinaus zu einem Zentrum französischer Revolutionsflüchtlinge (‚Émigrés'). Dabei handelte es sich vielfach um Adelige, die zum Teil auch als Offiziere in preußischen Diensten gegen das revolutionäre Frankreich kämpften. Mit dem Ende der Revolutionsepoche kehrte jedoch ein großer Teil dieser Flüchtlinge wieder nach Frankreich zurück.[74] Dennoch wird man diese zweite Welle französischsprachiger Immigranten nach den Hugenotten für die kulturelle Entwicklung in der Mark Brandenburg nicht unterschätzen dürfen. Von der landesgeschichtlichen Forschung sind die Émigrés der Revolutionsära im Gegensatz zu den Hugenotten vielleicht noch zu wenig beachtet worden.

## 3.5 Urbanisierung und Industrialisierung

Das Wachstum der Städte setzte sich im 19. Jahrhundert verstärkt fort. Einerseits hatte dies zu tun mit der industriellen Entwicklung und den damit einhergehenden Hoffnungen gerade der ländlichen Unterschichten auf ein Auskommen in der städtischen Industrie, andererseits aber auch mit den Entwicklungen hin zu einer Freizügigkeit innerhalb des preußischen Staatswesens. Schon seit Beginn des 18. Jahrhun-

72 Ebd., S. 393f.

73 Niggemann, Peuplierung 2016, S. 213.

74 Höpel, Emigranten 2000.

derts wurden die Abzugsgelder bei einem Ortswechsel innerhalb der brandenburgisch-preußischen Territorien allmählich abgeschafft, und das „Allgemeine Landrecht für die Preußischen Staaten" von 1794 beseitigte zudem die Steuer auf mitgeführtes Vermögen. Auch die sogenannte ‚Bauernbefreiung' sorgte seit dem frühen 19. Jahrhundert dafür, dass diejenigen Teile der ländlichen Bevölkerung, die bislang erbuntertänig und schollengebunden waren, jetzt über die rechtlichen Voraussetzungen für mehr Mobilität verfügten. Gleichzeitig bemühte man sich auch um die Begrenzung der Auswanderung aus Brandenburg, insbesondere nach Übersee.[75]

Im Zuge der Industrialisierung entwickelte sich vor allem Berlin zu einem Zentrum des Maschinenbaus und der Metallindustrie und zog damit verstärkt Zuwanderer an, die die Stadt im Laufe des 19. Jahrhunderts schnell zu einer Großstadt werden ließ. Der Großteil kam aus der Mark Brandenburg, sodass die brandenburgische Binnenmigration eine beträchtliche Rolle spielte. Zwar ist auch von Rückwanderungen in die ländlichen Regionen auszugehen, doch insgesamt scheint schon im Laufe des 19. Jahrhunderts die ländliche Mark von einer starken Abwanderung in die Großstadt geprägt gewesen zu sein. Zu einer beträchtlichen Zuwanderung kam es zudem aus dem östlichen Europa. Polen, aber auch Tschechen, Slowaken und Russen kamen nach Berlin, wo sie als Handwerker und Industriearbeiter tätig waren; polnische Frauen kamen oft als Dienstbotinnen in den bürgerlichen Haushalten unter oder betätigten sich als Näherinnen, im Reinigungsgewerbe und in der Lebensmittelherstellung. Diese Zuwanderergruppen prägten vor allem die schnell wachsenden Wohnviertel der Mittel- und Unterschichten.[76] Daneben spielten im ländlichen Raum – in Brandenburg ebenso wie in den übrigen agrarischen Provinzen Preußens – die polnischen landwirtschaftlichen Saisonarbeiter eine wichtige Rolle.

## 3.6 Der Zweite Weltkrieg und die Folgen

Mit der Etablierung der nationalsozialistischen Diktatur begann ein neuer Abschnitt in der Migrationsgeschichte Brandenburgs wie auch anderer Regionen des Deutschen Reiches. Politische Gegner, Juden, Sinti und Roma sowie andere unerwünschte Gruppen wurden zunehmend in ihren Handlungsspielräumen eingeschränkt, terrorisiert, verhaftet, deportiert und schließlich ermordet. Andere konnten sich durch rechtzeitige Emigration der Terrorherrschaft entziehen. Auch die vom ‚Dritten Reich' praktizierte Zwangsarbeit gehört in diesen Zusammenhang. In Oranienburg wurde zunächst auf einem alten Brauereigelände eines der frühesten nationalsozialisti-

75 Hitzer, Freizügigkeit 2016, S. 247f., 251–257; Hartmann, Polen 1990, S. 625; Plaß, Massenmigration 2016.
76 Hartmann, Polen 1990.

schen Konzentrationslager errichtet. Hier wurden bis Juli 1934 von der SA vor allem politische Häftlinge aus dem Reich interniert. Im Zuge des sogenannten Röhm-Putsches und der Auflösung der SA wurde das Lager geschlossen. 1936 entstand dann bei Oranienburg das Konzentrationslager Sachsenhausen, wohin in den Folgejahren etwa 200.000 Menschen aus unterschiedlichen Regionen deportiert wurden. Mehrere zehntausend Häftlinge wurden hier ermordet.[77] Flucht, aber auch Deportation lassen sich als Formen der (Zwangs-)Migration beschreiben und sind somit Teil des Migrationsgeschehens in der Region, auch wenn sie zweifellos einen Sonderfall darstellen.

Gegen Ende des Krieges setzte auch die Flucht und Vertreibung aus den ehemaligen Ostgebieten des Reiches ein, wobei Brandenburg sowohl Ziel- als auch Ausgangsgebiet dieser Migrationsströme war. Aus Preußen, Pommern und Schlesien kamen Hunderttausende auch nach Brandenburg, und aus den östlichen Gebieten Brandenburgs (der Neumark) flohen Menschen über die Oder aus den nunmehr unter polnischer Verwaltung stehenden Regionen. Die Vertriebenen wurden zunächst in Lagern untergebracht, bevor sie schließlich weiterverteilt wurden. Allein in Brandenburg existierten vier Auffanglager sowie 16 Kreis- und Quarantänelager.[78]

Nach der Gründung der DDR hielt die Abwanderung von Menschen in die neugegründete Bundesrepublik Deutschland weiter an. Zwar ließ der Migrationsstrom mit der Konsolidierung des neuen Staates, aber vor allem auch aufgrund der zunehmenden Unpassierbarkeit der Westgrenze der DDR nach, doch mit den wachsenden wirtschaftlichen Problemen in den 1980er Jahren verstärkte er sich wieder, wobei jetzt auch die Zahl der regulären Ausreisegenehmigungen anstieg. Darüber hinaus kam es in Westberlin seit den 1960er Jahren zu einem starken Zuzug vor allem türkischer Arbeitsmigranten, von denen sich viele dauerhaft niederließen und in den 1970er Jahren ihre Familien nachholten. So entstanden zahlenmäßig starke türkische Gemeinden und ein migrantisch geprägtes kulturelles Milieu, das einen nicht zu unterschätzenden Einfluss – etwa in Form von mitgebrachten Produkten und kulinarischen Gewohnheiten – auch auf die eingesessene Bevölkerung ausübte. In Ostberlin und Brandenburg kam es zeitgleich zu einer Zuwanderung aus sozialistischen Staaten. Insbesondere aus Vietnam und Mosambique, aber auch aus dem benachbarten Polen warb die DDR Arbeitskräfte an, die allerdings weitgehend separiert von der einheimischen Bevölkerung angesiedelt wurden.[79] Auch die Präsenz sowjetischer Truppen gehört in den Kontext des Migrationsgeschehens – die russische Kolonie Alexandrowka in Potsdam zeugt etwa davon.

---

77 Bade/Oltmer, Normalfall 2004, S. 41–46; Rass, Wanderungslenkung 2016; Schmiechen-Ackermann, Rassismus 2016; Benz/Distel, Ort 2006; Morsch, Konzentrationslager 1994.

78 Franzen, Migration 2016, S. 722–732; Oehlsen, Vertriebenenlager 2006.

79 Bade/Oltmer, Normalfall 1994, S. 90–95.

Zu beobachten ist im Hinblick auf die Binnenwanderung eine anhaltende Abwanderung aus den ländlichen Regionen, die auch über die Wende von 1989 und die Wiedervereinigung von 1990 hinausgeht. Während insbesondere Berlin einen starken Zuzug zu verzeichnen hat, verlassen viele Menschen das ländliche Brandenburg, um in anderen Regionen der Bundesrepublik ihr Auskommen zu finden. Dabei bleibt bis heute die regionale Prägung von Migrationsprozessen deutlich. Die strukturellen Voraussetzungen und Lebensbedingungen vor Ort haben wesentlichen Einfluss auf Zu- und Abwanderungen sowie auf die Ausformungen des Migrationsgeschehens. Die politischen Rahmenbedingungen, die Prioritätensetzungen der Obrigkeiten und die sich herausbildenden Migrationsregime waren und sind somit vor allem auch im Kontext der regionalen Verhältnisse zu verstehen.

# Literatur

Asche, Matthias: Neusiedler im verheerten Land. Kriegsfolgenbewältigung, Migrationssteuerung und Konfessionspolitik im Zeichen des Landeswiederaufbaus. Die Mark Brandenburg nach den Kriegen des 17. Jahrhunderts. Münster 2006.

Asche, Matthias/Niggemann, Ulrich (Hrsg.): Das leere Land – Historische Narrative von Einwanderergesellschaften. Stuttgart 2015 (Historische Mitteilungen. Beihefte 92).

Assing, Helmut: Die Landesherrschaft der Askanier, Wittelsbacher und Luxemburger (Mitte des 12. bis Anfang des 15. Jahrhunderts. In: Materna, Ingo/Ribbe, Wolfgang (Hrsg.): Brandenburgische Geschichte. Berlin 1995, S. 85–168.

Bade, Klaus J. u.a. (Hrsg.): Enzyklopädie Migration in Europa vom 17. Jahrhundert bis zur Gegenwart. Paderborn 2007.

Bade, Klaus J./Oltmer, Jochen: Deutschland. In: Bade, Klaus J. u.a. (Hrsg.): Enzyklopädie Migration in Europa vom 17. Jahrhundert bis zur Gegenwart. Paderborn 2007, S. 141–170.

Bade, Klaus J.: Sozialhistorische Migrationsforschung. In: Ders.: Sozialhistorische Migrationsforschung. Göttingen 2004 (Studien zur historischen Migrationsforschung, 13), S. 27–48.

Bade, Klaus J./Oltmer, Jochen: Normalfall Migration. Bonn 2004 (Zeitbilder, 15).

Benz, Wolfgang/Distel, Barbara (Hrsg.): Der Ort des Terrors. Geschichte der nationalsozialistischen Konzentrationslager. Bd. 3: Sachsenhausen, Buchenwald. München 2006.

Böcker, Heidelore: Die Festigung der Landesherrschaft durch die hohenzollernschen Kurfürsten und der Ausbau der Mark zum fürstlichen Territorialstaat während des 15. Jahrhunderts. In: Materna, Ingo/Ribbe, Wolfgang (Hrsg.): Brandenburgische Geschichte. Berlin 1995, S. 169–230.

Bösl, Elsbeth/Kramer, Nicole/Linsinger, Stephanie: Die vielen Gesichter der Zwangsarbeit: „Ausländereinsatz" im Landkreis München 1939–1945. München 2005.

Brinkmann, Tobias: Von der Gemeinde zur „Community", Jüdische Einwanderer in Chicago 1840–1900. Osnabrück 2002.

Deutinger, Stephan: Vom Agrarland zum High-Tech-Staat: zur Geschichte des Forschungsstandorts Bayern 1945–1980. München/Wien 2001.

Düwell, Frank: Europäische und internationale Migration. Einführung in historische, soziologische und politische Analysen. Münster 2006.

Fabbro, René del: Transalpini. Italienische Arbeitswanderung nach Süddeutschland im Kaiserreich 1870–1918. Osnabrück 1996.

Faltin, Sigrid: Die Auswanderung aus der Pfalz nach Nordamerika im 19. Jahrhundert. Unter besonderer Berücksichtigung des Landkommissariates Bergzabern. Frankfurt a.M. u.a. 1987.
Fassl, Peter (Hrsg.): Geschichte und Kultur der Juden in Schwaben. 3 Bde. Sigmaringen/Stuttgart 1994–2007.
Fegert, Friedemann: „Ihr ghönt es Eich gar nicht vorstelen wie es in Amerigha zu ged.“: Auswanderung aus den jungen Rodungsdörfern des Passauer Abteilandes nach Nordamerika seit der Mitte des 19. Jahrhunderts. Freyung ²2014.
Franzen, K. Erik: Migration als Kriegsfolge. Instrumente und Intentionen staatlicher Akteure nach 1945. In: Oltmer, Jochen (Hrsg.): Handbuch Staat und Migration in Deutschland seit dem 17. Jahrhundert. Berlin u.a. 2016, S. 721–739.
Frevert, Ute/Oltmer, Jochen (Hrsg.): Europäische Migrationsregime. Göttingen 2009 (Geschichte und Gesellschaft, 35/1).
Friederich, Christoph: 300 Jahre Hugenottenstadt Erlangen: Vom Nutzen der Toleranz. Ausstellung im Stadtmuseum Erlangen. Nürnberg 1986.
Gestrich, Andreas/Krauss, Marita (Hrsg.): Migration und Grenze. Stuttgart 1998.
Gestrich, Andreas/Krauss, Marita (Hrsg.): Zurückbleiben. Der vernachlässigte Teil der Migrationsgeschichte. Stuttgart 2006.
Gotthard, Axel: Der Augsburger Religionsfrieden. Münster 2004.
Graffigna, Eva-Maria: Böhmen in Berlin. In: Jersch-Wenzel, Stefi/John, Barbara (Hrsg.): Von Zuwanderern zu Einheimischen. Hugenotten, Juden, Böhmen, Polen in Berlin. Berlin 1990, S. 491–591.
Grossmann, Anton J.: Fremd- und Zwangsarbeiter in Bayern 1939–1945. In: Vierteljahreshefte für Zeitgeschichte 34 (1986), Heft 4, S. 481–521.
Hahn, Peter-Michael: Geschichte Brandenburgs. München 2009.
Hamm, Margot/Henker, Michael/Brockhoff, Evamaria (Hrsg.): Good Bye Bayern. Grüß Gott Amerika. Auswanderung aus Bayern nach Amerika seit 1683. Augsburg 2004.
Härter, Karl: Grenzen, Streifen, Pässe und Gesetze. Die Steuerung von Migration im frühneuzeitlichen Territorialstaat des Alten Reiches (1648–1806). In: Oltmer, Jochen (Hrsg.): Handbuch Staat und Migration in Deutschland seit dem 17. Jahrhundert. Berlin u.a. 2016, S. 45–86.
Hartmann, Gottfried: Polen in Berlin. In: Jersch-Wenzel, Stefi/John, Barbara (Hrsg.): Von Zuwanderern zu Einheimischen. Hugenotten, Juden, Böhmen, Polen in Berlin. Berlin 1990, S. 593–800.
Hartmann, Peter Claus/Schmid, Alois (Hrsg.): Bayern in Lateinamerika. Transatlantische Verbindungen und interkultureller Austausch. München 2011.
Heese, Henning: Einleitende Bemerkungen zur Entstehung und Entwicklung der Schweizer Kolonie im Golmischen Bruch bei Potsdam. In: Ders. (Hrsg.): 300 Jahre Schweizer Kolonie am Golmischen Bruch bei Potsdam 1685–1985. St. Augustin-Hangelar 1985, S. 5–43.
Hehemann, Rainer: „... Jederzeit gottlose böse Leute“ – Sinti und Roma zwischen Duldung und Vernichtung. In: Bade, Klaus J. (Hrsg.): Deutsche im Ausland – Fremde in Deutschland. Migration in Geschichte und Gegenwart. München 1992, S. 271–277.
Heinrich, Gerd: Geschichte Preußens. Staat und Dynastie. Frankfurt a.M. u.a. 1981.
Helbich, Wolfgang u.a.: Briefe aus Amerika. Deutsche Auswanderer schreiben aus der Neuen Welt 1830–1930. München 1988.
Hitzer, Bettina: Freizügigkeit als Reformergebnis und die Entwicklung von Arbeitsmärkten. In: Oltmer, Jochen (Hrsg.): Handbuch Staat und Migration in Deutschland seit dem 17. Jahrhundert. Berlin u.a. 2016, S. 245–289.
Höpel, Thomas: Emigranten der Französischen Revolution in Preußen 1789–1806. Eine Studie in vergleichender Perspektive. Leipzig 2000 (Deutsch-französische Kulturbibliothek, 17).

Jersch-Wenzel, Stefi: Juden und Franzosen in der Wirtschaft des Raumes Berlin/Brandenburg zur Zeit des Merkantilismus. Berlin 1978 (Einzelveröffentlichungen der Historischen Kommission zu Berlin, 23).

Jung, Karin C.: Die Böhmische Weberkolonie Nowawes 1751–1767 in Potsdam-Babelsberg. Bauliche und städtebauliche Entwicklung. Berlin 1997.

Kasberger, Erich: Lehm – Gold der Erde. In: Knauer-Nothaft, Christl/Kasberger, Erich (Hrsg.): Berg am Laim. München 2007, S. 211–230.

Kluxen, Andrea M./Krieger, Julia/May, Andrea i.A. des Bezirks Mittelfranken (Hrsg.): Fremde in Franken: Migration und Kulturtransfer. Würzburg 2016.

Knabe, Wolfgang: Aufbruch in die Ferne. Deutsche Auswanderungen zwischen 1803 und 1914 am Beispiel Bayerisch-Schwaben. Berlin (Ost) 1992.

Krauss, Marita: Arbeitswanderer aus Italien in Schwaben vom Ende des 19. Jahrhunderts bis nach dem Zweiten Weltkrieg. In: Zeitschrift des historischen Vereins für Schwaben. Augsburg 2010, S. 201–216.

Krauss, Marita (Hrsg.): Die bayerischen Kommerzienräte. Eine deutsche Wirtschaftselite 1880–1928. München 2016.

Krauss, Marita: Heimkehr in ein fremdes Land. Geschichte der Remigration nach 1945. München 2001.

Krauss, Marita (Hrsg.): Integrationen. Vertriebene in den deutschen Ländern nach 1945. Göttingen 2008.

Krauss, Marita: Nachkriegskultur in Bayern. Münchner städtische Kulturpolitik 1945–1954. München 1985, S. 196–200.

Krauss, Marita/Sonnabend, Holger (Hrsg.): Frauen und Migration. Stuttgart 2001.

Liesenberg, Carsten: Die Kolonisation des Oderbruchs. Planung, Ablauf und Ergebnisse eines absolutistischen Besiedlungskonzeptes aus baulicher Sicht. Diss. Weimar 2003.

Maidl, Peter: Auswanderung nach Übersee. Bd. 1: Studien zur bayerisch-schwäbischen Auswanderung nach Nordamerika im 19. Jahrhundert. Augsburg 1993.

Maidl, Peter: „hier ißt man anstadt Kardofln und Schwarzbrodt Pasteten…“. Die deutsche Überseewanderung des 19. Jahrhunderts in Zeitzeugnissen. Augsburg 1993.

Morsch, Günter (Hrsg.): Konzentrationslager Oranienburg. Berlin 1994 (Schriftenreihe der Stiftung Brandenburgische Gedenkstätten, 3).

Neugebauer, Wolfgang: Zentralprovinz des Absolutismus. Brandenburg im 17. und 18. Jahrhundert. Berlin 2001 (Bibliothek der brandenburgischen und preußischen Geschichte, 5).

Niggemann, Ulrich: Immigrationspolitik zwischen Konflikt und Konsens. Die Hugenottenansiedlung in Deutschland und England (1681–1697). Köln/Weimar/Wien 2008 (Norm und Struktur, 33).

Niggemann, Ulrich: ‚Peuplierung‘ als merkantilistisches Instrument: Privilegierung von Immigranten und staatlich gelenkte Ansiedlungen. In: Oltmer, Jochen (Hrsg.): Handbuch Staat und Migration in Deutschland seit dem 17. Jahrhundert. Berlin u.a. 2016, S. 171–218.

Oehlsen, Sven O.: Vertriebenenlager in Brandenburg 1945–1953. Potsdam 2006 (Brandenburgische Historische Hefte, 18).

Oltmer, Jochen: Einführung: Europäische Migrationsverhältnisse und Migrationsregime in der Neuzeit. In: Frevert, Ute/Oltmer, Jochen (Hrsg.): Europäische Migrationsregime. Göttingen 2009 (Geschichte und Gesellschaft, 35/1), S. 5–27.

Partenheimer, Lutz: Albrecht der Bär. Gründer der Mark Brandenburg und des Fürstentums Anhalt. Köln u.a. 2011.

Plaß, Uwe: Überseeische Massenmigration zwischen politischem Desinteresse und Staatsintervention. In: Oltmer, Jochen (Hrsg.): Handbuch Staat und Migration in Deutschland seit dem 17. Jahrhundert. Berlin u.a. 2016, S. 291–315.

Prinz, Friedrich: Geschichte Bayerns. München 1997.

Prinz, Friedrich: Integration und Neubeginn. Dokumentation über die Leistungen des Freistaates Bayern und des Bundes zur Eingliederung der Wirtschaftsbetriebe der Vertriebenen und Flüchtlinge, hrsg. v. Bayerischen Staatsministerium für Arbeit und Sozialordnung. München 1984.

Prinz, Friedrich/Krauss, Marita (Hrsg.): München – Musenstadt mit Hinterhöfen. Die Prinzregentenzeit 1888–1912. München 1988.

Raithel, Thomas: „Kommt bald nach...". Auswanderung aus Bayern nach Amerika 1683–2003. In: Hamm, Margot/Henker, Michael/Brockhoff, Evamaria (Hrsg.): Good Bye Bayern. Grüß Gott Amerika. Auswanderung aus Bayern nach Amerika seit 1683. Augsburg 2004, S. 23–36.

Rass, Christoph: Wanderungslenkung und Kriegsvorbereitung 1933–1939. In: Oltmer, Jochen (Hrsg.): Handbuch Staat und Migration in Deutschland seit dem 17. Jahrhundert. Berlin u.a. 2016, S. 537–571.

Rottmann, Eduard Friedrich (Hrsg.): Die Lehre von der Aus- und Einwanderung im Königreiche Bayern und das Verfahren und der Dienst der Verwaltungsämter diesseits des Rheins in Aus- und Einwanderungssachen. Würzburg 1862.

Schaub, Hans: Auswanderung aus Oberfranken nach den Vereinigten Staaten von Amerika. Diss. Bamberg 1989.

Scheiger, Brigitte: Juden in Berlin. In: Jersch-Wenzel, Stefi/John, Barbara (Hrsg.): Von Zuwanderern zu Einheimischen. Hugenotten, Juden, Böhmen, Polen in Berlin. Berlin 1990, S. 153–488.

Schmiechen-Ackermann, Detlef: Rassismus, politische Verfolgung und Migration: Ausgrenzung und Austreibung ‚unerwünschter' Gruppen aus dem nationalsozialistischen Deutschland. In: Oltmer, Jochen (Hrsg.), Handbuch Staat und Migration in Deutschland seit dem 17. Jahrhundert. Berlin u.a. 2016, S. 574–642.

Schnabel, Werner Wilhelm: Österreichische Exulanten in oberdeutschen Reichsstädten. Zur Migration von Führungsschichten im 17. Jahrhundert. München 1992.

Schnabel, Werner Wilhelm: Österreichische Glaubensflüchtlinge in Franken. Integration und Assimilation von Exulanten im 17. Jahrhundert. In: Blessing, Werner K./Weiss, Dieter J. (Hrsg.): Franken. Vorstellungen und Wirklichkeit in der Geschichte. Neustadt a.d. Aisch 2003, S. 161–178.

Statistisches Landesamt (Hrsg.): Bayern und seine Gemeinden unter dem Einfluß der Wanderungen während der letzten 50 Jahre. München 1912 (Beiträge zur Statistik des Königreichs Bayern, 69).

Treml, Manfred/Kirmeier, Josef (Hrsg.): Geschichte und Kultur der Juden in Bayern. Aufsätze. München 1988 (Veröffentlichungen zur Bayerischen Geschichte und Kultur, 17).

Uhlig, Otto: Die Schwabenkinder aus Tirol und Vorarlberg. Innsbruck [4]2003.

Ullmann, Sabine: Nachbarschaft und Konkurrenz. Juden und Christen in den Dörfern der Markgrafschaft Burgau 1650 bis 1750. Göttingen 1999 (Veröffentlichungen des Max-Planck-Instituts für Geschichte, 151).

Vagts, Alfred: Deutsch-Amerikanische Rückwanderung. Probleme – Phänomene – Statistik – Politik – Soziologie – Biographie. Heidelberg 1960.

Walker, Mack: Der Salzburger Handel. Vertreibung und Errettung der Salzburger Protestanten im 18. Jahrhundert. Göttingen 1997 (Veröffentlichungen des Max-Planck-Instituts für Geschichte, 131).

Wetzel, Juliane/Königseder, Angelika: Lebensmut im Wartesaal. Die jüdischen DPs (Displaced Persons) im Nachkriegsdeutschland. Frankfurt a.M. 1994.

Enno Bünz & Gabriel Zeilinger

# Städtelandschaften in Mittelalter und Früher Neuzeit

## Einleitung

Stadtgeschichte ist traditionell Einzelforschung. Die Darstellung der Geschichte einer bestimmten Stadt gehört zu den klassischen Formen mittelalterlicher und frühneuzeitlicher Chronistik.[1] Diese Praxis wird auch in der modernen Stadtgeschichtsforschung fortgesetzt, die – nicht nur aus dem Anlass von Stadtjubiläen – umfangreiche, vielfach mehrbändige Stadtgeschichten vorlegt.[2] Allerdings bleibt die Stadtgeschichtsforschung nicht bei diesem Ansatz stehen. Zum einen lässt sich die einzelne Stadt historisch nur angemessen einordnen, wenn vergleichend andere Städte einbezogen werden; zum anderen ist Stadtgeschichtsforschung mehr als nur die Summe einzelner Stadtgeschichten, sondern zielt darauf, gemeinsame Merkmale und Typen der Städte, aber auch Entwicklungstendenzen und prägende Faktoren des Städtewesens herauszuarbeiten. Im Ergebnis können sich aufgrund solcher vergleichend und systematisch angelegten Fragestellungen Städtelandschaften ergeben. Der Landschaftsbegriff wurde von der Geschichtswissenschaft, insbesondere von der Landesgeschichte bzw. geschichtlichen Landeskunde, aus der Geographie entlehnt. Nicht nur Kriterien der Natur- und Kulturgeographie erlauben es, Landschaften anhand bestimmter gemeinsamer Merkmale zu definieren und voneinander abzugrenzen, sondern dies leistet auch die historische Forschung, sofern sie raumorientiert arbeitet. So gehörte es zu den Prinzipien der Kulturraumforschung, die in den 1920er Jahren begründet wurde, mit einem interdisziplinären Ansatz nach Raumkonzepten zu fragen und so historische Räume zu erkennen, die nicht nur durch Territorialgewalten herrschaftlich gestaltet wurden. Neben dem komplexen Konzept der Kulturraumforschung gibt es auch überschaubarere raumbezogene Forschungsansätze. Hier geht es etwa um Sprachlandschaften, Kunstlandschaften, Burgenlandschaften, Klosterlandschaften[3] oder eben um Städtelandschaften.

Der Begriff ist in der Stadtgeschichtsforschung seit langem vertraut. Hektor Ammann positionierte sich bereits 1930 in seinen in ihrer Prägnanz immer noch sehr beachtenswerten „Thesen als Grundlage für eine Aussprache über die Stadtwerdung

1 Dies verdeutlicht eindrucksvoll die Edition „Die Chroniken der deutschen Städte vom 14. bis ins 16. Jahrhundert“, hg. durch die Historische Kommission bei der Bayerischen Akademie der Wissenschaften, 37 Bde., Leipzig 1862 – Bremen 1968.

2 Besonders monumental ist die „Geschichte der Stadt Köln“, hg. von der Historischen Gesellschaft Köln, angelegt, die seit 2004 erscheint und 13 Bände umfassen wird.

3 Siehe dazu die Beiträge in: Felten/Müller/Ochs, Landschaft(en) 2012.

https://doi.org/10.1515/9783110354188-016

in der deutschen Schweiz und die Theorien über die Entstehung des mittelalterlichen Städtewesens“ mit nachhaltiger Wirkung: „Nur genaue, möglichst auch auf Ortskenntnis gestützte Einzeluntersuchungen aller Seiten des Städtewesens an größeren Gruppen von Städten, möglichst den gesamten Städten einer Landschaft, können allmählich Bausteine zu einer wirklichen Kenntnis des Städtewesens liefern“. Freilich räumt er ein, dass „auch die Städte gewisser geschlossener Landschaften [...] untereinander die größten Verschiedenheiten“ aufweisen.[4]

Seit dieser wegweisenden Eröffnung hat die Erforschung des ‚landschaftlichen Städtewesens‘[5] in Europa viele Ansätze und Anwendungen erfahren und Erkenntnisse gewonnen. Sie sind zunächst vor allem mit den Namen Edith Ennen, Carl Haase, Walter Schlesinger und anderen verbunden, die durch die Bildung bzw. die Verwendung des ‚kombinierten Stadtbegriffs‘ und durch die Anwendung kartographischer Methoden zur Sichtbarmachung des zentralörtlichen Gefüges von Regionen die räumliche Ausbreitung und die landschaftlichen Zusammenhänge der mittelalterlichen Stadtentstehungsprozesse deutlich gemacht und derart die Untersuchung der Raumwirkung von Urbanisierung lange Zeit geprägt haben.[6]

Neben der fortschreitenden Arbeit an historischen Atlanten verschiedener Regionen hat es immer wieder Arbeiten zur mittelalterlichen Urbanisierung bestimmter Landschaften gegeben. Als überregionaler Impuls wirkte seit den 1990er Jahren der Trierer Sonderforschungsbereich „Zwischen Maas und Rhein“ mit seinem Teilprojekt „Städte zwischen Rhein und Maas im Herrschafts- und Sozialgefüge während des hohen und späten Mittelalters im Vergleich“ unter der Ägide von Alfred Haverkamp und Franz Irsigler. Im Jahre 2000 erschien der nachhaltig wirkende Tagungsband „Städtelandschaft – Städtenetz – zentralörtliches Gefüge“.[7] Darin wurde auch eine inzwischen viel zitierte Definition vorgenommen: „Städtelandschaft“ wird dort verstanden als „Raum mittlerer Größe, dessen Städte untereinander in synchroner wie diachroner Betrachtung hinlänglich viele Gemeinsamkeiten aufweisen, um sie von benachbarten Räumen zu unterscheiden. Die Landschaft wird hier also über ihre Städte definiert.“ Der Begriff „Städtenetz“ verweise hingegen auf „die Beziehungen der Städte untereinander“.[8]

Das von Monika Escher und Frank G. Hirschmann herausgegebene Kompendium „Die urbanen Zentren des hohen und späten Mittelalters“ stellt gewissermaßen den Schlusspunkt der langjährigen Forschungen des Trierer SFB-Teilprojekts dar. In Anlehnung an dessen räumlichen Fokus auf das Gebiet „zwischen Rhein

4 Ammann, Thesen 1930, S. 527f.

5 Die begriffliche Hervorhebung ist angelehnt an: Ammann, Städtewesen 1954.

6 Ennen, Aufgaben 1957; Haase, Entstehung 1960; Schlesinger, Städtelandschaften 1969. Zur Forschungsgeschichte im Überblick: Heit, Stadt 2000; Zeilinger, Netz 2007; Johanek, Stadtgeschichtsforschung 2010.

7 Escher/Haverkamp/Hirschmann, Städtelandschaft 2000.

8 Ebd., S. 9–53, Zitate S. 18 und 23.

und Maas" werden dessen Städte und Städtelandschaften mit einem zeitlichen Schwerpunkt auf dem 13. Jahrhundert vergleichend untersucht. Ausführlich diskutiert werden in vielen Ortsartikeln wie in den regionalen Zusammenfassungen die „Zusammenstellung und Gewichtung der Zentralitäts- und Urbanitätskriterien".[9] Dies führt zwar den Ansatz u.a. des ‚kombinierten Stadtbegriffs' und der Städteatlanten fort, verfeinert diesen aber hinsichtlich der Quantifizierung und Qualifizierung der verschiedenen Faktoren urbaner Siedlungen.[10]

Dass sich der Begriff „Städtelandschaft" als Arbeitsbegriff bewährt hat, mag abschließend ein Blick in das einschlägige Handbuch von Eberhard Isenmann verdeutlichen:

> In erweiterter historisch-genetischer und analytisch-funktionalistischer Perspektive werden verdichtete Städtelandschaften und Städtenetze oder -netzwerke konstituiert, die in räumlichen Zusammenhängen mittlerer Reichweite [...] eine Mehr- oder Vielzahl sich gegenseitig ergänzender und hierarchischer urbaner Zentren mit strukturellen Gemeinsamkeiten und Ähnlichkeiten sowie spezifischen Entwicklungsmomenten und Charakteristiken aufweisen. Sie sind Ergebnisse intensivierter Kommunikation, des Austauschs und verstärkten Zusammenwirkens, ferner herrschaftlich-politisch bestimmter Ausrichtung und Verflechtung des Raums, von Städtegründungen und Stadterhebungen, stadtrechtlicher Gestaltung und territorialer, aber nicht undurchdringlicher Grenzziehung.[11]

Zwei Fallstudien über das Elsass und Sachsen sollen zeigen, was das konkret bedeuten kann. Darin werden Situationen beleuchtet, die sich synchron und diachron in ihrer Siedlungs- und Herrschaftsgeschichte zum Teil erheblich unterscheiden. Dies bedingt, dass das Beispiel Sachsen nicht nur, aber im Vergleich stärker dynastisch-herrschaftlich geprägt erscheint, während für das Elsass zum einen die machtpolitische Gemengelage und zum anderen die mitunter deutlichere kommunale Ausprägung zu berücksichtigen sind. Beide Fallbeispiele stehen für die Vielfalt des europäischen Städtewesens; sie können als Plädoyer verstanden werden, die regionale und vergleichende Forschung voranzutreiben.

## 2 Das Elsass

### Gabriel Zeilinger

Die grob gefasst zwischen Vogesenhauptkamm und Rhein liegende historische Landschaft Elsass wird heutzutage weitgehend von den französischen Départe-

9 Escher/Hirschmann, Zentren. Bd. 1 2005, S. 38.

10 Dies einordnend: Irsigler, Überlegungen 2004. – Im Blick auf die gemeinsamen Wurzeln von Landesgeschichte und Stadtgeschichte zuletzt: Freitag/Johanek (Hrsg.), Bünde 2009.

11 Isenmann, Stadt 2014, S. 678.

ments Haut-Rhin und Bas-Rhin abgebildet, die wiederum ältere Nord-Süd-Unterteilungen des Elsass aufgreifen (Sundgau/Nordgau, Oberelsass/Unterelsass u.a.). Im Frühmittelalter wechselnden Teilen des Frankenreichs zugehörig, lag das Elsass vom Hochmittelalter an im römisch-deutschen Reich bzw. Heiligen Römischen Reich, bis es im Laufe des 17. Jahrhunderts sukzessive französisch wurde und blieb – unterbrochen von der Abtretung an bzw. der Besetzung durch das Deutsche Reich (1871–1918 bzw. 1940–1945). Über die Jahrhunderte hinweg spielte die zunehmende Zahl der Städte dieses Raums eine bedeutende Rolle auch bei der herrschaftlichen Gestaltung desselben, ja die Städte waren zeitweise geradezu konstitutiv für das Elsass und stellten die Landschaft gewissermaßen dar.

## 2.1 Siedlungsbild und Anfänge kommunaler Entwicklung im Hochmittelalter

Bis um 1100 bestanden im bzw. am Rand des Elsass allein die alten Römer- und Bischofsstädte Straßburg und Basel als urbane „Inseln in einer rustikalen Umwelt".[12] Das Siedlungsbild der Landschaft war ansonsten weitgehend von ländlichen und einigen wenigen bescheiden-zentralörtlichen Siedlungen wie klösterlichen Marktflecken (etwa Selz, Maursmünster und Andlau) oder Ansiedlungen bei Pfalzen (u.a. Erstein und Schlettstadt) geprägt.[13] Dies änderte sich nach Ausweis der archäologischen Fundlage und der Schriftquellen erst in der Stauferzeit wesentlich. Für die Staufer, die zunächst als Dynasten, dann auch als Könige in der Landschaft präsent waren, stellten Burgenbau und Städteförderung Mittel zu Herrschaftsausbau und -verdichtung dar. Bei ihrem herrschaftlichen Auf- und Ausbau im Elsass griffen die Staufer bzw. ihre regionalen und lokalen Vertreter naheliegenderweise auf Stützpunkte und Zentralorte zurück, die bereits bestanden. Davon zeugt auch die obschon lange Zeit überschätzte Burgenbau-Politik Herzog Friedrichs II. Dabei ließ sich eben auch an die Vogtei über die Reichsklöster im Land oder an ältere Königspfalzen anknüpfen – das Elsass bot als „Prototyp einer Königslandschaft"[14] entsprechende Möglichkeiten.

Während für Straßburg wie für die anderen Bischofsstädte der Rheinschiene vom 10. Jahrhundert an ein signifikanter Wieder- bzw. Neuaufbau zu verzeichnen ist und bis zur Mitte des 12. Jahrhunderts auch erste bedeutende Freiheitsrechte an einzelne städtische Gruppen oder gar die Gemeinde vergeben wurden,[15] begannen

12 Ennen, Stadt 1987, S. 48.

13 Himly, Atlas 1970; Escher/Hirschmann, Zentren. Bd. 1 2005, S. 528–531; dazu und zum Folgenden auch: Zeilinger, Städte 2012.

14 Reinle, Elsass 2002, S. 50.

15 Hirschmann, Stadtplanung 1998; Zeilinger, Stadtentwicklung 2013.

Siedlungsverdichtung und kommunale Entwicklung in den anderen Zentralorten des Elsass offenbar erst später. Den Anfang machte nach der Überlieferung mit dem unterelsässischen Hagenau der vorderste Herrschaftsplatz der Staufer. Nach der Erwähnung einer Burg und der 1142 erfolgten Ausstattung mit einer Pfarrkirche bestätigte und erweiterte Friedrich Barbarossa das Stadtrecht für Hagenau im Jahre 1164 mit erklärtem Bezug auf die Vorleistungen seines Vaters, der unter König Heinrich, also spätestens 1125, den Ort gegründet und privilegiert habe.[16] Das einer nur wenig älteren Straßburger Artikelliste durchaus ähnliche Barbarossaprivileg weist Hagenau bei aller Erwähnung städtischer Funktionäre und Gewerbe freilich noch eindeutig herrschaftlich dominiert aus. Das Gleiche gilt – durchaus in Übereinstimmung mit anderen Landschaften im Süden und Westen des Reichs – auch für die meisten anderen späteren Städte im Elsass.[17]

## 2.2 Die Städte in der Wahrnehmung der Zeitgenossen

Der Landschaftsbegriff „Elsass"/„Alsatia" erscheint in geographischen und orthographischen Variationen seit dem Frühmittelalter in den Quellen.[18] Die darin liegenden frühen Städte bzw. die sich allmählich ausbildenden zentralörtlichen Siedlungen tauchen bis zum Hochmittelalter zumeist in losen Einzelnennungen auf. So finden sich in der Chronistik Notizen über Herrscheraufenthalte an bestimmten Orten, Kloster- oder Kirchengründungen und anderes mehr. Die herrschaftliche Prägung der frühen elsässischen Städte zeigt auch deren zeitgenössische Wahrnehmung als mehr oder minder zusammenhängende Gruppe von Städten auf. So spielen beispielsweise die Marbacher Annalen auf eine weitreichende staufische Städteherrschaft im Elsass an, wenn sie für 1235 vermelden, Heinrich (VII.) habe in der Auseinandersetzung mit Friedrich II. „von allen seinen Städten im Elsass" Geiseln genommen.[19] Und Richer von Senones berichtet über Wölfelin, den staufischen Schultheißen von Hagenau, dieser habe „hier im Elsass viele Städte, Burgen und andere Befestigungen dem Reich erbaut".[20] Der hier schon übergeordnete Blick auf mehrere Städte des Elsass ist mithin zunächst ein dynastischer, also staufischer. Doch hatte diese Situation mehr Wirkmacht für die Wahrnehmung der Städte im Elsass als nur für die Dauer der staufischen Herrschaft. Denn aus dem Selbstverständnis der staufisch privilegierten Städte heraus entwickelte sich über den Referenzrahmen der

16 Opll, Stadt 1986, S. 83–89; Metz, Hagenau 1998.

17 Neben Hagenau u.a. Schlettstadt, Colmar, Kaysersberg, Mülhausen und weitere Orte. Siehe zuletzt: Zeilinger, Stadt 2013.

18 Siehe im Überblick: Rapp, Autour 1992; Erbe, Elsass 2002.

19 MGH SS. rer. Germ. 9, S. 96.

20 MGH SS 25, S. 302.

Landvogtei der Verbund der Reichsstädte im Elsass, der schließlich in den landschaftlichen Zehnstädtebund, die Dekapolis, mündete.[21]

Dies schlägt sich auch in zwei herausragenden Landschaftsbeschreibungen des Spätmittelalters bzw. der Frühen Neuzeit nieder: Um 1300 schrieb ein Anonymus aus den Reihen der Colmarer Dominikaner einen bemerkenswerten Bericht über die natur- und kulturräumlichen Veränderungen im Elsass während des gerade vergangenen Säkulums. Darin stellt er die angeblich kruden Verhältnisse um 1200 der vermeintlich durch die Dominikaner mitbewirkten Fortschrittlichkeit seiner Zeit gegenüber. Dabei geht er nicht zuletzt auf die Aufsiedlung der Landschaft und die an den Burgen, Dörfern und Städten ersichtliche Bautätigkeit ein: „Die Städte Straßburg und Basel waren [vormals, um 1200] unansehnlich an Mauern und Thürmen, noch unansehnlicher in Betreff der Wohnhäuser. Die starken und guten Häuser hatten nur wenige und kleine Fenster, so daß sie des Lichtes entbehrten. Kolmar, Schlettstadt, Ruffach, Mülhausen und andere kleinere waren damals noch gar keine Städte."[22] Was der Dominikaner hier für die Städte des Elsass im 13. Jahrhundert skizziert, zeichnet nicht nur die als hochdynamisch zu bezeichnende Urbanisierung der Region nach; die Quellenpassage enthält gewissermaßen auch eine Schau auf die ersten beiden Stadtentwicklungsphasen. Die angesprochenen „anderen kleineren" Städte waren – wegen des Vergleichs mit den größeren Königs- bzw. Reichsstädten der Landschaft – in den Augen des Schreibers freilich wohl kaum die Klein- und Kleinststädte, die im spätmittelalterlichen Elsass so verbreitet waren.

Dies stellte sich rund 250 Jahre später schon anders dar. In seinem erstmalig 1544 vorgelegten Hauptwerk „Cosmographia" widmete Sebastian Münster dem Elsass ein umfangreiches Kapitel im dritten Buch. Die Betrachtung der elsässischen Städte ist bei Münster zum einen in einen Süd-Nord-Durchlauf durch die Region eingebettet, sie wird dabei aber zum anderen in die jeweiligen herrschaftlichen Bezüge eingeordnet. So heißt es über die Grafschaft Pfirt im Süden des Elsass, zu ihr „gehort domalen (wie dann auch jetz) Altkilch, Dattenried, Be[l]fort, Rosenfels, Masmünster, Thann, Sennheim, sampt den landschafften und dörffern" – Städte sind mithin die erstangesprochenen Angelpunkte (nicht nur) dieser Herrschaft. Herrschaftlich wurden auch die Reichsstädte bezeichnet, so zum Beispiel Mülhausen: „Mülnhausen ist ein Reichstatt, hat sie inghebt (wie auch Colmar vnn Keysersperg) ein bischoff von Straßburg inn namen des reichs anno tausent zweyhunderteinsvndsechtzig [...]. Darnach als graue Rudolph Römischer künig ward, kamen jetzgedachte stett wider an das reich". Über das Elsass insgesamt heißt es zusammenfassend und durchaus topisch: „Diß land ist also wol mitt menschlichen wonungen

21 In jüngerer Zeit v.a. Kammerer, Vosges 2001, bes. S. 105–147, 239–277; Richard, Décapole 2012; als Überblick: Vogler, Décapole 2009.

22 MGH SS 17, S. 232–237; übersetzt als: Die Zustände des Elsasses im Beginn des 13. Jahrhunderts, in: Papst, Annalen 1940, Zitat S. 132.

erbauwen, das darinn sechsvundviertzig stett vnnd stettlin, die alle umbmauret seind, gedungen werden vnd fünfftzig schlösser auff den bergen vnnd der ebne gebauwen. Der dörffer aber vnnd Weyler ist kein zal." Die Städtedichte im nördlichen und westlichen Umland von Colmar sei hingegen so groß, dass man von einer Stadt zur anderen mit der Büchse schießen könne.[23] Dabei waren viele elsässische Städtchen auch gegen Ende des Mittelalters noch eigentlich Weindörfer mit verhältnismäßig gering ausgebildeten Zentralfunktionen. Viele wurden jedoch im 13. und 14. Jahrhundert gleichwohl zur Stadt erhoben[24] – vielleicht als Abwehr der Herren gegen möglichen Abzug der Bewohner.

## 2.3 Die Städte des Elsass im Blick der Forschung: funktionale Landschaftsbegriffe

Wie aber stellen sich die elsässischen Städte in ihrer urbanen Vielgestaltigkeit und räumlichen Zuordnung im Lichte der Forschung (hier vorrangig über das Spätmittelalter) dar? Neben der Kathedralstadt Straßburg als Metropole gab es zehn eher mittelgroße Königs- bzw. Reichsstädte, die ab 1354 den Kern der Dekapolis bildeten. Daneben entstanden bis zu 50 oder 60 Städte anderer Herrschaften, meist Klein- oder Kleinststädte, die frühestens im 13. Jahrhundert als Zentralorte geringerer Ordnung fassbar werden. François J. Himlys „Atlas des villes médiévales d'Alsace" von 1970 listet eine Zahl von insgesamt 72 Städten auf; Bernhard Metz geht einstweilen von rund 75 Städten aus. Tom Scott sortiert unter den von ihm höchstens 89 als städtisch ausgemachten Siedlungen des spätmittelalterlichen Elsass schon 28 Orte aus, die zwar eine Steinmauer, aber sonst wenige bis keine anderen urbanen Kriterien aufwiesen.[25] Dennoch ist die auch im städtereichen Südwesten besondere Urbanisierungsdynamik und -dichte des Elsass gerade für das 13. Jahrhundert weiterhin zu unterstreichen.

Diese insgesamt rund 70 Städte verschiedener herrschaftlicher Zugehörigkeiten und unterschiedlichster Größen sind – je nach Fragestellung – in unterschiedliche funktionale Gruppen von Städten im Elsass einzuordnen. So gab es zwei Stadtrechtsfamilien: Das Hagenauer Stadtrecht war das Vorbild im Unterelsass, das deutlich spätere von Colmar (mit Anlehnung an Freiburg im Breisgau) bildete das Modell für das Oberelsass. Dem entspricht die Verteilerfunktion, die Hagenau und Colmar als Mittelzentren für die Nachrichtenverbreitung in das Unter- bzw. Oberelsass ausübten.[26] Eine funktionsräumlich unterteilte Landschaft lässt sich ebenfalls

23 Münster, Cosmographei 1550, Zitate auf S. 521–526.
24 Siehe Metz, Essai 2002 und 2008; Scott, Städte 2006.
25 Himly, Atlas 1970; Metz, Essai 2002 und 2008; Scott, Städte 2006, bes. S. 190.
26 Siehe etwa: Schmitt, Gesellschaft 2008.

geldgeschichtlich feststellen: Der Münzumlauf orientierte sich wie so oft an den Bistumsgrenzen und den bischöflichen Münzstätten in Basel (für das Oberelsass) und Straßburg (für das Unterelsass). Handels- und handwerksgeschichtlich stellt sich das mittelalterliche Elsass zwar einigermaßen homogen dar: Weinhandel und andere Spezialkulturen sowie Textilverarbeitung dominierten das Gewerbe in den meisten Städten, und die starke Ausrichtung auf die Handelsmetropole Straßburg war außer im südlichen Oberelsass (dort eher Basel) fast überall gegeben. Die durch die naturräumlichen Gegebenheiten und die Verkehrs- und Kommunikationswege mitbedingten Markthierarchien und Handelsstrukturen ließen die Städte aber in ungleichmäßiger Verteilung entstehen und sich entwickeln. Es bestanden durchaus Subsysteme von Städten.[27]

So hat man auch in dem Vergleichsprojekt „Die urbanen Zentren des hohen und späteren Mittelalters" im Rahmen des Trierer SFBs „Zwischen Maas und Rhein. Beziehungen, Begegnungen und Konflikte in einem europäischen Kernraum von der Spätantike bis zum 19. Jahrhundert" für das Elsass konsequenterweise zwei Städtelandschaften, nämlich die des Ober- und des Unterelsass, ausgemacht: Für das mittelalterliche Unterelsass werden besonders das Reichsgut mit seinen urbanen Ansätzen und die Metropole Straßburg mit ihrem großen zentralörtlichen Bedeutungsüberschuss für das Umland hervorgehoben.[28] Letzterer mag neben den naturräumlichen Gegebenheiten dazu geführt haben, dass das Unterelsass im Vergleich weniger dicht verstädtert war als manche Bereiche des Oberelsass. Dort zeigte sich hingegen eine engere herrschaftliche Konkurrenz – genannt seien hier nur das Reich, der Bischof von Straßburg, die Grafschaft Pfirt und Habsburg. Dies wird auch zur dichteren Lage urbaner Orte beigetragen haben. Und der spezialisierte wie ertragreiche Weinanbau und -handel beförderte die einzelstädtische Wirtschaft wie das zwischenstädtische Märktesystem, ja machte den quasi-urbanen Charakter mancher Kleinstädte materiell erst möglich.[29] Das Elsass war also eine Landschaft mit mehreren Urbanisierungsphasen, die vor Ort durch herrschaftliche und wirtschaftliche Eigenheiten bestimmt waren. Typisch für die spätmittelalterlichen Städte im Elsass waren nicht die Großstädte, sondern die räumliche Dichte, ja die Ballung von Mittel- und Kleinstädten vor allem im Oberelsass.[30]

Ein zeitgenössisches Bewusstsein von der Landschaft Elsass war, wie erwähnt, bereits lange vor der Entstehung ihrer Städtelandschaft(en) gegeben. Die Staufer waren wohl die ersten umfassenderen Städteförderer im Elsass und somit wohl die vorderen Impulsgeber der Urbanisierung dieser Landschaft – die Verbreitung des

---

**27** Ammann, Wirtschaftsgeltung 1955; Scott, Elsaß 2003.

**28** Escher/Hirschmann, Zentren. Bd. 1 2005, S. 528–531.

**29** Hierin ist das Elsass, genauer deren Vogesensaum, stadttypologisch etwa dem Rheingau oder dem unteren Mosellauf durchaus ähnlich, vgl. z.B. Irsigler, Weinstädte 1996.

**30** Außer der vorgenannten Literatur siehe bspw. auch Bischoff, villes 1989.

Hagenauer Stadtrechts besonders im Unterelsass vermag dies wenigstens im Ansatz zu belegen. Aufgrund der nur in Hagenau unumstrittenen Dominanz ist es aber selbst zwischen 1150 und 1250 problematisch, von einer dezidiert „staufischen“ Städtelandschaft zu sprechen. Folglich ist die Annahme einer mehr oder minder homogenen gesamtelsässischen Städtelandschaft aus mehreren Gründen deutlich zu hinterfragen.

Für die Städte der Landschaft stand – in Überlieferung und Forschung – lange Zeit paradigmatisch die Dekapolis. Dieser Städtebund konnte wohl eine solch lange Dauer entfalten, wie sie kaum einem anderen oberdeutschen Städtebund beschieden war, weil es sich bei den rund zehn Städten um Königs- bzw. Reichsstädte handelte, die sich, wie angeführt, auch gemeinsam auf die Landvogtei im Elsass bezogen. Straßburg als Metropole der Region und Freie Stadt wurde nicht direkt einbezogen – was den Straßburger Interessen wegen der weit überregionalen Beziehungen der Stadt wohl nicht zuwiderlief. Bezeichnend ist, dass es zusätzlich zum Zehnstädtebund und innerhalb desselben auch weiterhin bilaterale Hilfsverträge zwischen Mitgliedsstädten gab, ohne dass die Dekapolis dabei eine bestimmte Rolle gespielt hätte. Und es gab stets Bündnisse von Mitgliedsstädten mit anderen Städten auch außerhalb der Landschaft, nicht zuletzt mit Reichsstädten des oberdeutschen Raumes. Auswertungen der Briefbücher oder Briefsammlungen z.B. aus Colmar, Schlettstadt oder Straßburg zeigen nämlich, dass die Städte des Bundes zwar in ein festes, hierarchisch struktiertes Informationsnetz am Oberrhein eingebettet waren, der Bund aber nur eine sehr begrenzte Rolle darin spielte und erst recht keine Exklusivität in den Außenbeziehungen der einzelnen Städte genoss. Und selbst für die größeren Städte spielten die Beziehungen zur nächstgelegenen Landstadt oft genug eine größere Rolle als die zu den anderen Bundesstädten.[31] So wurde jüngst die politische Bedeutung der Dekapolis deutlich relativiert: Während diese in den zeitgenössischen, zumal in den historiographischen Quellen wenig auffällig sei, habe man den Bund im 19. Jahrhundert geradezu rekonstruiert und überbewertet, um die Einzigartigkeit und Freiheit der Landschaft auch gegenüber der französischen Krone zu untermalen,[32] was die Geschichtsschreibung noch lange danach prägte. Daher kann dieser Städtebund trotz seiner Prominenz in Forschung und Folklore also nicht mehr als der zeitgenössisch wirksame Hauptrahmen der mittelalterlichen Städte im Elsass gelten.

31 Kammerer, Réseaux 1998; Schmitt, Gesellschaft 2008.
32 Richard, Décapole 2012.

## 2.4 Urbanisierung durch Interaktion: zum Wandel einer Landschaft im 13. und 14. Jahrhundert

Während sich die Kathedralstadt Straßburg als regionale Kapitale im Waren- und Geldhandel im hohen und späten Mittelalter wirtschaftlich sehr dynamisch entwickelte, die früheste Ratsverfassung im Elsass aufweist, in den 1260er Jahren den bischöflichen Stadtherrn aus der Stadt verdrängen konnte und mit rund 20.000 Einwohnern zu den größten Städten des mittelalterlichen Reichs zählte,[33] mussten sich die anderen Städte und damit auch die regionale(n) Städtelandschaft(en) erst ausbilden. Wie sich dies vollzog und welche Erkenntnispotenziale die detaillierte Analyse der dazu überlieferten Aushandlungsprozesse bieten, soll im Folgenden an einigen Beispielen veranschaulicht werden.

Zumindest bei den älteren (und später auch größeren) Städten im Oberelsass ist mehrfach die Situation auszumachen, dass am jeweiligen Ort mehrere Höfe als grundherrliche Hebestellen verschiedener Herrschaften bestanden, an denen sich sowohl Dienstleute und Abhängige derselben aufhielten als auch in zunehmendem Maße andere Leute wie einige freie Gewerbetreibende. Wie sehr dies differenziert betrachtet werden muss, zeigt das Beispiel Colmars – ehedem Paradebeispiel einer „Stauferstadt" im Oberelsass: Am Anfang der Entwicklung hin zur größten und politisch bedeutendsten Stadt im spätmittelalterlichen Oberelsass standen ein königlicher *fiscus* des Frühmittelalters und in der Nachfolge dessen mehrere grundherrliche Höfe verschiedener auswärtiger geistlicher Institutionen, namentlich der Konstanzer Dompropstei sowie der Abteien Peterlingen und Münster. Diese Siedlungsplätze wuchsen im Laufe des 11. und 12. Jahrhunderts allmählich aufeinander zu.[34] Durch die Vogtei weltlicher Magnaten über die Höfe rückte der als Markt- und Umschlagplatz wachsende Ort bis um 1200 zunehmend in das herrschaftliche Interessenfeld der Dagsburger, der Staufer und anderer Großer. Diese markierten ihre Position am Ort mit eigenen Dienstleuten, die dann gewissermaßen als ‚erste' Colmarer in den Quellen erscheinen. Denn unter den vor und nach 1200 in Colmar wirkenden, meist noch nicht namentlich bezeichneten *ministri, custodes, milites, ministeriales* und *officiales* verschiedener Herren waren es wohl diejenigen der hochadligen Vögte, ab 1212 vor allem der Staufer, welche sich als *Columbarienses burgenses* an die Spitze der in ihren herrschaftlichen Zuordnungen noch unterschiedenen Bewohnerschaft Colmars setzten und diese nach außen vertraten. Sie erscheinen nämlich ab diesem Jahr in gemeinschaftlichen Angelegenheiten als Akteure gegenüber den Ortsherren.

33 Egawa, Stadtherrschaft 2007.

34 Dazu und zum Folgenden u.a. Metz, Essai 2002, S. 68–73; Escher/Hirschmann, Zentren. Bd. 2 2005, S. 126–128 (Metz, Colmar); sowie nun ausführlich: Zeilinger, Stadt 2013.

Aus den frühen Dokumenten lässt sich ein Schlagabtausch zwischen der seit 1214 auch teilweise namentlich fassbaren vorstädtischen Führungsgruppe und insbesondere den klösterlichen Grundherren über den rechtlichen Charakter des Ortes und seiner Bewohner wahrscheinlich machen. In einer Allmendtransaktion in jenem Jahr bezeichnete sich die Gemeinde dann selbst als *communitas* und setzte zur Bekräftigung ein Siegel mit *civium*-Umschrift darunter. Die beiden physischen und rechtlichen Kristallisationsorte dieser Gemeinschaft waren (auch hier) die Allmende und der Kirchhof. Dass die *burgenses* in diesen Jahren die Allmende trotz der vormals gegebenen Zuordnung zu den verschiedenen Hofrechtsverbänden offenbar gemeinschaftlich verwalteten und zum Teil veräußern konnten, u.a. um aus dem Gewinn die Befestigung des Kirchhofs zu bezahlen, zeigt die beginnende Ablösung der Ortsherrschaft an. 1226 erzielte man ein *compromissum* zwischen der *civitas* Colmar und dem Peterlinger Prior über die strittigen Rechte am Ort, nach welchem der Prior im Wesentlichen ausgezahlt wurde. Die sukzessive Verdrängung der Grundherren aus dem ‚öffentlichen' Raum Colmars, vor allem aus der Gerichtsbarkeit, heißt aber auch hier nicht, dass sie als Herren in und um die Stadt bedeutungslos wurden. Ihre teils geminderten Rechte bestanden nicht zuletzt im Umland fort und waren das ganze Spätmittelalter hindurch Gegenstand von weiteren Konfliktlagen und Aushandlungen.

Doch geschahen die Formierung der Gemeinde und die rechtliche Reduzierung der geistlichen Ortsherren seit den 1210er Jahren eben nicht unter rein oder auch nur vorrangig kommunalen Vorzeichen. Sie wurden erst möglich durch das verstärkte staufische Engagement besonders seit der Durchsetzung Friedrichs II. im nordalpinen Reich und durch die Erfolge seiner Leute in der Region, die sich nicht allein in Colmar zuvorderst an Vogtei und Gerichtsbarkeit, an der ersten umfassenderen Ummauerung, aber eben auch an weiteren herrschaftlichen Stützpunkten im Umland ablesen lassen. Dabei hatten die lokalen bzw. regionalen Vertreter der späten Stauferherrscher, zu denen neben den Schultheißen auch etliche Mitglieder der frühen Colmarer Führungsriege gehörten, eben oftmals zwei Standbeine – eines in der Herrschaft und der Herrschaftsteilhabe auch über die Stadtmauern hinweg und eines in der werdenden Gemeinde.[35] Freilich kann vor allem anfangs die Orientierung auch und gerade der Ratsleute hin zum Herrscher und Stadtherrn als stark angenommen werden. Hinsichtlich der Stellung der Colmarer Gemeinde gegenüber den Staufern ist zu akzentuieren, dass die Herrscher diese kaum einmal korporativ adressiert oder gar ausdrücklich anerkannt haben, sondern vornehmlich deren Führungsgruppe, den Rat und damit gewissermaßen ‚ihre' Leute am Ort. Auch liegt keine staufische Stadterhebung im eigentlichen Sinne vor, sondern eine nur nachfolgend erschließbare, sukzessive rechtliche Ausstattung und Absicherung. Nicht nur wegen der relativen Kürze der eindeutigen staufischen Suprematie am Ort ist die Be-

35 Außer der vorgenannten Literatur zuletzt auch: Buchholzer-Rémy, Herrschaft 2013.

schreibung als genuine ‚Stauferstadt' nicht zuletzt für Colmar mithin fragwürdig. Auffällig ist gleichwohl die weitgehende Stabilität in den Führungsgruppen von 1214 bis in die Regierungszeit des ohnehin an staufische Herrschaftskonzepte anschließenden Rudolf von Habsburg hinein. In den seit etwa 1250 waltenden, nicht selten gewalttätigen Verwerfungen zeigt sich die Stadt als ein höchst aufgeladenes, ausgesprochen multipolares Aktionsfeld, das Stadtherr(en), deren jeweilige Gegner, lokale wie regionale Herrschaftsvertreter und politische Anhänger, die jeweilige Opposition inner- und außerhalb des Stadtadels, sonstige Bürger und Bewohner sowie andere Gruppen aufweisen sollte. Dieses Aktionsfeld reichte zudem weit über die Stadtmauer hinaus.

‚Stadt' konnte im Elsass aber auch ganz deutlich aus der Bewohnerschaft einer ländlichen Siedlung heraus gemacht, gebaut und ausgehandelt werden: In dem Colmar benachbarten Ort Türkheim, wo u.a. der Abt von Münster, das Königtum und die Habsburger begütert waren, regelten 1308 Abt Johann von Münster und „wir die gemeinde der lúte von Thüringhem" in einem Vertrag bestehende Streitigkeiten vor allem wegen des herrschaftlichen Dinghofes am Platz.[36] Demnach sollte der Abt im Dinghof die Gerichtsbarkeit behalten. Die Gemeinde gelobte dabei, die Allmende nicht zu veräußern und kein Holz zu schlagen, außer für den Unterhalt der „Stege und Wege". 1311 erschienen vor dem Offizial des Basler Bistums der Abt von Münster sowie zwei Vertreter „der gemeinde des dorffes ze Thůringheim". Diese Vertreter brachten vor, die Gemeinde wolle Türkheim mit Mauern und Türmen befestigen. Abt und Kloster solle daraus kein Schaden entstehen, sondern vielmehr die alten Rechte, Freiheiten und Gewohnheiten behalten, was so auch vertraglich vereinbart wurde. Schon im Jahr darauf traten die Gemeinde bzw. ihre Führungsgruppe an König Heinrich VII. heran, der gestattete, dass jene die *villa nostra Durenkem* zum *oppidum* ausbauen und mit Mauern und Gräben umgeben mögen. Wenn dieses erbaut sein würde, befreie er dessen Einwohner und verleihe ihnen dieselben Freiheitsrechte, welche die *civitas nostra* Colmar genieße. Außerdem setze er dann in Türkheim einen Wochenmarkt an jedem Mittwoch an, für den alle Händler den üblichen Schutz und die üblichen Freiheiten genießen sollten.[37] Dieses Privileg Heinrichs VII. für die Türkheimer ist gleich in mehrerlei Hinsicht beachtlich: Es handelt sich dabei um eine der ganz wenigen buchstäblichen Stadterhebungen im Elsass, zumal um eine konditionierte, sowie um eine, die tatsächlich an die Ortsgemeinde und nicht an den Ortsherrn adressiert war. Man kommt kaum umhin, die vormals ländliche Gemeinde als entscheidende Akteursgruppe in diesem Prozess der lokalen Urbanisierung und Kommunalisierung anzusehen, der sich in der Zeitfolge der regionalen Urbanisierung des Elsass zwar spät, aber umso schneller vollzog.

36 Waldner, droits 1924; Scherlen, Histoire 1925; auch hier und zum Folgenden nun: Zeilinger, Stadt 2013.

37 Schoepflin, Alsatia 1772–1775, hier Bd. 2, Nr. 862, S. 99.

Die hier kurz beleuchtete Interaktion zwischen Herrschaft und Gemeinde deutet für die Entwicklung vormals ländlicher Siedlungen hin zur Urbanität an, dass die Prozesse der Aushandlung und ihre Verschriftlichungen oftmals den Verlauf von Urbanisierung, überepochal verstanden als Entstehung von Städten und Verbreitung urbaner Lebensformen,[38] wenigstens in gewissen Aspekten präziser aufzeigen und erklären als die zweifellos unverzichtbaren Fragen nach der Zentralörtlichkeit bzw. der urbanen Erscheinungsform einer Siedlung. So verstanden, erfasste Urbanisierung mehr oder minder die ganze natürliche wie die soziale Landschaft. Diese viele verschiedene Facetten beinhaltende Dynamik kann kaum katalogisiert werden und ist zudem schwerlich kartographisch darstellbar. Was hingegen neben den ökonomischen Beziehungen und Hierarchisierungen in Stadt und Land annähernd messbar ist, das ist der Schriftlichkeits- und Überlieferungsvorsprung von Städten gegenüber ländlichen Siedlungen. Dieser zeichnet eben nicht nur die älteren und dann größeren Städte, sondern zunehmend auch die Kleinstädte des Elsass aus. Schriftlichkeit in der Stadt war zum einen ein Angebot an das Umland, zum anderen aber, den Herren gegenüber, letztlich auch (partielle) Selbstverwaltung, was nicht unbedingt mit Autonomie gleichzusetzen ist. Urbanisierung erweist sich in der Einzelstadt wie in der Fläche des Raums somit nicht zuletzt in der ansteigenden Dichte wie in der Dispersion von Rechts-, Verwaltungs- und Schriftlichkeitspraxis, sprich von Praktiken des öffentlichen und privaten Lebens, welche die Zeitgenossen nun als ‚städtisch' wahrnahmen.

## 2.5 Die Städte des Elsass und die Herrschaftswechsel in der Neuzeit

Die kommunikative, politische und wirtschaftliche Vernetztheit der Städte des Elsass zeigte sich gegen Ende des Mittelalters und zu Beginn der Frühen Neuzeit zum einen in situativ koordinierter Gefahrenabwehr wie etwa im Fall der Burgunderkriege, zum anderen in einer zunehmend regional wirksamen gelehrten Öffentlichkeit im Rahmen des sogenannten „Oberrheinischen Humanismus" (mit Zentren in Schlettstadt und Straßburg) und der Reformation.[39] Beide Strömungen trugen nicht nur zu früher nationaler Vergewisserung bei, sondern formten auch ein landschaftliches Selbstbewusstsein mit, das, wie bereits beschrieben, nicht zuletzt auch auf den (Reichs-)Städten des Elsass, ihrer Freiheit und der Tradition der Dekapolis fußte. Dies wurde nach der Durchsetzung der französischen Oberhoheit besonders evoziert. Durch die Grenzverschiebung änderte sich sukzessive auch der funktionale und städtebauliche Charakter mancher Städte im Elsass: Neuf-Brisach wurde als

38 Hierin u.a. Irsigler, Urbanisierung 1978, folgend.

39 Walter, Informationen 2012; Brendle, Reformation 2002; Vogler, Geschichte 2012, S. 86–103.

Festungsstadt im 18. Jahrhundert nach den Prinzipien Vaubans gar neu erbaut, während Straßburg erst in der Reichsland-Zeit zur Festung aus- und umgebaut wurde. Die Durchsetzung der französischen Verwaltungsstruktur und Bildungskultur war auch in den Städten erst in nachrevolutionärer Zeit vollends vollzogen, wurde dann aber von der Annexion durch das Deutsche Reich unterbrochen. Vor allem in den größeren elsässischen Städten, allen voran in Straßburg, lassen sich die bekannten Züge der Stadtentwicklung im Rahmen von neuzeitlicher Urbanisierung und Industrialisierung mit starkem räumlichen und Bevölkerungswachstum, sozialer und wirtschaftlicher Diversifizierung mit all ihren Herausforderungen (Stadthygiene, öffentliche Bauten, Vorstadtprobleme u.a.m.) feststellen. Während sich etwa Mülhausen im Laufe des 20. Jahrhunderts zur regelrechten Industriestadt im Oberelsass entwickelte, wurde Straßburg zudem zur Großstadt von überregionaler Geltung und nach dem Zweiten Weltkrieg zur zweiten Hauptstadt der Europäischen Gemeinschaft/Union. Die vielen Kleinstädte des Elsass behielten hingegen ihren immer noch eher agrarisch-kleingewerblichen, heutzutage darin auch touristisch genutzten Charakter.[40] Erst mit der europäischen Einigung sind die auch stadtgeographisch und -historisch deutlich zu vermerkenden Beschränkungen der rund 300 Jahre währenden Grenz- und Randlage des Elsass teilweise aufgehoben.

# 3 Sachsen

Enno Bünz

## 3.1 Raumbegriff und Städtelandschaft

Die Frage nach einer Städtelandschaft [41] Sachsen muss den Wandel der Raumbegriffe in Mittelalter und Früher Neuzeit berücksichtigen, zu dem vielfältige Faktoren der Siedlungs-, Herrschafts-, Territorial- und Verwaltungsgeschichte beigetragen haben. Der 1991 begründete Freistaat Sachsen bzw. das 1919 begründete Land Sachsen gehen auf das Königreich Sachsen zurück, dessen Staatsgebiet infolge des Wiener Kongresses 1815 fast um die Hälfte reduziert wurde. Mittelalterliche und frühneuzeitliche Geschichte Sachsens kann schon deshalb nicht an den modernen Landesgrenzen Halt machen, sondern muss den auf mittelalterlichen Grundlagen geschaffenen wettinischen Territorialstaat in den Blick nehmen, der seit der Leipziger Hauptteilung 1485 in ein Kurfürstentum und ein Herzogtum Sachsen zerfiel.[42] Kern

**40** Vogler, Geschichte 2012, S. 168–176; Cornelißen/Fisch/Maas, Grenzstadt 1997; Wackermann, Städtenetz 1991.
**41** Zum Begriff siehe die Einleitung, S. 442–444, mit Nachweis der weiterführenden Literatur.
**42** Zur mittelalterlichen Landesgeschichte: Keller, Landesgeschichte 2002.

des wettinischen Herrschaftsbereiches war die hochmittelalterliche Mark Meißen, die sich von der Weißen Elster im Westen bis zur mittleren Elbe im Osten erstreckte. Entscheidende Phasen der Ausdehnung des wettinischen Territoriums waren der Anfall der Landgrafschaft Thüringen 1249, der Vogtländische Krieg 1354 bis 1359, der die Stellung der Vögte von Weida, Gera und Plauen erheblich schwächte, der Rückkauf der Mark Landsberg 1347, der Zuwachs der Pflege Coburg in Franken 1353, die Durchsetzung der Lehnsherrschaft über die Burggrafschaft Leisnig 1365 und die Einverleibung der Burggrafschaft Dohna 1402. Durch diese territorialpolitischen Vorgänge gerieten Städte in den Besitz der Wettiner, die zunächst von anderen Herrschaftsträgern begründet worden waren. Dies gilt auch für das sogenannte Pleißenland, das als Reichsland durch Initiative des Stauferkaisers Friedrich Barbarossa in der zweiten Hälfte des 12. Jahrhunderts ausgebaut worden ist, 1243 aber von Kaiser Friedrich II. an die Wettiner verpfändet und nie wieder eingelöst wurde. Auch kirchliche Herrschaftsträger wie die Bischöfe von Meißen, Merseburg und Naumburg haben Städte gegründet. Die entscheidende Phase der Entstehung und Entfaltung der Städtelandschaft Sachsen im 12. und vor allem 13. Jahrhundert wurde also von vielfältigen Herrschaftsträgern geprägt. Gleichwohl ist das mittelalterliche Städtewesen in Sachsen von erstaunlicher Homogenität, wozu ganz wesentlich die landesherrliche Einflussnahme beigetragen hat. Im Mittelpunkt der Betrachtung steht die Städtelandschaft im Bereich der Mark Meißen. Ober- und Niederlausitz gelangten erst 1635 an Sachsen. Neben der territorialpolitischen Prägekraft einer starken Dynastie (Wettiner) spielen naturgeographische Faktoren eine Rolle, denn das Vorkommen von Edelmetallen im westlichen Erzgebirge (vor allem Silber, aber auch Zinn) hat zur Gründung zahlreicher Bergstädte im Spätmittelalter und in der Frühen Neuzeit geführt, die überwiegend ebenfalls in den wettinischen Territorialstaat integriert waren.

## 3.2 Phasen der Stadtgründung vom 12. bis zum 16. Jahrhundert

Die Stadtgründungen in Sachsen erfolgten in mehreren Schüben.[43] Ihre Gründung bzw. Entstehung kann für das Gebiet des heutigen Freistaates Sachsen vier Phasen zugeordnet werden: bis 1250 entstanden 62 Städte, bis 1450 weitere 81, bis 1550 nochmals 27, danach (bis 1832) zwar weitere 78 Städte oder stadtähnliche Siedlungen (Flecken usw.), die allerdings durchweg von geringer Größe und Bedeutung waren. Welche Bedeutung die älteste Phase hatte, ist schon daran ablesbar, dass

**43** Vgl. die Überblicksdarstellungen von: Ermisch, Anfänge 1903, S. 127–168, der das gesamte Mittelalter abdeckt, und von: Leipoldt, Landesherrschaft 1941, S. 6–10; Blaschke, Städtewesen 2002/2003, und die Angaben zu den einzelnen Städten in: Blaschke, Ortsverzeichnis 2006.

fast alle Städte, die in der ersten Hälfte des 16. Jahrhunderts 2.000 oder mehr Einwohner umfassten, vor 1250 gegründet worden waren. Kleine Mittelstädte (2.000–5.000 Einwohner) waren demnach Chemnitz, Döbeln, Großenhain, Kamenz, Meißen, Oschatz, Pirna, Rochlitz, Wurzen. Zu den großen Mittelstädten (5.000–10.000 Einwohner) sind Bautzen, Dresden, Freiberg, Görlitz, Leipzig, Plauen, Torgau, Zittau und Zwickau zu zählen.[44] Die mittelalterliche und frühneuzeitliche Stadt definiert sich allerdings nicht ausschließlich und primär an der Bevölkerungsgröße, sondern an einem ganzen Bündel von qualitativ-funktionalen Kriterien, die freilich deutlich verschieden ausgeprägt sein konnten.

Für die Entstehung des sächsischen Städtewesens waren deutsche Ostsiedlung und Landesausbau im 12. und 13. Jahrhundert konstitutiv. In dieser Zeit etablierten sich die diversen königlichen, fürstlichen, adligen und kirchlichen Herrschaftsträger, deren Siedlungstätigkeit überhaupt erst die Voraussetzungen dafür schuf, dass Stadtgründungen durch wirtschaftliche Verflechtung mit dem Umland existenzfähig wurden. Die frühe Gründung von Marktstädten ermöglichte es, die agrarischen Überschüsse der Bauern und Grundherren in den Handel einzuspeisen.[45] Abgesehen von der Lokationsurkunde für die Ansiedlung von Niederländern in Kühren bei Wurzen an der Mulde 1154 gibt es kaum sicher datierte Zeugnisse für die Besiedlung des Landes, die um 1100 im Westen an der Weißen Elster begann und schon um 1200 den Erzgebirgskamm und die mittlere Elbe erreichte.

Die Anfänge der Gründungsstädte sind mangels zeitgenössischer Quellen nicht immer einfach zu durchschauen. Selbst im Kolonisationsgebiet ist die Gründung von Städten aus wilder Wurzel eher die Ausnahme. Für Leipzig, Rochlitz, Taucha, Torgau, Wurzen und andere Städte bot ein ottonischer Burgward mit slawischer Siedlung, wie die Ortsnamen belegen, den Anknüpfungspunkt der Stadtgründung. Von den bis ca. 1250 entstandenen Städten in der Mark Meißen sind viele mit einer Burganlage verbunden, die bereits auf den herrschaftlichen Gründungsfaktor verweist. Dresden, Leipzig, Pirna, Torgau und Zwickau im wettinischen Herrschaftsbereich, Glauchau und Waldenburg im Territorium der Herren von Schönburg,[46] aber auch Plauen im Herrschaftsgebiet der Vögte, Stolpen und Wurzen im Hochstift Meißen sind dafür anschauliche Beispiele. Chemnitz als Gründung der Staufer ist die einzige bedeutendere Stadt ohne einen solchen Befestigungssitz. In vielen Fällen wandeln sich diese Herrschaftsmittelpunkte des Hochmittelalters dann zu spätmittelalterlich-frühneuzeitlichen Residenzorten (siehe den Abschnitt „Das Städtewesen der Frühen Neuzeit“, S. 462–464).

---

44 Moderne Stadtgeschichten liegen vor für Dresden und Leipzig: Blaschke, Geschichte 2005; Gross/John, Geschichte 2006; Bünz, Geschichte 2015; Döring/John, Geschichte 2016. Besser erforscht sind darüber hinaus die Städte Chemnitz, Torgau und Zwickau. – Die Städte der Oberlausitz bleiben hier außer Betracht.

45 Schich, Marktgründungen 2008.

46 Siehe hierzu die Beiträge von: Schlesinger, Beiträge 2010.

In der Regel ist von einer kontinuierlichen topographischen Entwicklung der Gründungsstädte auszugehen (woraus aber nicht zwingend auf die topographische Kontinuität des Stadtgrundrisses zu schließen ist), doch gibt es Ausnahmen: Im Falle von Altoschatz – Oschatz und Altleisnig – Leisnig ist von einer Siedlungsverlegung der Städte auszugehen, die sich ins 13. Jahrhundert datieren lässt. Bereits in diesem Jahrhundert wandelte sich die Qualität der Stadtgründungen. Das relativ weitmaschige Netz großer und mittlerer Städte wurde nun aufgefüllt durch die Gründung zahlreicher Klein- und Minderstädte, die vielfach nur von überschaubarer regionaler Bedeutung waren und wenige hundert Einwohner umfassten.

Die sächsische Städtelandschaft hat eine besonders charakteristische Ausprägung durch die Entstehung zahlreicher Bergstädte erhalten, die ebenfalls herrschaftlich geprägt waren. Besondere Entwicklungsbedingungen gelten für die hochmittelalterliche Stadtgründung Freiberg, das als Bergstadt entstand und neben Leipzig zur lange Zeit bedeutendsten Stadt Sachsens wurde.[47] Daneben entstanden weitere frühe Bergstädte wie Dippoldiswalde, die ihre Stellung aber nicht dauerhaft behaupten konnten. Erst in der letzten mittelalterlichen Gründungsphase (1450–1550) kam es im westlichen Erzgebirge zur Anlage einer größeren Zahl von Bergstädten. Hierzu gehören Berggießhübel, Buchholz, Eibenstock, Glashütte, Hohenstein, Oberwiesenthal, Scheibenberg und Schneeberg. Aber lediglich zwei Bergstädte hatten deutlich über 2.000, ja zeitweilig sogar weit über 5.000 Einwohner: Annaberg und Marienberg. Vor allem Annaberg wurde durch die Förderung Herzog Georgs (1500–1539) zu einer landesherrlichen Modellstadt.

Festzuhalten ist also für das 13. bis 15. Jahrhundert der herrschaftliche Ursprung des sächsischen Städtewesens. Als mögliche Ausnahme sind die Anfänge der Stadt Colditz an der Mulde zu nennen, wo tatsächlich eine Fernhändlersiedlung am Flussübergang mit einer Nikolaikirche am Anfang gestanden haben könnte.[48] Weitere Beispiele für solche frühstädtischen genossenschaftlichen Siedlungen haben sich bislang aber weder in Sachsen noch anderswo nachweisen lassen. Dass Kirchen mit Nikolaipatrozinien stets auf frühe Kaufmannssiedlungen verweisen, wie Karlheinz Blaschke mittlerweile pauschal annimmt, ist eine Fehldeutung.[49]

## 3.3 Kommunebildung unter herrschaftlichem Einfluss

Der Weg zur kommunalen Selbstverwaltung, zur autonomen Bürgergemeinde, ein wesentliches Kennzeichen der westlich-europäischen Stadt des Mittelalters, lässt

47 Hoffmann/Richter, Entstehung 2012.

48 Vgl. dazu: Blaschke, Frühgeschichte 1965.

49 Zusammenfassend und völlig überzogen zuletzt: Blaschke/Jäschke, Nikolaikirchen 2013, siehe dazu meine Besprechung in: Deutsches Archiv für Erforschung des Mittelalters 72 (2016) S. 379–381.

sich für die sächsischen Städte allerdings kaum nachzeichnen. Ein wichtiges frühes Zeugnis ist der vieldiskutierte Leipziger Stadtbrief Markgraf Ottos des Reichen von 1156/70, der in der überlieferten Form allerdings erst im frühen 13. Jahrhundert beurkundet wurde.[50] Dieses Dokument belegt die systematische Stadtgründung bzw. Stadterweiterung durch den Markgrafen, der dort *cives* ansiedelte, denen er das Recht von Magdeburg und Halle verlieh. Als Geltungsbereich des Stadtrechts wurde das Weichbild (*wicbilede*, dieser deutschsprachige Ausdruck erscheint erstmals in genannter Urkunde und bedeutet etymologisch nichts anderes als „Stadtrecht") definiert und durch Grenzzeichen vor den Stadtmauern markiert. Aus den Bestimmungen der Urkunde ist auf die Existenz eines Marktes (*forum*) in Leipzig zu schließen. Lediglich in Chemnitz ist ein älteres *forum publicum* (1143) belegt.[51] Die Freiheit aller Stadtbewohner („Stadtluft macht frei") ist ein konstitutives Element der mittelalterlichen Stadt, wobei allerdings zu bedenken ist, dass sich das sächsische Städtewesen seit dem 12. Jahrhundert vornehmlich im Kolonisationsgebiet entfaltete, das gegenüber dem Altsiedelland ohnehin durch eine rechtliche Besserstellung der Landbevölkerung gekennzeichnet war. Die Herausbildung der Ratsverfassung mit Bürgermeister (*magister consulum* oder *m. civium*) und Ratsherren (*consules*) lässt sich nicht nachzeichnen, im Ergebnis aber Ende des 13. Jahrhunderts feststellen. Ob die Ratsverfassung bereits mit der Stadtgründung eingeführt wurde, ist nicht zu erweisen; plausibler erscheint eine genetische Entwicklung im Laufe des 13. Jahrhunderts. Die Regel waren lebenslängliche Zugehörigkeit zum Rat, die Kooptation der Ratsmänner und die Bestätigung des Gremiums durch den Stadtherrn. Die Größe des Gremiums und seine Organisation (z.B. jährlicher Wechsel von sitzendem und ruhendem Rat) u.a. waren von der Größe der Stadt und von den Vorgaben des geltenden Stadtrechts abhängig. Mit der Ratsherrschaft verbunden war die Ablösung des vom Stadtherrn eingesetzten Schultheißen durch den vom Rat gewählten Bürgermeister.

Leipzig ist die einzige Stadt, deren Einwohner (*cives*) 1215/16 einen schweren Konflikt mit ihrem Stadtherrn, dem Markgrafen Dietrich dem Bedrängten, austrugen und anstrebten, anstelle des Markgrafen einen anderen Herrn zu erlangen. Dabei wird deutlich, dass dieser Aufstand von einem Bündnis der Stadtbürger mit markgräflichen Ministerialen getragen war.[52] Dass stadtsässige Ministerialen bei der Formierung der städtischen Selbstverwaltung im Hochmittelalter eine Rolle spielten, lässt sich auch für Freiberg zeigen.[53] Ob diese Dienstleute allerdings – wie der Beitrag von Gabriel Zeilinger für einige elsässische Städte zeigt – die Einflussnahme unterschiedlicher Herrschaftsträger verdeutlichen, ist in der Mark Meißen nicht

**50** Siehe dazu nun: Bünz, Entstehung 2015, S. 127–134.

**51** Grundlegend: Schlesinger, Anfänge 1952.

**52** Bünz, Markgraf 2016.

**53** Unger, Stadtgemeinde 1963, und die oben, Anm. 47, genannte Literatur.

nachweisbar, was allerdings auch ein Überlieferungsproblem sein könnte. Die erwähnte Bereitschaft der Leipziger, sich 1215/16 einem anderen Stadtherrn als dem Markgrafen zu unterstellen, könnte ein Indiz dafür sein. Für eine frühe Kommunebildung zumindest in Leipzig und Freiberg spricht zudem das frühe Vorkommen von Stadtsiegeln in Freiberg (1227) und Leipzig (1287, aber einige Jahrzehnte älter), die als Instrumente korporativen Handelns zu deuten sind.[54]

Die Ratsverfassung der sächsischen Städte wurde von den hochmittelalterlichen Ausgangsbedingungen der Stadtgründung bestimmt, doch ist bislang noch nicht für eine größere Zahl von Städten erforscht, wie sich die innerstädtischen Machtverhältnisse im späten Mittelalter weiterentwickelt haben. Allgemein ist festzuhalten: In vielen spätmittelalterlichen Städten, so auch in Sachsen, blieben die Handwerker vom Ratsregiment ausgeschlossen, doch ist es auch in den sächsischen Städten vereinzelt zu Zunftkämpfen gekommen, die zumindest eine partielle Beteiligung von Handwerkern am Stadtregiment durchsetzten.[55]

Wesentlich länger, vielfach bis ins 15. Jahrhundert, dauerte es hingegen, bis die Stadträte neben der Niedergerichtsbarkeit auch die Obergerichtsbarkeit von ihrem Stadtherrn erlangten. Ursprünglich war der vom Landesherrn eingesetzte Stadtvogt für die Strafgerichtsbarkeit zuständig, der Schultheiß für die Niedergerichtsbarkeit, wie dies noch 1216 für Leipzig zu erschließen ist, doch wurde der (adlige) Vogt dann durch den (bürgerlichen) Schultheißen verdrängt. Vielgestaltig war der rechtlich-normative Rahmen des urbanen Lebens, das Stadtrecht. Beherrschend war hierbei das Magdeburgische Recht, dem Leipzig bereits im 12. Jahrhundert folgte. Von den Städten der Mark Meißen bildete lediglich Freiberg aufgrund der besonderen Bedingungen als Bergstadt ein eigenes Recht aus. Dass sich die Städte magdeburgischen Rechts im Kurfürstentum Sachsen seit 1432 nicht mehr an den Oberhof Magdeburg, sondern nach Leipzig zu wenden hatten, dürfte neben dem territorialen Rahmen zur Formierung der Städtelandschaft beigetragen haben.[56]

Schaut man zusammenfassend auf die spätmittelalterlichen Verhältnisse, so ist zu konstatieren: Die politische Handlungsfähigkeit der Städte in der Mark Meißen war begrenzt, der Zugriff des Landesherrn fest.[57] Neben landesherrlichen Städten, die schrift- oder amtssässig sein konnten, gab es zudem auch Klein- und Kümmerstädte, die in adlige Grundherrschaften oder Rittergüter einbezogen waren.[58] Städtebünde, wie sie zeitweilig in Thüringen und in der Oberlausitz bestanden, gab es hier nicht, doch bestand dafür auch keine Notwendigkeit. Von nur kurzfristiger Bedeutung war das Bündnis der drei Reichsstädte (*civitates imperio attinentes*) Altenburg,

54 Bünz, SIGILLVM 2013; Bünz, Stadtsiegel 2015.
55 Ermisch, Anfänge 1903, S. 166; Kobuch, Bürgerkämpfe 1987.
56 Wejwoda, Leipzig 2016, Sp. 829–836.
57 Vgl. z.B. Steinführer, Herzog 2002.
58 Vgl. Heyl, Städte 2016.

Chemnitz und Zwickau 1290/91, welches darauf aufmerksam macht, dass es in der Entwicklung des sächsischen Städtewesens bei anderen territorialpolitischen Rahmenbedingungen auch die Option zur Etablierung von Reichsstädten gegeben hätte, wie es in Thüringen mit Mühlhausen und Nordhausen der Fall war.

## 3.4 Stadttopographie, Wirtschaft und Zentralität

Das Erscheinungsbild der Städte ist facettenreich, weist aber einige gemeinsame Züge auf. Fast alle Städte der Gründungsphase bis 1250 wiesen eine Ummauerung, gelegentlich aber auch nur eine Wallbefestigung auf (z.B. Dahlen und Lausick),[59] während die jüngeren und zumeist auch kleineren Stadtgründungen des Spätmittelalters oftmals gar nicht befestigt waren. Die größeren Städte (ab 1.000, zumindest aber mehr Einwohnern) lagen durchweg verkehrsgünstig an älteren Fernstraßen. Ausnahme ist nur Freiberg, weil dessen Entstehung mit dem Bergbau zusammenhängt.[60] Der genaue Verlauf der Fernstraßen lässt sich vielfach nur mit großem methodischem Aufwand rekonstruieren, doch bieten die Bezeichnungen der Stadttore Fingerzeige auf die großen Verkehrsverbindungen (z.B. Grimmaisches und Hallisches Tor in Leipzig, Lommatzscher Tor in Meißen).

Der Markt war konstitutiv für die mittelalterliche Stadt.[61] Sie entwickelte sich aus dem hochmittelalterlichen *mercatus* bzw. *forum*. Neben dem von den Kaufleuten (*mercatores*) getragenen Fernhandel, wie sie in Leipzig 1218 sogar namentlich erwähnt werden, war eine differenzierte gewerbliche Struktur für die mittelalterliche Stadt konstitutiv, deren Handwerker und Gewerbetreibenden sich in Innungen (Zünften) zusammenschlossen. Die Tuchproduktion spielte in sächsischen Städten des Spätmittelalters und der Frühen Neuzeit eine besondere Rolle, erhielt allerdings seit dem 15. Jahrhundert zunehmende Konkurrenz durch Verlagerung der Produktion auf das Land. Die gewerbliche Produktion der Stadt wurde durch das Bannmeilenrecht gegen Konkurrenz im Umland geschützt. Bereits die Leipziger Stadtrechtsurkunde von 1156/70 gesteht den Bürgern dieses Recht zu. Das Braurecht war kein besonderer Gewerbezweig, sondern Teil des Bürgerrechts, das mit bestimmten Häusern verbunden war.[62] Das Ungleichgewicht städtischer Sozialstrukturen kann hier als zeitlich übergreifendes Phänomen nur konstatiert werden[63] und ist kein Spezifikum der sächsischen Städtelandschaft.

**59** Die Angaben nach der Auflistung von: Blaschke, Städtewesen 2002/2003, S. 17–26. – In Penig wurde die Wallbefestigung erst 1488 durch eine Mauer ersetzt: Ermisch, Anfänge 1903, S. 147.

**60** Siehe die Karte von: Blaschke, Städtewesen 2002/2003, S. 32.

**61** Schlesinger, Markt 1975.

**62** Vgl. Lindenau, Brauen 2007.

**63** Vgl. exemplarisch: Bräuer, Stadtbevölkerung 1978, und weitere Arbeiten des Verfassers.

Die zentralörtliche Funktion der Städte verdeutlicht besonders die Sakraltopographie, zu der als Grundelement stets die Pfarrkirche gehört,[64] in den größeren Städten aber auch Hospital (mit Kapelle) und Kloster. Besonders ausgeprägt war die Sakraltopographie in den Städten Leipzig (3 Pfarreien, 2 Hospitäler, 3 Klöster und 1 Stift) und Freiberg (4 Pfarreien, 2 Hospitäler, 3 Klöster, 1 Stift). Dem Typus einer Bischofsstadt, wie er aus dem Altsiedelland vertraut ist, entsprach bestenfalls Naumburg,[65] während die Bischofssitze Meißen und Merseburg keine entsprechende Zahl geistlicher Institutionen aufwiesen, was deutlich macht, dass Sakraltopographie vor allem ein Indikator für Bevölkerungsgröße und Wirtschaftskraft ist. Charakteristisch ist für etliche sächsische Städte die Gründung von Bettelordenskonventen. Von den 1230er Jahren bis 1300 ließen sich die Franziskaner in Leipzig, Zwickau, Torgau, Oschatz, Meißen, Dresden und Freiberg nieder, die Dominikaner in Leipzig, Freiberg, Plauen und Pirna und die Augustiner-Eremiten in Grimma.[66] Die Karmeliter haben in den Städten der Mark Meißen hingegen nicht Fuß fassen können. Eine zweite Gründungswelle von Bettelordenskonventen erfolgte erst mit der observanten Ordensreform im 15. Jahrhundert. Im Rahmen der kirchlichen Organisation entwickelte sich auch das Schulwesen der Städte von der Pfarr- zur Ratsschule mit bedeutender Anziehungskraft über die Stadtmauern hinaus. Neben der Ratsschule in Zwickau und der (bis zur Reformation allerdings kirchlichen) Thomasschule in Leipzig sind hier die Kreuzschule in Dresden und die Nikolaischule in Leipzig hervorzuheben.[67]

## 3.5 Das Städtewesen der Frühen Neuzeit

Die Stadtgeschichte der Frühen Neuzeit hat von jeher im Schatten der mittelalterlichen Stadtgeschichte gestanden, auch in der sächsischen Forschung. Das ist aus verschiedenen Gründen nachvollziehbar: Das Städtewesen hat sich eben – nicht nur in Sachsen – im Laufe des Mittelalters mit großer Dynamik entwickelt. Die konstituierende Phase der Stadtgeschichte liegt in dieser Zeit, mit langfristiger Prägekraft. Seit dem 16. Jahrhundert sind bis zum 19. Jahrhundert kaum noch bedeutende neue Städte gegründet worden, sieht man einmal von den Bergstädten Marienberg (1523) und Johanngeorgenstadt (1654) ab. Ansonsten handelt es sich zumeist um Kleinstädte, Dörfer mit Marktrecht bzw. Städtlein oder Flecken von enger regionaler Bedeutung,[68] doch verdienen auch diese Bereiche des Städtewesens weitere Erforschung.

**64** Schlesinger, Kirchengeschichte. Bd. 2 1983, S. 398–421.
**65** Sembdner, Werden 2016.
**66** Vgl. Schlesinger, Kirchengeschichte. Bd. 2 1983, S. 165ff.
**67** Exemplarisch: Bünz/Lang, Schüler 2011, mit weiterführenden Hinweisen.
**68** Siehe dazu: Keller, Kleinstädte 2001.

Wie die Ansichten kursächsischer Städte von Wilhelm Dilich zeigen, wiesen die Städte noch Anfang des 17. Jahrhunderts ein spätmittelalterliches Gepräge auf.[69] Mauern, Tore und Türme, aber auch Kirchtürme und kommunale Bauten wie das Rathaus prägten die Fernwirkung der Städte. Sofern Bettelordenskonvente vorhanden waren, wurden sie zwar in der Reformationszeit aufgehoben, aber vielfach als Stadtschulen weitergenutzt. Von den Klöstern einmal abgesehen, blieben die kirchlichen Strukturen von der Reformation unberührt. Schon seit dem 15. Jahrhundert wandelte sich die Bauweise der Häuser zumindest in den bedeutenderen Städten, vor allem aus Brandschutzgründen. Insbesondere in Dresden und Leipzig hat sich die Bebauung überwiegend innerhalb des mittelalterlichen Mauer- bzw. frühneuzeitlichen Festungsrings entfaltet und zu einer erheblichen städtebaulichen Verdichtung geführt.

Stärker noch als vor der Reformation[70] war das Städtewesen eingebunden in den frühmodernen Staat vor allem der Kurfürsten von Sachsen, in dem nun auch die Städte der einstigen Hochstifte Meißen (Bischofswerda, Mügeln, Stolpen, Wurzen), Merseburg (Lützen, Merseburg) und Naumburg (Naumburg, Zeitz) aufgegangen waren. Die Annahme eines allgemeinen Stillstands des Städtewesens in der Frühen Neuzeit trifft nicht zu, doch spielte sich dieser auf anderen Ebenen ab als im späten Mittelalter. Neben der Gründung zahlreicher Kleinstädte und Städtlein im 16. bis 18. Jahrhundert ist für Sachsen vor allem auf die Bedeutung der Residenzstädte zu verweisen – allen voran die kursächsische Residenz Dresden.[71] Die Herausbildung von drei Sekundogenituren durch das Testament Kurfürst Johann Georgs I. 1656 führte zum Ausbau der Residenzstädte Zeitz (bis 1718), Merseburg (1738) und Weißenfels (1746), erfasste durch Schlossbauten aber auch weitere Städte in diesen abgeteilten Herrschaften wie Delitzsch oder Plauen. In den schönburgischen Landen spielte die Residenzbildung für die Städte Glauchau und Waldenburg ebenfalls eine Rolle. Für die Mehrzahl der Städte in Sachsen ist allerdings festzuhalten, dass die Frühneuzeit keine Phase dynamischer Entwicklung des Städtewesens war. In manchen Städten ist in dieser Zeit die Bevölkerungszahl nicht einmal gewachsen oder sogar wieder gesunken.[72] Schon die vormoderne Stadt war auf regionale und überregionale Zuwanderung aus anderen Städten und vom flachen Land angewiesen, deren Bewegungsrichtung aber noch näher zu untersuchen wäre.[73]

Die große Zahl und typologische Vielgestaltigkeit des Städtewesens macht es schwierig, für diesen Zeitraum allgemeinverbindliche Aussagen zu treffen. Eine

---

**69** Dilich, Federzeichnungen 1907.

**70** Der Verlauf der Reformation in den markmeißnischen Städten ist kaum erforscht, siehe nun für Torgau ausführlich: Herzog, Kirche 2016; für Zwickau: Kahleyß, Bürger 2013.

**71** Siehe hierzu die informativen Dynastie- und Ortsartikel in: Paravicini, Höfe 2003; Paravicini, Höfe 2012.

**72** Blaschke, Städtewesen 2002/2003, S. 7.

**73** Exemplarisch: Klingner, Ziel 2016.

neuere Untersuchung für Sachsen unterscheidet funktional zwischen Ackerbürgerstädten, Exportgewerbestädten und Bergstädten, basiert aber vor allem auf der Auswertung frühneuzeitlicher Landesstatistiken, die durch qualitative Fallstudien zu einigen wenigen Städten vertieft werden.[74] Der empirische Forschungsaufwand, der für ein umfassenderes Bild nötig wäre, macht es vorerst schwierig, festgefügte Urteile über den „Stillstand" des frühneuzeitlichen Städtewesens, der zumindest für die Residenzstädte nicht plausibel ist, zu hinterfragen und die Spielräume der Städte im festeren Zugriff des frühmodernen Staates auszuloten. Ein Sonderproblem stellen die Bergstädte dar, deren Entwicklung einseitig vom „Bergsegen" abhängig war, der allgemein seit der zweiten Hälfte des 16. Jahrhunderts zurückging.

Generell sollte sich das Forschungsinteresse nicht nur auf die Groß- und Mittelstädte konzentrieren, die oft Gegenstand stadtgeschichtlicher Gesamtdarstellungen sind, sondern auch die Kleinstädte und stadtähnlichen Siedlungen berücksichtigen, die sich sinnvoll nur mit einem raumbezogenen Zugriff vergleichend untersuchen lassen. Dabei wird es auch ratsam sein, nicht ständig zwischen einem stadtgeschichtlich relevanten Mittelalter und einer stadtgeschichtlich weniger interessanten Neuzeit zu unterscheiden. Mit Blick auf ein wesentliches Element des älteren Städtewesens, die Ratsverfassung, endet das lange „Mittelalter" in den sächsischen Städten ohnehin erst mit der Städteordnung von 1832, für die Residenzstädte funktional sogar erst mit dem Ende der Monarchie 1918.

## 3.6 Eine herrschaftlich geprägte Städtelandschaft

Sachsen gehörte zu den intensiv urbanisierten Landschaften Mitteleuropas. Historisch betrachtet sind von der Mark Meißen, die im Mittelpunkt des Beitrags stand, das Vogtland im Süden und die Oberlausitz im Osten des Landes als historisch gesondert geprägte Regionen zu unterscheiden, die ebenfalls einen hohen Urbanisierungsgrad aufweisen, hier aber nicht weiter berücksichtigt werden konnten. Der herrschaftliche Faktor, also die Prägekraft des wettinischen Landesstaates im Kurfürstentum bzw. (bis 1547) Herzogtum Sachsen, erweist sich für die Städtelandschaft als wichtiger, letztlich wohl entscheidender Faktor. Verfassungsmäßige Kriterien wie das Magdeburger Recht reichen hingegen weit über Sachsen hinaus, grenzen also keine Städtelandschaft ab, und funktionale Kriterien wie „Bergstadt" treffen nur für einen regional überschaubaren Teil des Städtewesens Sachsens im westlichen Erzgebirge zu. Ob es darüber hinaus weitere Faktoren der Stadtverfassung, der gesellschaftlichen Strukturen oder des Kommunikationsnetzes zwischen den Städten rechtfertigen, von einer sächsischen oder markmeißnischen Städtelandschaft zu sprechen, müssten weitere Untersuchungen zeigen. Wie es scheint, ist je-

74 Keller, Kleinstädte 2001.

doch der herrschaftliche Faktor, also die hegemoniale Herrschaft der Wettiner als Kurfürsten und Herzöge von Sachsen, der nachhaltig prägende Faktor des sächsischen Städtewesens, das sich damit in einem steten Spannungsverhältnis von Herrschaft und Genossenschaft, Fürstenstaat und bürgerlicher Selbstverwaltung entfaltete.

# Literatur

Ammann, Hektor: Thesen als Grundlage für eine Aussprache über die Stadtwerdung in der deutschen Schweiz und die Theorien über die Entstehung des mittelalterlichen Städtewesens. In: Zeitschrift für Schweizerische Geschichte 10 (1930), S. 527–529.

Ammann, Hektor: Über das waadtländische Städtewesen im Mittelalter und über landschaftliches Städtewesen im allgemeinen. In: Schweizerische Zeitschrift für Geschichte 4 (1954), S. 1–87.

Ammann, Hektor: Von der Wirtschaftsgeltung des Elsaß im Mittelalter. In: Alemannisches Jahrbuch (1955), S. 55–202.

Bischoff, Georges: Les villes seigneuriales de Haute-Alsace et leurs autorités (XIII$^{e}$–XVI$^{e}$ siècles). In: Actes de la Société Jurassienne d'Émulation 92 (1989), S. 269–286.

Blaschke, Karlheinz (Hrsg.): Historisches Ortsverzeichnis von Sachsen. Halbbd. 1: A – M, Halbbd. 2: N – Z, bearb. v. Susanne Baudisch und Karlheinz Blaschke. Leipzig 2006 (Quellen und Materialien zur sächsischen Geschichte und Volkskunde, 2).

Blaschke, Karlheinz: Die Frühgeschichte der Stadt Colditz. In: Sächsische Heimatblätter 11 (1965) S. 290–307.

Blaschke, Karlheinz: Das Städtewesen vom 12. bis zum 19. Jahrhundert, Karte und Beiheft. Dresden/Leipzig 2002/2003 (Atlas zur Geschichte und Landeskunde von Sachsen, B II 6).

Blaschke, Karlheinz (Hrsg.): Geschichte der Stadt Dresden. Bd. 1: Von den Anfängen bis zum Ende des Dreißigjährigen Krieges. Stuttgart 2005.

Blaschke, Karlheinz/Jäschke, Uwe Ullrich: Nikolaikirchen und Stadtentstehung in Europa. Von der Kaufmannssiedlung zur Stadt. Berlin 2013.

Bräuer, Helmut: Die Stadtbevölkerung von Chemnitz zwischen 1450 und 1600. Untersuchungen zu ihrer Struktur. Karl-Marx-Stadt 1978.

Brendle, Franz: Reformation und konfessionelles Zeitalter. In: Erbe, Michael (Hrsg.): Das Elsass. Historische Landschaft im Wandel der Zeit. Stuttgart 2002, S. 61–84.

Buchholzer-Rémy, Laurence: Von der Herrschaft zur Gemeinde? Der Schultheiß, eine ambivalente Figur (Elsass, 12.–15. Jahrhundert). In: Gruber, Elisabeth u.a. (Hrsg.): Mittler zwischen Herrschaft und Gemeinde. Die Rolle von Funktions- und Führungsgruppen in der mittelalterlichen Urbanisierung Zentraleuropas. Innsbruck/Wien/Bozen 2013 (Forschungen und Beiträge zur Wiener Stadtgeschichte, 56), S. 177–200.

Bünz, Enno: Das älteste Stadtsiegel. In: Ders. (Hrsg.) Geschichte der Stadt Leipzig. Bd. 1: Von den Anfängen bis zur Reformation. Leipzig 2015, S. 143–146, 811.

Bünz, Enno: Entstehung und Entwicklung der Stadt im 12. und 13. Jahrhundert. In: Ders. (Hrsg.): Geschichte der Stadt Leipzig. Bd. 1: Von den Anfängen bis zur Reformation. Leipzig 2015, S. 123–143, 805–811.

Bünz, Enno (Hrsg.): Geschichte der Stadt Leipzig. Bd. 1: Von den Anfängen bis zur Reformation. Leipzig 2015.

Bünz, Enno: Ein Markgraf in Bedrängnis – der erste Leipziger Bürgeraufstand 1215/16. In: Brieler, Ulrich/Eckert, Rainer (Hrsg.): Unruhiges Leipzig. Beiträge zu einer Geschichte des

Ungehorsams in Leipzig. Leipzig 2016 (Quellen und Forschungen zur Geschichte der Stadt Leipzig, 12), S. 15–38.

Bünz, Enno: SIGILLVM BVRGENSIVM IN VRIBERCH. Zum ältesten Stadtsiegel von Freiberg in Sachsen aus dem frühen 13. Jahrhundert. In: Hoffmann, Yves/Richter, Uwe (Hrsg.): Die Frühgeschichte Freibergs im überregionalen Vergleich. Städtische Frühgeschichte – Bergbau – früher Hausbau. Halle/Saale 2013, S. 33–39.

Bünz, Enno/Lang, Thomas: Zwickauer Schüler und Studenten im späten Mittelalter. Ein Beitrag zum Verhältnis von Stadt und Bildung. In: Cygnea. Schriftenreihe des Stadtarchivs Zwickau 9 (2011), S. 33–70.

Cornelißen, Christoph/Fisch, Stefan/Maas, Annette: Grenzstadt Straßburg. Stadtplanung, kommunale Wohnungspolitik und Öffentlichkeit 1870–1940. St. Ingbert 1997 (Saarbrücker Studien zur interkulturellen Kommunikation, 2).

Dilich, Wilhelm: Federzeichnungen kursächsischer und meißnischer Ortschaften aus den Jahren 1626–1629. 3 Bde. Dresden 1907 (Aus den Schriften der Königlich Sächsischen Kommission für Geschichte, 13).

Döring, Detlef/John, Uwe: Geschichte der Stadt Leipzig. Bd. 2: Von der Reformation bis zum Wiener Kongress. Leipzig 2016.

Egawa, Yuko: Stadtherrschaft und Gemeinde in Straßburg vom Beginn des 13. Jahrhunderts bis zum Schwarzen Tod (1349). Trier 2007 (Trierer Historische Forschungen, 62).

Ennen, Edith: Aufgaben der landschaftlichen deutschen Städteforschung aus europäischer Sicht. In: Blätter für deutsche Landesgeschichte 93 (1957), S. 1–14.

Ennen, Edith: Die europäische Stadt des Mittelalters. Göttingen $^{4}$1987.

Erbe, Michael (Hrsg.): Das Elsass. Historische Landschaft im Wandel der Zeit. Stuttgart 2002.

Ermisch, Hubert: Die Anfänge des sächsischen Städtewesens. In: Wuttke, Robert (Hrsg.): Sächsische Volkskunde. Leipzig 1903, S. 127–168.

Escher, Monika / Haverkamp, Alfred/Hirschmann, Frank G. (Hrsg.): Städtelandschaften – Städtenetz – zentralörtliches Gefüge. Ansätze und Befunde zur Geschichte der Städte im hohen und späten Mittelalter. Mainz (Trierer Historische Forschungen, 43).

Escher, Monika/Hirschmann, Frank G. (Hrsg.): Die urbanen Zentren des hohen und späteren Mittelalters. Vergleichende Untersuchungen zu Städten und Städtelandschaften im Westen des Reiches und in Ostfrankreich. 3 Bde. Trier 2005 (Trierer Historische Forschungen, 50/1–3).

Felten, Franz J./Müller, Harald/Ochs, Heidrun (Hrsg.): Landschaft(en): Begriffe, Formen, Implikationen. Stuttgart 2012 (Geschichtliche Landeskunde, 68).

Freitag, Werner/Johanek, Peter (Hrsg.): Bünde – Städte – Gemeinden. Bilanz und Perspektiven der vergleichenden Landes- und Stadtgeschichte. Köln/Weimar/Wien 2009 (Städteforschung. Reihe A, 77).

Gross, Reiner/John, Uwe (Hrsg.): Geschichte der Stadt Dresden. Bd. 2: Vom Ende des Dreißigjährigen Krieges bis zur Reichsgründung. Stuttgart 2006.

Haase, Carl: Die Entstehung der westfälischen Städte. Münster 1960 (Veröffentlichungen des Provinzialinstituts für Westfälische Landes- und Volkskunde, 1/11).

Heit, Alfred: Stadt, Stadt–Land-Beziehungen, Städtelandschaft. Über die Entwicklung der geschichtswissenschaftlichen Definition historischer Siedlungsphänomene. In: Escher, Monika/Haverkamp, Alfred/Hirschmann, Frank G. (Hrsg.): Städtelandschaft – Städtenetz – zentralörtliches Gefüge. Ansätze und Befunde zur Geschichte der Städte im hohen und späten Mittelalter. Mainz 2000 (Trierer Historische Forschungen, 43), S. 55–78.

Herzog, Jürgen: Vorreformatorische Kirche und Reformation in Torgau. Beucha/Markkleeberg 2016 (Schriften des Torgauer Geschichtsvereins, 10).

Heyl, Rico: Kleine Städte kleiner Herren. Verfassung und Verwaltung der Städte Belgern, Dahlen, Pegau und Penig im späten Mittelalter (1350–1520). In: Blätter für deutsche Landesgeschichte 152 (2016), S. 99–186.

Himly, François J.: Atlas des villes médiévales d'Alsace. Nancy 1970 (Publications de la Fédération des Sociétés d'Histoire et d'Archéologie d'Alsace, 6).

Hirschmann, Frank G.: Stadtplanung, Bauprojekte und Großbaustellen im 10. und 11. Jahrhundert. Vergleichende Studien zu den Kathedralstädten westlich des Rheins. Stuttgart 1998 (Monographien zur Geschichte des Mittelalters, 43).

Historische Gesellschaft Köln (Hrsg.): Geschichte der Stadt Köln. Bd. 1ff., Köln 2004ff.

Historische Kommission bei der Bayerischen Akademie der Wissenschaften (Hrsg.): Die Chroniken der deutschen Städte vom 14. bis ins 16. Jahrhundert. 37 Bde. Leipzig 1862 – Bremen 1968.

Hoffmann, Yves/Richter, Uwe: Entstehung und Blüte der Stadt Freiberg. Die bauliche Entwicklung der Bergstadt vom 12. bis zum Ende des 17. Jahrhunderts. Halle/Saale 2012.

Irsigler, Franz: Überlegungen zur Konstruktion und Interpretation mittelalterlicher Stadttypen. In: Johanek, Peter/Post, Franz-Joseph (Hrsg.): Vielerlei Städte. Der Stadtbegriff. Köln/Weimar/Wien 2004 (Städteforschung. Reihe A, 61), S. 107–119.

Irsigler, Franz: Urbanisierung und sozialer Wandel in Nordwesteuropa im 11. bis 14. Jahrhundert. In: Dilcher, Gerhard/Horn, Norbert (Hrsg.): Sozialwissenschaften im Studium des Rechts. Bd. 4: Rechtsgeschichte. München 1978, S. 109–123.

Irsigler, Franz: Weinstädte an der Mosel im Mittelalter. In: Opll, Ferdinand (Hrsg.): Stadt und Wein. Linz 1996 (Beiträge zur Geschichte der Städte Mitteleuropas, 14), S. 165–179.

Isenmann, Eberhard: Die deutsche Stadt im Mittelalter 1150–1550. Stadtgestalt, Recht, Stadtregiment, Kirche, Gesellschaft, Wirtschaft. Köln u.a. ²2014.

Johanek, Peter: Stadtgeschichtsforschung – ein halbes Jahrhundert nach Ennen und Planitz. In: Opll, Ferdinand/Sonnlechner, Christoph (Hrsg.): Europäische Städte im Mittelalter. Innsbruck/Wien/Bozen 2010 (Forschungen und Beiträge zur Wiener Stadtgeschichte, 52; Veröffentlichungen des Wiener Stadt- und Landesarchivs. Reihe C, 14), S. 45–92.

Kahleyß, Julia: Die Bürger von Zwickau und ihre Kirche. Kirchliche Institutionen und städtische Frömmigkeit im späten Mittelalter. Leipzig 2013 (Schriften zur sächsischen Geschichte und Volkskunde, 45).

Kammerer, Odile: Entre Vosges et Forêt-Noire. Pouvoirs, terroirs et villes de l'Oberrhein 1250–1350. Paris 2001 (Histoire ancienne et médiévale, 64).

Kammerer, Odile: Réseaux de villes et conscience urbaine dans l'Oberrhein (milieu XIII^e siècle – milieu XIV^e siècle). In: Francia 25/1 (1998), S. 123–176.

Keller, Katrin: Kleinstädte in Sachsen. Wandlungen einer Städtelandschaft zwischen Dreißigjährigem Krieg und Industrialisierung. Köln u.a. 2001 (Städteforschung. Reihe A, 55).

Keller, Katrin: Landesgeschichte Sachsen. Stuttgart 2002.

Klingner, Jens: Ziel: Stadt. Das Wachsen der Dresdner Bevölkerung im 16. Jahrhundert. In: Bünz, Enno/Müller, Winfried/Schattkowsky, Martina/Spieker, Ira (Hrsg.): Sachsen: weltoffen! Mobilität – Fremdheit – Toleranz. Dresden 2016 (Spurensuche. Geschichte und Kultur Sachsens, 6), S. 16–21.

Kobuch, Manfred: Bürgerkämpfe in Chemnitz um 1345. Eine neue Quelle innerstädtischer Auseinandersetzungen im Pleißenland. In: Jahrbuch für Regionalgeschichte 14 (1987), S. 142–159.

Leipoldt, Johannes: Landesherrschaft und Städte im Lande Sachsen. In: Keyser, Erich (Bearb.): Deutsches Städtebuch. Bd 2: Mitteldeutschland. Berlin 1941, S. 6–10.

Lindenau, Katja: Brauen und herrschen. Die Görlitzer Braubürger als städtische Elite in Spätmittelalter und Früher Neuzeit. Leipzig 2007 (Schriften zur sächsischen Geschichte und Volkskunde, 22).

Metz, Bernhard: Essai sur la hierarchie des villes médiévales d'Alsace (1200–1350). In: Revue d'Alsace 128 (2002), S. 47–100; 2^e partie. In: ebd. 134 (2008), S. 129–167.

Metz, Bernhard: Hagenau als staufische Stadtgründung. In: Reinhard, Eugen/Rückert, Peter (Hrsg.): Staufische Stadtgründungen am Oberrhein. Sigmaringen 1998 (Oberrheinische Studien, 15), S. 213–234.

Münster, Sebastian: Cosmographei oder beschreibung aller länder, herschafften, fürnemsten stetten, geschichten, gebreuche, hantierungen etc. [...]. Basel 1550.

Opll, Ferdinand: Stadt und Reich im 12. Jahrhundert (1125–1190). Wien/Köln/Graz 1986 (Forschungen zur Kaiser- und Papstgeschichte des Mittelalters. Beihefte zu J. F. Böhmer, Regesta Imperii, 6).

Paravicini, Werner (Hrsg.): Höfe und Residenzen im spätmittelalterlichen Reich. Ein dynastisch-topographisches Handbuch. Teilbd. 1: Dynastien und Höfe; Teilbd. 2: Residenzen. Ostfildern 2003 (Residenzenforschung, 15/1).

Paravicini, Werner (Hrsg.): Höfe und Residenzen im spätmittelalterlichen Reich. Grafen und Herren, 2 Teilbde., Ostfildern 2012 (Residenzenforschung, 15/4).

Rapp, Francis: Autour de l'identité régionale alsacienne au Moyen Age. In: Babel, Rainer/Moeglin, Jean-Marie (Hrsg.): Identité régionale et conscience nationale en France et en Allemagne du Moyen Âge à l'époque moderne. Sigmaringen 1992 (Beihefte der Francia, 39), S. 281–292.

Reinle, Christine: Das Elsass im hohen und späten Mittelalter (10.–15. Jahrhundert). In: Erbe, Michael (Hrsg.): Das Elsass. Historische Landschaft im Wandel der Zeit. Stuttgart 2002, S. 41–60.

Richard, Olivier: La Décapole dans l'historiographie du Rhin supérieur. In: Ders./Buchholzer, Laurence (Hrsg.): Ligues urbaines et espace à la fin du Moyen Âge. Städtebünde und Raum im Spätmittelalter. Strasbourg 2012 (Collections de l'Université de Strasbourg. Sciences de l'Histoire), S. 105–119.

Scherlen, Auguste: Histoire de la Ville de Turckheim. Colmar 1925.

Schich, Winfried: Marktgründungen im Elbe-Saale-Raum um die Mitte des 12. Jahrhunderts. Überlegungen auf der Grundlage der Kührener Urkunde von 1154. In: Bünz, Enno (Hrsg.): Ostsiedlung und Landesausbau in Sachsen. Die Kührener Urkunde von 1154 und ihr historisches Umfeld. Leipzig 2008 (Schriften zur sächsischen Geschichte und Volkskunde, 23), S. 321–335.

Schlesinger, Walter: Die Anfänge der Stadt Chemnitz und anderer mitteldeutscher Städte. Untersuchungen über Königtum und Städte während des 12. Jahrhunderts. Weimar 1952.

Schlesinger, Walter: Beiträge zur Geschichte der Stadt Glauchau, hg. v. Enno Bünz. Dresden 2010 (Bausteine aus dem Institut für Sächsische Geschichte und Volkskunde. Kleine Schriften zur sächsischen Geschichte und Volkskunde, 18).

Schlesinger, Walter: Kirchengeschichte Sachsens im Mittelalter. 2 Bde. Köln u.a. $^{2}$1983 (Mitteldeutsche Forschungen, 27/1–2).

Schlesinger, Walter: Der Markt als Frühform der deutschen Stadt. In: Jahnkuhn, Heribert/Schlesinger, Walter/Steuer, Heiko (Hrsg.): Vor- und Frühformen der europäischen Stadt im Mittelalter. Bericht über ein Symposium in Reinhausen bei Göttingen vom 18. bis 24. April 1972, Teil 1. Göttingen 1975 (Abhandlungen der Akademie der Wissenschaften in Göttingen. Philologisch-Historische Klasse, 3/83), S. 262–293.

Schlesinger, Walter: Über mitteleuropäische Städtelandschaften der Frühzeit, in: Haase, Carl (Hrsg.): Die Stadt des Mittelalters. Bd. 1. Darmstadt 1969 (Wege der Forschung, 243), S. 239–273.

Schmitt, Sigrid: Städtische Gesellschaft und zwischenstädtische Kommunikation am Oberrhein. Netzwerke und Institutionen. In: Kurmann, Peter/Zotz, Thomas (Hrsg.): Historische Landschaft – Kunstlandschaft? Der Oberrhein im späten Mittelalter. Ostfildern 2008 (Vorträge und Forschungen, 68), S. 275–306.

Schoepflin, Johann Daniel (Hrsg.): Alsatia diplomatica. 2 Bde. Mannheim 1772–1775.

Scott, Tom: Das Elsaß als wirtschaftliche Brückenlandschaft im 15. und 16. Jahrhundert. In: Krimm, Konrad/Brüning, Rainer (Hrsg.): Zwischen Habsburg und Burgund. Der Oberrhein als europäische Landschaft im 15. Jahrhundert. Ostfildern 2003 (Oberrheinische Studien, 21), S. 215–228.

Scott, Tom: Kleine Städte, keine Städte. Das so genannte „urbane Netz“ in Südwestdeutschland im ausgehenden Mittelalter. In: Knittler, Herbert (Hrsg.): Minderstädte, Kümmerformen, gefreite Dörfer. Stufen zur Urbanität und das Märkteproblem. Linz 2006 (Beiträge zur Geschichte der Städte Mitteleuropas, 20), S. 181–200.

Sembdner, Alexander: Das Werden einer geistlichen Stadt im Schatten des Doms. Zur Rolle der geistlichen Institutionen im Gefüge der Bischofsstadt Naumburg bis ca. 1400, Phil. Diss. Universität Leipzig 2016 (erscheint in den Publikationen des Naumburg Kollegs, Regensburg 2018).

Steinführer, Henning: Herzog Albrecht und die Städte. In: Thieme, André (Hrsg.): Herzog Albrecht der Beherzte. Ein sächsischer Fürst im Reich und in Europa. Köln u.a. 2002 (Quellen und Materialien zur Geschichte der Wettiner, 2), S. 213–231.

Unger, Manfred: Stadtgemeinde und Bergwesen Freibergs im Mittelalter. Weimar 1963 (Abhandlungen zur Handels- und Sozialgeschichte, 5).

Vogler, Bernard (Hrsg.): La Décapole. Dix villes d'Alsace alliées pour leurs libertés 1354–1679. Strasbourg 2009.

Vogler, Bernard: Geschichte des Elsass. Stuttgart 2012.

Wackermann, Gabriel: Das Städtenetz im Elsaß. In: Gall, Jean-Marie/Sick, Wolf-Dieter (Hrsg.): Das Elsaß. Bilder aus Wirtschaft, Kultur und Geschichte. Bühl 1991 (Alemannisches Jahrbuch 1987/88), S. 355–372.

Waldner, Eugen: Les droits seigneuriaux de l'abbaye de Munster dans les villes Munster et Turckheim. In: Revue d'Alsace 71 (1924), S. 394–423.

Walter, Bastian: Informationen, Wissen und Macht. Akteure und Techniken städtischer Außenpolitik: Bern, Straßburg und Basel im Kontext der Burgunderkriege (1468–1477). Stuttgart 2012 (Vierteljahrschrift für Sozial- und Wirtschaftsgeschichte. Beiheft 218).

Wejwoda, Marek: Leipzig. In: Handwörterbuch zur deutschen Rechtsgeschichte. Band 3. Berlin $^{2}$2016, Sp. 829–836.

Zeilinger, Gabriel: Das Netz wird dichter. Neue Veröffentlichungen zu alteuropäischen Städtelandschaften. In: Jahrbuch für Regionalgeschichte 25 (2007), S. 89–99.

Zeilinger, Gabriel: Städte in der Landschaft – Städtelandschaft(en)? Thesen zu einer Geschichte der Urbanisierung des mittelalterlichen Elsass. In: Buchholzer-Remy, Laurence u.a. (Hrsg.): Neue Forschungen zur elsässischen Geschichte im Mittelalter. Freiburg/München 2012 (Forschungen zur oberrheinischen Landesgeschichte, 56), S. 119–130.

Zeilinger, Gabriel: Verhandelte Stadt. Herrschaft und Gemeinde in der frühen Urbanisierung des Oberelsass vom 12. bis 14. Jahrhundert. Habilitationsschrift Kiel 2013.

Zeilinger, Gabriel: Zwischen *familia* und *coniuratio*. Stadtentwicklung und Städtepolitik im frühen 12. Jahrhundert. In: Gerhard Lubich (Hrsg.): Heinrich V. in seiner Zeit. Herrschen in einem europäischen Reich des Hochmittelalters. Wien/Köln/Weimar 2013 (Forschungen zur Kaiser- und Papstgeschichte des Mittelalters. Beihefte zu J. F. Böhmer, Regesta Imperii, 34), S. 103–118.

Sigrid Hirbodian & Martina Schattkowsky

# Ländliche Gesellschaft in Mittelalter und Neuzeit

## 1 Einleitung

Mit Sachsen und dem Mittelrheingebiet wurden bewusst zwei sehr unterschiedliche Landschaften ausgewählt, um das breite Spektrum ländlicher Gesellschaften vorzustellen: Während das Mittelrheingebiet in hohem Maße vom Weinbau geprägt und eine – phasenweise vielleicht die wichtigste – Durchgangslandschaft für den Verkehr von Personen und Waren war, war Sachsen eher von Getreideanbau, Viehhaltung und später auch Textilgewerbe bei gleichzeitig günstiger Marktsituation bestimmt. Auch die im Mittelalter sich entwickelnde Herrschaftsstruktur bildet beinahe das Maximum an Gegensätzlichkeiten im Reich ab, indem wir es am Mittelrhein mit extrem zersplitterten, in Sachsen dagegen mit vergleichsweise großflächigen, geschlossenen Herrschaftsbildungen zu tun haben. Dementsprechend finden sich auch erhebliche Unterschiede in den ländlichen Verhältnissen beider Gebiete: Grundlegend anders und für eine erhebliche Unterschiedlichkeit auch in weiteren Bereichen verantwortlich – insbesondere der Sozialstruktur der Dörfer – war etwa das Erbrecht: Während am Mittelrhein das Realteilungsrecht vorherrschte, war in Sachsen das Anerbenrecht verbreitet. Spielte in Sachsen die Frage von persönlicher Unfreiheit nur eine untergeordnete Rolle, so konnte sie am Mittelrhein zur Grundlage von maßgeblichen Abgaben sowie zu einschneidenden herrschaftlichen Entwicklungen werden. Während sich in Sachsen die grundherrschaftliche Gerichtsbarkeit zu einem wichtigen Herrschaftsfaktor herausbildete, wurde im Mittelrheingebiet das ortsherrschaftliche Dorfgericht zur entscheidenden Grundlage herrschaftlicher Zugriffs- und Entwicklungsmöglichkeiten.

Doch finden sich daneben auch Ähnlichkeiten, die bei der unterschiedlichen Struktur der Regionen zunächst überraschen. Insbesondere die Stärke der Dorfgemeinden im Spätmittelalter fällt ins Auge. Vergleichbar ist dabei auch die Zurückdrängung der gemeindlichen Autonomie seit dem 16. Jahrhundert – in Sachsen durch die Patrimonialgerichtsherren, im Mittelrheingebiet durch die Landesherrschaft. Beide Regionen waren durch eine große Städtedichte geprägt, wobei im Mittelrheingebiet die große Ähnlichkeit zwischen städtischen und ländlichen Gemeinden und deren spätmittelalterlicher Entwicklung ins Auge sticht.

Aufgrund der Divergenz der hier vorgestellten ländlichen Gesellschaften, aber auch der Unterschiedlichkeit ihrer Erforschung und der Schwerpunkte der Forschungsgeschichte, die ihrerseits bekanntlich in den letzten 60 Jahren auf sehr verschiedenen Voraussetzungen beruhten, sind die beiden folgenden Darstellungen in ihrer Gewichtung sehr hetorogen ausgefallen. So konnten für das Mittelrheingebiet

https://doi.org/10.1515/9783110354188-017

aufgrund der herausragenden Monographie von Otto Volk die Wirtschaftsgeschichte sowie durch die Überlieferung aus den Benediktinerklöstern Lorsch und Fulda und einiger archäologischer Arbeiten die frühe Dorfentwicklung ausführlicher behandelt werden. Für Sachsen liegen dagegen gründliche Studien für die Entwicklung im 15./16. und 18./19. Jahrhundert vor, die deshalb in diesem Artikel breitere Berücksichtigung gefunden haben.

So zeigen die hier vorgelegten Beiträge in exemplarischer Weise zugleich die Stärken und Schwächen der landesgeschichtlichen Forschung: Sie erlaubt eine tiefgehende Analyse regionaler Entwicklungen, liefert dabei jedoch nicht immer ohne Weiteres vergleichbare Ergebnisse. Übergreifend vergleichende Studien – wie sie etwa Heide Wunder mit ihrem Überblick zu den Landgemeinden, Clemens Zimmermann und Werner Troßbach mit ihrer Monographie zum Dorf oder das jüngst erschienene dreibändige Handbuch zur Agrargeschichte für die Entwicklung vom 15. Jahrhundert bis zur Gegenwart versuchen – können auf dieser Basis jedoch zu sehr viel genaueren Analysen der vielschichtigen ländlichen Verhältnisse im Alten Reich gelangen als in Ländern ohne eine vergleichbare landesgeschichtliche Tradition.

# 2 Der Mittelrhein und die Pfalz

Sigrid Hirbodian

## 2.1 Forschungslage und Typologie

Die Regionen am Mittelrhein und in der Pfalz – grob gesprochen die Landschaft beiderseits des Rheins zwischen Speyer und Koblenz – gehören zu den am intensivsten erforschten Agrarlandschaften. Insbesondere die linksrheinischen Teile weisen aufgrund ihrer langen Zugehörigkeit zum Römischen Reich, der dadurch bedingten Dichte an frühen Städten und der bevorzugten Verkehrslage entlang des Rheins erhebliche Entwicklungsvorsprünge gegenüber weiter östlich gelegenen Regionen im Deutschen Reich auf. Als klassisches Altsiedelland bilden sie ein Übergangsgebiet zwischen Romania und Germania.[1] Aufgrund der klimatischen Gunstlage, einer optimalen Verkehrsanbindung und des Weinbaus war die Region durch großen Reichtum, aufgrund der frühen herrschaftlichen Erschließung durch geistliche und weltliche Große durch ein hohes Maß an herrschaftlicher Zersplitterung sowie besonders starke Dorf- und Stadtgemeinden charakterisiert.

Seit Friedrich Lütge gilt das Mittelrheingebiet als Prototyp der spätmittelalterlich/frühneuzeitlichen „versteinerten Grundherrschaft“, d.h. einer Rentengrund-

1 Escher-Apsner, Gemeinschaften 2006, S. 307.

herrschaft, die kaum mehr Reste herrschaftlicher Ansprüche durch den Grundherrn aufweist.[2] Die langanhaltende Diskussion über Typologie, Bedeutung wie auch den Begriff der Grundherrschaft wird man wohl als mehr oder weniger abgeschlossen sehen können.[3] Entgegen dem von manchen vorgeschlagenen vollständigen Verzicht auf den Begriff hat sich ‚Grundherrschaft' als Forschungsbegriff erhalten, wobei Konsens darüber besteht, dass er nicht zeitgenössisch ist und auch keine einheitliche Struktur – etwa im Sinne der Villikationsverfassung – bezeichnet. Es wurde vielmehr sehr deutlich, dass die Organisation herrschaftlichen Besitzes und der damit verbundenen Herrschaftsrechte über auf diesem Besitz lebende bzw. an ihn gebundene Menschen von einer großen Variationsbreite gekennzeichnet ist und zwar nicht erst im Spätmittelalter, sondern bereits seit dem Frühmittelalter. Dies gilt insbesondere für den Untersuchungsraum, der zumindest in seinen linksrheinischen Teilen lange Zeit zum Kerngebiet der Villikationsverfassung gerechnet wurde.[4]

Neben der Grundherrschaft bilden die Dorfentstehung sowie das Verhältnis zwischen Herrschaften und Gemeinden die wichtigsten Forschungsfelder im Untersuchungsraum; die hierum entstandenen Diskussionen bzw. deren Ergebnisse werden weiter unten im jeweiligen Kontext kurz angesprochen.

## 2.2 Grundherrschaft und Herrschaftsentwicklung bis zum 15. Jahrhundert

Bereits in der Karolingerzeit lassen sich in der Region komplexe Herrschafts- und Besitzverhältnisse beobachten. Neben den großen, in Villikationen organisierten Grundherrschaften der Klöster und Kirchen finden sich größere und kleine freie Grundbesitzer, die über Land verfügten – in einzelnen Dörfern, aber auch überregional. Allein aus Dienheim bei Oppenheim sind zwischen den Jahren 754 und 841 152 Urkunden überliefert, die allermeisten aus der Fuldaer und Lorscher Überlieferung.[5] Dieser dichte Quellenbestand lässt erkennen, dass ein hohes Maß an Besitzzersplitterung, eine vielschichtige soziale Differenzierung und eine komplexe wirtschaftliche Verflechtung, wie sie andere Regionen erst deutlich später aufweisen, am Mittelrhein schon in dieser frühen Zeit bestanden. Entsprechend vielschichtig ist das System der grundherrschaftlichen Durchdringung und Organisation: Neben großen königlichen, klösterlichen und vielleicht auch adeligen Villikationen treten herrschaftliche Eigenwirtschaft, Verleihung und Verpachtung sowie kleine und kleinste Einheiten in Eigenbesitz auf. Schon in dieser Zeit sind die von Ludolf Ku-

2 Lütge, Geschichte 1963, S. 83–94.
3 Zur älteren Diskussion zusammenfassend: Rösener, Grundherrschaft 1991, S. 14–29.
4 Schreiner, „Grundherrschaft" 1983; Goetz, Grundherrschaften 2001.
5 Staab, Verfassungswandel 1989, S. 154.

chenbuch für die Zeit um 1000 postulierte Vielfalt bzw. Vielschichtigkeit grundherrschaftlicher Nutzungs- und Organisationsformen oder – mit Hans-Werner Goetz – die den Umständen „angepaßten Organisationsformen einer durch Vielfalt gekennzeichneten frühmittelalterlichen Grundherrschaft“ zu beobachten.[6] Nur wenige Siedlungen mit ihren sich spätestens in dieser Zeit formierenden Gemarkungen befanden sich ganz in der Hand eines Grundherrn – eine Voraussetzung, die für die weitere Herrschaftsentwicklung von großer Bedeutung war.

Die großen Villikationen begannen sich bereits im 11. Jahrhundert aufzulösen und in frühe Formen der Rentengrundherrschaft überzugehen. Dabei blieben die alten Salhöfe noch lange Zeit als Zentren eines Wirtschaftskomplexes, Hebestellen für bäuerliche Abgaben, Orte des grundherrschaftlichen Hubgerichts und mit Backhaus, Mühle und anderen Banneinrichtungen wirtschaftliche, mit (Pfarr-)Kirche oder Kapelle kultische Zentren (eines Teils) einer Siedlungseinheit bestehen. Die Salhöfe wurden daher – anders als der übrige Grundbesitz – von den Herren lange Zeit noch in Zeitpacht, oft gar in Teilbauweise vergeben, während das übrige Land von den Grundherren fast durchgehend in Erbleihe und gegen Fixpacht verliehen wurde. Ausnahmen bilden aber auch die Weinberge, bei denen der Teilbau das am weitesten verbreitete Modell darstellte.[7]

Mit dem Bedeutungsverlust der Grundherrschaft gewann auch die ursprünglich mit ihr einhergehende Unfreiheit der Hintersassen eine neue Qualität. Sie löste sich als eigenständiges Herrschaftsrecht von der Grundherrschaft und wurde als Leibherrschaft in regional sehr unterschiedlichen Ausprägungen zu einem bedeutenden Faktor. Während sie in manchen Orten lediglich als Anlass einer recht geringen Abgabe (Leibbede oder Leibhuhn) diente, die mehr als Rekognitionsgebühr denn als schwere Belastung der Leibangehörigen zu sehen ist, wurden andernorts neben solchen regelmäßigen Abgaben vor allem die erheblich ins Gewicht fallenden Todfallabgaben (Besthaupt bzw. Bestkleid) weiterhin eingefordert. Im Kurmainzer Amt Olm etwa trennte das Flüsschen Selz diejenigen Orte, in denen die Mainzer Eigenleute den Todfall zu zahlen hatten von solchen, in denen sie lediglich die Leibbede entrichten mussten.[8] Vor allem aber war die Leibherrschaft ein Recht, das sich in verschiedenen Konstellationen als wirksames Herrschaftsinstrument einsetzen ließ. So versuchten einige Leibherren, die Freizügigkeit ihrer Hintersassen durch eine Verschärfung der leibherrschaftlichen Bindung einzuschränken, insbesondere nach den Bevölkerungsverlusten in der zweiten Hälfte des 14. Jahrhunderts.[9] Im 15. und 16. Jahrhundert wurde von den Fürsten zudem eine Art „Territorialleibherrschaft“ angestrebt, die das Ziel hatte, alle Untertanen im eigenen Territorium in die eigene

6 Kuchenbuch, Abschied 2004, S. 97; Goetz, Grundherrschaften 2001, S. 87.
7 Spieß, Teilpacht 1988.
8 Schmitt, Rechtsquellen 1996, Nr. 33, S. 173f. (nach 1499).
9 Mötsch, Nichtabzugsverpflichtungen 1983.

Leibherrschaft zu bringen, d.h. Leibangehörige fremder Herren loszuwerden oder durch Tauschverträge mit auswärtigen Leibherren der eigenen Leibherrschaft zu unterwerfen. Für Untertanen, die im Territorium ihres eigenen Leibherrn saßen, wurde die Leibherrschaft in diesen Fällen dann oft nicht mehr spürbar, solange sie innerhalb des Territoriums blieben. Alle Abgaben und besonderen Belastungen wurden aufgehoben. Wollten sie aber das Territorium ihres Herrn verlassen, mussten sie erhebliche Abzugsgebühren zahlen und fortan, solange sie hinter einem fremden Herrn lebten, regelmäßig Leibbede sowie Todfallabgaben leisten. Die Abgaben für „Ausleute" (Leibangehörige in fremdherrigen Orten) wurden in der Kurpfalz seit dem 16. Jahrhundert deutlich erhöht, so forderten die Herren phasenweise auch Kriegs- und Frondienste von ihnen.

Umgekehrt versuchten einige Herren, insbesondere die Pfalzgrafen bei Rhein, die mit ihrem „Wildfangrecht" – dem Anspruch innerhalb eines bestimmten, weit über ihr eigenes Territorium hinausgehenden Gebietes alle zuziehenden Fremden ohne nachfolgenden Herrn in ihre Leibherrschaft zu bringen – über besonders viele Leibangehörige in fremdherrigen Orten verfügten, mithilfe ihrer „Ausleute" über diese Orte Einfluss zu erlangen. Das konnte so weit gehen, dass über die Ausübung leibherrschaftlicher Rechte schließlich sogar die Ortsherrschaft an die Pfalzgrafschaft ging.[10]

Während die Grundherren also eine immer geringere herrschaftliche Präsenz in den entstehenden Dörfern zeigten – bis auf die Hubgerichte, auf denen sie ihre Abgaben einzogen und Angelegenheiten der Leihe- und Anbaubedingungen verhandelten –, versuchten die Vögte der großen geistlichen Grundherrschaften mehr und mehr, die Herrschaftsrechte an sich zu ziehen. Wichtigstes Instrument war dabei die Gerichtsbarkeit, insbesondere das in den Dörfern selbst tagende Niedergericht, das aus den grundherrschaftlichen Hubgerichten hervorging. Die Vögte versuchten jeweils, ihre aus der Schutzherrschaft über die geistlichen Grundherrschaften weiterentwickelte Gerichtsherrschaft über die Mitglieder der alten grundherrschaftlichen Familia hinaus auf alle Bewohner eines Siedlungsverbandes, auch über die ursprünglich zu anderen Grundherrschaften gehörenden Personen auszuweiten. Sie traten damit in Konkurrenz zu ihren eigenen Lehnsherren, den geistlichen Grundherren, aber auch zu Vögten anderer Herren sowie den Grundherren. Ziel dieses Konkurrenz- und Verdrängungswettbewerbs war es letztlich, die Herrschaft über den gesamten Siedlungsverband zu erlangen – egal zu welcher Grundherrschaft die Bewohner jeweils gehörten. Die im 13. bis 14. Jahrhundert sich herausbildende Dorfherrschaft manifestierte sich in der Herrschaft über das Dorfgericht, dem alle Dorfbewohner unterstanden.[11]

**10** Schmitt, Wildfänge 2005; allgemein auch: Andermann, Leibeigenschaft 2014.
**11** Sablonier, Dorf 1984.

## 2.3 Dorfentstehung

Archäologen beobachten für Südwestdeutschland eine „semikontraktive Siedlungskonzentration", bei der es zwar zu Siedlungsverlagerungen kam, allerdings oft um ein in der Merowinger-/frühen Karolingerzeit bereits ausgeprägtes grundherrschaftliches Zentrum von Hof und Kirche herum.[12] Hierher konzentrierte sich die Besiedlung, wenn die topographischen Bedingungen stimmten und der Hofkomplex in oder nahe bei merowingerzeitlichen Siedlungsverdichtungen lag. Typisch für mittelrheinische Dörfer mit ihrer früh schon stark zersplitterten Besitzstruktur dürfte dabei die Aufnahme mehrerer solcher grundherrschaftlicher Hofkerne in einen Siedlungsverband gewesen sein, wie er sich z.B. in Nierstein mit den beiden Zentren um das königliche Fiskalgut bei der heutigen Martinskirche sowie das bereits 742 urkundlich fassbare würzburgische Besitzzentrum um die heutige Kilianskirche herum darstellt, die in einen Dorf- und Gemarkungsverband zusammengewachsen sind. Zwei weitere Siedlungskerne, die schon mit eigenen Ortsnamen als Sundheim und Rödenbach greifbar sind, gingen im Verlauf des Hochmittelalters ebenfalls in dem Dorf Nierstein auf. [13]

Das Zusammenwachsen der Siedlungen zu einem einheitlichen Dorf verlief parallel zum bereits beschriebenen Prozess der „Verdorfung" der Herrschaft, bei dem aus mehreren Grundherren bzw. Vögten schließlich ein Dorfherr hervorging, wie auch zu dem des Zusammenwachsens einer einheitlichen Dorfgemeinde aus mehreren älteren grundherrschaftlichen Hofgenossenschaften. Dabei sind bereits in der Karolingerzeit erste Spuren „protogemeindlicher Strukturen" zu erkennen, die über oder jenseits der grundherrschaftlichen Genossenschaften existiert haben dürften. Sie lassen sich in Formulierungen wie „in der Mark der Dienheimer" erkennen, die bei Grundstücksübertragungen und anderen rechtlichen Vorgängen in den Urkunden auftauchen.[14] Franz Staab spricht für diese „Gemeinde älterer Art" von einem „dörflichen ‚Erinnerungskataster'", von dem er eine klare Verbindungslinie zu den Gemeinden des Hochmittelalters zieht.[15]

Bereits im 12. Jahrhundert lässt sich dann die voll ausgebildete Gemeinde im Rechtssinn am Mittelrhein beobachten. Karl-Heinz Spieß untersucht anhand von sechs verschiedenen Aspekten die Ausprägung der Gemeinden im Hochmittelalter: (1) Die Existenz von Ortsbefestigungen bereits im 12. Jahrhundert, mit denen das Dorf und seine Bewohner zu einer geschlossenen „Schutz- und Lebensgemeinschaft" zusammengefügt wurden, für deren Erhalt und Sicherung sie auch gemeinsam verantwortlich waren. (2) Die ebenfalls bereits im 12. Jahrhundert weitgehend

**12** Schreg, Dorfgenese 2002, S. 224.
**13** Knöchlein, Nierstein 2008, S. 9f.
**14** Kohl, Gemeinde 2005, S. 197.
**15** Staab, Verfassungswandel 1989, S. 171.

durchgeführte Zelgenverfassung als Indiz für eine gemeinschaftliche Flurbewirtschaftung; (3) die schon seit dem 11. Jahrhundert beginnende Auflösung der Fronhofverfassung sowie (4) die im 12. Jahrhundert anzutreffende Ortsvogtei mit der Erhebung einer einheitlichen Bede von allen Dorfbewohnern und parallel dazu die Entstehung eines Ortsgerichts, dem alle Dorfbewohner unterstanden. (5) Auch die Gemeindebildung war bereits im 12. Jahrhundert abgeschlossen, wenn Dorfgemeinden (*universitates villanorum*) als rechtlich handlungsfähige Kommunen begegnen, was (6) unter anderem auf die im 11. Jahrhundert schon als starker Handlungsverband greifbare Kirchengemeinde zurückzuführen ist. Kurz, Spieß geht davon aus, dass sich im Mittelrheingebiet bereits um 1150 Dorfgemeinden mit einem relativ großen „herrschaftsfreien Spielraum" und einem „hohen Organisationsgrad" gebildet hatten.[16]

Die Entwicklung der Dorfgemeinden weist insbesondere in den reichen Weinbaugemeinden am Rhein vielfach klare Parallelen zur gleichzeitig sich vollziehenden städtischen Kommunebildung auf, wobei die Unterschiede oft nur gradueller, nicht grundsätzlicher Art sind. So gelang es etwa dem Dorf Bodenheim im Zuge der Auseinandersetzung seines größten Grundherrn, des Klosters St. Alban in Mainz, mit seinem Vogt, dem Herrn von Hohenfels, sich ein erhebliches Maß an Emanzipation und Privilegierung durch seine Herrschaft zu sichern: Als im Jahr 1277 St. Alban die Rechte seines Vogtes in Bodenheim zurückkaufen wollte, stellte die Gemeinde die Hälfte der dafür erforderlichen Summe zur Verfügung und sicherte sich im Gegenzug von St. Alban erhebliche Privilegien wie die Freiheit von Frondiensten und Abgaben, die über einen bestimmten, genau fixierten Betrag hinausgingen. Weiterhin verpflichtete sich St. Alban, nie wieder einen Vogt in Bodenheim einzusetzen.[17] Auf den darüber abgeschlossenen Vertrag berief sich die Gemeinde auch in späteren Jahrhunderten immer wieder und leitete aus ihm unter anderem ihre Freiheit von Fron, Steuer, Bede, Atzung, Schatzung und Reise (also Kriegsdienstpflichten) ab. Als St. Alban 1418 von einem Benediktinerkloster in ein Säkularkanonikerstift umgewandelt wurde, verweigerten die Bodenheimer dem Propst die Huldigung als Ortsherrn, weil sie – wie die Gemeinde argumentierte – nur dem Abt von St. Alban, nicht aber einem Propst zu Gehorsam verpflichtet seien. Stattdessen erklärte sich die Gemeinde selbst zum Herrn des Dorfgerichts. Auch im Bauernkrieg verfolgte Bodenheim eine harte Linie gegenüber seinem Ortsherrn, indem es diesem das Recht auf Gebot und Verbot verweigerte. Noch im Vertrag, den der Ortsherr mit der Gemeinde nach der gewaltsamen Niederschlagung des Aufstandes aushandelte, sah sich die Gemeinde zwar zur Anerkennung von Gebot und Verbot ihres Herrn veranlasst, blieb aber bei der Freiheit von „fron dienst, steuer, beth, atzung, schatzung und reyße, der sich ein jder probst lauth der freyheit, so ein gemein zu

**16** Spieß, Gesellschaft 1995, S. 407.
**17** Schmitt, Rechtsquellen 1996, Nr. 34, S. 179–188 (1277 Sept. 26).

Bodenheim deßhalben von einem probst und stift zu Sant Alban haben, genzlichen enthalten und damit die gemein unbeschwert".[18]

Solche von der Herrschaft ihres Ortsherrn weitgehend emanzipierten Dorfgemeinden finden sich im Mittelrheingebiet immer wieder. Hintergrund der starken Stellung der Dorfgemeinden war nicht nur die große Wirtschaftskraft, sondern auch – gerade in der entscheidenden Phase des 13. und 14. Jahrhunderts – eine hohe Präsenz des Niederadels in den Dörfern, der sich als Teil der Dorfgemeinden verstand und deren Emanzipation oft maßgeblich mit unterstützte.[19]

## 2.4 Territorialisierung und Dorfentwicklung – Widerstandskultur

Die Phase relativ großer gemeindlicher Autonomie endete mit dem Ausbau territorialstaatlicher Organisationsstrukturen im 16. Jahrhundert. Die Pfalzgrafen bei Rhein (im linksrheinischen Rheinhessen, der heutigen Pfalz sowie am oberen Mittelrhein um Bacharach) sowie die geistlichen Kurfürsten Mainz (um ihre Kathedralstadt sowie den Zoll Lahnstein herum), Trier (um Koblenz) und Köln (zunächst ebenfalls um Bacharach) waren die mächtigsten Akteure in der Region neben zahlreichen Grafen- und Herrengeschlechtern, niederadligen Reichsrittern sowie Freien und Reichsstädten mit ihren jeweiligen Herrschaftsgebieten.[20] Der Herrschaftsaufbau vollzog sich wie oben beschrieben in Auseinandersetzung um die Ortsherrschaft zunächst von Dorf zu Dorf, wobei übergreifende Herrschaftsrechte wie die Hochgerichtsbarkeit, das pfalzgräfliche Wildfangrecht oder das Mainzer Bannrecht um Bingen großräumigere Einflusszonen entstehen ließen, in denen die örtlichen Herrschaftsrechte von diesen übergeordneten Rechten überwölbt wurden und so deren Inhabern Vorteile im Kampf um die Ortsherrschaft schufen.[21] Der Prozess der räumlichen Abschließung von Herrschaftseinheiten war am Ende des Mittelalters noch lange nicht beendet. Das Mittelrheingebiet war und blieb eine Region offener Territorien, die bis ans Ende des Alten Reiches einander in enger Gemengelage manchmal auch innerhalb einzelner Dörfer überlagerten, indem Ortsherrschaften geteilt blieben, Personenrechte in der Hand anderer Herren waren als die Dorfherrschaft oder Grundherren Reste alter Herrschaftsrechte im Rahmen ihrer Hubgerichte konservierten. Für die Dorfbewohner konnten solche herrschaftlichen Überschneidungen mit großen Konflikten und Problemen, aber auch mit Chancen auf Privilegierung und Rechtsverbesserung einhergehen.[22]

**18** Ebd., Nr. 36, S. 191 (1536 Jan. 21).
**19** Spieß, Gesellschaft 1995, S. 409f.; Staab, Verfassungswandel 1989, S. 171.
**20** Volk, Wirtschaft 1998, S. 142–154.
**21** Schmitt, Territorialstaat 1992, S. 74–93.
**22** Schmitt, Landgemeinde 1995.

Der Ausbau von Territorialstaaten lässt sich in den Landgemeinden vor allem auf der Ebene der regionalen Amtsstrukturen fassen. Mit den Amtleuten wurde durch die Fürsten eine weitere Ebene in die Kommunikation mit den von ihnen Beherrschten eingezogen, die fortan in einer Art Dreieck das Zusammenspiel von Herrschaft, Herrschaftsvermittlung und Beherrschten bestimmte: Fürst, Amtleute und Gemeinden waren seit dem 15. Jahrhundert die Eckpunkte in einem System, das in enger gegenseitiger Durchdringung Herrschaft etablierte, kommunizierte und umsetzte – stets in einem Prozess intensiver „Aushandlung" unter ungleichen Akteuren.[23]

Im Rahmen der dabei sich verfestigenden und verschriftlichenden Ordnungen wurden die Dorfgemeinden quasi als unterste Verwaltungseinheit in die sich etablierenden Territorialstaaten integriert. Ihre Organisation wird im 16. Jahrhundert in den Quellen deutlicher erkennbar. Es handelt sich um eine zweiteilige Organisation mit dem Dorfgericht auf der einen, der Gemeindeversammlung auf der anderen Seite. Das Dorfgericht unterstand dem vom Dorfherrn eingesetzten Schultheißen (in manchen Orten auch Vogt oder Untervogt genannt). Es setzte sich neben dem Schultheißen aus Gerichtsschöffen und -büttel, die aus dem Kreis der Gemeindemitglieder vom Herrn (in der Regel auf Vorschlag der Gemeinde) eingesetzt wurden, zusammen. Die Gerichtsgemeinde, die sich meist dreimal im Jahr zum ungebotenen und auf Anforderung des Herrn bzw. seines Schultheißen zum gebotenen Ding zu versammeln hatte, war identisch mit der Dorfgemeinde. Das Dorfgericht verhandelte alle Angelegenheiten der niederen Gerichtsbarkeit, in Dörfern, die der Herrschaft eines geistlichen Fürsten unterstanden, auch der hohen Gerichtsbarkeit. Während es im Spätmittelalter noch eine Art Oberhofpraxis gab, die bedeutete, dass das Gericht in unsicheren Fällen zu einem der nahe gelegenen Oberhöfe zu Haupte ging, wurde seit dem 16. Jahrhundert fast überall ein System von Gerichtsinstanzen innerhalb der Territorien aufgebaut. Appellationsinstanz der Dorfgerichte war dann das jeweilige Amtsgericht, die nächsthöhere – und in den meisten Fällen aufgrund des *Privilegium de non appellando* auch letzte – Instanz war das herrschaftliche Hofgericht.[24]

Neben dem Dorfgericht hatte sich im Spätmittelalter eine mehr oder weniger stark institutionalisierte Gemeindestruktur etabliert. Sie bestand aus der Gemeindeversammlung, deren Mitglieder alle Bewohner des Dorfes mit Gemeinderecht waren. In den meisten Orten findet sich das Prinzip der Einwohnergemeinde, d.h. jeder Bewohner hatte – ab einem gewissen Alter und nach Ablegung des Bürgereids – Anteil an der Gemeinde. Zuziehende Fremde mussten in der Regel ihre eheliche Geburt und die Freiheit von einem nachfolgenden Herrn nachweisen sowie eine (von der Gemeinde oder dem Ortsherrn) bestimmte Einzugsgebühr entrichten, bevor sie den Bürgereid leisten durften. Die Gemeindeversammlung wählte an ihre Spitze zwei

**23** Brakensiek, Herrschaftsvermittlung 2005.

**24** Schmitt, Territorialstaat 1992, S. 228–263; Dies., Landgemeinde 1995, S. 222.

Bürgermeister (oder Heimbürgen, manchmal aber auch Vierer, Sechser usw. – je nach Zahl), die der Gemeinde für ein oder zwei Jahre vorstanden und das Gemeindevermögen verwalteten. Sie wählte oder bestellte weiterhin eine ganze Reihe von Gemeindeämtern, wie das der Steinsetzer, Wingertschützen, Schröder, Feuerläufer usw. Die Gemeinde hatte das Recht, eine eigene Dorfordnung zu errichten, für deren Übertretung sie Strafen einziehen durfte. Auf der Gemeindeversammlung bestand diesbezüglich eine Rügepflicht aller Gemeindemitglieder, d.h. jeder musste ihm bekannt gewordene Verstöße gegen die Dorfordnung vorbringen, wollte er nicht seinerseits eine Bestrafung riskieren.[25]

Diese Gemeindestruktur wurde im Verlauf des 16. Jahrhunderts zunehmend der Aufsicht und den Eingriffsrechten des vom Herrn eingesetzten Amtmanns unterworfen, der die bisher weitgehend ohne herrschaftliche Einflussnahme geregelte innere Ordnung des Gemeindelebens durch Verordnungen zu kontrollieren und zu lenken suchte. Dabei wurde allerdings in einem intensiven Kommunikationsprozess die Reaktion der Gemeinde über den Amtmann immer wieder auch an den fürstlichen Hof gespiegelt und bewirkte dort Modifikationen oder neue Reaktionen der herrschaftlichen Verwaltung. Letztlich handelte es sich, wie André Holenstein gezeigt hat, um ein konsensorientiertes Herrschaftssystem, bei dem die Tatsache, dass sich die Untertanen in Konflikten immer wieder an den Fürsten wandten, als Festigung und Bestätigung von dessen Stellung verstanden werden kann („empowering interactions").[26]

Die Balance zwischen herrschaftlichen Maßnahmen, gemeindlichen Reaktionen und amtsmannschaftlicher Herrschaftsvermittlung geriet dann aus dem Gleichgewicht, wenn äußere Faktoren wie Klimaentwicklung, Krieg, Verpfändung usw. mit Störungen im Kommunikationsdreieck einhergingen, sodass die herrschaftliche Legitimation infrage gestellt wurde. Auch innere Faktoren konnten das Zusammenspiel nachhaltig stören und so zu Aufstandsbewegungen führen, etwa die privilegierte Stellung von Grundherren, die in der Wahrnehmung der Gemeinden keine regulierenden oder anderen herrschaftslegitimierenden Aufgaben mehr wahrnahmen, trotzdem aber auf herrschaftlichen Vorrechten und Privilegien beharrten. Dies scheint der wichtigste Anlass für die Beteiligung einiger Regionen im Untersuchungsraum am Bauernkrieg gewesen zu sein. Im Rheingau, der wahrscheinlich reichsten und in für die Region ungewöhnlicher Geschlossenheit dem Mainzer Erzbischof unterstehenden Region, richtete sich der Aufstand weniger gegen den Landesherrn, sondern gegen die geistlichen und niederadligen Grundherren, die auf ihren Sondernutzungsrechten in der Gemarkung, der Abgaben- und Lastenfreiheit ihrer verbliebenen Herrenhöfe oder der Erhebung des sogenannten Blutzehnten be-

**25** Schmitt, Territorialstaat 1992, S. 228–263.
**26** Holenstein, Introduction 2009.

harrten.[27] Außer dem Rheingau schlossen sich allerdings nur die Gemeinden in der heutigen Pfalz in größerer Zahl dem Bauernkrieg an, während sich in den übrigen Regionen allenfalls einzelne Gemeinden an der Aufstandsbewegung beteiligten, wie das oben erwähnte Bodenheim. Warum der Bauernkrieg hier am Mittelrhein quasi auslief – d.h. je weiter nördlich ein Dorf gelegen, umso weniger Anklang fand er hier –, lässt sich nach bisherigem Forschungsstand nicht sagen. Nimmt man die in den Rheingauer Artikeln formulierten Forderungen als Maßstab, so müssten auch in anderen Regionen Gründe für eine Erhebung bestanden haben. Neben der Forderung nach einem von den Gemeinden selbst zu wählenden Prediger, der das lautere Wort Gottes predige, wurde gefordert, die abgaben- und lastenfreien Güter des Adels und der Kirche wie andere Güter zu belasten, Rentenzahlungen an geistliche Grundherren abzulösen und Wasser sowie Weide von den Gemeinden frei nutzen zu können.[28]

Daher wird man wiederum auf die Formen der Herrschaftsvermittlung und deren Mitspieler, die Organisation der Landgemeinden, als Hintergrund für die Bereitschaft oder Entschiedenheit zum Aufstand verwiesen. Gerade der Rheingau war die am besten organisierte Landschaft, in der nicht nur die einzelnen Dorfgemeinden, sondern die Landschaft insgesamt eine starke Stellung gegenüber ihrem Landesherrn hatte: In der Rheingauer Landschaft waren Adel und Nichtadel vertreten und mit weitgehenden Gestaltungsmöglichkeiten in allen Fragen der landschaftlichen Organisation ausgestattet. Hinzu kam die enge Verbindung der Rheingauer mit den aufständischen Mainzer Stadtbürgern, die den Forderungen der Landschaft Nachdruck und Sprengkraft verlieh. So nutzte denn auch der Mainzer Erzbischof nach der Niederwerfung des Aufstandes seine neugewonnene Stärke, um die Landschaft in einer Landesordnung völlig neu zu ordnen.[29]

Außer dem Bauernkrieg lässt sich im Mittelrheingebiet keine überregionale Aufstands- oder Widerstandsbewegung beobachten, mit Ausnahme vielleicht der Erhebung einiger Gemeinden um Worms 1431/32 gegen die Verschuldung bei den Wormser Juden.[30] Sie wiederum steht in einer langen Reihe heftiger Pogrome gegen Juden am Mittelrhein, die ihren Höhepunkt mit der Armlederbewegung und den bald darauffolgenden Pestpogromen im 14. Jahrhundert hatten. Nach diesen furchtbaren Verfolgungswellen war Juden im oberen Mittelrheintal sowie darüber hinaus in der Region nur noch gegen zeitlich begrenzte und mit hohen Geldzahlungen verbundene Schutzbriefe die Ansiedlung erlaubt. Vertreibungswellen – oft mit Judenschuldentilgungen verbunden – schwächten die jüdischen Gemeinden im 15. Jahrhundert weiter. Generell wird deutlich, dass im Spätmittelalter die Verschuldung

**27** Struck, Bauernkrieg 1975.

**28** Ebd.

**29** Ebd., S. 266–277; Ochs, Autonomie 2012.

**30** Schmitt, Territorialstaat 1992, S. 260f.

bei Juden, wie Otto Volk betont, „kein eigentlich städtisches, sondern ein überwiegend ländliches Phänomen darstellte".[31]

In den meisten Fällen wurden dagegen Konflikte mit der Herrschaft oder Widerstand gegen als ungerecht empfundene herrschaftliche Forderungen und Maßnahmen von den Gemeinden direkt ausgefochten, ohne dass größere überörtliche Zusammenschlüsse zu erkennen wären. Bereits im Mittelalter ist dabei ein gewisses Maß an Verrechtlichung der Konfliktaustragung zu beobachten, das sich in der Neuzeit deutlich verstärkte.

## 2.5 Besitzrechte, Sonderkulturen und Marktbeziehungen

Das Mittelrheingebiet und große Teile der Pfalz sind, so intensiv wie wenige andere Regionen Deutschlands, vom Weinbau geprägt. Diese Sonderkultur bestimmte auch in Mittelalter und Früher Neuzeit beinahe die gesamte Wirtschafts- und Gesellschaftsordnung bis weit ins 19. Jahrhundert hinein; sie ist Ursprung des relativen Reichtums wie auch der großen, oft verhängnisvollen Abhängigkeit von den Konjunkturen des Weinbaus sowie des Klimas. In seinem großen Werk „Wirtschaft und Gesellschaft am Mittelrhein vom 12. bis zum 16. Jahrhundert" legt Otto Volk eine umfassende Studie dieser vom Weinbau geprägten Landschaft vor. In seinem Untersuchungsraum, dem oberen Mittelrheintal zwischen Bingen und Koblenz, erhielt der Weinbau seine Prägekraft mit der Terrassierung der Steilhänge entlang des Rheins im 12. Jahrhundert. Die sehr arbeitsintensive Sonderkultur bestimmte bald alle Bereiche der Landwirtschaft mit ihrem hohen Arbeitskräftebedarf, dem Bedarf an Dünger, Bau- und Nutzholz sowie der engen Marktverflechtung und den starken, witterungsbedingten Schwankungen von Ernteerträgen und -qualitäten.

Die wirtschaftlichen Erfordernisse des Weinbaus diktierten auch die Leihebedingungen und Besitzrechte der Weinbauern. Lange Pachtzeiten waren unabdingbar für eine sorgfältige Pflege der Weinberge, sodass Erbleihe oder Zeitleihe mit langjährigen Vertragsbindungen die Leiheverhältnisse dominierten; die hohen Ertragsschwankungen dagegen wurden am besten aufgefangen, wenn Grundherr und Beständer sich die Risiken teilten, weshalb im Weinbau die Teilpacht eine weitverbreitete Abgabenform darstellte. Waren die Güter in Halbpacht ausgegeben, erhielt der Herr also die Hälfte des Ertrags, so sahen die Pachtverträge in der Regel eine starke Beteiligung des Herrn etwa bei den Kosten für Lohnarbeiter oder Düngung der Weinberge vor. Bei der Drittelpacht, in der der Herr ein Drittel der Erträge erhielt, hatte dagegen der Grundherr deutlich weniger Anteil an den Lasten und Kosten der Weinbergsbearbeitung. Auch Lage und Qualität des Weinbergs waren ausschlaggebend für die Höhe der Abgabenquote. Für die Grundherren bedeutete

31 Volk, Wirtschaft 1998, S. 763; Haverkamp, Judenvertreibungen 1999.

die Teilpacht ein Mittragen schlechter und ein Profitieren von guten Erntejahren, zudem aber auch ein großes Engagement insbesondere bei der Kontrolle von Erntemengen und -abgaben.[32]

Am oberen Mittelrhein waren auch die angrenzenden Mittelgebirgshöhen von Hunsrück und Taunus auf den Weinbau im Rheintal hin ausgerichtet. Dünger- und Holzlieferungen, die Versorgung der Talbewohner mit Getreide und die Entsendung von Saisonarbeitskräften sind die wichtigsten Aspekte dieser miteinander korrespondierenden Wirtschaftslandschaften.

Neben den Weinbaulandschaften bietet das Mittelrheingebiet aber auch andere Agrarregionen wie das klimatisch begünstigte, von verbreitet anzutreffenden Lößböden profitierende Rheinhessen (im Dreieck zwischen Mainz, Bingen und Worms). Die natürlichen Voraussetzungen erlaubten intensiven Getreideanbau mit vergleichsweise hohen Erträgen, aber auch Wein- und Obstanbau, insbesondere in den am Rhein direkt gelegenen Gebieten.

Die hohe Städtedichte der Region garantierte eine enge Marktanbindung. Der Weinhandel war im Spätmittelalter ganz maßgeblich von den Kölner Weinhändlern dominiert, die entweder bei den Produzenten in den Dörfern selbst – unter Einschaltung der von den Gemeinden eingesetzten Schröder – oder auf den regionalen und überregionalen Weinmärkten ihre Weine im Herbst einkauften und über Köln nach Nordeuropa verkauften.[33] Schon im 11. Jahrhundert wurden in zahlreichen Fällen Abgaben an Grundherren in Geldzahlungen geleistet – ein Indiz für Vermarktungsmöglichkeiten in dieser frühen Zeit. Die in Rheinhessen seit dem 13. Jahrhundert vorherrschende Zweifelderwirtschaft trug der engen Marktbindung Rechnung; das Wintergetreide Roggen konnte in den Städten als Brotgetreide zum doppelten Preis der Sommergetreide verkauft werden, sodass die geringere Erntemenge des Zweifelderwechsels (Wintergetreide/Brache) anstelle der höheren Gesamterträge aus der Dreifelderwirtschaft (Wintergetreide/Sommergetreide/Brache) in Kauf genommen wurde.[34]

## 2.6 Sozialstruktur und Agrarverfassung

Das Mittelrheingebiet und die Pfalz waren durchgehend von der Realteilung geprägt, was tendenziell zu einer ausgeglicheneren Besitz- und Sozialstruktur führte als das Anerbenrecht, aber auch zu einem Vorherrschen kleiner und kleinster Betriebseinheiten. Sowohl beim Bürgerrecht als auch bei der damit verbundenen All-

---

**32** Spieß, Teilpacht 1988; Volk, Wirtschaft 1998, S. 164.

**33** Volk, Weinbau 1993, S. 144–147; Militzer, Handel 1993.

**34** Spieß, Gesellschaft 1995, S. 394. Zu anderen Gründen wie dem Düngermangel im oberen Mittelrheingebiet: Volk, Wirtschaft 1998, S. 277–281.

mendnutzung lassen sich in der Regel keine Abstufungen erkennen. Es gab entweder Bürger oder Nichtbürger; das Bürgerrecht war also nicht, wie in anderen Regionen, nach Besitzgrößen gestaffelt. Allerdings wurden die Dorfbewohner in Rheinhessen seit dem 15. Jahrhundert wiederholt in „Einspännige" und „Fuhrleute" unterschieden – eine Einteilung, die die Art der Frondienstleistung betraf: Während „Einspännige" ihre Frondienste – auch die sogenannte Gemeindefron, die von der Gemeinde gefordert wurde – mit der Hand leisteten, konnten „Fuhrleute" Gespanndienste mit Ochsen- oder gar Pferdegespannen erbringen. In Zeiten übermäßiger Allmendnutzung versuchte man entsprechend der Besitzgrößen die Viehweide auf der Allmende einzuschränken: so wurden in Nierstein 1656 Hübner, Pflügner und Einletzige unterschieden, die jeweils sechs, vier oder drei Stück Vieh auf die Gemeindeweide treiben durften.[35] Im 17. Jahrhundert tauchen in den Niersteiner Quellen auch „Beisassen" auf, die kein Bürgerrecht, aber ein dauerhaftes Wohnrecht im Ort hatten; im konkreten Fall handelte es sich um den Pächter eines Kalkofens.

Aus vorstatistischer Zeit lassen sich keine sicheren Angaben über die Sozialstruktur der Orte machen. Deutlich wird immerhin, dass die weit überwiegende Zahl der Einwohner über kleine und kleinste Besitzeinheiten verfügte, während die wenigen großen Betriebseinheiten oft noch Reste der alten grundherrschaftlichen Salhöfe darstellten, die in Zeitpacht verliehen waren. Neben den Bauern und ihren Familien finden sich, insbesondere in den Weinbauorten, Knechte und Mägde als Mitglieder der Haushalte, die kein eigenes Bürgerrecht hatten. Zu unterscheiden sind dabei Saisonarbeiter, die nur in der Erntezeit in den Ort kamen, von Knechten und Mägden, die für ein Jahr fest bei einem Bauern angestellt waren. Unter ihnen wiederum sind die Söhne und Töchter von Bürgern, die sich für die Zeit vor ihrer Heirat bei einem reicheren Nachbarn verdingten, von den von außerhalb kommenden Lohnarbeitern zu unterscheiden. Charakteristisch für die Weindörfer ist zudem die vergleichsweise große Zahl an niederadligen Haushalten in den Orten. Ihre Präsenz, die sich auch in der Baustruktur der Dörfer bemerkbar machte, war ein wesentlicher Faktor auch für die Herrschafts- und Wirtschaftsentwicklung der Dörfer. Es ist davon auszugehen, dass sie ihre mehr oder weniger großen Güter in Eigenwirtschaft betrieben.[36]

Das Ende der hier beschriebenen Wirtschafts-, Rechts- und Ordnungsstrukturen kam im linksrheinischen Teil des Untersuchungsgebiets mit den französischen Revolutionskriegen, in denen diese Gebiete an Frankreich gelangten. Hier wurden die großen adligen und geistlichen Grundherrschaften als Nationalgüter eingezogen und an reiche Bauern und Bürger versteigert. Die starke Stellung der Gemeinden,

35 Riedel/Schmitt, Protokollbuch 1999, Nr. 1, S. 82.

36 Schmitt, Territorialstaat 1992, S. 186–189; Volk, Wirtschaft 1998, S. 269–273; Riedel/Schmitt, Protokollbuch 1999, S. 27–32.

insbesondere die Dorfgerichte mit ihren umfassenden Regelungs- und Befriedungskompetenzen, wurden zugunsten großräumig organisierter Verwaltungs- und Regierungseinheiten aufgelöst. Im rechtsrheinischen Mittelrheingebiet vollzogen sich diese Veränderungen nach den Umbrüchen des Wiener Kongresses schleichender, letztlich aber auch hier zugunsten großräumigerer, weniger örtlich strukturierter Ordnungseinheiten.[37]

# 3 Sachsen

Martina Schattkowsky

## 3.1 Typologie der Agrarverfassung: Grundherrschaft versus Gutsherrschaft?

Unter agrarhistorischem Aspekt gerät mit Sachsen und dem Flusslauf der Elbe jene „magische Linie“ in das Blickfeld, die in der Agrargeschichtsforschung seit mehr als einhundert Jahren namengebend für eine dichotomische Vorstellung von ost- und westelbischer Agrarverfassung der Frühen Neuzeit werden sollte.[38] „Ostelbische Gutsherrschaft“ versus „westelbische Rentengrundherrschaft“: auf der einen Seite – stark verkürzt – Gutsherrschaft mit konzentrierten Herrschaftsrechten, umfangreichen herrschaftlichen Eigenwirtschaften und oft willkürlichen Herrschaftsformen der Grundbesitzer, verbunden mit bäuerlicher Schollenbindung und Leibeigenschaft, mit ungemessenen Fronen und Bauernlegen, auf der anderen Seite Grundherrschaft mit der Dominanz von Bauernland, intakten handlungsfähigen Gemeinden und hohem bäuerlichen Widerstandspotenzial, mit günstigen Besitzrechten[39] und persönlicher Freiheit der Bauern sowie mit einer überwiegend durch Natural- und Geldzinsen bestimmten Abgabenstruktur. Als prägend erwiesen sich insbesondere die Arbeiten von Georg Friedrich Knapp, der mit der Einführung des Paradigmas des „agrarischen Dualismus“ auch eine geographische Dichotomie in der Entwicklung der deutschen und europäischen Agrarverfassung im Blick hatte.[40]

---

37 Clemens, Immobilienhändler 1995; Mahlerwein, Herren 2001; Prass, Krieg 2016.

38 Vgl. Kaak, Gutsherrschaft 1991; Rösener, Agrarverfassung 2008.

39 Dabei wird in Sachsen unterschieden zwischen „schlichten Zinsgütern“, verbunden mit vollem Eigentumsrecht (*dominium directum et utile*), sowie Erbzinsgütern, wo sich der Grundherr das Obereigentum (*dominium directum*) vorbehielt. Die Unterschiede zwischen beiden Formen verwischten mehr und mehr, d.h. Zinsgüter wurden ebenfalls mit Frondiensten belastet und hatten Lehngeld zu entrichten, das ursprünglich lediglich als Anerkennung des fortdauernden Obereigentums des Grundherrn gedacht war. Hinzu kamen vereinzelt lassitische Güter zu bloßem Pachtrecht. Vgl. Haun, Bauer 1892, S. 162–164.

40 Vgl. Knapp, Bauernbefreiung 1887.

Inzwischen hat sich die Forschung von einer allzu starren Grenzziehung zwischen „ostdeutscher Gutsherrschaft“ und „westdeutscher Grundherrschaft“ verabschiedet[41] und betont eher die Gemengelage agrarischer Verhältnisse beiderseits der Elbelinie oder – u.a. mit Blick auf das frühneuzeitliche Kursachsen – auf Übergangsgebiete.[42] Grund- und Gutsherrschaft werden heute nicht mehr als gegensätzliche, sondern als idealtypische Hilfskonstrukte und Arbeits-Begriffe verstanden, deren Inhalte am Quellenbefund jeweils neu zu bestimmen sind.[43] War doch ihre konkrete Ausprägung vor Ort nicht durch feste, unveränderliche Strukturen determiniert, sondern auch Ergebnis eines alltäglichen, wenngleich oft konfliktreichen Austarierens zwischen Gutsherren, landesherrlichen Behörden und Untertanen.

Sich von einem Determinismus der Agrarverfassungen zu verabschieden, bedeutet nicht, Unterschiede glattzubügeln. Auch wenn Gutsherrschaftsgebiete, selbst in ihrer extremen Ausformung, nicht durchgängig von Übermächtigung und grenzenloser Verherrschaftlichung gekennzeichnet waren, blieben sie doch stärker als andere soziale Ordnungen auf Gewalt gegründet. Für eine Differenzierung sprechen zudem handfeste ökonomische Fakten wie etwa die Quantität und Qualität bäuerlicher Dienste und Abgaben.

## 3.2 Ausprägung der Agrarverfassung in Sachsen

Es geht um das Ausloten feiner Unterschiede. Dies gilt gleichermaßen für die Typologisierung innerhalb des Komplexes grundherrschaftlicher Regionen. Friedrich Lütge hat Teile Thüringens, das Vogtland und Kursachsen, genauer: die wettinischen Erblande, ohne die Oberlausitz, dem Verbreitungsgebiet der „mitteldeutschen Grundherrschaft“ zugeordnet.[44] Diesen Raum bezeichnete Lütge als „das Bindeglied zwischen dem gutsherrlichen Osten und dem grundherrschaftlichen Westen“.[45] Als herausstechende Merkmale dieses Grundherrschaftstyps gelten u.a. die zahlreichen herrschaftlichen Eigenwirtschaften bei gleichzeitigem günstigen Besitzrecht und persönlicher Freiheit der Bauern. Die Gutsbetriebe waren hier indes nicht Gutsherrschaften zugeordnet, sondern in Grundherrschaften eingegliedert. Mit dieser Typologie und ihrer Anwendbarkeit für eine Beschreibung der kursächsischen Agrarverfassung hat sich die Forschung schon seit geraumer Zeit kritisch auseinandergesetzt. Beanstandet wurden die ungenügende zeitliche Differenzierung sowie die

---

41 Vgl. Peters, Gutsherrschaftsgeschichte 1995.

42 Vgl. u.a. Heitz, Differenzierung 1977, S. 918; zu den Merkmalen des Übergangsgebietes vgl. Harnisch, Gutsherrschaft 1985, S. 219f.

43 Vgl. Peters, Gutsherrschaftsgeschichte 1995, S. 7.

44 Vgl. Lütge, Grundherrschaft 1957.

45 Ders., Geschichte 1967, S. 188.

kaum beachtete Diskrepanz zwischen der günstigen Rechtsstellung der Bauern und ihrer sich im Verlauf der Neuzeit verschlechternden wirtschaftlichen Situation.[46]

Tatsächlich stellte auch die sächsische Agrarlandschaft keinen einheitlichen Block dar.[47] Einerseits umfasste sie adlige bzw. bürgerliche Rittergüter und landesherrliche Domänen, die verbunden sein konnten mit Frondiensten, Gesindezwangsdienst und herrschaftlichem Hutungsrecht. Andererseits gab es landesherrlichen und geistlichen Besitz mit begrenzter Eigenwirtschaft und Frondienstpflicht. Je nach Zugehörigkeit zu einem dieser Herrschaftskomplexe konnten die bäuerlichen Untertanen in der Frühen Neuzeit folglich sehr unterschiedlichen wirtschaftlichen Belastungen ausgesetzt sein.

Ausgehend von dieser Vielfalt lassen sich gerade am Beispiel Kursachsens an der viel beschworenen Nahtstelle der beiden großen Agrarsysteme die genannten feinen Unterschiede gut festmachen. Soviel steht fest: Auch im kursächsischen Raum gab es seit der zweiten Hälfte des 15. Jahrhunderts deutliche Tendenzen zur Verschärfung herrschaftlicher Zwangsmittel sowie zur Erweiterung der Rittergutsländereien und Errichtung neuer Rittersitze auf bäuerlichen Hufen. Die Gutsbewirtschaftung wurde für den landsässigen Adel zum „Mittelpunkt der Lebensthätigkeit", zum Lebensberuf.[48] Besonders mit den seit Beginn des 16. Jahrhunderts steigenden Getreidepreisen wuchsen die Bemühungen um den Ausbau der Gutsländereien zum Zweck eines ausgedehnteren Getreideanbaus.[49] Den vermehrten Bedarf an Arbeitskräften versuchten sich viele Rittergutsbesitzer, gestützt auf ihre patrimonialen Gerichtsrechte, durch Arbeitszwang, Einführung der Arbeitsatteste und schließlich durch Gesindezwangsdienst zu sichern. Damit folgten sie einem weitverbreiteten Trend dieser Zeit, der keineswegs auf die ostelbischen Territorien beschränkt blieb. In Kursachsen erfuhr diese Entwicklung bereits nach der Mitte des 16. Jahrhunderts allerdings eine Wendung, als das bis dahin beobachtete Legen ganzer Dorffluren bis auf wenige Ausnahmen aufhörte und sich fortan in der Regel auf einzelne Bauerngüter in weiter bestehenden Dorfschaften beschränkte.[50] Insgesamt gesehen, war der bäuerlich geprägte Charakter der ländlichen Verhältnisse in Kursachsen trotz der Tendenzen zum agrarischen Großbetrieb nie ernsthaft infrage gestellt. Geht man davon aus, dass die rund 10.000 vernichteten Bauernstellen im Zeitraum von 1500 bis 1750 etwa 4 bis 5 % des gesamten kursächsischen Bauernlandes entsprachen,[51] blieb dies weit unter den Ausmaßen des Bauernlegens in Mecklenburg oder in der Oberlausitz.

---

**46** Vgl. Blaschke, Grundzüge 1965, S. 128–130.
**47** Vgl. Schattkowsky, Rittergut 2007, S. 22–24.
**48** Schulze, Kolonisierung 1896, S. 348f.
**49** Vgl. Schirmer, Adel 1997, S. 56f.
**50** Vgl. Blaschke, Bauernlegen 1955, S. 106f.
**51** Ebd., S. 115f.

Obwohl es also durchaus Ansätze zur Verschlechterung der bäuerlichen Situation gab, ließen sich solche Prozesse in Kursachsen über einen bestimmten, in der zweiten Hälfte des 17. Jahrhunderts erreichten Punkt hinaus nicht vorantreiben, sodass hier der Weg zur Gutsherrschaft letztlich nicht beschritten wurde. Das kursächsische Agrarsystem war trotz zahlreicher Eigenwirtschaften weiterhin grundherrschaftlich strukturiert, d.h. noch im 17. und 18. Jahrhundert dominierten selbst bei Rittergutsbauern persönliche Freiheit, freie Vererblichkeit der bäuerlichen Güter sowie auf den Besitz und nicht auf die Person bezogene Grundlasten. Es wurden – trotz erheblicher regionaler oder lokaler Unterschiede – bäuerliche Frondienstbelastungen nach bisherigem Kenntnisstand in Tagen pro Jahr und nicht in Tagen pro Woche gezählt.

## 3.3 Einflussfaktoren in einem hochmittelalterlichen Kolonisationsgebiet

Über die Hintergründe dafür, wieso es in Kursachsen ausgehend von diesen Gutswirtschaften nicht im zweiten Schritt zur Gutsherrschaft gekommen ist, gibt es in der Forschung verschiedene Erklärungsangebote.[52] Sie reichen gemeinhin von der Bodenbeschaffenheit und den Transportwegen, über die Städte- und Bevölkerungsdichte bis hin zur Nachfrage nach Getreide, der Rechtsqualität des Bauernlandes und der Machtverteilung zwischen Landesherrschaft und Ständen. Hinzu kommen die besonderen Bedingungen eines einstigen slawischen Altsiedellandes und hochmittelalterlichen Kolonisationsgebietes.[53] Seit der Mitte des 12. Jahrhunderts erfolgte hier ein breiter Zustrom bäuerlicher Siedler aus Franken, den Niederlanden, Thüringen und Sachsen, die das von den Slawen begonnene Werk des Landesausbaus in großem Maßstab fortsetzten.[54] Im Zuge dieser Vorgänge änderten sich die Verhältnisse im Gebiet östlich von Saale und Elbe grundlegend: das Aussehen der Landschaft und die ethnische Zusammensetzung der Bevölkerung, die Kirchenorganisation sowie die Herrschafts-, Wirtschafts- und Rechtsverhältnisse. Der hochmittelalterliche Landesausbau brachte eine Ausweitung des Ackerlandes, eine Siedlungsverdichtung, die Einführung der Hufenverfassung, ferner agrartechnische Neuerungen und verbesserte Feldsysteme. Damit verbunden waren zumeist günstige Ansiedlungsbedingungen, die persönliche Freiheit der Siedler sowie weitgehende Gerichtsrechte der Siedlergenossenschaft. Die mittelalterliche Dorfgemeinde übte zumindest Teile der niederen Gerichtsbarkeit in eigener Zuständigkeit und mit eigenen rechtssprechenden Organen, wie Richter (auch Schultheiß oder Schulze ge-

52 Vgl. Kaak, Gutsherrschaft 1991, S. 235f.
53 Dazu grundlegend: Schlesinger, Gerichtsverfassung 1953, S. 78.
54 Vgl. Schattkowsky, Grundherrschaft 2000, S. 135–164; Bünz, Ostsiedlung 2008.

nannt) und Schöffen, aus. Daneben etablierten sich u.a. die Landgerichte und Dingstühle des Landesherrn bzw. in adligen Grundherrschaften das Jahrgericht (ebenso zu finden als Jahrgedinge, Ehegedinge oder Dingstuhl).[55] Besonders die Gerichte des landsässigen Adels erweiterten ihre Kompetenzen zunehmend auf Kosten der genossenschaftlichen Gerichte. Mit der Ausbildung der Patrimonialgerichtsbarkeit wurden die eigenrichterlichen Funktionen der Dorfgemeinde mehr und mehr auf die bloße Regelung des dörflichen Gemeinschaftslebens und der Flurnutzung zurückgedrängt. Dies schloss nicht aus, dass sich stellenweise Reste dörflicher Eigengerichtsbarkeit noch bis ins 18. Jahrhundert erhielten. Gleichwohl ist mit zu berücksichtigen, dass im Fall von Kursachsen bei Bedarf zwar auf Gemeindestrukturen zurückgegriffen werden konnte, die sich durch eine lange Tradition in der genossenschaftlichen Rechtsprechung auszeichneten, zugleich war jedoch diese ländliche Gesellschaft stark von individuellen Bauernwirtschaften geprägt.

Gerade mit Blick auf ostelbische Gutsherrschaftsgebiete ist in der Forschung heftig darüber debattiert worden, inwiefern die Wurzeln für den sogenannten Agrardualismus der europäischen Agrarlandschaft bereits bis in die Zeit der hochmittelalterlichen Ostsiedlung zurückreichen:[56] Wie war es möglich, dass sich in einigen Gebieten der Hochkolonisation, verbunden mit einem hohen Maß an rechtlicher und wirtschaftlicher Freizügigkeit der bäuerlichen Siedler, in der Frühen Neuzeit dann Großgrundbesitz mit Leibeigenschaft und – im Extremfall – bis zu sechs Tagen Frondienst in der Woche herausbilden konnten?

Heute geht man davon aus, dass die ländlichen Verhältnisse im Ostsiedlungsgebiet oftmals in einen zu starken Gegensatz zum deutschen Altsiedelgebiet gestellt wurden, zumal auch die dortige Agrarverfassung durchaus nicht einheitlich strukturiert war. Zu positiv und zu undifferenziert wurden gleichermaßen die Ausgangsbedingungen der Neuankömmlinge eingeschätzt. Das betrifft die Machtbefugnisse des weltlichen ländlichen Adels ebenso wie die Gerichtskompetenzen der bäuerlichen Gemeinden. Bedeutende Unterschiede bestanden in der bäuerlichen Rechtslage: Es gab persönliche Freiheit und Erbzinsrecht, aber eben auch Hörigkeit mit Frondienstbelastung und Zeitpacht. Zu berücksichtigen sind ferner die soziale Differenzierung der ländlichen Bevölkerung oder auch die Vielfalt der Siedlungs- und Dorfformen. Dementsprechend disparat waren die Erfahrungen und schließlich die Einflüsse der ankommenden Flamen, Friesen, Franken oder Holländer auf die neu entstehende Agrar- und Herrschaftsstruktur des Neusiedellandes. Außerdem wurden deutschrechtliche Verfassungsformen nicht sofort auf das gesamte slawische Altsiedelland übertragen, sondern es existierten zunächst verschiedene Strukturen nebeneinander. Besonders deutlich zeigte sich dies in der Mark Meißen. Die deutschen Kolonistendörfer nahmen hier in der Gerichtsverfassung eine Sonderstellung

55 Vgl. Lück, Gerichtsverfassung 1997, S. 254f.
56 Vgl. Schattkowsky, Grundherrschaft 2000, S. 145.

ein und waren in ihren eigenen Angelegenheiten vom Gericht der alteingesessenen slawischen Bevölkerung befreit.[57] Für die breite Masse der slawischen Anwohner waren Burggrafengerichte zuständig, wo einheimische „Supane" als Schöffen eingesetzt wurden. Diese als „Supanien" bezeichneten Gerichts- und Verwaltungsbezirke auf unterster Ebene bestanden teilweise noch bis in das 16. Jahrhundert weiter. Auf jeden Fall ist für die Siedlungsperiode von unterschiedlichen Agrarstrukturen auszugehen: In Neusiedlungsdörfern begannen sich grundherrschaftliche Verhältnisse auszubilden, im slawischen Altsiedelland blieben unter deutscher Herrschaft zunächst teilweise die vorhandenen Siedlungs- und Wirtschaftsformen bestehen; hinzu kamen auch bereits Eigenhöfe weltlicher und geistlicher Feudalherren.

In älteren Diskussionen über die Wurzeln gutsherrschaftlicher Verhältnisse spielten nicht selten auch ethnisch fundierte Argumente eine Rolle. So sah man die scharfe Form der ostelbischen Gutsherrschaft bisweilen im Zusammenhang mit der ehemaligen ‚Slawizität' der betreffenden Gebiete. Solchen Auffassungen ist inzwischen deutlich widersprochen worden.[58] Vielmehr wird dezidiert auf die sozialen und wirtschaftlichen, nicht aber ethnisch zu begründenden Differenzierungsprozesse im Siedlungsgebiet selbst verwiesen. Momente der Unfreiheit und der ungleichen Ressourcen- und Machtverteilung gab es demnach von Anfang an auch in Gebieten der Hochkolonisation. Ausschlaggebend war dann jedoch der Strukturwandel des Spätmittelalters im Gefolge von Agrarkrise und Bevölkerungsverlusten, der schließlich in einigen Regionen endgültig den Weg für die Entwicklung zur Gutsherrschaft geebnet hat.

## 3.4 Frühneuzeitliche Agrarverfassung und Fürstenstaat

Dass hingegen die ländlichen Verhältnisse in Kursachsen weiterhin grundherrschaftlich geprägt blieben, dafür haben neuere Forschungen mittlerweile Ursachenkomplexe herausgestellt, die traditionelle Argumente wie den hohen Stand der Stadtentwicklung, die frühe Durchsetzung manufakturmäßiger Produktion, die günstige Rechtsstellung der Bauern, den bäuerlichen Widerstand und die Rolle der Stände ebenso einbeziehen wie die unter historisch-anthropologischen Prämissen neu bewertete Adelskultur und Rechtstradition.[59]

Eine herausgehobene Bedeutung wird in einschlägigen Darstellungen zur frühneuzeitlichen Agrarverfassung dem Faktor Landesherrschaft zugeschrieben.[60] Kur-

57 Vgl. Schlesinger, Gerichtsverfassung 1953, S. 80f.
58 Vgl. Enders, Grundherrschaftsentwicklung 1995, S. 238f.
59 Vgl. Schattkowsky, Rittergut 2007; Held, Verhältnis 1995, S. 104f.
60 Vgl. v.a. Kamcke, Bedeutung 1941; Blaschke, Grundzüge 1965, S. 152f.

sachsen gilt ebenso wie Niedersachsen[61] als Paradebeispiel landesherrlicher Bauernschutzpolitik, die den adligen Bemühungen um den Ausbau des Eigenbetriebes auf Kosten der bäuerlichen Wirtschaften enge Grenzen gesetzt hatte. Dieser Bauernschutz stellt sich nach allgemeiner Vorstellung folgendermaßen dar: Während adlige Rittergutsbesitzer in Gutsherrschaftsgebieten östlich der Elbe seit dem 16. Jahrhundert dank ihrer Machtposition gegenüber den Landesherren eine wesentliche Verschlechterung der bäuerlichen Rechtsstellung vor allem deshalb erwirken konnten, weil hier gesellschaftliche und politische Gegengewichte – einschließlich eines starken Städtebürgertums – zum Adel fehlten,[62] gelang es einer kraftvollen kursächsischen Landesherrschaft, adlige Zugriffe auf die Bauernwirtschaften einzuschränken bzw. zumindest zu erschweren. Eine wichtige Rolle spielten dabei neben den damals schon fest institutionalisierten zentralen Beschwerde- und Appellationsinstanzen Landesgesetzgebungen wie die Konstitutionen von 1572 – ein Gesetzeswerk, das traditionelles sächsisches Recht mit modernen, am römischen Recht orientierten Festlegungen vereinigte.[63] Diese vom sächsischen Kurfürsten August (1526–1586) mitgestalteten und von den adligen Ständen gebilligten Konstitutionen gelten als Inbegriff staatlichen Bauernschutzes und als Motor für den Prozess der Verrechtlichung sozialer Konflikte.

Auch wenn Bauernschutz kein ausdrücklich erklärtes Ziel der Konstitutionen war, wurden hier gleichwohl Normen und Rechtsverfahren implementiert, die dann in der Rechtsnutzung Schutzmechanismen in Gang setzten. Dies war keineswegs selbstverständlich. Während etwa Rittergutsbesitzer in Mecklenburg zur gleichen Zeit von einer schwachen Landesherrschaft weitgehende Zugriffsrechte auf ihre Untertanen gesetzlich bestätigt bekamen,[64] wurde in Kursachsen per Gesetz das volle Eigentum der Bauern an ihren Gütern festgestellt, die Erhöhung von Diensten und Abgaben eingeschränkt und die Erweiterung von Rittergutsbesitz auf Kosten von Bauernland untersagt.

Besonders in der Frage des sogenannten Bauernlegens setzten die Konstitutionen hohe juristische Hürden, und zwar eindeutig zugunsten der Bauern. Natürlich stand dahinter auch ein vitales kurfürstliches Interesse an einem leistungsfähigen Bauernstand, der als Steuerzahler für die Finanzierung der territorialstaatlichen Politik unerlässlich war. So durfte der Grundherr einen Bauern selbst bei Zinsrückständen nicht seines Gutes entledigen, sondern ihn laut Gesetz lediglich in Höhe des fälligen Zinses pfänden.[65] Man ging sogar noch weiter: Die Zinsgüter (*bona censitica*) wurden – undenkbar in benachbarten Gutsherrschaftsgebieten – in das volle

**61** Vgl. v. Boetticher, Grundherrschaft 1986, S. 207f.
**62** Vgl. Kaak, Gutsherrschaft 1991, S. 2f.
**63** Siehe bei: Lünig, Codex. Bd. 1 1724, Sp. 73–137.
**64** Vgl. Münch, Mecklenburg 2003, S. 13.
**65** Vgl. dazu: Kamcke, Bedeutung 1941, S. 21f.

Eigentum der Inhaber gestellt und konnten als solche wegen rückständiger Zinsen nicht mehr eingezogen werden.[66] Der Zinsberechtigte war allein auf den Weg einer Privatklage angewiesen, um seine Schulden einzutreiben. Selbst im Fall der schlechtergestellten Erbzinsgüter hatten die genannten Konstitutionen den Brauch festgeschrieben, dass ein Erbzinsmann keineswegs seines Gutes verlustig gehen sollte, wenn er etwa drei Jahre den Zins nicht entrichtet hatte; vielmehr musste der Grundherr auch hier erst einen ordentlichen Prozess anstrengen und ein rechtskräftiges Urteil abwarten.

Von kaum zu unterschätzender Bedeutung waren die in den Konstitutionen festgelegten Neuerungen im Rechtsverfahren, das sich nunmehr an römisch-rechtlichen Prinzipien orientierte. Vor allem durch die Festlegung der durchgängigen Schriftlichkeit im Prozess bot sich den Bauern auf lange Sicht mehr Rechtssicherheit als beim mündlich überlieferten Herkommen. Althergebrachtes Gewohnheitsrecht wurde durch den Gang zu Gericht schriftlich fixiert und verlor die ausschließliche Interpretierbarkeit zugunsten der Grundherren – mit tiefgreifenden Folgen, denn in Kursachsen waren es fortan die Rittergutsbesitzer, die dem Gericht Beweise für die Rechtmäßigkeit ihrer Forderungen liefern mussten. Ausdrücklich verweist der Gesetzgeber auf „Verträge, Herkommen und Verjährung", die der Empfangsberechtigte als Beweismittel vorzulegen hatte.[67]

Mit Nachdruck sei betont, dass solche Rechtssatzungen weder die gesamte Palette herrschaftlicher Zugriffsmöglichkeiten auf die bäuerliche Wirtschaft abdeckten noch überall in gleicher Intensität griffen und damit – darauf deuten bereits die anscheinend dringend gebotenen Wiederholungen solcher Anweisungen des Gesetzgebers hin – obrigkeitliche Verstöße eben nicht durchweg haben verhindern können, zumal sich sogar der Landesherr selbst bei der Bewirtschaftung seiner Kammergüter teilweise über die eigenen Verfügungen hinwegsetzte.[68] Schon von daher verbietet sich allein ausgehend von der Gesetzesnorm ein Rückschluss auf die Rechtspraxis. Dennoch haben Mikrostudien zu herrschaftlich-bäuerlichen Gerichtsprozessen die Strahlkraft landesherrlicher Gesetze auf lokaler Ebene eindringlich bestätigt.[69] Verwunderlich ist dies nicht. Viele Artikel der landesherrlichen Konstitutionen betrafen insbesondere die ländliche Lebenswelt und tangierten die lokale Herrschaftsausübung ganz unmittelbar. So haben sich sächsische Untertanen auf der Suche nach ihrem Recht bei den Landesgerichten in der Argumentation und in formelhaften Wendungen strikt auf die für sie vorteilhaften Landesgesetze berufen und waren damit in vielen Fällen erfolgreich. Nach fester Überzeugung der Grundherren leiteten die Bauern daraus ein hohes Maß an Selbstbewusstsein und Gewiss-

**66** Vgl. Lünig, Codex. Bd. 1 1724, Sp. 98f.
**67** Vgl. ebd., Sp. 131; siehe auch bei: Lütge, Grundherrschaft 1957, S. 149.
**68** Vgl. Blaschke, Bauernlegen 1955, S. 112.
**69** Vgl. dazu: Schattkowsky, Rittergut 2007.

heit auf Unterstützung der Landesobrigkeit ab. Umgekehrt belegen zahlreich überlieferte Gerichtsakten, wie schwierig es für adlige Rittergutsbesitzer tatsächlich sein konnte, ihre Herrschaftsansprüche in Untertanenprozessen juristisch einwandfrei nachzuweisen. Trotz gebotener Quellenkritik war es folglich keinesfalls zu unterschätzen, dass die sächsische Landesherrschaft – nicht zuletzt aus genanntem fiskalischem Interesse – per Gesetz die juristische Stellung der bäuerlichen Untertanen gestärkt hat.

## 3.5 Ökonomische Spielräume und kulturelle Prägungen

Dennoch konnten Landesgesetze allein intensivere Herrschaftszugriffe natürlich nicht verhindern. Neuere mikrohistorische Studien verweisen unter Rückgriff auf breit gefächerte Quellengattungen, die Wirtschaftsakten ebenso einbeziehen wie Testamente, Geschlechts- und Familienordnungen, Leichenpredigten oder Briefe, auf weitere mögliche Einflussfaktoren auf die adlige Herrschaftspraxis. Dazu zählen beispielsweise adlige Bildung, Ämtertätigkeit am Dresdner Hof oder konfessionelle Prägungen. Zumindest für Teile des sächsischen Landadels boten sich neben dem Gutsbetrieb zusätzlich Karriere- und Einkommenschancen am Hof und in einer bereits früh spezialisierten Verwaltung eines Kurfürstentums, das sich im Reformationsjahrhundert zu einem der führenden Territorien im Alten Reich entwickelt hatte. Die materielle Seite des Fürstendienstes von Landadligen sowie deren Doppelrolle als Gutsherr und Staatsdiener ist in der Forschung durchaus unterschiedlich beurteilt worden. Nachdem diese Ämtertätigkeit – so auch für Kursachsen – bislang eher unter dem Aspekt einer finanziellen Last und weniger als Zugewinn gesehen wurde, stellt sie sich aus neuerer Sicht nicht mehr ausschließlich als Ertragsquelle für bares Kapital, sondern zugleich für die Akkumulation von symbolischem Kapital dar, das sich auch in eigenen Wirtschaftsbelangen etwa bei Kredit- oder Marktbeziehungen durchaus finanziell ausgezahlt hat.

Hinzu kommen wirtschaftliche Spielräume aufgrund der gegebenen naturräumlichen sowie allgemeinen konjunkturellen Bedingungen. Beide – Grundherren wie Bauern – profitierten in Sachsen von hoher Städtedichte und guten Absatzmöglichkeiten für Agrarprodukte, von Bevölkerungswachstum, Agrarkonjunktur und steigenden Getreidepreisen seit der zweiten Hälfte des 16. Jahrhunderts. Dies brachte verbreitet nicht nur ertragreiche herrschaftliche Betriebe, sondern – zumal in Gebieten mit günstigen Bodenverhältnissen – auch leistungsfähige bäuerliche Wirtschaften hervor.

Hinzu kommt, dass das bäuerliche Erbrecht im Kurfürstentum Sachsen durch die geschlossene Weitergabe der Bauernhöfe geprägt war. Dieses seit 1628 auch juristisch fixierte Anerbenrecht zog starke soziale Abstufungen und Vermögenspolarisierungen der ländlichen Gesellschaft – untergliedert in Mehr-, Voll- und Teilhüfner, Gärtner, Häusler, Hausgenossen und Gesinde – nach sich. In der Tat waren die Auswirkungen signifikant: Es dominierten bäuerliche Groß- und Mittelbetriebe, denen es möglich war, erfolgreich zu wirtschaften und eine höhere Marktquote zu erzielen. Während sich die Zahl der Hofstellen dieser relativ homogenen Oberschicht von Groß- und Mittelbauern zwischen 1550 und 1750 kaum änderte, nahm die Schicht der unterbäuerlichen Bevölkerung im Zuge des demographischen Wachstums seit dem 16. Jahrhundert erheblich zu. Dieser Trend lässt sich auch statistisch festmachen: Betrug um die Mitte des 16. Jahrhunderts der Anteil der Bauern gemessen an der Gesamtbevölkerung des Landes rund die Hälfte, sank er auf 25 % um 1750 und schließlich 1843 auf 14 %, während der Anteil der nichtbäuerlichen ländlichen Bevölkerung im gleichen Zeitraum von 18 % über 38 % auf 52 % anstieg.[70] In engem Zusammenhang damit stand eine hohe Heimgewerbedichte, die Teile der Landbevölkerung besonders im textilgewerblichen Gürtel entlang des Erzgebirges in das protoindustrielle Produktionssystem integrierte.

Was den für Sachsen gemeinhin herausgehobenen hohen Urbanisierungsgrad anbelangt, so erschöpften sich dessen Auswirkungen indes keineswegs allein in Marktbeziehungen oder in dem bäuerlichen und herrschaftlichen Wirtschaftsbetrieb. Zu berücksichtigen wäre ebenso die Funktion von Städten als spezifische Kulturräume oder eben auch als Sitz potenzieller (professioneller und mehr noch nichtprofessioneller) Rechtsbeistände der prozessierenden Dorfbewohner. Inwieweit also beeinflusste der problemlosere Zugang zu städtischen Märkten die dörfliche Lebensweise oder bäuerliches Widerstandsverhalten? Fallstudien zu Regionen mit ähnlich hoher Verstädterung haben überzeugend dargelegt, welche Folgen die Integration der Landwirtschaft in überregionale Märkte hatte und welche Rückwirkungen sich für die Bauernwirtschaften und die daraus resultierenden Interessenkonstellationen ergaben.[71] So erfuhren die Grundherrschaften in diesen Gebieten durch ihre ökonomische Bindung an die Stadt starke Transformationen, die sich wirtschaftlich etwa im Ausbau marktorientierter herrschaftlicher Eigenbetriebe oder in der Monetarisierung bäuerlicher Naturalabgaben ablesen lassen. Für ländliche Gebiete in Kursachsen wird in diesem Kontext bereits in der älteren Forschungsliteratur auf kulturelle Besonderheiten verwiesen.[72] Demnach habe der Wohlstand der mit großen Hofstellen ausgestatten Bauern eher den Weg freigemacht für „die Genüsse und die Mode des Tages". Das zeitige Eindringen „städtischen Wesens" sowie der Hang der großen bäuerlichen Hufenbesitzer, es – „bei allem Respekt" – dem adligen Rittergutsbesitzer gleichzutun, beeinflusste nach dieser Ansicht schon früh die „ländliche Eigenart". Künftigen Untersuchungen wird es vorbehalten bleiben, die Stadt-Land-Beziehungen stärker als bisher unter dem Aspekt der Vermittlung zwischen Ökonomie und Kultur zu berücksichtigen.

---

**70** Blaschke, Gliederung 1956, S. 150.

**71** Vgl. Robisheaux, Society 1989.

**72** Vgl. zum Folgenden: Schattkowsky, Rittergut 2007, S. 70.

Generell gesehen spricht also nach bisherigem Forschungsstand einiges dafür, dass die spezifischen Handlungsoptionen kursächsischer Grundherren den Leistungsdruck auf die eigene Rittergutswirtschaft und, damit verbunden, auf die bäuerlichen Produzenten letztlich reduzieren konnten. Auf jeden Fall scheinen sich auf diese Weise sowohl Barrieren als auch Alternativen zum exzessiven Ausbau von Großgrundbesitz ähnlich wie in manchen ostelbischen Gebieten eröffnet zu haben.

## 3.6 Ländliche Verhältnisse im 18. und 19. Jahrhundert: ein Ausblick

Damit waren offenbar auch die Weichen für die in der Mitte des 18. Jahrhunderts einsetzende neuzeitlich-moderne Agrarentwicklung gestellt, die einen Übergang von einer agrarisch zu einer gewerblich-industriell gekennzeichneten Wirtschaft und Erwerbsbevölkerung nach sich zog.

Sachsen gilt in dieser oft als neuzeitliche „Agrarrevolution" bezeichneten Phase, die eine dauerhafte Beschleunigung des Agrarwachstums einleitete, als Sonderfall. Tatsächlich lassen sich mit Blick auf die Wechselbeziehung von Agrarentwicklung und Bevölkerungswachstum und deren Bedeutung für die Industrialisierung im deutschen wie europäischen Vergleich einige Besonderheiten beobachten.[73] Fest steht, dass in Sachsen bereits um 1700 ein Agrarwachstum mit einem allmählichen Anstieg der landwirtschaftlichen Arbeitsproduktivität einsetzte, das sich nach 1815 beschleunigte. Um die Mitte des 19. Jahrhunderts gilt die sächsische Landwirtschaft als die leistungsfähigste in Deutschland.[74] Die Träger dieses agrarischen Intensivierungsprozesses besonders dann nach dem Siebenjährigen Krieg waren in Sachsen allerdings nicht die Gutsbetriebe, sondern die bäuerlichen Wirtschaften.[75] Die sächsische Landwirtschaft war und blieb weiterhin bäuerlich dominiert. Eine Verdrängung von familiengestützten bäuerlichen Betrieben durch Gutswirtschaften bzw. Großgrundbesitz lässt sich auch vor dem Hintergrund sich wandelnder Rahmenbedingungen im Zuge der marktorientierten Agrarmodernisierung nicht beobachten.[76]

Letztlich erfolgte der Wachstumsschub in dieser Region, die von großer Gewerbedichte und einer vor allem ländlich getragenen demographischen Expansion geprägt war, ausschließlich mit den Mitteln traditioneller, vorindustrieller Technologie.[77] Protoindustrialisierung und frühe Industrialisierung vollzogen sich folglich

**73** Vgl. Kopsidis, Produktmärkte 2008.
**74** Vgl. Kiesewetter, Industrialisierung 1988, S. 248.
**75** Vgl. Groß, Agrarreform 1968.
**76** Vgl. Kopsidis, Produktmärkte 2008, S. 63.
**77** Vgl. Pfister/Kopsidis, Institutions 2015.

im Rahmen eines vormodernen Agrarsystems – Anlass für ein Umdenken der Forschung, die die Leistungs- und Modernisierungsfähigkeit bäuerlichen Wirtschaftens und der vorindustriellen Agrarentwicklung überhaupt einer radikalen Neubewertung unterzog.[78] Impulse dafür liefert eine auf entwicklungsökonomischen Theorien basierende Agrargeschichtsschreibung, die letztlich zu einer positiveren Sicht auf die Qualität und Flexibilität vormoderner agrarischer Institutionen sowie auf die Bedeutung der traditionellen bäuerlichen Ökonomie führt.

Mit der sächsischen Agrarreform des 19. Jahrhunderts hat sich nach neueren quantitativen Erhebungen das Produktivitätspotenzial der sächsischen Landwirtschaft anscheinend kaum verändert. Agrarverfassungsgeschichtlich markiert sie indes einen Schlusspunkt: Das Gesetz über Ablösungen und Gemeinheitsteilungen vom 17. März 1832 beendete zusammen mit den dazu erlassenen Nachtragsgesetzen zur Abschaffung der Patrimonialgerichtsbarkeit von 1855 die Entwicklung der Grundherrschaften als selbstständige Herrschaftsbezirke. Rittergüter blieben als Wirtschaftsbetriebe bestehen und vollzogen seit der zweiten Hälfte des 19. Jahrhunderts den Übergang zur industrialisierten Landwirtschaft.

# Literatur

Andermann, Kurt: Art. Leibeigenschaft. In: Cordes, Albrecht u.a. (Hrsg.), Handwörterbuch zur deutschen Rechtsgeschichte. Bd. 2. Berlin ²2014, Sp. 771–777.

Blaschke, Karlheinz: Das Bauernlegen in Sachsen. In: Vierteljahrschrift für Sozial- und Wirtschaftsgeschichte 42 (1955), S. 97–116.

Blaschke, Karlheinz: Grundzüge und Probleme einer sächsischen Agrarverfassungsgeschichte. In: Zeitschrift der Savigny-Stiftung für Rechtsgeschichte, Germanistische Abteilung 82 (1965), S. 223–287. – Hier zitiert nach ND: Schirmer, Uwe/Thieme, André (Hrsg.): Beiträge zur Verfassungs- und Verwaltungsgeschichte Sachsens. Ausgewählte Aufsätze von Karlheinz Blaschke aus Anlaß seines 75. Geburtstages. Leipzig 2002 (Schriften zur sächsischen Geschichte und Volkskunde, 5), S. 127–185.

Blaschke, Karlheinz: Soziale Gliederung und Entwicklung der sächsischen Landbevölkerung im 16. bis 18. Jahrhundert. In: Zeitschrift für Agrargeschichte und Agrarsoziologie 4 (1956), S. 144–155.

Boetticher, Manfred von: „Nordwestdeutsche Grundherrschaft" zwischen Frühkapitalismus und Refeudalisierung. In: Blätter für deutsche Landesgeschichte 122 (1986), S. 207–228.

Brakensiek, Stefan: Herrschaftsvermittlung im alten Europa. Praktiken lokaler Justiz, Politik und Verwaltung im internationalen Vergleich. In: Ders. u.a. (Hrsg.): Ergebene Diener ihrer Herren? Herrschaftsvermittlung im alten Europa. Köln 2005, S. 1–22.

Bünz, Enno (Hrsg.): Ostsiedlung und Landesausbau in Sachsen. Die Kührener Urkunde von 1154 und ihr historisches Umfeld. Leipzig 2008 (Schriften zur sächsischen Geschichte und Volkskunde, 23).

78 Vgl. Kopsidis, Produktmärkte 2008, S. 72.

Clemens, Gabriele: Immobilienhändler und Spekulanten. Die sozial- und wirtschaftsgeschichtliche Bedeutung der Großkäufer bei den Nationalgüterversteigerungen in den rheinischen Departements (1800–1813). Boppard/Rhein 1995.

Enders, Lieselott: Grundherrschaftsentwicklung im ostdeutschen Kolonisationsgebiet. In: Rösener, Werner (Hrsg.): Grundherrschaft und bäuerliche Gesellschaft im Hochmittelalter. Göttingen 1995 (Veröffentlichungen des Max-Planck-Instituts für Geschichte, 115), S. 215–239.

Escher-Apsner, Monika: Gemeinschaften und Gemeinden zwischen Romania und Germania. In: Irsigler, Franz (Hrsg.): Zwischen Rhein und Maas. Beziehungen, Begegnungen und Konflikte in einem europäischen Kernraum von der Spätantike bis zum 19. Jahrhundert. Trier 2006 (Trierer historische Forschungen, 61), S. 297–330.

Goetz, Hans-Werner: Frühmittelalterliche Grundherrschaften und ihre Erforschung im europäischen Vergleich. In: Borgolte, Michael (Hrsg.): Das europäische Mittelalter im Spannungsbogen des Vergleichs. Berlin 2001 (Europa im Mittelalter, 1), S. 65–87.

Groß, Reiner: Die bürgerliche Agrarreform in Sachsen in der ersten Hälfte des 19. Jahrhunderts. Weimar 1968 (Schriftenreihe des Staatsarchivs Dresden, 8).

Harnisch, Hartmut: Die Gutsherrschaft. Forschungsgeschichte, Entwicklungszusammenhänge und Strukturelemente. In: Jahrbuch für Geschichte des Feudalismus 9 (1985), S. 189–240.

Haun, Friedrich Johannes: Bauer und Gutsherr in Kursachsen. Schilderung der ländlichen Wirtschaft und Verfassung im 16., 17. und 18. Jahrhundert. Strassburg 1892 (Abhandlungen aus dem staatswissenschaftlichen Seminar zu Strassburg, 9).

Haverkamp, Alfred: Judenvertreibungen in Mittelalter und früher Neuzeit. Erscheinungsformen und Zusammenhänge, Betrachtungsweisen und Erkenntnischancen. In: Burgard, Friedhelm u.a. (Hrsg.): Judenvertreibungen in Mittelalter und früher Neuzeit. Hannover 1999 (Forschungen zur Geschichte der Juden. Reihe A, 9), S. 1–21.

Heitz, Gerhard: Die Differenzierung der Agrarstruktur am Vorabend der bürgerlichen Agrarreformen. In: Zeitschrift für Geschichtswissenschaft 25 (1977), S. 910–927.

Held, Wieland: Zum Verhältnis adliger Grundherren und bäuerlicher Grundholden im Sachsen der beginnenden Frühneuzeit. In: Neues Archiv für sächsische Geschichte 66 (1995), S. 103–126.

Holenstein, André: Introduction. Empowering Interactions. Looking at Statebuilding from Below. In: Blockmans, Willem Pieter u.a.: Empowering Interactions. Political Cultures and the State in Europe 1300–1900. Farnham 2009, S. 1–34.

Kaak, Heinrich: Gutsherrschaft. Theoriegeschichtliche Untersuchungen zum Agrarwesen im ostelbischen Raum. Berlin/New York 1991 (Veröffentlichungen der Historischen Kommission zu Berlin, 79).

Kamcke, Alexander: Die Bedeutung der Bauernschutzgesetzgebung des Kurfürsten August (1555–1586) für die Gestaltung der bäuerlichen Rechtsverhältnisse Sachsens im 16. Jahrhundert. Diss. Leipzig 1941.

Kiesewetter, Hubert: Industrialisierung und Landwirtschaft. Sachsens Stellung im regionalen Industrialisierungsprozeß Deutschlands im 19. Jahrhundert. Köln/Wien 1988 (Mitteldeutsche Forschungen, 94).

Knapp, Georg Friedrich: Die Bauernbefreiung und der Ursprung der Landarbeiter in den älteren Theilen Preußens. 2 Bde. Leipzig 1887.

Knöchlein, Roland: Nierstein – die Anfänge der Ortsgeschichte. In: Mitteilungsblatt zur rheinhessischen Landeskunde N.F. 10 (2008), S. 5–19.

Kohl, Thomas: Gemeinde vor der Gemeinde? Dienheim in karolingischer Zeit. In: Greule, Albrecht u.a. (Hrsg.), Die ländliche Gemeinde im Spätmittelalter. Berlin 2005 (Germanistische Arbeiten zur Sprachgeschichte, 4), S. 185–204.

Kopsidis, Michael: Produktmärkte und Agrarentwicklung 1750–1880. Die letzte Phase vorindustrieller Agrarentwicklung als erste Phase des säkularen landwirtschaftlichen Wachstums der

Neuzeit und Moderne? Implikationen für Sachsen. In: Spieker, Ira u.a. (Hrsg.): Ungleichzeitigkeiten. Transformationsprozesse in der ländlichen Gesellschaft der (Vor-)Moderne. Dresden 2008 (Bausteine aus dem Institut für Sächsische Geschichte und Volkskunde, 13), S. 61–76.

Kuchenbuch, Ludolf: Abschied von der „Grundherrschaft". Ein Prüfgang durch das ostfränkisch-deutsche Reich 950–1050. In: Zeitschrift der Savigny-Stiftung für Rechtsgeschichte. Germanistische Abteilung 121 (2004), S. 1–99.

Lück, Heiner, Die kursächsische Gerichtsverfassung 1423–1550. Köln 1997 (Forschungen zur deutschen Rechtsgeschichte, 17).

Lünig, Johann Christian (Hrsg.): Codex Augusteus oder Neuvermehrtes Corpus iuris Saxonici. 2 Bde. Leipzig 1724.

Lütge, Friedrich: Geschichte der deutschen Agrarverfassung vom frühen Mittelalter bis zum 19. Jahrhundert. Stuttgart 1963 (Deutsche Agrargeschichte, 3).

Lütge, Friedrich: Die mitteldeutsche Grundherrschaft und ihre Auflösung. Stuttgart $^{2}$1957 (Quellen und Forschungen zur Agrargeschichte, 4).

Lütge, Friedrich: Geschichte der deutschen Agrarverfassung vom frühen Mittelalter bis zum 19. Jahrhundert. Stuttgart $^{2}$1967 (Deutsche Agrargeschichte, 3).

Mahlerwein, Gunter: Die Herren im Dorf. Bäuerliche Oberschicht und ländliche Elitenbildung in Rheinhessen zwischen 1700 und 1850. Mainz 2001 (Veröffentlichungen des Instituts für Europäische Geschichte. Abteilung für Universalgeschichte, 189; Historische Beiträge zur Elitenforschung, 2).

Militzer, Klaus: Handel und Vertrieb rheinischer und elsässischer Weine über Köln im Spätmittelalter. In: Gerlich, Alois (Hrsg.): Weinbau, Weinhandel und Weinkultur. Stuttgart 1993 (Geschichtliche Landeskunde, 40), S. 165–185.

Mötsch, Johannes: Sponheimische Nichtabzugsverpflichtungen. Landflucht in der Grafschaft Sponheim und ihre Bekämpfung 1324–1435. In: Jahrbuch für westdeutsche Landesgeschichte 9 (1983), S. 99–158.

Münch, Ernst: Mecklenburg und das Problem der Leibeigenschaft. In: Jan Klußmann (Hrsg.): Leibeigenschaft. Bäuerliche Unfreiheit in der frühen Neuzeit. Köln/Weimar/Wien 2003 (Potsdamer Studien zur Geschichte der ländlichen Gesellschaft, 3), S. 3–19.

Ochs, Heidrun: Kommunale Autonomie und Siegelführung. Das Beispiel des Rheingaus. In: Andermann, Kurt u.a. (Hrsg.), Dorf und Gemeinde. Grundstrukturen der ländlichen Gesellschaft in Spätmittelalter und Frühneuzeit. Epfendorf 2012 (Kraichtaler Kolloquien, 8), S. 87–111.

Peters, Jan (Hrsg.): Gutsherrschaftsgeschichte in historisch-anthropologischer Perspektive. In: Ders. (Hrsg.): Gutsherrschaft als soziales Modell. Vergleichende Betrachtungen zur Funktionsweise frühneuzeitlicher Agrargesellschaften. München 1995 (Historische Zeitschrift. Beiheft 18), S. 3–21.

Pfister, Ulrich/Kopsidis, Michael: Institutions vs. Demand: Determinants of Agricultural Development in Saxony, 1660–1850. In: European Review of Economic History 19 (2015), Heft 3, S. 275–293.

Prass, Reiner: Vom Dreißigjährigen Krieg bis zum Beginn der Moderne (1650–1880). Köln 2016 (Grundzüge der Agrargeschichte, 2).

Riedel, Kerstin/Sigrid Schmitt (=Hirbodian) (Hrsg.): Das Protokollbuch des Niersteiner Rittergerichts (1654–1661). Darmstadt/Marburg 1999 (Quellen und Forschungen zur hessischen Geschichte, 122).

Robisheaux, Thomas: Peasant Unrest and the Moral Economy in the German Southwest 1560–1620. In: Archiv für Reformationsgeschichte 78 (1987), S. 174–186.

Robisheaux, Thomas: Rural Society and the Search for Order in Early Modern Germany, New York 1989.

Rösener, Werner: Art. „Agrarverfassung“. In: Cordes, Albrecht u.a. (Hrsg.): Handwörterbuch zur deutschen Rechtsgeschichte. Bd. 1. Berlin $^{2}$2008, Sp. 85–105.

Rösener, Werner: Grundherrschaft im Wandel. Untersuchungen zur Entwicklung geistlicher Grundherrschaften im südwestdeutschen Raum vom 9. bis 14. Jahrhundert. Göttingen 1991 (Veröffentlichungen des Max-Planck-Instituts für Geschichte, 102).

Sablonier, Roger: Das Dorf im Übergang vom Hoch- zum Spätmittelalter. Untersuchungen zum Wandel ländlicher Gemeinschaftsformen im ostschweizerischen Raum. In: Fenske, Lutz u.a. (Hrsg.): Institutionen, Kultur und Gesellschaft im Mittelalter. Festschrift für Josef Fleckenstein zum 65. Geburtstag. Sigmaringen 1984, S. 727–745.

Schattkowsky, Martina: Grundherrschaft mit oder ohne Gerichtsherrschaft? Überlegungen zur Herausbildung ländlicher Herrschaftsstrukturen in den Siedlungsgebieten zwischen Elbe und Oder (12. und 13. Jahrhundert). In: Dilcher, Gerhard/Violante, Cinzio (Hrsg.): Strukturen und Wandlungen der ländlichen Herrschaftsformen vom 10. bis zum 13. Jahrhundert. Deutschland und Italien im Vergleich. Berlin 2000 (Schriften des Italienisch-Deutschen Historischen Instituts in Trient, 14), S. 135–164.

Schattkowsky, Martina: Zwischen Rittergut, Residenz und Reich. Die Lebenswelt des kursächsischen Landadligen Christoph von Loß auf Schleinitz (1574–1620). Leipzig 2007 (Schriften zur sächsischen Geschichte und Volkskunde, 20).

Schirmer, Uwe: Der Adel in Sachsen am Ende des Mittelalters und zu Beginn der Frühen Neuzeit. Beobachtungen zu seiner Stellung in Wirtschaft und Gesellschaft. In: Keller, Katrin/Matzerath, Josef (Hrsg.): Geschichte des sächsischen Adels. Köln/Weimar/Wien 1997, S. 53–68.

Schlesinger, Walter: Zur Gerichtsverfassung des Markengebietes östlich der Saale im Zeitalter der deutschen Ostsiedlung. In: Jahrbuch für die Geschichte Mittel- und Ostdeutschlands 2 (1953), S. 1–94.

Schmitt (= Hirbodian), Sigrid: Landgemeinde im Territorialstaat. Ein Vergleich der linksrheinischen Gemeinden in Kurmainz, Kurtrier und Kurpfalz unter besonderer Berücksichtigung der Kurmainzer Ämter Olm und Algesheim. In: Dotzauer, Wilfried u.a. (Hrsg.), Landesgeschichte und Reichsgeschichte. Festschrift für Alois Gerlich zum 70. Geburtstag. Stuttgart 1995 (Geschichtliche Landeskunde, 42), S. 213–233.

Schmitt (= Hirbodian), Sigrid: Ländliche Rechtsquellen aus den kurmainzischen Ämtern Olm und Algesheim. Stuttgart 1996 (Geschichtliche Landeskunde, 44).

Schmitt (= Hirbodian), Sigrid: Territorialstaat und Gemeinde im kurpfälzischen Oberamt Alzey. Vom 14. bis zum Anfang des 17. Jahrhunderts. Stuttgart 1992 (Geschichtliche Landeskunde, 38).

Schmitt (= Hirbodian), Sigrid: Wildfänge, Ausleute und ‚rechte Untertanen‘. Die Herausbildung der Territorialleibherrschaft im Mittelrheingebiet (15.–16. Jahrhundert). In: Freedman, Paul/Bourin, Monique (Hrsg.): Forms of Servitude in Northern and Central Europe. Decline, Resistance, and Expansion. Turnhout 2005, S. 213–227.

Schreiner, Klaus: „Grundherrschaft“. Entstehung und Bedeutungswandel eines geschichtswissenschaftlichen Ordnungs- und Erklärungsbegriffs. In: Patze, Hans (Hrsg.): Die Grundherrschaft im späten Mittelalter. Bd. 1. Sigmaringen 1983 (Vorträge und Forschungen, 27), S. 11–74.

Schreg, Rainer: Dorfgenese und Grundherrschaft. Aspekte der Siedlungsgeschichte in Südwestdeutschland. In: Helming, Guido u.a. (Hrsg.): Centre, Region, Periphery. Medieval Europe 2002 Basel; 3$^{rd}$ International Conference of Medieval and Later Archaeology [...] Basel (Switzerland) 10.–15. September 2002. Preprinted Papers. Hertingen 2002, S. 221–227.

Schulze, Eduard Otto: Die Kolonisierung und Germanisierung der Gebiete zwischen Saale und Elbe. Leipzig 1896.

Spieß, Karl-Heinz: Bäuerliche Gesellschaft und Dorfentwicklung im Hochmittelalter. In: Rösener, Werner (Hrsg.): Grundherrschaft und bäuerliche Gesellschaft im Hochmittelalter. Göttingen 1995 (Veröffentlichungen des Max-Planck-Instituts für Geschichte, 115), S. 384–412.

Spieß, Karl-Heinz: Teilpacht und Teilbauverträge in Deutschland vom frühen Mittelalter bis zur Neuzeit. In: Zeitschrift für Agrargeschichte und Agrarsoziologie 36 (1988), S. 228–244.
Staab, Franz: Verfassungswandel in rheinhessischen Dörfern zwischen dem 12. und 14. Jahrhundert. In: Gerlich, Alois (Hrsg.): Das Dorf am Mittelrhein. Fünftes Alzeyer Kolloquium. Stuttgart 1989 (Geschichtliche Landeskunde, 30), S. 149–173.
Struck, Wolf-Heino: Der Bauernkrieg am Mittelrhein und in Hessen. Darstellung und Quellen. Wiesbaden 1975 (Veröffentlichungen der historischen Kommission für Nassau, 21).
Volk, Otto: Weinbau und Weinabsatz im späten Mittelalter. Forschungsstand und Forschungsprobleme. In: Gerlich, Alois (Hrsg.): Weinbau, Weinhandel und Weinkultur. Stuttgart 1993 (Geschichtliche Landeskunde, 40), S. 49–163.
Volk, Otto: Wirtschaft und Gesellschaft am Mittelrhein vom 12. bis zum 16. Jahrhundert. Wiesbaden 1998 (Veröffentlichungen der Historischen Kommission für Nassau, 63).

# Teil II: **Themenfelder und historische Räume**

## Kirche und Religion: administrative und räumliche Zugriffe

Stephan Laux & Christine Reinle

# Reformation als Zäsur? Landesherr, Kirche und religiöse Praxis (ca. 1450–1550)

## 1 Einleitung

Die Reformation gilt gewöhnlich als epochale Zäsur, die das (‚finstere') Mittelalter von der deutlich höher bewerteten Neuzeit trennt. Doch hat die Forschung längst herausgearbeitet, dass es sowohl auf dem Feld der Kirchenkritik als auch der Kirchenreform und der landesherrlichen Einflussnahme auf kirchliche Strukturen erhebliche Kontinuitätslinien zwischen dem 15. und dem 16. Jahrhundert gibt. Zugleich zeigt ein Blick in die spätmittelalterliche Frömmigkeitspraxis, dass keineswegs von einer „Krise" in Permanenz, ja von durchgängigem Verfall die Rede sein kann.[1] Neben beklagten Missständen stehen akzeptierte und funktionierende Formen kirchlichen Lebens. Zu fragen ist also nach dem Zäsurcharakter des Jahres 1517 bzw. der folgenden Jahre. Ferner gilt es, die gesellschaftlichen und politischen Rahmenbedingungen des religiösen Lebens zu bestimmen, die den keineswegs zwingenden Verlauf der Reformation beeinflussten.

Mit der Landgrafschaft Hessen und dem Kurfürstentum Köln wird je ein geistliches und ein weltliches Territorium in den Blick genommen, von denen das eine der Reformation zugeführt wurde, während das andere nach einer Phase des Schwankens katholisch blieb. In beiden Territorien wurden die (werdenden) Landesherren im 15. Jahrhundert insbesondere auf dem Feld der Klosterreform tätig, indem sie die Bursfelder Reform und die Observantenbewegung innerhalb der Bettelorden förderten. Mit Erzbischof Hermann von Hessen besteht hierbei zwischen der Kölner und hessischen Klosterpolitik sogar ein personelles Verbindungsglied. An Missständen im Bereich der Pfarreien wird für Kurköln insbesondere die Unterversorgung der Gläubigen im Bereich von Seelsorge und Liturgie durch die Abwesenheit der zuständigen Pfarrer, z.T. infolge der Inkorporation von Pfarreien in Klöster, genannt – ein Sachverhalt, der noch 1532/33 und 1569 zu beklagen war. Kritikwürdigen Zuständen stand jedoch die breite Verankerung tradierter religiöser Praktiken wie z.B. der Wallfahrten, aber auch das Aufblühen neuer Frömmigkeitsformen gegenüber.

In verfassungsrechtlicher Beziehung waren beide Territorien in sich heterogen. Städte spielten – mit Ausnahme der Stadt Köln selbst, die aber Reichsstadtstatus hatte – in beiden Fällen keine politisch bedeutende Rolle. Dies hatte Auswirkungen für den Verlauf des Reformationsgeschehens: Trotz evangelischer Bevölkerungsan-

1 Kühne/Bünz/Müller, Alltag 2013; Bünz/Kühne, Alltag 2015.

https://doi.org/10.1515/9783110354188-018

teile kam es nämlich weder in Hessen noch in Kurköln zu einer autonomen Einführung der neuen Lehre im städtischen Rahmen. Vielmehr ging die Initiative zur Einführung der Reformation im gesamten Territorium jeweils vom Fürsten aus und beruhte auf dessen individueller Entscheidung. So setzte der junge, 1504 geborene Landgraf Philipp der Großmütige von Hessen nach dem Speyerer Reichstag des Jahres 1526, der reichsrechtliche Spielräume zu bieten schien, die neue Lehre konsequent um (Einführung neuer Gottesdienstformen, Implementierung einer neuen Kirchenstruktur, Auflösung der Klöster, Abschaffung von Heiligenkult und Wallfahrten), was trotz erheblicher Kontinuitätslinien zum spätmittelalterlichen landesherrlichen Kirchenregiment zu einer Zäsur führte. Der deutlich ältere, 1477 geborene Kölner Erzbischof Hermann aus dem Haus der Grafen von Wied hingegen suchte offenbar nach einem Mittelweg zwischen Reformation und tradierter Lehre. Aus diesem Grund, aber ebenso wegen der geringen Neigung der Bevölkerung, konfessionelle Grenzen zu ziehen, gab es auch im 16. Jahrhundert in Kurköln keine erkennbaren Einbrüche in die überkommene Frömmigkeitspraxis. Für eine kurze Phase bestand in Sachen Reformation dennoch ein Austausch zwischen den Protagonisten, Erzbischof Hermann von Wied und Landgraf Philipp von Hessen, als nämlich der Erzbischof den Landgrafen um die Zusendung geeigneten Personals bat. Mittelfristig scheiterte jedoch die Einführung der Reformation in Kurköln.

Mehrere Faktoren mögen zu dieser unterschiedlichen Entwicklung beigetragen haben. So waren Hermann von Wied und seine dem gräflichen Hochadel angehörige Familie tief in das Pfründennetzwerk der Kirche eingebunden, sodass ihm an einem endgültigen Bruch mit der überkommenen Kirchenstruktur nicht gelegen sein konnte. Dagegen verfügten die Landgrafenfamilie und der landgräflich-hessische Adel nicht über ausgeprägte Beziehungen zu den Bischofskirchen der Region; sie hatten also weniger zu verlieren. Mehr noch: In politischer Beziehung stand die Landgrafschaft seit ihrem Bestehen in konflikthaften Beziehungen zum zuständigen Diözesanbischof, dem Erzbischof von Mainz, der geistlicher Oberhirte und territorialpolitischer Rivale zugleich war, während der Erzbischof von Köln in seinem Hochstift als geistliches und weltliches Oberhaupt in einer Person firmierte. Staatliche und kirchliche Strukturen ließen sich in Kurköln nicht trennen, wogegen die Landgrafen seit dem 13. Jahrhundert auf dem für die Territorialbildung zentralen Feld der Gerichtsbarkeit die geistlichen (Mainzer) Gerichte zu verdrängen suchten.

Auch den Ständen kam unterschiedliches Gewicht zu: In Kurköln beanspruchten Landstände und Domkapitel eine Teilhabe an der Regentschaft, während die Stände in Hessen nur in kurzen Phasen eine dominante Rolle spielen konnten. Zu Beginn der selbstständigen Regierung Landgraf Philipps herrschte dieser acht Jahre lang, ohne auch nur einen einzigen Landtag einzuberufen. Bei der Einführung der Reformation in Hessen war der Landgraf die bestimmende Kraft, auch wenn er seine Maßnahmen ab 1526 auf Landtagen mit Vertretern von Adel und Städten absicherte. Erzbischof Hermann von Wied hingegen traf bei seinem Wunsch, sich der Reformation anzuschließen, in der Stadt Köln, an der dortigen Universität und im Domkapitel teilweise auf retardierende bzw. oppositionelle Kräfte. Darüber hinaus fiel die verfassungsmäßige und regionale Positionierung des jeweiligen Territoriums ins Gewicht: Als Kurfürst war der Erzbischof in höherem Maß auf einen *modus vivendi* mit dem altgläubigen Kaiser angewiesen als der Landgraf, der im Katzenelnbogener Erbschaftsstreit noch dazu ein hausmachtpolitisches Interesse vom Kaiser missachtet sah. Die räumliche Nähe zum nordwestlichen Herrschaftsraum Karls V. führte zu einem genuin habsburgischen Interesse an der Religionspolitik des Kölner Erzbischofs und zuletzt zu einer kaiserlichen Intervention. Die Handlungsspielräume Erzbischof Hermanns waren also deutlich geringer als die des hessischen Landgrafen.

Der vergleichende landeshistorische Blick kann demnach strukturelle und ereignisgeschichtliche Gründe aufzeigen, die den jeweiligen Verlauf der Reformation beeinflussten, ohne die Bedeutung der individuellen Entscheidung der Handlungsträger herabzusetzen. Zu beachten ist ferner der Faktor der Generationalität, der sich in ähnlicher Weise andernorts beobachten lässt. Die Bereitschaft, sich der Reformation anzuschließen, war bei der jüngeren Generation von Reichsfürsten deutlicher ausgeprägt als bei älteren, tentativer agierenden Standesgenossen. Dies bringt ein Moment der Kontingenz in das Geschehen hinein, welches sich einer teleologischen Betrachtung entzieht.

# 2 Die Landgrafschaft Hessen

Christine Reinle

## 2.1 Politische Rahmenbedingungen

Die Landgrafschaft Hessen war um 1500 noch ein vergleichsweise junges politisches Gebilde. Sie etablierte sich nach dem Aussterben der Dynastie der Ludowinger im Mannesstamm (1247). Die Ludowinger hatten außer der Landgrafschaft Thüringen auch Teile Mittel- und Niederhessens in ihrem Besitz gehabt. Zu nennen sind hier insbesondere die sogenannte Grafschaft Hessen (mit dem Landgericht Maden, der Gudensburg und dem Reichslehen Kassel), Besitzungen in Mittelhessen, darunter Allodialbesitz um Marburg, sowie Kirchenlehen. Bereits unter den Ludowingern hatten die hessischen Besitzungen als Ausstattung zweitgeborener Mitglieder der Dynastie (bis 1180) bzw. als vom Hauptland Thüringen unterschiedenes, als Einheit aufgefasstes Nebenland (13. Jahrhundert) einen eigenen Stellenwert besessen. Die Grafschaft Hessen wurde nach 1247 vom Erzbischof von Mainz als heimgefallenes Lehen betrachtet. Dennoch konnte die Tochter des vorletzten ludowingischen Landgrafen, Sophie von Brabant, nach längeren Auseinandersetzungen 1263 von Erzbischof Werner von Eppstein die Belehnung mit der Grafschaft Hessen sowie diversen Kirchenlehen für sich und ihren Sohn Heinrich I. („das Kind“; † 1308) erstreiten. In Thüringen setzte sich, gestützt auf eine zu Lebzeiten des letzten Ludowingers erwirkte Eventualbelehnung Heinrich der Erlauchte von Meißen durch, mit dem Sophie und ihr Sohn 1264 Frieden schlossen. Obgleich die fürstliche Würde an der Landgrafschaft Thüringen hing, hatten bereits in spätludowingischer Zeit abgeschichtete, mit Hessen ausgestattete Söhne den Landgrafentitel geführt. So blieb auch die Abstammung Heinrichs des Kindes von fürstlichen Vorfahren präsent und wurde 1292 durch die Erhebung Heinrichs I. in den Reichsfürstenstand durch König Adolf von Nassau auch formal festgeschrieben. Bis zur endgültigen Mainzer Niederlage 1427 blieb die Rivalität mit dem Erzstift eine Konstante in den hessischen Außenbeziehungen. Sie mündete immer wieder in eine z.T. intensive Fehdetätigkeit. Zum endgültigen politischen Bedeutungsverlust von Kurmainz im hessischen Raum führte die Mainzer Stiftsfehde (1461–1462), in deren Zuge wichtige, noch verbliebene Mainzer Stützpunkte an die Landgrafen verpfändet wurden. Doch auch gegenüber den übrigen Nachbarn agierten die Landgrafen offensiv.[2]

Im 15. Jahrhundert konnten die Grafschaft Ziegenhain (1450), die den nieder- und mittelhessischen Besitz der Landgrafen getrennt hatte, durch Erbvertrag sowie die Grafschaft Katzenelnbogen (1479) durch Heirat erworben werden. Die am Mittelrhein und um Darmstadt gelegene Grafschaft Katzenelnbogen brachte dank ihrer Rheinzölle erhebliche Einnahmen, welche Landgraf Philipp I. den Großmütigen (1509/1518–1567) in der Folge in die Lage versetzen sollten, eine bedeutende Rolle in der Reichspolitik zu spielen. Der Erwerb Katzenelnbogens war jedoch an eine 1500 erloschene hessische Teillinie geknüpft und wurde daher in der Regierungszeit Landgraf Philipps noch einmal von den Grafen von Nassau angefochten, bevor diese 1557 gegen erhebliche Zahlungen auf ihre Ansprüche verzichteten. Um 1500 bildete die Landgrafschaft nach Hollenberg ein „Konglomerat von zu unterschiedlichen Zeiten ererbten oder erworbenen Besitzungen und Herrschaftsrechten“,[3] ohne dass die im 15. Jahrhundert erworbenen Landesteile ein politisches Eigenleben hätten bewahren können.

1458 wurde die Landgrafschaft Hessen unter die Söhne Ludwigs I. (1413–1458) in einen niederhessischen Landesteil unter Ludwig II. (1458–1471) respektive dessen Söhne Wilhelm I. den Älteren (1471/83–1493 [resigniert] / 1496 [entmündigt] / 1515 [verstorben]) und Wilhelm II. den Mittleren (1493–1509) einerseits und Heinrich III. von Oberhessen (1458–1483) und dessen Sohn Wilhelm III. den Jüngeren (1483/1489–1500) geteilt. Nach dem Tod Wilhelms III. von Oberhessen 1500 übernahm Wilhelm II. von Niederhessen, der Vater Philipps des Großmütigen, wieder die Re-

**2** K. Heinemeyer, Hessen. In: Moraw (Hrsg.): Hessen 1992, S. 103–107, hier S. 105f.; Werner, Neugestaltung 2013, bes. S. 11, 22–27, 109–115. Hierzu und zu den beiden folgenden Absätzen: W. Heinemeyer, Territorium. ND in: Ders., Philipp 1997, S. 17–40, hier S. 18–22; Volk, Landgrafschaft. In: Braasch-Schwersmann u.a. (Hrsg.): Landgraf 2004, S. 17–24; Carl, Hessen. In: ebd., S. 37–48.

**3** Hollenberg, Ständeopposition. In: Braasch-Schwersmann u.a. (Hrsg.): Landgraf 2004, S. 67–77, hier S. 76.

gentschaft über ganz Hessen. Obwohl in den langjährigen erbitterten Streitigkeiten der Brüder Ludwig II. und Heinrich III. fallweise hinzugezogene Adlige, Städtevertreter und Äbte vermittelt hatten, kam es erst 1509 zu einem Zusammenschluss der Stände (nämlich der Prälaten, Grafen, Ritterschaft und Städte), die die Übernahme der Regentschaft durch die Witwe Wilhelms II., Anna von Mecklenburg, verhindern wollten. Anna konnte das ständische Regiment 1514 in Zusammenarbeit mit Teilen der Stände jedoch wieder stürzen und die Regentschaft bis zur Mündigsprechung ihres Sohns Philipp 1518 ausüben. Dieser berief bis 1526 keinen Landtag ein, obwohl er bereits in der ersten Phase seiner Regierung große militärische Auseinandersetzungen zu bestehen hatte (Befehdung durch Franz von Sickingen 1518; Straffeldzug gegen Sickingen und dessen Unterstützer 1522/23, Bauernkrieg 1525). Von 1526 an wurden die auf Vertreter der Ritter und Städte reduzierten Stände jedoch fast jährlich zu Landtagen einberufen, um die Steuerkraft des Landes für die eigenen sowie die Reichskriege abzuschöpfen und um die Einführung der Reformation insofern abzusichern, als materielle Interessen von Adel und Bürgern durch die Auflösung der von beiden Schichten dotierten Klöster und Stifte sowie durch den Wegfall von Versorgungsmöglichkeiten für nachgeborene Familienmitglieder berührt wurden. Unbestrittener Repräsentant des Landes waren jedoch nicht die Stände, sondern der Landgraf. Philipp I. war, so Günter Hollenberg, Hessen: „Wenn Philipp sprach, sprach *Hessen*, und niemand außer Philipp sprach für Hessen.“[4]

## 2.2 Kirchliche Strukturen und Frömmigkeitspraxis vor der Reformation

Die Landgrafschaft Hessen gilt zusammen mit dem Kurfürstentum Sachsen als eines der „Mutterländer“ der Reformation. Gemessen an den kirchlichen Verhältnissen, die die Forschung für die zweite Hälfte des 15. Jahrhunderts herausgearbeitet hat, war eine solche Entwicklung aber keineswegs durch besonders gravierende Missstände vorherbestimmt. Vielmehr zeichnet sich ein Bild ab, das in Bezug auf das alltägliche kirchliche Leben in ruhigen Bahnen verlief. Verunklärt wird dieses Bild allerdings dadurch, dass der ersten lutherischen und mehr noch der sogenannten ‚zweiten‘ Calvinistischen Reformation unter Landgraf Moritz dem Gelehrten von Hessen-Kassel (1592–1627) maßgebliche Zeugnisse spätmittelalterlicher religiöser Sachkultur zum Opfer gefallen sind. Dies gilt zum einen für den großen Bereich des Kirchenschmucks und der für den liturgischen Vollzug bestimmten Gegenstände

4 Hollenberg, Repräsentation. In: Auerbach (Hrsg.): Reformation 2005, S. 31–38, Zitat S. 34. Zum Themenkomplex ebd., S. 31, 33; Hollenberg: Ständeopposition. In: Braasch-Schwersmann u.a. (Hrsg.): Landgraf 2004, S. 67f., 75f.

(Ausmalung von Kirchen, Altarbilder, Skulpturen, *vasa sacra*), zum anderen aber auch für die Bestände der Klosterbibliotheken. Auch hat eine offen oder latent teleologische, auf die Zeit Philipps des Großmütigen und die Reformationsära hin orientierte Geschichtsschreibung bestimmte Aspekte wie den „Kampf" der Landgrafen von Hessen gegen das gern als „Erbfeind" bezeichnete Erzstift Mainz allzu einseitig in den Vordergrund gestellt. Basierend auf den Forschungen Wilhelm Derschs, Karl-Hermann Wegners und Johannes Schillings kann jedoch ein durchaus facettenreiches Bild des kirchlichen Lebens vor 1517 gezeichnet werden.[5]

Bekanntlich gehörte die Landgrafschaft zum ganz überwiegenden Teil zur Mainzer Diözese. Jürgensmeier nennt als Näherungswert die Zahl von ca. 500 Pfarreien und Vikariaten. Das Patronat befand sich in den Händen des Landesherrn, gräflicher und niederadliger Familien, aber auch von Klöstern und Stiften sowie des Erzbischofs von Mainz, ohne dass der Landgraf hier eine Vorzugsstellung gehabt hätte. Anstelle des Bischofs nahmen Archidiakone in der Mainzer Diözese geistliche Aufsichtsrechte und jurisdiktionelle Befugnisse wahr. Zu erwähnen sind hierbei besonders die Visitationen des Klerus und die Sendgerichtsbarkeit über die Landbevölkerung. Dabei standen die Pröpste der Kollegiatkapitel von St. Stephan, St. Johann und Liebfrauen sowie St. Viktor in Mainz, St. Peter in Fritzlar und St. Marien in Hofgeismar sowie die Stiftspröpste von [Ober-]Dorla, Heiligenstadt und Nörten je einem Archidiakonatssprengel in der Landgrafschaft (unter Einschluss der 1479 angegliederten Grafschaft Katzenelnbogen) vor. Während des 15. Jahrhunderts wurden die allzu selbständig agierenden Archidiakone durch erzbischöfliche Kommissare mit Sitz in Fritzlar und Amöneburg ersetzt.[6]

Über den Zustand von Seelsorge und Predigt ist keine fundierte Aussage möglich. Explizite Anordnungen des Mainzer Erzbischofs an alle Geistlichen seiner Diözese, für die religiöse Unterweisung der Pfarrkinder zu sorgen, sind aus den Jahren 1458, 1469, 1493 und 1517 überliefert. Ob bzw. wie sie in Hessen umgesetzt wurden, kann jedoch wie häufig bei normativen Texten nicht geklärt werden. Auch über die Ausstattung der mittelalterlichen Kirchen ist weniger als gewünscht bekannt. Denn diese ging durch die den Kirchen und Klöstern 1525 von Landgraf Philipp auferlegten hohen Kontributionen, zu deren Begleichung Monstranzen, Gefäße und sonstige Edelmetallgegenstände im Wert von 10.700 fl. eingeschmolzen wurden, durch die

5 Wegner, Studium 1977, S. 8–14; Schilling, Klöster 1997, S. 38; Vogel, Neuorientierung. In: Braasch-Schwersmann u.a. (Hrsg.): Landgraf 2004, S. 196–198, hier S. 197; dagegen aber: Moeller, Hessen. In: Auerbach (Hrsg.): Reformation 2005, S. 1–15, hier S. 8.

6 Zu diesem und dem folgenden Abschnitt: Classen, Organisation 1929, S. 337–348 mit tabellarischer Auflistung der Patronate, S. 329f. zu Altären und Kapellen in Frankenberg; Jürgensmeier, Kirche. In: Auerbach (Hrsg.), Reformation 2005, S. 39–50, hier S. 45–47; W. Heinemeyer, Territorium. ND in: Ders., Philipp 1997, S. 30; Vogel, Neuorientierung. In: Braasch-Schwersmann (Hrsg.), Landgraf 2004, S. 196; Wegner, Studium 1977, S. 13, Anm. 31; Schilling, Klöster 1997, S. 47–50, 55f., 61–65, 99; zur Einziehung der Klosterpreziosen: E. Franz, Klöster 1969, S. 152.

Auflösung der Klöster 1527, durch die im gleichen Jahr angeordnete Entfernung von Bildern aus Kirchen und durch den calvinistischen Bildersturm unter Landgraf Moritz seit 1605 verloren. Ein aussagekräftiges Beispiel für die Ausstattung von Kirchen und die Schenkungstätigkeit zu deren Vorteil bietet jedoch die Liebfrauenkirche in Frankenberg, da hier hinreichende schriftliche Quellen in Gestalt der Stadtchronik des Wigand Gerstenberg, eines Stadtrechtsbuchs sowie von Urkunden vorliegen. Dabei versäumte Gerstenberg es nicht, auch eine von ihm selbst getätigte Stiftung eines Altars inklusive zweier „tafeln" (Altarbilder) in seiner Chronik zu erwähnen.

Als zweite Säule der kirchlichen Infrastruktur sind die Klöster und Stifte sowie Beginenhäuser zu nennen. Für die Zeit vor 1500 geht die Forschung von ca. 40 Männer- und Frauenklöstern bzw. Kommenden sowie von 5 Kanoniker- bzw. Kanonissenstiften aus. Vertreten waren alle bekannten Orden von den Benediktinern über die Zisterzienser, die Prämonstratenser und den Deutschen Orden bis hin zu den Antonitern, Franziskanern, Dominikanern, Augustiner-Eremiten, Karmelitern, Wilhelmiten und Kartäusern. Augustiner-Chorherren und -frauen, Brüder vom gemeinsamen Leben, Säkularkanoniker und Kanonissen sowie Beginen (z.B. in Marburg und Kassel) traten hinzu. Noch im 15. Jahrhundert wurden nicht nur Klöster reformiert und umgewidmet, sondern auch einige wenige neue Niederlassungen für Ordensleute und geistliche Gemeinschaften gegründet (so 1454 und 1476 die Niederlassungen der Brüder vom gemeinsamen Leben [Kugelherren] in Kassel und Marburg; ferner vor 1454 ein Karmeliterkloster in Spangenberg). Andere wurden selbst nach Ausbruch der Reformation projektiert, ohne noch zur Ausführung zu kommen. Keineswegs befanden sich alle bereits bestehenden Klöster am Ende des Mittelalters im Zustand wirtschaftlichen und moralischen Verfalls. Vielmehr verweisen die Um- und Neubauten, die in jener Zeit in vielen Klöstern vorgenommen wurden, auf eine belastbare finanzielle Basis und vielleicht auch auf ein funktionsfähiges Konventsleben. Einzelne Klöster stechen durch ihr spirituelles Profil, ihre Bibliothek, die Gelehrsamkeit ihrer Mitglieder und ihren Schulbetrieb hervor wie die „Kugelherren" von Marburg, andere durch ihre Kunstproduktion wie die Franziskanertertiaren von Meitersdorf bei Frankenberg.[7]

Für die breite Akzeptanz kirchlicher Wertvorstellungen und Praktiken, die Moeller generell für die Zeit um 1500 herausgearbeitet hat, auch im hessischen Raum sprechen mehrere Indizien. Zum einen ist eine sozial breit verankerte Stiftungstätigkeit nachzuweisen, die die üblichen Bereiche – von Kloster- und Hospital(zu)stiftungen über Mess- und Altarstiftungen bis hin zu Dotationen für die Kirchenausstattung und Stipendien zur Förderung von Schul- bzw. Universitätsbesuch – umfasste. Zum anderen kann auf Prozessionen und geistliche Spiele verwiesen wer-

7 Wegner, Studium 1977, S. 10–12; Schilling, Klöster 1997, S. 69, 91–94, 105–108; Battes, Vordringen 1931, S. 333; Dersch, Klosterbuch 1940/2000, S. 146; K. Heinemeyer, Kugelherren 1977, S. 33–39; Krafft, Ludwig I. 2015, S. 737–740.

den. Während die Marburger Spieltradition, die auch eine mit einem Mysterienspiel verbundene Spielprozession enthielt, nur durch Erwähnungen bekannt ist, sind teils Dramentexte, teils Dirigierrollen zu Stücken der sogenannten rheinfränkisch-hessischen Passionsspielgruppe vollständig oder als Fragment für Alsfeld (sowie für Friedberg, Frankfurt und Fritzlar) erhalten. Ein gegebenenfalls 1450/60 in Friedberg entstandenes Weihnachtsspiel wurde 1517 in Alsfeld aufgeführt.[8]

Zum dritten sind zahlreiche Wallfahrtsorte mit regionalem Einzug in der Landgrafschaft Hessen oder in nahe benachbarten Territorien zu verzeichnen. Zu denken ist natürlich in erster Linie an den Marburger Schrein der heiligen Elisabeth, wenngleich Marburg als Wallfahrtsort im 15. Jahrhundert seinen Zenit längst überschritten hatte. Doch auch Alsfeld, Frankenberg, Wehrshausen bei Marburg, Spangenberg oder Gottsbüren wurden von Mitgliedern des Landgrafenhauses als Pilger aufgesucht. Für das Kasseler Martinsstift trug Landgraf Ludwig I. bedeutende Reliquien zusammen. Befristet gewährte päpstliche Ablässe der Jahre 1430, 1435, 1440 und 1447 motivierten zum Besuch des Kasseler Heiltums, für das auch ein Pilgerzeichen geprägt wurde. Auch Haindorf wurde als Wallfahrtsort gefördert. Selbstredend bildete die aufblühende Wallfahrt nach Grimmenthal einen Bezugspunkt für Pilger aus der Landgrafschaft. Darüber hinaus nahmen die Landgrafen Ludwig I. und Wilhelm I. die Strapazen einer Heilig-Land-Wallfahrt auf sich. Ludwig I. pilgerte zudem im Jubeljahr 1431 nach Wilsnack und St. Josse sowie 1450 nach Rom, seine Frau Anna von Sachsen nach Aachen, sein Sohn Ludwig II. wiederum nach St. Josse.

Zum vierten partizipierte die Landgrafschaft am spätmittelalterlichen Ablasswesen, darunter auch an den großen Ablasskampagnen der Kardinäle Kues und Peraudi 1452 bzw. 1502/03, wogegen der 1517 von Erzbischof Albrecht von Mainz ausgeschriebene Ablass entgegen dem Wunsch der Landgräfinwitwe Anna von Mecklenburg auf Betreiben des Statthalters Kraft von Bodenhausen in Kassel nicht erworben werden konnte.

Wie die Belege für spätmittelalterliche Frömmigkeitspraxis bewegen sich auch die Hinweise auf Konflikte mit Klerus und Ordensleuten im zeittypischen Rahmen. Dies gilt für die 1525 geäußerten Beschwerden der Stadt Marburg über die Steuer- und Ungeldfreiheit des Klerus, die Leinenproduktion von „sustern" und das Anfertigen von Wolltüchern durch die Nonnen von Caldern und Frankenberg ebenso wie für die Klage, das Spital des Deutschen Ordens sei den Kranken und Bedürftigen entzogen und in ein Haus umgewandelt worden, in dem vermögende Personen Pfründen – vermutlich für ihr Alter – erwerben konnten. Auch das landgräfliche

---

**8** Zu diesem und dem folgenden Absatz: Wegner, Studium 1977, S. 14–16, 31–76; Schilling, Klöster 1997, S. 28, 46, 57–61, 64f.; Jäkel, Katalog-Nr. 468. In: Moraw (Hrsg.), Hessen 1992, S. 244; Katalog-Nr. 485. In: Moraw (Hrsg.), Hessen 1992, S. 250; Vogel, Neuorientierung. In: Braasch-Schwersmann (Hrsg.), Landgraf 2004, S. 197f.; Moeller, Hessen. In: Auerbach (Hrsg.), Reformation 2005, S. 8f.; Dersch, Wallfahrten 1931; Eckhardt, Wallfahrt 2009; Eckhardt, Gottsbüren 2014; Krafft, Ludwig I. 2015, S. 677f., 684–687, 690–695, 700–702, 716–718, 720–725, 737.

Verbot des Jahres 1491, weltliche Güter an den Klerus und damit an die „Tote Hand" zu verkaufen, verweist auf eine allgemein diskutierte Problemlage. Diese ergab sich zum einen in der Akkumulation von Grundbesitz und Renten in der Hand kirchlicher Institutionen, die ihrerseits einem Veräußerungsverbot unterlagen, zum anderen aus der Herausnahme von Gütern des Klerus aus der allgemeinen Steuerpflicht. Als Gegenmaßnahmen kamen Verbote, Güter an kirchliche Einrichtungen zu verkaufen, ebenso in Frage wie Auflagen, die die Fortdauer der Steuerpflicht vorsahen. Wie viele Kleriker und Mönche schließlich die Pflichten ihres Standes vergaßen, im Konkubinat lebten und/oder uneheliche Kinder hatten, kann aus Mangel an einschlägigen Quellen für Hessen nicht bestimmt werden.[9]

Eine vieldiskutierte strukturelle Gegebenheit unterscheidet die Landgrafschaft Hessen aber von zahlreichen anderen Territorien des römisch-deutschen Reiches, und dies ist die Rolle, die der zuständige Diözesanbischof, der Erzbischof von Mainz, in Hessen spielte: Denn er war zugleich geistlicher Oberhirte und territorialer Rivale. Erhebliches zusätzliches Konfliktpotenzial bargen dabei die Zwangsmittel, die beide Seiten gegeneinander in Einsatz brachten. Während die Mainzer Erzbischöfe Hessen im Konfliktfall mit Bann und Interdikt überzogen, verhinderten die hessischen Landgrafen in solchen Situationen die Zahlung des Zehnten sowie grundherrschaftlicher Gefälle an geistliche Empfangsberechtigte wie z.B. den Klerus des mainzischen Fritzlar. Auch dem Erzbischof wurden ihm zustehende Einnahmen, die auf hessischem Territorium einzuheben waren, vorenthalten.

Auf der anderen Seite war die Landgrafschaft Hessen, wie Moeller betonte, während des Spätmittelalters insofern durch „Bischofsferne" gekennzeichnet, als es keinen Bischofssitz in der Landgrafschaft (oder in deren räumlicher Nähe) gab. Dies hatte zur Konsequenz, dass der Landgraf während der Reformationszeit kein Gegenüber mit politischem und geistlichem Gewicht hatte, das der Einführung des neuen Glaubens Widerstand hätte entgegensetzen können. Dies galt umso mehr, als es auch keine Universität in Hessen gab. So konnten sich Landgraf und Hof unter Philipp I. dem Großmütigen die Führungsrolle in den religiösen Auseinandersetzungen ihrer Zeit zueignen. Begünstigt wurde dies außerdem durch die Tatsache, dass Kurmainz infolge seiner politischen und militärischen Überbeanspruchung immer wieder gezwungen war, den eigenen Klerus für Subsidien in Anspruch zu nehmen. Seit den 1420er Jahren kam es in regelmäßigen Abständen zu einer Klerikerbesteuerung. Die finanzielle Belastung entfremdete den Klerus von seinem Diözesan. Dies wiederum machte es dem Landgrafen leicht, sich als Schützer der Geistlichen, die er schon im 14. Jahrhundert als seine Untertanen betrachtete, vor dem eigenen Bischof zu gerieren.[10]

---

**9** G. Franz (Hrsg.), Quellen. Bd. 2 1954, Nr. 9, S. 10f.; E. Franz, Klöster 1969, S. 148; Friedrich, Territorialfürst 2008, S. 22; Bünz, Probleme 2010, S. 143f.

**10** Moeller, Hessen. In: Auerbach (Hrsg.), Reformation 2005, S. 9f. (Zitat S. 9); ähnlich schon W. Heinemeyer, Territorium. ND in: Ders., Philipp 1997, S. 19; Schilling, Klöster 1997, S. 160; Jürgens-

## 2.3 Landesherrliche Einflussnahme auf kirchliche Belange vor der Reformation

Die politische Rivalität zwischen den Landgrafen und den Erzbischöfen von Mainz führte bereits seit dem 13. Jahrhundert dazu, dass die Landgrafen versuchten, auch solche Befugnisse des Mainzer Erzbischofs zu beschneiden, die nicht dessen weltlicher Fürstengewalt, sondern seinen bischöflichen Kompetenzen entsprangen. Einen zentralen Konfliktpunkt stellte wie auch in anderen Territorien die geistliche Gerichtsbarkeit dar, die zunehmend als Konkurrenz zur weltlichen Gerichtsbarkeit betrachtet wurde. Betroffen war zum einen die Sendgerichtsbarkeit, vor der sittliche und religiöse Vergehen der Laien ebenso zu rügen waren wie die unwürdige Aufbewahrung des Altarsakraments oder die Vernachlässigung der Friedhofsummauerung, zum anderen das geistliche Gericht, das über Personen und Materien urteilte, die dem kanonischen Recht unterlagen. Beide Formen der Jurisdiktion wurden zunächst vom Archidiakon oder dessen Vertreter, später von Offizialen ausgeübt. Nach dem Umbau der Mainzer Gerichtsverfassung versahen ein geistliches Gericht in Mainz sowie Kommissare bzw. Offiziale in Fritzlar und Amöneburg die Rechtsprechung. Die Sendgerichtsbarkeit wurde wie die Visitation des Klerus im Umritt durch den Sprengel ausgeübt. Sie war wegen der mit ihr (angeblich) verbundenen hohen finanziellen Belastung für die Bevölkerung, aber auch wegen der Denunziationspflicht der Sendschöffen unbeliebt. Das geistliche Gericht wurde hingegen wegen seines Modernitätsvorsprungs jedoch bis ins 15. Jahrhundert von Klagewilligen geschätzt.[11]

Die landgräflichen Vorstöße nun zielten teils auf das Verdrängen des Sendgerichts, teils auf das Zurückdrängen der geistlichen Jurisdiktion in weltlichen Angelegenheiten. Schon 1272 verbriefte Landgraf Heinrich I. der Stadt Grünberg im Rahmen der Stadtrechtsverleihung in einem einseitigen, die Mainzer Rechte übergehenden Akt die Freiheit vom Sendgericht. Dies entsprach einem allgemeinen Trend, die Stadtbevölkerung ebenso wie den Adel vom Sendgericht auszunehmen, sodass nur noch die Landbevölkerung sendpflichtig war. 1280 schrieb ein in einer Fehdepause zwischen Kurmainz und Hessen abgeschlossener Vertrag beider Kontrahenten darüber hinaus fest, dass die Sendgerichte nur in den vom geistlichen und weltlichen Recht gezogenen Grenzen abgehalten und weltliche Materien nicht vor das Sendgericht gebracht werden dürften. Auch in der Folge versuchten die Landgrafen sowohl *via facti* als auch durch Privilegienverleihungen an ihre Städte, die geistliche Gerichtsbarkeit zu beschneiden. Darüber hinaus wurden Klöster durch

meier, Kirche. In: Auerbach (Hrsg.), Reformation 2005, S. 50; Philipsen, Pfründen 2010, S. 91–95, 101–108, 287; Krafft, Ludwig I. 2015, S. 181, 291.

**11** W. Heinemeyer: Territorium. ND in: Ders., Philipp 1997, S. 22–29; Schilling, Klöster 1997, S. 49–55; Friedrich, Territorialfürst 2008, S. 20f.

Druck bis hin zur Gewaltandrohung dazu gebracht, ihre Rechtsstreitigkeiten vor dem landgräflichen Gericht auszutragen. 1347, 1354 und 1370 konnte der Landgraf sich entgegen der Mainzer Rechtsauffassung die Gerichtsbarkeit über weltliche Angelegenheiten auch dann sichern, wenn geistliche Personen in den Streit involviert waren.

Im Jahr 1410 versuchte Landgraf Hermann II. (1367/76–1413), das Problem der geistlichen Gerichtsbarkeit dadurch zu lösen, dass er sich unter Ausnutzung des Schismas und der Entscheidung des Mainzer Metropoliten für die Pisaner Obödienz vom römischen Papst Gregor XII. die „Exemption von der geistlichen Jurisdiktion des Mainzer Stuhls [...] auf Dauer des Schismas"[12] zusichern ließ. Als Administrator sämtlicher bischöflicher Befugnisse wurde zunächst Bischof Johann von Glandève bestimmt, dem der Dekan des Kasseler Martinsstifts in dieser Befugnis folgte. Auch wurde dem Landgrafen das Recht zugestanden, ohne Rücksprache mit dem Mainzer Erzbischof Präsentationen für Pfründen vorzunehmen, die dem landgräflichen Patronatsrecht unterlagen. Dem Kasseler Stiftsdekan wurde die Investitur in diese Pfründen übertragen. Da der Dekan des Martinsstifts vom Landgrafen abhängig war, sah die ältere Forschung in diesem Vorstoß einen ersten Schritt in einem Bemühen, ein hessisches Landesbistum zu erwirken. Die jüngere Forschung hält diese Deutung allerdings für überzogen und betont, es mangele vollständig „an Verbindungslinien zwischen der Politik Hermanns II. und den Ereignissen der Reformation."[13]

Nach dem Ende des Papstschismas 1415 bestand die alte Problemlage unverändert fort. Immer wieder wurde die Nichtzuständigkeit geistlicher Gerichte in weltlichen Angelegenheiten thematisiert und in der Praxis mit brutalen Sanktionen gegen Boten des geistlichen Gerichts durchgesetzt. Auch 1442 wurde in der ewigen Erbeinung zwischen Mainz und Hessen die jurisdiktionelle Zuständigkeit weltlicher Gerichte in weltlichen, geistlicher in geistlichen Angelegenheiten fixiert und der Gerichtsort vom Wohnsitz des Beklagten abhängig gemacht. Die Gerichtsordnungen von 1455 und 1497 sowie die Einrichtung des hessischen Hofgerichts 1500 fixierten und erweiterten die landgräflichen Rechte. Dass die Konflikte fortdauerten, dürfte daran liegen, dass geistliche und weltliche Materien zwar idealtypisch, aber nicht unbedingt praktisch zweifelsfrei unterschieden werden konnten. So begegnen Klagen über Übergriffe geistlicher Gerichte noch 1521, während sich der hessische Klerus im gleichen Jahr über Anmaßungen der weltlichen Gerichte beschwerte. 1522 schließlich verbot Landgraf Philipp seinen Untertanen die Leistung der Abgaben für

---

12 Krafft, Ludwig I. 2015, S. 672 (Zitat). Zum älteren Forschungsstand: W. Heinemeyer: Territorium. ND in: Ders., Philipp 1997, S. 24f.; Jürgensmeier, Kirche. In: Auerbach (Hrsg.), Reformation 2005, S. 50; Schilling, Klöster 1997, S. 43f.

13 Krafft, Ludwig I. 2015, S. 714f. Zu den im folgenden Absatz skizzierten Auseinandersetzungen um die geistliche Gerichtsbarkeit s. W. Heinemeyer, Territorium. ND in: Ders., Philipp 1997, S. 28f.; Krafft, Ludwig I. 2015, S. 171–174, 180f., 186f., 274f., 279–282; Schilling, Klöster 1997, S. 45, 53f.; Friedrich, Territorialfürst 2008, S. 21 mit Anm. 35.

die Abhaltung des Sendgerichts und riet dem Mainzer Erzbischof, der Flagge zeigen und das Sendgericht 1523 persönlich durchführen wollte, aus Sicherheitsgründen davon ab. 1523 verbot der Landgraf außerdem das Führen geistlicher Prozesse gegen seine Untertanen. 1528 musste Kurmainz, das in den sogenannten „Pack'schen Händeln“ durch die massiven hessischen Rüstungen unter Druck gesetzt worden war, im Vertrag von Hitzkirchen den Verzicht auf jedwede geistliche Jurisdiktion einräumen.

Nächst der Gerichtsbarkeit war es vor allem das Feld der Klosterreform, auf dem sich die Landgrafen wie zahlreiche andere Landesherren positionierten. Hier können zwei zeittypische Motivlagen unterschieden werden, die sich nicht ausschließen müssen: die „geistliche Fürsorge für die eigenen Untertanen“[14] sowie der Ausbau der landesherrlichen Position, auch gegenüber benachbarten Territorien. Der erstgenannte Punkt – Sorge für das eigene Seelenheil sowie das der Untertanen und deren *disciplina*, ferner der Gemeine Nutzen – wurden aus legitimatorischen Gründen offensiv thematisiert, so etwa 1496 von Landgraf Wilhelm III.; der letztgenannte ergibt sich aus der Analyse politischer Konstellationen.

Bereits Landgraf Ludwig I. (1413–1458) setzte bei der Klosterreform inhaltliche und personalpolitische Akzente. Insbesondere mit der Windesheimer Kongregation und der Bursfelder Reformbewegung stand Ludwig in Verbindung, die sich auch in der Aufnahme des Landgrafen in einschlägige Konfraternitäten niederschlug (1430, 1436, 1455). 1436 verband er die Aufnahme in die Bruderschaft von Bursfelde mit der Ausstellung eines Schutzbriefs für dieses niedersächsische Kloster. Inwieweit auch territorialpolitische Ambitionen gegenüber dem schwachen welfischen Teilherzogtum, in dem Bursfelde lag, bei der Schutzverleihung eine Rolle spielten, muss offenbleiben. Auf jeden Fall kann Landgraf Ludwig I. nach den Forschungen Kraffts als einer der „frühesten weltlichen Förderer“ der Bursfelder Reform gelten.[15] Innerhalb Hessens waren die Bemühungen Ludwigs I., Breitenau der Bursfelder Reform zuzuführen, jedoch nicht von Erfolg gekrönt. Hingegen konnte der Landgraf das Augustinerinnenkloster Eppenberg auflösen und 1440 mit Kartäusern aus Erfurt neu besiedeln, 1454 eine Niederlassung der Brüder vom gemeinsamen Leben, den „Weißenhof“, in Kassel gründen und die Einführung der Observanz bei den Augustiner-Eremiten in Eschwege begünstigen. Die Legende, dass Ludwig I. schließlich seinen Tod durch Gift gefunden habe, das ihm der reformunwillige Abt von Breitenau verabreicht habe, ist jedoch zweifelhaft.

14 Krafft, Ludwig I. 2015, S. 766 (Zitat); ähnlich ebd., S. 702 (bezogen auf Ludwig I.); zur Sorge um die *disciplina* der Untertanen: Schilling, Klöster 1997, S. 113, mit einem Beleg zu Wilhelm III. Zur „Intensivierung der Landeshoheit“ als Motivation und „Konfliktfaktor“ s. auch: Vogel, Neuorientierung. In: Braasch-Schwersmann (Hrsg.): Landgraf 2004, S. 197. Zum Gesamtkomplex: W. Heinemeyer, Territorium. ND in: Ders., Philipp 1997, S. 32–37; Friedrich, Territorialfürst 2008, S. 15f.

15 Krafft, Ludwig I. 2015, S. 728 (Zitat), S. 726–737, 739, 741f.; Schilling, Klöster 1997, S. 57; Breul-Kunkel, Klosterreform 2000, S. 123f. Zu weiteren Klosterreform(versuchen) und Klostergründungen Ludwigs I. sowie zu dessen Tod: Krafft, Ludwig I. 2015, S. 679–684, 737–740, 756–760.

Die Politik seiner Söhne, Ludwigs II. von Niederhessen und Heinrichs III. von Oberhessen, war bis zu Ludwigs II. Tod durch Auseinandersetzungen der Brüder geradezu paralysiert. Erst nach Ludwigs II. Ableben wandte sich Heinrich III. kirchenpolitischen Angelegenheiten zu. Als bürgerliche Stifter mit päpstlicher Genehmigung 1476 in Marburg eine Niederlassung von Brüdern vom gemeinsamen Leben gründeten, nutzte Heinrich die von ihm erteilte Bestätigung dazu, sich das Recht zur Auflösung des Klosters im Fall nachlassender Disziplin sowie die Entscheidung über die Verteilung dann anfallenden Klostervermögens an andere geistliche Einrichtungen vorzubehalten. Selbst in theologischen Fragen intervenierte Heinrich III. aus ordnungspolitischen Gründen, wenn er in der zwischen Franziskanern und Dominikanern strittigen Frage der unbefleckten Empfängnis Mariens beiden Seiten eine Beteiligung an der Diskussion wegen der „Irrunge, so daraus unter dem gemeynen Volgke“ entstehen könnten, verbot. Nächst ihm engagierten sich Ludwigs II. Witwe Mechthild von Württemberg und ihr Sohn Wilhelm II. auf dem Feld der Klosterreform. Mechthild kooperierte dabei mit dem Mainzer Erzbischof.[16]

Die lebhafteste Reformphase ist für die Regierungszeiten Wilhelms III. von Oberhessen (1483/89–1500) und Wilhelms II. von Niederhessen (seit 1500 Regent von ganz Hessen) zu verzeichnen. Hier können nur einzelne paradigmatische Maßnahmen herausgegriffen werden. Sie betreffen zum einen die Einführung der Observanz in den Bettelordensklöstern, zum anderen die Versuche, Kaufungen (Stiftsdamen, ehem. Benediktiner), Haina (Zisterzienser) und Hersfeld (Benediktiner) einer „Reform“ zu unterziehen. Dabei ist das politisch funktionalisierte Reform-Label kritisch zu hinterfragen, denn die skandalisierten Abweichungen von der Ordensregel berücksichtigten die Umstände, wie z.B. wirtschaftliche Schieflagen, die die Landgrafschaft selbst durch Entfremdung klösterlicher Güter und Rechte herbeigeführt hatte, oder die vorgängige faktische Umwandlung eines Nonnenklosters in ein Damenstift ebensowenig wie die Tatsache, dass auch Konventualenklöster sozialen Rückhalt und Akzeptanz bei der Bevölkerung genießen konnten. Obwohl sich die Landgrafen bei der Reform landsässiger Klöster gern auf Vogteirechte stützten, war außerdem ihre Rechtsgrundlage solange anfechtbar, wie sie sich nicht mit dem zuständigen Diözesanbischof oder im Fall exemter Orden mit den zuständigen Ordensinstitutionen ins Benehmen setzten bzw. deren Autorität durch Mandate übergeordnete Instanzen außer Kraft setzten. Dies gilt gegenüber den Bettelorden und den Zisterzienserklöstern, erst recht aber im Fall der Reichsabtei Hersfeld. Auch wenn

16 W. Heinemeyer, Territorium. ND. In: Ders., Philipp 1997, S. 30 (Zitat in Anm. 63, S. 31); K. Heinemeyer, Kugelherren 1977, S. 12; Schilling, Klöster 1997, S. 102–105; Seibrichs, Episkopat 1996, S. 302f.; Friedrich, Territorialfürst 2008, S. 26.

Hersfeld seit 1432 hessischem Schutz unterstand, handelte es sich um ein selbständiges Reichsfürstentum.[17]

Im Fall der Marburger Franziskaner erzwang Wilhelm III. in über zehnjährigen Auseinandersetzungen die Einführung der Observanz. Dabei arbeitete er mit dem Mainzer Erzbischof und dem Kardinallegaten Raimund Peraudi sowie mit König Maximilian zusammen, um sich Rechtsgrundlagen zu verschaffen. 1493 richtete Wilhelm III. eine dramatisierende, von der Forschung viel zitierte Klage über den Zustand der oberhessischen Klöster an Papst Alexander VI., in der er bei Versagen des geistlichen Schwerts mit dem Einsatz des weltlichen drohte. Doch werden die Vorwürfe des Landgrafen dadurch relativiert, dass der Marburger Rat 1495 beim Papst zugunsten der Franziskanerkonventualen intervenierte und diese gegenüber den landgräflichen Anschuldigungen in Schutz nahm. Zuletzt führte ein Gewaltakt des Hofmeisters Hans von Dörnberg zur Durchsetzung der Observanz in Marburg, denn die Konventualen wurden 1496 schlichtweg durch Bewaffnete vertrieben. Trotz eines längeren Nachspiels setzten sich 1499 dank der Zusammenarbeit von Landgraf, Erzbischof und König die Observanten endgültig durch. Auch der Grünberger Franziskanerkonvent und der Marburger Dominikanerkonvent wurden der Observanz zugeführt.

Im Fall Hainas ging Wilhelm III. ebenfalls zunächst 1489 den Weg über den Legaten Peraudi, der einen Zisterzienserprior mit der Visitation Hainas beauftragte, sodann 1492 über den Vaterabt Hainas, den Abt von Altenberg. Das Kloster ließ sich umgekehrt seinen kaiserlichen Schutz (1495, 1521) und die Gründungsprivilegien durch Mainz bestätigen (1497). 1508 erwirkte Wilhelm II. vom neugewählten Hainaer Abt Dietmar, dass dieser eine Reform des Klosters zusagte, wofür sein Kloster im Gegenzug in hessischen Schutz genommen wurde. Zudem ging der Landgraf die Verpflichtung ein, das Kloster künftig nicht mehr zu bedrücken – eine Zusage, die Schilling wohl zutreffend mit dem Hinweis erklärt, dass Zisterzienserklöster häufig mit der Gestellung von Jagdfalken und Jagdhunden, dem Unterhalt von Pferden und Gastungspflichten für die Herrschaft belastet waren. Sowohl 1492 wie bei den folgenden Visitationen 1518 und 1522 durch den Altenberger Abt wurden Regelverstöße, insbesondere das Abhalten von Gastmählern mit „dem Adel, den Reichen und Mächtigen“, die Nichteinhaltung der Klausur und des klösterlichen Schweigens sowie die Vernachlässigung der gottesdienstlichen Pflichten angeprangert. Der erstgenannte Vorwurf dürfte sich nach Franz auf den „Ausbau der Hospiz- und Herbergs-Funktion“ des Klosters „zum ‚Nobel-Hotel‘ und ‚Country-Club‘ für die ganze Region“ beziehen. Trotz nicht regelkonformen Verhaltens war das Kloster aber in der Lage, den Landgrafen zu kreditieren, was zumindest in finanzieller Be-

17 Zu diesem und dem folgenden Abschnitt: W. Heinemeyer, Territorium. ND in: Ders., Philipp 1997, S. 29f., 35; Schilling, Klöster 1997, S. 110–115; Breul-Kunkel, Klosterreform 2000, S. 125f.; Moeller, Hessen. In: Auerbach (Hrsg.), Reformation 2005, S. 12.

ziehung nicht für zerrüttete Verhältnisse spricht. Haina konnte sich bis zur Reformation dem von außen kommenden Reformdruck entziehen. Das ehemalige, unter landgräflicher Vogtei stehende Benediktinerinnenkloster Kaufungen, dessen Insassinnen seit dem 13. Jahrhundert wie Stiftsdamen lebten, hielt ebenfalls dem Gemessenwerden an der Ordensregel nicht stand. Beim Austausch der Stiftsdamen durch Nonnen aus dem zur Bursfelder Kongregation gehörenden Kloster Gehrden 1509 durch den Landgrafen kollidierten jedoch Mainzer und hessische Hoheitsansprüche, denn der Erzbischof als zuständiger Diözesan duldete die Verletzung seiner eigenen Visitationsrechte nicht. Erst als Reform und Äbtissinnenneuwahl unter seiner (der Mainzer) Leitung wiederholt worden waren, bestätigte der Erzbischof die neue Äbtissin.[18]

Was Hersfeld betrifft, versuchte Landgraf Ludwig II. 1505 erst eigenmächtig, dann mithilfe eines von König Maximilian erwirkten Reformationsauftrags, die Reichsabtei zum Anschluss an die Bursfelder Reform zu zwingen. Dies stieß auf Widerstand, da der Konvent nach Breuls Forschungen seine innere Autonomie wahren wollte, nachdem die äußere Handlungsfreiheit bereits durch die eigene Machtlosigkeit und den hessischen Schutz eingeschränkt war. Dabei wurden hessische Reformforderungen mit dem Hinweis auf die durch Güter- und Rechteentfremdungen seitens der Landgrafen herbeigeführte wirtschaftliche Notlage des Klosters gekontert. Nachdem das Generalkapitel von Bursfelde sich nicht zu einer Visitation gegen den Hersfelder Einspruch hatte bewegen lassen, ließ der Landgraf 1508 das Kloster in Eigenregie visitieren und Mängel in Bezug auf das Feiern der Gottesdienste, die Einhaltung der Klausur und nächtens abgehaltene Gelage der Konventualen in der Stadt anprangern. Unter massivem hessischem Druck willigte der Hersfelder Abt in der Folge in eine Visitation durch Bursfelde ein, die zur Ablösung von Amtsträgern führte. Nach dem Tod Wilhelms II. kam die Reform trotz der Bemühungen der Landgräfinwitwe Anna von Mecklenburg ins Stocken. Ein Versuch Annas, den hessischen Einfluss auf Hersfeld durch die Beeinflussung einer Abtswahl zu stärken (1516), verlief ebenfalls ergebnislos. Hersfeld konnte sich einer von Hessen oktroyierten, die eigene Autonomie infrage stellenden Reform entziehen.[19]

Insgesamt ist die von den Landgrafen von Hessen betriebene Klosterreform typisch für das vorreformatorische landesherrliche Kirchenregiment. Sie gilt aber im reichsweiten Vergleich als spät einsetzend und außerdem als vergleichsweise wenig erfolgreich. Böddeken, einem westfälischen Augustiner-Chorherrenstift der Windesheimer Kongregation, wird dabei ein stärkerer Einfluss als Bursfelde zugebilligt.

---

**18** E. Franz, Landgraf 1983 (Zitate S. 23 und 24); Schilling, Klöster 1997, S. 79f.; Breul-Kunkel, Klosterreform 2000, S. 134–136; Friedrich, Territorialfürst 2008, S. 30–32, 37–43.

**19** Zu diesem und dem folgenden Abschnitt: Breul-Kunkel, Klosterreform 2000, S. 121, 137–149; Friedrich, Territorialfürst 2008, S. 28–30; Schilling, Klöster 1997, S. 101; Seibrichs, Episkopat 1996, S. 302.

Dennoch mochte sich Landgraf Philipp I., als er sich 1524 der Reformation anschloss, in der Tradition seines Vaters sehen, der 1506 und 1508 in seinen Testamenten zur Fortsetzung der Klosterreform aufgefordert hatte.

## 2.4 Die Reformation in Hessen

Ausgehend von den Niederlassungen der Augustiner-Eremiten in Alsfeld, deren Prior Tilemann Schnabel – ein Schüler Luthers – seit 1520 auch Provinzial der thüringisch-sächsischen Augustinerprovinz war, und der Universität Erfurt griff das Gedankengut Luthers rasch in die Landgrafschaft Hessen über. Bereits 1521 wurden namhafte Räte und Kanzleibeamte des Landgrafen zu den „Martinianern" gerechnet. 1522 beklagte der Hainaer Abt Übergriffe auf Landpriester und Mönche; zeitgleich nahm die Zahl der Streitigkeiten um Abgaben, Dienste und Rechte mit den Klöstern zu. Landgraf Philipp I. tolerierte die Ausbreitung der neuen Lehre; nur im Einzelfall ging er – wie 1523 gegen Tilemann Schnabel und Bartholomäus Riseberg – gegen lutheranische Protagonisten vor. 1524 entschied sich der Landgraf persönlich für die Lehre Luthers und beauftragte die hessischen Amtleute, die Pfarrer zur Verkündigung des Evangeliums anzuhalten.[20]

Doch erst nach dem Speyerer Reichstag des Jahres 1526, der den reformatorisch gesonnenen Fürsten freie Hand zu geben schien, setzte Philipp als erster der Reichsfürsten 1527 die Reformation auch in seinem Territorium durch. In die Zwischenphase fallen erstens verzinste Zwangsdarlehen, die der Landgraf für die Militäroperation gegen Hartmut von Kronberg 1522 von den hessischen Klöstern und Stiften beanspruchte, zweitens hohe Sonderbesteuerungen, die 1523 für den Kriegszug gegen Franz von Sickingen erhoben wurden, und drittens die Inventarisierung des Besitzes der hessischen Klöster, die 1525 mit der Begründung vorgenommen wurde, der Landgraf wolle den Besitz der Klöster sichern, welcher einerseits durch abtrünnige Mönche und Nonnen, andererseits durch die aufständischen Bauern gefährdet sei. Viertens ist die Umlage finanzieller Forderungen des Schwäbischen Bundes auf die geistlichen Einrichtungen zu nennen, für deren Durchführung sich die Inventarisierung des Klostervermögens als äußerst praktisch herausgestellt hatte. Die 1525 von Kirchen und Klöstern eingehobene Edelmetallmasse überstieg die Forderung des Schwäbischen Bundes an Hessen um mehr als 100 %. Auch eine publizistische Auseinandersetzung mit dem Marburger Franziskanerguardian Dr. Nikolaus Ferber fällt

**20** Zu diesem und dem folgenden Abschnitt: Schneider, Anfänge. In: Moraw (Hrsg.), Hessen 1992, S. 263f., hier S. 264; ferner ebd., Nr. 508, S. 268f., Nr. 521f., S. 275–278, Nr. 539a/b, S. 292–294, Nr. 544, S. 296; Breul-Kunkel, Marburg 2000, S. 166–168; Schneider, Kassel. In: Wunder u.a. (Hrsg.), Landgraf 2004, S. 187–205; E. Franz, Klöster 1969, S. 150–152; G. Franz (Hrsg.), Quellen. Bd. 2 1954, Nr. 1f., S. 1–6.

in diese Zeit (1525). Als besonders gilt daran, dass der Laie Philipp selbst, auf biblische Argumente gestützt, auf die Vorhaltungen Ferbers reagierte und die evangelische Lehre verteidigte, ja sogar den Theologen zu belehren beanspruchte.

Zwischen dem Bauernkrieg 1525 und dem Augsburger Religionsfrieden 1555 sind Landesgeschichte Hessens und Reichsgeschichte auf das Engste verwoben. Der Zuschnitt des Artikels erlaubt allerdings nur eine selektive Behandlung der landesherrlichen Kirchenpolitik. Doch sei zumindest erwähnt, dass die Bereitschaft des hessischen Landgrafen, durch die eigene Option in der Religionsfrage auf Konfrontationskurs mit dem Kaiser zu gehen, durch das Zurückweisen der hessischen Ansprüche auf das Katzenelnbogener Erbe gefördert sein mochte (1523). Auch die Verträge und Bündnisse, durch die Philipp sich zu einem der führenden Fürsten des protestantischen Lagers, ja zum „Begründer des politischen Protestantismus"[21] aufschwang, können hier nicht behandelt werden. Doch soll erwähnt werden, dass jüngere Forschungen Philipps Politik gegenüber seinen Nachbarn und gegenüber dem Kaiser teils in der Tradition der aggressiv expandierenden hessischen Politik des 15. Jahrhunderts, teils von einem „tief verwurzelte[n] Mediokritätsempfinden" geleitet sehen, das Philipp in Anbetracht seines relativ geringen Ranges im Kreis der Reichsfürsten verspürt haben könnte.[22]

Die Einführung der Reformation erfolgte obrigkeitlich. Von den hessischen Städten, die vergleichsweise klein waren, hatten nur Alsfeld (und das im rechtlichen Sinn nicht landgräfliche Hersfeld) eine eigene reformatorische Bewegung. Auch der landsässige Adel profilierte sich nicht; Persönlichkeiten wie den Reichsritter Hartmut von Kronberg sucht man in der Landgrafschaft Hessen vergebens. Eigenständig handelten nur die in ihrer Positionierung zur Reformation untereinander uneinigen Riedesel zu Eisenbach, und dies auch nur in ihren fuldischen Besitzungen. Philipp I. selbst spielte bei der Einführung der Reformation eine neue, den Reichsfürsten bislang nicht zukommende Rolle: „Durch die Übernahme geistlicher Eingriffsbefugnisse und die völlige Ausschaltung der traditionellen geistlichen Jurisdiktionsträger übte er gleichsam eine episkopale Funktion aus, die weit über das hinausging, was sich für das spätmittelalterliche Kirchenregiment als typisch herausgebildet hatte",[23] denn nun wurde die Trennung weltlicher und geistlicher

21 Wolff, Hessen. In: Moraw (Hrsg.), Hessen 1992, S. 253–255, hier S. 253.

22 Breul/Gräf, Fürst 2007, S. 279 (Zitat); ebd., S. 278f. eine Zusammenfassung des Forschungsertrags des Philippsjubiläums (1504/2004) zum Themenbereich „Territorialpolitik/Landesherrschaft", insbesondere mit Verweis auf die Forschungen von: Wolff, Dynastie. In: Auerbach (Hrsg.), Reformation 2005, S. 17–29; Carl, Hessen. In: Braasch-Schwersmann u.a. (Hrsg.), Landgraf 2004, siehe bes. S. 45–47; Wolff, Hessen. In: Moraw (Hrsg.), Hessen 1992, S. 254.

23 Friedrich, Territorialfürst 2008, S. 62 (Zitat). Siehe auch Moeller, Hessen. In: Auerbach (Hrsg.), Reformation 2005, S. 13f.; Hollenberg, Ständeopposition. In: Braasch-Schwersmann u.a. (Hrsg.), Landgraf 2004, S. 68; Breul-Kunkel, Herrschaftskrise 2000, Kap. 3.1; Breul-Kunkel, Marburg 2000, S. 166–168; Schneider, Kassel. In: Wunder u.a. (Hrsg.), Landgraf 2004, S. 199; Steitz, Ge-

Kompetenzbereiche aufgehoben. Nächst Philipp waren es, auf die Regierungszeit Philipps bezogen, z.T. vom Landgrafen nach Hessen gerufene Geistliche, die bei der Ein- und Durchführung der Reformation eine entscheidende Rolle spielten (z.B. Adam Krafft, Franz Lambert von Avignon, Bartholomäus Riseberg, aber auch Martin Bucer).

Als zentrales Instrument zur Einführung der Reformation in Hessen ist die sogenannte Homberger „Synode" von Oktober 1526 anzuführen. Faktisch handelte es sich um eine „merkwürdige. [sic!] Mischveranstaltung", „die der erste Landtag" des jungen Landgrafen, „Disputation und Synode zugleich war".[24] Den Weg, die Einführung der Reformation durch eine Disputation zu legitimieren, hatte Zwingli in Zürich beschritten. Ihm folgten weitere Städte, aber keine Territorialfürstentümer. Wie in Zürich wurden die Rahmenbedingungen so gesteckt, dass das Ergebnis präjudiziert war: Es durfte nämlich „nur mit der Bibel argumentiert werden".[25] So blieb dem Sprecher der altgläubigen Seite, dem Marburger Franziskanerguardian Nikolaus Ferber, nur, die Kompetenz der Versammlung, über Glaubensfragen zu entscheiden, zu bestreiten und die Versammlung zu verlassen. Sowohl Ferber wie sein Antagonist, der ehemalige Franziskaner Franz Lambert von Avignon, ließen ihre Positionen drucken und verbreiten. In der Folge arbeitete die Homberger „Synode" eine neue Kirchenordnung aus, die *Reformatio ecclesiarum Hassiae*, welche von einem „freiwilligen Zusammenschluß von Christen zu sich weitgehend autonom verwaltenden Gemeinden"[26] ausging. Sie billigte auch dem Landesherrn keine hervorgehobene Position zu.

Da Luther von einer Einführung der Reformation auf dem Verordnungs- bzw. Gesetzesweg abriet, wurde die Reformation wie in Kursachsen durch vom Landesherrn angeordnete und von ihm durch Instruktionen geregelte Visitationen implementiert. Das Verfahren bestand in der Überprüfung des Lebenswandels der Pfarrer und in ihrer Belehrung in Bezug auf die lutherische Lehre bzw. in der „Umschulung"[27] des bisherigen geistlichen Personals vermittels des Lutherkatechismus. In der Folge entwickelte sich aus der Funktion der Visitatoren das Amt der 1530/31 erstmals greifbaren Superintendenten, die sich jährlich auf Synoden berieten. 1532

---

schichte 1961, S. 36f.; Wolfgang Breul, Krafft. In: Braasch-Schwersmann u.a. (Hrsg.), Landgraf 2004, S. 252–254; Vogel, Bucer. In: ebd., S. 254f.

**24** Moeller, Hessen. In: Auerbach (Hrsg.), Reformation 2005, S. 13 (Zitat). Zum Folgenden: Schneider, Synode. In: Braasch-Schwersmann u.a. (Hrsg.), Landgraf 2004, S. 247–249; Ders., Kirche. In: Auerbach (Hrsg.), Reformation 2005, S. 73–99 (auch zum Folgenden).

**25** Schneider, Katalog-Nr. 539b. In: Moraw (Hrsg.), Hessen 1992, S. 293.

**26** Breul-Kunkel, Marburg 2000, S. 171 (Zitat); Breul/Gräf, Fürst 2007, S. 283, mit Verweis auf die Forschungen Hans Schneiders.

**27** Breul-Kunkel, Marburg 2000, S. 171 (Zitat); zum Folgenden: Steitz, Geschichte 1961, S. 43f.; Schneider, Ausbau. In: Moraw (Hrsg.), Hessen 1992, S. 292; Nr. 543, S. 295f.; Breul, Kirchenorganisation. In: Braasch-Schwersmann u.a. (Hrsg.), Landgraf 2004, S. 256–258.

wurde eine Kirchenordnung beschlossen, die die Messe zugunsten einer bestimmten Reihe von Gebeten, Gesängen und Predigt bzw. Lectio abschaffte und die Bestimmungen zur Kirchenzucht unter Einschluss des Kirchenbanns enthielt.

Außerdem hatte Martin Luther bekanntlich das Ordenswesen insgesamt infrage gestellt und zur Auflösung insbesondere der Klöster auf dem Land geraten, wobei deren Vermögen nach seiner Meinung außer zur Abfindung freiwillig ausscheidender Klosterinsassen auch zum Vorteil von Pfarreien, Schulen, Armen sowie für allgemeine Bedürfnisse des Landes eingesetzt werden sollte. Ein in Kassel im Oktober 1527 tagender Landtag beschloss nun über die Auflösung der Orden und die Abfindung von Ordenspersonen, wobei auch Regelungen für die Ordensmitglieder vorgesehen waren, die ihren Orden nicht verlassen wollten oder – aus Alters- oder Krankheitsgründen – nicht verlassen konnten. Unterstellt wurde jedoch, dass eine große Zahl von Mönchen und Nonnen ihr Kloster bereits verlassen habe – eine Aussage, die von Franz durch Einsichtnahme in die Akten ebenso widerlegt wurde wie die später in einem Auftragsgutachten Marburger Professoren aufgestellte Behauptung, vom hessischen Klostervermögen hätten überwiegend Landfremde profitiert. Unmittelbar nach der „Synode" wurden die Klöster durch eine Rundreise von Abfindungskommissaren aufgelöst. In Marburg fand darüber hinaus im Januar 1527 eine Disputation statt, um die Klosterinsassen von der Reformation zu überzeugen. Bei der Auflösung der Klöster wurden die Mönche und Nonnen angehalten, einen vorformulierten Revers zu unterzeichnen, nach welchem sie freiwillig aus dem Kloster ausschieden, da sie die geistliche Nutzlosigkeit des Ordenslebens eingesehen hätten. Anschließend erhielten sie eine Abfindung, die sich an der von ihnen ins Kloster mitgebrachten Mitgift, ihrem Stand, der Dauer der Konventszugehörigkeit und dem Vermögen der Klöster orientierte. Da zahlreiche Mönche und Nonnen den Revers unterschrieben, die noch im Frühherbst 1527 auf Befragen des hessischen Haushofmeisters hin ihren Wunsch geäußert hatten, im Kloster zu bleiben, ist davon auszugehen, dass sie sich entweder der Einsicht in das Unvermeidliche oder dem Druck fügten. Im Juni 1529 sahen sich die Marburger Prädikanten genötigt, Landgraf Philipp vor dem Imageschaden und dem Ruf des „geizs" zu warnen, den nicht oder unzureichend gezahlte Abfindungen mit sich brachten, wenn vertriebene Nonnen in Mainz im Bordell und bei Klerikern ihr Brot verdienen und „etliche sweinsnider werden"[28] müssten. Insgesamt wurde im Zuge der Klostersäkularisierung an über 800 Personen eine Abfindung gezahlt. Auf Wunsch der Ritterschaft wurde die Stiftung von Pfründen für bedürftige adlige Damen vorgesehen; auch finanzielle Kompensationen in Gestalt von Dienstverträgen für niederadlige Familien wurden projektiert, da zahlreiche weibliche Verwandte von den Familien

**28** G. Franz (Hrsg.), Quellen. Bd. 2 1954, Nr. 139, S. 89–91, hier S. 89 (Zitat). Ferner: E. Franz, Klöster 1969, S. 154–160; Schilling, Klöster 1997, S. 181–234, bes. S. 220, 227–230; K. Heinemeyer, Kugelherren 1977, S. 40–44.

‚zurückgenommen' und versorgt werden mussten. Die ehemaligen Nonnen, die verheiratet wurden, heirateten meist unter ihrem Geburtsstand. Nach Franz sind ca. 60 von ca. 300 hessischen Mönchen – nach Schilling 76 von 364 männlichen Klosterinsassen – in der Folge als protestantische Pastoren nachweisbar.

Widerstand gegen die Klosterauflösung ist nur in wenigen Fällen belegt. Die Franziskanerkonvente von Marburg, Grünberg (beides Observanten) und Hofgeismar (Konventuale) verließen 1528 resp. 1527 die Landgrafschaft. Auch der extraterritoriale Deutsche Orden in Marburg konnte seine Selbständigkeit retten. Die Konvente des reformierten Klosters Kaufungen sowie der Zisterze Haina verließen teilweise die Landgrafschaft und strengten Prozesse vor dem Reichskammergericht an. Kaufungen und Haina hatten wie auch die Klöster Lippoldsberg und Helmarshausen personellen und/oder materiellen Rückhalt außerhalb der Landgrafschaft, wobei Haina insbesondere sein umfangreicher außerhessischer Besitz zugutekam, auf den der Landgraf keinen Zugriff hatte. Doch auch die Zisterzienserinnen auf dem Georgenberg (bei Frankenberg) und die Süstern von Immenhausen verweigerten sich der Einführung der Reformation, woraufhin Erstere zu biologischem Aussterben verurteilt wurden, die Zweiten 1533 eine Abfindung akzeptierten und danach vermutlich im Hospital von Merxhausen einen Platz fanden. Auch ein Teil der Augustiner-Eremiten von Eschwege bekam vor der Unterschrift des Abfindungsreverses Gewissensbisse. Insgesamt war es für Klöster, die ihre substanzielle Basis in Hessen hatten, jedoch schwer, langfristig Widerstand zu leisten. Insofern warnt Hinz davor, die Einführung der Reformation allein als Akt von Freiwilligkeit und Einsicht zu betrachten bzw. Gemeinschaften wie die Marburger Kugelherren als ohnehin protoreformatorisch zu vereinnahmen und ihren Übertritt zur Reformation als letzte Konsequenz ihrer Spiritualität darzustellen. 1528 war die Auflösung der Klöster weitgehend abgeschlossen, um 1540 waren auch die Prozesse um die Klosterauflösung beendet.[29]

Das bei der Klostersequestration erworbene Vermögen sollte gemäß dem Kasseler Landtagsabschied des Jahres 1527 zur Dotation der neugegründeten Universität Marburg verwendet, Teile sollten aber auch für eventuelle Notlagen zurückgelegt werden, in die das Land geraten könne. Doch nur für kurze Zeit wurde das Klostergut von einem obersten Vorsteher der Klöster verwaltet. Bereits während der Pack'schen Händel 1528 und 1530 tätigte der Landgraf hohe Verschreibungen auf Klostergut, um seine politischen und militärischen Aufgaben zu finanzieren. Während sich die Abfindungen sämtlicher Klosterinsassen nach den Forschungen von

**29** Zu diesem und dem folgenden Abschnitt: E. Franz, Klöster 1969, S. 157–169; Ders., Landgraf 1983, S. 27–34; Breul-Kunkel, Marburg 2000, S. 173f.; K. Heinemeyer, Kugelherren 1977, S. 39–48; dagegen: Hinz, Brüder 1997, S. 78f. Zu bereits 1526 ausgeübten Repressalien gegen die Kasseler Kugelherren: Wunder u.a. (Hrsg.), Landgraf 2004, S. 204. Zu den Prozessen: Friedrich, Territorialfürst 2008.

Franz auf unter 50.000 fl. beliefen, waren allein die Besitztümer Hainas 100.000 fl. wert. Auch in die Hohen Hospitäler, die seit 1531 gegründet und seit 1533 dotiert wurden (Haina, 1533; Merxhausen, 1533; Gronau, 1542; Hofheim, 1535) floss nur ein Teil der Einnahmen. Das Hospital Haina etwa bekam nur ein Fünftel des ehemaligen Klostergutes zugewiesen und musste überdies vom Landesherrn getätigte Belastungen des Vermögens in Höhe von 6.000 fl. wieder ablösen. Geschätzt wird, dass ca. 40 % des Klostervermögens von der landgräflichen Verwaltung für weltliche Zwecke verwendet wurden.

Zu den reformatorischen Innovationen Landgraf Philipps zählt die Gründung der Universität Marburg (1527), die in den noch im 15. Jahrhundert neu errichteten Gebäuden der Marburger Klöster angesiedelt wurde und die der Ausbildung von Pfarrern und ‚Beamten' dienen sollte, eines vorbereitenden Paedagogiums, des Philippinums (1527), die Einrichtung einer Stipendienanstalt (1529) in den Räumlichkeiten der Kugelherren (1548) sowie der bereits erwähnten vier Hohen Hospitäler. Das Kloster Kaufungen sowie das Kanonissenstift Wetter wurden 1532 der Ritterschaft zur Einrichtung adliger Damenstifte überlassen. Jeweils erfolgte die Dotierung durch Klostergut. Neu an den Hospitälern ist zum einen ihre Lokalisierung auf dem Land, wo – zumal seit dem Wegfall der Klöster – deutlich weniger Hilfsangebote für körperlich und geistig Kranke sowie Arme als in den Städten zur Verfügung standen, zum anderen ihre sonst nur in oberitalienischen Städten erreichte Größe. Unter den Aufgenommenen befanden sich auch ehemalige Mönche und Nonnen, die wegen ihres Alters keine neue Beschäftigung mehr hatten annehmen können und deren Zahl man bei der Klosterauflösung unterschätzt hatte. Durchaus strategisch war die Wahl der Objekte, denn sie waren besonders streitbefangen. Haina wurde zu einer Zeit seiner neuen sozialen Bestimmung zugeführt, als die Vorbesitzer, der Hainaer Exilkonvent, noch gegen ihre Enteignung prozessierte. Kaufungen hingegen war gerade durch den Abzug der Nonnen nach Gehrden verfügbar geworden. Ab 1537 wandte sich jedoch auch die Kaufunger Äbtissin an das Reichskammergericht, vor welchem ihr die hessische Seite die Nutzung des Klosters für arme und edle Jungfrauen entgegenhielt. Hingegen folgte die Einrichtung eines „Gemeinen Kastens", in den das Vermögen von Bruderschaften, Mess- und Altarstiftungen sowie Pfründen einfloss und aus dem Pfarrer und Lehrer besoldet, Arme unterstützt und Kirchengebäude sowie Hospitäler unterhalten werden sollten, einem sächsischen Vorbild.[30]

An einer Schnittstelle zwischen Reichs- und Kirchenpolitik ist die berühmte Marburger Disputation des Jahres 1529 anzusiedeln, in der Landgraf Philipp versuchte, zwischen den sich in dogmatischen Fragen und in Fragen der Kirchenstruktur entzweienden Reformatoren zu vermitteln, um eine politische Einheit im protes-

**30** E. Franz, Klöster 1969, S. 166f.; K. Heinemeyer, Kugelherren 1977, S. 2; Breul-Kunkel, Marburg 2000, S. 171f.; Vanja, Anfänge. In: Braasch-Schwersmann u.a. (Hrsg.), Landgraf 2004, S. 87–92.

tantischen Lager aufrechterhalten zu können. Das Gespräch endete mit einem in 14 Punkten von Luther und Zwingli formulierten Kompromiss, den „Marburger Artikeln“, ohne in der entscheidenden Abendmahlsfrage eine Einigung zu erzielen; es hebt aber wegen der Eigenständigkeit, mit der Philipp in theologischen Fragen die Initiative ergriff, den Landgrafen aus der Schar der übrigen der Reformation zuneigenden Fürsten heraus. 1534 intervenierte Philipp gegenüber seinen eigenen Pfarrern, wenn er ihnen verbot, über die unterschiedlichen Auffassungen in Bezug auf die Eucharistie zu predigen und die jeweils andere Position zu schmähen.

Auch der Umgang mit reformatorisch inspirierten Gruppen, die das Luthertum als häretisch ausgrenzte wie die Täufer bzw. Wiedertäufer, und selbst der Umgang mit vermeintlichen Hexen zeigen Philipp als einen Politiker, der in Glaubensfragen selbst entschied. Gegen die Wiedertäufer schritt Philipp zunächst je nach rechtlichem und funktionalem Status der Person mit Kirchenbußen, Brandmarkung und Kerker, nicht aber mit Lebensstrafen ein. In einem nächsten Schritt kam der Landgraf den Wiedertäufern durch einen von Martin Bucer erzielten inhaltlichen Kompromiss entgegen, der in die Ziegenhainer Kirchenzuchtordnung von 1538 einfloss. Diese sah eine persönliche Bekräftigung der im Kindesalter erfolgten Taufe durch die Konfirmation vor und machte den strengen Vorstellungen der Wiedertäufer in Bezug auf die Reglementierung der Lebensführung der Gläubigen und die Kirchenzucht weitgehende Zugeständnisse. Kirchenälteste mit Aufsichts- und Korrektionsbefugnissen wurden eingeführt. Zugleich mit der 1539 gedruckten Ziegenhainer Kirchenordnung erschienen die Kasseler Kirchenordnung und der auf Bucers Katechismus beruhende Kasseler Katechismus im Druck – „alle im gleichen Format und mit dem landgräflichen Wappen versehen“. Doch ist die Religionspolitik Philipps gegenüber Minderheiten ambivalent. Obwohl er den Täufern entgegenkam und auch in puncto Hexenverfolgung tentativ agierte, verfolgte er gegenüber den Juden eine ausnehmend repressive Politik.[31]

Zwecks Unterdrückung des Reliquienkultes und als Dank für seine Genesung von einer Syphiliserkrankung ließ Philipp die Reliquien der Heiligen Elisabeth aus der Elisabethkirche, die dem exemten Deutschen Orden unterstand, gewaltsam entfernen. In der Historiographie ist eine Ersetzung der heiligen Elisabeth als Spitzenahnin des Landgrafenhauses durch Karl den Großen und die „Germanisierung“ der hessischen Geschichte durch Bezugnahme auf die vermeintlich chattischen Vorfahren zu beobachten.[32] Die Einführung der Reformation überdauerte schließlich auch Philipps Gefangenschaft (1547–1552), in der Philipp vergeblich die Durchführung

**31** Steitz, Geschichte 1961, S. 45–48 (Zitat S. 48); Schneider, Katalog-Nr. 537–538. In: Moraw (Hrsg.), Hessen 1992, S. 290–292; Breul, Anfänge. In: Braasch-Schwersmann (Hrsg.), Landgraf 2004, S. 105–112; Ders., Täufer. In: ebd., S. 250–251.

**32** Breul/Gräf, Fürst 2007, S. 296, unter Berufung auf die Forschungen von Thomas Fuchs. Zum Folgenden: Steitz, Geschichte 1961, S. 72; Hollenberg, Ständeopposition. In: Braasch-Schwersmann u.a. (Hrsg.), Landgraf 2004, S. 74; vgl. Moraw, Philipp 1997, S. 49.

des Augsburger Interims von der hessischen Regentschaft verlangte. Die sozialen Gruppen, die die Amtsträger im Land stellten und die von der Einführung der Reformation profitiert hatten, verteidigten – um einen Gedanken Peter Moraws weiterzuführen – die Entwicklung der vergangenen zwanzig Jahre auch gegen den Befehl des inhaftierten Landgrafen. 1566 schließlich erließ der Landgraf die letzte Kirchenordnung seiner Regierungszeit, in der die Regelung geistlicher Fragen der Generalsynode, die Kirchenverwaltung dem Landesherrn sowie den Superintendenten zugesprochen wurden. Der Landgraf war es aber, der die Synode berief, durch seine Räte kontrollierte und der die Beschlüsse der Synode bestätigte. Er hatte somit die Möglichkeit zur Intervention, ja er stand sogar an der Spitze der Landeskirche. Über die Pfarrer konnte der Landgraf auf seine Untertanen einwirken.

Die Forschung ist sich einig, dass Landgraf Philipp I. ein genuin religiöses Interesse nicht abzustreiten ist. Die Bewertungen seiner Kirchenpolitik schwanken dennoch zwischen der affirmativen Sicht der älteren hessischen Landesgeschichte sowie der protestantischen Kirchengeschichte und relativierenden, die Kontinuitätslinien betonenden Ansichten. Besonders weit geht Hans Hillerbrand, nach welchem Religion „only served as the handmaiden of politics“. Philipp „did what he would have done even if Luther had died in his cradle“.[33] Zweifellos knüpfte Philipp nahtlos an das landesherrliche Kirchenregiment seiner Vorgänger an. So stand er in der Verschränkung von Intensivierung der Landesherrschaft und Intervention in kirchliche Angelegenheiten in der Tradition seiner Vorgänger im Amte. Konsequent nutzte der Landgraf die ideologischen Angebote, die sich aus der Reformation ergaben, zum Ausbau seiner Herrschaftsposition. Wo er sich aber selbst eine Entscheidungs- und Durchsetzungsbefugnis in Fragen der kirchlichen Lehre zuschrieb und sich organisatorisch an die Spitze der Landeskirche stellte, ging er über die mittelalterliche Tradition hinaus.

33 Zit. aus: Winterhager, Philipp. In: Braasch-Schwersmann u.a. (Hrsg.), Landgraf 2004, S. 1–15, hier S. 13.

# 3 Das Kurfürstentum Köln (rheinisches Erzstift)

Stephan Laux

## 3.1 Einleitung

Der Kölner Kurstaat ist in der Forschung bislang in vorwiegend kirchengeschichtlicher Perspektive behandelt worden.[34] Nachdem in der Nachkriegszeit eine tendenziell kirchennahe, priesterliche Prägung vorgewaltet hatte, die im Hinblick auf die hier behandelte Übergangszeit vom Spätmittelalter zur Frühen Neuzeit mit dem Jedin-Schüler August Franzen (1912–1972) eng verbunden ist, hat sich inzwischen die kirchengeschichtliche Forschung deutlich weiterentwickelt. Im Zuge dessen ist die konsequente Beschränkung auf die kirchliche Sphäre aufgehoben worden. Der für geistliche Staaten konstitutiven Verbindung von kirchlicher und weltlicher Verfassung wird jetzt verstärkt Rechnung getragen. Mit der „Geschichte des Erzbistums Köln" liegt seit einigen Jahren eine mehrbändige moderne Bistumsgeschichte vor, die sich neben den institutionellen Grundlagen von Kurstaat und Bistum auch für die gesellschaftlichen wie kulturellen Zusammenhänge des kirchlichen Lebens aufgeschlossen zeigt.[35] Gleichwohl bestehen, ganz abgesehen vom Mangel an lokalen und thematischen Detailstudien, Defizite in grundlegenden Fragen. Dazu gehören aus landesgeschichtlicher Sicht die Formierung und soziale Wirksamkeit von Herrschaft sowie die Rekrutierung und strategische Positionierung der weltlichen und geistlichen Eliten.[36] Ebenso bedarf es einer stärkeren Einbindung der Forschung zum Kölner Kurstaat in regionale und überregionale Zusammenhänge, beispielsweise mit Blick auf Besitz, Gerechtsame, Funktionen sowie Konnubium und Interaktion des rheinischen Adels. Dabei ist hervorzuheben, dass sich der Forschung infolge der gründlichen Aufarbeitung der mittelalterlichen Quellen für das 15. Jahrhundert deutlich bessere Voraussetzungen als für die frühneuzeitlichen Jahrhunderte bieten. Die reichlich überlieferten ständischen Serien und Verwaltungsakten aus der Frühen Neuzeit sind bislang allenfalls punktuell herangezogen worden.

---

34 Vgl. zur historiographischen Traditionsbildung: Laux, „Positivismus" 2004.

35 Das Folgende ist stark den umfassenden Darstellungen von Janssen, Erzbistum 1995/2003 und Molitor, Erzbistum 2008, verpflichtet. Vgl. weiterhin auch: Bosbach, Köln 1991.

36 Vgl. dagegen die Studie von: Braun, Princeps 2013, die allerdings im Wesentlichen die zweite Hälfte der Frühen Neuzeit berührt.

## 3.2 Strukturelle Voraussetzungen des Kölner Kurstaats im ausgehenden Mittelalter

Die zum Ende des 12. Jahrhunderts als solche bezeugte *terra Coloniensis* hatte sich im Laufe des Mittelalters auf der Grundlage einer weit gestreuten Grundherrschaft, außerdem von Lehnsbindungen, Gerichts- und sonstiger Verfügungsrechte sowie infolge militärischer Kontrolle durch die Kölner Erzbischöfe formiert. Der innere Zusammenhalt dieser Besitzungen wurde durch die zielgerichtete Machtsteigerung der Kölner Erzbischöfe des 13. Jahrhunderts gefestigt. Dafür steht insbesondere der reichs- wie territorialpolitisch ambitionierte Erzbischof Konrad von Hochstaden (1238–1251). Bis um die Mitte des 15. Jahrhunderts hatte sich der Umfang des Erzstifts ausgeformt. Zu nennenswerten territorialen Veränderungen kam es im rheinischen Teil des Erzstifts trotz teils aufreibender politischer Ereignisse bzw. Konflikte nicht.[37] So erstreckte sich das Territorium der Kurfürsten von Kempen bzw. der Exklave Rheinberg im Norden bis Andernach im Süden mit einigen Streubesitzungen und Kondominaten bis in den Voreifelraum südlich der unteren Mosel hinein. Dieser etwa 60 km lange und durchschnittlich 25 km breite Landstreifen war fast ausschließlich linksrheinisch gelegen, mit Ausnahme von Deutz und dem kurkölnischen Oberamt Linz. Auf beiden Seiten lagen die 1423 unter den Herzögen von Berg dynastisch verbundenen Gebiete Jülich und Berg, die 1511 bzw. 1521 von den Grafen von der Mark zu den Vereinigten Herzogtümern Jülich-Kleve-Berg-Mark-Ravensberg erweitert wurden. Der Kölner Erzbischof trug ab 1180 den Titel eines Herzogs von Westfalen und Engern. Die Gebiete im südlichen Westfalen und das „Vest" Recklinghausen, ursprünglich ein Gogericht im Zwischenbereich von Emscher und Lippe mit den einzigen Städten Recklinghausen und Dorsten, wurden sukzessive der kölnischen Landesherrschaft untergeordnet.

Der in Kurköln prinzipiell musterhafte Prozess territorialer Herrschaftsbildung war weder geradlinig verlaufen, noch sollte er jemals zu einem klaren Abschluss gelangen. Hiervon zeugt eine Reihe von Indikatoren – an erster Stelle die überaus starke ständische Prägung, im rheinischen Teil nicht anders als in den westfälischen Besitzungen. Mit Blick auf das rheinische Erzstift waren ursächlich hierfür die Privilegien des Kölnischen Klerus verantwortlich, allen voran die des Domkapitels. Dieses konnte sich im 14. und 15. Jahrhundert von den amtierenden Bischöfen bzw. den noch nicht bestätigten *Electi* wiederholt Reservatrechte in Form von Privilegienbriefen und der nun üblich werdenden Wahlkapitulationen sichern. „Das Kölner Domkapitel", so Michael Kißener, besaß somit eine bedeutende Position im Erzstift,

37 Vgl. Janssen, Entwicklung 2008. Zum im Folgenden erwähnten Territorium der Erzbischöfe von Köln sind Angaben aus Quellen und Literatur zusammengetragen bei: Ruppert, Landstände 2015, S. 54–55, mit Anm. 22.

und zwar bereits zu einer Zeit, in der „Landstände [...] noch nicht existierten."[38] Dieser in der Region im Allgemeinen zu beobachtende ständische Formierungsprozess war in Kurköln bereits im Gange, bevor die Stände 1463 noch eine kurze Vakanz nach dem Tod Dietrichs II. von Moers nutzen konnten, um sich mittels der genannten rheinischen Erblandesvereinigung formal zu konstituieren.[39] Diesem ursprünglich als Wahlkapitulation vorgesehenen „Kölner Staatsgrundgesetz" (Herbert Helbig) zufolge bildeten Domkapitel, Edelherren, Ritter aus dem Kreis der 227 aufgeschworenen Familien sowie die zunächst 13 landtagsfähigen Städte mit den sogenannten Direktorialstädten Andernach (für das südliche Oberstift) und Neuss (für das nördliche Niederstift) die Landstände des Erzstifts. Der „zokommende" Landesherr bekam in der Erblandesvereinigung diverse, nicht allein fiskalische Verpflichtungen auferlegt. Das bis dahin durchaus nicht unangefochtene Wahlrecht stand nun exklusiv dem Domkapitel zu (Art. 13–14). Doch behielten sich die Stände in ihrer Gesamtheit direkt im ersten Artikel vor, den künftigen Landesfürsten gar nicht erst „zolaissen oder ontfangen, noch yem eyde, huldonge, oder geloefde doin" zu wollen, würde er die Wahrung der Erblandesvereinigung nicht beschwören. Auf einen partizipativen Anspruch der Stände lässt die Vorgabe an den Landesherrn schließen, „eynen stanthafftigen Rait" einzurichten, der „van geistlichen und werentlichen personen" zu besetzen sei.

Zur Institutionalisierung einer direkten Regierungsteilhabe ist es zwar offenbar nicht oder nicht in der beabsichtigten Dauerhaftigkeit gekommen.[40] Dennoch ist vorauszusetzen, dass die Durchdringung der Regierung im Kurstaat durch formell begründete wie informell ausgeübte Teilhabe stets massiv war. Als beherrschende Kraft aus diesem Prozess der Ständebildung war somit das Domkapitel hervorgegangen. Im letzten Viertel des 15. Jahrhunderts legte es sich statuarisch Standesvoraussetzungen auf, die den 16 Edelherren im Kapitel („Domgrafen") den Nachweis von jeweils 16 adligen Vorfahren abverlangten. Die acht, später sieben weiteren Kapitularstellen blieben geweihten Priestern („Siebenpriestern") vorbehalten, was der gänzlichen Profanierung des Stifts entgegenwirken sollte. Während Aspiranten aus Ministerialität bzw. landsässigem Adel damit auf Distanz gehalten wurden, entstand zwischen Domkapitel und Grafenstand ein Band, das auch die Person des amtierenden Erzbischofs einschloss. Das ständische Element war mindestens so stark verankert in den westfälischen Besitzungen, die zunächst von Marschällen, dann von kurkölnischen Statthaltern regiert wurden, deren Ämter vom regional ansässi-

38 Vgl. die den Kölner Kurstaat betreffenden Kapitel I.1.1, I.2.1, I.3.1 u. 1.4.1 bei Kißener, Ständemacht 1993 (Zitat S. 20).

39 Druck bei Scotti, Sammlung 1830, Nr. 1. Zum zuvor erwähnten ständischen Formierungsprozess vgl. u.a. Helbig, Fürsten 1962.

40 Vgl. die Überlegungen von: Ruppert, Landstände 2015, S. 60–62.

gen Adel beansprucht wurden (Indigenat). Dieser war eher von Besitzstandswahrung als von Loyalität gegenüber dem Bonner Landesherrn geleitet.[41]

Die Standesverbindung zwischen Kapitel und Bischof stieß allerdings an Grenzen, sobald das Domkapitel seine Privilegien verletzt sah. Dies war der Fall bereits unter dem im März 1463 erhobenen Erzbischof Ruprecht von der Pfalz.[42] 1469 zwang ihm das Kapitel eine Regimentsordnung ab, die ihn wie seine Nachfolger verpflichtete, höfische Aufwendungen gegenüber den Ständen zu dokumentieren. Als Ruprecht sich aufmachte, die Ergebnisse der unter seinem Vorgänger verlustreichen Soester Fehde (1444–1449) zu revidieren, überstieg sein Geldbedarf die Summe der gewöhnlichen Landeseinkünfte (aus Regalrechten, Domanialbesitz, Verpfändungen und Schatzungen steuerpflichtiger Güter). Als er die privilegierten Stände um 1471 mit einer allgemeinen Landsteuer konfrontierte, kündigten diese ihm die Treue auf. Das Kapitel erhob mit dem Domkapitular Hermann Landgraf von Hessen einen Stiftsverweser, dem man bereits die Eventualnachfolge als Landesherr antrug. Zwischen den Ständen einerseits und dem Erzbischof andererseits, der sich mit Herzog Karl von Burgund verband, eskalierte die „Kölner Stiftsfehde" zum „Neusser" oder „Burgunder Krieg". In ihm trat das Interesse der umliegenden Territorialherrschaften zutage, die Schwächung des Kurstaats für eigene Landgewinne zu nutzen – so zum Beispiel diejenigen von Hessen im Herzogtum Westfalen. Ruprecht gelangte in hessische Gefangenschaft und verzichtete erzwungenermaßen auf die Regierungsausübung, die in den Händen Hermanns von Hessen unter ständischer Aufsicht blieb, bis Hermann nach dem Tod Ruprechts (1480) zum vollgültigen Erzbischof erhoben wurde.

Dieser Akt der Widersetzlichkeit gegen einen als autokratisch erachteten (bzw. diffamierten) Erzbischof entsprach, so bemerkenswert er war, noch ganz der Logik altständischer Autonomievorstellungen, die weniger ideeller Art waren, als vielmehr in formaler Privilegierung und Gewohnheitsrecht wurzelten. In ihrer Gesamtheit blieb die „gemeine Landschaft" bis zum Ende des alten Kurstaats in erster Linie ein durch partikulare Interessen motivierter Zusammenschluss, nicht aber eine Untertanen- oder gar Volksvertretung. In diesem durch die Stände geschaffenen politischen System sollte der höhere Adel im Domkapitel wie in der kleinen Grafenkurie fortan den Ton angeben. Während das faktische Steuerbewilligungsrecht die Ständeversammlung als Gesamtkörperschaft in eine enorm starke, durch Wahlkapitulationen abgesicherte Stellung versetzte, reklamierte das Kapitel als Mitregierungsinstanz (in Vakanzen als Alleinregierung) sogar eine direkte Teilhabe an der Herrschaft.[43]

41 Einzelheiten sind hier nicht zu entwickeln. Vgl. zuletzt maßgeblich die versammelten Beiträge bei: Klueting, Herzogtum 2009.

42 Der kurkölnische Ständekonflikt ist mehrfach untersucht worden. Hier genüge der Hinweis auf die fundierte Darstellung von: Janssen, Territorien 2000, S. 115–126.

43 Vgl. Janssen, Mitwirkungsrechte 2012; Ruppert, Landstände 2015.

Standes- und Staatspolitik lagen engstens beieinander. Trotz des Beharrens der Kurfürsten auf ihrer fürstlichen Souveränität und den daraus erwachsenen Konflikten im 17. und 18. Jahrhundert ist im Falle Kurkölns also durchaus von einer „composite monarchy“ zu sprechen: Diese kannte folglich mehr als nur eine hoheitsrechtliche Instanz. Während in Kurtrier die Stände seit dem Dreißigjährigen Krieg abgedrängt wurden und es das Domkapitel in Kurmainz gar nicht erst zur Herausbildung eines formalisierten Ständesystems kommen ließ, sollte sich die grundsätzliche Konstellation in Kurköln bis zum Ende des Kurstaats 1794 bzw. 1801 behaupten.

Ungeachtet der unbestreitbaren Konkurrenz zwischen Staat und Ständen ist auch in Bezug auf Kurköln nahegelegt worden, dieses Verhältnis nicht am Maßstab jenes Dualismus zu sehen, der noch für die ältere Geschichtsschreibung im Blickfeld des preußisch-borussischen Etatismus kennzeichnend war.[44] Auch für Kurköln muss festgestellt werden, dass die Landesfürsten zur Entstehung eines ständischen Systems durchaus beigetragen hatten, weil sie nur in einem solchen eine verfahrensrechtlich abgesicherte Garantie für eine effektive Landesverwaltung sahen. Deshalb bildete der Kurstaat keine differenzierte oder gar durchsetzungsfähige Verwaltungsstruktur aus. Hofkammer (1597) und Hofrat (1599) waren vergleichsweise späte Einrichtungen.[45] Von einer konsequenten Trennung der höfischen und administrativen Sphäre, zudem von weltlicher und geistlicher Verwaltung, kann bis zum Ende der Frühen Neuzeit nicht gesprochen werden.[46] Wegen der starken Stellung des Adels vollzog sich in Kurköln die Staatsbildung zum Nachteil intermediärer Instanzen nur in Ansätzen. Davon zeugt der Fortbestand von bis zu 80 sogenannter Unterherrschaften,[47] die das rheinische Erzstift und das Herzogtum Westfalen, allerdings auch das westliche Nachbargebiet Jülich, geradezu perforierten. Anders jedoch als die Herzöge von Jülich sollten die Kölner Erzbischöfe keine systematischen Versuche unternehmen, dieser Untergrabung ihrer landesherrlichen Hoheitsgewalt durch die meist adligen Eigenherren entgegenzutreten. Es waren nicht selten dieselben Adligen, die gleichzeitig Inhaber der Unterherrschaften und dem Anspruch nach Dienstleute in den rund 20 Ämtern der kurfürstlichen Regionalverwaltung waren. Zu ihnen gehörten unter anderem Vertragsnehmer der wiederkehrenden Verpfändungen von Ämtern – eine Praxis, die dem Ausbau landesfürstlicher Hoheit ebenso entgegenstand. In der Reformationszeit erwies sich die Personalunion von Adligen als Amtmänner, Pfandherren und Räten am Niederrhein in einigen Fällen als signifikant für den Schutz lokaler evangelischer Kreise, anfangs sogar der fried-

44 Vgl. i.d.S. Ruppert, Landstände 2015, S. 57.

45 Vgl. Andernach, Verwaltung 1985, S. 258.

46 Vgl. Penning, Zentralbehörden 1977. Prosopographische Studien zu den Mitgliedern der kurkölnischen Zentralverwaltung sind in den vergangenen Jahren Peter Arnold Heuser zu verdanken.

47 Dieses Charakteristikum der vormodernen Landesgeschichte des Rheinlandes ist ungeachtet einiger rezenter, punktuell gebliebener Initiativen bis heute weitgehend unerforscht geblieben. Vgl. bislang v.a. Janssen, Unterherrschaft 2012.

lichen Täufer (so die Herren von Rennenberg, Palandt, Hüls, Wickrath, Grafen von Bylant u.a.m.).

Um die Wende vom 15. zum 16. Jahrhundert sind in Kurköln somit statische politische Verhältnisse zu diagnostizieren, denen ein hohes Maß an systemischer Stabilität innewohnte: Die 1463 geschaffene Ordnung hatte zur Folge, dass die Stände in Zukunft nur solche Veränderungen mittrugen, die sie mit der Wahrung des Status quo bzw. ihrer korporativen Privilegien vereinbaren konnten. Hinzu kam eine relative Konfliktfreiheit am Vorabend der Reformation: In der Region gab es weder ländliche Unruhen wie in Württemberg, noch wurden Territorium und Herrschaft der Kurfürsten durch adlige Angriffe gefährdet, wie dies in den mittelrheinischen Gebieten der Kurstaaten Trier und Mainz unter Franz von Sickingen der Fall war. Unmittelbar nach der Niederschlagung Sickingens sollte der Bauernkrieg bis an die Südgrenze des Kölner Erzstifts heranreichen – nicht weiter, wenn auch in der Reichsstadt Köln nach der Darstellung des Chronisten Hermann Weinsberg eine große Verunsicherung geherrscht haben muss. Was die Situation in den Städten anbelangt, so fehlen Forschungen in der Breite, nicht zuletzt, da meistens die empirischen Voraussetzungen für eine vertiefte Bewertung der inneren Zustände fehlen. Anders als in Köln, das 1512/13 und 1525 Aufstände erlebte, ist von massiven Verfassungsbewegungen in den kurkölnischen Landstädten wenig bis nichts zu vermerken. Die kaiserliche Anerkennung Kölns als Freie und Reichsstadt war 1475 erfolgt. Ungeachtet aller Hoffnungen und Bestrebungen der Kölner Erzbischöfe blieb dies ein Fakt, dessen unvermeidliche Anerkennung einer stabilen Landesherrschaft durchaus zuträglich gewesen ist. Bonn war schon vor 1288 erzbischöfliche Residenz geworden. Die Autonomie der Städte war freilich unterschiedlich ausgeprägt: In Linz beispielsweise, das eine Vakanz auf dem Kölner Stuhl nutzend („Kölner Stiftsfehde"), sich mit anderen Landstädten in eine Einung begeben hatte, statuierte Erzbischof Engelbert von der Mark 1365 ein Exempel, indem er die Stadt ihrer bis dahin offenbar praktizierten selbständigen Ratswahl beraubte und der militärischen Kontrolle durch die vor Ort befindliche Burg unterwarf.

## 3.3 Institutionelle Ausprägungen und Strukturprobleme der Kölner Kirche

Der Sprengel des Erzbistums Köln[48] überlagerte das Territorium bei Weitem: Er reichte in grob dreieckiger Form von Nijmegen bis vor St. Vith und von dort in langer Linie bis Medebach im Sauerland. Entlang der Ostgrenze des Herzogtums Westfalen verlief die Grenze von dort in nördlicher Richtung bis Geseke, von wo aus sich die Form entlang der Lippe bis oberhalb von Wesel schloss. Veränderungen er-

**48** Vgl. u.a. Becker, Bistümer 2008, S. 5–6.

fuhr nur der westliche Bereich infolge der von König Philipp II. in den Niederlanden 1559 betriebenen Bistumsreform, die dem Kölner Erzbischof östlich der Maas, im Raum von Geldern und im äußersten Nordwesten zwischen Maas und Waal mit Nijmegen, Einbußen zugunsten des neuen Bistums Roermond brachten. Der Kölner Sprengel überlagerte damit eine Reihe von Herrschaften, namentlich die großen Territorien Jülich, Kleve, Berg und Mark sowie Teile Luxemburgs und Gelderns, daneben die Reichsstädte Köln und Dortmund, nicht aber das zu Lüttich gehörende Aachen. Im Süden reichte Köln in den Raum des geistlichen Nachbarn Trier in die Vulkaneifel hinein, insbesondere mit den Ämtern Daun und Hillesheim. Weiter nordwestlich, im Bereich der Mündung der Ahr in den Rhein, sah es umgekehrt aus: Die kurkölnischen Ämter und Städte Andernach und Linz unterstanden trierischer Jurisdiktion, was wechselseitige Probleme der weltlichen wie geistlichen Verwaltung und Kontrolle aufwarf.

Die Leitung der Kölner Kirche war auf das Engste mit der weltlichen Regierung verknüpft. Als auch begrifflich bezeugte „erzbischöfliche Kurie" hatte sich im 13. und 14. Jahrhundert die Trias von Offizial, Weihbischof und Generalvikar herausgebildet, die in der Folge eigene Verwaltungen ausprägten.[49] Ein sogenannter Kirchenrat sollte sich 1601 unter bayerischer Herrschaft zur Durchsetzung der gegenreformatorischen bzw. tridentinischen Reformen etablieren, der jedoch keine große Wirkkraft entfaltete. Die Umsetzung der geistlichen Gerichtsbarkeit stieß im 15. wie im 16. Jahrhundert auf den entschiedenen Widerstand der Territorialherren, insbesondere der Landesherren von Jülich und Berg, Kleve und Mark. Doch die Schwierigkeiten einer wirkungsvollen bischöflichen Verwaltung waren der Kölner Kirche inhärent: Auf deren mittlerer Verwaltungsebene spiegelten die Archidiakone jene Strukturprobleme wider, die dem Erzstift im weltlichen Bereich mit Blick auf die Amtleute zu eigen war. Die vier größten oder zumindest ehrwürdigsten Archidiakonate (*majores*) unterstanden mit dem Dompropst und dem Domdekan den Spitzen des Domkapitels und in Person der Pröpste von St. Cassius in Bonn und St. Viktor in Xanten ebenfalls Oberhäuptern bedeutender Stiftskirchen. Diese hatten im Hochmittelalter als „Chorbischöfe" noch im Streit um den Vorrang mit den Ortsbischöfen gelegen, an dessen Ende sie sich zwar fügen mussten, allerdings diverse Prärogativen wahren konnten. Auch die weiteren sechs kleineren Archidiakonate unterstanden fast sämtlich den Dignitären von Stiftskapiteln. Die Archidiakone werden ihre administrativen Obliegenheiten delegiert haben, doch blieben sie als Vorgesetzte der Landdechanten in fundamentaler Weise mit den religiösen wie administrativen Belangen des Kirchenwesens betraut. Als Vorsteher der bedeutendsten kirchlichen Einrichtungen verfolgten sie naturgemäß institutionelle bzw. korporative, wenn nicht individuelle Interessen und suchten sich den Vorgaben der Erzbischöfe zu ent-

49 Vgl. zur spätmittelalterlichen Formierungsphase: Janssen, Erzbistum Teil 1 1995, S. 336–374, für die nachfolgende Zeit: Molitor, Erzbistum 2008, S. 274–312.

ziehen. Bezeichnenderweise hat Wilhelm Janssen die Archidiakonate wie auch die Landdechanten daher als „intermediäre Gewalten" tituliert. In einem durchaus ähnlichen Verhältnis dürften wiederum die Landdechanten gegenüber den Archidiakonen (und den weltlichen Amtleuten) gestanden haben, indem sie über das Send- bzw. Korrektionsrecht hinaus genuine Gerichtsrechte beanspruchten.

Ein erhebliches fiskalisches, aber auch steuerungspolitisches Problem stellte aus der Sicht der Kölner Erzbischöfe der weitgehende Verlust der Patronatsrechte dar. Mit dem Episkopat Hermanns von Wied 1515 unterstanden dem Kölner Erzbischof 993 Pfarreien, von denen in den folgenden Jahrzehnten 51 an das Bistum Roermond und ungefähr 140 durch Protestantisierung wegfielen, wobei allein die Dekanate Duisburg und Siegburg ein Drittel ausmachten. 49 Pfarreien entstanden neu bzw. wurden als vormalige Filialkirchen aufgewertet.[50] In den verbliebenen Pfarreien war der Kölner Erzbischof beinahe derjenige mit dem geringsten Einfluss, wenn es um die Einsetzung der Pfarrer ging: Nach den Berechnungen von Hansgeorg Molitor bezeugte die erste kölnische Generalvisitation von 1569 unter Erzbischof Salentin von Isenburg (1567–1577) in den 130 von 143 zuordnungsfähigen Kirchen die Verteilung des Patronatsrechts in 7 Fällen beim Bischof (5 %), 56 bei Stiften (43 %), 25 (19 %) bei Abteien, 13 (10 %) beim Kölner Domkapitel und 29 (22 %) bei adligen Laien. Die Zahlen sind umso signifikanter, als die Visitation nur an Orten durchgeführt werden konnte, an denen sowohl die landesherrliche als auch die bischöfliche Gewalt bei Köln lagen. Linz, Andernach und Rhens(e) (aus unbekannten Gründen auch Meckenheim) wurden daher nicht visitiert. In den nicht dem Erzstift unterstehenden Gebieten, etwa im Radius des Xantener Archidiakonats beidseits des Rheins, sahen die Verhältnisse für den Bischof noch ungünstiger aus.

Die Visitatoren Herzog Johanns von Kleve in Jülich und Berg 1532/33 wie auch die Salentins von Isenburg im rheinischen Erzstift 1569 dokumentierten erhebliche Defizite aufseiten des Seelsorgepersonals. Dass, wie das Tridentinum zeigte, von der Papstkirche ausgerechnet das Konkubinat der Priester, weniger aber deren Absenz und Inkompetenz moniert wurden, ist zumindest im Falle Kurkölns wohl einer Verdrängung struktureller Reformerfordernisse (Präsenzpflicht, Einrichtung von Priesterseminaren u.a.m.), im Übrigen auch einer Verkennung der öffentlichen Wahrnehmung zuzuschreiben.[51] Verlässlich scheinen in den stets situations- und wahrnehmungsabhängigen Visitationsprotokollen besonders die Aussagen über die Diffusion der Pfarrechte zu sein. Die rechtliche, mehr aber die praktische Ausgestaltung des Patronatsrechts, das ganz unterschiedliche Verfügungs- und Nutzungsrechte über Temporalia wie Spiritualia einschloss, muss von Fall zu Fall untersucht werden. Entsprechendes gilt für die Inkorporation, die einen spezifischen eigen-

**50** Die folgenden Zahlen nach: Molitor, Erzbistum 2008, S. 326–327.
**51** Vgl. Flüchter, Zölibat 2006; Molitor, Erzbistum 2008, S. 481–488.

tumsrechtlichen Titel in der Regel in Verbindung mit dem Patronat bezeichnete und vermutlich am ehesten Defizite in der Seelsorge verursachte. Im Hinblick auf die für typisch zu erachtenden vorreformatorischen Probleme des Niederkirchenwesens und deren Wahrnehmung gilt es generell festzuhalten, dass diese kanonischen Rechtskonstruktionen auf eine Kommerzialisierung der Seelsorge hinausliefen, die in erheblichem, vielleicht entscheidendem Maße zur Entfremdung zwischen Laien und Klerus beitrugen. Von der reformationsgeschichtlichen Forschung sind sie bislang weder phänomenologisch noch systematisch in der Breite erforscht worden.

Im Erzstift und -bistum Köln lässt sich die meist schwer zu dokumentierende Problematik beispielhaft anhand der Pfarrkirche Kempen (bei Krefeld) nachvollziehen.[52] Dort gab es mit der Pfarrkirche St. Mariae Geburt wie so oft nur eine einzige Pfarrei für die Stadt, außerdem für die umliegenden Ortschaften der gleichnamigen Villikation, deren Filialkapellen nicht zu vollem Recht ausgewachsen waren. So firmierte die Pfarrei Kempen als Großkirche, für die um 1500 ungefähr 3.000 Kommunikanten bezeugt sind. Diese waren vom Pfarrer nur mithilfe eines Pferdes zu erreichen. Zudem war Kempen seit 1473 ein viel frequentierter Marienwallfahrtsort. Seit 1320 war die Kempener Kirche in das Benediktinerkloster St. Vitus in Gladbach (heute Mönchengladbach) inkorporiert. Hierüber entbrannte seit dem letzten Viertel des 15. Jahrhunderts ein Konflikt, nachdem der Gladbacher Abt als *verus Pastor* Kempens seinen eigenen Bruder als Pfarrverwalter im rein rechtlichen, nicht aber seelsorgerischen Sinne einsetzte. In diesem Streit, in dem ebenfalls die kuriale Verwaltung mit eigenen Personalvorstellungen mitmischte, suchte sich die Kempener Bürgerschaft, der es sicher weniger um die rechtliche Aneignung als die angemessene Ausübung der Pfarrstelle ging, einen eigenen Pfarrer. In der kirchengeschichtlichen Forschung erwarb sich Kempen damit den Nimbus, ein vorreformatorischer „Pfarrerwahlort" gewesen zu sein. Im Zuge des Reformationsversuchs Hermanns von Wied beschwerte sich eine Delegation Kempener Bürger abermals darüber, „das zu solicher erlicher unnd groißer Kirchen ein Monick gesatzt werden soll", da doch das „undoglich leeben der Monyche" bekannt und erwiesen sei. In dieser Konstellation sickerte die Reformation gewissermaßen in die Stadt ein. 1554 sollte der Streit durch eine Aufwertung Kempener Filialkirchen und verschärfte Vorgaben an die Pfarrer beigelegt werden. Am Fortbestand von Patronat und Inkorporation sollte aber weder der diesbezügliche Schlichtungsvertrag noch das Trienter Konzil (1545–1563) im Allgemeinen etwas ändern.

52 Vgl. zum Folgenden: Laux, Reformationsversuche 2001, Teil V.

## 3.4 Frömmigkeit und religiöse Volkskultur im Übergang zur Frühen Neuzeit

Die Vorgänge um die ebenso ehrwürdige wie lukrative „Propsteikirche" in Kempen bestätigen eine in der jüngeren Forschung zum Niederkirchenwesen gewonnene Erkenntnis: die im Spätmittelalter gewachsene Anteilnahme der Bürger an pfarrkirchlichen Belangen aus dem Interesse an kommunaler Partizipation heraus und damit auch aus einem Bedürfnis nach Statusdemonstration. Sie zeigen ebenso, dass Symbole traditioneller Kirchlichkeit städtisches Selbstbewusstsein prägten und sich mit diesem wandeln konnten: So verbreitete sich der Quirinuskult in Neuss maßgeblich nach der Belagerung der Stadt durch Herzog Karl den Kühnen, als der Stadtpatron zum Sinnbild der Beharrlichkeit der Gemeinde wurde. Die Quirinusprozession sollte dagegen nach Ausweis des Visitationsprotokolls von 1569 von der Bevölkerung *rarius et cum minore devotione* befolgt worden sein.[53] Daran war vermutlich weniger die Berührung der Stadt mit der Reformation ‚schuld' als der nach Ausweis des Visitationsprotokolls geradezu erbarmungswürdige Zustand des gemischtadligen Quirinusstifts. Dieses leugnete sogar die Inkorporation der Pfarrei, um nur nicht für deren Betreuung aufkommen zu müssen. Unter solchen Umständen gereichte die ostentative Versammlung der geistlichen Eliten bei Heiligenprozessionen – hier der Äbtissin und den Kanonissen sowie der anhängigen Stiftskanoniker – den Laien zum Verdruss, zumal damit Verpflichtungen einhergingen. Der Neusser Magistrat für seinen Teil drückte sich wiederholt davor, der Äbtissin in aller Öffentlichkeit die Prozessionsstäbe voranzutragen.

Würde man solche Verhaltensweisen oder umgekehrt die zahlreichen, im kanonischen Sinne nonkonformistischen Praktiken wie die vielfach praktizierte Kommunion unter beiderlei Gestalt als genuin antikirchliche bzw. reformatorische Haltung verstehen, ginge dies am Selbstverständnis und der Mentalität der Laien vorbei: Diese besaßen im Rheinland wie anderswo auch, teils bis weit ins 16. Jahrhundert hinein, kein im engeren Sinne konfessionelles Verständnis. Positiv gewendet, sind in diesem Zusammenhang die Impulse zu einer neuen Laienfrömmigkeit in Rechnung zu stellen: Die im Rheinland hauptsächlich durch Schwesternkonvente und Windesheimer Chorherren verbreitete *Devotio moderna* rief im Einklang mit den monastischen Reformbewegungen ihrer Zeit zu demütigem Lebenswandel und Christus-Imitatio auf. Zeitlich näher an die Reformationsphase strahlte die Geisteshaltung des Erasmus von Rotterdam († 1536) aus. Über den Eingang des „Erasmianismus" in ein „quasi-landesherrliches Kirchenregiment", das die Herzöge von Kleve seit ehedem praktiziert hatten, ist im Hinblick auf das Umfeld der Herzöge Johann III. (1521–1539) und Wilhelm V. (1539–1592) nicht zu zweifeln.[54] Allenfalls

53 Vgl. Franzen, Visitationsprotokolle 1960, Nr. 101, S. 284.
54 Vgl. in der inzwischen reichhaltigen Literatur beispielhaft: Smolinsky, Erasmianismus 1997.

die Motive der Landesherren zur Aufnahme irenischen Gedankengutes (*via media*), vor allem aber der Grad der Verinnerlichung durch die Bevölkerung werden unterschiedlich beurteilt. In Kurköln war eine öffentliche Wertschätzung erasmianischen Gedankenguts schon aufgrund der darin enthaltenen bitteren Kritik an Geistlichkeit und religiösen Riten allerdings nicht zu vernehmen. Immerhin kündigte sich mit Hermann von Hessen (1480–1508), der sich insbesondere für die Überführung des benediktinischen Mönchtums in die Bursfelder Kongregation stark gemacht hatte, erstmals jener neue Bischofstyp an, der sich entsprechend der späteren Leitvorstellungen des Tridentinums durch persönliche Frömmigkeit, überdies das Bekenntnis zu Wohlfahrtszielen auszeichnete. Bei den männlichen wie weiblichen Bettelorden griffen die Observanzbestrebungen hingegen nur in Einzelfällen; manche Orden und wohl die allermeisten Stifte verweigerten sich der Reform völlig.[55]

Die Dokumentation und Beurteilung der Frömmigkeitspraxis werfen erhebliche Schwierigkeiten auf, zumal sich vorreformatorische Frömmigkeitsformen unauflöslich mit den Initiativen geistlicher Einrichtungen zu deren Kanalisierung verbanden. Den daraus erwachsenen empirischen wie methodisch-analytischen Herausforderungen hat sich sowohl die Kirchen- als auch die Profangeschichtsschreibung seit den 1980er Jahren gestellt, wobei sich die von Ernst Walter Zeeden gesetzten Impulse als besonders fruchtbar erwiesen haben. Insgesamt scheinen sich weder die institutionalisierten Frömmigkeitspraktiken wie die Teilnahme an Wallfahrten (mit den Wallfahrtsmetropolen Köln, Aachen und Trier) oder die Mitgliedschaft in Bruderschaften noch das individuelle Verhalten (Messbesuch, Buße und Beichte, Stiftungen etc.) einschneidend verändert zu haben.[56] Allerdings bildete sich – begünstigt durch die erheblich gewachsenen medialen Teilhabemöglichkeiten – eine erwartungsvolle bis kritische Aufmerksamkeit der Laien gegenüber der Amtskirche heraus.

## 3.5 Hermann von Wied und die Reformation im Kölner Kurstaat

Der Umstand von zwei Reformationsversuchen im Erzstift Köln im 16. Jahrhundert lässt vermuten, hierfür müsse es eine strukturelle Ursache gegeben haben, die in der besonderen Beschaffenheit von ‚Land und Leuten' lag. Der Eindruck von der Instabilität des Kölner Episkopats verstärkt sich mit Blick auf die beiden – neben Hermann von Wied (1546/47) und Gebhard Truchseß von Waldburg (1583) – aus dem

55 Details zum Regular- und Stiftsklerus der Kölner Kirche im Wandel vom Mittelalter zur Frühen Neuzeit können hier nicht entwickelt werden. Grundlegende Fakten und Entwicklungstendenzen dokumentieren Bönnen/Hirschmann, Klöster 2006. Umfassende Darstellungen bei: Janssen, Erzbistum. Teil 1 1995, Kap. 6 und Molitor, Erzbistum 2008, Kap. V.

56 Vgl. etwa Schmid, Reformation 2010; detaillierte Beobachtungen im Gesamtradius des Erzbistums Köln bei Molitor, Erzbistum 2008, Kap. 6 („Seelsorge und Frömmigkeit").

Amt ausgeschiedenen Erzbischöfe: Friedrich von Wied (1567) und Salentin von Isenburg (1577). In Anbetracht dieser Analogie muss hervorgehoben werden, dass sich die Bekenntniswechsel der beiden reformationsgesinnten Protagonisten letztlich in die Typologie individueller Reformationsentscheidungen einfügen.[57] Nichts anderes gilt für Friedrich und Salentin, die aus Amtsmüdigkeit bzw. dynastischer Opportunität resignierten.

Anders als sein späterer Nachfolger Gebhard Truchseß verfolgte der 1477 als fünfter Sohn des Westerwälder Grafengeschlechts Wied-Runkel geborene Hermann von Wied keine familienpolitischen Ziele. Dabei hätte er zu diesen durchaus Anlass gehabt, da er infolge des Todes des regierenden Grafen 1533 nämlich unverhofft zum Senior seiner Familie geworden war. Für die dynastische Nachfolge stand er jedoch ebenso wenig bereit wie sein jüngerer Bruder Friedrich III. von Wied, obwohl dieser 1532 vom Amt des Bischofs von Münster angesichts der sich zuspitzenden Reformation zurückgetreten war. Im selben Jahr zum Bischof von Paderborn erhoben, designierte Hermann im Mai 1533 seinen Neffen Johann (IV.), auch er Kölner Domherr, zum gräflichen Nachfolger seiner Stammlande. Sein Neffe Friedrich wurde sicherlich mithilfe Hermanns 1534 Domherr in Köln und sollte 1562 trotz des Konfessionswechsels des Onkels vom mehrheitlich katholischen Domkapitel zum Erzbischof gewählt werden. All dies und manches mehr zeigt, wie tief Herrmann von Wied in das Benefiziensystem der Reichskirche verwoben war, das den im Wetterauer Grafenverein organisierten Familien bis zur Jahrhundertmitte weit offen stand.[58]

Als Hermann von Wied 1515 sein Episkopat in Köln antrat, konnte von der herausragenden Bedeutung des Kölner Fürsten und seiner Landen noch keine Rede sein. Gewiss war Hermann einer der umworbenen Wähler Karls von Habsburg zum römisch-deutschen König in Frankfurt am 28. Juni 1519. Er war es auch, der Karl am 23. Oktober des nachfolgenden Jahres in Aachen zum König krönte. Dass die Aufrechterhaltung der Katholizität im Nordwesten des Reichs und womöglich im gesamten Reich wenig später mit seiner Person zusammenhängen sollte, war selbst nach dem Aufkommen der *Causa Lutheri* nicht vorhersehbar. Das lag auch daran, dass die Großregion zunächst nicht im Fokus der katholischen Habsburger stand. Im April 1477 hatten sich die Habsburger durch Konnubium die Herrschaft über einen Großteil des burgundischen Erbes gesichert. Dadurch traten sie allmählich in das „politische Kraftfeld" einer Region ein, in der sie nie zuvor präsent gewesen waren. Die entscheidende Aufwertung der burgundischen Herrschaften verdankte

**57** Vgl. Laux, Reformationsversuche 2001.
**58** Nach der Auszählung von: Molitor, Erzbistum 2008, S. 264–265, stellten die Familien des Wetterauer Grafenvereins von 1500 bis 1550 mehr als 50 Dignitäre und Kapitulare. Den evangelisch gewordenen Familien – darunter die der 1556 protestantisch gewordenen Grafschaft Wied – wurde in der Folge der Zugang zu den kirchlichen Versorgungsstellen verwehrt.

sich, so Ernst Laubach,[59] dem Faktum, dass Karl von Habsburg 1522 seinem Bruder Ferdinand per Erbteilung die Königskrone des Reichs und die vollständigen habsburgischen Erblande überlassen hatte. Er selbst war somit als Regent in Mitteleuropa mit Ausnahme eben der vormals burgundischen Gebiete ohne Herrschaftsbasis. Diese war 1515 hingegen noch territorial löchrig und politisch instabil. Die systematische räumliche Arrondierung der Region begann mit dem Kauf von Friesland und fand 1548 mit dem Burgundischen Vertrag, der den Status der nunmehr sogenannten Siebzehn Provinzen regelte, ihren Abschluss. Karl V. musste in der Logik seiner herrschafts- und konfessionspolitischen Leitvorstellungen daher das allergrößte Interesse an einem zuverlässigen Nachbarn an der Spitze der Kölner Kirche haben.

Die Hinwendung Hermanns von Wied zum evangelischen Bekenntnis ist mehrfach geschildert worden. Zuletzt hat sein Biograph Rainer Sommer[60] drei Phasen des Episkopats Hermanns von Wied angesetzt: Die Anfänge bis 1535, in denen er sich als ebenso widerspruchsloser wie konturloser Anhänger von Papst und Kaiser erwies, eine Phase von 1535 bis 1539, in der sich Hermann durch mehrere institutionelle Reforminitiativen (insbesondere ein Provinzialkonzil 1536) ebenso wie als papstkritischer Verteidiger episkopaler Prärogativen hervortat, schließlich der „Reformationsversuch“ von 1539 bis 1547. Damit wird behauptet, dass der Bekenntniswandel Hermanns kein abrupter Bruch mit der katholischen Kirche war, sondern sich im Flusse seiner nun forcierten, aber eben nicht dogmatisch konsistenten Reformanstrengungen bewegte. Das von ihm 1543 veröffentlichte, auf Martin Bucer und Philipp Melanchthon zurückgehende „Einfältige Bedenken“ war eher eine agendarisch-programmatische als eine dogmatische Kirchenordnung. Das „Bedenken“ zeugte von dem Versuch, die Amtskirche auf gegebenen institutionellen Grundlagen mit religiösen Anschauungen des evangelischen Glaubens zu verbinden. Spätestens mit dem Erscheinen des „Bedenkens“ gingen die wenigen reformgesinnten katholischen Persönlichkeiten an der Spitze der Kölner Kirche in Opposition zu ihrem Bischof – allen voran der einflussreiche Kölner Domherr Johannes Gropper.

Während Hermann von Wied für sein Unterfangen personelle Unterstützung von außen erhielt, indem insbesondere Landgraf Philipp von Hessen ihm vorübergehend hochrangiges Personal zur Verfügung stellte, wurde ihm die von den evangelischen Reichsständen mehrfach erbetene „Adhärenz“ verweigert. Die Koinzidenz seines Reformationsversuchs mit der Niederringung Wilhelms V. von Kleve durch Karl V. im (dritten) Geldrischen Erbfolgekrieg im Sommer 1543 und der Niederlage des Schmalkaldischen Bundes im Frühjahr 1547 erwiesen sich als fatal. Nachdem päpstliche Suspension und Exkommunikation bereits am 16. April 1546 erfolgt waren, erklärten kaiserliche Kommissare den Koadjutor Adolf von Schauenburg am

59 Laubach, Habsburger 1997, S. 20.

60 Sommer, Hermann 2000/2013. Zum Folgenden vgl. Wolgast, Hochstift 1995, S. 83–99.

24. Januar 1547 vor dem Bonner Landtag zum regierenden Landesherrn. Hermann starb 1552 auf Burg Altenwied.

Bis zum Augsburger Religionsfrieden sollte Hermann von Wied in der zeitgenössischen Wahrnehmung als einer der wenigen Prälaten der Reichskirche gelten, der den Bruch mit der alten Kirche vollzogen hatte. Für eine erfolgreiche Durchsetzung und Konsolidierung seiner nur im Ansatz theoretisch und institutionell entwickelten Pläne fehlten ihm weitestgehend die Voraussetzungen. Sein in der historischen Rückschau für zwangsläufig zu haltendes Scheitern täuscht nicht darüber hinweg, dass es im Erzstift und kaum weniger in den umliegenden Gebieten des Kölner Sprengels eine evidente Reformnotwendigkeit sowie eine Reformationsaffinität gab. Allerdings können ein Wissen bzw. ein Verständnis um die Differenz zwischen Reform und Reformation nicht vorausgesetzt werden. Selbst die Leitungsgremien des Kurstaats – Domkapitel und Landstände – blieben in der Reformationsfrage gegenüber Hermann von Wied, der einen dezidiert legitimistischen Weg einschlug, gespalten. Jedoch in den Städten des Erzstifts,[61] insbesondere in Neuss, Kempen, Brühl, vermutlich auch in Bonn, in Andernach und ganz besonders in Linz am Rhein hatte Hermann von Wied Unterstützung in Teilen der Bürgerschaft erhalten. Wie in Neuss zeigte sich ansatzweise das typische Verlaufs- und Wirkungsmuster städtischer Reformation, da die Unzufriedenheit über die Amtsmonopolisierung und -ausübung der Eliten durch oppositionelle („kommunalistische") Bürgerausschüsse artikuliert wurde. In Neuss und Linz kam es sogar zu Gewalttätigkeiten gegen die amtierenden Magistrate und mitunter (so in Linz) sogar gegen die Verwaltung des neuen Erzbischofs. Mehrheitlich bzw. dominant protestantische Städte hat es im Erzstift jedoch nicht gegeben. Die Gründe hierfür sind vielschichtig und auf bestehender Quellenlage kaum zu ermessen. Erstens entsprachen die kleinen und bestenfalls mittelgroßen Städte des Kölner Erzstifts nicht jenem Städtetypus wie mancherorts in Westfalen und im heutigen Niedersachsen, die es zu weitgehender Autonomie gebracht hatten und im Zuge dessen auch eine relativ große konfessionspolitische Handlungsfreiheit genossen. Zweitens musste sich das Fehlen eines intellektuell ausstrahlenden städtischen Zentrums für die Sache der Reformation stark nachteilig auswirken: Die Reichsstadt Köln, in der eine endogene reformatorische Dynamik weitestgehend ausgeblieben war, stellte für Evangelische eher eine Gefährdung denn einen Rückhalt dar. Die Reichsstadt Aachen bot sich ebenso wenig an, entbehrte die dortige evangelische Minderheit doch stets eines wirksamen rechtlichen Schutzes, was gegen Ende des Jahrhunderts als formales Argument zu deren Ausschaltung dienen sollte. Autonome evangelische Stadtreformationen blieben im Rheinland somit die Ausnahme. Sie setzten, wenn nicht die aktive Unterstützung, so doch zumindest die Duldung ohne Nichtahndung seitens der Landesherr-

**61** Vgl. Laux, Reformationsversuche 2001.

schaft voraus, wie dies beim klevischen Wesel der Fall war, wo sich Anfang der 1540er Jahre die lutherische Richtung der Reformation bereits konsolidiert hatte.

Im Sinne einer ‚Bewegung' ohne landesfürstliche Einhegung konnte sich die Reformation in der Region somit nur phasenweise in Form dogmatisch und institutionell mehr oder minder unregulierter, religiös enthusiasmierter Gruppierungen halten. Zu diesen gehörten in den frühen 1520er Jahren Spiritualisten wie der in unmittelbarer Nähe zu den Niederlanden um Johannes Campanus († 1574) gebildete Kreis, vor allem aber die über Stadt und Land verbreiteten Täufer.[62] An deren Verfolgung und Zersprengung hatten Obrigkeiten unterschiedlicher Provenienz einen entscheidenden, alles andere als rühmlichen Anteil.

## 3.6 Fazit und Ausblick

Die inneren strukturellen Probleme, die Hermann von Wied an der Verbesserung des Kirchenwesens im Kölner Kursstaat hinderten, erwiesen sich auch als Hemmnisse für die nachfolgende katholische Konfessionalisierung: Die Kölner Kirche war ebenso wie der weltliche Kurstaat ständisch verfasst. Beide Sphären ließen sich nicht systematisch trennen. Veränderungen, wie sie das Trienter Konzil einzuleiten versuchte, konnten den geistlichen und weltlichen Eliten im Kurstaat im Grunde nur auf appellativem Wege vermittelt werden. Die Nachfolger Hermanns von Wied übten sich daher teils aus geringer Anteilnahme, teils im Wissen um die Lenkungsprobleme des Territoriums weitgehend in Zurückhaltung.[63] Die im Erzstift 1583 infolge des zweiten Reformationsversuchs durchgesetzte bayerische Regentschaft (bis 1761) verwendete zwar einige Energie darauf, religiöse Nonkonformisten jedweder Couleur auszuschalten oder zur Konformität zu zwingen. Gleichwohl schreckte auch sie davor zurück, das Gewaltmonopol in diesem faktisch zum wittelsbachischen Nebenstaat gewordenen Erzstift zum Nachteil der etablierten ständischen Kräfte auszudehnen.

Die Katholizität von Staat und Gesellschaft trug mithin sowohl zur strukturellen Festigung wie zur Schwächung des Kurstaats bei. Gegen Ende des 18. Jahrhunderts, da man auch in der „Pfaffengasse" am Rhein über die Berechtigung der geistlichen Staaten nicht mehr nur im Sinne der religiösen Wahrheitsfrage räsonierte, wollte es ein Kommentator in seiner Beschreibung des Erzstiftes Köln offenlassen, ob die Verpflichtung der Erzbischöfe zur Verfolgung der Protestanten noch Realität oder doch nur Folklore sei:

> Und noch in unsern Zeiten muß ein neugewählter Erzbischoff in dem dritten Artikel seiner Kapitulation dem Domkapitel schwören, was noch von Kezzern und Schismatikern aus jenen

62 Vgl. Goeters, Rolle 1959.

63 Vgl. Laux, Wege 1999; Molitor, Erzbistum 2008, Kap. 2.

Zeiten im Erzstifte übrig sein könnte, gleich anfangs seiner Regierung, nach allen Kräften, auszurotten. Doch scheinet dies blos nur noch ein Ceremoniale zu sein, indem die Akatholischen, wo sich irgend noch im Lande finden, gewiß nicht über Druck oder Verfolgung vonseiten der Regierung klagen können.[64]

# Literatur

Andernach, Norbert: Die landesherrliche Verwaltung. In: Kurköln. Land unter dem Krummstab. Essays und Dokumente. Kevelaer 1985 (Veröffentlichungen der staatlichen Archive des Landes Nordrhein-Westfalen. Reihe C, 22; Schriftenreihe des Kreises Viersen, 35a), S. 241–256.

Auerbach, Inge (Hrsg.): Reformation und Landesherrschaft. Vorträge des Kongresses anlässlich des 500. Geburtstages des Landgrafen Philipp des Großmütigen von Hessen vom 10. bis 13. November 2004 in Marburg. Marburg 2005 (Veröffentlichungen der Historischen Kommission für Hessen, 24; Quellen und Darstellungen zur Geschichte des Landgrafen Philipp des Großmütigen, 9).

Battes, Julius: Das Vordringen der Franziskaner in Hessen und die Entwicklung der einzelnen Konvente bis zur Reformation. In: Franziskanische Studien 18 (1931), S. 309–340.

Becker, Thomas P.: Bistümer, Archidiakonate und Landdekanate um 1450. Bonn 2008 (Geschichtlicher Atlas der Rheinlande, IX/4).

Bönnen, Gerold/Hirschmann, Frank G.: Klöster und Stifte von um 1200 bis zur Reformation. Bonn 2006 (Geschichtlicher Atlas der Rheinlande, IX/3).

Bosbach, Franz: Köln. Erzstift und Freie Reichsstadt. In: Anton Schindling/Walter Ziegler (Hrsg.): Die Territorien im Zeitalter der Reformation und Konfessionalisierung. Land und Konfession 1500–1650. Bd. 3: Der Nordwesten. Münster i. W. 1991 (Katholisches Leben und Kirchenreform im Zeitalter der Glaubensspaltung, 51/3), S. 59–84.

Braasch-Schwersmann, Ursula/Schneider, Hans/Winterhager, Wilhelm Ernst (Hrsg.): Landgraf Philipp der Großmütige 1504–1567. Hessen im Zentrum der Reform. Begleitband zu einer Ausstellung des Landes Hessen. Marburg/Neustadt a.d. Aisch 2004.

Braun, Bettina: Princeps et episcopus. Studien zur Funktion und zum Selbstverständnis der nordwestdeutschen Fürstbischöfe nach dem Westfälischen Frieden. Göttingen 2013 (Veröffentlichungen des Instituts für Europäische Geschichte Mainz, 230).

Braun, Bettina/Göttmann, Frank/Ströhmer, Michael (Hrsg.): Geistliche Staaten im Nordwesten des Alten Reiches. Forschungen zum Problem frühmoderner Staatlichkeit. Köln 2003 (Paderborner Beiträge zur Geschichte, 13).

Breul-Kunkel, Wolfgang: Herrschaftskrise und Reformation. Die Reichsabteien Fulda und Hersfeld ca. 1500–1525. Heidelberg 2000 (Quellen und Forschungen zur Reformationsgeschichte, 71).

Breul-Kunkel, Wolfgang: Landesherrliche Klosterreform unter Landgraf Wilhelm II. von Hessen. In: Archiv für mittelrheinische Kirchengeschichte 52 (2000), S. 121–150.

64 Mastiaux, Beschreibung 1783, S. 7–8. Die Verfasserschaft des kurkölnischen Hofkammerrats Mastiaux ist nicht eindeutig zu klären. Eindeutig ist hingegen die Provenienz des Buchs aus dem Umkreis der katholischen Aufklärung.

Breul-Kunkel, Wolfgang: Marburg und die Reformation in Hessen. In: Heidenreich, Bernd/Böhme, Klaus (Hrsg.): Hessen. Geschichte und Politik. Stuttgart u.a. 2000 (Schriften zur politischen Landeskunde Hessens, 5), S. 163–181.

Breul, Wolfgang/Gräf, Holger: Fürst, Reformation, Land – Aktuelle Forschungen zu Landgraf Philipp von Hessen (1504–1567). In: Archiv für Reformationsgeschichte 98 (2007), S. 274–300.

Bünz, Enno: Probleme der Pfarrgeistlichkeit im Erzbistum Mainz. Auskünfte der Pönitentiarieregister des 15. Jahrhunderts. In: Meyer, Andreas (Hrsg.): Kirchlicher und religiöser Alltag im Spätmittelalter. Akten der internationalen Tagung in Weingarten, 4.–7. Oktober 2007. Ostfildern 2010 (Schriften zur südwestdeutschen Landesgeschichte, 69), S. 137–155.

Bünz, Enno/Kühne/Hartmut (Hrsg.): Alltag und Frömmigkeit am Vorabend der Reformation in Mitteldeutschland. Wissenschaftlicher Begleitband zur Ausstellung „Umsonst ist der Tod". Referate der Tagung „Alltag und Frömmigkeit am Vorabend der Reformation in Mitteldeutschland" an der Universität Leipzig vom 19. bis 21. April 2012. Leipzig 2015 (Schriften zur sächsischen Geschichte und Volkskunde, 50).

Classen, Wilhelm: Die kirchliche Organisation Alt-Hessens im Mittelalter. Marburg 1929 (Schriften des Instituts für Geschichtliche Landeskunde von Hessen und Nassau, 8).

Dersch, Wilhelm: Hessisches Klosterbuch. Quellenkunde zur Geschichte der im Regierungsbezirk Kassel, im Kreis Grafschaft Schaumburg, in der Provinz Oberhessen und im Kreis Biedenkopf gegründeten Stifter, Klöster und Niederlassungen von geistlichen Genossenschaften, Marburg 1940. Marburg $^{2}$2000 (Veröffentlichungen der Historischen Kommission für Hessen, 12).

Dersch, Wilhelm: Hessische Wallfahrten im Mittelalter. In: Festschrift für Albert Brackmann. Weimar 1931, S. 457–491.

Eckhardt, Wilhelm Alfred: Die Wallfahrt nach Gottsbüren. In: Zeitschrift für hessische Geschichte 119 (2014), S. 1–22.

Eckhardt, Wilhelm Alfred: Zur spätmittelalterlichen Wallfahrt in Hessen. In: Zeitschrift für hessische Geschichte 114 (2009), S. 39–68.

Flüchter, Antje: Der Zölibat zwischen Devianz und Norm. Kirchenpolitik und Gemeindealltag in den Herzogtümern Jülich und Berg im 16. und 17. Jahrhundert. Köln/Weimar/Wien 2006 (Norm und Struktur, 25).

Franz, Eckhart G.: Die hessischen Klöster und ihre Konvente in der Reformation. In: Hessisches Jahrbuch für Landesgeschichte 19 (1969), S. 147–233.

Franz, Eckhart G.: Landgraf und Kloster. Die Zisterzienser-Abtei Haina vor und während der Reformation. In: Heinemeyer, Walter/Pünder, Tilman (Hrsg.): 450 Jahre Psychiatrie in Hessen. Marburg 1983 (Veröffentlichungen der Historischen Kommission für Hessen, 47), S. 21–34.

Franz, Günther (Hrsg.): Urkundliche Quellen zur hessischen Reformationsgeschichte. Bd. 2: 1525–1547. Marburg 1954 (Veröffentlichungen der Historischen Kommission für Hessen und Waldeck, 11/2).

Franzen, August: Die Kölner Archidiakonate in vor- und nachtridentinischer Zeit. Münster i. W. 1953 (Reformationsgeschichtliche Studien und Texte, 78/79).

Franzen, August (Hrsg.): Die Visitationsprotokolle der ersten nachtridentinischen Visitation im Erzstift Köln unter Salentin von Isenburg im Jahre 1569. Münster i. W. 1960 (Reformationsgeschichtliche Studien und Texte, 85).

Friedrich, Wolfgang: Territorialfürst und Reichsjustiz. Recht und Politik im Kontext der hessischen Reformationsprozesse am Reichskammergericht. Tübingen 2008.

Goeters, Johann Friedrich Gerhard: Die Entstehung des rheinischen Protestantismus und seine Eigenart. In: Rheinische Vierteljahrsblätter 58 (1994), S. 149–201.

Goeters, Johann Friedrich Gerhard: Die Rolle des Täufertums in der Reformationsgeschichte des Niederrheins. In: Rheinische Vierteljahrsblätter 24 (1959), S. 217–236.

Heinemeyer, Karl: Die Marburger Kugelherren als Wegbereiter der Universität. In: Heinemeyer, Walter/Klein, Thomas/Seier, Hellmut (Hrsg.): Academia Marburgensis. Beiträge zur Geschichte der Philipps-Universität Marburg. Bd. 1. Marburg 1977, S. 1–48.

Heinemeyer, Walter: Philipp der Großmütige und die Reformation in Hessen. Gesammelte Aufsätze zur hessischen Reformationsgeschichte. Als Festgabe zum 85. Geburtstag, hrsg. von Hans-Peter Lachmann, Hans Schneider und Fritz Wolff. Marburg 1997 (Veröffentlichungen der Historischen Kommission für Hessen, 24/7).

Heinemeyer, Walter, Territorium und Kirche in Hessen vor der Reformationszeit. In: Hessisches Jahrbuch für Landesgeschichte 6 (1956), S. 138–163. ND in: Lachmann, Hans-Peter/Schneider, Hans/Wolff, Fritz (Hrsg.): Heinemeyer, Walter: Philipp der Großmütige und die Reformation in Hessen. Gesammelte Aufsätze zur hessischen Reformationsgeschichte. Marburg 1997 (Veröffentlichungen der Historischen Kommission für Hessen, 24/7), S. 17–40.

Helbig, Herbert: Fürsten und Landstände im Westen des Reiches im Übergang vom Mittelalter zur Neuzeit. In: Rheinische Vierteljahrsblätter 29 (1964), S. 32–72.

Hinz, Ulrich: Die Brüder vom gemeinsamen Leben im Jahrhundert der Reformation. Das Münstersche Kolloquium. Tübingen 1997 (Spätmittelalter und Reformation. N.R., 9).

Janssen, Wilhelm: Die Entwicklung des Territoriums Kurköln: Rheinisches Erzstift. Bonn 2008 (Geschichtlicher Atlas der Rheinlande. Beiheft V, 14/15).

Janssen, Wilhelm: Das Erzbistum Köln im späten Mittelalter. 2 Teile. Köln 1995/2003 (Geschichte des Erzbistums Köln, 2).

Janssen, Wilhelm: Die niederrheinischen Territorien im Spätmittelalter. Politische Geschichte und Verfassungsentwicklung (1300–1500). In: Rheinische Vierteljahrsblätter 64 (2000), S. 45–167.

Janssen, Wilhelm: Mitwirkungsrechte und -ansprüche des Kölner Domkapitels an der Regierung des Erzbistums während des späteren Mittelalters. In: Rey, Manfred van (Hrsg.): Bonn und das Rheinland: Beiträge zur Geschichte und Kultur einer Region. Festschrift zum 65. Geburtstag von Dietrich Höroldt. Bonn 1992, S. 71–91.

Janssen, Wilhelm: Unterherrschaft. Anmerkungen zu einem Strukturmerkmal niederrheinischer Territorien in der frühen Neuzeit. In: Rheinische Vierteljahrsblätter 76 (2012), S. 152–175.

Kißener, Michael: Ständemacht und Kirchenreform: Bischöfliche Wahlkapitulationen im Nordwesten des alten Reiches. Paderborn u.a. 1993 (Rechts- und staatswissenschaftliche Veröffentlichungen der Görres-Gesellschaft. N.F., 67).

Klueting, Harm (Hrsg.): Das kurkölnische Herzogtum Westfalen von den Anfängen der kölnischen Herrschaft im südlichen Westfalen bis zur Säkularisation 1803. Münster i. W. 2009 (Das Herzogtum Westfalen, 1).

Krafft, Otfried: Landgraf Ludwig I. von Hessen (*1402, reg. 1413/16–1458). Politik und historiographische Rezeption. 2 Teile, Habil. masch. Marburg 2015.

Krumme, Ekkehard: Die frühreformatorischen Bewegungen im Jülicher Land. In: Monatshefte für evangelische Kirchengeschichte des Rheinlandes 43 (1994), S. 43–92.

Kühne, Hartmut/Bünz, Enno/Müller, Thomas T. (Hrsg.): Alltag und Frömmigkeit am Vorabend der Reformation in Mitteldeutschland. Katalog zur Ausstellung „Umsonst ist der Tod". Petersberg 2013.

Laubach, Ernst: Die Habsburger und der deutsche Nordwesten im Zeitalter Karls V. In: Westfälische Zeitschrift 147 (1997), S. 19–36.

Laux, Stephan: „Positivismus" und „warme Bodenständigkeit". Zum historiographischen Selbstverständnis der „Annalen des Historischen Vereins für den Niederrhein" und ihrer Macher (1854/1855–2003). In: Helbach, Ulrich (Hrsg.): Historischer Verein für den Niederrhein. Festschrift zum 150jährigen Bestehen. Pulheim 2004 (Annalen des Historischen Vereins für den Niederrhein, 207), S. 261–308.

Laux, Stephan: Die Reformation in den Territorien, Städten und Regionen des Alten Reichs. In: Schnabel-Schüle, Helga (Hrsg.): Reformation. Historisch-kulturwissenschaftliches Handbuch. Stuttgart 2017, S. 153–201.

Laux, Stephan: Reformationsversuche in Kurköln (1542–1548). Fallstudien zu einer Strukturgeschichte landstädtischer Reformation (Neuss, Kempen, Andernach, Linz). Münster i. W. 2001 (Reformationsgeschichtliche Studien und Texte, 143).

Laux, Stephan: Wege und Grenzen der Konfessionalisierung. Die Kölner Erzbischöfe des 16. Jahrhunderts als geistliche Oberhäupter und Dynasten. In: Dietz, Burkhard/Ehrenpreis, Stephan (Hrsg.): Drei Konfessionen in einer Region. Beiträge zur Geschichte der Konfessionalisierung im Herzogtum Berg vom 16. bis zum 18. Jahrhundert. Köln 1999 (Schriften des Vereins für Rheinische Kirchengeschichte, 136), S. 49–69.

Mastiaux, Kaspar Anton von: Historisch geographische Beschreibung des Erzstiftes Köln. Eine Nötige Beilage zu des Herrn C. R. Büschings Erdbeschreibung. Frankfurt a.M. 1783.

Molitor, Hansgeorg: Das Erzbistum Köln im Zeitalter der Glaubenskämpfe. 1515–1688. Köln 2008 (Geschichte des Erzbistums Köln, 3).

Moraw, Peter (Hrsg.): Hessen und Thüringen. Von den Anfängen bis zur Reformation. Eine Ausstellung des Landes Hessen, Katalog. Marburg/Wiesbaden 1992.

Moraw, Peter: Landgraf Philipp der Großmütige von Hessen. In: Sarkowicz, Hans/Sonnenschein, Ulrich (Hrsg.): Die großen Hessen. Leipzig $^{2}$1997, S. 41–50.

Penning, Wolf-Dietrich: Die weltlichen Zentralbehörden im Erzstift Köln: Von der ersten Hälfe des 16. bis zum Beginn des 17. Jahrhunderts. Bonn 1977 (Veröffentlichungen des Historischen Vereins für den Niederrhein, insbesondere die alte Erzdiözese Köln, 14).

Philipsen, Christian: Pfründen und Geistliche Steuer. Die Archidiakonate Fritzlar und Hofgeismar im Spätmittelalter. Marburg 2010 (Untersuchungen und Materialien zur Verfassungs- und Landesgeschichte, 28).

Ruppert, Karsten, Die Landstände des Erzstifts Köln als Organe politischer Mitbestimmung. In: Jahrbuch für westdeutsche Landesgeschichte 41 (2015), S. 51–97.

Schilling, Johannes: Klöster und Mönche in der hessischen Reformation. Gütersloh 1997 (Quellen und Forschungen zur Reformationsgeschichte, 67).

Schmid, Wolfgang: Die Reformation, die Renaissance und die Heiligen Städte im Rheinland. In: Hoppe, Stephan/ Markschies, Alexander/Nußbaum, Norbert (Hrsg.): Städte, Höfe und Kulturtransfer: Studien zur Renaissance am Rhein. Regensburg 2010, S. 177–206.

Scotti, Johann Joseph (Hrsg.): Sammlung der Gesetze und Verordnungen, welche in dem vormaligen Churfürstenthum Cöln (im rheinischen Erzstifte Cöln, im Herzogthum Westphalen und im Veste Recklinghausen) [...] ergangen sind. Teil 1: 1463–1730. Düsseldorf 1830.

Seibrichs, Wolfgang: Episkopat und Klosterreform im Spätmittelalter. In: Römische Quartalschrift 91 (1996), S. 263–338.

Smolinsky, Heribert: Erasmianismus in der Politik? Das Beispiel der vereinigten Herzogtümer Jülich-Kleve-Berg. Freiburg 1997.

Sommer, Rainer, Hermann von Wied: Erzbischof und Kurfürst von Köln. Bd. 1: 1477–1539. Bonn 2000; Bd. 2: 1539–1543. Die Reichsreligionsgespräche und der Reformversuch im Erzstift Köln. Bonn 2013 (Schriftenreihe des Vereins für Rheinische Kirchengeschichte, 142 u. 183).

Steitz, Heinrich: Geschichte der Evangelischen Kirche in Hessen und Nassau. Teil 1: Reformatorische Bewegungen. Reformationen. Nachreformationen. Marburg 1961.

Wegner, Karl-Hermann: Studium und Stipendium in Hessen vor der Reformation. In: Heinemeyer, Walter (Hrsg.): Studium und Stipendium. Untersuchungen zur Geschichte des hessischen Stipendiatenwesens. Marburg 1977 (Veröffentlichungen der Historischen Kommission für Hessen, 37), S. 3–76.

Werner, Matthias: Neugestaltung in der Mitte des Reiches. Thüringen und Hessen nach dem Ende des ludowingischen Grafenhauses 1247 und die Langsdorfer Verträge von 1263. In: Braasch-Schwersmann, Ursula/Reinle, Christine/Ritzerfeld, Ulrich (Hrsg.): Neugestaltung in der Mitte des Reiches. 750 Jahre Langsdorfer Verträge 1263/2013. Marburg 2013, S. 5–118.

Wolgast, Eike: Hochstift und Reformation. Studien zur Geschichte der Reichskirche zwischen 1517 und 1648. Stuttgart 1995 (Beiträge zur Geschichte der Reichskirche in der Neuzeit, 16).

Wunder, Heide/Vanja, Christina, Hinz/Berthold (Hrsg.): Landgraf Philipp der Großmütige von Hessen und seine Residenz Kassel. Ergebnisse des interdisziplinären Symposiums der Universität Kassel zum 500. Geburtstag des Landgrafen Philipp von Hessen (17. bis 18. Juni 2004). Marburg 2004 (Veröffentlichungen der historischen Kommission für Hessen, 24/8).

Helmut Flachenecker & Stefan Petersen

# Kirche vor Ort: Pfarrei, Kloster und Stift im Mittelalter und im Zeitalter der Reformation

## 1 Einleitung

Wie keine andere Institution des Mittelalters und der Frühen Neuzeit prägte die Pfarrei das alltägliche Leben breiter Bevölkerungsschichten[1] – sie ist eine Institution „von langer Dauer",[2] die bis heute nicht an Aktualität und Bedeutung verloren hat. Schon Albert Werminghoff hob hervor, dass sich „auf dem Boden des Pfarramtes [...] die Interessen des Klerus mit den religiösen Bedürfnissen der Laienwelt in Stadt und Land [trafen]. Fast allein durch das Pfarramt und seine Seelsorge erfüllte die Kirche [...] ihre Aufgabe als Heilsanstalt, ließ sie ihre Welt- und Klostergeistlichen Vermittler des Seelenheils sein."[3] Gerd Tellenbach brachte die vielfältigen Berührungspunkte der Menschen mit der Kirche in der Pfarrei folgendermaßen auf den Punkt: „In der Pfarrgemeinde vollzog sich am dichtesten das Leben des Christen. In ihr empfing er die Taufe, feierte den Gottesdienst, nahm an der Eucharistie teil, unterzog sich der Kirchenbuße, leistete Oblationen und Abgaben, betete mit für das irdische und ewige Heil, hoffte auf die Fürbitte seiner Mitchristen vor und nach dem Tod und erhielt seine letzte Ruhestätte."[4] Die Relevanz der Pfarrei als kirchlicher Bezugspunkt für die Bevölkerung wird zudem daran ersichtlich, dass es um 1500 in den 69 Bistümern des deutschen Sprachraums etwa 50.000 bis 60.000 Pfarreien gab,[5] die Kirche in Gestalt der Pfarrei also im wahrsten Sinne des Wortes „vor Ort" war. Da viele Klöster und Stifte im Besitz von Patronatsrechten waren oder ihnen Pfarreien sogar inkorporiert waren, wirkten auch sie mittelbar als Faktoren kirchlicher Prägung vor Ort. Diese große Bedeutung der Pfarrei hat die landesgeschichtliche Forschung immer wieder hervorgehoben. Ganz egal, ob Landeshistoriker von einem administrativen oder raumorientierten Zugriff ausgehen oder ob sie in mikrohistorischer Perspektive „kleinste" Einheiten untersuchen, die Pfarrei bzw. Pfarrgemeinde ist heute ein wichtiger Untersuchungsgegenstand.

Seit dem 9. Jahrhundert ist die Pfarrei in den Quellen greifbar. Bis zum 12. Jahrhundert formte sie sich in ihren wesentlichen Grundzügen aus, und zwar infolge

1 An neueren Publikationen zur Einführung in die Thematik seien genannt: Bünz/Fouquet, Pfarrei 2013.

2 Petke, Pfarrei 2006, S. 17–49.

3 Werminghoff, Verfassungsgeschichte 1913, S. 160.

4 Tellenbach, Kirche 1988, S. 34.

5 Vgl. Bünz, Pfarrei 2013, S. 403f. Die Erfassung und Untersuchung der Pfarreiorganisation ist für viele der Diözesen jedoch nach wie vor ein Forschungsdesiderat.

https://doi.org/10.1515/9783110354188-019

der Durchsetzung bischöflicher Autorität und Jurisdiktion gegenüber Klerus und Laien, aufgrund der Entstehung der kirchlichen Benefizien (Pfründen) als Verbindung von Amt und wirtschaftlicher Absicherung sowie durch die territoriale Abgrenzung der Pfarrei aufgrund von Zehntpflicht und Sendgericht. Letzteres führte dazu, dass jeder Mensch einer bestimmten (seiner) Pfarrei zugeordnet war (Pfarrzwang), sodass die Pfarrei zum zentralen kirchlichen Strukturelement wurde. Für die Ausformung der Pfarrei ist zudem die Integration laikaler Eigenkirchen in die diözesanen Strukturen mittels des Patronatsrechts zu nennen, das den Laieneinfluss auf die Besetzung kirchlicher Benefizien begrenzte und die Verleihung der Spiritualien den Bischöfen vorbehielt. Abschließend ist auf die seit dem 12. Jahrhundert manifest werdende Mitwirkung der Laien an der Kirchenverwaltung hinzuweisen.[6] Im Spätmittelalter lassen sich dann mit überlieferungsbedingten regionalen Unterschieden vielfältige Aspekte der ‚Kirche vor Ort' am Beispiel der Pfarreien in den Quellen greifen. Zu nennen sind in Bezug auf den Niederklerus (Pfarrer, Vikare) zum Beispiel dessen Bildung und wirtschaftliche Ausstattung sowie das Problem der Pfründenkumulation, aber auch dessen Verhältnis zu Bischof und weltlichen Herrschaftsträgern; angesprochen sind damit Themenkomplexe der bischöflichen Visitation und der geistlichen Gerichtsbarkeit sowie der zunehmenden Einflussnahme weltlicher Landesherren und Städte, aus der sich in der Reformationszeit das landesherrliche und städtische Kirchenregiment entwickelte. Hinzu kommen unterschiedlichste Aspekte des kirchlichen Lebens vor Ort, die unter dem Begriff ‚Seelsorge' subsummiert werden können, wie etwa Fragen der religiösen Alltagsgeschichte, die zum Beispiel in Pfarrbüchern und Taufregistern sichtbar werden, sowie der religiösen Praxis, die zum Beispiel in Mess- und Memorialstiftungen, Bruderschaften und in Architektur und Liturgie sowie anhand von Kirchen- und Altarpatrozinien und Reliquienkult greifbar wird, aber auch die Sendgerichtsbarkeit vor Ort, die nach der Reformation in den evangelischen Regionen als Kirchenzucht fortlebte. Ein weiterer Aspekt des Themas ‚Kirche vor Ort' lässt sich mit dem Begriff ‚Kirche und Laien' umreißen; er umfasst Fragen der Gemeindebildung in Stadt und Land, der Mitwirkung von Laien am kirchlichen Leben etwa in Bezug auf die bauliche Unterhaltung und Ausstattung der Kirchen (Kirchenfabrik), das Armen- und Hospitalwesen oder die Pfarrerwahlen, aber auch die Multifunktionalität von Friedhöfen als sakrale wie profane Räume. Diesbezüglich zeitigte das konfessionelle Zeitalter Auswirkungen auf die Pfarre: Spezifische Konfessionskulturen sind hier das Stichwort. Die lutherische und reformierte Konfessionalisierung setzte jeweils auf einen neuen Gemeindebegriff, der den Gemeindegottesdienst aufwertete, aber auch Kirchenzucht inkludierte; das Tridentinum führte in der Pfarrei zu einer Brauchtumsintensivierung.

6 Grundlegend hierzu: Petke, Pfarrei 2013, S. 21–60; vgl. dazu: Bünz, Pfarrei 2013, S. 405f.

Auch wenn das Thema ‚Kirche vor Ort' somit viele Facetten der Lebenswirklichkeit von Menschen vergangener Zeiten zum Sprechen bringen kann und multiperspektivisch sozial-, verfassungs-, wirtschafts-, religions- und kunstgeschichtliche Zugriffsmöglichkeiten eröffnet, in den Pfarreigrenzen also ‚unbegrenzt' erforscht werden kann, ist es jedoch lange Zeit nur als Teil der Bistumsgeschichte betrachtet worden. Erst seit rund 25 Jahren ist die Pfarrei stärker ins Blickfeld der Forschung gerückt, indem eine ganze Reihe von regionalen Studien mit unterschiedlichsten thematischen Zugriffen erschienen ist.[7] Vieles ist jedoch noch zu tun, wofür insbesondere die Erschließung der zentralen Quellen (Pfarrbücher, Kirchenrechnungen, Subsidienregister, Protokolle der geistlichen Gerichtsbarkeit, Präsentationsregister usw.) dringend erforderlich wäre.

# 2 Das Bistum Ratzeburg

Stefan Petersen

## 2.1 Einführung

Das Thema ‚Kirche vor Ort' in all seinen Facetten für eine Diözese darzustellen, würde den Rahmen dieses Beitrags sprengen. Im Folgenden werden daher schlaglichtartig nur einige wenige Aspekte in den Blick genommen, die für das Bistum Ratzeburg aufgrund des Überlieferungszufalls der Quellen besonders signifikant sind. In einem ersten Schritt wird dabei der institutionelle Rahmen des territorial zersplitterten Bistums im deutsch-slawischen Grenzbereich als religiöser und administrativer Bezugspunkt der Pfarreien vorgestellt, um dann die Entwicklungsphasen des Niederkirchenwesens bis zur Reformation zu skizzieren. Daran schließt sich einerseits der Blick auf die wirtschaftliche Ausstattung der kirchlichen Benefizien und das Sozialprofil von Pfarrern und Vikaren an. Andererseits wird die Pfarrei als Raum religiöser Praxis und damit als Beziehungsort zwischen Kirche und Gesellschaft thematisiert. Da die Einführung der Reformation im Verlauf des 16. Jahrhunderts in den einzelnen Territorien einen tiefgreifenden Einschnitt in die kirchlichen Strukturen (durch das Ende des Bistums als administrativem Rahmen) und in das kirchliche Leben vor Ort darstellt, soll diese den Endpunkt bilden.

7 Zum aktuellen Stand der Forschung vgl. Petke, Pfarrei 2006, S. 17–49, 27–66; Bünz, Pfarrei 2013, S. 401–424. Expl. für die Pfarrei im Zeitalter der tridentinischen Reform: Freitag, Pfarrer 1998.

## 2.2 Das Bistum – religiöser und administrativer Bezugspunkt der Pfarreien

Wie die übrigen norddeutschen Bistümer ist auch das Bistum Ratzeburg eine recht späte Gründung. Zwar hatte Erzbischof Adalbert von Bremen hier bereits 1062 ein Bistum gegründet, doch schon vier Jahre später ging diese erste Gründung infolge eines Slawenaufstands wieder unter. Erst 1154 wurde das Bistum Ratzeburg von Heinrich dem Löwen neu errichtet; als ersten Bischof investierte der Welfe Evermod (1154–1178), den Propst des Domstifts St. Marien in Magdeburg, mit dem prämonstratensische Domkanoniker aus Magdeburg nach Ratzeburg kamen.[8]

Die Diözese Ratzeburg wurde im Süden durch die Elbe, im Westen durch die Bille und im Osten durch Elde und Sude begrenzt. Im Norden erstreckte sich das Bistum bis vor die Tore Lübecks und bis zur Ostsee. Seine Nachbarbistümer waren die Diözesen Schwerin, Havelberg, Verden, Hamburg-Bremen und Lübeck (vgl. Abb. 39). Innerhalb dieser Grenzen war das Bistum am Ausgang des Mittelalters im Wesentlichen in vier weltliche Territorien gegliedert: Der gesamte Osten der Diözese gehörte zum Herzogtum Mecklenburg; im Westen waren einerseits die Ratzeburger Bischöfe im Hochstiftsterritorium Boitin und andererseits die Herzöge von Sachsen-Lauenburg im Herzogtum Lauenburg Landesherren. Nachdem Herzog Erich von Sachsen-Lauenburg die Herrschaft Bergedorf 1420 an Hamburg und Lübeck abtreten musste, unterstand der Südwesten des Bistums den beiden Hansestädten. Lübeck erwarb im 14./15. Jahrhundert zudem umfangreiche Gebiete nördlich von Mölln (vgl. Abb. 39).

---

**8** Zu den Anfängen des Bistums Ratzeburg vgl. Masch, Geschichte 1835, S. 16–85; Schmaltz, Begründung. Teil 1 1907, S. 111–118; Schmaltz, Kirchengeschichte. Bd. 1 1935, S. 28–60; Jordan, Bistumsgründungen 1939, S. 18–45, 67–73; Petersohn, Ostseeraum 1979, S. 26–34, 58–63; Petersen, Bistumsgründungen 2006, S. 100–102. Kurze Zusammenfassungen der Geschichte des Bistums Ratzeburg mit weiterführender Literatur bieten: Huschner/Münch/Neustadt/Wagner, Klosterbuch 2016, S. 482–546; Petersen, Ratzeburg 2003, S. 590–598. Vgl. ferner die Bistumskarte bei: Petersen, Ratzeburg 2003, S. 917.

**Abb. 39:** Die territoriale Gliederung des Bistums Ratzeburg um 1500

Im kirchlichen Bereich gliederte sich die Diözese in drei Verwaltungseinheiten. Nachdem zunächst die archidiakonalen Rechte im gesamten Bistum dem Ratzeburger Dompropst oblagen, entstanden zu Beginn des 13. Jahrhunderts durch Separierung der Archidiakonate des Klosters Rehna im Nordosten der Diözese (1237) und des Klosters Eldena im Südosten der Diözese (1230/35) zwei weitere Verwaltungseinheiten.[9] Sie blieben jedoch zumindest bei Rehna personell mit dem Ratzeburger Domkapitel verbunden, da dieses das Wahlrecht der Rehnaer Pröpste besaß.[10] In den Pfarreien hielten die Archidiakone jährlich Sendgericht (*synodus*) und setzten die Geistlichen in ihre Pfründen ein. In einer Kirchenvisitationsordnung von 1400

9 Mecklenburgisches Urkundenbuch I, S. 467, Nr. 471; Mecklenburgisches Urkundenbuch III, S. 420, Nr. 2118. Vgl. Huschner/Münch/Neustadt/Wagner, Klosterbuch 2016, S. 304, 740f.
10 Huschner/Münch/Neustadt/Wagner, Klosterbuch 2016, S. 675, 732.

wurden die einzelnen Aufgaben der Archidiakone detailliert geregelt.[11] Die übrigen Befugnisse in Diözesanverwaltung und Gerichtsbarkeit blieben hingegen in den Händen der Bischöfe und ihrer seit dem 14. Jahrhundert belegten Offiziale.[12] Diözesansynoden sind hingegen nur selten belegt.[13]

Darüber hinaus übten Bischof und Domkapitel aufgrund des ihnen zustehenden Patronatsrechtes Einfluss auf einen Teil der insgesamt 94 Pfarreien des Bistums aus. So unterstanden dem bischöflichen Patronat mindestens 14 Pfarreien.[14] Das Domkapitel wiederum besaß Patronatsrechte über zehn Pfarrkirchen; die beiden Klöster und Archidiakonatssitze Eldena und Rehna übten Patronatsrecht in jeweils vier Pfarrkirchen aus.[15] Neben diesen geistlichen Institutionen verfügten die Herzöge von Sachsen-Lauenburg über Patronatsrechte von mindestens zehn Pfarrkirchen,[16] gefolgt von den Herzögen von Sachsen-Wittenburg (mindestens vier)[17] sowie den Grafen von Schwerin und den Herzögen von Mecklenburg (jeweils mindestens einer).[18] Ritterlichen Patronats waren schließlich mindestens fünf Pfarreien.[19] Für viele der Ratzeburger Pfarreien sind die mittelalterlichen Patronatsverhältnisse jedoch nicht bezeugt.

In vielfältiger Hinsicht war das Bistum Ratzeburg klein und unbedeutend. Dies lag vornehmlich daran, dass es im „Windschatten" der mittelalterlichen Großstädte Hamburg und Lübeck lag. In der gesamten Diözese gab es eigentlich nur eine bedeutendere Stadt – und dies war nicht der Bischofssitz Ratzeburg, sondern die Hansestadt Wismar im äußersten Nordosten des Bistums. Ansonsten gab es hier mit Boizenburg, Mölln, Ratzeburg, Wittenburg und Gadebusch lediglich kleine bis mittlere Landstädte. Dasselbe Bild bot sich auch in kirchlicher Hinsicht. Für das Papsttum und die römische Kurie lag Ratzeburg schon aufgrund seiner geographischen Lage an der Peripherie. Doch auch im norddeutschen Kontext hatte das Bistum bezüglich seiner kirchlichen Anziehungskraft nicht viel zu bieten. Dies wird daran deutlich, dass sich im Bistum nur sieben Klöster befanden: das Georgenkloster in Ratzeburg sowie das Benediktinerinnenkloster Eldena, das Prämonstratenserinnenkloster Rehna, das Zisterzienserinnenkloster Zarrentin und das um 1400 gegründete Brigitten-

11 Mecklenburgisches Urkundenbuch XXIV, S. 154, Nr. 13738; vgl. Huschner/Münch/Neustadt/Wagner, Klosterbuch 2016, S. 676.

12 Vgl. Masch, Geschichte 1835, S. 249, 255f., 289, 303, 320, 327, 330, 342, 347, 379f., 391f., 413, 434, 457.

13 Vgl. z.B. Masch, Geschichte 1835, S. 47, 117, 198.

14 Vgl. Petersen, Benefizientaxierungen 2001, S. 186, 192, 197, 200, 205–208, 212, 217, 221, 224–226.

15 Vgl. Huschner/Münch/Neustadt/Wagner, Klosterbuch 2016, S. 309, 675, 740.

16 Vgl. Petersen, Benefizientaxierungen 2001, S. 185f., 193, 209, 213–216, 223, 226.

17 Ebd., S. 194, 204, 218, 220.

18 Ebd., S. 183f., 189.

19 Ebd., S. 178, 180, 203, 219, 223.

kloster Marienwohlde bei Mölln; hinzu kamen ein Dominikanerkloster und ein Franziskanerkloster in Wismar.[20]

## 2.3 Die Entwicklungsphasen des Niederkirchenwesens

Für die landesgeschichtliche Forschung ist in Bezug auf das Thema ‚Kirche vor Ort' das Bistum Ratzeburg trotz seiner Lage an der Peripherie aufschlussreich: Aufgrund der späten Gründung lässt sich die Entwicklung der Kirchenorganisation recht genau nachvollziehen. Am Westrand hatte das neue Bistum bereits einige bestehende Pfarreien übernommen. Als Beispiel sei die Pfarrei im heutigen Hamburg-Bergedorf genannt: 1162 teilte Erzbischof Hartwig von Bremen dem dortigen Pfarrer mit, dass die durch Grenzen definierte Territorialpfarrei nun dem Bistum Ratzeburg zugehöre.[21] Bis zur Jahrhundertwende wuchs die Zahl der Pfarrkirchen auf etwa 30 an. Da sich diese vornehmlich im westlichen Teil der Diözese befanden, schritt die kirchenorganisatorische Erschließung also von Westen nach Osten voran.[22] Nach Ausweis eines Ratzeburger Zehntregisters existierten dann im Jahre 1230 bereits 46 Pfarreien; lediglich im überwiegend slawisch geprägten Südosten des Bistums war das Christentum noch nicht vorgedrungen.[23] Sieben Jahre später gehörten zu dem im Nordosten der Diözese gelegenen Archidiakonat des Klosters Rehna die Pfarreien von Wismar und zehn umliegenden Dörfern; bis 1267 kamen weitere zehn Pfarreien hinzu. Der 1230/35 erstmals belegte Archidiakonat des Klosters Eldena im Südosten der Diözese wiederum umfasste 1291 neun Pfarreien.[24] Wie ein Ratzeburger Hufenregister von 1292 zeigt, war der Aufbau der Pfarrorganisation Ende des 13. Jahrhunderts noch in vollem Gange.[25] Erst Mitte des 14. Jahrhunderts war diese Phase der kirchenorganisatorischen Erschließung dann vorerst abgeschlossen: Nach Ausweis eines Benefizienregisters von 1344/47 umfasste die Diözese nun 94 Pfarreien.[26] Zum überwiegenden Teil handelte es sich um Landpfarreien; einen Zwischenstatus nahmen die Pfarreien der Landstädte Boizenburg, Gadebusch, Hagenow, Lauenburg,

---

**20** Vgl. Huschner/Münch/Neustadt/Wagner, Klosterbuch 2016, S. 301–315, 725–765, 1179–1201, 1203–1228, 1237–1266.

**21** Vgl. Petersen, Bergedorfer Kirche 2002, S. 1f.

**22** Vgl. Schmaltz, Begründung. Teil 1 1907, S. 123–148; Schmaltz, Kirchengeschichte. Bd. 1 1935, S. 86–89; Prange, Siedlungsgeschichte 1960, S. 58–61.

**23** Vgl. Schmaltz, Begründung. Teil 1 1907, S. 126–148, 195–213; Schmaltz, Kirchengeschichte. Bd. 1 1935, S. 117–121; Prange, Siedlungsgeschichte 1960, S. 61–68, 113–116.

**24** Mecklenburgisches Urkundenbuch I, S. 467, Nr. 471; Mecklenburgisches Urkundenbuch II, S. 317, Nr. 1107; Mecklenburgisches Urkundenbuch III, S. 420, Nr. 2118.

**25** Vgl. Prange, Hufenregister 1986, S. 39–92.

**26** Petersen, Benefizientaxierungen 2001, S. 233–244; vgl. auch ebd., S. 91–133.

Mölln und Wittenburg ein. Reine Stadtpfarreien gab es lediglich in Ratzeburg (St. Petri und St. Georg) und in Wismar (St. Georg, St. Marien, St. Nicolai).

Waren das 12. und 13. Jahrhundert gekennzeichnet durch Kirchengründungen, so bildeten das 14. und 15. Jahrhundert eine Periode der Vikariestiftungen. Aus einem Benefizienregister von 1344/47 ergibt sich, dass im Bistum zu diesem Zeitpunkt 73 Vikarien existierten. In den nächsten 150 Jahren stieg die Zahl der Vikarien jedoch um mehr als das Fünffache; in einem Benefizienregister von 1485/86 werden nämlich insgesamt 402 Vikarien aufgeführt – 248 davon befanden sich allein an den Kirchen der Hansestadt Wismar.[27]

## 2.4 Die Ausstattung der Pfründen und das Sozialprofil von Pfarrern und Vikaren

Aufgrund der besonderen Quellenüberlieferung kommt der kirchlichen Wirtschafts- und Sozialgeschichte eine herausragende Bedeutung für das Thema ‚Kirche vor Ort' zu. 54 Einzeltaxierungen des Jahreseinkommens Ratzeburger Pfarrer aus dem Jahre 1319 sowie zwei Benefizienregister von 1344/47 und 1485/86 erlauben es nämlich, das Pfründeneinkommen und dessen Zusammensetzung sowie den Bildungsstand der Pfarrer im 14. und 15. Jahrhundert höchst anschaulich darzustellen.[28]

Rechtsgrundlage für die ‚Steuererklärungen' von 1319 war eine in ihrem Umfang neuartige Form päpstlicher Annatenerhebung. Bei dieser sollten bereits zuvor zum Zwecke einer Kreuzzugszehnterhebung taxierte Benefizien als Grundlage der Annatenerhebung dienen. Da aber im Bistum Ratzeburg noch keine systematische Zehnteinschätzung durchgeführt worden war, mussten die kirchlichen Pfründen neu erfasst werden. In ihrer Form als Einzeltaxierungen sind die in diesem Zusammenhang beurkundeten Selbsteinschätzungen der Ratzeburger Pfarrer nach derzeitigem Forschungsstand Unikate. Benefizientaxierungen finden sich im Spätmittelalter zwar in unüberschaubarer Zahl, doch handelt es sich üblicherweise um summarische Verzeichnisse von Pfründeneinkommen in Benefizienregistern. Die Ratzeburger Taxierungen hingegen wurden – bis auf drei Ausnahmen – für jede einzelne Pfarrei auf einem gesonderten Stück Pergament erstellt.[29]

In ihren Taxierungen haben die Ratzeburger Pfarrer 1319 recht detailliert Auskunft gegeben über die einzelnen Posten ihrer Einkünfte, sodass sich auch für ländliche Pfarreien die Anteile der verschiedenen Einkunftsarten am Jahreseinkommen ermitteln lassen, nämlich die Einkünfte aus den Dotalhufen, aus den Zehnten und

27 Ebd., S. 245–272; vgl. auch ebd., S. 133–169. Zu den im Benefizienregister genannten Vikaren vgl. ebd., S. 273–347.

28 Vgl. ebd., S. 117–232, 233–244, 245–271.

29 Ebd., S. 15–32, 117–232. Vgl. ebd., S. 64–90; Petersen, Interpretation 2007, S. 143–161.

aus den Oblationen. Die Erträge der seit karolingischer Zeit im Kirchenrecht verankerten wirtschaftlichen Grundausstattung, der Dotalhufen, machten demnach zum Teil sehr viel weniger als ein Drittel der Jahreseinkommen aus. Meist wurde dieses Dotalgut von den Pfarrern 1319 noch selbst bewirtschaftet – sie waren also im ‚Nebenberuf' Bauern. Einige Pfarrer hatten ihre Dotalhufen aber bereits verpachtet und nutzten damit die Möglichkeit, unabhängig von klimatischen Unwägbarkeiten sichere Einkünfte aus dem Dotalgut zu erhalten. In elf Fällen enthalten die Taxierungen sogar keinerlei diesbezügliche Angaben, sodass zu vermuten ist, dass die Dotalhufen bereits in Renten abgelöst worden waren. Die Hufendotation hatte zu Beginn des 14. Jahrhunderts also soweit an Bedeutung verloren, dass die daraus erwirtschafteten Erträge nur noch eine nebengeordnete Rolle spielten. Ähnliches gilt für die Zehnten, von denen die Pfarrer theoretisch-rechtlich ein Viertel hätten genießen sollen, da in Norddeutschland die römische Zehntteilung maßgeblich war, wonach vom Zehnten jeweils ein Viertel dem Bischof, dem Pfarrer, der Kirchenfabrik und der Armenfürsorge zustand. Nach Ausweis der Taxierungen erhielten im Bistum Ratzeburg jedoch nur zehn Pfarrer überhaupt Einkünfte daraus; der überwiegende Teil der Pfarrer bezog keinerlei Zehnten. Der Grund für diese geringe Bedeutung der Zehnterträge ist in den besonderen Zehntbestimmungen bei Gründung des Bistums zu suchen: Nach dem Ratzeburger Zehntregister von 1230 erhielt der Bischof die Zehnten nämlich in fast dem gesamten Bistum allein. Den wichtigsten Bestandteil der Pfarreieinkünfte bildeten vielmehr die Oblationen, also die anlässlich der Spendung von Sakramenten wie Abendmahl, Beichte, Taufe, Kommunion, Trauung, Letzter Ölung oder Begräbnis zu entrichtenden Abgaben. Meist bezogen die Pfarrer nämlich weit mehr als die Hälfte ihres Jahreseinkommens daraus. In 16 Fällen machten die Oblationen sogar mehr als zwei Drittel des Gesamteinkommens aus – und dies galt nicht nur für die städtischen, sondern in gleicher Weise für die ländlichen Pfarreien. Auch die taxierenden Pfarrer waren sich der Bedeutung der Oblationen bewusst, denn in der Regel schlüsselten sie diese Einkünfte nach den vier Pflichtopfern zu Ostern, Pfingsten, Mariä Himmelfahrt und Weihnachten sowie den Oblationen am Kirchweihfest und an gewöhnlichen Sonntagen auf. Dass die Oblationen im Spätmittelalter eine gewichtige Rolle für das Pfarreinkommen spielten, ist zwar in der Forschung schon seit längerer Zeit vermutet worden, anhand der Ratzeburger Taxierungen kann deren Bedeutung jedoch erstmals relativ flächendeckend für ein Bistum nachgewiesen werden.[30]

Da die Ratzeburger Pfarrer ihre Einkünfte durch Selbsteinschätzung darlegen mussten, bieten die Einzeltaxierungen zudem die Möglichkeit, Aussagen über die ‚Steuermoral' von Geistlichen zu treffen. Tatsächlich wurden die von den Pfarrern gemachten Angaben einer Prüfung durch den Kollektor unterzogen, doch zeigt sich

**30** Vgl. Petersen, Benefizientaxierungen 2001, S. 92–108; vgl. ebd., S. 349f. Tabelle 2, S. 351f. Tabelle 3.

zum Beispiel im Fall des Pfarrers von (Hamburg-)Bergedorf, dass dieser Einkünfte verschwieg und sich damit der ‚Steuerhinterziehung' schuldig machte. Bei mittelalterlichen Benefizientaxierungen, die vom Pfründeninhaber erstellt und von einem Revisor kontrolliert wurden, ist also bei der Interpretation Vorsicht geboten.[31]

Auch ein weiteres Problem mittelalterlicher Benefizientaxierungen und ihrer Auswertung lässt sich anhand der Ratzeburger Quellen nachvollziehen, denn die Selbsteinschätzungen von 1319 wurden nachweislich bis zum Ende des Mittelalters als Richtwert für die Abgabenbemessung verwendet, wie die bereits erwähnten Benefizienregister von 1344/47 und von 1485/86 belegen. Durch diese Tendenz zur Tradierung von Benefizientaxierungen wurden die angegebenen Pfründenwerte somit zu reinen Rechenwerten, die nicht mehr das Realeinkommen, sondern nur noch den Nennwert von Pfründen wiedergeben.[32]

Die Selbsteinschätzungen Ratzeburger Pfarrer von 1319 geben aber nicht nur Auskunft über das jeweilige Pfründeneinkommen, sondern gewähren auch Einblicke in den Bildungsstand des (Land-)Klerus einer Diözese an der Peripherie. Insgesamt lassen sich bei den 49 erhaltenen Taxierungsurkunden nämlich 36 verschiedene Schreiberhände identifizieren. In den meisten Fällen haben die Pfarrer der betreffenden Pfarreien ihre ‚Einkommensteuererklärung' also tatsächlich eigenhändig geschrieben. Zu den Bildungsanforderungen an Priester gehörten im Mittelalter zwar die Beherrschung der lateinischen Sprache, die Fähigkeit des liturgischen Gesangs und die Kenntnis theologischer Glaubensgrundsätze, nicht aber die Schreibfähigkeit. Dennoch konnten die meisten der Ratzeburger Pfarrer, von denen Taxierungen aus dem Jahre 1319 erhalten sind, recht gut schreiben; selbst Dorfpfarrer waren durchaus schreibkundig.[33]

Da das Ratzeburger Benefizienregister von 1485/86 nur wenige Jahrzehnte vor der Reformation einen kompletten Überblick über das Niederkirchenwesen des Bistums bietet und durch die darin verzeichneten 402 Vikarien mittelbar eine Steigerung der Religiosität in Gestalt einer enormen Zunahme der Stiftungstätigkeit seit dem späten 14. Jahrhundert widerspiegelt, bildet diese Quelle eine vorzügliche Grundlage zur Erforschung weiterführender Aspekte des Niederklerus wie der Bildung der Geistlichen, ihrer regionalen Herkunft, der sozialen Vernetzung, der Patronage und Klientelbildung, der klerikalen Karrierewege, dem Einfluss der römischen Kurie auf das lokale Pfründenwesen und vieles mehr. Durch einen prosopographischen Ansatz gewinnt der niedere Klerus in vorreformatorischer Zeit zudem ein deutlicheres Profil. Es wird möglich, quantitativ und qualitativ gleichermaßen tragfähige Aussagen über die religiösen Verhältnisse vor der Reformation zu ma-

**31** Vgl. Petersen, Interpretation 2007, S. 143–161. Vgl. auch Petersen, Bergedorfer Kirche 2002, S. 25–31.

**32** Vgl. Petersen, Benefizientaxierungen 2001, S. 159–162; Petersen, Interpretation 2007, S. 143–161.

**33** Vgl. Petersen, Benefizientaxierungen 2001, S. 69f.; Petersen, Schreibfähigkeit 2006, S. 215–237.

chen und die in den akademisch-literarischen Zirkeln der Zeit geäußerte Kirchenkritik im regionalen Kontext zu überprüfen.

Besonders gut nachvollziehen lässt sich dies anhand der insgesamt 248 Wismarer Vikarien, die 1485/86 von 170 Benefiziaten versehen wurden. Auf den ersten Blick bestätigen diese Zahlen das vielfach geäußerte Problem der Pfründenjäger. Bei genauerem Hinsehen ist der von der zeitgenössischen Kirchenkritik geäußerte Vorwurf aber zumindest für Wismar deutlich zu relativieren. Tatsächlich hatten sich nämlich nur neun Wismarer Vikare nach Rom gewandt, um den kurialen Pfründenmarkt für den Pfründenerwerb zu nutzen. Im Umkehrschluss bedeutet dies, dass die Vergabe kirchlicher Benefizien in Wismar fast vollständig über den regionalen oder sogar den lokalen Pfründenmarkt abgewickelt wurde. Auch die im Vorfeld der Reformation vielfach geäußerte Kritik an häufiger Absenz vieler Kleriker lässt sich für die Hansestadt als satirische Überzeichnung entlarven, denn rund 75 % der in Wismar bepfründeten Vikare waren 1485/86 nach Zeugnis der Quellen wohl tatsächlich dort ansässig und verrichteten ihre Arbeit in eigener Person. Und auch die Qualität der Seelsorge vor Ort dürfte nicht gar so schlecht gewesen sein, wie in der Reformation vielfach angeprangert: Für 67 % der Wismarer Kleriker ist nämlich der Besuch einer Universität nachweisbar. Die Universität Rostock war dabei schon allein aufgrund ihrer Nähe die mit Abstand bevorzugte höhere Lehranstalt; man kann sie geradezu als ‚Kaderschmiede' der Wismarischen Geistlichkeit bezeichnen, denn nachweislich stammten viele der Rostocker Studenten, die später in Wismar kirchliche Benefizien innehatten, aus der Hansestadt. Sowohl die große Zahl der vor Ort präsenten als auch die große Zahl der studierten und graduierten Kleriker zeugen somit davon, dass die kirchlichen Verhältnisse in den Wismarer Pfarreien am Vorabend der Reformation nicht so katastrophal waren, wie es die zeitgenössische Kirchenkritik vermuten lässt. Besonders die Tatsache, dass ein Großteil der Wismarer Geistlichkeit um 1500 der bürgerlichen Gesellschaft der Hansestadt entstammte, dürfte zudem für die Sozialdisziplinierung des Klerus von Vorteil gewesen sein, denn dieser war somit qua Geburt in das Sozialgefüge Wismars integriert.[34]

## 2.5 Pfarralltag und Frömmigkeit

Einblicke in die alltägliche religiöse Praxis gewährt das Beispiel der durch reichhaltige Quellenüberlieferung begünstigten Hansestadt Wismar schon aufgrund der großen Zahl von insgesamt 248 Vikarien, die Ende des 15. Jahrhunderts in den Kirchen und Kapellen der Hansestadt existierten: An der Marienkirche amtierten 79 Vikare sowie 13 mit der Verrichtung von Seelgeräten betraute Kommendisten und acht für die Durchführung der Stundengebete zu Ehren der Gottesmutter Maria zuständige

34 Vgl. Petersen, Krise 2016, S. 285–309.

Horisten; an der Nikolaikirche waren es 61 Vikare, 22 Kommendisten sowie sechs Horisten, und an der Georgenkirche versahen 43 Vikare ihren Dienst. Zu diesen Benefiziaten der drei städtischen Pfarrkirchen kamen ferner an der Wismarer Heilig-Geist-Kapelle zehn und an der vor den Mauern gelegenen St. Jacobikapelle sechs Vikare hinzu.[35] Da alle Inhaber dieser Vikarien die mit den Pfründen verbundenen Messverpflichtungen zu erfüllen hatten, waren die Wismarer Kirchen ein Ort steten Gotteslobes. Alltäglich wurde an den zahlreichen Altären teils parallel die Messe zelebriert und der Heiligen wie der Verstorbenen gedacht.

Dass die Kirchen Orte religiöser Praxis waren, zeigt sich darüber hinaus in der (teils im Zweiten Weltkrieg zerstörten) spätmittelalterlichen Ausstattung der Stadt- wie der Landkirchen, die heute vielfach wegen ihrer kunstgeschichtlichen Bedeutung Beachtung findet, ursprünglich aber sichtbarer Ausdruck von Religiosität war. Eindrückliche Beispiele sind vor allem die gotischen Haupt- und Seitenaltäre der städtischen Pfarrkirchen, die aufgrund der Wirtschaftskraft der jeweiligen Bürgerschaft besonders aufwendig gestaltet waren, wie etwa der Krämer-Altar in St. Marien von Wismar, der Hauptalter sowie der Thomas-Altar und der Marienaltar in der Georgenkirche in Wismar oder der Marienaltar in der nördlichen Seitenkapelle von St. Nikolai in Wismar, aber auch der ehemalige Hauptaltar und der Annen-Altar in Gadebusch oder der Marienaltar in Mölln. Ansehnliche Exemplare gotischer Altäre finden sich aber auch vielfach noch in Dorfkirchen, in denen sich teilweise spätmittelalterliche Kreuzigungsgruppen bzw. Kruzifixe und religiöse Kleinkunst erhalten haben.[36]

Ausdruck religiöser Praxis sind ferner mehrere bronzene mit einem Figurenprogramm versehene Taufkessel und kunstvoll geschnitztes Gestühl des Spätmittelalters, die vor allem für Kirchen der Städte und Herrschaftssitze des Bistums geschaffen wurden. Gleiches gilt für die Vermittlung religiöser Inhalte durch Visualisierung in Form der Ausmalung von Stadt- wie Dorfkirchen.[37] Und schließlich sind die zahlreichen spätmittelalterlichen Grabsteine Zeugnis der Sorge um die Memoria der Ge-

---

35 Vgl. Petersen, Benefizientaxierungen 2001, S. 253–265; vgl. zu den einzelnen genannten Vikaren ebd., S. 273–345 (Anhang IV).

36 Vgl. z.B. Schlie, Kunstdenkmäler. Bd. 2 1899, S. 37 (Krämer-Altar in St. Marien/Wismar, Abb. nach S. 42), S. 76–86 (Altäre in St. Georg/Wismar), 132f. (Marienaltar in St. Nikolai/Wismar), 377f. (Altar in Elmenhorst), 468–470 (ehem. Hauptaltar in Gadebusch); Schlie, Kunstdenkmäler. Bd. 3 1900, S. 66f. (Altar in Neuenkirchen), 186–189 (Altar in Grabow); Krüger, Kunstdenkmäler 1934, S. 258 (Kruzifix in Carlow), 280f. (Altar und Kruzifix in Demern), 299 (Altar in Herrnburg), 305 (Kruzifix in Herrnburg), 333f. (Altar in Dassow); Haupt/Weysser, Lauenburg 1890, S. 39 (Anna selbdritt in Brunstorf), 70f. (Altar in Gudow), 83f. (Altar in Kuddewörde); 119 (Marienaltar in Mölln).

37 Schlie, Kunstdenkmäler. Bd. 2 1899, S. 38–40 (Taufkessel in St. Marien/Wismar), 56–61 (Ausmalung in St. Marien/Wismar), 88–98 (Gestühl in St. Georg/Wismar), 104–108 (Ausmalung in St. Georg/Wismar), 148–150 (Ausmalung in St. Nikolai/Wismar), 367f. (Gestühl in Klütz), 387–389 (Ausmalung in Kalkhorst), 470f. (Taufkessel in Gadebusch), 474–478 (Gestühl in Gadebusch); Schlie, Kunstdenkmäler. Bd. 3 1900, S. 55–57 (Taufkessel in Wittenburg); Krüger, Kunstdenkmäler 1934,

meindeglieder, die sich vor allem in den Wismarer Kirchen, aber in Form von Sühne- oder Gedenkkreuzen auch außerhalb des Kirchenraumes finden lassen.[38]

## 2.6 (Stadt-)Pfarrei und Reformation

Die Auswirkungen der oben skizzierten territorialen Gliederung zeigten sich in der Reformationszeit, die im Bistum Ratzeburg zwischen 1525 und 1585 zur kirchlichen Umwälzung führte. Dabei lassen sich in den vier Herrschaftsbereichen spezifische Entwicklungen erkennen. Keimzellen der Reformation waren dabei vor allem die Städte. Die hamburg-lübeckische Stadt Mölln erhielt bereits 1531, also im gleichen Jahr wie Lübeck, eine Kirchenordnung; das ebenfalls den beiden Hansestädten unterstehende Amt Bergedorf folgte hingegen erst 1544. Die ersten reformatorischen Ansätze im Bistum lassen sich jedoch in der Hansestadt Wismar erkennen, wo der Franziskanermönch Heinrich Never 1523 die neue Lehre predigte. Bereits 1526 verbot der Wismarer Rat, gegen das Evangelium zu predigen; nur in der Hauptkirche St. Marien wurde noch bis 1532 am katholischen Ritus festgehalten.[39]

Das Vorbild Wismars strahlte schnell in die benachbarten mecklenburgischen Ämter Klützer Winkel, Grevesmühlen, Boizenburg und Grabow aus, zumal der dortige Landesherr Herzog Heinrich V. selbst der lutherischen Lehre nahestand, den Reformator bereits 1523 in Wittenberg aufsuchte und seinen Sohn vom Lutherschüler Konrad Pegel erziehen ließ. Bereits ab 1525/26 sind daher in diesen Gebieten auch in Landpfarreien erste evangelische Prediger nachweisbar. Wie das Protokoll einer Kirchenvisitation von 1535 zeigt, waren hier nur noch drei Pfarrer „verstockte Papisten". Fünf Jahre später wurde mit Johann Riebling der erste Superintendent im mecklenburgischen Landesteil Heinrichs V. berufen, der umgehend eine evangelische Kirchenordnung erließ. Im Gegensatz zu seinem Bruder war Herzog Albrecht VII. von Mecklenburg hingegen ein entschiedener Vertreter der katholischen Seite. Nicht verwundern kann daher, dass in Albrechts Landesteil, den Ämtern Gadebusch und Wittenburg, bis 1547 keine evangelischen Prediger geduldet wurden. Dessen Sohn Johann Albrecht berief jedoch unmittelbar nach seinem Regierungsantritt den Wittenberger Juristen Johann von Lucka zu seinem Kanzler und ernannte 1548 den Lüneburger Hofprediger Gerd Omeken zum zweiten Superintendenten

---

S. 197f. (Taufkessel in Schönberg), 301 (Taufkessel in Herrnburg); Haupt/Weysser, Lauenburg 1890, S. 95 (Taufkessel in Lauenburg), 120f. (Taufkessel in Mölln).

**38** Vgl. Crull/Techen, Grabsteine 1889–1891; Krüger, Kunstdenkmäler 1934, S. 203 (Schönberg), 307 (Herrnburg), 325 (Sülsdorf); Schlie, Kunstdenkmäler. Bd. 2 1899, S. 301 (Saunsdorf), 330 (Wendorf), 356 (Bössow), 412f. (Börzow).

**39** Vgl. Reincke, Reformation 2004, S. 187–213; Crain, Reformation 1841; Techen, Geschichte 1929, S. 128–149; Wolgast, Reformator 2011, S. 61–78.

Mecklenburgs neben Johann Riebling. Ein Jahr danach erkannten auch die Stände seines Landesteils die lutherische Lehre förmlich an.[40]

Im Herzogtum Lauenburg verzögerte sich die Durchsetzung der Reformation sogar bis 1585, da Herzog Magnus von Sachsen-Lauenburg in der Hoffnung auf Erlangung der sächsischen Kurwürde an der alten Ordnung festhielt. Sein Sohn und Nachfolger Franz I. schloss sich der katholischen Liga an und stand im Schmalkaldischen Krieg 1546/47 auf kaiserlicher Seite. Erst nach dem Augsburger Religionsfrieden sollte sich dies ändern und die lutherische Lehre verbreitete sich auch im Herzogtum Lauenburg. Wie sehr die katholischen Bräuche Mitte des 16. Jahrhunderts noch verankert waren, zeigt eine 1557 durchgeführte Inventarisierung der Kirchen, denn vielerorts waren weiterhin Monstranzen, Rosenkränze, Marienkronen und Messgewänder vorhanden. Auf Druck der Landstände wurde 1564 mit Franz Baring ein erster Superintendent für das Herzogtum eingesetzt. Dieser führte sogleich eine Kirchenvisitation durch, die ans Tageslicht brachte, dass zwar wohl überall evangelische Pastoren amtierten, zum Beispiel in Büchen aber noch immer die Wallfahrt zur ‚blutigen Hostie' praktiziert wurde. Der tatsächliche Abschluss der Reformation erfolgte schließlich 1585 mit der Einführung einer eigenen lauenburgischen Kirchenordnung, nachdem 1573 zunächst die Mecklenburgische Kirchenordnung von 1540 im Herzogtum Lauenburg übernommen worden war.[41] Damit war das Herzogtum Lauenburg das letzte Territorium im Bistum Ratzeburg, in dem die Reformation durchgeführt wurde, denn bereits Mitte des 16. Jahrhunderts war die lutherische Lehre auch in das Hochstift eingedrungen. 1550 bestieg nämlich mit Bischof Christoph von der Schulenburg der letzte katholische, aber bereits evangelisch gesinnte Bischof den Bischofsstuhl. 1554 trat dieser seine Rechte gegen eine stattliche Abfindung ab und entsagte zugunsten des Prinzen Christoph von Mecklenburg seinem Bistum. Dieser ließ daraufhin 1566 unter tatkräftiger Mitwirkung des Propstes Ludolf Schack auch im Stiftsterritorium die Reformation durchführen.[42]

## 2.7 Schlussbemerkung

Wie diese Schlaglichter zum Thema ‚Kirche vor Ort' im Bistum Ratzeburg zeigen, kann die Landesgeschichte vielfältige Facetten der Lebenswirklichkeit von Menschen vergangener Zeiten zum Sprechen bringen und damit wichtige Erkenntnisse hinsichtlich der kirchlichen Zustände in Mittelalter und Früher Neuzeit liefern.

---

**40** Vgl. Schmaltz, Kirchengeschichte. Bd. 2 1936, S. 9–73; Wolgast, Reformation 1995.

**41** Vgl. Fischer-Hübner, Reformation 1931/33; Meding, Einführung 1999, S. 36–51.

**42** Vgl. Masch, Geschichte 1835, S. 455–541; Huschner/Münch/Neustadt/Wagner, Klosterbuch 2016, S. 656–658.

Auch für das Bistum Ratzeburg gilt jedoch, dass das Thema nach wie vor noch lange nicht hinreichend erforscht ist.

# 3 Franken

Helmut Flachenecker

## 3.1 Einführung

Die räumliche Umschreibung der Kulturlandschaft Franken erweist sich als schwierig, da dieser Raum in seiner Geschichte weder herrschaftlich noch territorial ein geschlossenes Gebiet gewesen ist. Erst die Form dreier Regierungsbezirke, als Bestandteile des neuen Königreichs Bayern, ließ Franken im 19. Jahrhundert in geschlossenen administrativen Einheiten entstehen, wobei nicht alle fränkischen Gebiete in diesen Bezirken aufgingen. Für Mittelalter und Frühe Neuzeit sind es eher kirchlich-administrative Raumeinheiten, mit denen sich die Region umschreiben lässt: Es waren die im 8. Jahrhundert entstandenen Diözesen Würzburg und Eichstätt sowie das 1007 gegründete Bistum Bamberg, die Franken als Raumeinheiten erfassten. Hinzu kam im Nordwesten das Kloster Fulda mit seinen weit gestreuten Besitzungen. Innerhalb der Diözesen bildeten dann die Pfarreien die wesentlichen Grundsteine für eine kirchenrechtlich fixierte Raumordnung. Dabei ist zu beachten, dass ‚feste' Grenzen von Bistümern und Pfarreien erst allmählich zu bestimmen sind. Nur die kirchlichen Zentren Bischofssitz und Pfarrort waren determiniert. Gleichzeitig ist darauf hinzuweisen, dass sich die Diözesanumfänge im Laufe der Jahrhunderte zum Teil gravierend geändert haben bzw. mit der Reformation gänzlich verschwunden sind. Letzteres ist in Franken nicht der Fall.

Politisch-administrative Einheiten, wie sie die genetische Landesgeschichte benutzt, treten bei der vorliegenden Fragestellung in den Hintergrund. Die Diözesen und Pfarrorte haben und hatten einen großen Einfluss auf das Zugehörigkeitsgefühl der Menschen, wie etwa ein Blick auf die verschiedenen Universitätsmatrikeln zeigt. Kirchliche Raumeinheiten konstituierten den Herkunftsraum der Studierenden, gaben sie doch häufig in den Matrikeln die Diözese als Herkunftsregion an. Deshalb soll im vorliegenden Aufsatz zunächst die kirchlich-administrative Einheit ‚Diözese' vorgestellt werden, um dann den Blick in die kleinste Einheit, die Territorialpfarrei, zu werfen. Der Schwerpunkt der vorliegenden Untersuchung liegt dabei auf den Pfarreien auf dem Land bzw. in den kleineren und mittleren Städten.

Die Pfarrei hatte über ihr Sprengel hinaus eine kirchenrechtliche Ausstrahlung auf Nachbardörfer, die ihr zugeordnet waren. Darüber hinaus stand sie in einer engen Verbindung zu weiteren kirchlichen Verwaltungseinheiten, etwa den Archidiakonatsbezirken und letztlich der Diözese. Von einer ‚Pfarreienlandschaft' sollte aber angesichts der auf meist ein Merkmal hin reduzierten und zudem inflationären

Nutzung des Begriffs „Landschaft“ nicht gesprochen werden. Pfarrei war (und ist) zugleich ein Kulturraum: Kirchen mit ihren Altären, Malereien und Kunstgegenständen, Kapellen, Wallfahrtsorte als Plätze einer besonderen Devotion, ferner eventuelle postreformatorisch-katholische Statuen in der Landschaft (Bildstöcke, Kreuze, Marienbilder, Kreuzwege, Kalvarienberge) prägten die religiöse Erfahrungswelt des Laien und machten letzterem nach der Reformation die konfessionellen Grenzen bewusst. Die Pfarrei konnte sich darüber hinaus zu einem Ort der Bildung in Gestalt einer Schule entwickeln. Somit muss die Pfarrei als kleinste territoriale Einheit in einer multiperspektivischen Weise interpretiert werden.

## 3.2 Bistumsgründungen und Pfarrseelsorge im Frühmittelalter

Die ersten raumerfassenden Gliederungen entstammten, wie bereits angesprochen, dem kirchlichen Bereich. Die ab dem 8. Jahrhundert im Raum der *Francia Orientalis* entstehenden Bistümer Würzburg und Eichstätt bzw. das vom Nordwesten her in den Raum eingreifende Kloster Fulda entwickelten nicht nur episkopale bzw. monastische Zentren, sondern umfassten auch die weite Peripherie mithilfe von Pfarreien. Diese werden in der Literatur häufig als „Urpfarreien“ bzw. „Mutterpfarreien“ bezeichnet. Die Pfarreien waren die Orte mit Taufrecht; ferner wurden dort die Gottesdienste gehalten und die Sakramente gespendet. Der Umfang einer Pfarrei dürfte sich damals vor allem an den Hochgerichtsbezirken, den sogenannten Zenten, orientiert haben.[43]

Das bischöfliche Predigtrecht ging schon ab dem 9. Jahrhundert – zumindest der Norm nach – auf Gemeindepfarrer über. Diese sollten die wichtigsten Glaubensinhalte ihren Gemeindemitgliedern vermitteln. Laut der *Admonitio generalis* von 789 gehörten dazu das Glaubensbekenntnis, die Psalmen, die Sakramente, das „Vater Unser“ sowie die Unterscheidung von Tugenden und Lastern. Gleichzeitig sollten die Pfarrer elementare Lese- und Schreibkenntnisse dazu fähigen Laien vermitteln.[44]

Die Pfarrherren waren nur in bestimmten Regionen die Bischöfe selbst; meist waren es Klöster und adelige Eigenkirchenherren. Die entsprechenden Patronatsrechte gründeten sich auf dem Grundbesitz, auf dem die Kirchen standen. Daraus entwickelte sich das Recht der Grundherren auf die Bestimmung der dortigen Pfarrer: Die Grundherrschaft bildete das Eigenkirchenrecht und dieses wiederum das Patronatsrecht aus. Die Präsentation des neuen Pfarrers gegenüber dem Bischof

43 Dies ist in der Diözese Würzburg etwa bei den alten Pfarreien Geldersheim, Marktsteinach, Maßbach, Pfarrweisach-Ebern, Pfersdorf-Ebenhausen der Fall, vermutlich auch bei Altenmünster, Baunach und Wettringen, siehe: Wendehorst, Archidiakonat 1961, hier S. 27f.

44 MGH Cap. I, Nr. 22, S. 52–62; Flachenecker, Kirche 1991, S. 883.

verlief in den für die Reichsdiözesen nördlich der Alpen üblichen Bahnen; Franken machte dabei keine Ausnahme. Zunehmend forderten die Bischöfe die Priesterweihe von den Kandidaten ein bzw. diese musste innerhalb einer Frist nachgeholt werden, ansonsten hätte der Patronatsherr sein Präsentationsrecht verloren. Inwieweit diese Norm Realität wurde, lässt sich nur sehr schwer nachweisen. Skepsis bleibt angebracht.

Die Größe der Pfarreien war höchst unterschiedlich und damit auch deren Raumerfassung und Bevölkerungsumfang. Gravierende Unterschiede bei der Größe ergaben sich aus der Lage im Alt- oder Neusiedelland. Bei sogenannten Rodungspfarreien lagen die Pfarrorte meist am Rande des Pfarrsprengels und orientierten sich an den entstehenden Rodungsbezirken. Auffindbar sind Letztere in den Waldgebirgen des Odenwalds, des Spessarts im Westen bzw. des Steigerwaldes und des Fränkischen Juras im Osten.

Die sogenannten „Urpfarreien“ lagen meist an alten bevölkerungsreichen Orten, also in Altsiedelgebieten. Dazu gehörten etwa die 25 Königskirchen, welche das Bistum Würzburg bei seiner Gründung 741/42 von den karolingischen Herrschern übertragen bekommen hatte. Hinzu kamen die sogenannten 14 Slawenkirchen, die auf Befehl Karls des Großen zwischen 768/769 und 810 durch Würzburger Bischöfe zwischen Main und Regnitz, vermutlich mehrheitlich im Steigerwald, gegründet worden waren.[45]

Die *regio Eihstat*, welcher der Adelige Suidger dem Bischof Bonifatius und dieser Willibald in den 750er Jahren geschenkt hatte, bildete den Kern der Besitzungen des neuen Bistums Eichstätt. Dieser Bereich lag zwischen Altmühl und Schutter und umfasste Besitz bei Ochsenfeld und Pfünz sowie die vier großen Meierhöfe Eitensheim, Möckenlohe, Buxheim und Adelschlag. Der Ausbau der Diözese wurde im Westen mithilfe der Klöster Herrieden und Heidenheim vorangetrieben.[46]

Die dritte Bistumsgründung in Franken umfasste den östlichen Raum der Diözese Würzburg, der bisher nur locker in ein Pfarreiennetz gebracht worden sein dürfte. Zusammen mit dem zwischen Pegnitz und Schwabach gelegenen, ursprünglich eichstättischen Diözesanbesitz entstand 1007 das Bistum Bamberg. Die dortige Pfarreienentwicklung ist gut erforscht. Das Bistum umfasste ursprünglich ca. 30 Großpfarreien, darunter sieben Martinskirchen (wohl karolingischen Ursprungs), zwei sicher belegte „Slawenkirchen“ im Main-Regnitz-Bereich, ferner acht Kilianskirchen, die auf die frühere Zugehörigkeit zu Würzburg hinweisen. Eigenkirchen von Adeligen sind schwer erschließbar: Von den älteren Babenbergern gegründet

---

45 Wendehorst, Bistum Würzburg 1962, S. 15f. – Zu den einzelnen Bischöfen Bambergs, Würzburgs und Eichstätts siehe auch: Gatz, Bischöfe 2001 [Alle Artikel von Helmut Flachenecker].

46 Heidingsfelder, Regesten 1938, Nr. 1, S. 6, 26, 27, ferner Nr. 101, 113.

dürfte die Marienkirche (spätere Obere Pfarre) in Bamberg sein, von den Grafen von Schweinfurt die Pfarrkirchen in Creußen und Kronach.[47]

Eine Zusammenfassung von Pfarreien zu einem Archidiakonat ist für Würzburg seit dem 12. Jahrhundert bekannt. Im gleichen Zeitraum wurde das Bistum Bamberg in vier Archidiakonatsbezirke aufgeteilt: Bamberg, Kronach, Hollfeld und Nürnberg (Ickelsheim). Die Archidiakonate gliederten sich wieder in mehrere Diakonate auf. In Bamberg lassen sich Dekanate mit einem Dekan an der Spitze anlässlich einer Synode von 1230 greifen, jedoch dürften sie bereits in der Mitte des 12. Jahrhunderts entstanden sein.[48] Über die Tätigkeiten eines Archidiakons wissen wir aus dem Jahre 1317 Bescheid: Zweimal im Jahr sollten Synoden auf der Ebene der Archidiakonate abgehalten werden. Der Archidiakon besaß die Visitationsgewalt über die Geistlichen seines Sprengels. An der Spitze der Archidiakonate standen Domherren; im Falle des Archidiakonates Bamberg war es der Dompropst.[49]

In Eichstätt sind die Archidiakonate zu Zeiten Bischof Ottos (1182–1196) fest etabliert: Eine Diözesansynode von 1183 berichtet von dieser Institution; ein *archidiaconus loci* wird 1212 erwähnt, jedoch gibt es Hinweise aus dem Jahre 1138 auf einen Landdekan und 1142 auf einen *archidiaconus*. Den Eichstätter Landdekanen wurde 1288 jegliche richterliche Betätigung untersagt. Diese Festlegung wurde von Bischof Berthold von Zollern (1351–1365) wiederholt. In seiner *Constitutio Bertholdiana* wurde im Übrigen das Testierwesen der Geistlichen geregelt.[50]

Ebenfalls im 12. Jahrhundert entwickelten sich, wie schon angedeutet, die Landdekanate. Die Landdekane hatten, im Gegensatz zu den Archidiakonen, nur eine reine Aufsichtsfunktion. Zu den Landkapiteln in Bamberg und Eichstätt liegen eigene Untersuchungen vor. Die Kleriker trafen sich zu sogenannten Ruralkapiteln, auf denen der Landdekan u.a. Synodalbeschlüsse bekannt gab. Auf der Pfarreiebene gab es dann noch die Pfarrsynoden (*Synodi parochiales*): Dies waren Rügegerichte unter dem Vorsitz des Pfarrers; dieses Recht blieb den Mutterpfarreien im Mittelalter meist vorbehalten.[51]

Die Generalvikare (*in spiritualibus vicarius*) standen ab dem 14. Jahrhundert den Bischöfen bei der geistlichen Amtsausübung zur Seite. Sie waren häufig auch Vertraute der Bischöfe gegen die Einflussnahmen des Domkapitels. Sie sollten all-

47 Wendehorst/Guttenberg, Bistum Bamberg 1966, S. 14–17; Kist, Reichsbistum 2014, S. 31f.
48 Looshorn, Geschichte. Bd. 2 1981, S. 591–665; Wendehorst/Guttenberg, Bistum Bamberg 1966, S. 42f.; Kist, Reichsbistum 2014, S. 32. – Die vier Archidiakonate mit ihren Archidiakonen sind aufgelistet bei: Guttenberg, Bistum 1937, S. 302–316.
49 Looshorn, Geschichte. Bd. 3 1981, S. 5–74, hier S. 35; Kist, Reichsbistum 2014, S. 32.
50 Heidingsfelder, Regesten 1938, Nr. 348, 359, 561, 467; Wendehorst, Bistum Eichstätt 2006, S. 87, 172.
51 Kanzler, Landkapitel 1931, S. 1–71; Buchner, Verfassung 1997, S. 309–336; Guttenberg, Bistum 1937, S. 83; für Eichstätt Hinweise bei: Buchner, Zustände 1997, S. 179f.

gemein bei der Verbesserung der Seelsorge in den Pfarreien mithelfen. In Bamberg treten Generalvikare ab den 1320er Jahren, in Würzburg ab 1340 auf.[52]

## 3.3 Die Zunahme der Pfarreien im Hoch- und Spätmittelalter

Detaillierte Einzelgeschichten von Pfarreien können nur in den seltensten Fällen geschrieben werden. Meist setzen sie mit einer ‚zufälligen' Erstdatierung ein; aussagefähige Gründungsurkunden finden sich häufig erst im Gefolge der sogenannten „Pfarreienverdichtung" des 13. bis 15. Jahrhunderts, als die alten Pfarrsprengel, in Reaktion auf die Bevölkerungsvermehrung, aufgelöst und die Seelsorge in räumlich kleineren Einheiten neu organisiert werden musste. Neben den Ersterwähnungen sind oft die Patrozinien bekannt, da diese in vielen Fällen über die Jahrhunderte hinweg konstant blieben. Die Patronatsherren sind ebenfalls bekannt, jedoch klaffen häufig große Zeiträume zwischen den Einzelbelegen. Zent- und Zehntverzeichnisse helfen ebenso wie Hinweise auf Archidiakonatsverbände bei der Rekonstruktion. Erwähnungen von Stiftungen (Früh- und Mittelmessen) bzw. Wallfahrten können das Bild abrunden.

Mit der Zunahme von Pfarreien nahm keineswegs automatisch die Zahl der bischöflichen Patronate zu. So lassen sich im 13. Jahrhundert in Würzburg unter Bischof Hermann von Lobdeburg viele Pfarreiinkorporationen an Klöster beobachten. In derselben Zeit, in den 1220er Jahren, ergriff der Bamberger Bischof Ekbert von Andechs ähnliche Initiativen.

Der Bischof konnte meist nur dort die Patronatsrechte über eine Pfarrei erwerben, wo er auch seine Landesherrschaft im 12. und 13. Jahrhundert festigen konnte. Vorherrschend waren in allen drei Diözesen die Inkorporationen von Pfarreien in Klöstern und in den Besitz des jeweiligen Domkapitels. Gering fiel hingegen der Übergang von Pfarreien in adelige Hände aus.[53] Die Bischöfe übertrugen die Patronatsrechte, die ja die Einstellung der Pfarrer als wesentlichen Punkt beinhalteten, lieber Klöstern und Stiften als Laien. Häufig musste der Bischof als Schiedsrichter bei umstrittenen Patronatsrechten handeln.[54]

Die Zahl der Neugründungen von Pfarreien stieg ab dem 13. Jahrhundert. Standardisierte Begründungen finden sich in den Urkunden. Verwiesen wurde auf die zu weiten Wege zu den Gottesdiensten, besonders im Winter auf unbefestigten Pfaden. Der Pfarrer könne nicht mehr in ausreichender Form die Sakramentenspen-

52 Wendehorst, Bistum Würzburg 1969, S. 69; Guttenberg, Bistum 1937, S. 294–301.

53 Siehe die einschlägigen Aufzählungen in den GS-Bänden in der Bischofsreihe: Guttenberg, Bistum 1937; Wendehorst, Bistum Würzburg 1969; Wendehorst, Bistum Eichstätt 2006.

54 Etwa für Eichstätt siehe Heidingsfelder, Regesten 1938, Nr. 815, 816, 830, 962, 972; Wendehorst, Bistum Eichstätt 2006, S. 118.

dung,[55] besonders Taufe und Versehgänge, in den nun zu groß gewordenen Raumeinheiten gewährleisten. Die neuen Tochterkirchen hatten ihrer Mutterkirche Entschädigungen zu zahlen; dabei hemmten die eingeforderten hohen Zahlungen die allgemeine Entwicklung nicht. Die Trennungsurkunden häufen sich für das Bistum Bamberg ab der Mitte des 14. Jahrhunderts.[56] Auch in Eichstätt wurden im gleichen Zeitraum neue Pfarreien errichtet. Für das Bistum Würzburg setzten die Neugründungen bereits seit der Mitte des 13. Jahrhunderts ein. Die großen Zahlen von Pfarreiabtrennungen sind allerdings auch hier erst im 14. Jahrhundert zu finden: Bei Wolfram von Grumbach (1322–1333) sind es 14, ebenso viele bei Otto von Wolfskeel (1333–1345), bei Albrecht von Hohenlohe (1345–1372) sogar 29.[57]

**Abb. 40:** Das Bistum Bamberg um 1500

55 Überblick über die Sakramentenspendungen bei: Buchner, Zustände 1997, S. 167–172.

56 Eine Liste bei: Kist, Reichsbistum 2014, S. 33. Generell sei bei den neuen Pfarreien auf die Listen in den Germania Sacra-Bänden in der Bischofsreihe verwiesen.

57 Wendehorst, Bistum Würzburg 1969, S. 54f., 69f., 92f.

**Abb. 41:** Das Bistum Eichstätt um 1500

Mit der rasanten Städteentwicklung entstanden neue Zentren, die in das bisherige Netz der Pfarreien nur unzureichend passten. Während sich einige Altorte durchaus zu Märkten und Städten entwickeln konnten, verloren andere wiederum jegliche zentrale Funktionen. Dieser Vorgang traf auf den Widerstand der Betroffenen: Während die Pfarrer mit einem Umzug vom Dorf in die Stadt befriedet werden konnten, wehrten sich die zurückbleibenden Handwerker und Gastwirte wegen der drohenden Einnahmeverluste bei Taufen, Hochzeiten und Begräbnissen. Man wollte ‚die

Kirche im Dorf lassen'.[58] Zu den bekanntesten Transferierungen gehörte jene von der ‚Urpfarrei' Fürth bzw. von dem ihm abhängigen Poppenreuth nach Nürnberg zu den dortigen Hauptkirchen St. Sebald (1386) und St. Lorenz (1315). Aber auch Detwang verlor die Pfarrrechte an Rothenburg ob der Tauber und Steinbach an Schwäbisch Hall. Für Bayreuth und Kulmbach, aber auch für Münnerstadt und Königsberg – um kleinere Städte zu nennen – zeigt sich dieselbe Entwicklung. Die ältere Raumerfassung musste einer neueren und effektiveren Raumeinteilung Tribut zollen, die Beharrungskräfte verloren am Ende, die Bevölkerungsbewegungen waren zu wirkmächtig.

Flächendeckende Karten zur Situation der Pfarreien am Ende des Mittelalters finden sich für die fränkischen Bistümer nur für das Bistum Bamberg. Da genaue Pfarrgrenzen nur in den wenigsten Fällen angegeben werden können, verzichtet die Karte aus überzeugenden Gründen auf eine etwaige Rekonstruktion, ausgehend von neuzeitlichen Grenzumschreibungen. Für einen ersten Überblick können ferner die Karten zu Hochstift und Bistum Bamberg, Eichstätt und Würzburg um 1500 herangezogen werden.[59]

Die in die Jahre 1464/65 zu datierende Würzburger Diözesanmatrikel führte 844 Pfarreien auf, die in 18 Landkapitel und zehn übergeordnete Archidiakonate zusammengefasst waren. Um 1500 zählte das Bistum dann etwa 900 Pfarreien und besaß damit mehr als Bamberg und Eichstätt zusammen! Aufgeteilt waren die Pfarreien in 20 Landkapitel und 12 Archidiakonate.[60] Die Zahl der Pfarreien in Bamberg stieg auf ca. 203 am Vorabend der Reformation. Von 195 Pfarrpatronaten besaß der Bischof am Ausgang des Mittelalters lediglich 41. Die Mehrheit war in den Händen des Markgrafen bzw. der dortigen Ritterschaft, die sie alle mehr oder weniger geschlossen der Reformation zuführten. Prozentuale Schätzungen von Kist und Wendehorst gehen von 20 % der Pfarrpatronate in Händen des Bischofs aus, wogegen 27 % bei Klöstern, 20 % bei Ritteradeligen und 15 % beim Markgrafen lagen.[61] In den Matrikeln des Bistums Eichstätt von 1458 und 1530/34 sind die Benefizien des Bistums an 191 Orten verzeichnet. Pfarreien und Kapellen sind nach Diakonaten gegliedert, wobei stets noch die Patronatsherren angegeben werden. Um 1480/1500 besaß die Diözese Eichstätt ca. 120 Pfarreien mit 307 Filialkirchen, die in zehn Landkapiteln aufgeteilt waren; eine entsprechende Karte wurde erstellt. Die Patronatsherren umfassen eine Liste von 119 Namen und Institutionen.[62]

---

**58** Wendehorst, Kirche 2003.
**59** Guttenberg, Bistum 1937, Kartenbeilage (Maßstab 1: 25000). Die Diözesankarten befinden sich in: Gatz, Atlas 2009, Nr. 20, 28, 77, 69, 79, 142f.
**60** Bendel, Diözesanmatrikel 1934, S. I–XXX, 1–46 (mit Karte), hier S. XXVII.
**61** Kist, Reichsbistum 2014, S. 33f.
**62** Bünz, Klerus 1997, hier S. 38. – Die Karte befindet sich im Rückeinband des Bandes von: Buchner/Bünz/Littger, Klerus 1997; Buchner, Zustände, hier S. 182–189.

*Quelle: E. Gatz (Hg.), Atlas zur Kirche in Geschichte und Gegenwart, Regensburg, 2009, S.143; Nachzeichnung und Bearbeitung durch IStG Münster (2017)*

**Abb. 42:** Das Bistum Würzburg um 1500

## 3.4 Pfarrseelsorge und Priester – Synodale Reformansätze

Die alltägliche Seelsorge mit Messen, Kommunionverteilung, Taufen, Heiraten und Begräbnissen lag in den Händen von Weltpriestern. Der Pfarrherr (*plebanus*) gab in nicht seltenen Fällen die Aufgaben an Pfarrvikare weiter, die zu wesentlich schlechteren Besoldungskonditionen die eigentliche Arbeit vor Ort verrichteten.[63] Währenddessen lebte der eigentliche Pfarrherr anderswo von den Einnahmen der Pfarrei, besonders aus den Zehntabgaben oder den Stolgebühren. Entsprechend häufig waren Klagen über den zu geringen Bildungsstand der Vertreter bzw. über die schlechte Verrichtung der Seelsorge. Da Mendikanten bestimmte Sakramentsleistungen kostenlos an die Gläubigen vergaben, war der Unmut zwischen Mönchen und Weltklerikern vorprogrammiert. Die Kritik an Pfarrern und Vikaren ist Legion, doch dürfen diese weit verbreiteten Äußerungen nicht zum dem Schluss verleiten, dass das Pfarrsystem und Weltpriester insgesamt infrage gestellt wurden. Freilich brachten die Akkumulation von Pfründen, besonders der einträglicheren, aber auch der Kampf bei einer anstehenden Besitzergreifung derselben die Schwächen des Systems zum Ausdruck.

Erste Versuche, die Situation der Seelsorge von bischöflicher Seite zu verbessern, lassen sich in den Synodalbeschlüssen ab dem 13. Jahrhundert nachweisen. In den Eichstätter Synodalstatuten von 1279 und 1283 wurden die Seelsorge, die Stellung der Vikare wie das sittliche Niveau der Weltpriester unter die Lupe genommen. Auch sollten die Pfarrer in ihren Gemeinden dafür sorgen, dass die Ehen öffentlich – und nicht nur zwischen dem Brautpaar allein – geschlossen werden. Generell sollten Ehebruch, Meineid und Wahrsagerei in den Pfarreien reduziert werden. Auf der Synode von 1307 wurde festgesetzt, dass mehr darauf geachtet werden müsse, ob die Priesteramtskandidaten für die Seelsorge geeignet erscheinen.[64]

Das Bestreben um kontinuierliche Verbesserung der Situation kann auch den Würzburger Bischöfen, besonders Johann von Egloffstein (1400–1411), Gottfried Schenk von Limpurg (1443–1455) und Rudolf von Scherenberg (1466–1495), nicht abgesprochen werden. Die erlassenen Gebote um eine verbesserte Seelsorge wie auch um eine bessere Ausübung des Pfarramtes, wie sie auf Diözesansynoden erlassen wurden, führten allerdings zu keiner nachhaltigen Verbesserung.[65] Dies galt auch für das Bistum Eichstätt. In den „14 Artikeln zur Pfarrpredigt" wurde dem Weltklerus die Verpflichtung zur Predigt eingeschärft. Versuche, die Situation in Gestalt einer Visitation von 1480 zu verbessern, schlugen weitgehend fehl. Im selben Jahr 1480 gab es im Bistum nur vier Predigtstiftungen; sechs weitere sollten bis zur Reformation noch hinzukommen. Erfolgreicher wurden zwei weitere Reformanlie-

---

63 Für das Bistum Würzburg darüber zuletzt: Romberg, Frömmigkeitsströmungen 2016.

64 Heidingsfelder, Regesten Nr. 921, 973, 1398; Wendehorst, Bistum Eichstätt 2006, S. 117f., 144.

65 Himmelstein, Synodicon 1855, S. 99–127, 139–306 (1298–1543).

gen umgesetzt: Breviere und Rituale wurden in der zweiten Hälfte des 15. Jahrhunderts standardisiert und in den Pfarreien verbreitet.[66]

Aus der Themenvielfalt der Einzelstatuten seien nur wenige typische Bestimmungen herausgegriffen. Ein Dauerbrenner an vorderster Front war die Zurückdrängung des Konkubinats – die einfach nicht gelingen wollte. Der Widerstand vonseiten vieler Konkubinarier erwies sich als lange Zeit unüberwindlich. Als Bischof Johann von Egloffstein 1407 auf einer Würzburger Synode dem Konkubinat den Kampf ansagte, verschworen sich etliche Domkapitulare gegen ihn, da er *non ex caritatis affectu, sed ex odii formice procedit.*[67] Der Bischof, der die *conspiratio* der Domherren als Zeichen von Hochmut wertete, rief die Hilfe des Papstes an, der in zwei Bullen dem reformwilligen Bischof den Rücken stärkte.[68] Die Problemkonstellation war in allen Diözesen praktisch dieselbe. Mit Berufung auf die jüngste Bistumssynode ermunterte der Eichstätter Bischof Johann II. von Eich im November 1460 seinen Dekan in Monheim, entschieden gegen die Konkubinarier vorzugehen.[69] Über den Erfolg der Bemühungen erfahren wir freilich nichts. Doch dürften die Erfolgsaussichten nicht allzu hoch gewesen sein.

Diesem Themenbereich ist auch die Bestrafung des Gasthausbesuchs und des Würfelspiels vonseiten Geistlicher zuzuordnen.[70] Angeordnete Visitationen durch die Dekane und verschärfte Strafbestimmungen führten offensichtlich zu keiner allgemeinen Verbesserung. Ebenso wie bei den Mönchen sollte auch bei den Priestern die besondere Stellung durch die Kleidung und vor allem durch die Tonsur zum Ausdruck gebracht werden. Das Aussehen konnte auch als gewisser Schutz dienen, denn häufig wurden Kleriker und Priester von Laien geschlagen und körperlich verletzt. Der Laie musste sich dann vor einem geistlichen Gericht verantworten. Bei den Würzburger Statuten lässt sich eine prozentuale Zunahme derjenigen Bestimmungen feststellen, die den Niederklerus betrafen.[71]

Bei der Frage der Klerusreform ging es in den Statuten auch immer wieder um die oben angesprochenen Pfarrvikare, die von den Pfründeninhabern mit geringen Auskünften ausgestattet, häufig miserabel ausgebildet und von unbekannter Herkunft eine kaum attraktive Seelsorge in den Gemeinden betrieben. Allerdings muss man sich hüten, diese Klagen zu generalisieren, denn es gab, dies zeigen thüringi-

---

**66** Buchner, Zustände 1997, S. 154f., 164f. – Zur Pfarrpredigt siehe: Buchner, Pfarrpredigt 1997.

**67** Staatsarchiv Würzburg Standbuch 9, fol. 88v–89v.

**68** Staatsarchiv Würzburg, Würzburger Urkunden 86/55 (1408 Juli 02 Papst Gregor XII.): Die *conspiratio* sei aus *superbia et contumelia* heraus entstanden. Ebd. 84/224 (1408 Dez. 13 Papst Gregor XII.): Bischof Johann habe versucht, *pro reformatione mores in clero suarum civitatis et diocesis* auch die *causa concubitus* anzugehen. Aber: [...] *sua monita* [d.h. des Bischofs und wohl auch der Synode] *despitientes ac adinvicem conspirantes statuerunt* [d.h. die Domherren].

**69** Diözesanarchiv Eichstätt B 6, pag. 111–112 (Schreiben 1460 Nov. 15).

**70** Siehe auch: Flachenecker, Bemühen 2006.

**71** Lang, Synoden 1986, S. 82.

sche Beispiele, auch finanziell bestens versorgte und gut gebildete Vikare und Priester. Synodalstatuten – dies ist eine Binsenweisheit – sind normative Quellen, die nur einen sehr gebrochenen Blick auf die Realität des Alltags zulassen. Aussagekräftiger sind eher die Visitationen: Im Jahre 1480 unternahm der Kanoniker am Eichstätter Willibaldschor, Johannes Vogt, eine Visitation mit teilweise erschreckenden Ergebnissen zur Situation der Seelsorge.

## 3.5 Die Pfarrei als vielfältiges Spiegelbild frommer Praxis

Die Pfarrei ist, um es noch einmal zu wiederholen, eine kirchliche Institution von langer Dauer, welche im Mittelalter, von den jüdischen Gemeinden abgesehen, die gesamte Bevölkerung beeinflusste. Besonders auf dem Lande bildete die Kirche den Ort der visuellen Erfahrung von Steinbauten und Kunstwerken. Es war schließlich die Pfarrei, in der vielfältige Formen von Frömmigkeit er- und gelebt wurden. Dort konnte sich Protest, aber auch die Forderung nach Neuerungen artikulieren, wie 1525 der erste Paragraph der Memminger Artikel, das Recht auf freie Pfarrerwahl, eindrucksvoll dokumentiert. Aus dem passiven Beschwerderecht der Gemeinde sollte ein aktives Mitspracherecht werden.

Die Pfarrei stand im Wechselspiel zwischen Bischof und Ortsherr: Zum einen erlebte die Pfarrei den zunehmenden Versuch der Bischöfe, auf diese mit Diözesansynoden, Visitationen und besonders mit der geistlichen Gerichtsbarkeit mehr Einfluss zu gewinnen, zum anderen strebten die weltlichen Landesherren, die aufgrund der Benefizialgüter, die jeder Pfarrei und deren geistlichem Personal bzw. dem Kirchenbau zustanden, ein faktisches Oberlehensrecht an. [72]

Wallfahrten und Prozessionen deuten auf die sinnenfreudige Verehrung von Heiligen hin. Hinweise darauf geben Pfarrbücher, wie etwa aus Herzogenaurach (Bistum Würzburg/Hochstift Bamberg).[73] Für Franken haben sich derartige Pfarrbücher ferner für Westheim bei Windsheim, Hilpoltstein, Pappenheim, Lehrberg und Staffelstein erhalten. Viele von ihnen sind nicht ediert und daher im Detail bislang unbekannt.[74] Recht ausführlich wird im Pappenheimer Pfarrbuch über die vielfältige Liturgie, besonders an den Hochfesten, berichtet.[75] Die Orientierung an den Tagzeiten ist im Übrigen auch hier zu beobachten, ebenso der Einbau von Mysterien-Spielen, um mit ihrer Hilfe die Glaubensgeheimnisse den Gläubigen einprägsam zu machen. Doch auch Festpredigten hatten ihren festen Platz im Ablauf der

72 Grundlegend: Bünz/Fouquet, Pfarrei 2013.

73 Das Folgende zusammengefasst nach: Flachenecker, Grundlagen 2016. – Meyer, Uraha 1949, S. 542.

74 Siehe den Überblick von: Machilek, Gotteshausbücher 1998.

75 Der Text in: Schornbaum/Kraft, Pappenheim 1932.

religiösen Feiern.[76] Teilweise ausführlich werden die Prozessionen im Ort und zu Nachbargemeinden aufgeführt und in ihrer Durchführung beschrieben.

Festzuhalten bleibt, dass die Kommunionfrequenz geringer war als heute, aber dass es auch zum Empfang der Kommunion außerhalb der Pfarrei kam: Allgemein verpflichtend war lediglich der Empfang der Osterkommunion beim zuständigen Gemeindepfarrer. Der Andrang war deshalb sehr groß. Darum ging man in einigen Gemeinden dazu über, die Kommunion an mehreren Altären anzubieten; bevorzugte Kommuniontage waren Gründonnerstag und Karfreitag, wie etwa in Hilpoltstein und Pappenheim. Im Falle Pappenheims wurde den Jugendlichen bereits am Palmsonntag die Hl. Kommunion gereicht. Die Kommunion zu Weihnachten, Pfingsten und Allerheiligen konnte nur als freiwilliges Angebot den Gläubigen nahegebracht werden.[77] Der Würzburger Bischof versuchte 1347 und 1353 die Jahresbeichte, Osterkommunion und Beichten der Laien bei den in Konkurrenz zum Ortspfarrer besuchten Mendikanten zu regeln.[78]

Gebete wie auch Wallfahrten mit ihrem Schwerpunkt auf die Passion Christi und die Sakramente spiegeln sich in der bildhaften Kunst wider. Auch wenn der Gemeine Mann, also Bauern und weitgehend unvermögende Stadtbewohner, kaum ein Gebetbuch besessen haben, so haben sie doch die spezifische Frömmigkeit des ausgehenden 15. Jahrhunderts im öffentlichen Raum miterlebt: beim Kirchenbesuch, auf Wallfahrten und Prozessionen etc. Der Versuch, das Leiden, Sterben und die Auferstehung Christi intensiv zu erfahren, sodann die verstärkte Hinwendung zur Gottesmutter Maria, ferner die intensive Schau von Heiligen und der Glaube an deren Hilfe im Alltag hat die gesamte Bevölkerung – in gewiss individuell unterschiedlichen Ausmaßen – erfasst.

Das religiöse Interesse der Laien erreichte vor und um 1500 einen besonderen, auf Visualität zielenden Höhepunkt. Davon zeugen die zahlreichen neuen Kirchenbauten und die Anbauten – Letztere bis heute sichtbar in den erhalten gebliebenen spätgotischen Chorbauten. Zu erwähnen sind auch die vielen unterschiedlichen Ausstattungsgegenständen von den Retabelwerken bis zu den Glocken.[79] Dabei zeigte sich der große Einfluss der kirchlichen Gemeinden. Mit dem Zugriff von Laienpflegern (Kirchen-, Gotteshaus-, Heiligenpfleger) auf die *fabrica ecclesiae* konnte der Wunsch der Gemeinde nach einem repräsentativen Gotteshaus mit ansprechender Innenausstattung, an Kirchenhierarchien vorbei, realisiert werden, wie etwa die Fälle Pappenheim und Westheim bei Windsheim zeigen. Freilich benötigten die Dorfbewohner stets die Zustimmung des Diözesanbischofs für bauliche Ver-

76 Götz, Festfeier 1934.

77 Browe, Pflichtkommunion 1940, S. 24, 42–54, 71–83.

78 Wendehorst, Bistum Würzburg 1969, S. 76–97.

79 Siehe die instruktive Einführung für Mitteldeutschland von: Bünz/Kühne, Frömmigkeit 2013.

änderungen an der jeweiligen Kirche.[80] Der Bauboom ging mit liturgischen Notwendigkeiten Hand in Hand, etwa in Gestalt des starken Stiftungsaufkommens und der damit einhergehenden Zunahme von Altären für Vikarien.

## 3.6 Ausblick

Die Pfarrei war im mittelalterlichen Franken die eigentliche Zelle kirchlichen Lebens und religiöser Erfahrung. Sie brachte das Christentum zu den Menschen in der Fläche; sie erwies sich als ein zentraler Ort gesellschaftlichen Lebens; sie ermöglichte einen Raum für liturgische Erfahrungen; sie kennzeichnete die existenziellen Stationen des Lebens jedes Einzelnen, von der Taufe bis zum Begräbnis; sie war lange Zeit der einzige Ort mit einem Kunstbau, in dem Farben, Malerei, Skulpturen und Architektur jenseits des Alltäglichen erfahren werden konnten – und sie war auch der Ort, an dem das Angebot bestand, die Künste des Lesens und Schreibens zu erlernen.

1525 wollten die Bauern mit ihrer Forderung nach einer von ihnen bestimmten Pfarrei auch und gerade die eigene politische Gemeinde stärken, also obrigkeitliche Regulation und Normierung zugunsten lokaler Eigenverantwortung zurückdrängen. Deshalb hatten die Forderungen der Bauern nach eigenständiger Wahl ihres Gemeindepfarrers ein besonderes Gewicht. Die Stellung des Letzteren in einem Dorf dürfte höher gewesen sein als in der Stadt, zumal die Bauern es waren, welche das Kirchenland für den Pfarrer bewirtschafteten. Ihre Anliegen wurden allerdings kaum erhört; die überwiegend protestantischen Ritteradeligen setzten ihre patronalen Ansprüche durch, ebenso wie katholische Fürsten ihre obrigkeitlichen Bestrebungen im Zuge der Gegenreformation. Auf die Veränderungen der Pfarreien unter Bischof Julius Echter kann hier nur hingewiesen werden, ebenso auf seine normierenden Eingriffe in den Kirchenbau. In den protestantischen Teilen Frankens veränderte sich die Pfarreienstruktur im Grunde nicht, mit der bedeutsamen Ausnahme freilich, dass den katholischen Bischöfen der Zugriff auf protestantische Pfarreien in ihrem Bistum verwehrt blieb. Ein Nebeneinander katholischer und evangelischer Pfarreien war in den meisten Dörfern und Städten Frankens erst wieder im 19. Jahrhundert möglich.

**80** Zu Eichstätt vgl. Buchner, Zustände 1997, S. 137–140.

# Literatur

Bendel, Franz J.: Die Würzburger Diözesanmatrikel aus der Mitte des 15. Jahrhunderts. In: Würzburger Diözesangeschichtsblätter 2/2 (1934), S. 1–46.

Browe, Peter: Die Pflichtkommunion im Mittelalter. Münster 1940.

Buchner, Franz Xaver: Kirchliche Zustände in der Diözese Eichstätt am Ausgange des XV. Jahrhunderts: ein Beitrag zur Diözesan- und Lokalgeschichte nach den Visitationsprotokollen von Vogt. In: Ders./Bünz, Enno/Littger, Klaus Walter (Hrsg.): Klerus, Kirche und Frömmigkeit im spätmittelalterlichen Bistum Eichstätt. Ausgewählte Aufsätze von Franz Xaver Buchner. St. Ottilien 1997 (Schriften der Universitätsbibliothek Eichstätt, 36), S. 83–198.

Buchner, Franz Xaver: Die mittelalterliche Pfarrpredigt im Bistum Eichstätt. In: Ders./Bünz, Enno/Littger, Klaus (Hrsg.): Klerus, Kirche und Frömmigkeit im spätmittelalterlichen Bistum Eichstätt. Ausgewählte Aufsätze. St. Ottilien 1997 (Schriften der Universitätsbibliothek Eichstätt, 36), S. 213–244.

Buchner, Franz Xaver/Bünz, Enno/Littger, Klaus Walter (Hrsg.): Klerus, Kirche und Frömmigkeit im spätmittelalterlichen Bistum Eichstätt. Ausgewählte Aufsätze von Franz Xaver Buchner. St. Ottilien 1997 (Schriften der Universitätsbibliothek Eichstätt, 36).

Buchner, Franz Xaver: Verfassung und Rechte der Landkapitel. Geschichtliche Entwicklung bis zum Ende des 19. Jahrhunderts. In: Ders./Bünz, Enno/Littger, Klaus (Hrsg.): Klerus, Kirche und Frömmigkeit im spätmittelalterlichen Bistum Eichstätt. Ausgewählte Aufsätze. St. Ottilien 1997 (Schriften der Universitätsbibliothek Eichstätt, 36), S. 309–336.

Bünz, Enno: Die Pfarrei im späten Mittelalter – Versuch einer Zusammenfassung. In: Bünz, Enno/Fouquet, Gerhard (Hrsg.): Die Pfarrei im späten Mittelalter. Ostfildern 2013 (Vorträge und Forschungen, 77), S. 401–424.

Bünz, Enno/Fouquet, Gerhard (Hrsg.): Die Pfarrei im späten Mittelalter. Ostfildern 2013 (Vorträge und Forschungen, 77).

Bünz, Enno: Klerus, Kirche und Frömmigkeit im spätmittelalterlichen Bistum Eichstätt. Überlieferung, Forschungsstand, Perspektiven. In: Ders./Buchner, Franz Xaver/Littger, Klaus Walter (Hrsg.): Klerus, Kirche und Frömmigkeit im spätmittelalterlichen Bistum Eichstätt. Ausgewählte Aufsätze von Franz Xaver Buchner. St. Ottilien 1997 (Schriften der Universitätsbibliothek Eichstätt, 36), S. 31–74.

Bünz, Enno/Kühne, Hartmut: Frömmigkeit um 1500 – Einführende Überlegungen zur Ausstellung. In: Dies./Müller, Thomas T. (Hrsg.): Alltag und Frömmigkeit am Vorabend der Reformation in Mitteldeutschland. Petersberg 2013, S. 15–27.

Crain, Carl Ferdinand: Die Reformation der christlichen Kirche in Wismar. Ein Beitrag zur Landes-Kirchengeschichte als Einladungs- und Denkschrift bei Gelegenheit der 300jährigen Jubelfeier der am 29. September 1541 im ehemaligen Franziskaner-Kloster gestifteten Großen Schule. Wismar 1841.

Crull, Friedrich/Techen, Friedrich: Die Grabsteine der Wismarschen Kirchen. In: Jahrbuch des Vereins für Mecklenburgische Geschichte und Altertumskunde 54 (1889), S. 111–152; 55 (1890), S. 237–260; 56 (1891), S. 95–143.

Fischer-Hübner, Martin: Die Reformation in Lauenburg. 2 Bde. Ratzeburg 1931/1933.

Flachenecker, Helmut: Das beständige Bemühen um Reform. Zu Synoden und Synodalstatuten in den fränkischen Bistümern des 14./15. Jahrhunderts. In: Kruppa, Nathalie/Zygner, Leszek (Hrsg.): Partikularsynoden im späten Mittelalter. Göttingen 2006 (Veröffentlichungen des Max-Planck-Instituts für Geschichte, 219; Studien zur Germania Sacra, 29), S. 55–76.

Flachenecker, Helmut: Kirche und Bildung im Früh- und Hochmittelalter. In: Walter Brandmüller (Hrsg.): Handbuch der Bayerischen Kirchengeschichte Bd. 1/2. St. Ottilien 1991, S. 881–928.

Flachenecker, Helmut: Religiöse Grundlagen des Bauernkriegs. In: Fuchs, Franz/Wagner, Ulrich (Hrsg.): Bauernkrieg in Franken. Würzburg 2016 (Publikationen aus dem Kolleg ‚Mittelalter und Frühe Neuzeit', 2), S. 49–74.
Freitag, Werner: Pfarrer, Kirche und ländliche Gemeinschaft. Das Dekanat Vechta 1400–1803. Bielefeld 1998 (Studien zur Regionalgeschichte, 11).
Gatz, Erwin (Hrsg.): Atlas zur Kirche in Geschichte und Gegenwart. Heiliges Römisches Reich – Deutschsprachige Länder. Regensburg 2009.
Gatz, Erwin (Hrsg.): Die Bischöfe des Heiligen Römischen Reiches 1198 bis 1448. Berlin 2001.
Götz, Johann Baptist: Die kirchliche Festfeier in der Eichstätter Diözese am Ausgang des Mittelalters. In: Zeitschrift für bayerische Kirchengeschichte 9 (1934), S. 129–149, 193–236.
Guttenberg, Erich Freiherr von (Bearb.): Das Bistum Bamberg. Berlin 1937 (Germania Sacra, 2/1).
Haupt, Richard/Weysser, Friedrich: Die Bau- und Kunstdenkmäler der Provinz Schleswig-Holstein 4,1: Die Bau- und Kunstdenkmäler im Kreise Herzogtum Lauenburg. Ratzeburg 1890.
Heidingsfelder, Franz: Die Regesten der Bischöfe von Eichstätt. Innsbruck/Würzburg/Erlangen 1938 (Veröffentlichungen der Gesellschaft für Fränkische Geschichte, 6).
Himmelstein, Franz Xaver: Synodicon Herbipolense. Geschichte und Statuten der im Bisthum gehaltenen Concilien und Dioecesansynoden. Würzburg 1855.
Huschner, Wolfgang/Münch, Ernst/Neustadt, Cornelia/Wagner, Wolfgang E. (Hrsg.): Mecklenburgisches Klosterbuch. Handbuch der Klöster, Stifte, Kommenden und Prioreien (10.–16. Jahrhundert). Rostock 2016.
Jordan, Karl: Die Bistumsgründungen Heinrichs des Löwen. Untersuchungen zur Geschichte der ostdeutschen Kolonisation. Stuttgart 1939 (MGH Schriften, 3).
Kanzler, Georg: Das Landkapitel des Bistums Bamberg, Teil 1. In: Bericht des Historischen Vereins Bamberg 83 (1931), S. 1–71.
Kist, Johannes: Reichsbistum, Fürstbistum, Erzbistum Bamberg 1007–1976, Hamburg $^{4}$2014, S. 31f.
Krüger, Georg, Kunst- und Geschichts-Denkmäler des Freistaates Mecklenburg-Strelitz. Bd. 2: Das Land Ratzeburg. Neubrandenburg 1934.
Lang, Peter Thaddäus: Die Synoden in der alten Diözese Würzburg. In: Rottenburger Jahrbuch für Kirchengeschichte 5 (1986), S. 71–84.
Looshorn, Johann: Die Geschichte des Bistums Bamberg. 7 Bde. München/Bamberg 1886–1910, ND Neustadt a.d. Aisch 1980/1981.
Machilek, Franz: Fränkische „Gotteshausbücher" des 15. und 16. Jahrhunderts. In: Borchardt, Karl/ Bünz, Enno (Hrsg.): Forschungen zur bayerischen und fränkischen Geschichte. Peter Herde zum 65. Geburtstag von Freunden, Schülern und Kollegen dargebracht. Würzburg 1998 (Quellen und Forschungen zur Geschichte des Bistums und Hochstifts Würzburg, 52), S. 249–255.
Masch, Gottlieb Matthäus Carl: Geschichte des Bisthums Ratzeburg. Lübeck 1835.
Mecklenburgisches Urkundenbuch. Bd. I: 786–1250; Bd. II: 1251–1280; Bd. III: 1281–1296; Bd. XXIV: 1400. hg. v. Verein für Mecklenburgische Geschichte und Alterhumskunde. Schwerin 1863–1865 u. 1913.
Meding, Wichmann von: Einführung der Reformation im Herzogtum Lauenburg. Ein kleiner Beitrag zur Komplexität des Kohärenten. In: Schriften des Vereins für Schleswig-Holsteinische Kirchengeschichte 49 (1999), S. 36–51.
Meyer, Otto: Uraha sacra. Vom Geist der Frömmigkeit im spätmittelalterlichen Herzogenaurach. In: Fröhlich, Valentin (Hrsg.): Herzogenaurach. Ein Heimatbuch, Herzogenaurach 1949, S. 107–133.
Petersen, Stefan: Benefizientaxierungen an der Peripherie. Pfarrorganisation – Pfründeneinkommen – Klerikerbildung im Bistum Ratzeburg. Göttingen 2001 (Veröffentlichungen des Max-Planck-Instituts für Geschichte, 166; Studien zur Germania Sacra, 23).

Petersen, Stefan: Die Bergedorfer Kirche im Mittelalter. In: Zeitschrift für Hamburgische Geschichte 88 (2002), S. 1–41.

Petersen, Stefan: Art. Ratzeburg. In: Gatz, Erwin (Hrsg.): Die Bistümer des Heiligen Römischen Reiches von ihren Anfängen bis zur Säkularisation. Ein historisches Lexikon mit 62 vierfarbigen Bistumskarten. Freiburg im Breisgau 2003, S. 590–598, 917.

Petersen, Stefan: Bistumsgründungen im Widerstreit zwischen Königen, Bischöfen und Herzögen. Die Bistumsgründungen in ottonischer, salischer und staufischer Zeit. In: Klueting, Edeltraut/ Klueting, Harm/Schmidt, Hans-Joachim (Hrsg.): Räume der Kirche. Staatliche Normierung und kirchliche Strukturierung. Bistümer und Bistumsgrenzen von der Spätantike bis zur Gegenwart. Rom/Freiburg/Wien 2006 (Römische Quartalschrift. Supplementband, 58), S. 81–106.

Petersen, Stefan: Die Schreibfähigkeit von Geistlichen im spätmittelalterlichen Bistum Ratzeburg. In: Bünz, Enno/Lorenzen-Schmidt, Klaus-Joachim (Hrsg.): Klerus, Kirche und Frömmigkeit im spätmittelalterlichen Schleswig-Holstein. Neumünster 2006 (Studien zur Wirtschafts- und Sozialgeschichte Schleswig-Holsteins, 41), S. 215–237.

Petersen, Stefan: Zu methodischen Problemen der Interpretation von Benefizienregistern: Das Beispiel Ratzeburg. In: Lorenz, Sönke/Meyer, Andreas (Hrsg.): Stift und Wirtschaft. Die Finanzierung geistlichen Lebens im Mittelalter. Ostfildern 2007 (Schriften zur südwestdeutschen Landeskunde, 58), S. 143–161.

Petersen, Stefan: Kirchliche Krise am Vorabend der Reformation? Die Situation in der Hansestadt Wismar um 1500. In: Mecklenburgisches Jahrbuch 131 (2016), S. 285–309.

Petersohn, Jürgen: Der südliche Ostseeraum im kirchlich-politischen Kräftespiel des Reichs, Polens und Dänemarks vom 10. bis 13. Jahrhundert. Mission – Kirchenorganisation – Kultpolitik. Köln/Wien 1979 (Ostmitteleuropa in Vergangenheit und Gegenwart, 17).

Petke, Wolfgang: Die Pfarrei. Ein Institut von langer Dauer als Forschungsaufgabe. In: Bünz, Enno/ Lorenzen-Schmidt, Klaus-Joachim (Hrsg.): Klerus, Kirche und Frömmigkeit im spätmittelalterlichen Schleswig-Holstein. Neumünster 2006 (Studien zur Wirtschafts- und Sozialgeschichte Schleswig-Holsteins, 41), S. 17–49.

Petke, Wolfgang: Die Pfarrei in Mitteleuropa im Wandel vom Früh- zum Hochmittelalter. In: Bünz, Enno/Fouquet, Gerhard (Hrsg.): Die Pfarrei im späten Mittelalter. Ostfildern 2013 (Vorträge und Forschungen, 77), S. 21–60.

Prange, Wolfgang: Siedlungsgeschichte des Landes Lauenburg im Mittelalter. Neumünster 1960 (Quellen und Forschungen zur Geschichte Schleswig-Holsteins, 41).

Prange, Wolfgang: Das Ratzeburger Hufenregister von 1292. Landesherrliche Rechte in den Ländern Ratzeburg und Boitin. In: Zeitschrift der Gesellschaft für Schleswig-Holsteinische Geschichte 111 (1986), S. 39–92.

Reincke, Heinrich: Die Reformation im hamburgischen Landgebiet. In: Hamburgische Kirchengeschichte in Aufsätzen. Teil 2: Reformation und konfessionelles Zeitalter. Hamburg 2004, S. 187–213.

Romberg, Winfried: Frömmigkeitsströmungen und religiöse Reform im spätmittelalterlichen Bistum Würzburg (ca. 1300–1525). In: Bulletin der Polnischen Historischen Mission 11 (2016), S. 237–274.

Schlie, Friedrich, Die Kunst- und Geschichts-Denkmäler des Grossherzogthums Mecklenburg-Schwerin. Bd. 2: Die Amtsgerichtsbezirke Wismar, Grevesmühlen, Rehna, Gadebusch und Schwerin. Schwerin 1899.

Schlie, Friedrich, Die Kunst- und Geschichts-Denkmäler des Grossherzogthums Mecklenburg-Schwerin. Bd. 3: Die Amtsgerichtsbezirke Hagenow, Wittenburg, Boizenburg, Lübtheen, Dömitz, Grabow, Ludwigslust, Neustadt, Crivitz, Brüel, Warin, Neubukow, Kröpelin und Doberan. Schwerin 1900.

Schmaltz, Karl: Die Begründung und Entwicklung der kirchlichen Organisation Mecklenburgs im Mittelalter. Teil 1 und 2. In: Jahrbuch des Vereins für Mecklenburgische Geschichte und Altertumskunde 72 (1907), S. 111–118; 73 (1908), S. 31–176.

Schmaltz, Karl: Kirchengeschichte Mecklenburgs. Bde. 1–2. Schwerin 1935–1936.

Schornbaum, Karl/Kraft, Wilhelm: Pappenheim am Ausgang des Mittelalters in kirchlicher Hinsicht auf Grund des Pfarrbuches des Pfarrers Stefan Aigner. In: Zeitschrift für bayrische Kirchengeschichte 7 (1932), S. 129–160, 193–220.

Schröder, Dietrich: Kirchen-Historie des evangelischen Mecklenburgs vom Jahr 1518 bis 1742. Rostock 1788.

Techen, Friedrich: Geschichte der Seestadt Wismar. Wismar 1929.

Tellenbach, Gerd: Die westliche Kirche vom 10. bis zum frühen 12. Jahrhundert. Göttingen 1988 (Die Kirche in ihrer Geschichte, 2/F 1).

Wendehorst, Alfred: Das Bistum Eichstätt. Die Bischofsreihe bis 1535. Berlin 2006 (Germania Sacra, N.F., 45).

Wendehorst, Alfred (Bearb.): Das Bistum Würzburg. Die Bischofsreihe bis 1254. Bd. 1. Berlin 1962 (Germania Sacra. N.F., 1).

Wendehorst, Alfred (Bearb.): Das Bistum Würzburg. Die Bischofsreihe von 1254 bis 1455. Bd. 2. Berlin 1969 (Germania Sacra. N.F., 4).

Wendehorst, Alfred: Der Archidiakonat Münnerstadt am Ende des Mittelalters. In: Würzburger Diözesangeschichtsblätter 23 (1961), S. 5–52.

Wendehorst, Alfred/Guttenberg, Erich Freiherr von (Bearb.): Das Bistum Bamberg. Die Pfarreiorganisation. Berlin 1966 (Germania Sacra, 2/1,2).

Wendehorst, Alfred: Man soll die Kirche im Dorf lassen. In: Mötsch, Johannes (Hrsg.): Ein Eifler für Rheinland-Pfalz. Festschrift für Franz-Josef Heyen zum 75. Geburtstag am 2. Mai 2003: Quellen und Abhandlungen zur mittelrheinischen Kirchengeschichte 105 (2003), Heft 2, S. 907–914.

Werminghoff, Albert: Verfassungsgeschichte der deutschen Kirche im Mittelalter. Leipzig/Berlin $^{2}$1913 (Meisters Grundriß der Geschichtswissenschaft, 2/6).

Wolgast, Eike: Die Reformation in Mecklenburg. Rostock 1995 (Veröffentlichungen der Historischen Kommission für Mecklenburg, 8).

Wolgast, Eike: „Eyn synryke man“. Der Wismarer Reformator Heinrich Never. In: Kasten, Bernd/Manke, Matthias/Wurm, Johann Peter (Hrsg.): Leder ist Brot. Beiträge zur norddeutschen Landes- und Archivgeschichte. Festschrift für Andreas Röpcke. Schwerin 2011, S. 61–78.

Ralf-Peter Fuchs & Arnd Reitemeier

# Konfession und Raum

## 1 Einleitung

Nachfolgend werden sowohl die Bedeutung räumlicher Bedingungen für religiöse Entwicklungen wie auch, umgekehrt, deren Einflüsse auf Räume und Raumvorstellungen der Menschen exemplarisch dargestellt. Hier stehen zum einen der Rhein-Maas-Raum – genauer: ein aus zwei frühneuzeitlichen Territorien gebildeter Teilbereich dieses Raumes – und zum anderen Territorien, die den verschiedenen Zweigen der Welfen unterstanden, im Fokus.

Ausgangspunkt ist dabei die grundsätzliche Überlegung, dass Räume nicht zuletzt durch Religiosität gebildet und durch Konfession voneinander abgegrenzt werden.[1] Dies erklärt etwa die Anstrengungen vieler Fürsten im Reich, auf eine „Konfessionalisierung" und damit auf eine Homogenisierung ihrer Herrschaftsgebiete zu dringen. Der genauere Blick auf die religiösen Entwicklungen enthüllt wiederum, dass die im Begriff der *confessio* angelegte Eindeutigkeit oftmals nur bedingt mit den Realitäten in Übereinstimmung zu bringen ist. Dies lässt sich nicht nur hinsichtlich des hier untersuchten mischkonfessionellen Herzogtums Kleve und des angrenzenden Herzogtums Geldern feststellen, das in der zweiten Hälfte des 16. Jahrhunderts den Niederlanden zufiel, sondern auch hinsichtlich der Territorien der Welfen, die in der kirchenhistorischen Forschung in der Regel als gleichsam „lutherisch durchkonfessionalisierte" Räume verstanden worden sind.

In beiden Beiträgen wird nicht von einem einzelnen Territorium ausgegangen. Stattdessen sind ihnen jeweils offene Raumkonzepte zugrunde gelegt, die die Sicht auch auf Schichten des religiösen Lebens, die sich unterhalb der administrativen, landesobrigkeitlichen Handlungsebene befanden, freilegen. Der Begriff der „Konfessionslandschaft" basiert sowohl auf den strukturellen Bedingungen von Räumen, die etwa die Verbreitung religiösen Wissens ermöglichen, als auch auf der Wahrnehmungsperspektive der darin lebenden Menschen. Dem Begriff der „Kirchen-/Konfessionsräume" liegt dagegen die Annahme zugrunde, dass Menschen auch durch ihre religiösen Handlungen, wie etwa die gemeinsame Teilnahme an liturgischen Handlungen, Festen oder auch religiösen Umgängen etc. soziale Räume konstruieren.

Die vergleichende Analyse hat die religiöse Vielfalt hervortreten lassen, denn in allen hier untersuchten Räumen existierten verschiedene Glaubensgemeinschaften nebeneinander. Auch zeigten sich deutliche Unterschiede in Lehre und Liturgie, besonders innerhalb des Protestantismus in den welfischen Gebieten. Dem Anspruch

1 Schmidt, Raum o.J., S. 33.

https://doi.org/10.1515/9783110354188-020

der Obrigkeiten, ordnend und vereinheitlichend in ihren „Ländern" einzugreifen, muss folglich in landesgeschichtlichen Untersuchungen immer auch die Suche der darin lebenden Menschen nach „Freiräumen" gegenübergestellt werden. Diese Suche wurde, wie hier am Beispiel der klevisch-geldrischen Region veranschaulicht wird, durch die Möglichkeiten der Überschreitung von Grenzen zwischen den Territorien begünstigt.

War die Verbindung von Territorium und Konfession seit dem 16. Jahrhundert religiös und politisch motiviert, so sollten, spätestens seit dem 19. Jahrhundert, weitere Anstöße zur Schaffung von Identitäten erfolgen, bei denen Konfessionen und Territorien als Einheiten definiert wurden. In der Tendenz ging dabei die zeitgenössische (landes)kirchengeschichtliche Forschung von einem puren Dualismus insbesondere der katholischen und der protestantischen Konfessionen aus und ebnete die Vielfalt religiöser Lebensformen und Konzepte ein. Indem dieselben Autoren dann in den großen Handbüchern zur Geschichte der Territorien Beiträge über die Entwicklung der Kirchen verfassten, erlangten Ansätze und Konzepte eine Deutungshoheit, die maßgeblich von einer einheitlichen ‚Landes'-Kirche ausgingen und nur sehr eingeschränkt den Blick auf die Verhältnisse in den einzelnen Pfarreien richteten. Die Aufgabe künftiger landeshistorischer Forschungen ist es, diese Konzepte und die daraus hervorgegangenen Ergebnisse verstärkt zu hinterfragen.

# 2 Die klevisch-geldrische Region im Rhein-Maas-Raum

Ralf-Peter Fuchs

## 2.1 Eine verwirrende ‚Konfessionslandschaft' in landesgeschichtlicher Perspektive

Johannes Scheffer stammte, wie er im September 1612 bei einer Befragung zu Protokoll gab, aus Sachsenhausen in Waldeck. Nun sei er seit fast drei Jahren Vikar des St. Georg-Altars in Dinslaken, wo er die Religion nach Luthers Katechismus fleißig gelehrt habe. „Wiedertäufer" gäbe es nicht im Ort, wohl aber viele „Papisten", zudem seien etwa 50 Kirchenbesucher von ihm abgefallen und hätten den calvinistischen Glauben angenommen.

Auch von anderen Geistlichen wusste er zu berichten: Der Pastor von Dinslaken habe zu ihm gesagt, dass er, wenn man ihn schützen würde, gerne zu ihnen übertreten würde, da seine Zuhörer das Abendmahl in beiderlei Gestalt zu empfangen begehrten und die Kirche verließen, wenn er die Messe halten wolle. Die Calvinisten hätten ihm bereits 300 Taler für den Übertritt zu ihnen angeboten. Und in Walsum befände sich ebenfalls ein „papistischer" Geistlicher, der darüber nachdenke, zur lutherischen Lehre zu wechseln, er „laviere" jedoch noch wegen seiner Zuhörer.[2]

Das Protokoll, das diese Aussagen beinhaltet, entstammt der ersten lutherischen Synode im Herzogtum Kleve, die in Dinslaken gehalten wurde. Herzog Wolfgang Wilhelm, Pfalzgraf von Neuburg – zu diesem Zeitpunkt noch selbst Anhänger der lutherischen Lehre – hatte die hier versammelten Pastoren, Vikare und Schulmeister als Territorialherr dazu aufgerufen, sich landeskirchlich zu organisieren. Sein erklärtes Ziel war es, einer *mutatio confessionis*, insbesondere unter dem Eindruck des zunehmenden calvinistischen Einflusses auf die kirchlichen Verhältnisse, entgegenzuwirken. In der Tat lassen die Aussagen der Beteiligten, die sich damit einer Prüfung ihrer Rechtgläubigkeit zu unterziehen hatten, erkennen, dass das religiöse Leben in jenem Gebiet, das der Pfalzgraf für sich beanspruchte, stark im Fluss war. Hier lebten Menschen verschiedener Konfession dicht beieinander. Sie gingen auf Seelenfang, warben untereinander ab und griffen dabei offensichtlich zuweilen auf sehr profane Mittel zurück. Infolgedessen ‚mutierten' immer wieder Menschen, unter ihnen die Pfarrer, indem sie zu einer anderen Konfession übertraten.

Ein genauerer Blick auf die Aussagenprotokolle von 1612 macht deutlich, dass Konversionen durchaus häufiger vorkamen. Auch der Übertritt zum Katholizismus wurde thematisiert. Die evidente Gefahr, Gläubige, die man gewonnen hatte, wieder zu verlieren, wurde über mehrere Aussagen vermittelt. Zudem lässt sich die Religionsausübung innerhalb der Priesterschaft, die sich sämtlich zum Luthertum bekannte, als variabel ansehen, sodass eine landesfürstliche Furcht vor einer von innen heraus wirkenden *mutatio* ihrer Konfession nicht unberechtigt gewesen zu sein scheint. Einige der Priester gaben bei der Befragung an, dass sie in der Kirche den weißen Chorrock trugen, während andere demonstrativ auf dieses Relikt aus dem Gottesdienst der römisch-katholischen Kirche verzichteten. Die meisten von ihnen erteilten lediglich die *privatam absolutionem*, eine Lossprechung von den Sünden also, der jeweils die individuelle Ohrenbeichte zugrunde gelegen haben muss, während andere nur die *generalam absolutionem* oder auch beide Formen der Absolution nebeneinander erteilten. Von einem der Schulmeister wurde überdies berichtet, dass er sowohl mit dem lutherischen als auch mit dem calvinistischen Katechismus unterrichte.

Die Zustände, die über die Aussagen vermittelt wurden, weisen auf einen offensichtlich im frühen 17. Jahrhundert noch nicht abgeschlossenen Konfessionalisierungsprozess hin, der wiederum mit den Besonderheiten einer Region zu erklären ist. Dass sich Lutheraner wie Katholiken im Herzogtum Kleve einer mächtigen Konkurrenz seitens des Calvinismus wie auch teilweise seitens der hier als ‚Wiedertäufer' bezeichneten Mennoniten zu erwehren hatten, geht auf besondere religionspolitische Entwicklungen im Territorium, darüber hinaus aber auch auf die Nähe zu

**2** Das Protokoll ist überliefert bei: Buininck, Sammlung 1758, S. 243–245.

den Niederlanden zurück, wo diese beiden Glaubensgemeinschaften eine wichtige Rolle spielten. Dies deutet zugleich auf eine traditionelle Verflochtenheit in einem Raum, den Jörg Engelbrecht als einen „grenzüberschreitenden Kulturraum“[3] Rhein-Maas bezeichnet hat, dessen Ursprung er bereits im „Lotharingien“ karolingischer Zeit ausmacht. Dieser Kulturraum wurde von einer gemeinsamen Hoch- und Adelskultur, von sich gegenseitig beeinflussenden Bildungsinstitutionen und von intensiven wirtschaftlichen Beziehungen, im 16. und frühen 17. Jahrhundert dann auch von konfessionellen Netzwerken, die über Grenzen wirksam waren, geprägt.

Das Herzogtum Kleve gehörte zu diesem in seinen Dimensionen und Umrissen nur unscharf beschreibbaren Rhein-Maas-Raum, der heute deutsche, niederländische, belgische und luxemburgische Bereiche umfasst.[4] Genauer: Es lag, gemeinsam mit dem im Verlaufe des 16. Jahrhunderts aus dem Reich herausgelösten und stark niederländisch geprägten Herzogtum Geldern in dessen Zentrum. Im Folgenden soll der Blick auf diese Kernzone des Rhein-Maas-Raumes gerichtet bleiben. Entgegen der landesgeschichtlichen Tradition, in der meist Forschungen zur Geschichte von deutschen Ländern betrieben und in der die hier behandelten Themen im Rahmen einer ‚Rheinischen Geschichte‘ beleuchtet wurden, wird hier somit auf eine Region eingegangen, die als Kommunikationsraum über deutsche Grenzen hinausreicht und damit im Rahmen einer Landesgeschichte, für die sich das Etikett ‚europäisch‘ herausbilden könnte,[5] zu erforschen ist.

Hier soll nun dieser Kommunikationsraum im Hinblick auf die Konfessionen betrachtet werden, wobei auf zwei wichtige Aspekte hinzuweisen ist: Eine konfessionelle Landschaft kann als „mental map“ existieren, indem sich die Menschen als historische Akteure eine Vorstellung von ihrer Region oder ihrem Land machen. Hierbei kann es sich etwa um die Vorstellung von einem einheitlichen Konfessionsraum handeln. Der eingangs vorgestellte Prediger Johannes Scheffer scheint den für ihn überschaubaren Raum dagegen als multikonfessionell wahrgenommen zu haben. Der Landeshistoriker hat aber nicht nur dieser Ebene der Wahrnehmung nachzugehen, sondern hinter die Kulissen schauend demgegenüber auch der Möglichkeit von Fehlwahrnehmungen der historischen Akteure – unter Umständen auch großer Gruppen von Akteuren – Rechnung zu tragen. Dieser Anspruch ist wiederum gerade im Hinblick auf konfessionelle Zuschreibungen von Räumen enorm schwierig. Zur Existenz religiöser Mischformen, wie sie unter anderem im klevischen Synodalprotokoll beschrieben werden, hat Walter Ziegler bemerkt, dass unter Umständen „kaum deren konfessioneller Charakter festgelegt werden kann.“[6] Der hier verwendete Begriff von Konfession soll vor diesem Hintergrund weit gefasst

3 Engelbrecht, Rhein-Maas 2004, S. 12.
4 Ebd., S. 12f.
5 Rutz, Landesgeschichte 2015.
6 Ziegler, Konfessionalisierungsthese 2008, S. 183.

werden und zur Markierung verschiedener Glaubensgemeinschaften, die in der Region wirkten und in Konkurrenz zueinander traten, dienen.

Im Folgenden soll diese mehrkonfessionelle Landschaft am Beispiel der klevisch-geldrischen Region, mit Blick auf zwei verschiedene benachbarte Territorien also, genauer beleuchtet werden, wobei die spezifischen Möglichkeiten eines landesgeschichtlichen Zugriffs, der die Beobachtung von Entwicklungen und Veränderungen im Raum in langfristiger Perspektive einschließt, zu verdeutlichen sind. Zu einem Teil wird dabei auf Ergebnisse von landesgeschichtlichen Forschungen zurückgegriffen; zu einem anderen Teil können nur Fragestellungen formuliert werden, zu denen solche Forschungen noch ausstehen. Dabei sollen Veränderungen, insbesondere hinsichtlich ihrer Wahrnehmung, anhand einer Fokussierung auf zwei Phasen dargestellt werden. Einerseits sollen die Verhältnisse im ‚langen' 16. Jahrhundert erörtert werden, weil sich in dieser Zeit die Koexistenz verschiedener religiöser Gruppen und Kirchen herausbildete und verstetigte. Andererseits werden Aspekte der Konfessionslandschaft am Niederrhein und in den angrenzenden Niederlanden in der zweiten Hälfte des 19. Jahrhunderts angesprochen, wobei bereits an dieser Stelle darauf hingewiesen werden soll, dass die Ausbildung von Nationalstaaten und deren Verankerung als weitere „mental map" zwangsläufig einen großen Einfluss auf die Wahrnehmung des Raumes und die Selbstverortung der Akteure darin haben musste.

## 2.2 Das 16. Jahrhundert: Mischkonfessionalität in einem von grenzüberschreitender Kommunikation geprägten Raum

Eine bedeutende Voraussetzung für die spezifischen Ausprägungen der religiösen Verhältnisse im Rhein-Maas-Raum des 16. Jahrhunderts bildete die dortige Kloster- und Bildungslandschaft des 14. und 15. Jahrhunderts. Vom Kloster Windesheim bei Zwolle ausgehend, breitete sich die Frömmigkeitsbewegung der *Devotio moderna* aus. Personen, wie z.B. der aus dem westfälischen Ahaus stammende Humanist Alexander Hegius, die am Niederrhein als Lehrer tätig waren, wurden stark davon beeinflusst. Hegius lehrte von 1469 bis 1474 an der Großen Schule in Wesel, folgte 1474 einem Ruf an die Stiftsschule von St. Martin zu Emmerich und fand im Jahr darauf eine Lebensstellung als Leiter an der zum Stift Lebuinus gehörenden Schule in Deventer. Das kirchenreformatorische Potenzial der niederländisch-niederrheinischen Bewegung der *Devotio moderna* deutet sich mit dem Hinweis auf eine Person an, die, wenn auch nur für kurze Zeit, Schüler von Hegius war: Erasmus von Rotterdam.

Dass die traditionelle Landesgeschichte die religiösen Entwicklungen zumeist unter der Fragestellung, wann ‚die Reformation' in den Rheinlanden ihren Anfang nahm,[7] untersucht hat, ist mit einer Verengung des Reformationsbegriffs auf die großen Konfessionen, die sich im Rahmen des reichsständischen Protestantismus etablieren konnten, insbesondere auf das Luthertum, in Zusammenhang zu bringen. In neueren Arbeiten zur Reformationsgeschichte ist hingegen die Vielfalt von reformatorischen Bewegungen im 15. und 16. Jahrhundert betont worden. Vor diesem Hintergrund erscheint es, gerade auch hinsichtlich der landesgeschichtlichen Besonderheiten in den „Niederrheinlanden“[8] sinnvoll, von einem Konzept der „multiple reformations“ auszugehen und darauf hinzuweisen, dass sich neben der *Devotio-moderna*-Bewegung weitere Kreise nachweisen lassen, aus denen heraus eine *reformatio* der Kirche in Angriff genommen wurde. Der Landeshistoriker Franz Petri hat etwa auf die spiritualistische Tradition in den Niederlanden hingewiesen,[9] bevor sich dort seit den 1530er Jahren die Täuferbewegung stark ausbreitete, die auch im Herzogtum Geldern, trotz der erbitterten Gegnerschaft des für den alten Glauben eintretenden Landesherrn Karl von Egmond,[10] Wurzeln schlagen konnte.

Für das Herzogtum Kleve, das zu einem größeren Territorialkomplex – den sogenannten jülich-klevischen Ländern – gehörte, waren Versuche des Landesherrn von großer Bedeutung, eigene Wege der Reformation zu beschreiten, die sich sowohl von dem Täufer- als auch dem Luthertum scharf abgrenzten. Seit 1523/24 lässt sich beobachten, dass Herzog Johann III. Personen an seinen jülich-bergischen Hof berief, die mit Erasmus von Rotterdam in enger Verbindung standen, unter ihnen Konrad Heresbach als Prinzenerzieher und Johann von Vlatten als Mitglied des Rates. Von hier aus ergingen Anstrengungen, kirchliche Reformen durchzusetzen, die die geistliche Jurisdiktion des Kurfürsten von Köln in den Territorien einschränkten, gleichwohl Zeichen gegen die antipäpstlichen Strömungen setzten. Mit dem gemeinsamen militärischen Einschreiten des Herzogs von Jülich-Kleve-Berg und des Herzogs von Geldern gegen das Täuferreich in Münster im Jahre 1535 inszenierten sich beide Herrscher als entschlossene Verfechter einer politisch stabilen „Guten Ordnung“,[11] über die die Obrigkeiten zu wachen bestrebt waren.

Darüber hinaus versuchte der Herzog von Jülich, Berg und Kleve, die Beziehungen zu Erasmus von Rotterdam zu intensivieren. Inwieweit der angesehene Humanist, der spätestens seit 1524 auf unüberbrückbare Distanz zu Luther gegangen war, die Abfassung der Kirchenordnung, die Johann III. 1532 erlassen hatte, autorisierte,

---

7 Petri, Zeitalter 1976, S. 25.

8 Der Begriff der „Niederrheinlande“ wird mit Bezug auf die frühneuzeitlichen Migrationsbewegungen aus den Niederlanden in niederrheinische Territorien etwa verwendet bei: Engelbrecht, Rhein-Maas 2004, S. 16.

9 Petri, Strömungen 1973, S. 586.

10 Zu den täuferischen Gruppen siehe: Frijhoff, Reformatie 2003, S. 364; zur landesherrlichen Politik vor 1543 siehe auch: Janssen, Geschichte 2005, S. 20.

11 Im Hinblick auf die jülich-klevischen Länder ist die Verankerung von Religionspolitik im Prinzip der politisch „Guten Ordnung“ herausgestellt worden bei: Janssen, Ordnung 1999.

ist umstritten.[12] Sicherlich ist darin jedoch der Versuch zu sehen, eine Kirchenreform im Sinne des Erasmus anzustoßen. In der landesgeschichtlichen Forschung ist die jülich-klevisch-bergische Kirchenpolitik von daher häufig „erasmianisch" genannt und mit dem Begriff einer *via media* verknüpft worden, den Erasmus 1525 verwendet hatte, um eine kluge, ausgleichende, den Mittelweg einschlagende Politik zu preisen. Dabei ist allerdings zu betonen, dass sich Johann III. keineswegs als Vertreter einer Religionspolitik zwischen den Konfessionen, sondern als Anhänger des katholischen Glaubens sah. Trotz aller Überlegungen, die später angestellt wurden, um zu einer Annäherung mit den Anhängern der Confessio Augustana im Hinblick auf theologische und liturgische Fragen zu kommen, wurde das Papsttum als Autorität nie infrage gestellt. Zudem wurde offensichtlich niemals erwogen, den römisch-katholischen Kirchenbesitz, Klöster und Stifte, umfassend und langfristig zugunsten der Landesherrschaft einzuziehen und das Mönchtum abzuschaffen.

Nachdem Karl von Egmond, Herzog von Geldern, im Jahr 1538 verstarb, ergab sich für den Nachfolger von Johann III., Wilhelm V. von Jülich-Kleve-Berg, die große Chance, Geldern mit seinen Territorien zu vereinigen und damit eine einheitliche Religionspolitik zu konzipieren, die die dort lebende Bevölkerung direkt einbezogen hätte. Die geldrischen Stände hatten eine entsprechende Erbfolgeregelung bereits in die Wege geleitet. 1543 geriet das Herzogtum jedoch im Dritten Geldrischen Erbfolgekrieg an Kaiser Karl V., der für sich den Heimfall beanspruchte und es den habsburgischen Niederlanden angliederte. Mit dem in diesem Jahr geschlossenen Frieden von Venlo wurde Herzog Wilhelm vom Kaiser überdies verpflichtet, persönlich bei der alten katholischen Religion zu bleiben und in seinen jülich-klevischen Ländern jegliche Neuerungen der Untertanen abzuschaffen. Diese Zusage ist vor dem Hintergrund der vorherigen Kommunikation Wilhelms mit Vertretern des Schmalkaldischen Bundes zu sehen. Darüber hinaus ist das Insistieren des Kaisers in dieser Frage mit den gleichzeitigen Reformationsbestrebungen des Kurfürsten von Köln, Hermann von Wied, in Zusammenhang zu bringen, der einen eigenen Weg der *reformatio*, gestützt auf eng in protestantische Netzwerke eingebundene Persönlichkeiten wie Melanchthon und den Straßburger Reformator Martin Bucer, beschreiten wollte und damit bei Herzog Wilhelm zunächst Interesse und Kooperationsbereitschaft weckte. Aus kaiserlich-päpstlicher Perspektive musste der Katholizismus am Niederrhein in den 1540er Jahren, bis zur Absetzung des Kurfürsten im Jahre 1546, als massiv bedroht erscheinen. Umso mehr war Karl V. als neuer Landesherr des Herzogtums Geldern bestrebt, Gegner des katholischen Glaubens auch in diesem Territorium strikt zu bekämpfen.

---

**12** Eine eher ablehnende Haltung von Erasmus vermutet: Molitor, Politik 1997, S. 44. Darauf, dass die Kirchenordnung im Wesentlichen den Intentionen des Erasmus entsprochen hat, verweist: Smolinsky, Kirchenordnungen 1997, S. 60.

Im Hinblick auf Herzog Wilhelm V. ist festzuhalten, dass dieser nach seinem Herrschaftsantritt im Jahre 1539 personell auf Kontinuität zur Politik seines Vaters gesetzt hatte, indem er dessen führende Berater in seinen Führungsstab übernommen hatte. Andererseits ist in neueren Forschungen die bereits früher geäußerte Vermutung bestätigt worden, dass er im Streit um das Herzogtum Geldern mit Karl V. bereit war, dem Schmalkaldischen Bund beizutreten; darüber hinaus ist dargelegt worden, dass er die Confessio Augustana Invariata von 1530 als Grundlage für eine Vereinigung von Katholiken und Lutheranern stark in Betracht zog.[13] Damit verbunden war die Duldung des Laienkelchs in seinen Territorien und letztlich auch, seit den frühen 1540er Jahren, das persönliche Empfangen des Abendmahls in beiderlei Gestalt. Nach dem Vertrag von Venlo sollte sich das Interesse des Landesherrn an der Confessio Augustana Invariata im Rahmen seines Zugeständnisses, katholisch zu bleiben, fortsetzen, wobei er neben dem Laienkelch auch die Priesterehe zuzugestehen bereit war und dies seinen Niederschlag in einer 1567 erstellten Kirchenordnung fand, die allerdings niemals publiziert wurde.[14] Bei all dem muss man jedoch davor warnen, dies als eine Favorisierung des Protestantismus zu interpretieren. In der kirchenpolitisch entscheidenden Frage im Reich, wie mit dem römisch-katholischen Kirchenbesitz, Mönchtum und Ordensleben zu verfahren war, blieb Herzog Wilhelm entschieden dem Papsttum treu.

Der eigene katholische Weg des über einen langen Zeitraum, 1539 bis 1592, regierenden Herzogs schuf nun die Bedingungen für eine besondere konfessionelle Entwicklung in seinen Territorien. Sie ermöglichte, dass in den Gemeinden Priester eingesetzt wurden, die das Abendmahl in beiderlei Gestalt austeilten, während zugleich die klösterlichen Einrichtungen in den Städten erhalten blieben. In einigen Orten wie Wesel und Duisburg wurde das Abendmahl in ein und derselben Kirche, je nach Prediger, sowohl in einer als auch in beiderlei Gestalt ausgeteilt. Letztlich begünstigte die im Hinblick auf liturgische Fragen relativ offene Religionspolitik in den jülich-klevischen Ländern, dass auch viele andere Städte, unter anderem auch im Herzogtum Kleve, ab den 1540er Jahren lutherische Prediger einsetzten.[15] Zu diesen sollten sich, trotz einer strikten Ablehnung des Calvinismus seitens des Landesherrn, anderenorts auch Prediger reformierter Konfession gesellen. Innerhalb der Territorien bildeten sich gemischtkonfessionelle Verhältnisse aus.

So lässt sich die hier untersuchte Region seit den 1540er Jahren in einen geldrisch-niederländischen Territorialbereich aufgliedern, in dem versucht wurde, eine rigide Religionspolitik zu betreiben, um auf diese Weise den Katholizismus als alleinigen Glauben zu verankern. Diese Politik unter Kaiser Karl V. sollte im Herzogtum Geldern umso entschlossener in Angriff genommen werden, nachdem es dem Kaiser

13 Becker, Duldung 2014, S. 206.
14 Flüchter, Zölibat 2006, S. 405.
15 Dünnwald, Konfessionsstreit 1998, S. 65–82.

gelungen war, die Niederlande mitsamt dem Herzogtum Geldern im Burgundischen Vertrag von 1548 weitgehend vom Reich zu separieren. Die realen Dimensionen der Ketzerbekämpfung sollten allerdings nicht überschätzt werden, da die örtlichen Obrigkeiten in unterschiedlicher Intensität mitwirkten. Für die Zeit von 1520 bis 1566 lassen sich für das Herzogtum Geldern lediglich 16 Ketzerhinrichtungen verzeichnen.[16] Auch gelang es weder Karl V. noch seinem Nachfolger, König Philipp II. von Spanien, die Bewegung der Mennoniten in den Niederlanden, wie beabsichtigt, auszurotten. Im Jahr 1567, dem Jahr des Beginns der Schreckensherrschaft des Herzogs von Alba, wurde allerdings die inquisitorische Tätigkeit immens verstärkt.

Vor dieser Folie entwickelten sich die jülich-klevischen Länder immer deutlicher zum Rückzugsraum für religiöse Minderheiten und Glaubensflüchtlinge. Seit 1567 und den kriegerischen Ereignissen, die in den Niederlanden darauf folgten, sollte sich die Zuwanderung verstärken, wobei Geldern neben Flandern, Brabant und Holland zu den hauptsächlichen Herkunftsgebieten der Migranten gehörte.[17] Weitere Migrationsschübe ergaben sich im Zusammenhang mit dem Kölnischen Krieg (1583–1588), der Verfolgungen von Nichtkatholiken im Territorium des Kurfürsten von Köln nach sich zog. Hinzuweisen ist aber auch auf die Tatsache, dass sich die jülich-klevischen Länder bereits vorher immer wieder als attraktive Zuwanderungsziele für Menschen aus den Niederlanden erwiesen hatten und eine längere Tradition ökonomisch motivierter Migration nachzuweisen ist.[18]

Mit dieser Tradition ist es in Verbindung zu bringen, dass, um ein lokales Beispiel anzuführen, die lutherischen Führungsgruppen in Wesel bereits von 1544 bis 1556 zahlreichen Migranten, u.a. aus Wallonien und Flandern, erlaubten, sich in ihrer Stadt niederzulassen.[19] Wesel sollte sich, neben anderen Städten, zu einer bedeutenden Drehscheibe entwickeln, von der aus sich verschiedene antipäpstliche Glaubensrichtungen, unter ihnen besonders stark der Calvinismus, am Niederrhein einpflanzen konnten. Dabei ist beobachtet worden, dass religiöse Ambiguität eine nicht unbedeutende Rolle spielte. Unter einem Herzog, der sich zum katholischen Glauben bekannte, gleichzeitig jedoch das Abendmahl in beiderlei Gestalt präferierte, konnte sich ein lutherischer Rat etablieren, welcher reformierten niederländischen Glaubensflüchtlingen die Niederlassung erteilte, sofern sie bereit waren, sich grundsätzlich zur Confessio Augustana zu bekennen. Diesen Anhängern calvinistischer Lehre, denen es sogar gelang, ein eigenes Konsistorium zu etablieren,[20] wurde es wiederum generell zur Aufgabe gemacht, sämtliche Glaubensflüchtlinge niederländischer Herkunft zu beaufsichtigen. Auf diese Weise gelang es auch Mennoniten

16 Postma, Viglius van Aytta 1994, S. 203.
17 Dünnwald, Konfessionsstreit 1998, S. 103.
18 Engelbrecht, Migrations- und Kommunikationsprozesse 2001.
19 Sarmenhaus, Festsetzung 1913.
20 Hantsche, Flüchtlinge 1996, S. 120.

im Rahmen der recht unübersichtlichen konfessionellen Verhältnisse, in Wesel zu bestehen.[21]

Dieses Beispiel mag zu den extremen gehören und ist nicht verallgemeinerbar. Es verweist jedoch deutlich auf einen Raum, in dem sich nun Multikonfessionalität wie auch, mit Blick auf viele nicht eindeutig zu den großen Konfessionen zuzuordnenden Gruppen und Praktiken, Mischkonfessionalität, unter sehr unterschiedlichen politischen Bedingungen verankerte, da Konflikt- und Zufluchtsräume dicht beieinanderlagen. Das Projekt einer vollständigen Rekatholisierung der Niederlande, zunächst unter Karl V., dann unter seinem Sohn Philipp II. von Spanien betrieben, misslang nicht zuletzt wegen der Möglichkeiten verfolgter Menschen, eine oftmals vorübergehende Bleibe jenseits der Grenze zu finden. Nach dem Beginn des niederländischen Unabhängigkeitskrieges sollte sich dann auch in den Gegenden, in denen sich die Aufständischen über militärische Erfolge durchsetzten, – zu ihnen gehörten die drei geldrischen Niederquartiere Nimwegen, Arnheim und Zutphen, während das Oberquartier mit der Hauptstadt Roermond zum größten Teil bis 1713 spanisch bleiben sollte – kein einheitlicher Konfessionsraum etablieren. Trotz der politischen Dominanz des Calvinismus in der niederländischen Unabhängigkeitsbewegung und dem seit den 1580er Jahren vertretenen Anspruch, ihm den Rang einer ‚Öffentlichkeitskirche' zuzuweisen, blieben andere Glaubensrichtungen, unter ihnen das Mennonitentum wie auch der offiziell verbotene Katholizismus, in den Vereinigten Provinzen im Rahmen einer Politik der faktischen Duldung von Bedeutung. In der Provinz Gelderland gehörten trotz Versuchen einer reformierten Konfessionalisierung, die bereits in den 1570er Jahren in Angriff genommen worden war,[22] in der Mitte des 17. Jahrhunderts lediglich 45 bis 55 % der Bevölkerung dem Calvinismus an.[23]

Während des niederländischen Unabhängigkeitskrieges wurde in den jülich-klevischen Ländern das Prinzip der Religionsfreiheit zur politischen Forderung der Stände erhoben. Nach dem Aussterben der Familie der Herzöge im Jahre 1609 und der gemeinschaftlichen Übernahme der Herrschaft durch die Fürsten von Pfalz-Neuburg und Brandenburg wurde ihnen diese durch entsprechende Reversalen zugestanden. Auf dieser Grundlage erfolgte 1612 der eingangs erwähnte Versuch der Lutheraner, sich über eine Synode eine landeskirchliche Struktur zu geben, nachdem die Anhänger der reformierten Kirchen in Jülich, Berg und Kleve bereits im Jahr 1610 in Duisburg einen ähnlichen Schritt vollzogen hatten. Auch wenn der Einfluss des Luthertums im Herzogtum Kleve nach dem Übertritt des Pfalzgrafen von Neu-

---

**21** Jesse Spohnholz hat dieses Versteckspiel folgendermaßen charakterisiert: „In a strange turn of events, Mennonites posed as Calvinists, who carried themselves as Lutherans in a town in which Catholicism was the only faith permitted by imperial law." Spohnholz, Tactics 2010, S. 153.

**22** Arndt, Geldern 2005, S. 144–146.

**23** van Ejinatten/van Lieburg, Religionsgeschichte 2011, S. 193.

burg zum katholischen Glauben stark abnahm, blieb es dort doch im Wesentlichen bei gemischtkonfessionellen Verhältnissen. Dabei ist allerdings zu betonen, dass die Katholiken im Territorium bereits 1612 eine stattliche Mehrheit bildeten.[24] Dies ist mit dem geringen Erfolg der Lutheraner und Calvinisten im ländlichen und kleinstädtischen Raum und zum Teil wohl auch mit gegenreformatorischen Maßnahmen unter Herzog Wilhelm in Verbindung zu bringen, der sich seit 1571 enger an Rom band, um seinem Sohn Johann Wilhelm zu ermöglichen, Fürstbischof von Münster zu werden.

Obwohl während des Dreißigjährigen Krieges und noch darüber hinaus von beiden Kriegsparteien immer wieder Druck auf die Bevölkerung ausgeübt wurde zu konvertieren, und die jülich-klevischen Länder letztlich unter den Administrationen eines katholischen (Pfalz-Neuburg) und eines reformierten Fürsten (Brandenburg) aufgeteilt wurden, änderte sich nichts mehr grundlegend daran, dass das Herzogtum Kleve, das Brandenburg zufiel, ein gemischtkonfessionelles Territorium blieb. Nicht zuletzt der von beiden Fürsten ausgehandelte Religionsrezess von 1672, der die Koexistenz von Katholiken, Lutheranern und Reformierten festschrieb, und zahlreiche Religionsgravamina, die von den Glaubensgemeinschaften im Verlauf des 18. Jahrhunderts aufgestellt wurden,[25] belegen dies.

## 2.3 Katholische Milieus am Niederrhein und in den angrenzenden Niederlanden im 19. Jahrhundert

Gelegentlich ist die Wahrnehmungsverschiebung, die seit dem 19. Jahrhundert eintrat und in deren Folge der „Mythos vom ‚Katholischen Rheinland'" entstand, welcher auch auf den Niederrhein übertragen wurde, schon thematisiert worden.[26] Diese neue konfessionelle Zuschreibung ist vor allem mit den politischen Konflikten, die sich zwischen Zentrum und Peripherie auftaten, zu erklären. In einer preußischen Monarchie, der auf dem Wiener Kongress erhebliche Gebiete im Westen des ehemaligen Reiches zugesprochen worden waren, entstand nun als großes Areal die Rheinprovinz. Dafür, dass dort insbesondere im katholischen Teil der Bevölkerung oppositionelle Haltungen gegen die Regierungszentrale in Berlin und die regionalen Staatsbehörden erwuchsen, war das sogenannte Kölner Ereignis (1837) von Bedeutung, das darin bestand, dass ein Erzbischof infolge eines politischen Konfliktes um die Konfession von Kindern in Mischehen in Festungshaft genommen wurde. In diesem Kontext bildeten sich wichtige Ansätze für die Entstehung eines

24 Goeters, Protestantismus 2002, S. 213–230.
25 Weber, Konflikte 2013.
26 Finger, Reformation 1996, S. 134–137.

politischen Katholizismus heraus, der dann im Zuge des sogenannten Kulturkampfes verstärkt in ein sich entwickelndes katholisches Milieu eingebettet werden sollte.

Der Kulturkampf der 1870er Jahre, der von der Reichsregierung unter Bismarck bis hin zu den regionalen preußischen Behörden zur Durchsetzung einer staatlichen Oberaufsicht über das Schul- und Ausbildungswesen, Eheschließungen etc. ausgefochten wurde und gegen eine Papstkirche gerichtet war, deren Oberhaupt das Unfehlbarkeitsdogma verkündet hatte, dominierte den politischen Diskurs am Niederrhein maßgeblich.[27] Dabei ist zu beachten, dass sich die Fallstudien dazu von Eleonore Föhles auf eine Gegend konzentriert haben, die zum Teil (Geldern, Viersen) noch bis zum Spanischen Erbfolgekrieg (1701–1713/14) zu Spanisch-Geldern gehört hatten. Nichtsdestoweniger ist ihr Ergebnis, dass der Kulturkampf, entgegen der Absichten der Gegner von Papst Pius IX., zu einer ‚Zementierung des katholischen Milieus führte,[28] auf weite Teile des Niederrheins zu übertragen. In dessen Verlauf entstanden vor Ort zahlreiche katholische Vereine, neue Presseorgane und Protestformen, die sich etwa in besonderen Inszenierungen und Kontextualisierungen des Wallfahrts- und Prozessionswesens manifestierten[29] und damit auf der Gegenseite die Vorstellung vom katholisch-abergläubigen Rheinländer bekräftigten. In ultramontanen Zeitungen wie dem Xantener ‚Boten für Stadt und Land' wurde trotz staatlicher Überwachung des Pressewesens beharrlich für die päpstliche Sache und gegen staatliche Maßnahmen wie etwa die Maigesetze agitiert.[30] Die Menschen am Niederrhein wurden als Zugehörige zum ‚katholischen Rheinland' gegen eine Reichspolitik mobilisiert, die ihre landschaftlichen Traditionen und Bindungen zu bedrohen schien und von der sie sich diskriminiert sahen.

Auch in der niederländischen Provinz Gelderland entstanden vor dem Hintergrund, dass sich im Königreich der Niederlande ebenfalls ein politischer Katholizismus formierte, Ansätze solcher Milieus. Auch dort befanden sich Gegenden mit einem hohen Anteil an katholischer Bevölkerung, wie etwa in den Distrikten Zevenaar und De Liemers (etwa 80 %), in denen sich Politiker wie Jan van Nispen van Sevenaer seit der Mitte des 19. Jahrhunderts zum Sprachrohr für eine politische Gleichstellung der katholischen Christen und ihrer Kirche machten und „katholieke ideeën [sic!]"[31] propagierten. In den an Gelderland angrenzenden Provinzen Limburg und Nordbrabant stellten die Katholiken insgesamt die Mehrheit, wobei ihr Anteil an der niederländischen Gesamtbevölkerung in der zweiten Hälfte des 19. Jahrhunderts langsam aber permanent zurückging.[32]

**27** Föhles, Kulturkampf 1995, S. 367.
**28** Ebd., S. 368–369.
**29** Freytag, Aberglauben 2003, S. 98–114.
**30** Schmenk, Xanten 2008, S. 277.
**31** Smit, Jan van Nispen van Sevenaer 2007, S. 92–95.
**32** 38,15 % (1849); 35,38 % (1889); 35,02 % (1905). Kossmann, Countries 1978, S. 488.

Im Rückblick auf das ‚lange' 19. Jahrhundert muss eine vergleichende Darstellung der Herausbildung und Entwicklung katholischer Netzwerke und Milieus am deutschen Niederrhein und der angrenzenden niederländischen Provinz Gelderland als ein Desiderat erscheinen. Das Gefüge veränderte sich dabei entscheidend durch nationalstaatliche Entwicklungen und kirchenpolitische Maßnahmen wie etwa die Zusammenlegung der lutherischen und reformierten Kirchen zur ‚Unierten Kirche' in Preußen (1817). Zudem wurde die Durchsetzung der deutschen Sprache als Amts- und Landessprache in den niederrheinischen Kreisen Preußens über eine entsprechende Schulpolitik forciert, um damit einen Entfremdungsprozess gegenüber den Niederlanden einzuleiten. Allerdings wurde noch in der zweiten Hälfte des 19. Jahrhunderts etwa in der Stadt Geldern teilweise niederländisch gesprochen.[33] Trotz der politischen Maßnahmen zur Etablierung einer nationalen Kultur auf beiden Seiten lässt sich beobachten, dass grenzüberschreitende Verbindungen gerade während des Kulturkampfs bedeutend blieben. Die am Niederrhein verbotenen Ordensgemeinschaften überlebten im vorübergehenden Exil auf der anderen Seite der Grenze; zum Teil stellten ihnen katholische niederrheinische Adelige, die dort Besitz hatten, Unterkünfte zur Verfügung.

Darüber hinaus ist in der Forschung ein starker Einfluss, den die katholische Bewegung im deutschen Kulturkampf auf Glaubensgenossen in den Niederlanden allgemein gehabt haben soll, betont worden und sogar von einem ‚Modellstatus' im Hinblick auf die dortige politische Selbstorganisation die Rede.[34] Es wäre zu untersuchen, inwieweit in diesem Zusammenhang auch die direkte Kommunikation in den Grenzregionen intensiviert und damit an traditionelle Kommunikationsstrukturen angeknüpft wurde. Dass sich trotz der gestiegenen Bedeutung nationalstaatlicher Kulturen und Grenzen auch ein gemeinsames religiöses Leben jenseits davon abspielte, zeigt ein Blick auf die Praxis der Marienwallfahrt nach Kevelaer. Zwar lässt sich an den Zahlen der Wallfahrer im Hinblick auf ihre Herkunft erkennen, dass der deutsche Niederrhein ein Schwerpunktgebiet darstellte.[35] Dennoch lässt sich für die Zeit von 1785 bis 1874 ein beachtliches Aufkommen von belgischen und vor allem niederländischen Gruppen, unter ihnen aus der Gegend von Nimwegen, feststellen, die nach Kevelaer pilgerten.

**33** Hantsche, Geldern-Atlas 2003, S. 100.
**34** Damberg, Katholiken 2004, S. 463.
**35** Hantsche, Geldern-Atlas 2003, S. 88–89.

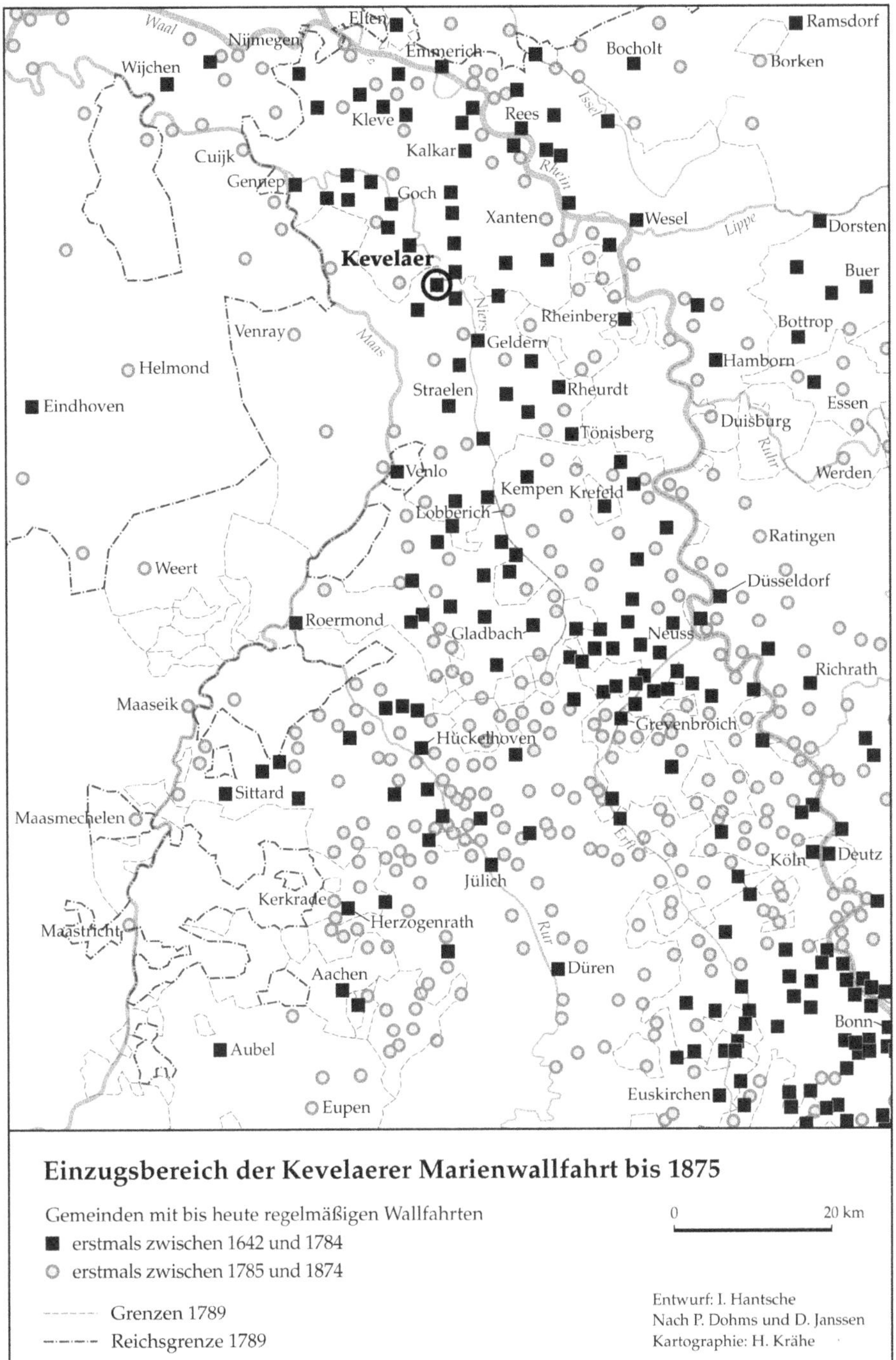


**Abb. 43:** Einzugsbereich der Kevelaerer Marienwallfahrt bis 1875

Bei all dem darf man nicht vergessen, dass die Gebiete der ehemaligen Herzogtümer Geldern und Kleve auch noch im 19. Jahrhundert gemischtkonfessionell waren und dass die damalige Ausbildung einer „mental map", auf der ein eindeutig katholischer Niederrhein zu finden war, trotz des großen Anteils der Bevölkerung an dieser Glaubensgemeinschaft, nicht aus dem Bedürfnis nach einer exakten Abbildung der realen Verhältnisse, sondern eher dem Wunsch nach Zuspitzung entsprungen war. Auch in dieser Zeit lebten Menschen verschiedener Konfession, insbesondere in den größeren Städten, weitestgehend friedlich beieinander. Allerdings wurde am Niederrhein ein protestantisch-katholisches Bündnis, zu dem es in den Niederlanden im Zuge des zeitlich in etwa parallel mit dem Kulturkampf ausgetragenen ‚Schulstreits' kam,[36] um der liberalen Politik einer Einschränkung der Macht der Kirchen und Religionsgemeinschaften geschlossen entgegenzutreten, offensichtlich nicht als erfolgversprechende Strategie in Betracht gezogen.

Allgemein zeigt sich, dass konfessionelle Identitäten auch unter dem Druck umfassender Modernisierung in Staat, Gesellschaft und Wirtschaft einen erheblichen Aufschwung erfuhren, wobei konfessionelles Bewusstsein nun zunehmend über politische Institutionalisierung wirksam wurde. Modernität und Konfession bzw. Religion waren somit im letzten Drittel des 19. Jahrhunderts – bei allen Behauptungen der Kulturkämpfer, dass die Katholiken in der Vergangenheit lebten und Veränderungen im Wege standen – keine sich gegenseitig ausschließenden Phänomene. Ausblickend ist auf die Tatsache hinzuweisen, dass Gruppen, die aus religiösen Motiven heraus agierten, sich auch danach stets moderner Mittel und Methoden bedienten, um zu ihren Zielen zu gelangen. Das katholische Milieu am Niederrhein, das im Ergebnis des Kulturkampfs verfestigt und ausgebaut wurde, sollte allerdings seit den 1950er Jahren zunehmend erodieren.

## 2.4 Zusammenfassung

Die hier in den Blick genommene Region Kleve-Geldern, gebildet aus zwei verschiedenen Territorien im Rhein-Maas-Raum, entwickelte sich im Verlaufe des 16. Jahrhunderts zu einer gemischtkonfessionellen Region. Die politischen Bedingungen, die diesem Prozess zugrunde lagen, unterschieden sich in beiden Territorien stark. Seit der Übernahme des Herzogtums Geldern durch Karl V. (1543) wurde dort ein politischer Kurs der strengen Bekämpfung nichtkatholischer Glaubensgemeinschaften verfolgt. Dies führte zur vermehrten Migration in das Herzogtum Kleve, wo die Religionspolitik des katholischen Landesfürsten, Wilhelms V. von Jülich, Kleve und Berg, der seinen Untertanen größere Freiheiten bei der Gestaltung des Gemeindelebens und des Gottesdienstes ließ, die religiöse Pluralisierung begünstigte. In eini-

36 Damberg, Katholiken 2004, S. 462.

gen Gemeinden des Herzogtums Kleve konnten neben Lutheranern und Calvinisten auch viele Mennoniten Zuflucht finden und so nachhaltig das Bestehen ihrer Glaubensgemeinschaften sichern. Über Migration und Remigration verfestigte sich die religiöse Pluralität in der Region. Auch nachdem während des niederländischen Unabhängigkeitskrieges größere Teile Gelderns unter Herrschaft der Aufständischen gerieten und nun Anstrengungen unternommen wurden, die dortige Bevölkerung möglichst weitgehend zur reformierten Konfession zu führen, blieb das Gebiet gemischtkonfessionell, nun aufgrund des Beharrens großer Teile der dortigen Untertanenschaft auf dem katholischen Glauben. Auf der anderen Seite der Grenze, im Herzogtum Kleve, sollte die religiöse Pluralität wiederum im Rahmen politischer Ausgleichsbemühungen zur Beendigung des jülich-klevischen Erbfolgestreits festgeschrieben werden.

Wurde der klevische Raum im 17. Jahrhundert noch als konfessionell uneindeutig und verwirrend wahrgenommen, so kontrastiert demgegenüber das Bild, das man sich im 19. Jahrhundert von ihm machte, indem er als festes Element des ‚katholischen Rheinlands' begriffen wurde. Für die Ausbildung dieser „mental map" waren die politischen Entwicklungen nach dem Wiener Kongress verantwortlich. Im 19. Jahrhundert verstärkte sich vor dem Hintergrund der gestiegenen Bedeutung nationaler Konzepte der Gegensatz zwischen einer protestantischen Zentrale und den katholischen Provinzen. Konfession wurde nun zunehmend als integrativer Faktor für nationale und auf der Gegenseite für regionale Zugehörigkeit in Anspruch genommen. Inwieweit die Entwicklungen in der niederländischen Region Gelderland ähnlich verliefen, kann hier nicht weiter untersucht werden. Auch hier organisierte sich der Katholizismus jedoch zunehmend politisch. Seine Durchsetzungsfähigkeit sollte sich in der Gründung der Katholischen Universität Nimwegen im Jahre 1923 zeigen.

# 3 Das Fürstentum Braunschweig-Lüneburg

Arnd Reitemeier

Der Tod von Herzog Erich II., Fürst von Calenberg, im Jahr 1584 führte zur Vereinigung mit dem benachbarten Fürstentum Braunschweig-Wolfenbüttel, was gravierende konfessionelle Folgen hatte, denn anstelle des bisherigen katholischen Fürsten herrschte nun der seit 1568 regierende Lutheraner Herzog Julius. Dieser ordnete an, dass im Calenbergischen dieselben Kirchenordnungen gelten sollten wie in Wolfenbüttel, und ebenso sollten die Pfarreien 1588 visitiert werden, auch wenn die Ergebnisse wenig positiv waren:

> Gerden Flecken: Pfarrherr Er Georgius Wulfentopf aus Verden, 42 Jahre alt, studirte zu Braunschweig und zu Rostock ¾ Jahr, ist 17 Jahr in loco, ordinirt zu Rostock 1571 am 26. September a

> Simone Pauli. Sein Vater ist daselbst Pastor gewesen, hat ihm, nachdem er alt geworden, dazu befördert, Herzog Erich hat ihn belehnt, Kanzler Waldhausen hat für die Belehnung 10 Thlr empfangen. Er ist nicht solemniter inmittirt. [...] Binnen Gerden seien 5 Morgen Landes und Geldzinse bei einer Brüderschaft gewesen, solch hab Corvinus an die Pfarr gelegt, ist auch 5 Jahr dahin gewendet worden, aber tempore Interim habens die Junker davon genommen und zum Steinwege gebraucht. In Nonnenberg nehme der Pastor auf einmal sechs oder mehr Confitenten vor. Examen: mediocriter.[37]

Solche Beurteilungen mussten die Visitatoren 1588 häufig treffen, doch Georg Wulfentopf hatte anstelle einer städtischen Schule immerhin in Rostock studiert, und offenkundig hatte ihn sein Vater auf das Amt vorbereitet. Vererbungen des Amtes wie in Gehrden gab es auch in anderen Gemeinden. In vielen Dörfern hatten sich zwar der Geistliche und die Gemeinde von der alten Kirche abgewandt, aber infolge unklarer theologischer Normen, fehlender Verwaltung und mangelhafter Aufsicht stand jede Pfarrei theologisch wie liturgisch für sich und wurde maßgeblich vom jeweiligen Geistlichen geprägt. All dies wollte der neue Landesherr nun vereinheitlicht wissen.[38]

Vor diesem Hintergrund werden im Folgenden diejenigen Territorien, die den verschiedenen Zweigen der Welfen unterstanden oder in denen diese Einfluss ausübten, für den Zeitraum vom 16. bis zum 19. Jahrhundert untersucht. Im Zentrum steht das Gesamt-(Herzogtum) Braunschweig-Lüneburg. Das Ziel ist die vergleichende Analyse der konfessionellen Änderungen in den verschiedenen Räumen Norddeutschlands – zeitlich zwischen der Reformation und der Aufklärung –, da diese Entwicklungen symbiotisch mit der Territorialisierung, hier verstanden als politische, rechtliche und ökonomische Durchdringung der Fürstentümer samt der Ausbildung einer zentralisierten und ortsfesten Administration zur Durchsetzung des Gewaltmonopols, verknüpft sind. Folglich muss auch der von Elias postulierte Konflikt zwischen Zentralgewalt (Fürst) und zentrifugalen Kräften (Adel, teilweise Städte) einbezogen werden, doch werden die Folgen der Ausbildung einer – vorwiegend lutherischen – Bekenntniskultur aus Platzgründen nicht thematisiert.

## 3.1 Kirchen- und Konfessionsräume

Gemäß dem einleitend aufgeführten Beispiel gab es am Ende des 16. Jahrhunderts keine konfessionelle Homogenität. Vielmehr existierten „Kirchen-" oder „Konfessionsräume", die physische wie soziale Räume umfassten und weit über die Kirchen als Gebäude hinausreichten,[39] an die beispielsweise der Begriff der „Lebenswelten"

37 Kayser, General-Kirchenvisitation 1904, S. 34–35.

38 Grundlegend: Krumwiede, Kirchengeschichte 1995, S. 105–190; neuer: v. Boetticher, Niedersachsen 1998, S. 21–116; Jürgens, Zeitalter 2010, S. 129–179.

39 Dürr, Kultur 2006, insbes. S. 15–22.

samt ihrer Verwandtschaft zu den Feldern im Sinne Bourdieus anschließt.[40] Damit wurden die Kirchen- bzw. Konfessionsräume durch Akteure – beispielsweise Geistliche, Verwalter karitativer Einrichtungen, Bedienstete und Gemeindemitglieder ohne besondere Funktion – definiert. Diese sozialen wie kulturellen Konstrukte standen in einem Wechselverhältnis zu den rechtlich definierten und hierarchisch strukturierten Einheiten der (Amts-)kirche(n) von den Pfarreien bis zu den Erzdiözesen oder Landeskirchen.[41] Infolge der mit ihnen einhergehenden Inklusionsprozesse waren die Kirchenräume sowohl inhaltlich wandlungsfähig als auch größenmäßig variabel, erst recht als es parallele Raumeinheiten wie Bruderschaften, Gilden etc. gab.

Die erste und kleinste Akteursebene bildete die (Pfarr-)gemeinde.[42] Der wichtigste Akteur war der Ortsgeistliche, im Wesentlichen der Pfarrer, dem teilweise Vikare, Diakone etc. zur Seite standen. Bereits im 15. Jahrhundert begann sich eine Parallelität verschiedener Handlungsträger mit der Einstellung von (häufig universitär gebildeten) Predigern an den städtischen Pfarrkirchen herauszubilden. Die gemeinsame Teilnahme an den liturgischen Handlungen schuf den sozialen Raum, sodass den Gemeindemitgliedern gemäß der Lehre Luthers wesentliche Relevanz zufiel. Ergänzende Kohäsionskräfte bildeten Benediktionen, Umgänge, Prozessionen etc., bei denen liturgische Handlungen unter Anteilnahme oder gar Beteiligung der Gemeinde den Kirchenraum weit außerhalb des Kirchengebäudes konstituierten. Feste und Feiern schufen ergänzende soziale Bindungen. Diverse materielle Elemente konnten diese Räume symbolisieren – akustisch die Glocken, visuell der Kirchturm oder Fahnen. Sie unterstanden der Kirchenfabrik, deren Einnahmen sich aus Stiftungen und Spenden speisten.[43] Die Kirchenmeister oder -pfleger als ihre Verwalter schufen somit den Rahmen für die Liturgie und waren zugleich Objekte der Identifikation mit dem Kirchenraum. Zentrum eines solchen Kirchenraums konnte das Kirchengebäude oder der Friedhof sein, die durch den Krug, im weiteren Verlauf der Neuzeit auch Gemeindehäuser etc. ergänzt wurden.

Eine zweite Akteursebene bildeten Amtsträger, die Religionsräume jenseits einer Gemeinde schufen: Ein Offizial oder ein Archidiakon betreuten mehr als eine Gemeinde und bildeten die unterste Instanz des geistlichen Gerichts insbesondere bei Ehestreitigkeiten; analog mussten die lutherischen Superintendenten für die Umsetzung der in der jeweiligen Kirchenordnung definierten Normen sorgen sowie die Pfarrer und Gemeinden visitieren.[44] Ebenso wichtig waren die Inhaber des Patronats, die auf die Auswahl der Geistlichen Einfluss nahmen. Dies war besonders

**40** Vierhaus, Rekonstruktion 1995, S. 5–28.

**41** Für Norddeutschland weiterhin: Krumwiede, Entstehung 1967.

**42** Grundlegend: Möller, Gemeinde 1984, S. 316–335; mit weiterer Literatur: Reitemeier, Pfarrgemeinde 2013, S. 341–375.

**43** Reitemeier, Pfarrkirchen 2005.

**44** Zum Offizial: Zapp, Offizial 1993, Sp. 1370–1371; Trusen, Offizialat 1984, S. 1214–1218; zum Superintendenten: Barth, Superintendent 2004, Sp. 1904–1905.

in den Umbruchzeiten von Bedeutung, weil die Konversion einer Adelsfamilie zum lutherischen Glauben zur Folge hatte, dass sie in ihren Patronatskirchen lutherische Geistliche einsetzte. Auch beanspruchten die Landesherren im 16. Jahrhundert das Patronat der Klöster und dehnten damit ihren personalen Zugriff aus.

Die dritte Akteursebene umfasste diejenigen, denen die oberste legislative, judikative und administrative Kompetenz oblag, also die Bischöfe und die Landesherren, denn spätestens seit dem Augsburger Religionsfrieden bildeten sich viele Territorien als eigene Kirchenräume heraus, in denen die Herrscher die jeweilige Konfession vorgaben und administrativ mithilfe von Normen, Institutionen und Instanzenwegen durchsetzten. Damit kam es im 16. Jahrhundert zu einer Dynamisierung der Kirchenräume. Die Konsequenz war eine teilweise Auflösung der sich seit der Spätantike entwickelten homogenen Kirche und damit das Überlagern von Kirchenräumen unterschiedlicher Konfession – insbesondere bei der synchronen Nutzung einer Kirche durch zwei Konfessionen. Während auf der untersten Ebene die sozialen Bindungen und kulturellen Elemente ihre größte Wirkmächtigkeit entfalteten, schwächten sich diese Kohäsionskräfte mit wachsender Größe ab, erst recht als in nur wenigen Territorien die dauerhafte Etablierung lediglich einer Konfession gelang. Eine Besonderheit bildeten die vielen geistlichen Territorien in Norddeutschland, von denen diverse im 16. Jahrhundert unter den Einfluss der Welfen gelangten und die von einer jeweils individuellen und sich rasch wandelnden Mischung altkirchlicher Herrschaftsbewahrung und protestantisch-territorialer Administration geprägt wurden.

## 3.2 Das Herzogtum Braunschweig-Lüneburg: (In-)Homogenitäten eines politischen Großraumes

Das 1235 von Kaiser Friedrich II. an Otto das Kind verliehene Herzogtum beruhte auf den um einzelne Rechte erweiterten Allodialgütern der Welfen. Im Vertrag von 1269 wurde zwar einerseits die Teilung des Gesamtherzogtums in zwei Fürstentümer beschlossen, die später weiter aufgeteilt und auch (beispielsweise 1584) wieder zusammengeführt wurden.[45] Doch andererseits gab es stets einen gemeinsamen Herrschaftsanspruch auf das Herzogtum, und so hatten alle Teillinien der Welfen Ansprüche auf die Burg Dankwarderode, auf die Pfründen des Stifts St. Blasius in Braunschweig oder auf Besitzungen in Höxter, Hameln und anderswo. Von zentraler Bedeutung waren stets die erbrechtlichen Vereinbarungen, denn im Fall des Aussterbens einer Linie ging der Besitz an die übrigen Linien über, auch um einen Zugriff des Kaisers zu verhindern. Der Einheit des Herzogtums stand die Aufgliederung in eine Vielzahl politisch-rechtlicher Räume gegenüber, und die Hetero-

45 Pischke, Landesteilungen 1987.

genität des politischen Handelns kontrastierte mit den familiären Bindungen samt allen hiermit verknüpften Kooperationen.

Vier Linien der Welfen herrschten im 16. Jahrhundert über das Gesamtherzogtum, nämlich Lüneburg, Wolfenbüttel und Calenberg-Göttingen, während Grubenhagen zwar zur Familie gehörte, jedoch erst 1566 in den Gesamtlehnsverband aufgenommen wurde. Das Herzogtum war also lange Zeit kein politisch geschlossener Raum. Von den politisch-geographischen Teileinheiten wurden Wolfenbüttel und Calenberg durch das sich in Ost-West-Richtung erstreckende Hochstift Hildesheim in einen südlichen und einen nördlichen Landesteil getrennt. Lediglich das Fürstentum Lüneburg bildete einen geographisch geschlossenen Raum, während das Fürstentum Grubenhagen aus zwei voneinander getrennten Landesteilen mit Einbeck und Lauterberg als Zentren bestand. Die Ausrichtung der Teilfürstentümer folgte weder Kommunikationsachsen noch geographischen Gegebenheiten, sondern ergab sich aus Rechtszuschreibungen. Ergebnis der Hildesheimer Stiftsfehde von 1519 bis 1523 war eine Aufteilung des Hochstifts Hildesheim, dessen größter Teil an Heinrich den Jüngeren von Braunschweig-Wolfenbüttel gelangte, sodass das verbleibende sogenannte Kleine Stift eine Enklave zwischen den drei Teilfürstentümern Lüneburg, Wolfenbüttel und Calenberg bildete.

Mit Ausnahme von Goslar unterstanden sämtliche Städte dem Landesherrn, doch einzig Braunschweig und Lüneburg waren von überregionaler Bedeutung und konnten den Herzögen infolge ihrer ökonomischen Potenz begrenzt entgegentreten. Beide Städte konnten dank der Verpfändung von Rechten und Besitz in nennenswertem Maß von der ökonomischen Schwäche der Fürsten profitieren. Das Aufkommen der Lehre Luthers verkomplizierte die politische Situation, denn von den späten 1520er Jahren bis in die frühen 1540er Jahre nahmen alle Städte den lutherischen Glauben an und erließen entsprechende Kirchenordnungen. Die althergebrachten politischen Auseinandersetzungen erhielten damit eine religiöse Komponente, in deren Folge die konfessionelle Homogenität der Herrschaftsräume endete.

Diese Zersplitterungsprozesse verstärkten sich im Jahr 1527 mit der Hinwendung Ernst des Bekenners von Braunschweig-Celle zum lutherischen Glauben, denn gleichzeitig stellte sich Heinrich der Jüngere von Braunschweig-Wolfenbüttel fest an die Seite des Kaisers.[46] Die Fürsten konnten konfessionelle Differenzen im Fall gemeinsamer Interessen allerdings problemlos hintanstellen, und ebenso konnten Geistliche von einem Territorium in ein anderes wechseln. Zugleich schufen die Heiratsverbindungen ein weitgespanntes soziales Netzwerk. Doch ob beispielsweise Heinrich der Jüngere von Braunschweig-Wolfenbüttel im Jahr 1553 den Vertrag von Einbeck erzwang, um zugunsten der Gesamtdynastie eine Intervention des Kaisers im Fall des kinderlosen Ablebens seines Schwagers zu verhindern, oder ob er nicht egoistische Machtambitionen verfolgte, lässt sich nicht zweifelsfrei entscheiden.

46 Vogtherr, Herzog 1998; vgl. Petri, Herzog 1981, S. 122–158.

Wurde die Einführung des lutherischen, später im 16. Jahrhundert teilweise auch des reformierten Glaubens in den Städten konsensual beschlossen, so dekretierten die Fürsten in ihren Territorien die Konfession, wenn auch nach Diskussionen mit den Ständen. Keinesfalls aber wurde synchron agiert: Als Herzog Erich II. von Calenberg 1548 die Volljährigkeit erreichte und die Herrschaft im Fürstentum übernahm, lehnten diverse Adelsfamilien seine Politik ab. Bereits im Jahr 1542 war unter seiner als Vormund regierenden Mutter Elisabeth eine lutherische Kirchenordnung erlassen worden, doch bekannte sich ihr Sohn Erich 1547 zum alten Glauben. Im Jahr 1553 musste er nun den Ständen zugestehen, dass auch zukünftig lutherisch gepredigt werden durfte. Einerseits verlor damit die lutherische Kirchenordnung ihre Rechtskraft, andererseits wurde auch nur sehr bedingt die alte Kirche gestärkt, denn der Herzog tolerierte Priesterehen und erlaubte den Laienkelch.[47] Dasselbe galt auch für das Fürstentum Braunschweig-Wolfenbüttel oder für die von Mitgliedern der Welfen kontrollierten Bistümer Bremen, Verden oder Minden.

Damit waren die Teilfürstentümer der Welfen Mitte des 16. Jahrhunderts konfessionell zersplitterte Räume, wobei die Bandbreite von religiöser Indifferenz über die Fortführung traditionell altkirchlicher Verhältnisse bis hin zu streng lutherisch handelnden Gemeinden reichte und sich besonders in den westlichen Regionen vereinzelt Einflüsse Zwinglis, Calvins und der Wiedertäufer manifestierten.

Knapp zwei Generationen später zu Beginn des 17. Jahrhunderts hatten sich die Verhältnisse umfassend geändert, waren doch in allen Teilfürstentümern protestantische Kirchenordnungen in Kraft getreten. Diese zunehmende Gleichheit erfolgte zum einen im Kontext des politischen Ausgreifens, besonders des Fürstentums Braunschweig-Wolfenbüttel. Dies erstreckte sich beispielsweise auf die Grafschaft Hoya, die sich 1582 in die verschiedenen Linien der Welfen aufspaltete, wie auf die Grafschaft Schaumburg, die 1640 auf das Haus Braunschweig-Lüneburg, die Grafen zur Lippe und die Landgrafen von Hessen-Kassel aufgeteilt wurde. Im Jahr 1599 fiel die Grafschaft Blankenburg an Braunschweig-Wolfenbüttel. Zum anderen war sie Folge der Gleichsetzung von Kirchen- und Landesherrschaft in allen Territorien, sodass mithilfe von Auswahlprüfungen bei der Ernennung von Geistlichen, mit Kontrollen und Visitationen, mit ergänzenden Erlassen und mit der Durchsetzung eines Instanzenweges sowie mit der Schaffung von Konsistorien als geistlichen Gerichten eine Konformität der Kirchenräume erreicht wurde. Von zentraler Bedeutung erwiesen sich überall die Patronatsrechte, die den Inhabern wesentlichen Einfluss auf die Auswahl der Geistlichen sicherten, sodass die Fürsten bereits seit dem Mittelalter diese Rechte zu erlangen suchten. Die Universität Helmstedt beförderte territorienübergreifend die theologische Gleichförmigkeit, doch sie stand in Konkurrenz zu anderen Universitäten, zu denen einige Städte traditionelle Beziehungen unterhielten.[48]

---

**47** Klingebiel, Einheit 2011, S. 83–93.

**48** Zur Universität Helmstedt im 16. Jahrhundert umfassend: Graefe, Staatsklugheit 1989.

Doch auch die lutherische Homogenität zum Ende des 16. Jahrhunderts war nur eine scheinbare, denn ihr standen im Inneren regionale konfessionelle Unterschiede gegenüber. Die im Süden des Herzogtums gelegene Herrschaft Plesse war seit 1614 eine reformierte Enklave. Gegen Ende des 16. Jahrhunderts wandten sich einzelne in der Nähe der Niederlande liegende Städte wie Emden und Bremen, schließlich auch Friesland, dem reformierten Glauben zu. Diverse Städte beharrten auf ihrem Status als eigener Kirchenraum, und die dortigen Schulen, Lateinschulen wie höhere Schulen, waren wesentliche Stationen der Qualifikation für alle, die einen Studienabschluss anstrebten. Im sogenannten Kleinen Stift, also der Territorialherrschaft des Bischofs und des Domkapitels von Hildesheim, begann in den 1580er Jahren eine Rekatholisierung. Es gelang den Hildesheimer Bischöfen im Verlauf des frühen 17. Jahrhunderts, wieder altgläubige Seelsorger in den Pfarrkirchen durchzusetzen, was durch die weitgehende Restitution des Großen Stifts im Jahr 1643 wesentlich verstärkt wurde. Hinzu kamen grenzübergreifende Zuständigkeiten: Das Wolfenbütteler Konsistorium trug im 18. Jahrhundert die Verantwortung für 20 Pfarreien jenseits des eigenen Territoriums, doch zugleich unterstanden fünf Pfarreien auf Wolfenbütteler Gebiet auswärtigen Obrigkeiten.[49]

Diese geistlichen Territorien, bei denen überdies zwischen den Diözesen als geistlichen Amtsbezirken und den teilweise sehr umfangreichen Grundherrschaften der Bischöfe und Kapitel differenziert werden muss, waren konfessionell inhomogene Kirchenräume, obwohl in diversen Bistümern lange Zeit Verwandte der in Wolfenbüttel, Celle und Grubenhagen regierenden Fürsten herrschten.[50] Bischof Christoph von Bremen und Verden war bereits in den 1520er Jahren reformatorischen Bemühungen vehement entgegengetreten, was in der Stadt Bremen die Bereitschaft zur Annahme des lutherischen, später des reformierten Glaubens wesentlich verstärkt hatte. Doch die Bischöfe gerieten auch vonseiten der Domkapitel unter Zugzwang, von denen manche Mitglieder sich dem neuen Glauben zuwandten. Mit der Nähe Verdens zum Herzogtum Braunschweig-Lüneburg bekannte sich eine wachsende Anzahl an Menschen zum Luthertum, sodass zunächst Bischof Georg von Wolfenbüttel Anfang der 1560er Jahre das Abendmahl in beiderlei Gestalt sowie die Priesterehe zuließ, während Bischof Eberhard von Holle das Bistum ähnlich einem protestantischen Fürstentum regierte und aller Wahrscheinlichkeit nach sogar eine entsprechende Kirchenordnung erließ. Damit herrschten Ende des 16. Jahrhunderts in Bremen und Verden evangelische Bischöfe, was seine Grundlage in einer weitgehenden Hinwendung des regionalen Adels zum Luthertum hatte. Als nach dem Dreißigjährigen Krieg Fürstbistum und Stift an Schweden fielen, wurden ein

49 Albrecht, Landeskirche 2010, S. 247.

50 Siehe: v. Boetticher, Niedersachsen 1998, S. 99–116, sowie für das 17. Jahrhundert: van den Heuvel, Niedersachsen 1998, S. 119–218, besonders S. 142–145, 159–164.

Konsistorium zur konsequenten Umsetzung des Protestantismus eingerichtet und ein eigener Katechismus erlassen. Diese administrative Struktur wurde auch nach der Eingliederung Bremen-Verdens in das Kurfürstentum Hannover beibehalten.

Über die Bistümer Münster, Osnabrück und Minden herrschte ab den 1530er Jahren Franz von Waldeck, der jedoch infolge der Intervention des Kaisers im Schmalkaldischen Krieg seine Bestrebungen zur Einführung der Reformation aufgeben musste. Während die Vertreibung der Täufer aus Münster zu einer Festigung seiner Macht führte, konnten sich die Protestanten in der Stadt Osnabrück politisch zunächst nicht durchsetzen und nach dem Augsburger Religionsfrieden allerdings auch nicht wieder vertrieben werden. Dies resultierte in einer vollständigen Überlagerung der Konfessionsräume. Im Westfälischen Frieden wurde schließlich eine alternierende Herrschaft eines katholischen und eines evangelischen Bischofs aus dem Hause Braunschweig-Lüneburg festgelegt.

Nachdem sich die Stadt Bremen ebenso wie weite Teile Frieslands zum reformierten Glauben bekannt hatten, grenzten die Territorien der Welfen im Westen an katholische, lutherische und reformierte Kirchen- und Herrschaftsräume sowie an Zonen bikonfessionellen Einflusses. Auch im Osten war das an das Fürstentum Braunschweig-Wolfenbüttel angrenzende Bistum Halberstadt bikonfessionell ausgerichtet, das 1648 ebenso wie das Bistum Minden mit dem Kurfürstentum Brandenburg vereinigt wurde. Konfessionelle Homogenität wurde somit Anfang des 17. Jahrhunderts innerhalb der welfischen Territorien vor allem in dem Viereck zwischen den Städten und Residenzen Lüneburg – Celle – Hannover – Wolfenbüttel erreicht, sodass sich die katholische Kirche bis in das 19. Jahrhundert in einer Diasporasituation befand. In welchem Maß und in welcher Art die konfessionellen Differenzen zu den umgebenden Territorien in den Grenzbereichen Wirkung entfalteten, ist bislang nur unvollständig erforscht worden.

## 3.3 Akteure jenseits der Fürsten

Die Stadt Braunschweig gehörte zu den ersten, die sich in Norddeutschland eine lutherische Kirchenordnung gab. Sicherlich hatten sich 1527 viele Bewohner der Stadt dem neuen Glauben zugewandt, doch der Rat der Stadt nutzte die Chance, beispielsweise die Auswahl der Geistlichen, das Besetzungsrecht über die Pfarrkirchen sowie die Ehegerichtsbarkeit zu erlangen. Umgekehrt wehrte sich der Rat der Stadt Lüneburg lange Zeit gegen die Einführung des lutherischen Glaubens, weil dies als Nachgeben gegenüber dem Herzog gewertet werden konnte, der bereits frühzeitig den neuen Glauben angenommen hatte. Besonders virulent verliefen die Auseinandersetzungen um die neue Lehre in Städten wie Hildesheim, Bremen oder Lübeck, in denen der Bischof zugleich Stadt- und Landesherr war. Ging die Initiative in vielen Städten anfangs von Geistlichen, häufig ehemaligen Mönchen und Wanderpredigern, aus, so traten an ihre Stelle zunächst Einzelpersonen oder soziale respektive ökonomische Kleingruppen, hinter denen jedoch eine vielfach schweigende Masse der Bevölkerung stand. Im Vergleich agierten die politisch herrschenden Gruppen uneinheitlich. Nach der Annahme einer Kirchenordnung dauerte es in den Städten in der Regel gut eine Generation, bis tatsächlich eine konfessionelle Homogenität erreicht war. Solches aber galt beispielsweise nicht für das Schulwesen, denn bis weit in das 18. Jahrhundert existierten städtisch/staatlich finanzierte und kontrollierte Schulen neben Privatschulen.[51]

In den ländlichen Kirchenräumen war stets der Adel wesentlicher Akteur.[52] Als Herzog Ernst der Bekenner 1527 mit dem sogenannten Artikelbuch die Reformation im Fürstentum Braunschweig-Lüneburg einzuführen suchte, verweigerten die Stände die Zustimmung. Unter exakt den umgekehrten Vorzeichen erzwang der Calenberger Adel Anfang der 1550er Jahre ein Festhalten an der bereits eingeführten lutherischen Kirchenordnung. Zu derselben Zeit bekannten sich im benachbarten Fürstentum Braunschweig-Wolfenbüttel Adelsfamilien zum lutherischen Glauben. In allen welfischen Territorien waren es im 16. und frühen 17. Jahrhundert vor allem Adlige, die in der zweiten Hälfte des 16. Jahrhunderts nach protestantischem Vorbild neu- oder umbauen ließen. Bezogen auf die Fläche der Territorien erwies sich der Adel als Akteur, der für Wandel ebenso wie für Bewahrung stand und damit entscheidend dazu beitrug, dass sich Verhältnisse in den ländlichen Kirchenräumen deutlich langsamer änderten als in den Städten. Dabei erwies sich das Patronat als Recht von langer Dauer, das seinem Inhaber bedeutenden Einfluss sicherte und im 16. Jahrhundert die Entstehung konfessioneller Inhomogenitäten förderte. So setzten Adelsfamilien beispielsweise im altgläubigen Fürstentum Braunschweig-Wolfenbüttel lutherische Prediger ein, während im lutherischen Fürstentum Calenberg altgläubige Geistliche im Amt verbleiben konnten. Die Folge waren erhebliche Ungleichheiten in Lehre und Liturgie: Bereits wenige Monate nach seinem Amtsantritt erließ Herzog Julius von Braunschweig-Wolfenbüttel 1569 eine lutherische Kirchenordnung, was u.a. mit der Notwendigkeit begründet wurde, die bischöflichen Rechte zugunsten des Seelenheils der Untertanen auszuüben. Damit verloren die Patronatsrechte teilweise an Wert, denn das rasch gegründete und dem Fürsten unterstellte Konsistorium prüfte zukünftig die Qualifikation der Geistlichen.[53] Auch setzten die Herzöge seit Herzog Julius regelmäßige Visitationen durch: Im Ergebnis genügte ca. 1570 nur gut ein Viertel der Pfarrer den Anforderungen, denn Geistliche bar jeder Kenntnis wie Konrad Pepper (*Conradus Pepper, Collega Martinianus. Non est latinus*) predigten neben solchen, die zumindest grob eingearbeitet waren wie Andreas Laub (*Andreas Laub Godenkenrodensis, Cantor Ostwerwicensis, sine testi-*

**51** Vgl. Kreiker, Armut 1997.
**52** Eine detaillierte Analyse der Relevanz des Adels bei der Einführung des lutherischen Glaubens steht aus, für die politische Einflussnahme übergreifend: Wieden, Handbuch 2004.
**53** Schorn-Schütte, Geistlichkeit 1996; neuer: Gauger, 100 Jahre 2014, S. 27–36.

*monio, adhuc novitus in doctrina, hat nit viel gelesen*) und Gelehrten wie Jodocus Beneke (*Jodocus Beneke, Hamburgensis, Sacellanus Flensburgensis. Habuit testimonium bonum. Bene in examine respondit*).[54]

Große Heterogenität bestand bei den Klöstern, wobei auch hier der Adel erheblichen Anteil an ihrem Fortleben hatte. In allen norddeutschen Städten wurden noch zu Beginn des 16. Jahrhunderts bestehende Klöster der Dominikaner und Franziskaner aufgelöst und gingen diverse Konvente der Benediktiner und Zisterzienser ein, doch es gab gleichzeitig Konvente wie beispielsweise in Loccum, die bis weit in die zweite Hälfte des 16. Jahrhunderts florierten. Mit der Annahme des lutherischen Glaubens ging auch die Umwandlung von Klöstern in Stifte einher, wie z.B. St. Michaelis in Lüneburg zeigt. Politisch behielten diese Einrichtungen ihre Bedeutung als Stand bis zum Beginn des 19. Jahrhunderts – nicht zuletzt wegen ihrer umfangreichen Grundherrschaften. Während im Vergleich wenige Männerkonvente die Einführung der Reformation überlebten, leisteten die Frauenklöster zunächst vehement Widerstand; doch langfristig sicherte eben die Umwandlung in geistliche Stifte und die Annahme des lutherischen Glaubens ihr Fortbestehen. Letztlich bewahrte die späte Einführung des protestantischen Glaubens die monastischen Einrichtungen, wobei der regionale Adel in allen welfischen Territorien die Äbtissinnen unterstützte, denn die Adelsfamilien fürchteten um die Fortführung der Memoria, um den Fortbestand der eingebrachten Güter und um die Unterbringung weiblicher Familienangehöriger. Umgekehrt setzten die Landesherren alles daran, das Patronat der inkorporierten Pfarreien in ihre Hand zu bekommen.

Die Bedeutung der Städte und ihrer Eliten ebenso wie des Adels als Akteure in den Kirchenräumen nahm somit einerseits im Verlauf des 16. Jahrhunderts ab, denn die Herrscher suchten zunehmend Einfluss zu erlangen. Andererseits rekrutierte sich bereits mittelfristig die Gruppe der lutherischen Räte und Geistlichen in zunehmendem Maß aus den Studierten der städtischen Eliten, die damit zu Teilen den Adel verdrängten, auch wenn sie in dieser Position und beim Erwerb ihres sozialen, kulturellen und ökonomischen Kapitals vom Landesherrn abhängig waren.

## 3.4 Entkonfessionalisierung

Die Friedensverträge am Ende des Dreißigjährigen Krieges beendeten die Versuche, die Territorien zu einheitlichen Konfessionsräumen zu formen.[55] Zwar hatte die Verknüpfung der geistlichen Hierarchie und Gerichtsbarkeit mit der Administration des jeweiligen Fürstentums Bestand, doch die Fürsten nahmen zunehmend weniger

54 Spanuth, Examensprotokolle 1938, S. 191.

55 Umfassend: van den Heuvel, Niedersachsen 1998, sowie für Braunschweig-Wolfenbüttel: Römer, Zeitalter 2000, S. 535–574.

Einfluss auf die theologische Ausrichtung. Allerdings intensivierten sie ihren politischen Zugriff, denn die noch im 16. Jahrhundert vehement von Städten wie Göttingen oder Hannover verteidigte kirchliche Selbständigkeit wurde nun im frühen 17. Jahrhundert aufgehoben, und ebenso wurden nun obrigkeitliche Verordnungen landesweit von den Kanzeln verkündet. Wechselte ein Fürst die Konfession, so mussten sich die Untertanen seit 1648 nicht mehr zwingend anschließen, doch die Konversion der Wolfenbüttler Prinzessin Elisabeth Christine 1706/07 zum Katholizismus führte zu offenen Auseinandersetzungen. Die Gründung des Apostolischen Vikariats für die nordischen Missionen mit Sitz in Hannover schuf den kirchenrechtlichen Rahmen für eine allgemeine Multikonfessionalität in allen Territorien der Welfen, auch wenn eine solche zunächst nur an wenigen Orten etabliert wurde.[56] Bereits in der Zeit Luthers standen sich verschiedene Strömungen innerhalb des Protestantismus gegenüber, die nachfolgend durch das jeweilige Landeskirchenregiment zugunsten jeweils einer Richtung unterdrückt wurden. Infolge der Wirren des Dreißigjährigen Krieges gewannen Laienprediger lokal wie regional an Einfluss und stellten die etablierten Kirchen infrage. Bei diesen verstärkten sich die Widersprüche zwischen der Betonung der Eigenständigkeit jeder einzelnen Landeskirche und der Betonung der übergreifenden Elemente des Protestantismus. Einerseits nahmen die Zentrifugalkräfte innerhalb der Landeskirchen zu, denn Orthodoxie, Pietismus und Aufklärung folgten vielerorts zwar zeitlich aufeinander, standen zueinander aber in inhaltlicher Spannung. Die seit dem 17. Jahrhundert wachsende Anzahl der Universitäten verstärkte dies. Die Theologen an der Universität Helmstedt orientierten sich im 17. Jahrhundert in abnehmendem Maß am orthodoxen Luthertum, sodass die von Georg Calixt ausgehenden Reformideen an Relevanz gewannen, die auch in Ansätzen ein Miteinander der Konfessionen ermöglichen konnten.[57] Dies aber wurde sowohl vom orthodoxen Luthertum als auch von der katholischen Kirche abgelehnt, auch wenn sein Eintreten zugunsten der kirchlichen Selbstverwaltung sich langfristig als wegweisend erwies. Hingegen schwächten sich im 17. und 18. Jahrhundert die Konflikte zwischen den lutherischen und den reformierten Kirchen ab.

Den theologischen Auseinandersetzungen stand die Bindung der Gemeinden an ihre Prediger gegenüber, sodass beispielsweise Johann Arndt von der Stadt Braunschweig zu Beginn des 17. Jahrhunderts umfassend unterstützt wurde. Der u.a. von Arndt maßgeblich bestimmte Pietismus trat neben die lutherische Orthodoxie und den Calixtinismus.[58] Verbindende Elemente waren zum einen Erbauungsschriften und zum anderen Theologen, deren Wirken breit rezipiert wurde. In den Territorien

56 Aschoff, Katholizismus 1983, S. 217–259, hier insbes. S. 246–251.

57 Siehe hierzu die Sammelbände: Klueting, Irenik 2003 und Otte, Reunionsgespräche 1999.

58 Zum Pietismus: Krumwiede, Kirchengeschichte 1995, insbes. S. 225–239; zuletzt Merzbacher/Miersemann, Wirkungen 2015.

der Welfen manifestierten sich pietistische Gemeinden vorwiegend in politischen Randgebieten wie dem Harz, was auch im Kontext prekärer sozialer wie ökonomischer Lebensumstände gesehen werden muss. Auch wenn die Anzahl der Pietisten letztlich begrenzt war, so gehörten doch Adlige wie der Graf zu Stollberg zu ihren Förderern – und ebenso wurden beispielsweise die Kinder von Herzog August dem Jüngeren von Braunschweig-Wolfenbüttel in pietistischem Geist erzogen. Stärker als zuvor etablierten sich überlappende Konfessionsräume, doch der theologischen Vielfalt begegneten die Fürsten mit Verboten gegen ‚Schwärmer und Sektierer', wobei die gegen die Pietisten gerichteten Erlasse im Kurfürstentum Hannover zum Ende des 18. Jahrhunderts auf die Herrnhuter ausgedehnt wurden, die hingegen im Fürstentum Braunschweig toleriert wurden. In der Zeit der Personalunion zwischen Großbritannien und Hannover vertieften sich die Diskrepanzen, denn während im Kurfürstentum die Pietisten geradezu verfolgt wurden, konnten die Hallischen Pietisten indirekt gefördert durch die britischen Könige an Macht und Einfluss gewinnen.[59]

In der zweiten Hälfte des 17. Jahrhunderts setzte eine Entwicklung ein, die konträr zu der des 16. Jahrhunderts verlief, denn in den bislang weitgehend homogenen lutherischen Städten bildeten sich ergänzende Kirchenräume anderer Konfessionen, während die konfessionelle Gleichheit in den Dörfern wesentlich länger bewahrt wurde. Hierzu trug auch bei, dass Gemeindemitglieder nicht für den Unterhalt von Schulen oder Armenhäusern anderer Konfessionen aufkommen wollten und ihnen daher die Bewahrung der bestehenden Kirchenräume wichtig war.[60] Im Alltag resultierte die Überlagerung der Konfessionsräume nur selten in Konflikten, zumindest so lange die Gemeindemitglieder den Ortspfarrer, der auch die Kirchenbücher und das Personenstandsregister führte, respektierten. So war auch die gesellschaftliche Stellung der protestantischen Pfarrer von erheblichen Komplexitäten geprägt, erst recht als viele Geistliche aus den sozialen Mittelschichten stammten und innerhalb dieser auch heirateten, infolge ihrer Tätigkeit aber zur sozialen Elite mit allen entsprechenden Verpflichtungen gehörten.

Die Aufklärung, verstanden als Umsetzung von Postulaten nach Freiheit, Autonomie und Selbstbestimmung, wandte sich gegen Aberglauben und setzte sich zugleich für eine rationale Durchdringung auch der Kirche ein.[61] Auf Anordnung der Herzöge wurden die Agenden und die Gesangbücher umgestaltet, womit überall eine Reduzierung der Feiertage einherging. Zunehmend gab es auch in den Dörfern Studierte neben den Geistlichen. Damit prallten in wachsendem Maß heterogen hergeleitete Erklärungsmodelle aufeinander, denn während manche Pfarrer für Gebete

**59** Otte, Religion 2015, S. 109–140, insbes. S. 121–138.

**60** Otte, Landeskirchen 2016, S. 1015.

**61** Römer, Niedersachsen 1998, S. 221–346; zu Braunschweig-Wolfenbüttel: Albrecht, Zeitalter 2000, S. 575–610.

und für das Läuten der Kirchenglocken als Vorsorge für Blitzschlag eintraten, empfahlen Amtmänner die Errichtung von Blitzableitern und es wurden mithilfe der Stände die Brandschutz-Assekuranzen landesweit etabliert. Allerdings kam es zu keinem völligen Bruch zwischen Philosophie und Theologie, zwischen Wissenschaft und Kirche. Hierzu trug auch die Universität Göttingen bei, die gezielt als Stätte der Wissenschaft gegründet wurde. Es dauerte jedoch lange, bis die zentralen Gedanken der Aufklärung überall Verbreitung fanden. Sprunghaft nahm daher die Anzahl sich überlagernder Kirchenräume zu, während sich zeitgleich die Verflechtung von den politisch-administrativen Räumen mit den Kirchenräumen aufzulösen begann. Doch die Landesherren hielten zugleich daran fest, die ihnen unterstehenden Pfarrstellen direkt oder indirekt zu besetzen und damit auf die kirchlichen Verhältnisse Einfluss zu nehmen – und dasselbe galt für die Besetzung der Plätze in den verbliebenen Stiften.

## 3.5 Das 19. Jahrhundert

Für die Entwicklungen im 19. Jahrhundert waren die während der französischen Herrschaft erlassenen Gesetze ebenso wie die Bundesakte von 1815 von Bedeutung, die auf die Gleichstellung der drei christlichen Kirchen zielten.

Prägend wurde über mehrere Generationen hinweg die Separierung von Staat und Kirche. Im Königreich Hannover wie im Herzogtum Braunschweig betraf dies in besonderem Maß die lutherischen Landeskirchen, die sich künftig auf die Seelsorge und die Pfarrerausbildung beschränken sollten, für die im Königreich Hannover der Universität Göttingen und dem Kloster Loccum große Bedeutung zufielen. Die Zuständigkeiten der Konsistorien wurden zugunsten der weltlichen Gerichte eingeschränkt. Notwendig mussten die Kirchen nun eigene Administrationen aufbauen, beispielsweise für Besoldung und Versorgung, und Leitungsgremien schaffen sowie Synoden berufen, was alles zusammen in der Tendenz zu einer beginnenden Demokratisierung im Inneren führte. Zugleich kam es besonders im Königreich Hannover zu einer Zentralisierung, denn 1866 wurde über den Konsistorien der einzelnen Landesteile ein Landeskonsistorium errichtet, das ab 1885 bzw. 1903 die regionalen Konsistorien ablöste.

Eine Union der lutherischen und der reformierten Kirchen wurde besonders von protestantischer Seite im 19. Jahrhundert abgelehnt, was sich in erheblichem Maß auf der Ebene der Gemeinden zeigte, von denen sich viele deutlich gegeneinander abgrenzten und eine wechselseitige Interaktion ablehnten. Tatsächlich war das Konsistorium in Aurich paritätisch besetzt und wurde 1882 zur obersten Behörde der reformierten Kirche der Provinz Hannover.

Im Bereich der Schulen ließen sich Staat und Kirche nur mühsam separieren: Im Königreich Hannover wurde 1830 ein Oberschulkollegium zur Wahrnehmung der Aufsicht über alle Gymnasien eingerichtet. Das Konsistorium behielt jedoch die

Zuständigkeit für die Bürger-, Elementar- und Volksschulen. Als diese 1873 staatlichen Einrichtungen übertragen wurde, zog sich de facto die Ernennung staatlicher Schulräte noch einmal gut eine Generation lang hin, sodass in der Zwischenzeit die Superintendenten ihre Zuständigkeiten fortführten. Mancherorts wurden bis weit in das 20. Jahrhundert hinein die Küster- und Organistendienste von den Ortslehrern übernommen. Die Gemeinden nahmen in zunehmendem Maß ökonomische Verantwortung für die Kirchen- und Schulgebäude wahr.

Die Armenfürsorge verblieb in den Dörfern bis weit in die zweite Hälfte des 19. Jahrhunderts in der Zuständigkeit der Kirchgemeinden und wurde dann an die staatlichen Gemeinden abgegeben, die solche in den Städten schon früher übernommen hatten. Zu den Folgen für die Kirchen gehörte die Herausbildung diakonischer Einrichtungen und der inneren Mission.

## 3.6 Konfessionen, Kirchen und Territorium im Wechselverhältnis

Die Einführung des lutherischen Glaubens im Herzogtum Braunschweig-Lüneburg muss als Verflechtungsgeschichte von Kirchenräumen diverser Größen und Ebenen sowohl innerhalb des Gesamtherzogtums als auch darüber hinausgreifend verstanden werden, deren Kennzeichen eine Dynamisierung der kirchlichen Verhältnisse und damit der Kirchen- und Konfessionsräume war. Im Verlauf der Frühen Neuzeit stand die Konfessionalisierung, verstanden als Versuch der inneren Homogenisierung der Lehrmeinung und der Abgrenzung gegenüber anderen Räumen, der wachsenden Aufsplitterung der Lehrmeinungen zwischen den Konfessionen und innerhalb des Protestantismus und damit innerhalb der Kirchenräume gegenüber. Die seit der zweiten Hälfte des 16. Jahrhunderts zunehmend hervortretenden Landeskirchen mit ihrer administrativ-sozialen Gliederung stießen auf zahlreiche Heterogenitäten und religiöse Identitäten, die beispielsweise von den Rechten des Adels, von alten wie neuen personalen Netzwerken sowie von unterschiedlichen Lehrmeinungen geprägt wurden. Nicht nur grenzte das Gesamtherzogtum an konfessionell different ausgerichtete Räume, sondern es umfasste auch Enklaven. Im Zuge der Aufklärung traten dann die konfessionellen Streitfragen zugunsten eines säkularen Zugriffs des Staates als übergeordneter und nicht länger religiös legitimierter Instanz hinter Werte wie Freiheit und Selbstbestimmung sowie hinter wissenschaftlich-rationale Erklärungsmuster zurück. Tatsächlich aber wurden die Differenzen auch im 19. Jahrhundert nicht überwunden, sondern teilweise infolge der zunehmenden Trennung von Staat und Kirche institutionell gefestigt.

# Literatur


Albrecht, Peter: Braunschweigische Landeskirche im Zeitalter der Aufklärung. In: Weber, Friedrich/Hoffmann, Birgit/Engelking, Hans-Jürgen (Hrsg.): Von der Taufe der Sachsen zur Kirche in Niedersachsen. Geschichte der Evangelisch-Lutherischen Landeskirche in Braunschweig. Braunschweig 2010, S. 235–282.

Albrecht, Peter: Das Zeitalter des aufgeklärten Absolutismus. In: Jarck, Horst-Rüdiger/Schildt, Gerhard (Hrsg.): Die Braunschweigische Landesgeschichte. Jahrtausendrückblick einer Region. Braunschweig 2000, S. 575–610.

Arndt, Johannes: Geldern und das Reich während des niederländischen Aufstands (1566–1609). In: Jahn, Ralf G./Tekath, Karl-Heinz/Keuck, Bernhard (Hrsg.): „Ein guter Nachbar ist ein edel Kleinod". Das Herzogtum Geldern im Spannungsfeld von Bündnis und Konkurrenz an Maas, Rhein und IJssel. Geldern 2005, S. 135–152.

Aschoff, Hans-Georg: Der Katholizismus zwischen Reformation und Säkularisation. In: Patze, Hans (Hrsg.): Kirche und Kultur von der Reformation bis zum Beginn des 19. Jahrhunderts. Hildesheim 1983 (Geschichte Niedersachsens, 3,2; Veröffentlichungen der Historischen Kommission für Niedersachsen und Bremen, 36), S. 217–259.

Barth, Thomas: Art. „Superintendent". In: Betz, Hans Dieter/Broning, Don S. (Hrsg.): Religion in Geschichte und Gegenwart. Handwörterbuch für Theologie und Religionswissenschaft, Bd. 7. Tübingen $^{4}$2004, Sp. 1904–1905.

Becker, Susanne: Zwischen Duldung und Dialog. Wilhelm V. von Jülich-Kleve-Berg als Kirchenpolitiker, Bonn 2014.

Boetticher, Manfred von: Niedersachsen im 16. Jahrhundert (1500–1618). In: Ders./Heuvel, Christine, van den (Hrsg.): Politik, Wirtschaft und Gesellschaft von der Reformation bis zum Beginn des 19. Jahrhunderts. Hannover 1998 (Geschichte Niedersachsens, 3,1; Veröffentlichungen der Historischen Kommission für Niedersachsen und Bremen, 36), S. 21–116.

Buininck, Goswin Joseph von: Sammlung merkwürdiger Rechtshändel. Bd. 1. Heilbronn 1758 (Anhang: Geschichte der zu Dinslaken gehaltenen Synode).

Damberg, Wilhelm: Katholiken, Milieu und Gesellschaft in Deutschland und in den Niederlanden. In: Lademacher, Horst/Loos, Renate/Groenveld, Simon (Hrsg.): Ablehnung, Duldung, Anerkennung. Toleranz in den Niederlanden und in Deutschland. Ein historischer und kultureller Vergleich. Münster u.a. 2004, S. 460–479.

Dünnwald, Achim: Konfessionsstreit und Verfassungskonflikt. Die Aufnahme der niederländischen Flüchtlinge im Herzogtum Kleve 1566–1585. Bielefeld 1998.

Dürr, Renate: Politische Kultur in der Frühen Neuzeit. Kirchenräume in Hildesheimer Stadt- und Landgemeinden 1550–1750. Gütersloh 2006 (Quellen und Forschungen zur Reformationsgeschichte, 77).

Ejinatten, Joris van/Lieburg, Fred van: Niederländische Religionsgeschichte. Göttingen 2011.

Engelbrecht, Jörg: Konfessionsbedingte Migrations- und Kommunikationsprozesse im nordwesteuropäischen Raum vom 16. bis zum 18. Jahrhundert: Köln/Antwerpen/Amsterdam. In: Blätter für Deutsche Landesgeschichte 173 (2001), S. 1–17.

Engelbrecht, Jörg: Rhein-Maas als grenzüberschreitender Kulturraum. In: Engelbrecht, Jörg/Laux, Stephan (Hrsg.): Landes- und Reichsgeschichte. Festschrift für Hansgeorg Molitor zum 65. Geburtstag. Bielefeld 2004, S. 11–22.

Finger, Heinz: Reformation und Katholische Reform im Rheinland. Begleitheft zur Ausstellung der Universitäts- und Landesbibliothek Düsseldorf zum 500. Geburtstag Konrad Heresbachs und zum 450. Todestag Martin Luthers (7. Mai–22. Juni 1996). Düsseldorf 1996.

Flüchter, Antje: Der Zölibat zwischen Devianz und Norm. Kirchenpolitik und Gemeindealltag in den Herzogtümern Jülich und Berg im 16. und 17. Jahrhundert. Köln u.a. 2006.

Föhles, Eleonore: Kulturkampf und katholisches Milieu 1866–1890 in den niederrheinischen Kreisen Kempen und Geldern und der Stadt Viersen. Viersen 1995.

Freytag, Nils: Aberglauben im 19. Jahrhundert. Preußen und seine Rheinprovinz zwischen Tradition und Moderne (1815–1918). Berlin 2003.

Frijhoff, Willem: De protestantse Reformatie in de Nederkwartieren. In: Stinner, Johannes/Tekath, Karl Heinz (Hrsg.): Het hertogdom Gelre. Utrecht 2003, S. 362–373.

Gauger, Maike/Weichert, Lukas: 100 Jahre lutherische Geistlichkeit in den welfischen Territorien. In: Jahrbuch der Gesellschaft für niedersächsische Kirchengeschichte 112 (2014), S. 27–36.

Goeters, Johann Friedrich Gerhard: Der Protestantismus im Herzogtum Kleve im 17. Jahrhundert. Konfessionelle Prägung, kirchliche Ordnung und Stellung im Lande. In: Goeters, Johann Friedrich Gerhard/Meyer, Dietrich (Hrsg.): Studien zur niederrheinischen Reformationsgeschichte. Köln 2002, S. 213–230.

Graefe, Christa: Staatsklugheit und Frömmigkeit: Herzog Julius zu Braunschweig-Lüneburg – ein norddeutscher Landesherr des 16. Jahrhunderts. Weinheim 1989 (Ausstellungskataloge der Herzog August Bibliothek, 61).

Hantsche, Irmgard: Flüchtlinge und Asylanten am Niederrhein vom 16. bis 18. Jahrhundert. In: Geuenich, Dieter (Hrsg.): Der Kulturraum Niederrhein. Bd. 1: Von der Antike bis zum 18. Jahrhundert. Essen 1996, S. 115–138.

Hantsche, Irmgard: Geldern-Atlas. Karten und Texte zur Geschichte eines Territoriums. Geldern 2003.

Heuvel, Gerd van den: Niedersachsen im 17. Jahrhundert. In: Boetticher, Manfred von/Heuvel, Christine van den (Hrsg.): Politik, Wirtschaft und Gesellschaft von der Reformation bis zum Beginn des 19. Jahrhunderts. Hannover 1998 (Geschichte Niedersachsens, 3,1; Veröffentlichungen der Historischen Kommission für Niedersachsen und Bremen, 36), S. 119–218.

Janssen, Wilhelm: Die Geschichte Gelderns bis zum Traktat von Venlo (1543). In: Jahn, Ralf G./ Tekath, Karl-Heinz/Keuck, Bernhard (Hrsg.): „Ein guter Nachbar ist ein edel Kleinod“. Das Herzogtum Geldern im Spannungsfeld von Bündnis und Konkurrenz an Maas, Rhein und IJssel. Geldern 2005, S. 7–27.

Janssen, Wilhelm: „Gute Ordnung“ als Element der Kirchenpolitik in den Vereinigten Herzogtümern Jülich-Kleve-Berg. In: Dietz, Burkhard/Ehrenpreis, Stefan (Hrsg.): Drei Konfessionen in einer Region. Beiträge zur Geschichte der Konfessionalisierung im Herzogtum Berg vom 16. bis zum 18. Jahrhundert. Köln 1999, S. 33–48.

Jürgens, Klaus: Das Zeitalter der Reformation im Lande Braunschweig. In: Weber, Friedrich/ Hoffmann, Birgit/Engelking, Hans-Jürgen (Hrsg.): Von der Taufe der Sachsen zur Kirche in Niedersachsen. Geschichte der Evangelisch-Lutherischen Landeskirche in Braunschweig. Braunschweig 2010, S. 129–179.

Kayser, Karl: Die General-Kirchenvisitation von 1588 im Lande Göttingen-Kalenberg, 2. Teil. In: Zeitschrift der Gesellschaft für niedersächsische Kirchengeschichte 9 (1904), S. 22–72.

Klingebiel, Thomas: Einheit, Frieden und ständische Freiheit. Die politischen Ziele der calenbergisch-göttingischen Landstände während der Vormundschaftsregierung Herzogin Elisabeths und zu Beginn der Herrschaft Erichs II. (1540–1555). In: Schlotheuber, Eva (Hrsg.): Herzogin Elisabeth von Braunschweig-Lüneburg (1510–1558) Herrschaft – Konfession – Kultur. Beiträge des wissenschaftlichen Symposiums der Klosterkammer Hannover vom 24.–26. Februar 2010 im Historischen Museum Hannover. Hannover 2011 (Quellen und Darstellungen zur Geschichte Niedersachsens, 132), S. 83–93.

Klueting, Harm (Hrsg.): Irenik und Antikonfessionalismus im 17. und 18. Jahrhundert. Hildesheim 2003 (Hildesheimer Forschungen, 2).

Kossmann, Ernst Heinrich: The Low Countries, 1780–1940. Oxford 1978.

Kreiker, Sebastian: Armut, Schule, Obrigkeit. Armenversorgung und Schulwesen in den evangelischen Kirchenordnungen des 16. Jahrhunderts. Bielefeld 1997 (Religion in der Geschichte. Kirche, Kultur und Gesellschaft, 5).

Krumwiede, Hans-Walter: Kirchengeschichte Niedersachsens. Bd. 1: Von der Sachsenmission bis zum Ende des Reiches 1806. Göttingen 1995.

Krumwiede, Hans-Walter: Zur Entstehung des landesherrlichen Kirchenregimentes in Kursachsen und Braunschweig-Wolfenbüttel. Göttingen 1967 (Studien zur Kirchengeschichte Niedersachsens, 16).

Merzbacher, Dieter/Miersemann, Wolfgang (Hrsg.): Wirkungen des Pietismus im Fürstentum Wolfenbüttel. Studien und Quellen. Wiesbaden 2015 (Wolfenbütteler Arbeiten zur Barockforschung, 53).

Molitor, Hansgeorg: Politik zwischen den Konfessionen. In: Pohl, Meinhard (Hrsg.): Der Niederrhein im Zeitalter des Humanismus. Konrad Heresbach und sein Kreis. Bielefeld 1997, S. 39–42.

Möller, Christian: Art. „Gemeinde I. Christliche Gemeinde". In: Krause, Gerhard/Müller, Gerhard (Hrsg.): Theologische Realenzyklopädie. Bd. 12: Gabler-Gesellschaft. Berlin 1984 (Gesellschaft und Christentum, 5), S. 316–335.

Otte, Hans: Evangelische Landeskirchen. In: Brüdermann, Stefan (Hg.): Vom Beginn des 19. Jahrhunderts bis zum Ende des Ersten Weltkriegs, Teil 2: Gesellschaft und Kultur. Göttingen 2016 (Geschichte Niedersachsens, 4; Veröffentlichungen der Historischen Kommission für Niedersachsen und Bremen, 283), S. 1015–1062.

Otte, Hans „Wie hältst Du's mit der Religion?" Die Religionsfrage in der Personalunion. In: Niedersächsisches Jahrbuch 87 (2015), S. 109–140.

Otte, Hans u.a. (Hrsg.): Die Reunionsgespräche im Niedersachsen des 17. Jahrhunderts, Göttingen 1999 (Studien zur Kirchengeschichte Niedersachsens, 37).

Petri, Franz: Herzog Heinrich der Jüngere von Braunschweig-Wolfenbüttel. Ein niederdeutscher Territorialfürst im Zeitalter Luthers und Karls V. In: Archiv für Reformationsgeschichte 72 (1981), S. 122–158.

Petri, Franz: Im Zeitalter der Glaubenskämpfe (1500–1648). In: Petri, Franz/Droege, Georg (Hrsg.): Rheinische Geschichte in drei Bänden, Bd. 2: Neuzeit. Düsseldorf 1976, S. 1–192 u. S. 199–217.

Petri, Franz: Maß und Bedeutung der reformatorischen Strömungen in den niederländischen Maaslanden im 16. Jahrhundert. In: Ennen, Edith/Wallthor, Alfred Hartlieb von/Rey, Manfred van (Hrsg.): Zur Geschichte und Landeskunde der Rheinlande, Westfalens und ihrer westeuropäischen Nachbarländer. Aufsätze und Vorträge aus vier Jahrzehnten. Bonn 1973, S. 584–593.

Pischke, Gudrun: Die Landesteilungen der Welfen im Mittelalter. Hildesheim 1987 (Veröffentlichungen des Instituts für historische Landesforschung der Universität Göttingen, 24).

Postma, Folkert: Viglius van Ayttas kirchenpolitische Haltung in den Niederlanden. In: Sicken, Bernhard (Hrsg.): Herrschaft und Verfassungsstrukturen im Nordwesten des Reiches. Beiträge zum Zeitalter Karls V. Franz Petri zum Gedächtnis. Köln u.a. 1994, S. 179–203.

Reitemeier, Arnd: Die Pfarrgemeinde im späten Mittelalter. In: Bünz, Enno/Fouquet, Gerhard (Hrsg.): Die Pfarrei im späten Mittelalter. Ostfildern 2013 (Vorträge und Forschungen, 77), S. 341–375.

Reitemeier, Arnd: Pfarrkirchen in der Stadt des späten Mittelalters: Politik, Wirtschaft und Verwaltung. Stuttgart 2005 (Vierteljahrschrift für Sozial- und Wirtschaftsgeschichte. Beiheft 177).

Römer, Christof: Das Zeitalter des Hochabsolutismus. In: Jarck, Horst-Rüdiger/Schildt, Gerhard (Hrsg.): Die Braunschweigische Landesgeschichte. Jahrtausendrückblick einer Region. Braunschweig 2000, S. 535–574.

Römer, Christoph: Niedersachsen im 18. Jahrhundert. In: von Boetticher, Manfred/Heuvel, Christine van den (Hrsg.): Politik, Wirtschaft und Gesellschaft von der Reformation bis zum Beginn des 19. Jahrhunderts. Hannover 1998 (Geschichte Niedersachsens, 3,1; Veröffentlichungen der Historischen Kommission für Niedersachsen und Bremen, 36), S. 221–346.

Rutz, Andreas: Deutsche Landesgeschichte europäisch. Grenzen – Herausforderungen – Chancen. In: Rheinische Vierteljahrsblätter 79 (2015), S. 1–19.

Sarmenhaus, Wilhelm: Die Festsetzung der niederländischen Religions-Flüchtlinge im 16. Jahrhundert in Wesel und ihre Bedeutung für die wirtschaftliche Bedeutung der Stadt. Diss. Wesel 1913.

Schmenk, Holger: Xanten im 19. Jahrhundert. Eine rheinische Stadt zwischen Tradition und Moderne. Köln u.a. 2008.

Schmidt, Heinrich Richard: Raum und Religion im frühneuzeitlichen Europa; http://www.regionenforschung.uni-erlangen.de/publikationen/dokumente/8/06.pdf [11.06.2016].

Schorn-Schütte, Luise: Evangelische Geistlichkeit der Frühneuzeit: deren Anteil an der Entfaltung frühmoderner Staatlichkeit und Gesellschaft, dargestellt am Beispiel des Fürstentums Braunschweig-Wolfenbüttel, der Landgrafschaft Hessen-Kassel und der Stadt Braunschweig. Gütersloh 1996 (Quellen und Forschungen zur Reformationsgeschichte, 62).

Smit, J. B.: „Jan van Nispen van Sevenaer“. In: Jacobs, I. D./Gietman, C. A. M./Kemperink, R. M./Kuys, J. A. E./Pelzers, E. (Hrsg.): Biografisch Woordenboek Gelderland 6. Bekende en onbekende mannen en vrouwen uit de Gelderse geschiedenis. Hilversum 2007, S. 92–95.

Smolinsky, Heribert: Humanistische Kirchenordnungen des 16. Jahrhunderts als kirchenpolitische ‚via media‘ in Jülich-Kleve-Berg. In: Pohl, Meinhard (Hrsg.): Der Niederrhein im Zeitalter des Humanismus. Konrad Heresbach und sein Kreis. Bielefeld 1997, S. 57–72.

Spanuth, Friedrich: Wolfenbüttler Examensprotokolle aus den Jahren 1569 und 1570. In: Zeitschrift der Gesellschaft für niedersächsische Kirchengeschichte 43 (1938), S. 186–203.

Spohnholz, Jesse: The Tactics of Toleration. A Refugee Community in the Age of Religious Wars. New York 2010.

Trusen, Winfried: Art. „Offizialat“. In: Erler, Adalbert: Handwörterbuch zur deutschen Rechtsgeschichte (HRG). Bd. 3: List–Protonotar. Berlin 1984, S. 1214–1218.

Vierhaus, Rudolf: Die Rekonstruktion historischer Lebenswelten. Problem moderner Kulturgeschichtsschreibung. In: Lehmann, Hartmut (Hrsg.): Wege zu einer neuen Kulturgeschichte. Göttingen 1995 (Göttinger Gespräche zur Geschichtswissenschaft, 1), S. 5–28.

Vogtherr, Hans-Jürgen (Hg.): Herzog Ernst der Bekenner und seine Zeit: Beiträge zur Geschichte des ersten protestantischen Herzogs von Braunschweig-Lüneburg anlässlich der 500jährigen Wiederkehr seines Geburtstages in Uelzen im Jahre 1497. Uelzen 1998.

Weber, Alexander: Konfessionelle Konflikte nach dem Westfälischen Frieden. Die Religionsbeschwerden der katholischen Kirche des Herzogtums Kleve im 18. Jahrhundert. Hamburg 2013.

Wieden, Brage bei der (Hrsg.): Handbuch der niedersächsischen Landtags- und Ständegeschichte. Band I: 1500–1806. Hannover 2004 (Veröffentlichungen der Historischen Kommission für Niedersachsen und Bremen, 216).

Zapp, Hartmut: Art. „Offizial“. In: Auty, Robert (Hrsg.): Lexikon des Mittelalters. Bd. 6: Lukasbilder – Plantagenet. München 1993, Sp. 1370–1371.

Ziegler, Walter: Kritisches zur Konfessionalisierungsthese. In: Ziegler, Walter (Hrsg.): Die Entscheidung deutscher Länder für oder gegen Luther. Studien zu Reformation und Konfessionalisierung im 16. und 17. Jahrhundert. Münster 2008, S. 173–188.

# Teil II: **Themenfelder und historische Räume**

## Diktatur und Identitätskonstruktionen

Michael Kißener & Michael Ruck

# Die Erforschung des Nationalsozialismus aus landesgeschichtlicher Sicht

## 1 Einleitung

Baden mit dem Regierungssitz Karlsruhe als ein Land des föderal organisierten Weimarer Staates und Schleswig-Holstein als preußische Provinz mit einem Oberpräsidenten in Kiel stellen unter einem landesgeschichtlichen Blickwinkel zwei staatlich-administrative Raumordnungen dar, die sich nicht nur wegen ihrer ähnlichen Größe gut vergleichen lassen. Die genetische Landesgeschichte vermag für beide Räume eine wechselvolle territoriale, wirtschaftliche und kulturelle Entwicklungsgeschichte zu beschreiben, die in unterschiedlichem Maß und in unterschiedlicher Ausprägung auch divergierende räumliche Identitätskonstruktionen – wenn man so will „mental maps" – hervorgebracht hat, die auch in der NS-Diktatur noch von Bedeutung waren. Die Relevanz einer landesgeschichtlichen Betrachtung für die Zeit eines vermeintlich hochgradigen nationalen Zentralismus zeigt sich daher an diesen Beispielen besonders deutlich, zumal moderne methodisch-analytische Zugriffe wie die Erforschung von politisch-konfessionellen Milieus oder der regionalen politischen Kultur die landesgeschichtliche Arbeit sinnvoll ergänzen und bereichern. Die Landesgeschichte vermag so das Bild eines monolithischen, zentralistischen Führerstaates zu differenzieren und die regionale Diversität der nationalsozialistischen Herrschaft nicht nur zu belegen, sondern die bisweilen regional sehr unterschiedlichen Wirkmechanismen moderner totalitärer Herrschaft alltagsnah und präzise zu bestimmen.

Die nachfolgende Darstellung der badischen wie der schleswig-holsteinischen Landesgeschichte im Nationalsozialismus weist fundamental unterschiedliche Ausgangslagen der beiden Räume zu Beginn der nationalsozialistischen Herrschaft nach. Nicht nur die kulturellen und ökonomischen Parameter der beiden Regionen sind denkbar unterschiedlich gewesen, sondern auch die politisch-konfessionelle Milieustruktur und die politische Kultur dieser Räume stellten sich verschiedenartig dar. Das hatte massive Folgen sowohl für den Aufstieg der NSDAP zur Macht als auch für die Etablierung nationalsozialistischer Herrschaft. Einem verschwindend geringen Anteil jüdischer Bevölkerung in dem agrarisch strukturierten norddeutschen Gebiet stand ein kleiner, aber aktiver und gesellschaftlich relevanter Anteil jüdischer Mitbürger vor allem in den industriell erschlossenen Gegenden Badens gegenüber. Die gesellschaftlichen Eliten in der öffentlichen Verwaltung unterschieden sich in ihrer politischen Ausrichtung wie Pluralität und korporativen Geschlossenheit. Während in Schleswig-Holstein von Anfang an hohe Zustimmungswerte zur Bewegung Adolf Hitlers zu verzeichnen waren, musste sich die NS-Bewegung diese

https://doi.org/10.1515/9783110354188-021

in Baden erst erkämpfen, und zwar auf Wegen, die ihr in Schleswig-Holstein aufgrund anderer Rahmenbedingungen verschlossen waren. Auch die regionalen NS-Führer waren in ihrer Ausrichtung und der von ihnen verfolgten Strategie des Machtausbaus und der Machtsicherung denkbar unterschiedlich. Nicht zuletzt deshalb stellten sich in beiden Regionen sehr unterschiedliche Herausforderungen für die Realisierung nationalsozialistischer Politik vor und während des Krieges: Während in Baden Auseinandersetzungen um Schule und Heimatidentität eine große Rolle spielten, ist dies für Schleswig-Holstein nicht zu konstatieren. Während Baden eine Vorreiterrolle in der Vertreibung der jüdischen Deutschen spielte, stellte sich diese Frage für den Norden des Reiches in weit geringerem Maße. Im Krieg spielte die geographische Lage eine entscheidende Rolle, die wiederum Rückwirkungen auf die Wahrnehmung des „Dritten Reiches" in der Bevölkerung hatte: Baden war Grenzland, aus dem schon zu Kriegsbeginn Einwohner wegen der beginnenden Kampfhandlungen evakuiert werden mussten, das aber auch Fluchtpunkt für all jene wurde, die versuchten über die grüne Grenze in das benachbarte Ausland zu gelangen. Schleswig-Holstein hingegen war vor allem dort, wo sich das militärische Potenzial massierte, wie etwa an den Marinestützpunkten, erst später Zielpunkt alliierter Luftangriffe und gegen Kriegsende dann Auffangbecken der großen Flüchtlingsströme aus dem Osten. Und nicht zuletzt fällt auf, dass sich während der NS-Herrschaft im Südwesten ein Maß an Resistenz und Widerständigkeit gegenüber dem Regime entwickelte, das keine Entsprechung im nördlichen Deutschland hatte.

Eben deshalb wird bis heute der deutsche Südwesten gerne auch als ein liberal geprägter Raum gesehen, in dem die Realisierung nationalsozialistischer Herrschaft abgemildert gewesen sei, jedenfalls nicht so weitgehend reibungslos erfolgen konnte wie etwa in Schleswig-Holstein. Freilich zeigt sich im vergleichenden Überblick dann doch nur eine – allerdings regionalspezifische Mischung von Varianten jenes Normalfalls einer von erheblichen Teilen der Bevölkerung bis zum desaströsen Kollaps mitgetragenen Unrechts- und Terrorherrschaft, die beispiellose Verheerungen und menschliches Leid über Europa, über das eigene Land und über die heimatliche Region gebracht hat.

# 2 Baden

Michael Kißener

## 2.1 Baden 1933

Unter politisch-administrativen Raumperspektiven betrachtet, stellte Baden, so wie es 1933 als fünftgrößtes Land des Deutschen Reiches bestand, einen historisch verhältnismäßig jungen Staat dar. Im Kern bestand es aus den älteren, 1771 wiedervereinigten markgräflich-badischen Gebieten, die, bedingt durch den Reichsdeputationshauptschluss von 1803 und die Abtretung kleinerer linksrheinischer Gebiete an Frankreich, massiv um säkularisierte und mediatisierte rechtsrheinische Territorien erweitert worden waren. Diese hatten im Pressburger Frieden von 1805 unter Führung des Kurfürsten, später Großherzogs von Baden, volle Souveränität erhalten. An einer 1530 km langen Grenze zu Frankreich und der Schweiz gelegen, umfasste es ca. 15.070 $km^2$ Staatsgebiet. Nach einem rasanten Bevölkerungswachstum im 19. Jahrhundert lebten in Baden um 1933 knapp 2,5 Millionen Einwohner. Diese verteilten sich sehr ungleichgewichtig auf einen stärker industrialisierten Norden mit der Industriestadt Mannheim und dem Regierungssitz Karlsruhe (1939: 248,4 Ew./$km^2$) und einen bevölkerungsschwächeren, agrarisch strukturierten Süden des Landes (1939: 123,5 Ew./$km^2$).[1] Auch konfessionell war das Land gespalten: Knapp 60 % katholischer Bevölkerung stand eine evangelische Bevölkerung von rund 40 % gegenüber, wobei im Süden, in den ländlichen Gebieten des Schwarzwaldes, der katholische Bevölkerungsanteil dominierte, im industrialisierteren, wirtschaftlich erfolgreichen Norden der evangelische. Der konfessionelle Gegensatz war durch einen früh einsetzenden und stark vom evangelisch-liberalen Bürgertum geprägten Kulturkampf bereits Ende der 1850er Jahre verschärft worden und hatte zur Ausprägung eines sehr geschlossenen katholischen Milieus beigetragen. Dieses vermochte politisch tendenziell besser mit dem ebenfalls durch die Verfolgungssituation der Sozialistengesetze gefestigten Arbeitermilieu der Sozialdemokraten zu kooperieren als mit den nationalliberalen Kräften.[2] Die jüdische Bevölkerung war nach einem großherzoglichen Gesetz von 1862 der christlichen rechtlich gleichgestellt; 1872 waren auch die letzten Beschränkungen gefallen. 1864 wurde in Baden der erste jüdische Richter Deutschlands ernannt, 1868 der erste jüdische Minister. Tendenziell hatte der Anteil jüdischer Bevölkerung in Baden im 19. Jahrhundert aber abgenommen. 1933 lebten noch rund 20.000 Menschen jüdischen Glaubens in Baden mit Schwerpunkten in den größeren Städten des Nordens – in Mannheim belief sich 1933 die Zahl der jüdischen Mitbürger auf 2,8 % der Stadtbevölkerung.

## 2.2 Kennzeichen der politischen Kultur Badens

Für die politische Kultur Badens war sein mit der Verfassung von 1818 entstandener Ruf als „liberales Musterland" Deutschlands zentral wichtig. Liberal war nicht nur die Verfassung, liberal und damit vorbildlich für andere Länder waren auch die meisten hier entstandenen Rechtskodifikationen des 19. Jahrhunderts. Und zumindest in Ansätzen war es in Baden bereits in den 1860er Jahren gelungen, eine

**1** Stiefel, Baden. Bd. 1 1977, S. 425–432 sowie S. 711.
**2** Kißener, „Probierländle" 2002; Stiefel, Baden. Bd. 1 1977, S. 513–515; Baumann, Nachbarschaften 2000.

weitergehende Parlamentarisierung des Verfassungsstaates ins Werk zu setzen, als der Großherzog im Streit um eine Konvention mit dem Heiligen Stuhl sein Kabinett nach dem Willen der liberalen Parlamentsmehrheit umgebildet hatte.[3] Das politische Verantwortungsbewusstsein der Parteien war dadurch gestiegen, sodass sonst verfeindete politische Kräfte nach der Kriegsniederlage 1918 relativ rasch zusammenfanden, um revolutionäres Chaos, wie es zum Beispiel in Berlin oder München sich ereignete, zu vermeiden, einen glatten und gewaltfreien Übergang in eine neue staatliche Ordnung zu gewährleisten und eine neue demokratische Verfassung nach Abdankung des beliebten Großherzogs Friedrich II. zu schaffen. Dabei half der gewesene Souverän sogar selbst mit, indem er die auf seine Person vereidigten Beamten von ihrem Diensteid entband. Bemerkenswerterweise fand sich – anders als etwa in Preußen – später auch kein Mitglied des großherzoglichen Hauses bereit, sich aktiv gegen die Republik zu stellen oder gar in die NSDAP einzutreten. Die später als Weimarer Koalition bezeichneten bürgerlichen Demokraten und katholischen Zentrumspolitiker wie auch Sozialdemokraten wirkten schon in der Revolutionszeit Anfang November 1918 bei der Verfassungsgebung konstruktiv und pragmatisch zusammen und stellten selbst in den Krisenjahren der Republik die Regierung, die auch noch in der Wirtschaftskrise nach 1929 relativ stabil regierte.[4]

Dieser so konfliktgeminderte Übergang in die Demokratie half in der Regierungspraxis einerseits, eine gewisse Republikanisierung des höheren Beamtenpersonals in der Innenverwaltung zu erreichen, andererseits die vielerorts das politische Klima belastenden Krisen der Republik wie zum Beispiel die Justizkrise abzumildern. Da die badischen Richter sich aus einer breiteren sozialen Basis als etwa in Preußen rekrutierten und eher selten politisch einseitig urteilten, entstand nach Meinung der überwiegenden Mehrheit der politischen Parteien in Baden keine tiefgreifende Vertrauenskrise in der Rechtsprechung.[5]

Ein zweites Element, das die politische Kultur zu Beginn der NS-Zeit prägte, war die nach dem Ersten Weltkrieg erneut gegebene Grenzlandlage, bedingt durch den Verlust des 1871 annektierten Elsass. Sie verursachte nicht nur eine wirtschaftliche Schwächung, weil kaum jemand in so gefährdeten Grenzgebieten investieren wollte – eine schwere Hypothek in wirtschaftlichen Krisenzeiten. Die Grenzlandlage führte wegen mehrfacher französischer Interventionen – etwa im Zuge der Ruhrkrise, als Kehl (bis 1930 besetzt), Teile der Ortenau mit Offenburg, die Rheinhäfen in Karlsruhe-Maxau und Mannheim französisch besetzt wurden – auch zu einem weitverbreiteten Gefühl der Unsicherheit. Dies veranlasste nicht wenige Badener zur Stärkung ihrer seit der Reichsgründung vorhandenen nationalen oder gar zur Aus-

3 Gall, Liberalismus 1968, S. 94; Kißener, Diktatur 2003, S. 35.

4 Furtwängler, Protokolle 2012, S. IX–XXV; Schnabel, Adel 2007, S. 8, 14f.; Weber, Baden 2008, S. 15–23, 75f.

5 Kißener, Diktatur 2003, S. 51, 76; Ruck, Sonderweg 2008, S. 132.

bildung einer nationalistischen Orientierung – und dies bei einer gewissen antipreußischen Grundstimmung, die zum Beispiel die Verwaltungselite bestimmte.[6]

Zum Dritten war die regionale politische Kultur von föderalistischen Überzeugungen und die im 19. Jahrhundert durch eine gezielte Integrationspolitik des großherzoglichen Hauses initiierte eigenstaatliche Tradition geprägt. Baden war wie Württemberg einer der Verfechter einer Reichsreform, die die Dominanz des preußischen Staates in der Weimarer Republik brechen sollte. Daher war man hier über den sogenannten „Preußenschlag" des Reichskanzlers Franz von Papen 1932 besonders entsetzt, in dessen Gefolge das Reich mit einem Reichskommissar die Regierung in dem größten Teilstaat übernahm. Baden klagte mit Württemberg vor dem Staatsgerichtshof dagegen – freilich erfolglos.[7]

## 2.3 Aufstieg des Nationalsozialismus und „Machtergreifung"

Vor diesem Hintergrund relativ stabiler politischer Verhältnisse fiel es der Partei Adolf Hitlers in Baden schwer, sich politisch durchzusetzen. Allerdings konnte sie den allgemeinen Trends der Weimarer Wahlentwicklung entgegen trotz eines leichten katholischen Bevölkerungsüberhangs in Baden erfolgreicher sein als im evangelisch dominierten Württemberg. Das dürfte nicht zuletzt daran gelegen haben, dass die badische NSDAP eine im regionalen Vergleich bemerkenswert straffe Führung durch den Berufsoffizier Robert Wagner hatte, der eine aggressive publizistische Propaganda in der NS-Gauzeitung „Der Führer" entfaltete und auch vor gewalttätigen Auseinandersetzungen nicht zurückschreckte. Mit dem Einzug der ersten sechs NSDAP-Abgeordneten in das Landesparlament 1929 verstanden er und seine Genossen, diese Bühne durch skandalöses Auftreten zu nutzen.[8] Allerdings waren badische Innen- und Justizminister, wie der Sozialdemokrat Adam Remmele, aber auch der Zentrumspolitiker Josef Schmitt, engagiert bemüht, die Machtmittel des Staates gegen den Extremismus einzusetzen und einer Unterwanderung von Verwaltung und Polizei durch nationalsozialistische Agitation entgegenzuwirken. Das verhinderte letztlich aber nicht den Wahlerfolg der Nationalsozialisten, die in Baden schon in der Septemberwahl des Reichstages 1930 über dem Reichsdurchschnitt liegende Ergebnisse erzielen konnten (19,2 %) und ab 1932 sehr gute Erfolge in Baden verzeichneten. Zugute kam den zur Macht strebenden Nationalsozialisten dabei sicher eine zunehmende Zerstrittenheit der badischen Koalitionsparteien, die sich vor dem Hintergrund der in Baden schweren, aber noch unter dem Reichsdurchschnitt lie-

6 Weber, Baden 2008, S. 74–7; Ruck, Sonderweg 2008, S. 132.
7 Weber, Baden 2008, S. 101–103. Siehe speziell auch: Schwarzmeier, Grenzziehung 1985.
8 Syré, Wagner. In: Kißener/Scholtyseck, Führer 2015, S. 742–747; Bräunche, NSDAP 1982.

genden Folgen der Weltwirtschaftskrise über den Abschluss eines Konkordates mit dem Heiligen Stuhl zerstritten.[9]

Es bedurfte gleichwohl weiterer Gewaltmaßnahmen, um die demokratische badische Regierung unter Staatspräsident Josef Schmitt, die auch nach der Ernennung von Adolf Hitler zum Reichskanzler und der Reichstagswahl am 5. März 1933 weiter arbeitete, aus dem Amt zu verdrängen. Mit der falschen Unterstellung, in Baden seien Recht und Ordnung gefährdet, ernannte die Reichsregierung am 8. März 1933 den NSDAP-Gauleiter Robert Wagner zugleich zum Reichskommissar wie zum Polizeikommissar in Baden. Nur unter der Androhung von Gewalt konnte Schmitt, der sich noch kurz zuvor mit der Anrufung des Staatsgerichtshofes in Leipzig gegen die Ernennung eines Reichskommissars zu wehren versucht hatte, aus seinem Karlsruher Amtszimmer geführt werden. Drei Tage später schon übernahm Wagner selbst die Geschäfte des badischen Staatspräsidenten und Innenministers; am 5. Mai 1933 wurde er offiziell von Reichspräsident Hindenburg zum Reichsstatthalter in Baden bestellt. Mit dem höchsten regionalen Parteiamt des Gauleiters betraut und durch das Staatsamt des Reichsstatthalters abgesichert, später noch Chef der Zivilverwaltung in dem 1940 besetzen Elsass, gehörte Wagner damit zu den mächtigsten „Vizekönigen" des Dritten Reiches. Wie in anderen Ländern des Reiches wurde das regionale Parlament nun nach den Ergebnissen der Reichstagswahl umgebildet, entmachtete sich am 9. Juni 1933 selbst und verschwand für die kommenden 12 Jahre aus der badischen Geschichte. Während so die parlamentarischen Gremien keine Funktion mehr hatten, existierte die badische Landesregierung weiter, zum Teil mit Ressortministern, die zwar Gehälter bezogen und um Macht und Einfluss kämpften, aber keine wirklichen Kompetenzen mehr hatten.[10]

Im Besitz der staatlichen Macht begannen die badischen Nationalsozialisten damit, ihre politischen Gegner gewaltsam einzuschüchtern und errichteten „Schutzhaftlager", in denen diese dem Terror der SA ausgesetzt waren. Die in der Bevölkerung weithin bekannten Lager Heuberg in Stetten am kalten Markt (Württemberg), Ankenbuck bei Villingen oder das Konzentrationslager Kislau wurden in den ersten Monaten der NS-Herrschaft gefüllt mit tatsächlichen oder vermeintlichen Regimegegnern, die dort durch Gewalt und Einschüchterung mundtot gemacht wurden. Dabei diente die Ermordung von zwei Polizeibeamten durch den möglicherweise nicht zurechnungsfähigen sozialdemokratischen Abgeordneten Daniel Nußbaum als Vorwand. Darüber hinaus war man bemüht, auch eine öffentliche Abrechnung mit den ehemaligen politischen Gegnern zu inszenieren, indem in einem in diesem Ausmaß reichsweit beispiellosen Vorgehen am 16. Mai 1933 sechs SPD-Landtagsabgeordnete auf Lastwagen durch Karlsruhe gefahren und dem Spott einer aufgewie-

**9** Weber, Baden 2008, S. 106–112, 117–122; Kißener, Diktatur 2003, S. 104–106.

**10** Zur NS-Machtergreifung in Baden grundlegend: Rehberger, Gleichschaltung 1966. Zu den einzelnen Ministerien siehe die einschlägigen Biographien in: Kißener/Scholtyseck, Führer 2015.

gelten Menschenmenge ausgesetzt wurden, um sie dann im Lager Kislau zu internieren. Unter den nach Kislau Deportierten befand sich auch der prominente jüdische SPD-Politiker Ludwig Marum, den Gauleiter Wagner wohl wegen seines entschiedenen Kampfes gegen die NSDAP am 29. März 1934 ermorden ließ.[11]

Im Zuge der Machtübernahme wurde auch auf der kommunalen Ebene wie überall in Deutschland ein politisches Revirement durchgeführt und die Beamtenschaft mit dem Gesetz zur Wiederherstellung des Berufsbeamtentums vom 7. April 1933 gefügig gemacht. Diesem Gesetz ging seit Ende März 1933 eine noch schärfere Entlassungspraxis in Baden voran, die dann mit dem Erlass des Reichsgesetzes wieder zurückgenommen werden musste.[12] Das „Berufsbeamtengesetz" bedrohte nicht nur jüdische Beamte, sondern auch solche, die im Verdacht standen, sich nicht hinlänglich für den nationalsozialistischen Staat einzusetzen. Tatsächlich kam es im Gefolge dessen in der badischen Innenverwaltung zu einem großen Personalrevirement, das allerdings Züge eines „vorgezogenen Generationswechsels in loyalitätssichernder Absicht" zeigte, denn qualifizierte jüngere Kollegen nahmen die Stellen der als politisch unzuverlässig wahrgenommenen Älteren ein.[13] In der badischen Justiz hingegen genügten einzelne Maßnahmen gegen politisch missliebige Richter und der allmähliche Austausch der Führungseliten im Justizministerium wie in den Gerichten, um die Loyalität gegenüber der neuen Staatsführung zu sichern. Dabei halfen die im Zuge einer konsequenten Verdrängung jüdischer Kollegen freiwerdenden Stellen. Darüber hinaus gab es auch in der Beamtenschaft einige, die seit Jahren mit der NS-Bewegung sympathisiert oder diese heimlich unterstützt hatten, und nun eine steile Karriere machen konnten. Nach Michael Ruck hat die traditionelle badische Bürokratie zwar einige Beharrungskraft gegenüber dem NS-System bewiesen, längerfristig begann jedoch auch sie gegenüber den neuen politischen Ansprüchen zu erodieren. Ähnliches gilt es für die badische Richterschaft zu konstatieren, wobei hier immerhin einige Fälle weltanschaulicher oder politischer Ablehnung des Regimes zu verzeichnen sind.[14]

Von der Spitze des Staates über den Verwaltungsapparat bis hin zu nahezu allen gesellschaftlichen Gruppen entfaltete sich sodann ein zunehmender Gleichschaltungsdruck, der die freien Gewerkschaften in Baden ebenso beseitigte wie die Arbeitgebervertretungen, mit dem berufsständische Organisationen – etwa der Lehrer, Juristen oder Ärzte – in eine nationalsozialistisch kontrollierte und ideologisierte Institution umgewandelt wurden, ja sogar die Freizeitgestaltung der Menschen gleichgerichtet und überwacht wurde. Hierin unterschied sich die Situation in Baden in nichts von der in anderen Regionen des Reiches.

---

**11** Weber, Baden 2008, S. 132–135.

**12** Kißener, Diktatur 2003, S. 137f.

**13** Ruck, Sonderweg 2008, S. 135; Ruck, Korpsgeist 1996, S. 133.

**14** Kißener, Diktatur 2003, S. 143, 225–240; Ruck, Korpsgeist 1996, S. 185.

Allein im kulturellen Bereich versuchte anfänglich sogar der badische NS-Kultusminister Otto Wacker, ein sehr heimatverbundener Badener, eine gewisse Eigenständigkeit zu sichern. Sein Ziel war es, gegen alle Gleichschaltungsversuche die Eigenständigkeit des Landesverbandes „Badische Heimat" abzusichern. Daher wies er noch bei dessen Mitgliederversammlung am Erntedankfest 1934 alle dementsprechenden Ambitionen zurück: „Man kann nicht von Berlin aus die am Oberrhein notwendige Volkstumsarbeit leisten [...]. Wir haben von uns aus das Gefühl, daß wir dazu selber in der Lage, dazu berufen und dazu verpflichtet sind", verkündete er öffentlich. Dies bedeutete jedoch keine Milderung der kulturpolitischen Maßnahmen der Reichsregierung, vielmehr ist es Ausdruck ebenso des NS-typischen polykratischen Machtgerangels wie des Versuchs der eigenen Aufwertung und Herrschaftssicherung im NS-System. Denn Wacker stand auch hinter der in Karlsruhe schon am 8. April 1933 gezeigten Ausstellung „Badische Regierungskunst 1919–1933", einer diffamierenden Schau vor allem moderner Kunst, mit der die Kulturpolitik der demokratischen badischen Regierungen herabgewürdigt werden sollte. Damit begann in Baden bereits Jahre vor der berühmten Schandausstellung „Entartete Kunst" (1937) der Niedergang des kulturellen Schaffens.[15] Teil der Gleichschaltung war außerdem die Unterdrückung einer unabhängigen Presse, die in Baden die Form eines besonders extremen Kahlschlags annahm: Von 166 Zeitungen, die im Jahr 1932 existierten, waren bei Kriegsende noch 16 übrig, also nur etwa 10 % – deutlich weniger als der Vergleichswert auf Reichsebene, der bei knapp 29 % lag.[16]

## 2.4 Der Nationalsozialismus in Baden an der Macht

Wesentlicher Teil der NS-Herrschaftspraxis war auch in Baden die beständige Gewaltandrohung, die von einer stark anwachsenden Geheimen Staatspolizei ausgeübt wurde. Wenngleich diese in der Anfangszeit und unter der Kontrolle des Gauleiters noch eine Reihe regionaler Spezifika zeigte, so agierte sie doch hier wie andernorts als menschenverachtendes Repressionsorgan, und zwar effektiv, also anders als von einigen Historikern für andere Regionen Deutschlands behauptet.[17]

Mit diesem Herrschaftsinstrument wurden auch die Kirchen bald konfrontiert, die anfänglich eine verständnisvolle Behandlung zu erfahren schienen. Zu den erwarteten Konflikten mit der katholischen Kirche kam es zunächst wohl nicht, weil der Freiburger Erzbischof Conrad Gröber sich anpassungsbereit gab und sogar förderndes Mitglied der SS wurde. Dass NS-Kultusminister Otto Wacker jedoch gerade

15 Frey/Frick, Kultur 2008, S. 123f.; Schrecke, Heimaterde. In: Kißener/Scholtyseck, Führer 2015, S. 722.

16 Dussel, Nazifizierung 2013, S. 454.

17 Stolle, Staatspolizei 2001.

auch der katholischen Kirche gegenüber feindlich gesinnt war, sollte sich in der Jugendarbeit rasch herausstellen. Gegen die durch Reichsgesetz vom 14. Juli 1933 geregelten Zwangssterilisationen angeblich behinderter Menschen wandte sich Gröber dann direkt und untersagte den Katholiken jede Mitwirkung. Dies galt schließlich auch für die mit Kriegsbeginn einsetzenden Euthanasiemorde, die der Freiburger Erzbischof ebenso verurteilte wie sein Münsteraner Amtskollege Graf Galen. Wegen dieser Verweigerungshaltung wurde er dann bald schon zur Zielscheibe gezielter Denunziationen durch NS-Parteistellen.[18]

Die evangelische Kirche in Baden unter dem im Sommer 1933 ernannten Landesbischof Kühlewein vermied den Konflikt mit dem Regime ebenso, war aber innerlich in ‚bekennende' Christen und Deutsche Christen tief gespalten. Mit der Rücknahme des Beitritts zur evangelischen Reichskirche im November 1934 gehörte sie wieder zu den sogenannten „intakten" Kirchen, die sich der Ideologie des Nationalsozialismus nicht gebeugt hatten; sie war in dieser Form ein Sonderfall im Reich. Das verhinderte den Kirchenkampf gleichwohl nicht, doch suchten die Deutschen Christen weniger über Gewaltaktionen, sondern über administrative Maßnahmen ihren Einfluss zu erweitern, sodass ein offener Kirchenkampf wie andernorts vermieden wurde.[19]

Die nationalsozialistische Regierungspraxis in Baden vor Beginn des Krieges zeichnete sich zunächst durch eine weitgehend erfolglose Bekämpfung der gerade in diesem Grenzgebiet grassierenden Arbeitslosigkeit aus. Erst verzögert, um 1936, also deutlich nach anderen Gebieten im Innern des Reiches, begann sich hier der Arbeitsmarkt nachhaltiger zu erholen. Dabei spielten Investitionen der Rüstungsindustrie in Baden eine Rolle, die aufgrund wehrwirtschaftlicher Bedenken im Zusammenhang mit der Grenzlage jedoch überschaubar blieben und beispielsweise 1938 gerade einmal 2 % der von der Wehrmacht reichsweit vergebenen Aufträge umfassten.[20] Wichtiger war der Arbeitskräftebedarf am sogenannten „Westwall", der im Gefolge der Rheinlandbesetzung in dieser Grenzregion nunmehr mit Nachdruck gebaut, aber nie fertiggestellt wurde und militärisch nur wenig Wert haben sollte.

In der Landwirtschaft war die badische NS-Führung bestrebt, das Anerbenrecht auch in Realteilungsgebieten durchzusetzen, um die Produktivität der Höfe zu erhöhen. Allerdings konnte sie dabei nur geringe Erfolge erzielen: Die badischen Bauern wehrten sich recht erfolgreich gegen die Eingriffe des Staates, sodass nur 6 % der Höfe in die Erbhofrolle eingetragen werden konnten.[21]

---

**18** Schwalbach, Gröber 1986; Schmider, Bischöfe 2002, S. 143–150; zu Gröber s. ferner: Ott, 60. Todestag 2008/2009.

**19** Klausing, Kirche 2014, S. 265–272; Wennemuth, Unterdrückung 2009.

**20** Peter, NS-Wirtschaft 1993, S. 172f.

**21** Weber, Baden 2008, S. 171.

In der Schulpolitik war es das erklärte Ziel, die Konfessionsschulen abzuschaffen und die Gemeinschaftsschule durchzusetzen, nicht zuletzt auch, um den Einfluss der Kirche auf die Jugend zu brechen. Dabei kam es in Baden zu einem zähen Kleinkrieg zwischen dem Kultusministerium und dem Freiburger Erzbistum, wenn auch der Schulkampf in Württemberg etwa ungleich härter verlief.[22] Dafür schalteten sich die badischen Landesuniversitäten eilfertig selbst gleich; vor allem die Freiburger Universität, die sich unter dem Rektorat des Philosophen Martin Heidegger schon im Mai 1933 zur „Führeruniversität" erklärte. Dort lehrte mit Hans F. K. Günther ab 1939 auch einer der bekanntesten Rassenkundler des Dritten Reiches. Schneller als anderswo wurden das Führerprinzip in der Universitätsleitung und der „Arierparagraph" für die Anstellung von Hochschullehrern umgesetzt.[23]

Das zentrale Ziel der NS-Ideologie, die Vernichtung des Judentums, gehörte für die badischen Nationalsozialisten zu den besonders vorrangigen politischen Aufgaben – es war daher kein Zufall, dass Baden zum ersten Land wurde, aus dem die jüdische Bevölkerung nahezu vollständig vertrieben wurde –, ungeachtet der strittigen Frage, wo die Urheberschaft für dieses besondere Verbrechen liegt. Denn während die Diskriminierung der jüdischen Bevölkerung bis hin zur Reichspogromnacht 1938 in Baden genauso ablief wie in anderen Teilen Deutschlands, nutzte die badische Führung im Zusammenwirken mit Berlin die erfolgreichen Kampfhandlungen gegen Frankreich, um bereits am 22. Oktober 1940 die badischen, pfälzischen und saarländischen Juden zu deportieren, und zwar in ein Internierungslager im südfranzösischen Gurs. Aus Baden waren rund 6.000 Männer, Frauen, Kinder und sogar Greise betroffen. Gauleiter Wagner zeigte sich stolz, dass sein Gau nunmehr komplett „judenrein" sei.[24]

Der besonders frühen und radikalen Judenverfolgung in Baden stehen allerdings umgekehrt auch einige herausragende Beispiele von Rettungswiderstand in diesem Raum entgegen. So half der Heidelberger Pfarrer Hermann Maas vielen Juden zu überleben, indem er sie bei Auswanderung oder Flucht unterstützte oder gar öffentlich für ihre Rechte eintrat. Auch die Caritasangestellte Gertrud Luckner in Freiburg verhalf mit Wissen und Unterstützung des Freiburger Erzbischofs Conrad Gröber Juden zur Flucht, und zwar nicht nur getauften Juden, sondern auch jenen, die beim jüdischen Glauben geblieben waren. Sie kann daher als eine der frühen Kämpferinnen für die allgemeinen Menschenrechte angesehen werden, weil sie sich auch nach 1945 in besonderer Weise um den christlich-jüdischen Dialog verdient gemacht hat.[25]

---

**22** Finger, Eigensinn 2016, S. 114–127.

**23** Ott, Universitäten 1988.

**24** Borgstedt, Gurs 2012.

**25** Borgstedt, Volke 1996; Wollasch, Nachrichtenzentrale 1999.

## 2.5 Der Zweite Weltkrieg in Baden

Der Zweite Weltkrieg brachte für Baden besondere Auswirkungen mit sich: Schon zu Kriegsbeginn mussten wegen der Grenzlandlage die Randgebiete zu Frankreich evakuiert werden – beinahe 120.000 Badener wurden aus der „Roten Zone", die entlang der französischen Grenze verlief, Richtung Osten deportiert, wo sie als „Westwall-Zigeuner" eine oft wenig freundliche Aufnahme fanden. Baden wie auch andere Grenzregionen des Reiches stellen unter dieser Perspektive, also für die virulente Forschungsdiskussion über „Volksgemeinschaft" als Erklärungsparadigma für die NS-Geschichte, einen erhellenden und differenzierenden Beispielfall dar. Früh schon erfasste diese Region der alliierte Luftkrieg. Mannheim erlebte bereits im Dezember 1940 das dann zum Standard werdende Flächenbombardement der alliierten Luftstreitkräfte, die Mobilisierung der Kriegsgesellschaft – auch dies ein viel diskutierter Ansatz für die Erklärung der Kriegsgesellschaft – ist hier also schon früh analysierbar.[26]

Eine besondere Funktion wuchs Baden sodann mit dem Sieg der Wehrmacht über Frankreich zu. Zwar wurde über den völkerrechtlichen Status des nunmehr von Frankreich wieder getrennten Elsass von Hitler keine definitive Entscheidung gefällt, doch wurde Gauleiter Wagner zum Chef der Zivilverwaltung im Elsass ernannt, das er mit besonderer Härte dem Reichsverband und vor allem seinem Gaugebiet eingliedern wollte. Dabei setzte er auf bewährte badische Beamte und verprellte damit kollaborationswillige elsässische Nationalsozialisten. Im Zentrum stand eine rigorose ‚Eindeutschungspolitik', die über Schul- und Kulturpolitik betrieben wurde, schließlich sogar die Universität Straßburg zu einer besonders nationalsozialistisch ausgerichteten Reichsuniversität machte. Im Zuge der Bewältigung dieser besonderen badischen Aufgabe wurde nicht nur von der SS ein eigenes elsässisches Konzentrationslager auf dem Struthof bei Natzweiler geschaffen, sondern der Gauleiter ließ sich sogar ein spezielles „Sicherungslager" in Vorbruck bei Schirmeck errichten, in dem er „dickköpfige" Elsässer disziplinieren wollte, in Wahrheit jedoch nur weitere Verbrechen beging – auch dies eine Besonderheit der badischen Verhältnisse im Nationalsozialismus.[27]

Die Kriegswirtschaft konnte im deutschen Südwesten, so auch in Baden, letztlich nur unter Einsatz von Zwangsarbeitern überleben, weil die männlichen deutschen Arbeitskräfte zunehmend als Soldaten an der Front dienten. Allerdings lag der Anteil ausländischer Zwangsarbeiter an der Gesamtzahl der Beschäftigten mit 14,5 % zum Jahresende 1943 deutlich unter dem Reichsdurchschnitt (19,7 %).[28] Dabei wurden sogar Insassen von Konzentrationslagern eingesetzt, die hier nur in

26 Weber, Baden 2008, S. 221f.; Kaller, Baden 2003, S. 183f., 186f.

27 Weber, Baden 2008, S. 224f., Syré, Wagner 2016, S. 762–769; Kaller, Baden 2003, S. 190–193.

28 Peter, Rüstungsindustrie 1995, S. 332f.

Form von Außenlagern oder Arbeitskommandos von außerhalb Badens gelegenen Konzentrationslagern existierten. Rund 70 solcher Lager sollen im deutschen Südwesten existiert haben. Die tödlichen, menschenverachtenden Lebensumstände waren hier nicht anders als andernorts im Reich; Zehntausende verloren ihr Leben.

Bedingt durch die Lage Badens an der Grenze zur Schweiz wirkte sich der alliierte Luftkrieg in den südbadischen Regionen weniger drastisch aus als in anderen Regionen. Konstanz etwa wurde nicht verdunkelt, damit nicht versehentlich Bomben auf Schweizer Gebiet fielen, und die Bodenseestadt diente auch als Austauschpunkt für Kriegsgefangene.[29]

Das Kriegsende 1945 war in Baden durch einen Wettlauf der Siegermächte um Positionen für die Nachkriegsordnung bestimmt. Vor allem die französischen Truppen, der schwächste und auf amerikanische Hilfe angewiesene Teil der alliierten Streitkräfte, waren bemüht, vor den Amerikanern das Grenzterritorium zu erreichen, um ihre Interessen an der Ostgrenze Frankreichs wahren zu können. Dadurch entstanden unzweckmäßige Besatzungsräume. Die Lösung, zu der es erst nach Verhandlungen im Juli 1945 kam, besagte, dass Frankreich sich auf badisches Gebiet südlich der Autobahn Karlsruhe–Stuttgart–Ulm zurückzog und den nördlichen Teil Badens den Amerikanern überließ, die damit eine Landverbindung zu ihrer bayerischen Besatzungszone herstellen konnten. Diese neue Raumaufteilung hatte Folgen für die Nachkriegsordnung: Während sich nun in Südbaden ein spezifischer badischer Traditionalismus unter katholischen Vorzeichen entwickelte, war man im amerikanisch besetzten Norden offener für neue Raumzuschreibungen.[30]

## 2.6 Modifizierte, abgeschwächte NS-Herrschaft in Baden?

Der Frage, ob – und, wenn ja, welche – Kräfte sich in diesem Raum gegen die Realität nationalsozialistischer Herrschaft gewehrt haben, führt ins Zentrum des badischen Selbstverständnisses, das strittig diskutiert wird. Denn gegen die NS-Diktatur und ihre Verbrechen machte sich hier schon früh Widerstand, zunächst aus dem politisch linken Lager bemerkbar. Dieser war an der langen Grenze zu Frankreich und der Schweiz besonders aktiv, weil die Möglichkeit des Einschleusens regimefeindlichen Schriftgutes über zum Beispiel Grenzsekretariate, wie sie die Sozialdemokraten betrieben, vergleichsweise leicht war. Verfolgte Widerstandskämpfer setzten sich über die gut passierbare grüne Grenze nicht selten in die benachbarte Schweiz ab, die gerade politisch links stehende und weniger vermögende Exilanten allerdings nur ungern sah und bestrebt war, diese wieder loszuwerden. Bedingt durch den politischen Streit zwischen Sozialdemokraten und Kommunisten gelang

29 Weber, Baden 2008, S. 228.
30 Matz, Baden-Württemberg 1987, S. 292–295; Matz, Land 2003; Kaller, Baden 2003, S. 228ff.

es aber auch hier nicht, eine Einheitsfront der Arbeiterschaft gegen den Nationalsozialismus zu schmieden.

Wie im deutschen Südwesten allgemein, so lassen sich auch in Baden auffallend viele Beispiele aus dem Bereich der bürgerlichen oder militärischen Widerständigkeit finden. In Karlsruhe gab es um den Rechtsanwalt Reinhold Frank einen zivilen Verschwörerkreis, der das Attentat auf Hitler am 20. Juli 1944 unterstützte. In Freiburg waren es bekenntnistreue Professoren, die in einem Gesprächskreis vor allem Planungen für eine Wirtschaftsstruktur Deutschlands nach Hitler unternahmen. Diese „Freiburger Kreise" gelten heute als Vordenker der sozialen Marktwirtschaft. Auch im Raum Mannheim-Heidelberg kooperierten Regimefeinde um den Sozialdemokraten Emil Henk oder den Jesuiten Alfred Delp mit dem widerständigen Kreisauer Kreis.[31]

Es ist von daher schon häufig die Frage aufgeworfen worden, ob der deutsche Südwesten und speziell auch Baden mit seinen liberalen Traditionen eine besonders widerständige Region im Nationalsozialismus gewesen sei, wo der Machtanspruch des Nationalsozialismus allenfalls bedingt umgesetzt worden sei und fortwährendes rechtsstaatliches Denken zumindest einige Modifizierungen der NS-Herrschaft im Alltag herbeigeführt habe. Tatsächlich lassen sich bei einzelnen Berufsgruppen wie zum Beispiel Richtern in einem relevanten Umfang Verhaltensweisen feststellen, die eine Nonkonformität mit den politischen Vorgaben darstellen und im Selbstverständnis der Betroffenen Resultat einer persönlichen oder beruflichen Sozialisation sind, die auf liberalen Überzeugungen aufbaute. Bemerkenswert ist zum Beispiel auch, dass in der badischen Innenverwaltung zumindest so viel Reserviertheit gegenüber den Machthabern bestand, dass sich hier 1933 keineswegs die Beamten in die Partei drängten, um ihre Karrierechancen zu verbessern.[32] Solche Haltungen sind allerdings nicht automatisch mit „Widerstand" gleichzusetzen, sondern können zum Beispiel auch Folge einer spezifischen beruflichen Grundeinstellung sein, die neben einer grundsätzlichen politischen Bejahung des NS-Systems stand. Die Schwierigkeit, solche Motive des Handelns historisch exakt zu fassen, hat einige Forscher dazu veranlasst, die Zuschreibung von größeren oder geringeren Resistenzen im Nationalsozialismus für spezifische deutsche Regionen generell und somit auch für den badischen Fall infrage zu stellen: „Solch eine Darstellungsweise wird der polykratischen Struktur des NS-Maßnahmenstaates keineswegs gerecht. Haben doch radikalisierende Impulse aus allen möglichen Regionen und Institutionen dazu beigetragen, den Intentionen des ‚Führers' in besonderer Weise ‚entgegen zu arbeiten'" (Ian Kershaw). Es sei daher nicht von einem spezifischen oder gar

**31** Beispiele hierfür in: Landeszentrale für Politische Bildung Baden-Württemberg/Haus der Geschichte Baden-Württemberg, Formen 1994; Haus der Geschichte Baden-Württemberg, Widerstand 2012.

**32** Ruck, Korpsgeist 1996, S. 126; Kißener, Diktatur 2003, S. 225–240.

„Sonderweg" einzelner Regionen im Nationalsozialismus auszugehen. Vielmehr sei darauf abzuzielen, die Aufmerksamkeit „noch konsequenter auf die quellenmäßig belegbaren Ursachen von Variationen des ‚Normalverlaufs' im regionalen Kontext zu lenken."[33] Gerade durch die Erforschung solcher Variationen bereichert landesgeschichtliche Arbeit die nach wie vor erklärungsbedürftige Zeit des Nationalsozialismus in Deutschland in ganz entscheidender Weise.

# 3 Schleswig-Holstein

Michael Ruck

## 3.1 Schleswig-Holstein 1933

Für die landesgeschichtliche Komparatistik ist Schleswig-Holstein gerade auch aus zeitgeschichtlicher Perspektive besonders erkenntnisträchtig. Denn nicht nur geographisch steht die im späten 19. Jahrhundert konfliktreich etablierte und prussifizierte Nordprovinz am Rande des Deutschen Reiches in markantem Kontrast zu den Verhältnissen im südwestdeutschen Grenzland.

> Die Schleswig-Holstein-Frage haben überhaupt nur drei Menschen verstanden: Der Prinzgemahl [Albert], aber der ist tot. Ein deutscher Professor, aber der ist darüber verrückt geworden. Und ich. Aber ich habe alles total vergessen.

Diesen oft zitierten Aperçu soll der britische Premierminister Lord Palmerston vor bald 150 Jahren im Londoner Unterhaus zum Besten gegeben haben.[34] Danach kann die verwickelte Territorialgeschichte Schleswig-Holsteins eigentlich gar nicht angemessen vereinfacht skizziert werden. Hier immerhin die wesentlichen Grundlinien und Wegmarken:

Das historische Kernland besteht aus dem ehemaligen Herzogtum Holstein und dem früheren Herzogtum Schleswig. Dessen nördliche Gebietsteile fielen 1920 nach einer Volksabstimmung an Dänemark (zurück). Nach dem Wiener Kongress kam 1815 das Herzogtum Lauenburg hinzu. Aus dieser Entwicklung ist eine vielhundertjährige Kontinuitätslinie konstruiert worden, welche dem heutigen Gliedstaat der Bundesrepublik Deutschland eine geschichtlich fundierte Existenzberechtigung sui generis verleihe.

---

**33** Pohl/Ruck, Einleitung 2003, S. 8.

**34** Bei dem Professor dürfte es sich um Christian Friedrich Wurm (1803–1859) gehandelt haben. Zum Folgenden vgl. Lange, Geschichte 2003; Bohn, Geschichte 2015; Schleswig Holstein Journal. Als Schleswig Holstein preußisch wurde. URL: http://www.e-pages.dk/shzsonderbeilagen/223/ [25.10.2017].

Historisch weit ausholende Herleitungen beziehen sich zum einen auf das Jahr 1386, als die Schauenburger Grafen von Holstein von der dänischen Krone die Grafschaft Schleswig zu Lehen erhielten. Seither sind die beiden Territorien in einem Wappen symbolisch vereint. Im Laufe des 15. Jahrhunderts vermochte die Dynastie der Schauenburger ihr schleswig-holsteinisches Gebiet auch herrschaftspraktisch zu konsolidieren. Seit der postnapoleonischen Zeit bildet das Jahr 1460 das zweite Bezugsdatum für die Konstruktion einer territorialen Kontinuität Schleswig-Holsteins vom Mittelalter bis in die Jetztzeit. Im Vertrag von Ripen (Ribe) gestand der Dänenkönig als neuer Landesherr dem autochthonen Adel die künftige Unteilbarkeit der beiden Herrschaftsgebiete zu. „Up ewich ungedeelt" blieb das gesamte Territorium bis 1864 im Rahmen einer Personalunion mit Dänemark verbunden. Seine beiden Teile gehörten jedoch über die ganze Zeit hinweg zu unterschiedlichen Reichen: Schleswig war und blieb ein königlich-dänisches Lehen; Holstein gehörte als kaiserliches Reichslehen nach wie vor zum Heiligen Römischen Reich Deutscher Nation.

Über drei Jahrhunderte hinweg zerfielen die beiden Lehen durch wiederholte Erbteilungen in kleinere Territorien. Erst 1773 wurden sie unter königlicher Herrschaft im dänischen Gesamtstaat wieder nahezu vollständig zusammengeführt. Nach dem Wiener Kongress kamen 1815 die nordelbischen Gebietsteile des Herzogtums Lauenburg hinzu. Im folgenden Jahrhundert der Nationalstaatsbildung rückte dann vor allem das nördliche der sogenannten „Elbherzogtümer" zusehends ins Zentrum eines doppelten Konflikts zwischen dänischem und deutschem Nationalismus schleswig-holsteinischer Ausprägung auf der einen sowie zwischen preußischem und habsburgischem Hegemonialstreben im Deutschen Bund auf der anderen Seite. Seit den 1820er Jahren politisch immer heftiger umstritten, wurde um das sprachlich-kulturell geteilte Herzogtum Schleswig 1848–1851, 1864 und 1866 auch militärisch gekämpft: Nach dem ersten Waffengang konnte das dänische Königshaus seine Oberhoheit behaupten; im Gefolge des zweiten Zusammenstoßes wurde Schleswig-Holstein – mit modifizierter Nordgrenze – vorübergehend in ein preußisch-österreichisches Kondominium verwandelt, und nach dem dritten Treffen kam es als preußische Provinz in den Norddeutschen Bund und bald darauf ins Deutsche Reich.

Seit 1868 waren die Provinz Schleswig-Holstein und deren einziger Regierungsbezirk Schleswig territorial deckungsgleich (19.019 km²). Der Regierungspräsident hatte fortan seinen Sitz in Kiel, der Oberpräsident amtierte in Schleswig. Die beiden vormaligen Regierungsbezirke lebten als „Landesteil Schleswig" (1 Stadtkreis und 11 Landkreise) und „Landesteil Holstein" (5 Stadtkreise und 15 Landkreise) eher symbolisch weiter.

Die staatliche Inkorporation wie die anschließende Prussifizierung des Territoriums enttäuschten wohl jene Protagonisten eines deutschen Schleswig-Holsteins, die seit 1848 auf dessen staatliche Selbstständigkeit im deutschen Reichsverband gehofft hatten. Doch die weit überwiegende Mehrheit der Bevölkerung, welche im Zuge des Ausbaus der militärischen und zivilen Infrastruktur sowie der punktuellen Industrialisierung und Urbanisierung der Provinz durch Zuzügler stark anwuchs, teilte diese antipreußisch-partikularistischen Einstellungen wohl nicht.

Erst Anfang 1920, im Gefolge der Niederlage im Ersten Weltkrieg, wurde auf Druck und unter Aufsicht der Siegermächte die bereits 1866 vertraglich vereinbarte Volksabstimmung in Nordschleswig durchgeführt. Die nördliche der beiden Abstimmungszonen mit den deutsch orientierten Städten Apenrade, Sonderburg und Tondern kam zu Dänemark, die zweite, „mittlere" Abstimmungszone mit Flensburg und Niebüll verblieb bei Deutschland. Seitdem ist der Verlauf der 69 km langen Nordgrenze Schleswig-Holsteins quer durch das Territorium des früheren Herzogtums Schleswig auch über Kriegs- und Besatzungszeiten hinweg unangetastet geblieben.

Dafür gab es im südlichen Landesteil unter totalitären Auspizien umso mehr Bewegung. Angesichts rüstungswirtschaftlicher Zwänge sorgte der Preußische Ministerpräsident und Reichsminister für den Vierjahresplan Hermann Göring dafür, dass der Elbmetropole im Rahmen eines weiträumigen Gebietsaustauschs deutlich mehr als die für einen den Hafenausbau unmittelbar benötigten Flächen zugeschlagen wurden. Durch das „Groß-Hamburg-Gesetz" verlor die preußische Provinz Schleswig-Holstein am 1. April 1937 die Städte Altona und Wandsbek sowie ein gutes Dutzend Randgemeinden an die „Freie und Hansestadt Hamburg". Im Gegenzug erhielt Schleswig-Holstein drei Hamburger Exklaven. Die Hauptlast der territorialen Kompensationen hatten nördlich der Elbe Lübeck und Oldenburg zu tragen. Dessen „Landesteil Lübeck" (das ehemalige Fürstbistum bzw. Fürstentum Lübeck) ging als Landkreis Eutin ebenso in der Provinz Schleswig-Holstein auf wie die bisher Freie Hansestadt an der Trave.[35]

Danach lebten auf dem verkleinerten Territorium der Provinz Schleswig-Holstein (15.682 km$^2$) noch 1.589.267 Einwohner (1939). Zur Zeit der Reichsgründung waren es 995.873 gewesen, im Vorfeld des Ersten Weltkrieges (1910) war ihre Zahl auf 1.621.004 angestiegen, und nach den Gebietsverlusten im Norden wurden 1925 noch 1.519.365 Einwohner gezählt. Bereits seit den 1830er Jahren wurden die südlichen Gebietsteile Holstein und Lauenburg deutlich stärker vom Bevölkerungswachstum erfasst. Dieser Prozess verstärkte sich während der Industrialisierungs- und Urbanisierungsjahrzehnte Ende des 19. und Anfang des 20. Jahrhunderts. 1895 betrug die durchschnittliche Bevölkerungsdichte in der Provinz Schleswig-Holstein 85 Einwohner/km$^2$. Seit 1920 fiel der verbliebene Landesteil Schleswig noch weiter zurück.[36]

Nach dem zeitweiligen Totalverlust deutscher Souveränität wurde die bisherige preußische Provinz Schleswig-Holstein im Laufe des Jahres 1946 in mehreren Etap-

**35** Vgl. zum Vorstehenden: Martens, Weg 2004, S. 114–127; Lokers/Hundt, Ende 2014.
**36** Vgl. dazu: Lange, Geschichte 2003, S. 341–345.

pen zu einem selbstständigen Land transformiert (15.763 km²). Dieser – ausdrücklich ungewollte – Gründungsprozess endete am 13. Dezember 1949 mit der Annahme der „Landessatzung für Schleswig-Holstein", welche erst 1990 durch eine „Landesverfassung" abgelöst wurde.[37]

Bis weit in das 20. Jahrhundert hinein stand Schleswig-Holstein als die Region „mit der geringsten konfessionellen Heterogenität" unter den „nahezu monokonfessionellen Gegenden" des Deutschen Reiches diametral zum deutschen Südwesten. Lediglich 23.500 Katholiken hatten 1890 in der Nord-Provinz gelebt; 1939 waren es nur 59.000. Erst mit dem Flüchtlingszustrom gegen Kriegsende verdreifachte sich ihre Zahl (1946: 176.000), um auf diesem Niveau bis zum Ende des Jahrhunderts knapp zu verharren.[38]

Auch der jüdische Bevölkerungsanteil war in Schleswig-Holstein durchweg viel kleiner als in Südwestdeutschland. Auf dem Gebiet des späteren Landes wurden 1925 nicht einmal 2.000 Juden gezählt; 1933 waren es gut 3.000. Überwiegend lebten sie in Kiel und Lübeck. Unter dem in der norddeutschen Provinz besonders ausgeprägten Marginalisierungsdruck wichen einige Angehörige der jüdischen Minderheit bereits während der Weimarer Republik in die Elbmetropole Hamburg aus. Dieser Prozess beschleunigte sich im Laufe der 1930er Jahre. 1939 lebten nur noch 396 Juden in Schleswig-Holstein.[39]

## 3.2 Charakteristika der politischen Kultur Schleswig-Holsteins

In Schleswig-Holstein hatte sich während des 19. Jahrhunderts keine regionale Verwaltungselite formiert, die es an korporativer Geschlossenheit auch nur annähernd mit ihrem Pendant in Baden hätte aufnehmen können. Zum einen zersplitterten sowohl die politischen und militärischen Auseinandersetzungen um die dynastisch-staatsrechtliche Zukunft der beiden Herzogtümer als auch der Nationalitätenkonflikt die regionalen Eliten. Zum anderen trugen beträchtliche Teile der deutschen Führungsschichten schwer an der Einvernahme ihres Territoriums durch den preußischen Zentralstaat. Sie löste im politisch-administrativen Bereich „eine Art Kulturschock" aus.[40] In der norddeutschen Grenzprovinz nährten antipreußische Einstellungen vielfach partikularistische, (zentral)staatsferne Haltungen. Vor allem die

37 Vgl. dazu eingehend: Ruck, Wandel 2006; Ders., Provisorium 2014.

38 Vgl. zum Vorstehenden: Wolf, Religionszugehörigkeit 1999; Piehler/Duggen, Kirche 2002, S. 165f.

39 Piehler, Art. „Judentum". In: Duggen/Wewer, Lexikon 2002, S. 142–144. Vgl. dazu umfassend: Goldberg, Abseits 2011; Paul/Gillis-Carlebach, Menora 1998.

40 Hansen, Demokratie. In: Lange, Geschichte 2003, S. 460. Zum Folgenden vgl. Ruck, Sonderweg 2008.

preußische Innenverwaltung war auch für juristisch vorgebildete Landeskinder zumeist nicht die erste Wahl.

Zwar steuerten die Personalplaner in der Berliner Ministerialbürokratie seit der Revolution 1918/19 einen weniger zentralistischen Kurs. Dennoch blieben die Konturen eines schleswig-holsteinischen Verwaltungskorps nach süd- und südwestdeutschem Muster ausgesprochen blass. Politisch allerdings pflegte die leitende Beamtenschaft dort in ihrer übergroßen Mehrheit auch unter republikanisch-demokratischen Vorzeichen eine hochkonservative Haltung. Daran vermochten gelegentliche Vorstöße der sozialdemokratischen Innenminister Carl Severing und Albert Grzesinski ebenso wenig zu ändern wie ihr durchsetzungsschwacher Statthalter in Kiel, Oberpräsident Heinrich Kürbis (SPD). Dafür sorgte seit 1920 vor allem der Schleswiger Regierungspräsident Adolf Johannsen (DVP), oftmals im Zusammenspiel mit rechtskonservativen Kreistagsmehrheiten.

In der staatlichen Provinzialverwaltung Schleswig-Holsteins waren die personalpolitischen Pluralisierungsversuche etwas erfolgreicher. Dort gab es immerhin einige Mitglieder der SPD und ihres „linksliberalen“ Koalitionspartners DDP. Das umfassende Personalrevirement Papens und Brachts vom Sommer und Herbst 1932 machte auch diese bescheidenen Ansätze einer „Modernisierung“ der administrativen Personalstruktur im Sinne einer Anpassung an die Grundsätze des parlamentarisch-pluralistischen Parteien- und Verbändestaates weitgehend wieder zunichte.[41] Nicht nur der 1928 an Johannsens Stelle gesetzte Regierungspräsident Waldemar Abegg (DDP) musste gehen. Auch fünf der 16 Landratsämter wurden neu besetzt. Der einzige Sozialdemokrat unter ihnen war bereits Ende April 1932 in Pension geschickt worden. Ende 1932 verkörperten nur noch zwei DDP-Anhänger den republikanischen Flügel der schleswig-holsteinischen Landräte.

Auch die Richterschaft, deren bisherige Angehörige Preußen 1864/67 aus dänischen Diensten übernommen hatte, kam später überwiegend aus anderen preußischen Provinzen nach Schleswig-Holstein. An ihrer Spitze stand in den letzten Jahren der Weimarer Republik mit Gottfried Kuhnt ein DDP-Mitglied, das 1927 vom Ministerialrat im Preußischen Justizministerium zum Präsidenten des kleinen Oberlandesgerichts in Schleswig avanciert war. Von einer besonderen landsmannschaftlichen Verbundenheit oder gar einer Solidarität der regionalen Eliten konnte in Schleswig-Holstein auch mit Blick auf die Rechtspraxis am Vorabend des Dritten Reiches keine Rede sein.[42]

**41** Vgl. dazu: Jürgensen, Gleichschaltung 1983.
**42** Vgl. dazu: Schubert, Justizverfassung 2012.

## 3.3 Aufstieg des Nationalsozialismus und „Machtergreifung" in Schleswig-Holstein

Die kleine, überwiegend ländlich-agrarische und strukturschwache, zudem fast durchweg protestantische und vom Nationalitätenkonflikt weiterhin geprägte Grenzprovinz Preußens im Norden gehörte seit ihren Anfängen außerhalb Bayerns fast durchgängig zu den Hochburgen der NSDAP. Nach der Rückkehr Hitlers an die Spitze seiner neu formierten Bewegung Ende Februar 1925 erzielte seine Partei dort stets Wahlergebnisse, die deutlich über dem Reichsdurchschnitt lagen: 4,0 % (Reich: 2,6 %) 1928; 27,0 % (18,3 %) 1930; 51,0 % (37,4 %) im Juli 1932. Selbst der Rückschlag im November 1932 (45,7 % zu 33,1 %) berührte nicht mehr ihren Status als hegemoniale regionale Kraft, der im März 1933 mit 53,2 % (43,9 %) nochmals eindrucksvoll bestätigt wurde. In stadtfernen Teilregionen lagen die jeweiligen Ergebnisse noch weit darüber. Dabei zeichnete sich ein markantes Nordwest-Südost-Gefälle ab: Während die NSDAP am 5. März 1933 im nordöstlichen Hamburger Randkreis Stormarn „nur" 45,8 % erzielten konnte, triumphierte sie in den beiden nördlichen Grenzkreisen Südtondern und Flensburg-Land mit 73,5 % respektive 71,6 %.[43]

Zu diesem Aufstieg trug der schleswig-holsteinische Gauleiter Hinrich Lohse auf seine Weise bei. Zwar wirkte der gelernte Kaufmann kleinbäuerlicher Herkunft und nachmalige Bankangestellte im öffentlichen Auftritt weniger spektakulär als sein Parteigenosse der ersten Stunde im Südwesten, zumal ihm dafür die parlamentarische Bühne im eigenen Bezirk fehlte. Weder die Stadtverordnetenversammlung in Altona (1924–1928) noch die NSDAP-Fraktion im Preußischen Abgeordnetenhaus zu Berlin (1928–1932) boten dafür einen propagandistisch hinreichend nutzbaren Ersatz. Auch die Parteizeitung fristete vor 1933 ein Schattendasein. Stattdessen nutzte Lohse ebenso beharrlich wie wirkungsvoll seine persönlichen Verbindungen aus der nachrevolutionären Funktionärstätigkeit in regionalen Bauernverbänden dafür, seit Ende der 1920er Jahre maßgebliche Teile der organisierten Landwirtschaft und ihrer Klientel für die von ihm ab 1930 unangefochten nach dem „Führerprinzip" geleitete politische Bewegung zu gewinnen. Dieser wachsende Rückhalt in einem ländlich-agrarischen Milieu, das sich seit Anfang 1928 jenseits tradierter Verbandsstrukturen als „Landvolk"-Bewegung von Massendemonstrationen bis hin zu militanten Widerstandsaktionen radikalisiert hatte, ging einher mit einer intensiveren Berichterstattung der regionalen Generalanzeiger-Presse und vor allem auch der vielen kleineren Heimatzeitungen.[44]

---

**43** Danker/Schwabe, Schleswig-Holstein 2005, S. 17ff.; vgl. Wulf, Revolution. In: Lange, Geschichte 2003, S. 578–580.

**44** Vgl. dazu Danker/Schwabe, Schleswig-Holstein 2005, S. 186; Oddey, Druck 2006. Zur regionalen Landvolkbewegung vgl. Stoltenberg, Strömungen 1962; Heberle, Landbevölkerung 1963.

Die systematische Inszenierung des Ausnahmezustandes durch militante Propagandaaktionen der SA, als deren spektakuläre Höhepunkte die „Blutnacht von Wöhrden“ (7. März 1929) und der „Altonaer Blutsonntag“ (17. Juli 1932) überregionales Aufsehen erregten,[45] tat dem keinen Abbruch. Der provokative Marsch von 7.000 SA-Leuten durch die „roten“ Arbeiterviertel in unmittelbarer Nachbarschaft Hamburgs und dessen voraussehbare Folgen boten den unmittelbaren Anlass und Vorwand für den Staatsstreich Franz von Papens in Preußen drei Tage später. Unter der Ägide des Stellvertretenden Reichskommissars Franz Bracht wurden fortan gezielt jene strukturellen Hemmnisse beseitigt, welche der Etablierung eines Regiments jenseits der Weimarer Verfassungsordnung durch die „nationale Opposition“ unter Einschluss der Hitler-Bewegung in Preußen wie im Reich noch entgegenstanden.

Die „erste bürgerlich-nationale ‚Gleichschaltung‘“ der Provinz Schleswig-Holstein bereitete seit dem Sommer 1932 den Boden für die nationalsozialistische „Gleichschaltung“ im Gefolge der Reichstags- und Landtagswahlen am 5. März 1933 in allen Bereichen des öffentlichen Lebens.[46] Ihr prominentestes Opfer war der erst im Zuge des „Preußenschlages“ vom Stellvertreterposten aufgerückte Oberpräsident Heinrich Thon. Am 25. März musste der deutsch-nationale Spitzenrepräsentant Berlins sein Amt an den NSDAP-Gauleiter Lohse abgeben. Der auf der Linken bereits dezimierte, von NS-Uniformen und -Symbolen geprägte Provinziallandtag, in dem die NSDAP seit den vorgezogenen Kommunalwahlen vom 12. März 34 der 61 Abgeordneten Mandate stellte, bestätigte diese regionale Personalunion von Partei- und Verwaltungsspitze in seiner letzten Zusammenkunft am 10. April im Kieler Rathaus.

Bereits in der Nacht vor den Wahlen zum regionalen Repräsentationsorgan, dessen Funktionen mit seiner Auflösung am 1. Januar 1934 an den Oberpräsidenten übergingen, gingen „Hilfspolizisten“ der SA und SS gewaltsam gegen sozialdemokratische Funktionäre und Mandatsträger in Kiel vor. Dabei wurde der bekannte Rechtsanwalt Dr. Wilhelm Spiegel, Stadtverordneter seit 1911 und stellvertretender Vorsitzender der jüdischen Gemeinde, in seiner Wohnung erschossen, andere attackierte Sozialdemokraten verschleppte man am 13. März als „Schutzhäftlinge“ in das Konzentrationslager Oranienburg, während das örtliche Gewerkschaftshaus wie tags zuvor schon in Lübeck und am 17. März dann auch in Flensburg ein erstes Mal von SA-Leuten besetzt wurde.[47] Bei der Kommunalwahl verfehlte die NSDAP zwar mit 44,8 % der abgegebenen Stimmen erwartungsgemäß die absolute Mehrheit der

45 Vgl. dazu: Peters, Machtdurchsetzung 2015, S. 159–169; Schirmann, Blutsonntag 1994.

46 Wulf, Zustimmung. In: Lange, Geschichte 2003, S. 585–621, hier S. 585ff.; danach auch das Folgende; vgl. ferner Danker/Schwabe, Schleswig-Holstein 2005, S. 38–40.

47 Omland, Frank: Der Provinziallandtag in Schleswig-Holstein 1919–1934. 2010. URL: http://www.akens.org/akens/texte/diverses/ProvLT.pdf [25.10.2017].

Mandate, dominierte jedoch zusammen mit ihren deutsch-nationalen Bündnispartnern das neu gewählte Stadtparlament in Kiel. Am 28. April bestätigte die „gleichgeschaltete" Ratsversammlung per Akklamation den NSDAP-Kreisleiter Walter Behrens im Amt des Oberbürgermeisters, welches er während der Stürmung des Rathauses am 11. März im Handstreich an sich gerissen hatte und fortan nach dem „Führerprinzip" in alleiniger Verantwortung gegenüber dem Gauleiter und Oberpräsidenten Lohse ausfüllte.[48]

In Lübeck hatte die örtliche NSDAP bereits am 6. März den Rücktritt des Bürgermeisters Paul Löwigt (SPD) und der anderen sozialdemokratischen Senatoren erzwungen und die demokratische Stadtverfassung de facto suspendiert. Kurz nach seiner Ernennung zum Reichsstatthalter für Mecklenburg und Lübeck am 26. Mai ernannte der Schweriner NSDAP-Gauleiter Friedrich Hildebrandt seinen Stellvertreter Otto-Heinrich Drechsler am 30. Mai 1933 zum Regierenden Bürgermeister und Präsidenten des Senats. Dessen Mitglieder inthronisierte Hildebrandt persönlich am 8. Juni 1933 im Rahmen seines großspurigen Auftritts in der Freien und Hansestadt.[49] Von 1935 bis zur Einverleibung in die preußische Provinz Schleswig 1937 repräsentierte sein alter Kampfgefährte auch als Gaubeauftragter für Lübeck die Einheit von Staat und Partei in der traditionsreichen Hansestadt.

Unmittelbar nach Goebbels reichsweiter Großinszenierung des „Tages der Arbeit" wurden am 2. Mai 1933 auch in Schleswig-Holstein die Gewerkschaftshäuser der Freien Gewerkschaften abermals von SA-Trupps besetzt und dauerhaft von Leuten der NS-Betriebszellen-Organisation in Besitz genommen. Nennenswerten Widerspruch oder gar Widerstand gab es kaum irgendwo. Am 3./4. Mai folgten die übrigen Arbeitnehmerorganisationen der ultimativen Aufforderung, sich „freiwillig" dem NS-„Aktionskomitee zum Schutze der Deutschen Arbeit" zu unterstellen. Alle Dachverbände wurden sofort aufgelöst, die „gleichgeschalteten" Einzelgewerkschaften unter der Leitung von NSBO-Kommissaren in die wenige Tage später gegründete Deutsche Arbeitsfront (DAF) überführt. Mit der reichsweiten Einsetzung von staatlichen „Treuhändern der Arbeit" im Juni 1933 und der Umgestaltung der DAF zu einer berufsständischen Pflichtorganisation aller deutschen Arbeitgeber und Arbeitnehmer im Januar 1934 wurden auch die letzten Reste eigenständiger Interessenvertretung der deutschen Arbeitnehmerschaft getilgt.[50] Parallel dazu erfolgte in Schleswig-Holstein wie überall sonst im Reich die (Selbst-)„Gleichschaltung" des ganzen Spektrums „intermediärer" und „zivilgesellschaftlicher" Organisationen und Institutionen.

Lediglich die beiden großen Kirchen konnten sich dem nationalsozialistischen Unterwerfungsprozess einstweilen zumindest teilweise noch entziehen. Allerdings

48 Vgl. dazu: Wulf, Stadt 1992, S. 367ff.

49 Vgl. dazu: Meyer, Weltkrieg 2008, S. 717–724.

50 Vgl. dazu: Ruck, Anpassung 2014.

gelangten 1933/34 Exponenten der „Deutschen Christen" in Schlüsselpositionen der drei evangelischen Landeskirchen im Norden, welche sie auch nach der Gegenformierung der Bekennenden Kirche 1935/36 bis 1945 in ihren Ämtern zu halten vermochten. Unter dem anhaltenden Druck der seit 1937 wieder verschärften Kirchenpolitik Berlins paralysierten sich die widerstreitenden innerkirchlichen Kräfte, ohne dass es bis in den Krieg hinein zu offenen Widersetzlichkeiten gekommen wäre – zumal dem auch im Bereich der regionalen Bekennenden Kirche mancherlei Ambivalenzen etwa in der Haltung zur antijüdischen Politik des NS-Regimes entgegenstanden.[51]

Die umfassende Transformation einer demokratischen, parlamentarischen und rechtsstaatlichen Ordnung wie auch der pluralistischen Gesellschaft durch die entfesselte NS-Bewegung und das sich zügig formierende Hitler-Regime vollzog sich unter mehr oder minder aktiver Unterstützung und billigender Hinnahme weiter Kreise der relevanten Bevölkerungsgruppen. Allerdings schwebte über alledem unübersehbar die unkalkulierbar entgrenzte Gewaltandrohung der neuen Machthaber. Bereits während der Etablierungsphase enthüllte der terroristisch-polykratische „Maßnahmestaat" (Ernst Fraenkel) totalitärer Provenienz auch fernab der Herrschaftszentren sein flächendeckendes Einschüchterungspotenzial. Dafür standen in erster Linie die Massenverhaftungen von Kommunisten, Sozialdemokraten und anderen Menschen, denen oppositionelle Haltungen unterstellt wurden, wie auch die zahlreichen „wilden" Konzentrationslager der ersten Monate. Doch nicht nur dort kamen „Schutzhäftlinge" wie der vormalige Polizeipräsident von Altona Ernst Eggerstedt (SPD) zu Tode. Auch in der schleswig-holsteinischen Provinz trugen einzelne politische Morde und suizidale Verzweiflungsakte in die Enge getriebener Repräsentanten des parlamentarisch-pluralistischen Parteien- und Verbändestaates von Weimar wesentlich dazu bei, jeden Gedanken an offene Kritik oder gar Gegenwehr im Keim zu ersticken.

Das 1933/34 nach den politischen Vorgaben von Parteileitung und Reichsregierung vollzogene NS-Personalrevirement in den öffentlichen Verwaltungen fiel in der Provinz Schleswig-Holstein ungewöhnlich drastisch aus.[52] Das doppelte Revirement von 1932 und 1933 hinterließ dort personell besonders tiefe Spuren: Von den 47 preußischen Verwaltungsjuristen, welche dort im Spätjahr 1931 tätig gewesen waren, waren Ende 1934 nur noch 13 im Dienst. Von ihnen hatte nur ein einziger erkennbar von der NS-Machtergreifung profitiert. Der vormalige Regierungsrat Dr. Wilhelm Schow (1896–1946) leitete nun als Oberregierungsrat die Allgemeine Abteilung (politische und personalpolitische Fragen etc.) des personell aufgewerte-

**51** Vgl. dazu: Wulf, Zustimmung. In: Lange, Geschichte 2003, S. 605–607; Danker/Schwabe, Schleswig-Holstein 2005, S. 65–72.

**52** Ruck, Sonderweg 2008, S. 135, danach auch das Folgende. Vgl. zum Folgenden: Jürgensen, Gleichschaltung 1983, S. 411f., 417; Lehmann, Kreisleiter 2007, S. 237–313.

ten und politisch dominierenden Oberpräsidiums. Als rechte Hand des NSDAP-Gauleiters und Oberpräsidenten Lohse in allen Verwaltungsfragen stieg der recht junge Beamte wenig später zum Landeshauptmann und Vizepräsidenten auf.

Die preußische Regierung in Schleswig verlor demgegenüber deutlich an Gewicht. Regierungspräsident Anton Wallroth (1876–1962), ein rechtskonservativer Nutznießer des Papen-Revirements, hielt zwar formelle Distanz zur NSDAP, ließ die politischen Vorgaben aus Kiel und Berlin aber ohne erkennbare Vorbehalte verwaltungsmäßig umsetzen. Im Übrigen entwickelte sich seine Behörde zum Abschiebegleis für politisch missliebige Beamte aus anderen Teilen des Reichs.

Die schleswig-holsteinischen Landratsämter wurden seit dem Frühjahr 1933 schwerpunktmäßig nazifiziert. Auf die freigemachten Stellen rückten sogleich profilierte NS-Leute nach. Auch später, nachdem den NSDAP-Kreisleitern solche Personalunionen von Ministerpräsident Göring untersagt worden waren, und bei sonst fälligen Neubesetzungen von Landratsämtern kamen fast ausnahmslos Altparteigenossen zum Zuge. Allerdings wurde nun wieder stärker auf die traditionelle Praxis zurückgegriffen, in aller Regel Volljuristen als Landräte einzusetzen.

Auch die schleswig-holsteinische Justiz stellte sich seit 1933/34 weitgehend reibungsfrei in den Dienst des NS-Regimes, obwohl sie dessen „Machtergreifung" zunächst personell weitgehend unbeschadet überstand. Korporative Selbstbehauptung und individuelle Anpassung in unterschiedlicher Ausprägung bestimmten hier ebenfalls das Bild. Dafür stand an ihrer Spitze Karl Martin. Der neue Präsident des Schleswig-Holsteinischen Oberlandesgerichts in Schleswig hatte zuvor als Vizepräsident des OLG in Kassel amtiert. Bis 1933 Mitglied der Deutschen Volkspartei, trat er 1933 der NSDAP und 1934 auch der SS bei. Seine Amtszeit wurde 1943/44 kurz unterbrochen durch seinen Nachfolger Johannes Haastert. Der Alt-Parteigenosse (1932) war 1933 von Roland Freisler ins Reichsjustizministerium geholt worden und hatte dort als engster Mitarbeiter des Staatssekretärs Karriere gemacht.[53] Auch nur tendenziell widerständiges Verhalten von Justizangehörigen in Schleswig-Holstein ist nicht überliefert. Am Sondergericht Altona/Kiel erfüllten sie beispielsweise während der Kriegszeit durchweg ihre Pflicht im Dienste der normativen verbrämten Unrechtspolitik des NS-Regimes.[54]

In der Gesamtschau vollzogen sich die institutionelle Usurpation und die gesellschaftliche Hegemonialisierung unter NS-Auspizien seit 1934/35 in Schleswig-Holstein nach einem reichsweit ähnlichen Ablaufmuster. Das galt ebenfalls für den kulturellen Bereich, die traditionelle Domäne föderaler Gestaltungsspielräume. Selbst marginal sind Extratouren aus der kleinen preußischen Randprovinz Schleswig-Holstein nicht überliefert. Das hatte nicht nur institutionelle Gründe. Längst schon hatten erhebliche Teile der norddeutschen Kulturszene jenseits der Elbmetropole Ham-

53 Vgl. dazu eingehend: Schubert, Geschichte. In: Ders., Justizverfassung 2012, S. 291–333.
54 Vgl. dazu: Bohn/Danker, Standgericht 1998.

burg wesentliche Elemente der antimodernistisch-völkischen „Blut- und Boden"-Ideologie verinnerlicht, die nun zusehends dominierte.[55]

Das galt für die regionale „Heimatmalerei", die „Heimatschutz"-Architektur und die literarische „Heimatkunstbewegung" ebenso wie für die Theaterbühnen, deren Programme unter dem überwölbenden Primat der leichten Muse von modernistischem Spielgut bereinigt und stattdessen durch einen gesteigerten Anteil heimatverbundener Stücke in niederdeutscher Mundart auf Kurs der neuen Zeit gebracht wurden. Die literarischen und filmischen Exponenten einer kleinen Volksgruppe im nordwestlichen Küsten- und Inselland wurden zunächst als Künder eines heroischen Friesen-Mythos gefördert. Schon bald jedoch gerieten sie mit ihrem kulturellen Sonderbewusstsein nolens volens in Konflikt mit der Volksgemeinschaftspropaganda des NS-Regimes und wurden überwiegend durch Einschüchterungsmaßnahmen zur Anpassung oder zum Schweigen gebracht.[56]

Am ehesten noch als Besonderheit von überregionaler Bedeutung konnte die „Nordische Gesellschaft" in der Hansestadt Lübeck gelten. Bereits seit Ende der 1920er Jahre nazifiziert, diente diese Vereinigung seit 1933 als überregional weit verzweigte „Reichsgesellschaft" dem NS-Ideologen Alfred Rosenberg und seinem Adepten Hinrich Lohse zeitweise als Plattform ihrer kulturpolitischen Aktivitäten, insbesondere ihrer Versuche, die Beziehungen NS-Deutschlands zu den skandinavischen Staaten im Geiste der nordischen Rassenideologie zu vertiefen. Nachdem Hitler 1933/34 im NS-internen „Expressionismusstreit" Rosenbergs radikal antimodernistische Position gestützt hatte und Goebbels daraufhin konsequent auf diese Linie eingeschwenkt war, wurden mit Emil Nolde und Ernst Barlach zwei herausragende Exponenten dieser Stilrichtung im Norden zunächst in ihrer Arbeit und öffentlichen Wirksamkeit behindert, bis dann auch ihre Werke seit 1937 als „entartete Kunst" beschlagnahmt, vernichtet oder verkauft wurden.[57]

## 3.4 Der Nationalsozialismus in Schleswig-Holstein an der Macht

Die allgegenwärtige Gewaltandrohung, institutionell verkörpert durch die Geheime Staatspolizei, bildete auch im Norden die unverzichtbare Grundlage der nicht selten manifest, stets aber latent terroristischen NS-Herrschaft. Als Teil des preußischen Sicherheitsapparats ließ die Gestapo in der Provinz Schleswig-Holstein von Beginn an keine regionalen Besonderheiten erkennen, zumal Gauleiter Lohse auf diesem

55 Vgl. dazu und zum Folgenden: Wulf, Zustimmung. In: Lange, Geschichte 2003, S. 600–604; Danker/Schwabe, Schleswig-Holstein 2005, S. 82f.

56 Vgl. dazu: Danker/Schwabe, Schleswig-Holstein 2005, S. 97; vgl. ferner: Steensen, Geschichte 2006, S. 63–112, 212–215.

57 Vgl. dazu: Danker/Schwabe, Schleswig-Holstein 2005, S. 83–87.

Feld nicht die geringsten Ambitionen an den Tag legte. Im Übrigen konnte die personell keineswegs flächendeckend vertretene Sicherheitspolizei hier wie anderwärts ihre Funktionen nur effektiv erfüllen, weil ihr nicht nur vom gesamten Staats- und Parteiapparat zugearbeitet wurde, sondern auch ein kontinuierlicher Strom von Denunziationen aus allen Schichten und Gruppen der sich gleichsam selbst überwachenden „Volksgemeinschaft" dafür sorgte, dass zumeist schon Ansätze abweichenden oder gar oppositionsverdächtigen Verhaltens aufgedeckt und nach den kaum kalkulierbaren Willkürregeln des NS-Maßnahmestaates geahndet werden konnten.[58]

Die wirtschaftliche Belebung unter den Auspizien der nationalsozialistischen Aufrüstungs- und Autarkiepolitik setzte in Schleswig-Holstein zügig ein. Durch die schon in der Endphase der Weimarer Republik forcierte Marinerüstung wurde die Arbeitslosigkeit an den Werftstandorten Kiel, Flensburg und Lübeck schon 1935 ebenso nach unten gedrückt wie durch die allgemeine Rüstungsproduktion im Umfeld der beiden Hansestädte.[59] Gleichzeitig profitierte die regionale Landwirtschaft in besonders starkem Maße von der staatsinterventionistischen Agrarpolitik des NS-Regimes. Das galt nicht nur für die Schaffung effizienterer Besitz- und Produktionsstrukturen und für die verbesserten Absatzbedingungen.[60]

Auch symbolisch wertete die NS-Propaganda die bäuerliche Existenz und das ländliche Leben im stereotyp so genannten „erbgesunden Kerngebiet der nordischen Rasse" zwischen Nord- und Ostsee auf. Die Landgewinnung und der ländliche Siedlungsbau im Rahmen der Inneren Kolonisation an der schleswig-holsteinischen Westküste hatten zwar ihren Ursprung in Arbeitsbeschaffungsmaßnahmen der Weltwirtschaftskrise vor 1933, wurden nun aber mit massivem Propagandaeinsatz reichsweit zu Ikonen der nationalsozialistischen Agrarpolitik stilisiert. Als erstes Großvorhaben eines 10-Jahres-Plans, den NSDAP-Gauleiter Lohse auf seinem ureigensten Terrain bereits im Frühjahr 1933 verkündet hatte, wurde der „Adolf-Hitler-Koog" in Süderdithmarschen bis 1935 mit aller Macht als Sinnbild und Mikrokosmos der nun zur Staatsdoktrin erhobenen „Blut- und Boden"-Ideologie ausgestaltet und propagiert. Als die hochfliegenden Pläne Lohses 1938 im Zeichen des Vierjahresplans wieder begraben werden mussten, hatte die Großinszenierung an der schleswig-holsteinischen Westküste ihre propagandistische Funktion weit über die Region hinaus längst erfüllt. Umso williger ließ sich die umworbene Bauernschaft in Schleswig-Holstein auf die Agrarpolitik des NS-Regimes ein.

Die institutionelle Durchsetzung der nationalsozialistischen Schulpolitik stieß in der weitgehend protestantischen Provinz Schleswig-Holstein, wo es kaum eine

58 Vgl. dazu: Paul, Terror 1996.

59 Vgl. dazu: Wulf, Zustimmung. In: Lange, Geschichte 2003, S. 589–594; Danker/Schwabe, Schleswig-Holstein 2005, S. 74–77.

60 Vgl. dazu und zum Folgenden: Wulf, Zustimmung. In: Lange, Geschichte 2003, S. 589–592; Danker/Schwabe, Schleswig-Holstein 2005, S. 77f.; Cramer, Erbhof 2013; Danker, Volksgemeinschaft 2014.

Konfessionsschule gab, auf keine nennenswerten Widerstände.[61] Und die Christian-Albrechts-Universität brachte ihre institutionelle, personelle und wissenschaftliche „Selbstgleichschaltung“ zügig voran. Als Auszeichnung und Auftrag erhielt sie vom NS-Regime wie Breslau und Königsberg das Prädikat „Grenzlanduniversität“ verliehen. Durch kulturgeschichtliche Forschungen mit „nordischem“ Bezug sollte sich die Kieler Landesuniversität einerseits als Bollwerk im „Volkstumskampf“ gegen dänische Bestrebungen profilieren, andererseits aber auch die Beziehungen NS-Deutschlands zu den skandinavischen Ländern fördern. Die „Kieler Schule“ der nationalsozialistisch ausgerichteten Rechtswissenschaft versuchte sich zwar energisch als „Stoßtrupp-Fakultät“ zu profilieren, scheiterte damit jedoch schon Ende der 1930er Jahre.

Ausgrenzung, Drangsalierung, Ausplünderung, Deportation und Ermordung der Juden liefen im preußischen Schleswig-Holstein unter Gestapo-Regie und mit behördlicher Unterstützung nach demselben Berliner Drehbuch ab wie in allen anderen Teilen des Reichs. Allerdings zählte die Nordprovinz nicht zu den Schrittmachern dieses Prozesses. Viele dort ansässige Juden zogen während der 1930er Jahre zunächst in die Metropolen Hamburg und Berlin; etwa 1.000 konnten Deutschland noch rechtzeitig verlassen. Die wenigen Zurückgebliebenen wurden seit Oktober 1941 in die Lager im besetzten Osteuropa verschleppt; etwa 750 kamen dort ums Leben. Neben niederdrückenden Beispielen für die mehr oder minder billigende Hinnahme, bisweilen aber auch die aktive Nutznießerschaft der nichtjüdischen Bevölkerung sind auch für Schleswig-Holstein einzelne Fälle von Rettungswiderstand gegen die staatliche Entrechtung der jüdischen Bürger überliefert, die sich allerdings nicht mit prominenten Namen verbinden.[62]

## 3.5 Der Zweite Weltkrieg in Schleswig-Holstein

Von Kriegshandlungen zu Lande blieb Schleswig-Holstein weitgehend verschont. Seine strategische Bedeutung als Landbrücke nach Skandinavien, als Ausgangspunkt für deutsche Flugoperationen und als Marinebasis rückte das vergleichsweise gut erreichbare Schleswig-Holstein jedoch schon frühzeitig in das Visier der alliierten Luftkriegsplaner. Vor allem galt das für den „Reichskriegshafen“ und Werftenstandort Kiel am östlichen Ende des Nord-Ostsee-Kanals. Bereits Anfang Juli 1940 erschütterte ein erster Luftschlag die Fördestadt, im zweiten Halbjahr 1943 folgten

61 Vgl. dazu: Wulf, Zustimmung. In: Lange, Geschichte 2003, S. 604f.; Danker/Schwabe, Schleswig-Holstein 2005, S. 61–65. Zum Nachstehenden vgl. Wulf, Zustimmung. In: Lange, Geschichte 2003, S. 605; Danker/Schwabe, Schleswig-Holstein 2005, S. 79–81; Cornelißen/Mish, Wissenschaft 2010; Wiener, Fakultät 2013.

62 Vgl. dazu Wulf, Zustimmung. In: Lange, Geschichte 2003, S. 608–611; Danker/Schwabe, Schleswig-Holstein 2005, S. 101–109; Goldberg, Abseits 2011.

sechs verheerende Flächenbombardements, und noch am 4. Mai 1945 traf ein letzter Großangriff die bereits weitgehend zerstörte Provinzhauptstadt. Die strategisch weniger bedeutsame, jedoch international bekanntere Hansestadt Lübeck hingegen wurde Ende März 1942 das erste Opfer des britischen Bombenkrieges gegen die deutsche Zivilbevölkerung. Die Grenzstadt Flensburg, immerhin Standort der symbolträchtigen Marineschule Mürwik und ebenfalls ein wichtiger Flottenstützpunkt, wurde – eher zufällig – von flächenhaften Luftbombardements fast völlig verschont. Auch sonst bewahrte seine ländlich-kleinstädtische Struktur und seine Lage jenseits der immer wieder angeflogenen Elbmetropole Hamburg Schleswig-Holstein vor flächenhaften Zerstörungen.[63] Außerhalb Kiels und Lübecks wurde der kriegsgesellschaftliche Alltag hier vor allem durch die massenhafte Unterbringung „ausgebombter" Großstädter aus Hamburg und Berlin bereits in spezifischer Weise geprägt, bevor sich im Winterhalbjahr 1944/45 der Flüchtlingsstrom an der Ostseeküste entlang und über See nach Schleswig-Holstein bewegte und dem Gegensatz von „Einheimischen" und „Fremden" im westdeutschen „Flüchtlingsland" par excellence eine neue, konfliktträchtige Dimension verlieh.

Ein eigenständiges Konzentrationslager wurde auf schleswig-holsteinischem Territorium nicht errichtet. Widerstandsaktivitäten regten sich dort noch schwächer als in anderen Teilen des „Altreichs";[64] die dänische Minderheit im Landesteil Schleswig wurde mit Rücksicht auf das „nordisch-arische" Nachbarland durch geheimpolizeiliche Überwachung und begrenzte Autonomiegewährung in ruhiger Isolation gehalten[65] und Kriegsgefangene wie auch „Fremdarbeiter" wurden vor allem dezentral zur Zwangsarbeit in der Landwirtschaft eingesetzt.[66] Zudem konzentrierten sich die Machtambitionen des Gauleiters und seiner regionalen Entourage zusehends auf die eroberten Territorien im Osten, wo Lohse auf Betreiben Rosenbergs seit Ende Juli 1941 unter dem Titel „Reichskommissar für das gesamte Ostland" (Lettland, Litauen, Estland, Weißruthenien) in Riga als Chef der Zivilverwaltung residierte.[67]

Im äußersten Südosten Hamburgs hatte sich seit 1938 das Konzentrationslager Neuengamme zum norddeutschen Zentrum des „SS-Staates" entwickelt. Von dort wurden Häftlinge während des Krieges in eine steigende Zahl von Außenlagern ge-

63 Vgl. dazu: Wulf, Zustimmung. In: Lange, Geschichte 2003, S. 617–619; Danker/Schwabe, Schleswig-Holstein 2005, S. 134–137.

64 Vgl. dazu: Omland, Frank: Der Provinziallandtag in Schleswig-Holstein 1919–1934. 2010. URL: http://www.akens.org/akens/texte/diverses/ProvLT.pdf [25.10.2017]; Imberger, Widerstand 1991.

65 Vgl. dazu: Wulf, Zustimmung. In: Lange, Geschichte 2003, S. 599f.; Danker/Schwabe, Schleswig-Holstein 2005, S. 48; Paul, Flensburg 1997.

66 Vgl. dazu: Danker/Schwabe, Schleswig-Holstein 2005, S. 78f., 138–140; Danker, Rückverschickung 2001; Danker u.a., Zwangsarbeitende 2004; Bohn, Ausländereinsatz 2002.

67 Vgl. dazu: Danker/Schwabe, Schleswig-Holstein 2005, S. 140–146; vgl. ferner Danker, Lohse 2003.

bracht. Im nordfriesischen Grenzgebiet zu Dänemark wurden sie während des „Endkampfes" im Winter 1944/45 von den Außenlagern Husum-Schwesing und Ladelund aus unter mörderischen Bedingungen zur Arbeit am schimärenhaften Abwehrbollwerk „Friesenwall" eingesetzt.[68] Unmittelbar vor Kriegsende ereignete sich an der Lübecker Bucht eine der bis heute nachhallenden Katastrophen in der Zusammenbruchsphase dieses Unterdrückungs- und Ausbeutungssystems. Seit dem 20. April 1945 wurden die Häftlinge des KZ Neuengamme evakuiert und etwa 9.000 Überlebende der Todesmärsche auf dem ehemaligen Luxusliner „Cap Arcona" und zwei weiteren Schiffen eingepfercht, welche als Zielscheibe für britische Kampfflugzeuge in der Lübecker Bucht vor Anker lagen. Tatsächlich wurden die „Cap Arcona" und die „Thielbek" am 3. Mai 1945 als vermeintliche Truppentransporter versenkt. Etwa 7.000 KZ-Häftlinge starben in der Ostsee.

Militärisch gestaltete sich das Kriegsende in Schleswig-Holstein deutlich anders als in weiten Teilen des „Altreichs". Die schrittweise Besetzung der Provinz durch britische Truppenverbände vollzog sich nahezu kampflos.[69] Dabei hatte es im äußersten Norden zunächst nach einem besonders verlustreichen „Endkampf" ausgesehen. Ende April 1945 gab der von Hitler zu seinem Nachfolger eingesetzte Großadmiral Karl Dönitz die Order aus, unter allen Umständen so lange wie möglich nach Osten einen Fluchtkorridor offen zu halten, und begab sich zunächst ins holsteinische Plön. In Erwartung heftiger Gegenwehr trachteten die Briten und Amerikaner das Land nun nochmals mit schwersten Luftschlägen sturmreif zu bomben. Auch auf dem Boden kam es am 29. April zu einer ersten verlustreichen Auseinandersetzung um den Lauenburger Elbübergang. Von dort konnten die Briten dann aber vom 2. bis zum 4. Mai über Lübeck und Kiel nach Flensburg vorrücken, ohne noch auf nennenswerte Gegenwehr zu stoßen. Auch nach der Teilkapitulation der Wehrmacht für den nordwestdeutschen Raum, die Niederlande und Dänemark am 5. Mai ließen die Alliierten die „Reichsregierung Dönitz" im abgeriegelten „Sondergebiet" der Marineschule einen grotesken Epilog des „Dritten Reiches" an der Flensburger Förde aufführen, bis ihre Spitzenrepräsentanten schließlich am 23. Mai 1945 unter spektakulären Umständen festgenommen und zur Vorbereitung der Nürnberger Kriegsverbrecherprozesse in ein US-Kriegsgefangenenlager im luxemburgischen Bad Mondorf abtransportiert wurden.

**68** Vgl. dazu: Danker/Schwabe, Schleswig-Holstein 2005, S. 124–128; Garbe, Neuengamme 2015.
**69** Vgl. dazu und zum Folgenden: Wulf, Zustimmung. In: Lange, Geschichte 2003, S. 615–612; Danker/Schwabe, Schleswig-Holstein 2005, S. 146ff.; Jürgensen, Kriegsende 1991.

## 3.6 Schleswig-Holstein – ein Hort des Nationalsozialismus vor, während und nach der NS-Herrschaft?

Die norddeutsche Grenzprovinz Schleswig-Holstein galt schon ausgangs der Weimarer Krisenzeit als eine auch im reichsweiten Vergleich herausragende Hochburg der aufstrebenden Hitler-Bewegung. Gleichwohl wurde von Landeshistorikern lange die Ansicht vertreten, die regionale NS-Herrschaft habe allenfalls normale, wenn nicht sogar provinziell abgemilderte Züge getragen. Diese Sichtweise ist seit den späten 1980er Jahren mit wachsendem Nachdruck bestritten worden. Zusehends durch empirische Befunde unterlegt, wurde die Gegenthese formuliert, Schleswig-Holstein sei von der Vorgeschichte über die Herrschaftsphase bis in „Bewältigungs"-Jahrzehnte der Nachkriegszeit eine in besonderer Weise NS-kontaminierte Region gewesen.[70]

Tatsächlich scheint einiges dafür zu sprechen, dass sich Schleswig-Holstein in mancherlei Hinsicht nicht nur während der Phasen der Machtanbahnung und Machtdurchsetzung, sondern auch während der Machtausübung als ein besonders fruchtbarer Boden für die totalitären Herrschaftsaspirationen der NSDAP erwiesen hat. Freilich würde sich dieser vermeintliche „Sonderweg" bei weiteren interregionalen Vergleichen wohl auch wieder relativieren.

# Literatur

Baumann, Ulrich: Zerstörte Nachbarschaften. Christen und Juden in badischen Landgemeinden 1862–1940. Hamburg 2000.

Bohn, Robert, u.a. (Hrsg.): Der „Ausländereinsatz" in Flensburg 1939–1945. Bielefeld 2002.

Bohn, Robert: Geschichte Schleswig-Holsteins. München [2]2015.

Bohn, Robert/Danker, Uwe (Hrsg.): „Standgericht der inneren Front". Das Sondergericht Altona/Kiel 1932–1945. Hamburg 1998.

Borgstedt, Angela: Gurs. Die Deportation der badischen Juden am 22. Oktober 1940. In: Weber, Reinhold u.a. (Hrsg.): Baden-Württembergische Erinnerungsorte. Stuttgart 2012, S. 472–481.

Borgstedt, Angela: „... zudem Volke Israel in einer geheimnisvollen Weise hingezogen". Der Einsatz von Hermann Maas und Gertrud Luckner für verfolgte Juden. In: Kißener, Michael (Hrsg.): Widerstand gegen die Judenverfolgung. Konstanz 1996, S. 227–259.

Bräunche, Ernst Otto: Die NSDAP in Baden 1928–1933. Der Weg zur Macht. In: Schnabel, Thomas (Hrsg.): Die Machtergreifung in Südwestdeutschland. Das Ende der Weimarer Republik in Baden und Württemberg 1928–1933. Stuttgart u.a. 1982, S. 15–48.

Cornelißen, Christoph/Mish, Carsten (Hrsg.): Wissenschaft an der Grenze. Die Universität Kiel im Nationalsozialismus. Essen [2]2010.

Cramer, Nils: Erbhof und Reichsnährstand. Landwirtschaft in Schleswig-Holstein 1933–1945. Husum 2013.

70 Vgl. Danker/Schwabe, Schleswig-Holstein 2005, S. 22f.

Danker, Uwe: Der schleswig-holsteinische NSDAP-Gauleiter Hinrich Lohse. Überlegungen zu seiner Biografie. In: Ruck, Michael/Pohl, Karl Heinrich (Hrsg.): Regionen im Nationalsozialismus. Bielefeld 2003, S. 91–120.

Danker, Uwe/Schwabe, Astrid: Schleswig-Holstein und der Nationalsozialismus. Handbuch – Lehrbuch – Lesebuch. Neumünster 2005.

Danker, Uwe: Volksgemeinschaft und Lebensraum. Die Neulandhalle als historischer Lernort. Neumünster 2014.

Danker, Uwe u.a. (Hrsg.): „Wir empfehlen Rückverschickung, da sich der Arbeitseinsatz nicht lohnt." Zwangsarbeit und Krankheit in Schleswig-Holstein 1939–1945. Bielefeld 2001.

Danker, Uwe u.a. (Hrsg.): Zwangsarbeitende im Kreis Nordfriesland 1939–1945. Bielefeld 2004.

Duggen, Hans/Wewer, Göttrik (Hrsg.): Schleswig-Holstein-Lexikon. Politik, Wirtschaft, Gesellschaft, Kultur. Opladen 2002.

Dussel, Konrad: Die Nazifizierung der deutschen Presse. Eine Fallstudie am Beispiel der Presse Badens 1932 bis 1944. In: Zeitschrift für die Geschichte des Oberrheins 161 (2013), S. 427–456.

Finger, Jürgen: Eigensinn im Einheitsstaat. NS-Schulpolitik in Württemberg, Baden und im Elsass 1933–1945. Baden-Baden 2016.

Frey, Bettina/Frick, Viola: Kultur. In: Engehausen, Frank/Bräunche, Ernst Otto (Hrsg.): 1933 – Karlsruhe und der Beginn des Dritten Reiches. Karlsruhe 2008, S. 119–130.

Furtwängler, Martin (Bearb.): Die Protokolle der Regierung der Republik Baden. Bd. 1. Stuttgart 2012.

Gall, Lothar: Der Liberalismus als regierende Partei. Das Großherzogtum Baden zwischen Restauration und Reichsgründung. Wiesbaden 1968.

Garbe, Detlef: Neuengamme im System der Konzentrationslager. Studien zur Ereignis- und Rezeptionsgeschichte. Berlin 2015.

Goldberg, Bettina: Abseits der Metropolen. Die jüdische Minderheit in Schleswig-Holstein. Neumünster 2011.

Haus der Geschichte Baden-Württemberg (Hrsg.): Anständig gehandelt. Widerstand und Volksgemeinschaft 1933–1945. Katalog zur Ausstellung im Haus der Geschichte Baden-Württemberg. Stuttgart 2012.

Heberle, Rudolf: Landbevölkerung und Nationalsozialismus. Eine soziologische Untersuchung der politischen Willensbildung in Schleswig-Holstein 1918–1932. Stuttgart 1963 (Vierteljahrshefte für Zeitgeschichte, 6).

Hoffmann, Erich/Wulf, Peter (Hrsg.): „Wir bauen das Reich". Aufstieg und erste Herrschaftsjahre des Nationalsozialismus in Schleswig-Holstein. Neumünster 1983, S. 393–422.

Imberger, Elke: Widerstand „von unten". Widerstand und Dissens aus den Reihen der Arbeiterbewegung in Lübeck und Zeugen Jehovas in Schleswig-Holstein 1933–1945. Neumünster 1991.

Jensen, Jürgen/Wulf, Peter: Geschichte der Stadt Kiel. Neumünster $^{2}$1992.

Jürgensen, Kurt: Kriegsende 1945 in Schleswig-Holstein und in Dänemark. In: Bohn, Robert u.a. (Hrsg.): Neutralität und totalitäre Aggression. Nordeuropa und die Großmächte im Zweiten Weltkrieg. Stuttgart 1991, S. 271–281.

Jürgensen, Kurt: Die Gleichschaltung der Provinzialverwaltung. Ein Beitrag zur Durchsetzung der nationalsozialistischen Herrschaft in Schleswig-Holstein (1932–1934). In: Hoffmann, Erich/Wulf, Peter (Hrsg.): „Wir bauen das Reich". Aufstieg und erste Herrschaftsjahre des Nationalsozialismus in Schleswig-Holstein. Neumünster 1983, S. 393–422.

Kaller, Gerhard: Baden in der Zeit des Nationalsozialismus. In: Schwarzmaier, Hansmartin u.a. (Hrsg.): Handbuch der baden-württembergischen Geschichte. Bd. 4.: Die Länder seit 1918. Stuttgart 2003, S. 151–230.

Kißener, Michael: „Preussisches Probierländle“? Über die Eigenart des badischen Kulturkampfes. In: Historisches Jahrbuch 122 (2002), S. 235–262.

Kißener, Michael: Zwischen Diktatur und Demokratie. Badische Richter 1919–1952. Konstanz 2003.

Kißener, Michael/Scholtyseck, Joachim (Hrsg.): Die Führer der Provinz. NS-Biographien aus Baden und Württemberg. Konstanz [3]2015.

Klausing, Caroline: Die Bekennende Kirche in Baden. Machtverhältnisse und innerkirchliche Führungskonflikte 1933–1945. Stuttgart 2014.

Landeszentrale für Politische Bildung Baden-Württemberg/Haus der Geschichte Baden-Württemberg (Hrsg.): Formen des Widerstandes im Südwesten 1933–1945. Scheitern und Nachwirken. Ulm 1994.

Lange, Ulrich (Hrsg.): Geschichte Schleswig-Holsteins. Von den Anfängen bis zur Gegenwart. Neumünster [2]2003.

Lehmann, Sebastian: Kreisleiter der NSDAP in Schleswig-Holstein. Lebensläufe und Herrschaftspraxis einer regionalen Machtelite. Bielefeld 2007.

Lokers, Jan/Hundt, Michael (Hrsg.): Das Ende des eigenständigen Lübecker Staates im Jahre 1937. Vorgeschichte, Ablauf und Folgen einer stadtgeschichtlichen Zäsur. Lübeck 2014.

Martens, Holger: Hamburgs Weg zur Metropole. Von der Groß-Hamburg-Frage zum Bezirksverwaltungsgesetz. Hamburg 2004.

Matz, Klaus-Jürgen: Baden-Württemberg – Ein Bundesland entsteht. In: Rinker, Reiner/Setzler, Wilfried (Hrsg.): Die Geschichte Baden-Württembergs. Stuttgart 1987, S. 290–301.

Matz, Klaus-Jürgen: Das Land Baden. In: Schwarzmaier, Hansmartin/Schaab, Meinrad (Hrsg.): Handbuch der Baden-Württembergischen Geschichte. Bd. 4. Stuttgart 2003, S. 477–518.

Meyer, Gerhard: Vom Ersten Weltkrieg bis 1996. Lübeck im Kräftefeld rasch wechselnder Verhältnisse. In: Graßmann, Antjekathrin (Hrsg.): Lübeckische Geschichte. Lübeck [4]2008, S. 687–778.

Oddey, Markus: Unter Druck gesetzt. Presse und Nationalsozialismus in Schleswig-Holstein. Struktur – Wahrnehmung – Herrschaftsakzeptanz. Eutin 2006.

Ott, Hugo: Universitäten und Hochschulen. In: Borst, Otto (Hrsg.): Das Dritte Reich in Baden und Württemberg. Stuttgart 1988, S. 137–148.

Ott, Hugo: Zum 60. Todestag von Erzbischof Dr. Conrad Gröber. Rede bei der Gedenkfeier der Stadt Meßkirch am 14. Februar 2008 im Schloss Meßkirch. In: Meßkircher Heimathefte 16 (2008/2009), S. 153–163.

Paul, Gerhard (Bearb.): „Flensburg meldet ...!“ Flensburg und das deutsch-dänische Grenzgebiet im Spiegel der Berichterstattung der Geheimen Staatspolizei und des Sicherheitsdienstes (SD) des Reichsführers SS (1933–1945). Flensburg 1997.

Paul, Gerhard/Gillis-Carlebach, Miriam (Hrsg.): Menora und Hakenkreuz. Zur Geschichte der Juden in und aus Schleswig-Holstein, Lübeck und Altona (1918–1998). Neumünster 1998.

Paul, Gerhard: Staatlicher Terror und gesellschaftliche Verrohung. Die Gestapo in Schleswig-Holstein. Hamburg 1996.

Peter, Roland: NS-Wirtschaft in einer Grenzregion. Die badische Rüstungsindustrie im Zweiten Weltkrieg. In: Rauh-Kühne, Cornelia/Ruck, Michael (Hrsg.): Regionale Eliten zwischen Diktatur und Demokratie. Baden und Württemberg 1930–1952. München 1993, S. 171–193.

Peter, Roland: Rüstungsindustrie in Baden. Nationalsozialistische Kriegswirtschaft in einer Grenzregion. München 1995 (Beiträge zur Militärgeschichte, 44).

Peters, Christian: Nationalsozialistische Machtdurchsetzung in Kleinstädten. Eine vergleichende Studie zu Quakenbrück und Heide/Holstein. Bielefeld 2015.

Piehler, Herbert/Duggen Hans, Art. „Kirche, katholische“. In: Duggen, Hans/Wewer, Göttrik (Hrsg.): Schleswig-Holstein-Lexikon. Politik, Wirtschaft, Gesellschaft, Kultur. Opladen 2002, S. 165f.

Pohl, Karl Heinrich/Ruck, Michael: Einleitung. In: Ruck, Michael/Pohl, Karl Heinrich (Hrsg.): Regionen im Nationalsozialismus. Bielefeld 2003 (Institut für schleswig-holsteinische Zeit- und Regionalgeschichte. Schriftenreihe, 10), S. 7–13.

Rehberger, Horst: Die Gleichschaltung des Landes Baden 1932/33. Heidelberg 1966.

Ruck, Michael: Anpassung – Selbstgleichschaltung – Zerschlagung. Die Gewerkschaften in Flensburg und im Deutschen Reich nach der Machtübertragung an Hitler 1933. Flensburg 2014.

Ruck, Michael: Auf dem „Sonderweg"? Personelle Rekonstruktion und Modernisierung der Verwaltungen in Schleswig-Holstein bis zum „Ende der Nachkriegszeit". In: Demokratische Geschichte. Jahrbuch für Schleswig-Holstein 19 (2008), S. 131–143.

Ruck, Michael: Ein Provisorium im Strukturwandel – Schleswig-Holsteins prekäre Existenz als deutscher Gliedstaat. In: Demokratische Geschichte. Jahrbuch für Schleswig-Holstein 25 (2014), S. 251–284.

Ruck, Michael: Korpsgeist und Staatsbewußtsein. Beamte im deutschen Südwesten 1928 bis 1972. München 1996 (Nationalsozialismus und Nachkriegszeit in Südwestdeutschland, 4).

Ruck, Michael/Pohl, Karl H. (Hrsg.): Regionen im Nationalsozialismus. Bielefeld 2003.

Ruck, Michael: Wandel und Beharrung. Die territoriale Entwicklung der nördlichen Länder Deutschlands im 19./20. Jahrhundert. In: Schmidt-Jortzig, Edzard/Voscherau, Henning (Hrsg.): Nordstaat. Interdisziplinäre Untersuchung zu Chancen und Risiken einer künftigen Zusammenarbeit oder Fusion norddeutscher Bundesländer. Kiel 2006, S. 1–61.

Schirmann, Léon: Altonaer Blutsonntag – 17. Juli 1932. Dichtungen und Wahrheit. Hamburg 1994.

Schmider, Christoph: Die Freiburger Bischöfe. 175 Jahre Erzbistum Freiburg. Eine Geschichte in Lebensbildern. Freiburg u.a. 2002, S. 143–150.

Schnabel, Thomas: Adel und Nationalsozialismus im deutschen Südwesten. Ein Vorwort. In: Haus der Geschichte Baden-Württemberg (Hrsg.): Adel und Nationalsozialismus im deutschen Südwesten. Stuttgart 2007, S. 7–16.

Schubert, Werner: Zur Geschichte der Justizverfassung in Schleswig-Holstein im 19. und 20. Jahrhundert. Quellen und Studien. Frankfurt a.M. u.a. 2012.

Schwalbach, Bruno: Erzbischof Dr. Conrad Gröber und die nationalsozialistische Diktatur. Eine Studie zum Episkopat des Metropoliten der Oberrheinischen Kirchenprovinz während des Dritten Reiches. Karlsruhe 1986.

Schwarzmeier, Hansmartin: Politische Grenzziehung und historische Bewußtseinsbildung im deutschen Südwesten. In: Blätter für deutsche Landesgeschichte 121 (1985), S. 83–114.

Steensen, Thomas: Geschichte Nordfrieslands von 1918 bis in die Gegenwart. Bredstedt $^{3}$2006 (Geschichte Nordfrieslands, 5), S. 63–112, 212–215.

Stiefel, Karl: Baden 1648–1952. Bd. 1. Karlsruhe 1977.

Stolle, Michael: Die Geheime Staatspolizei in Baden. Personal, Organisation, Wirkung und Nachwirken einer regionalen Verfolgungsbehörde im Dritten Reich. Konstanz 2001.

Stoltenberg, Gerhard: Politische Strömungen im schleswig-holsteinischen Landvolk 1918–1933. Ein Beitrag zur politischen Willensbildung in der Weimarer Republik. Düsseldorf 1962.

Weber, Reinhold: Baden und Württemberg 1918–1945. Leinfelden-Echterdingen 2008.

Wennemuth, Udo (Hrsg.): Unterdrückung – Anpassung – Bekenntnis. Die Evangelische Kirche in Baden im Dritten Reich und in der Nachkriegszeit. Karlsruhe 2009.

Wiener, Christina: Kieler Fakultät und „Kieler Schule". Die Rechtslehrer an der Rechts- und Staatswissenschaftlichen Fakultät zu Kiel in der Zeit des Nationalsozialismus und ihre Entnazifizierung. Baden-Baden 2013.

Wollasch, Hans-Josef: „Betrifft: Nachrichtenzentrale des Erzbischofs Gröber in Freiburg". Die Ermittlungsakten der Geheimen Staatspolizei gegen Gertrud Luckner 1942–1944. Konstanz 1999.

Wulf, Peter: Die Stadt in der nationalsozialistischen Zeit 1933–1945. In: Jensen, Jürgen/Wulf, Peter (Hrsg.): Geschichte der Stadt Kiel. Neumünster $^{2}$1992, S. 359–397, 539–541.

## Online-Ressourcen

Omland, Frank: Der Provinziallandtag in Schleswig-Holstein 1919–1934 (2010). URL: http://www.akens.org/akens/texte/diverses/ProvLT.pdf [25.10.2017].

Schleswig Holstein Journal. Als Schleswig Holstein preußisch wurde. URL: http://www.e-pages.dk/shzsonderbeilagen/223/ [25.10.2017].

Wolf, Christof: Religionszugehörigkeit in Westdeutschland 1939–1987. Köln 1999. URL: http://www.uni-koeln.de/wiso-fak/fisoz/Mitarbeiter/Wolf/Veroeffentlichungen/Religion.pdf [25.10.2016].

Winfried Müller & Martina Steber

# „Heimat". Region und Identitätskonstruktionen im 19. und 20. Jahrhundert

## 1 Einleitung

Sehnten sich die einen nach dem kleinen Raum, verlangten sie nach Überschaubarkeit, Vertrautheit und Beheimatung in der Region, lehnten die anderen genau dies kategorisch ab, wiesen es als rückwärtsgewandte Attitüde und Flucht in die vormoderne Idylle entschieden zurück. Diese Ambivalenz bestimmte die Geschichte des kleinen Raums in der Moderne. Sie verweist auf eine spezifisch moderne Dimension von Räumlichkeit, die im 19. und 20. Jahrhundert in Deutschland große Wirkmächtigkeit entfaltete: Räume wurden gedeutet und imaginiert, mit Ideen verknüpft, mit Ordnungsvorstellungen unterlegt, wurden politisiert und wieder de-politisiert. „Heimat", aus der Sprache des Rechts kommend, fasste seit dem späten 19. Jahrhundert die positiv konnotierte Vorstellung vom Leben im kleinen und vertrauten Raum in einen wirkungsvollen Begriff. Ein ganzes Geflecht von Vereinen, Verbänden, Bünden, wissenschaftlichen Institutionen, staatlichen wie kommunalen Ämtern sowie intellektuellen Netzwerken entfaltete sich seit der Wende vom 19. zum 20. Jahrhundert und wusste sich der Aufgabe verpflichtet, die „Heimat" zu bewahren. Denn in zunehmendem Maße wurden die Umwälzungen, die Industrialisierung, Urbanisierung und Arbeitsmigration mit sich brachten, als Bedrohung traditioneller Lebenswelten wahrgenommen – als ‚Entwurzelung' des Menschen, als zerstörerischer Eingriff in die Landschaft und ins vertraute Städtebild. Der emotional kodierte Heimatgedanke entstand in einer mobilen Gesellschaft aus der Sehnsucht nach bereits verlorenen oder verschwindenden Lebenswelten. Um 1900 bündelte die Heimatschutzbewegung diese Ideen und setzte sie in vielfältige Initiativen um. Landesgeschichte und Volkskunde etablierten sich in diesem Kontext als Wissenschaftsdisziplinen, die im Prozess der Traditionssicherung identitätsbildende Wirkung entfalteten. Indem sie ihren Forschungsgegenstand im kulturellen Gedächtnis als Erinnerungslandschaft auf Dauer stellten, konstituierten sie diesen zugleich.

Dabei knüpften alle Deutungen an bestehende Räume an: an Kultur-, an Verkehrs- oder Verwaltungsräume. Diese räumlichen Zusammenhänge verdichteten sich im Laufe des 19. und 20. Jahrhunderts, angetrieben durch den Ausbau der Verkehrsnetze, der Kommunikationsinfrastruktur und durch die Expansion moderner Staatlichkeit. Der Rekurs auf überschaubare, ‚heimatliche' Räume ging mit der Herausbildung transregionaler Räume Hand in Hand: Regionalisierung und Nationalisierung, Regionalisierung und Globalisierung waren und sind reziproke Prozesse der Moderne, aus denen sich das Spannungsfeld von Homogenisierung einerseits und der verstärkten Betonung von kulturellen Besonderheiten und Identitäten an-

https://doi.org/10.1515/9783110354188-022

dererseits ableitete. Die politische Wirkung einer Revitalisierung regionaler Kulturen zeigt sich in Europa seit den 1970er Jahren immer wieder, ob in Schottland, im Baskenland oder in Katalonien. Dass der Regionalismus dabei in jüngster Zeit nicht mehr im Gewande altväterlicher Heimattümelei auftritt, sondern auch Teil einer von der Jugend mitgetragenen zornigen Protestbewegung ist, steht dabei in unverkennbarem Gegensatz zu der lange Zeit auch in der Geschichtswissenschaft dominanten Lesart, die davon ausging, dass der kleine Raum fortschreitend an Relevanz verliere und der Rückzugsort all jener sei, die die Moderne ablehnten.

Die Dynamik und Wirkmächtigkeit des kleinen Raumes wird im Folgenden an zwei Beispielen – Sachsen und dem bayerischen Schwaben – verdeutlicht. Dabei handelt es sich um zwei sehr unterschiedliche Typen von Regionen. Sachsen gehörte in der Vormoderne zu den wichtigsten Territorien des Alten Reichs, war als Mutterland der Reformation lange Zeit Führungsmacht für die protestantische Konfessionskultur, verfolgte zwischen 1697 und 1763 durch die sächsisch-polnische Personalunion internationale Ambitionen und wurde im 19. Jahrhundert – ungeachtet der territorialen Einbußen auf dem Wiener Kongress 1815 – eine der Kernregionen der Industrialisierung in Deutschland. Erst die DDR setzte dieser Ländertradition 1952 ein Ende, bis sie 1990 im wiedervereinigten Deutschland wieder begründet wurde. Das bayerische Schwaben war dagegen ein bloßer Verwaltungsbezirk zunächst des Königsreichs und dann des Freistaats Bayern, mehr noch, als Region bildete es sich erst im Kontext des Königreichs aus. Bis weit ins 20. Jahrhundert wirkte die Pluralität von Herrschaftsformen nach, die diese Landschaft des Alten Reiches auszeichnete. Reichsstädte, Adels- und Patrizierherrschaften, vorderösterreichische und wittelsbachische Besitzungen, das bischöfliche Territorium und klösterliche Besitzungen schufen ein komplexes regionales Beziehungsgeflecht und hinterließen nach oftmals schmerzlich erfahrener Säkularisation und Mediatisierung eine reichhaltige Erinnerungskultur.

Während Sachsen mit Dresden, Leipzig und Chemnitz über industrielle Zentren von Rang verfügte, kam dem im bayerischen Schwaben allein die Großstadt Augsburg gleich. Beide Regionen allerdings zeichneten sich durch weite ländliche, vornehmlich dörflich und kleinstädtisch geprägte Gebiete aus, die durchaus auch industriell erschlossen waren. Die intellektuelle Kultur Sachsens zog ihre Kraft aus den Hochschulstandorten Leipzig und Dresden, das bayerische Schwaben hatte kaum Vergleichbares vorzuweisen. Hier prägte das groß- und mittelstädtische Bürgertum das kulturelle Leben. Nicht zuletzt unterschieden sich die beiden Regionen in konfessioneller Hinsicht: Sachsens Bevölkerung – nicht der 1697 katholisch gewordene Hof – war protestantisch geprägt; das bayerische Schwaben war zwar überwiegend katholisch, zeichnete sich allerdings durch bedeutende protestantische Teilräume aus. So verschieden die beiden Regionen auch waren: Das Regionale und der Heimatdiskurs spielten hier wie dort eine wichtige Rolle auf dem Weg in die Moderne – und zwar trotz aller politisch-kulturellen Unterschiede über weite Strecken in bemerkenswerter Analogie. Diese Beobachtung bezieht sich auf die Profilierung des Heimatschutzgedankens um 1900 ebenso wie auf die rechte Ideologisierung und Politisierung des Heimatbegriffs in der Weimarer Republik und durch das NS-Regime. In den nationalsozialistischen Gauen Sachsen und Schwaben nutzten die Nationalsozialisten das Regionale als Instrument der Herrschaftssicherung und Ideologievermittlung. Der Umgang mit diesem Erbe unterschied sich nach 1945 allerdings: Im bayerischen Schwaben dominierte zunächst ein tendenziell separatistisches, in der Tradition des alten Heimatschutzes stehendes tribalistisches Heimatverständnis, ehe der Begriff der „Heimat“ dann seit den 1970er Jahren in zweifacher Hinsicht neue Bedeutung erlangte: einerseits als Anker liberal-konservativer Identität, andererseits als linker Sehnsuchtsort der alternativen Bewegungen. In Sachsen bzw. im zentralistischen Einheitsstaat der DDR wurden die Organisationen der alten Heimatbewegung hingegen nach 1945 verboten oder enteignet mit dem Ziel einer Beheimatung der Menschen in der sich formierenden sozialistischen Gesellschaft. Dass das Oktroy eines nicht mehr lokal oder territorial verorteten, geographisch determinierten Heimatbegriffs die Adressaten nur sehr bedingt erreichte, zeigte sich in Sachsen im Prozess der Reföderalisierung und mentalen Reterritoralisierung nach 1989 deutlich.

Der kleine Raum hat auch in Zeiten der Globalisierung seine Bedeutung nicht verloren, ganz im Gegenteil. Die Sehnsucht nach lokalisierbarer „Heimat“ und nach regionaler Identität prägt unsere Gegenwart. Noch immer trägt sie das Potenzial der Ideologisierung und Politisierung in sich. Ein neutraler Sehnsuchtsort war „Heimat“ in der Moderne nie, vielmehr eine umkämpfte, uneindeutige und vielschichtige Idee, deren Wirkung jedenfalls kaum überschätzt werden kann.

# 2 Sachsen

Winfried Müller

## 2.1 Heimatgedanke und Mobilität

Wenn im 1781 erschienenen 22. Band der von Johann Georg Krünitz begründeten „Oeconomischen Encyclopädie“ Heimweh als ein „heftiges Verlangen nach seinem Vaterlande, nach seiner Heimath“ bezeichnet wurde, das vor allem jene befalle, „welche sich eine Zeit lang in der Fremde aufhalten“, so wurde diese „innerliche Zuneigung zu dem Bande der Gesellschaft, in welcher man geboren ist, und einen großen Theil seiner Jahre von Kindheit an zugebracht hat“, zwar grundsätzlich allen Menschen zugeschrieben.[1] Das damit verbundene Krankheitsbild der Melancholie meinte man indes – erste Belege dafür finden sich schon anfangs des 18. Jahrhun-

1 Zitate nach: Piltz, Verortung 2007, S. 58.

derts[2] – vor allem bei den Schweizern zu erkennen. Das mithin als Schweizer Krankheit apostrophierte Heimweh wurde dann in einem Prozess der Stereotypenbildung auf Bergvölker im Allgemeinen ausgedehnt, und offenkundig kam der Begriff in Sachsen deshalb zunächst im Erzgebirge an. Die Verfasser der 1804 in dritter Auflage erschienenen „Erdbeschreibung von Kursachsen und den jetzt dazugehörenden Ländern" meinten jedenfalls, das Heimweh als eine Besonderheit des erzgebirgischen Charakters ermitteln zu können:

> Gleich dem Schweizer, Tyroler und andern Bergbewohnern sehnt sich auch der Erzgebirger, geht es gleich in fernen Landen ihm wohl, doch immer wieder auf seine Berge, in seine Thäler zurück. Viele Hunderte ziehen fast den größten Theil des Jahres mit Blechwaaren [...] mit Spielzeug, mit Bändern und Spitzen [...] mit Pulvern, Pillen, Pflastern u.s.w. herum; aber zum Winter kehren sie heim [...] wie die Strichvögel und verzehren [...] oft in ganz verschneiter Heimath den sauer erworbnen Verdienst mit Weib und Kinde [...].[3]

Dass Heimatgefühle vorzugsweise den Bewohnern gebirgiger Regionen zuerkannt wurden – eine Zuschreibung, deren Fernwirkung bis in den Folklorismus und die Volksmusiksendungen der Gegenwart reicht –, dafür gibt es wohl verschiedene Gründe. War es die von der Unzugänglichkeit der Berge und der Abgeschlossenheit ihrer Täler abgeleitete Bildlogik des verborgenen Schatzes Heimat, der nur von den mit dem inneren Kompass des Heimwehs Ausgestatteten in schwer zugänglichem Gelände gefunden werden konnte?[4] Oder war es – und viel spricht für dieses sozialgeschichtliche Argument – das Faktum, dass die Bewohner karger Gebirgsregionen mit eingeschränkten Möglichkeiten der Subsistenzsicherung eine Erfahrung voraushatten, die im 19. Jahrhundert zum Massenphänomen der Arbeitsmigration und Landflucht werden sollte: dass die Geburts- und Herkunftsregion zumindest vorübergehend verlassen werden musste. Bereits in den zitierten frühen Texten wurde dies als Entfremdung von herkömmlichen sozialen Bindungen und als Entwurzelung, als eine durch Heimweh kompensierte Störung aufgefasst, während der Rückkehr in die Heimat eine durch den Vergleich mit den „Strichvögeln" nahegelegte naturwüchsige Qualität zugeschrieben wurde. Demnach waren es gerade die auf die „verlassenen Räume und sozialen Kontexte" gerichteten Heimatgefühle in fremder Umgebungsgesellschaft,[5] die den Heimatdiskurs entstehen ließen. Zu dieser „Entstehung des Heimatgedankens aus der Mobilität"[6] würde es passen, dass gerade das früh industrialisierte, stark von Arbeitsmigration und Urbanisierung geprägte Königreich Sachsen im späten 19. und frühen 20. Jahrhundert in verdichteter Form die Arena für

2 Vgl. Grimm, Wörterbuch. Bd. 4/2 1877, Sp. 884.
3 Zitat nach: Friedreich, Entstehung 2010, S. 92.
4 Vgl. ebd., S. 93.
5 Seifert, Heimat 2012, S. 21.
6 Vgl. Friedreich, Entstehung 2010, S. 87–101.

Bewegungen wurde, die auf die „verlorenen Lebenswelten“[7] der vorindustriellen Gesellschaft rekurrierten und einen territorial verorteten, auf das dörflich-ländliche Ambiente und die schöne Naturlandschaft fokussierten Heimatbegriff vertraten: Denkmalpflege und Volkskunstsammlungen, Heimat- und Naturschutz, aber auch akademische Disziplinen wie Volkskunde und Landesgeschichte sind hier zu nennen.

## 2.2 Rechtliche Dimensionen des Heimatbegriffs im 19. Jahrhundert

Zugleich aber war das im Prozess der frühen Industrialisierung mit den Problemen von Mobilität und prekären Lebensverhältnissen konfrontierte Sachsen im 19. Jahrhundert als Mitglied des Deutschen Bundes ein (teil-)souveräner Verwaltungsstaat, der sich 1831 eine eigene Verfassung gegeben hatte.[8] Anknüpfend an ältere, herkunfts- und besitzrechtliche Wortbedeutungen, für die u.a. „das heimath“ für Haus und Hof stand,[9] wurde mithin auch juristisch um Heimat sowie damit verbundene Rechte und Pflichten gerungen. Namentlich sind hier das Mandat über die Niederlassung von Ausländern vom 13. Mai 1831 und das sächsische „Heimaths-Gesetz“ vom 26. November 1834 zu nennen,[10] das die in der Verfassung angekündigte Ausgestaltung des Staatsbürgerrechts und des damit eng verknüpften Wohnsitz- und Heimatrechts brachte. Wenn dabei „Entstehungsgründe“[11] der Staatsangehörigkeit definiert wurden, so lautete die zentrale Frage für jene, die nicht auf der Grundlage von Geburt und Abstammung sächsische Untertanen waren: Welche Möglichkeiten gibt es, dieses Recht zu erwerben – mit der praktisch-lebensweltlichen Konsequenz des „Heimaths- und Wohnsitzrechts“ in einer Gemeinde, die dann für den Fall der Verarmung in die sozialpolitische Haftung genommen wurde. Davon leitete sich die defensive Stoßrichtung des Mandats von 1831 ab, es „sollte dadurch nur dem Zudrange gewerbetreibender Ausländer ein Damm entgegengesetzt werden im Interesse der Innungen und der Gewerbetreibenden, und zugleich den Gemeinden Schutz gegen die mögliche Verarmung solcher Ausländer gewährt werden“.[12] Das Armutsproblem und die damit drohende finanzielle Belastung der Kommunen prägten dann auch das Gesetz von 1834, das die sächsische Bevölkerung sogenannten Heimatbezirken zuordnete, Kriterien für den Erwerb der Heimatzugehörigkeit festlegte und Hilfsbedürftige an jene Gemeinde verwies, in der sie heimatberechtigt waren.

---

7 Laslett, Lebenswelten 1988.

8 Vgl. Müller, Stagnation, S. 179ff.

9 Vgl. Grimm, Wörterbuch. Bd. 4/2 1877, Sp. 865; Krockow, Heimat 1990, S. 59f.

10 Vgl. Vogel, Migration 2014, S. 37ff.

11 Zitiert nach Vogel, Migration 2014, S. 60.

12 Verhandlungen der II. Kammer des Sächsischen Landtags vom 05.03.1852, zitiert nach: Vogel, Migration 2014, S. 56.

Es war also nicht mehr automatisch der Aufenthaltsort im Notfall zuständig, sondern der Heimatort stand in der Pflicht – und zwar nur für jene, die die für den Erwerb der Staatsbürgerschaft aufgestellten Hürden genommen hatten. Ausländer, die nicht mehr für ihren Unterhalt aufkommen konnten, durften ausgewiesen werden. Dass sich die Kommunen „gegen die überlokalen Kräfte staatlicher und ökonomischer Egalisierung"[13] abschotteten, mag verständlich gewesen sein, solange die Versorgungslast bei ihnen lag. Zugleich war aber auch klar, dass – wie es in der zeitgleich in Österreich geführten Diskussion auf den Punkt gebracht wurde – die gesetzlichen Regelungen auf die „alten Zeiten" berechnet waren, „wo besonders wegen des fast ausschließenden Betriebes der Gewerbe in den Städten, und wegen der gutsherrlichen Verhältnisse auf dem Lande, den Unterthanen sich die Gelegenheit seltener darboth, außer ihrem Geburtsorte dem Erwerbe selbständig nachzugehen".[14] Praktikabel war ein solches Gesetz in der zweiten Hälfte des 19. Jahrhunderts unter den Bedingungen erhöhter Mobilität freilich nicht mehr, und folgerichtig wurde ja letztlich auch die kommunale Fürsorge durch eine staatliche Sozialpolitik abgelöst. Worauf es in unserem Zusammenhang freilich ankommt, ist die Operationalisierung des Heimatbegriffs in einer von Politikern und Juristen geführten und mit finanziellen Folgelasten kalkulierenden Inklusions- und Exklusionsdebatte, die zwischen Staatsangehörigen und Ausländern unterschied und Letzteren in Notfällen das Aufenthaltsrecht bestritt. Sie stand in hartem Kontrast zu einem auf emotionale Bindungen und Heimweh rekurrierenden Heimatbegriff und verweist auf das bis in die Gegenwart gültige Changieren von Heimat „zwischen Emotion und Kalkül".[15]

Wie anachronistisch ein an den vorindustriellen Verhältnissen orientiertes Heimatgesetz war, wird rasch deutlich, wenn man sich die ökonomische und demographische Entwicklung Sachsens im 19. Jahrhundert etwas näher ansieht. Das 1806 von Napoleon zum Königreich erhobene Land hatte zwar auf dem Wiener Kongress ca. zwei Drittel seiner Fläche und ca. 50 % der Bevölkerung an Preußen abtreten müssen,[16] verfügte aber an der Schwelle zum Industriezeitalter über „eine ganze Reihe protoindustrieller Gewerbelandschaften", in denen Verbrauchsgüter wie Textilien oder Haushaltswaren „für überregionale Märkte produziert wurden"[17] und die vor allem in der Erzgebirgsregion mit ihren zahlreichen Wasserläufen günstige Voraussetzungen für den Eintritt ins Industrie- und Maschinenzeitalter boten. Dazu kam eine lange, vom Bergbau abgeleitete Tradition der technologischen Innovationsbereitschaft, die den frühzeitigen Einsatz englischer Maschinen sowie die Ent-

**13** Weichlein, Nation 2004, S. 204.
**14** Zitiert nach: Wendelin, Schub 2000, S. 197.
**15** Seifert, Emotion 2010.
**16** Vgl. Richter, Wiener Kongress 2015.
**17** Karlsch/Schäfer, Wirtschaftsgeschichte 2006, S. 20.

wicklung des einheimischen Maschinenbaus gleichermaßen vorantrieb. Ein entscheidender Standortvorteil war es schließlich, dass im Plauenschen Grund bei Dresden und im Zwickauer Becken mit der Steinkohle ein für das Industriezeitalter zentraler Energieträger vorhanden war. Kurzum: Sachsen war dafür prädestiniert, im Prozess der Industrialisierung eine führende Rolle einzunehmen – musste aber im Gegenzug auch früh mit den Folgen umgehen. Eingriffe in die Landschaft, etwa durch den in Sachsen besonders früh geförderten Eisenbahnbau, sind hier ebenso zu nennen wie frühe Klagen über Umweltverschmutzung und -schäden durch Rauchemission. Dieser Weg „vom Biotop ins Technotop"[18] war erstens ein urbanes Phänomen, das keineswegs nur auf das ‚sächsische Manchester' Chemnitz beschränkt war. Auch die Handels- und Messestadt Leipzig mit polygraphischer und Textilindustrie sowie Dresden mit dem feinmechanischen Zweig des Maschinenbaus und der Genussmittelproduktion waren bedeutende Industriestandorte, in denen die demographische Kurve steil nach oben wies. Dies galt zweitens aber nicht nur für die drei Großstädte, sondern es gab daneben noch eine ganze Reihe weiterer industriell geprägter Städte wie Zwickau, Plauen oder Crimmitschau. Und drittens spielte sich die Industrialisierung in Sachsen nicht zuletzt auch im ländlichen Raum ab. Die Folge waren Industriedörfer wie etwa das kleinbäuerliche Kriebstein im Zschopautal, wo 1856 die Papierfabriken Kübler & Niethammer gegründet wurden, die sich mit dem seit 1877 hergestellten Rollendruckpapier für Zeitungen national wie international als Branchenführer etablierten. Dass im ländlichen Raum ein attraktiver Anlaufpunkt für Arbeitskräfte entstand, mit dem die benachbarten adeligen Rittergutsbesitzer nicht mithalten konnten, dass die Fabriken die natürlichen Ressourcen wie die Wasserkraft nutzten und umleiteten, zugleich durch Abwasser und Rauch die Umwelt belasteten, die ‚technische Möblierung' der Landschaft mit Fabriken, Schloten, neuen Transportwegen und -mitteln – dies alles führte zur bildhaft in die Antithetik von Schloss und Fabrik übersetzten Verschränkung von sozialen und Umweltkonflikten zwischen erfolgreichem Unternehmertum und den ökonomisch zurückfallenden alten lokalen Eliten.[19]

## 2.3 Heimatschutzbewegung, Volkskunde und Landesgeschichte um 1900

Neben der Konstruktion aus der Mobilität war es in Sachsen also auch die flächenhafte Industrialisierung, die zum Motor für modernisierungskritische Reformbewegungen wurde. Letztere hatten insbesondere in Dresden ihr Zentrum: 1907/08 wurde dort mit der Gründung der ersten deutschen Gartenstadt in Hellerau der Versuch

18 Hänseroth, Entwicklung 2001, S. 389.
19 Vgl. Steinberg, Unternehmenskultur 2015, S. 423–514.

unternommen, die Vorzüge der Großstadtnähe mit Wohnen und Arbeiten im Grünen zu verbinden. Dresden war Sitz des „Dürerbundes“, einem der wirkungsmächtigsten Sprachrohre gegen die durch Verstädterung ‚verdorbene Gesittung‘ der modernen Massengesellschaft.[20] Und hier konstituierten sich 1904 der „Bund Heimatschutz“ (seit 1914 „Deutscher Bund Heimatschutz“) und 1908 der „Sächsische Heimatschutz“ als „Landesverein zur Pflege heimatlicher Natur, Kunst und Bauweise“ (seit 1913 „Landesverein Sächsischer Heimatschutz“). Gemeinsames Ziel sowohl des reichsweit agierenden als auch des regional fokussierten Bundes war es, der Umweltzerstörung durch naturschützerische Initiativen ebenso Einhalt zu gebieten wie der Verunstaltung von Ortschaften durch die Industriemoderne. Der Landesverein verschloss sich dabei keineswegs grundsätzlich der Moderne, akzeptierte beispielsweise Talsperren und versuchte über die Bauberatung eine Harmonisierung von Tradition und aktuellen sozialpolitischen Herausforderungen im Wohnungsbau zu erreichen. Ungeachtet dessen wurde die Heimatschutzbewegung von zwei zentralen Aspekten geprägt: Zum einen war dies eine spezifische Ästhetik, die sich am Ideal einer als ursprünglich empfundenen Landschaft bzw. der unberührten Natur orientierte, die in Kombination mit Klängen, Wohlgerüchen, vertrauten sozialen Bindungen etc. den eigentlichen und durch die Industrialisierung vom Verschwinden bedrohten Heimatraum des Menschen ausmachte; der Sozialpsychologe Willy Hellpach hat für diese Imagination 1911 den Begriff der „Geopsyche“ geprägt.[21] Ein zweiter wichtiger Impuls, der von der Heimatschutzbewegung ausging, war eine deutliche Ausweitung des Denkmalbegriffs. Hier stand sie zweifelsfrei auch der auf die „Aufsuchung, Erhaltung, Erläuterung und Abbildung historisch oder künstlerisch wichtiger Denkmäler der vaterländischen Vorzeit“ bedachten Denkmalpflege nahe, die sich bereits der 1824 gegründete „Königlich sächsische Verein zur Erforschung und Erhaltung vaterländischer Alterthümer“ zur Aufgabe gemacht hatte[22] und die in Sachsen mit der zwischen 1882 und 1923 erschienenen 41-bändigen Inventarisierung der Bau- und Kunstdenkmäler durch Richard Stache und Cornelius Gurlitt kulminierte. Jenseits dieser auf die historische Bausubstanz und die Artefakte der Hochkultur fokussierten Denkmalpflege entdeckte der Heimatschutz aber auch die das ‚landschaftliche Auge‘ erfreuenden und deshalb erhaltenswerten Naturdenkmäler, die freilich vielfach – man denke an die Basteifelsen in der Sächsischen Schweiz – weniger vor der Industriemoderne als vor dem sich zeitgleich entwickelnden Tourismus geschützt werden mussten. Und zugleich wurde der Denkmalbegriff auf die vormodernen Lebens- und Arbeitswelten ausgedehnt: ländliche Bauweise, vorindustrielles Arbeiten und Wohnen, Kleidung und Volkskunst in ihrer jeweils regionalspezifischen Ausprägung wurden als Schutzobjekte entdeckt. Diese

**20** Vgl. Kratzsch, Kunstwart 1969.
**21** Vgl. Seifert, Heimat 2012, S. 26.
**22** Vgl. Ristau, Geschichte 2009, S. 6ff.

auf eine als ursprünglich vorgestellte Volkskultur fokussierte Bewegung, die im Prozess der Sicherung und Bewahrung zugleich zur Konstruktion des Idealtypus etwa des Bauernhauses oder der Volkstracht beitrug, hatte in Sachsen ihre Zentralgestalt in Oskar Seyffert und ihr Zentrum im 1913 eröffneten Museum für Sächsische Volkskunst. Der Museumsinitiative vorgelagert war 1897 die Gründung einer Sammlung für sächsische Volkskultur, die „Schätze auf Schätze aus den alten Bauernstuben des platten Landes, den Werkstätten im Erzgebirge und aus allen Gegenden unserer sächsischen Heimat" zusammentrug,[23] sowie des Vereins für sächsische Volkskunde, für den der Philologe Eugen Mogk am Universitätsstandort Leipzig, wo sich 1904 der „Verband deutscher Vereine für Volkskunde" konstituierte, die wissenschaftliche Fundierung und Vernetzung übernahm. Mogk war neben Seyffert und Cornelius Gurlitt selbstredend auch mit einem Beitrag in der 1900 von Robert Wuttke herausgegebenen „Sächsischen Volkskunde" vertreten, in der der Kammerton für den Heimatdiskurs aus dem Geist der Mobilität angeschlagen wurde: „Nicht mehr wie vor alten Zeiten wachsen wir moderne Menschen in und mit unserer Umgebung auf; bald wohnen wir da, bald dort und unter diesem steten Wechsel leidet das Heimatgefühl."[24] Um dieses zu fördern, wurde – und Sachsen bzw. der erzgebirgische Raum spielten hier offenkundig eine Vorreiterrolle – um 1900 ein neuer Festtypus entwickelt. Zahlreiche Klein- und Mittelstädte veranstalteten Heimatfeste,[25] in deren Zentrum in der Regel ein Festzug stand, der – wie es 1903 in Rochlitz hieß – „nicht ein historischer im landläufigen Sinne" sein wollte, sondern „in eine volkskundliche, volkstümliche Darstellung des Rochlitzer Lebens während der letztvergangenen 80 Jahre auslaufen" sollte.[26] Zugleich waren die Feste gezielt ein Angebot für jene, die ihre Heimatstadt verlassen hatten und wenigstens für einige Festtage heimgeholt werden sollten. Die „Stammesbrüder, die draußen in der Ferne außerhalb der weiß-grünen Grenzpfähle [...] leben, in der alten Heimat" zu begrüßen, war im Übrigen auch ausdrückliches Ziel des 1914 von den sächsischen Landsmannschaften veranstalteten Sachsentags.[27]

Die auch hier wieder aufscheinende reziproke Verwiesenheit von Mobilität und Heimatdiskurs spielte auch – unterfüttert vom Interpretament der Entwurzelung – bei der universitären Institutionalisierung des Faches Landesgeschichte mit der 1906 erfolgten Gründung des Seminars für Landesgeschichte und Siedlungskunde an der Universität Leipzig eine unverkennbare Rolle.[28] Sein Leiter Rudolf Kötzschke hatte u.a. bei dem Geographen Friedrich Ratzel studiert, dessen anthropogeographischer Ansatz einem dezidiert territorial verorteten Heimatdiskurs Vorschub leistete,

**23** Zitiert nach: Mede-Schelenz, Musealisierung 2013, S. 56.
**24** Zitiert nach: Köstlin, Heimat 2010, S. 29.
**25** Vgl. Reppe, Heimatfeste 2014, S. 149–165.
**26** Zitiert nach: Reppe, Heimatfeste 2014, S. 157.
**27** Zitat nach: Schramm, Konsum 2002, S. 74.
**28** Vgl. Werner, Begrenzung 2005, S. 277f.; Müller, Landes- und Regionalgeschichte 2012, S. 355ff.

indem eine ‚Wahlverwandtschaft‘ von Volk, Boden, Landschaft und Klima behauptet wurde.

## 2.4 Politische Instrumentalisierung des Heimatdiskurses in den 1920er und 1930er Jahren

Die nach der Wechselwirkung von Mensch und Boden fragende landeskundliche Siedlungsgeschichte konnte freilich auch politisch instrumentalisiert werden: Von der Frage nach der – die symbiotische Einheit von Volk und Land begründenden und für alle Zeit legitimierenden – Erstbesiedlung führte nach dem Schock von Kriegsniederlage und Grenzverschiebungen in den 1920er Jahren eine direkte Linie zur Fokussierung auf den deutschen Volksboden, den es im revisionistischen Sinn von fremden Völkern zurückzugewinnen galt. Diese volksgeschichtliche Selbstvergewisserung aus deutschnationaler Gesinnung gewann umso mehr an Relevanz, als umgekehrt die osteuropäische Geschichtswissenschaft die deutsche Lehrbuchmeinung infrage stellte, beim mittelalterlichen Zug nach Osten habe es sich um eine Großtat des deutschen Volkes gehandelt, vielmehr sei dieser ein Akt der Usurpation und der Überwölbung autochthoner slawischer Kultur gewesen.[29]

Diese ideologische Aufladung der Landesgeschichte setzte sich nach 1933 fort und verschmolz zugleich mit Stereotypen der nationalsozialistischen Heimatpropaganda, die die Bedeutung Sachsens als „Grenzmark“ gegen die Slawen betonte. Namentlich das unter der Schirmherrschaft von Gauleiter Martin Mutschmann stehende „Heimatwerk Sachsen“[30] verfolgte seit 1936 unter Berufung auf Heimatstolz und Opferbereitschaft die Zielsetzung, den Stellenwert Sachsens im ‚Wettstreit der deutschen Stämme‘ ins rechte Licht zu rücken. So wurde im Schulterschluss mit der Siedlungsgeschichte darauf abgehoben, dass sich im Zuge der mittelalterlichen Ostsiedlung ‚bestes deutsches Blut‘ in Sachsen zusammengefunden, sich über Jahrhunderte hinweg im Grenzlandkampf bewährt und wirtschaftlich wie kulturell zur Blüte des Reiches beigetragen habe. Trotzdem würden die Sachsen zur Zielscheibe unverdienten und ihren Heimatstolz kränkenden Spotts, der sich namentlich am sächsischen Dialekt festmache. Dieser ‚Zersetzungsarbeit‘ galt es entgegenzuwirken, und die zwischen ‚Gassen‘- und Hochsprache vermittelnde Erziehung zu sprachlicher Disziplin galt neben Volkstumsveranstaltungen als eine zentrale Aufgabe des „Heimatwerks“. Die dabei zum Einsatz gelangenden Schallplatten mit Sprachproben waren zwar keinesfalls frei von unfreiwilliger Komik, doch die aggressive, auf Homogenisierung der Volksgemeinschaft und Abgrenzung angelegte Zielsetzung dieser Sachsen-Propaganda war freilich alles andere als harmlos.

29 Vgl. Oberkrome, Volksgeschichte 1993, S. 57f.
30 Vgl. Schaarschmidt, Regionalkultur 2004, S. 99–274.

## 2.5 Neuansatz nach 1945: Die sozialistische Heimat

Vor dem Hintergrund der NS-Propaganda war der Heimatbegriff nach 1945 in hohem Maße ideologisch kontaminiert und diskreditiert. Das war keine sächsische Spezifik, auf dem Gebiet der Sowjetischen Besatzungszone (SBZ) bzw. dann der DDR kam freilich hinzu, dass der sich formierende sozialistische Einheitsstaat grundsätzlich mit der (Länder-)Vergangenheit brechen wollte. All jene, die sich für ihr lokales und regionales Umfeld interessierten und engagierten, verloren deshalb nach 1945 ihre organisatorische Basis; die Geschichtsvereine, der „Landesverein Sächsischer Heimatschutz" oder der „Erzgebirgsverein" wurden aufgelöst oder enteignet.[31] Das damit verbundene Primärziel war die Verortung der Menschen in der sich formierenden sozialistischen Gesellschaft als der neuen Heimat. Hier hatte die Arbeit des „Kulturbunds zur demokratischen Erneuerung Deutschlands" ihren Platz, der zunächst als nationale Einheitsfront der Intellektuellen konzipiert war, in der Praxis freilich mehr und mehr zum Auffangbecken für die aufgelösten Vereine bzw. die an deren Stelle getretene „Natur- und Heimatfreunde"-Bewegung wurde.[32] Wichtig ist vor allem aber, dass im Bemühen, die DDR zur neuen sozialistischen Heimat werden zu lassen, in den 1950er Jahren eine Neubestimmung des Heimatbegriffs einsetzte. War beispielsweise 1945 der im Ruch einer diskreditierten Heimattümelei stehende Heimatkundeunterricht aus den Schullehrplänen der Grundschulen gestrichen worden, so wurde er 1955 als ein Mittel zur Förderung der Heimatliebe und der Bereitschaft die Heimat zu schützen, wieder eingeführt. In methodologischer Hinsicht wurde dieses Konzept entscheidend geschärft durch die 1959 erschienene „Einführung in die Heimatgeschichte", die quellenkundliche Hinweise gab und zur Erarbeitung von Ortschroniken und Jubiläumsschriften ebenso anleitete wie zur Beschäftigung mit der örtlichen Arbeiterbewegung.[33] Parallel dazu mahnte seit 1955 der sogenannte Geschichtsbeschluss der SED an, dass „der Erforschung und Popularisierung der geschichtlichen Entwicklung in den einzelnen Städten und Kreisen der Republik große Aufmerksamkeit geschenkt werden" müsse und räumte im Interesse einer „Erziehung der Arbeiterklasse und aller Werktätigen im Geiste des Patriotismus" der populärwissenschaftlichen Arbeit hohen Rang ein.[34] Vor diesem Hintergrund ist denn auch die intensive Mitarbeit akademisch qualifizierter und institutionell eingebundener Historiker in den seit 1955 erscheinenden „Sächsischen Heimatblättern" zu sehen, die während der gesamten DDR-Zeit mit einem Mix aus Naturkunde, Kulturgeschichte und Volkskunde sowie Heimat- und Landes-

31 Vgl. ebd., S. 275ff.

32 Vgl. Schaarschmidt, Kulturbund 2001, S. 357–388.

33 Vgl. Mohr/Hühns, Einführung 1959.

34 Zitate aus: Verbesserung der Forschung und Lehre 1955, S. 525; vgl. auch: Haun, Geschichtsbeschluß 1996.

geschichte populäre Darstellung und wissenschaftlichen Anspruch zu verbinden suchten.[35]

Die Nutzung dieses Forums auch durch Landeshistoriker lag umso näher, als die universitäre Landesgeschichte zunehmend an den Rand gedrängt wurde – im Gleichschritt mit der Beseitigung der Länder. Der entscheidende Schritt war dabei das 1952 erlassene „Gesetz über die weitere Demokratisierung des Aufbaus und der Arbeitsweise der staatlichen Organe in den Ländern der Deutschen Demokratischen Republik", mit dem die nach dem Zweiten Weltkrieg auch in der SBZ gebildeten Länder in Bezirke überführt wurden. Die mithin als wissenschaftliche Fortsetzung des deutschen Partikularismus geltende Landesgeschichte wurde damit zunehmend marginalisiert; Kulminationspunkt war hier in den späten 1960er Jahren die 3. Hochschulreform der DDR. Gleichwohl wurde in Sachsen stärker als in den anderen ehemaligen Ländern auf dem Gebiet der DDR auch unter ideologisch schwierigen Rahmenbedingungen die Landesgeschichte weitergeführt: Allen Widrigkeiten zum Trotz gab es einen untrennbar mit Karlheinz Blaschke verbundenen Forschungsstrang in der Tradition des ehemaligen Leipziger Seminars für Landesgeschichte und Siedlungskunde. In schroffer Abgrenzung von dieser ‚bürgerlichen' Landesgeschichte wurde zudem an der Universität Leipzig eine marxistische Regionalgeschichte konzeptioniert, die sich gerade über den DDR-spezifischen Heimatdiskurs zu legitimieren versuchte. In den 1961 von Karl Czok vorgelegten Görlitzer Thesen wurde Heimat dabei als ein nicht auf natürliche und bauliche Gegebenheiten zu reduzierender Raum definiert, sie müsse auch nicht mit dem Geburtsort identisch sein. Der älteren Landes- und Siedlungsgeschichte mit ihrer anthropogeographischen Wurzel wurde somit entgegengesetzt, dass die Gesellschaft nicht geographisch determiniert sei, sondern selbst den Raum und die Verhältnisse gestaltet. Heimat entsteht also und wird ständig durch die Arbeit des Menschen und seine gesellschaftlichen Aktivitäten verändert. „Der sozialistische Heimatbegriff umfaßt deshalb das Verhältnis zur Natur, zu einem Ort oder einer Landschaft sowie das Verhältnis zur entsprechenden gesellschaftlichen Umwelt und ihrer historischen Vergangenheit"; namentlich der Prozess der materiellen Produktion habe dabei im Mittelpunkt zu stehen. Aufgabe einer so verstandenen sozialistischen Heimatgeschichte sei es dann, auch ein emotionales Verhältnis zur Heimat herzustellen: „Heimatliebe ist nicht passiv, sondern äußert sich in der Mitarbeit beim Aufbau des Sozialismus in der Deutschen Demokratischen Republik und in der Bereitschaft, unseren Arbeiter- und Bauern-Staat zu verteidigen."[36]

Dieser dynamische Heimatbegriff, der im Grunde den aktuellen Diskurs über Beheimatung als den Prozess der Aneignung von sozialen Zugehörigkeiten und Lebenswelten vorwegnahm, war die Voraussetzung dafür, dass die Beschäftigung mit

35 Vgl. Müller, Zeitschriften, S. 251–264.
36 Czok, Bedeutung 1962, S. 180.

der Geschichte in kleinen Räumen im Wissenschaftssystem der DDR unter der Denomination der Geschichte der örtlichen Arbeiterbewegung ihren bescheidenen Platz finden konnte. Das anfänglich mehr geduldete denn geförderte kleine Fach nahm dann seit den späten 1970er Jahren insofern einen deutlichen Aufschwung, als in der Geschichtspolitik der DDR eine für den Heimatdiskurs wichtige Kurskorrektur erfolgte. Angesprochen ist damit die sogenannte Erbe-Diskussion, die nicht zuletzt im Vorfeld des 30. Staatsgründungsjubiläums der DDR und in Konkurrenz zur Bundesrepublik Kontur annahm. Verkürzt gesagt ging es darum, die Gesamtheit der deutschen Geschichte für den ersten sozialistischen Staat auf deutschem Boden zu reklamieren. Im diachronen Sinn bedeutete dies, dass der in direkter Beziehung zur Erfolgsstory der DDR stehende Primat der Zeitgeschichte ansatzweise aufgegeben wurde. Zugleich wurde eine Ausweitung der Themenfelder angeregt, wobei ausdrücklich auch dem „regionalen historischen Erbe und seiner Einordnung in die nationalgeschichtliche Entwicklung" „verstärkte Bemühungen" zu gelten hatten, wobei sich „unsere Historiker" nicht nur der preußischen Geschichte, sondern „ auch der historischen Analyse anderer Territorien zuwenden" sollten, „vor allem jener, mit deren Geschichte, mit deren Bauwerken und Kunstdenkmälern Bürger der DDR ständig konfrontiert sind, so der Geschichte Sachsens, Thüringens, Mecklenburgs usw."[37] Der davon abgeleitete Auftrag zur Erarbeitung von Ländergeschichten trug dann lediglich in Sachsen mit der unter der Federführung von Karl Czok erarbeiteten Gesamtdarstellung der sächsischen Geschichte auf marxistischer Grundlage Früchte. Zugleich profitierte von der Erbe-Diskussion auch die Lokal- bzw. Ortsgeschichte. So war nun die Neuformierung einschlägiger Arbeitskreise wie der „Forschungsgemeinschaft zur Kulturgeschichte des Dresdner Raumes" möglich, an der namhafte Landeshistoriker und Archivare wie Karlheinz Blaschke und Reiner Groß beteiligt waren und die die Lizenz für ein eigenes Publikationsorgan, die 1983 erstmals erschienenen „Dresdner Hefte", erhielt. Und nicht zuletzt ist in diesem Kontext die seit den späten 1970er Jahren zu beobachtende Gründung von Folklorezentren, in Sachsen etwa für den Raum Erzgebirge/Vogtland, zu vermerken,[38] die einerseits das künstlerische Schaffen der Werktätigen in den Vordergrund rücken sollten, zugleich aber eben auch eine Fokussierung auf heimatliche Traditionsbestände mit sich brachten.

## 2.6 Reföderalisierung und Heimatdiskurs nach 1989

Bereits in der späten DDR hatte also eine für den Heimatdiskurs anschlussfähige geschichtspolitische Reterritorialisierung eingesetzt. Dies sollte mit bedacht werden,

37 Hager, Gesellschaftswissenschaften 1981, S. 41.
38 Vgl. Brinkel, Wissensproduktion 2012, S. 184ff.

wenn es um die Rückbesinnung auf die Ländervergangenheit und auf als heimatlich empfundene regionale Traditionsbestände im Zuge der Friedlichen Revolution geht, als – gerade in Sachsen – die föderativ-dezentrale Ordnung zum Gegenentwurf zum SED-Zentralismus und der bis zum Überdruss gehörten Phraseologie vom Internationalismus wurde. Dies zeigte einerseits, wie tief selbst nach Jahrzehnten zentralistischer Parteiherrschaft das Interesse an der Geschichte und Kultur in kleinen Räumen in der Bevölkerung verwurzelt war. In Sachsen wurde dies einerseits von der Wissenschaftspolitik aufgegriffen, indem an den Universitäten Dresden, Chemnitz und Leipzig landesgeschichtliche Professuren eingerichtet und 1997 in Dresden ein außeruniversitäres Institut für Sächsische Geschichte und Volkskunde gegründet wurde.[39] Andererseits kam es rasch zur Neu- oder Wiedergründung von Vereinen und Institutionen, die lokale und regionale Geschichte und Kultur pflegten. So knüpfte man – um nur die drei Großstädte hervorzuheben – in Chemnitz, Leipzig und Dresden 1990/91 mit der Gründung stadtgeschichtlicher Vereine an die in den 1860er und 1870er Jahren gegründeten, nach 1945 aufgelösten Vorläufereinrichtungen an; der Erzgebirgsverein wurde 1991 wiederbegründet, der „Landesverein Sächsischer Heimatschutz“ trat 1990 nach 45-jähriger Unterbrechung erstmals wieder zu einer Hauptversammlung zusammen. Seit 1992 feiern – unter Bezugnahme auf den Sachsentag 1914[40] – mehr als 90 sächsische Vereine und Verbände überdies jeweils am ersten Septemberwochenende den „Tag der Sachsen“. In der Situation eines extrem beschleunigten Wandels, in der sich gewohnte Strukturen aufgelöst hatten, war die Revitalisierung von regionalen Institutionen nicht nur ein Akt der politischen Wiedergutmachung, sondern stillte offenkundig ein Bedürfnis nach Halt und Geborgenheit. Dass der damit verbundenen Rückkehr zu einem lokal und territorial verorteten Heimatbegriff die Ambivalenz von Inklusion und Exklusion, von ‚Sachsenstolz‘ und Abwehr des Fremden, eingeschrieben ist, ist freilich nicht zu übersehen. Gerade deshalb auch versuchen die in der Modernisierungskrise um 1900 besonders identitätsproduktiven Disziplinen Landesgeschichte und Volkskunde die Themenfelder Identität, Heimat und Beheimatung zu einem Gegenstand der wissenschaftlichen Dauerreflexion zu machen,[41] und der seit 2007 vom Sächsischen Kultusministerium ausgelobte „Landespreis für Heimatforschung“ versucht den Brückenschlag zwischen traditionsbewusster Identitätsstiftung in Zeiten der Globalisierung und Erziehung zur Toleranz gegenüber jenen, denen Sachsen zur neuen Heimat wurde bzw. wird. In die gleiche Richtung wies es, dass das Dresdner Museum für Sächsische Volkskunst 2008 das 100-jährige Jubiläum des „Landes-

39 Vgl. Müller, Landes- und Regionalgeschichte 2012, S. 444ff.; Institut für Sächsische Geschichte und Volkskunde 2017.

40 Vgl. Schramm, Konsum 2002, S. 73ff.

41 Vgl. Seifert, Emotion 2010; Müller/Seifert/Ulbricht, „Heimat“-Bilder 2014/2015; Bünz/Müller/Schattkowsky/Spieker, Sachsen 2016.

vereins Sächsischer Heimatschutz" zum Anlass nahm, für den prozessualen Charakter von Heimat zu sensibilisieren: „Baustelle Heimat" lautete der Ausstellungstitel.

# 3 Bayerisches Schwaben

Martina Steber

## 3.1 Die Schaffung einer Region in den Staatsbildungsprozessen des 19. Jahrhunderts

Das bayerische Schwaben ist ein Kind der Moderne.[42] Die Region deckt sich mit dem heutigen Regierungsbezirk Schwaben des Freistaats Bayern, erstreckt sich vom Ries im Norden, über Augsburg im Westen und Neu-Ulm im Osten bis in die Allgäuer Alpen zwischen Lindau und Füssen. Im Großen und Ganzen entspricht die heutige territoriale Gestalt des bayerischen Schwaben der des 19. Jahrhunderts – abgesehen von der Region um Neuburg an der Donau, die 1973 infolge der bayerischen Landkreisreform dem Regierungsbezirk Oberbayern zugeschlagen wurde. Als Kreis Schwaben und Neuburg, mithin als Verwaltungsbezirk des Königreichs Bayern, wurde die Region 1837 aus der Taufe gehoben, als der bayerische König Ludwig I. sein durch Krieg, geschickte Allianzen, Säkularisation und Mediatisierung in der napoleonischen Zeit entstandenes Königreich nicht allein verwaltungsmäßig auf eine neue Grundlage stellte, sondern dem jungen Staat auch ein kulturelles Integrationsprogramm verordnete. Geleitet wurde dies von jener romantischen Idee der deutschen Nation, der Ludwig I. anhing, und die er auf sein Königreich applizierte. So wie die deutsche Nation ein Zusammenklang von „Stämmen" sei, so auch die bayerische Nation, die daher das Deutsche idealtypisch repräsentiere. Bayern, Franken, Schwaben und Pfälzer vermeinte Ludwig I. anknüpfend an frühneuzeitliche Stammesdiskurse in seinem Königreich vereint, über die zu wachen und zu herrschen er in neoabsolutistischer Manier als seine Aufgabe verstand. Die bayerische Staatsidentität wurde damit einerseits föderativ und tribalistisch fundiert, andererseits auf den wittelsbachischen Monarchen zugeschnitten.[43] Der Name des Kreises Schwaben und Neuburg war mithin Programm.

Allerdings war es mit der proklamierten schwäbischen Einheit nicht weit her. Geschmiedet aus den territorialen Erwerbungen westlich der Wittelsbachischen

42 Der Beitrag basiert auf: Steber, Gewissheiten 2010. Aus Platzgründen wird auf Verweise auf das Buch verzichtet. Dort findet sich auch eine ausführliche Bibliographie der relevanten Forschungsliteratur.

43 Vgl. Gollwitzer, Ludwig I. 1986; Körner, Staat 1992.

Stammlande, präsentierte sich der Kreis Schwaben und Neuburg als plurale Erbmasse einer Vielzahl von frühneuzeitlichen Territorialbildungen wie Herrschaftszusammenhängen, die auf ihre je eigene politische, ökonomische, soziale und kulturelle Tradition verweisen konnten. Adelige und Patrizier, Reichsstädte, Klöster, der Bischof von Augsburg, die Habsburger – sie alle hatten ihre Herrschafts- und Besitzrechte (im Falle des Adels allerdings nur partiell) an das Königreich Bayern verloren. Als dieses zu Beginn des 19. Jahrhunderts begann, die neu erworbenen Besitzungen mit moderner Staatlichkeit zu durchdringen und in den rational verwalteten, konstitutionell-monarchischen Zentralstaat einzupassen, konnte es nichtsdestotrotz auf bereits bestehende Muster regionaler Verdichtung zurückgreifen: auf das Augsburger Viertel des Schwäbischen Reichskreises, auf Wirtschaftsräume, auf Städte- und Schullandschaften, auf das Bistum Augsburg. Die moderne Region hatte ihre vormodernen Vorläufer.[44]

Am Ende des 19. Jahrhunderts war das bayerische Schwaben strukturell zu einer Region geworden. Die bayerische Bürokratie durchdrang den Raum und richtete ihn auf die bezirksamtlichen Mittelzentren, auf die Kreishauptstadt Augsburg und auf das Regierungszentrum München aus. Die moderne Verkehrsinfrastruktur wurde in den verwalteten Raum eingeplant, Wirtschaftsförderung nach der Logik staatlicher Grenzziehung betrieben; die Grenzen des Bistums Augsburg wurden bereits 1817/21 den veränderten staatlichen Realitäten angepasst, die Geschichtspolitik des bayerischen Staates förderte das Stammesnarrativ und das im 19. Jahrhundert sich rasant entwickelnde Vereins- bzw. Verbandswesen konstituierte sich – ebenso wie die politischen Parteien – analog zu den staatlichen Verwaltungsräumen. Im Kreis Schwaben und Neuburg schuf sich das Königreich Bayern seinen Raum.

Das Beispiel des bayerischen Schwaben zeigt mithin eindrücklich die Verflechtung von Regionsbildung und der Entfaltung moderner Staatlichkeit im 19. und 20. Jahrhundert. Dabei charakterisierte das bayerische Schwaben dennoch eine gewisse Staatsferne, denn regionaler Raum und Föderativstaat waren nicht deckungsgleich. Dies kam im Zuge der Nationalstaatsbildung zum Tragen, die schließlich in der Gründung des aus dem Krieg geborenen Deutschen Kaiserreichs 1871 kulminierte. Die im liberalen Bürgertum verankerte Nationalbewegung fand insbesondere in den ehemaligen Reichsstädten der Region lebhafte Unterstützung, die bereits zu Brennpunkten der Revolution 1848/49 geworden waren. Auch wenn sie nicht dezidiert antibayerisch auftrat, setzte sie den Akzent doch auf das Nationale und erinnerte an die frühneuzeitliche Reichsnähe der Region. Die Integration in das Königreich Bayern mochte aus dieser Perspektive als bloße Durchgangsstation zum noch größeren Ganzen, einem nationalstaatlich verfassten Deutschland, erscheinen. Regionsbildung und Nationalstaatsbildung waren mithin ebenfalls eng verflochten.

44 Eine konzise Zusammenfassung der Geschichte des bayerischen Schwaben sowie Hinweise auf weiterführende Literatur bietet: Kießling, Geschichte 2009.

Die „mental maps" des Bürgertums im bayerischen Schwaben, seine mentalen Landkarten, zeichneten sich daher durch ihre Mehrdimensionalität aus: lokale, regionale, föderativ-staatliche sowie nationale Bezüge wurden integriert und miteinander verbunden. Zunehmend wurde der durch den bayerischen Staat geschaffene Raum zu einer mentalen Kategorie. Das bayerische Schwaben wurde in der Gegenwart erlebt und mit einer Zukunftsdimension versehen, die auf die ökonomische Leistungskraft der industrialisierten Städte sowie, besonders im Allgäu, der rationalisierten Landwirtschaft abhob. Zugleich wurde es als historischer Raum entworfen, sodass seine relative Jugend kaum mehr präsent war. Mittels der Geschichte wurden sowohl regionale Individualität als auch Kontinuität konstruiert, wurden historische Brüche und widerstreitende Interessenkonstellationen übertüncht. Der Heimatbegriff spielte dabei zunächst keine Rolle.

## 3.2 Die Region deuten: Bürgerliche „mental maps" im Kaiserreich

Im historistischen 19. Jahrhundert besaß die Pflege von lokaler und regionaler Geschichte besondere Bedeutung für das bürgerliche Selbstverständnis, zumal die Bildungs- und Wirtschaftsbürger vom bayerischen König dazu angehalten wurden. Bereits in den 1820er Jahren war in Augsburg ein historischer Verein gegründet worden, der sich die Forschung und Vermittlung der lokalen Geschichte angelegen sein ließ. Nach einem königlichen Erlass, der für jeden Kreis des Königreichs einen Historischen Verein mit dem jeweiligen Regierungspräsidenten an der Spitze anordnete, rekonstituierte er sich schließlich 1834 als „Historischer Verein für Schwaben und Neuburg" und versammelte fortan die bürgerliche Elite des Kreises in seinen Reihen.[45] Seit den 1880er Jahren erwuchs dem Kreisverein Konkurrenz durch die Gründung von Historischen Vereinen in den größeren Städten der Region wie in Kempten, Kaufbeuren, Memmingen und Nördlingen, die sich aus lokalhistorischem Interesse formiert und außerdem den Anspruch hatten, die Geschichte jener Subregionen zu durchdringen, die seit Jahrhunderten in Beziehung zur Stadt standen. Auch in ihnen forschten Lehrer, Geistliche, Apotheker oder Ärzte, stellten ihre Ergebnisse vor Publikum und in den Vereinszeitschriften vor und gründeten lokalhistorische Museen. Dieser zweiten Gründungswelle historischer Vereine folgte im ersten Jahrzehnt des 20. Jahrhunderts eine dritte, als das Bürgertum der kleineren Städte und Märkte in der Region seinen Anspruch auf Historizität seiner Lebenswelt reklamierte. Mit dem Ausgreifen in ländliche Gebiete ging eine soziale Öffnung des Geschichtsvereinswesens einher, das nun auch das mittlere Bürgertum aus Handwerkern und kleinen Kaufleuten integrierte. Für eine weite Verbreitung historischen Denkens und Wissens sorgten die Publikationsorgane der kleinstädtisch-ländlichen

45 Vgl. Grabert, Johann Nepomuk 1985; allgemein: Kunz, Geschichte 2000.

Vereine, die in Form von Zeitungsbeilagen eine weit größere Leserschaft erreichten als die gelehrten Zeitschriften der älteren Vereine.

Einen ausgedehnten Resonanzboden für die Vergegenwärtigung regionaler Geschichte schuf darüber hinaus die im Kaiserreich florierende bürgerliche Festkultur. Anlässe für historische Umzüge, für Dramatisierungen, lebende Bilder oder Festansprachen, in denen die Geschichte von Stadt und Region für ein breites Publikum erzählt wurde, boten regelmäßig wiederkehrende historische Stadtfeste. Hierzu gehörten das Tänzelfest in Kaufbeuren oder der Fischertag in Memmingen sowie Monarchenbesuche, bedeutende Jahrestage wie der national aufgeladene Sedantag oder die zwischen 1902 und 1906 in der Region in großer Breite begangenen lokalen Feste zur hundertjährigen Zugehörigkeit zum Königreich Bayern. Als Experten für die lokale und regionale Geschichte trugen die Geschichtsvereine an vorderster Stelle zur Konzeption dieser Feste bei.[46]

Wie die Historischen Vereine erzählten auch die Feste die Geschichte des bayerischen Schwaben. Deren Deutung war indes durchweg mit einem Problem konfrontiert: In etatistischer Form ließ sich die Geschichte der Region bis ins frühe 19. Jahrhundert nicht fassen. Die historische Pluralität verlangte nach alternativen Wegen der Interpretation. An der Jahrhundertwende hatte sich schließlich ein Narrativ herausgeschält, das auf drei Säulen basierte. Erstens wurde die Vielfalt als Charakteristikum des bayerischen Schwaben festgeschrieben, eine Vielfalt, die allerdings in der propagierten regionalen Einheit harmonisiert wurde. Zweitens wurde bayerisch-schwäbische Geschichte vornehmlich kulturräumlich erzählt, als Geschichte gemeinsamer Kultur im immer gleichen Naturraum. Dies galt besonders für die Geschichtsschreibung zum Allgäu und zum Ries, die als Regionen in der Region ebenfalls im 19. Jahrhundert konturiert wurden. Diese kulturräumliche Akzentsetzung führte zu einer Konzentration auf das „Volk“, das man in Bräuchen, Sagen, Dichtungen, Hausinschriften, Sprache oder Kunsthandwerk zu finden glaubte, genauso wie in archäologischen Studien zur Besiedlungsgeschichte. Dabei wussten sich die Lokal- und Regionalhistoriker des Kaiserreichs am Puls der zeitgenössischen Forschung. Ähnlich wie die „neue Geschichte“ der Jahrhundertwende, die sich von der dominierenden etatistischen Politikgeschichtsschreibung abgrenzte und Impulse aus der Soziologie, Geographie, Nationalökonomie und Psychologie ebenso aufgriff wie biologistische, kausalistische und organische Erklärungsmodelle der Naturwissenschaften, zeichnete sich die kulturräumliche Regionalgeschichtsschreibung durch methodische Kreativität und theoretische Unbekümmertheit aus. Kulturgeschichte und Volkskunde wurden seit der Jahrhundertwende zu den dominierenden Perspektiven, die auf die Geschichte des bayerischen Schwaben geworfen wurden.

46 Vgl. Hettling/Nolte, Feste 1993; zur Bedeutung von Erinnerungsorten vgl. Kießling/Schiersner, Erinnerungsorte 2009.

Die dritte Säule, auf der das bayerisch-schwäbische Geschichtsnarrativ aufruhte, war das Schwäbische. Die Region wurde als Teil des schwäbischen Kulturraums betrachtet – in der Geschichte wie in der Gegenwart. Das Stammeskonzept lieferte den Referenzrahmen. Die neuzeitliche Leerstelle gesamtschwäbischer Staatlichkeit führte zur Verherrlichung der hochmittelalterlichen Stauferherrschaft, zur Hochschätzung des Schwäbischen Reichskreises des frühneuzeitlichen Alten Reiches, an dessen Beispiel die nationale Zuverlässigkeit der „Schwaben" vorgeführt werden konnte, sowie zur Betonung der frühmittelalterlichen Geschichte, der angenommenen Geburtsstunde des alamannischen Kulturraums. Stauferherrschaft, Reichsnähe und alamannische Siedlungsgeschichte boten genügend Potenzial zur Mythologisierung wie Nationalisierung regionaler Geschichte. So erschien das bayerische Schwaben als wichtiger Beiträger zur deutschen Geschichte, als Teil der deutschen Nation, die ihre Lebenskraft aus ihren Stämmen bezog, und das „Schwabenvolk" als Teil eines als organisch vorgestellten nationalen Kollektivs. Im Erzählen über den Stamm der Schwaben mischten sich historische mit ethnischen Begründungszusammenhängen. Seit der Jahrhundertwende dominierten Letztere zunehmend, rückte die Geschichte des ethnisch definierten „Schwabenvolkes" im „Schwabenraum" immer stärker ins Zentrum der Erinnerungskultur. Die Idee von der gemeinsamen Abstammung der „Stämme" der Völkerwanderungszeit und der Reproduktion ihrer vorgeblich gemeinsamen Anlagen bis in die unmittelbare Gegenwart hinein machte das Ethnische anschlussfähig für biologistische Erklärungsmuster, die an der Jahrhundertwende ubiquitär wurden und in die Geschichtsvereine drangen.

Besonders in der Festkultur wurde die Ethnisierung der bayerisch-schwäbischen Selbstbeschreibung sichtbar, die durch den integralen Nationalismus des Wilhelminismus dynamisiert wurde, der eine Gesellschaftsutopie bot, die nicht ständisch-konservativ und monarchisch, sondern egalitär und cäsaristisch auf den Kaiser ausgerichtet war. Sie huldigte einer als organisch – und eben nicht föderativ-staatlich – gedachten Nation, die allseitige Integration und Teilhabe versprach. Die vielzähligen politischen, sozialen und konfessionellen Konfliktlinien der wilhelminischen Gesellschaft, die auch im bayerischen Schwaben die politische Kultur prägten, schienen im Ethnischen transzendiert. Das Regionale verhieß geradezu mystische Einheit in einer krisenhaften Zeit.

## 3.3 Die Region auf den Begriff gebracht: „Heimatschutz" im bayerischen Schwaben des Kaiserreichs

Das Konzept der „Heimat", wie es von der Heimatschutzbewegung seit der Jahrhundertwende vertreten wurde, bündelte die Befindlichkeiten einer sich in der Krise wähnenden bürgerlichen Gesellschaft und entsprach zudem den Bedürfnissen jener kleinbürgerlichen Schichten auf dem Land, die infolge der Fundamentalpolitisierung nach kultureller und politischer Partizipation strebten. Da es an die Tradition des Heimatrechts anknüpfte, das in Bayern auch nach 1871 rechtlich bindend blieb, brachte es die Hinwendung zum Regionalen auf einen eingeführten und erfahrungsgesättigten Begriff.[47]

Das Kraftzentrum der Heimatschutzbewegung im bayerischen Schwaben war der „Verein ‚Heimat'“, der 1899 von dem katholischen Geistlichen Christian Frank in Kaufbeuren in bewusster Abgrenzung zu den Geschichtsvereinen gegründet worden war und mit der Zeitschrift „Deutsche Gaue“ in Bayern über beträchtlichen Einfluss verfügte. Frank gehörte zu den Heimatbewegten der ersten Stunde, stand in Kontakt mit Ernst Rudorff und mit Münchner Heimatschutzkreisen. Den „Verein ‚Heimat'“ organisierte er bündisch: Frank selbst agierte als unbestrittene Führerfigur, ideologisch richtete er den Verein im Laufe des ersten Jahrzehnts des 20. Jahrhunderts immer deutlicher völkisch und neu-rechts aus. Der Heimatbegriff Christian Franks fußte auf einer umfänglichen Zeit- und Modernisierungskritik, wie sie in den kulturpessimistischen Strömungen der Jahrhundertwende gang und gäbe war. Der beschleunigte Wandel der Lebensverhältnisse auf dem Land wurde als Indiz für den Niedergang des deutschen „Volkes“ gedeutet. Im Zentrum von Franks Denken stand ein ethnisch, organisch und agrarromantisch grundierter Volksbegriff. Während die moderne Industriegesellschaft verteufelt wurde, während die Großstadt als Ausgeburt der Verderbtheit galt, hob Frank ein rurales Idyll auf den Schild. Sein Entwurf des Nationalen war unauflöslich verknüpft mit der ländlichen Kleinräumigkeit, in der man glaubte, das ursprüngliche Leben des „deutschen Volkes“, seinen „Volkscharakter“ als Ausdruck seines „Volksgeistes“ zu finden. Doch obgleich das Idealbild der harmonischen Gesellschaft in eine mythisch verklärte Vergangenheit des ewig gleichen „Volkes“ rückprojiziert wurde, dorthin zurück wollten die Männer um Christian Frank beileibe nicht. Vielmehr verlangten sie, wie viele andere Reformbewegungen des wilhelminischen Kaiserreiches, nach einer „anderen Moderne“.[48] Und wie viele andere neu-rechte Bewegungen bezeichneten sich die Männer um Christian Frank als „unpolitisch“ – und verdeckten damit nur ihren höchst politischen Messianismus, der antisozialistisch, antiliberal und radikalnationalistisch motiviert war.

Franks „Verein ‚Heimat'“ propagierte „Heimatforschung“ als „Wissenschaft vom Volke“, als „Soziologie“ des „Volksorganismus“.[49] Der Bezug zur Geschichte allein reichte offenbar nicht mehr aus, um „das Volk“ zu erfassen. Die Ideologie des „Vereins ‚Heimat'“ zeugt mithin von der „Krise des Geschichtsbewusstseins“ an der Jahrhundertwende.[50] Die Konzentration auf das Land machten Verein und Zeit-

47 Vgl. Heydenreuter, Heimatrecht 2013.
48 Vgl. Rohkrämer, Moderne 1999.
49 Deutsche Gaue 11 (1910), S. 3 und 15 (1914), S. 5.
50 Vgl. Hardtwig, Krise 2002.

schrift attraktiv für jene ländlichen Eliten, die sich der Geschichte und Kultur ihrer Lebenswelt annahmen, zuvorderst für Lehrer an den Volksschulen und für Geistliche, aber auch für das Bürgertum der kleineren Städte und Gemeinden. Vielfältige personelle Netzwerke verbanden den Kaufbeurer Verein mit den Geschichtsvereinen der Region, denen Franks volkskundliche und kulturgeschichtliche Ansätze ohnehin reiche Anregung boten. Besonders die dritte Welle der Vereinsgründungen im ersten Jahrzehnt des 20. Jahrhunderts wurde von der Heimatidee geleitet; den Vereinen in den Märkten und kleinen Städten der Region diente der Entwurf des Kaufbeurer Vereins als Vorbild. Stetig sickerte die Heimatidee in die Historischen Vereine und damit in die bürgerliche Gesellschaft ein.

Für die Soldaten an den Fronten des Ersten Weltkriegs wurde „Heimat“ sowohl zu einem Sehnsuchtsort als auch zu einem Legitimationsbegriff ihres Handelns. Sie waren ausgezogen, um „die Heimat“ zu schützen, zumindest wurde ihnen das von der Propaganda so vermittelt. „Heimat“ wurde zu einer millionenfachen existenziellen Erfahrung.[51] Der Krieg wertete den Heimatbegriff deutlich auf. Der Konnex von Region und Nation wurde fest verzurrt und ob des Legitimationsverlusts der Dynastien und des monarchischen Staates gewann die tribalistische Nationsidee an Überzeugungskraft. Das prägte die Revolution 1918/19 im bayerischen Schwaben.

## 3.4 Die Ubiquität von „Heimat“ und die Politisierung des Regionalen in der Weimarer Republik

1918/19 sahen die Anhänger einer tribalistischen Nationsidee ihre Stunde gekommen. Im bayerischen Schwaben verschaffte sich eine regionalistische Bewegung Gehör, die die Bildung eines „Reichslandes Schwaben“, orientiert an dem Territorium des staufischen Herzogtums, innerhalb eines tribalistisch gegliederten Nationalstaates forderte. Die von Ulm ausgehende Bewegung erhielt in der Region im städtischen Bürgertum Zuspruch und politische Unterstützung. Unverhohlen wurde mit der Abspaltung von Bayern gedroht, sollte die sozialistische Revolution nicht gestoppt werden. Mit den Räterepubliken verschärfte sich diese Argumentation, und erst deren Niederschlagung und die prekäre Konsolidierung des bayerischen Staates entzog der „Großschwabenbewegung“ ihre politische Kraft. Ein antibayerischer Regionalismus blieb ihr Erbe, der die politische Kultur des bayerischen Schwaben in der Weimarer Republik prägte, sich seit 1929 wieder lautstark artikulierte und die ohnehin bereits durch die Weltwirtschaftskrise und die politische Radikalisierung angeschlagene bayerische Demokratie zusätzlich schwächte. Er wurde getragen von einem tribalistischen Ethnonationalismus. Die Revolution hatte das Regionale politisiert und das Politische ethnisiert.

---

51 Vgl. für Bayern: Ziemann, Front 1997.

Dabei hatte die Revolution zu einer Aufwertung des Regionalen geführt, die sich auch in der Demokratisierung der Selbstverwaltung der bayerischen Kreise manifestierte. Der Kreistag von Schwaben und Neuburg nahm selbstbewusst die neue Rolle an.[52] Unter dem Vorsitz des Kemptener Bürgermeisters Otto Merkt verstand er sich als Interessenvertretung des „schwäbischen Volkes“ und zunehmend als „unpolitischer“, von Parteienhader enthobener Raum. Immer stärker wurde die angebliche Harmonie in der Region gegen die Mechanismen demokratischer Politik ausgespielt, zu deren Grundfesten der Meinungsstreit gehört. Während die Weimarer Parlamente angeblich die Fragmentierung der Nation vorantrieben und so das „deutsche Volk“ schwächten, herrschte im bayerischen Schwaben Eintracht und Einheit – so das evozierte Bild. Merkt kam eine Schlüsselrolle in der Regionalpolitik zu. In der Kommunalpolitik verankert und ein überzeugter Anhänger der neu-rechten Frankschen Heimatschutzidee wusste er sich eine Machtposition aufzubauen, mittels derer er Kultur und Politik verschweißte. Als Vorsitzender des „Historischen Vereins für das Allgäu“ und des von ihm begründeten „Schwäbischen Museumsverbandes“ richtete er die Kulturpolitik des Kreises auf den Heimatschutz aus. Sein Prestigeprojekt war die Einrichtung der Stelle eines Kreisheimatpflegers 1929, dessen Aufgabe darin bestand „für die Seele des schwäbischen Menschen“ zu sorgen, „damit sie schwäbisch werde und bleibe“.[53] Das Tätigkeitsfeld entsprach den Grundsätzen des Heimatschutzes. Enge personelle Verbindungen bestanden darüber hinaus zwischen dem kulturpolitischen Establishment und der regionalistischen Bewegung im bayerischen Schwaben.

Der Heimatbegriff war ubiquitär in der Weimarer Republik, und das nicht nur im bayerischen Schwaben. Heimatfeste wurden gefeiert, Heimattage mit bildendem Charakter veranstaltet, Heimattanzgruppen gegründet, Heimattrachtenfeste veranstaltet, Heimatmuseen eingerichtet bzw. existierende Museen nach dem Heimatprinzip neu geordnet, Heimatkunde in den Schulen gelehrt, Heimatbeilagen in den Tageszeitungen gelesen. In der Verpflichtung auf die „Heimat“ waren sich alle politischen Lager einig. Allerdings variierten die Deutungen des Heimatlichen deutlich: linke, liberale, konservative und neu-rechte Versionen des Heimatbegriffs waren gleichzeitig präsent, sodass der Begriff über eine große Bedeutungsweite verfügte. Gemeinsam war ihnen die Hoffnung auf „Einheit“ und „Gemeinschaft“ in der „Heimat“, die in einer als fragmentiert wahrgenommenen Gesellschaft nationale Regeneration zu versprechen schien. Sie teilten die ethnischen Gewissheiten, auf denen das Regionale im bayerischen Schwaben gründete. „Heimat“ wertete die ländliche

52 Zur Geschichte des Kreistags von Schwaben und Neuburg im Überblick vgl. Thurner, Bezirkstag 1999.

53 Stadtarchiv Kempten, NL Merkt, IV/25, 4.3.2.10.7., Bericht über die 3. Sitzung des II. Kreistages von Schwaben und Neuburg, 22.10.1928, anhängend: Merkt, Otto: Schaffung einer Stelle eines Kreis-Heimatpflegers für den Regierungsbezirk Schwaben und Neuburg, 26.10.1928, S. 1.

und kleinstädtische Lebenswelt, die die Region prägte, gegenüber der als Bedrohung empfundenen urbanen Kultur der Metropolen auf. Der Begriff akzentuierte die Bedeutung von Tradition, ohne in einen antimodernen Fundamentalismus zu verfallen. Aus der „Heimat" schien die allenthalben erhoffte Erneuerung möglich.

Das Regionale wurde im bayerischen Schwaben der Weimarer Republik mithin zu einem umfassenden und breit rezipierten Ordnungsentwurf. Unter dem Mantel des „Unpolitischen" verborgen transportierte er einen antipluralistischen, ethnonationalistischen, kulturkritischen und utopischen Entwurf einer „anderen Moderne", die die als unzureichend erlebte Gegenwart transzendierte. Dabei öffneten die unhinterfragten ethnischen Gewissheiten des Ordnungsentwurfs des Regionalen die Türen für die vielfältige Anlagerung von Ideologemen neu-rechten Denkens. Besonders in den Krisenjahren am Ende der Republik wurden biologistische und rassistische Ideologeme zur Selbstverständlichkeit im Diskurs um die Region und das Regionale. Im Kreistag von Schwaben und Neuburg wurden sie in der Debatte um die Fürsorge für behinderte Menschen forciert, allen voran von Otto Merkt, der auch Mitglied der Münchner Gesellschaft für Rassenhygiene war. Dass die dem Kreis Schwaben und Neuburg unterstehende Heil- und Pflegeanstalt Kaufbeuren-Irsee zu einem Zentrum der nationalsozialistischen Krankenmorde wurde, kam mithin nicht von ungefähr.[54] Christian Frank agierte dort als Hausgeistlicher, dessen Denken sich seit dem Ersten Weltkrieg noch einmal radikalisiert hatte. Die liberalen und demokratischen Potenziale, die der Ordnungsentwurf des Regionalen durchaus auch enthielt, verloren immer deutlicher an Boden – und damit auch die erste deutsche Demokratie.

## 3.5 Das Regionale als nationalsozialistischer Ordnungsentwurf

Die Nationalsozialisten machten sich den Ordnungsentwurf des Regionalen zu eigen.[55] Während sie vor 1933 zwar die regionalistische Stimmung vorangetrieben, in der Kulturpolitik aber kein Profil entwickelt hatten, ergriffen sie nach der Machtübernahme rasch die Initiative. „Heimatschutz" wurde zum Kernprogramm nationalsozialistischer Kulturpolitik im Gau Schwaben. Dem heimatschützerischen Establishment wurde eine „goldene Brücke" ins „Dritte Reich" gebaut, wie Gaukulturwart Heinz Zwisler die Funktion von Kulturarbeit 1934 definierte.[56] Aus der Kreisheimatpflege wurde in personeller Kontinuität die Gauheimatpflege: Otto Merkt

54 Vgl. Pötzl, Sozialpsychiatrie 1995; Schmidt/Kuhlmann/von Cranach, Heil- und Pflegeanstalt 1999.

55 Zum Nationalsozialismus im bayerischen Schwaben vgl. Wirsching, Nationalsozialismus 2004; Cramer-Fürtig/Gotto, Machtergreifung 2008; Gotto, Kommunalpolitik 2006.

56 Die Aufgaben der Heimatvereine im neuen Deutschland, in: Allgäuer Tagblatt, 11.05.1934.

blieb sowohl Bürgermeister in Kempten als auch Präsident des Kreistags von Schwaben und Neuburg (seit 1938 Bezirksverband), auch wenn er seine dominierende Machtposition einbüßte. Tatsächlich bestand in weiten Kreisen der Heimatschutzbewegung die Hoffnung auf eine umfassende Förderung durch das NS-Regime. Denn ideologische Anknüpfungspunkte boten sich ohne größere Umstände. Für die Konsolidierung des Regimes in den ersten Jahren der Herrschaft war diese integrative Funktion des Regionalen von elementarer Bedeutung.

Der NS-Parteigau entsprach territorial dem Kreis Schwaben und Neuburg. Konsequenterweise übernahm Gauleiter Karl Wahl im Juli 1934 das Amt des Regierungspräsidenten und riss damit endgültig die staatliche Macht an sich. Die Usurpation des Amtes war aber vor allem deshalb nötig geworden, weil Wahls Macht, die an der Existenz des Gaues hing, von zwei Seiten unter Druck geraten war: Im Osten plante Adolf Wagner, Gauleiter von Oberbayern, die Vergrößerung seines Territoriums um das bayerische Schwaben; im Westen tat der Gauleiter von Württemberg, Wilhelm Murr, dasselbe. Die Debatten über die Gaugliederung waren durch die neuerliche Diskussion einer angestrebten Reichsreform in Gang gesetzt worden und versiegten erst, als Adolf Hitler 1935 alle weiteren diesbezüglichen Überlegungen verbot. Bis dahin aber hing die Zukunft des Gaues Schwaben in der Luft, sodass die bayerisch-schwäbischen Nationalsozialisten alles daran setzten, die Notwendigkeit eines eigenständigen Gaues argumentativ zu untermauern. Die regionalistische Bewegung lieferte ihnen dafür das nötige Material. Der Kreistag von Schwaben und Neuburg erarbeitete eine Denkschrift zu einem „Reichsgau Schwaben“ und die Propaganda sicherte der bayerisch-schwäbischen Bevölkerung zu, dass im Nationalsozialismus nun auch endlich das bayerische Schwaben zu seinem Recht, jenseits oberbayerischer Unterdrückung, kommen würde. Die heimatschützerische Kulturpolitik flankierte diese Strategie. Karl Wahl wurde zum volksverbundenen „Schwabenführer“ stilisiert, die nationalsozialistische Dystopie einer „rassereinen Volksgemeinschaft“ erhielt eine schwäbische Grundierung.[57]

Erst 1936 zeigten sich erste Risse im Verhältnis zwischen den Männern aus der Heimatschutzbewegung und den Nationalsozialisten. Sie wurden bedingt durch zweierlei: Zum einen sollten die bislang relativ autonom arbeitenden Geschichts- und Heimatvereine in eine zentral durch den Gauheimatpfleger gesteuerte Organisation eingegliedert werden, was schließlich deren Aktivitäten nahezu zum Erliegen brachte; zum anderen entwanden die Nationalsozialisten den angestammten Heimatschutzaktivisten zunehmend die Deutungshoheit über das Heimatliche. Dabei entzündeten sich die Gemüter keineswegs an dem immer deutlicher werdenden Antisemitismus, der dem Regionalen eingeschrieben wurde und in der Hetzschrift „Die Juden in Schwaben“ (1938) des Augsburger Oberbibliothekars Eduard Gebele

57 Vgl. Wildt/Bajohr, Volksgemeinschaft 2009; Steber/Gotto, Visions 2014.

beredten Ausdruck fand,[58] sondern an der Unbefangenheit, mit der die Nationalsozialisten das Regionale für die Konsumkultur öffneten. Zudem geriet das heimatideologische Paradigma vonseiten einer ausschließlich auf ökonomischen und militärischen Nutzen zielenden Politik unter Druck, die mit der Entfesselung des Krieges noch einmal intensiviert wurde. Nicht zuletzt verloren regionale Zusammenhänge an Einfluss gegenüber zentralistischen Ansprüchen im polykratischen NS-Herrschaftssystem. Der Entwurf einer autochthonen, aus der Regionalkultur des Gaues schöpfenden Kulturpolitik scheiterte 1936. Stattdessen setzten sich mit der „Nationalsozialistischen Gemeinschaft ‚Kraft durch Freude'" (KdF) und dem Reichspropagandaamt immer stärker nicht ausschließlich, aber doch vor allem auf das Reich hin orientierte Organisationsstrukturen im kulturpolitischen Machtgefüge des Gaues fest. Allein die Gauheimatpflege agierte ob ihrer fest institutionalisierten Form und der Rückendeckung durch den Kreistag als Hüterin der etablierten Regionalkultur. Nicht mehr die bayerisch-schwäbische Heimatschutzbewegung stellte die selbstverständlichen Deuter von regionaler Geschichte, Kultur, „Volkstum" und „Heimat". Diese Aufgabe übernahmen, je länger das Dritte Reich währte, zunehmend die nationalsozialistischen Spitzenfunktionäre des Gaues selbst. Das Regionale spielte letztendlich an der „Heimatfront" des nationalsozialistischen Vernichtungskriegs eine wichtige propagandistische Rolle, wenn auch in einer anderen Form, als die Heimatbewegten sie sich gewünscht hätten.

## 3.6 „Heimat" und Region in der Bundesrepublik

Auf der Marginalisierung der Heimatschutzbewegung in den Machtkonflikten der NS-Zeit beruhte schließlich ihre Wiedergeburt wie Phönix aus der Asche nach 1945. Auch jene, die bis zum Schluss eifrig im nationalsozialistischen Kulturapparat mitgearbeitet hatten, positionierten sich nach dem Ende des tausendjährigen Reiches als Opfer eines Regimes, das für den ‚echten' Heimatschutz nichts übrig gehabt und den Zerfall deutscher Kultur nur noch intensiver vorangetrieben hätte. Die „Konjunktur des ‚Heimatlichen'" in der Bundesrepublik der 1950er Jahre rückte die Männer der Heimatschutzbewegung in die Expertenposition.[59]

An exponiertester Stelle stand in dieser Hinsicht Alfred Weitnauer. 1935 von Gaukulturwart Zwisler zunächst auf eine hauptamtliche Stelle in die Nationalsozialistische Kulturgemeinde und im selben Jahr als zweiter Gauheimatpfleger mit Dienstsitz in Kempten berufen, war Weitnauer 1937 der NSDAP beigetreten. Bis zu seiner Pensionierung 1970 agierte er bruchlos als Bezirksheimatpfleger. Der Deutungsentwurf, den Weitnauer mit dem Regionalen verband, zeichnete sich durch

**58** Vgl. Gebele, Juden 1938.
**59** Vgl. z.B. Oberkrome, Heimat 2004, bes. S. 437–457, Zitat S. 440.

Kontinuität über 1945 hinaus aus.[60] Allenfalls die antidemokratischen Versatzstücke wurden zurückgenommen, wenn der einflussreiche Bezirksheimatpfleger nach 1945 über die schwäbische „Heimat“ philosophierte. Noch 1970 sah er seine „heimatpflegerische Aufgabe in der Festigung des schwäbischen Stammesbewusstseins“. Ethnonationalistischer Volksbegriff und kulturkritische Überzeugungen tradierten sich über 1945 hinaus. So warnte Weitnauer 1947 vor der zerstörerischen Kraft der Ansiedlung der Heimatvertriebenen im bayerischen Schwaben, da „[n]och nie im Laufe ihrer dreitausendjährigen Geschichte“ die „Heimat in einem solchen Ausmaß und mit solcher Nachhaltigkeit von fremden Volksmassen überflutet worden“ sei. 1956 vermeinte er die „größte Gefahr für Europa überhaupt [...] im Schwinden und Zerfall unserer biologischen Kraft“, diagnostizierte eine „Überfremdung durch das Massenhafte“ und verunglimpfte amerikanische Tanzmusik in unverhohlen rassistischem Ton als „Jazzfanfaren der Negerkapellen“ und „Trommelrhythmen afrikanischer Menschenfresser“.[61] Außerdem kultivierte Weitnauer, wiederum in Kontinuität zu den 1920er Jahren, einen antibayerischen Regionalismus, der von der bayerischen Staatsregierung aufmerksam verfolgt wurde. Dass in der unmittelbaren Nachkriegszeit wiederum eine regionalistische Bewegung auf den Plan getreten war, die einen großschwäbischen Bundesstaat gefordert hatte, gab dem zusätzliches Gewicht.[62] In einer Vielzahl von populären Büchern und Heften verbreitete er seine Sicht auf „Schwabenstamm“ und „Allgäuer Rasse“ und führte die Heimatpflege methodisch so fort, wie sie in den 1920er Jahren entwickelt worden war. Der Bezirkstag stützte Weitnauers heimatpflegerische Praxis.

Allerdings kam dieser Entwurf von Heimatpflege in den 1960er Jahren unter zunehmenden öffentlichen Druck. Denn die politischen wie sozialen Realitäten hatten sich in der Bundesrepublik grundlegend gewandelt – auch im bayerischen Schwaben.[63] Angesichts des Modernisierungsparadigmas der 1960er Jahre, der Faszination durch naturwissenschaftlichen und technischen Fortschritt, der Liberalisierung und Pluralisierung der Gesellschaft büßte ein Heimatbegriff, der völkischen und kulturkritischen Kategorien verhaftet war, an Strahlkraft ein.

Neue Attraktivität gewann die „Heimat“ indes in den 1970er Jahren in den neuen sozialen Bewegungen, besonders in der Denkmalschutz-, der Umwelt- und der Antiatomkraftbewegung. „Heimat“ konnte nun auch zu einem linken Sehnsuchtsort werden. Gleichermaßen definierten in Bayern Konservative „Heimat“ neu – im Sinne eines liberalen Konservatismus, der sich ebenfalls in den 1970er Jah-

**60** Vgl. Vollhardt, Heimatpolitik 2008, S. 167–175. Zur Tätigkeit Alfred Weitnauers nach 1945 vgl. Hoser, Geschichte 2016, S. 311–332.

**61** Weitnauer, Schlussbilanz 1970, S. 33; Ders., Heimatpflege 1947, S. 35–36; Ders., Heimatkultur 1956, S. 10, 11 und 22.

**62** Vgl. Vollhardt, Heimatpolitik 2008, S. 175–180; Klöckler, Lech 2003.

**63** Vgl. Fenn, Gesinnungs- und Sachbildung 2008, S. 220–222; Fassl, Beiträge 2011; Gassert/Kronenbitter/Paulus/Weber, Augsburg 2013.

ren in Auseinandersetzung mit der Studentenbewegung und der Neuen Linken ausbildete. Der Heimatbegriff wurde neu konfiguriert. Dabei machte auch die Debatte um die Gebietsreform, die die 1970er Jahre durchzog, augenscheinlich, welches hohe Maß an identitärer Bedeutung kleinräumigen Zusammenhängen zukam. Als Identitätsräume sollten die Regionen in einem konservativen Verständnis Halt geben in einer sich rasant wandelnden Welt, in der europäische wie globale Vernetzungen immer intensiver wurden. So verstand auch Georg Simnacher, Bezirkstagspräsident von 1974 bis 2003, die Arbeit der Bezirksheimatpflege, die im Sinne eines „gesunden Regionalismus" die Pflege „schwäbische[r] Kultur und Eigenart" voranzutreiben habe.[64] Ethnische Gewissheiten verbanden sich auch weiterhin mit dem Ordnungsentwurf des Regionalen, genauso wie die CSU es verstand, Politik und Kultur zu verschweißen und sich als Anwältin der Regionalkultur zu präsentieren. Gerne inszenierte sich Simnacher als „Schwabenherzog", etwa beim Festzug zur 2000-Jahr-Feier der Stadt Augsburg 1985.

Die nationalsozialistische Geschichte des bayerischen Schwaben wurde lange übertüncht. Erst in den 1980er Jahren begann zaghaft die Auseinandersetzung mit rassischer und politischer Verfolgung, Euthanasieverbrechen und der breiten Unterstützung des Regimes in der Bevölkerung – wie auch andernorts gegen den heftigen Widerstand lokaler und regionaler Eliten. Das nach 1945 konstruierte und exkulpatorisch motivierte Bild einer von den nationalsozialistischen Verstrickungen freien „Heimat", eines „anständigen Nationalsozialismus" im Gau Schwaben wirkte lange fort[65] – mitunter bis in die Gegenwart.

## Literatur

Brinkel, Teresa: Volkskundliche Wissensproduktion in der DDR. Zur Geschichte eines Faches und seiner Abwicklung. Münster 2012.

Bünz, Enno/Müller, Winfried/Schattkowsky, Martina/Spieker, Ira (Hrsg.): Sachsen: Weltoffen! Mobilität – Fremdheit – Toleranz. Dresden 2016.

Cramer-Fürtig, Michael/Gotto Bernhard (Hrsg.): Machtergreifung in Augsburg. Anfänge der Diktatur 1933–1937. Augsburg 2008.

Czok, Karl: Die Bedeutung der Regionalgeschichte in Deutschland und ihre Erforschung in der Deutschen Demokratischen Republik. In: Sächsische Heimatblätter 8 (1962), S. 177–184.

Fassl, Peter (Hrsg.): Beiträge zur Nachkriegsgeschichte von Bayerisch-Schwaben 1945–1970. Tagungsband zu den wissenschaftlichen Tagungen von 2006, 2007 und 2008. Augsburg 2011.

Fassl, Peter (Hrsg.): Die NS-Zeit in Ortsgeschichten. Augsburg 2014.

Fenn, Monika: Zwischen Gesinnungs- und Sachbildung. Die Relevanz der Kategorie Heimat in Volksschulunterricht und Lehrerbildung in Bayern seit 1945. Idstein 2008.

64 Simnacher, Wiederentdeckung 1980, S. 2.

65 Vgl. Fassl, NS-Zeit 2014; Gotto, Erfindung 2006.

Friedreich, Sönke: Die Entstehung des Heimatgedankens aus der Mobilität. Das historische Beispiel des sächsischen Erzgebirges. In: Seifert, Manfred (Hrsg.): Zwischen Emotion und Kalkül. ‚Heimat‘ als Argument im Prozess der Moderne. Leipzig 2010, S. 87–101.
Gassert, Philipp/Kronenbitter, Günther/Paulus, Stefan/Weber, Wolfgang E. J. (Hrsg.): Augsburg und Amerika. Aneignungen und globale Verflechtungen in einer Stadt. Augsburg 2013.
Gebele, Eduard: Die Juden in Schwaben. In: Schwabenland 5 (1938), S. 45–116.
Gollwitzer, Heinz: Ludwig I. von Bayern. Königtum im Vormärz. Eine politische Biographie. München 1986.
Gotto, Bernhard: Die Erfindung eines „anständigen Nationalsozialismus“. Vergangenheitspolitik der schwäbischen Verwaltungseliten in der Nachkriegszeit. In: Fassl, Peter (Hrsg.): Das Kriegsende in Schwaben. Wissenschaftliche Tagung der Heimatpflege des Bezirks Schwaben und der Schwäbischen Forschungsgesellschaft am 8./9. April 2005. Augsburg 2006, S. 263–283.
Gotto, Bernhard: Nationalsozialistische Kommunalpolitik. Administrative Normalität und Systemstabilisierung durch die Augsburger Stadtverwaltung 1933–1945. München 2006.
Grabert, Walter: Johann Nepomuk von Raiser und die Vorgeschichte des Historischen Vereins für Schwaben. In: Pankraz Fried (Hrsg.): Miscellanea Suevica Augustana. Der Stadt Augsburg dargebracht zur 2000-Jahrfeier 1985. Sigmaringen 1985, S. 175–190.
Grimm, Jacob und Wilhelm: Deutsches Wörterbuch. Bd. 4/2. Leipzig 1877.
Hager, Kurt: Die Gesellschaftswissenschaften vor neuen Aufgaben. Konferenz der Gesellschaftswissenschaftler der DDR am 18. Dezember 1980 in Berlin. Berlin 1981.
Hänseroth, Thomas: Sachsens industrielle Entwicklung im 19. Jahrhundert. In: Sächsische Schlösserverwaltung/Staatlicher Schlossbetrieb Schloss Weesenstein (Hrsg.): König Johann von Sachsen. Zwischen zwei Welten. Halle 2001, S. 389–395.
Hardtwig, Wolfgang: Die Krise des Geschichtsbewusstseins in Kaiserreich und Weimarer Republik und der Aufstieg des Nationalsozialismus. In: Jahrbuch des Historischen Kollegs 2001. München 2002, S. 47–75.
Haun, Horst: Der Geschichtsbeschluß der SED. Programmdokument für die „volle Durchsetzung des Marxismus-Leninismus“ in der Geschichtswissenschaft. Dresden 1996.
Hettling, Manfred/Nolte, Paul (Hrsg.): Bürgerliche Feste. Symbolische Formen politischen Handelns im 19. Jahrhundert. Göttingen 1993.
Heydenreuter, Reinhard: Heimatrecht, Heiratserlaubnis und Ansässigmachung. Die Gesetzgebung zum Heimat- und Ansässigmachungsrecht im Königreich Bayern. In: Forum Heimatforschung 16 (2013), S. 120–138.
Hoser, Paul: Geschichte des Bezirks Schwaben von der Nachkriegszeit bis 2003. Augsburg 2016.
Institut für Sächsische Geschichte und Volkskunde (Hrsg.)/Redaktion: Winfried Müller/Daniel Geißler: Institut für Sächsische Geschichte und Volkskunde 1997–2017. Dresden 2017.
Karlsch, Rainer/Schäfer, Michael: Wirtschaftsgeschichte Sachsens im Industriezeitalter. Leipzig 2006.
Kießling Rolf/Schiersner, Dietmar (Hrsg.): Erinnerungsorte in Oberschwaben. Regionale Identität und kulturelles Gedächtnis. Konstanz 2009.
Kießling, Rolf: Kleine Geschichte Schwabens. Regensburg 2009.
Klöckler, Jürgen: Vom Lech bis an den Rhein. Träume von einem schwäbisch-alemannischen Staat nach 1945. In: Hoser, Paul/Baumann, Reinhard (Hrsg.): Kriegsende und Neubeginn. Die Besatzungszeit im schwäbisch-alemannischen Raum. Konstanz 2003, S. 81–95.
Körner, Hans Michael: Staat und Geschichte im Königreich Bayern 1806–1918. München 1992.
Köstlin, Konrad: Heimat denken. Zeitschichten und Perspektiven. In: Seifert, Manfred (Hrsg.): Zwischen Emotion und Kalkül. ‚Heimat‘ als Argument im Prozess der Moderne. Leipzig 2010, S. 23–38.

Kratzsch, Gerhard: Kunstwart und Dürerbund. Ein Beitrag zur Geschichte der Gebildeten im Zeitalter des Imperialismus. Göttingen 1969.

Krockow, Christian Graf von: Heimat – Eine Einführung in das Thema. In: Bundeszentrale für politische Bildung (Hrsg.): Heimat. Analysen, Themen, Perspektive. Bonn 1990. S. 56–69.

Kunz, Georg: Verortete Geschichte. Regionales Geschichtsbewusstsein in den deutschen Historischen Vereinen des 19. Jahrhunderts. Göttingen 2000.

Laslett, Peter: Verlorene Lebenswelten. Geschichte der vorindustriellen Gesellschaft. Köln/Wien 1988.

Ludwig, Esther: Rudolf Kötzschke – Das schwere Bemühen um die Bewahrung der „unantastbaren Reinheit des geschichtlichen Sinnes". In: Held, Wieland/Schirmer, Uwe (Hrsg.): Rudolf Kötzschke und das Seminar für Landesgeschichte und Siedlungskunde an der Universität Leipzig. Heimstatt sächsischer Landeskunde. Beucha 1999, S. 21–70.

Mede-Schelenz, Anja: Musealisierung, Volkskultur und Moderne um 1900. Die Sammlung zur ländlichen Kleidung des Vereins für sächsische Volkskunde. Leipzig 2013.

Mohr, Hubert/Hühns, Erik (Hrsg.): Einführung in die Heimatgeschichte. Berlin 1959.

Müller, Winfried/Seifert, Manfred/Ulbricht Justus H. (Hrsg.): „Heimat"-Bilder. Strategien der Beheimatung in Kunst, Medien und Alltagskultur, Teil 1: Volkskunde in Sachsen 26 (2014), S. 155–228; Teil 2: Volkskunde in Sachsen 27 (2015), S. 87–185; Teil 3: Blätter für deutsche Landesgeschichte 150 (2014) [2015], S. 109–219.

Müller, Winfried: Landes- und Regionalgeschichte in Sachsen 1945–1989. Ein Beitrag zur Geschichte der Geschichtswissenschaften in der DDR. In: Bünz, Enno (Hrsg.): 100 Jahre Landesgeschichte (1906–2006). Leipziger Leistungen, Verwicklungen und Wirkungen. Leipzig 2012, S. 345–447.

Müller, Winfried: Landesgeschichtliche Zeitschriften in Sachsen – vor und nach der Wende. In: Thomas Küster (Hrsg.): Medien des begrenzten Raumes. Landes- und regionalgeschichtliche Zeitschriften im 19. und 20. Jahrhundert. Paderborn 2013, S. 251–264.

Müller, Winfried: Zwischen Stagnation und Modernität: Sachsens Weg zur Verfassung von 1831. In: Schmid, Alois (Hrsg.): Die bayerische Konstitution von 1808. Entstehung – Zielsetzung – Europäisches Umfeld. München 2008, S. 179–209.

Oberkrome, Willi: „Deutsche Heimat". Nationale Konzeption und regionale Praxis von Naturschutz, Landschaftsgestaltung und Kulturpolitik in Westfalen-Lippe und Thüringen (1900–1960). Paderborn u.a. 2004.

Oberkrome, Willi: Volksgeschichte. Methodische Innovation und völkische Ideologisierung in der deutschen Geschichtswissenschaft 1918–1945. Göttingen 1993.

Piltz, Eric: Verortung der Erinnerung. Heimat und Raumerfahrung in Selbstzeugnissen der Frühen Neuzeit. In: Gebhard, Gunther/Geisler, Oliver/Schröter, Steffen (Hrsg.): Heimat. Konturen und Konjunkturen eines umstrittenen Konzepts. Bielefeld 2007, S. 57–79.

Pötzl, Ulrich: Sozialpsychiatrie, Erbbiologie und Lebensvernichtung. Valentin Faltlhauser, Direktor der Heil- und Pflegeanstalt Kaufbeuren-Irsee in der Zeit des Nationalsozialismus. Husum 1995.

Reppe, Antje: Heimatfeste im Königreich Sachsen um 1900. In: Blätter für deutsche Landesgeschichte 150 (2014) [2015], S. 149–165.

Richter, Birgit (Bearb.): Der Wiener Kongress 1815 und die Folgen für Sachsen. Leipzig 2015.

Ristau, Daniel: Zur Geschichte des „Vereines der sächsischen Alterthums-Freunde" zu Dresden (1834–1837). In: Mitteilungen des Vereins für sächsische Landesgeschichte N.F. 7 (2009), S. 5–37.

Rohkrämer, Thomas: Eine andere Moderne? Zivilisationskritik, Natur und Technik in Deutschland 1880–1933. Paderborn 1999.

Schaarschmidt, Thomas: Der Kulturbund als Heimatverein? Anmerkungen zu Anspruch und Realität des Kulturbunds in den vierziger und fünfziger Jahren aus regionalhistorischer Sicht. In:

Timmermann, Heiner (Hrsg.): Die DDR – Analyse eines aufgegebenen Staates. Berlin 2001, S. 357–388.
Schaarschmidt, Thomas: Regionalkultur und Diktatur. Sächsische Heimatbewegung und Heimat-Propaganda im Dritten Reich und in der SBZ/DDR. Köln u.a. 2004.
Schmidt, Martin/Kuhlmann, Robert/von Cranach, Michael: Heil- und Pflegeanstalt Kaufbeuren. In: von Cranach, Michael/Siemen, Hans-Ludwig (Hrsg.): Psychiatrie im Nationalsozialismus. Die bayerischen Heil- und Pflegeanstalten während des Nationalsozialismus. München 1999, S. 265–325.
Schramm, Manuel: Konsum und regionale Identität in Sachsen 1880–2000. Die Regionalisierung von Konsumgütern im Spannungsfeld von Nationalisierung und Globalisierung. Stuttgart 2002.
Seifert, Manfred: Heimat in Bewegung. Zur Suche nach soziokultureller Identität in der Spätmoderne. In: Klose, Joachim/Lindner, Ralph/Seifert, Manfred (Hrsg.): Heimat heute. Reflexionen und Perspektiven. Dresden 2012, S. 15–32.
Seifert, Manfred (Hrsg.): Zwischen Emotion und Kalkül. ‚Heimat‘ als Argument im Prozess der Moderne. Leipzig 2010.
Simnacher, Georg: Die Wiederentdeckung des Heimatlichen. In: Ebbes 6 (1980), S. 2–6.
Steber, Martina: Ethnische Gewissheiten. Die Ordnung des Regionalen im bayerischen Schwaben vom Kaiserreich bis zum NS-Regime. Göttingen 2010.
Steber, Martina/Gotto, Bernhard (Hrsg.): Visions of Community in Nazi Germany. Social Engineering and Private Lives. Oxford/New York 2014.
Steinberg, Swen: Unternehmenskultur im Industriedorf. Die Papierfabriken Kübler & Niethammer in Sachsen (1856–1956). Leipzig 2015.
Thurner, Albert: Der Bezirkstag Schwaben und seine Vorläufer von 1933 bis 1962. Krise, Niedergang und Wiederbeginn der schwäbischen Bezirksselbstverwaltung. Augsburg 1999.
Verbesserung der Forschung und Lehre in der Geschichtswissenschaft der Deutschen Demokratischen Republik. Beschluß des ZK der SED. In: Zeitschrift für Geschichtswissenschaft 3 (1955), S. 507–527.
Vogel, Lutz: Aufnehmen oder abweisen? Kleinräumige Migration und Einbürgerungspraxis in der sächsischen Oberlausitz 1815–1871. Leipzig 2014.
Vollhardt, Ulla-Britta: Staatliche Heimatpolitik und Heimatdiskurse in Bayern 1945–1970. Identitätsstiftung zwischen Tradition und Modernisierung. München 2008.
Weichlein, Siegfried: Nation und Region. Integrationsprozesse im Bismarckreich. Düsseldorf 2004.
Weitnauer, Alfred: Heimatkultur gestern und heute. Kempten 1956.
Weitnauer, Alfred: Schlussbilanz. Ein Rechenschaftsbericht über 35 Jahre Heimatpflege in Schwaben. Kempten 1970.
Weitnauer, Alfred: Schwäbische Heimatpflege. Ein Rechenschaftsbericht über den gegenwärtigen Stand der Heimatpflege, zunächst für den südlichen Teil des Regierungsbezirkes Schwaben. Kempten 1947.
Wendelin, Harald: Schub und Heimatrecht. In: Heindl, Waltraud/Saurer, Edith (Hrsg.): Grenze und Staat. Paßwesen, Staatsbürgerschaft, Heimatrecht und Fremdengesetzgebung in der österreichischen Monarchie 1750–1867. Wien u.a. 2000, S. 173–343.
Werner, Matthias: Zwischen politischer Begrenzung und methodischer Offenheit. Wege und Stationen deutscher Landesgeschichtsforschung im 20. Jahrhundert. In: Moraw, Peter/Schieffer, Rudolf (Hrsg.): Die deutschsprachige Mediävistik im 20. Jahrhundert. Ostfildern 2005, S. 251–364.
Wildt, Michael/Bajohr, Frank (Hrsg.): Volksgemeinschaft. Neue Forschungen zur Gesellschaft des Nationalsozialismus. Frankfurt a.M. 2009.

Wirsching, Andreas (Hrsg.): Nationalsozialismus in Bayerisch-Schwaben. Herrschaft – Verwaltung – Kultur. Tübingen 2004.
Ziemann, Benjamin: Front und Heimat. Ländliche Kriegserfahrung im südlichen Bayern, 1914–1923. Essen 1997.

# Teil III: **Anhang**

# Abbildungsverzeichnis

## Löffler



https://doi.org/10.1515/9783110354188-023

# Freitag



# Schäfer



# Rummel



# Andermann



# Weiß

# Hecht



# Kägler



# Holtz



# Kießling

## Reininghaus



## Petersen



## Flachenecker



## Fuchs

# Autorenverzeichnis

Apl. Prof. Dr. Kurt Andermann
c/o Lehrstuhl für Mittelalterliche Geschichte I und Abteilung Landesgeschichte
Historisches Seminar
Albert-Ludwigs-Universität Freiburg
Werthmannstraße 8
D-79085 Freiburg i.Br.
kurt.andermann@geschichte.uni-freiburg.de

Prof. Dr. Oliver Auge
Professur für Regionalgeschichte mit dem Schwerpunkt Schleswig-Holstein
Historisches Seminar
Christian-Albrechts-Universität zu Kiel
Leibnizstr. 8
D-24118 Kiel
oauge@email.uni-kiel.de

Prof. Dr. Enno Bünz
Professur für Sächsische Landesgeschichte
Historisches Seminar
Universität Leipzig
Beethovenstraße 15
D-04107 Leipzig
buenz@rz.uni-leipzig.de

Prof. Dr. Lukas Clemens
Professur für Mittelalterliche Geschichte / Historische Hilfswissenschaften
Fachbereich III
Universität Trier
Universitätsring 15
D-54296 Trier
clemens@uni-trier.de

Prof. Dr. Helmut Flachenecker
Professur für Fränkische Landesgeschichte
Institut für Geschichte
Julius-Maximilians-Universität Würzburg
Am Hubland
D-97074 Würzburg
helmut.flachenecker@uni-wuerzburg.de

Prof. Dr. Werner Freitag
Professur für Westfälische und Vergleichende Landesgeschichte
Historisches Seminar
Westfälische Wilhelms-Universität Münster
Domplatz 20–22
D-48143 Münster
landesgeschichte@uni-muenster.de

https://doi.org/10.1515/9783110354188-024

Prof. Dr. Ralf-Peter Fuchs
Professur für Landesgeschichte der Rhein-Maas-Region
Historisches Institut
Universität Duisburg-Essen
Universitätsstr. 12
D-45141 Essen
ralf-peter.fuchs@uni-due.de

PD Dr. Stefan Gerber
Historisches Institut
Friedrich-Schiller-Universität Jena
Fürstengraben 13
D-07743 Jena
stefan.gerber@uni-jena.de

Prof. Dr. Michael Hecht
Juniorprofessur für Vergleichende Landesgeschichte
Historisches Seminar
Westfälische Wilhelms-Universität Münster
Domplatz 20–22
D-48143 Münster
michael.hecht@uni-muenster.de

Prof. Dr. Sigrid Hirbodian
Institut für Geschichtliche Landeskunde und Historische Hilfswissenschaften
Eberhard Karls Universität Tübingen
Wilhelmstr. 36
D-72074 Tübingen
sigrid.hirbodian@uni-tuebingen.de

Prof. Dr. Sabine Holtz
Professur für Landesgeschichte
Historisches Institut
Universität Stuttgart
Keplerstr. 17
D-70174 Stuttgart
sabine.holtz@hi.uni-stuttgart.de

Prof. Dr. Britta Kägler
Associate Professor for Early Modern History
Institutt for historiske studier
NTNU: Norwegian University of Science and Technology
NO-7491 Trondheim
Norwegen
britta.kaegler@ntnu.no

Prof. Dr. em. Rolf Kießling
Pfarrer-Vöst-Weg 1
D-86486 Bonstetten
rolf.kiessling@philhist.uni-augsburg.de

Prof. Dr. Michael Kißener
Professur für Zeitgeschichte
Historisches Seminar
Johannes Gutenberg-Universität Mainz
Jakob-Welder-Weg 18
D-55128 Mainz
kissener@uni-mainz.de

Prof. Dr. Marita Krauss
Professur für Europäische Regionalgeschichte / Bayerische und Schwäbische Landesgeschichte
Philologisch-Historische Fakultät
Universität Augsburg
Universitätsstr. 10
D-86135 Augsburg
marita.krauss@philhist.uni-augsburg.de

Prof. Dr. Stephan Laux
Professur für Geschichtliche Landeskunde
Fachbereich III
Universität Trier
Universitätsring 15
D-54296 Trier
lauxst@uni-trier.de

Prof. Dr. Bernhard Löffler
Professur für Bayerische Landesgeschichte
Institut für Geschichte
Universität Regensburg, Universitätsstraße 31
D-93053 Regensburg
Bernhard.Loeffler@geschichte.uni-regensburg.de

Prof. Dr. Winfried Müller
Professur für Sächsische Landesgeschichte
Technische Universität Dresden
Zellescher Weg 17
D-01069 Dresden
Winfried.Mueller@tu-dresden.de

PD Dr. Ulrich Niggemann
Institut für Europäische Kulturgeschichte
Universität Augsburg
Eichleitnerstraße 30
D-86159 Augsburg
ulrich.niggemann@iek.uni-augsburg.de

Prof. Dr. Stefan Petersen
Sächsische Akademie der Wissenschaften zu Leipzig
Karl-Tauchnitz-Straße 1
D-04107 Leipzig
stefan.petersen@saw-leipzig.de

Prof. Dr. Wilfried Reininghaus
Schmiedekamp 51
D-48308 Senden
wilfried.reininghaus@t-online.de

Prof. Dr. Christine Reinle
Professur für Deutsche Landesgeschichte / Geschichte des Spätmittelalters
Historisches Institut
Justus-Liebig-Universität Gießen
Otto-Behaghel-Str. 10 C
D-35394 Gießen
Christine.Reinle@geschichte.uni-giessen.de

Prof. Dr. Arnd Reitemeier
Professur für Niedersächsische Landesgeschichte
Kulturwissenschaftliches Zentrum
Institut für Historische Landesforschung
Georg-August-Universität Göttingen
Heinrich-Dueker-Weg 14
D-37073 Göttingen
arnd.reitemeier@phil.uni-goettingen.de

Prof. Dr. Michael Ruck
Professur für Politikwissenschaft und Zeitgeschichte
Seminar für Politikwissenschaft und Politikdidaktik
Europa-Universität Flensburg
Auf dem Campus 1
D-24943 Flensburg
ruck@uni-flensburg.de

Dr. Walter Rummel
Leiter des Landesarchivs Speyer
Otto-Mayer-Str. 9
D-67346 Speyer
w.rummel@landesarchiv-speyer.de

PD Dr. Andreas Rutz
Institut für Geschichtswissenschaft
Abt. für Geschichte der Frühen Neuzeit und Rheinische Landesgeschichte
Rheinische Friedrich-Wilhelms-Universität
Am Hofgarten 22
D-53113 Bonn
andreas.rutz@uni-bonn.de

Dr. Regina Schäfer
Arbeitsbereich Mittlere und Neuere Geschichte und Vergleichende Landesgeschichte
Historisches Seminar
Johannes Gutenberg-Universität Mainz
D-55099 Mainz
rschaef@uni-mainz.de

Prof. Dr. Martina Schattkowsky
Professur für Sächsische Landesgeschichte
Institut für Sächsische Geschichte und Volkskunde
Zellescher Weg 17
D-01069 Dresden
martina.schattkowsky@mailbox.tu-dresden.de

Prof. Dr. Uwe Schirmer
Professur für Thüringische Landesgeschichte
Historisches Institut
Friedrich-Schiller-Universität Jena
Fürstengraben 13
D-07743 Jena
uwe.schirmer@uni-jena.de

Apl. Prof. Dr. Joachim Schneider
c/o Lehrstuhl für Fränkische Landesgeschichte
Institut für Geschichte
Universität Würzburg
Am Hubland
D-97074 Würzburg
joachim.schneider@uni-wuerzburg.de

PD Dr. Martina Steber
Institut für Zeitgeschichte
Leonrodstr. 46b
D-80636 München
steber@ifz-muenchen.de

Dr. Monika Storm
Landtag Rheinland-Pfalz
Archiv, Parlamentsdokumentation, Bibliothek
Platz der Mainzer Republik 1
D-55116 Mainz
monika.storm@landtag.rlp.de

Prof. Dr. Sabine Ullmann
Professur für Vergleichende Landesgeschichte und Geschichte der Frühen Neuzeit
Katholische Universität Eichstätt-Ingolstadt
Universitätsallee 1
D-85072 Eichstätt
sabine.ullmann@ku.de

Prof. Dr. Dieter J. Weiß
Professur für Bayerische und Vergleichende Landesgeschichte
Historisches Seminar
Ludwig-Maximilians-Universität München
Geschwister-Scholl-Platz 1
D-80539 München
dieter.weiss@lrz.uni-muenchen.de

Prof. em. Dr. Matthias Werner
Historisches Institut
Friedrich-Schiller-Universität Jena
Fürstengraben 13
D-07743 Jena
m.werner.jena@gmx.de

PD. Dr. Gabriel Zeilinger
Wirtschafts- und Sozialgeschichte
Christian-Albrechts-Universität zu Kiel
Olshausenstr. 40
D-24098 Kiel
zeilinger@histosem.uni-kiel.de

# Register der Orte, Städte, Regionen und europäischen Länder



https://doi.org/10.1515/9783110354188-025

www.ingramcontent.com/pod-product-compliance
Lightning Source LLC
LaVergne TN
LVHW060619300926
849162LV00008B/1658
* 9 7 8 3 1 1 0 3 5 4 1 1 9 *